I0833309

Lehrbuch

der

ebenen und sphärischen Trigonometrie.

Zum Gebrauch beim Selbstunterricht und in Schulen

besonders als

Vorbereitung auf Geodäsie und sphärische Astronomie

bearbeitet von

Dr. E. Hammer,
Professor an der K. Technischen Hochschule Stuttgart.

Zweite umgearbeitete Auflage.

Stuttgart.
J. B. Metzlerscher Verlag.
1897.

J. B. Metzlersche Buchdruckerei, Stuttgart.

Vorwort.

Die hier vorliegende neue Ausgabe der Trigonometrie will, wie die erste, nur ein Hilfsmittel für den Selbst- und den Schul-Unterricht zur Vorbereitung auf die Geodäsie und die sphärische Astronomie sein.

Vor 12 Jahren bin ich zur Herausgabe der ersten Auflage dadurch veranlasst worden, dass ich im Unterricht in der Geodäsie u. s. f. seit 1882 bald bemerkt hatte, dass die trigonometrischen Vorkenntnisse und vor allem die Rechensicherheit der Zuhörer vielfach zu wünschen übrig liess; das „Lehrbuch“ sollte ein Lehrbehelf sein, auf den als weiteres Vorbereitungsmittel verwiesen werden konnte, da für die Geodäsie nicht die Zeit zu Gebot stand, die erforderlich gewesen wäre, um alle die trigonometrischen Dinge nachzuholen, die in einer zur Anwendung tauglichen Schultrigonometrie erledigt sein müssen. Die Abiturienten der württembergischen Realgymnasien und Oberrealschulen kommen zwar in dieser Richtung im allgemeinen genügend vorbereitet auf die Technische Hochschule; für die Absolventen andrer Mittelschulen, besonders den steigenden Prozentsatz der Gymnasialabiturienten, die oft nur in wenigen Stunden etwas von Trigonometrie zu hören Gelegenheit hatten, schien ein Hilfsmittel erwünscht, das ihnen das Fehlende in einiger Ausführlichkeit nachliefern sollte, wenn auch für solche Studirende neuerdings an allen Technischen Hochschulen selbst gesorgt wird. Aber auch in der Mittelschule, deren obere Klassen an die Stelle der frühern „Mathematischen Abteilung“ des Stuttgarter Polytechnikums getreten waren, hoffte ich damals das Büchlein, sei es in der Hand des Schülers, sei es mittelbar, verwendet zu sehen. Diese Hoffnung ist freilich nur in bescheidenem Mass in Erfüllung gegangen; man fand, dass das Büchlein für die Hand des Schülers zu weit gehe. Man wird dies mit demselben oder noch grössrem Recht von der neuen Auflage sagen können, obgleich sie bei mehr als einem Kapitel bei grössrer Ausführlichkeit im Einzelnen eine Beschränkung des Stoffs sich angelegen sein liess. Ich hoffe aber auch heute noch, und noch mehr als vor 12 Jahren, dass die Lehrer der Trigonometrie das Eingehen auf die „geodätischen Aufgaben“ und auf die „Grundzüge der sphärischen Astronomie“ nicht von der Hand weisen, sondern als die wichtigsten Mittel zur Belebung des Schulunterrichts in der Trigonometrie anerkennen und als unentbehrliche Vorbereitung auf die Verwertung von gemessenen Winkeln in der Feld- und Landmessung und in der geographischen Orts- und astronomischen Zeitbestimmung so weit treiben werden, als es die ihnen zugemessene Unterrichtszeit irgend zulässt. Dabei ist überall auf die möglichst einfache Rechnung und auf die vollständige Durchführung der Rechnung bis zu richtigen Ergebnissen zu achten. Man hat wohl die Ansicht ausgesprochen, dass es nicht Aufgabe der Schule sein könne, „fertige Rechner" auszubilden. Allein abgesehen davon, dass von einem einigermassen gewandten und sichern Gebrauch der Logarithmentafel bis dahin, wo man von einem „fertigen Rechner" sprechen kann, ein ziemlich langer Weg ist, scheint mir das Ziel der Schultrigonometrie nicht erreicht zu sein, wenn am Schluss oder ein Jahr nach dem Schluss dieses Unterrichts bei der allereinfachsten Rechnungsaufgabe so viele verschiedene Resultate erscheinen, als Schüler oder Studirende sie auflösen. In der Trigonometrie als Vorbereitung für die wichtigsten Zweige der praktischen Mathematik genügt es nicht (wie sonst wohl in der Elementargeometrie, in der Planimetrie oder Stereometrie), den Weg zur Auflösung einer Aufgabe zu kennen, es kommt vielmehr auf richtige und sichere Zahlenrechnung an; wenigstens für alle die Schüler, die sich einem technischen Studium zuwenden. Für sie alle ist die Trigonometrie, wie andre Teile der Elementarmathematik es ebenfalls sein müssen, nicht sowohl ein Gebiet mathematischer Erkenntnis, sondern ein Gebrauchsgegenstand, ein Werkzeug, das gebrauchsbereit zur Hand sein muss und das man nicht darf irgendwo zusammensuchen müssen. Ganz besonders gilt dies für die Trigonometrie als wichtigste Grundlage der Geodäsie und der sphärischen Astronomie. Es geht deshalb hier auch ganz ohne das oft so verpönte „Auswendiglernen von Formeln" nicht ab, wenn man auch den Umfang dieses Gedächtnis-Formelapparats ziemlich einschränken kann. Im Text sind die Formeln, die am häufigsten gebraucht werden und die, wie bemerkt, gebrauchsbereit vorrätig sein müssen, durch fetten Druck hervorgehoben.

Von dem skizzirten Standpunkt der Vorbereitung auf die wichtigsten Zweige der praktischen Mathematik aus, nicht vom Standpunkt des Mathematikers aus, bitte ich dieses Elementarbuch zu beurteilen, das keine Bereicherung der mathematischen Litteratur, sondern eine Erleichterung für den von dem Unterzeichneten zu erteilenden geodätischen und sphärisch-astronomischen Unterricht vorstellen soll. Wenn *Study* in seiner „Sphärischen Trigonometrie" etc. Leipzig 1893 (vgl. die Anm. [87]) und [88])), Vorwort, sagt: „Sollten nicht vielmehr eben die Werkzeuge und Methoden, die zur Erschliessung neuer Gebiete gedient haben, geeignet sein, auch der elementaren Geometrie Schätze neuer Art abzugewinnen? Und wenn dem so ist, ist es nicht wünschenswert, dass gerade die mathematische Disziplin, die für die Technik wie für die physikalische Forschung die notwendige Grundlage bildet, der bei der Erziehung unsrer Jugend eine Hauptrolle zugeteilt ist, noch länger vernachlässigt wird?" so kann ich vom Standpunkt des Praktikers aus nur sagen, dass ich solche Bestrebungen zur Ausfüllung der Kluft, „die die elementare Geometrie trennt von der lebendigen Wissenschaft“, ebenfalls begrüsse, so lange sie eben nicht den elementaren Unterricht, der meiner Ansicht nach nirgends rasch genug zu praktisch Brauchbarem vordringen kann, noch mehr verwissenschaftlichen wollen. Mag *Study* in wissenschaftlicher Beziehung Recht haben, wenn er am Schlusse seines Buchs sagt: „Immerhin wird das Mitgeteilte wohl zeigen, dass die Formeln der Trigonometrie doch noch nicht so genau bekannt sind, wie man wohl hier und da geglaubt haben mag, ja dass das Beste vielleicht noch zu thun bleibt“, so wird doch Niemand, der in der Trigonometrie einen Gebrauchsgegenstand sieht und sehen muss (— und müssen denn alle Schüler höherer Lehranstalten in der Mathematik so unterrichtet werden, als ob sie alle angehende Mathematik-Studirende wären? —) zustimmen können, wenn er verlangt (S. 92 a. a. O.) dass das Lehrgebäude der Trigonometrie, allen Zwecken gleichzeitig genügend, in vollständiger Allgemeinheit (durch Benützung des „allgemeinen“ sphärischen Dreiecks, Weglassung der Beschränkung: Seiten und Winkel $< 180^0$, die *Möbius*sche Wahl der Winkel des „Dreiecks“) aufgebaut werden soll, um dann erst „am Schlusse die für den praktischen Gebrauch umgerechneten Formeln tabellarisch zusammenzustellen.“ Mag dies der richtige Weg für den Mathematiker sein, der anfängt, die reine Grössenlehre zu studiren, für alle übrigen Studirenden praktisch brauchbar ist er nicht; Mathematiker und Techniker (um hier einmal mit diesem Namen Alle zusammenzufassen, die nicht reine Mathematik und Metamathematik zu treiben haben) müssen hier getrennte Wege gehen. Man kann nicht oft genug wiederholen, dass speziell für das angehende Studium der Geodäsie und der sphärischen Astronomie gewisse Teile der Trigonometrie genau dasselbe vorstellen, was das Einmaleins für das gewöhnliche Leben ist.

Was den Inhalt des Buchs betrifft, so ist innerhalb seines ganz elementaren Gebiets bei aller Hervorhebung des praktisch Wichtigen nach einiger Vollständigkeit gestrebt. Ich hoffe, man werde es deshalb nicht tadeln, dass, trotz der ausgesprochen praktischen Tendenz und trotz der nur ganz nebensächlichen Behandlung der goniometrischen Funktionen als solcher, doch Dinge wie der *Moivre*sche Satz, die Berechnung der komplexen Einheitswurzeln, ferner manche nur für die Elementargeometrie in Betracht kommenden Aufgaben und Sätze u. s. w. als Übungen aufgenommen sind. Dass ich am Anfang sogar eigentlich wesentlich historisch zu Werk gegangen bin, besonders die Funktion „*chord*“ eingeführt habe, die sich doch bald als entbehrlich herausstellt, wird vielleicht nicht allgemein Billigung finden; ich halte aber diesen Weg für nützlich. Ebenso muss ich über die Diktion, die am Anfang absichtlich ausführlich ist (wobei besonders an den Selbstunterricht gedacht wurde) und sich bei weitrem Vordringen stufenweise immer mehr verkürzt, wie auch allmählich immer weniger die Figur zur unmittelbar geometrischen Anschauung herangezogen wird, das Urteil dem erfahrenen Lehrer überlassen. Hinzufügen möchte ich hier, dass ich ursprünglich die Absicht hatte, dieser zweiten Auflage einen zusammenhängenden

Abriss der Geschichte der Trigonometrie beizugeben, sowie mehrere Vervollständigungen der sphärischen Trigonometrie aufzunehmen (besonders die Projektionen, vor allem die sog. stereographische Abbildung und ihre Verwendung zu einer graphisch-sphärischen Trigonometrie). Um jedoch den Umfang des Buchs nicht zu sehr anzuschwellen, musste dies unterbleiben; einiges Trigonometrisch-Geschichtliche ist nun nur z. T. im Text selbst, z. T. in den Anmerkungen darunter, zum grössten Teil in den Anmerkungen am Schluss des Buchs (s. u.) enthalten. Für eine zusammenhängende Geschichtsskizze (bei der besonders auch auf die Geschichte des trigonometrischen Rechnens einzugehen wäre) findet sich vielleicht noch ein Plätzchen in einem trigonometrischen Schulbuch (kurzes Lehrbuch, zum unmittelbaren Schulgebrauch bestimmt), das ich bald folgen lassen zu können hoffe (— es ist noch unter unmittelbarer Teilnahme meines verstorbenen Lehrers, spätern Kollegen und Freundes, Prof. Dr. *C. W. Baur* entstanden und sollte noch von uns gemeinschaftlich herausgegeben werden, was aber erst durch *Baur*s Erkrankung und Tod, später durch die bis in diesen Sommer herein vorhandene zu grosse Belastung des Unterzeichneten mit Amtsgeschäften vereitelt wurde —); die übrigen genannten Dinge werden neben andern in einem trigonometrischen Übungsbuch behandelt werden können, das hoffentlich ebenfalls bald folgen kann. Den Stoff dazu habe ich in nun mehr als zwanzigjährigem, fast nie unterbrochenem Trigonometrie-Unterricht, sowie bei Gelegenheit einer grossen Anzahl von Prüfungen in Trigonometrie und Mathematischer Geographie (seit 13 Jahren in den württembergischen realistischen Professorats-Prüfungen, neun Jahre lang bei der württembergischen Feldmesserprüfung, endlich seit mehreren Jahren in der mathematisch-naturwissenschaftlichen Vorprüfung der Technischen Hochschule) gesammelt.

Ein Unrecht gegen den eben genannten *C. W. Baur*, das die erste Auflage dieses Buches dadurch beging, dass nicht sein Trigonometrie-Lehrgang als eine der Grundlagen genannt wurde, sucht die jetzige Auflage nach Kräften gut zu machen. Es waren mir zwar schon während meiner Studienzeit (1872 bis 1878) die Quellen jenes Lehrgangs (den mein unmittelbarer Amtsvorgänger *Schoder* dann genau beibehalten hat) vollständig bekannt geworden, es waren ferner gerade die Dinge, in denen er sich inhaltlich und besonders in der Darstellungs- und Rechnungsform von andern Trigonometrien unterschied (— die formelle Seite kommt dabei allein in Betracht, denn der Inhalt aller Trigonometrie-Lehrbücher ist wesentlich derselbe und keines der neuern Lehrbücher enthält auch nur Einen neuen trigonometrischen Satz von einiger Bedeutung, ja auch nur Ein neues Rechnungsverfahren, wenn auch selbstverständlich in Einzelheiten jedes Eigentümlichkeiten aufzuweisen hat; als solche könnten für das vorliegende Buch die Differentialformeln S. 405 (Anm. [86]), die Nebeneinanderstellung der zwei Figuren zur Diskussion des Falls II^b der Dreiecksrechnung S. 244/245 u. s. f. genannt werden —), in der Litteratur veröffentlicht (wenn auch nicht von *Baur* selbst, sondern von Andern), also doch für ein Lehrbuch, das nichts als ein Schulbuch und speziell eine Entlastung des geodätischen Unterrichts des Unterzeichneten sein sollte, verfügbar (— als die wichtigsten formellen Einrichtungen der *Baur*schen Trigonometrie, von denen dieses Lehrbuch Gebrauch machte und macht, die aber alle, wie erwähnt, in der modernen Litteratur vor dem Erscheinen der ersten Auflage bekannt gemacht waren, sind zu nennen: die Durchführung bestimmter Rechenschemata mit dem Vertikalstrich zur Trennung von Logarithmen und zugehörigen Argumenten; die Einhaltung bestimmter Rechenregeln bei den wichtigsten Grundaufgaben, besonders der *Lalande*schen Regel, der hier nur der ihr zukommende Name gegeben ist; sodann die Behandlung der ganzen ebenen Polygonometrie, speziell die Rechnung des Polygonzugs —). Trotz alledem hätte auch in einem solchen Elementarbuch der erwähnte Hinweis nicht fehlen sollen. Ich habe diesmal in den „Anmerkungen" am Schluss alles von mir in der ersten Auflage und jetzt Benützte, was nur einigermassen erwähnenswert ist in Beziehung auf Inhalt oder in Beziehung auf die Darstellung, zusammengestellt; diese Anmerkungen enthalten ferner z. T. sachliche Auseinandersetzungen, z. T. auch bieten sie (allerdings nicht zusammenhängende) geschichtliche Notizen (s. oben).

Hier möchte ich, da es in einer dieser Anmerkungen unterblieb, nur noch betonen, dass ich auch diesmal mit voller Absicht überall, wo ein rechtwinkliges Coordinatensystem vorkommt, die Richtung der $+x$-Axe nicht stets in derselben Lage angenommen habe. Gerade in der praktischen Trigonometrie und Polygonometrie ist die möglichste Unabhängigkeit von einer bestimmten Figur geboten. Man hat nur die Bestimmung über den „positiven Drehungssinn" festzuhalten ($+y$ soll um $+90^0$ abweichen von $+x$), die Richtung $+x$ aber ist ganz gleichgiltig und sollte, eben mit Rücksicht auf die angedeutete Notwendigkeit, bei den Figuren im Unterricht (im Gegensatz zur analytischen Geometrie u. s. f.) auch thatsächlich in ganz verschiedenen Lagen angenommen werden (vgl. z. B. Fig. 33, dann 34, 35 u. s. f.). — Zu den Figuren ist noch zu sagen, dass die Neuzeichnung aller Figuren, so sehr ich sie gewünscht hätte (besonders in der sphärischen Trigonometrie, wo gegen die übliche Zeichnungsweise vieles zu erinnern ist), zu grosse Kosten verursacht haben würde; damit musste auch manche zweckmässige Neuerung, z. B. die fette Bezeichnung der gegebenen Stücke, das Anstreichen der gesuchten auch in der Figur (vgl. Anm. Nr. 9) und manche Einführung zweckmässigerer Bezeichnungen (z. B. im Parallelogramm, S. 287, den Winkel zwischen den Seiten a und b mit γ statt α, die Diagonalen dann mit c und c', c als Gegenseite von γ im Dreieck a, b, γ, und c' als Gegenseite von $(180^0 - \gamma)$ im andern Dreieck) unterblieben.

Die alten und neuen Bücher und Aufsätze, denen die Darstellung besonders zu Dank verpflichtet ist, sind, wie erwähnt, in den Anmerkungen aufgeführt; von den neuern Lehrbüchern der reinen und der praktischen Trigonometrie seien auch hier *Heis* (1867), *C. G. Reuschle* (1873), *Serret* (1875) und das Taschenbuch und Handbuch von *Jordan* (1873, 1877/78 u. s. f.) genannt. Die Männer alle aufzuzählen, die dankenswerte Berichtigungen und Ratschläge mitgeteilt haben, fehlt der Raum, es befindet sich unter ihnen eine ganze Reihe von Lehrern der Trigonometrie an Gymnasien und

Realschulen, besonders württembergischen. Gerade diesen hoffe ich in Bälde durch das oben erwähnte, in Verbindung mit *C. W. Baur* bearbeitete kleinere Schulbuch der Trigonometrie noch besonders danken zu können.

Ob die völlige Umarbeitung der Trigonometrie in dieser neuen Auflage gegen die erste überall eine Verbesserung vorstellt und das Buch seinem Zweck, auf Geodäsie und geographische Ortsbestimmung vorzubereiten, gerecht werden kann, mögen nun Berufene entscheiden. Am Fleiss, diesem Ziele näher zu kommen, habe ich es nicht fehlen lassen. Ich hoffe auch, dass man diesmal weniger als vor 12 Jahren die Korrektheit des Satzes vermissen werde, wenn ich auch abermals die ganze Korrektur (wie die Zeichnung der neuen Figuren) allein zu besorgen hatte neben anstrengendster Berufsarbeit.

Stuttgart, Oktober 1897.

E. Hammer.

Inhalts-Verzeichnis.

Anhang zum Kapitel 2. Zusammenstellung von Zahlenbeispielen.

Kapitel 3. Die goniometrischen Funktionen beliebiger Winkel. Der allgemeine goniometrische Formelapparat. Berechnung der goniometrischen Zahlenwerte. Umkehrung der goniometrischen Funktionen.

Kapitel 4. Fortsetzung der Goniometrie. Goniometrische Gleichungen. Goniometrie und Algebra.

Anhang zum Abschnitt I: Goniometrie.

Abschnitt II. Trigonometrie und Polygonometrie der Ebene.

Kapitel I. Trigonometrie des ebenen Dreiecks.

Anhang zum Kapitel 1. Zusammenstellung von Zahlenbeispielen.

Kapitel 2. Trigonometrie des ebenen Vierecks. (Tetragonometrie.) Erste Andeutungen über Polygonometrie.

Kapitel 3. Geodätische Aufgaben.

Kapitel 2. Berechnung der sphärischen Dreiecke (Dreikante).

Anhang zu Kapitel 2. Zusammenstellung von Zahlenbeispielen.

Kapitel 3. Bestimmung weiterer Stücke im sphärischen Dreieck. Weitere Dreiecksaufgaben und Sätze der Sphärik. Anwendung der sphärischen Trigonometrie auf Stereometrie, mathematische Geographie und Geodäsie.

Anhang zu Kapitel 2 und 3.

Kapitel 4. Grundzüge der sphärischen Astronomie.

Anmerkungen.

Druckfehler und Zusätze.

S. 23, Z. 10 von oben lies Definition statt Definitionen.
S. 24, füge auf der letzten Zeile bei: Vgl. auch Anm. [3]) zu S. 27.
S. 48, Z. 16 von oben lies *log* statt *loq*.
S. 60 bis 67 ist es bei den Zahlenbeispielen zweckmässig, den Strecken überall die Längeneinheit, Meter (m) oder cm u s. f. beizufügen.
S. 99, Z. 6 von unten lies § 18, **4**, statt § 20.
S. 182, Z. 12 von unten lies *Lalande* statt *Lagrange*.
S. 233 bis 249 ist zu den Zahlenbeispielen dieselbe Bemerkung zu machen wie oben zu S. 60 bis 67.
S. 249, Z. 2 von unten links lies $\underline{\underline{x = 58^0\ 15',2}}$
S. 350 beim Beispiel **1** lies rechts α statt a.
S. 364, Z. 7 der logarith. Rechnung (rechts) lies $a/sin\,\delta_1$ statt $a\,sin\,\delta_1$. (Dieser Strich ist nach der Correktur ausgeblieben).
S. 366, Z. 16 von unten lies von *Gauss* und von *Bessel*, statt von *Bessel*.
S. 526, Zeile 10 von unten lies etwa statt etwas und füge bei: Die Uhr ist dann selbstverständlich nur für die $\left\{\begin{matrix}\text{Vormittagsstunden}\\ \text{Nachmittagsstunden}\end{matrix}\right\}$ brauchbar. Die einzige Sonnenuhr, die stets „geht“, sobald die Sonne über dem Horizont und sichtbar ist, ist die Horizontaluhr. Zu welchen Jahreszeiten versagt die (mit Schattenstift ausgerüstete) Äquatorialuhr?

EINLEITUNG.

Die Trigonometrie im engern Sinne („Dreiecksmessung“) stellt sich die Aufgabe, aus gegebenen Seiten und Winkeln ebener und sphärischer Dreiecke die unbekannten, von den gegebenen abhängigen Stücke (zunächst die übrigen Seiten oder Winkel) dieser Dreiecke durch Rechnung zu bestimmen.

Im weitern Sinn hat die Trigonometrie die Berechnung sämtlicher geometrischer Figuren nach Längen, Winkeln, Flächeninhalten u. s. f. zum Gegenstand, im Gegensatz zur Planimetrie und Stereometrie, die sich mit der Konstruktion der ebenen und räumlichen Gebilde beschäftigen.

Wenn z. B. in einem ebenen Dreieck drei nicht von einander abhängige Stücke gegeben sind, so können die übrigen Seiten, Winkel u. s. f. des Dreiecks bestimmt werden. Die Planimetrie lehrt die konstruierende, in der praktischen Ausführung also graphische Auflösung dieser Aufgabe; die Trigonometrie lehrt die fehlenden Stücke des Dreiecks berechnen.

In rein mathematischer Beziehung ist für die elementare Mathematik die Trigonometrie also nur eine Erweiterung der Planimetrie und Stereometrie, indem durch sie auch (beliebige) Winkel in die Rechnung eingeführt werden, was in der sog. Anwendung der Algebra auf die Geometrie und Stereometrie noch nicht allgemein möglich ist. Für die höhere Mathematik liefert aber ein Abschnitt der Trigonometrie (die Goniometrie) zugleich sehr wichtige Grundlagen; die „trigonometrischen oder goniometrischen Funktionen“ und ihre Umkehrungen spielen in der Analysis, auch ganz ohne Rücksicht auf ebene oder räumliche Geometrie, eine sehr wichtige Rolle als elementare Transcendental-Funktionen.

Noch viel grösser als die rein mathematische Bedeutung der goniometrischen Zahlen und der trigonometrischen Formeln ist aber die Bedeutung der trigonometrischen Rechnungen für die praktische (angewandte) Mathematik. Besonders zwei Zweige der angewandten Mathematik sind hier zu nennen: die Geodäsie (Feld-, Land- und Erdmessung) und die sphärische Astronomie (sog. mathematische Geographie, Teile der praktischen Astronomie, insbesondere die Aufgaben der Zeit- und geographischen Ortsbestimmung). Sowohl in der Geodäsie als in der direkten geographischen Ortsbestimmung werden als Hauptinstrumente Winkelmess-Instrumente verwendet; die Einführung der gemessenen Winkel in die Rechnung macht einen grossen Teil dieser beiden angewandt mathematischen Fächer zur praktischen Trigonometrie.

In der sogenannten niedern Geodäsie oder praktischen Geometrie, die als Vermessungsfläche für die Horizontal- oder Lagenmessungen eine Horizontalebene voraussetzt, hat man bis vor einigen Jahrzehnten für diese Messungen auch bei grössern Figuren vielfach die graphische, planimetrische Konstruktionsmethode (auf dem Messtisch, einem horizontalliegenden Zeichentisch) angewandt; mit der fortschreitenden Verbesserung der Instrumente zum Winkelmessen und weitergehenden Ansprüchen an die Genauigkeit der Ergebnisse der Horizontalmessungen ist aber die trigonometrische Rechnungsmethode in der Form von Kleintriangulierung und Polygonisierung immer mehr in den Vordergrund getreten, immer weiter ausgedehnt und ausgebildet worden. — Spielt für diese sog. niedere Geodäsie die Trigonometrie der Ebene (oder ebene Trigonometrie) die Hauptrolle, so kommen für die sog. höhere Geodäsie, die auch für Horizontalmessungen auf die Krümmung der mathematischen Erdoberfläche Rücksicht nehmen muss, zunächst die Formeln der Trigonometrie auf der Kugel (oder sphärischen Trigonometrie) in Betracht, allerdings vielfach nur, um die Aufgaben auf entsprechende Aufgaben in der Ebene zurückzuführen. — Und die ganze sphärische Astronomie ist fast nichts als sphärische Trigonometrie; die Entwicklung der sphärischen Trigonometrie wurde durch die praktischen Bedürfnisse der sphärischen Astronomie unmittelbar veranlasst.

Auf diese beiden Zweige der angewandten Mathematik, Geodäsie und sphärische Astronomie, aus denen die Trigonometrie hervorgegangen ist und deren Hauptgrundlage sie heute bildet, speziell vorzubereiten ist die Hauptaufgabe dieses Buches, ohne dass übrigens deshalb die Beziehungen zum elementaren Teil der reinen Mathematik und zu andern Zweigen der angewandten Mathematik bei Seite gesetzt würden.

Die Trigonometrie zerfällt in zwei Hauptabschnitte, in Goniometrie und eigentliche Trigonometrie. Die Goniometrie umfasst alle Sätze über die Beziehungen zwischen den sog. goniometrischen oder trigonometrischen Funktionen von Winkeln allein; die Trigonometrie die Berechnung der ebenen und räumlichen geometrischen Figuren. Demzufolge ist im vorliegenden Buch der ganze Stoff in die drei Abschnitte:

I. Goniometrie,

II. Trigonometrie der Ebene: ebene Trigonometrie im engern Sinn und Polygonometrie,

III. Sphärische Trigonometrie

zerlegt, wobei aber Teile von II. schon in I. zu behandeln sein werden.

ABSCHNITT I.

Goniometrie nebst Teilen der ebenen Trigonometrie.

Einige Anwendungen der Goniometrie in der Algebra.

Kapitel 1.

Die trigonometrischen Funktionen spitzer Winkel.

§. 1. Erste Einführung von Masszahlen für die Winkel.

Da, wie in der Einleitung bemerkt wurde, die Trigonometrie in ihre Rechnungen auch beliebige Winkel aufzunehmen hat, so müssen für diese Winkel Masszahlen eingeführt werden, was auf verschiedene Arten geschehen kann.

1) Gradmass. Eine erste Art ist aus der Planimetrie bekannt; man denkt sich den rechten Winkel in 90 gleiche Winkel geteilt, deren jeder Grad genannt und in je 60 Minuten zu je 60 Sekunden eingeteilt gedacht wird. Die Grösse eines gewissen Winkels ist dann durch die Anzahl von Graden, Minuten, Sekunden (^{0} $'$ $''$), die er enthält, bestimmt. Man sagt, der Winkel sei in diesem Fall **„in Gradmass“** gegeben. So sind die geteilten Kreise der **Winkelmessinstrumente** eingerichtet, z. B. ist der Kreis des Instruments, mit dem Horizontalwinkel (Winkel zwischen den Horizontalprojektionen gegebener Richtungen) gemessen werden (Theodolit) in 360 Grade geteilt, die je nach dem Durchmesser des geteilten Kreises in verschieden weit gehende Unterabteilungen (halbe Grade, Drittelgrade, Sechstelgrade) zerlegt sind; die Stellung eines Zeigers (Index) (an dem um eine vertikale Axe drehbaren Oberteil des Instruments) auf dieser Teilung wird mit Hilfe besondrer Ablesevorrichtungen (an kleinern Instrumenten Nonius) schärfer abgelesen, als die Schätzung zwischen die Teilstriche hinein zulassen würde. Je nach dem Durchmesser des geteilten Kreises ist diese Ablesung oder Lesung wieder verschieden weit zu treiben, auf 1′, 30″, 20″, 10″ an kleinen Instrumenten (Teilkreisdurchmesser 10 bis 20 cm), auf 5″ bis 1″ an Instrumenten mit grössern Kreisen und feinen Ablesevorrichtungen (Mikroskopen). — Von der Planimetrie und dem Linearzeichnen her ist ferner bereits bekannt der sog. Transporteur (Auftrage-Halbkreis), der ebenfalls eine (gröbere) Gradteilung trägt; bei den sog. Regeltransporteuren (meist als „Volltransporteure" mit ganzem Kreis), bei denen um den Mittelpunkt ein Linealarm drehbar ist und die eine feinere Teilung und an jener „Regel" einen Nonius zum Ablesen oder Einstellen haben, kann die Ablesung oder Einstellung eines Winkels bis auf einige Minuten oder 1′ genau geschehen.

An Stelle der bisher besprochenen sog. alten Winkel- oder Kreisteilung (Sexagesimalteilung) wird, seit hundert Jahren, vielfach auch die sog. neue Teilung oder Centesimalteilung benutzt, bei der der rechte Winkel in 100 gleiche Teile, ebenfalls Grade genannt, zerlegt wird und jeder Grad in 100 Minuten zu je 100 Sekunden zerfällt. So lange die beiden Teilungen neben einander im Gebrauch sind, ist es notwendig, für die neue Teilung besondere Zeichen und besondere Namen zu haben. Der Centesimalgrad wird jetzt meist mit ^{g} bezeichnet, z. B. also $90° = 100^g$; $60° = 66\,^2/_3{}^g$; $30° = 33^g,3333\ldots$; $20^g = 18°\,0'\,0''$; $42^g = 37°\,48'$. Man kann, um einen möglichst kurzen Namen zu haben, den „Centesimalgrad" als Neugrad bezeichnen. Für die Unterabteilungen, Neuminute $= \frac{1^g}{100}$, Neusekunde $= \frac{1^g}{10\,000}$, ist für viele Zwecke eine besondere Bezeichnung und Benennung unnötig; wie man z. B. für die Strecke 37 Meter und 50 Centimeter nicht schreibt 37 m 50 cm, sondern 37,50 m oder $37^m,50$, so ist auch der Winkel von 48 Neugrad und 50 Neuminuten zu schreiben als $48^g,50$. Für andere Zwecke aber, z. B. in mathematischen Tabellen oder wenn kleine Winkel, z. B. $0^g,0020$ auftreten, ist eine besondere Bezeichnung auch der Unterabteilungen des Neugrads notwendig. Einigkeit über diese Bezeichnung ist bisher nicht vorhanden; in Deutschland wird neuerdings vielfach bezeichnet $0^g,01$ mit 1^c und $0^g,0001$ mit 1^{cc}, doch ist kein Grund vorhanden, die weiter verbreitete und in Druck und Schrift deutlichere Bezeichnung $0^g,01 = 1^`$ und $0^g,0001 = 1^{``}$ zu verlassen.

In diesem Buch wird im allgemeinen die noch viel allgemeiner verwendete „alte" Teilung beibehalten, gelegentlich aber doch auch von der „neuen" Teilung Gebrauch gemacht werden, die für viele Bedürfnisse der reinen und angewandten Mathematik Vorzüge besitzt. Schon mit Rücksicht auf geläufigere Vorstellung von in Gradzahlen gegebenen Winkeln u. s. f. ist es angezeigt, gleich von Anfang an wenigstens gelegentlich auch den Neugrad neben dem Grad zu verwenden.

Andere Kreiseinteilungen sind ohne Bedeutung, z. B. die schon seit mehreren hundert Jahren gelegentlich benützte, die den alten Grad beibehält, ihn aber in der Art der jetzigen „neuen“ Teilung dezimal weiter einteilt; oder die, die als Einheit für die Messung der Winkel nicht den den rechten Winkel ($= 90^\circ = 100^g$), sondern den vollen Winkel ($= 360^\circ = 400^g$) nimmt und diese Einheit dezimal einteilt: wir sind aber durch die Grundlagen unserer Geometrie, den *Pythagoräischen* Satz im rechtwinkligen Dreieck, durch das rechtwinklige Coordinatensystem u. s. f. unbedingt an den rechten Winkel als Winkelmessungseinheit gebunden und es wird deshalb von dieser Einteilungsweise im Folgenden nicht mehr die Rede sein. [1])

Diese Gradmasszahlen für einen Winkel α, die die „Grösse“ des Winkels angeben verglichen mit der „Grösse“ des rechten Winkels, genügen nun in der That unmittelbar für manche Aufgaben am Kreis, in denen mit (beliebigen) Winkeln zu rechnen ist.

Z. B. sei die 1) Aufgabe (Fig. 1): In einem Kreis vom Halbmesser 10 m ist ein Centriwinkel AOB von 62^0 gegeben; wie lang ist der Bogen AB? Antwort: Die Bogenlänge AB verhält sich zum Kreisumfang wie der Centriwinkel AOB in Graden zu 360^0, es ist also Bogen $AB = \frac{2\pi r . 62^0}{360^0}$, wo $62^0 : 360^0$ eine reine Verhältniszahl vorstellt und AB in dem Längenmass erhalten wird, in dem r genommen ist; also hier Bogen $AB = \frac{62{,}831 .. \times 62^0}{360^0}$ Meter $= 10{,}82 \ldots$ m lang.

Fig. 1.

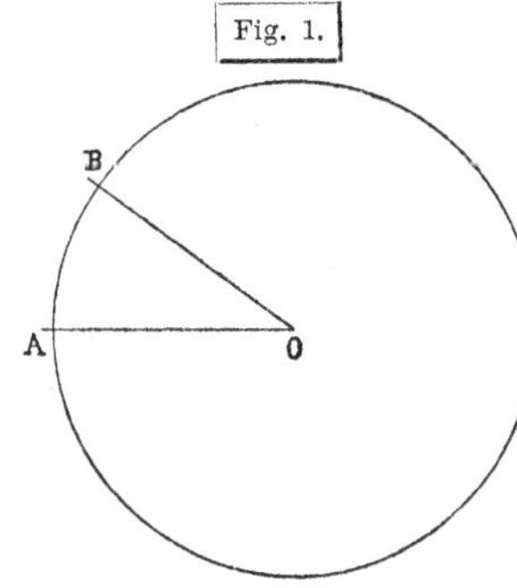

Oder 2): was ist in einem Kreis von 10 m Halbmesser der Flächeninhalt F eines Sektors AOB mit dem Centriwinkel 70 Neugrad? Antwort: Die Sektorfläche F verhält sich zur Kreisfläche wie der Centriwinkel zu einem vollen Winkel; es ist also hier

$$F = \frac{\pi r^2 . 70^g}{400^g}$$ Quadratmeter, wenn r in Metern genommen ist, oder

$$F = \frac{3{,}14159 .. \times 100 . 70}{400} = 54{,}97 \ldots \text{qm}.$$

Oder 3): was ist der Halbmesser eines Kreisumfangs, auf dem die Bogenlänge $b = 2$ m dem Centriwinkel $\alpha = 1^\circ$ entspricht? Antwort: $r = \frac{b . 360^0}{2\pi . \alpha^0}$, r in der Längeneinheit genommen, in der b gegeben ist, also hier $r = \frac{2 . 360^0}{2 . 3{,}1416 . 1^0}$ Meter $= 114{,}59 \ldots$ m.

Oder 4): was ist der Centriwinkel eines Sektors von 148 Quadratmetern Fläche im Kreis von 12 m Halbmesser? Antwort: Den Centriwinkel α^0 erhält man aus der Proportion: α^0 verhält sich zu 360^0 (oder auch α^g verhält sich zu 400^g) wie die Sektorfläche zur Kreisfläche, also

$$\alpha^0 = \frac{F}{\pi r^2} \cdot 360^0 = \frac{148\,\text{qm}}{\pi\,.\,144\,\text{qm}} \cdot 360^0 = 117^0{,}77_3\ldots = 117^0\,46'\ldots$$

$$\text{(oder auch } \alpha^g = \frac{148}{\pi\,.\,144} \cdot 400^g = 130^g{,}86\ldots).$$

Die Zahlenbeispiele geben auch schon Veranlassung zu folgender Bemerkung. Die Grössen, mit denen die praktische Trigonometrie rechnet, Längen, Flächeninhalte, Winkel u. s. f. sind keine reinen Zahlen, wie sie die Arithmetik zunächst verwendet, sondern benannte Zahlen; sie sind ferner nicht als absolut richtig anzusehen, wie die Zahlen der Arithmetik oder Analysis, sondern sie sind aus Messungen hervorgegangen oder aus gemessenen Grössen berechnet und es handelt sich nur darum, ihre Annäherung an die wahren Zahlen jedesmal so weit zu treiben, als es der zu Grund liegenden Messung selbst und dem Zweck der Rechnung entspricht. Wenn man z. B. auf dem Feld die Länge und Breite eines Rechtecks zu $a = 100{,}00$ und $b = 50{,}00$ Meter gemessen hat, jene Strecke a aber z. B. um 3 cm, die Strecke b um 2 cm unsicher ist, so hat es, dieser Messungsgrundlage entsprechend, keinen Sinn, die Diagonale des Rechtecks auf 1 mm zu berechnen, oder den Inhalt F zu 5000,0000 qm = 50,000000 a anzugeben. Wäre z. B. die Länge a „genau" richtig gemessen (z. B. auf 1 mm genau im vorliegenden Beispiel) und nur die Breite b um die 2 cm unsicher, so wäre die entstehende Unsicherheit der Fläche 100,00 . 0,02 = 2 qm; wäre umgekehrt die Breite b, im Vergleich mit den 2 cm Unsicherheit in a, sehr genau gemessen, so wäre die entsprechende Unsicherheit in F gleich 50,00 . 0,03 = 1,5 qm. Wie bei gleichzeitigem Vorhandensein der Fehler 2 und 3 cm in a und in b, die beiden Unsicherheiten 2 qm und 1,5 qm (die dritte = 0,03 × 0,02 = 0,0006 qm kommt offenbar gegen sie nicht in Betracht) sich zur Gesamtunsicherheit von F zusammensetzen, muss der Geodäsie (Fehler- und Ausgleichungsrechnung nach der Methode der kleinsten Quadrate, einer praktischen Anwendung der Differentialrechnung) überlassen bleiben. Aber es ist doch aus den Zahlen leicht zu erkennen, dass es in dem Fall des Beispiels keinen Sinn hätte, F genauer als auf 1 qm oder höchstens auf 0,1 qm anzugeben. Ohne eigene praktische Erfahrungen über die Fehler, denen die elementaren Messungen von Längen und Winkeln auf dem Felde oder die Messung der Winkel am Himmel ausgesetzt sind, kann zwar ein zutreffendes Urteil über die in jedem Fall erforderliche Rechnungsschärfe nicht gewonnen werden. Aber es genügt vorläufig die Einsicht der praktischen Notwendigkeit verschieden scharfer Rechnung unter verschiedenen Bedingungen; und selbst die elementarsten Genauigkeitsbetrachtungen an Figuren auf dem Reissbrett genügen, um z. B. die für verschiedene Zwecke notwendige verschiedene Genauigkeit der Winkelangaben und

Winkelmessungen, zu denen jetzt zurückgekehrt werden soll, zu zeigen und zugleich die Notwendigkeit, sich insbesondere über kleine Winkel und von ihnen abhängige Grössen bestimmte Vorstellungen zu verschaffen. Es sei z. B., Fig. 2, AB eine auf dem Reissbrett scharf gerade gezogene Linie. In C werde ein Lot errichtet; wie genau richtig muss der rechte Winkel hergestellt werden, wenn man das Lot auf eine Strecke $CD = 25$ cm braucht und der Endpunkt D um nicht mehr als $DD_1 = 0{,}1$ mm (seitlich von CD) unsicher werden soll? Man kann hier offenbar DD_1 als kleinen Bogen, von der Länge 0,1 mm, im Kreis von 25 cm Halbmesser ansehen, und es handelt sich um den jenem Bogen entsprechenden Centriwinkel $D_1CD = x$. Nach dem in den obigen Beispielen bereits Verwendeten hat man: Centriwinkel verhält sich zum Bogen wie der volle Winkel zum ganzen Kreisumfang oder es ist: $x^0 = \frac{0{,}1\,\text{mm}}{2\pi \,.\, 250\,\text{mm}} \cdot 360^0$; diese Gleichung liefert x in Graden. Will man x etwa sogleich in Minuten, so ist einfach rechts 60 als Faktor hinzuzufügen:

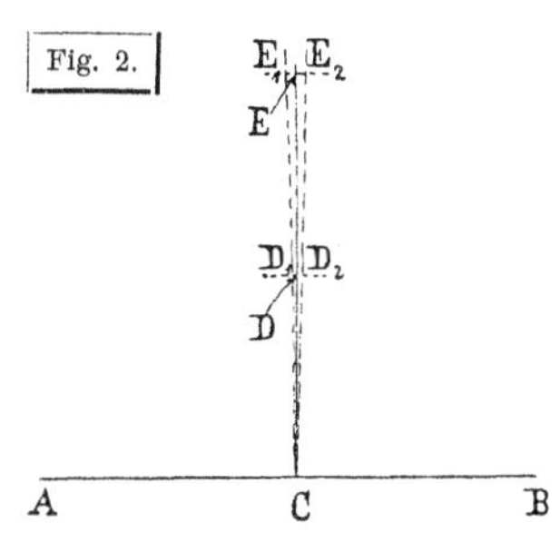

$$x' = \frac{0{,}1}{2\pi \,.\, 250}(360 \,.\, 60)' = 1',4 \text{ rund};$$

für x in Sekunden wäre

$$x'' = \frac{0{,}1}{2\pi \,.\, 250}(360 \,.\, 60 \,.\, 60)'' = 82'' \text{ rund.}$$

Würde man das Lot in C auf die doppelte Länge, $CE = 50$ cm, brauchen und für die Lage von E in der Richtung senkrecht zum Lot dieselbe lineare Unsicherheit von 0,1 mm zulassen, so müsste das Lot noch einmal so genau als vorhin errichtet, d. h. die Unsicherheit des rechten Winkels auf die Hälfte des vorigen x herabgedrückt werden; oder: dieselbe Unsicherheit x wie vorhin in der Richtung des Lotes giebt doppelte Unsicherheit des Endpunkts in der Richtung EE_1 gegen vorhin. Um, wie schon angedeutet, gleich hier wenigstens eine Vorstellung über kleinere und ganz kleine Winkel zu gewinnen, merke man, nach Ausrechnung gemäss den vorstehenden Aufgaben, dass dem **Centriwinkel**:

	Winkel		Halbmesser		Bogen	
	1^0	auf dem Kreis vom Halbmesser	1 m = 1000 mm	entspricht der Bogen	17,5 Millimeter	(abgerundet)
	$1'$	„ „ „ „ „	1 m = 1000 mm	„ „ „	0,29 „	„
auf dem Feld.	1^0	„ „ „ „ „	1 km = 1000 m	„ „ „	1,75 Meter	„
	$1'$	„ „ „ „ „	1 km = 1000 m	„ „ „	0,29 m = 29 cm	„
	$1''$	„ „ „ „ „	1 km = 1000 m	„ „ „	0,485 cm = 4,85 mm	„
*	1^0	„ „ „ „ „	0,1 m = 100 mm	„ „ „	1,75 mm	„
	$0{,}1^0 = 6'$	„ „ „ „	0,1 m = 100 mm	„ „ „	0,175 mm	„

* an geteilten Kreisen, z. B. am sog. Transporteur auf dem Reissbrett.

Mit wenigen solchen Zahlen lassen sich Fragen wie die folgenden, die der Anschauung höchst förderlich sind, sofort ohne Rechnung beantworten:

1) Wenn man den Kreis eines Winkelmessinstruments in ganze Grade zerlegen will und die Teilstriche sollen (nicht näher als) auf $1/_2$ mm zusammenkommen, wie gross muss der Halbmesser des Kreises (mindestens) genommen werden? Antwort: Der letzte Teil der Zusammenstellung gibt sofort: 2,85 cm $\left(= 10 \text{ cm} \cdot \frac{0,5}{1,75}\right)$, also Durchmesser (den man bei Teilkreisen stets angiebt) = 5,7 cm. Sollte der Kreis, bei derselben Entfernung der Teilstriche von $1/_2$ mm, in $1/_2$, $1/_3$ .. Grad geteilt werden, so wäre der Teilkreisdurchmesser 2, 3 ... mal so gross zu nehmen. Sollte der Abstand der Teilstriche 1 mm statt $1/_2$ mm werden, so wären die Durchmesser zu verdoppeln.

2) Beim Abstechen eines Punkts mit einer feinen Nadel, am Rand eines messingenen Zeichen-Halbkreises von 10 cm Halbmesser (20 cm Durchmesser) sei eine Unsicherheit von 0,09 mm (nicht ganz $1/_{10}$ mm) zu befürchten. Was ist die dadurch entstehende Unsicherheit im Centriwinkel (unter der stillschweigenden Annahme, dass der Mittelpunkt des Halbkreises mit dem Scheitelpunkt und die Nulllinie des Halbkreises mit dem einen Schenkel des zu messenden oder aufzutragenden Winkels genau zusammenfalle)? Antwort: Der letzte Teil der Zusammenstellung giebt unmittelbar: rund 3′. Wollte man auf der Zeichenebene also die so gewonnene Richtung bis auf 1 m Entfernung verlängern, so wäre die lineare Seitenunsicherheit (im Sinn von DD_1 oder EE_1 der vorigen Figur 2.) nach dem ersten Teil der Zusammenstellung rund $3 \times 0,29$ mm = etwa 0,9 mm.

3) Wenn man bei gemessenen oder berechneten Winkeln (in Feldmessungsaufgaben) bis auf 1″ rechnet, welchem Verhältnis der Seitenabweichung DD_1 zur Entfernung CD (vgl. Fig. 2.) entspricht dies? Antwort: Nach dem mittlern Teil der Zusammenstellung rund dem Verhältnis $\frac{4,85 \text{ mm}}{1000 \times 1000 \text{ mm}}$ oder rund dem Verhältnis $\frac{1}{206\,000}$; die genauere Ausrechnung giebt: dem Verhältnis $\frac{1}{206\,265}$. Auch ohne eigene Messungspraxis wird mit dieser Zahl einzusehen sein, dass eine über die Genauigkeit von 1″ in den Winkeln etwa noch hinausgehende Genauigkeit in Messung und demnach auch Rechnung den feinern und feinsten geodätischen (und astronomischen) Arbeiten wird vorbehalten bleiben müssen.

4) Man kehre die obige Zusammenstellung auch noch allgemein so um, dass man eine runde Bogenlänge, z. B. die Längeneinheit annimmt und fragt: wie lang muss der Halbmesser des Kreises sein, damit diese Bogenlänge dem Centriwinkel 1° oder 1′ oder 1″ entspricht? Was ist z. B. der Halbmesser eines Kreises, in dem die Bogenlänge 1 m = 1000 mm den angegebenen Centriwinkeln entspricht? Antwort:

1 m lang ist der Bogen von 1° Centriwinkel im Kreis von 57,3 m (rund) Halbmesser
1 m „ „ „ „ „ 1′ „ „ „ „ 3438 m „ „
1 m „ „ „ „ „ 1″ „ „ „ „ 206 265 m (abger.) „

Rund 206 000 m = 206 km ist ungefähr die Entfernung zwischen Berlin und Stralsund oder zwischen Stuttgart und Luzern; auf einem Kreisumfang mit

Stuttgart als Mittelpunkt, der etwa durch Luzern, Luneville, Wetzlar, Kelheim a. D., den Arlberg geht, ist 1″ Centriwinkel durch die Bogenlänge 1 m dargestellt; der Bogen 1 m entspricht dem Centriwinkel 10″ auf einem Kreisumfang von 10 mal kleinerem Halbmesser u. s. f.

2) Analytisches Mass der Winkel: ***Arcus.*** Die Zahlenbeispiele über Bogenlänge u. s. f. in der Mitte des Absatzes **1)** geben aber noch Veranlassung zur Aufstellung einer weitern Masszahl für Winkel, die für manche Zwecke noch einfacher als die Gradzahl, für andere Zwecke ganz unentbehrlich ist. In allen jenen Kreisbogenrechnungen, in denen der Centriwinkel α auftritt, kommen stets Ausdrücke von der Form $\frac{2\pi \cdot \alpha^0}{360^0} = \frac{\pi \cdot \alpha^0}{180^0}$ oder auch $\frac{360^0}{\alpha^0 \cdot 2\pi} = \frac{180^0}{\alpha^0 \cdot \pi}$ vor. Hier wird man den stets wiederkehrenden Bruch $\frac{180^0}{\pi}$, der also einen ganz bestimmten Centriwinkel vorstellt, zweckmässig durch eine einzige Konstante bezeichnen, für die das Zeichen ϱ Grad gewählt worden ist.[2]) Die geometrische Bedeutung dieses Centriwinkels ϱ^0 ist sehr einfach: es ist der Centriwinkel, für den die Bogenlänge gleich der Länge des Halbmessers ist. Dass es nicht auf die absolute Länge des Halbmessers ankommt ist klar; ist der Bogen AR genau so lang wie der Halbmesser AO, so dass also der Winkel $AOR = \varrho^0$ ist, so ist, wenn ein neuer Kreis OA' um O gezogen wird, auch $A'R' = OA'$, da

Fig. 3.

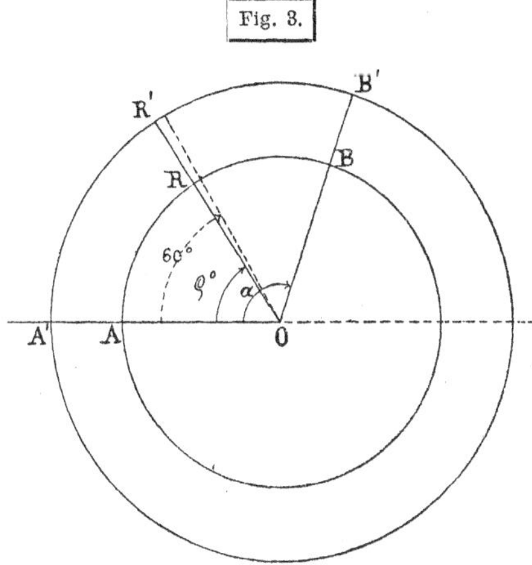

$$\frac{\text{Bogen } A'R'}{\text{Halbmesser } OA'} = \frac{\text{Bogen } AR}{\text{Halbmesser } OA} \text{ ist.}$$

Durch dieses Verhältnis von Bogenlänge zum Halbmesser kann man nun auch jeden beliebigen Winkel, z. B. den Winkel $\alpha = AOB$ (Fig. 3) angeben. Der Winkel α ist gegeben, wenn das Verhältnis der Länge des Bogens zur Länge des Halbmessers

$$\frac{\text{Bogen } AB}{\text{Halbmesser } OA} = \frac{\text{Bogen } A'B'}{\text{Halbmesser } OA'} \text{ bekannt ist.}$$

Der Winkel α ist hier dann durch eine reine Zahl (Verhältniszahl, Grösse nullter Dimension, wenn die Längen als Grössen erster Dimension bezeichnet werden) angegeben. Auch die im Absatz **1)** eingeführte

Gradzahl, das Gradmass, ist im Grund nur eine Verhältniszahl, die den anzugebenden Winkel mit dem rechten Winkel vergleicht, denn: der Winkel α ist gleich 50^0 heisst nichts andres als: er umfasst 50 Teile, deren der rechte Winkel 90 enthält; der Winkel β ist gleich $37^0 24'$ heisst: β enthält 37,4 Teile, deren der rechte Winkel 90 enthält oder $37 \times 60 + 24 = 2244$ Teile, deren der rechte Winkel $90 \times 60 = 5400$ hat; der Winkel γ ist $20^0 47' 13''$ heisst: er enthält $20 \times 60 \times 60 + 47 \times 60 + 13 = 74833$ Teile, von denen $90 \times 60 \times 60 = 324000$ auf den rechten Winkel gehen. Nur bleibt bei der Angabe des Gradmasses der zweite Teil des Verhältnisses als selbstverständlich stillschweigend weg und jene Zahlangabe ist also zu „benennen".

Die oben neu eingeführte Masszahl (reine Zahl) für den Winkel α, das Verhältnis: $\dfrac{\text{Bogenlänge für den Centriwinkel } \alpha}{\text{Halbmesser des Kreises}}$ wird nun mit ***Arcus* von** α, abgekürzt *arc* α (sprich *arcus* α) bezeichnet. Die geometrische Bedeutung von *arc* α ist klar: es ist die Bogenlänge, die im Kreis vom Halbmesser 1 dem Centriwinkel α entspricht; in dem mit der Längeneinheit (1 m oder 1 cm oder 1 km) als Halbmesser beschriebenen Kreis ist der zum Centriwinkel α gehörige Bogen *arc* α (m oder cm oder km) lang.

Man sagt durch *arc* α sei der Winkel α **„in analytischem Mass"** gegeben; oder auch **„in Halbmesserteilen"** ausgedrückt (genauer: die Bogenlänge, die dem Centriwinkel α zugehört, ist in Teilen des Halbmessers, d. h. mit dem Halbmesser als Längeneinheit, ausgedrückt). In diesem „*Arcus*"mass werden in der Analysis die Winkel gemessen, daher der Name.

Mit Hilfe der schon am Eingang dieses Absatzes **2)** eingeführten Konstanten $\varrho^0 = \dfrac{180^0}{\pi}$ (Centriwinkel, zu dem die Bogenlänge = Länge des Halbmessers gehört) sind nun schliesslich auch die Beziehungen zwischen dem „Gradmass" und dem „analytischen Mass" für die Winkel klar:

Um einen im Gradmass gegebenen Winkel in analytischem Mass auszudrücken (den *Arcus* dieses Winkels zu finden) ist die Zahl der Grade, die der Winkel enthält, mit $\varrho^0 = \dfrac{180^0}{\pi}$, oder das in Minuten ausgedrückte Gradmass des Winkels mit $\varrho' = \dfrac{(180 . 60)'}{\pi}$, oder das in Sekunden ausgedrückte Gradmass des Winkels mit $\varrho'' = \dfrac{(180 . 60 . 60)''}{\pi}$ zu dividieren; und umgekehrt:

Um aus dem gegebenen *arc* eines Winkels das dem Winkel zugehörige Gradmass (Grade, Minuten oder Sekunden) zu erhalten, ist der *arc* mit ϱ (ϱ^0, ϱ' oder ϱ'') zu multiplizieren.

Die Zahlenwerte von ϱ (Centriwinkel, dessen Bogenlänge gleich der Länge des Halbmessers ist; Winkel, dessen *Arcus* $= 1$ ist) sind dabei (die Zahlen sind transcendent, weil π keine algebraische Zahl ist, und müssen also eben für die Rechnung an geeigneter Stelle abgebrochen werden):

	5stellige Log.
$\varrho^0 = \frac{180^0}{\pi} =$ **57⁰,29578**..(auf 0⁰,1 abgerundet **57⁰,3**)	**1.75812**
$\varrho' = \frac{(180\,.\,60)'}{\pi} =$ **3437,'74**.. (auf 1' abgerundet **3438'**)	**3.53627**
$\varrho'' = \frac{(180\,.\,60\,.\,60)''}{\pi} =$ **206264,8''**. (auf 1'' abger. **206265''**)	**5.31443**

Dass ϱ^0 wenig kleiner als 60^0 sich ergeben muss, ist klar: für den Centriwinkel 60^0 ist die Sehne gleich der Halbmesserlänge; der Centriwinkel, dessen Bogen gleich dem Halbmesser ist, wird also wenige Grad kleiner sein, vgl. Fig. 3.

Beispiele. Die logarithmische Rechnung in den folgenden Beispielen wird ohne weitere Erläuterung verständlich sein.

1) $\alpha = 73^0\,6'$; es ist $arc\,\alpha$? $\alpha = 73^0{,}1$, also $arc\,\alpha = \frac{73^0{,}1}{57^0{,}296}$

$$\begin{array}{l}\log 73^0{,}1 = 1.86\,392\\ \log \varrho^0 = 1.75\,812\\ \hline \log(arc\,\alpha) = 0.10580 \mid arc\,\alpha = 1{,}2758\,..\end{array}$$

2) $\beta = 127^0\,13'$; gesucht $arc\,\beta$. Es ist $\beta = 127 \times 60 + 13 = 7633'$,

also $arc\,\beta = \frac{7633'}{3437',7\,..}$

$$\begin{array}{l}3.88\,270\\ 3.53\,627\\ \hline 0.34\,643 \mid arc\,\beta = 2{,}2204\,..\end{array}$$

3) $\gamma = 10^0\,25'\,47''$; $arc\,\gamma = ?$ Man hat $\gamma = (10 \times 3600 + 25 \times 60 + 47)'' =$ $5147''$, somit $arc\,\gamma = \frac{5147''}{206265''}$

$$\begin{array}{l}3.71\,155\\ 5.31\,443\\ \hline 8.39\,712 - 10 \mid arc\,\gamma = 0{,}024953.\end{array}$$

4) $arc\,\delta = 1{,}2358$; was ist δ in Gradmass?

$\log arc\,\delta = 0.09\,195$	$\log arc\,\delta = 0.09\,195$	$\log arc\,\delta = 0.09\,195$
$\log \varrho^0 = 1.75\,812$	$\log \varrho' = 3.53\,627$	$\log \varrho'' = 5.31\,443$
$\log(\delta^0) = 1.85\,007$	$\log(\delta') = 3.62\,822$	$\log(\delta'') = 5.40\,638$
$\delta^0 = 70^0{,}807$	$\delta' = 4248',4$	$\delta'' = 254906''$
$\delta = 70^0\,48'\,25''$	$\delta = 70^0\,48'\,24''$	$\delta = 70^0\,48'\,26''$

Die Abweichungen in den $''$ von δ rühren von den Abrundungsfehlern in der 5. Dezimalstelle der Logarithmen her.

Eine vollständige Logarithmentafel enthält auch eine Tafel der *arc* mit dem Gradmass als Argument; Rechnungen wie die vorstehenden werden durch eine solche Tafel entbehrlich gemacht. Die Herstellung (Berechnung) der Tafel ist nach dem Vorstehenden eine sehr einfache Sache; man kann sie, da bei gleichförmig fortschreitendem Argument (Winkel in Gradmass) der Tafelwert (*Arcus*) ebenfalls gleichmässig fortschreitet, durch fortgesetzte Addition (oder durch „Interpolation mit ersten Differenzen") bilden: denkt man sich z. B. den $arc\,1^0$ genügend genau berechnet (z. B. bei beabsichtigter 5-stelliger Tafel auf etwa 9 oder 10 Stellen), so dass auch 100fache Vervielfältigung des Arguments und des Tafelwerts diesen nicht mehr um eine Einheit der gewünschten letzten Dezimalstelle unsicher macht, so erhält man alle Zahlen der zu berechnenden Tafel durch Benützung der Gleichungen:

$$arc\,(n^0) = n\,.\,arc\,1^0\;;\quad arc\left(\frac{1^0}{m}\right) = \frac{1}{m}\,.\,arc\,1^0;$$

$$arc\,(p+q)^0 = arc\,p^0 + arc\,q^0;\ \text{u. s. f.}$$

Eine dreistellige *Arcus*-Tafel (für gröbere Rechnungen) für jeden ganzen Grad zwischen 0^0 und 90^0 findet sich am Schluss des Buchs; es mögen hier nur einige wenige Zahlen etwas schärfer angegeben werden:

Zusammenstellung einiger zusammengehörender Winkelwerte in Gradmass und in analytischem Mass (*arc*):

Gradmass	*Arcus* (abger. auf 5 Dez.-St.)	*Arcus*	Gradmass (abgerundet auf 1″)
0^0	0,00 000	0,00 000	$0^0\ 0'\ 0''$
30^0	$\frac{\pi}{6} = 0{,}52\,360$	0,00 001	$0^0\ 0'\ 2''$ (genau $2'',06\,265$)
45^0	$\frac{\pi}{4} = 0{,}78\,540$	0,00 010	$0^0\ 0'\ 21'' = \frac{1}{10\,000}\,\varrho$
60^0	$\frac{\pi}{3} = 1{,}04\,720$	0,00 100	$0^0\ 3'\ 26'' = \frac{1}{1\,000}\,\varrho$
90^0	$\frac{\pi}{2} = 1{,}57\,080$	0,50 000	$28^0\ 38'\ 52'' = \frac{1}{2}\,\varrho$
		1,00 000	$57^0\ 17'\ 45'' = \varrho$
180^0	$\pi = 3{,}14\,159$	1,50 000	$85^0\ 56'\ 37'' = 1\frac{1}{2}\,\varrho$
270^0	$\frac{3\,\pi}{2} = 4{,}71\,239$	2,00 000	$114^0\ 35'\ 30'' = 2\,\varrho$
360^0	$2\,\pi = 6{,}28\,319$	3,00 000	$171^0\ 53'\ 14'' = 3\,\varrho$
		. . . . .	. . . .

Ferner ist:

	5-stell. Log. (s. oben)
$arc\,1^0 = \frac{1^0}{\varrho^0} = 0{,}017\,453\ldots$	8 . 24 188 — 10
$arc\,1' = \frac{1'}{\varrho'} = 0{,}000\,290\,888\,..$	6 . 46 373 — 10
$arc\,1'' = \frac{1''}{\varrho''} = 0{,}000\,004\,848\,..$	4 . 68 557 — 10 ;

oder auch, um zu dem Ausdruck „in Halbmesserteilen" auch hier bei den Zahlen ϱ noch eine geometrische Erläuterung zu haben: Teilt man den Halbmesser eines Kreises in 57,296 . .; 3438 . .; 206 265 gleiche Teile, so stellt einer dieser Teile die Länge des Bogens vor, der in diesem Kreis dem Centriwinkel 1^0; $1'$; $1''$ entspricht.

Für jede Sekunde, die ein Winkel wächst, vergrössert sich nach der letzten Tabelle sein *arc* um 0,000 004 848 . . . (oder für je $1'$ um 0,000 290 888 . . . u. s. f.); für je 0,000 01 Vergrösserung des *Arcus* nimmt, nach der vorletzten Tabelle, der Winkel um $2''$,062 65 zu (für je 0,0001 um $20''$,6265 u. s. f.)

Für Neue Teilung lauten die Zahlen ϱ (Winkel, dessen *Arcus* = 1 ist, auf 1`` abgerundet) nebst ihren 5-stelligen Logarithmen so:

		5-stellige Log.
$\varrho^g = \frac{200^g}{\pi}$	$= 63^g,66\,20$	1 . 80 388
$\varrho^{`} = \frac{(200\,.\,100)^{`}}{\pi}$	$= 63\,66^{`},20$	3 . 80 388
$\varrho^{``} = \frac{(200\,.\,100\,.\,100)^{``}}{\pi}$	$= 63\,66\,20^{``}$	5 . 80 388

Man rechne ähnliche Beispiele, wie sie oben für alte Teilung angeführt sind, auch für neue Teilung aus.

Dieses hier in **2)**, neben dem Gradmass (vgl. **1)**), eingeführte Winkelmass, der *Arcus*, scheint nun zunächst nur die Rechnungen am Kreise, wie sie z. B. in **1)** angeführt sind, zu vereinfachen; der *Arcus* beliebiger Winkel und die Zahlen ϱ (Winkel, dessen *Arcus* = 1 ist; Centriwinkel, dessen Bogenlänge = der Länge des Halbmessers ist) haben aber eine viel allgemeinere Bedeutung; sie stellen in der Goniometrie und Trigonometrie die Verbindung zwischen Geometrie und Arithmetik her: in der ganzen Analysis kommen die Winkel nicht in Graden, sondern als *arc* vor; siehe darüber später bei der Berechnung der goniometrischen Funktionen.

§ 2. Weitere Masszahlen für die Winkel. Einführung der goniometrischen Funktionen *sin* und *cos* spitzer Winkel.

1) Sehnenmass der Winkel: die Funktion *chord*.

Wir stellen uns folgende Aufgabe: Im Punkt O der in der Zeichnungsebene gezogenen Geraden ON (Fig 4) soll an dieser Geraden, ohne Benützung des sog. Transporteurs, vielmehr nur mit Benützung eines guten Massstabs, der in Gradmass gegebene Winkel NOQ, z. B. $\beta = 37^0\,15'$, angelegt werden. Versuchen wir den im vorigen § eingeführten *arc* zu verwenden: nach der *arc*-Tabelle am Schluss des Buchs ist

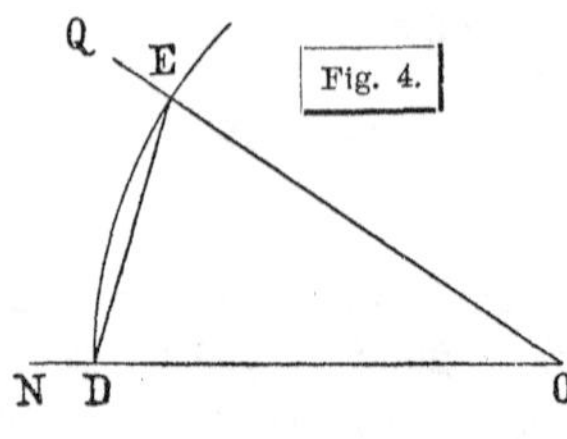

$$arc\ 37^0 = 0{,}646$$
$$arc\ 38^0 = 0{,}663, \quad \text{somit auf}$$

drei Stellen: $arc\ 37^0\,15' = 0{,}646 + \frac{1}{4} \,.\, 0{,}017 = 0{,}650.$

Diese Zahl könnte nach Bedarf direkt schärfer ausgerechnet werden gemäss:

$$arc\ 37^0\,15' = \frac{37^0{,}25}{\varrho^0} \quad \text{oder} = \frac{2235'}{\varrho'}$$

$2235'$	3.3493	
ϱ'	3.5363	
$arc\,\beta$	9.8130 — 10	$arc\,\beta = 0{,}6501\ldots$

Schlagen wir also um O einen Kreis mit der Längeneinheit als Halbmesser, so ist der dem Winkel β entsprechende Bogen dieses Kreises 0,6501 lang; nehmen wir z. B. von einem guten Millimeter-Massstab den Halbmesser = 100 mm (oder 200 mm) so ist der Bogen des Winkels β auf diesem Kreis 100 . 0,650 = 65,0 mm (oder 200 . 0,650 = 130,0 mm) lang zu machen. DE sei dieser Kreis; nun kann man aber die Bogenlänge auf ihm mit Zirkel und Massstab nicht genau auftragen und unsere Verhältniszahlen *arc* versagen also bei der Lösung dieser Aufgabe.

Der nächstliegende Gedanke ist nun offenbar der: hätte man statt der *Arc*-Tafel eine Tafel der Sehnenlängen (ebenfalls wie die *Arc*-Tafel, für den Halbmesser 1 berechnet), so wäre die Aufgabe sehr einfach zu lösen; man hätte dieser Tafel nur die Sehnenlänge (im Kreis vom Halbmesser 1) für den Winkel β zu entnehmen, um O den Kreis mit dem Halbmesser OD gleich der Längeneinheit zu beschreiben und in ihm die Sehne DF gleich der der Tafel entnommenen Anzahl von Längeneinheiten einzustechen.

Die Herstellung einer solchen Tafel der Sehnenlängen ist mühsamer, als die der *Arcus*-Tafel. Die Länge der Sehne des Centriwinkels β im Kreis vom Halbmesser 1 sei mit *chord* β bezeichnet (*Chorde, chorda* von β, von andern mit *subt* β = *Subtensa* von β bezeichnet); sprich: *Chorde* β. Man nennt dann den zu dem Winkel β gehörigen Wert *chord* β eine Funktion von β, indem man sich β veränderlich und zu jedem Wert von β den zugehörigen Wert *chord* β aufgestellt denkt.

In der Mathematik heisst eine Grösse eine Funktion einer andern (des Arguments), wenn einer bestimmten Veränderung (Zu- oder Abnahme) dieses Arguments eine nach einem bestimmten, eben dieser speziellen Funktion eigentümlichen mathematischen Gesetz sich vollziehende Veränderung (Zu- oder Abnahme) jener ersten Grösse entspricht. Ohne den von der Elementarmathematik her nun noch nicht bekannten Begriff der veränderlichen Grösse oder „Variablen" lässt sich der Begriff Funktion nicht definieren. Das allgemeine Zeichen einer (willkürlich gedachten) Funktion ist f oder auch g u. s. f.; $y = f(x)$ bedeutet also: y ist eine Funktion von x. Dabei heisst x die unabhängige Veränderliche oder Variable (oder das Argument), y die (gemäss f) davon abhängige Veränderliche oder Variable; x kann man sich beliebig verändert denken, y verändert sich damit aber so, wie es die Gleichung $y = f(x)$ verlangt, für jedes andere spezielle f anders. Man beachte schon hier, dass mit dieser Definition eigentlich ein Begriff der Mechanik eingeführt ist: x verändert sich stetig durch das und das Intervall hindurch, es „durchläuft" das Intervall zwischen den und den Zahlen kann nur geometrisch-mechanisch durch eine Bewegung gedeutet werden. Eine Strecke als veränderliche Grösse bedeutet, dass ein Punkt auf einer Geraden sich hin- und herbewegt (der eine Endpunkt der Strecke festgehalten wird, der andere sich verändert); ein Winkel als veränderliche Grösse bedeutet, dass der eine Schenkel eines Winkels festgehalten wird und der andere sich dreht.

Für einige bestimmte Winkelwerte β sind die Werte dieser unserer zuerst versuchten Funktion *chord* β, die uns zur Rechnung mit β dienen soll, aus der Planimetrie bekannt. Denken wir uns β für unsere jetzigen Zwecke durchaus in Gradmass, nicht in analytischem Mass, also z. B., wenn β ein rechter Winkel ist, $\beta = 90^0$, nicht $\beta = \frac{\pi}{2}$, so sind aus der Geometrie unmittelbar folgende Zahlenwerte (vgl. Fig. 5) bekannt: der Kreis hat den Halbmesser 1; für den Centriwinkel 60^0 ist die Sehne gleich dem Halbmesser, also $= 1$, somit *chord* $60^0 = 1$; für den Centriwinkel 90^0 hat man

Fig. 5.

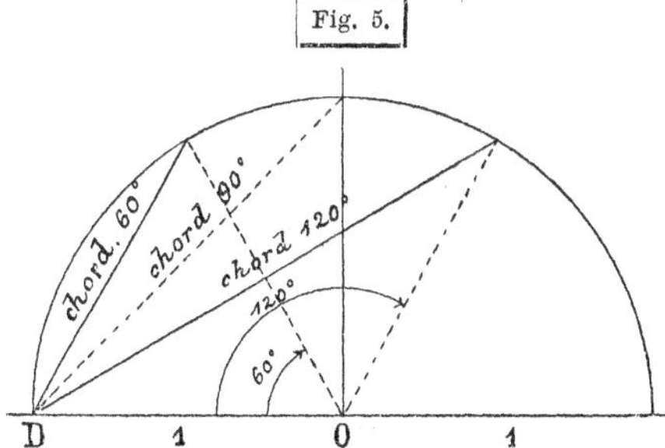

chord $90^0 = \sqrt{2} = 1{,}4142\ldots$; für den Centriwinkel 120^0 ist, wie die Figur zeigt, die *chord* gleich der doppelten Höhe eines gleichseitigen Dreiecks mit der Seite 1, d. h. es ist

chord $120^0 = 2 \cdot \frac{1}{2} \cdot \sqrt{3} = \sqrt{3} = 1{,}732\,05\ldots$; (auch so: *chord* 120^0 ist die Seite eines gleichseitigen Dreiecks, in dem $\frac{2}{3}$ der Höhe gleich 1 ist); für den Centriwinkel 180^0 hat man *chord* $180^0 = 2$. Dies wären einige Grundwerte für eine *Chord*-Tafel; durch fortgesetzte Halbierung der Winkel 90^0 und 60^0 kann man die *chord* von 45^0, 30^0; $22\frac{1}{2}^0$, 15^0; ... finden: es ist dies die aus der arithmetrischen Geometrie bekannte Aufgabe, aus der Seite des einem Kreis eingeschriebenen Quadrats oder regelmässigen Sechsecks die Seite des demselben Kreis angehörigen regelmässigen Acht-, Sechzehn-...; Zwölf-, Vierundzwanzig...-Ecks zu finden. Die ebenfalls leicht zu berechnenden ersten, zweiten, dritten... Diagonalen dieser regelmässigen Polygone geben dann die *chord* für die ganzen Vielfachen von z. B. $22\frac{1}{2}{}^0$, 15^0 u. s. f. Auch für 36^0 ist die Sehne leicht zu finden. [Seite des dem Kreis eingeschriebenen regelmässigen Zehnecks; goldener Schnitt des Halbmessers; Resultat *chord* $36^0 = \frac{1}{2}(\sqrt{5}-1)$] u. s. w. Es hat für unsern Zweck nichts zu sagen, dass thatsächlich auf diesem mühsamen Weg die Tafel nicht wirklich berechnet werden muss; es genügt vorläufig die Einsicht, dass man sie sich so verschaffen könnte.

Eine, wie die am Schluss des Buchs stehende *Arcus*-Tafel, dreistellige Tafel der *chord* für jeden ganzen Grad von 0^0 bis 180^0 ist hier angeschrieben.

Tafel der Funktion *chord* α für α in Graden.

α^0	*chord* α	α^0	*chord* α	α^0	*chord* α	α^0	*chord* α	α^0	*chord* α	α^0	*chord* α
0	0,000	**30**	0,518	**60**	1,000	**90**	1,414	**120**	1,732	**150**	1,932
1	0,017	31	0,534	61	1,015	91	1,427	121	1,741	151	1,936
2	0,035	32	0,551	62	1,030	92	1,439	122	1,749	152	1,941
3	0,052	33	0,568	63	1,045	93	1,451	123	1,758	153	1,945
4	0,070	34	0,585	64	1,060	94	1,463	124	1,766	154	1,949
5	0,087	35	0,601	65	1,075	95	1,475	125	1,774	155	1,953
6	0,105	36	0,618	66	1,089	96	1,486	126	1,782	156	1,956
7	0,122	37	0,635	67	1,104	97	1,498	127	1,790	157	1,960
8	0,140	38	0,651	68	1,118	98	1,509	128	1,798	158	1,963
9	0,157	39	0,668	69	1,133	99	1,521	129	1,805	159	1,967
10	0,174	**40**	0,684	**70**	1,147	**100**	1,532	**130**	1,813	**160**	1,970
11	0,192	41	0,700	71	1,161	101	1,543	131	1,820	161	1,973
12	0,209	42	0,717	72	1,176	102	1,554	132	1,827	162	1,975
13	0,226	43	0,733	73	1,190	103	1,565	133	1,834	163	1,978
14	0,244	44	0,749	74	1,204	104	1,576	134	1,841	164	1,981
15	0,261	45	0,765	75	1,218	105	1,587	135	1,848	165	1,983
16	0,278	46	0,781	76	1,231	106	1,597	136	1,854	166	1,985
17	0,296	47	0,797	77	1,245	107	1,608	137	1,861	167	1,987
18	0,313	48	0,813	78	1,259	108	1,618	138	1,867	168	1,989
19	0,330	49	0,829	79	1,272	109	1,628	139	1,873	169	1,991
20	0,347	**50**	0,845	**80**	1,286	**110**	1,638	**140**	1,879	**170**	1,992
21	0,364	51	0,861	81	1,299	111	1,648	141	1,885	171	1,994
22	0,382	52	0,877	82	1,312	112	1,658	142	1,891	172	1,995
23	0,399	53	0,892	83	1,325	113	1,668	143	1,897	173	1,996
24	0,416	54	0,908	84	1,338	114	1,677	144	1,902	174	1,997
25	0,433	55	0,923	85	1,351	115	1,687	145	1,907	175	1,998
26	0,450	56	0,939	86	1,364	116	1,696	146	1,913	176	1,999
27	0,467	57	0,954	87	1,377	117	1,705	147	1,918	177	1,999
28	0,484	58	0,970	88	1,389	118	1,714	148	1,923	178	2,000
29	0,501	59	0,985	89	1,402	119	1,723	149	1,927	179	2,000
30	0,518	**60**	1,000	**90**	1,414	**120**	1,732	**150**	1,932	**180**	2,000

Diese Tafel der Werte der *chord* (Sehnentafel, Sehnenlängen im Kreis vom Halbmesser 1, Verhältniszahlen der Sehnenlängen im Kreis von beliebigem Halbmesser zur Länge des Halbmessers) macht nun die am Anfang dieses § aufgestellte Aufgabe sehr einfach: für $\beta = 37^0\,15' = 37^1/_4{}^0$ entnimmt man der Tafel $chord\,\beta = 0{,}635 + \frac{1}{4} \cdot 0{,}016 = 0{,}639$. Schlägt man also um O mit dem von gutem Millimetermassstab entnommenen Halbmesser $OD = 100{,}0$ mm einen Kreis, so ist, um den zweiten Schenkel von β zu erhalten, nur mit dem Zirkel auf jenem Massstab die Strecke 63,9 mm abzunehmen und in den Kreis als Sehne DE einzulegen. Dies ist in der That das bequemste und sicherste Mittel, um einen in Graden gegebenen Winkel zu Papier zu bringen. Die *Chord*-Tafel erleichtert denn auch alle Rechnungen am Kreis, bei denen die Länge der Sehne in Betracht kommt. Sie war ferner in Wirklichkeit die erste goniometrische Tafel; die Trigonometrie der Griechen (*Hipparch*, *Menelaus*, *Ptolemäus*) hat sich einer solchen Sehnentafel bedient (z. B. dachte sich *Ptolemäus* den Halbmesser des Kreises in 60 gleiche Teile zerlegt und gab dann die Zahlen für die *chord* der Winkel in solchen Teilen und deren sexagesimalen Unterteilen an). Jedoch führt eben nur bei einzelnen Aufgaben am Kreise die Benützung einer Sehnentafel zu einer einigermassen bequemen Rechnung und die *Chorden*-Tafel ist jetzt in der Goniometrie und Trigonometrie ersetzt durch die Tafeln der goniometrischen oder Kreisfunktionen, die in der folgenden Nummer einzuführen sein werden.

Gleichwohl verlohnt es sich, bei der *Chord*-Tafel, zu der wir auf ganz natürlichem Weg geführt worden sind, noch etwas zu verweilen. Vor allem bemerkt man beim Durchgehen der Tafel, dass die Veränderung der Funktion $chord\,\alpha$ mit der Veränderung von α nigends mehr genau gleichen Schritt hält, wie dies bei der Tafel der Funktion $arc\,\alpha$ (vgl. die Tafel im Anhang) streng zutraf. Während z. B. am Anfang der Tafel, für die ersten Grade von $\alpha = 0^0$ an, die Differenz zwischen aufeinanderfolgenden Funktionswerten (also hier für eine Vergrösserung des Arguments um je 1^0) 0,017 bis 0,018 beträgt, im Mittel 0,0175, ist diese Differenz in der Nähe von 90^0 auf 0,012, in der Nähe von 120^0 auf die Hälfte jener ersten Differenz (auf 0,009) gesunken und nimmt bei den letzten Graden der Tafel, von 175^0 an, vollends rasch auf 0 ab. Dies ist geometrisch aus der Figur 5 sofort zu verstehen und diese einfache Anschaulichkeit allein schon, die der von der Arithmetik her bekannten Tabelle der Zahlenlogarithmen zunächst fehlt, macht die vorstehende Tafel für uns hier wertvoll. Diese Differenzen selbst, die in der dreistelligen Tafel für einige wenige aufeinanderfolgende Grade konstant bleiben und sich also nur sehr langsam verändern, zeigen auch, dass man, wie es vorhin schon geschehen und aus der Tafel der Zahlenlogarithmen bekannt ist, auch noch in einer solchen Tafel linear interpolieren darf, wenn das Argument der Tafel genügend kleines Intervall hat.

Denken wir uns nun die Benützung der Tafel umgekehrt, nämlich so: es ist die Zahl $chord\,\gamma$ gegeben, man sucht aus der Tafel den Winkel γ. Die letzten Bemerkungen haben klar gemacht, dass eine *Chord*-Tafel mit einer bestimmten Zahl von Dezimalstellen, 3, 4, 5 . . ., den Winkel γ nicht überall gleich scharf liefert, was auch *chord* γ und γ seien, im Gegensatz zu der gleichmässig fortschreitenden *Arcus*-Tafel. Ist z. B. gegeben *chord* $\gamma = 0{,}318$, so fällt in unserer 3stelligen *Chord*-Tafel γ zwischen 18^0 und 19^0, und zwar ist, da die Tafel-Differenz daselbst sehr konstant 17 Einheiten der dritten Dezimalen beträgt, $\gamma = 18^0 + \frac{5}{17} \cdot 1^0$; ist der Wert von *chord* γ ein Messungswert oder eine aus Messungen berechnete Zahl, also einer bestimmten Unsicherheit ausgesetzt, so lässt sich der Einfluss dieser Unsicherheit auf γ nach dem zuletzt Angeschriebenen abschätzen: er beträgt so viele Siebenzehntel eines Grads, als *chord* γ um Einheiten der dritten Dezimalen unsicher ist. Ist aber gegeben *chord* $\delta = 1{,}829$, so ist damit $\delta = 132^0 + \frac{2}{7} \cdot 1^0$ viel weniger scharf bestimmt, wenn die gegebene Zahl einer bestimmten Unsicherheit (derselben, wie soeben bei γ z. B.) unterliegt; denn δ wird um so viele Siebentel eines Grads falsch, als *chord* δ Einheiten der dritten Stelle falsch ist.

Zu alledem ist auch, wie schon angedeutet, die geometrische Anschauung an Fig. 5 heranzuziehen: je näher der Winkel 180^0 kommt, desto schlechter wird arithmetisch die Bestimmung des Winkels aus seinem gegebenen Funktionswert *chord* und dem entspricht geometrisch schlechte Bestimmung des Punkts auf dem Kreisumfang durch Einlegen der Sehne von D aus, oder „schiefer Schnitt“ der beiden Bögen (Kreis um O und Bogen [mit der *Chord* des Winkels] um D), als deren Schnittpunkt der gesuchte Kreispunkt entsteht. Man suche insbesondere den vorhin angegebenen Differenzengang für einige Hauptwerte: bei 0^0, 90^0, 120^0 durch den Schnittwinkel dieser beiden Bögen sich geometrisch vollständig zu deuten (Differenz halb so gross bei 120^0 als bei 0^0 s. o., u. s. f.). Diese Dinge sind als Vorbereitung für künftige wichtigere Tafeln von Wert.

Lehrreich ist ferner der Vergleich der *Chord*-Tafel mit der *Arcus*-Tafel; dass *chord* α stets kleiner ist, als *arc* α ist geometrisch unmittelbar klar. Dem Wert *chord* $\alpha = 1$ entspricht der Winkel $\alpha = 60^0$, dem Wert *arc* $\beta = 1$ der Wert $\beta = 57^0{,}3$; *arc* 90^0 ist $= \frac{\pi}{2} = 1{,}5708\ldots$, *chord* $90^0 = \sqrt{2} = 1{,}4142\ldots$ und für noch grössere Winkel nimmt der Unterschied beider Funktionen rasch immer stärker zu. Geometrisch ist auch klar, dass für klein werdenden Winkel der Unterschied beider Funktionen (Unterschied zwischen Bogen und Sehne) rasch unbedeutend werden wird; z. B. lauten die Zahlen für 30^0 noch 0,524 und 0,518, für 20^0 ist die Differenz schon auf 0,002 gesunken und sie beträgt von 15^0 an abwärts kein volles Tausendstel mehr.

Endlich legt die oben angedeutete Ableitung dieser *Chord*-Tafel und ihre geometrische Deutung den Versuch nahe, Beziehungen zwischen den *chord* verschiedener Winkel aufzustellen und auch dieser Versuch ist als Vorübung für Späteres wertvoll. Als solche Übungen mögen hier folgende Sätze stehen:

1) Was ist $(\textit{chord}\ \alpha)^2 + (\textit{chord}\ [180^0 - \alpha])^2$?

Antwort: 4, da die Summe der Quadrate der Sehnen zweier sich zu 180^0 ergänzender Centriwinkel das Quadrat des Durchmessers giebt. Mit *chord* 30^0 ist also z. B. auch *chord* 150^0 bestimmt, mit *chord* $60^0 = 1$ auch *chord* $120^0 = \sqrt{4-1} = \sqrt{3}$ wie oben.

2) Wie ist *chord* 30^0 zu bestimmen mit Benützung von *chord* $60^0 = 1$?

Antwort: Auf mehrere Arten; nach der Figur ist z. B. *chord* 30^0 die Hypotenuse eines rechtwinkligen Dreiecks, dessen Katheten $1/2 = 1/2$ *chord* 60^0 und $(1 - \frac{1}{2}\sqrt{3})$ sind, also $(chord\,30^0)^2 = \frac{1}{4} + 1 - \sqrt{3} + \frac{3}{4} = 2 - \sqrt{3}$ und $chord\,30^0 = \sqrt{2 - \sqrt{3}}$; die Ausrechnung giebt den in der Tafel angegebenen Wert 0,51764. Was ist also *chord* 15^0? Antwort: Nach 1) ist:

$$(chord\,150^0)^2 = 4 - 2 + \sqrt{3}, \quad \text{also } chord\,150^0 = \sqrt{2 + \sqrt{3}} = 1{,}9319.$$

3) Was ist *chord* 45^0? Antwort: $\sqrt{2 - \sqrt{2}}$.

4) Auszurechnen: *chord* 15^0; *chord* $22\frac{1}{2}^0$; *chord* 165^0.

5) Wie kann man *chord* 36^0, *chord* 72^0 berechnen? Mit Hilfe des vom goldenen Schnitt gelieferten Dreiecks; man erinnere sich der geometrischen Sätze über die Seite des regelmässigen Zehn- und Fünfecks.

Mit der Funktion *chord* umfasst der Winkelbereich für die Rechnung, wie die Figur andeutet, zunächst Winkel bis zu 180^0.

2) Die goniometrischen Funktionen. Die Verhältniszahlen *chord* $\left(= \frac{\text{Sehne des Centriwinkels}}{\text{Halbmesser}}\right)$ zeigten sich, wie schon erwähnt, bald als zur Behandlung weiterer Aufgaben, in denen Winkel in die Rechnung einzuführen sind, wenig geeignet. Kehren wir nochmals zu der Aufgabe am Anfang der vorigen Nummer **1)** zurück und suchen wir sie durch Benützung anderer Verhältniszahlen zu lösen: es ist (Fig. 6) in O an ON der in Gradmass gegebene Winkel NOQ anzulegen. Wir wollen uns dabei vorläufig auf den Fall beschränken, dass $\beta < 90^0$ sei. Es sei wieder um O der Kreis mit dem Halbmesser OD gleich der Längeneinheit beschrieben, auf dessen Umfang also der Punkt E so zu bestimmen ist, dass der Winkel EOD gleich dem in Gradmass gegebenen β wird. Wenn wir die Benützung der Sehne DE verlassen wollen, so ist das nächst Einfache die Überlegung: fällt man von E auf OD das Lot EF, so wäre der Punkt E sofort zu bestimmen, wenn man eine Zahlentafel hätte, die die Werte von EF (der Kreis hat den Halbmesser $OD = 1$; bei beliebigem Halbmesser wären die Tafelwerte die Werte $\frac{EF}{\text{Halbmesser}}$)

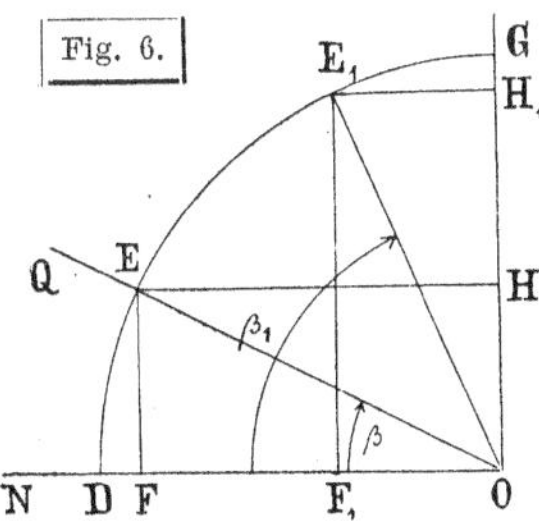

mit β als Argument liefern würde: man hätte nur in dem, nach dieser Tafel dem Winkel β entsprechenden Abstand EF eine Parallele zu OD zu ziehen, um den Punkt E zu finden. Man könnte den Punkt E ferner ebenso einfach bestimmen, wenn man eine weitere Tabelle der Zahlen OF (wenn der Kreis beliebigen Halbmesser hat, der Werte $\frac{OF}{\text{Halbmesser}}$) mit β als Argument hätte. Man hätte OF abzumessen und dort das Lot FE zu errichten, d. h. die Parallele zu OG zu ziehen. Beide Bestimmungsweisen sind offenbar im wesentlichen identisch: ob man OH gleich dem zu β gehörigen Tafelwert aus der ersten Tabelle abmisst und die Parallele zu OD zieht oder OE gleich der β entsprechenden Zahl aus der zweiten Tabelle nimmt und die Parallele zu OG zieht, ist zunächst gleichgiltig, beide Tabellen oder beide Linien führen zum Punkt E. Denkt man sich die erste Tabelle (Zahlen für $\frac{EF}{\text{Halbmesser}}$ mit β als Argument) für alle Werte von β zwischen 0^0 und 90^0 aufgestellt, so sieht man zudem, dass man damit zugleich die zweite Tabelle (Zahlen für $\frac{OF}{\text{Halbmesser}}$) hat, wenn man nur für die zweite Tabelle statt β das Argument $(90^0 - \beta)$ setzt. Wenn man ferner das in der vorigen Nummer **1)** über den Schnitt der beiden Bestimmungslinien für einen Punkt, d. h. also hier des Kreisumfangs und einer der Parallelen zu OD oder zu OG und über die Differenzen der dortigen Tabelle Gesagte beachtet, so erkennt man auch noch, dass es zur Bestimmung der Lage des Punkts E auf dem Kreisumfang vorteilhaft sein wird, sich derjenigen von beiden Tabellen zu bedienen, die den besten Schnitt liefert: in der ersten Tabelle werden die Differenzen der Tabellenwerte, für gleichmässig fortschreitendes Argument β, gegen das Ende der Tafel, d. h. wenn β sich dem Betrag 90^0 nähert, sehr klein und dasselbe trifft also für die zweite Tabelle zu, so lange β sich nicht weit von 0 entfernt; für den Fall $\beta = 45^0$ wird die Benützung beider Tabellen gleich günstig sein (Schnittwinkel der Bestimmungslinien 45^0). Sonst wird, anders ausgedrückt, der Schnittwinkel der beiden Linien zur Bestimmung des Punktes E, (Kreisumfang und Parallele zu OD oder zu OG) bei Benützung der $\left\{\begin{matrix}\text{ersten}\\ \text{zweiten}\end{matrix}\right\}$ Tabelle um so günstiger, d. h. nähert sich um so mehr einem rechten Winkel, je näher β bei $\left\{\begin{matrix}0^0\\ 90^0\end{matrix}\right\}$ liegt.

Nachdem sich so die Benützung der Verhältniszahlen (Fig. 7)

$$\frac{EF}{OD = OE} = \frac{E_1 F_1}{OD_1 = OE_1} = \ldots \text{ und } \frac{OF}{OD = OE} = \frac{OF_1}{OD_1 = OE_1} = \ldots$$

als Funktionen des Winkels β zu Rechnungen am Kreis ebenso vorteilhaft gezeigt hat, wie unsere früher versuchte Funktion *chord*, hat man nach der Figur noch zu überlegen, dass durch eine der angeschriebenen Verhältniszahlen die Form des rechtwinkligen Dreiecks EOF, $E_1OF_1 \ldots$, das den Winkel β enthält, vollständig bestimmt ist, und dass somit die jetzt eingeführten Verhältniszahlen auch zu Rechnungen im rechtwinkligen und damit auch im schiefwinkligen Dreieck sehr geeignet sein werden. Das trifft für die Funktion *chord* nicht zu: *chord* β drückt das Verhältnis der Länge der ganzen Grundlinie zur Länge des Schenkels in einem gleichschenkligen Dreieck aus, das den Winkel β an der Spitze hat; da man nun aber, wie schon aus der Planimetrie bekannt ist, bei allen Rechnungen das gleichschenklige Dreieck durch die Höhe auf die Grundlinie in zwei kongruente rechtwinklige zerlegen muss, um die Grundlage aller rechnenden Geometrie, den Pythagoräischen Lehrsatz anwenden zu können, so ist die Richtigkeit der oben getroffenen Wahl aufs neue bestätigt.

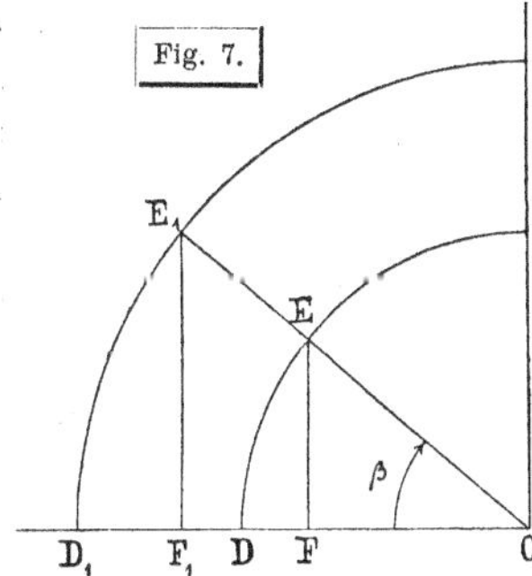

Die beiden oben angeschriebenen Verhältniszahlen, die mit β bekannt sind, oder von denen jede, wenn sie bekannt ist, den Winkel β bestimmt, sind nun in der That endgiltig als die trigonometrischen Elementarfunktionen gewählt worden; man nennt

die Zahl $\frac{EF}{OE} = \frac{E_1F_1}{OE_1} = \ldots$ den ***Sinus*** von β, Bezeichnung ***sin*** β;

„ „ $\frac{OF}{OE} = \frac{OF_1}{OE_1} = \ldots$ den ***Cosinus*** „ β, „ ***cos*** β.

Es hätten diese beiden goniometrischen Funktionen, auch ohne vom Kreis auszugehen, aus dem rechtwinkligen Dreieck als der Grundlage der rechnenden Geometrie, abgeleitet werden können, wie dies im folgenden Paragraphen geschehen soll. Die im Vorhergehenden gewählte Aufstellung zeigt aber auch zugleich, warum diese Funktionen, sowie die aus ihnen sich weiter ergebenden, ausser den Namen: trigonometrische oder zunächst besser goniometrische Zahlen oder Winkelfunktionen auch noch den Namen Kreisfunktionen führen.

Nach dem was in **1)** über den mathematischen Begriff der Funktion gesagt ist, sollte man eigentlich nicht von „den goniometrischen Funktionen“ fester Winkelwerte, z. B. den Funktionen des Winkels 30^0 sprechen; denn die „Funktion“ setzt notwendig die veränderliche

Grösse (unabhängige und abhängige Variable) voraus. Man sollte also eigentlich sagen: Werte, die die goniometrischen Funktionen annehmen oder Wert, den die und die goniometrische Funktion, z. B. *sin*, annimmt (erreicht), wenn das Argument (hier der Winkel) den Wert 30^0 annimmt (erreicht); oder man sollte, da diese Ausdrucksweise jedenfalls viel zu schleppend wäre, bei festen („gegebenen") Winkeln nur von ihren goniometrischen Zahlen (oder im Sinne früherer Zeiten, vgl. § 5, von ihren goniometrischen Strecken) sprechen. Indessen ist dieser Unterschied nicht durchgeführt und so ist auch in diesem Buch im Folgenden vielfach dort goniometrische oder trigonometrische Funktion oder Funktionen gesagt, wo besser (feste) Zahlenwerte der Funktion oder der Funktionen oder goniometrische Zahlen stehen sollte.

§ 3. Definition der sämtlichen goniometrischen Funktionen eines spitzen Winkels mit Hilfe des rechtwinkligen Dreiecks.

1) Einleitung. Es sei der Winkel MBN oder β zwischen 0^0 und 90^0; fällt man von einem beliebigen Punkt C (C_1, C_2 ..) des einen Schenkels BN das Lot CA (C_1A_1, C_2A_2 ..) auf den zweiten Schenkel BM, so sind also nach der Definition am Schluss des vorigen § die Zahlen $sin\,\beta$ und $cos\,\beta$ eingeführt durch:

Fig. 8.

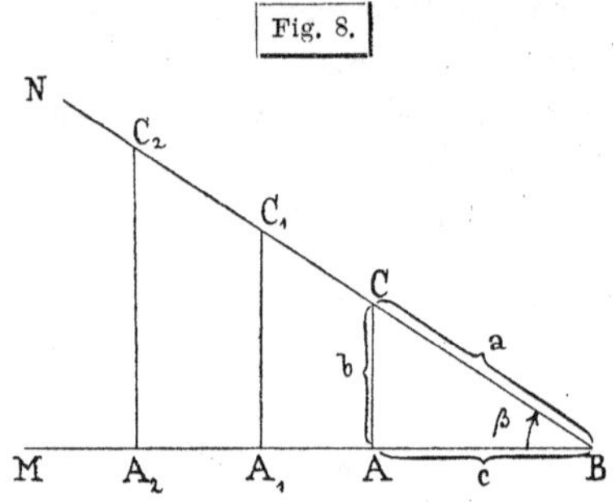

$$\frac{AC}{BC}\left(=\frac{A_1C_1}{BC_1}=\frac{A_2C_2}{BC_2}=..\right)=sin\,\beta$$

$$\frac{AB}{BC}\left(=\frac{A_1B}{BC_1}=\frac{A_2B}{BC_2}=..\right)=cos\,\beta.$$

Ausser diesen beiden Funktionen von β lassen sich aber aus den Längen der Seiten AC, AB und BC des rechtwinkligen Dreiecks ABC noch andere Verhältniszahlen bilden, durch die ebenfalls der Winkel β bestimmt ist. Eine davon liegt namentlich nahe, wenn wir noch einmal kurz zurückkehren zu der Aufgabe am Beginn des vorigen §: an BM in B den in Gradmass gegebenen Winkel β anzulegen. Hätte man nämlich eine Tabelle, die die Werte der Verhältniszahl $\frac{AC}{AB}$ für die Winkel β als Argument liefert, so wäre diese Aufgabe ebenso einfach wie dort zu lösen: würde man auf BM die Strecke $BA' =$ der Längeneinheit abmessen (auf der Zeichnung z. B. 100 mm oder 1000 mm), in A' ein Lot errichten und auf ihm die Strecke $A' C'$ = der Zahl abmessen (auf der Zeichnung 100 mal der Zahl oder 1000mal der Zahl Millimeter), die nach dieser Tabelle dem Winkel β entspricht, so wäre der verlangte Winkel, d. h. die verlangte Richtung $B C'$ gefunden. Man übersieht zugleich leicht, dass im Gegensatz zu dem im letzten §, **2**), für die Funktionen *sin* und *cos* Angegebenen diese neue, dritte Tabelle, für jeden beliebigen gegebenen Wert von β scharfe Bestimmung der Richtung $B C$ geben wird. In der That ist diese dritte Verhältniszahl neben dem *Sinus* schon sehr bald verwendet worden.

2) Definitionen der goniometrischen Funktion. Sehen wir nach dieser Überlegung zu, durch wie viele aus den Seiten des Dreiecks $A B C$ (oder $A_1 B C_1$ ..) gebildete Verhältniszahlen der Winkel β angegeben werden kann. Die Seiten des Dreiecks $A B C$ mögen enthalten:

$$B C = a, \qquad C A = b, \qquad A B = c \quad \text{Längeneinheiten.}$$

Man kann offenbar sechs Verhältniszahlen bilden, von denen dann jede, wenn sie bekannt ist, den Winkel β definiert, oder von denen jede bekannt ist, wenn der Winkel β gegeben ist. Diese Verhältniszahlen sind:

$$\frac{b}{a}, \quad \frac{c}{a}, \quad \frac{b}{c}; \quad \frac{c}{b}, \quad \frac{a}{c}, \quad \frac{a}{b} \quad \text{und}$$

diese sechs Verhältniszahlen sind nun die **sechs trigonometrischen** oder **goniometrischen** oder **Kreisfunktionen** des Winkels β. Die zwei ersten sind schon am Schluss des letzten § als *sin* β und *cos* β eingeführt; die dritte ist oben in **1**) eingeführt, sie heisst *Tangens* des Winkels β, abgekürzt *tang* β oder *tan* β oder *tg* β. Die Namen und Bezeichnungen der drei letzten Zahlen sind in der folgenden vollständigen

Zusammenstellung der goniometrischen Funktion des Winkels β angegeben:

$\frac{b}{a}$ = ***Sinus*** von β, abgekürzt ***sin*** β (sprich Sinus β),

$\frac{c}{a}$ = ***Cosinus*** „ β, „ ***cos*** β („ Cosinus β),

$\frac{b}{c}$ = ***Tangens*** „ β, „ ***tg*** β oder ***tan*** β (sprich Tangens β).

$\frac{c}{b}$ = ***Cotangens*** von β, abgekürzt ***ctg*** β oder ***cot*** β (sprich Cotangens β)

$\frac{a}{c}$ = ***Secans*** „ β, „ ***sec*** β (sprich Secans β),

$\frac{a}{b}$ = ***Cosecans*** „ β, „ ***cosec*** β oder ***csc*** β (sprich Cosecans β).*)

---

*) Man spricht oft auch Tangente β, Cotangente β, Sekante β, Cosekante β; es ist aber mit Rücksicht auf die geometrische Bedeutung dieser

Man hat also die nachfolgenden **Definitionen:**

Im rechtwinkligen Dreieck sind die goniometrischen Funktionen eines spitzen Winkels gegeben durch:

$$sin = \frac{\text{gegenüberliegende Kathete}}{\text{Hypotenuse}}, \quad cos = \frac{\text{anliegende Kathete}}{\text{Hypotenuse}};$$

$$tg = \frac{\text{gegenüberliegende Kathete}}{\text{anliegende Kathete}}, \quad ctg = \frac{\text{anliegende Kathete}}{\text{gegenüberliegende Kathete}};$$

$$sec = \frac{\text{Hypotenuse}}{\text{anliegende Kathete}}, \quad cosec = \frac{\text{Hypotenuse}}{\text{gegenüberliegende Kathete}}.$$

Dass es sich bei diesen goniometrischen Funktionen um reine Zahlen handelt, d. h. dass nicht die Längen der Seiten des rechtwinkligen Dreiecks, sondern nur die Verhältnisse dieser Längen (Grössen nullter Dimension) in Betracht kommen, ist klar; es geht dies aus der Ähnlichkeit der Dreiecke ABC, $A_1BC_1 \ldots$ in Figur 8 hervor. Mit jeder der angegebenen Verhältniszahlen ist die Form des Dreiecks, die Grösse seiner beiden spitzen Winkel bestimmt. Nur wenn es sich auch um die Grösse (Längen, Fläche) des Dreiecks handelt, muss noch angegeben sein, wie viel Längeneinheiten eine Strecke des Dreiecks enthält.

3) Komplementwinkel. Aus den vorstehenden Definitionsgleichungen folgt auch sogleich, dass, wenn β und γ $(= 90^0 - \beta)$ die beiden spitzen Winkel eines rechtwinkligen Dreiecks sind (Fig. 9), die Beziehungen stattfinden:

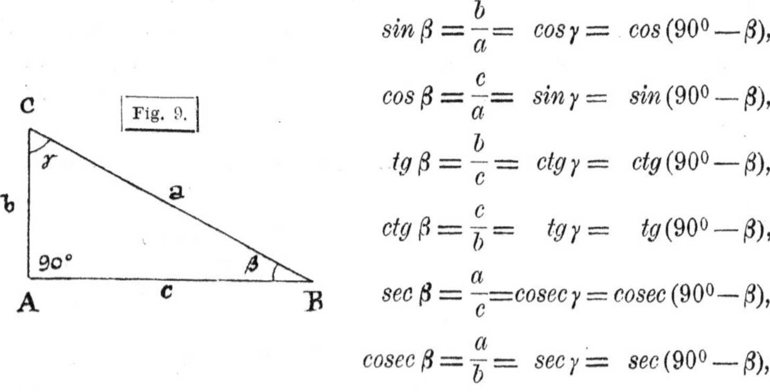

Fig. 9.

$$sin\,\beta = \frac{b}{a} = cos\,\gamma = cos\,(90^0 - \beta),$$

$$cos\,\beta = \frac{c}{a} = sin\,\gamma = sin\,(90^0 - \beta),$$

$$tg\,\beta = \frac{b}{c} = ctg\,\gamma = ctg\,(90^0 - \beta),$$

$$ctg\,\beta = \frac{c}{b} = tg\,\gamma = tg\,(90^0 - \beta),$$

$$sec\,\beta = \frac{a}{c} = cosec\,\gamma = cosec\,(90^0 - \beta),$$

$$cosec\,\beta = \frac{a}{b} = sec\,\gamma = sec\,(90^0 - \beta),$$

in Worten: *Sinus*, *Tangens* oder *Secans* eines spitzen Winkels

---

Wörter vorzuziehen, die oben angegebenen Namen beizubehalten. Was die Bezeichnungen (Abkürzungen) betrifft, so wird vielfach der Gleichartigkeit wegen, d. h. um jede der 6 Funktionen mit drei Buchstaben zu bezeichnen, *sin, cos, tan, cot, sec, csc* geschrieben. In diesem Buch ist aber für Tangens meist *tg*, für Cotangens dann *ctg* geschrieben; *sec* und *cosec* kommen, wie sich bald zeigen wird, selten vor.

ist gleich der entsprechenden Co-Funktion des Complementwinkels; daher eben die Namen *Co-sinus*, *Co-tangens*, *Co-secans*.*)

Für die beiden Grundfunktionen *sin* und *cos* ist dazu auch nochmals auf die Betrachtung am Kreis in § 2, **2)** zu verweisen.

Wenn die goniometrischen Funktionen eines Winkels in der oben angegebenen Reihenfolge aufgestellt werden: *sin, cos, tg, ctg, sec, cosec,* so sind die paarweise neben einander stehenden coordiniert, während die gegen die Mitte symmetrisch stehenden reciproke Werte haben.

§ 4. Beziehungen zwischen den goniometrischen Zahlen eines spitzen Winkels (goniometrische Grundformeln für Einen Winkel).

1) Fundamentalbeziehungen. Durch jede der 6 Verhältniszahlen $\frac{b}{a}, \frac{c}{a}, \frac{b}{c}, \frac{c}{b}, \frac{a}{c}, \frac{a}{b}$ ist der Winkel β bestimmt oder umgekehrt: jede dieser 6 Zahlen ist bestimmt, wenn der Winkel β gegeben ist. Die 6 Zahlen sind demnach nicht unabhängig von einander, sondern es muss möglich sein, jede in einer beliebigen andern auszudrücken. Es könnte also scheinen, dass man theoretisch mit der Einführung Einer goniometrischen Funktion ausreichen würde; es wird sich aber bald zeigen, dass und warum dies nicht angeht. Schon die Betrachtungen, die zur Einführung von *sin* und *cos* in § 2, **2)** geführt haben, weisen darauf hin und es ist schon jetzt leicht zu übersehen, dass die zwei zuerst eingeführten Grundfunktionen *sin* und *cos* neben einander unentbehrlich sind und dass in vielen Fällen daneben die dritte *tang* eine wichtige Rolle spielen wird. Dies wären die drei ersten Verhältniszahlen $\frac{b}{a}, \frac{c}{a}; \frac{b}{c}$. Dass daneben die drei letzten, zunächst jedenfalls, wenig wichtig sind, geht schon daraus hervor, dass sie einfach die Reciproken der drei ersten sind $\left(\frac{c}{b}; \frac{a}{c}, \frac{a}{b}\right)$.

*) Woher der Name *Sinus* stammt, ist nicht völlig aufgeklärt. Die Verwendung des *Sinus* (an Stelle der griechischen *Chorden*), wie auch die Bezeichnung dafür ist indischen Ursprungs. Von dort kam der Begriff und der indische Name zu den Arabern; das arabisch ausgesprochene Sanskritwort für die Hälfte der Kreissehne, die dem doppelten des Winkels entspricht (das aber im Arabischen etwas ganz anderes bedeutet, als das Wort im Sanskrit), wurde im 12. Jahrhundert ins Lateinische durch das den Sinn des arabischen Wortes wiedergebende Wort *Sinus* übersetzt. Der Name *Co-sinus* für *Sinus Complementi* stammt von *Gunter* her 1623. Der geometrische Ursprung der Bezeichnung *Tangens* und *Secans* (Namen von *Thomas Fink* 1583) wird durch die Betrachtung im § 5 klar werden.

Um nun von den 6 Funktionen jede in einer beliebigen andern auszudrücken, ist zu überlegen, dass man gemäss ihrer Definition durch die Seitenverhältnisse des rechtwinkligen Dreiecks

I) jede der Funktionen als Reciproke einer gewissen andern Funktion darstellen kann;

II) jede der Funktionen als Quotient zweier gewissen andern Funktionen darstellen kann;

III) dass vermöge des Hauptsatzes über das rechtwinklige Dreieck, des Pythagoräischen Lehrsatzes, das Quadrat jeder Funktion entweder das einer gewissen andern zu 1 ergänzen oder sich vom Quadrat einer andern Funktion um 1 unterscheiden muss.

Diese drei Überlegungen führen zur Aufstellung folgender Identitäten:

(I) (1) $\frac{b}{a}\cdot\frac{a}{b}=1$; (2) $\frac{c}{a}\cdot\frac{a}{c}=1$; (3) $\frac{b}{c}\cdot\frac{c}{b}=1$.

(II) (4) $\frac{b}{c}=\frac{b/a}{c/a}$; (5) $\frac{c}{b}=\frac{c/a}{b/a}$; die vier andern noch möglichen Gleichungen dieser Art (II) können wegbleiben.

(III) Dividiert man, um auf reine Zahlen, nämlich unsere Verhältniszahlen zu kommen, statt mit Quadraten von Längeneinheiten zu thun zu haben, die vom Pythagoräischen Lehrsatz gelieferte Gleichung:

$$a^2 = b^2 + c^2$$

der Reihe nach mit a^2, c^2 und b^2 durch, so erhält man die Beziehungen:

(6) $1=\left(\frac{b}{a}\right)^2+\left(\frac{c}{a}\right)^2$; (7) $\left(\frac{a}{c}\right)^2=\left(\frac{b}{c}\right)^2+1$; (8) $\left(\frac{a}{b}\right)^2=1+\left(\frac{c}{b}\right)^2$.

Führt man in alle diese Gleichungen (1) bis (8) gemäss den Definitionsgleichungen des letzten § die mit den in (1) bis (8) vorkommenden Verhältniszahlen identischen goniometrischen Funktionen des Winkels β ein, so ergeben sich die folgenden Sätze:

(1) $\boldsymbol{sin\,\beta\,.\,cosec\,\beta = 1}$ oder $\boldsymbol{cosec\,\beta = \frac{1}{sin\,\beta}}$

(2) $\boldsymbol{cos\,\beta\,.\;sec\,\beta = 1}$ „ $\boldsymbol{sec\,\beta = \frac{1}{cos\,\beta}}$

(3) $\boldsymbol{tg\,\beta\,.\;ctg\,\beta = 1}$ „ $\boldsymbol{ctg\,\beta = \frac{1}{tg\,\beta}}$

(4) $\boldsymbol{tg\,\beta = \frac{sin\,\beta}{cos\,\beta}}$; $\boldsymbol{ctg\,\beta = \frac{cos\,\beta}{sin\,\beta}}$

(5) $\begin{cases} \boldsymbol{(sin\,\beta)^2 + (cos\,\beta)^2 = 1} \\ \boldsymbol{(sec\,\beta)^2 = 1 + (tg\,\beta)^2} \\ \boldsymbol{(cosec\,\beta)^2 = 1 + (ctg\,\beta)^2} \end{cases}$

In Worten lauten die vorstehenden Gleichungen:

(1) bis (3): ***Sinus*** und ***Cosecans, Cosinus*** und ***Secans,***

***Tangens* und *Cotangens* eines Winkels sind je paarweise reciproke Werte.**

(4) ***Tangens* ist der Quotient aus *Sinus* durch *Cosinus*, *Cotangens* der Quotient aus *Cosinus* durch *Sinus*.**
Die übrigen Quotienten-Identitäten dieser Art sind unwichtig.

(5) **Das Quadrat des *Sinus* und das Quadrat des *Cosinus* eines Winkels geben addiert die Zahl 1.**

Das Quadrat von *Secans* ist um 1 grösser als das Quadrat von *Tangens*.

Das Quadrat von *Cosecans* ist um 1 grösser als das Quadrat von *Cotangens*.

Zu den Gleichungen (5) ist formell (in Beziehung auf die Schreibweise) noch zu bemerken, dass man sich die Klammern bei den sehr häufig vorkommenden Ausdrücken: Quadrat des *sin* von φ, Quadrat der *tg* von ψ u. s. f., wegzulassen erlaubt. Es sind bei Weglassung der Klammer zwei Schreibweisen möglich:

$$sin\ \varphi^2 \text{ oder } sin^2\ \varphi,$$

beide an sich offenbar nicht zweifellos verständlich; die allein richtige, aber eben zu umständliche wäre $(sin\ \varphi)^2$. Die beiden angegebenen Schreibweisen sind im Gebrauch, die erste noch vielfach in Deutschland, die zweite in Frankreich u. s. f. Da aber z. B. $log\ x^2$ (ohne Klammern) jedenfalls nicht bedeutet $(log\ x)^2$, sondern *Logarithmus* von x^2, da ferner bei Ausdrücken wie $sin\ [\alpha - (\beta - \gamma)]^2$ das Quadratzeichen zu weit von *sin* abrücken würde, und da man endlich ganz wohl $sin^2\ 30^0$ oder $tg^2\ 42^0\ 30'$ schreiben kann, aber kaum $sin\ 30^{02}$ oder $tg\ 42^0\ 30'^2$ (während doch in der praktischen Trigonometrie überall, wo Zahlen vorkommen, das Gradmass der Winkel angewandt wird), so ist in diesem Buch durchaus die französische Schreibweise angewandt, d. h. es bedeutet $sin^2\ \varphi$: das Quadrat des *Sinus* von φ oder $(sin\ \varphi)^2$. Es ist auch zu raten, einfach *Sinus*-Quadrat φ zu sprechen statt: *Sinus* von φ im Quadrat, da die zuletzt angeführte Sprechweise Veranlassung zur Verwechslung mit dem (zwar in der Trigonometrie nicht, wohl aber in der Analysis u. s. f. vorkommenden) *Sinus* des Quadrats von φ geben kann.[3])

2) Ausdruck einer beliebigen goniometrischen Funktion eines spitzen Winkels in einer beliebigen andern Funktion dieses Winkels. Mit Hilfe dieser Fundamentalgleichungen (1) bis (5) ist es nun leicht, die übrigen fünf goniometrischen Funktionen eines (unserer Voraussetzung gemäss zunächst spitzen) Winkels in der sechsten gegebenen auszudrücken.

Man erhält für alle möglichen Fälle die Tafel auf Seite 28.

Ist also z. B. gegeben $tg\ \varphi$ und gesucht $cos\ \varphi$ und $cosec\ \varphi$, so entnimmt man unmittelbar der nebenstehenden Tafel:

$$cos\,\varphi = \frac{1}{\sqrt{1+tg^2\varphi}}, \qquad cosec\,\varphi = \frac{\sqrt{1+tg^2\varphi}}{tg\,\varphi}.$$

Die unter die einzelnen Spalten der Tabelle gezeichneten Dreiecke dienen dazu, die in der Tafel enthaltenen Gleichungen sämtlich **unmittelbar aus der Figur abzulesen.** Wenn nämlich t die gegebene goniometrische Funktion des Winkels ist und man bezeichnet in einem rechtwinkligen Dreieck

	$sin\,\varphi$	$cos\,\varphi$	$tg\,\varphi$	$ctg\,\varphi$	$sec\,\varphi$	$cosec\,\varphi$
$sin\,\varphi =$	$sin\,\varphi$	$\sqrt{1-cos^2\varphi}$	$\frac{tg\,\varphi}{\sqrt{1+tg^2\varphi}}$	$\frac{1}{\sqrt{1+ctg^2\varphi}}$	$\frac{\sqrt{sec^2\varphi-1}}{sec\,\varphi}$	$\frac{1}{cosec\,\varphi}$
$cos\,\varphi =$	$\sqrt{1-sin^2\varphi}$	$cos\,\varphi$	$\frac{1}{\sqrt{1+tg^2\varphi}}$	$\frac{ctg\,\varphi}{\sqrt{1+ctg^2\varphi}}$	$\frac{1}{sec\,\varphi}$	$\frac{\sqrt{csc^2\varphi-1}}{cosec\,\varphi}$
$tg\,\varphi =$	$\frac{sin\,\varphi}{\sqrt{1-sin^2\varphi}}$	$\frac{\sqrt{1-cos^2\varphi}}{cos\,\varphi}$	$tg\,\varphi$	$\frac{1}{ctg\,\varphi}$	$\sqrt{sec^2\varphi-1}$	$\frac{1}{\sqrt{csc^2\varphi-1}}$
$ctg\,\varphi =$	$\frac{\sqrt{1-sin^2\varphi}}{sin\,\varphi}$	$\frac{cos\,\varphi}{\sqrt{1-cos^2\varphi}}$	$\frac{1}{tg\,\varphi}$	$ctg\,\varphi$	$\frac{1}{\sqrt{sec^2\varphi-1}}$	$\sqrt{csc^2\varphi-1}$
$sec\,\varphi =$	$\frac{1}{\sqrt{1-sin^2\varphi}}$	$\frac{1}{cos\,\varphi}$	$\sqrt{1+tg^2\varphi}$	$\frac{\sqrt{1+ctg^2\varphi}}{ctg\,\varphi}$	$sec\,\varphi$	$\frac{cosec\,\varphi}{\sqrt{csc^2\varphi-1}}$
$cosec\,\varphi =$	$\frac{1}{sin\,\varphi}$	$\frac{1}{\sqrt{1-cos^2\varphi}}$	$\frac{\sqrt{1+tg^2\varphi}}{tg\,\varphi}$	$\sqrt{1+ctg^2\varphi}$	$\frac{sec\,\varphi}{\sqrt{sec^2\varphi-1}}$	$cosec\,\varphi$

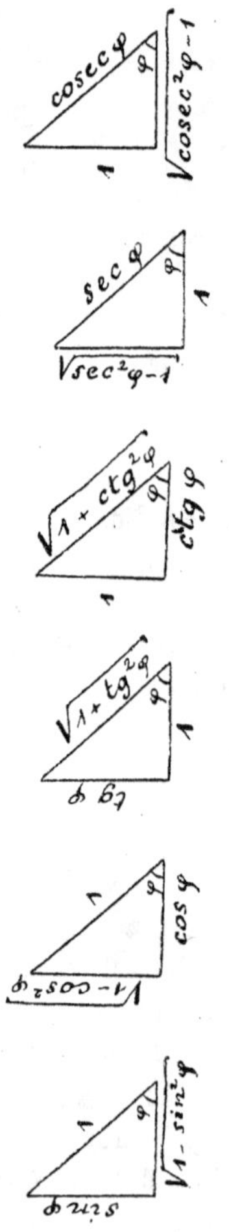

zwei Seiten dieses Dreiecks mit t und 1 in der Art, dass die Identität $t = \frac{t}{1}$ aus dem Dreieck abgelesen wird, so lassen sich, wenn an die dritte Seite noch die ihr gemäss dem Pythagoräischen Satz zukommende Länge angeschrieben wird, die gesuchten Gleichungen alle mit Hilfe der Definitionsgleichungen unmittelbar ablesen.[4])

Damit sind diese Beziehungen also ausserordentlich bequem aufzustellen. Es sei z. B. gegeben $cos\,\beta$, gesucht $tg\,\beta$; man bildet (Fig. 10) das Dreieck, dessen Kathete an β die Länge $cos\,\beta$ und dessen Hypotenuse die Länge 1 hat, so dass in dem Dreieck zunächst steht: $cos\,\beta = \frac{cos\,\beta}{1}$; die dritte Seite (die β gegenüberliegende Kathete) hat dann die Länge $\sqrt{1 - cos^2\beta}$, somit

Fig. 10.

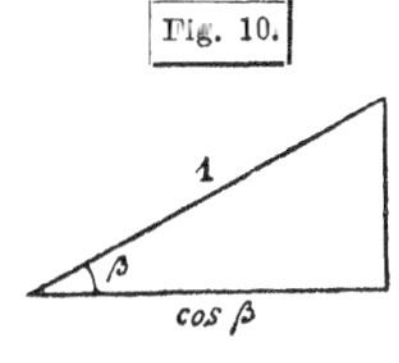

$$tg\,\beta = \frac{\text{gegenüberliegende Kathete}}{\text{anliegende Kathete}} = \frac{\sqrt{1 - cos^2\beta}}{cos\,\beta}.$$

Es ist übrigens zur Einübung der Fundamentalgleichungen (1) bis (5) in **1**) sehr zu raten, auch ohne Figur zahlreiche Übungen in diesen Verwandlungen mit Buchstaben und Zahlen durchzuführen. Einige Beispiele stehen hier:

1) Gegeben $sin\,\beta$, gesucht $ctg\,\beta$; es ist $ctg\,\beta = \frac{cos\,\beta}{sin\,\beta} = \frac{\sqrt{1 - sin^2\beta}}{sin\,\beta}$.

2) Gegeben $tg\,\beta$, gesucht $sin\,\beta$; $sin\,\beta = tg\,\beta \,.\, cos\,\beta = \frac{tg\,\beta}{sec\,\beta} = \frac{tg\,\beta}{\sqrt{1 + tg^2\beta}}$.

3) Gegeben $sec\,\beta$, gesucht $sin\,\beta$.

$$sin\,\beta = \sqrt{1 - cos^2\beta} = \sqrt{1 - \frac{1}{sec^2\beta}} = \frac{\sqrt{sec^2\beta - 1}}{sec\,\beta}.$$

4) Gegeben $sec\,\beta$, gesucht $tg\,\beta$. Auflösung: $tg\,\beta = \sqrt{sec^2\beta - 1}$.

5) $sin\,\varphi = \frac{1}{2}$; was ist $cos\,\varphi$? Antwort: $cos\,\varphi = \sqrt{1 - \frac{1}{4}} = \sqrt{\frac{3}{4}} = \frac{1}{2}\sqrt{3}$.

6) $tg\,\alpha = \frac{1}{2}$; was ist $sin\,\alpha$? Antwort: $sin\,\alpha = \frac{\frac{1}{2}}{\sqrt{1 + \frac{1}{4}}} = \frac{1}{\sqrt{5}} = \frac{1}{5}\sqrt{5}$.

7) $sin\,\varepsilon = \frac{3}{5}$; was ist $tg\,\varepsilon$? Antwort: $tg\,\varepsilon = \frac{sin\,\varepsilon}{cos\,\varepsilon} = \frac{\frac{3}{5}}{\sqrt{1 - \left(\frac{3}{5}\right)^2}} = \frac{\frac{3}{5}}{\frac{4}{5}} = \frac{3}{4}$;

$sin\,\varepsilon = \frac{3}{5}$ giebt also $tg\,\varepsilon$ genau $= \frac{3}{4}$ (rechtwinkliges Dreieck mit den Katheten 3, 4, der Hypotenuse 5).

8) $tg\,\alpha = 1$; was ist $cos\,\alpha$? Antwort: $cos\,\alpha = \frac{1}{sec\,\alpha} = \frac{1}{\sqrt{tg^2\alpha + 1}}$, also hier $cos\,\alpha = \frac{1}{\sqrt{2}} = \frac{1}{2}\sqrt{2}$.

9) $tg\,\delta = 100$; was ist $sin\,\delta$? Antwort: $sin\,\delta = \frac{100}{\sqrt{10\,001}}$, also sehr wenig kleiner als 1.

10) $tg\,\delta = 100$; was ist $cos\,\delta$? Antwort: $cos\,\delta = \frac{1}{\sqrt{10\,001}}$, also sehr wenig kleiner als $\frac{1}{100}$.

11) $cos\,\gamma = 2$; was ist $sin\,\gamma$? Antwort: $sin\,\gamma = \sqrt{1-4} = \sqrt{-3}$, also imaginär; es giebt keinen reellen Winkel γ.

12) $sec\,\gamma = \frac{1}{2}$; was ist $sin\,\gamma$? Antwort: $sin\,\gamma = \frac{\sqrt{sec^2\,\gamma - 1}}{sec\,\gamma} = 2\sqrt{-\frac{3}{4}}$ $= \sqrt{-3}$, also ebenso. Hier wäre z. B. $cos\,\gamma$, als Reciproke von $sec\,\gamma$, zwar reell ($= 2$), aber für einen reellen Wert von γ unmöglich, wie eben abermals z. B. aus $sin\,\gamma = \sqrt{1 - cos^2\,\gamma} = \sqrt{-3}$ hervorgeht.

Wenn durch irgend eine Annahme für einen Funktionswert irgend eine der daraus zu berechnenden übrigen Funktionen imaginär wird, so ist jene Annahme (für reelle Winkel) unzulässig. Es ist nach der Definition von *sin*, *cos*, *sec* und *cosec* schon zu übersehen, dass solche unmögliche Annahmen sind: *sin* oder $cos > 1$; *sec* oder $cosec < 1$. Vgl. den folgenden §.

Am meisten sind bei diesen Rechnungsübungen die wichtigsten Funktionen *sin*, *cos* und *tg* zu verwenden.

§ 5. Geometrische Darstellung der goniometrischen Zahlen als Strecken. Erster Überblick über den Gang der Zahlenwerte der goniometrischen Funktionen.

1) Geometrische Darstellung. Wenn man in dem rechtwinkligen Dreieck, durch dessen Seitenquotienten die goniometrischen Funktionen seiner spitzen Winkel definiert wurden, eine bestimmte Seite der Längeneinheit gleich macht, so lassen sich, wenn man noch einen Kreis um den Scheitel des betrachteten Winkels zu Hilfe nimmt (wodurch abermals die Bezeichnung der trigonometrischen Funktionen auch als Kreisfunktionen gerechtfertigt wird), alle goniometrischen Funktionen als Strecken darstellen, also leicht unter sich vergleichen.

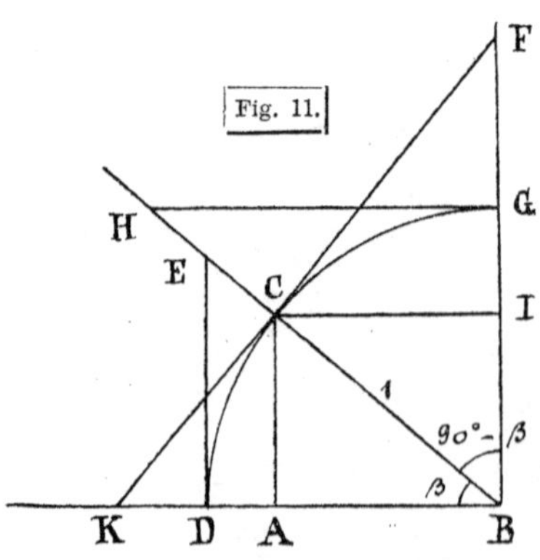

Ist z. B. (Fig. 11) die **Hypotenuse** $\boldsymbol{BC} = 1$, wird ferner um

B mit BC ein Kreis beschrieben (der also wieder, wie bei *arc* und *chord* den Halbmesser gleich der Längeneinheit hat), und an diesen in D die Tangente DE, in C die Tangente FK und in G die Tangente GH gezogen, so ist:

$$sin\,\beta = \frac{AC}{BC} = \frac{AC}{1} = AC\,(= BI)$$
$$cos\,\beta = \frac{AB}{BC} = \frac{AB}{1} = AB\,(= CI)$$
$$tg\,\beta = \frac{AC}{AB} = \frac{DE}{DB = 1} = DE\,(= CK)$$
$$ctg\,\beta = \frac{AB}{AC} = \frac{CF}{CB = 1} = CF\,(= GH)$$
$$sec\,\beta = \frac{BC}{BA} = \frac{BE}{BD = 1} = BE\,(= BK)$$
$$cosec\,\beta = \frac{BC}{CA} = \frac{BC}{BI} = \frac{BH}{BG = 1} = BH\,(= BF).$$

Im Kreis vom Halbmesser 1 sind also für den Centriwinkel $DBC = \beta$ die sechs goniometrischen Zahlen des Winkels β dargestellt durch die Strecken:

$$sin\,\beta = AC, \qquad cos\,\beta = AB;$$
$$tg\,\beta = DE, \qquad ctg\,\beta = CF;$$
$$sec\,\beta = BE, \qquad cosec\,\beta = BF.$$

Die Figur zeigt damit unmittelbar wieder, dass

$$cos\,\beta = sin\,(90^0 - \beta)$$
$$ctg\,\beta = tg\,(90^0 - \beta) \quad \text{und}$$
$$cosec\,\beta = sec\,(90^0 - \beta) \quad \text{ist,}$$

womit die Entstehung der Namen *Co-Sinus*, *Co-Tangens* und *Co-Secans* aus *sin*, *tg*, *sec* zu erklären ist (vgl. § 3, **3**)). Jede der *Co*-Funktionen von β ist für das *Co*mplement $(90^0 - \beta)$ von β nach Grösse und (was hier bei der geometrischen Darstellung ebenfalls in Betracht kommt) nach Lage genau dasselbe, was die entsprechende Funktion für β ist. Ferner ist aus der Figur die Wahl der Namen *Tangens* (gleich der Länge der *Tangente* DE) und *Secans* (gleich der Länge der *Sekante* BE) zu verstehen (vgl. die Anmerkung Seite 25).

Diese geometrische Darstellung zeigt auch sehr einfach den Grund dafür, warum man statt von goniometrischen Zahlen so lange von goniometrischen Strecken oder Linien sprach. Besonders *Euler* hat diese Übung beseitigt, sie hat sich aber z. T. bis in unser Jahrhundert erhalten. Bei jenem Gebrauch muss man sich stets erinnern, dass der Halbmesser des Kreises oder ein bestimmter Teil des Halbmessers die Längeneinheit vorstellt, z. B. also der Halbmesser $= 1$

oder auch = 100 000 zu setzen ist (wie vielfach in den alten Tabellen) oder auch = 60 000 (wie, als Nachklang der babylonisch-griechischen Sexagesimalbrüche für alle Teilungen, [während wir jene Teilweise nur noch beim alten Gradmass der Winkel haben], häufig noch in den ältern trigonometrischen Tabellen bis ins 16. Jahrhundert); vielfach wurde deshalb die Halbmesserlänge, nach dem Vorgang von *Apian*, als *sinus totus* (= *sin* 90^0 = der Halbmesserlänge, wenn diese die Längeneinheit vorstellt) bezeichnet. Es ist aber, wie es jetzt gebräuchlich und oben geschehen ist, überhaupt besser, die goniometrischen oder Kreisfunktionen gleich von Anfang an als reine Zahlen, Verhältniszahlen, nicht als Strecken einzuführen.[5])

2) Erster Überblick über den Gang der Kreisfunktionen. Immerhin ist jene geometrische Darstellung der goniometrischen Zahlenwerte am Kreis mit dem Halbmesser 1 wegen ihrer Anschaulichkeit sehr nützlich; es lässt sich z. B. mit ihrer Hilfe sehr bequem ein Überblick über den Gang der goniometrischen Zahlen des Winkels β gewinnen, wenn der Winkel β von 0^0 bis 90^0 wächst.

Da beim Zunehmen des Winkels β die Strecken AC, DE und BE grösser werden, während dabei AB, CF und BH abnehmen, so ergeben sich die zwei Sätze:

1) **Die Funktionen *Sinus, Tangens* und *Secans* eines spitzen Winkels wachsen, wenn der spitze Winkel grösser wird.**

2) **Die Funktionen *Cosinus, Cotangens* und *Cosecans*** (kurz die Co-Funktionen) **eines spitzen Winkels nehmen ab, wenn der spitze Winkel wächst.**

Für jede Lage von C auf dem Viertelskreis zwischen D und G sind ferner AC und AB kleiner als BC, während BE und BH stets grösser sind als BC; DE und CF haben dagegen gar keine Grenzen, sie können vielmehr jeden beliebigen Wert annehmen. Damit erhält man folgende weitere drei Sätze:

3) ***sin* und *cos* sind stets echte Brüche, d. h. können nur Werte zwischen 0 und 1 haben;**

4) *sec* und *cosec* sind stets grösser als 1, sonst aber nicht beschränkt, d. h. sie können jeden beliebigen Wert haben, mit Ausnahme eines zwischen 0 und 1 liegenden;

5) ***tg* und *ctg* endlich sind völlig unbeschränkt, können jeden beliebigen Wert zwischen 0 und ∞ haben.**

Selbstverständlich können diese Sätze auch unmittelbar aus den Definitionsgleichungen der goniometrischen Zahlen im § 3 abgelesen werden (es sind *sin* und *cos* definiert als die Verhältniszahlen der Katheten zur Hypotenuse, also stets < 1; *sec* und *cosec* als die Quotienten

Hypotenuse durch eine der Katheten, also stets > 1, sonst aber nicht beschränkt; *tg* und *ctg* als Verhältniszahlen der beiden Katheten, also ganz unbeschränkt); ihre Ablesung mit Benützung der goniometrischen Strecken im Kreis vom Halbmesser 1 ist aber, wie schon hervorgehoben wurde, sehr anschaulich.

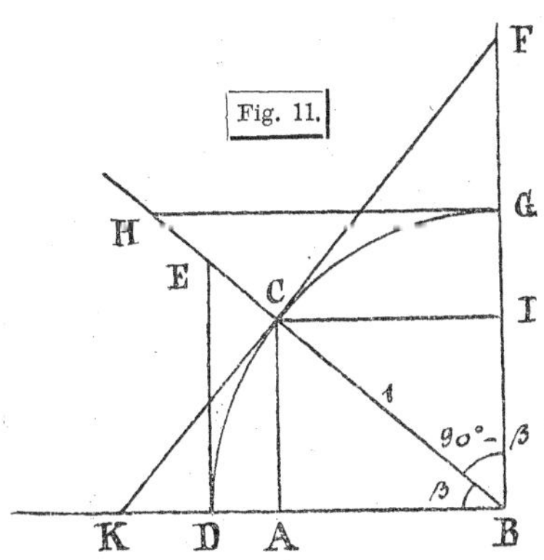

Man kann auch über den Gang der einzelnen Funktionen, wenn der Winkel β von 0^0 bis 90^0 wächst, noch mehr als die Sätze 1) bis 5) aussprechen, unmittelbar der Figur (oder den Definitionsgleichungen) entnehmen; da der Kreishalbmesser 1 ist, so ist die Länge des Bogens $DC = arc\,\beta$.

6) Nimmt der Winkel $CBD = \beta$ ab (mit Festhaltung des Schenkels BD), nähert sich β allmählich der Null, so wird AC immer kleiner, AB nähert sich immer mehr der Länge von DB; für den Grenzfall $\beta = 0$ ist AC zu Null, AB gleich DB geworden, d. h. es ist:

$$sin\,0^0 = 0 \quad , \qquad cos\,0^0 = 1.$$

Für ganz kleine Winkel β wird ferner die Zunahme von $sin\,\beta$, von $\beta = 0$ ($sin\,\beta = 0$) aus, sehr nahe proportional dem Bogen (*Arcus*) stattfinden, die Abnahme von $cos\,\beta$, von $\beta = 0$ ($cos\,\beta = 1$) aus, aber wird sehr langsam vor sich gehen; je kleiner der Winkel β wird, desto kleiner wird der Unterschied zwischen $AC = sin\,\beta$ und dem Bogen $DC = arc\,\beta$.

7) Wächst der Winkel $CBD = \beta$ immer mehr und nähert er sich allmählich dem Wert 90^0, so nähert sich $AC = sin\,\beta$ langsam der Grenze $BG = 1$, die Strecke AB nimmt allmählich bis auf 0 ab. Für den Grenzfall $\beta = 90^0$ ist also:

$$sin\,90^0 = 1 \quad , \qquad cos\,90^0 = 0.$$

Wie lauten die Sätze, die den für *sin* und *cos* ganz kleiner Winkel aufgestellten analog sind, für Winkel, die nur wenig kleiner als 90^0 sind?

8) Nimmt der Winkel $CBD = \beta$ ab wie in 6), so wird $tg\,\beta = DE$ immer kleiner: mit $\beta = 0^0$ wird $tg\,\beta = 0$; je kleiner β wird, desto geringer wird der Unterschied zwischen DE und AC, zwischen $tg\,\beta$ und $sin\,\beta$, und desto genauer hält die Abnahme von DE gleichen Schritt mit der Abnahme von β oder der Abnahme des Bogens $DC = arc\,\beta$; stets bleibt aber $tg\,\beta > sin\,\beta$ (und $arc\,\beta$ zwischen beiden).

Wenn der Winkel β wächst, so wächst auch $DE = tg\,\beta$; mit $\beta = 45^0$ ist $DE = DB = 1$ geworden. Nimmt β weiter zu und nähert es sich schliesslich dem rechten Winkel, so wächst $DE = tg\,\beta$ immer stärker, bis für den Grenzfall $\beta = 90^0$ endlich $tg\,\beta = \infty$ wird.

Es ist also nach 8): $tg\,0^0 = 0$; $tg\,45^0 = 1$; $tg\,90^0 = \infty$.

9) Dieselben Betrachtungen wie für *sin* und *cos* und für *tg* sind auch für *ctg*, *sec* und *cosec* durchzuführen. Man findet, dass bei von $\beta = 0$ aus wachsendem Winkel die *ctg* von 0 an anfangs sehr rasch, zuletzt langsam abnimmt, bis mit $\beta = 90^0$ wird $ctg\,\beta = 0$; dass, bei von $\beta = 0$ aus wachsendem Winkel β, dessen *sec* von 1 aus zuerst langsam, dann immer rascher wächst bis zum Grenzfall $sec\,90^0 = \infty$; dass endlich, bei von $\beta = 0$ aus wachsendem Winkel β, dessen *cosec* von ∞ aus zuerst sehr rasch, dann immer langsamer abnimmt bis zum Grenzfall $cosec\,90^0 = 1$.

Alle diese Sätze lassen sich, wie schon bemerkt, auch ebenso einfach aus den Definitionsgleichungen ablesen, nachdem man sich mit Hilfe des rechtwinkligen Dreiecks über die Grenzwerte von *sin* und *cos* gemäss 6) klar geworden ist; z. B. ist stets $tg\,\beta = \frac{sin\,\beta}{cos\,\beta}$, also für ein sehr kleines β, für das $cos\,\beta$ sehr wenig kleiner als 1 ist, $tg\,\beta$ sehr wenig $> sin\,\beta$, wie im ersten Absatz von 8) ausgesprochen ist.

§ 6. Erweiterung des Überblicks im vorigen §: Werte der goniometrischen Funktionen für einige spezielle Winkelwerte. Dreistellige Tafel von 1° zu 1°.

Im vorigen § ist unmittelbar nach der Figur 11 oder nach der Definition am rechtwinkligen Dreieck gefunden worden:

$$(1)\quad \begin{cases} sin\,0^\circ = 0 \\ cos\,0^\circ = 1 \\ tg\,0^\circ = 0 \\ ctg\,0^\circ = \infty \\ sec\,0^0 = 1 \\ cosec\,0^0 = \infty \end{cases}$$

Von diesen Gleichungen würde selbstverständlich die erste genügen, um alle andern ableiten zu können, z. B. ist für jeden Winkel, auch für jeden noch so kleinen, $sin^2\alpha + cos^2\alpha = 1$, also mit $sin\,\alpha = 0$ $cos\,\alpha = 1$; ferner $tg\,\alpha = \frac{sin\,\alpha}{cos\,\alpha}$, also $tg\,0^0 = \frac{sin\,0^0}{cos\,0^0} = \frac{0}{1} = 0$; $ctg\,\alpha = \frac{1}{tg\,\alpha}$ d. h. $ctg\,0^0 = \frac{1}{0} = \infty$; $sec\,\alpha = \frac{1}{cos\,\alpha}$, $sec\,0^0 = \frac{1}{1} = 1$; $cosec\,\alpha = \frac{1}{sin\,\alpha}$ oder $cosec\,0^0 = \frac{1}{0} = \infty$.

Ferner wurden ebenfalls unmittelbar erhalten die Funktionszahlen des rechten Winkels; man kann diese auch mit Benützung der bereits oben gefundenen Beziehung (wo F eine beliebige der sechs Funktionen eines spitzen Winkels vorstellt):

$$F(90^0 - \alpha) = Co\text{-}F(\alpha) \quad ; \qquad Co\text{-}F(90^0 - \alpha) = F(\alpha)$$

ebenso bequem aufstellen und findet auf einem dieser Wege:

$$(2) \begin{cases} \boldsymbol{sin}\, 90^\circ = cos\, 0^0 = 1 \\ \boldsymbol{cos}\, 90^\circ = sin\, 0^0 = 0 \\ \boldsymbol{tg}\, 90^\circ = ctg\, 0^0 = \infty \\ \boldsymbol{ctg}\, 90^\circ = tg\, 0^0 = 0 \\ sec\, 90^0 = cosec\, 0^0 = \infty \\ cosec\, 90^0 = sec\, 0^0 = 1 \end{cases}$$

Aber auch noch für einige andere spezielle Winkelwerte ausser 0^0 und 90^0 liefert die Ablesung am Kreis oder an dem, einen jener Winkel enthaltenden rechtwinkligen Dreieck, mittels der Definitionsgleichungen sofort die Werte der goniometrischen Zahlen. Diese Winkelwerte sind vor allem 45^0, 30^0 und 60^0; endlich auch 18^0 und 72^0.

1) **Halber rechter Winkel: 45^0.** Aus dem gleichschenkligen rechtwinkligen Dreieck, dessen Katheten die Länge 1 haben und dessen Hypotenuse demnach die Länge $\sqrt{1+1} = \sqrt{2}$ hat, erhält man:

$$(3) \begin{cases} \boldsymbol{sin}\, 45^0 = \boldsymbol{cos}\, 45^0 = \frac{1}{\sqrt{2}} = \frac{1}{2}\sqrt{2} (= 0{,}70\,71\ldots) \\ \boldsymbol{tg}\, 45^0 = \boldsymbol{ctg}\, 45^0 = 1 \\ sec\, 45^0 = cosec\, 45^0 = \sqrt{2} (= 1{,}41\,421\ldots). \end{cases}$$

Für den halben rechten Winkel sind also die Werte jeder goniometrischen Funktion und der entsprechenden Co-Funktion einander gleich (wie aus $sin\, 45^0 = cos\, 45^0$ unmittelbar anschaulich ist).

2) **Ein Drittel und zwei Drittel des rechten Winkels: 30^0 und 60^0,** treten als Winkel in dem rechtwinkligen Dreieck auf, das durch Ziehen einer Höhe im gleichseitigen Dreieck entsteht. Ist die Seite dieses gleichseitigen Dreiecks, d. h. die Hypotenuse des gebildeten rechtwinkligen, gleich der Längeneinheit 1, so sind die Katheten dieses rechtwinkligen Dreiecks $\frac{1}{2}$ (Gegenkathete von 30^0) und $\frac{1}{2}\sqrt{3}$ (gegenüber von 60^0), vgl. Fig 12. Man erhält also unmittelbar:

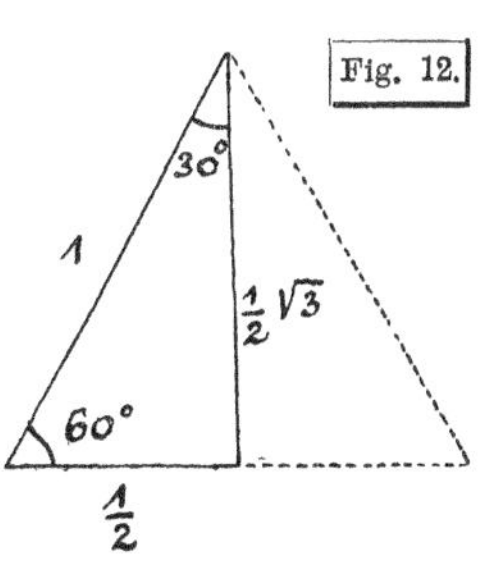

Fig. 12.

$$(4) \begin{cases} \boldsymbol{sin}\, 30^0 = \boldsymbol{cos}\, 60^0 = \frac{1}{2} \\ \boldsymbol{cos}\, 30^0 = \boldsymbol{sin}\, 60^0 = \frac{1}{2}\sqrt{3} \quad (= 0{,}86\,602\ldots) \\ tg\, 30^0 = ctg\, 60^0 = \frac{1}{3}\sqrt{3} \quad (=0{,}57\,735\ldots) \\ ctg\, 30^0 = tg\, 60^0 = \sqrt{3} \quad (= 1{,}73\,205\ldots) \\ sec\, 30^0 = cosec\, 60^0 = \frac{2}{3}\sqrt{3} \quad (= 1{,}15\,47\ldots) \\ cosec\, 30^0 = sec\, 60^0 = 2. \end{cases}$$

Anmerkung. Bei 0^0, bei 45^0, bei 30^0 und 60^0 und bei 90^0 treten also z. T. rationale Zahlen für die goniometrischen Funktionswerte auf; sie lauten (von 0^0 und 90^0 abgesehen):

$$\boldsymbol{tang}\, 45^0 = \boldsymbol{ctg}\, 45^0 = 1; \quad \boldsymbol{sin}\, 30^0 = \boldsymbol{cos}\, 60^0 = \frac{1}{2};$$

$$cosec\, 30^0 = sec\, 60^0 = 2.$$

Es mag schon hier bemerkt sein, dass dies (ausser 0 und 1 bis 0^0 und 90^0) die einzigen vorkommenden Zahlen dieser Art sind (rationale Zahlen die zu rationalen Gradzahlen gehören).

3) **Ein Fünftel und Vier Fünftel des rechten Winkels.** Die Funktionen von 18^0 und 72^0 sind weniger wichtig als die bisher angeführten, aber doch gleich hier anzureihen. Die genannten Winkel entstehen durch den „goldenen Schnitt". Teilt man den Halbmesser des Kreises nach dem goldenen Schnitt, so ist der grössere Abschnitt die Seite des eingeschriebenen regulären Zehnecks, die als Sehne dem Centriwinkel 36^0 entspricht (vgl. auch S. 16 und 19, *chord* 36^0). Ist der Halbmesser = 1 und x die Länge der Zehnecksseite, so ist also

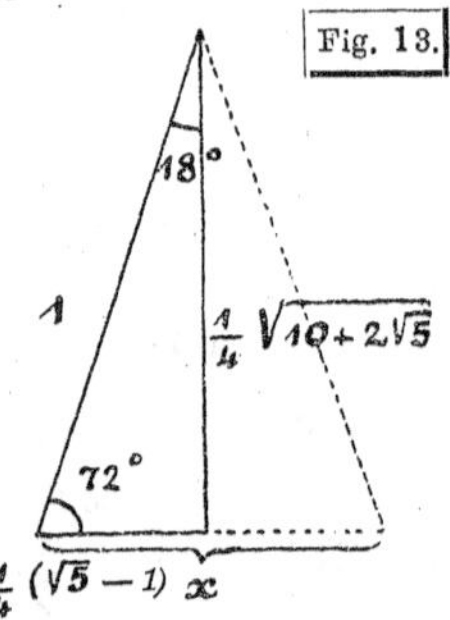

$$1 : x = x : (1 - x), \quad \text{oder}$$

$$x = \frac{1}{2}(\sqrt{5} - 1);$$

und somit sind die Katheten des rechtwinkligen Dreiecks mit den Winkeln 18^0 und 72^0 (vgl. Fig. 13)

$$\frac{1}{4}(\sqrt{5}-1) \quad \text{und} \quad \frac{1}{4}\sqrt{10 + 2\sqrt{5}}.$$

Man erhält, z. T. nach leichten Reduktionen:

$$(5) \begin{cases} sin\, 18^0 = cos\, 72^0 = \frac{1}{4}(\sqrt{5} - 1) \\ cos\, 18^0 = sin\, 72^0 = \frac{1}{4}\sqrt{10 + 2\sqrt{5}} \\ tg\, 18^0 = ctg\, 72^0 = \frac{1}{5}\sqrt{25 - 10\sqrt{5}} \\ ctg\, 18^0 = tg\, 72^0 = \sqrt{5 + 2\sqrt{5}} \\ sec\, 18^0 = cosec\, 72^0 = \frac{1}{5}\sqrt{50 - 10\sqrt{5}} \\ cosec\, 18^0 = sec\, 72^0 = \sqrt{5} + 1, \end{cases}$$

wonach also auch für die Winkel 18⁰ und 72⁰ die Funktionszahlen ausgerechnet werden können.

4) **Ein Sechstel und Fünf Sechstel des rechten Winkels: 15⁰ und 75⁰.** Erwähnt mag schliesslich gleich hier sein, dass man durch Halbierung der bisher betrachteten Winkel auch die trigonometrischen Zahlen von 15⁰, $22\frac{1}{2}^0$ u. s. f. finden kann. Dafür werden sich später einfachere arithmetische Mittel ergeben, vorläufig genüge es, dies geometrisch am Beispiel von 15⁰ klar zu machen.

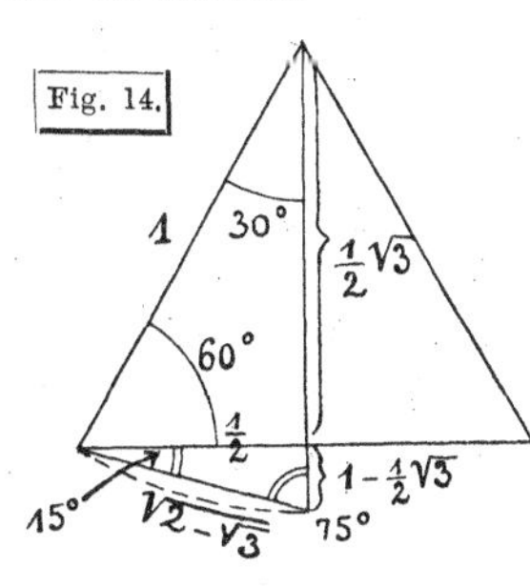

Fig. 14.

Ergänzt man die Fig. 12, so wie es in Fig. 14 geschehen ist, so kommt der Winkel 15⁰ vor in dem rechtw. Dreieck, dessen Katheten $(1 - \frac{1}{2}\sqrt{3})$ und $\frac{1}{2}$ sind, und dessen Hypotenuse also $\sqrt{\frac{1}{4} + 1 - \sqrt{3} + \frac{3}{4}} = \sqrt{2 - \sqrt{3}}$ lang ist. Für sin 15⁰ erhält man damit z. B.

$$sin\, 15^0 = \frac{\frac{1}{2}(2 - \sqrt{3})}{\sqrt{2 - \sqrt{3}}} = \frac{1}{2}\sqrt{2 - \sqrt{3}} \quad \text{und}$$

so, z. T. nach leichten Reduktionen die Werte:

$$(6) \quad \begin{cases} sin\, 15^0 = cos\, 75^0 = \frac{1}{2}\sqrt{2 - \sqrt{3}} \quad (= 0{,}25\,88\ldots) \\ cos\, 15^0 = sin\, 75^0 = \frac{1}{2}\sqrt{2 + \sqrt{3}} \quad (= 0{,}96\,59\ldots) \\ tg\, 15^0 = ctg\, 75^0 = 2 - \sqrt{3} \quad (= 0{,}26\,79\ldots) \\ ctg\, 15^0 = tg\, 75^0 = 2 + \sqrt{3} \quad (= 3{,}73\,205\ldots) \\ sec\, 15^0 = cosec\, 75^0 = 2\sqrt{2 - \sqrt{3}} \quad (= 1{,}03\,528\ldots) \\ cosec\, 15^0 = sec\, 75^0 = 2\sqrt{2 + \sqrt{3}} \quad (= 3{,}86\,36\ldots) \end{cases}$$

Mit den Werten aus den Gleichungen (1) bis (6) erhält man die folgende Tafel der goniometrischen Zahlen für die bis jetzt betrachteten Winkel (aber mit Weglassung von 18⁰ und 72⁰, d. h. für Winkel von 15⁰ zu 15⁰ durch den Quadranten), wobei die irrationalen Zahlen auf 3 Dezimalstellen abgerundet sind. Man erhält damit einen guten ersten Aufschluss über den Gang aller Funktionen.

	0⁰	15⁰	30⁰	45⁰	60⁰	75⁰	90⁰
sin	**0**	0,259	**0,5**	0,707	0,866	0,966	**1**
cos	**1**	0,966	0,866	0,707	**0,5**	0,259	**0**
tg	**0**	0,268	0,577	**1**	1,732	3,732	∞
ctg	∞	3,732	1,732	**1**	0,577	0,268	**0**
sec	**1**	1,035	1,155	1,414	**2**	3,864	∞
cosec	∞	3,864	**2**	1,414	1,155	1,035	**1**

Es wird sich bald zeigen, wie man aus den Funktionen zweier Winkel α und β die Funktionen der Summe und der Differenz $(\alpha + \beta)$ und $(\alpha - \beta)$ berechnen kann. Aus den Werten der Funktionen 15^0 und 18^0 kann man, wenn man die obige Tafel nicht durch weiteres Halbieren der Winkel und entsprechende Interpolation erweitern will, was bald mühsam wird, dann also auch die Funktionszahlen des Winkels 3^0 finden (in Quadratwurzeln ausgedrückt). Es wird sich überhaupt zeigen, dass man die Werte der goniometrischen Funktionen der Winkel von 3^0 zu 3^0 durch Quadratwurzeln ausdrücken kann. Nicht aber lassen sich so die Funktionen des Winkels 1^0 finden. In Wirklichkeit wird keiner dieser mühsamen Wege zur Herstellung einer Tafel der goniometrischen Zahlen betreten; es genügt aber vorläufig die Einsicht, wie eine solche Tafel zu Stand kommen könnte und es ist also schon jetzt an der Zeit, auf die hier abgedruckte Tafel zu verweisen: sie giebt für die Winkel von 1^0 zu 1^0 zwischen 0^0 und 90^0 alle 6 goniometrischen Zahlen, auf $\frac{1}{1000}$ (3 Dezimalen) abgerundet. Mit Rücksicht auf: $Co\text{-}F\,(90^0 - \alpha) = F\,(\alpha)$ ist die Einrichtung derart, dass das Argument (α^0) am linken Rand nur von 0^0 bis 45^0 geht, rechts (von unten nach oben zu lesen) für dieselben Funktionszahlen von 45^0 bis 90^0, und dass demnach am Fuss der Tafel überall die Co-Funktion der am Kopf stehenden Funktion steht und umgekehrt; die oben stehenden Bezeichnungen gelten also für die linke, die unten stehenden für die rechte Argumentenspalte. Die Anordnung der Funktionen ist so, dass die reciproken, *sin* und *cosec*, *cos* und *sec*, *tg* und *ctg* immer unmittelbar neben einander stehen. Man erinnere sich beim Anblick der Tafel ferner stets der wichtigsten weitern Beziehungen zwischen den einzelnen Funktionen eines und desselben Winkels: $sin^2\,\alpha + cos^2\,\alpha = 1$ und $tg\,\alpha = \frac{sin\,\alpha}{cos\,\alpha}\cdot$ Der Anblick der Tafel zeigt endlich unmittelbar, dass sich $sin\,\alpha$, $arc\,\alpha$ und $tg\,\alpha$ ($tg\,\alpha > arc\,\alpha > sin\,\alpha$) bis zu $\alpha = 5^0$ nicht um $\frac{1}{1000}$ unterscheiden.

Die Tafel ist am Schluss des Buchs nochmals abgedruckt, um sie dort herausschneiden zu können.

Dreistellige natürliche Zahlenwerte der goniometrischen Funktionen und der Bogenlängen von Grad zu Grad des Quadranten.

Arc.	°	*Sin.*	*Cosec.*	*Tang.*	*Cotg.*	*Cos.*	*Sec.*	°	*Arc.*
0,000	**0**	0,000	∞	0,000	∞	1,000	1,000	**90**	1,571
0,017	1	0,017	57,299	0,017	57,290	1,000	1,000	89	1,553
0,035	2	0,035	28,654	0,035	28,636	0,999	1,001	88	1,536
0,052	3	0,052	19,107	0,052	19,081	0,999	1,001	87	1,518
0,070	4	0,070	14,336	0,070	14,301	0,998	1,002	86	1,501
0,087	5	0,087	11,474	0,087	11,430	0,996	1,004	85	1,484
0,105	6	0,105	9,567	0,105	9,514	0,995	1,006	84	1,466
0,122	7	0,122	8,206	0,123	8,144	0,993	1,008	83	1,449
0,140	8	0,139	7,185	0,141	7,115	0,990	1,010	82	1,431
0,157	9	0,156	6,393	0,158	6,314	0,988	1,012	81	1,414
0,175	**10**	0,174	5,759	0,176	5,671	0,985	1,015	**80**	1,396
0,192	11	0,191	5,241	0,194	5,145	0,982	1,019	79	1,379
0,209	12	0,208	4,810	0,213	4,705	0,978	1,022	78	1,361
0,227	13	0,225	4,445	0,231	4,331	0,974	1,026	77	1,344
0,244	14	0,242	4,134	0,249	4,011	0,970	1,031	76	1,326
0,262	15	0,259	3,864	0,268	3,732	0,966	1,035	75	1,309
0,279	16	0,276	3,628	0,287	3,487	0,961	1,040	74	1,292
0,297	17	0,292	3,420	0,306	3,271	0,956	1,046	73	1,274
0,314	18	0,309	3,236	0,325	3,078	0,951	1,051	72	1,257
0,332	19	0,326	3,072	0,344	2,904	0,946	1,058	71	1,239
0,349	**20**	0,342	2,924	0,364	2,747	0,940	1,064	**70**	1,222
0,367	21	0,358	2,790	0,384	2,605	0,934	1,071	69	1,204
0,384	22	0,375	2,669	0,404	2,475	0,927	1,079	68	1,187
0,401	23	0,391	2,559	0,424	2,356	0,921	1,086	67	1,169
0,419	24	0,407	2,459	0,445	2,246	0,914	1,095	66	1,152
0,436	25	0,423	2,366	0,466	2,145	0,906	1,103	65	1,134
0,454	26	0,438	2,281	0,488	2,050	0,899	1,113	64	1,117
0,471	27	0,454	2,203	0,510	1,963	0,891	1,122	63	1,100
0,489	28	0,469	2,130	0,532	1,881	0,883	1,133	62	1,082
0,506	29	0,485	2,063	0,554	1,804	0,875	1,143	61	1,065
0,524	**30**	0,500	2,000	0,577	1,732	0,866	1,155	**60**	1,047
0,541	31	0,515	1,942	0,601	1,664	0,857	1,167	59	1,030
0,559	32	0,530	1,887	0,625	1,600	0,848	1,179	58	1,012
0,576	33	0,545	1,836	0,649	1,540	0,839	1,192	57	0,995
0,593	34	0,559	1,788	0,675	1,483	0,829	1,206	56	0,977
0,611	35	0,574	1,743	0,700	1,428	0,819	1,221	55	0,960
Arc.	°	*Cos.*	*Sec.*	*Cotg.*	*Tang.*	*Sin.*	*Cosec.*	°	*Arc.*

Arc.	°	*Sin.*	*Cosec.*	*Tang.*	*Cotg.*	*Cos.*	*Sec.*	°	*Arc.*
0,611	35	0,574	1,743	0,700	1,428	0,819	1,221	55	0,960
0,628	36	0,588	1,701	0,727	1,376	0,809	1,236	54	0,942
0,646	37	0,602	1,662	0,754	1,327	0,799	1,252	53	0,925
0,663	38	0,616	1,624	0,781	1,280	0,788	1,269	52	0,908
0,681	39	0,629	1,589	0,810	1,235	0,777	1,287	51	0,890
0,698	**40**	0,643	1,556	0,839	1,192	0,766	1,305	**50**	0,873
0,716	41	0,656	1,524	0,869	1,150	0,755	1,325	49	0,855
0,733	42	0,669	1,494	0,900	1,111	0,743	1,346	48	0,838
0,750	43	0,682	1,466	0,933	1,072	0,731	1,367	47	0,820
0,768	44	0,695	1,440	0,966	1,036	0,719	1,390	46	0,803
0,785	45	0,707	1,414	1,000	1,000	0,707	1,414	45	0,785
Arc.	°	*Cos.*	*Sec.*	*Cotg.*	*Tang.*	*Sin.*	*Cosec.*	°	*Arc.*

Obgleich nun die goniometrischen Zahlenwerte in der praktischen Rechnung fast stets logarithmisch zu benützen sind, ist doch dringend zu raten, eine grössere Zahl einfacher Zahlenbeispiele mit Benützung dieser Tafel auszurechnen; auch weitere direkte Ausrechnungen von goniometrischen Funktionswerten sind sehr nützlich schon wegen der Übung im algebraischen Rechnen, Rationalmachen des Nenners u. s. f. Einiges ist hier angedeutet:

1) Die trigonometrischen Zahlen des Winkels $22\,{}^1/_2{}^0$ zu berechnen. In ganz derselben Art wie oben für 15^0 findet man, vgl. Fig. 15, aus dem Dreieck mit den Katheten $(\sqrt{2}-1)$ und 1, also der Hypotenuse $\sqrt{4-2\sqrt{2}}$,

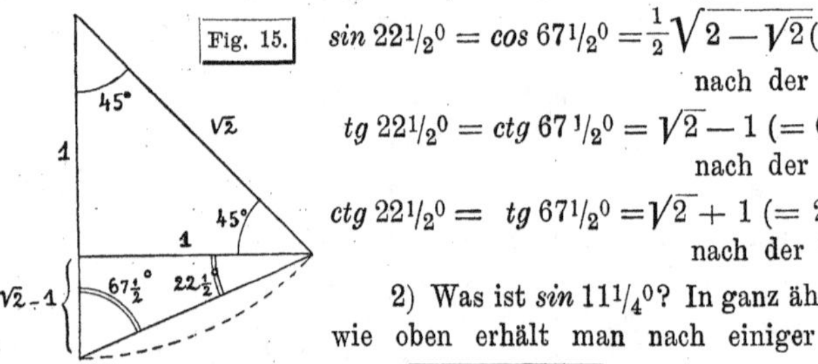

Fig. 15.

$sin\ 22^1/_2{}^0 = cos\ 67^1/_2{}^0 = \frac{1}{2}\sqrt{2-\sqrt{2}}$ (= 0,38268..., nach der Tafel 0,383),

$tg\ 22^1/_2{}^0 = ctg\ 67^1/_2{}^0 = \sqrt{2}-1$ (= 0,414214... nach der Tafel 0,414),

$ctg\ 22^1/_2{}^0 = tg\ 67^1/_2{}^0 = \sqrt{2}+1$ (= 2,414214... nach der Tafel 2,414).

2) Was ist $sin\ 11^1/_4{}^0$? In ganz ähnlicher Weise wie oben erhält man nach einiger Umformung

$$sin\ 11^1/_4{}^0 = \frac{1}{2}\sqrt{2-\sqrt{2+\sqrt{2}}}\ (= 0,1951\ldots).$$

Man berechne auch $cos\ 11^1/_4{}^0$, $tg\ 11^1/_4{}^0$.

3) Ebenso kann man erhalten:

$$sin\ 5^5/_8{}^0 = \frac{1}{2}\sqrt{2-\sqrt{2+\sqrt{2+\sqrt{2}}}},$$

$$sin\ 2^{13}/_{16}{}^0 = \frac{1}{2}\sqrt{2-\sqrt{2+\sqrt{2+\sqrt{2+\sqrt{2}}}}}\ \text{u. s. f.;}$$

ferner, von 30^0, 15^0 ausgehend:

$sin\, 7\frac{1}{2}^0 = \frac{1}{2}\sqrt{2 - \sqrt{2 + \sqrt{3}}}$; $sin\, 3\frac{3}{4}^0 = \frac{1}{2}\sqrt{2 - \sqrt{2 + \sqrt{2 + \sqrt{3}}}}$ u. s. f.

Man berechne auch *cos* und *tg* dieser Winkel.

4) Benützung der Tafel. Ein gleichmässig steigender Weg gewinnt auf 500 m horizontal gemessener Länge 50 m an Höhe; was ist der Neigungswinkel? Er sei φ, so ist

$tg\, \varphi = \frac{50}{500} = \frac{1}{10} = 0{,}100$, also nach der Tafel $\varphi = (5^0 + \frac{13}{18} \cdot 1^0)$ oder $\varphi = 5{,}^0 7$.

Man sieht zugleich, dass es bei Rechnung bis auf $\frac{1}{1000}$ hier noch gleichgiltig ist, ob man $tg\, \varphi$ oder $sin\, \varphi = \frac{1}{10}$ setzt, d. h. ob die 500 m die horizontal gemessene oder die schief gemessene Länge des Wegs vorstellen.

Der Gipfel eines Bergs, der nach der Karte 5 500 m von meinem Standpunkt entfernt ist, erscheint mir unter einem Höhenwinkel von $7^0\, 30'$; die Meereshöhe meines Standpunkts ist 480 m, was ist die Meereshöhe des Berggipfels? Antwort: $(480 + 5500 \,.\, tg\, 7\frac{1}{2}^0)$ m $= 480 + 5500 \,.\, 0{,}132 = 480 + 726 =$ etwas über 1200 Meter.

In einem ebenen rechtwinkligen Dreieck ist die Hypotenuse 500 m lang und die spitzen Winkel sind 37^0 und $53^0 = 90^0 - 37^0$; was sind die beiden Katheten? Antwort: $500 \,.\, sin\, 37^0$ und $500 \,.\, sin\, 53^0 = 500 \,.\, cos\, 37^0$ oder $500 \,.\, 0{,}602$ und $500 \,.\, 0{,}799$, also rund 301 m und 399 m.

Ein rechtwinkliges Dreieck, das die Katheten 3 und 4 hat, hat bekanntlich die Hypotenuse 5; was sind in runder Zahl die Winkel dieses Dreiecks? Antwort: Sie seien ψ und $(90^0 - \psi)$, so ist ψ zu rechnen aus $sin\, \psi = \frac{3}{5} = 0{,}600$ oder aus $tg\, \psi = \frac{3}{4} = 0{,}750$; beides gibt $\psi = 36^0{,}9$ ungefähr (auf $\frac{1}{10}^0$ genau; der Winkel wird sich später genauer zu $36^0\, 52'\, 12''$ auf $1''$ abgerundet, ergeben).

In einem rechtwinkligen Dreieck ist die Hypotenuse 200 m lang, die eine Kathete 130 m; wie lang ist die andere Kathete? Antwort: Nach dem Pythagoräischen Lehrsatz ist diese Kathete $= \sqrt{200^2 - 130^2}$ Meter $= \sqrt{23\,100} = 152$ m abgerundet; mit Benützung der Tabelle $= 200$ mal *cos* des Winkels, dessen *sin* durch $\frac{130}{200} = 0{,}6500$ gegeben ist, d. h. 200 mal *cos* des Winkels $40^0{,}5$ oder gleich $200 \,.\, 0{,}761 = 152$ m rund. Die principielle Übereinstimmung dieser einfachern mit der vorigen Rechnungsweise ist klar; es seien b und a die gegebene Kathete und die Hypotenuse, β der Gegenwinkel von b, so dass also $sin\, \beta = \frac{b}{a}$ ist; dann ist die andere gesuchte Kathete $c = a \,.\, cos\, \beta = a\sqrt{1 - sin^2 \beta} = a\sqrt{1 - \frac{b^2}{a^2}} = \sqrt{a^2 - b^2}$, nur ist die Wurzelausrechnung hier erspart. Bei logarithmischer Rechnung würde man hier allerdings auf dem ersten Weg mit $c = \sqrt{(a + b)(a - b)}$ ebenso einfach zum Ziel kommen. Man bilde selbst noch vor dem Übergang auf die folgenden §§ viele ähnliche Beispiele mit möglichst einfachen Zahlen; es ist sehr nützlich, der allerdings praktisch meist auch schon in diesem Fall vorzuziehenden logarithmischen Rechnung zahlreiche einfache Rechnungsbeispiele mit den „natürlichen" Werten der trigonometrischen Zahlen vorausgehen zu lassen.

Kapitel 2.

DIE BERECHNUNG DES RECHTWINKLIGEN EBENEN DREIECKS. GLEICHSCHENKLIGES DREIECK. REGULÄRE POLYGONE. RECHNUNGEN AM KREIS.

---

§ 7. Einleitung; Einrichtung der logarithmisch-trigonometrischen Tafel.

1) Einleitung. Nachdem die goniometrischen Funktionen spitzer Winkel definiert sind und ein Überblick über den Gang dieser Zahlen gewonnen ist, ist das oben genannte, der ebenen Trigonometrie, nicht mehr der reinen Goniometrie angehörige Kapitel, die einfachsten Anwendungen der goniometrischen Zahlen enthaltend, hier einzuschalten. Da wir bei der Definition der goniometrischen Funktionen spitzer Winkel vom rechtwinkligen Dreieck, und früher vom Kreis ausgegangen sind, so muss es jetzt möglich sein, die am rechtwinkligen Dreieck und am Kreis vorkommenden Rechnungen auszuführen. — Bleiben wir vorläufig beim rechtwinkligen Dreieck.

So lange es sich im rechtwinkligen Dreieck nur um Strecken handelt, so lange keine Winkel in Betracht kommen, leistet der Pythagoräische Lehrsatz alles für die Rechnung Erforderliche.

Sind z. B. die beiden Katheten gegeben (sie mögen b und c Längeneinheiten enthalten) und ist die Länge der Hypotenuse (a Längeneinheiten) gesucht, so ist

$$a = \sqrt{b^2 + c^2} \qquad (1);$$

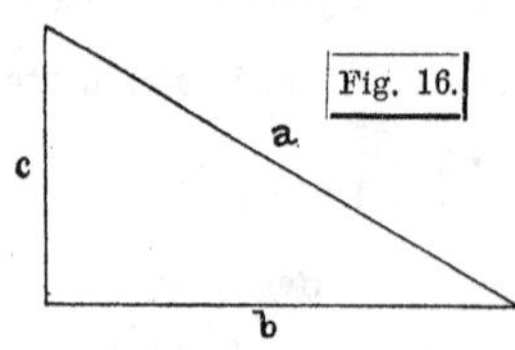

Fig. 16.

oder ist die Hypotenuse a und eine der Katheten gegeben, z. B. b, die andere Kathete c gesucht, so ist

$$c = \sqrt{a^2 - b^2} \qquad (2).$$

Zur praktischen Durchführung von Rechnungen nach den Gleichungen (1) oder (2) mit gegebenen Zahlen wird bequem sein eine Tabelle der Quadratzahlen, wie sie eine vollständige Tafelsammlung auch enthält. In einer vollständigen 5-stelligen Sammlung der zum Rechnen notwendigen oder zweckmässigen Tafeln (s. u.) findet sich z. B. eine Tafel der Quadrate der Zahlen von 0 bis 10, mit dem Intervall 0,001, d. h. es sind aufeinanderfolgend angeschrieben die Quadrate von 0,000, 0,001, 0,002... 1,000, 1,001, 1,002... 10,000, und zwar mit 4 Dezimalstellen; z. B. also $3{,}745^2$ (abgerundet auf) $= 14{,}0250$, $3{,}746^2$ (ebenso) $= 14{,}0325$ u. s. f. Es sind damit zugleich die Quadrate beliebiger Zahlen mit der der Tafel innewohnenden Genauigkeitsgrenze gegeben, wobei man für eine Versetzung des Kommas in der Zahl um Eine Stelle nach links oder rechts im Quadrat der Zahl das Komma um Zwei Stellen nach links oder rechts zu rücken hat; z. B. $37{,}45^2 = 1402{,}50$, $374{,}5^2 = 140250$, wobei nun aber hier die Einer im Quadrat schon durch Abrundung entstanden sind, $0{,}3745^2 = 0{,}140250$ u. s. f. Dieselbe Tafel dient auch zur Wurzelausziehung; man sucht die dann hier gegebene Zahl n^2 in der so überschriebenen Spalte der Tafel und entnimmt, mit Interpolation (s. unten) der Argumentenspalte das zugehörige n. (Dabei ist nur auf die Stellung des Kommas zu achten, also z. B. bei dem angegebenen Tafelumfang beim Aufsuchen von $\sqrt{0{,}1345}$ bei $n^2 = 13{,}45$, nicht bei $n^2 = 1{,}345$ aufzuschlagen, bei $\sqrt{134{,}5}$ bei $n^2 = 1{,}345$, nicht bei $n^2 = 13{,}45$ u. s. f.)

Die Quadrattafel in dem Umfang, wie sie sich gewöhnlich in den Tafelsammlungen findet, leistet in der That für Aufgaben von der Form (1) oder (2) sehr gute Dienste, so lange eben ihre, durch ihre Ausdehnung bedingte, Genauigkeit genügt.

Soll die Genauigkeit gesteigert werden, z. B. auf die Stufe, die 5-stellige Zahlenlogarithmen gewähren, so ist die logarithmische Rechnung unmittelbar nach den Gleichungen (1) oder (2) sehr unbequem: man hätte, bei gegebenen Zahlen b und c in (1), die Logarithmen beider Zahlen aufzusuchen, je mit 2 zu multiplizieren, wodurch man die Logarithmen der Quadrate von b und c erhält, diese Quadrate wieder mit Hilfe der Logarithmentafel aufzuschlagen, zu addieren, den Logarithmus der Summe zu suchen, und diesen Logarithmus zu halbieren: die zugehörige Zahl wäre der Wurzelwert a.

Die Gleichung (2) gestattet dagegen eine zur logarithmischen Rechnung, bei gegebenen Zahlen a und b, bequeme Umformung; es ist (vgl. den Schluss des letzten §)

$$(2') \qquad c = \sqrt{(a+b)(a-b)},$$

wonach die Rechnung sehr einfach ausfällt.

Versuchen wir auch bei (1) eine Umformung, die die Gleichung zur logarithmischen Rechnung von a geeigneter macht; setzen wir z. B.

$$(1') \qquad a = \sqrt{c^2\left(\frac{b^2}{c^2}+1\right)} = c\sqrt{\left(\frac{b}{c}\right)^2+1}\,.$$

Sind nun z. B. statt der Zahlen von b und c die **Logarithmen** von b und c gegeben, wie es bei praktischen Rechnungen oft vorkommt, so wäre die Rechnung nach der letzten Form (1′) äusserst bequem, wenn man eine Tabelle hätte, die mit $log\ k$ als Argument die Werte von $log\,(1+k)$ geben würde; setzt man nämlich $\left(\frac{b}{c}\right)^2 = x^2$ und $y = 1 + x^2$, so wird $a = c\sqrt{y}$. Die Tabelle würde nun zu $log\, x^2 = 2\ log\, x = 2\,(log\, b - log\, c)$ als Argument den Log. von y liefern und man könnte sehr bequem rechnen nach:

$$(1'') \qquad log\, a = log\, c + \tfrac{1}{2}\, log\, y\,.$$

Auch diese Tabelle, für $log\,(1+k)$ mit $log\ k$ als Argument, ist in der That in vollständigen Logarithmentafel-Sammlungen enthalten; es ist die Tabelle der sog. Additions-Logarithmen, vgl. unten.

Man kann zur Rechnung nach der Gleichung (1) statt dieses arithmetischen Wegs aber auch einen goniometrischen wählen; erinnern wir uns, dass $\sqrt{tg^2\beta + 1} = sec\,\beta = \frac{1}{cos\,\beta}$ ist und dass $tg\,\alpha$ jeden beliebigen Wert haben kann, also in jedem Fall $tg\,\beta = \frac{b}{c}$ gesetzt werden kann, was auch immer die Zahlen b und c oder ihre gegebenen Logarithmen sein mögen, so erhalten wir eine andere, sehr bequeme Rechnung nach (1′) in der Form:

$$(1''') \qquad tg\,\beta = \frac{b}{c} \quad ; \qquad a = c\,.\,sec\,\beta = \frac{c}{cos\,\beta},$$

sobald wir eine bequeme logarithmische Tafel der goniometrischen Zahlen haben; die Tafel der Additions-Logarithmen wird hier entbehrlich. Man hat einen „Hilfswinkel“ eingeführt, der nichts anderes ist, als der Winkel, der im rechtwinkligen Dreieck mit den Katheten b und c der ersten gegenüberliegt.

Sind in der Gleichung (2) ebenso die Logarithmen der Hypotenusenlänge a und der Kathetenlänge b gegeben, so nützt die Umformung (2′) nichts mehr; wohl aber führt eine ebenso einfache goniometrische Einführung zum Ziel: setzt man in

$$c = \sqrt{a^2 - b^2} = a\sqrt{1 - \left(\frac{b}{a}\right)^2}$$

$sin\,\beta = \frac{b}{a}$, was angeht, da $a > b$ gegeben

ist, so wird $c = a\sqrt{1 - sin^2\beta} = a\,cos\,\beta$ und die logarithmische Rechnung ist mit Benützung einer Tabelle der *log sin* (wie bekannt zugleich Tabelle der *log cos* für die Komplementwinkel) äusserst bequem: $log\,sin\,\beta = log\,b - log\,a$; zu diesem β den $log\,cos\,\beta$ aufgeschlagen gibt $log\,c = log\,a + log\,cos\,\beta$.

2) Die „Logarithmentafel" und ihr Gebrauch. Genauigkeitsbetrachtung. Werden wir so schon für die Fälle, wo es sich allein um in Zahlen gegebene und zu berechnende Strecken am rechtwinkligen Dreieck handelt, zur Anwendung von Tabellen der goniometrischen Zahlen geführt, so wird die Einführung dieser Tabellen selbstverständlich unumgänglich notwendig, sobald auch (beliebige) Winkel als gegebene oder zu berechnende Stücke hinzukommen. Wenn z. B. für ein rechtwinkliges Dreieck gegeben ist die Länge der Hypotenuse = 227,45 Längeneinheiten, z. B. Meter, und der eine Winkel $= 32^0\,4'\,20''$ (der andere also $= 57^0\,55'\,40''$), und gesucht sind die Längen der Katheten, so ist ohne die goniometrischen Zahlen diese Aufgabe nicht zu lösen. Die theoretische planimetrische Lösung: man macht eine Strecke = 227,45 Längeneinheiten, „trägt an sie im Endpunkt den Winkel $32^0\,4'\,20''$ an" und fällt vom andern Endpunkt das Lot auf den Schenkel, worauf die Katheten abgemessen werden können, führt praktisch zu nichts; auf dem Reissbrett, d. h. in starker Verjüngung der Figur, kann weder das Anlegen des Winkels mit dem Zeichenhalbkreis, noch das Abmessen der gegebenen und gesuchten Strecken mit der Genauigkeit geschehen, die der Genauigkeit der Angaben entspricht; und denkt man sich die Aufgabe etwa durch Übertragung dieser planimetrischen Lösung auf das Feld, eine Messungsebene, gelöst, so würde diese Lösung mit Theodolit und Messlatten, auch wenn örtliche Verhältnisse sie zuliessen, viel zu umständlich sein, ja geradezu die Aufgabe selbst wieder als angebliche Lösung aufstellen. Denn eben die Messung der Winkel mit Winkelmessinstrumenten auf dem Feld soll die langwierige und unter Umständen wenig genaue direkte Messung möglichst vieler Strecken durch die Berechnung dieser Strecken ersetzen.

Anders wird die Sache, wenn wir die goniometrischen Zahlen des gegebenen (gemessenen) Winkels einführen; sei dieser Winkel β und sei a die gegebene Hypotenuse, so sind die Katheten b und c einfach:

$$b = a\,sin\,\beta\ , \qquad c = a\,cos\,\beta.$$

Die *Sinus*-Tabelle giebt also sofort die Auflösung; in unserem Fall würde $b = 227{,}45\,.\,sin\,(32^0\,4'\,20'')$ m und $c = 227{,}45\,.\,cos\,(32^0\,4'\,20'')$ m. Die Rechnung mit Benützung einer Tafel der „natürlichen" Zahlenwerte der goniometrischen Zahlen, wie sie oben (§ 6) 3-stellig abgedruckt ist, die aber hier, der Genauigkeit der Angaben und der damit verlangten Genauigkeit der Resultate entsprechend, etwa 5stellig sein müsste, wäre nun nicht bequem; man hat auszurechnen: $b = 227{,}45 \,.\, 0{,}5310\ldots$, $c = 227{,}45 \,.\, 0{,}8474\ldots$ Wie aus der Algebra bekannt und in **1)** schon mehrfach angedeutet ist, führt allein die logarithmische Rechnung:

$$\log b = \log a + \log \sin \beta \; ; \qquad \log c = \log a + \log \cos \beta$$

bequem zum Ziel, man hat statt der Tafel der natürlichen Werte der goniometrischen Zahlen eine Tafel der Logarithmen dieser Werte anzuwenden und über die Einrichtung dieser Tafel ist hier zunächst das Nötige zu sagen.

Die goniometrischen Zahlen rationaler Winkel sind mit sehr wenigen Ausnahmen irrationale und transcendente Zahlen, deren Werte also nur mit einer gewissen, übrigens beliebig weit gehenden Annäherung angegeben werden können, bei einer bestimmten Zahl von Stellen abgebrochen werden müssen.

Die Logarithmen der goniometrischen Zahlen, die in der zu verwendenden, nach runden Winkelargumenten angeordneten Tafel sich finden, sind demnach ebenfalls sämtlich (von Null abgesehen) transcendente Zahlen, die also auch je nach Bedarf, d. h. je nach der Genauigkeit, mit der die Rechnungen geführt werden sollen, mit 3, 4, 5, 6, 7, 8, 10 Dezimalstellen angegeben werden.

Für die Zwecke der Schule wird in der Regel eine fünfstellige vollständige Logarithmentafel benützt, die auch für sehr viele praktische Aufgaben völlig genügt und die deshalb im Folgenden ebenfalls **im allgemeinen** vorausgesetzt wird. In der Landmessung und bei den astronomisch-geographischen Ortsbestimmungen, auf die dieses Buch vorbereiten soll, ist ausser der 5-stelligen eine 6-stellige Tafel notwendig, daneben für andere Zwecke eine 4-stellige Tafel. Die 7, 8 und 10-stelligen Tafeln bleiben den feinern Rechnungen der höhern Geodäsie und der praktischen und theoretischen Astronomie vorbehalten; ihre Anwendung in den vorhin genannten Teilen der angewandten Mathematik ist unnöthig, sogar deshalb schädlich, weil bei ihrer Anwendung die Genauigkeit der Rechnung ganz übertrieben wäre im Vergleich mit den Messungswerten, die ihr zu Grunde liegen. Wer eine 5-stellige Tafel gut handhaben kann, kommt ohne weiteres auch in einer 4-stelligen und 6-stelligen zurecht. Auch kann man, wenn man eine Tafel mit alter Winkelteilung richtig benützen gelernt hat, auch sofort eine Tafel mit neuer Teilung gebrauchen und umgekehrt.

Die am meisten zu empfehlenden logarithmischen Tafeln sind:

5-stellig, für alte Kreisteilung, von *F. G. Gauss* und von *Rex*,
5-stellig, für neue Kreisteilung, von *F. G. Gauss*, von *Gravelius*, vom franz. Service Géographique u. a.,
4-stellig, für alte Kreisteilung, von *Rex* (sehr vollständig) u. v. a. *);
6-stellig, für alte Kreisteilung, von *Bremiker-Albrecht*;
6-stellig, für neue Kreisteilung, von *Jordan*;
(7-stellig, aber hier nicht mehr in Betracht kommend, für alte Teilung von *Bruhns*, von *Schrön* u. a.); u. s. w.

Die Zahl der Logarithmen-Tafeln ist so gross, dass die Nennung der obigen Tafeln genügen muss. Selbstverständlich sind alle Logarithmen dieser Tafeln (von kurzen Tafeln der *Neper*schen Zahlenlogarithmen etwa abgesehen) *Brigg*sche Logarithmen mit der Grundzahl 10; wenn hier in Zukunft *log* geschrieben wird, so sind stets solche Logarithmen gemeint:

$$\log\ 10 = 1\,,\quad \log\ 100 = 2,\ \ldots.$$
$$\log\ 0{,}1 = -1{,}00\,000 \text{ oder } = 9\,.\,00\,000 - 10,$$
$$\log\ 0{,}01 = -2{,}00\,000 \text{ oder } = 8\,.\,00\,000 - 10.$$

. . . .

Den Beginn einer solchen vollständigen logarithmisch-trigonometrischen Tafel bildet stets die Tafel der Zahlenlogarithmen: Logarithmen der natürlichen Zahlen. Die Kenntnis dieser Logarithmen und der Rechnung mit ihnen wird hier, als aus der Algebra bekannt, vorausgesetzt. Bekanntlich dient diese nach natürlichen Zahlen geordnete Tafel zugleich zum Aufschlagen der *log* gegebener Zahlen und zum Aufschlagen der zu gegebenen *log* gehörigen Zahlen; besondere Tafeln der „Antilogarithmen" zu dem zuletzt genannten Zweck, die nach runden Intervallen des Log. geordnet werden, sind mit Recht fast gänzlich ausser Gebrauch gekommen.[6])

Die zweite Haupttafel der logarithmisch-trigonometrischen Tafeln ist die der Logarithmen der goniometrischen Zahlen, mittels der ebenfalls gleichzeitig die zwei Aufgaben zu lösen sind:

1) zu einem gegebenen Winkel den Logarithmus einer bestimmten goniometrischen Zahl dieses Winkels aufzusuchen;
2) zum gegebenen Logarithmus einer bestimmten goniometrischen Zahl den zugehörigen Winkel zu bestimmen.

---

*) Anmerkung (zur vierstelligen Tafel). Logarithmentafeln mit vier Dezimalstellen sind in den letzten Jahren in ausserordentlich grosser Anzahl herausgegeben worden in der Absicht, aus der Mittelschule die fünfstellige Tafel ganz zu verdrängen und allein noch die vierstellige Tafel anzuwenden. Der Verfasser, der diese Absicht nicht billigt, wird sich in der kleinen (Schul-) Ausgabe dieses Buchs darüber aussprechen; vgl. übrigens Anmerkung 6).

Wie in der Tafel der Zahlenlogarithmen, so können auch hier mit Rücksicht auf den Umfang der Tafel nicht zu jedem Winkel, z. B. von 1″ zu 1″, unmittelbar die Log. der trigonometrischen Zahlen angegeben sein, sondern man wird in der Regel mit Hilfe der „Proportionalteile“, bei kleinen einfachen Differenzzahlen im Kopf, eine Interpolation auszuführen haben. Fünfstellige Tafeln enthalten die Logarithmen der Funktionen der Winkel des Quadranten von 1 Minute zu 1 Minute, sechsstellige und siebenstellige von 10 Sekunden zu 10 Sekunden, vierstellige von 10 Minuten zu 10 Minuten, dreistellige von 1 Grad zu 1 Grad.

In der Tafel sind ferner nur enthalten *log sin*, *log tang*, *log ctg*, *log cos*. Wenn je einmal *log sec* oder *log cosec* gebraucht wird, so ist

wegen $sec\,\alpha = \frac{1}{cos\,\alpha}$ auch $log\,sec\,\alpha = log\frac{1}{cos\,\alpha} = -\,log\,cos\,\alpha$

„ $cosec\,\alpha = \frac{1}{sin\,\alpha}$ „ $log\,cosec\,\alpha = log\frac{1}{sin\,\alpha} = -\,log\,sin\,\alpha$

mit $log\,cos\,\alpha$ oder $log\,sin\,\alpha$ bekannt.

Ferner ist $tg\,\alpha\,ctg\,\alpha = 1$, also $log\,tg\,\alpha + log\,ctg\,\alpha = log\,1 = 0$.

Die Logarithmen von *tg* und *ctg* desselben Winkels haben demnach stets 0 zur Summe; der eine von beiden Logarithmen, die Spalte *ctg* z. B., könnte aus demselben Grund wegbleiben; aus dem *log sec* und *log cosec* weggelassen sind, es ist aber doch zweckmässig, diesen Logarithmus (von *ctg*) ebenfalls beizubehalten.

Ferner ist für jeden Winkel α

$$tg\,\alpha = \frac{sin\,\alpha}{cos\,\alpha} \quad \text{oder} \quad log\,tg\,\alpha = log\,sin\,\alpha - log\,cos\,\alpha \quad \text{oder}$$
$$log\,sin\,\alpha = log\,tg\,\alpha + log\,cos\,\alpha;$$

auf jeder beliebigen Zeile der Tafel (für einen beliebigen Winkel der Tafel) müssen also die beiden angegebenen Beziehungen der 3 Zahlen *log sin*, *log tg*, *log cos* bestehen.

Da *sin* und *cos* stets < 1 sind, so sind $log\,sin\,\alpha$ und $log\,cos\,\alpha$ immer negativ. Es ist z. B.

$$log\,sin\,30^0 = log\frac{1}{2} = -\,log\,2 = -\,0.30\,103.$$

Statt aber mit negativen Logarithmen zu rechnen, rechnet man, wie von den Zahlenlogarithmen her bekannt ist, mit deren dekadischen Ergänzungen, setzt also:

$$log\,sin\,30^0 = log\,\frac{1}{2} = 0.69\,897 - 1 \quad \text{oder}$$
$$= 9.69\,897 - 10.$$

In der Tafel findet sich in der That $log\,sin\,30^0 = 9.69\,897$. Allen Logarithmen der goniometrischen Tafel, mit Ausnahme der mit 0. beginnenden, ist -10 beigesetzt zu denken.

Im folgenden wird —10 am Schluss des Logarithmus einer goniometrischen Zahl meist als selbstverständlich wegbleiben.

Da $F(\alpha) = Co\text{-}F(90^0 - \alpha)$ ist, so stehen am Kopf der goniometrischen Logarithmentafel die Grade 0 bis 44, am Fuss 45 bis 89, die Minuten schreiten für Winkel zwischen 0^0 und 45^0 am linken Rand von oben nach unten, für solche zwischen 45^0 und 90^0 am rechten Rand von unten nach oben fort, wie dies aus der oben (S. 39 und 40) aufgestellten kleinen Tafel der natürlichen goniometrischen Zahlen (dort für die Grade) bereits bekannt ist. Die Reihenfolge der Funktionen ist oben von links nach rechts: *sin*, *tg*, *ctg*, *cos*, unten also *cos*, *ctg*, *tg*, *sin*.[7]) Die Benützung der früher erkannten Werte von *sin*, *cos*, *tg*, *ctg* einiger bestimmter Winkelwerte: 0^0, 30^0, 45^0, 60^0, 90^0 führt zu folgender Übersicht der Grenze der Logarithmen dieser Funktionen:

1) ***sin.*** Es ist $sin\, 0^0 = 0$, die Tafel der *log sin* beginnt also mit $-\infty$;

$sin 30^0 = \frac{1}{2}$; bei *log sin* 30^0 muss also stehen $0 - 0{\cdot}30\,103 = 9.69\,897 - 10$ (s. oben)

$sin 45^0 = \frac{1}{\sqrt{2}}$; bei *log sin* 45^0 „ „ „ $0 - \frac{1}{2} . 0.30\,103 = 0 - 0.15051 = 9.84\,949 - 10$

$sin 60^0 = \frac{1}{2}\sqrt{3}$; bei *log sin* 60^0 „ „ „ $-0{,}30\,103 + \frac{1}{2} . 0{,}47\,712 = -0{,}30103 + 0{,}23856 = 9.93\,753 - 10$

$sin\, 90^0 = 1$; bei *log sin* 90^0 muss also der *log* durch $9.99999 - 10$ allmählich auf $0.00\,000$ wachsen.

2) Dasselbe für ***cos.*** — Zu beachten ist, dass $sin\, 45^0 = cos\, 45^0 = \frac{1}{2}\sqrt{2}$, $log = 9.84\,949 - 10$ ist. Ist der *log sin* eines spitzen Winkels $> 9.84\,949$, so ist der Winkel $< 45^0$, im andern Fall $> 45^0$; ist *log cos* des Winkels $< 9.84\,949$, so ist der Winkel $> 45^0$, im andern Fall $< 45^0$.

3) ***tang*** **(und** ***ctg*****).** Man rechne auch die *log tang* der obigen Hauptwinkel direkt aus. — Zu beachten ist hier besonders, dass $tg\, 45^0 = 1$, $log\, tg\, 45^0 = 0.00\,000$ ist. Lautet also z. B. *log tang* eines spitzen Winkels $9 \ldots\ldots - 10$, so ist der Winkel $< 45^0$ und oben und links zu suchen, beginnt *log tang* mit $0 \ldots\ldots$, so ist der Winkel $> 45^0$ und unten und rechts zu suchen. Für $log\, ctg\, \alpha = log\, tg\,(90^0 - \alpha)$ umgekehrt.

Da *sin* und *tg* mit wachsendem spitzem Winkel wachsen, während *cos* und *ctg* abnehmen, so ist, wenn zu einem gegebenen Winkel der Logarithmus einer Funktion gesucht wird, der mittels Interpolation zwischen die zwei Tafelzahlen hinein den Proportionalteilen entnommene oder im Kopf ausgerechnete Betrag zum Logarithmus der Funktion des nächst kleinern Winkels bei *sin* und *tg* zu addieren, bei *cos* und *ctg* davon zu subtrahieren.

Man beachte ferner gleich hier die Art des Wachstums und der Abnahme der Log. der goniometrischen Zahlen: bei *log sin* ist die

Zunahme zwischen aufeinanderfolgenden Zahlen bei kleinen Winkeln von 0^0 aus sehr gross, bei *log cos* die Abnahme sehr klein; in der Nähe von 90^0 also umgekehrt, Zunahme an *log sin* sehr klein, Abnahme des *log cos* vollends rasch; bei 45^0 ist die Zunahme von *log sin*, Abnahme von *log cos* bei wachsendem Winkel gleich gross, sie beträgt für 1′ 12 bis 13 Einheiten der 5. Stelle. Für *log tang* und *log ctg* ist, da *log ctg* = — *log tang* ist, an jeder Stelle der Tafel die Differenz für 1′ (5-stellig) oder für 10″ (6-stellig) gemeinschaftlich; diese Differenz ist für kleine Winkel und für Winkel in der Nähe von 90^0 dieselbe wie im ersten Fall für *log sin*, im zweiten für *log cos*, in der Nähe von 45^0 sinkt sie aber nur auf etwa 25 Einheiten der 5. Stelle für 1′, bleibt also gerade doppelt so gross, als die für *sin* und *cos* dort vorhandene.

Sodann ist aufmerksam zu machen auf den überaus kleinen Unterschied in den Zahlen für *log sin* und *log tg* sehr kleiner Winkel (*cos* und *ctg* von Winkeln sehr nahe bei 90^0); die Zahlen für *log sin* und *log tg* für alle Winkel $< 0^0\,20'$ stimmen auf 1 Einheit der 5. Stelle überein; allgemein und genauer: sie stimmen in einer Tafel so lange bis auf 1 Einheit der letzten Stelle der Tafel überein, als sich *log sec* = — *log cos* nicht bis auf 1 Einheit der letzten Stelle erhebt, also *log cos* 0.00000.. lautet; denn für jeden Winkelwert α ist (vgl. oben)

$$\log\sin\alpha = \log tg\,\alpha + \log\cos\alpha \;; \quad \log tg\,\alpha = \log\sin\alpha - \log\cos\alpha.$$

$\log\sin 0^0\,10' = 7.46\,373 - 10$	$\log tg\, 0^0\,10' = 7.46\,373 - 10$
$\log\sin 0^0\,15' = 7.63\,982 - 10$	$\log tg\, 0^0\,15' = 7.63\,982 - 10$
$\log\sin 0^0\,20' = 7.76\,475 - 10$	$\log tg\, 0^0\,20' = 7.76\,476 - 10$
$\log\sin 0^0\,25' = 7.86\,166 - 10$	$\log tg\, 0^0\,25' = 7.86\,167 - 10$

und noch bei mehreren Graden bleibt der Unterschied klein:

$\log\sin 2^0\,0' = 8.54\,282 - 10$	$\log tg\, 2^0\,0' = 8.54\,308 - 10$
$\log\sin 3^0\,0' = 8.71\,880 - 10$	$\log tg\, 3^0\,0' = 8.71\,940 - 10$
. . . .	. . . .

Es ist schon früher auf die *sin* und *tang* (natürliche Werte) kleiner Winkel aufmerksam gemacht worden (vgl. § 5, **2**) und § 6 vor der Zahlentafel).

Die Anwendung der Proportionalteile bei Rechnungen mit den goniometrischen Logarithmentafeln setzt den aus der Logarithmenlehre bekannten Satz voraus: Die Differenzen der Logarithmen wenig von einander verschiedener Zahlen verhalten sich wie die Differenzen der Zahlen selbst. Ob dieser Satz in einem bestimmten Fall anwendbar ist oder nicht, erkennt man an den Differenzen selbst, indem diese nämlich an der betreffenden Stelle der Tafel (nahezu) konstant bleiben oder aber sprungweise sich verändern.

Es ist z. B. nach einer 5-stelligen Tafel:

	Diff. in Einheiten d. letzten Stelle.
log sin $31^0\,0' = 9.71\,184 - 10$	
„ „ $31^0\,1' = 9.71\,205 - 10$	21
„ „ $31^0\,2' = 9.71\,226 - 10$	21
„ „ $31^0\,3' = 9.71\,247 - 10$	21
„ „ $31^0\,4' = 9.71\,268 - 10$	21

Hier ist es also jedenfalls ohne weiteres gestattet, für *log sin* $31^0\,2'\,20''$ so zu rechnen:

$$= 9.71\,226 + 0.00\,021 \cdot \frac{20''}{60''} = 9.71\,233.$$

Dagegen ist z. B. nach derselben Tafel:

	Diff. in Einheiten d. letzten Stelle.
log tg $0^0\,5' = 7.16\,270 - 10$	
„ „ $0^0\,6' = 7.24\,188 - 10$	7918
„ „ $0^0\,7' = 7.30\,882 - 10$	6694
„ „ $0^0\,8' = 7.36\,682 - 10$	5800
„ „ $0^0\,9' = 7.41\,797 - 10$	5115

Es wäre hier also offenbar unrichtig

log tg $0^0\,7'\,58''$

zu berechnen als

$$7.30\,882 + 0.05\,800 \cdot \frac{58}{60} = 7.36\,489$$

weil die Logarithmen der *Tangens* hier nicht proportional der Änderung des Winkels sich verändern.

Ebenso ist, wenn *log sin* $\beta = 9.71\,219 - 10$ gegeben ist, β zu bestimmen als: $\beta = 31^0\,1' + \frac{14}{21} \cdot 1' = 31^0\,1\frac{2}{3}' = 31^0\,1'\,40''$, dagegen aus *log tg* $\gamma = 7.16\,700 - 10$ nicht etwa $\gamma = 0^0\,5' + \frac{430}{7918} \cdot 1'$, γ nicht $= 0^0\,5'\,3'',3$.

Es geht deshalb in der vollständigen Logarithmentafel der goniometrischen Haupttafel eine Tafel der *log sin* und *log tg* kleiner Winkel voran oder folgt sie ihr nach; diese Tafel schreitet in der Regel in fünfstelligen Tafeln

für *sin* und *tg* von 0^0 bis 1^0 (*cos* und *ctg* von 89^0 bis 90^0) von $1''$ zu $1''$
„ „ „ „ „ 1^0 „ 6^0 (*cos* „ *ctg* „ 84^0 „ 89^0) „ $10''$ zu $10''$

fort. Diese Tafel giebt für die zwei letzten Beispiele kleiner Winkel: *log tg* $0^0\,7'\,58'' = 7.36\,500$; $7.16\,700 - 10 =$ *log tg* $0^0\,5'\,2'',99$.

Vierstellige Tafeln, bei denen das Intervall in der Haupttafel $10'$ ist, haben zweckmässig als Intervall der Hilfstafel für kleine Winkel $1'$ für ganz kleine Winkel $0,1'$, sechsstellige Tafeln, bei denen das Intervall der Haupttafel $10''$ ist, ebenso $1''$ und $0'',1$.

Über die Rechnung mit kleinen Winkeln ist später noch ausführlicher zu sprechen.

Ausser diesen Tafeln enthält eine vollständige Logarithmentafel noch Tafeln, die dazu dienen, die Logarithmen der Summe oder Differenz zweier Zahlen aufzufinden, deren Logarithmen gegeben sind (sogen. *Gauss*sche Logarithmen, vgl. oben in diesem § 7, **1**), fünf- und vierstellige vollständige Tafeln ferner meist eine Tafel der natürlichen Zahlenwerte der goniometrischen Funktionen (vgl. die schon oben benützte abgekürzte Tafel S. 39 und 40), Tafeln für Sehnen, Pfeilhöhen, Bogenlängen [alles für den Halbmesser 1 des Kreises berechnet; über die Sehnen, *chord*, vgl. § 2, **1**), wo eine dreistellige Tafel eingereiht ist, über die *Arcus*-Tafel vgl. § 1, **2**)] und als eine sehr oft brauchbare Tafel eine solche der Quadratzahlen (s. oben bei **1**); ausserdem noch eine Reihe oft verwendbarer Hilfstabellen.

Weiteres über die Einrichtung der Tafeln muss mündlicher Anweisung beim Unterricht oder dem Selbststudium guter Anleitungen, wie sie z. B. in den Tafeln von *Rex* und *Gauss* sich finden, überlassen bleiben.

Es kann nicht genug betont werden, dass nur genaue Kenntnis der Einrichtung der logarithmischen Tabellen der natürlichen Zahlen und der goniometrischen Funktionswerte, sowie der weitern Zahlentafeln der vollständigen Logarithmentafel und grosse Übung im Gebrauch dieser Tabellen zu der unbedingt notwendigen Sicherheit im Zahlenrechnen überhaupt führen kann.

Von grösster Bedeutung ist es deshalb, zur Übung eine sehr grosse Zahl von Logarithmen goniometrischer Funktionen zu gegebenen Winkeln und umgekehrt aufzusuchen. Wie sehr dabei scheinbar triviale Kleinigkeiten Zeit und Mühe sparen und vor Rechenfehlern schützen, wird man erkennen, wenn man sich z. B. angewöhnt, stets die linke Hand zum Aufschlagen derart zu benützen, dass der kleine Finger in der Argumentenspalte, der Zeigefinger bei dem gesuchten Logarithmus oder bei den Proportionalteilen steht.

Das Anschreiben einzelner Zahlen zu solchen Übungen mag hier, da der Raum dazu fehlt, unterbleiben; nur auf Einzelnes sei aufmerksam gemacht, was die Interpolation und die Schärfe der Rechnung mit einer gegebenen Tafel betrifft.

1) Bei der Interpolation rechne man, wie schon oben angedeutet, bei kleinern und bequemen Zahlen möglichst im Kopf, ohne die Tafel der P. pr. (Partes proportionales, Proportionalteile) zu verwenden; z. B. (5-stellige Tafel): $\log \sin 38^0 25' = 9.79\,335$, $\log \sin 38^0 26' = 9.79\,351$; Diff. 16 Einheiten der

5. Stelle; was ist *log sin* $38^0\,25'\,15''$? Antwort: $15'' = \frac{1'}{4}$, also zum kleinern Log. 4 Einheiten der 5. Stelle hinzu. — Oder: *log ctg* $27^0\,39' = 0.28\,075$, *log ctg* $27^0\,40' = 0.28\,045$; Differenz 30 Einheiten der 5. Stelle; Winkel zu zu *log ctg* 0.28 061 ist $27^0\,39' + \frac{14}{30} \cdot 1'$ oder $28''$ grösser als $27^0\,39'$. Besonders bei kleinen Differenzen ist diese Gewöhnung an Nichtbenützung der P. pr. von Vorteil.

2) In Beziehung auf die Schärfe, mit der man zu einem gegebenen Logarithmus die zugehörige Zahl, besonders zum gegebenen Log. einer goniometrischen Funktion eines Winkels den Winkel der benützten Tafel entnehmen kann, überlege man stets: um wie viel würde die Zahl oder der Winkel falsch, wenn die letzte Stelle des gegebenen *log* um eine Einheit unrichtig wäre? Da die Logarithmen stets auf die Stellenzahl der Tafel abgerundete Zahlen sind, der überhaupt mögliche Maximalfehler an der letzten Stelle also $\frac{1}{2}$ Einheit dieser Stelle beträgt, der Maximalfehler eines Logarithmus, der durch Addieren oder Subtrahieren von nur zwei der Tafel entnommenen Log. entstanden ist, also bereits 1 Einheit der letzten Stelle beträgt, so wird diese Überlegung notwendig sein. Ist z. B. *log sin* $\beta = 9.95\,460$ gegeben, so findet man in der Tafel: *log sin* $64^0\,15' = 9.95\,458$, *log* $64^0\,16' = 9.95\,464$, Diff. nur 6 Einheiten der letzten Stelle, der Winkel β also $= 64^0\,15' + \frac{2'}{6} = 64^0\,15'\,20''$, wobei aber die Sekunden bei weitem nicht mehr scharf sind; ein Fehler um 1 Einheit der 5. Stelle würde den Winkel um $10''$ falsch machen, und das Resultat $\beta = 64^0\,15',3$ wäre in gewissem Sinn dem „genauern" Resultat $64^0\,15'\,20''$ vorzuziehen. Ist, wie in der 5-stelligen Haupttafel, das Intervall des Winkels $1'$, so wird der zum gegebenen Log. einer Funktion gehörige Winkel, wenn die an der Tafelstelle vorhandene konstante Differenz zweier aufeinanderfolgender Tafelwerte 60 30 20 10 6 3 Einheiten der 5. Stelle beträgt, für einen Fehler des gegebenen *log* um 1 Einheit der 5. Stelle unrichtig um $1''$ $2''$ $3''$ $6''$ $10''$ $20''$.

3) Die schon oben gemachte Bemerkung über die Beträge der Differenz zwischen aufeinanderfolgenden Tafelwerten in den mit *sin, cos*; *tang, ctg* überschriebenen (*cos, sin*; *cotg, tg* unterschriebenen) Spalten und die hier zuletzt angeschriebenen Zahlen geben noch Veranlassung zu folgender Überlegung: Man bekommt einen spitzen Winkel aus seinem gegebenen ***sinus*** oder ***log sinus*** um so schärfer bestimmt, je kleiner der Winkel ist; bei 45^0 ist die Differenz der *log sin*-Spalte (hier gleich der der *log cos*-Spalte) 12 bis 13 Einheiten der 5. Stele für $1'$; der Winkel ist aus seinem *sinus* um so schlechter bestimmt, je näher der Winkel bei 90^0 liegt. Für gegebene ***cos*** ist es gerade umgekehrt: Bestimmung des Winkels um so schlechter, je kleiner der Winkel ist, um so schärfer, je näher der Winkel bei 90^0 ist. Gegebene ***tg*** (also auch *ctg*) des Winkels liefert den Winkel **immer** schärfer als *sin* oder *cos*, weil überall in der Tafel die Differenz der *log tang*-Werte für das Tafelintervall des Winkels grösser ist, als die der *log sin*- oder

log cos-Werte. Dabei verschwindet allerdings der Unterschied in der Schärfe der Berechnung des Winkels aus *tg* (oder *ctg*) und aus *sin* allmählich um so mehr, je kleiner der Winkel wird, der Unterschied der Schärfe der Berechnung aus *tg* (oder *ctg*) und aus *cos* um so mehr, je näher der Winkel bei 90° liegt. Aber in der Nähe von 45°, wo für *tg* (*ctg*) die ungünstigste Stelle liegt, sinkt, wie oben schon angegeben, die Differenz nur auf die Hälfte des Betrags, den sie für *sin* und für *cos* daselbst hat. — Mit Rücksicht auf diese Verhältnisse pflegt man zu sagen, **ein Winkel sei womöglich aus *tang* zu bestimmen, oder: aus *tang* erhält man den Winkel stets gut.**

Es ist bei solchen Überlegungen aber zu beachten, ob etwa bei „schlechter" Bestimmung eines Winkels aus dieser oder jener Funktion die Unsicherheit in den Daten der Aufgabe begründet ist oder nicht. Ist z. B. gegeben $\log\cos\gamma = 9.99\,600$, so findet sich aus der Tafel $\gamma = 7^0\,46'$; man sieht aber, dass bei den kleinen Differenzen daselbst (1 und 2) eine kleine Unsicherheit der gegebenen Zahl, z. B. wenn diese aus Addition oder Subtraktion zweier Logarithmen entstanden ist, den Winkel stark unsicher macht, eine Einheit der 5. Stelle um mehr als $^1/_2{}'$, und man kann den Winkel also nicht z. B. auf 10″ angeben. Wenn nun die gegebene Zahl genau so, wie sie gegeben ist, festgehalten werden soll, d. h. $\log\cos\gamma = 9.996\,000\,000$ anzunehmen ist, so hätte es keinen Anstand, γ viel genauer zu finden; nicht etwa durch Übergang auf eine andere Funktion, z. B. *sin*, mit Hilfe der ebenfalls 5-stelligen Tafel der Zahlenlogarithmen, denn damit wird, wie man sich leicht überzeugt, wenig gewonnen, wohl aber durch Anwendung einer mehrstelligen Tafel; aus der 6-stelligen Tafel z. B. liefert $\log\cos\gamma = 9.996\,000$ den Winkel $7^0\,45'\,53''$ mit einer Unsicherheit von nur noch etwa 1″ bis 2″ und die 7-stellige Tafel mit 9.996 0000 giebt $7^0\,45'\,51'',8$. Ganz anders liegt aber die Sache, wenn die Grundlagen, die gegebenen Zahlen, Messungen sind, aus denen man, nach der Natur der Aufgabe selbst, auf jenen *cos* geführt wird. Es sei z. B. in dem rechtwinkligen Dreieck BAC (Fig. 17) gemessen: $AC = 98{,}430$ m und $BC = 99{,}344$ m, wobei in den Messungen eine gewisse Unsicherheit, z. B. hier um einige Millimeter angenommen sei. Aus

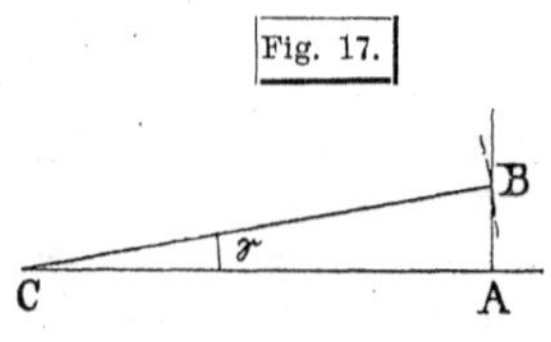

$\cos\gamma = \dfrac{AC}{BC}$ wird, mit $\log AC = 1.99\,313$, $\log BC = 1.99\,713$, wie oben wieder $\log\cos\gamma = 9.99\,600$ und damit $\gamma = 7^0\,46'$. Man sieht aber zugleich, dass eine schärfere Rechnung, als mit 5-stelligen Logarithmen mit Rücksicht auf die angegebene Unsicherheit der Messungszahlen hier gar keinen Sinn hätte, der Winkel γ ist eben aus diesen Zahlen, wenn sie Messungen vorstellen, nicht scharf bestimmt und zwar ganz gleichgiltig wie man etwa rechnen will. Und dies ist ganz in Übereinstimmung mit der geometrischen Betrachtung: Um das Dreieck BAC zu konstruieren, ist $AC = 98{,}430$ Längeneinheiten zu machen und das in A

errichtete Lot durch den um C mit dem Halbmesser 99,344 Längeneinheiten beschriebenen Kreis zu schneiden. Dieser Schnitt ist aber hier sehr „schief" (vgl. S. 18, 20); um so schiefer, je weniger BC grösser ist als AC.

Für die theoretische Geometrie sind diese Erwägungen meist ganz gleichgiltig, für sie ist der Punkt B, das Dreieck BAC durch AC und BC „bestimmt"; für die praktische Geometrie und Trigonometrie sind jene Erwägungen die Hauptsache, es ist nicht gleichgiltig, wie genau der Punkt B und der Winkel γ bestimmt sein können aus den Angaben. Wenn man durch Längenmessung den Winkel γ scharf haben will, weil man ihn für einen bestimmten Zweck genau braucht, so sind AB und AC oder AB und BC zu messen; man sieht zugleich einfach geometrisch ein, dass es dabei auf die scharfe Messung von AB ankommt, weniger auf die scharfe Messung von AC oder BC.

Es ist sehr empfehlenswert, sich gleich hier, schon bei der ersten genauern Durchsicht des Gangs der goniometrischen Funktionszahlen, solche Verhältnisse klar zu machen; es gehört das, wie schon erwähnt, zu den unentbehrlichsten Grundlagen der angewandten Mathematik. Die Differentialrechnung liefert freilich später viel einfachere Hilfsmittel dafür; dies ändert aber nichts am Nutzen der vorstehenden und ähnlicher geometrisch-arithmetischer Anschauungen. — Bei den Zahlenbeispielen des nächsten § wird vielfach darauf zurückzukommen sein.

Einige Rechnungsvorteile, die im folgenden bei logarithmischen Rechnungen zur Anwendung kommen, mögen hier ebenfalls gleich ein für allemal angemerkt werden.

Bei „natürlichen Zahlen" wird als Dezimalzeichen stets, beim Schreiben und beim Sprechen, das Komma, bei Logarithmen stets der Punkt verwendet. Dadurch wird es unnötig, in der Rechnung z. B. *log sin* = ... zu schreiben.

Ist die Zahl, deren Logarithmus anzuschreiben ist, negativ, so wird dies durch ein dem Logarithmus angehängtes n angedeutet. Es wird diese Einrichtung später für uns in Betracht kommen, wenn die goniometrischen Zahlen beliebiger, nicht nur spitzer Winkel in die Rechnung einzuführen sind, während sie für unsere nächsten Zwecke allerdings noch ohne Bedeutung ist.

$E \log a$ heisst dekadische Ergänzung des Logarithmus von a, also Logarithmus von $\frac{1}{a}$. Es ist also z. B. $E \log \sin 30^0 = 0.30\,103 = 0 - (9.69\,897 - 10)$.

Man liest, um diese Ergänzung anzuschreiben, am besten den Logarithmus so, wie ihn die Tafel ergiebt, schreibt aber statt jeder Ziffer deren Ergänzung zu 9, bei der letzten Ziffer zu 10.[8])

Um den Ausdruck $x = \frac{a.b.c}{d}$ logarithmisch zu rechnen, ist

$$\log x = \log a + \log b + \log c - \log d$$
$$= \log a + \log b + \log c + E \log d;$$

statt also die Logarithmen von a, b, c zu addieren und von der Summe $\log d$ zu subtrahieren, rechnet man bequemer $\log x$ als Summe von $\log a$, $\log b$, $\log c$ und $E \log d$.

Wenn nur zwei Logarithmen zu addieren oder subtrahieren sind, gewöhne man sich daran, die Addition und Subtraktion von vorne zu machen. Selbst bei nur geringer Übung gewinnt dadurch die Rechenarbeit an Bequemlichkeit, Übersichtlichkeit, Sicherheit.

§ 8. Berechnung des rechtwinkligen Dreiecks.

1) Allgemeines. Als Stücke eines Dreiecks, die gegeben sind oder die berechnet werden sollen, werden hier und in Zukunft zunächst die Seitenlängen und die Winkel des Dreiecks bezeichnet. Ein beliebiges („schiefwinkliges") ebenes Dreieck ist durch drei unabhängige Stücke bestimmt, ein rechtwinkliges, in dem die Grösse eines Winkels bekannt ist, also durch zwei unabhängige Stücke. Es kann im rechtwinkligen Dreieck gegeben sein eine Seite und ein Winkel, oder es können gegeben sein zwei Seiten. Die beiden Winkel des Dreiecks (vom rechten Winkel abgesehen) sind nicht unabhängig von einander; wenn der eine gegeben ist, so ist auch der andere unmittelbar bekannt als Komplement des gegebenen.

Fig. 18.

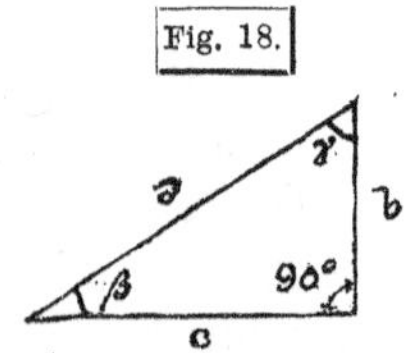

Die Katheten des rechtwinklingen Dreiecks werden mit b und c bezeichnet; der b gegenüberliegende Winkel heisst β, der c gegenüberliegende γ; die Hypotenuse des Dreiecks sei a; vgl. Fig. 18.

Nach dem Vorstehenden hat man folgende 4 Hauptaufgaben:

I. Gegeben eine Seite und ein Winkel:
- **1) Hypotenuse und ein Winkel,**
- **2) die eine Kathete und ein Winkel.**

II. Gegeben zwei Seiten:
- **3) Hypotenuse und eine Kathete,**
- **4) beide Katheten.**

Die Definitionsgleichungen des § 3., nämlich:

$$(1)\quad \left\{\begin{array}{l|l} \sin\beta = \frac{b}{a}\,(=\cos\gamma) & \sin\gamma = \frac{c}{a}\,(=\cos\beta) \\ \cos\beta = \frac{c}{a}\,(=\sin\gamma) & \cos\gamma = \frac{b}{a}\,(=\sin\beta) \\ tg\,\beta = \frac{b}{c}\,(=ctg\,\gamma) & tg\,\gamma = \frac{c}{b}\,(=ctg\,\beta) \\ ctg\,\beta = \frac{c}{b}\,(=tg\,\gamma) & ctg\,\gamma = \frac{b}{c}\,(=tg\,\beta) \end{array}\right\}\quad (1)$$

liefern für jeden dieser vier Fälle unmittelbar die Auflösung. Die Umkehrung der Gleichungen (1) giebt:

$$(2)\quad \left\{\begin{array}{l|l} b = a\,.\sin\beta = a\,.\cos\gamma & b = c\,.\,tg\,\beta \;= c\,.\,ctg\,\gamma \\ c = a\,.\cos\beta = a\,.\sin\gamma & c = b\,.\,ctg\,\beta = b\,.\,tg\,\gamma \end{array}\right\}\quad (3)$$

$$(4)\quad \left\{\begin{array}{l} a = \frac{b}{\sin\beta}\,(= b\,.\,cosec\,\beta) = \frac{b}{\cos\gamma}\,(= b\,.\,sec\,\gamma) \\ a = \frac{c}{\sin\gamma}\,(= c\,.\,cosec\,\gamma) = \frac{c}{\cos\beta}\,(= c\,.\,sec\,\beta) \end{array}\right\}$$

Für die erste Hälfte der Gleichungen (2) (die erste in der zweiten, die zweite in der ersten Form) ist auch ein für allemal bei dieser Gelegenheit schon die Form zu merken:

Die Länge der Projektion einer Strecke auf eine andere Gerade ist gleich der Strecke multipliziert mit dem *cos* des Winkels zwischen beiden Geraden (Projektionssatz).

Zu den Gleichungen (1) bis (4) kommt für den Fall, dass aus zwei gegebenen Seiten nur die dritte Seite zu berechnen ist, die oft für sich allein, ohne Einführung eines Winkels zu benützende Gleichung des Pythagoräischen Lehrsatzes hinzu:

$$(5)\quad \left\{\begin{array}{l} a = \sqrt{b^2 + c^2} \\ b = \sqrt{a^2 - c^2} = \sqrt{(a + c)\,(a - c)} \\ c = \sqrt{a^2 - b^2} = \sqrt{(a + b)\,(a - b)} \end{array}\right.$$

Bei der Auflösung der einzelnen Fälle ist darauf zu achten, dass jedes gesuchte Stück möglichst einfach und unmittelbar in den gegebenen Stücken ausgedrückt wird: man will stets auf möglichst kurzem und möglichst sicherem Weg vom Gegebenen zu dem zu Bestimmenden gelangen.

Zur Ausführung der Rechnung ist ein Schema zu verwenden, in das alle Zahlen geordnet einzutragen sind. Die Logarithmen werden von den Zahlen, zu denen sie gehören, durch einen Vertikalstrich getrennt; das Anschreiben z. B. von $log\,a = 2.13\,456$ kann dann einfacher ersetzt werden durch $a\,|\,2.13\,456\,|$. Wie schon Seite 55 erwähnt ist, dient als Dezimalzeichen bei natürlichen Zahlen stets das Komma, bei Logarithmen der Punkt; ein starker Vertikalstrich trennt die Zahlen und die logarithmische Rechnung. **Hier und in Zukunft sind gegebene Stücke und Zahlen fett gedruckt, gefundene (berechnete) unterstrichen.**[9])

Bei der Verwendung der Fundamentalformeln (1) bis (4) hat man sich, um die dem Anfänger zustossenden Verwechslungen zu vermeiden, immer zu erinnern, dass stets $a > b$ und $a > c$, $\log a > \log b$, $\log a > \log c$ sein muss; dass *sin* und *cos* stets echte Brüche sind: Multiplikation einer Zahl mit *sin* oder *cos* (Addition von *log sin* oder *log cos*) verkleinert die Zahl, Division mit *sin* oder *cos* (Subtraktion von *log sin* oder *log cos*) oder Addition von *E log sin* oder *E log cos*) vergrössert die Zahl; dass der grössern Kathete der grössere Winkel gegenüberliegt und umgekehrt; endlich, dass *sin* und *tg* spitzer Winkel mit zunehmendem Winkel zunehmen, *cos* und *cotg* dagegen abnehmen.

2) Die einzelnen Aufgaben.

I. Fall. Gegeben die Hypotenuse a und einer der spitzen Winkel $\begin{Bmatrix}\beta\\\gamma\end{Bmatrix}$. Gesucht die Katheten b und c.

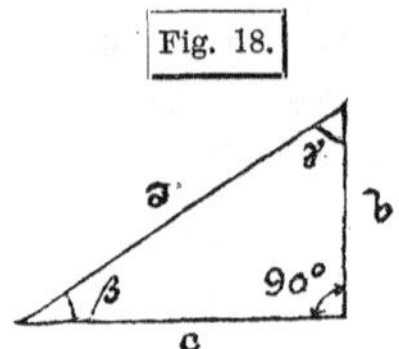

Auflösung: Es ist der zweite Winkel ebenfalls gegeben durch die Beziehung $(\beta + \gamma) = 90^0$. Die gesuchten Katheten folgen aus:

$$b = a \sin\beta \quad\quad b = a \cos\gamma$$
$$\text{oder}$$
$$c = a \cos\beta \quad\quad c = a \sin\gamma$$

Beispiel. Die Hypotenuse sei gleich 541,75 Meter, der eine Winkel gleich $25^0\, 5'\, 20''$. Gesucht die beiden Katheten.

Soll auch der andere Winkel angeschrieben werden, so ist er $= 64^0\, 54'\, 40''$. Zur Rechnung der Katheten hat man, wenn die Hypotenuse mit a, der gegebene Winkel mit β, die ihm gegenüberliegende Kathete mit b, die anliegende mit c bezeichnet wird:

$\log a = 2.73\,380$	$\log a = 2.73\,380$
$\log \sin\beta = 9.62\,739 - 10$	$\log \cos\beta = 9.95\,696 - 10$
$\log b = 12.36\,119 - 10$	$\log c = 12.69\,076 - 10$
$= 2.36\,119$	$= 2.69\,076$
$b = 229{,}72$ Meter.	$c = 490{,}63$ Meter.

An Stelle dieser Art der Niederschrift der Rechnung tritt in Zukunft hier stets die durch die Aufstellungen am Schluss von **1)** angedeutete und nun wohl ohne weitern Zusatz verständliche:

$b = 229{,}72$ m	b	2.36 119
$a =$ **541,75** m	$sin\,\beta$	9.62 739
$\beta =$ **25° 5′ 20″**	a	2.73 380
($\gamma = 64^0\,54'\,40''$)	$cos\,\beta$	9.95 696
$c = 490{,}63$ m	c	2.69 076

Mit diesem ersten Beispiel wird die Anwendung der Formulare auch in den folgenden Fällen keiner Erläuterung bedürfen.[10])

II. Fall. Gegeben eine Kathete b und einer der Winkel $\left\{\begin{matrix}\beta\\ \gamma\end{matrix}\right\}$. Gesucht die andere Kathete c und die Hypotenuse a.

Auflösung. Für den zweiten Winkel hat man $\beta + \gamma = 90^0$.

Fig. 18.

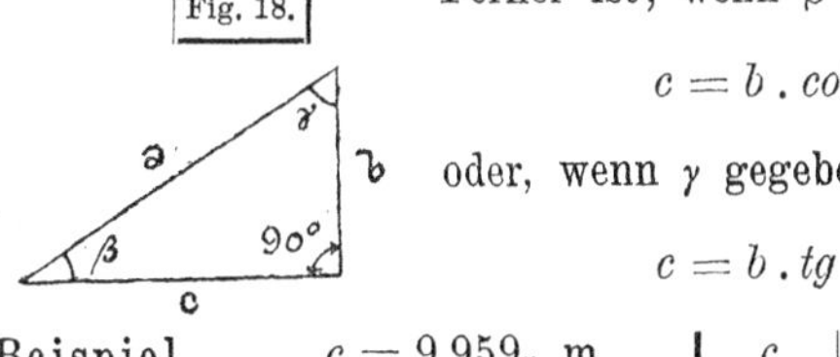

Ferner ist, wenn β unmittelbar gegeben ist,

$$c = b\,.\,cotg\,\beta \quad \text{und} \quad a = \frac{b}{sin\,\beta}\,;$$

oder, wenn γ gegeben ist:

$$c = b\,.\,tg\,\gamma \quad \text{und} \quad a = \frac{b}{cos\,\gamma}\,.$$

Beispiel.

$c = 9{,}959_5$ m	c	0.99 824
$b =$ **32,430** m	$tg\,\gamma$	9.48 729
$\gamma =$ **17° 4′ 20″**	b	1.51 095
($\beta = 72^0\,55'\,40''$)	$E\,cos\,\gamma$	0.01 957
$a = 33{,}925$ m	a	1.53 052

In dem Rechenschema ist hier, um $a = \frac{b}{cos\,\gamma}$ zu rechnen, angewandt:

$$log\,a\,(= log\,b - log\,cos\,\gamma) = log\,b + E\,log\,\gamma,$$

da die Addition von 0.01 957 zu $log\,b$ etwas bequemer ist, als die Subtraktion der Zahl 9.98 043 von $log\,b$. Besonders gerade in den Fällen, in denen Logarithmen, die mit 9.99 beginnen, abzuziehen sind, wird man weniger Rechenfehlern ausgesetzt sein, wenn man die Ergänzung dieser Logarithmen addiert. Das Anschreiben der Ergänzung ist bei nur ganz geringer Übung kaum als Quelle von Versehen zu fürchten; man spricht (vgl. S. 55 unten) stets den log so, wie man ihn in der Tafel liest, schreibt aber zu jeder gesprochenen Ziffer die Ergänzung zu 9, bei der letzten rechts zu 10; also hier gesprochen: 9 — Punkt — 9 — 8 — 0 — 4 — 3, geschrieben: 0 — Punkt — 0 — 1 — 9 — 5 — 7.

Anmerkung zu den Aufgaben I. und II. Man versuche bei diesen beiden Aufgaben sogleich eine Genauigkeits-Diskussion anzustellen; vgl. S. 53 bis 55.

Wie macht sich bei I. ein bestimmter Fehler in a bei b und c geltend, wenn β klein und wie, wenn β nahe bei 90^0 ist? Welchen Einfluss hat dagegen ein bestimmter Fehler in β auf b und c, wenn β klein und welchen, wenn es nahe bei 90^0 ist?

Dieselben Fragen im II. Fall bei b und β.

III. Fall. Gegeben sind die Hypotenuse a und die eine Kathete b.

Fig. 18.

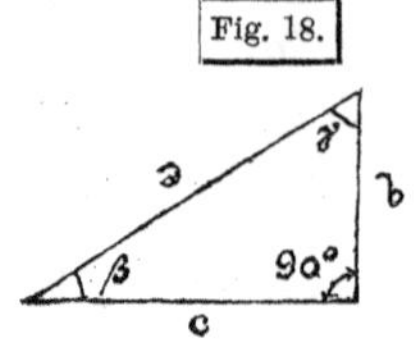

1) Ist nur die andere Kathete c zu berechnen und hat man für die gegebenen Stücke die natürlichen Zahlen, so rechnet man bei kleinern Zahlen oder geringer verlangter Genauigkeit am bequemsten mit Hilfe der Tabelle der Quadrate:

$$c = \sqrt{a^2 - b^2} \quad ;$$

bei beliebigen Zahlen und wenn die Rechnung so scharf zu führen ist, als die zu verwendenden Logarithmen zulassen, logarithmisch nach

$$c = \sqrt{(a+b)(a-b)}$$

Beispiele. 1) Es sei $a = 172{,}5$ m, $b = 130{,}2$ m gemessen; man braucht c auf einige cm genau.

$a = 172{,}5$	$a^2 = 2\,9756$	aus der Quadrattafel der vollständigen 5 stelligen Logarithmentafel (vgl. S. 42 und 52);
$b = 130{,}2$	$b^2 = 1\,6952$	
$c = 113{,}15$	$c^2 = 1\,2804$	ebenso Wurzel aus 1 2804; aufgesucht bei 1,2804, nicht 12, ...

2) Es sei $a = 17{,}258$ m, $b = 13{,}143$ m gemessen; man will c auf 1 mm genau rechnen.

$a = 17{,}258$	$(a+b)$	$1.48\,288_5$
$b = 13{,}143$	$(a-b)$	$0.61\,437$
$a+b = 30{,}401$	c^2	$2.09\,725_5$
$a-b = 4{,}115$	c	$1.04\,863$
$c = 11{,}185$		

Mit der vorhin benützten Quadrattafel würde man hier erhalten $c = \sqrt{125{,}10}$ (bei 1'25 . .) $= 11{,}185$, also ganz wie oben, die erste Rechnung ist aber mit den angegebenen Zahlen etwas sicherer.

Wenn bei dieser Aufgabe: gegeben die Hypotenuse a und eine Kathete b, gesucht die andere c, die beiden gegebenen Zahlen wenig verschieden sind (die Differenz $(a-b)$ im Verhältnis zu a klein ist), so ist das Dreieck, zunächst c, „schlecht bestimmt“, wie man sich geometrisch leicht überzeugt, vgl. die Bemerkung 3. S. 54. Man kann zwar, wenn a und b im arithmetischen Sinn fest gegebene Zahlen sind, auch hier c beliebig scharf finden, wenn man nur scharf genug rechnet, d. h. Logarithmen-Tabellen mit genug Stellen anwendet. Wenn aber a und b gemessene Zahlen sind, so nützt das nichts. Die zweite Form für c, nemlich $c = \sqrt{(a+b)(a-b)}$ zeigt die schlechte Bestimmung für diesen Fall sehr deutlich: die Grösse unter der Wurzel ist, wenn $(a-b)$ sehr klein ist im Vergleich mit a oder b, aus zwei Faktoren gebildet, von denen der eine verhältnismässig sehr klein ist, er müsste also sehr scharf bestimmt sein, wenn das Produkt c^2 genau werden soll.

Beispiel.			
$a = $ **17,25**	$a^2 = 297,56$	$a = $ **17,26**	$a^2 = 297,91$
$b = $ **15,24**	$b^2 = 232,26$	$b = $ **15,23**	$b^2 = 231,95$
$c = 8,081$	$c^2 = 65,30$	$c = 8,122$	$c^2 = 65,96$

Im Beispiel rechts ist a nur um 1 cm grösser, b um 1 cm kleiner als links angenommen, c fällt rechts um 4 cm grösser aus als links.

Man berechne denselben Fall, mit $a = 17,25$, $b = 17,00$ und ändere in demselben Sinn wie oben, a und b je um 1 cm.

Wenn in diesem ersten Fall unserer Aufgabe III. (gesucht nur die andere Kathete) die Logarithmen von a und b gegeben sind, so ist nach dem Verfahren des folgenden Falls (gesucht auch die Winkel) zu rechnen, d. h. es ist die Rechnung mit Benützung von β als Hilfswinkel zu machen. Man könnte in diesem Fall auch die Subtraktionslogarithmen verwenden, vgl. darüber die Aufgabe IV, sowie S. 43 und 52.

2) Es sind alle fehlenden Stücke, die Winkel und die zweite Kathete zu bestimmen aus der Hypotenuse a und der einen Kathete b.

Einer der Winkel, z. B. β, wird zuerst bestimmt nach

$$\sin\beta = \frac{b}{a}$$

(womit auch $\gamma = 90^0 - \beta$ bestimmt ist) und mit seiner Hilfe c aus

$$c = b \,.\, ctg\,\beta \quad \text{oder} \quad c = a \,.\, \cos\beta \;.$$

Fig. 18.

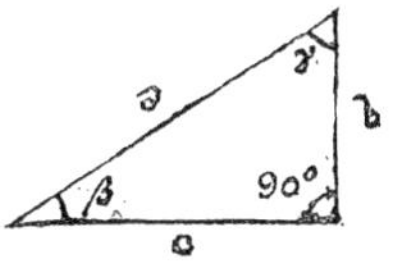

Beispiel.		
$a = $ **17,258**	b	1.11 870
$b = $ **13,143**	a	1.23 699
$\beta = 49^0\,36',2$	$\sin\beta$	9.88 171
$(\gamma = 40^0\,23',8)$	$\cos\beta$	9.81 163
$c = 11,185$	c	1.04 862

Es ergiebt sich also c wie oben. Zu der Rechnung ist noch zu bemerken, dass zur Bestimmung von c benützt ist $a \cos\beta$. Nachdem also $\sin\beta$ bestimmt und β in der Tafel aufgesucht ist, schreibt man für denselben Winkel den $\cos$ heraus. Der Winkel β ist nur auf 0',1 statt auf $''$ angeschrieben, weil bei der fünfstelligen Rechnung die Tafeldifferenz in *log sin* zwischen $49^0\,36'$ und $49^0\,37'$ nur 11 ist, so dass ein Fehler von 1 Einheit der 5. Stelle in $log\,sin\,\beta$ (von der Abrundung bei $log\,b$ und $log\,a$ her möglich) den Winkel um 5 bis $6''$ unrichtig macht; die $''$ würden also doch nicht scharf ausfallen und die $0',1$ genügt zur Interpolation bei $log\,cos\,\beta$ (und ist dazu sogar bequemer als einzelne $''$), wo die Differenz in der Tafel 15 ist (also Abzug $0,2 \times 15 = 3$ Einheiten der 5. Stelle).

Auch bei dieser Art der Rechnung zeigt sich selbstverständlich, dass β und damit auch c um so weniger scharf bestimmt ist, je weniger a und b von einander verschieden sind: β ist durch $sin\,\beta = \frac{b}{a}$ bestimmt; je mehr das Verhältnis von $(b:a)$ sich der Einheit nähert, desto grösser wird der Winkel β (Grenzfall $b = a$, $b:a = 1$ giebt $sin\,\beta = 1$, $\beta = 90^0$), desto unsicherer ist zugleich β aus seinem *sin* zu bestimmen, desto grösser wird der Einfluss dieses (im Fall von Messungszahlen für a und b unvermeidlichen) Fehlers in β auf den bei Berechnung von c zu benützenden Wert von $cos\,\beta$ oder $tg\,\beta$.

Man berechne die oben angeschriebenen Beispiele $a = 17,25$, $b = 15,24$; $a = 17,26$, $b = 15,23$ und ähnliche auch auf diesem Wege.

IV. Fall. Gegeben sind die beiden Katheten *b* und *c*.

1) Ist nur die Hypotenuse a zu berechnen und hat man für die Katheten b und c die natürlichen Zahlen, so kann man, soweit in Beziehung auf Genauigkeit der Rechnung die vorhandene Quadrat-Tafel ausreicht, sehr bequem diese benützen:

$$a = \sqrt{b^2 + c^2}$$

Beispiel. Es sei $b = 32,17$, $c = 19,35$; man braucht nur a;

b = 32,17	$b^2 = 1034,91$
c = 19,35	$c^2 = \ \ 374,42$
$a = 37,541$	$a^2 = 1409,33$

Sind, was bei Rechnungen der Praxis häufig vorkommt, nicht die Zahlen für b und c gegeben, sondern deren Logarithmen, so kann man für den Fall, dass nur a gebraucht wird, bequem auch die Tabelle der Additions-Logarithmen benützen, vgl. S. 43. Diese Tabelle, in vollständigen 5-, 6- und 7stelligen Tafeln enthalten, giebt $log\,(1 + x)$ mit $log\,x$ als Argument. Sind $log\,m$ und $log\,n$ gegeben und braucht man $log\,(m + n)$, so setzt man für den Fall, dass $m > n$ ist,

$x = \frac{n}{m}$ (x also echt gebrochen), d. h. $log\,x = log\,n - log\,m$

nimmt den zu $log\,x$ gehörigen $log\,y = log\,(1 + x)$ aus der Tafel und erhält

$$log\,(m + n) = log\left[m\left(1 + \frac{n}{m}\right)\right] = log\,m + log\,(1 + x) = log\,m + log\,y.$$

So ist z. B. die Einrichtung der Tafel der Additions-Logarithmen in den 5stelligen Tafeln von *Rex*, wo das Argument $log\, x$ bis 0.00 000 (der Zahl 1 entsprechend) geht, ebenso in der 5stelligen Tafel von *Gauss*, der 6stelligen von *Bremiker-Albrecht* u. s. f.; in den beiden zuletzt genannten Tafeln ist aber das Argument weiter fortgesetzt, weil dieselbe Tafel auch als Tafel der Subtraktionslogarithmen zu dienen hat, zur Berechnung von $log\,(m - n)$ bei gegebenen $log\, m$ und $log\, n$, was angewandt werden kann bei der vorigen Aufgabe III, vgl. daselbst. In der 5stelligen Tafel von *Rex* ist die Tafel der Subtraktionslogarithmen von der der Additionslogarithmen getrennt und diese Anordnung ist vorzuziehen, da dann hier in beiden Fällen bei der Zusammensetzung von *log* der Summe oder der Differenz der grössere gegebene Logarithmus in Betracht kommt, während bei der Einrichtung von *Gauss*, *Albrecht* u. A. für verschiedene Fälle verschiedene Rechnungs-Regeln zu merken sind, was unbequem ist. In jedem Fall führt das Lesen der einer solchen Tabelle beigegebenen Anleitung rasch zum sichern Gebrauch der Tafeln der Additions- und Subtraktions-Logarithmen.

Beispiel. Gegeben $log\, b = 1.50\,745$, $log\, c = 1.28\,668$ (diese Zahlen entsprechen denen des letzten Beispiels); gesucht a.

$log\, c^2 = 2.57\,336$		den grössern vom kleinern Logarithmus abgezogen giebt $log\, x = 9.55\,846$; mit diesem Argument giebt die Tafel der Additions-Logarithmen den
$log\, b^2 = 3.01\,490$		$log\,(1 + x) = 0.13\,399 + (0{,}46 \times 26$ Einheiten der 5. Stelle); $log\,(1 + x)$ zum grössern der beiden obigen Logarithmen addiert, giebt $log\, a^2$.
x	$9.55\,846$	
$(1 + x)$	$0.13\,411$	
$b^2 + c^2 = a^2$	$3.14\,901$	
a	$1.57\,450_5$	$a = 37{,}541$ wie oben im letzten Beispiel.

Man berechne nun auch einige Beispiele zum ersten Fall der vorigen Aufgabe III. mit Benützung der Subtraktions-Logarithmen.

Die Anwendung der Additions- (und Subtraktions-)Logarithmen ist als Übung im Gebrauch von Zahlentafeln überhaupt sehr nützlich; für praktische Rechnungen aber nur dann anzuraten, wenn häufiger Gebrauch die zu befolgenden Regeln im Gedächtnis so befestigt hat, dass keine Überlegung notwendig ist.

Ebenso bequem als durch den Gebrauch der Quadrattafel bei gegebenen natürlichen Zahlen oder durch den der Additions-Logarithmen bei gegebenen Logarithmen löst man diesen ersten Fall der wichtigen **IV.** Aufgabe (gesucht nur die Hypotenuse aus den gegebenen Katheten) nach der Anweisung des folgenden zweiten Falls auf, bei dem am Schluss auf den 1. Fall nochmals zurückgegriffen wird; dabei ist dann der Winkel, dessen Kenntnis für jenen 1. Fall an sich nicht von Interesse ist, eben als „Hilfswinkel“ anzusehen.

2) Es sind alle fehlenden Stücke, die Winkel und die Hypotenuse, zu bestimmen aus den gegebenen Katheten b und c.

Einer der Winkel, z. B. β, wird zuerst bestimmt nach

$$tg\,\beta = \frac{b}{c}$$

(womit auch $\gamma = 90^0 - \beta$ bestimmt ist) und mit seiner Hilfe a aus einer der Gleichungen:

$$a = \frac{b}{sin\,\beta} = \frac{c}{cos\,\beta}.$$

Beispiel (wie oben).

Fig. 18.

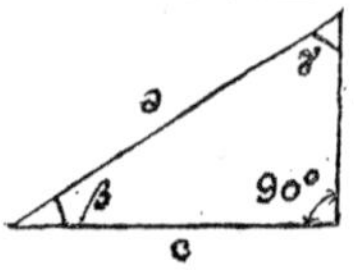

$b = \mathbf{32{,}17}$	b	1.50 745
$c = \mathbf{19{,}35}$	c	1.28 668
$\beta = 58^0\,58'\,25''$	$tg\,\beta$	0.22 077
$(\gamma = 31^0\,1'\,35'')$	b	1.50 745
$a = 37{,}542$	$sin\,\beta$	9.93 294
wie oben	a	1.57 451

Es ist hier $log\,b$ noch einmal heruntergeschrieben, um $a = \frac{b}{sin\,\beta}$ zu bilden, weil sonst $log\,b$ und $log\,sin\,\beta$ etwas weit auseinander stehen (vgl. auch die Rechnung bei III, 2); ferner wäre es, statt $log\,sin\,\beta$, was hier mit 9.9 . . ., oft mit 9.99 . . . beginnt, abzuziehen, wieder etwas bequemer, $E\,log\,sin\,\beta = 0.06\,706$ anzuschreiben und dies zu $log\,b$ zu addieren. Vgl. unten.

Endlich ist es in Beziehung auf die Bequemlichkeit der Rechnung nicht gleichgiltig, ob man a aus $\frac{b}{sin\,\beta}$ oder aus $\frac{c}{cos\,\beta}$ rechnet; es ist vielmehr sehr wichtig, für diese ausserordentlich oft wiederkehrende Aufgabe **IV.** (die wir in allen Teilen der Trigonometrie wieder antreffen werden) eine feste Rechnungsregel aufzustellen und dies ist die folgende ***Lalande*'sche Regel:**

Um aus den beiden Katheten eines rechtwinkligen Dreiecks dieses zu berechnen, ziehe man vom Logarithmus der einen Kathete, gleichgiltig welcher, den der andern ab; die Differenz ist *log tang* eines der Winkel und zwar, wenn dieser $log\,tg > 0$ ist (mit 0 . . . . beginnt), der Gegenwinkel der grössern, im andern Fall der der kleinern Kathete; darauf kommt aber für die weitere Benützung des Winkels gar nichts an. Entnehme nun ferner aus der

letzten rechten Spalte der Tafel, die mit *cos* überschrieben ist, die Ergänzung des *log*, der dort der eben gefundenen Tangens entspricht und **addiere diese Ergänzung zum Logarithmus der grössern Kathete**, so giebt die Summe den Logarithmus der Hypotenuse.[11])

Beweis. Es ist $tg\beta = \frac{b}{c}$; es sei $b > c$, so ist $\beta > \gamma$, d. h. da $\beta + \gamma = 90^0$, $\beta > 45^0$. Der Logarithmus der letzten Tafelspalte rechts ist dann $log\ sin\ \beta$, und da $a = \frac{b}{sin\ \beta}$, so erhält man also durch Addition der Ergänzung jenes Logarithmus zum $log\ b$, d. h. zum grössern Logarithmus in der That den Logarithmus der Hypotenuse.

Ist anderseits $b < c$, so ist $\beta < \gamma$, also auch $\beta < 45^0$; der Logarithmus aus der letzten Spalte rechts ist $log\ cos\ \beta$. Nun ist $a = \frac{c}{cos\ \beta}$, d. h. man erhält wieder durch Addition der Ergänzung jenes Logarithmus zum grössern Logarithmus, d. h. in diesem Falle zu $log\ c$, den Logarithmus der Hypotenuse.

Damit ist die allgemeine Giltigkeit der vorstehenden wichtigen Regel nachgewiesen.

Man könnte natürlich ebenso stets die erste Spalte links benützen und hätte dann immer die Ergänzung des dort stehenden Logarithmus zum Logarithmus der kleinern Kathete zu addieren, man wählt aber ein für allemal die oben angegebene *Lalande*sche Regel, weil die Differenzen der mit *cos* überschriebenen Spalte stets kleiner sind als die der mit *sin* überschriebenen (nur bei 45^0 sind die Differenzen beider Spalten gleich, da $sin\ 45^0 = cos\ 45^0$) und demnach die Rechnung mit Benützung dieser „letzten Spalte rechts" stets bequemer und auch schärfer wird.

Mit Rücksicht auf diese Regel und die sonstigen vorhergehenden Bemerkungen wird diese höchst wichtige Rechnung in Zukunft stets nach folgender Anordnung geführt: $log\ b$ und $log\ c$, aus denen $log\ tg\ \beta = log\ b - log\ c$ gebildet wird, sind so weit auseinander zu schreiben, dass man dazwischen setzen kann: $E\begin{cases} sin \\ cos \end{cases}\beta$, Ergänzung von $log\ sin\ \beta$ oder $log\ cos\ \beta$, wobei man sich also gar nicht zu überlegen braucht, ob der der letzten Spalte rechts entnommene Logarithmus in der That der des *sin* oder der des *cos* des Winkels ist; er ist stets zum Logarithmus der grössern Kathete, also zum grössern der beiden Logarithmen, zwischen denen er steht, zu addieren.

Beispiel (wie oben):

b = 32,17	b	1.50 745	zum grössern!
c = 19,35	$E\begin{smallmatrix}sin\\cos\end{smallmatrix}\beta$	0.06 706	
$\beta = 58^0\,58'\,25''$	c	1.28 668	
$(\gamma = 31^0\,1'\,35'')$	$tg\,\beta$	0.22 077	
$a = 37{,}542$	a	1.57 451	

Wenn man, womit auf den Fall 1. dieser Aufgabe **IV.** zurückgegriffen wird, die Winkel des Dreiecks nicht braucht, so rechnet man genau wie oben angegeben und braucht nur den Winkel (hier dann Hilfswinkel), wenn man nicht will, gar nicht herauszuschreiben; man kann vielmehr von der mit *tang* oder mit *cotg* überschriebenen Spalte, in die der Hilfswinkel führt, sogleich in die letzte Spalte rechts gehen und die E daselbst entnehmen mit Kopfrechnung der Interpolation. Z. B. steht man hier in der 5-stelligen Tafel, mit $log\,tg\,\beta = 0.22\,077$, zwischen den Minutenzahlen 58′ und 59′ am rechten Rand; die Zahlen lauten 0.22 065 und 0.22 094 und die Tafeldifferenz in *log tg* ist also daselbst 29 für 1′; die zu 58′ und 59′ gehörigen Logarithmen der letzten rechten Spalte lauten 9.93 291 und 9.93 299, ihre Differenz ist = 8 Einheiten der letzten Stelle. Der $log\begin{cases}sin\\cos\end{cases}$ aus der letzten rechten Spalte, der dem $log\,tg = 0.22\,077$ entspricht, ist also offenbar:

$$9.93\,291 + \left(\frac{12}{29} \cdot 8 \text{ Einheiten der 5. Stelle}\right);$$

denn der Winkel, wenn er abgelesen würde, wäre $58^0\,58' + \frac{12}{29} \cdot 1'$ und somit ist der $log\begin{cases}sin\\cos\end{cases}$ dieses Winkels $9.93\,291 + \frac{12}{29} \cdot 8$ Einheiten der 5. Stelle; die Ausrechnung dieses kleinen Betrags im Kopf giebt 3 Einheiten, somit $log\begin{cases}sin\\cos\end{cases} = 9.93\,294$, was zu sprechen ist, während die E davon geschrieben wird. Dieser Logarithmus ist diesmal der des *cos* von β; man braucht sich dies aber nicht zu überlegen.

Diese Proportionsrechnung zum Übergang von *log tg* oder *log ctg* auf *log sin* oder *log cos* ohne Anschreibung des Winkels wird, wenn die Zahlen die Kopfrechnung nicht mehr zulassen, sehr erleichtert durch eine Hilfstafel für die Beträge

$$n \times \frac{diff.\ log\ cos}{diff.\ log\ tang} \quad \left(\text{oben } \frac{8}{29} \cdot 12\right),$$

die jetzt vollständigen Logarithmentafeln beigegeben zu werden pflegt (z. B. in der 5-stelligen Tafel von *Rex* auf ein herauszuschneidendes und besonders aufzuziehendes Blatt gedruckt, in der 5-stelligen Tafel von *Gauss* sehr zweckmässig am Fuss der Spalte P. pr. auf jeder einzelnen Seite der logarithmisch-goniometrischen Tafel. *)

Beispiel. Die Katheten eines rechtwinkligen Dreiecks sind 324,37 und 742,73; was ist die Hypotenuse?

	2.51 104	
Kath. { **324,37**	0.03 791	$E\begin{Bmatrix}sin\\cos\end{Bmatrix}$ zum grössern!
742,73	2.87 083	
	9.64 021	*tg*
Hypot. = 810,48	2.90 874	

Log tang des einen der spitzen Winkel (des kleinern, ohne dass man sich aber darüber Rechenschaft zu geben braucht oder diesen kleinern verwenden muss) ergiebt sich zu 9.64 021; der Logarithmus, der in der letzten Spalte rechts diesem *log tg*-Wert entspricht, ist 9.96 212 — $\left(\frac{5}{34}\cdot 18 \text{ Einh. der 5. Stelle}\right)$ = 9.96 209; man braucht hier offenbar die Tabelle der oben erwähnten Hilfstafel für $\frac{diff.\ log\ cos}{diff.\ log\ tg}$ $\left(\text{nämlich hier die Tabelle für } \frac{5}{34}\right)$ nicht, sondern kann, wie fast stets, ganz bequem im Kopf rechnen. Noch einmal sei darauf hingewiesen, dass man sich nicht bei der Überlegung aufzuhalten braucht, ob man *log sin* oder *log cos* des benützten Winkels hat; es ist nur die der letzten rechten Spalte entnommene E zum grössern gegebenen Logarithmus zu addieren.

Diese Aufgabe ist durch zahlreiche Übungsbeispiele geläufig zu machen. Anhaltspunkte dazu (wie zu allen Aufgaben des § 8.) bietet die Zusammenstellung der Stücke rechtwinkliger Dreiecke im Anhang am Schluss dieses Kapitels 2, die auch die Flächeninhalte der Dreiecke (vgl. § 9, **1)** enthält; s. den Beginn des folgenden § 9.

Über „rationale" rechtwinklige Dreiecke vgl. die Notizen am Ende jener Zusammenstellung rechtwinkliger Dreiecke.

*) Endlich leistet zu dieser Rechnung, wie zu jeder Proportionsrechnung für eine gewisse Genauigkeitsstufe sehr gute Dienste der logarithmische Rechenschieber, der schon in den Mittelschulen neben der Logarithmentafel eingeführt werden sollte (Gebrüder *Wichmann* in Berlin u. A. fertigen zu diesem Zweck genügend billige Instrumente an, Preis 1 ℳ; die Schieber in besserer Ausführung, von *Dennert* und *Pape* in Altona, *Nestler* in Lahr, *J. Faber* in Nürnberg u. s. f. kosten 6 bis 10 ℳ). Jedenfalls ist der Rechenschieber für technische Schulen aller Art, wie für alle Zweige der angewandten Mathematik als unentbehrlich zu bezeichnen. Doch kann hier auf Einrichtung und Gebrauch nicht eingegangen werden; mündliche Anleitung durch einen gewandten Rechner ist jeder andern Gebrauchsanweisung vorzuziehen.

§ 9. Weitere Bestimmungen am rechtwinkligen Dreieck. Gleichschenkliges Dreieck. Reguläre Polygone. Aufgaben über schiefwinklige Dreiecke.

1) Weitere Stücke am rechtwinkligen Dreieck.

Die im letzten Paragraphen behandelten elementaren Rechnungen am rechtwinkligen Dreieck sind durch eine grosse Zahl von Übungsbeispielen, zu denen die Zusammenstellung am Schluss dieses Kapitels 2. Anhaltspunkte bietet, und die mit 5- und 4-, z. T. auch mit 6stelligen Logarithmen zu berechnen sind, so geläufig zu machen, dass in jedem Fall die Figur entbehrt werden kann und die Rechnung ziemlich mechanisch sicher ausgeführt wird. Man ändere, nachdem genügende Übung gewonnen ist, auch die Bezeichnungen ab.

Durch die zwei unabhängigen „Stücke", die für das zu berechnende rechtwinklige Dreieck gegeben sind, sind nun nicht nur die Seiten oder Winkel bestimmt, sondern es muss auch jede beliebige Abmessung am Dreieck berechnet werden können, ebenso der Flächeninhalt u. s. f.

I. Der **Flächeninhalt** wird mit F bezeichnet (Quadratmeter, wenn die gegebene Länge oder die gegebenen Längen Meter sind).

1) Sind die beiden Katheten gegeben, so ist

(1) $$F = \frac{1}{2} b c \quad .$$

2) Ist die eine Kathete b und die Hypotenuse a gegeben, so ist

(2) $$F = \frac{1}{2} b \sqrt{a^2 - b^2} \quad ,$$

oder für gegebene natürliche Zahlen für a und b stets bequemer:

(3) $$F = \frac{1}{2} b \sqrt{(a+b)(a-b)} \quad ;$$

sind aber die Logarithmen von a und b gegeben, so kann man nach (2) mit Hilfe von Subtraktionslogarithmen rechnen, oder aber die Winkel des Dreiecks benützen, auch wenn diese an sich nicht zu bestimmen wären, nämlich so rechnen:

$$\sin\beta = \frac{b}{a} \quad , \quad (\gamma = 90^0 - \beta) \quad ;$$

(4) $$\underline{F} = \frac{1}{2} b c = \frac{1}{2} b \, . \, a \cos\beta = \underline{\frac{1}{2} a b \cos\beta} = \underline{\frac{1}{2} a b \sin\gamma} \quad .$$

3) Ist eine Kathete b und ein Winkel, z. B. β, gegeben, so ist, mit $\gamma = 90^0 - \beta$

(5) $$\underline{F} = \frac{1}{2} a b \sin\gamma = \underline{\frac{1}{2} b^2 \, tg\, \gamma}$$

4) Ist endlich die Hypotenuse a und ein Winkel gegeben, z. B. β, so ist

(6) $$\underline{F} = \frac{1}{2} b c = \frac{1}{2} a \sin\beta \, . \, a \cos\beta = \underline{\frac{1}{2} a^2 \sin\beta \cos\beta} \quad .$$

Bemerkung. Die letzte Form $F = \frac{1}{2} a^2 \sin\beta \cos\beta$ lässt sich etwas einfacher schreiben, indem man $\sin\beta\cos\beta$ in $\sin$ von 2β ausdrückt. Solche Umformungen werden bald in vollständiger Allgemeinheit aufgestellt werden; vorläufig halten wir unsere Annahme, β der eine Winkel in einem rechtwinkligen Dreieck, d. h. ein spitzer Winkel, fest. Es sei nun also bei dieser Gelegenheit folgende

Aufgabe gestellt: Was ist $\sin 2\beta$ und $\cos 2\beta$ in trigonometrischen Funktionen von β ausgedrückt? Oder $\sin\beta$ und $\cos\beta$ in trigonometrischen Funktionen von $\frac{\beta}{2}$ ausgedrückt?

In Fig. 19 ist ein beliebiges rechtwinkliges Dreieck ABC, mit dem einen Winkel $= \beta$, gezeichnet, wie es seither immer benützt worden ist.

Fig. 19

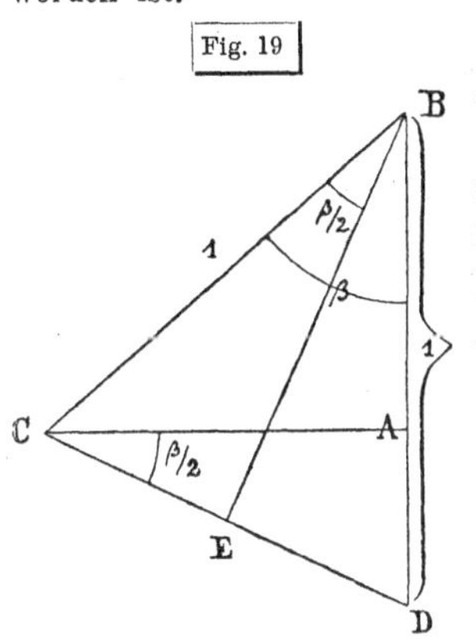

Die Länge der Hypotenuse BC sei gleich 1. Der Winkel $\beta/_2$ entsteht in der Figur durch die Halbierungslinie BE des Winkels β; zieht man ferner $CE \perp BE$ bis zum Schnitt D mit der Verlängerung von BA, so ist das Dreieck BCD gleichschenklig, $BD = BC = 1$ und der Winkel $ACD = \frac{1}{2}\beta$.

Da $BC = 1$ ist, so ist

$$\begin{array}{ll} AC = 1 . \sin\beta = \sin\beta & , \\ AB = 1 . \cos\beta = \cos\beta & , \text{ somit} \\ \hline AD = 1 - \cos\beta & . \end{array}$$

Endlich ist $CD = 2\,CE = 2\,BC \sin\frac{\beta}{2} = 2 \sin\frac{\beta}{2}$.

Das rechtwinklige Dreieck ACD, in dem der Winkel $\frac{1}{2}\beta$ vorkommt, hat also als Hypotenusenlänge $2 \sin\frac{\beta}{2}$, als Länge der dem genannten Winkel gegenüberliegenden Kathete $(1 - \cos\beta)$, als Länge der anliegenden Kathete $\sin\beta$.

Damit kann man die sämtlichen gewünschten Bezeichnungen unmittelbar ablesen. Es ist:

$$\sin\frac{1}{2}\beta = \frac{AD}{CD} = \frac{1 - \cos\beta}{2 \sin\frac{1}{2}\beta} \quad \text{oder} \quad 2 \sin^2\frac{\beta}{2} = 1 - \cos\beta \text{ und}$$

$$\cos\frac{1}{2}\beta = \frac{AC}{CD} = \frac{\sin\beta}{2 \sin\frac{1}{2}\beta} \quad \text{oder} \quad 2 \sin\frac{\beta}{2} \cos\frac{\beta}{2} = \sin\beta \quad .$$

Die Gleichung $2\,sin^2 \frac{\beta}{2} = 1 - cos\,\beta$ kann man mit Rücksicht darauf, dass für jeden Winkel die Summe der Quadrate von *sin* und von *cos* gleich 1 ist, in mehrere verschiedene Formen bringen, die unten alle angeschrieben sind.

Für jeden beliebigen Winkel β (vorläufig $< 90^0$) ist also:

$$(7)\quad \begin{cases} \boldsymbol{sin\,\beta = 2\,sin\frac{\beta}{2}\,cos\frac{\beta}{2}} \\ \boldsymbol{cos\,\beta = 1 - 2\,sin^2\frac{\beta}{2} = 2\,cos^2\frac{\beta}{2} - 1 = cos^2\frac{\beta}{2} - sin^2\frac{\beta}{2}} \end{cases};$$

oder auch: für jeden beliebigen Winkel γ (vorläufig $2\,\gamma < 90^0$) ist:

$$(8)\quad \begin{cases} \boldsymbol{sin\,2\,\gamma = 2\,sin\,\gamma\,cos\,\gamma} \\ \boldsymbol{cos\,2\,\gamma = cos^2\gamma - sin^2\gamma = 1 - 2\,sin^2\gamma = 2\,cos^2\gamma - 1} \end{cases}.$$

Es ist immer zu empfehlen, solche Beziehungen an einigen Beispielen mit einfachen Zahlen zu verifizieren: für $\beta = 90^0$ ist $sin\,\beta = 1$, $sin\frac{\beta}{2} = cos\frac{\beta}{2} = \frac{1}{\sqrt{2}}$; $2\,sin\,45^0\,cos\,45^0 = \frac{2}{\sqrt{2}.\sqrt{2}} = 1 = sin\,90^0$; für $\delta = 60^0$ ist $cos\,\delta = \frac{1}{2}$, $sin\frac{1}{2}\delta = sin\,30^0 = \frac{1}{2}$, $1 - 2\,sin^2\frac{\delta}{2} = 1 - \frac{2}{4} = \frac{1}{2} = cos\,\delta$; für $\gamma = 30^0$ ist $sin\,\gamma = \frac{1}{2}$, $cos\,\gamma = \frac{1}{2}\sqrt{3}$, also ist $2\,sin\,\gamma\,cos\,\gamma = \frac{2}{4}\sqrt{3} = \frac{1}{2}\sqrt{3} = sin\,60^0 = sin\,2\,\gamma$; u. s. f.

Mit Hilfe der ersten dieser neu gefundenen Beziehungen (7) oder (8) lässt sich nun die Gleichung (6), die die Aufgabe 4) auflöst, einfacher so schreiben:

$$(6)\qquad \underline{F} = \frac{1}{2}a^2\,sin\,\beta\,cos\,\beta = \underline{\frac{1}{4}a^2\,sin\,2\,\beta}$$

Beispiel. 1) In einem rechtwinkligen Dreieck ist $a = 100$ m, $\beta = 30^0\,0'\,0''$; $F = \frac{1}{4}a^2 . sin\,60^0 = \frac{1}{4}a^2 . \frac{1}{2}\sqrt{3} = \frac{a^2}{8}\sqrt{3} =$ der halben Fläche des gleichseitigen Dreiecks mit der Seite a $\left(\frac{1}{2} \text{ von } \frac{a^2}{4}\sqrt{3}\right)$ wie es sein soll. Hier ist $F = \frac{10\,000}{8}\sqrt{3}$ qm $=$ $\underline{2165{,}06\ldots \text{ qm}}$.

2) Hypotenuse $a = 99{,}55$ m, $\beta = 30^0\,30'\,30''$.

$a = \mathbf{99{,}55}$	a	1.99 804
$\beta = \mathbf{30^0\,30'\,30''}$	a^2	3.99 608
$2\,\beta = 61^0\,1'\,0''$	$sin\,2\,\beta$	9.94 189
$F = 2167{,}2..$ qm	$E\,4$	9.39 794
	F	3.33 591

Die Beziehungen (7) und (8) werden bald als für jeden beliebigen, nicht nur spitzen Winkel giltig erkannt werden; sie leisten aber auch mit der vorläufigen Beschränkung für die folgenden Aufgaben dieses und des nächsten § gute Dienste und sind schon jetzt zu merken.

II. Bezeichnet R den **Halbmesser des Umkreises** des rechtwinkligen Dreiecks, so ist unmittelbar:

$$R = \frac{1}{2} a \text{ (unabhängig von den Winkeln des Dreiecks)}$$
$$= \frac{b}{2 \sin \beta} = \frac{c}{2 \sin \gamma} .$$

III. Für den **Halbmesser r des Inkreises** ist aus der Planimetrie bekannt

$$r = \frac{1}{2} \left\{ (b + c) - a \right\} ,$$

wie auch unmittelbar aus der Gleichung $2F = bc = r(a + b + c)$ folgt.

Ist die Hypotenuse und sind die Winkel gegeben, so erhält man hieraus

$$r = \frac{1}{2} \left\{ (a \sin \beta + a \cos \beta) - a \right\} = \frac{a}{2} \left\{ (\sin \beta + \cos \beta) - 1 \right\}$$
$$= \frac{a}{2} \left\{ (\sin \beta + \sin \gamma) - 1 \right\} .$$

Es kann dies darauf führen, für $(\sin \beta + \sin \gamma)$, die Summe der *Sinus* zweier Winkel, einen einfachern Ausdruck zu suchen. Doch soll dies erst später beim „Additionstheorem der goniometrischen Funktionen“ geschehen. Nebenbei zeigt die letzte Form für r, dass die Summe der *Sinus* zweier sich zu 90^0 ergänzender spitzer Winkel > 1 ist (geometrisch und arithmetisch auch unmittelbar klar; Grenzfälle: ist der eine der beiden Winkel $= 90^0$, der andere also $= 0$, so ist die Summe ihrer *sin* gleich 1; ist der eine $= 45^0$, der andere also ebenfalls $= 45^0$, so ist die Summe der *sin* gleich $\sqrt{2} = 1{,}414 \ldots =$ Max. Zwischen diesen beiden Grenzen ist die Summe der *sin* zweier Komplementwinkel immer enthalten).

IV. Für die **Höhe h** aus dem Scheitel des rechten Winkels auf die Hypotenuse hat man für dieselben Fälle, wie in I. bei F, die Gleichungen:

$$h = \frac{bc}{\sqrt{b^2 + c^2}} ,$$

wenn die Katheten b und c gegeben sind (folgt aus $ah = bc = 2F$; wie am bequemsten zu rechnen? Hilfswinkel β aus $tg \beta = \frac{b}{c}$, a nach *Lalande's* Regel; $\log b + \log c + E \log a$ giebt $\log h$) ; $h = b \frac{\sqrt{a^2 - b^2}}{a}$, wenn die eine Kathete b und die Hypotenuse a gegeben ist (hier ist in den verschiedenen Fällen verschieden zu rechnen; wenn a und b in Zahlen gegeben sind, so ist $a^2 - b^2 = (a + b)(a - b)$ zu setzen, wenn sie logarithmisch gegeben sind, so ist mit Subtraktionslogarithmen zu rechnen oder besser:

Hilfswinkel β aus $sin\,\beta = \frac{b}{a}$, $h = b\cos\beta$) ; $h = b\sin\gamma = c\sin\beta$, wenn eine Kathete und die Winkel gegeben sind; endlich $h = a\sin\beta\sin\gamma = a\sin\beta\cos\beta = \frac{1}{2}a\sin 2\beta$, wenn die Hypotenuse und die Winkel gegeben sind.

V. Man versuche auch mit den bis jetzt zu Gebot stehenden Gleichungen zu berechnen: die Länge der in das Dreieck fallenden Strecken der Geraden, die die Winkel β und γ und den rechten Winkel halbieren, m_b, m_c und m_a; die Längen der Schwerlinien aus den Ecken B und C: t_b und t_c, $\left(t_a \text{ ist } = \frac{a}{2}\right)$; u. s. f.

2) Gleichschenkliges Dreieck. Das gleichschenklige Dreieck ist ebenfalls, wie das rechtwinklige, durch zwei unabhängige Stücke bestimmt. Alle Aufgaben über die gleichschenkligen Dreiecke lassen sich unmittelbar auf solche über rechtwinklige zurückführen, indem jedes gleichschenklige Dreieck durch die Höhe auf die Grundlinie in zwei kongruente rechtwinklige Dreiecke zerlegt wird. Wenn Ein Winkel des gleichschenkligen Dreiecks bekannt ist, so sind alle Winkel in dem Dreieck gegeben.

Fig. 20.

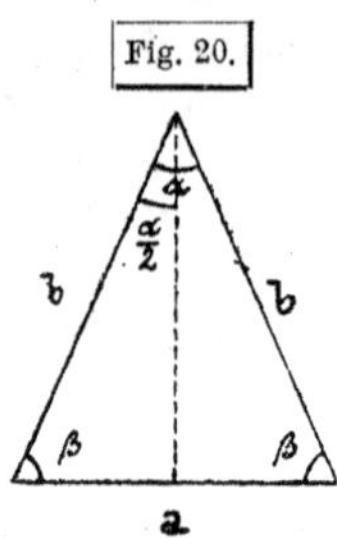

Die Grundlinie sei a, der Winkel an der Spitze α; die Länge der Schenkel sei b, jeder der an der Grundlinie anliegenden Winkel $= \beta$ (Fig. 20). Es ist mit diesen Bezeichnungen zunächst: $\alpha + 2\beta = 180^0$; $\frac{\alpha}{2} + \beta = 90^0$.

Ferner ist die Hälfte der Grundlinie gleich dem Schenkel multipliziert mit dem *sin* des halben Winkels an der Spitze:

$$\frac{a}{2} = b\sin\frac{\alpha}{2} = b\cos\beta.$$

Damit hat man für die einzelnen Fälle die folgenden Auflösungen:

I. Gegeben der Schenkel b und ein Winkel $\left.\begin{matrix}\alpha\\\beta\end{matrix}\right\}$.

$$a = 2b\sin\frac{\alpha}{2} = 2b\cos\beta.$$

II. Gegeben die Grundlinie a und ein Winkel $\left.\begin{matrix}\alpha\\\beta\end{matrix}\right\}$.

$$b = \frac{a}{2\sin\frac{\alpha}{2}} = \frac{a}{2\cos\beta}.$$

III. Gegeben der Schenkel b und die Grundlinie a.

$$\sin\frac{\alpha}{2} = \cos\beta = \frac{a}{2b}.$$

Man diskutiere wieder die Schärfe der Bestimmung der gesuchten Stücke bei verschiedenen Annahmen über die gegebenen und beachte die Übereinstimmung mit der geometrischen Konstruktion.

IV. **Andere Stücke.** 1) Bestimmung der Fläche F für die vorstehenden drei Fälle:

$F = \frac{a}{2} \cdot b \sin\beta = b^2 \sin\beta \cos\beta$ oder (gemäss der ersten Gleichung (8) im vorigen Absatz **1)** $F = \frac{1}{2} b^2 \sin 2\beta = \frac{1}{2} b^2 \sin\alpha$ (wie ist die letzte Form zu beweisen? Höhe auf einen Schenkel oder ähnlich);

$F = \frac{a}{2} \cdot \frac{a}{2} tg\,\beta = \frac{a^2}{4}\, tg\,\beta,$ endlich

$F = \frac{a}{2}\sqrt{b^2 - \frac{a^2}{4}} = \frac{a}{2}\sqrt{\left(b + \frac{a}{2}\right)\left(b - \frac{a}{2}\right)}.$ (Art der Rechnung für die einzelnen Fälle des letzten Ausdrucks für F).

2) Radius R des Umkreises für die drei Fälle (ausser dem Mittellot über a, d. h. der gezogenen Höhe auf a in Fig. 20, sind noch die Mittellote über den Schenkeln b zu ziehen):

$$R = \frac{\frac{1}{2} b}{\cos \frac{1}{2}\alpha} = \frac{b}{2 \sin\beta},$$

$R = \frac{\frac{1}{2} a}{\sin\alpha} = \frac{a}{2 \sin 2\beta}$ (Nachweis der letzten Form: $\sin 2\beta = 2 \sin\beta \cos\beta$ nach (8) in **1**; $\sin\frac{\alpha}{2} = \cos\beta$, $\cos\frac{\alpha}{2} = \sin\beta$, also $2 \sin\beta \cos\beta = 2 \sin\frac{\alpha}{2} \cdot \cos\frac{\alpha}{2} = \sin\alpha$ nach (7) in **1**; s. auch bei der ersten Form zu F in 1); endlich ist, wenn die das gleichschenklige Dreieck halbierende Höhe mit h bezeichnet wird:

$b : h = R : \frac{b}{2}$ oder $\frac{b^2}{2} = h R$, woraus für den letzten Fall

$$R = \frac{b^2}{2h} = \frac{b^2}{2\sqrt{b^2 - \frac{a^2}{4}}} = \frac{b^2}{2\sqrt{\left(b + \frac{a}{2}\right)\left(b - \frac{a}{2}\right)}}.$$

3) Radius r des Inkreises für die drei Fälle (ausser der Halbierungslinie des Winkels α, d. h. der gezogenen Höhe, sind in Fig. 20 noch die Halbierungslinien der Winkel β zu ziehen):

$$r = \frac{a}{2}\, tg\frac{\beta}{2} = b \sin\frac{\alpha}{2}\, tg\frac{\beta}{2} = b \cos\beta\, tg\frac{\beta}{2}$$

$r = \frac{a}{2}\, tg\frac{\beta}{2},$ und endlich, da $\frac{a\,r}{2} + 2\frac{b\,r}{2} = F$ ist

$r\left(b + \frac{a}{2}\right) = \frac{a}{2}\sqrt{\left(b + \frac{a}{2}\right)\left(b - \frac{a}{2}\right)}$ oder

$$r=\frac{a}{2}\sqrt{\frac{\left(b-\frac{a}{2}\right)}{\left(b+\frac{a}{2}\right)}}=\frac{a}{2}\sqrt{\frac{2b-a}{2b+a}}$$

3) Berechnung regulärer Polygone. Eine weitere einfache Anwendung des rechtwinkligen Dreiecks (oder der gleichschenkligen Dreiecke) ist die auf die Rechnungen an regelmässigen Vielecken; es handelt sich hier um ein gleichschenkliges Dreieck, dessen Winkel durch die **Anzahl n der Seiten** des regulären Polygons gegeben ist: der Winkel an der Spitze des gleichschenkligen Dreiecks, das die Seite des regulären n-Ecks zur Basis hat (α der vorigen Nummer) ist $=\frac{1}{n}\cdot 360^0=2\cdot\frac{1}{n}180^0$ und der Winkel des Polygons, d. h. der Winkel, unter dem je zwei aufeinanderfolgende Polygonseiten zusammenstossen, also 2β nach der vorigen Bezeichnung, wäre $(180^0-\frac{2}{n}180^0)$ oder $\frac{n-2}{n}180^0$; (auch so: die Winkelsumme im beliebigen n-Eck, dessen Seiten sich nicht schneiden, ist $(n-2)180^0$; ist das n-Eck regelmässig, sind also alle n Winkel gleich, so ist jeder Winkel $=\frac{n-2}{n}180^0$); doch wird dieser Winkel 2β nicht gebraucht. Bezeichnet in dem regelmässigen n-Eck a die Länge der Seite, R den Radius des umschriebenen, r den des einbeschriebenen Kreises, F den Inhalt des Polygons, so ist, wenn

1) a gegeben ist: $R=\frac{a}{2\sin\frac{1}{n}180^0}$

$$r=\frac{a}{2}ctg\frac{1}{n}180^0 \quad \text{und}$$

$$F=\frac{n\,a^2}{4}ctg\frac{1}{n}180^0.$$

Beispiel. Ein Panoramengebäude ist in Form eines regelmässigen Achtecks aufgeführt; die Seite misst 6,45 m; was ist die überbaute Fläche? (Vierstellig.)

$a=$ **6,45** m	a	$0.80\,95_5$
$n=8$		
$\frac{n}{4}=2$	a^2	1.61 91
	2	0.30 10
$\frac{1}{n}180^0=22^0\,30'$	$ctg\,22^1/_2{}^0$	0.38 28
$F=200{,}9$ qm.	F	2.30 29

Man versuche, Aufgaben über das rechtwinklige ebene Dreieck und Aufgaben wie die vorliegende, die mit Hilfe des rechtwinkligen Dreiecks zu lösen sind, auch gleich so zu erweitern, dass räumliche Anschauungen hinzukommen, dass aber die Anwendung des rechtwinkligen Dreiecks ausreicht; z. B. im vorliegenden Fall: Die Dachfläche des Gebäudes bildet eine regelmässige achtseitige Pyramide von der oben angegebenen Länge (6,45 m) der Seite der Grundfläche, deren Höhe 5,20 m beträgt. Wie gross ist die Dachfläche? Antwort: gleich 8mal der Fläche eines gleichschenkligen Dreiecks, dessen Grundlinie 6,45 m ist und dessen Höhe $h = \sqrt{r^2 + 5{,}20^2}$ beträgt, wenn r den Halbmesser des dem Achteck mit der Seite 6,45 m einbeschriebenen Kreises bezeichnet; also Oberfläche $O = 8 \cdot \frac{1}{2} a h = 4 a h$; Ausrechnung:

$a = 6{,}45$	$\frac{a}{2}$	0.50 85	
$n = 8.$	$ctg\, 22^1/_2{}^0$	0.38 28	
	r	0.89 13	$log \frac{a}{2}$ von oben entnommen, ebenso $ctg\, 22^1/_2{}^0$; h nach der *Lalande*schen Regel aus r und 5,20 so zu rechnen: $log\, r - log\, 5{,}20 = log\, tg\, \delta$ (Hilfswinkel δ); in die letzte Spalte rechts u. s. f. Die Oberfläche O ergiebt sich zu rund 304 qm, also rund $1^1/_2$ mal so gross als F.
$\frac{1}{n} 180^0 = 22^1/_2{}^0$	$E \begin{cases} sin \\ cos \end{cases}$	0,08 01	
	5,20	0.71 60	
	tg	0.17 53	
	h	0.97 14	
	a	0.80 95	
	4	0.60 21	
$O = 304$ qm	O	2.48 30	

2) Wenn das regelmässige Polygon nicht durch die Seitenlänge gegeben sondern einem gegebenen Kreis einzubeschreiben ist, indem die Aufgabe lautet: was ist in einem Kreis vom Halbmesser R die Länge der Seite, Fläche u. s. f. des einbeschriebenen regulären n-Ecks, so ist in die vorigen Gleichungen einfach a in R ausgedrückt (nach der ersten Gleichung in 1) einzusetzen; man findet:

$$a = 2\, R\, sin \frac{1}{n} 180^0$$

$$r = R\, cos \frac{1}{n} 180^0 \qquad \text{und}$$

$$F = \frac{n R^2}{2} sin \frac{2}{n} 180^0.$$

3) Wenn endlich das regelmässige n-Eck einem Kreise vom gegebenen Halbmesser umzubeschreiben ist, d. h. wenn r, der Halbmesser des Inkreises gegeben ist, so hat man:

$$a = 2\, r\, tg \frac{1}{n} 180^0$$

$$R = \frac{r}{\cos\frac{1}{n}180^0}$$

$$F = n\,r^2\,tg\,\frac{1}{n}\,180^0.$$

Anmerkung. Die zwei letzten Aufgaben führen unmittelbar wieder zum Kreis zurück; die „Rechnungen am Kreis" werden den Gegenstand des folgenden Paragraphen ausmachen, wo auch auf die regelmässigen Polygone (Diagonalen) nochmals zurückkommen sein wird.

Zuvor sei hier noch daran erinnert, dass schliesslich mit der Auflösung des rechtwinkligen Dreiecks auch eine grosse Anzahl von

4) Aufgaben über schiefwinklige Dreiecke erledigt werden könnte oder kann.

1) Es seien z. B. in dem schiefwinkligen Dreieck $A\,B\,C$ (Fig. 21) gegeben die Längen zweier Seiten b und c und der zwischenliegende Winkel α. Man soll berechnen die Länge a der Seite $B\,C$.

Fig. 21.

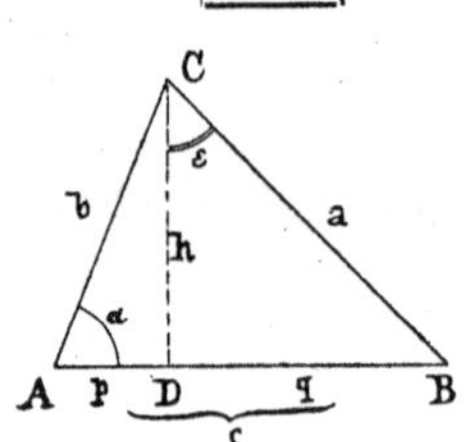

Zieht man die Höhe h auf c, so liefert die Auflösung der beiden rechtwinkligen Dreiecke $A\,C\,D$ und $B\,C\,D$ das Verlangte; es ist:

$A\,D = p = b \cos\alpha$; $C\,D = h = b \sin\alpha$;

$B\,D = q = c - p = c - b \cos\alpha$;

$B\,C = a = \sqrt{q^2 + h^2}$, auf bekannte Art auszurechnen.

Wenn auch die Winkel des Dreiecks $A\,B\,C$ in B und C, β und γ verlangt sind, so erhält man, wenn ε (vgl. Fig. 21) den Winkel $D\,C\,B$ bezeichnet: $tg\,\varepsilon = \frac{q}{h}$ (was zu der gewöhnlich anzuwendenden Rechnung von a ohnehin gebraucht wird) und damit:

$$\gamma = 90^0 - \alpha + \varepsilon \quad ; \quad \beta = 90^0 - \varepsilon.$$

2) Oder seien in dem schiefwinkligen Dreieck $A\,B\,C$ (vgl. Fig. 21) gegeben eine Seite, z. B. a, und zwei Winkel, gleichgiltig welche, da mit ihnen auch der dritte aus $\alpha + \beta + \gamma = 180^0$ bekannt ist. Gesucht werden die Längen b und c der Seiten $A\,C$ und $A\,B$.

Man erhält hier:

$h = a \sin\beta$, $q = a \cos\beta$; $\varepsilon = 90^0 - \beta$

$b = \frac{h}{\cos(\gamma - \varepsilon)}$, womit die eine der gesuchten Seiten gefunden ist,

$p = h\,tg\,(\gamma - \varepsilon)$, womit auch die andere Seite gefunden ist:

$c = p + q$.

Die Auflösung der letzten Aufgabe befriedigt nicht, weil sie ganz unsymmetrisch ist, während doch die Daten: eine Seite und die Winkel, die Möglichkeit und Notwendigkeit einer symmetrischen Auflösung andeuten.

Aus der letzten Figur liest man ab: $h_c = b \sin\alpha = a \sin\beta$; man hat also, wenn a und die Winkel gegeben sind, für b die Lösung: $b = \frac{a \sin\beta}{\sin\alpha}$; da die Bezeichnung bestimmter Seiten mit a, b, c ganz willkürlich ist (wenn nur α der Seite a, β der Seite b, γ der Seite c gegenüberliegt), so ist klar, dass ebenso c zu berechnen ist aus $c = \frac{a \sin\gamma}{\sin\alpha}$, wie man auch direkt erkennt, wenn man statt der Höhe h_c die Höhe h_b benützt.

Es besteht also für ein beliebiges, schiefwinkliges Dreieck die Identität:

$$(*) \qquad \frac{a}{\sin\alpha} = \frac{b}{\sin\beta} = \frac{c}{\sin\gamma} \quad ;$$

mit dieser sind in Übereinstimmung unsere Definitionsgleichungen für das rechtwinklige Dreieck ($\alpha = 90^0$):

$$\frac{a}{\sin 90^0 = 1}(=a) = \frac{b}{\sin\beta} = \frac{c}{\sin\gamma} \quad .$$

Es ist aber nach der wichtigen Gleichung *, dem sog. *Sinus-Satz* des ebenen Dreiecks, angezeigt, am schiefwinkligen Dreieck zu untersuchen, ob dort nicht noch weitere solche Beziehungen bestehen, die das rechtwinklige Dreieck nicht ohne weiteres erkennen lässt.

Dazu kommt, dass für gewisse Dreiecksaufgaben, z. B. Berechnung der Winkel eines Dreiecks, wenn dieses durch seine drei Seiten gegeben ist, die unmittelbare Anwendung des rechtwinkligen Dreiecks zunächst versagt.

Endlich ist zu bedenken, dass im schiefwinkligen Dreieck einer der Winkel $> 90^0$, stumpf sein kann, während alles bisherige nur für spitze Winkel aufgestellt ist und es sich also fragt, ob man trotzdem zu allgemein giltigen Formeln und Rechenvorschriften für das schiefwinklige Dreieck gelangen kann.

Diese Frage ist später zu bejahen; man bedarf aber vorher einer Erweiterung der Definitionen der goniometrischen Funktionen, die sich nicht auf spitze Winkel beschränkt, sowie eines goniometrischen Formelapparats, der für beliebige Winkel brauchbar bleibt.

Wenn also hier doch empfohlen wird, Aufgaben nach den Andeutungen von 1) und 2) am schiefwinkligen Dreieck zahlreich zu bilden und mit Zahlen durchzurechnen unter Benützung von Loten als Hilfslinien,

d. h. unter Benützung der Rechenvorschriften für das rechtwinklige Dreieck, so geschieht es nur mit Rücksicht auf die Notwendigkeit möglichst weitgehender Übung im Zahlenrechnen am rechtwinkligen Dreieck und mit dem Vorbehalt des Verweises auf die allgemein giltige, symmetrische und selbständige Auflösung der schiefwinkligen Dreiecke, die im II. Abschnitt, der ebenen Trigonometrie gelehrt werden wird.

§ 10. Rechnungen am Kreise.

Schon in der Einleitung von § 7. ist darauf hingewiesen, dass die bis jetzt vorgetragenen Teile der Trigonometrie ausreichen müssen, um ausser den Rechnungen am rechtwinkligen Dreieck alle Aufgaben, die am Kreis vorkommen können, praktisch durchzuführen. Auch am Schluss von § 9, **3)** ist wieder auf diese Kreisrechnungen verwiesen.

1) Bogenlängen und Umkehrungen. Schon in § 1, **2)** ist ferner neben dem Gradmass der Winkel ein zweites, das „analytische Mass“ für Winkelgrössen eingeführt, der *Arcus* eines Winkels. Die dort benützte Definition der Funktion *arc* war: *Arcus* eines Winkels α, Bezeichnung *arc* α, ist die Verhältniszahl, die man erhält, wenn man in einen Kreis von beliebigem Halbmesser α als Centriwinkel einträgt und die ihm entsprechende Bogenlänge durch den Halbmesser des Kreises dividiert. Man kann also auch so sagen: *arc* α ist die Länge des Bogens, der im Kreise vom Halbmesser 1 dem Winkel α als Centriwinkel entspricht. Neben den trigonometrischen Funktionen des Winkels α spielt diese Funktion *Arcus* von α bei allen Kreisrechnungen, in denen Bogenlängen in Betracht kommen, eine wichtige Rolle; und später wird sich zeigen, dass dem *arc* α auch ausserhalb der Kreisrechnungen grosse Bedeutung zukommt, wenn mit den goniometrischen Funktionen sehr kleiner Winkel zu rechnen ist.

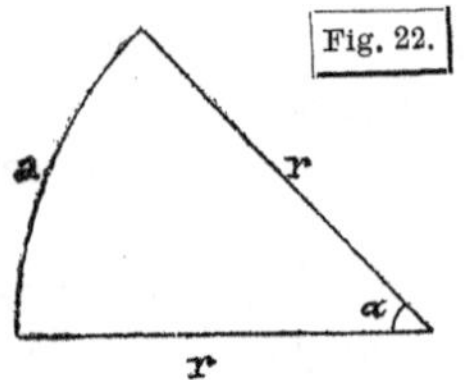

Fig. 22.

Es ist in § 1, **2)** auch schon angegeben, wie man mit Hilfe der konstanten Winkel-Reduktionszahlen ϱ vom Gradmass eines Winkels auf sein analytisches Mass (*arc*) übergeht und dies ist hier kurz zu wiederholen:

Bedeutet a die Länge des Bogens (Fig. 22), der im Kreis vom Halbmesser r dem Centriwinkel α entspricht, so ist gemäss der ersten Definition des *arc* α (wenn selbstverständlich a und r im gleichen Längenmass genommen werden):

$$\text{(1)} \qquad arc\,\alpha = \frac{a}{r} \quad \text{oder} \quad a = r \,.\, arc\,\alpha$$

Nun verhält sich aber der Bogen a zum Kreisumfang wie der Centriwinkel α in Graden sich verhält zu 360^0, d. h. es ist

(2) $$a : 2\pi r = \alpha^0 : 360^0 \quad \text{oder} \quad a = 2\pi r \cdot \frac{\alpha^0}{360^0} = \pi r \frac{\alpha^0}{180^0}$$

Man erhält aus der Gleichung (2) a gemessen in der Längeneinheit, in der r gemessen ist.

Nimmt man α nicht in Graden, sondern in Minuten: $\alpha' = (\alpha^0 \,.\, 60)'$ oder in Sekunden: $\alpha'' = (\alpha^0 \,.\, 60 \,.\, 60)''$, so lautet die Gleichung (2) vollständig:

(2) $$a = \pi r \cdot \frac{\alpha^0}{180^0} = \pi r \cdot \frac{\alpha'}{(180 \,.\, 60)'} = \pi r \cdot \frac{\alpha''}{(180 \,.\, 60 \,.\, 60)''}$$

Nimmt man die konstanten Zahlen π und 180^0, $(180 \,.\, 60)'$, $(180 \,.\, 60 \,.\, 60)''$ zusammen, so lautet diese Gleichung für den Centriwinkel α in Graden (α^0), oder in Minuten (α'), oder in Sekunden (α''):

(2') $$a = r \cdot \frac{\alpha^0}{\dfrac{180^0}{\pi}} = r \cdot \frac{\alpha'}{\dfrac{(180 \,.\, 60)'}{\pi}} = r \cdot \frac{\alpha''}{\dfrac{(180 \,.\, 60 \,.\, 60)''}{\pi}}$$

Hier sind die Nenner konstante, ein für allemal zu berechnende Zahlen, nämlich:

	7-stellige Log.
$\varrho^0 = \dfrac{180^0}{\pi} =$ **57⁰,29578..** (auf 0⁰,1 abg. 57⁰,3)	**1.758 1226...**
$\varrho' = \dfrac{(180 \,.\, 60)'}{\pi} =$ **3437',75..** („ 1' „ 3438')	**3.536 2739**
$\varrho'' = \dfrac{(180 \,.\, 60 \,.\, 60)''}{\pi} =$ **206264'',8..** („ 1'' „ 206265'')	**5.314 4251....** **5.31443** fünfst.

Es ist notwendig, die Werte dieser drei Zahlen ϱ (abgerundet; die Zahlen sind mit π transcendent, also irgendwo abzubrechen) und ihre Logarithmen (wenigstens 5-stellig) auswendig zu wissen, ebenso wie man in der rechnenden Geometrie $\pi = 3{,}14159\ldots.$ und $\log \pi$ (= 0.49 715..) auswendig weiss; diese Zahlen kehren überall wieder, wo Bogenlängen direkt oder indirekt in Betracht kommen. Die Gleichung (2') lautet mit Benützung von ϱ:

(2'') $$a = r \,.\, \frac{\alpha}{\varrho} = r \,.\, \frac{\alpha^0}{\varrho^0} = r \,.\, \frac{\alpha'}{\varrho'} = r \,.\, \frac{\alpha''}{\varrho''}$$

Der Vergleich mit der Gleichung (1) $a = r \,.\, arc\, \alpha$ giebt:

(3) $$arc\, \alpha = \frac{\alpha}{\varrho} = \frac{\alpha^0}{\varrho^0} = \frac{\alpha'}{\varrho'} = \frac{\alpha''}{\varrho''}$$

Die geometrische Bedeutung der Zahlen ϱ ist also diese: $\varrho^0 = (60 \,.\, \varrho^0)' = (60 \,.\, 60 \,.\, \varrho^0)''$ ist der Centriwinkel, für den die

Bogenlänge gleich der Länge des Halbmessers ist; und die arithmetische (vgl. § 1, **2**)):

Man erhält den *arc* („analytisches Mass") eines (in Gradmass gegebenen) Winkels α, wenn man die Zahl der Grade oder Minuten oder Sekunden, die α im Ganzen enthält, mit ϱ^0 oder ϱ' oder ϱ'' dividiert (die geometrische Bedeutung des Quotienten ist: Bogenlänge, die im Kreis vom Halbmesser 1 dem Winkel α als Centriwinkel entspricht) und umgekehrt: Ist *arc* α gegeben, so enthält der Winkel α in Gradmass $(arc\,\alpha\,.\,\varrho^0)$ Grade $= (arc\,\alpha\,.\,\varrho')$ Minuten $= (arc\,\alpha\,.\,\varrho'')$ Sekunden. Diese konstanten Verhältniszahlen ϱ heissen deshalb auch die Reduktionskonstanten vom Gradmass aufs analytische Mass und umgekehrt.

Besonders ist noch zu bemerken:

$$arc\ 90^0 = \frac{\pi}{2} = 1{,}570\,796\,..$$

$$arc\,180^0 = \pi\ = 3{,}141\,59\,....\ \text{u. s. f.}$$

Es ist schon früher angegeben (§ 1, **2**)), dass man statt des Ausdrucks „analytisches Mass" der Winkel auch den Ausdruck: „Winkel in Halbmesserteilen" benützt: die Länge des Bogens, der im Kreis dem Centriwinkel 1^0, $1'$, $1''$ entspricht, ist

$$\frac{\mathbf{1}}{\mathbf{57{,}29578}}\left(=\frac{1^0}{\varrho^0}\right)\ ,\ \frac{\mathbf{1}}{\mathbf{3437{,}75}}\left(=\frac{1'}{\varrho'}\right)\ ,\ \frac{\mathbf{1}}{\mathbf{206265}}\left(=\frac{1''}{\varrho''}\right)$$

der Länge des Halbmessers.

Man hat deshalb früher vielfach „den Halbmesser in Sekunden angesetzt", um dann eben die „Bogenlängen in Halbmesserteilen" anzugeben, z. B. also $R'' = 206\,265''$ geschrieben (Sinn: der $\frac{1}{206\,265}$ste Teil des Kreishalbmessers ist die Bogenlänge für $1''$ Centriwinkel; ebenso also $R' = 3438'$ u. s. f.); es ist aber besser, das Zeichen r oder R für das Längenmass des Halbmessers beizubehalten und für die Zahlen ϱ (jenen konstanten Winkel) $\frac{180^\circ}{\pi} = \ldots$ ein besonderes Zeichen wie oben einzuführen.

Für neue Winkelteilung sind die Zahlen ϱ^g u. s. f. ebenfalls schon in § 1, **2**) angegeben; sie lauten:

	5-stellige Log.
$\varrho^g = \frac{200^g}{\pi} = 63^g{,}66\,20$	1.80 388
$\varrho^{\backslash} = \frac{(200\,.\,100)^{\backslash}}{\pi} = 63\,66^{\backslash}{,}20$	3.80 388
$\varrho^{\backslash\backslash} = \frac{(200\,.\,100\,.\,100)^{\backslash\backslash}}{\pi} = 63\,66\,20^{\backslash\backslash}$	5.80 388.

Um also für einen Winkel, der β Neugrad $= \beta\,.\,100$ Neuminuten, $= \beta\,.\,100\,.\,100$ Neusekunden enthält, den *arc* aufzufinden, ist β^g mit ϱ^g oder (hier in dem Zahlenwert damit zusammenfallend, womit zugleich ein Vorteil der neuen Kreisteilung in die Augen springt) β' mit ϱ' oder β'' mit ϱ'' zu dividieren u. s. f., genau wie oben für alte Teilung.

Die Gleichungen (1), (2″) und (3) (und ihre Umkehrungen) enthalten nun alles, was man zur Ausführung der Rechnungen braucht, bei denen Bogenlängen in Betracht kommen.

Zu bemerken ist noch, dass „vollständige Logarithmentafeln“ auch eine *Arcus*-Tafel (Bogenlängen im Kreis vom Halbmesser 1) enthalten, entweder zusammen mit den Tabellen der „natürlichen Werte der goniometrischen Funktionen“ (also nur bis 90^0 gehend, so dass für Winkel $> 90^0$ zu beachten ist, dass [z. B. 5-stellig] $arc\, 90^0 = \frac{\pi}{2} =$ 1,57 080, [8-stellig] $arc\, 180^0 = \pi = 3{,}14159\,265\ldots$, [7-stellig] $arc\, 360^0 = 2\pi = 6{,}283\,1853$ ist; so ist z. B. die *arc*-Tafel in der 5- und 4-stelligen Tafel von *Rex*) oder in einer besondern Tabelle (5-stellig in der *Gauss*schen Tafel, 7-stellig bei *Schrön* u. s. f.). Stets ist mit diesen Tabellen zu rechnen nach den Gleichungen:

$$arc\,(p + q) = arc\,p + arc\,q \qquad \text{oder}$$

$$arc\left(\frac{1}{m}\,p\right) = \frac{1}{m}\,arc\,p\;; \qquad arc\,(n\,.\,q) = n\,.\,arc\,q$$

wo p und q ganz beliebige Winkel in Gradmass bedeuten (z. B. also $arc\, 37^0\, 24'\, 25'' = arc\, 37^0 + arc\, 24' + arc\, 25''$ u. s. f.); vgl. § 2.

Da jedoch alle diese *arc*-Tabellen nur die natürlichen Zahlen der *arc*-Werte liefern, während überall eine Tabelle der *log arc* fehlt, so können sie nur dann zweckmässig unmittelbar verwendet werden, wenn der Kreishalbmesser der Aufgabe (— wenn die Zahlen der Tafel als Bogenlängen gedeutet werden sollen, so ist in der Tafel der Halbmesser = 1 zu denken, vgl. oben —) eine runde Zahl ist.

Die Gleichungen (1) bis (3) und ihre Umkehrungen seien (je in Einer Gleichung geschrieben) noch einmal hierher gesetzt; a ist die Bogenlänge, die im Kreis vom Halbmesser r dem in Gradmass gegeben gedachten Centriwinkel α entspricht:

$$\text{Bogenlänge} \quad \boldsymbol{a = r\,.\,arc\,\alpha = r\,.\,\frac{\alpha}{\varrho}} \tag{4}$$

$$\text{Halbmesser} \quad \boldsymbol{r = \frac{a}{arc\,\alpha} = a \cdot \frac{\varrho}{\alpha}} \tag{5};$$

dabei wird in (4) und (5) a oder r in demselben Längenmass erhalten, in dem r oder a gegeben ist und für ϱ ist ϱ^0, ϱ', ϱ'' zu nehmen, je nachdem man den gegebenen Winkel α in Graden, Minuten oder Sekunden ausdrückt. Endlich ist:

$arc\,\alpha = \frac{a}{r}$, also Centriwinkel α in Gradmass $= \frac{a}{r} \cdot \varrho$ (6);

dabei sind die gegebenen a und r in demselben Längenmass zu nehmen und für ϱ ist ϱ^0, ϱ', ϱ'' zu setzen, je nachdem man α in Graden, Minuten oder Sekunden erhalten will.

Beispiele. 1. Wie lang ist in einem Kreis von 500 m Halbmesser der Bogen mit dem Centriwinkel 75° 38′,4?

Da hier r eine runde Zahl ist, kann man die *Arc*-Tafel benützen. Nach der *Gauss*schen 5-stelligen Tafel ist:

$$arc\,(75^0\,38'\,24'') = arc\,75^0 + arc\,38' + arc\,24''$$
$$= 1{,}30\,900 + 0{,}01\,105 + 0{,}00\,012 = 1{,}32\,017,$$

somit Bogenlänge $\underline{a} = 500 \,.\, 1{,}32\,017 \text{ m} = \underline{660{,}085 \text{ m.}}$

Nach der *Arc*-Tafel in der *Rex*schen 5-stelligen Tafel ist:

$$arc\,(75^0\,38'\,24'') = arc\,75^0\,30' + arc\,8',4$$
$$= 1{,}31\,772 + 0{,}00\,233 + 0{,}00\,012 = 1{,}32\,017 \text{ wie oben.}$$

Bei logarithmischer Rechnung hat man:

$r = \mathbf{500}$ m	r	2.69 897
$\alpha = \mathbf{75^0\,38',4}$	α'	3.65 690
$= (75 \times 60 + 38{,}4)'$	$E\,\varrho'$	6.46 373 — 10
$= 4538',4$		
$\underline{a = 660{,}086 \text{ m}}$	a	2.81 960
(letzte Stelle nicht scharf)		

2. Wie lang ist im Ganzen ein Treibriemen, der über zwei auf Wellen in der Entfernung 5,04 m von einander sitzende Riemenscheiben von 80 cm und 30 cm Durchmesser gelegt ist, wenn der Riemen a) gerade, b) geschränkt läuft?

Sind r_1 und r_2 die Halbmesser der zwei Scheiben ($r_1 > r_2$) und e die Entfernung ihrer Axen und setzt man im Fall a) $sin\,\alpha = \frac{r_1 - r_2}{e}$, im Fall b) $sin\,\beta = \frac{r_1 + r_2}{e}$, so wird die Gesamtlänge des Riemens

im Fall a) $l_1 = 2\,e\,cos\,\alpha + r_1\,arc\,(180^0 + 2\,\alpha) + r_2\,arc\,(180^0 - 2\,\alpha)$
$= 2\,e\,cos\,\alpha + \pi\,(r_1 + r_2) + (r_1 - r_2)\,arc\,2\,\alpha,$

im Fall b) $l_2 = 2\,e\,cos\,\beta + r_1\,arc\,(180^0 + 2\,\beta) + r_2\,arc\,(180^0 + 2\,\beta)$
$= 2\,e\,cos\,\beta + (r_1 + r_2)\,arc\,(180^0 + 2\,\beta).$

Mit den obigen Zahlen $r_1 = 0{,}40$ m, $r_2 = 0{,}15$ m, $e = 5{,}04$ m wird (vierstellig)

Fall a)

$\sin\alpha = \frac{r_1 - r_2}{e} = \frac{0,25}{5,04}$		9.3979 0.7024
$\alpha = 2^0\,50',6$	$\sin\alpha$	8.6955
$2\,\alpha = 5^0\,41',2$	$\cos\alpha$	9.9995
$180^0 + 2\,\alpha = 185^0\,41',2$	$e\cos\alpha$	0.7019
$180^0 - 2\,\alpha = 174^0\,18',8$	2	0.3010
$arc\,(180^0 + 2\,\alpha) = 3,2408$	$2\,e\cos\alpha$	1.0029
$arc\,(180^0 - 2\,\alpha) = 3,0423$		

$l_1 = 10,067 + 0,40 \,.\, 3,2408 + 0,15 \,.\, 3,0423$
$= 10,067 + 1,296 + 0,456$ oder
$l_1 = 11,82$ m

Die zweite Form der Gleichung für l_1 wäre zur Rechnung etwas bequemer; warum? (α klein, $arc\,2\,\alpha$ also bequem aufzuschlagen), $log\,(r_1 - r_2)$ ohnehin vorhanden; vgl. die Rechnung für l_2.

Fall b)

$\sin\beta = \frac{r_1 + r_2}{e} = \frac{0,55}{5,04}$		9.7404 0.7024
$\beta = 6^0\,16'$	$\sin\beta$	9.0380
$2\,\beta = 12^0\,32'$	$\cos\beta$	9.9974
$180^0 + 2\,\beta = 192^0\,32'$	$e\cos\beta$	0.6998
	2	0.3010
$arc\,(180^0 + 2\,\beta) = 3,3603$	$2\,e\cos\beta$	1.0008
$l_2 = 10,018 + 1,848$ oder		
$l_2 = 11,87$ m	$arc\,(180^0 + 2\,\beta)$	0.5264
	$(r_1 + r_2)$	9.7404
	$(r_1 + r_2)\,arc$	0.2668

3. Was ist der Halbmesser r eines Kreises, in dem dem Centriwinkel $4^0\,20'\,15''$ der Bogen 13,15 mm entspricht?

$a = $ **13,15 mm**	a	1.11 893
$\alpha = $ **$4^0\,20'\,15''$**	ϱ''	5.31 443
$= 15\,615''$	$E\,\alpha''$	5.80 646 — 10
$r = 173,71$ mm	r	2.23 982

4. Auf einem Teilkreis ist die Entfernung zweier aufeinanderfolgender Gradstriche 2,0 mm; was ist der Durchmesser des Teilkreises?

$$r = 2,0 \cdot \frac{57,3^0}{1^0}\ \text{mm} = 114,6\ \text{mm} = 11,5\ \text{cm rund},$$

also der Durchmesser, den man hier gewöhnlich angiebt, $=$ 23 cm rund.

5. Eine Röhrenlibelle ist ein langer Glascylinder, der mit leicht beweglicher Flüssigkeit fast ganz gefüllt ist und der im Innern längs einer Mantellinie nach einem flachen Kreisbogen ausgeschliffen ist. Auf der Oberfläche des Glases befindet sich eine gleichförmige Längenteilung, an der der Stand der Libellenblase beobachtet wird (Fig. 23). Empfindlichkeit der Libelle heisst die Anzahl Sekunden, um die man die Libelle neigen muss, damit sich die

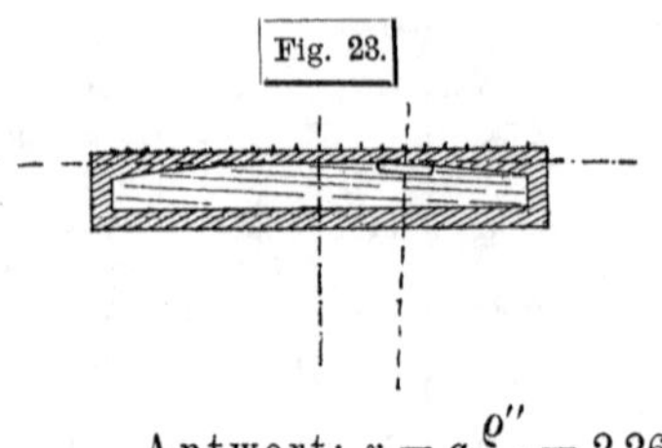
Fig. 23.

Blase um einen Strich der Teilung verschiebt. Die Striche der Teilung einer Libelle seien nun 2,26 mm (= 1 Pariser Linie) von einander entfernt. Nach welchem Halbmesser muss man die Libelle schleifen, damit die Empfindlichkeit 15″ werde?

Antwort: $r = a\frac{\varrho''}{\alpha''} = 2{,}26 \cdot \frac{206\,000''\text{ (rund)}}{15''}$ mm | 0.3541

Halbmesser $= 31\,100$ (rund) mm | 5.3144

$= 31{,}1$ **m.** $\quad r = 31\,100$ rund | 8.8239 — 10

| 4.4924

Dieselbe Frage für $\alpha = 1', 30'', 20'', 10'', 5'', 3''$.

6. Die Axen der Bahngleise setzen sich aus geraden Strecken und Kreisbögen zusammen, die jene Geraden berühren. Was ist (Fig. 24) der Winkel der Tangenten NB und B_1N_1, wenn der Kreisbogen den Halbmesser 300 m hat und die Bogenendpunkte B und B_1, dem Bogen nach gemessen, 100,00 m von einander entfernt sein sollen?

Es ist, wenn die Kreishalbmesser nach den Punkten B und B_1 den Winkel α mit einander machen:

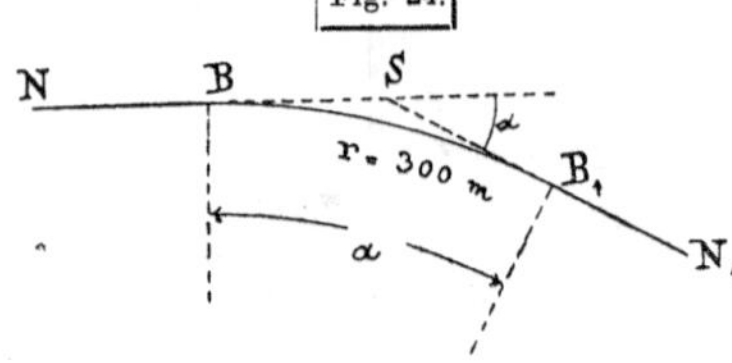

Fig. 24.

$arc\ \alpha = \frac{100{,}00}{300{,}00} = 0{,}33\,333\ldots$, also

$\alpha = \frac{1}{3} \cdot 206\,265'' = 68\,755''$ oder

$\alpha = 19^0\,5'\,55''$ und also der Winkel zwischen den Tangenten SB und SB_1 gleich $160^0\,54'\,5''$.

Dieselbe Aufgabe für z. B. $r = 500$ m und $a = 10{,}00$ m, 20,00 m (α je auf 1″); $a = 100$ m, 200 m, 300 m, 500 m (α je auf einige ″ genau).

Auch hier, beim Aufsuchen des Centriwinkels, kann man, wenn der Wert von r eine ganz runde Zahl ist, die Tafel der *arc* verwenden; statt den *arc* direkt mit ϱ'' oder ϱ' zu multiplizieren und diese Anzahl von ′ oder ″ in ⁰, ′, ″ zu übersetzen, kann man mit dem *Arcus*-Wert aus der Tafel die zugehörige Zahl in Gradmass finden. Z. B. ist mit

$a = 43{,}70$ m, $r = 100{,}00$ m, also $\alpha'' = \frac{a}{r}\varrho''$, statt so zu rechnen:

$$\alpha'' = 0{,}43\,700 \cdot \varrho'' = 0{,}43\,700 \cdot 206\,265'' = 90\,138'' = 25^0\,2'\,18''$$

auch so zu rechnen: $arc\ \alpha = 0{,}43\,700$, also

bei *Gauss*' 5-stell. Tafel:	bei *Rex*' 5-stell. Tafel:
$arc\ \alpha = 0{,}43\,700$	$arc\ \alpha = 0{,}43\,700$
$0{,}43\,633 = arc\ 25^0$	$0{,}43\,633 = arc\ 25^0\,0'$
$0{,}00\,067$	$0{,}00\,067$; Diff. für 10′ ist 291
$0{,}00\,058 = arc\ 2'$	58 giebt 2′
$0{,}00\,009 = arc\ 18''$,	9 „ 18″
somit $\alpha = 25^0\,2'\,18''$	$\alpha = 25^0\,2'\,18''$

Man führe im Interesse der Rechenübung zahlreiche Rechnungen von Bogenlängen nebst ihren Umkehrungen nach (4), (5) und (6) durch.

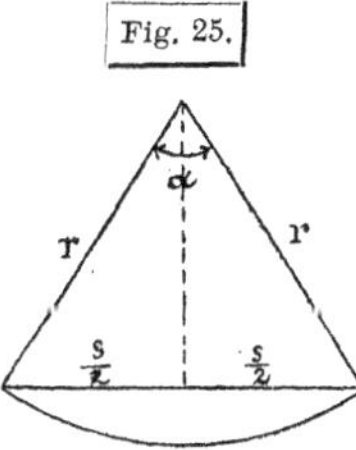

2) Sehnenlängen; Umkehrungen. Pfeilhöhen. Gegeben Halbmesser r und Centriwinkel α, gesucht die Länge der Sehne s. Die Fig. (s. 25.) giebt unmittelbar:

$$\frac{s}{2} = r \sin\frac{\alpha}{2} \quad \text{oder} \quad (7)\; \boldsymbol{s = 2\,r \sin\frac{\alpha}{2}}.$$ [12])

Beispiel. Wie gross ist der Centriwinkel, dessen Sehne gleich dem arithmetischen Mittel aus Halbmesser und Durchmesser ist? Aus (7) ist

$$\sin\frac{a}{2} = \frac{s}{2\,r}, \qquad \text{also hier} \qquad \sin\frac{\alpha}{2} = \frac{3\,r}{2\,.\,2\,r} = 0{,}75,$$

woraus (mit den vierstelligen natürlichen Werten)

$$\frac{\alpha}{2} = 48^0\,35',3 \quad \text{oder} \quad \underline{\alpha = 97^0\,11'.}$$

Zu Rechnungen über Sehnenlängen kann man bei geringerer verlangter Genauigkeit auch die Sehnentafel benützen, die in vollständigen Logarithmentafeln enthalten zu sein pflegt (in fünfstelligen Tafeln meist nur vierstellig angegeben); sie ist selbstverständlich wieder für den Halbmesser 1 berechnet, d. h. die Tafel liefert diejenige Funktion von α, die in § 2, **1)** mit *chord* α bezeichnet worden ist. Jene Funktion ist also jetzt, mit Benützung der trigonometrischen Funktionen, vollständig entbehrlich; es ist

$$(8) \qquad \textbf{chord}\ \alpha \ \text{(ersetzt durch)} = \boldsymbol{2 \sin\frac{\alpha}{2}}.$$

Man sieht jetzt, wie unter Voraussetzung der goniometrischen Zahlen jene *chord*-Tafel sehr einfach zustandkommt und zwar bis zu $\alpha = 180^0 \left(\frac{\alpha}{2} = 90^0\right)$, d. h. für den ganzen Umfang, der der Tafel zu geben ist. Vgl. die 3-stellige Tafel in § 2, **1)**.

Mit Benützung der 4-stelligen Tafel der *chord* in *Rex* oder *Gauss* (Intervall 10') findet man in dem obigen Beispiel, d. h. mit $s = \frac{3}{2} r$ oder *chord* $\alpha = 1{,}5000$ den Winkel $\alpha = 97^0\,10' + \left(\frac{2}{20}\,.\,10'\right) = 97^0\,11'$ wie oben.

Man beachte durch Vergleichung der Werte *chord* $\alpha \left(= 2 \sin\frac{\alpha}{2}\right)$ mit den Werten der natürlichen Zahlen der *sin* α nochmals, wie langsam für kleinere Winkel die *chord* α grösser wird, als der *sin* α; und auch der $arc\,\alpha$ ist damit zu vergleichen, dessen Wert sich von $chord\,\alpha$ noch viel langsamer unterscheidet. Es ist dabei stets $arc\,\alpha > chord\,\alpha$ $\left(= 2\,sin\frac{\alpha}{2}\right) > sin\,\alpha$, z. B. ist für

$\alpha = 5^0$	$chord\,\alpha = 0{,}0872$	$sin\,\alpha = 0{,}0872$	$arc\,\alpha = 0{,}0873$
$\alpha = 10^0$	$chord\,\alpha = 0{,}1743$	$sin\,\alpha = 0{,}1736$	$arc\,\alpha = 0{,}1745$
$\alpha = 15^0$	$chord\,\alpha = 0{,}2611$	$sin\,\alpha = 0{,}2588$	$arc\,\alpha = 0{,}2618$

Für alle diese Vergleichungen bietet die Analysis sehr bequeme Mittel dar, deren einfachste wir später bei den Reihen für sin und cos kennen lernen werden.

Beispiel für schärfere direkte Rechnung: Um wie viel ist im Kreis von 100 m Halbmesser der zum Centriwinkel 5^0 gehörige Bogen länger als die Sehne?

Bogen.			Sehne.		
$a = r \,.\, arc\,\alpha$	5^0	0.69897	$s = 2r\,sin\frac{\alpha}{2}$	2	0.30103
$= r\,\frac{\alpha}{\varrho}$	$E\varrho^0$	8.24188		100	2.00000
	100	2.00000	$(= r \,.\, chord\,\alpha)$	$sin\,2^1/_2{}^0$	8.63968
$a = 8{,}7268$	a	0.94085	$s = 8{,}7238$	s	0.94071

Also Antwort: um 3 Millimeter.

Dieselbe Frage für den Centriwinkel 10^0, 15^0; wie wächst die Differenz?

Diagonalen regelmässiger Polygone. Bei der Berechnung der regulären Vielecke, vgl. § 9, **3)**, ist bereits auf das hier noch Nachzutragende verwiesen. Im regelmässigen n-Eck bilden die 1., 2., 3. .... Diagonale (Verbindungsstrecke einer bestimmten Ecke mit der übernächsten, drittnächsten, viertnächsten ....) mit der Seite des Polygons (Verbindungslinie dieser Ecke mit der nächsten) und folgeweise unter sich alle gleiche Winkel (Peripheriewinkel auf gleichen Bögen) und zwar den Winkel $\frac{1}{n}.180^0$, der schon bei den Rechnungen in § 9, **3)** benützt worden ist.

Ist der Halbmesser R des Umkreises des regulären n-Ecks gegeben, so sind die Seite s, die 1., 2., 3.... Diagonale gegeben durch die Gleichungen:

$$s = \left(R \,.\, chord\,\frac{360^0}{n}\right) = 2\,R\,sin\,\frac{180^0}{n},\ \text{s. § 9, 3)}$$

$$d_1 = \left(R \,.\, chord\ 2\ .\ \frac{360^0}{n}\right) = 2\,R\,sin\ 2\ .\ \frac{180^0}{n}$$

$$d_2 = \left(R \,.\, chord\ 3\ .\ \frac{360^0}{n}\right) = 2\,R\,sin\ 3\ .\ \frac{180^0}{n},\ \text{allgemein}$$

$$\ldots\ldots\ldots\ldots\ldots\ldots$$

$$d_k = \left(R \,.\, chord(k+1)\frac{360^0}{n}\right) = 2\,R\,sin(k+1)\frac{180^0}{n};$$

die längste Diagonale ist in einem regelmässigen Polygon von gerader Seitenzahl gleich dem Durchmesser des Kreises $2\,R$, ihre Bezeichnung wäre nach dem Vorstehenden (n gerade) $d_{\frac{n}{2}-1}$, ihre Länge also gleich $2\,R.\, sin\left(\frac{n}{2}\,\frac{180^0}{n}\right) = 2\,R\,.\,sin\,90^0 = 2\,R$.

Ist n ungerade, so geht keine Diagonale durch den Kreismittelpunkt; die längste Diagonale ist zweimal vorhanden, ihre Bezeichnung und ihre Länge nach dem Vorstehenden (n ungerade) wie?

Man kann, für den Kreis vom Halbmesser $R = 1$, die Längen dieser Diagonalen selbstverständlich sogleich aus der *Chorden*-Tafel, § 2., ablesen; z. B. ist bis zu $n = 12$: [13])

$n =$	d_1	d_2	d_3	d_4	d_5
4	2,000				
5	1,902	$(= d_1)$			
6	1,732	2,000			
7	1,564	1,950	$(= d_2)$		
8	1,414	1,848	2,000		
9	1,286	1,732	1,970	$(= d_3)$	
10	1,176	1,618	1,902	2,000	
11	1,081	1,511	1,819	1,980	$(= d_4)$
12	1,000	1,414	1,732	1,932	2,000

. . . .

Wie schon früher angedeutet ist, lassen sich die Diagonalen für das 4, 8..., das 6, 12..., und das 5, 10... Eck durch Quadratwurzeln ausdrücken. Man stelle diese Tafel auf.

Wenn nicht R gegeben ist für das reguläre n-Eck, sondern z. B. s (die Länge der Seite) oder r (Apothem; das reguläre n-Eck ist dann dem Kreise umzubeschreiben), so ist mittels der Gleichungen in § 9, **3)** auf R überzugehen und es sind dann die obigen Gleichungen anzuwenden.

Anhang. Pfeilhöhen. Neben der Sehnentafel (Tabelle der *chord* α, Längen der Sehnen für die Centriwinkel α im Kreis vom Halbmesser 1) enthalten vollständige Tafelsammlungen meist auch noch eine Tabelle der Pfeilhöhen oder der „Höhen der Kreisbögen"), wenn sie als Längen gedeutet werden, selbstverständlich ebenfalls im Kreis, dessen Halbmesser die Längeneinheit ist. Ist der Kreishalbmesser wieder r, der Centriwinkel α, so ist die Pfeilhöhe p des Bogens, der α entspricht, $p = OM - OC = r - r\,cos\,\frac{\alpha}{2} = r\left(1 - cos\,\frac{\alpha}{2}\right)$; nach § 9, 2. Gl. (7) kann für $\left(1 - cos\,\frac{\alpha}{2}\right)$ gesetzt werden $2\,sin^2\frac{4}{\alpha}$, es ist also

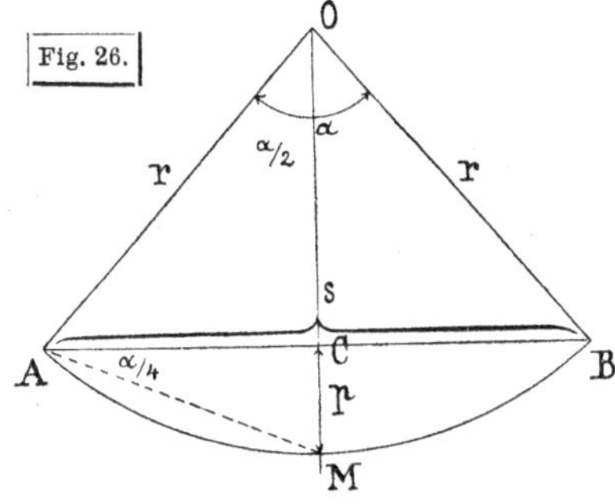

Fig. 26.

$$(9) \qquad p = 2\, r\, sin^2 \frac{\alpha}{4}.$$

Wollte man also p in der Art wie früher *chord* α als Funktion von α auffassen (Bezeichnung etwa *sag* α [*Sagitta* α] Pfeilhöhe im Kreis vom Halbmesser 1), so wäre die Bedeutung von $sag\,\alpha = 2\, sin^2 \frac{\alpha}{4}$; doch spielt diese *Sagitta* keine wichtige Rolle.

Beispiele. Was ist im Kreis vom Halbmesser 300 m die Pfeilhöhe p des Bogens zu 120^0 Centriwinkel? Die Antwort muss lauten: (geometrisch klar) $p = 150{,}00$ m; in der That ist hier $\frac{\alpha}{4} = 30^0$, $sin \frac{a}{4} = \frac{1}{2}$, $sin^2 \frac{\alpha}{4} = \frac{1}{4}$; $p = 2\, r\, sin^2 \frac{\alpha}{4} = 2 \,.\, 300 \,.\, \frac{1}{4} = 150$ m. In der Tabelle der Pfeilhöhen der Logarithmen-Tafel findet sich auch *sag* $120^0 = 0{,}50000$.

Was ist im Kreis mit Halbmesser r die Pfeilhöhe des Bogens zu 60^0 Centriwinkel? Die Antwort muss sein $p = r\left(1 - \frac{1}{2}\sqrt{3}\right) = r\left(1 - \frac{1}{2} \,.\, 1{,}73\,205\,..\right) = r\,(1 - 0{,}86\,603) = r \,.\, 0{,}13\,397\ldots$; in der That giebt die genannte Tabelle *sag* $60^0 = 0{,}1340$; die direkte Ausrechnung aber $\frac{\alpha}{4} = 15^0$, $log\, sin^2 \frac{\alpha}{4} = 8.82\,600 - 10$, die Zahl dazu ist $0{,}066\,988$ und das doppelte davon abermals $0{,}13\,398$.

Eine Umkehrung. Aus der Länge der Sehne s und der Pfeilhöhe p den Halbmesser des Kreises zu berechnen. Kann rein algebraisch (ohne Trigonometrie) so gelöst werden (vgl. Fig. 26.): verlängert man $M\,O$ über O bis zum andern Endpunkt M_1 dieses Durchmessers, zieht $A\,M$ und $A\,M_1$, so ist das Quadrat von $A\,C$ (als Höhe in dem rechtwinkligen Dreieck $M\,A\,M_1$), gleich dem Produkt aus $C\,M$ und $C\,M_1$ (als Hypotenusen-Abschnitten dieses Dreiecks), d. h. es ist:

$$(2\,r - p)\,p = \left(\frac{s}{2}\right)^2 \quad \text{oder} \quad 2\,r\,p = \frac{s^2}{4} + p^2 \quad \text{oder}$$

$$(10) \qquad \underline{r = \frac{s^2}{8\,p} + \frac{p}{2}}.$$

Diese Gleichung zeigt, dass r auf dem angegebenen Weg aus Messungen nur unsicher zu bestimmen ist, so lange p im Verhältnis zu s sehr klein ist. Die Gleichung (10) ist oft gleichwohl von Nutzen, wie folgendes

1. Beispiel zeigt: Von einem gekrümmten, vor dem Beobachter liegenden Bahngeleise will er den Krümmungshalbmesser ungefähr messen; (der Anblick versagt dazu, Winkelmessinstrument ist keines zur Hand). Er misst eine Strecke (Sehne) in dem einen Schienenstrang (nahezu) ab $= 50$ m, die zugehörige Bogenhöhe in der Mitte dieser Strecke, Pfeil $p = 0{,}50$ m (scharf!); was ist r? Antwort: $r = \frac{s^2}{8\,p}$ nahezu, da das Glied $\frac{p}{2}$ nicht in Betracht kommt), hier $r = \frac{2500}{8 \times 0{,}50} = \frac{2500}{4{,}00} = 625$ m ungefähr.

Selbstverständlich kann man aber auch bei dieser Umkehrung der letzten Aufgabe trigonometrisch rechnen: zieht man AM, so ist der Winkel CAM Peripheriewinkel auf dem Bogen BM, also die Hälfte des Centriwinkels BOM, d. h. gleich $\frac{\alpha}{4}$. Es ist somit

$$tg\,\frac{\alpha}{4} = \frac{p}{\frac{1}{2}s}\,, \quad \text{und damit } r = \frac{\frac{1}{2}s}{\sin\frac{1}{2}\alpha}.$$

Mit den Zahlen des vorigen Beispiels erhält man folgende Ausrechnung:

$s = 50{,}00$
$p = 0{,}50$
$\frac{s}{2} = 25{,}00$
$\frac{\alpha}{4} = 1^0\,8'\,45''$
$\frac{\alpha}{2} = 2^0\,17',5$
$r = 625{,}2$ m

p	9.69 897
$\frac{1}{2}s$	1.39 794
$tg\,\frac{\alpha}{4}$	8.30 103
$\sin\frac{1}{2}\alpha$	8.60 19
r	2.79 60

Bei den einfachen Zahlen für p und s kann hier $tg\,\frac{\alpha}{4}$ selbstverständlich im Kopf gebildet werden; $\frac{\alpha}{4}$ aus der Hilfstafel für kleinere Winkel; ebenso $\sin\frac{1}{2}\alpha$. Man berechne das Beispiel auch mit unverändertem s, aber mit den Annahmen $p = 0{,}49$ und $= 0{,}51$ m.

2. Beispiel. Die Wölbung einer steinernen Brücke hat eine „lichte Weite" von 20,00 m und den „Pfeil $^1/_4$"; was ist die Fläche L der Leibung, wenn die Entfernung der Stirnflächen (Breite der Brücke) 6,00 m beträgt?

Fig. 27.

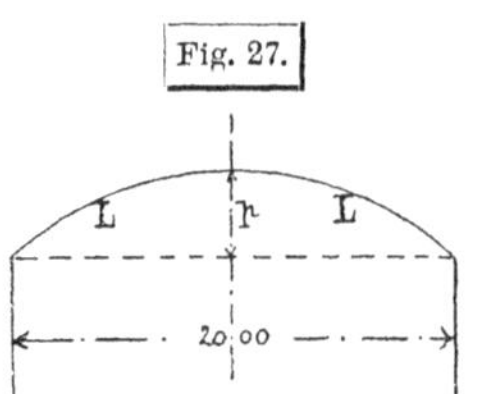

Lichtweite heisst die in der Fig. 27. angedeutete Sehne des Bogens; die Pfeilhöhe giebt man bei Gewölben im Verhältnis zur Lichtweite an; Pfeil $= {}^1/_4$ heisst also $p = \frac{1}{4}s$; die Leibungsfläche ist die sichtbare gewölbte Fläche.

Es ist also einfach $L = b\,.\,a$, wenn a die Bogenlänge, b die Breite der Brücke ($= 6{,}00$ m) ist; mit $s = 20$, $p = 5$ erhält man: $r = \frac{400}{40} + 2{,}5$ $= 12{,}5$ m; ferner $tg\,\frac{\alpha}{4} = \frac{5}{10} = \frac{1}{2}$, aus der Tafel der natürlichen tg-Werte also $\frac{\alpha}{4} = 26^0\,34'$, $\alpha = 106^0\,16'$; damit wird $b = r\,arc\,\alpha = 12{,}5\,.\,arc\,(106^0\,16')$ $= 12{,}5\,.\,1{,}8547$ m $= \frac{100}{8}\,.\,1{,}8547 = \frac{185{,}47}{8} = 23{,}18$ m (also um 3 m grösser als s) und damit ist $L = 23{,}18\,.\,6{,}00 = 139{,}1$ qm.

Man berechne dasselbe Beispiel mit 4-stelligen Logarithmen.

3) Flächen von Kreissektoren und Kreissegmenten u. s. f. Die Fläche S des Kreisausschnitts verhält sich zur Kreisfläche, wie sein Centriwinkel zu 360^0; die Fläche A des Kreisabschnitts ist zu berechnen als Fläche S des Sektors minus Fläche D des gleichschenkligen Dreiecks über der Sehne als Basis und mit den Grenzhalbmessern als Schenkeln.

1. Sektor. Ist r der Halbmesser und α der Centriwinkel in Gradmass, so hat man also für S:

$$S : \pi r^2 = \alpha^0 : 360^0 = (\alpha^0 . 60)' : (360 . 60)' = \ldots$$

$$\text{oder} \quad S = \frac{\pi r^2 . \alpha^0}{360^0} = \frac{1}{2} r^2 \frac{\alpha^0}{\frac{180^0}{\pi}} \quad \text{oder}$$

$$S = \frac{1}{2} r^2 . arc\, \alpha = \frac{1}{2} r^2 . \frac{\alpha}{\varrho}. \tag{10}$$

Man kann den Ausdruck für S auch unmittelbar in dieser Form erhalten durch die Bemerkung, dass die Fläche S des Sektors gleich der eines gleichschenkligen Dreiecks ist, das die Länge des Bogens, der α entspricht, $a = r . \frac{\alpha}{\varrho}$, zur Basis und den Halbmesser r zur Höhe hat; also $S = \frac{1}{2} r \frac{\alpha}{\varrho} . r$ wie oben in (10).

Durch je zwei der Grössen r, α, a, S sind die beiden andern bestimmt und es ergeben sich 6 verschiedene Aufgaben.

Beispiele. 1. Wie gross ist in einem Kreis vom Halbmesser 5 m der Ausschnitt zum Centriwinkel $47^0\, 0'$?

$r^2 = \mathbf{25}$ qm	r^2	1.39 794
$\alpha = \mathbf{47}^0.$	α^0	1.67 210
$2\, S = 20{,}508$	$E\, \varrho^0$	8.24 188
$S = 10{,}254$ qm	$2\, S$	1.31 192

Oder, da r eine runde Zahl ist, noch bequemer mit der *arc*-Tafel: $2\, S = r^2\, arc\, \alpha = 25 . arc\, 47^0 = 25 . 0{,}82\,030 =$

$$= \frac{1}{4} . 100 . 0{,}82\,030 = 20{,}508 \text{ qm}, \quad \text{oder} \quad S = 10{,}254 \text{ qm}$$

wie oben.

2. Was ist im Kreis vom Halbmesser 10 m der Centriwinkel der Ausschnittsfläche $S = 325$ qm? Es ist $arc\, \alpha = \frac{2\, S}{r^2} = \frac{650}{100} = 6{,}50000$; also aus der *Arc*-Tafel (mit Beachtung von $arc\, 360^0 = 2\pi = 6{,}28\,319$) $\alpha = 360^0 + 12^0\, 25'\, 20'' = 372^0\, 25'\, 20''$, d. h. der Sektor von der angegebenen Fläche ist in dem angegebenen Kreis ohne Überdeckung nicht möglich; Kreisfläche $= \pi . 100 = 314{,}16$ qm. Das Resultat wohl noch geometrisch deutbar, aber ohne praktischen Wert; vgl. die Bemerkung über die allgemeine Giltigkeit der Funktion *arc* für ganz beliebig grosse Winkel. — U. s. f.

2. Segment. 1. Fläche A aus Halbmesser und Centriwinkel (vgl. Fig. 26 S. 87) = Sektorfläche S — Dreiecksfläche D oder:

$$A = \frac{1}{2} r^2 \, arc\, \alpha - \frac{1}{2} s \,.\, r \cos \frac{\alpha}{2}$$

$$= \frac{1}{2} r^2 \, arc\, \alpha - r \sin \frac{\alpha}{2} \,.\, r \cos \frac{\alpha}{2},$$ oder da gemäss Gleichung (7) in § 9 gesetzt werden kann: $2 \sin \frac{\alpha}{2} \cos \frac{\alpha}{2} = \sin \alpha$ einfacher

(11) $$\underline{A} = \frac{1}{2} r^2 \, arc\, \alpha - \frac{1}{2} r^2 \sin \alpha = \frac{1}{2} r^2 (arc\, \alpha - \sin \alpha)$$

Da die goniometrischen Funktionen vorläufig nur für spitze Winkel definiert sind und auch die benützte Gleichung (7), § 9, nur für spitze Winkel bewiesen ist, so erscheint die Anwendung von (11) auf $\alpha < 90^0$ beschränkt; es ist aber leicht zu sehen (wie am einfachsten?), dass sie auch noch für den Fall $\alpha > 90°$ gilt, wenn man als $\sin \alpha$ in diesem Fall den *sin* des Supplements $(180° - \alpha)$ nimmt; später wird hierüber Ausführlicheres zu besprechen sein. — Aber auf $\alpha < 180°$ ist die Gleichung (11) zunächst allerdings beschränkt, während die Gleichung (10) für S für alle α gilt. Wie ändert sich wohl (11), wenn $\alpha > 180°$ wird? Die Form der Gleichung (11) zeigt auch, dass die Fläche A rasch sehr unbedeutend wird, wenn α klein wird, weil für diesen Fall $arc\, \alpha$ rasch nahezu auf den Wert von $\sin \alpha$ herabsinkt, s. § 6, S. 38 u. s. f.

Beispiel. Wie gross ist der zum Centriwinkel $\alpha = 53^0\, 24',^0$ gehörige Abschnitt des Kreises von 13,47 m Halbmesser? (*log r* ist im Rechenformular unten angeschrieben, um daraus $\log r^2$ zu bilden, das oben gebraucht wird).

$r = \mathbf{13{,}47}$		
$\alpha = \mathbf{53°\, 24',0} = 3204'$	$2\,S$	2.22 816
$2\,S = r^2 \,.\, arc\, \alpha = r^2 \frac{\alpha'}{\varrho'}$	α'	3.50 569
	$E\,\varrho'$	6.46 373—10
$2\,D = r^2 \sin \alpha$	r^2	2.25 874
$2\,S = 169{,}11$	$\sin \alpha$	9.90 462
$2\,D = 145{,}67$	$2\,D$	2.16 336
$2\,A = 23{,}44$	r	1.12 937
$A = 11{,}72$ qm		

Etwas einfacher und für so kleine Dimensionen, wie im Beispiel fast stets genügend, rechnet man hier mit Benützung der *Arc*-Tafel und der Tafel der natürlichen Werte der *Sinus*; hier ist

$arc\, \alpha = 0{,}9320$		
$\sin \alpha = 0{,}8028$		
$arc\, \alpha - \sin \alpha = 0{,}1292$	9.1113	
r^2	2.2587	$2\,A = 23{,}44$
$2\,A$	1.3700	$A = 11{,}72$ qm

2. Fläche A aus gegebener Sehnenlänge s und Pfeilhöhe h.

Hier sind zuerst r und α zu rechnen, wie in der letzten Aufgabe von **2.** angegeben ist; sodann A wie oben.

Beispiel. $s = 30{,}78$ m; $p = 5{,}97$ m giebt $A = 126{,}12$ qm.

3. Weitere Aufgaben: Gegeben Fläche A und Centriwinkel α; was ist r?

Man findet unmittelbar aus (11)

$$r^2 = \frac{2\,A}{arc\,\alpha - sin\,\alpha};$$

versucht man aber auch die Aufgabe: Gegeben Fläche A und Halbmesser r, gesucht der Centriwinkel, so findet man für α die Gleichung:

$$arc\,\alpha - sin\,\alpha = \frac{2\,A}{r^2}$$

und hat nun also α aus dieser Gleichung zu bestimmen. Diese Gleichung ist „transcendent", sie kann nicht direkt, vielmehr nur durch Versuche oder durch „allmähliche Annäherung" aufgelöst werden.

Es sei z. B. $A = 11{,}72$ qm, $r = 13{,}47$ m wie oben; es wird

$$arc\,\alpha - sin\,\alpha = \frac{23{,}44}{(13{,}47)^2} \qquad \begin{array}{|l} 1.36\,996 \\ 2.25\,874 \\ \hline 9.11\,12 \end{array}$$

oder $\underline{arc\,\alpha - sin\,\alpha = 0{,}1292}$, unter Voraussetzung der Benützung der Tafeln der *arc* und der natürlichen Zahlen der *sin* zur Rechnung (dabei ist die *Rex*sche Tafel bequem, in der der *arc* neben dem *sin* steht). Nun ist man aber, wie bemerkt, für α auf Versuche angewiesen; probiert man z. B. $\alpha = 45^0$, $\alpha = 50^0$, $\alpha = 55^0$, $\alpha = 60^0$, so findet man:

$\alpha =$	$arc\,\alpha - sin\,\alpha =$	
45°	0,7854 — 0,7071 = + 0,0783	
50°	0,8727 — 0,7660 = + 0,1067	**+ 0,1292** s. oben
55°	0,9599 — 0,8192 = + 0,1407	
60°	1,0472 — 0,8660 = + 0,1812	

Der gesuchte Winkel liegt also zwischen 50^0 und 55^0, da die Differenz zwischen *arc* und *sin* gleich 0,1292 sein soll, und zwar etwas näher bei 50^0. Versuchen wir also folgende Zahlen:

$\alpha =$	$arc\,\alpha - sin\,\alpha =$	Differenz
52°	0,9076 — 0,7880 = + 0,1196	
		0,0068
53°	0,9250 — 0,7986 = + 0,1264	
		0,0071
54°	0,9425 — 0,8090 = + 0,1335	
		0,0072
55°	0,9599 — 0,8192 = + 0,1407	

Der Winkel liegt also zwischen 53^0 und 54^0; man kann nun weitere Winkel, z. B. $53^0\,20'$, $53^0\,30'$, $53^0\,40'$ probieren, oder auch so rechnen: bildet man die Differenzen der für die einzelnen Annahmen von α erhaltenen Werte von $(arc\,\alpha - sin\,\alpha)$, so zeigt sich, dass diese Differenzen für die letzte Tabelle nahezu konstant ausfallen, während oben, bei den 5^0-Intervallen, diese Differenzen selbst noch stark wuchsen. Wenn man also auf Grund jener ersten Versuche interpolieren wollte, so müsste man auf die zweiten Differenzen Rücksicht nehmen (geometrisch: parabolisch interpolieren);

bei dem zweiten Versuch wird aber bereits lineare Interpolation (mit den ersten Differenzen) möglich sein durch den Schluss: für das 1^0-Intervall zwischen 53^0 und 54^0 nimmt $(arc\,\alpha - sin\,\alpha)$ um 71 Einheiten der 4. Stelle zu; der gegebene Wert von $(arc\,\alpha - sin\,\alpha)$ ist 28 Einheiten der 4. Stelle grösser als der zu 53^0 gehörige; also ist der gesuchte Winkel um $\frac{28}{71} \cdot 1^0 = 0^0{,}40 = 24'$ grösser als 53^0; oder: der gesuchte Winkel ist $\underline{\alpha = 53^0\,24'}$; vgl. oben. Die lineare Interpolation wäre für die volle Schärfe der angewandten (4-stelligen) Rechnung als zulässig einzusehen, wenn man die Werte $(arc\,\alpha - sin\,\alpha)$, wie angedeutet, für ein 10′ Intervall zwischen 53^0 und 54^0 ausrechnen würde, weil dann die ersten Differenzen vollständig konstant würden.

Dieses Verfahren ist nichts anderes, als was man bei jeder Interpolation, z. B. in der Tafel der Zahlenlogarithmen, den Logarithmen der goniometrischen Zahlen anwendet und sehr einfacher geometrischer Darstellung fähig (Ersetzung eines flachen Kurvenbogens durch seine Sehne), wie in der algebraischen Analysis gelehrt wird; es werden dort auch Regeln für die systematische Anstellung der Versuche bei diesem Verfahren angegeben: sog. Regula falsi.

3. Ringsektoren u. s. f. 1. Aus dem, aus den konzentrischen Kreisen r und $r_1 > r$ gebildeten Kreisring schneidet der Centriwinkel α einen Ringsektor von der Fläche $S = \frac{1}{2}(r_1^2 - r^2)\,arc\,\alpha$ aus; dafür kann man auch schreiben: $S = \frac{1}{2}(r_1 + r)(r_1 - r)\,arc\,\alpha$ oder, wenn die Differenz $r_1 - r = b =$ der Breite (Dicke) des Rings und also $r_1 = (r + d)$ gesetzt wird:

$$(12) \qquad \underline{S} = \frac{1}{2}(2r + b) \cdot b \cdot arc\,\alpha = \underline{\left(r + \frac{b}{2}\right) b \cdot arc\,\alpha};$$

der Wert $\left(r + \frac{b}{2}\right) arc\,\alpha$ ist der Bogen, der im Kreis vom Halbmesser $\left(r + \frac{b}{2}\right)$, d. h. auf dem in der Mitte zwischen r und r_1 gezogenen Kreis dem Centriwinkel α entspricht, also: Fläche = Mittelbogen mal Breite des Rings (Ringsektor als Trapezfläche mit der Höhe b und Parallelseiten gleich den Bogenlängen im äussern und innern Kreis, wie geometrisch unmittelbar klar ist (s. oben beim Voll-Sektor = Dreiecksfläche mit dem Bogen als Basis, dem Halbmesser als Höhe).

Fig. 28.

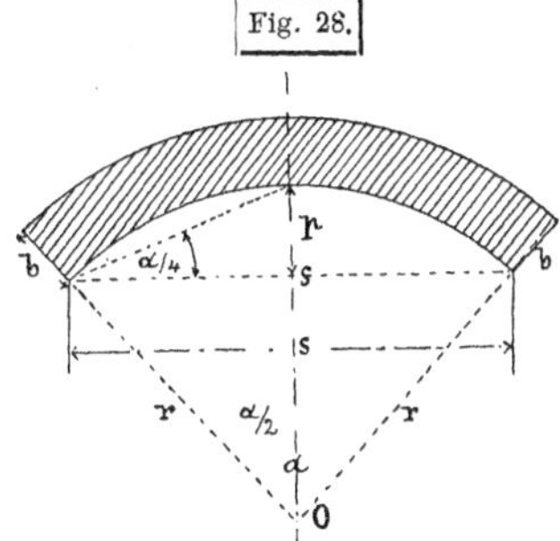

2. Fläche des konzentrischen Ringsektors aus Sehne s und Pfeilhöhe p des innern Bogens, sowie der Breite b des Rings.

Nach der letzten Aufg. in **2.** S. 89 ist:

$$tg\,\frac{\alpha}{4} = \frac{p}{\frac{1}{2}s}, \qquad r = \frac{\frac{1}{2}s}{sin\,\frac{1}{2}\alpha},$$

womit die Aufgabe auf die vorige zurückgeführt ist: $S = \left(r + \frac{b}{2}\right) b \cdot arc\,\alpha$.

Beispiel. Was wiegt ein konzentrisches Tonnengewölbe mit der Lichtweite 8,00 m (= Spannweite s), dem Pfeil $\frac{1}{4}$ (also $p = 2{,}00$ m), der Stärke 0,75 m und der Länge 7,20 m, wenn das spezifische Gewicht des Mauerwerks = 2,20 ist?

Auflösung. Ist S die Fläche des Ringausschnitts (vgl. Fig. 28 S. 93), so ist das Volum $V = S \,.\, l$ Kubikeinheiten der Längeneinheit, in der l und die zu S führenden Dimensionen gemessen werden. Bei grossen Körpern (Mauerwerk, Erde u. s. f.) rechnet man technisch am besten stets in Kubikmetern; 1 Kubikmeter Wasser (1000 Liter Wasser) wiegt 1000 Kilogr. = 1 Tonne; ein Kubikmeter irgend eines Körpers wiegt also so viele Tonnen, als das spezifische Gewicht σ des Körpers beträgt, ein beliebig grosses Volum V Kubikmeter des Körpers also $(V.\sigma)$ Tonnen. [Bei kleinen Körpern nimmt man am besten als Längeneinheit das Dezimeter, so dass man das Volum in Kubikdezimetern (Litern) erhält; es sei V', dann ist das Gewicht des Körpers gleich $(V'.\sigma)$ Kilogramm, da 1 Liter Wasser 1 kg wiegt]. Die Rechnung des vorstehenden Beispiels wird damit verständlich sein:

$s = 8{,}00$ m	p	0.3010
$p = 2{,}00$ m	$\frac{1}{2}$ s	0.6021
$b = 0{,}75$ m	$tg\,\frac{\alpha}{4}$	9.6989
$l = 7{,}20$ m		
$\sigma = 2{,}20$	$\sin \frac{1}{2}\alpha$	9.9031
	r	0.6990
$\frac{\alpha}{4} = 26^0\,34'$	$r + \frac{b}{2}$	0.7304
$\frac{\alpha}{2} = 53^0\,8'$	b	9.8751
$\alpha = 106^0\,16'$ $= 6376'$	α'	3.8045
	$E\varrho'$	6.4637
$r = 5{,}00$ m	S	0.8737 (qm)
$\frac{1}{2}\,b = 0{,}375$ m	l	0.8573
$r + \frac{b}{2} = 5{,}37_5$ m	V	1.7310 (Kbm)
	σ	0.3424
$G = 118{,}4$ Tonnen	G	2.0734
$= 118\,400$ kg		

Hier wieder $\frac{\alpha}{4}$ auch direkt mit Benützung der natürlichen Zahlen der tg; mit $tg\,\frac{\alpha}{4} = \frac{2{,}00}{4{,}00} = \frac{1}{2}$ findet sich $\frac{\alpha}{4} =$ 26° 34′ wie neben ($\log tg\,\frac{\alpha}{4}$ sollte, auf 4 Stellen abgerundet, 9.6990 lauten; mit 4 Stellen findet man ihn aber wie neben, und wenn man ohnehin schon in $\frac{\alpha}{4}$ nur auf 1′ rechnet, was hier offenbar genügt, so zeigt sich kein Unterschied). Warum mit $s = 8$ $\left(\frac{s}{2} = 4\right)$ und $p = 2$ r genau $= 5$? (Rechtwinkliges Dreieck mit den Seiten 3, 4, 5).

3. Dieselbe Aufgabe für die Fläche F des Sektors aus einem excentrischen Ring; Stirnfläche F des excentrischen Tonnengewölbes. Gegeben (mit den Bezeichnungen der letzten Aufgabe) die Lichtweite s, die lichte Höhe p, die Scheitelstärke b, die Stärke am Widerlager c (die Fuge daselbst ist nach dem Mittelpunkt des innern Kreises gerichtet). Wie oben sind a und r zu berechnen aus

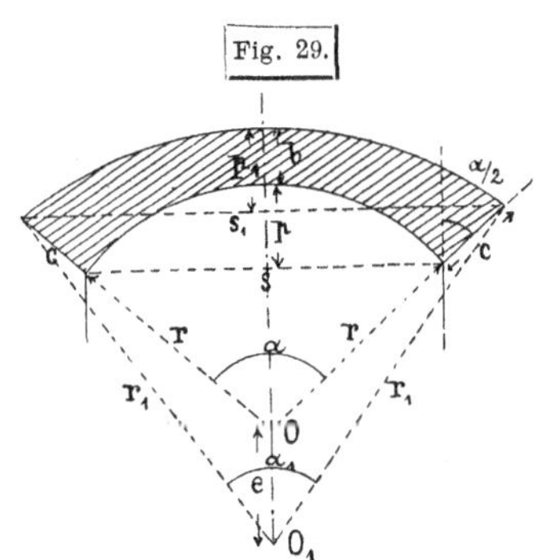

$$tg\,\frac{\alpha}{4} = \frac{p}{\frac{1}{2}s}, \qquad r = \frac{\frac{1}{2}s}{sin\,\frac{1}{2}\alpha};$$

ferner ist der senkrechte Abstand der Sehnen s und s_1 gleich $c \, . \, cos\frac{1}{2}\alpha$ und der Unterschied zwischen s und s_1 gleich $2 \, . \, c \, . \, sin\,\frac{1}{2}\alpha$, also auch

$$s_1 = s + 2\,c\,sin\,\frac{\alpha}{2},$$

$$p_1 = p + b - c\,cos\,\frac{1}{2}\alpha \text{ bestimmt.}$$

Daraus findet sich α_1 und r_1 ganz auf demselben Weg, wie oben α und r, nämlich

$$tg\,\frac{\alpha_1}{4} = \frac{p_1}{\frac{1}{2}s_1}, \quad r_1 = \frac{\frac{1}{2}s_1}{sin\,\frac{1}{2}\alpha_1};$$ endlich ist damit die Entfernung der Bogenmittelpunkte $O\,O_1 = e = r_1 - r - b$.

Man kann demnach alle Flächen, aus denen F sich zusammensetzt, anschreiben; es ist $F =$ der Fläche des äussern Sektors — Fläche des innern Sektors — 2mal Fläche des Dreiecks mit der Grundlinie e und der Höhe $\frac{1}{2}s_1$, oder es ist:

$$F = \frac{1}{2}\left(r_1^2\,\frac{\alpha_1}{\varrho} - r^2\,\frac{\alpha}{\varrho} - e\,s_1\right). \tag{13}$$

Beispiel. $s = 25{,}30$ m, $p = 5{,}03$ m, $b = 0{,}95$ m, $c = 1{,}30$ m giebt $F = 30{,}65$ qm. Man versuche, das Rechnungsformular möglichst bequem einzurichten. Probe für α_1 und r_1: $(r + c)\,sin\,\frac{\alpha}{2} = r_1\,sin\,\frac{\alpha_1}{2}$, wie man aus den obigen Gleichungen abliest (beides ist gleich $\frac{1}{2}s_1$, siehe Figur).[14)]

Endlich versuche man Rechnungen, wie sie oben für den Kreis und für Kreisflächen ausgeführt sind, auch gleich hier auf Kugelflächen, Inhalte von Kugelsektoren u. s. f. auszudehnen; z. B. was ist die Oberfläche einer der kalten Zonen der Erde (Erdhalbmesser = 6370 km; kalte Zone begrenzt durch den Parallelkreis mit der geographischen Breite $66^1/_2{}^0$)? Antwort: Kugelkappe gleich Umfang des grössten Kreises der Kugel mal Höhe der Kugelkappe, d. h. $2\,\pi\,R\,.\,R\,(1 - cos\,23^1/_2{}^0) = 2\,\pi\,R^2\,(1 - cos\,23^1/_2{}^0)$. Was ist ferner die Kugelsehne zwischen dem Pol der Erde und einem Punkt jenes Parallelkreises $[= 2\,R\,.\,sin\left(\frac{1}{2}\cdot 23\frac{1}{2}\right)^0]$; wie gross ist die Fläche des Kreises, der mit dieser Kugelsehne als Halbmesser beschrieben wird? Antwort: $\pi\,.\,4\,R^2.\,sin^2\,11\frac{3}{4}{}^0$. Da nach § 9, Gl. (7) ist: $(1 - cos\,\alpha) = 2\,sin^2\,\frac{\alpha}{2}$, so zeigt sich, dass die beiden Flächen (die Oberfläche der Polarkappe und die Fläche des eben genannten Kreises) gleich sind, wie aus der Stereometrie bekannt ist. — U. s. f.

§ 11. Anhang zu § 8 und § 10. Berechnung rechtwinkliger Dreiecke mit einem sehr kleinen Winkel.

Ein kurzer, aber praktisch sehr wichtiger § ist den Rechnungen am rechtwinkligen Dreieck und am Kreise sogleich anzuhängen. Es ist schon früher mehrfach darauf hingewiesen worden (vgl. § 2, § 5, § 6) dass für sehr kleine Winkel sich die Zahlen:

tang, *arc*, *sin*

nur sehr wenig unterscheiden; im und am Kreis vom Halbmesser $OC = 1$ wird der Unterschied zwischen den Strecken $AB = \sin a$, $CD = tg\,\alpha$ und der Bogenlänge $CA = arc\,\alpha$ um so unbedeutender, je kleiner α wird; auch die Länge der Sehne $AC = chord\,\alpha = 2\sin\frac{\alpha}{2}$

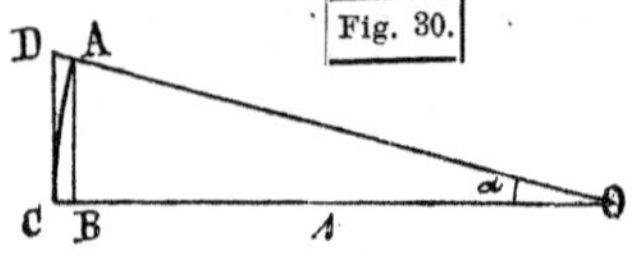

Fig. 30.

(allgemein, wie sich bei der analytischen Behandlung der goniometrischen Funktion zeigen wird, auch $m \cdot \sin\frac{\alpha}{m}$) unterscheidet sich um so weniger von den angegebenen Werten, je kleiner α wird. Um Anschauung zu haben, ist für dreistellige Rechnung:

α in Graden	$arc\ \alpha$	$sin\ \alpha$	$tg\ \alpha$	($chord\ \alpha$)
0°	0,000	0,000	0,000	0,000
1°	0,017	0,017	0,017	0,017
2°	0,035	0,035	0,035	0,035
3°	0,052	0,052	0,052	0,052
4°	0,070	0,070	0,070	0,070
5°	0,087	0,087	0,087	0,087
6°	0,105	0,105	0,105	0,105
7°	0,122	0,122	0,123	0,122
8°	0,140	0,139	0,141	0,140
. . . .	. . . .	. . . .	. . . .	. . . .

Wenn also für irgend einen Zweck die Genauigkeit bis auf eine Einheit der 3. Stelle genügt, so darf man bis zu α gleich mehreren Graden den *sin* und die *tg* (ebenso die *chord*) eines Winkels gleich seinem *arc* setzen, $arc\,\alpha \approx \sin\alpha \approx tg\,\alpha$ (für α klein) (das Zeichen $\approx$ bedeutet näherungsweise gleich) also z. B. auch, für kleines α, $\alpha \approx \sin\alpha \cdot \varrho$ (α in Gradmass; statt $\alpha = arc\,\alpha \cdot \varrho$). Wenn man die Tafel etwas näher durchsieht, so findet man übrigens, dass $tg\,\alpha$ sich rascher über $arc\,\alpha$ erhebt, als $\sin\alpha$ unter $arc\,\alpha$ sinkt, wie auch geometrisch anschaulich ist (und dass *chord* α sich am langsamsten von $arc\,\alpha$ entfernt, wie ebenfalls sofort klar ist; vgl. auch § 2, S. 18); der *cos* kleiner Winkel sinkt von $\alpha = 0^0$ aus sehr langsam unter 1. — Nimmt man die vierstellige Tafel, so findet man, dass auch noch für vierstellige Rechnung für die ersten wenigen Grade $sin \approx tg \approx arc$ gesetzt werden darf.

Jedenfalls giebt es also für jede Genauigkeitsstufe der Rechnung eine Grenze für kleine Winkel, bis zu der man *sin* und *tg* solcher Winkel gleich ihrem *arc* setzen darf; je kleiner der Winkel ist, desto schärfer trifft diese Annahme zu.

Z. B. ist für jede Stufe der Genauigkeit, die für praktische Rechnungen vorkommt, wie sich später zeigen wird, $sin\, 1'' = tg\, 1'' = \frac{1}{\varrho^{('')}}$ $= \frac{1}{206\,264{,}8\,..}$; oder es ist z. B. für den Winkel γ, für den $sin\,\gamma$ oder $tg\,\gamma = \frac{1}{100\,000}$ ist, auch der $arc\,\gamma = \frac{1}{100\,000}$, d. h. der Winkel γ ist $= 2'',0626\,\ldots$.

Ein ähnlicher Satz gilt natürlich für *cos* und *ctg* eines Winkels, der sich von 90^0 sehr wenig unterscheidet; doch ist dies nicht so wichtig.

Die praktische Bedeutung des Ausgesprochenen liegt in folgenden Formen desselben Satzes: In einem rechtwinkligen Dreieck unterscheiden sich Hypotenuse und längere Kathete unwesentlich von einander, so lange das Verhältnis der kürzern Kathete zur längern Kathete (*tg* des kleinen Winkels) oder also gleichbedeutend zur Hypotenuse (*sin* des Winkels) sehr klein bleibt; oder:

Wenn in einem rechtwinkligen Dreieck die eine Kathete im Verhältnis zur andern sehr klein ist, so dass der eine Winkel des Dreiecks sehr klein ist, so darf das Dreieck als Kreissektor von demselben Centriwinkel und einem Halbmesser gleich der längern Kathete oder gleich der Hypotenuse angesehen werden. Ebenso im gleichschenkligen Dreieck, dessen Basis im Vergleich mit dem Schenkel klein ist; (*chord* α, s. oben). Bis zu welchem Verhältnis, d. h. also anders gesagt, bis zu welchem Winkel diese Annahme zulässig ist, entscheidet die im einzelnen Fall notwendige Schärfe der Rechnung; bei Rechnung auf 3 Stellen bis zu etwa 5^0, bei Rechnung auf 4 Stellen bis zu etwa 2^0. Rechnungen mit verhältnismässig kleiner erforderlicher Genauigkeit sind aber überaus häufig und es kann nicht genug empfohlen werden, sich diesen Satz durch viele Beispiele mit einfachen Zahlen und mit Anwendung der Zahlen ϱ (ohne Logarithmentafel) und in allen Formen geläufig zu machen.

Einige Beispiele folgen hier.

1) Was ist der Winkel α, für den $sin\,\alpha = \frac{1}{200\,000}$ ist?

Antwort: Mit grosser Genauigkeit $\alpha = \frac{206\,265''}{200\,000} = 1'',0313\ldots.$

2) Was ist tg des Winkels $1'$? Antwort: $\frac{1}{3438} = arc\,1'$; ebenso $tg\,2' \approx sin\,2' \approx \frac{2}{3438} \approx \frac{1}{1719}$; $tg\,10' \approx sin\,10' \approx \frac{10}{3438} \approx \frac{1}{344}$; $tg\,1^0 \approx sin\,1^0 \approx \frac{1}{57,3}$.

3) Unter welchem Gesichtswinkel erscheint ein senkrechter Gegenstand von 0,50 m Höhe, der sich (mit dem Auge des Beobachters in etwa derselben Höhe) in 500 m Entfernung befindet? Der Winkel sei φ, so ist

$$arc\,\varphi = \frac{0,5}{500} = \frac{1}{1000},$$ also in Gradmass, z. B. in $'$ oder in $''$:

$$\varphi = \frac{1}{1000} \cdot 3438' = 3',44 = \frac{1}{1000} \cdot 206\,265'' = 206''.$$

4) Wie weit darf ein schwarzer Strich auf weissem Grund, von der Breite 10 cm, vom Auge entfernt sein, damit man ihn noch wahrnehmen kann, wenn der kleinste Sehwinkel unter den angegebenen Verhältnissen (langer schwarzer Strich auf weiss) 20″ beträgt (und von der Luftwirkung auf diese Entfernung abgesehen wird)? Die Entfernung sei y, so ist

$$20'' = \frac{10\ \text{cm}}{y\ \text{cm}} \,.\, 206\,265'' \quad \text{oder} \quad y = \frac{206\,265}{2}\ \text{cm} = 1030\ \text{m} \quad \text{rund.}$$

5) Was ist der Neigungswinkel einer Strasse von $2^1/_2\,^0/_0$ Steigung? (Bei Strassen giebt man die Neigung fast stets in Prozenten an; $p\ ^0/_0$ Steigung oder Gefäll heisst: auf 100 m horizontal gemessener Länge gewinnt oder verliert die Strasse p m Höhe; es ist hier also bei dieser Angabe die horizontal gemessene Kathete die runde Zahl, (vgl. dagegen bei 6) Eisenbahn). Der Winkel sei β, so ist

$$tg\,\beta = \frac{2^1/_2}{100} = \frac{1}{40},$$ also β in Gradmass $= \frac{1}{40} \cdot \varrho$, oder in Minuten:

$$\beta = \frac{1}{40} \cdot 3438' = 86' = 1^0\,26'.$$

6) Eine Bahnstrecke hat den Neigungswinkel $0^0\,3'\,0''$; wie ist ihre Steigung anzugeben? (Bei Bahnen giebt man die Neigung fast stets in Bruchform $1 : n$ an, d. h. auf n Meter horizontale Länge gewinnt oder verliert die Bahn 1 m an Höhe; es ist also hier die vertikale Kathete die runde Zahl (s. oben bei 5) Strasse). Es ist hier die Neigung $\frac{1}{n} = \frac{\alpha}{\varrho} = \frac{3',0}{3438'}$ oder $1 : n = 1 : 1146$.

7) Was ist die Breite einer Tafel, die in 200 m Entfernung quer vor dem Beobachter steht, wenn als Winkel zwischen linkem und rechtem Rand der Tafel $1^0\,0'\,0''$ gemessen worden ist? Antwort: $b = \frac{(1^0\,0'\,0'')}{\varrho} \cdot 200{,}0$ Meter $= \frac{1}{57{,}296} \cdot 200 = 3{,}49$ Meter.

8) Was ist die Basis eines gleichschenkligen Dreiecks mit 100 m langen Schenkeln, dessen Winkel an der Spitze $34',38 = 0^0\,34'\,23''$ ist? Antwort: $a = 100{,}00 \cdot \frac{34{,}38}{3438} = 1{,}000$ m.

9) Inhalt des vorigen Dreiecks? $F = \frac{1}{2} a \,.\, 100$ (Schenkel für Höhe) $= 50{,}00$ qm. Man rechne einzelne solcher Beispiele auch mit 6 bis 7-stelligen Logarithmen (je nach der Grösse der Winkel) nach, um den Fehler der Näherungsrechnung schätzen zu können. Z. B. geben 6-stellige Logarithmen für das oben berechnete F, mit den Annahmen: $b = 100{,}000$ m, $\alpha = 0^0\,34'\,22'',65$

$$F = b \cos\frac{\alpha}{2} \cdot b \sin\frac{\alpha}{2} = \frac{b^2}{2} \sin\alpha = 49{,}9992 \text{ qm, also kaum anders.}$$

10) Was ist der Fehler des rechten Winkels eines Zeichendreiecks, mit dem man beim Errichten eines Lots durch Anlegen des Dreiecks an scharf gerader Linealkante und Ziehen des durch einen bestimmten Punkt gehenden Lots zur Linealrichtung, in der I. und II. Lage (nach „Umlegen" des Dreiecks) zwei Richtungen erhält, die in 20 cm Entfernung von jenem Punkt um 0,4 mm von einander abweichen? (Vgl. § 1. S. 7). Antwort: $arc\,\varphi = \frac{\text{halbe Fehlerstrecke}}{\text{Länge}} = \frac{0{,}2 \text{ mm}}{200 \text{ mm}} = \frac{1}{1000}$, also $\varphi = 3',4$.

Bei allen diesen Rechnungen ist zu beachten, dass Zähler und Nenner in dem Ausdruck für $arc\,\varphi$ in demselben Mass genommen werden; z. B. oben im Zähler (Breite, Höhe u. s. f.) mm, dann auch unten im Nenner, wo z. B. Entfernung in Metern steht, mm zu nehmen u. s. f.; ferner die „Dimensionalität" zu wahren: Länge gleich einer andern Länge mal einer reinen Zahl; $\alpha'' = \varrho''$ mal einer reinen Zahl u. s. f.

In einem spätern § (20) wird die Rechnung mit kleinen Winkeln auch für schärfere Rechnungen, nicht nur für die ersten Näherungen von oben, bequemer eingerichtet werden, als eine Tafel der Logarithmen der goniometrischen Zahlen, auch mit engem Intervall, es gestattet. Dazu muss aber zuvor eine Andeutung über die analytische Seite der goniometrischen Funktionen gegeben sein; vgl. ebend.

Anhang zum Kapitel 2.

Zu Übungen in Rechnungen am rechtwinkligen Dreieck (§ 8, z. T. § 9) und am Kreise (§ 10), endlich zu Rechnungen mit kleinen Winkeln (§ 11) sind in den folgenden Tabellen eine Anzahl zusammengehöriger Zahlenwerte für solche Aufgaben zusammengestellt. Es wird dabei im allgemeinen die Benützung einer **5**-stelligen Logarithmentafel vorausgesetzt; dabei sind also die ″ in den Winkeln nicht immer scharf, ebenso die 6. Ziffer bei Längen oder Flächeninhalten u. s. f. Bei den mit * bezeichneten Beispielen sind 4-stellige Logarithmen verwendet und in den Winkeln noch 0′,1 angesetzt; Beispiele mit Benützung 6-stelliger Logarithmentafeln sind hier vorläufig nicht gegeben.

1) Rechtwinklige Dreiecke.

Nr.	b	c	a	β	γ	F
1	2,9604	3,8571	4,8622	37° 30′ 25″	52° 29′ 35″	5,7092
2	5,2729	6,8891	8,6755	37 25 46	52 34 14	18,1628
3*	9,6305	1,9285	9,8217	78 40,6	11 19,4	9,286
4	42,6710	35,3408	55,4063	50 22 2	39 37 58	754,01
5	51,7826	1,4993	51,8043	88 20 29,6	1 39 30,4	38,8183
6*	71,04	10,86	71,87	81 18,5	8 41,5	385,8
7	73,606	9,1900	74,178	82 53 0	7 7 0	338,23
8*	113,00	322,81	342,02	19 17,6	70 42,4	18240
9	187,042	268,957	327,600	34 48 55	55 11 5	25152
10*	261,8	498,2	562,8	27 43,3	62 16,7	65210
11	342,76	760,43	834,12	24 15 48	65 44 12	130324
12	349,517	637,943	727,417	28 43 4	61 16 56	111487
13	413,961	544,100	683,687	37 15 53	52 44 7	112618
14	482,55	554,15	734,80	41 2 55	48 57 5	133704
15	581,286	238,119	628,173	67 43 27	22 16 33	69207,5
16	984,06	1188,33	1542,90	39 37 41	40 22 19	58470
17	1032,52	629,88	1209,47	58 36 54	31 23 6	325185
18	1856,29	2841,77	3394,38	33 9 13	56 50 47	2637630
19	2645,27	4839,18	5515,0	28 39 44	61 20 16	6400570
20	3782,4	7250,8	8176,3	27 32 56	62 27 4	13712900
21	6127,09	7094,18	9374,06	40 49 0	49 11 0	21733500
22	9190,00	2946,53	9650,63	72 13 23	17 46 37	13539400
23†)	0,8	1,5	1,7	28 4 21	61 55 39	6
24	33	56	65	30 30 35	59 29 25	924
25	300	400	500	36 52 12	53 7 48	60000

† Anmerkung. Die drei letzten Dreiecke 23), 24), 25) sind sog. rationale rechtwinklige Dreiecke: Dreiecke, deren Katheten je eine

rationale Zahl von Längeneinheiten enthalten (so dass also auch der Inhalt eine Rationalzahl ist) und in denen zugleich die Hypotenuse eine rationale Zahl von Längeneinheiten enthält. Das bekannteste Dreieck dieser Art ist das letzte (Nr. 25): sind die Katheten 3 und 4 lang, so ist die Hypotenuse 5 lang. Die zusammengehörigen Rationalzahlen dieser Art, wobei also das Quadrat der grössten gleich der Summe der Quadrate der beiden andern ist, heissen auch pythagoräische Zahlen.

Die sechs einfachsten dieser pythagoräischen Dreiecke sind die mit den Seitenlängen (oder selbstverständlich gleichen rationalen Vielfachen dieser Zahlen): 3, 4, 5; 5, 12, 13; 8, 15, 17; 7, 24, 25; 20, 21, 29; 12, 35, 37..., (nach der Länge der Hypotenuse geordnet; Nr. 23 oben entspricht dem dritten, Nr. 25 dem ersten der hier angeschriebenen Dreiecke).

Allgemein: Ist z. B. m eine beliebige ganze Zahl, so sind

$$4m \quad , \quad 4m^2 - 1 \quad \text{und} \quad 4m^2 + 1$$

zusammengehörige pythagoräische Zahlen, da

$(4m)^2 + (4m^2 - 1)^2 = (4m^2 + 1)^2$ ist; die Hypotenusen und die längern Katheten der Reihe der so zu erhaltenden Dreiecke unterscheiden sich stets um zwei Einheiten:

$$\begin{array}{lll} m = 1 & \text{giebt} & 4^2 + 3^2 = 5^2 \\ m = 2 & \text{„} & 8^2 + 15^2 = 17^2 \\ m = 3 & \text{„} & 12^2 + 35^2 = 37^2; \\ \ldots & & \ldots \end{array}$$

man erhält also nicht alle die oben angeschriebenen Dreiecke. Sind dagegen m und n zwei beliebige positive rationale Zahlen, so sind, wie man sich leicht überzeugt, $(m^2 + n^2)$, $2mn$ und $(m^2 - n^2)$ Hypotenuse und Katheten pythagoräischer Dreiecke und zwar aller möglichen; z. B. giebt $m = 2$ und $n = 1$: 5, 4, 3; $m = 3$ und $n = 1$: 10, 6, 8, also nichts neues; dagegen $m = 3$, $n = 2$: 13, 12, 5; ferner $m = 4$, $n = 1$: 17, 8, 15; $m = 4$, $n = 2$: 20, 16, 12, d. h. nichts neues; $m = 4$, $n = 3$: 25, 24, 7 u. s. w. (Für m und n sind zwei „teilerfremde“ Zahlen (relative Primzahlen) zu nehmen). Die Litteratur dieser pythagoräischen Dreiecke ist ausserordentlich gross; für die 32 einfachsten Dreiecke findet man z. B. die Winkel bis auf 0″,0001 zusammengestellt bei *Grebe* (Zusammenstellung von Stücken rationaler ebener Dreiecke, 1864). Die ganze Sache hat übrigens vorwiegend theoretisches Interesse (für Zahlentheorie u. s. w., der grosse Zahlentheoretiker des 17. Jahrhunderts, *Fermat*, hat sich z. B. eingehend mit den pythagoräischen Zahlen beschäftigt, vgl. Oeuvres, Bd. II., Paris 1894; Briefe 58, 59, 60, 63) und es ist deshalb im Text gar nicht darauf eingegangen. Vgl. auch z. B. *Schlömilch* in der Zeitschrift für mathematischen und naturwissenschaftlichen Unterricht (*Hoffmann*) 1893 S. 104, *Worpitzky* im Anhang zu seiner Sammlung trigonometrischer Aufgaben, Berlin 1886, u. s. f.

2) Kleine Winkel.

Die nachstehenden rechtwinkligen Dreiecke mit einem kleinen Winkel löse man ohne Zuhilfenahme der Tafel der goniometrischen Funktionen, nur mit Benützung der Zahlen ϱ, auf; als schmale Kreissektoren also, vgl. § 1, S. 7, ferner besonders § 11.

Nr.	a oder c	b	β
1	**57,3**	**1**	**1⁰,0**
2	**3438**	**1**	**1′,0**
3	**206265**	**1**	**1″,000**
4	4000	1	0′ 51″,57
5	100	2,02	1⁰ 9′,5
6	30000	27,0	3′ 5″,6
7	171,9	5	1⁰ 40′,0
8	2738,50	10,154	0⁰ 12′ 44″,7

3) Kreis.

Von Flächeninhalten sind hier nur die der Sektoren, nicht auch die der Abschnitte angegeben; man berechne ferner Sehnen, Pfeilhöhen u. s. f., vgl. § 10.

Nr.	Halbmesser r	Bogen a	Centriwinkel α	Inhalt des Sektors S
1	50	20	$\frac{2}{5}\varrho =$ 22⁰ 55′ 6″	500
2	100	200	$2\varrho =$ 114 35 $29,_6$	10000
3	200	140,034	40 7 0	14003,4
4	600	313,56	30 0 0	94068
5	2000	3879,10	111 7 20	3879100
6	2,3456	3,42808	83 44 13	4,0204
7*	2,591	5,234	115 $44,_8$	6,78
8	20,733	47,8789	132 18 42	496,333
9*	42,86	32,64	43 $38,_1$	699,4
10	59,13	55,965	53 36 37	1673,7
11	63,698	84,775	76 15 14	2700
12	65,823	106,052	92 18 43	349,03
13	519,762	647,271	71 21 0	168216
14	566,029	1210,72	129 58 12	362461
15*	597,9	163,9	15 $42,_6$	49010
16	793,20	461,178	33 18 47	182906
17	1122,23	476,207	24 18 17	267206
18	1224,53	1566,4	73 17 23	959050
19	1900,57	606,414	18 16 52	576260
20	4639,3	160,978	1 59 $17,_2$	373417

Kapitel 3.

Die goniometrischen oder trigonometrischen Funktionen beliebiger Winkel. Der allgemeine goniometrische Formel-Apparat. Berechnung der goniometrischen Zahlenwerte. Umkehrung der goniometrischen Funktionen.

---

§ 12. Einführung beliebig grosser (positiver) Winkel. Negative Winkel.

1) Einleitung. Nachdem durch die Berechnungen am rechtwinkligen Dreieck und am Kreis Übung im ersten Gebrauch der goniometrischen Zahlen für die spitzen Winkel erlangt ist, sind unsere Definitionen der goniometrischen Funktionen zu erweitern.

Die Notwendigkeit dazu ist leicht einzusehen: Beim Kreis haben wir im *arc* eine Funktion kennen gelernt, die ihrer Definition gemäss ganz allgemein für jeden beliebigen Winkel, zwischen 0^0 und 90^0, 90^0 und 180^0, 180^0 und 270^0, 270^0 und 360^0, oder auch beliebig grösser als 360^0 gilt; stets ist der *arc* eines Winkels gleich dem Verhältnis der Bogenlänge (die dem Winkel als Centriwinkel entspricht) zur Halbmesserlänge. Bei Rechnungen am Kreis, bei denen es sich nicht nur um Bogenlängen und Sektorflächen handelt, kommen nun neben dem *arc* die goniometrischen Funktionen der Centriwinkel vor; es fragt sich also: kann man die Definition dieser Funktionen so erweitern, dass die Sätze auch z. B. für Winkel zwischen 90^0 und 180^0, d. h. für stumpfe Winkel gelten?

Der stumpfe Winkel kommt ferner im beliebigen ebenen Dreieck vor; es fragt sich also z. B.: gilt der „*Sinus*-Satz" des ebenen Dreiecks, den wir in § 9, **4**, S. 77 aus der Figur abgelesen haben, auch für den Fall, dass nicht alle Winkel des Dreiecks spitz sind? Vor allem also: wie ist der *sin*, sodann auch: wie ist der *cos* eines stumpfen Winkels zu definieren?

Gehen wir aber gleich einen Schritt weiter. In der ebenen Trigonometrie kann im ebenen Viereck einer der Winkel „überstumpf" werden: Im Viereck mit einer einspringenden Ecke ist der Winkel in dieser zwischen 180° und 270° oder selbst zwischen 270° und 360°. Diese Rücksicht auf das ebene Viereck oder die Polygone allein würde allerdings nicht ausreichen, die Verwendung von Winkeln bis zu 360° zu begründen; es wird sich aber bald zeigen, dass es für die Rechnungen im rechtwinkligen ebenen Coordinatensystem, das fast allen feld- und landmesserischen Arbeiten zu Grund gelegt werden muss, durchaus unentbehrlich ist, die Betrachtung auf beliebige Winkel zwischen 0° und 360° auszudehnen; es wird dort von der Berechnung ebener rechtwinkliger Dreiecke zu sprechen sein, deren (einer) Winkel jeden beliebigen Wert zwischen 0° und 360° haben kann, weil die Kathetenwerte positiv oder negativ sein können. Die allgemeinere Behandlung der Polygonometrie ist ohne dieses ebene rechtwinklige Coordinatensystem mit ganz beliebigen Winkeln zwischen den in Betracht kommenden Richtungen nicht möglich.

Es ist nun nicht schwieriger, den ganzen goniometrischen Formelapparat sogleich in vollständiger Allgemeinheit aufzustellen, als die Erweiterung der Definitionen u. s. f. vom gewöhnlichen ebenen rechtwinkligen Dreieck aus zunächst nur für stumpfe Winkel aufzustellen, die für das ebene schiefwinklige Dreieck ausreichen würden; und deshalb ist es bei weitem vorzuziehen, sogleich jene vollständige Allgemeingiltigkeit aller Definitionen und Sätze anzustreben, die Erweiterung der goniometrischen Funktionen und der goniometrischen Beziehungen zwischen verschiedenen Winkeln auf ganz beliebige Winkel auszudehnen.

2) Allgemeine Definition des Winkels. Ein Winkel ist der „Unterschied zweier Richtungen" in der Ebene. Eine Gerade erhält eine andere Richtung durch Drehung der Geraden um einen auf ihr festgehaltenen Punkt in der Ebene. Ein Winkel ist das Mass für eine bestimmte Grösse dieser Drehung. Ein veränderlicher Winkel, um dessen Funktionen es sich handelt, verlangt also die Drehung eines Winkelschenkels um den festgehaltenen zweiten; vgl. das schon in § 2, **1)** Gesagte. Dreht man die Gerade OA um den festen, ihr angehörigen Punkt O, in der

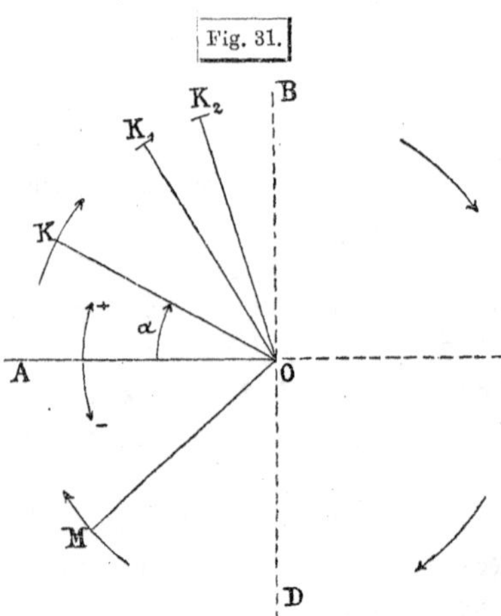

Richtung des Pfeils aus der Anfangslage gegen OK hin, und bezeichnet man den Winkel zwischen OA und OK mit α, so ist, wenn α in Graden gegeben ist, z. B. $\frac{\alpha}{90}$ das Mass der Drehung, verglichen mit der für einen rechten Winkel (AOB) erforderlichen Drehung. Dreht man nämlich weiter bis zur Lage OB, so ist der Winkel zwischen dieser Endlage OB und der Anfangslage $= 90^0$ ($= 100^g$); dreht man bis zur Lage OC, so ist der Winkel zwischen dieser Endlage und der Anfangslage $= 180^0$ ($= 200^g$); bei Drehung bis OD hat man den Winkel 270^0 ($= 300^g$), bei Drehung bis zur Anfangslage OA zurück den Winkel 360^0 ($= 400^g$) zurückgelegt. Wenn man die Gerade noch weiter dreht, so kommt sie in dieselben Lagen, die sie zuvor schon inne hatte; wenn man demnach nur eine bestimmte Richtung der Geraden gegen die feste Anfangslage OA durch Angabe des von beiden Richtungen eingeschlossenen Winkels α festlegen will, so ist dafür

(1) der Winkel $(360^0 + \alpha)$ identisch mit dem Winkel α, allgemeiner
„ „ $(n \cdot 360^0 + \alpha)$ „ „ „ „ α, wenn n eine beliebige ganze Zahl ist.

Unsere Betrachtung bleibt also, ohne an Allgemeinheit irgend etwas einzubüssen, auf die Winkel zwischen 0^0 und 360^0 (0^g und 400^g) beschränkt; übrigens würden die unten einzuführenden allgemeinen Definitionen der goniometrischen Funktionen auch für Winkel gelten, die ausserhalb dieses Rahmens liegen.

Insbesondere gilt das zuletzt Ausgesprochene auch noch für negative Winkel. Durch den Winkel α mit der oben angegebenen Einführung soll nämlich lediglich die Richtung des Strahls OK oder OM gegen eine feste Anfangslage OA als Nullrichtung angegeben werden und es ist also z. B., um die Richtung des Strahls OM, der den Winkel zwischen den Lagen OD und OA halbieren mag, ganz gleichgiltig, ob man sagt:

(2) der Winkel zwischen OA und OM sei $= +315^0$, oder aber
„ „ „ OA „ OM „ $= -45^0$; denn die

Drehung des Strahls in der zunächst angegebenen Richtung von seiner Nulllage OA aus um 315^0 führt in die Lage OM, dieselbe Lage wird aber auch erreicht, wenn man den Strahl von seiner Anfangslage aus in entgegengesetzter Richtung um 45^0 dreht. Wenn man der einen Drehungsrichtung das Vorzeichen $+$ giebt, so ist damit der entgegengesetzten von selbst das Zeichen $-$ beigelegt; ganz in derselben Weise, wie man durch die Bestimmungen: der Punkt P habe auf der festen Geraden OA den wechselnden Abstand x von dem festen Punkt O, und die in der Planimetrie absolut, ohne Vorzeichen, gedachte Entfernung x nehme zu mit der Entfernung des Punkts P von

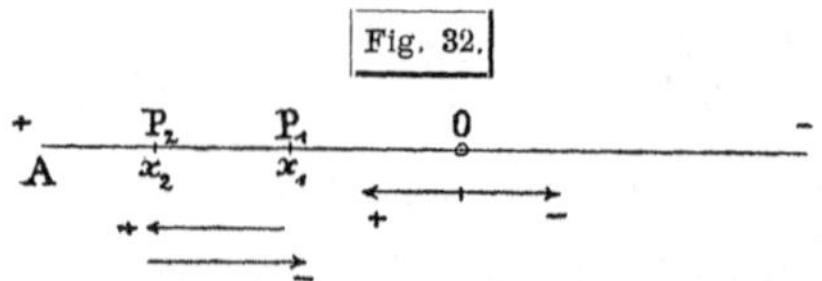

von O gegen A hin (Fig. 32), der gradlinigen Bewegung des Punkts in der Richtung des Pfeils $\overset{+}{\leftarrow}$ gegen A hin das Vorzeichen + und damit zugleich die Bewegung des Punkts in der entgegengesetzten Richtung $\overset{-}{\rightarrow}$ das Vorzeichen — giebt. Diese Bestimmung ist in der analytischen Geometrie und überall, wo sonst „Coordinaten" gebraucht werden, so auch unten anzuwenden; man beachte gleich hier, dass diese Bestimmung zugleich festsetzt, dass die von O gegen rechts hin, in der Verlängerung von AO über O hinaus anzugebenden Punkte P einfach mit negativen Abständen x einzuführen sind. Giebt man nun also mit dieser Bestimmung, dass die Richtung gegen links hin von O aus die Richtung + und die Richtung nach rechts hin die Richtung — sein soll, für einen Punkt auf der Geraden AA' nicht nur seine Entfernung von O aus an, sondern auch das Vorzeichen dieser Entfernung, so ist der Punkt auf der Geraden AA', der sog. Axe, Eindeutig festgelegt; und für zwei ganz beliebig liegende Punkte P_1 und P_2, die beide auf dem positiven, beide auf dem negativen Zweig oder mit beliebiger Ordnung auf den beiden verschiedenen „Zweigen" der Axe liegen können, gilt die Beziehung:

$$\text{die Strecke } \overline{P_1 P_2} \text{ ist } = x_2 - x_1 ,$$

wobei also die x_1 und x_2 nicht mehr nur Längen im Sinne der elementaren Planimetrie, sondern Strecken mit Vorzeichen bedeuten und der Differenz-Strecke $(x_2 - x_1)$ ebenfalls ein ganz bestimmtes Vorzeichen zukommt (Sinn der Bewegungsrichtung von P_1 nach P_2; der Strich über $P_1 P_2$ soll andeuten, dass nicht mehr nur der absolute Wert von $P_1 P_2$, sondern auch die Richtung der Strecke in Betracht kommt). Man überzeuge sich von der allgemeinen Giltigkeit dieses Ausdrucks für ganz beliebige Lagen der Punkte P_1 und P_2 an einfachen, aber ganz beliebigen, positiven und negativen Zahlen.

Kehren wir aber vorläufig zu den Winkeln allein zurück. Die Beziehung (2): $315^0 = -45^0$ geht einfach auch aus der allgemein giltigen Identität (1) hervor, nach der $(n \, . \, 360^0 + \alpha)$ und α nicht verschiedene Winkel sind (n eine ganze Zahl); man darf nämlich hier nicht nur $n = 1, 2 \ldots$ setzen, sondern auch gleich $-1, -2 \ldots$ nehmen, da eine volle Umdrehung in positivem oder negativem Sinn den Schenkel in dieselbe Richtung zurückbringt. Nimmt man z. B. $n = -1$ und $\alpha = 315^0$, so wird $(-360 + 315)^0 = -45^0$, wie oben steht.

Man sagt, der Winkel α liege oder sei im I. II. III. IV. Quadranten, nach unserer mechanisch-geometrischen Definition zunächst genauer: der gedrehte Schenkel liege im I. II. III. IV. Quadranten, je nachdem der Winkel zwischen 0^0 und 90^0 (0^g und 100^g), oder 90^0 und 180^0 (100^g und 200^g), 180^0 und 270^0 (200^g und 300^g), oder endlich 270^0 und 360^0 oder 0^0 (360^0 und $400^g = 0$) gross ist.

Der Winkel 110^0 liegt also im II. Quadranten, 210^0 im III. Quadranten, 320^0 im IV. Quadranten; $390^0 = 30^0$ im ersten Quadranten u. s. f.; $-30^0 = +330^0$ im IV. Quadranten, $-120^0 = +240^0$ im III. Quadranten u. s. f.

Denken wir uns ferner zwei Lagen des gedrehten Schenkels, z. B. OK_1 und OK_2 und ist für den ersten der nach dem Vorstehenden definierte Drehungswinkel α_1, für den zweiten α_2, so ist, mit Feststellung einer bestimmten Drehungsrichtung als der positiven, der Winkel zwischen OK_1 und $OK_2 = \alpha_2 - \alpha_1$; ganz in derselben Art, wie es oben für die auf der Axe AA' festgelegten Punkte P gezeigt worden ist. Man mache sich die vollständig allgemeine Giltigkeit auch dieser Beziehung durch beliebige Annahmen α_1 und α_2 klar; dabei ist $(\alpha_2 - \alpha_1)$ im positiven Drehungssinn zu nehmen, d. h. wenn sich für diese Differenz ein negativer Wert ergiebt, so muss man von OK_1 aus um den absoluten Betrag von $(\alpha_2 - \alpha_1)$ zurückdrehen (in der negativen Drehungsrichtung), um in die Richtung OK_2 zu kommen.

Als positive Richtung der Drehung, „positiven Drehungssinn", nimmt man nun in der Goniometrie, Trigonometrie, Geodäsie und sphärischen Astronomie stets den von links nach rechts an, der oben schon stillschweigend so benützt wurde. Wir sind an diesen Drehungssinn vom Anblick der scheinbaren Bewegung von Sonne und Mond an der Sphäre und, davon übertragen, vom Drehungssinn des Zeigers auf der Uhr gewöhnt; die Horizontalkreise von Messinstrumenten sind in diesem Sinne beziffert. Man sagt deshalb auch: positiver Drehungssinn soll der Uhrzeigersinn sein. Offenbar ganz gleichgiltig für unsere allgemeine Definition der Winkel ist die Richtung der Anfangslage OA, von der aus die Winkel (Drehungen) gezählt werden, in der Zeichnungs- oder Coordinaten-Ebene: die Grundaxe des Coordinatensystems (s. den nächsten §) ist innerhalb einer bestimmten Aufgabe nach Willkür anzunehmen. Nur sollen also für uns, nachdem die Axe OA gewählt ist (die „positive x-Richtung" in Fig. 32), von ihr aus als Nullrichtung die (positiven) Winkel stets im Uhrzeigersinn von 0^0 bis 360^0 gezählt werden. Man kann dann also bei der letzten Gleichung, Winkel zwischen OK_1 und OK_2 ist $= \alpha_2 - \alpha_1$, wohl auch sagen: der Winkel zwischen OK_1 links und OK_2 rechts ist $= \alpha_2 - \alpha_1$; oder: wenn diese Differenz positiv ausfällt, liegt OK_2 „rechts“ (im Uhrzeigersinn) von OK_1, im andern Fall liegt OK_2 „links“ von OK_1.

§ 13. Rechtwinklige Coordinaten und Polarcoordinaten in der Ebene. Definition der goniometrischen Funktionen beliebig grosser Winkel.

1) Schon der Schluss des letzten § deutet darauf hin, dass man den beliebigen Winkel α, durch den der Strahl OK, nach Wahl der Nullrichtung OA und des Punkts O festgelegt wird, zum Zweck der Definition seiner goniometrischen Zahlen in Beziehung setzen muss zu gewissen Bestimmungsstücken (Coordinaten) eines Punkts auf dem Strahl OK.

Wenn es sich um Festlegung von Punkten auf einer festen Geraden, einer „Axe“ handelt, so hat man zunächst auf dieser Axe AA' (Fig. 32) einen festen Punkt O, den sog. Ursprung oder Nullpunkt anzunehmen und nun die Entfernung der auf AA' festzulegenden Punkte von O anzugeben.

Fig. 32.

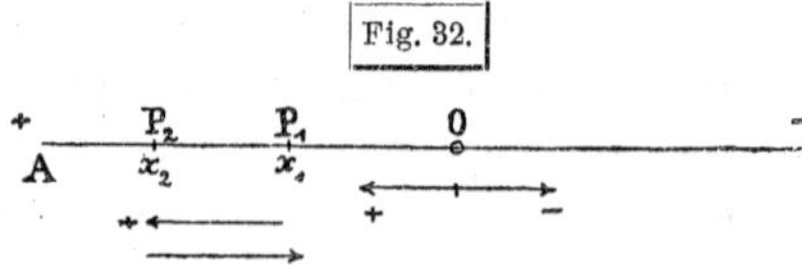

Durch den Abstand x_1 des Punkts P_1 von O ist aber P_1 nur dann Eindeutig festgelegt, wenn man zugleich festsetzt, dass der eine von den beiden „Zweigen“ der Axe, die auf ihr durch die Annahme von O entstanden sind, der „positive Zweig“, folglich der andere der „negative“ Zweig sein soll; d. h. dass man für die Abschnitte, „Abscissen“, x der verschiedenen Punkte P nicht nur ihre absoluten Werte angiebt, sondern diesen x Vorzeichen beilegt: wollte man sich mit den absoluten Werten der x begnügen, so wären durch den Abstand x_1 zwei Punkte P_1 auf AA' bestimmt; durch Beifügung des Vorzeichens wird, zusammen mit der eben ausgesprochenen Bestimmung, die Angabe Eindeutig. Vgl. oben, S. 106.

Ganz ebenso kann man die gegenseitige Lage von Punkten in einer Ebene am einfachsten dadurch feststellen, dass man für jeden der Punkte zwei Bestimmungsstücke (Coordinaten) angiebt, durch die der Punkt in der Zeichnungs- oder Rechnungsebene Eindeutig bestimmt ist; dass man in der Ebene in der That zwei solcher Stücke braucht, und mit zweien ausreicht, während oben auf der festen Geraden (Axe) Eines notwendig war, ist geometrisch unmittelbar klar: dem Verfahren in der Eindimensionalen Betrachtung von Fig. 32 völlig entsprechend, ist für Festlegung von Punkten im Zweidimensionalen Gebiet der Ebene die Annahme eines „Coordinatensystems“ notwendig, das zwei solcher Bestimmungsstücke liefert. Die zwei wichtigsten Coordinatensysteme der Ebene, deren Beziehungen zu einander uns die allgemeine Definition der goniometrischen Funktion liefern müssen, sind:

das System der rechtwinkligen Coordinaten, und
das System der Polarcoordinaten,

die zunächst getrennt zu betrachten sind.

2) Rechtwinkliges Coordinatensystem. Zieht man in der Ebene zwei aufeinander senkrecht stehende Axen, die sog. Coordinatenaxen (deren eine ganz willkürlich gerichtet werden kann, während die zweite dann durch die Annahme des rechtwinkligen Systems festliegt), die sich im Nullpunkt oder Ursprung des Systems schneiden (Fig. 33), so zerlegt man damit die Ebene in vier „Quadranten". Die Lage eines Punktes auf einer der Axen ist durch den Abstand des Punkts vom Ursprung bestimmt. Um den Punkt Eindeutig zu bestimmen, sind vor allem die beiden gezogenen Axen zu unterscheiden: Man nennt die eine Abscissenaxe oder x-Axe, die zweite die Ordinatenaxe oder y-Axe. Man giebt also für einen Punkt auf der Abscissenaxe z. B. an $x = 132{,}46$ m, für einen Punkt auf der Ordinatenaxe $y = 76{,}48$ m. Wenn nun diese Abschnitte absolut (ohne Vorzeichen) gedacht werden, so wäre der Punkt auf der Axe immer noch zweideutig; um die Angabe Eindeutig zu machen ist es, wie oben bei der Einen Axe AA' angegeben wurde, noch notwendig, festzusetzen, in welcher Richtung von O aus auf der Axe die gegebene Strecke aufgetragen werden soll; diese Angabe ist in Form eines Vorzeichens zu machen, wenn wieder von den beiden Richtungen, in welchen man von O aus auf der ersten und zweiten Axe fortgehen kann, die eine als die positive und damit die andere als die negative festgesetzt wird.

Fig. 33.

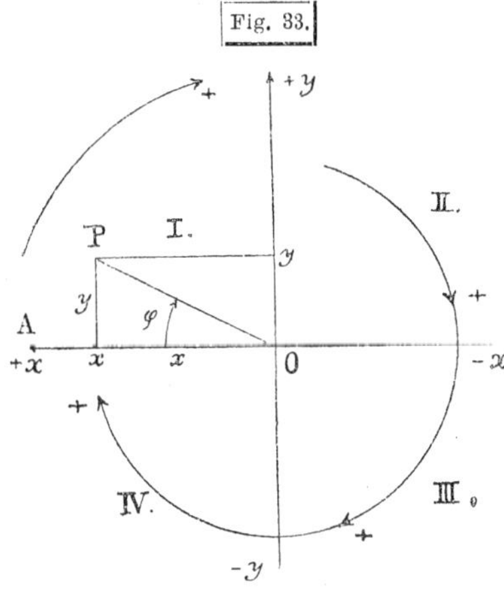

Ein beliebiger Punkt P der Coordinatenebene lässt sich mit Hilfe dieses Coordinatensystems festlegen, wenn von ihm auf die beiden Axen Lote gefällt und die Längen dieser Lote gemessen werden. Die Strecke zwischen Ursprung O und dem Fusspunkt des Lots von P auf die

Abscissenaxe oder x-Axe heisst die Abscisse des Punkts und wird mit x bezeichnet, die Strecke zwischen Ursprung und Lotfusspunkt auf der andern Axe, der Ordinatenaxe oder y-Axe, heisst die Ordinate y des Punktes.

Abscisse x und Ordinate y heissen die rechtwinkligen Coordinaten des Punkts P, den man nun auch als Punkt (x, y) bezeichnen kann.

Es ist nun aber festzuhalten, dass **Abscisse und Ordinate stets ein Vorzeichen** haben: Abscisse und Ordinate sind Strecken mit Rücksicht auf Länge **und** Richtung.

Die Richtung der Abscissenaxe und die Auswahl der auf ihr als positiv anzusehenden Richtung bleibt im folgenden völlig dahingestellt, dagegen soll dann auf der Ordinatenaxe ein für allemal diejenige Richtung die positive sein, in die der positive Zweig der x-Axe durch Drehung um einen rechten Winkel **im Uhrzeigersinn** um den Ursprung gelangt. Diese Drehungsrichtung „im Sinne des Uhrzeigers" oder von „links nach rechts" wird als positive Drehungsrichtung bezeichnet; die geteilten Kreise aller Messinstrumente sind in diesem Sinne beziffert; vgl. S. 107.*)

Die vier Quadranten, in die die beiden Coordinatenaxen die Ebene zerlegen, sind nun, wenn man vom positiven Zweig der Abscissenaxe ausgeht, folgendermassen zu bezeichnen:

der Raum zwischen $+x$ und $+y$ ist der I. Quadrant,
" " " $+y$ " $-x$ " " II. "
" " " $-x$ " $-y$ " " III. "
" " " $-y$ " $+x$ " " IV. "

und man hat also über die Vorzeichen der Coordinaten der Punkte in den einzelnen Quadranten folgende Tafel:

Es ist für einen Punkt im	Abscisse	Ordinate
I. Quadranten . . .	+	+
II. " . . .	—	+
III. " . . .	—	—
IV. " . . .	+	—

*) Es ist absichtlich im folgenden die positive Richtung der x-Axe nicht stets nach derselben Seite angenommen, um den Lernenden von einer speziellen Lage des Coordinatensystems möglichst unabhängig zu machen; **nur** die Annahme: $+y$ weicht im Uhrzeigersinn von der Richtung $+x$, diese als Nullrichtung genommen, um einen rechten Winkel ab, ist für alles Folgende festzuhalten.

Der Punkt (+ 37,45; + 31,00) liegt im I. Quadranten; der Punkt (— 13,05; + 1,34) im II. Quadranten; der Punkt (— 1315,04; — 3782,77) im III. Quadranten; der Punkt + 38240,13; — 17268,88) im IV. Quadranten; der Punkt (+ 1370,00; 0,00) auf dem positiven Zweig der x-Axe; (— 3,10; 0,00) auf dem negativen Zweig der x-Axe (0,00; + 1714,08) auf dem positiven, (0,00; — 113 715) auf dem negativen Zweig y-Axe.

3) Polarcoordinaten. Das zweite wichtige, oben schon genannte Coordinatensystem in der Ebene ist das folgende: Verbindet man (Fig. 33) den Punkt P mit dem festen Punkt O, dem Pol auf einer festen Axe OA, der Polaraxe, und misst die Strecke $OP = r$ und den Winkel φ, den OP mit dem als positiv angenommenen Zweig OA der Polaraxe macht, so ist ein beliebiger Punkt der Ebene durch φ und r ebenfalls Eindeutig bestimmt. r wird dabei als absolute Strecke stets positiv vorausgesetzt, φ ist der Winkel, um den im positiven Drehungssinn (Uhrzeiger!) die als positiv angenommene Richtung der Polaraxe, nämlich die Richtung OA gedreht werden muss, bis sie mit der Richtung von r zusammenfällt. Unter der Annahme, dass der positive Zweig der Polaraxe mit dem positiven Zweig der x-Axe des vorigen rechtwinkligen Systems, und der Pol mit dem Ursprung jenes Systems zusammenfällt, liegt ein Punkt im

I. Quadranten,	wenn φ	zwischen	0^0	und	90^0	
II. „	„ φ	„	90^0	„	180^0	
III. „	„ φ	„	180^0	„	270^0	
IV. „	„ φ	„	270^0	„	360^0	liegt.

r heisst der Radius vector oder kurz **Radius** des Punkts, φ das Azimut oder der **Richtungswinkel** der Strecke OP; φ und r **zusammen die Polarcoordinaten des Punkts P oder (φ, r).**

Zwei Richtungswinkel α und $(\alpha \pm 360^0)$ sind vorstehender Definition zufolge identisch; jeder Richtungswinkel darf also beliebig oft um 360^0 vergrössert oder verkleinert werden, ohne eine Veränderung zu erleiden. Dagegen geben zwei Richtungswinkel β und $(\beta \pm 180^0)$ entgegengesetzte Richtungen im Punkt O an.

4) Definition der goniometrischen Funktionen beliebiger Winkel. Um nun die goniometrischen Funktionen eines beliebigen Winkels allgemein und zwar unserer Betrachtungsweise entsprechend zunächst geometrisch zu definieren, trägt man den Winkel so in ein rechtwinkliges Coordinatensystem ein, dass der eine Schenkel in der positiven Richtung der Abscissenaxe, der Scheitel im Nullpunkt liegt und dass man zum zweiten Schenkel des Winkels durch

Drehung jenes ersten Schenkels um den gegebenen Winkel im positiven Drehungssinn gelangt. Man sagt dann, wie schon im vorigen § 12 angegeben ist, der Winkel liege im I., II., III., IV. Quadranten, wenn dies für den zweiten Schenkel der Fall ist.

Spitze Winkel, d. h. Winkel zwisch.	0^0 u. 90^0	liegen also im	I. Quadrtn.,	
stumpfe „ „ „	„ 90^0 „ 180^0	„ „	„ II.	„
überstumpfe „ „ „	„ 180^0 „ 360^0	„ „	„III. od. IV.	„
übervolle „ „ „	$> 360^0$	„ „	wieder im I.	

u. s. w. Quadranten. Ferner liegt ein negativer spitzer Winkel im IV. Quadranten, ein negativer stumpfer Winkel im III. Quadranten u. s. w.

Sind nun (x, y) die rechtwinkligen Coordinaten eines beliebigen Punkts P auf dem zweiten Schenkel des Winkels φ, der in der angegebenen Art in das Coordinatensystem eingetragen ist, (φ, r) die Polarcoordinaten desselben Punkts, so **definiert man allgemein für jeden beliebigen Wert des Winkels φ dessen goniometrische Funktionen wie folgt:**

$$(1) \quad \begin{cases} \sin\varphi = \frac{y}{r} = \frac{\text{Ordinate}}{\text{Radius}} & \text{cosec}\,\varphi = \frac{r}{y} = \frac{\text{Ordinate}}{\text{Radius}} \\ \cos\varphi = \frac{x}{r} = \frac{\text{Abscisse}}{\text{Radius}} & \sec\varphi = \frac{r}{x} = \frac{\text{Abscisse}}{\text{Radius}} \\ tg\,\varphi = \frac{y}{x} = \frac{\text{Ordinate}}{\text{Abscisse}} & ctg\,\varphi = \frac{x}{y} = \frac{\text{Abscisse}}{\text{Ordinate}} \end{cases}$$

Diese neuen Definitionen (1) der goniometrischen Funktionen sind Erweiterungen der ursprünglichen Definitionen für spitze Winkel in § 3. Nach ihnen haben nun die **goniometrischen Funktionen eines beliebigen Winkels**, wie die rechtwinkligen Coordinaten, **stets ein Vorzeichen**, das aus ihrer Definition unmittelbar hervorgeht, wenn man beachtet, dass r eine absolute Strecke (also stets mit dem Vorzeichen + zu denken ist):

sin (und damit *cosec*) **hat stets das Vorzeichen der Ordinate** y,
cos (und damit *sec*) **hat stets das Vorzeichen der Abscisse** x;
endlich ergeben sich die **Vorzeichen von** *tg* **und** *ctg* auch aus den Beziehungen

$$tang\,\varphi = \frac{\sin\varphi}{\cos\varphi} \quad ; \quad ctg\,\varphi = \frac{\cos\varphi}{\sin\varphi} .$$

Man erhält damit für Winkel in den 4 Quadranten folgende

Tabelle der Vorzeichen:

Quadrant.	*sin* (und *cosec*).	*cos* (und *sec*).	*tg* (und *ctg*).
I.	+	+	+
II.	+	—	—
III.	—	—	+
IV.	—	+	—

In der Form:

$$(2)\qquad \begin{cases} x = r\cos\varphi \\ y = r\sin\varphi \end{cases}$$

zeigen ferner die beiden ersten der obigen Definitionsgleichungen (1) den Satz:

Die Projektion (mit dem ihr zukommenden Vorzeichen) einer vom Ursprung ausgehenden Strecke auf die $\begin{Bmatrix}\text{Abscissen-}\\ \text{Ordinaten-}\end{Bmatrix}$ Axe wird erhalten, wenn man die Länge der Strecke mit dem $\begin{Bmatrix}\cos\\ \sin\end{Bmatrix}$ ihres Richtungswinkels multipliziert.

Es ist unmittelbar einzusehen, dass dieser Satz ganz allgemein gilt, auch wenn der Anfangspunkt der Strecke nicht mit dem Ursprung zusammenfällt. Der Satz lautet dann so:

Sind P und P_1 zwei beliebige Punkte im Coordinatensystem, ist ferner die Länge der Strecke $PP_1 = s$ und bezeichnet man den Richtungswinkel dieser Strecke PP_1 mit α (wo α erhalten wird, wenn man durch P, **den Anfangspunkt** der Strecke, eine Parallele **mit dem positiven Zweig der x-Axe** zieht und diese Parallele **im positiven Drehungssinn** dreht, bis sie mit der Richtung PP_1 zusammenfällt), **so sind die Projektionen der Strecke s mit den ihnen zukommenden Vorzeichen auf die x- und y-Axe gegeben durch $s\cos\alpha$ und $s\sin\alpha$.**

Cos und *sin* des Richtungswinkels einer Strecke kann man deshalb wohl auch als **Projektionsfaktoren** bezeichnen.

Wenn man den Punkt P des zweiten Schenkels des oben betrachteten Winkels in der Entfernung 1 vom Ursprung annimmt, so dass also Ordinate und Abscisse unmittelbar dem *sin* und *cos* des Winkels gleich sind, so erhält man, wenn man φ der Reihe nach die Werte $0^0 = 360^0$, 90^0, 180^0, 270^0 annehmen lässt, so dass P der Reihe nach auf den

+ Zweig der x-Axe
+ „ „ y- „
— „ „ x- „
— „ „ y- „

zu liegen kommt, die folgende

Tabelle der goniometrischen Funktionen der ganzen Vielfachen des rechten Winkels:

φ	*sin*	*cos*	*tg*	*ctg*	*sec*	*cosec*
$0^0 = 360^0$	0	1	0	$+\infty$	1	$+\infty$
90^0	1	0	$+\infty$	0	$+\infty$	1
180^0	0	-1	0	$-\infty$	-1	$-\infty$
270^0	-1	0	$-\infty$	0	$-\infty$	-1

Man erhält also mit den jetzt aufgestellten allgemeinen Definitionen der goniometrischen Funktionen beliebiger Winkel an Stelle der für spitze Winkel giltigen (vgl. § 3) die nachstehenden Sätze für beliebige Winkel:

1) ***Sin*** **und** ***cos*** **sind stets positive oder negative echte Brüche, d. h. können nur Werte zwischen -1 und $+1$ annehmen.**

2) Die Werte von *sec* und *cosec* aller Winkel liegen zwischen $-\infty$ und $+\infty$ mit Ausnahme des Intervalls zwischen -1 und $+1$.

3) **Die Werte der Funktionen** ***tg*** **und** ***ctg*** **können jede beliebige positive und negative Zahl sein.**

Da ferner für jeden beliebigen Wert von φ, d. h. was auch die Vorzeichen von y und x sein mögen

$$\sin^2\varphi + \cos^2\varphi = \frac{y^2}{r^2} + \frac{x^2}{r^2} = \frac{x^2+y^2}{r^2} = 1 \quad \text{ist,}$$

und mit Rücksicht auf die oben benützten **Definitionen**, ist unmittelbar einzusehen, dass alle die Fundamentalbeziehungen, die in § 4 zunächst für die goniometrischen Funktionen eines und desselben spitzen Winkels aufgestellt worden sind, ganz allgemein für die goniometrischen Funktionen jedes beliebigen Winkels gelten; sie mögen hier wiederholt sein in den vier Sätzen:

1) **Sinus und Cosecans, Cosinus und Secans, Tangens und Cotangens jedes beliebigen Winkels sind (in der angeschriebenen Reihenfolge) parweise reciproke Werte und haben parweise dasselbe Vorzeichen.**

2) **Tangens eines ganz beliebigen Winkels ist der Quotient aus Sinus durch Cosinus dieses Winkels, hat also das Vorzeichen +, wenn *sin* und *cos*** dasselbe (I. und III. Quadrant), **das Vorzeichen —, wenn *sin* und *cos* entgegengesetzte Vorzeichen haben** (II. und IV. Quadrant). — **Entsprechend für *cotg* als Quotient aus *cos* durch *sin*.**

3) **Das Quadrat des *sin* eines ganz beliebigen Winkels und das Quadrat des *cos* desselben Winkels geben addiert die Zahl 1.**

4) Das Quadrat der $\left\{ \begin{matrix} sec \\ cosec \end{matrix} \right\}$ eines ganz beliebigen Winkels ist um 1 grösser als das Quadrat der $\left\{ \begin{matrix} tg \\ cotg \end{matrix} \right\}$ desselben Winkels.

5) **Allgemeiner Satz.** Aus der Art der Einführung beliebig grosser Winkel im § 12 und den obigen Definitionen in 4) ergiebt sich endlich unmittelbar und völlig allgemein giltig der Satz:

Bezeichnet F irgend eine der sechs goniometrischen Funktionen eines beliebigen Winkels φ und ist k eine beliebige **ganze** positive oder negative Zahl, so ist

(3) $F(k\,.\,360^0 + \varphi) = F(\varphi)$ nach Grösse und Vorzeichen;

in der Sprache der Analysis: die goniometrischen Funktionen des variabeln Winkels φ sind **periodische Funktionen** und der „**Modulus der Periode**“, d. h. die Grösse, um die der Winkel φ beliebig oft vermehrt oder vermindert werden darf, ohne dass der Wert der Funktionszahlen sich ändert, ist 360^0, oder wenn der Winkel, wie in der **Analysis** immer, in analytischem Mass (*arc*) ausgedrückt ist, 2π. (Vgl. übrigens den Schluss von 6) im folgenden § 14; die Periode von *tg* und *cotg* ist schon π oder 180^0, die von *sin* und *cos*, *cosec* und *sec* dagegen wie angegeben 2π oder 360^0.) [15])

§ 14. Quadrantenrelationen. Aufsuchen der Funktionszahlen zu beliebigen gegebenen Winkeln und umgekehrt. Gang der goniometrischen Funktionen für beliebige Winkel. Zusammenhang zwischen rechtwinkligen und Polar-Coordinaten. Verwandlung der einen in die andern.

1) **Relationen für zwei Winkel, die sich zu ganzen Vielfachen von 90° ergänzen.** Zuerst mögen die Beziehungen zwischen den goniometrischen Funktionen solcher Winkel

aufgesucht werden, die sich zu ganzen Vielfachen von 90^0 (analytisch von $\frac{\pi}{2}$) ergänzen.

1) Implementwinkel (negative Winkel). Implementwinkel φ und $(360^0 - \varphi)$ ergänzen sich zu 360^0 oder 0^0. Was auch φ sein mag, haben die Punkte P und P' (Fig. 34, in der absichtlich die Richtung $+x$ anders angenommen ist, als oben), die auf den beiden Winkelschenkeln zur x-Axe symmetrisch liegen:

entgegengesetzt gleiche Ordinaten	gleiche Abscissen, also
entgegengesetzt gleiche *sin*	gleiche *cos*.

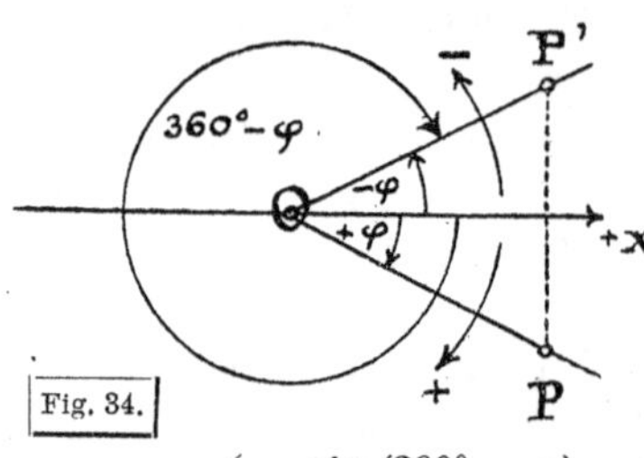

Fig. 34.

Da man in die Richtung OP' von der Richtung OX aus nicht allein durch Drehung um $(360^0 - \varphi)$ im positiven Drehungssinn gelangen kann, sondern auch durch Drehung um φ im negativen Drehungssinn, so folgt:

$$
(1) \quad \begin{cases} \sin(360^0 - \varphi) = \sin(-\varphi) = -\sin\varphi \\ \cos(360^0 - \varphi) = \cos(-\varphi) = +\cos\varphi; \quad \text{also ferner} \\ tg(360^0 - \varphi) = tg(-\varphi) = -tg\,\varphi \\ ctg(360^0 - \varphi) = ctg(-\varphi) = -ctg\,\varphi \\ \sec(360^0 - \varphi) = \sec(-\varphi) = +\sec\varphi \\ cosec(360^0 - \varphi) = cosec(-\varphi) = -cosec\,\varphi \end{cases}
$$

2) Winkel, die sich zu 270^0 ergänzen, φ und $(270^0 - \varphi)$, haben keinen besondern Namen. Die Punkte P und P' in gleichem Abstand vom Ursprung auf den beiden Winkelschenkeln liegen für jeden Wert von φ so, dass die Abscisse des einen gleich der negativ genommenen Ordinate des andern ist und umgekehrt; folglich ist

$$
(2) \quad \begin{cases} \sin(270^0 - \varphi) = -\cos\varphi \\ \cos(270^0 - \varphi) = -\sin\varphi \\ tg(270^0 - \varphi) = +ctg\,\varphi \\ ctg(270^0 - \varphi) = +tg\,\varphi \\ \sec(270^0 - \varphi) = -cosec\,\varphi \\ cosec(270^0 - \varphi) = -\sec\varphi \end{cases}
$$

3) Supplementwinkel φ und $(180^0 - \varphi)$ ergänzen sich zu 180^0. Für jeden Wert von φ haben die zur y-Axe symmetrischen Punkte P und P' (Fig. 35)

gleiche Ordinaten	entgegengesetzt gleiche Abscissen, also
gleiche *sin*	entgegengesetzt gleiche *cos*, d. h. es ist:

Fig. 35.

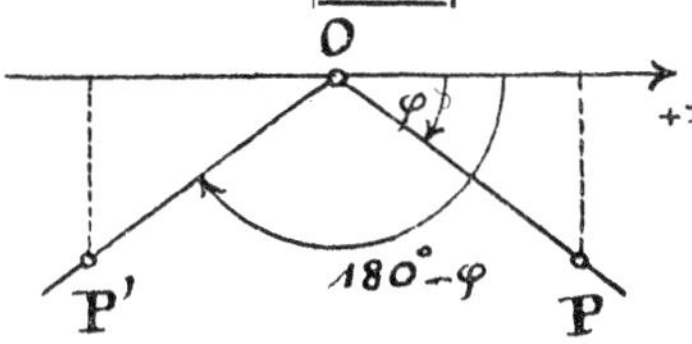

$$
(3)\quad\left\{\begin{aligned}
\boldsymbol{sin}\,(180^0-\varphi) &= +\ \boldsymbol{sin}\,\varphi\\
\boldsymbol{cos}\,(180^0-\varphi) &= -\ \boldsymbol{cos}\,\varphi\\
\boldsymbol{tg}\,(180^0-\varphi) &= -\ \boldsymbol{tg}\,\varphi\\
\boldsymbol{ctg}\,(180^0-\varphi) &= -\ \boldsymbol{ctg}\,\varphi\\
sec\,(180^0-\varphi) &= +\ sec\,\varphi\\
cosec\,(180^0-\varphi) &= +\ cosec\,\varphi
\end{aligned}\right.
$$

4) Complementwinkel φ (und $90^0-\varphi$) ergänzen sich zu 90^0. Die gleich weit vom Ursprung entfernten Punkte P und P' (Fig. 36) liegen für jeden beliebigen Wert von φ (nicht etwa nur für spitzen Winkel φ) so, dass die Abscisse des einen so gross ist als die Ordinate des andern und umgekehrt, es ist also:

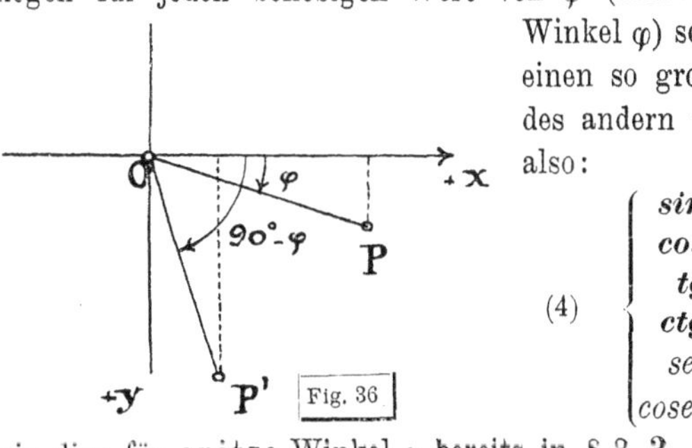

Fig. 36

$$
(4)\quad\left\{\begin{aligned}
\boldsymbol{sin}\,(90^0-\varphi) &= \boldsymbol{cos}\,\varphi\\
\boldsymbol{cos}\,(90^0-\varphi) &= \boldsymbol{sin}\,\varphi\\
\boldsymbol{tg}\,(90^0-\varphi) &= \boldsymbol{ctg}\,\varphi\\
\boldsymbol{ctg}\,(90^0-\varphi) &= \boldsymbol{tg}\,\varphi\\
sec\,(90^0-\varphi) &= cosec\,\varphi\\
cosec\,(90^0-\varphi) &= sec\,\varphi
\end{aligned}\right.
$$

wie dies für spitze Winkel φ bereits in § 3, **3**, aufgestellt worden ist.

Mit Hilfe dieser Gleichungen (1) bis (4) kann man aus der trigonometrischen Tafel, deren Angaben, wie schon früher (§ 7) hervorgehoben wurde, nur für spitze Winkel unmittelbar ausreichen, da die Tafeln nur für das Argument 0⁰ bis 90⁰ eingerichtet sind, nunmehr für jeden beliebigen Winkel die Funktionswerte entnehmen. Die Gleichungen (1) bis (4) gelten an sich vollkommen allgemein für jeden ganz beliebigen Winkel φ; praktisch wichtig sind sie mit Rücksicht auf das soeben Ausgesprochene nur für spitze Winkel φ.

Z. B. ist:

$$sin\,150^0 = sin\,(180^0-30^0) = sin\,30^0 = +\tfrac{1}{2}$$

$$cos\,150^0 = cos\,(180^0-30^0) = -cos\,30^0 = -\tfrac{1}{2}\sqrt{3}$$

$$sin\,210^0 = sin\,(270^0-60^0) = -cos\,60^0 = -\tfrac{1}{2}$$

$$cos\,210^0 = cos\,(270^0-60^0) = -sin\,60^0 = -\tfrac{1}{2}\sqrt{3}$$

$$sin\,315^0 = sin\,(360^0-45^0) = sin\,(-45^0) = -sin\,45^0 = -\tfrac{1}{2}\sqrt{2}$$

$$cos\,315^0 = cos\,(360^0-45^0) = cos\,(-45^0) = +cos\,45^0 = +\tfrac{1}{2}\sqrt{2}$$

u. s. w. Man bilde zahlreiche Beispiele, auch für *tg* und *ctg*, mit einfachen Zahlen.

2) Relationen zwischen den goniometrischen Funktionen zweier Winkel, die sich um ganze Vielfache von 90° unterscheiden. Haupt-Quadrantenrelationen. [16])

Praktisch von noch grösserer Wichtigkeit als die vorstehenden Quadrantenrelationen sind die folgenden, mit ihrer Hilfe oder unmittelbar leicht nachzuweisenden und ebenfalls ganz allgemein giltigen Relationen:

$$\sin(90^0 - \varphi) = \sin(180^0 - \overline{90^0 + \varphi}) = \sin(90^0 - \varphi) = + \cos\varphi$$

u. s. f. oder:

$$(5) \quad \left\{ \begin{array}{rl} \sin(90^0 + \varphi) = + & \cos\varphi \\ \cos(90^0 + \varphi) = - & \sin\varphi \\ tg(90^0 + \varphi) = - & ctg\,\varphi \\ ctg(90^0 + \varphi) = - & tg\,\varphi \\ \sec(90^0 + \varphi) = - & cosec\,\varphi \\ cosec(90^0 + \varphi) = + & \sec\varphi. \end{array} \right.$$

Ebenso erhält man

$$(6) \quad \left\{ \begin{array}{rl} \sin(180^0 + \varphi) = - & \sin\varphi \\ \cos(180^0 + \varphi) = - & \cos\varphi \\ tg(180^0 + \varphi) = + & tg\,\varphi \\ ctg(180^0 + \varphi) = + & ctg\,\varphi \\ \sec(180^0 + \varphi) = - & \sec\varphi \\ cosec(180^0 + \varphi) = - & cosec\,\varphi; \end{array} \right.$$

und schliesslich

$$(7) \quad \left\{ \begin{array}{rl} \sin(270^0 + \varphi) = - & \cos\varphi \\ \cos(270^0 + \varphi) = + & \sin\varphi \\ tg(270^0 + \varphi) = - & ctg\,\varphi \\ ctg(270^0 + \varphi) = - & tg\,\varphi \\ \sec(270^0 + \varphi) = + & cosec\,\varphi \\ cosec(270^0 + \varphi) = - & \sec\varphi \end{array} \right.$$

Die sämtlichen obigen Gleichungen (1) bis (4), sowie (5) bis (7) sind sehr leicht zu merken, sobald man sich, was zwar, wie schon bemerkt, an sich unnötig, aber praktisch allein wichtig ist, unter φ einen spitzen Winkel vorstellt; man hat dann folgende zwei Regeln:

> Der Quadrant, in dem der Winkel liegt, bestimmt das Vorzeichen (vgl. § 13, **4**).
>
> Kommt **180°** oder **360°** im Winkel vor, so **bleibt** die Funktion, kommt **90°** oder **270°** im Winkel vor, so hat man die ***Co*-Funktion** zu nehmen.

Beispiele, wobei also φ immer einen spitzen Winkel vorstellen mag, da sonst zwar die Gleichungen richtig bleiben, aber die Bezeichnung der Quadranten, bei beliebigem φ, nicht mehr möglich ist:

1) $\sin(270^0 + \varphi) = ?$ Winkel im IV. Quadranten, also sein *sin*

negativ, da die Ordinate negativ ist; wegen 270° ist statt *sin* der *cos* zu nehmen, also:

$$sin\,(270^0 + \varphi) = -\,cos\,\varphi.$$

2) $tg\,(180^0 - \varphi) = ?$ Winkel im II. Quadranten, also *sin* positiv, *cos* negativ, somit *tg* negativ, und wegen 180°:

$$tg\,(180^0 - \varphi) = -\,tg\,\varphi.$$

3) $cos\;112^0\,13'\,45'' = ?$ Winkel im II. Quadranten, also *cos* negativ und dann entweder

a) $112^0\,13'\,45'' = 180^0 - 67^0\,46'\,15''$, also:

$$cos\;112^0\,13'\,45'' = -\,cos\;67^0\,46'\,15''$$

oder kürzer, da die Minuten und Sekunden unverändert bleiben, weshalb stets so zu rechnen:

b) $112^0\,13'\,45'' = 90^0 + 22^0\,13'\,45''$, also

$$cos\,112^0\,13'\,45'' = -\,sin\,22^0\,13'\,45''.$$

4) $sin\;402^0\,30'\,40'' = ?$ Winkel im I. Quadranten, also

$$sin\;402^0\,30'\,40'' = sin\;42^0\,30'\,40''.$$

3) Aufsuchen der goniometrischen Zahlen für beliebige Winkel in der Tafel für spitze Winkel.

Die letzten Beispiele machten vollends klar, dass man mit Hilfe der Beziehungen (1) bis (4) und (5) bis (7) und der nur für spitze Winkel aufgestellten Tafeln der trigonometrischen Zahlen und deren Logarithmen in der That die Werte der Funktionen für jeden ganz beliebigen Winkel aufsuchen kann; das Beispiel 3) hat auch klar gemacht, dass die Relationen (5) bis (7) in der That praktisch wichtiger sind als (1) bis (4): um die Funktionen irgend eines Winkels $> 90^0$ aufzuschlagen, bedient man sich bequemer **des** spitzen Winkels, den man erhält, wenn man von dem gegebenen Winkel das nächst kleinere ganze Vielfache von 90° **abzieht**, [d. h. man bedient sich der Gleichungen (5) bis (7)], nicht des spitzen Winkels, der den gegebenen Winkel zum nächst grössern ganzen Vielfachen von 90° ergänzt (nicht der Gleichungen (1) bis (4), obgleich wenigstens die fett gedruckten Teile dieser Gleichungen ebenfalls auswendig zu merken sind).

Bei neuer Winkelteilung ist der Vorteil von (5) bis (7) über (1) bis (4) ebenso einleuchtend; doch kann man hier (bei neuer Teilung und der Bequemlichkeit, mit der man dekadische Ergänzungen anschreibt) auch merken: Die Funktion bleibt stets (es ist nie die *Co*-Funktion zu nehmen), wenn man im zweiten und vierten Quadranten den spitzen Winkel, den man braucht, als Ergänzung auf zweihundert und vierhundert Neugrad $^{(g)}$ ansetzt; über das Vorzeichen ist wie oben zu entscheiden.

Zu dieser Aufgabe: die Funktionen eines ganz beliebig gegebenen

Winkels aufzuschlagen, sind schon hier Beispiele mit Zahlen in so grosser Menge durchzuführen, dass die Gleichungen (1) bis (8), besonders (5) bis (7) völlig geläufig werden und beim Aufschlagen gar keine besondere Überlegung mehr erforderlich ist. Hier stehen nur nochmals einige Andeutungen für diese Übungen: a) für natürliche Zahlen, b) für Logarithmen.

a)

$sin\ 108^0\ 20' = +\ cos\ 18^0\ 20' = +\ 0{,}3145$ bequemer als: $sin\ 108^0\ 20' = +\ sin\ 71^0\ 40' = +\ 0{,}3145$

$cos\ 162^0\ 10' = -\ sin\ 72^0\ 10' = -\ 0{,}9520$ bequemer als: $cos\ 162^0\ 10' = -\ cos\ 17^0\ 50' = -\ 0{,}9520$

$tg\ 213^0\ 45' = +\ tg\ 33^0\ 45' = +\ 0{,}6682$ bequemer als: $tg\ 213^0\ 45' = +\ ctg\ 56^0\ 15' = +\ 0{,}6682$

$ctg\ 247^0\ 21' = +\ ctg\ 67^0\ 21' = +\ 0{,}4173$ bequemer als: $ctg\ 247^0\ 21' = +\ tg\ 22^0\ 39' = +\ 0{,}4173$

$sin\ 327^0\ 33' = -\ cos\ 57^0\ 33' = -\ 0{,}5365$ bequemer als: $sin\ 327^0\ 33' = -\ sin\ 32^0\ 27' = -\ 0{,}5365$

$cos\ 328^0\ 35' = +\ sin\ 58^0\ 35' = +\ 0{,}8534$ bequemer als: $cos\ 328^0\ 35' = +\ cos\ 31^0\ 25' = +\ 0{,}8534$.

Was ist $sin\ 748^0\ 44'$? $cos\ 393^0\ 10'$? $tg\ 508^0\ 17'$? $ctg\ 508^0\ 17'$? (Man zieht in jedem solchen Fall, um den Winkel zwischen 0^0 und 360^0 zu bringen, 1 mal oder 2 mal ... 360^0 von dem Winkel ab, wodurch er nicht verändert wird, und verfährt mit dem Rest wie oben.)

Was ist $sin\,(-13^0\ 4')$? $cos\,(-78^0\ 10')$? $tg\,(-164^0\ 13')$? $ctg\,(-313^0\ 4')$? (In den zwei ersten Fällen ist das Resultat unmittelbar klar; in den zwei letzten addiert man zum gegebenen Winkel 1mal (in andern Fällen 2mal...) 360^0, wodurch er nicht verändert und wieder zwischen 0^0 und 360^0 gebracht wird.)

Was ist (ohne Tafel) $tg\ 250^g$? $ctg\ 250^g$? $tg\ 150^g$? $ctg\ 150^g$? $sin\ 133^g{,}33\ldots$? $cos\ 133^g{,}33\ldots$? $sin\ 366^g{,}66\ldots$? $cos\ 366^g{,}66\ldots$?

b) Wenn die Logarithmen von Funktionen beliebiger Winkel aufzusuchen sind, so wird die schon früher (§ 7, Schluss) gemachte Aufstellung über die Logarithmen negativer Zahlen praktisch; die Funktionswerte beliebiger Winkel sind z. T. negativ, die Logarithmen negativer Zahlen aber imaginär. Um also mit negativen Zahlen überhaupt logarithmisch rechnen (multiplizieren und dividieren) zu können, ist notwendig, auf irgend eine Art auszudrücken, dass die **Zahl** zu dem Logarithmus, den man ohne Rücksicht auf das — Vorzeichen aufgesucht hat, mit dem Vorzeichen — versehen zu denken ist. Es soll das in Zukunft stets durch den Buchstaben n geschehen, der dem Logarithmus angehängt wird. Es ist also nun mit Benützung der logarithmisch-trigonometrischen Tafel z. B.

$$log\ sin\ 132^0\ 4'\ 20'' = log\,(+\ cos\ 42^0\ 4'\ 20'') = 9.87\,058 - 10$$
$$log\ cos\ 132^0\ 4'\ 20'' = log\,(-\ sin\ 42^0\ 4'\ 20'') = (9.82\,612 - 10)\ n$$

$$log\ tg\ 222^0\ 4'\ 20'' = log\,(-\ tg\ 42^0\ 4'\ 20'') = (9.95\,554 - 10)\ n$$
$$log\ ctg\ 222^0\ 4'\ 20'' = log\,(-\ ctg\ 42^0\ 4'\ 20'') = 0.04\,446\ n$$

$$log\ sin\ 325^0\ 52'\ 40'' = log\,(-\ cos\ 55^0\ 52'\ 40'') = (9.74\,893 - 10)\ n$$
$$log\ cos\ 325^0\ 52'\ 40'' = log\,(+\ sin\ 55^0\ 52'\ 40'') = 9.91\,795 - 10.$$

U. s. w. Der Anfänger thut in manchen Fällen gut, nicht nur das Zeichen n, sondern auch das (an sich entbehrliche) Zeichen + im entgegengesetzten Fall anzubringen.

Zu beachten ist nochmals, dass die Gleichungen (1) bis (8), auch wenn man sich in ihnen, wie es oben geschehen ist, φ nur als spitzen Winkel denkt, alle möglichen Winkel umfassen; sie beziehen sich, für diesen Fall (φ spitz) allerdings nur auf die vier Quadranten des rechtwinkligen Systems, auf Winkel zwischen 0^0 und 360^0, allein andere Winkel kommen für uns auch nicht in Betracht, weil man mit Hilfe der (in Beziehung auf die goniometrischen Funktionen giltigen) Identität (k eine ganz positive oder negative Zahl; φ kann an sich positiv oder negativ sein)

$$k \,.\, 360^0 + \varphi \equiv + \varphi$$

jeden Winkel ausserhalb des Bereichs 0^0 bis 360^0 sofort in diesen Bereich bringen kann.

Es kommen also für uns hier und in Zukunft stets allerdings nur Winkel zwischen 0^0 und 360^0 (0^g und 400^g; analytisch 0 und 2π) in Betracht; vgl. § 13, **5)**.

4) Umkehrung: Aufsuchen des Winkels, der zu dem gegebenen Wert einer seiner goniometrischen Funktionen gehört. Hier ist vor allem zu beachten, was geometrisch unmittelbar anschaulich ist und nun durch die Gleichungen (1) bis (7) auch leicht arithmetisch eingesehen werden kann:

Es giebt zwischen 0^0 und 360^0 stets **zwei** (und **nur zwei**) Winkel, von denen eine bestimmte goniometrische Funktion gleich einer gegebenen Zahl ist. So erhält man z. B. für den Winkel, dessen $tg = 1$ ist, die zwei Werte 45^0 und 225^0; ausserdem erhält man allerdings noch beliebig viele Werte des Winkels, z. B. 405^0, 585^0, $765^0 \ldots$, -135^0, $-315^0 \ldots$, die sich aber alle von den vorigen nur um ganze Vielfache von 360^0 unterscheiden, d. h. nicht unterscheiden. Der Winkel, dessen $sin = -\frac{1}{2}$ ist, hat die zwei Werte 210^0 und $330^0 = -30^0$; der Winkel, dessen $cos = +\frac{1}{2}\sqrt{3}$ ist, hat die zwei Werte $+30^0$ und $-30^0 = 330^0$; der Winkel, dessen $cos = +\frac{1}{2}$ ist, hat die zwei Werte 60^0 und 300^0 ($= -60^0$) u. s. f.

Wenn demnach durch eine gegebene goniometrische Funktion ein Winkel eindeutig bestimmt sein soll, so muss sonst noch eine Angabe über den Winkel vorliegen, z. B. das Vorzeichen einer andern Funktion, die natürlich nur nicht die reciproke Funktion der gegebenen sein darf, da deren Vorzeichen selbstverständlich ist.

Man merke gleich hier: Bedeutet m die gegebene Zahl (m positiv oder negativ; für *sin* und *cos* mit der Beschränkung, dass m absolut < 1 sein muss; bei *sec* und *cosec*, falls sie vorkommen, mit der Beschränkung absolut $m > 1$; bei tg und ctg ohne Beschränkung über den Wert von m), so erhält man aus:

1) $\boldsymbol{sin}\,\varphi = m$ zwei Werte des Winkels φ, die sich zu 180^0 (m positiv) oder 540^0 ($= 360^0 + 180^0$; m negativ) **ergänzen**;
2) $\boldsymbol{cos}\,\varphi = m$ zwei Werte des Winkels φ, die sich zu 360^0 (m negativ) oder 0^0 ($= 360^0$; m positiv, φ der entsprechende positive und negative spitze Winkel) **ergänzen**;
3) $\boldsymbol{tg}\,\varphi = m$ oder $\boldsymbol{ctg}\,\varphi = m$ zwei Werte des Winkels φ, die sich in jedem Fall **um 180^0 unterscheiden.**

Es ist dies einfach geometrisch den allgemeinen Definitionen gemäss anschaulich zu machen: $sin\,\varphi$ gleich einer gegebenen Zahl liefert zwei zweite Winkelschenkel, die symmetrisch zur **Ordinatenaxe** liegen; $cos\,\varphi$ gleich einer gegebenen Zahl liefert zwei zweite Winkelschenkel, die symmetrisch zur **Abscissenaxe** liegen; $tg\,\varphi$ oder $ctg\,\varphi$ gleich einer gegebenen Zahl liefert zwei zweite Winkelschenkel, von denen stets der eine die **Verlängerung** des andern ist.

Übung. a) $sin\,\varphi = +0{,}3118$ giebt $\varphi_1 = 18^0\,10'$, $\varphi_2 = 180^0 - 18^0\,10' = 90^0 + 71^0\,50' = 161^0\,50'$
$cos\,\varphi = +0{,}3118$ „ $\varphi_1 = 71^0\,50'$, $\varphi_2 = 360^0 - 71^0\,50' = 270^0 + 18^0\,10' = 288^0\,10'$

$tg\,\varphi = +0{,}4968$ „ $\varphi_1 = 26^0\,25'$ $\varphi_2 = 180^0 + 26^0\,25' = 206^0\,25'$
$ctg\,\varphi = -0{,}4968$ „ $\left\{\begin{array}{l}\varphi_1 = 90^0 + \text{spitz. Winkl, dess. } tg\,0{,}4968 = 90^0 + 26^0\,25' = 116^0\,25' \\ \varphi_2 = 270^0 + \text{ „ „ „ } tg\,0{,}4968 = 270^0 + 26^0\,25' = 296^0\,25'\end{array}\right.$
u. s. w.

dagegen: $sin\,\varphi = +0{,}3118$ und Bestimmung, dass $cos\,\varphi$ **positiv** sein soll giebt **nur** $\varphi = 18^0\,10'$
$sin\,\varphi = +0{,}3118$ „ „ „ $cos\,\varphi$ **negativ** „ „ „ „ $\varphi = 161^0\,50'$

$tg\,\varphi = +0{,}4968$ „ „ „ $sin\,\varphi$ **positiv** „ „ „ „ $\varphi = 26^0\,25'$
$tg\,\varphi = +0{,}4968$ „ „ „ $sin\,\varphi$ **negativ** „ „ „ „ $\varphi = 206^0\,25'$

b) $log\,sin\,\varphi = 9.23\,991 - 10$ giebt $\varphi_1 = 10^0\,0'\,20''$, $\varphi_2 = 169^0\,59'\,40''$
$log\,cos\,\varphi = 9.99\,334 - 10$ „ $\varphi_1 = 10^0\,0',5$, $\varphi_2 = -10^0\,0',5 = 349^0\,59',5.$

$log\,tg\,\varphi = 9.28\,300 - 10$ „ $\varphi_1 = 10^0\,51'\,40''$, $\varphi_2 = 190^0\,51'\,40''$
$log\,ctg\,\varphi = 9.28\,300 - 10$ „ $\varphi_1 = 79^0\;8'\,20''$, $\varphi_2 = 259^0\;8'\,20''$

$log\,tg\,\varphi = (9.28\,300 - 10)\,n$ „ $\varphi_1 = 169^0\,8'\,20''$, $\varphi_2 = 349^0\;8'\,20''$
$log\,ctg\,\varphi = (9.28\,300 - 10)\,n$ „ $\varphi_1 = 100^0\,51'\,40''$ $\varphi_2 = 280^0\,51'\,40''$ u. s. f.; dagegen

$log\,tg\,\varphi = 9.28\,300$ und Bestimmung, dass $cos\,\varphi$ **positiv** sein soll, giebt **nur** $\varphi = 10^0\,51'\,40''$
$log\,ctg\,\varphi = 9.28\,300\,n$ „ „ „ $cos\,\varphi$ **positiv** „ „ „ „ $\varphi = 280^0\,51'\,40''$

$log\,tg\,\varphi = 9.28\,300\,n$ „ „ „ $sin\,\varphi$ **negativ** „ „ „ „ $\varphi = 349^0\,8'\,20''$
$log\,ctg\,\varphi = 9.28\,300$ „ „ $sin\,\varphi$ **negativ** „ „ „ „ $\varphi = 259^0\,8'\,20'$,
u. s. f. u. s. f.

$log\,sin\,\varphi = 0.10\,000$ giebt $\varphi = ?$, $log\,cos\,\varphi = 0.23\,488\,n$ giebt $\varphi = ?$
$log\,sec\,\varphi = 9.30\,103 - 10\,n$ giebt $\varphi = ?$ $log\,cosec\,\varphi = 8.22\,222 - 10$ giebt $\varphi = ?$ } warum?

5) Rechnungsregeln für **3)** und **4)**. (Wiederholung). Beispiele. Es ist zu empfehlen, schon von hier aus nicht weiter zu gehen, bevor das Aufsuchen der Zahl für eine beliebige goniometrische Funktion oder des Logarithmus dieser Zahl für eine beliebige goniometrische Funktion eines beliebigen gegebenen Winkels (3) und die Umkehrung dieser Aufgabe (4) vollständig sicher eingeübt ist; man mache sich bei diesen Rechnungen die Verwendung folgender Überlegung zur Regel, die z. T. schon oben ausgesprochen ist (in den folgenden Zusammenstellungen ist *sec* und *cosec* weggelassen).

Winkel gegeben, Funktionswert gesucht

1) Der Quadrant, in dem der Winkel liegt, bestimmt das Vorzeichen des Funktionswerts nach

	I.	II.	III.	IV.
sin	+	+	−	−
cos	+	−	−	+
tg	+	−	+	−
ctg	+	−	+	−

2) Der gegebene Winkel φ wird, je nachdem er dem I., II., III., IV. Quadranten angehört, dargestellt als Summe von (0⁰), 90⁰, 180⁰, 270⁰ u. einem **spitzen** Winkel φ_1.

3) a. Ist $\varphi = \varphi_1$ oder $= 180^0 + \varphi_1$, so ist, ohne Rücksicht auf das Vorzeichen:

$$\underline{F(\varphi)} = \underline{F(\varphi_1)};$$

b. ist aber $\varphi = 90^0 + \varphi_1$ oder $= 270^0 + \varphi_1$ so ist, ohne Rücksicht auf das Vorzeichen:

$$\underline{F(\varphi)} = \underline{Co\text{-}F(\varphi_1)}.$$

Fügt man der so erhaltenen Zahl oder dem so erhaltenen Logarithmus das nach 1) bestimmte Vorzeichen bei, so ist die Aufgabe gelöst.

Funktionswert gegeben, Winkel gesucht

1) Der mit Vorzeichen gegebene Wert der Funktion F (oder des *log* von F) sei m (absolut $m < 1$ für *sin* und *cos*, beliebig für *tg* und *ctg*).

Die Auflösung ist in jedem Fall zweiwertig, wenn nur m gegeben ist, eindeutig, wenn ausser m (mit Vorzeichen) das Vorzeichen einer beliebigen andern Funktion (die reciproke ausgenommen) des Winkels gegeben ist.

Das Vorzeichen von m entscheidet im ersten Fall die zwei, im andern Fall, mit Rücksicht auf das gegebene Vorzeichen der weitern Funktion, den einen Quadranten, dem die zwei oder der eine Winkel angehören, nach Anblick der links bei 1) stehenden Tafel.

2) Liegt nach dieser Entscheidung einer der zwei Winkelwerte, oder im zweiten Fall der allein in Betracht kommende Winkelwert, im **I.** oder **III.** Quadranten, so ist er φ_1 oder aber $180^0 + \varphi_1$, wenn φ_1 den spitzen Winkel bedeutet, dessen $\underline{F}$ gleich der gegebenen (absoluten) Zahl m ist (ebenso für den Logarithmus);

liegt aber nach jener Entscheidung einer der zwei Winkelwerte, oder im zweiten Fall der allein in Betracht kommende Winkelwert, im **II.** oder **IV.** Quadranten, so ist er $(90^0 + \varphi_2)$ oder aber $(270^0 + \varphi_2)$, wenn φ_2 den spitzen Winkel bedeutet, dessen $\underline{Co\text{-}F}$ gleich der gegebenen (absoluten) Zahl m ist (ebenso für den Log).

Es ist ganz zweckmässig, diese Regeln in jedem Fall geradezu auszusprechen, also in folgenden Beispielen wie angegeben zu sprechen:

sin $168^0\,40' = ?$ Winkel im II. Quadranten; dort ist *sin* positiv; Winkel $= 90^0 +$ dem spitzen Winkel $\varphi_1 = 78^0\,40'$; *sin* des gegebenen Winkels also $=$ *cos* von φ_1, d. h. *sin* $168^0\,40' = +\,0{,}9805$.

tg $227^0\,20' = ?$ Winkel im III. Quadranten; dort ist *tg* positiv (*sin* und *cos* negativ); Winkel $= 180^0 +$ dem spitzen Winkel $\varphi_1 = 47^0\,20'$; *tg* des gegebenen also $=$ *tg* von φ_1, d. h. *tg* $227^0\,20' = +\,1{,}0850$.

log cos $168^0\,40' = ?$ Winkel im II. Quadranten; *cos* also negativ; Winkel $= 90^0 + 78^0\,40'$; ges. *log cos* also (vom Vorzeichen abgesehen) $=$ *log sin* $78^0\,40'$; oder im ganzen *log cos* $168^0\,40' = 9.2934\,n$.

log tg $312^0\,5' = ?$ Winkel im IV. Quadranten; *tg* also negativ; Winkel $= 270^0 + 42^0\,5'$; ges. *log tg* also (vom Vorzeichen abgesehen) $=$ *log ctg* $42^0\,5'$; oder also *log tg* $312^0\,5' = 0.0443\,n$; u. s. w.

Umkehrung:

tg $\varphi = +\,0{,}6138$, und *sin* φ soll positiv sein (also dann auch *cos* φ positiv da $tg = \dfrac{sin}{cos}$); *tg* ist positiv im I. und III. Quadranten; und *cos* positiv aber nur im I., also der III. Quadrant auszuschliessen; $\varphi = 31^0\,32',5$.

tg $\varphi = +\,0{,}6138$, und *cos* φ soll negativ sein (also dann auch *sin* φ negativ); *tg* ist positiv im I. und III. Quadranten; *sin* und *cos* negativ aber im III., also der I. Quadrant auszuschliessen; $\varphi = 212^0\,32',5$.

log tg $\varphi = 9.73\,064$, und *sin* φ positiv (also dann auch *cos* φ positiv); Winkel im I. Quadranten; $\varphi = 28^0\,16'\,20''$.

log tg $\varphi = 9.73\,064$, und *cos* φ negativ; Winkel im III. Quadranten; $= 180^0 +$ dem spitzen Winkel dessen *log tg* $= 9.73\ldots$ oder $\varphi = 208^0\,16'\,20''$.

log tg $\varphi = 9.73\,064\,n$, und *cos* φ negativ (also dann *sin* φ positiv; $tg = \dfrac{sin}{cos}$); Winkel also nicht im II. oder IV. Quadranten, wie nach *tg* allein, sondern nur im II.; Winkel $= 90^0 +$ dem spitzen Winkel, dessen *log* ***Co-tg*** $9.73\ldots$; Winkel $= 151^0\,43'\,40''$.

log tg $\varphi = 9.73\,064\,n$, und *sin* φ negativ (also dann *cos* φ positiv); Winkel im IV. Quadranten; also $= 270^0 +$ dem spitzen Winkel, dessen *log* ***Co-tg*** $9.73\ldots$; Winkel $= 331^0\,43'\,40''$.

$log\ ctg\ \varphi = 9.73\,064$, und $sin\ \varphi$ positiv (also dann auch $cos\ \varphi$ positiv); Winkel im I. Quadranten; $\varphi = 61^0\,43'\,40''$.

$log\ ctg\ \varphi = 9.73\,064$, und $sin\ \varphi$ negativ (also dann auch $cos\ \varphi$ negativ); Winkel im III. Quadranten; $\varphi = 180^0 +$ dem spitzen Winkel, dessen $log\ ctg\ \varphi = 9.73\ldots$, also $\varphi = 241^0\,43'\,40''$.

$log\ ctg\ \varphi = 9.73\,064\,n$, und $sin\ \varphi$ positiv (also dann $cos\ \varphi$ negativ); Winkel im II. Quadranten; $\varphi = 90^0 +$ dem spitzen Winkel, dessen $log\ tg = 9.73\ldots$, also $\varphi = 118^0\,16'\,20''$.

$log\ ctg\ \varphi = 9.73\,064\,n$, und $cos\ \varphi$ positiv (also dann $sin\ \varphi$ negativ); Winkel im IV. Quadranten; $\varphi = 270^0 +$ dem spitzen Winkel, dessen $log\ tg = 9.73\ldots$, also $\varphi = 298^0\,16'\,20''$.

$log\ sin\ \varphi = 9.01\,933$, und $cos\ \varphi$ positiv (oder ebenso: $tg\ \varphi$ positiv); Winkel im I. Quadranten; $\varphi = 6^0\,0'\,5''$.

$log\ sin\ \varphi = 9.01\,933$, und $cos\ \varphi$ negativ (oder ebenso: $tg\ \varphi$ negativ); Winkel im II. Quadranten; $\varphi = 90^0 +$ dem spitzen Winkel, dessen $log\ Co\text{-}sin = 9.01\,933$, also $90^0 + 83^0\,59'\,55'' = 173^0\,59'\,55''$.

$log\ sin\ \varphi = 9.01\,933\,n$, und $cos\ \varphi$ negativ (also dann $tg\ \varphi$ positiv); Winkel im III. Quadranten; $\varphi = 180^0 +$ dem spitzen Winkel dessen $log\ sin = 9.01\ldots$ oder $\varphi = 180^0 + 6^0\,0'\,5'' = 186^0\,0'\,5''$.

$log\ sin\ \varphi = 9.01\,933\,n$, und $cos\ \varphi$ positiv (oder ebenso $tg\ \varphi$ negativ); Winkel im IV. Quadranten; $\varphi = 270^0 +$ dem spitzen Winkel, dessen $log\ Co\text{-}sin = 9.01\ldots = 270^0 + 83^0\,59'\,55''$, oder $\varphi = 353^0\,59'\,55''$.

6) Gang der goniometrischen Zahlen für beliebig grosse Winkel. Ein erster Überblick über den Gang der goniometrischen Funktionswerte, wenn der Winkel die Werte von 0^0 bis 360^0 (analytisch 0 bis 2π) durchläuft, ist schon aus der Zusammenstellung der Zahlenwerte für 0^0, 90^0, 180^0, 270^0 im letzten § (S. 114) zu gewinnen. Man kann diese Tafel mit Rücksicht auf die vorstehenden Quadrantenrelationen und die von früher bekannten Werte der goniometrischen Funktionen für einige Werte von spitzen Winkeln (30^0 und 60^0; $sin\ 30^0 = cos\ 60^0 = \frac{1}{2}$; $cos\ 30^0 = sin\ 60^0 = \frac{1}{2}\sqrt{3} = 0{,}866\ldots$; $tg\ 30^0 = ctg\ 60^0 = \frac{1}{\sqrt{3}} = \frac{1}{3}\sqrt{3} = 0{,}577\ldots$; $ctg\ 30^0 = tg\ 60^0 = \sqrt{3} = 1{,}732\ldots$) erweitern und erhält damit z. B. folgende vollständige Übersicht für *Sinus*, für *Tangens*, für *Cos* und für *Cotg*:

Quadrant	Winkel	*sin*	Winkel	*tang*	Winkel	*cos*	Winkel	*cotg*
	0°	0,000..	**0°**	0,000..	**0°**	1,000..	**0°**	∞
	30°	0,500..	**30°**	0,577..	**30°**	0,866..	**30°**	1,732..
I. Quad.	**60°**	0,866..	**60°**	1,732..	**60°**	0,500..	**60°**	0,577..
	90°	1,000..	**90°**	$\pm\infty$	**90°**	$\pm$0,000..	**90o**	$\pm$0,000..
	120°	0,866..	**120°**	-1,732..	**120°**	-0,500..	**120°**	-0,577..
II. Quad.	**150°**	0,500..	**150°**	-0,577..	**150°**	-0,866..	**150°**	-1,732..
	180°	0,000..	**180°**	$\mp$0,000..	**180°**	-1,000..	**180°**	$\mp\infty$
	210°	-0,500..	**210°**	+0,577..	**210°**	-0,866..	**210°**	+1,732..
III. Quad.	**240°**	-0,866..	**240°**	+1,732..	**240°**	-0,500..	**240°**	+0,577..
	270°	-1,000..	**270°**	$\pm\infty$	**270°**	$\mp$0,000..	**270°**	$\pm$0,000..
	300°	-0,866..	**300°**	-1,732..	**300°**	+0,500..	**300°**	-0,577..
IV. Quad.	**330°**	-0,500..	**330°**	-0,577..	**330°**	+0,866..	**330°**	-1,732..
	360°=0°	$\mp$0,000..	**360°=0°**	$\mp$0,000..	**360°=0°**	+1,000..	**360°=0°**	$\mp\infty$
	.	.	.	.	.	.	.	.
	.	.	.	.	.	.	.	.
	.	.	.	.	.	.	.	.

Für *sin* hat man also folgenden Gang: für $\varphi = 0^0$ ist $sin = 0$; wächst φ bis 90^0, so wächst auch $sin\,\varphi$, anfangs ziemlich genau proportional φ, später langsamer, in der Nähe von 90^0 sehr langsam, bis mit $\varphi = 90^0$ der $sin\,\varphi$ seinen Maximalwert 1 erlangt hat. Wächst φ weiter, so nimmt $sin\,\varphi$ wieder ab, anfangs sehr langsam, in der Nähe von 180^0 ungefähr proportional mit dem Wachstum von φ; ist φ bis zu 180^0 gewachsen, so hat $sin\,\varphi$ bis zu 0 abgenommen. Wächst φ noch weiter, durch den dritten Quadranten, so wird nun $sin\,\varphi$ negativ, bis mit $\varphi = 270^0$ das absolute Minimum des möglichen Werts von $sin\,\varphi$, nämlich -1 erreicht ist; im letzten Quadranten nimmt von $\varphi = 270^0$ an $sin\,\varphi$ wieder zu, bleibt aber negativ (die absoluten Zahlen nehmen also wieder ab), bis mit $\varphi = 360^0 = 0^0$ der Wert von $sin\,\varphi$ wieder zu 0 geworden ist.

Man spreche sich selbst das Gleiche für *cos*, dann auch für *tg* und für *ctg* durch. Bei $tg\,90^0$ steht $\pm\infty$, um anzudeuten, dass zwischen $+\infty$ und $-\infty$ hier eigentlich kein Unterschied vorhanden ist: $sin\,90^0$ ist 1, $cos\,90^0$ aber 0 und da $+0 = -0$, so ist auch $tg\,90^0 = \frac{sin\,90^0}{cos\,90^0} = \frac{1}{\pm 0}$ als $\pm\infty$ einzusetzen. Es wird dies auch durch den Gang selbst klar: wächst der Winkel durch den I. Quadranten, z. B. durch 87^0, 88^0, 89^0, so vergrössert sich *tg* sehr rasch und mit dem Winkelwert 90^0 ist der Wert $+\infty$ geworden, über jede angebbare Zahl hinaus gewachsen; denkt man sich aber den Winkel auf der andern Seite durch den II. Quadranten hindurch gegen 90^0 hin abnehmen, 100^0, 95^0, 94^0, 93^0, 92^0, 91^0, so bleibt der Wert der *tg* immer negativ und nimmt rasch ab (die absoluten Zahlen steigen), bis hier mit dem Grenzfall 90° der Grenzwert $-\infty$ erreicht ist: der Wert der *tg* des Winkels 89° 59′ 59″,00.. ist z. B. $= +206\,265$; der Wert der *tg* von 90° 0′ 1″,00.. aber ist $= -206\,265$ (Grund für diese Zahlen?); *tg* 89° 59′ 59″,900.. ist $= +2\,062\,648$, *tg* 90° 0′ 0″,100.. ist $= -2\,062\,648$; *tg* 89° 59′ 50″ ist $= +20\,626$, *tg* 90° 0′ 10″ $= -20\,626$; *tg* 89° 58′ 20″ $= +2063$ rund, *tg* 90° 1′ 40″ $= -2063$ rund (Grund auch für diese Zahlen!). Ebenso an den andern Stellen der obigen Tafel wo $\pm\infty$ oder $\mp\infty$ steht bei *tg* und *ctg*. Zahlenbeispiele! Aufstellung derselben Tafeln auch für *sec* und *cosec* ($sec = \frac{1}{cos}$ wächst mit von 0° bis 90° zunehmendem Winkel von 1 bis $+\infty$, nimmt bei von 90° bis 180° zunehmendem Winkel von $-\infty$ bis -1 zu, bei von 180° bis 270° wachsendem Winkel von -1 bis $-\infty$ ab, bei von 270° bis 360° = 0° wachsendem Winkel von $+\infty$ bis 1 ab. Auch hier muss also z. B. bei 90° stehen: $\pm\infty$). U. s. w.

Am einfachsten und vollständigsten kann man, wie immer in solchen Fällen, diesen Gang der Funktionen auf einer graphischen Darstellung überblicken, auf der die Winkelwerte als Abscissen, die zugehörigen Werte der darzustellenden Funktion als Ordinaten aufgetragen werden und die so gewonnenen Punkte durch eine stetige Curve verbunden sind. Man erhält damit die folgenden Figuren: die zwei ersten gelten für *sin* und *tang*, die dritte für das weniger wichtige *sec*. Man braucht zur Darstellung der Bilder aller sechs Funktionen nur diese drei, da für alle Fälle gilt: $Co\text{-}F(\alpha) = F(90^0 - \alpha)$ und umgekehrt; für die *Co*-Funktion einer bestimmten Funktion erhält man demnach dasselbe Bild wie für diese, nur in anderer Lage zum Coordinatensystem.

Wenn man nur eine übersichtliche graphische Darstellung haben will, so ist es ferner ganz gleichgiltig, welchen Abscissen- und welchen Ordinatenmassstab man nimmt, d. h. welche Strecke auf der x-Axe den Betrag 90° vorstellen soll (der dann nur selbstverständlich für die Vielfachen und Teile beizubehalten ist) und wie gross die Einheit für die Ordinatenzahlen gemacht wird.

Wenn man aber eine Darstellung haben will, die zugleich im Sinn der Analysis richtig ist, so muss man als Abscissenstrecken x die Arcuszahlen nehmen und diese Zahlen mit derselben Strecke als Längeneinheit auftragen, mit der die Ordinatenzahlen aufgetragen werden. Man hat sich dabei zu erinnern, dass

$arc\,90^0 = \frac{\pi}{2} \approx 1{,}5708$	$arc\,270^0 = \frac{3\pi}{2} \approx 4{,}7124$
$arc\,180^0 = \pi \approx 3{,}1416$	$arc\,360^0 = 2\pi \approx 6{,}2832$ ist;

ferner, dass man für die trigonometrischen Funktionen stets ... 180°,

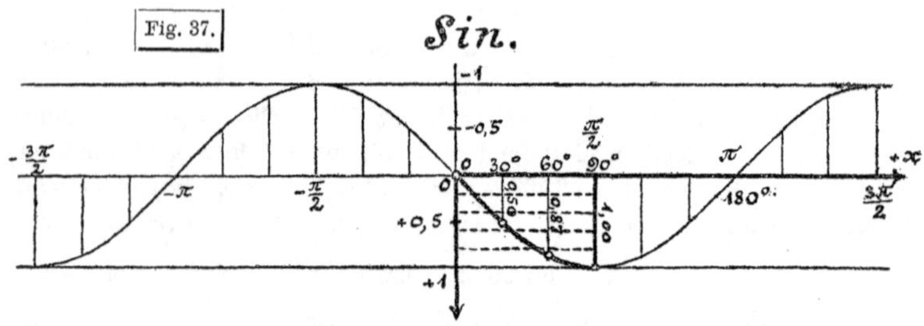

Fig. 37.

Tang.

Fig. 38.

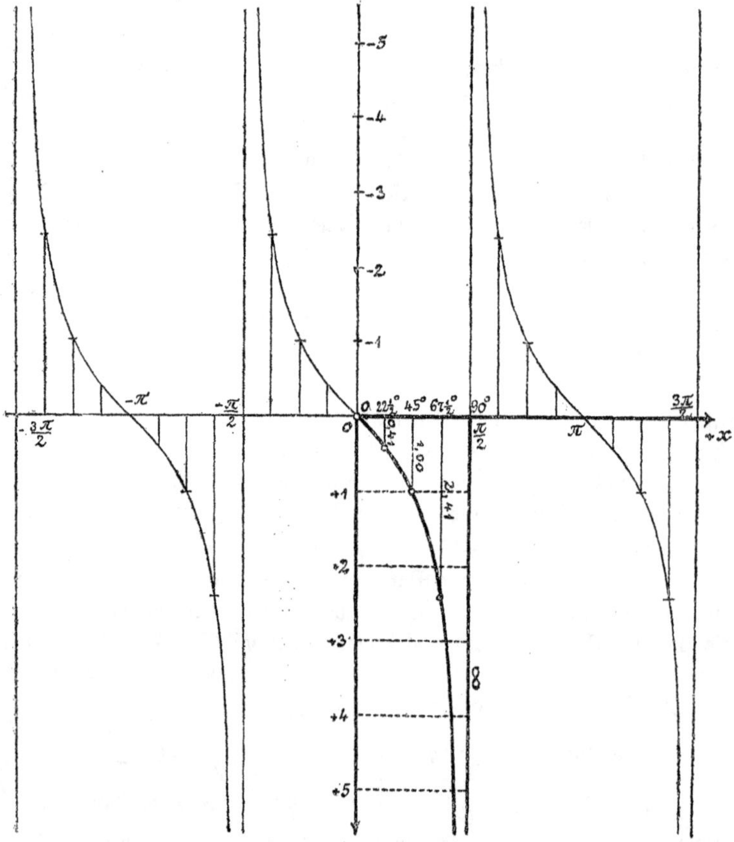

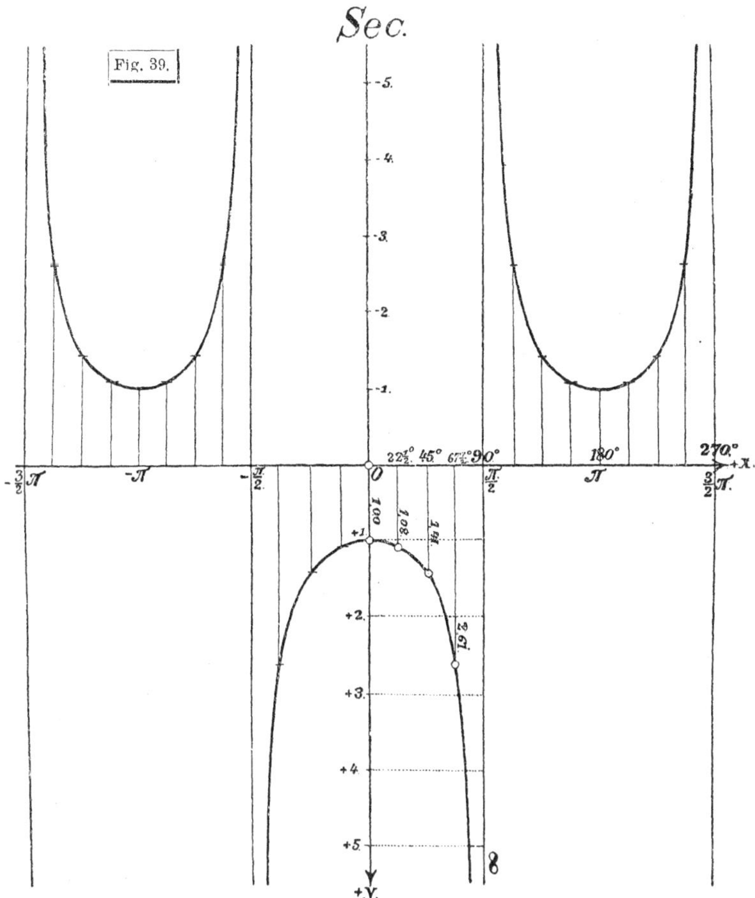

Fig. 39.

270° auch setzen kann ... — 180°, — 90°. oder im *Arcus*-Wert (als Argument für die goniometrischen Funktionen) statt .... π, $\frac{3\pi}{2}$ auch .... $-\pi$, $-\frac{\pi}{2}$.

Mit Rücksicht hierauf sind die Curven gezeichnet. Auf der Abscissenaxe sind Gradzahlen nur für den ersten Quadranten angenommen, sonst steht das Winkelargument nur in Form von *Arcus*-Zahlen dort; $+x$ ist in den Figuren wieder nach rechts (also $+y$ nach vorne) angenommen.

Für *sin* erhält man eine „*Sinus*linie" (oder, aber ganz unpassend: *Sinusoide* genannt), die die x-Axe in den Punkten ....-2π, $-\pi$, 0, π,

$2\pi \ldots$ in „Wendepunkten“ schneidet und in den Punkten $\ldots -\frac{3\pi}{2}$, $-\frac{\pi}{2}$, $+\frac{\pi}{2}$, $+\frac{3\pi}{2} \ldots$ ihre Culminationspunkte gegen die x-Axe (Maximum und Minimum der Ordinatenlängen $+1$ und -1) erreicht. Der Schnittwinkel zwischen Curve und x-Axe ist bei dem angenommenen richtigen Verhältnis zwischen Abscissen- und Ordinatenmassstab (Abscissen die *arc*-Zahlen, Ordinaten die zugehörigen *sin*-Zahlen mit derselben Längeneinheit aufgetragen) ein halber rechter (für sehr kleine Winkel von 0 aus z. B. also *sin* gleich dem *arc*, *Sinus*zunahme = *Arcus*zunahme).

Für *tang* erhält man eine andere, ebenfalls „transcendente“ Linie, die die x-Axe in denselben Punkten schneidet (*sin* und *tang* verschwinden gleichzeitig), nämlich in den Punkten $\ldots -2\pi$, $-\pi$, 0, π, $2\pi \ldots$ und zwar ebenfalls in Wendepunkten der Curve, die nun aber keine endlichen Kulminationen gegen die x-Axe mehr erreicht, vielmehr in den Punkten $\ldots -\frac{3\pi}{2}$, $-\frac{\pi}{2}$, $+\frac{\pi}{2}$, $+\frac{3\pi}{2} \ldots$ „Asymptoten“ senkrecht zur x-Axe (parallel der y-Axe) besitzt. Auch hier ist der Schnittwinkel mit der x-Axe unter der oben genannten Voraussetzung ein halber rechter (Grund derselbe unmittelbar geometrisch einleuchtende wie oben).

Man interpretiere selbst die *Sec*-Linie.

Wie schon oben angedeutet ist, stellt die *Sinus*curve zugleich die *Cos*curve dar, wenn man nur an die Abscissenpunkte, an denen jetzt $\ldots -\frac{3\pi}{2}, -\pi, -\frac{\pi}{2}, \underline{\underline{0}}, +\underline{\frac{\pi}{2}}, +\pi, +\frac{3\pi}{2} \ldots$ steht, schreibt: $\ldots -2\pi$, $-\frac{3\pi}{2}, -\pi, \underline{\underline{-\frac{\pi}{2}}}, \underline{0}, \frac{\pi}{2}, +\pi \ldots$, (die Punkte in der angedeuteten Art auf einander bezogen). Man kann danach selbst in derselben Figur 37, die den Überblick über die *Sin*-Werte liefert, etwa rot beisetzen *Cos*, die neue y-Axe durch den schwarzen Punkt $+\frac{\pi}{2}$ der x-Axe ziehen und von dort aus die neuen Abscissenwerte zählen.

Bei der *tg*-Linie ist nicht ganz ebenso einfach zu verfahren, wenn dieselbe Figur auch *ctg* vorstellen soll. Man müsste hier, mit Beibehaltung der gezeichneten Linie, einmal, wie vorhin, den neuen Nullpunkt nach dem jetzigen Punkt $\frac{\pi}{2}$ oder 90^0 der Abscissenaxe verlegen, zugleich aber, mit Beibehaltung der positiven und negativen Richtung bei den Ordinaten, die Bezifferung der Abscissen von rechts nach links wachsen lassen, so dass im ganzen, wo jetzt schwarz steht ... $+\frac{3\pi}{2}$, π, $\frac{\pi}{2}$, 0, $-\frac{\pi}{2}$, $-\pi$, $-\frac{3\pi}{2}$ ... zu setzen wäre (mit Umkehrung der positiven Richtung auf der x-Axe) ... $-\pi$, $-\frac{\pi}{2}$, 0, $+\frac{\pi}{2}$, $+\pi$, $\frac{3\pi}{2}$, $+2\pi$ ..., die Punkte in der angegebenen Art aufeinander bezogen. Da aber dann also von $+x$ nach $+y$ gegen den Uhrzeigersinn um 90^0 zu drehen wäre, ist es besser, sich etwa rot in die Figur hinein die *ctg*-Linie neu zu zeichnen, mit Beibehaltung des ganzen Coordinatensystems; die einzelnen Zweige der neuen Linie sind wieder unter sich und denen der *tg*-Linie kongruent und liegen nur mit diesen symmetrisch gegen Linien parallel zur y-Axe in den Punkten $\pm\frac{\pi}{4}$, $\pm\frac{3\pi}{4}$, $\pm\frac{5\pi}{4}$ ... als Symmetralaxen: die *ctg*-Linie schneidet die x-Axe in den Punkten ... $-\frac{3\pi}{2}$, $-\frac{\pi}{2}+\frac{\pi}{2}$, $+\frac{3\pi}{2}$ ... und hat Asymptoten parallel zur y-Axe in den Punkten der x-Axe: ... $-\pi$, 0, $+\pi$ ..., wobei aber also in jedem einzelnen Raum zwichen ...; $-\frac{\pi}{2}$ und 0; 0 und $+\frac{\pi}{2}$; ... die Vorzeichen der Ordinaten der beiden Curven dieselben sind. Man trage sich selbst diese neue *Cotangens*-Kurve in Fig. 38 etwa rot ein.

Ähnlich für eine *Cosec*-Linie.

Diese Curvenbilder für $\begin{Bmatrix} sin \\ cos \end{Bmatrix}$; $\begin{Bmatrix} tg \\ ctg \end{Bmatrix}$; $\begin{Bmatrix} sec \\ cosec \end{Bmatrix}$ zeigen auch sehr einfach geometrisch den in § 13, **5**, ausgesprochenen Satz, dass jede der sechs goniometrischen Funktionen eine **periodische** Funktion ist mit dem Perioden-Modul (360^0 oder) 2π; dass man also in der That mit Betrachtung des Winkelraums 0^0 bis 360^0 für jede der sechs trigonometrischen Funktionen alle Werte umfasst, die die Funktion überhaupt annehmen kann und durch Beschränkung der Winkel auf die Werte zwischen 0^0 bis 360^0 thatsächlich keine Beschränkung eintreten lässt. Die sechs goniometrischen Funktionen sind ferner sämtlich „Eindeutig". Zu jedem gegebenen Winkel α von ganz beliebigem Betrag, positiv oder negativ, giebt es nur Einen Wert von $\sin\alpha$, $\cos\alpha$ u. s. f.

Die *Tangens*- und *Cotangens*curve zeigt ferner, ebenso wie schon die Übersicht des Gangs im Anfang von **6**, dass diese beiden Funktionen nicht nur für Werte des Arguments, die sich um 2π unterscheiden, allemal wieder denselben Zahlenwert annehmen, sondern schon für Werte des Arguments, die sich um π unterscheiden. Richtiger muss also der allgemeine Satz in § 13, 5, und der vorstehende so lauten: **Die Funktionen *sin* und *cos*** (ebenso *cosec* und *sec*) **haben die Periode 2π** (oder 360^0), **die Funktionen *tang* und *cotg* haben die Periode π** (oder 180^0), d. h.: Verändert man α, je nachdem es in analytischem Mass oder in Gradmass gegeben ist, um $k.\pi$ oder um $k.180^0$ (k wird, auch für das Folgende als ganze, positive oder negative Zahl vorausgesetzt), so ändert sich $tg\ \alpha$ und $ctg\ \alpha$ nach Grösse und Vorzeichen nicht; verändert man α um $2k.\pi$ oder $k.360^0$, so ändern sich auch $sin\ \alpha$ und $cos\ \alpha$ (also auch $cosec\ \alpha$ und $sec\ \alpha$) nach Grösse und Vorzeichen nicht. Man merke sich aber auch gleich hier ferner dazu: Verändert man α um $k.\pi$ oder $k.180^0$, so ändern die Werte von $sin\ \alpha$ und $cos\ \alpha$ (also auch $cosec\ \alpha$ und $sec\ \alpha$) ihr Vorzeichen (der absolute Wert bleibt derselbe).

7) Verwandlung der Polarcoordinaten eines Punktes der Ebene in rechtwinklige Coordinaten und umgekehrt. Nachdem nun in **3)** bis **5)** gezeigt ist, wie man die Funktionen eines ganz beliebigen Winkels aufschlägt, und umgekehrt, kehren wir noch einmal zurück zu den Gleichungen (2) des vorigen §:

$$x = r\cos\varphi \quad , \quad y = r\sin\varphi.$$

Diese dienen zur Lösung folgender zwei Aufgaben:

In der Coordinatenebene liegt das rechtwinklige System und das Polarcoordinatensystem so, dass der Nullpunkt für beide derselbe ist und dass die Polaraxe des zweiten zusammenfällt mit der x-Axe des ersten; schärfer gesagt, dass die Richtung $+x$ des ersten Systems die Null-Richtung für die Richtungswinkel φ im zweiten System ist, dass also

der	Richtungswinkel	0^0	den	$+$	Zweig	der	x-Axe,
„	„	90^0	„	$+$	„	„	y-Axe,
„	„	180^0	„	$-$	„	„	x-Axe,
„	„	270^0	„	$-$	„	„	y-Axe,
„	„	$0^0 = 360^0$	„	$+$	„	„	x-Axe

. . . .

bedeutet. Es kommen ja, wie schon betont, für uns nur Winkel zwischen 0^0 und 360^0 in Betracht. Was sind nun:

1) die rechtwinkligen Coordinaten (x, y) des Punktes mit den gegebenen Polarcoordinaten (r, φ)?

2) die Polarcoordinaten (r, φ) des Punktes mit den gegebenen rechtwinkligen Coordinaten (x, y)?

Da sowohl durch gegebene (x, y) als durch gegebene (r, φ) ein Punkt Eindeutig bestimmt ist, so müssen die Lösungen beider Aufgaben Eindeutig sein.

Es handelt sich hier um nichts anderes, als um Berechnung eines rechtwinkligen Dreiecks, dessen Hypotenuse der Vektor r ist und dessen rechter Winkel im Projektionspunkt des Punktes (x, y) oder (r, φ) auf die x-Axe liegt. Es ist aber nur noch die Hypotenuse eine absolute Strecke, die Katheten aber sind Strecken, denen die Vorzeichen + oder — zukommen (gegeben werden **müssen**); infolgedessen sind die Winkel des Dreiecks oder ist der Winkel φ, der y gegenüberliegt, nicht mehr nur als spitzer Winkel möglich, sondern der Winkel φ in unserem rechtwinkligen Dreieck kann nunmehr alle Werte von 0^0 bis 360^0 haben. Bei der ersten Aufgabe ist gegeben Hypotenuse und Winkel φ (Fall I des rechtwinkligen Dreiecks vgl. § 8); bei der zweiten Aufgabe sind gegeben beide Katheten (Fall IV, 2 des rechtwinkligen Dreiecks, vgl. ebend.).

1. Aufgabe. Gegeben (r, φ), gesucht (x, y). Die zwei obigen Gleichungen

$$x = r \cos \varphi \quad , \quad y = r \sin \varphi$$

liefern für jeden Fall (mit der Anzahl von Logarithmen-Dezimalstellen berechnet, die der Genauigkeit der Angaben und der demnach erforderlichen Genauigkeit der Resultate entspricht) unmittelbar die Lösung. Zu beachten, dass r eine absolute Strecke ist (also das Vorzeichen + hat); es hat somit stets x das Vorzeichen von $\cos \varphi$, y das Vorzeichen von $\sin \varphi$.

Beispiele. 1) $r = 250{,}00$ m, $\varphi = 48^0\ 13'$; wie lautet dieser Punkt in rechtwinkligen Coordinaten? φ im I. Quadranten, d. h. x (abhängig von $\cos \varphi$) positiv, und y (abhängig von $\sin \varphi$) ebenfalls positiv. Überlegung auch: $x < y$, da $\varphi > 45^0$.

$r = 250{,}00$	x	2.22 162
$\varphi = 48^0\ 13'$	$\cos \varphi$	9.82 368
$x = 166{,}58$ m	r	2.39 794
$y = 186{,}42$ m	$\sin \varphi$	9.87 255
	y	2.27 049

Antwort: Der Punkt in rechtwinkligen Coordinaten lautet: (+ 166,58; + 186,42).

2) $r = 14{,}16$, $\varphi = 123^0\ 5'$; φ im II. Quadranten, $\cos$ (und x) negativ, $\sin$ (und y) positiv; $\varphi = 90^0 + 33^0\ 5'$; Funktionen von $33^0\ 5'$ „zu vertauschen" (wegen 90^0) s. u.

$r = 14{,}16$	x	0.88 82 n
$\varphi = 123^0\ 5'$	$\cos \varphi$	9.73 71 n
$x = -7{,}73$	r	1.15 11 ╳*)
$y = 11{,}87$	$\sin \varphi$	9.92 32
	y	1.07 43

*) Das Zeichen ╳ bedeutet hier und in Zukunft stets: Funktionen „*sin* und *cos* des spitzen Winkels zu vertauschen", d. h. was in der Tafel als *sin* des spitzen Winkels steht im Rechnungsformular als *cos* zu schreiben und umgekehrt.

Antwort: Der Punkt hat die rechtwinkligen Coordinaten (— 7,73; + 11,87).

3) $r = 147{,}300$, $\varphi = 202^0, 14' 23'',0$; φ im III. Quadranten, also x (mit $\cos\varphi$) negativ und ebenso auch y (mit $\sin\varphi$) negativ; $\varphi = 180^0 + 22^0 14' 23'',0$, Funktionen dieses spitzen Winkels nicht zu vertauschen (wegen 180^0).

$r = \mathbf{147{,}300}$	x	2.134 630 n
$\varphi = \mathbf{202^0\,14'\,23'',0}$	$\cos\varphi$	9.966 427 n
$x = -\ 136{,}342$	r	2.168 203
$y = -\ \ 55{,}750$	$\sin\varphi$	9.578 046 n
	y	1.746 249 n

4) $r = 924{,}10$, $\varphi = 339^0\, 8' 25''$; φ im IV. Quadranten, also x (mit $\cos\varphi$) positiv, y (mit $\sin\varphi$) negativ; $\varphi = 270^0 + 69^0\, 8' 25''$, Funktionen des spitzen Winkels zu vertauschen (wegen 270^0).

$r = \mathbf{924{,}10}$	x	2.93 628
$\varphi = \mathbf{339^0\, 8'\, 25''}$	$\cos\varphi$	9.97 056
$x = +\ 863{,}54$	r	2.96 572 X
$y = -\ 329{,}05$	$\sin\varphi$	9.55 155 n
	y	2.51 727 n

2. Aufgabe. Umkehrung: Gegeben (x, y); gesucht (φ, r).

Dieselben zwei Gleichungen $x = r\cos\varphi$, $y = r\sin\varphi$ liefern in jedem Fall die Auflösung und diese muss Eindeutig sein. Division der Gleichungen giebt:

$$tg\,\varphi = \frac{y}{x} \quad \text{und}$$

$$r = \frac{x}{\cos\varphi} \overset{\text{oder}}{=} \frac{y}{\sin\varphi}\,.$$

Man hat aus der ersten Gleichung zunächst $tg\,\varphi$ nach Grösse und Vorzeichen, also anscheinend zwei Werte von φ (die sich um 180^0 unterscheiden), d. h. nur den Strahl durch den Ursprung, auf dem der Punkt liegen muss, ohne Angabe des Zweigs, der allein in Betracht kommen kann. Diese anscheinende Zweideutigkeit verschwindet aber sofort beim Anblick der zweiten Gleichung: r muss ja positiv werden, d. h. es muss $\cos\varphi$ das Vorzeichen von x, und $\sin\varphi$ das Vorzeichen von y erhalten. Man hat also ausser dem Wert von $tg\,\varphi$ nach Grösse und Vorzeichen auch unmittelbar gegeben das Vorzeichen von $\cos\varphi$ und von $\sin\varphi$ und damit Eindeutigkeit von φ [vgl. **5)**].

***Lalande*sche Regel.** Ferner ist hier, wo das allgemeine ebene rechtwinklige Dreieck (Dreieck mit absolut zu nehmender Hypotenuse, aber Katheten mit Vorzeichen) aus den mit Vorzeichen gegebenen Katheten zu berechnen ist, leicht zu zeigen, dass auch für diesen allgemeinen Fall die *Lalande*'sche Regel noch gilt (vgl. § 8 IV. Fall): nachdem der spitze Winkel φ_1, der zu 0mal, 1mal, 2mal, 3mal 90^0, der Eindeutigen Bestimmung von φ gemäss, zu addieren ist, um eben φ zu erhalten, aufgeschlagen ist, geht man von der mit *tg* oder *cotg* überschriebenen Spalte der Tafel, in der man sich befindet, in die letzte rechte Spalte der Tafel (mit *cos* überschrieben) und entnimmt dort die entsprechende *E log*. Dies kann *E log cos* oder *E log sin* sein; in jedem Fall erhält man das richtige Resultat, wenn man diese $E\ log\begin{Bmatrix}sin\\cos\end{Bmatrix}$ zum **grössern** der beiden Logarithmen **addiert,** aus denen $log\ tg\ \varphi = log\ y - log\ x$ gebildet worden ist. Nebensächlich, weil selbstverständlich, ist, dass man dieser $E\begin{Bmatrix}sin\\cos\end{Bmatrix}$ das Vorzeichen eben dieses grössern Logarithmus zu geben hat, da ja r sich positiv ergeben muss.

Beispiele. 1) $x = +123{,}45$, $y = +234{,}56$; was sind die Polarcoordinaten dieses Punkts? $tg\ \varphi = \frac{y}{x}$, φ im I. Quadranten, da x ($cos\ \varphi$) und y ($sin\ \varphi$) beide positiv sind (Überlegung auch: da $x < y$, so ist $\varphi > 45^0$); also Rechnung:

$y = +$ **234,56**	y	2.37 025
$x = +$ **123,45**	$E\begin{Bmatrix}sin\\cos\end{Bmatrix}$	0.05 310
$\varphi = 62^0\ 14'.5$	x	2.09 150
$r = 265{,}06$	$tg\ \varphi$	0.27 875
	r	2.42 335

Aus $tg\ \varphi = \frac{y}{x}$, $log\ tg\ \varphi = log\ y - log\ x$ ergiebt sich $log\ tg\ \varphi = 0.27875$, also $\varphi = 62^\circ\ 14^1/_2{}'$; und **nur** gleich diesem Wert, nicht auch $= 242^\circ\ 14'{,}5$, obgleich die *tg* dieses Winkels ebenfalls $= +\frac{234{,}56}{123{,}45}$, da nur im I. Quadranten, nicht auch im III. Quadranten *sin* und *cos* positiv sind, wie es hier für *sin* φ und *cos* φ der Fall sein muss (Vorzeichen von y und von x beide positiv).

Die der Tafel aus der letzten rechten Spalte entnommene E ist diesmal die von $sin\ \varphi$; es kommt aber darauf gar nicht an, sie ist nur zum grössern Logarithmus zu addieren, hier zum obern, also $log\ r = 2.37\ 025 + 0.05\ 310 = 2.42\ 335$ zu nehmen.

2) $x = -123{,}45$, $y = +234{,}56$;

$y = +$ **234,56**	y	2.37 025
$x = -$ **123,45**	$E\begin{Bmatrix}sin\\cos\end{Bmatrix}$	0.05 310
$\varphi = 90^0 + 27^0\ 45'{,}5$	x	2.09 150 n
$= 117^0\ 45'\ 30''$	$tg\ \varphi$	0.27 875 n
$r = 265{,}06$	r	2.42 335

$tg\ \varphi = \frac{y}{x} = \frac{234{,}56}{-123{,}45}$, φ nur im II. Quadranten (y u. *sin* φ positiv; x u. *cos* φ negativ); $\varphi = 90^\circ +$ dem spitzen Winkel, dessen ***cotg*** $= \frac{234{,}56}{123{,}45}$ ist; weiter wie oben.

3) $x = -123{,}45,\ y = -234{,}56$;

$y = -\mathbf{234{,}56}$	y	2.37 025 n	$tg\,\varphi = \frac{-234{,}56}{-123{,}45}$, also positiv, φ aber nur im III. Quadranten, da nur dort *sin* φ und y, und zugleich *cos* φ und x negativ sind; $\varphi = 180° +$ dem spitzen Winkel, dessen $tg = \ldots$ ist.
$x = -\mathbf{123{,}45}$	$E\begin{cases} sin \\ cos \end{cases}$	0.05 310(n)	
$\varphi = 180^0 + 62^0\,14'\,30''$	x	2.09 150 n	
$= 242^0\,14'\,30''$	$tg\,\varphi$	0.27 875 (+)	
$r = 265{,}06$	r	2.42 335	

4) $x = +123{,}45,\ y = -234{,}56$;

$y = -\mathbf{234{,}56}$	y	2.37 025 n	φ nur im IV. Qudranten, da nur dort *sin* und y negativ und zugleich *cos* und x positiv sind; $\varphi = 270° +$ dem spitzen Winkel, dessen $ctg = \frac{234{,}56}{123{,}45}$ ist u. s. f.
$x = +\mathbf{123{,}45}$	$E\begin{cases} sin \\ cos \end{cases}$	0.05 310 (n)	
$\varphi = 270^0 + 27^0\,45',5$	x	2.09 150	
$= 297^0\,45'\,20''$	$tg\,\varphi$	0.27 875 n	
$r = 265{,}06$	r	2.42 335	

Alle diese Rechnungen zum allgemeinen ebenen rechtwinkligen Dreieck (im Coordinatensystem), zu Aufgabe 1) und zu Aufgabe 2), sind an einer möglichst grossen Anzahl von Beispielen zu üben; sie kehren sowohl bei den folgenden goniometrischen Rechnungen, als bei den Aufgaben der praktischen Trigonometrie und Polygonometrie stets wieder; vgl. Kapitel 4.[17])

§ 15. Das Additionstheorem für die goniometrischen Funktionen *sin* und *cos*: Goniometr. Grundformeln für *sin* und *cos* der Summe und der Differenz zweier Winkel.

1) Einleitung. Das Additionstheorem einer analytischen Funktion F eines Arguments löst die Aufgabe, den Wert anzugeben, den F für den Wert $(x + y)$ des Arguments annimmt, wenn gegeben sind die zwei Werte, die F annimmt, wenn das Argument gleich x gesetzt wird und wenn das Argument gleich y gesetzt wird; in der Symbolik der Analysis wird also die Aufgabe gelöst: was ist $F(x + y)$ ausgedrückt in den Werten $F(x)$ und $F(y)$? In unserem Fall demnach: was ist $sin\ (\alpha + \beta)$ und $cos\ (\alpha + \beta)$, wenn gegeben sind $sin\ \alpha$, $sin\,\beta$, $cos\,\alpha$, $cos\,\beta$?

Der Nutzen der Lösung dieser Aufgabe geht schon aus einzelnen Stellen des Bisherigen hervor und es ist klar, dass mit der Lösung dieser Aufgabe eine ganze Menge anderer erledigt sein wird; z. B. ist damit selbstverständlich auch das Additionstheorem der übrigen goniometrischen Funktionen bekannt; ferner lassen sich Sätze über die Funktionen der Vielfachen, der Hälfte ... eines Winkels sehr bequem ableiten, z. B. würden aus $\sin(\alpha+\beta)$, $\cos(\alpha+\beta)$ ausgedrückt in $\sin\alpha$, $\sin\beta$, $\cos\alpha$, $\cos\beta$ die Sätze für $\sin 2\alpha$, $\cos 2\alpha$, $\sin\frac{\alpha}{2}$, $\cos\frac{\alpha}{2}$, die in § 9. **1)** Gl. (8) und (7), für spitze Winkel, abgeleitet worden sind, unmittelbar folgen mit $\alpha=\beta$ u. s. w. An der angegebenen Stelle ist gefunden worden: $\sin 2\gamma = 2\sin\gamma\cos\gamma \quad (\gamma < 90^0)$.

Kann man danach vermuten, dass

$$\sin(\alpha+\beta) = \sin\alpha\cos\beta + \cos\alpha\sin\beta \text{ ist?}$$

Die rechte Seite dieses Ausdrucks muss ja in α und β vollständig symmetrisch sein und die Annahme $\alpha=\beta$ würde in der That den durch die vorletzte Gleichung geforderten Ausdruck für $\sin 2\alpha$ geben; auch der Versuch $\alpha = 30^0$, $\beta = 60^0$, $(\alpha+\beta) = 90^0$, $\sin 90^0 = 1 = \sin 30^0\cos 60^0 + \cos 30^0 \sin 60^0 = \frac{1}{2}\cdot\frac{1}{2} + \frac{1}{2}\sqrt{3}\cdot\frac{1}{2}\sqrt{3} = \frac{1}{4} + \frac{3}{4} = 1$ stimmt.

2) Lösung der Aufgabe für spitze Winkel, deren Summe $< 90^0$ bleibt. Versuchen wir eine planimetrische Untersuchung für den einfachsten Fall: In Fig. 40 sei der Winkel $NCM = \alpha$, daran angelegt $PCN = \beta$, so dass $PCM = (\alpha+\beta)$ ist. Nimmt man $CD =$ der Längeneinheit $= 1$ und zieht $DA \perp CM$, $DB \perp CN$, ferner $BE \perp CM$ und $BF \parallel CM$, so ist

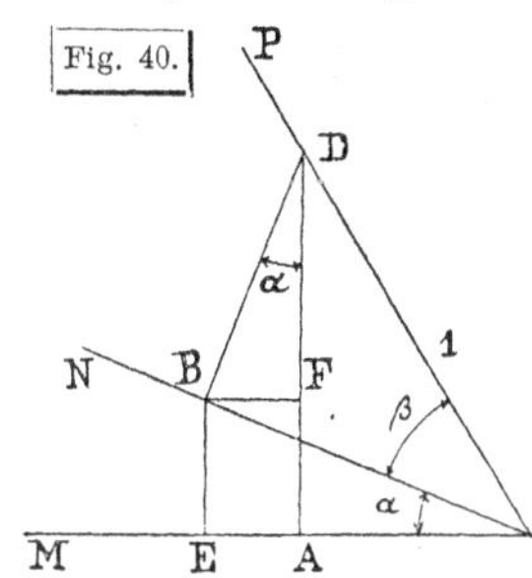

$$1)\ \sin(\alpha+\beta) = AD = AF + DF = BE + DF$$
$$= CB.\sin\alpha + BD.\cos\alpha \text{ (der Winkel } BDF \text{ ist wieder } \alpha)$$
$$= \cos\beta.\sin\alpha + \sin\beta.\cos\alpha, \text{ also in der That}$$

$$(1) \qquad \underline{\sin(\alpha+\beta) = \sin\alpha\cos\beta + \cos\alpha\sin\beta},$$

wie oben vermutet, oder in der Form des reinen Additionstheorems der Funktion *sin*:

$$\sin(\alpha+\beta) = \sin\alpha\sqrt{1-\sin^2\beta} + \sin\beta\sqrt{1-\sin^2\alpha},$$

wobei aber die zuvor angegebene Form, bei der auch $\cos\alpha$ und $\cos\beta$ rechts mit vorkommen, wie sich bald zeigen wird, die wichtigere ist.

$$2)\ \cos(\alpha+\beta) = AC = CE - EA = CE - BF = CB.\cos\alpha - BD.\sin\alpha$$
$$= \cos\beta.\cos\alpha - \sin\beta.\sin\alpha \text{ oder:}$$

$$(2) \qquad \underline{\cos(\alpha+\beta) = \cos\alpha\cos\beta - \sin\alpha\sin\beta},$$

oder in der Form des reinen Additionstheorems der Funktion *cos* (aber mit derselben Bemerkung wie oben):

$$\cos(\alpha + \beta) = \cos\alpha \cos\beta - \sqrt{(1 - \cos^2\alpha)(1 - \cos^2\beta)}$$

Nun gelten aber diese beiden Formeln, ihrer Ablesung aus der Figur gemäss, zunächst nur für den Fall $(\alpha + \beta) < 90^0$ und es fragt sich, sind sie für andere Fälle abzuändern oder gelten sie dann auch noch? Man kann sich leicht an der Figur überzeugen, dass wenn $(\alpha + \beta)$ stumpf wird (aber α und β beide spitz bleiben) die Sätze noch gelten. Dabei ist bereits zu beachten, dass für diesen Fall zwar $\sin(\alpha + \beta)$ positiv bleibt, aber $\cos(\alpha + \beta)$ negativ wird. Man muss also auf MC schon zwei Richtungen, die eine als die positive, somit die andere als die negative unterscheiden. Die Betrachtung aller einzelnen Fälle an der Figur ist aber mühsam, man kann aber, von den beiden obigen Gleichungen (1) und (2) aus, die gelten, so lange $\alpha < 90^0$ und $\beta < 90^0$ und auch noch $(\alpha + \beta) < 90^0$ ist, mit Benützung der Sätze des letzten §, der Quadrantenrelationen, die Allgemeingiltigkeit der Gleichungen (1) und (2) ohne Figur nachweisen.

3) Nachweis der Allgemeingiltigkeit der Gleichungen (1) und (2). Wenn α und β je $< 90^0$ ist und zugleich noch $\alpha + \beta < 90^0$ ist, so ist nach dem Vorstehenden:

(1) $$\sin(\alpha + \beta) = \sin\alpha \cos\beta + \cos\alpha \sin\beta$$

(2) $$\cos(\alpha + \beta) = \cos\alpha \cos\beta - \sin\alpha \sin\beta$$

1) Sind α und β je $< 90^0$, aber $(\alpha + \beta) > 90^0$ (aber also der ersten Voraussetzung nach $< 180^0$), so gelten ebenfalls die Gleichungen (1) und (2) noch.

Ist nämlich unter den angegebenen Voraussetzungen: $\alpha_1 = 90^0 - \alpha$, $\beta_1 = 90^0 - \beta$, also $\alpha_1 + \beta_1 = 180^0 - (\alpha + \beta)$, so ist $\alpha_1 + \beta_1 < 90^0$, ein spitzer Winkel; folglich gelten gemäss der Ableitung der Gleichungen (1) und (2) diese Gleichungen für die Winkel α_1 und β_1, d. h. es ist

(*) $$\begin{cases} \sin(\alpha_1 + \beta_1) = \sin\alpha_1 \cos\beta_1 + \cos\alpha_1 \sin\beta_1 & \text{und} \\ \cos(\alpha_1 + \beta_1) = \cos\alpha_1 \cos\beta_1 - \sin\alpha_1 \sin\beta_1 & . \end{cases}$$

Nun ist aber für (jeden beliebigen Wert von φ) nach § 14, Gleichung (3) und (4):

$$\begin{array}{l|l} \sin(180^0 - \varphi) = \sin\varphi & \sin(90^0 - \varphi) = \cos\varphi \\ \cos(180^0 - \varphi) = -\cos\varphi & \cos(90^0 - \varphi) = \sin\varphi \end{array} \quad ;$$

es ist also an Stelle der Gleichung (*) auch zu schreiben:

$$\sin(\alpha + \beta) = \sin(\alpha_1 + \beta_1) = \cos\alpha \sin\beta + \sin\alpha \cos\beta$$
$$-\cos(\alpha + \beta) = \cos(\alpha_1 + \beta_1) = +\sin\alpha \sin\beta - \cos\alpha \cos\beta \quad ;$$

die beiden Gleichungen (1) und (2) gelten also in der That auch noch für den Fall, dass α und β spitz, aber $(\alpha + \beta)$ stumpf ist, d. h. sie gelten zunächst für beliebige spitze Winkel α und β.

2) Gelten die Gleichungen (1) und (2) für zwei gewisse Winkel α und β, so gelten sie auch noch für zwei Winkel, von denen der eine um 90^0 grösser ist als einer jener beiden, z. B. als α.

Ist z. B. für die Winkel α und β:

$$\sin(\alpha + \beta) = \sin\alpha \cos\beta + \cos\alpha \sin\beta$$
$$\cos(\alpha + \beta) = \cos\alpha \cos\beta - \sin\alpha \sin\beta$$

und setzt man: $\alpha_2 = 90^0 + \alpha$, während β unverändert bleibt, so erhält man mit $\alpha = \alpha_2 - 90^0$ aus den 2 angegebenen Gleichungen:

$$\sin(\alpha_2 + \beta - 90^0) = \sin(\alpha_2 - 90^0)\cos\beta + \cos(\alpha_2 - 90^0)\sin\beta$$
$$\cos(\alpha_2 + \beta - 90^0) = \cos(\alpha_2 - 90^0)\cos\beta - \sin(\alpha_2 - 90^0)\sin\beta \quad .$$

Nun ist aber, da für jeden Wert von γ: $\sin(-\gamma) = -\sin\gamma$; $\cos(-\gamma) = +\cos\gamma$ ist (vgl. § 14, Gleichungen (1)) und mit Rücksicht auf $\sin(90^0 - \varphi) = \cos\varphi$, $\cos(90^0 - \varphi) = \sin\varphi$ (ebend. Gl. (4)):

$$\sin(\alpha_2 + \beta - 90^0) = -\sin[90^0 - (\alpha_2 + \beta)] = -\cos(\alpha_2 + \beta)$$
$$\cos(\alpha_2 + \beta - 90^0) = \cos[90^0 - (\alpha_2 + \beta)] = \sin(\alpha_2 + \beta) \text{ d. h.}$$

$$-\cos(\alpha_2 + \beta) = -\cos\alpha_2 \cos\beta + \sin\alpha_2 \sin\beta$$
$$\sin(\alpha_2 + \beta) = \sin\alpha_2 \cos\beta + \cos\alpha_2 \sin\beta \quad \text{oder:}$$

$$\sin(\alpha_2 + \beta) = \sin\alpha_2 \cos\beta + \cos\alpha_2 \sin\beta$$
$$\cos(\alpha_2 + \beta) = \cos\alpha_2 \cos\beta - \sin\alpha_2 \sin\beta,$$

was mit der ausgesprochenen Behauptung übereinstimmt.

3) Damit ist aber auch gezeigt, dass die Gleichungen (1) und (2) allgemein gelten, wenigstens zunächst für alle positiven Winkel. Denn man kann jeden beliebigen Winkel α zusammensetzen aus einem spitzen Winkel α_1 und einer ganzen Anzahl (z. B. m) mal 90^0, und den zweiten Winkel β aus dem spitzen Winkel β_1 und einer ganzen Anzahl (z. B. n) mal 90^0. Nun bestehen nach 1) für die Winkel α_1 und β_1 sowohl für den Fall $(\alpha_1 + \beta_1) < 90^0$ als auch für den Fall $(\alpha_1 + \beta_1) > 90^0$ die Gleichungen (1) und (2); vermehrt man nun α_1 um 90^0, so bleibt die Richtigkeit der Formel nach 2) erhalten; ebenso also bei der etwaigen zweiten Vermehrung um 90^0; und ebenso jedesmal für die gedachte successive Vermehrung des Winkels β_1 um je 90^0.

Die Behauptung (3) ist damit bewiesen.

4) Man braucht aber nicht einmal die Voraussetzung positiver Winkel in (1) und (2) zu machen; auch für negative Winkel gelten noch diese Gleichungen.

Denn ist z. B. α ein beliebig grosser negativer Winkel, β aber positiv, so kann man k als ganze Zahl so wählen, dass $\alpha_3 = k \,.\, 360^0 + \alpha$ positiv wird; es gelten also die Gleichungen (1) und (2) für α_3 und β, folglich aber auch für α und β; denn es ist ja allgemein (k positive oder negative ganze Zahl) für jede goniometrische Funktion F:

$$F(k \,.\, 360^0 + \alpha) = F(\alpha).$$

Durch 1) bis 4) ist also bewiesen: Die Gleichungen

$$(1) \qquad \sin(\alpha + \beta) = \sin\alpha\cos\beta + \cos\alpha\sin\beta$$

$$(2) \qquad \cos(\alpha + \beta) = \cos\alpha\cos\beta - \sin\alpha\sin\beta$$

gelten vollständig allgemein, für alle positiven und negativen Werte der Winkel α und β.

Damit sind die allgemein giltigen Additionstheoreme der Funktionen *sin* und *cos* aufgestellt.[18])

4) Andere Ableitung; Coordinatentransformation für zwei rechtwinklige Systeme mit gemeinschaftlichem Nullpunkt. Auch die allgemeinen Definitionen der goniometrischen Funktionen für beliebig grosse positive oder negative Winkel (§ 13), können zum unmittelbaren Nachweis der allgemeinen Giltigkeit der Gleichungen (1) und (2) verwendet werden.

Die sog. analytische Geometrie der Ebene untersucht die ebenen geometrischen Gebilde mit Hilfe von Coordinatensystemen, auf die die Punkte dieser Gebilde „bezogen" werden, besonders der beiden Systeme, die in § 13 zu den neuen Definitionen benützt worden sind, der rechtwinkligen Coordinaten und der Polarcoordinaten. Den Übergang von dem einen dieser Systeme zum zweiten (unter der Voraussetzung gemeinschaftlicher Nullpunkte) vermitteln dabei eben die allgemein giltigen Gleichungen § 13 (2):

$$\left.\begin{array}{l}\text{Abscisse} = \text{Radius mal } \cos\\ \text{Ordinate} = \text{Radius mal } \sin\end{array}\right\}\text{des Richtungswinkels:}\left\{\begin{array}{l}x = r\cos\varphi\\ y = r\sin\varphi\end{array}\right. \qquad (3)$$

Es kommt aber auch vor, dass man von einem rechtwinkligen System auf ein anderes rechtwinkliges System überzugehen hat. Setzen wir vorläufig voraus, die beiden Systeme haben gemeinschaftlichen Nullpunkt (später, bei den allgemeinen Aufgaben über Rechnungen im rechtwinkligen Coordinatensystem als Vorbereitung der Polygonometrie wird diese beschränkende Annahme fallen gelassen, was nur einen leicht übersehbaren Zusatz an den folgenden Coordinaten-Umwandlungsformeln verlangt). In jedem der beiden Systeme $(O, x\,y)$ und $(O, x'\,y')$ machen wir die stets beizubehaltende Voraussetzung des Uhrzeigerdrehungssinnes um einen rechten Winkel von $+x$ nach $+y$ und von $+x'$ nach $+y'$.

Die „Aufgabe der Coordinatentransformation" besteht nun darin, allgemein giltige Beziehungen anzugeben, die zwischen den Coordinaten x und y eines Punkts P im „alten" System (x, y) und den Coordinaten (x', y') desselben Punkts im „neuen" System bestehen.

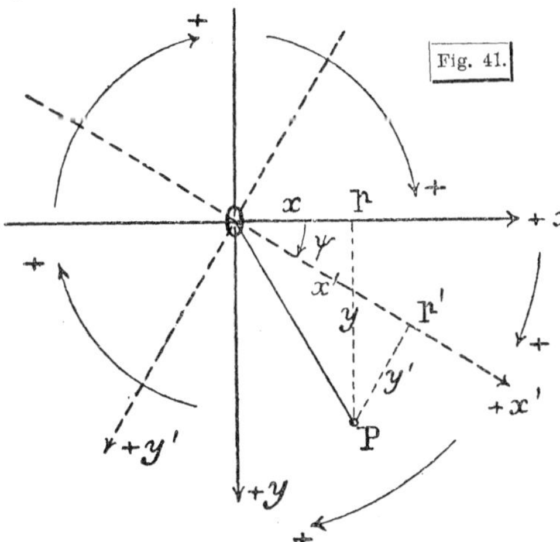

Die zwei Systeme (vgl. Fig. 41, wo $+x$ wieder nach rechts angenommen ist) sind durch den Winkel ψ vollends gegenseitig festzulegen, um den das neue gegen das alte „verdreht" ist. Man definiert den Winkel ψ als den Winkel, um den man die Richtung $+x$ im Uhrzeigersinn drehen muss, um in die Richtung $+x'$ zu kommen; (es ist also zugleich der Winkel positiver Drehung von $+y$ nach $+y'$, von $-x$ nach $-x'$ u. s. f.); über die Grösse von ψ wird gar keine Voraussetzung gemacht. Wenn nun ein ganz beliebiger Punkt der Ebene, P, gleichgiltig also, in welchem Quadranten des alten oder neuen Systems dieser Punkt liegt, im System (O, x, y) die Coordinaten (x, y) hat, im System (O, x', y') aber die Coordinaten (x', y'), so ist die Aufgabe der Coordinatenumwandlung allgemein für alle zusammengehörigen Werte (x, y) und (x', y') und für jeden Wert von ψ gelöst durch die zwei Gleichungen:

$$(4) \qquad \begin{cases} x = x' \cos \psi - y' \sin \psi \\ y = x' \sin \psi + y' \cos \psi. \end{cases}$$

Die Gleichungen drücken zunächst die „alten" Coordinaten (x, y) des Punktes in den „neuen" aus und so braucht man praktisch (s. oben) in der Regel die Umwandlungsgleichungen; will man die neuen Coordinaten in den alten ausdrücken, so hat man die Gleichungen (4) nach x' und y' aufzulösen. Die Allgemeingiltigkeit dieser Gleichungen (4) ist nun allerdings zuerst nachzuweisen, was aber Sache der analytischen Geometrie ist; für P im I. Quadranten des Systems (x, y) $(\varphi < 90^0)$ und ebenso im I. Quadranten des Systems (x', y') $(\varphi' = \varphi - \psi < 90^0)$ liest man sie unmittelbar aus der Figur ab (es ist dieselbe Figur wie oben in 2).

Nun ist aber, wenn φ den von der $+x$-Axe aus im Uhrzeigersinn gezählten Richtungswinkel von OP im alten System bedeutet, und ebenso φ' den Richtungswinkel von OP im neuen System, gemäss den allgemein giltigen Definitionen:

(5) $$\underline{\varphi = \varphi' + \psi.}$$

Diese Gleichung besteht für alle zusammengehörigen Werte φ und φ' und für jeden Wert von ψ. Setzt man nun in (4) die allgemeinen Definitionsgleichungen (3) ein, so wird aus jenen Gleichungen (4):

$$r \cos \varphi = r \cos \varphi' \cos \psi - r \sin \varphi' \sin \psi$$
$$r \sin \varphi = r \cos \varphi' \sin \psi + r \sin \varphi' \cos \psi$$

oder, mit Umstellung und mit Rücksicht auf (5), ferner mit Weglassung von $OP = r$ (absolute Strecke, die sogleich hätte $= 1$ genommen werden können, wie in Figur 40):

(6) $$\begin{cases} \sin (\varphi' + \psi) = \sin \varphi' \cos \psi + \cos \varphi' \sin \psi \\ \cos (\varphi' + \psi) = \cos \varphi' \cos \psi - \sin \varphi' \sin \psi. \end{cases}$$

Diese, für alle Winkel φ' und ψ, oder α und β, giltigen Gleichungen (6) geben also abermals das Additionstheorem der Funktionen *sin* und *cos* übereinstimmend mit (1) und (2).

Ihre Ableitung setzt allerdings die Gleichung (4) aus der ana lytischen Geometrie voraus, insbesondere den dort zu gebenden Nachweis der Allgemeingiltigkeit dieser Gleichungen. Umgekehrt kann man selbstverständlich die Gleichungen (4) aus (1) und (2), wenn für diese der erste Nachweis der Allgemeingiltigkeit in **3)** vorgezogen wird, ablesen.

Im einen oder andern Fall sind bei dieser Gelegenheit die Coordinaten-Umwandlungsgleichungen (4) auswendig zu merken.[19])

5) Zusammenstellung. Die hier gewonnenen Grundformeln für *sin* und *cos* der Summe zweier ganz beliebiger Winkel:

(1) $$\sin (\alpha + \beta) = \sin \alpha \cos \beta + \cos \alpha \sin \beta$$

(2) $$\cos (\alpha + \beta) = \cos \alpha \cos \beta - \sin \alpha \sin \beta$$

liefern sofort, mit $(-\beta)$ an Stelle von β und mit Rücksicht auf $\cos(-\beta) = \cos \beta$, $\sin(-\beta) = -\sin \beta$, die ebenfalls allgemein giltigen Formeln:

(7) $$\sin (\alpha - \beta) = \sin \alpha \cos \beta - \cos \alpha \sin \beta$$

(8) $$\cos (\alpha - \beta) = \cos \alpha \cos \beta + \sin \alpha \sin \beta.$$

§ 16. Folgerungen aus dem Additionstheorem für *sin* und *cos*: Additionstheoreme der übrigen Funktionen. Die sämtlichen goniometrischen Formeln für zwei beliebige Winkel.

Die allgemeine Giltigkeit der Gleichungen (1), (2), (7), (8) am Schluss des vorigen § sichert auch den durch identische Umformung aus ihnen zu gewinnenden, die voraussetzungslose Giltigkeit. In allen Formeln dieses § ist daher über die vorkommenden Winkel keinerlei Voraussetzung zu machen und die Wiederholung der Bemerkung über Allgemeingiltigkeit der Formeln unterbleibt in Zukunft als selbstverständlich. Nur wo etwa besondere Beschränkungen sich notwendig zeigen, sind diese ausdrücklich angegeben. Die Formeln, die unbedingt auswendig gemerkt werden, also jederzeit unmittelbar zum Gebrauch bereit sein müssen, sind hier und in allem Folgenden wieder **fett** gedruckt.

1) Additionstheoreme der übrigen Funktionen.

Aus
$$tg\,(\alpha+\beta)=\frac{sin\,(\alpha+\beta)}{cos\,(\alpha+\beta)}=\frac{sin\,\alpha\,cos\,\beta+cos\,\alpha\,sin\,\beta}{cos\,\alpha\,cos\,\beta-sin\,\alpha\,sin\,\beta}$$
folgt sofort, wenn auch rechts die tg der beiden Winkel eingeführt werden, indem man Zähler und Nenner mit $cos\,\alpha\,cos\,\beta$ dividiert:

(9) $$\mathbf{tg\,(\alpha+\beta)=\frac{tg\,\alpha+tg\,\beta}{1-tg\,\alpha\,tg\,\beta}}$$ und analog

(10) $$\mathbf{tg\,(\alpha-\beta)=\frac{tg\,\alpha-tg\,\beta}{1+tg\,\alpha\,tg\,\beta}}.$$

(Die Gleichungen sind, mit Rücksicht auf das Citieren, vom vorigen § her weiter nummeriert.)

Ebenso ist
$$ctg\,(\alpha+\beta)=\frac{cos\,(\alpha+\beta)}{sin\,(\alpha+\beta)}=\frac{cos\,\alpha\,cos\,\beta-sin\,\alpha\,sin\,\beta}{sin\,\alpha\,cos\,\beta+cos\,\alpha\,sin\,\beta},$$
oder, im Zähler und Nenner mit $sin\,\alpha\,sin\,\beta$ dividiert:

(11) $$\mathbf{ctg\,(\alpha+\beta)=\frac{ctg\,\alpha\,ctg\,\beta-1}{ctg\,\beta+ctg\,\alpha}};$$ analog

(12) $$\mathbf{ctg\,(\alpha-\beta)=\frac{ctg\,\alpha\,ctg\,\beta+1}{ctg\,\beta-ctg\,\alpha}}.$$

Unwichtig sind die Formeln für sec und $cosec$ der Summe zweier Winkel, da diese beiden Funktionen überhaupt nur eine untergeordnete Rolle spielen. Es wird (wobei in (13) und (14) das Vorzeichen $\pm$ nicht willkürlich zu wählen ist, sondern durchaus entweder die obern oder die untern Vorzeichen zu nehmen sind)
$$sec\,(\alpha\pm\beta)=\frac{1}{cos\,(\alpha\pm\beta)}=\frac{1}{cos\,\alpha\,cos\,\beta\mp sin\,\alpha\,sin\,\beta},$$
oder, nach Division mit $cos\,\alpha\,cos\,\beta$ im Zähler und Nenner:

(13) $$sec\,(\alpha\pm\beta)=\frac{sec\,\alpha\,sec\,\beta}{1\mp tg\,\alpha\,tg\,\beta}$$
$$\left(=\frac{sec\,\alpha\,sec\,\beta}{1\mp\sqrt{sec^2\,\alpha-1}\,.\,\sqrt{sec^2\,\beta-1}}\right).$$

Analog wird

(14) $$cosec\,(\alpha \pm \beta) = \frac{cosec\,\alpha\; cosec\,\beta}{ctg\,\beta \pm ctg\,\alpha}$$
$$\left(= \frac{cosec\,\alpha\; cosec\,\beta}{\sqrt{cosec^2\beta - 1} \pm \sqrt{cosec^2\alpha - 1}}\right).$$

2) Spezieller Fall. Spezielle Fälle der Formeln (1) (2), (7) bis (14) erhält man dadurch, dass man dem einen der beiden Winkel einen bestimmten Wert beilegt. Die sämtlichen Gleichungen des § 14, Quadranten-Relationen (für Einen Winkel), erscheinen so als spezielle Fälle der Additionstheoreme der goniometrischen Funktionen; z. B. ist:
$$sin\,(90^0 + \varphi) = \underset{1}{sin\,90^0}.\,cos\,\varphi + \underset{0}{cos\,90^0}.\,sin\,\varphi = cos\,\varphi\;; \text{ ebenso}$$
$$cos\,(90^0 + \varphi) = \underset{0}{cos\,90^0}\,cos\,\varphi - \underset{1}{sin\,90^0}\,sin\,\varphi = -\,sin\,\varphi;\text{ u. s. f.}$$
Alle diese Relationen sind ja aber bekannt; man erhält auf diesem Weg selbstverständlich keine neuen Formeln.

Einen andern, bei den Funktionen *tg* und *ctg* oft vorkommenden und deshalb für sie wichtigen speziellen Fall erhält man aber aus den vorstehenden Formeln mit $\alpha = 45^0$, nämlich
$$sin\,(45^0 + \varphi) = sin\,\varphi\,cos\,45^0 + cos\,\varphi\,sin\,45^0 = \frac{sin\,\varphi + cos\,\varphi}{\sqrt{2}}$$
$$= cos\,(45^0 - \varphi),\text{ da } (45^0 - \varphi) + (45^0 + \varphi) = 90^0 \text{ ist;}$$
es ist also

(15) $$\begin{cases} sin\,(45^0 + \varphi) = cos\,(45^0 - \varphi) = \dfrac{cos\,\varphi + sin\,\varphi}{\sqrt{2}}\;;\text{ ebenso} \\ cos\,(45^0 + \varphi) = sin\,(45^0 - \varphi) = \dfrac{cos\,\varphi - sin\,\varphi}{\sqrt{2}} \\ \mathbf{tg\,(45^0 + \varphi) = ctg\,(45^0 - \varphi) = \dfrac{1 + tg\,\varphi}{1 - tg\,\varphi} = \dfrac{ctg\,\varphi + 1}{ctg\,\varphi - 1}} \\ \mathbf{ctg\,(45^0 + \varphi) = tg\,(45^0 - \varphi) = \dfrac{ctg\,\varphi - 1}{ctg\,\varphi + 1} = \dfrac{1 - tg\,\varphi}{1 + tg\,\varphi}} \end{cases}$$

Bemerkung. Die beiden letzten Formeln (15) kommen, wie schon angedeutet, sehr häufig zur Anwendung und sind auswendig zu merken; es genügt aber dabei Eine, z. B.
$$tg\,(45^0 + \varphi) = \frac{tg\,45^0 + tg\,\varphi}{1 - tg\,45^0\,.\,tg\,\varphi} = \frac{1 + tg\,\varphi}{1 - tg\,\varphi},$$
da aus ihr die übrigen sofort hervorgehen.

Was ist z. B., unter Voraussetzung dieser Formel, $\dfrac{1 - tg\,\varphi}{1 + tg\,\varphi}$? Antwort: $ctg\,(45^0 + \varphi)$ oder $tg\,(45^0 - \varphi)$.

Was ist $\dfrac{1 - ctg\,\varphi}{1 + ctg\,\varphi}$? Antwort: $\dfrac{1 - \frac{1}{tg\,\varphi}}{1 + \frac{1}{tg\,\varphi}} = \dfrac{tg\,\varphi - 1}{tg\,\varphi + 1} = -\dfrac{1 - tg\,\varphi}{1 + tg\,\varphi} =$ $tg\,(\varphi - 45^0) = -\,ctg\,(45^0 + \varphi)$.

3) Summe und Differenz der ***sin, cos, tang, cotang*** **zweier Winkel** u. s. f.

Durch Addition und Subtraktion der Gleichungen (1) und (7), (2) und (8) erhält man:

$$(16)\quad \begin{cases} \sin(\alpha+\beta)+\sin(\alpha-\beta)= & 2\sin\alpha\cos\beta \\ \sin(\alpha+\beta)-\sin(\alpha-\beta)= & 2\cos\alpha\sin\beta \\ \cos(\alpha+\beta)+\cos(\alpha-\beta)= & 2\cos\alpha\cos\beta \\ \cos(\alpha+\beta)-\cos(\alpha-\beta)= & -2\sin\alpha\sin\beta. \end{cases}$$

Setzt man hier

$$\begin{cases}\alpha+\beta=\varphi \\ \alpha-\beta=\psi\end{cases} \quad \text{so wird} \quad \begin{cases}\alpha=\dfrac{\varphi+\psi}{2} \\ \beta=\dfrac{\varphi-\psi}{2}\end{cases}$$

und damit gehen die Gleichungen (16) über in die folgenden noch wichtigern:

$$(17)\quad \begin{cases} \sin\varphi+\sin\psi= & 2\sin\dfrac{\varphi+\psi}{2}\cos\dfrac{\varphi-\psi}{2} \\ \sin\varphi-\sin\psi= & 2\cos\dfrac{\varphi+\psi}{2}\sin\dfrac{\varphi-\psi}{2} \\ \cos\varphi+\cos\psi= & 2\cos\dfrac{\varphi+\psi}{2}\cos\dfrac{\varphi-\psi}{2} \\ \cos\varphi-\cos\psi= & -2\sin\dfrac{\varphi+\psi}{2}\sin\dfrac{\varphi-\psi}{2}=2\sin\dfrac{\varphi-\psi}{2}\sin\dfrac{\psi-\varphi}{2}. \end{cases}$$

Um analoge Formeln für Summe und Differenz der *tang* oder der *cotang* zweier Winkel zu erhalten, verfährt man am besten so (wo die obern oder aber die untern Vorzeichen zusammengehören):

$$tg\,\varphi \pm tg\,\psi = \frac{\sin\varphi}{\cos\varphi} \pm \frac{\sin\psi}{\cos\psi} = \frac{\sin\varphi\cos\psi \pm \cos\varphi\sin\psi}{\cos\varphi\cos\psi};$$

ebenso für *ctg*. Man erhält damit:

$$(18)\quad \begin{cases} tg\,\varphi+tg\,\psi=\dfrac{\sin(\varphi+\psi)}{\cos\varphi\cos\psi} & tg\,\varphi-tg\,\psi=\dfrac{\sin(\varphi-\psi)}{\cos\varphi\cos\psi} \\ ctg\,\varphi+ctg\,\psi=\dfrac{\sin(\varphi+\psi)}{\sin\varphi\sin\psi} & ctg\,\varphi-ctg\,\psi=-\dfrac{\sin(\varphi-\psi)}{\sin\varphi\sin\psi} \\ tg\,\varphi+ctg\,\psi=\dfrac{\cos(\varphi-\psi)}{\cos\varphi\sin\psi} & tg\,\varphi-ctg\,\varphi=-\dfrac{\cos(\varphi+\psi)}{\cos\varphi\sin\psi}. \end{cases}$$

Bemerkenswert sind noch die Gleichungen, die aus Division der in (18) links und rechts stehenden Gleichungen hervorgehen:

$$(19)\quad \begin{cases} \dfrac{tg\,\varphi+tg\,\psi}{tg\,\varphi-tg\,\psi}=\dfrac{\sin(\varphi+\psi)}{\sin(\varphi-\psi)} \\ \dfrac{ctg\,\varphi+ctg\,\psi}{ctg\,\varphi-ctg\,\psi}=-\dfrac{tg\,\varphi+tg\,\psi}{tg\,\varphi-tg\,\psi}=-\dfrac{\sin(\varphi+\psi)}{\sin(\varphi-\psi)} \end{cases}$$

Aus den Formeln (17) erhält man ferner durch Division:

$$(20)\quad \begin{cases} \dfrac{\sin\varphi+\sin\psi}{\cos\varphi+\cos\psi} = \ \ tg\,\dfrac{\varphi+\psi}{2} \\ \dfrac{\sin\varphi-\sin\psi}{\cos\varphi+\cos\psi} = \ \ tg\,\dfrac{\varphi-\psi}{2} \\ \dfrac{\sin\varphi-\sin\psi}{\cos\varphi-\cos\psi} = -\,ctg\,\dfrac{\varphi+\psi}{2} \\ \dfrac{\sin\varphi+\sin\psi}{\cos\varphi-\cos\psi} = -\,ctg\,\dfrac{\varphi-\psi}{2}. \end{cases}$$

Aus je zwei der Formeln (20) oder ebenfalls direkt aus den Formeln (17) ergeben sich endlich noch die folgenden:

$$(21)\quad \begin{cases} \dfrac{\sin\varphi+\sin\psi}{\sin\varphi-\sin\psi} = \dfrac{tg\,\dfrac{\varphi+\psi}{2}}{tg\,\dfrac{\varphi-\psi}{2}} = tg\,\dfrac{\varphi+\psi}{2}\,ctg\,\dfrac{\varphi-\psi}{2} \\ \dfrac{\cos\varphi+\cos\psi}{\cos\varphi-\cos\psi} = -\dfrac{ctg\,\dfrac{\varphi+\psi}{2}}{tg\,\dfrac{\varphi-\psi}{2}} = -\,ctg\,\dfrac{\varphi+\psi}{2}\,ctg\,\dfrac{\varphi-\psi}{2}. \end{cases}$$

Die Formeln (17) bis (21) (besonders 17)) kommen sehr häufig zur Anwendung; sie sind vielfach brauchbar zur Vereinfachung logarithmischer Rechnungen, da sie Summen und Differenzen und Quotienten solcher in Produkte verwandeln.

Bemerkenswert ist endlich noch etwa die folgende Formel:

$$\sin^2\varphi - \sin^2\psi = \cos^2\psi - \cos^2\varphi = \sin(\varphi+\psi)\sin(\varphi-\psi),$$

die man durch Multiplikation der Grundformeln (1) und (7) und sonst noch auf mehrfache Art aus den vorstehenden Gleichungen ableiten kann.

Man verifiziere die sämtlichen vorangehenden Gleichungen mit einfachen Zahlenwerten, z. B. Gleichung (17):

$\sin 90^0 + \sin 30^0 = 2\sin 60^0 \,.\, \cos 30^0 = 2\,.\,\frac{1}{2}\sqrt{3}\cdot\frac{1}{2}\sqrt{3} = \frac{3}{2}$; nun ist $\sin 90^0 = 1$, $\sin 30^0 = \frac{1}{2}$, somit Übereinstimmung vorhanden; u. s. f.

§ 17. Die goniometrischen Funktionen der Vielfachen und der Teile eines gegebenen Winkels.

1) Doppelter und halber Winkel. Setzt man in den Gleichungen (1) und (2) $\beta = \alpha$, so erhält man:

$$(22)\quad \begin{cases} \sin 2\alpha = \ \ 2\sin\alpha\cos\alpha \\ \cos 2\alpha = \begin{cases} \cos^2\alpha - \sin^2\alpha \quad \text{oder} \\ 2\cos^2\alpha - 1 \quad \text{oder} \\ 1 - 2\sin^2\alpha\,; \end{cases} \end{cases}$$

in anderer Form:

$$(23)\quad \begin{cases} \sin\alpha = 2\sin\frac{\alpha}{2}\cos\frac{\alpha}{2} \\ \cos\alpha = \begin{cases} \cos^2\frac{\alpha}{2} - \sin^2\frac{\alpha}{2} \\ 2\cos^2\frac{\alpha}{2} - 1 \\ 1 - 2\sin^2\frac{\alpha}{2} \end{cases} \end{cases}$$

Wollte man in den Gleichungen (22) oder (23) $\sin 2\alpha$ in $\sin\alpha$ allein, oder $\sin\alpha$ in $\sin\frac{\alpha}{2}$ allein ausdrücken, so würde man erhalten:

$$\sin 2\alpha = 2\sin\alpha\sqrt{1-\sin^2\alpha}\,,\qquad \sin\alpha = 2\sin\frac{\alpha}{2}\sqrt{1-\sin^2\frac{\alpha}{2}}\ ;$$

es ist bemerkenswert, dass man also, während $\cos 2\alpha$ in $\cos\alpha$ allein ($\cos\alpha$ in $\cos\frac{\alpha}{2}$ allein) sich rational ausdrücken lässt, nicht auch $\sin 2\alpha$ in $\sin\alpha$ allein ($\sin\alpha$ in $\sin\frac{\alpha}{2}$ allein) rational ausdrücken kann, sondern nur in $\sin\alpha$ und $\cos\alpha$ (in $\sin\frac{\alpha}{2}$ und $\cos\frac{\alpha}{2}$).

Man suche dies selbst näher zu begründen.

Die Formeln (23) kommen, wie (22), so häufig zur Anwendung, dass für die zweite Gleichung (23) auch noch folgende Form zu merken ist:

$$(24)\quad \begin{cases} 2\sin^2\frac{\alpha}{2} = 1 - \cos\alpha \\ 2\cos^2\frac{\alpha}{2} = 1 + \cos\alpha. \end{cases}$$

Aus diesen Gleichungen (24) folgt weiter:

$$(25)\quad \begin{cases} \sin\frac{\alpha}{2} = \sqrt{\frac{1-\cos\alpha}{2}} \\ \cos\frac{\alpha}{2} = \sqrt{\frac{1+\cos\alpha}{2}}. \end{cases}$$

Dabei ist zu bemerken, dass die Wurzeln in den Gleichungen (25) je zwei Werte haben, nämlich das positiv und negativ genommene arithmetische Ergebnis der Wurzelausziehung. Ist z. B. $\cos\alpha = +\frac{1}{2}$, so ist α sowohl $+60^0$ als -60^0; $\frac{\alpha}{2} = \pm 30^0$; nun ist $\sin 30^0 = +\frac{1}{2}$, $\sin(-30^0) = -\frac{1}{2}$; die erste Gleichung (25) giebt $\sin\frac{\alpha}{2} = \sqrt{\frac{1-\frac{1}{2}}{2}}$ $= \sqrt{\frac{1}{4}} = \pm\frac{1}{2}$, somit Übereinstimmung. Untersuchen wir ebenso die zweite Gleichung (25). Es sei $\cos\alpha = +\frac{1}{2}$; dies giebt $\alpha = +60^0$ oder -60^0 wie oben; $\frac{\alpha}{2}$ also $+30^0$ oder -30^0; $\cos 30^0 = +\frac{1}{2}\sqrt{3}$, $\cos(-30^0)$ aber ebenfalls $= +\frac{1}{2}\sqrt{3}$, also scheinbarer Widerspruch, der zweite Wert der $\sqrt{\frac{1+\frac{1}{2}}{2}} = \sqrt{\frac{3}{4}} = \pm\frac{1}{2}\sqrt{3}$ scheinbar unbrauchbar.

Nun ist aber zu beachten, dass durch die Gleichung $\cos\alpha = \frac{1}{2}$, wie früher schon mehrfach ausgesprochen ist, zwei (und nur zwei) verschiedene Werte von α zwischen 0^0 und 360^0 geliefert werden, nämlich 60^0 und -60^0 oder 60^0 und 300^0; alle andern Werte, die dieselbe Gleichung $\cos\alpha = \frac{1}{2}$ befriedigen, z. B. 420^0, $780^0 \ldots$, 660^0, 1020^0, ... oder auch -60^0, -420^0, ... -660^0.... sind von jenen beiden Werten nicht verschieden. Für den Wert von $\frac{1}{2}\alpha$ sind aber die Winkel 60^0 und 420^0 oder -60^0 und 300^0 nicht identisch, denn man erhält für $\frac{\alpha}{2}$ entweder 30^0 und 210^0, oder -30^0 und 150^0 und dies sind vier verschiedene Werte. Halbieren wir sämtliche der beispielsweise angegebenen Werte von α, so findet sich $\frac{\alpha}{2} = 30^0, 210^0, 390^0 \ldots$, $150^0, 330^0, 510^0 \ldots, -30^0, -210^0, -390^0 \ldots$, von diesen sind aber nur vier wirklich verschieden, da $30^0 = 390^0 = \ldots = -330^0 \ldots$; $150^0 = 510^0 = \ldots -210^0 \ldots$; $210^0 = \ldots = -150^0 = \ldots$; und $330^0 = -\ldots = -30^0 \ldots$ ist. Schreibt man alle Winkel positiv an, so findet man also mit $\cos = +\frac{1}{2}$, was zwischen 0^0 und 360^0 die zwei Werte 60^0 und 300^0 liefert, vier verschiedene Werte von $\frac{1}{2}\alpha$, nämlich 30^0, 150^0, 210^0 und 330^0.

Allgemeiner: Denkt man sich einen Winkel x durch die Angabe $x = \alpha$ bestimmt, so ist x algebraisch „Eindeutig", es hat nämlich eben nur den Wert α; goniometrisch (in Bezug auf alle goniometrischen Funktionen von x) sind aber mit α gleichbedeutend auch alle $(\alpha + k \,.\, 360)$, wo k eine positive oder negative ganze Zahl ist. Auch $2x$ ist durch die Angabe $x = \alpha$ algebraisch Eindeutig bestimmt; und für die goniometrischen Funktionen sind die Werte $(2\alpha + k \,.\, 360^0)$ dieselben. Dagegen sind für $\frac{1}{2}x$ durch die Angabe $x = \alpha$ in goniometrischer Beziehung zwei verschiedene Werte bestimmt, nämlich $\frac{\alpha}{2}$ und $\left(\frac{\alpha}{2} + 180^0\right)$, diese sind für tg und ctg zwar noch übereinstimmend, für *sin* und *cos* aber nicht; die übrigen Werte $\left(\frac{\alpha}{2}+k.360^0\right)$ und $\left(\frac{\alpha}{2}+180^0\right.$ $\left.+k.360^0\right)$ kommen nicht weiter in Betracht. Für $\frac{1}{3}\,x$ aber hat man ebenso in Beziehung auf jede goniometrische Verwendung von x drei verschiedene Werte $\left(\frac{\alpha}{3}, \frac{\alpha}{3}+120^0, \frac{\alpha}{3}+240^0\right)$ u. s. f. Während also bei Vervielfachung eines Winkels der Winkel Eindeutig bleibt, tritt bei der Winkelteilung Mehrdeutigkeit in goniometrischer Beziehung auf. Dies ist sehr zu beachten; es wird mehrfach hierauf zurückzukommen sein.

Genau dasselbe sagt nun (für den halben Winkel) das Doppelvorzeichen + oder —, das vor den Wurzeln in Gleichung (25) zu denken ist; jeder der beiden entgegengesetzt gleichen Werte von $cos\,\frac{\alpha}{2}$ giebt zwei verschiedene Werte von $\frac{\alpha}{2}$, man hat also im ganzen vier Werte von $\underline{\frac{1}{2}\,\alpha}$ zwischen 0^0 und 360^0, die der Gleichung $cos\,\alpha =$ einem gegebenen positiven oder negativen echten Bruch entsprechen, während nur zwei verschiedene Werte von $\underline{\alpha}$ zwischen 0^0 und 360^0 diese Gleichung befriedigen.

Ferner ergiebt sich aus den Gleichungen (9) und (11):

$$(26)\quad \left\{\begin{array}{ll} tg\,2\,\alpha = \dfrac{2\,tg\,\alpha}{1-tg^2\,\alpha} \quad \text{und also} & tg\,\alpha = \dfrac{2\,tg\,\dfrac{\alpha}{2}}{1-tg^2\,\dfrac{\alpha}{2}} \\[2em] ctg\,2\,\alpha = \dfrac{ctg^2\,\alpha-1}{2\,ctg\,\alpha} \quad \text{und also} & ctg\,\alpha = \dfrac{ctg^2\,\dfrac{\alpha}{2}-1}{2\,ctg\,\dfrac{\alpha}{2}}. \end{array}\right.$$

Aus (25) endlich erhält man durch Division:

$$(27)\qquad tg\,\frac{\alpha}{2} = \sqrt{\frac{1-cos\,\alpha}{1+cos\,\alpha}},$$

woraus, wenn das einemal der Zähler, das anderemal der Nenner rational gemacht wird, folgt:

$$(28)\qquad tg\,\frac{\alpha}{2} = \frac{1-cos\,\alpha}{sin\,\alpha} = \frac{sin\,\alpha}{1+cos\,\alpha};$$

und hieraus

$$(29)\qquad ctg\,\frac{\alpha}{2} = \frac{sin\,\alpha}{1-cos\,\alpha} = \frac{1+cos\,\alpha}{sin\,\alpha} = \sqrt{\frac{1+cos\,\alpha}{1-cos\,\alpha}}.$$

Aus den Formeln (27) bis (29) zeigt sich wieder, dass $tg\,\frac{\alpha}{2}$ und $ctg\,\frac{\alpha}{2}$ sich in $cos\,\alpha$ allein nicht rational ausdrücken lassen, wohl aber in $\sin\alpha$ und $\cos\alpha$. Die Ausdrücke $(1-\cos\alpha)$ und $(1+\cos\alpha)$ sind stets positiv, da $\cos\alpha$ ein positiver oder negativer echter Bruch ist; es folgt also aus (27) und (29) auch der Satz, dass $tg\frac{\alpha}{2}$ und $ctg\frac{\alpha}{2}$ stets dasselbe Vorzeichen, wie $\sin\alpha$ haben, was auch leicht direkt nachzuweisen ist.

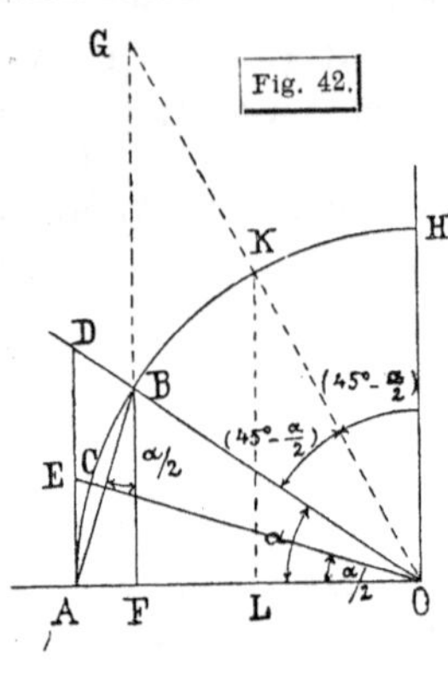

Sehr zu empfehlen ist, sich alle die Formeln dieses § auch durch die Figur klar zu machen, wie es schon früher in § 9 Fig. 19 für $\sin 2\gamma$, $\cos 2\gamma$ geschehen ist; es ist dann nur nicht zu vergessen, dass jetzt alle unsere Formeln, von der zufälligen Annahme der Figur unabhängig, allgemein gelten.

Ist z. B. in Fig. 42 der Halbmesser des Kreises gleich 1, der Winkel $BOA=\alpha$, $COA=\frac{1}{2}\alpha$, also $AD=tg\,\alpha$, $AE=tg\frac{1}{2}\alpha$, $BF=\sin\alpha$, $OF=\cos\alpha$, $AF=1-\cos\alpha$, so ist, da der Winkel ABF ebenfalls $\frac{\alpha}{2}$ ist: $AF=AB\sin\frac{\alpha}{2}$, oder, weil AB die Sehne zum Centriwinkel α ist:

$$AF=2\sin\frac{\alpha}{2}\,.\,\sin\frac{\alpha}{2} \qquad \text{oder es ist} \qquad 2\sin^2\frac{\alpha}{2}=1-\cos\alpha;$$

ferner
$$tg\frac{\alpha}{2}=\frac{AF}{BF}=\frac{1-\cos\alpha}{\sin\alpha};\ \text{u. s. w.}$$

Man kann hier auch neue Formeln finden: Macht man $BG=BO=1$, so wird $GOB=45^0-\frac{\alpha}{2}$, und also KOH ebenfalls $=45^0-\frac{\alpha}{2}$, $AOK=45^0+\frac{\alpha}{2}$ u. s. f., somit z. B. aus der Änlichkeit der zwei Dreiecke FGO und LKO:

$$(1+\sin\alpha):\cos\alpha=KL:LO=tg\left(45^0+\frac{\alpha}{2}\right)\left(=ctg\left(45^0-\frac{\alpha}{2}\right)\right),\ \text{also}$$

$$(30)\left\{\begin{aligned} tg\left(45^0+\frac{\alpha}{2}\right)&=ctg\left(45^0-\frac{\alpha}{2}\right)=\frac{1+\sin\alpha}{\cos\alpha};\ \text{ebenso ist abzuleiten}\\ ctg\left(45^0+\frac{\alpha}{2}\right)&=tg\left(45^0-\frac{\alpha}{2}\right)=\frac{1-\sin\alpha}{\cos\alpha}.\end{aligned}\right.$$

Beide Formeln sind selbstverständlich algebraisch noch einfacher ebenso zu erhalten wie oben (28) und (29); aus (30) wird durch Division

$$(31)\quad \begin{cases} tg\left(45^0 + \frac{\alpha}{2}\right) = ctg\left(45^0 - \frac{\alpha}{2}\right) = \sqrt{\frac{1 + sin\,\alpha}{1 - sin\,\alpha}} \\ ctg\left(45^0 + \frac{\alpha}{2}\right) = tg\left(45^0 - \frac{\alpha}{2}\right) = \sqrt{\frac{1 - sin\,\alpha}{1 + sin\,\alpha}} \end{cases}$$

Diese Formeln sind für die Trigonometrie weniger wichtig als (27) bis (29), aber, da sie in der Analysis gelegentlich vorkommen, der Vollständigkeit und Symmetrie halber hier mit aufgenommen.

Ferner erhält man noch aus (13) und (14) die Formeln für *sec* und *cosec* des doppelten Winkels, die ebenfalls nur der Vollständigkeit wegen angeführt sein mögen, nämlich

$$(32)\quad \begin{cases} sec\,2\,\alpha = \frac{sec^2\,\alpha}{1 - tg^2\,\alpha} = \frac{1 + tg^2\,\alpha}{1 - tg^2\,\alpha} = \frac{sec^2\,\alpha}{2 - sec^2\,\alpha}, \\ cosec\,2\,\alpha = \frac{cosec^2\,\alpha}{2\,ctg\,\alpha} = \frac{1 + ctg^2\,\alpha}{2\,ctg\,\alpha} = \frac{cosec^2\,\alpha}{2\sqrt{cosec^2\,\alpha - 1}}. \end{cases}$$

Mit Hilfe der Formeln (17) erhält man noch einige etwas wichtigere Formeln mit $\psi = (90^0 - \varphi)$, nämlich:

$$\begin{aligned} sin\,\alpha + cos\,\alpha &= sin\,\alpha + sin\,(90^0 - \alpha) \\ &= 2\,sin\,\frac{\alpha + 90^0 - \alpha}{2}\,cos\,\frac{\alpha - 90^0 + \alpha}{2} \\ &= 2\,sin\,45^0\,.\,cos\,(\alpha - 45^0) \text{ oder} \end{aligned}$$

$$(33)\quad \begin{cases} sin\,\alpha + cos\,\alpha = \sqrt{2}\,.\,cos\,(\alpha - 45^0)\text{; ebenso} \\ sin\,\alpha - cos\,\alpha = \sqrt{2}\,.\,sin\,(\alpha - 45^0). \end{cases}$$

Ferner ist

$$ctg\,\alpha + tg\,\alpha = \frac{cos\,\alpha}{sin\,\alpha} + \frac{sin\,\alpha}{cos\,\alpha} = \frac{cos^2\,\alpha + sin^2\,\alpha}{sin\,\alpha\,cos\,\alpha} = \frac{1}{sin\,\alpha\,cos\,\alpha} = \frac{2}{2\,sin\,\alpha\,cos\,\alpha}$$

oder

$$(34)\quad \begin{cases} ctg\,\alpha + tg\,\alpha = \frac{2}{sin\,2\,\alpha} = 2\,cosec\,2\,\alpha\text{; ebenso} \\ ctg\,\alpha - tg\,\alpha = 2\,ctg\,2\,\alpha. \end{cases}$$

Die Formeln (33) und (34) verwandeln wieder Summen in Produkte und ihre rechten Seiten sind deshalb zur logarithmischen Rechnung bequemer als die linken Seiten.

---

2) Drei-, vier-, ... facher Winkel. Um, als Fortsetzung von (22), *sin* und *cos* des 3-, 4- ... fachen Winkels in denselben Funktionen des einfachen auszudrücken, hat man, wenn in (1) und (2) $\beta = 2\,\alpha$ gesetzt wird:

(35)
$$\begin{aligned}
\boldsymbol{\sin 3\alpha} &= \sin\alpha\cos 2\alpha + \cos\alpha\sin 2\alpha \\
&= \sin\alpha\cos^2\alpha - \sin^3\alpha + 2\sin\alpha\cos^2\alpha \\
&= 3\sin\alpha\cos^2\alpha - \sin^3\alpha \\
&= \boldsymbol{3\sin\alpha - 4\sin^3\alpha}. \qquad \text{Ebenso wird} \\
\boldsymbol{\cos 3\alpha} &= \cos\alpha\cos 2\alpha - \sin\alpha\sin 2\alpha \\
&= \cos^3\alpha - \cos\alpha\sin^2\alpha - 2\sin^2\alpha\cos\alpha \\
&= \cos^3\alpha - 3\cos\alpha + 3\cos^3\alpha \\
&= \boldsymbol{4\cos^3\alpha - 3\cos\alpha}. \qquad \text{Ferner erhält man} \\
\sin 4\alpha &= 4\sin\alpha\cos\alpha(1 - 2\sin^2\alpha) \\
\cos 4\alpha &= 8\cos^4\alpha - 8\cos^2\alpha + 1 \\
\sin 5\alpha &= 5\sin\alpha - 20\sin^3\alpha + 16\sin^5\alpha \\
\cos 5\alpha &= 16\cos^5\alpha - 20\cos^3\alpha + 5\cos\alpha
\end{aligned}$$

. . . .

Aus den vorstehenden Gleichungen (zusammen mit (22)) sieht man, dass der *cos* des Winkels $n\alpha$, wo n eine beliebige ganze Zahl ist, stets in Potenzen von $\cos\alpha$ allein rational ausgedrückt werden kann. Ist n eine gerade Zahl, so sind die Exponenten von $\cos\alpha$, die in den Gliedern der Summe für $\cos n\alpha$ auftreten, n, $(n-2)$, $(n-4)\ldots 0$ und die Zeichen alternieren. Ist n ungerade, so sind die Potenzen n, $(n-2)$, $(n-4)\ldots 1$, der Coefficient des niedersten Glieds $\cos\alpha$ ist n und die Vorzeichen der Summenglieder alternieren ebenfalls.

Der *sin* des Winkels $n\alpha$ kann dagegen nur dann in einer Summe von Potenzen von $\sin\alpha$ allein rational ausgedrückt werden, wenn n ungerade ist; die Exponenten sind dann $1, 3 \ldots . n$. Ist n gerade, so ist $\sin\alpha$ das Produkt aus $\cos\alpha$ und einer Summe von Potenzen von $\sin\alpha$, deren Exponenten $1, 3 \ldots . (n-1)$ sind. In beiden Fällen alternieren auch hier die Vorzeichen.

Eine weitere Gleichung für die *cos* und *sin* der Vielfachen eines Winkels s. unten beim *Moivre*'schen Satz; für unsere vorläufigen Zwecke genügt das folgende Verfahren:

Durch Rekursion lassen sich die *sin* und *cos* vielfacher Winkel sehr einfach bestimmen. Es ist nämlich nach Gleichung (1):

(36)
$$\begin{aligned}
\boldsymbol{\sin n\varphi} &= \sin(n-1)\varphi\cos\varphi + \cos(n-1)\varphi\sin\varphi \\
&= 2\sin(n-1)\varphi\cos\varphi - [\sin(n-1)\varphi\cos\varphi \\
&\qquad - \cos(n-1)\varphi\sin\varphi] \\
&= \boldsymbol{2\sin(n-1)\varphi\cos\varphi - \sin(n-2)\varphi}.
\end{aligned}$$

Anwendung:
$$\begin{aligned}
\sin 2\varphi &= 2\sin\varphi\cos\varphi - 0 = 2\sin\varphi\cos\varphi \\
\sin 3\varphi &= 2\sin 2\varphi\cos\varphi - \sin\varphi \\
\sin 4\varphi &= 2\sin 3\varphi\cos\varphi - \sin 2\varphi.
\end{aligned}$$

. . . .

Ebenso wird

$$(37)\quad \begin{cases} \boldsymbol{\cos n\varphi} = \cos(n-1)\varphi\cos\varphi - \sin(n-1)\varphi\sin\varphi \\ \quad = 2\cos(n-1)\varphi\cos\varphi - [\cos(n-1)\varphi\cos\varphi \\ \qquad + \sin(n-1)\varphi\sin\varphi] \\ \quad = \boldsymbol{2\cos(n-1)\varphi\cos\varphi - \cos(n-2)\varphi}. \end{cases}$$

Anwendung: $\cos 2\varphi = 2\cos\varphi\cos\varphi - 1 = 2\cos^2\varphi - 1.$
$\cos 3\varphi = 2\cos 2\varphi\cos\varphi - \cos\varphi.$
$\cos 4\varphi = 2\cos 3\varphi\cos\varphi - \cos 2\varphi.$
. . . .

Für die *tg* der Vielfachen eines Winkels erhält man, als Fortsetzung von (26), mit $\beta = 2\alpha$ in (9):

(38) $tg\,3\alpha = \dfrac{tg\,\alpha + tg\,2\alpha}{1 - tg\,\alpha\, tg\,2\alpha}$ oder mit $tg\,2\alpha$ aus (26):

(39) $tg\,3\alpha = \dfrac{3\,tg\,\alpha - tg^3\alpha}{1 - 3\,tg^2\alpha}$; ebenso allgemein, durch Rekursion,

(40) $tg\,n\alpha = \dfrac{tg\,\alpha + tg(n-1)\alpha}{1 - tg\,\alpha\, tg(n-1)\alpha}$. — Doch sind diese Gleichungen, ebenso die für *ctg*, wenig wichtig im Vergleich mit (36) und (37).

Jedenfalls hat es aber also keinen Anstand, für jeden gegebenen Winkel α die goniometrischen Funktionen beliebiger ganzer Vielfacher des Winkels α zu berechnen.

3) Drittel, Viertel ... eines gegebenen Winkels.

Problem der Winkel- oder Kreisteilung. Anders liegt die Sache, wenn für einen bestimmten Teil des gegebenen Winkels die goniometrischen Funktionen zu berechnen sind. Für die Hälfte, und damit auch für $^1/_4$, $^1/_8$ ... des gegebenen Winkels leisten das Verlangte die Gleichungen (24), (25), (27) bis (29). Wie aber, wenn die Funktionen von $\frac{1}{3}\alpha$ gesucht sind?

1) Nach (35) ist

$$\cos 3\alpha = 4\cos^3\alpha - 3\cos\alpha, \text{ also auch}$$

$$\cos\alpha = 4\cos^3\frac{\alpha}{3} - 3\cos\frac{\alpha}{3},$$ oder es ist, wenn $\cos\alpha = p$ gegeben ist (p ein positiver oder negativer echter Bruch), und $\cos\frac{\alpha}{3} = x$ gesucht wird, x zu bestimmen aus

$$x^3 - \frac{3}{4}x - \frac{p}{4} = 0.$$

Diese Gleichung ist vom 3. Grad und hat also, wie in der algebraischen Analysis nachgewiesen wird, **drei** (und nur drei) Wurzeln (vgl. über die kubische Gleichung auch das folgende Kapitel). Für den *cos* des halben Winkels ist in dem Zusatz zu den Gleichungen (22) bis (25) gefunden worden, dass, wenn $\cos\alpha = p$ gegeben ist, zwei Werte für $\cos\frac{\alpha}{2}$ sich ergeben; hier findet man nun also drei Werte für $\cos\frac{\alpha}{3}$. Auf ganz ähnliche Art wie dort ist dies sofort geometrisch zu veranschaulichen (vgl. die Bemerkung S. 149): Wenn α' Einer der Winkel ist, die der Gleichung $\cos\alpha = p$ genügen, so genügen der Gleichung auch alle Winkel $\alpha = (2k.360^0 \pm \alpha')$, wenn k alle positiven oder negativen ganzen Zahlen, die 0 eingeschlossen, bedeutet; diese Werte sind sämtlich an sich nicht verschieden, aber für den dritten Teil der Winkel $\frac{\alpha}{3} = \left(\frac{2k.360^0}{3} \pm \frac{\alpha'}{3}\right)$ sind sie nicht alle identisch und der Wert $x = \cos\frac{\alpha}{3}$ wird also in der Form $x = \cos\left(\frac{2k.360^0}{3} \pm \frac{\alpha'}{3}\right)$ auftreten müssen.

Setzt man nun: $k = 3n + k'$, wo k' eine der drei Zahlen 0, 1, 2 und n eine positive oder negative ganze Zahl ist, so umfasst man damit alle möglichen Werte von k; man erhält damit:

$$x = \cos\left(n.360^0 + k'.120^0 \pm \frac{\alpha'}{3}\right)$$ oder, da $n.360^0$ nicht in Betracht kommt:

$$x = \cos\left(\pm\frac{\alpha'}{3} + k'.120^0\right), \text{ wo } k' = 0, 1, 2 \text{ ist.}$$

Nun ist aber, da allgemein $\cos(-\varphi) = \cos\varphi$ ist,

$k' = 0$	$\cos\left(-\frac{\alpha'}{3}\right) = \cos\frac{\alpha'}{3}$
$k' = 1$	$\cos\left(120^0 - \frac{\alpha'}{3}\right) = \cos\left(\frac{\alpha'}{3} - 120^0\right) = \cos\left(\frac{\alpha'}{3} + 240^0\right)$
$k' = 2$	$\cos\left(240^0 - \frac{\alpha'}{3}\right) = \cos\left(\frac{\alpha'}{3} - 240^0\right) = \cos\left(\frac{\alpha'}{3} + 120^0\right)$.

Man muss demnach allerdings, wenn $\cos\alpha = p$ gegeben ist, daraus drei, und nur drei verschiedene, Werte von $x = \cos\frac{\alpha}{3}$ erhalten; ist α ein beliebiger unter den Werten, die der Gleichung $\cos\alpha = p$ genügen, so sind alle verschiedenen Werte von $\cos\frac{\alpha}{3}$ gegeben durch:

$$\cos\frac{\alpha'}{3},\ \cos\left(\frac{\alpha'}{3} + 120^0\right) \text{ und } \cos\left(\frac{\alpha'}{3} + 240^0\right).$$ Dies sind die drei „Wurzeln" x_1, x_2, x_3 der obigen kubischen Gleichung in x. Vgl. dazu die Anmerkung über Winkelteilung in § 16, S. 148 und 149.

2) Ganz auf demselben Weg ist zu zeigen, dass, wenn $\sin\alpha = q$ gegeben ist, so dass $\sin\frac{\alpha}{3} = y$ aus der Gleichung (nach 35)

$$q = 3y - 4y^3 \quad \text{oder} \quad y^3 - \tfrac{3}{4}y + \tfrac{q}{4} = 0$$

zu bestimmen ist, die Dreiwertigkeit von $y = \sin\frac{\alpha}{3}$ sich auch goniometrisch einfach erklärt; man findet, dass wenn α'' ein beliebiger unter den

Werten ist, die die Gleichung $\sin\alpha = q$ befriedigen, für $\sin\frac{\alpha}{3}$ die drei verschiedenen (und nur die drei) Werte erhalten werden:

$$y_1 = \sin\frac{\alpha''}{3},\quad y_2 = \sin\left(\frac{\alpha''}{3} + 120^0\right),\quad y_3 = \sin\left(\frac{\alpha''}{3} + 240^0\right).$$

3) Dasselbe lässt sich selbstverständlich, von (39) ausgehend, auch für *tg* zeigen; es ist dies aber unwichtig.

4) Bei der algebraischen Auflösung einer in der Unbekannten kubischen Gleichung kommen nun nicht mehr nur Quadratwurzeln, sondern auch dritte Wurzeln vor. Es lässt sich also z. B. nicht ein geschlossener algebraischer Ausdruck, der nur Quadratwurzeln enthalten würde, für $\sin 10^0$ oder $\cos 10^0$ angeben ($\sin 30^0 = \frac{1}{2}$ oder $\cos 30^0 = \frac{1}{2}\sqrt{3}$ als gegeben angenommen).

Ist gegeben: $\cos\alpha = 1$, so hat man für $\cos\frac{\alpha}{3} = x$ die Gleichung $x^3 - \frac{3}{4}x - \frac{1}{4} = 0$; diese Gleichung wird zunächst durch den Wert $x_1 = 1$ befriedigt; dividiert man die linke Seite der Gleichung mit $(x-1)$ durch (wofür die algebraische Analysis ein einfaches Verfahren zeigt), so erhält man $\frac{x^3 - \frac{3}{4}x - \frac{1}{4}}{x-1} = x^2 + x + \frac{1}{4}$; dass die Division keinen Rest lässt, zeigt eben, dass $+1$ eine Wurzel der Gleichung ist. Die beiden andern Wurzeln der kubischen Gleichung erhält man also aus $x^2 + x + \frac{1}{4} = 0$; die linke Seite dieser Gleichung ist ein vollständiges Quadrat, man kann sie so schreiben: $\left(x + \frac{1}{2}\right)^2 = 0$ und sie hat daher den Wert $-\frac{1}{2}$ als Doppel-Wurzel. Die drei Wurzeln der ursprünglichen kubischen Gleichung sind also $x_1 = 1$, $x_2 = -\frac{1}{2}$, $x_3 = -\frac{1}{2}$; kein anderer Wert befriedigt mehr die Gleichung; diese lässt sich auch so schreiben: $(x-1)\left(x + \frac{1}{2}\right)\left(x + \frac{1}{2}\right) = 0$. Aus der Gleichung $\cos\alpha = 1$ folgt aber: $\alpha = 0^0, 360^0, 720^0, 1080^0, 1440^0 \ldots$; man erhält also $\frac{\alpha}{3} = \mathbf{0^0}, \mathbf{120^0}, \mathbf{240^0}; 360^0, 480^0, \ldots$ Von diesen Werten für $\frac{\alpha}{3}$ sind aber nur die drei ersten thatsächlich verschieden; und in der That ist bekannt, dass $\cos 0^0 = 1$, $\cos 120^0 = -\frac{1}{2}$, $\cos 240^0 = -\frac{1}{2}$ ist, so dass sich vollständige Übereinstimmung zwischen Algebra und Goniometrie zeigt.

Das letzte Beispiel hat wohl noch näher erläutert, dass uns die in **3)** besprochene Umkehrung von **2)** auf die „Aufgabe der Kreisteilung“ geführt hat. Wir werden bei den binomischen Gleichungen darauf zurückkommen.

Es seien hier vorläufig nur die *Gauss*'schen Sätze über die Teilung des Kreisumfangs in n gleiche Teile historisch (ohne Beweis) angeführt.

Bildet man die Reihe der Primzahlen, die je um 1 grösser sind, als die sich folgenden ganzen Potenzen von 2 (die ersten Zahlen dieser Art sind 3, 5, (nicht 9), 17, (nicht 33...), 257...) und bedeuten k, m ganze positive Zahlen, so lässt sich, wenn n eine Primzahl und $(n-1) = 2^k \cdot 3^m$ ist, die Teilung des Kreises in n gleiche Teile zurückführen auf die Lösung von k Gleichungen 2. Grades, m Gleichungen 3. Grades; u. s. f.

Mit Benützung von Kreis und Gerader allein (d. h. ohne Zuhilfenahme höherer Kurven) kann man geometrisch den Kreisumfang in n gleiche Teile teilen, wenn n sich in keinen andern Faktor zerlegen lässt als 2 (beliebig oft) und solche Primzahlen, die um 1 grösser sind als Potenzen von 2 (s. oben, 3, 5, 17, 257, 65537, ...), vorausgesetzt, dass diese Primfaktoren nur auf der 1. Potenz in n enthalten sind. Man kann also durch Benützung von „Zirkel" (Kreis) und „Lineal" ein reguläres 17, 257... Eck konstruieren. Wie man aus dem regulären n-Eck das reguläre $2n$-Eck, $4n$-Eck,... erhält, ist klar. Zählt man alle regulären Polygone auf, die man mit „Zirkel und Lineal" herstellen kann, so lautet also die Reihe 2 (entspricht dem Durchmesser des Kreises), 3, 4, 5, 6 (7 nicht), 8 (9 nicht), 10 (11 nicht), 12 (13, 14, 15 nicht), 16, 17 (18, 19 nicht), 20 (21, 22, 23 nicht), 24,....

So oft man mit Zirkel und Lineal allein ein reguläres n-Eck zeichnen kann, ist es auch möglich, die goniometrischen Funktionen des Winkels $\frac{90^0}{n}$ $\left(\text{oder } \frac{180^0}{n} \text{ oder } \frac{360^0}{n}\right)$ durch Quadratwurzeln allein darzustellen; man kann also die goniometrischen Zahlen für die Reihe der Winkel: $\frac{90^0}{2}, \frac{90^0}{3}, \frac{90^0}{4}, \frac{90^0}{5}, \frac{90^0}{6}, \frac{90^0}{8}, \frac{90^0}{10}, \frac{90^0}{12}, \frac{90^0}{16}, \frac{90^0}{17}$ $\left(= 5^0\,17'\,38'', 82\,\ldots\right), \frac{90^0}{20}, \ldots.$ durch Quadratwurzeln allein ausdrücken; ebenso für das Doppelte, Dreifache .... dieser Winkel, für die Hälften, Viertel .... dieser Winkel (nicht aber für ihre Drittel). Man kann dies aber auch noch z. B. für $\frac{90^0}{15}, \frac{90^0}{30}, \frac{90^0}{60}, \ldots.,$ wie der folgende Paragraph zeigt.

§ 18. Berechnung der goniometrischen Zahlen für bestimmte Winkel. Berechnung dieser Zahlen für beliebige Winkel. Elemente der analytischen Theorie der goniometrischen Funktionen. *Maskelyne*sche Regel für kleine Winkel. Umkehrung der goniometrischen Funktionen.

1) Berechnung der goniometrischen Zahlen für beliebig viele, aber bestimmte Winkelwerte.

Die Zahlenwerte der goniometrischen Funktionen einiger spezieller

Winkelwerte sind schon in § 6 berechnet worden: von 0^0 und 90^0, 45^0, 30^0 und 60^0 abgesehen, auch für 18^0 und 72^0, von 30^0 abgeleitet auch schon für 15^0 (und 75^0), $7^1/_2{}^0$ u. s. f., von 45^0 abgeleitet für $22^1/_2{}^0$ u. s. f.

Die Sätze des vorigen § 17 und des vorhergehenden § 16 geben die Möglichkeit, durch fortgesetzte Halbierung von Winkeln sowie durch Addition und Subtraktion von Winkeln die goniometrischen Zahlen für eine ∞-grosse Anzahl von bestimmten spitzen Winkeln zu berechnen, ohne dass dabei etwas anderes zur Anwendung käme, als die Ausziehung von Quadratwurzeln.

1. Von $\sin 90^0 = 1$, $\cos 90^0 = 0$ ausgehend, findet man $\sin 45^0 = \frac{1}{2}\sqrt{2}$, $\cos 45^0 = \frac{1}{2}\sqrt{2}$, wie auch unmittelbar bekannt ist; und durch fortgesetzte weitere Halbierung kann man folgende Tafel aufstellen:

Winkel	(*arc*)	*sin*	*cos*
90^0	$\frac{\pi}{2}$	1	0
45^0	$\frac{\pi}{4}$	$\frac{1}{2}\sqrt{2}$	$\frac{1}{2}\sqrt{2}$
$22\,^1/_2{}^0$	$\frac{\pi}{8}$	$\frac{1}{2}\sqrt{2-\sqrt{2}}$	$\frac{1}{2}\sqrt{2+\sqrt{2}}$
$11\,^1/_4{}^0$	$\frac{\pi}{16}$	$\frac{1}{2}\sqrt{2-\sqrt{2+\sqrt{2}}}$	$\frac{1}{2}\sqrt{2+\sqrt{2+\sqrt{2}}}$
$5^5/_8{}^0$	$\frac{\pi}{32}$	$\frac{1}{2}\sqrt{2-\sqrt{2+\sqrt{2+\sqrt{2}}}}$	$\frac{1}{2}\sqrt{2+\sqrt{2+\sqrt{2+\sqrt{2}}}}$
. .	. . .	. . . .	. . . .

Man kann nach dieser Tafel (die schon in § 6 aufgestellt ist), und mit Hilfe von $\sin(\alpha+\beta)$ sofort *sin* und *cos* von $\frac{n \cdot 90^0}{2^m}$ (wo n und m ganze Zahlen sind) in Quadratwurzeln allein ausgedrückt anschreiben.

2. Von $\sin 30^0 = \cos 60^0 = \frac{1}{2}$, $\cos 30^0 = \sin 60^0 = \frac{1}{2}\sqrt{3}$ ausgehend, findet man durch fortgesetzte Halbierung:

Winkel	(*arc*)	*sin*	*cos*
60^0	$\frac{\pi}{3}$	$\frac{1}{2}\sqrt{3}$	$\frac{1}{2}$
30^0	$\frac{\pi}{6}$	$\frac{1}{2}$	$\frac{1}{2}\sqrt{3}$
15^0	$\frac{\pi}{12}$	$\frac{1}{2}\sqrt{2-\sqrt{3}}$	$\frac{1}{2}\sqrt{2+\sqrt{3}}$
$7^1/_2{}^0$	$\frac{\pi}{24}$	$\frac{1}{2}\sqrt{2-\sqrt{2+\sqrt{3}}}$	$\frac{1}{2}\sqrt{2+\sqrt{2+\sqrt{3}}}$
$3^3/_4{}^0$	$\frac{\pi}{48}$	$\frac{1}{2}\sqrt{2-\sqrt{2+\sqrt{2+\sqrt{3}}}}$	$\frac{1}{2}\sqrt{2+\sqrt{2+\sqrt{2+\sqrt{3}}}}$
. .	. . .	. . . .	. . . .

Man kann also nach dieser Tafel (vgl. ebenfalls § 6), mit demselben Zusatz wie am Schluss der vorigen, *sin* und *cos* von $\frac{n \cdot 90^0}{3 \cdot 2^m}$ (wo n und m ganze Zahlen sind) sofort in Quadratwurzeln allein ausgedrückt anschreiben.

Allgemeiner Zusatz zu 1. und 2. Ist $\cos\alpha = p$, so ist allgemein:

$$\sin\frac{\alpha}{2} = \tfrac{1}{2}\sqrt{2-2p}\,, \qquad \cos\frac{\alpha}{2} = \tfrac{1}{2}\sqrt{2+2p}$$

$$\sin\frac{\alpha}{4} = \tfrac{1}{2}\sqrt{2-\sqrt{2+2p}}\,, \qquad \cos\frac{\alpha}{4} = \tfrac{1}{2}\sqrt{2-\sqrt{2+2p}}$$

$$\sin\frac{\alpha}{8} = \tfrac{1}{2}\sqrt{2-\sqrt{2+\sqrt{2+2p}}}\,, \qquad \cos\frac{\alpha}{8} = \tfrac{1}{2}\sqrt{2+\sqrt{2+\sqrt{2+2p}}}$$

. . . .

Die beliebig weit fortgesetzte Halbierung, Viertelung, Achtelung ... des Winkels, dessen *cos* gegeben ist, führt nur auf das Ausziehen von Quadratwurzeln. Da $tg\,\alpha = \frac{\sin\alpha}{\cos\alpha}$ ist u. s. f., so gilt dies nicht nur für die angeschriebenen Funktionen *sin* und *cos*, sondern für alle Funktionen. Wenn also der ursprünglich gegebene $\cos\alpha$ nur Quadratwurzeln enthält (wie z. B. auch $\cos 36^0$), so enthalten die Ausdrücke für die goniometrischen Funktionen von $\frac{\alpha}{2}, \frac{\alpha}{4}, \frac{\alpha}{8}, \cdots$ ebenfalls nur Quadratwurzeln.

3. Aber nicht nur etwa für die durch fortgesetzte Halbierung von 45^0 und 60^0, ferner 72^0 (vgl. § 6, **3**,) entstehenden Winkel kann man die goniometrischen Funktionen mit Benützung von Quadratwurzeln allein angeben, sondern auch noch für alle Winkel, die sich durch lineare Kombination der auf die soeben angegebene Art entstehenden Winkelwerte darstellen lassen. Man kann also z. B. nur mit Benützung von Quadratwurzeln ausdrücken die Funktionen von $6^0 = 30^0 - 24^0$ oder $3^0 = 18^0 - 15^0$ (und der durch fortgesetzte Multiplikation mit 2 oder fortgesetzte Halbierung entstehenden Winkel, z. B. $1\frac{1}{2}^0$, $\frac{3}{4}^0$ ...). Da man ferner alle spitzen Winkel von 3^0 zu 3^0 durch den ganzen Quadranten aus den jetzt vorhandenen Winkeln linear kombinieren kann durch $(\beta + \gamma)$ oder $(\beta - \gamma)$, so ist klar, dass man die Funktionen aller Winkel von 3^0 zu 3^0 mit Benützung von Quadratwurzeln allein ausdrücken kann.

Um Gelegenheit zur Übung im Umformen solcher Ausdrücke und im Gebrauch der Formeln zu geben, folgt hier eine solche Tafel der *sin* und *cos* der Winkel von 3^0 zu 3^0 des Quadranten.[20])

$\sin 0^0 = \cos 90^0 = 0$

$\sin 3^0 = \cos 87^0 = \frac{1}{8}\left[\sqrt{5+\sqrt{5}}+\sqrt{9-3\sqrt{5}}\right] - \frac{1}{8}\left[\sqrt{15+3\sqrt{5}}-\sqrt{3-\sqrt{5}}\right]$

$\sin 6^0 = \cos 84^0 = \frac{1}{8}\left[\sqrt{30-6\sqrt{5}}-\sqrt{6+2\sqrt{5}}\right]$

$sin\ 9^0 = cos\ 81^0 = \frac{1}{4}\left[\sqrt{3+\sqrt{5}} - \sqrt{5-\sqrt{5}}\right]$

$sin\ 12^0 = cos\ 78^0 = \frac{1}{8}\left[\sqrt{10+2\sqrt{5}} - \sqrt{18-6\sqrt{5}}\right]$

$sin\ 15^0 = cos\ 75^0 = \frac{1}{4}\left[\sqrt{6} - \sqrt{2}\right]$

$sin\ 18^0 = cos\ 72^0 = \frac{1}{4}\left[\sqrt{5} - 1\right]$

$sin\ 21^0 = cos\ 69^0 = \frac{1}{8}\left[\sqrt{3+\sqrt{5}} + \sqrt{5-\sqrt{5}}\right] - \frac{1}{8}\left[\sqrt{9+3\sqrt{5}} - \sqrt{15-3\sqrt{5}}\right]$

$sin\ 24^0 = cos\ 66^0 = \frac{1}{8}\left[\sqrt{18+6\sqrt{5}} - \sqrt{10-2\sqrt{5}}\right]$

$sin\ 27^0 = cos\ 63^0 = \frac{1}{4}\left[\sqrt{5+\sqrt{5}} - \sqrt{3-\sqrt{5}}\right]$

$sin\ 30^0 = cos\ 60^0 = \frac{1}{2}$

$sin\ 33^0 = cos\ 57^0 = \frac{1}{8}\left[\sqrt{15+3\sqrt{5}} + \sqrt{3-\sqrt{5}}\right] - \frac{1}{8}\left[\sqrt{5+\sqrt{5}} - \sqrt{9-3\sqrt{5}}\right]$

$sin\ 36^0 = cos\ 54^0 = \frac{1}{4}\sqrt{10-2\sqrt{5}}$

$sin\ 39^0 = cos\ 51^0 = \frac{1}{8}\left[\sqrt{3+\sqrt{5}} + \sqrt{5-\sqrt{5}}\right] + \frac{1}{8}\left[\sqrt{9+3\sqrt{5}} - \sqrt{15-3\sqrt{5}}\right]$

$sin\ 42^0 = cos\ 48^0 = \frac{1}{8}\left[\sqrt{30+6\sqrt{5}} - \sqrt{6-2\sqrt{5}}\right]$

$sin\ 45^0 = cos\ 45^0 = \frac{1}{2}\sqrt{2}$

$sin\ 48^0 = cos\ 42^0 = \frac{1}{8}\left[\sqrt{10+2\sqrt{5}} + \sqrt{18-6\sqrt{5}}\right]$

$sin\ 51^0 = cos\ 39^0 = \frac{1}{8}\left[\sqrt{9+3\sqrt{5}} + \sqrt{15-3\sqrt{5}}\right] - \frac{1}{8}\left[\sqrt{3+\sqrt{5}} - \sqrt{5-\sqrt{5}}\right]$

$sin\ 54^0 = cos 36^0 = \frac{1}{4}\left[\sqrt{5} + 1\right]$

$sin\ 57^0 = cos\ 33^0 = \frac{1}{8}\left[\sqrt{15+3\sqrt{5}} + \sqrt{3-\sqrt{5}}\right] + \frac{1}{8}\left[\sqrt{5+\sqrt{5}} - \sqrt{9-3\sqrt{5}}\right]$

$sin\ 60^0 = cos\ 30^0 = \frac{1}{2}\sqrt{3}$

$sin\ 63^0 = cos\ 27^0 = \frac{1}{4}\left[\sqrt{5+\sqrt{5}} + \sqrt{3-\sqrt{5}}\right]$

$sin\ 66^0 = cos\ 24^0 = \frac{1}{8}\left[\sqrt{30-6\sqrt{5}} + \sqrt{6+2\sqrt{5}}\right]$

$sin\ 69^0 = cos\ 21^0 = \frac{1}{8}\left[\sqrt{9+3\sqrt{5}} + \sqrt{15-3\sqrt{5}}\right] + \frac{1}{8}\left[\sqrt{3+\sqrt{5}} - \sqrt{5-\sqrt{5}}\right]$

$sin\ 72^0 = cos\ 18^0 = \frac{1}{4}\sqrt{10+2\sqrt{5}}$

$sin\ 75^0 = cos\ 15^0 = \frac{1}{4}\left[\sqrt{6} + \sqrt{2}\right]$

$sin\ 78^0 = cos\ 12^0 = \frac{1}{8}\left[\sqrt{30+6\sqrt{5}} + \sqrt{6-2\sqrt{5}}\right]$

$sin\ 81^0 = cos\ \ 9^0 = \frac{1}{4}\left[\sqrt{3+\sqrt{5}} + \sqrt{5-\sqrt{5}}\right]$

$sin\ 84^0 = cos\ \ 6^0 = \frac{1}{8}\left[\sqrt{18+6\sqrt{5}} + \sqrt{10-2\sqrt{5}}\right]$

$sin\ 87^0 = cos\ \ 3^0 = \frac{1}{8}\left[\sqrt{5+\sqrt{5}} + \sqrt{9-3\sqrt{5}}\right] + \frac{1}{8}\left[\sqrt{15+3\sqrt{5}} - \sqrt{3-\sqrt{5}}\right]$

$sin\ 90^0 = cos\ \ 0^0 = 1.$

Auch für andere Funktionen als *sin* und *cos* schreibe man zur Übung einzelne Formeln an, z. B.:

$$tg\,15^0 = ctg\,75^0 = 2 - \sqrt{3}\;; \qquad ctg\,15^0 = tg\,75^0 = 2 + \sqrt{3} \quad \text{u. s. f.}$$

Man könnte nun, da man nach dem Vorstehenden in 1. und 2. auch für beliebig kleine (aber bestimmte) Winkel die Funktionen in Quadratwurzeln angeben kann, eine Tafel der goniometrischen Funktionen mit beliebig kleinen Zahlen mit beliebiger Zahlenschärfe zusammensetzen, wobei nichts als Quadratwurzeln auszuziehen wären.

Für ganze Gradzahlen ist 3^0 der kleinste Winkel, für den man die Funktionen in Quadratwurzeln angeben kann. Wollte man die Funktionen *sin* und *cos* für 1^0 auf dem seitherigen Weg ausrechnen, so hätte man die kubische Gleichung: (s. oben) $sin\,3^0 = q = 3\,(sin\,1^0) - 4\,(sin\,1^0)^3$ nach $sin\,1^0$ aufzulösen, was direkt (wobei also eine Kubikwurzel auftritt) oder durch Annäherung mit beliebiger Zahlenschärfe geschehen kann; u. s. f.

Dieses ganze Verfahren zur Herstellung einer Tafel der Werte der goniometrischen Funktionen wäre aber selbst mit Zuhilfenahme der Logarithmen der natürlichen Zahlen höchst mühsam; und zur Angabe des Werts einer Funktion für einen ganz beliebigen Winkel, wenn man sich die Tafeln nicht vorhanden denkt, wäre es nicht tauglich. Man könnte zwar diesen gesuchten Wert in beliebig enge Grenzen einschliessen, aber nur mit sehr grosser Mühe. Um z. B. (ohne Tafel) $sin\,(31^0\,0'\,0'',00)$ anzugeben, müsste man $sin\,1^0$ und $cos\,1^0$ durch direkte oder genäherte Auflösung der oben angegebenen kubischen Gleichung bestimmen, um dann

$$sin\,31^0 = sin\,30^0\,cos\,1^0 + cos\,30^0\,sin\,1^0$$
$$cos\,31^0 = cos\,30^0\,cos\,1^0 - sin\,30^0\,sin\,1^0$$

ausrechnen zu können. Die Analysis dagegen hat Mittel, die goniometrischen Funktionswerte beliebiger Winkel unmittelbar anzuschreiben.

2) Berechnung der goniometrischen Zahlen für beliebige Winkel. Elemente der analytischen Theorie der goniometrischen Funktionen.

1) **Reihen für *sin x* und *cos x*.** In der Analysis wird nämlich gezeigt, wie man zunächst *sin* und *cos* eines beliebigen Winkels x in Form von unendlichen Reihen angeben kann. Das Ergebnis, das hier nicht abgeleitet werden soll, ist:

$$(1)\quad sin\,x = \frac{x}{1} - \frac{x^3}{1.2.3} + \frac{x^5}{1.2.3.4.5} - \frac{x^7}{1.2.3.4.5.6.7} + - \ldots \text{ in inf.}$$

$$(2)\quad cos\,x = 1 - \frac{x^2}{1.2} + \frac{x^4}{1.2.3.4} - \frac{x^6}{1.2.3.4.5.6} + - \ldots \text{ in inf.}$$

Beide Reihen sind bis ins Unendliche fortzusetzen, beide „**konvergieren aber**" (nähern sich, je mehr Glieder man nimmt, desto mehr einem **endlichen Grenzwert**) **für jeden ganz beliebigen** (**auch jeden noch so grossen**), **endlichen Wert von** x. In beiden bedeutet ferner x nicht den im Gradmass gegebenen Winkel, sondern den diesem Winkel entsprechenden *arcus*, das „analytische Mass" für den Winkel, dessen *sin* oder *cos* bestimmt werden soll; vgl. § 1, **2)**, ferner auch § 10. Mit der Abkürzung $n!$ (n-Fakultät) gleich dem Produkt der natürlichen aufeinander folgenden Zahlen 1, 2, ... bis n einschliesslich, also $n! = 1.2.3\ldots(n-1).n$, lauten die Gleichungen:

$$(1') \qquad \sin x = \frac{x^1}{1!} - \frac{x^3}{3!} + \frac{x^5}{5!} - \frac{x^7}{7!} + - \ldots$$

$$(2') \qquad \cos x = 1 - \frac{x^2}{2!} + \frac{x^4}{4!} - \frac{x^6}{6!} + - \ldots$$

Man beachte für beide auch die Formen:

$$(1') \quad \sin x = \frac{x}{1!} - \frac{x^3}{3!} + \frac{x^5}{5!} - + \ldots \qquad (2'') \quad 1 - \cos x = \frac{x^2}{2!} - \frac{x^4}{4!} + \frac{x^6}{6!} - + \ldots$$

und

$$(1'') \quad \frac{\sin x}{x} = 1 - \frac{x^2}{3!} + \frac{x^4}{5!} - + \ldots \qquad (2') \quad \cos x = 1 - \frac{x^2}{2!} + \frac{x^4}{4!} - + \ldots$$

Die Gleichungen gelten für jeden ganz beliebigen positiven oder negativen Wert von x. Dass die Reihen für jeden Wert konvergieren sollen, ist auf den ersten Anblick überraschend; man hat aber zu bedenken, dass das „Wachstum der Fakultät" von einer gewissen, mit dem Wert von x natürlich steigenden, aber stets vorhandenen Grenze an, das „Wachstum der Potenz übertrifft". Ist z. B. $x < 1$, so sind alle Brüche, die in (1) und (2) vorkommen, echte Brüche, die um so rascher abnehmen, je kleiner x ist; ist aber z. B. $x = 2$, so ist

$$x^1 = 2,\ x^2 = 4,\ x^3 = 8,\ x^4 = 16,\ x^5 = 32,\ x^6 = 64,\ x^7 = 128,$$
$$1! = 1,\ 2! = 2,\ 3! = 6,\ 4! = 24,\ 5! = 120,\ 6! = 720,\ 7! = 5040.$$

Es giebt so für jeden Wert von x, wenn er selbst noch so gross sein sollte, eine Stelle, von der an $r!$ noch viel stärker wächst als x^r. Nun genügt aber als Bedingung der Konvergenz einer ins Unendliche fortzusetzenden Reihe (Bedingung dafür, dass man mit den Gliedern dieser Reihe einem endlichen Grenzwert um so näher kommt, je mehr Glieder der Reihe man nimmt) für den (oben vorhandenen) Fall abwechselnden Vorzeichens der aufeinanderfolgenden, von jener gewissen Stelle an echt gebrochenen Glieder, das fortwährende Kleinerwerden der Glieder der Reihe. Dass dies zutrifft, ist oben gezeigt und die beiden Reihen (1) und (2) sind demnach in der That für alle endlichen, positiven oder negativen Werte von x konvergent.

2) **Berechnung des *sin* und des *cos*** eines gegebenen Winkels. Um nach (1) und (2) den *sin* und *cos* eines im Gradmass gegebenen Winkels α zu berechnen, hat man in diesen Formeln $x = arc\,\alpha = \frac{\alpha(^0)}{\varrho^0} = \frac{\alpha(')}{\varrho'} = \frac{\alpha('')}{\varrho''}$ zu setzen. Um z. B. den *sin* und *cos* des Winkels 1^0 zu berechnen, ist für x der Wert $arc\,1^0$ zu setzen: Länge des Bogens, der im Kreis vom Halbmesser 1 dem Centriwinkel 1^0 gegenüberliegt, also

$$x = \frac{1^0}{\varrho^0} \quad \text{oder} \quad = \frac{\pi}{180} = \frac{3{,}14159\,26535\,89793\ldots}{180}$$
$$= 0{,}017\,453\,292\,5199\ldots$$

Damit erhält man mit Abrundung auf 13 Stellen, im Resultat auf 9 Stellen:

$x =$	$+\ 0{,}017\,453\,292\,5199$	$1 =$	$+\ 1{,}000\,000\,000\,0000$
$-\frac{1}{6}x^3 =$	$-\ 0{,}000\,000\,886\,0962$	$-\frac{1}{2}x^2 =$	$-\ 0{,}000\,152\,308\,7099$
$+\frac{1}{120}x^5 =$	$+\ 0{,}000\,000\,000\,0135$	$+\frac{1}{24}x^4 =$	$+\ 0{,}000\,000\,003\,8863$
$-\frac{1}{5040}x^7 =$	$-\ 0{,}000\,000\,000\,0000$	$-\frac{1}{720}x^6 =$	$-\ 0{,}000\,000\,000\,0000$
$sin\,1^0 =$	$0{,}017\,452\,406$	$cos\,1^0 =$	$0{,}999\,847\,695$

Es zeigt sich, wie bekannt (vgl. z. B. § 11), dass *sin* 1^0 nur sehr unbedeutend von dem Wert *arc* 1^0, *cos* 1^0 nur wenig von 1 abweicht; ferner dass, um *sin* 1^0 und *cos* 1^0 auf 10 Stellen genau zu bekommen, je vier Glieder der Reihe vollständig ausreichen.

Hätte man *sin* und *cos* von $32^0\ 14'\ 17''$ zu berechnen, so wäre in die obigen Formeln einzusetzen:

$$x = arc\,(32^0\,14'\,17'') = \frac{116\,057''}{206\,264'',8\ldots} = 0{,}562\,6602\ldots$$

Um unmittelbar durch den Vergleich mit der 3-stelligen Tafel der natürlichen Zahlen der goniometrischen Funktionen am Schluss des Buchs oder mit der 4-stelligen Tafel dieser Zahlen in der vollständigen 5-stelligen Logarithmen-Tafel die Richtigkeit des Ergebnisses zu zeigen, mag hier noch die an Genauigkeit nicht sehr weit getriebene (mit 6-stelligen Logarithmen der Zahlen ausgeführte) vollständige Rechnung von *sin* 31^0 und *cos* 31^0 (vgl. 1), Schluss) bis auf etwa 4 Stellen stehen.

$x = arc\,31^0 = \frac{31}{57{,}295\,78}$	1.491 362 1.758 123
$x = arc\,31^0$	9.733 239

Damit ergiebt sich folgende Rechnung:

x	9.733 239 — 10	$x = 0{,}541\,052$	
x^2	9.466 478 — 10	$x^2 = 0{,}292\,737$	$\frac{1}{2}x^2 = 0{,}14\,6368$
x^3	9.199 72 — 10	$x^3 = 0{,}158\,39$	$\frac{1}{6}x^3 = 0{,}02\,640$
x^4	8.932 96 — 10	$x^4 = 0{,}085\,70$	$\frac{1}{24}x^4 = 0{,}00\,357$
x^5	8.666 20 — 10	$x^5 = 0{,}046\,37$	$\frac{1}{120}x^5 = 0{,}00\,039$
x^6	8.399 4 — 10	$x^6 = 0{,}025\,09$	$\frac{1}{720}x^6 = 0{,}00\,003$
x^7	8.132 7 — 10	$x^7 = 0{,}013\,57$	$\frac{1}{5040}x^7 = 0{,}00\,000$

. . . .

sin	*cos*
$x = \quad 0{,}54\,105$	$1 = \quad 1{,}00\,000$
$-\frac{1}{6}x^3 = -0{,}02\,640$	$-\frac{1}{2}x^2 = -0{,}14\,637$
$+\frac{1}{120}x^5 = +0{,}00\,039$	$+\frac{1}{24}x^4 = +0{,}00\,357$
$-\frac{1}{5040}x^7 = -0{,}00\,000$	$-\frac{1}{720}x^6 = -0{,}00\,003$
$\sin 31^0 = \quad 0{,}5150_4$	$\cos 31^0 = \quad 0{,}85\,71_7$

und beide Werte sind jedenfalls auf 4 Stellen richtig, wenn auch die 5. Stelle nicht mehr scharf sein wird. In der That giebt die vierstellige Tafel der natürlichen Werte 0,5150 und 0,8572.

Selbstverständlich ist,

1) dass die Genauigkeit der Bestimmung von *sin* und *cos* für einen gewissen gegebenen Winkelwert α um so grösser ausfällt, dass man um so mehr richtige Stellen erhalten kann, je mehr Glieder der Reihen man nimmt, wobei nur zur Herstellung von x der Wert von ϱ entsprechend genau genommen werden muss und zu beachten ist, dass bei fortwährend höherer Vervielfachung von $\log x$ die letzten Stellen infolge des ursprünglichen Abrundungsfehlers immer unsicherer werden;

2) zeigt die Rechnung und Überlegung aber auch, dass man bei einer bestimmten verlangten Genauigkeit des Resultats (z. B. auf 5, 6, 7 ... Stellen genau) mit um so weniger Gliedern der Reihen ausreicht, je kleiner das (echt gebrochene) x ist: die aufeinanderfolgenden (ganzen positiven) Potenzen von echten Brüchen nehmen ab, je kleiner der Bruch ist, desto rascher; z. B. ist: $\frac{1}{2} = 0{,}50$, $\left(\frac{1}{2}\right)^2 = \frac{1}{4} = 0{,}25$, $\left(\frac{1}{2}\right)^3 = \frac{1}{8} = 0{,}125$, $\left(\frac{1}{2}\right)^4 = \frac{1}{16} = 0{,}0625$ u. s. f.; dagegen $\frac{1}{100} = 0{,}01$,

$\left(\frac{1}{100}\right)^2 = 0{,}0001$, $\left(\frac{1}{100}\right)^3 = 0{,}000001$; u. s. w. Je kleiner der Bruch ist, desto mehr kommen „höhere Potenzen gegen die vorhergehenden nicht in Betracht", wobei hier auch noch an die rasch wachsenden Fakultätszahlen des Nenners zu denken ist. Ist der Bruch x sehr klein, so giebt es für jede Rechnungsgenauigkeitsstufe eine bestimmte Grenze für x, bis zu der man schon x^2 im Vergleich mit x vernachlässigen kann, bis zu der man also $\cos x = 1 - \frac{x^2}{2!} + \ldots$ ($= \cos\alpha$, wo $\alpha = x \cdot \varrho$ und α im Gradmass, x wie oben als *arc*-Zahl zu denken ist) gleich 1 setzen darf, und also um so mehr $\sin x = x - \frac{x^3}{3!} + \ldots$ ($= \sin\alpha$ mit $\alpha = x \cdot \varrho$) gleich x setzen muss. Schon jetzt wird einzusehen sein, dass für jede mögliche Genauigkeitsstufe praktischer Rechnungen (Rechnungen, die auf Beobachtungen sich gründen) $\sin 1'' = \operatorname{arc} 1'' = \frac{1''}{\varrho''} = \frac{1}{206\,264.8}$ (Vernachlässigung der Glieder von $\left(\frac{1}{206\,265}\right)^3$ an) und auch noch $\cos 1'' = 1$ (Vernachlässigung der Glieder schon von $\left(\frac{1}{206\,265}\right)^2$ an), somit auch noch $tg\, 1'' = \frac{\sin 1''}{\cos 1''} = \frac{1}{206\,265}$ wird gesetzt werden dürfen. Vergl. auch § 11.

Man kann die Formeln (1) und (2) natürlich auch unmittelbar für im Gradmass gegebene Winkel anschreiben und sie sind in dieser Form zur Rechnung der Funktionen ganzer Grade, oder halber, oder Sechstels-Grade bequemer. Handelt es sich z. B. um *sin* und *cos* des Winkels $(p \,.\, 90^0)$, so dass also z. B. für 1^0, $1\frac{1}{2}{}^0$, $2^0 \ldots p = 90, 60, 45 \ldots$ ist, so ist mit $x = p \cdot \frac{\pi}{2}$:

$$\sin\left(p \cdot \frac{\pi}{2}\right) = p \cdot \frac{\pi}{2} - \frac{1}{3!}\left(p \cdot \frac{\pi}{2}\right)^3 + \frac{1}{5!}\left(p \cdot \frac{\pi}{2}\right)^5 - + \ldots$$

$$\cos\left(p \cdot \frac{\pi}{2}\right) = 1 - \frac{1}{2!}\left(p \cdot \frac{\pi}{2}\right)^2 + \frac{1}{4!}\left(p \cdot \frac{\pi}{2}\right)^4 - + \ldots;$$

dabei ist zunächst p eine ganz beliebige Zahl, hier aber als positiver echter Bruch anzunehmen, da es sich praktisch um keine andern Winkel als um spitze handeln kann (sogar $\frac{\pi}{4}$ einzuführen würde mit Rücksicht auf $F(\alpha) = Co\text{-}F(90^0 - \alpha)$ genügen). Setzt man $\pi = 3{,}14159\;26535\;89793\ldots$ ein und vereinigt die Potenzen von π mit den Fakultätszahlen des Nenners, so erhält man mit Abrundung auf die 10. Stelle:

$\sin(p.90^0) = 1{,}57079\ 63268.p$	$\cos(p.90^0) = 1{,}00000\ 00000$
$-0{,}64596\ 40975.p^3$	$-1{,}23370\ 05501.p^2$
$+0{,}07969\ 26262.p^5$	$+0{,}25366\ 95079.p^4$
$-0{,}00468\ 17541.p^7$	$-0{,}02086\ 34808.p^6$
$+0{,}00016\ 04412.p^9$	$+0{,}00091\ 92603.p^8$
$-0{,}00000\ 35988.p^{11}$	$-0{,}00002\ 52020.p^{10}$
$+0{,}00000\ 00569.p^{13}$	$+0{,}00000\ 04711.p^{12}$
$-0{,}00000\ 00007.p^{15}$	$-0{,}00000\ 00064.p^{14}$
$+\ldots\ldots$	$+0{,}00000\ 00001.p^{16}$
	$-\ldots\ldots$

wobei für praktische Rechnung selbstverständlich die Logarithmen der angeschriebenen Coeffizienten gebraucht werden.[21])

3) Andeutungen über die goniometrischen Funktionen der Analysis. Auf die analytische Theorie der goniometrischen Funktionen, zunächst der durch (1) und (2) definierten *sin* und *cos*, ist hier nicht weit einzugehen möglich; es muss dies der Analysis vorbehalten bleiben und es genügen hier einzelne Andeutungen. Die Übereinstimmung einzelner Sätze mit den früher nach der geometrischen Definition der goniometrischen Verhältniszahlen aufgestellten zeigt sich sofort; z. B. ist

$\cos(-\varphi) = +\cos\varphi$ (da die Reihe für *cos* nur gerade Potenzen von x oder φ enthält),
$\sin(-\varphi) = -\sin\varphi$ („ „ „ „ *sin* „ ungerade „ „ „ „ „ „).

Dass aber z. B. (k eine ganze positive oder negative Zahl):

$$\frac{x}{1!} - \frac{x^3}{3!} + \frac{x^5}{5!} - + . = \left(\frac{x+2k\pi}{1!}\right) - \left(\frac{x+2k\pi}{3!}\right)^3 + \left(\frac{x+2k\pi}{5!}\right)^5 - + \ldots,$$

d. h. dass $\sin x = \sin(2k\pi + x)$ ist u. s. f., oder dass

$$\frac{x}{1!} - \frac{x^3}{3!} + \frac{x^5}{5!} - + \ldots = 1 - \frac{\left(\frac{\pi}{2} - x\right)^2}{1.2} + \frac{\left(\frac{\pi}{2} - x\right)^4}{1.2.3.4} - + \ldots,$$

d. h. dass $\sin x = \cos\left(\frac{\pi}{2} - x\right)$ ist u. s. w., ist nicht ohne weiteres an den Reihen abzulesen.

Thatsächlich treffen aber, wie in der Analysis zu zeigen ist, diese Sätze zu und es mag wenigstens hier folgender Satz ohne Beweis stehen:

Definiert man *sin* und *cos* (*sin* und *cos* des *Arcus* x, der reinen Zahl x) durch die obigen Reihen (1) und (2) und benützt für *tg*, *cotg*... die früher aufgestellten Definitionen

$tg x = \frac{sin\, x}{cos\, x}$ u. s. f., so gelten alle Sätze, die früher über die goniometrischen Definitionen aufgestellt worden sind, z. B. $sin^2 \varphi + cos^2 \varphi = 1$ u. s. f. auch mit den obigen Definitionsgleichungen (1) und (2). Man versuche wenigstens den Satz $sin^2 x + cos^2 x = 1$ durch direktes Ausquadrieren der Reihen zu verifizieren.

In der ganzen Analysis, die durchaus nur mit unbenannten Zahlen, „Grössen" rechnet, kommen aber keine Gradzahlen vor; der Ausdruck $sin\, 30^0$ ist für die Analysis zunächst ohne Sinn. Gleichwohl hätten, auch wenn die Analysis sich ganz ohne Rücksicht auf und ohne Zusammenhang mit der Geometrie (Trigonometrie) entwickelt hätte, die durch die obigen Reihen definierten Funktionen *sin* und *cos* eine grosse Rolle gespielt, ebenso wie auch ohne den geometrischen Kreis der reinen Zahl π eine wichtige arithmetische Rolle zugekommen wäre.

Statt $sin\, 30^0$, wie wir seither gesprochen und geschrieben haben (und auch in Zukunft stets thun wollen, weil die Gradzahlen für die praktische Trigonometrie ganz unentbehrlich und viel wichtiger sind, als die in der analytischen Goniometrie und in der Analysis allein vorkommenden *Arcus*-Zahlen) ist dort zu sagen: $sin \frac{\pi}{6}$ (in Zahlen also, da $\pi = 3{,}14159..$ ist) $sin\,(0{,}523\,5987..)$, und den trigonometrischen Identitäten: $sin\, 30^0 = \frac{1}{2}$, $sin\, 60^0 = \frac{1}{2}\sqrt{3}$, $sin\, 90^0 = 1$; $cos\, 0^0 = 1$, $cos\, 90^0 = 0$; $sin\, 750^0 = sin\, 30^0 = \frac{1}{2}$ u. s. f. entsprechen die analytischen:

$$sin \frac{\pi}{6} = \frac{1}{2}, \quad sin \frac{\pi}{3} = \frac{1}{2}\sqrt{3}, \quad sin \frac{\pi}{2} = 1; \quad cos\, 0 = 1, \quad cos \frac{\pi}{2} = 0;$$

$sin \frac{13\pi}{6} = sin \frac{\pi}{6} = \frac{1}{2}$ u. s. f. Rechnet man mit $\frac{\pi}{6} = 0{,}523\,5989...$ direkt nach (1) aus: $\frac{\pi}{6} - \frac{1}{3!}\left(\frac{\pi}{6}\right)^3 + \frac{1}{5!}\left(\frac{\pi}{6}\right)^5 - + \ldots$ so nähert man sich um so mehr dem Grenzwert $\frac{1}{2}$ dieser Reihe, je mehr Glieder man von ihr nimmt. Man prüfe einzelne dieser Reihen thatsächlich mit Zahlen.

Für den Anfänger liegt eine kleine Schwierigkeit darin, die Beziehungen zwischen dem Gradmass und dem „analytischen Mass" festzuhalten, sich $sin \frac{1}{2}$, $sin\, 2$, u. s. f., wo $\frac{1}{2}$, 2 reine Zahlen sind, vorzustellen; (trigonometrische Bedeutung also: $sin\left(\frac{1}{2} \cdot \varrho^0\right) = sin\, 28^0{,}648 \ldots$ u. s. f.), ja er ist geneigt, aus den beiden Identitäten

$$sin \frac{\pi}{6} = sin\,(0{,}523\,5987..) = \frac{1}{2} \quad \text{und} \quad sin\, 30^0 = \frac{1}{2} \quad \text{oder}$$

$$sin\frac{\pi}{2} = sin\,(1{,}570\,796\,..) = 1 \qquad \text{und} \qquad sin\,90^0 = 1$$

den selbstverständlich nicht zulässigen Schluss $\frac{\pi}{2} = 90^0$, $2\pi = 360^0$ $(= 400^g)$ zu ziehen, statt zu lesen: die trigonometrische Zahl 90^0 entspricht der analytischen reinen Zahl $\frac{\pi}{2}$, es ist $arc\,90^0 = \frac{\pi}{2}$ u. s. f.; die links stehenden von den zuletzt angeschriebenen Gleichungen sind eben wirkliche arithmetische Identitäten, Definitionsgleichungen der Symbole *sin*, *cos* u. s. f., im gleichen Sinn wie z. B. $2^2 = 4$ oder $\sqrt{16} = \pm 4$ oder $\overset{10}{log}\,100 = 2$, die rechts stehenden aber geometrisch-algebraische Identitäten, bei denen das Zeichen ^{0} oder ^{g} und damit das Gleichheitszeichen einer besondern Erläuterung bedarf. Jene Schwierigkeit wäre nicht vorhanden, wenn die Bezeichnungen der goniometrischen Funktionen in der Analysis und in der Trigonometrie verschieden geschrieben würden, z. B.:

$$Sin\frac{\pi}{2} = 1, \quad Cos\,\frac{\pi}{2} = 0, \quad \text{entsprechend:} \quad sin\,90^0 = 1, \; cos\,90^0 = 0,$$

$$Tang\frac{\pi}{4} = 1, \quad Cotg\,\frac{3\pi}{4} = -1, \qquad \text{"} \qquad \text{z. B. } tg\,50^g = 1, \; ctg\,150^g = -1$$

u. s. f.; es wäre dann also

$$Sin\frac{\pi}{6} = sin\,30^0 = sin\,33^g{,}33\ldots = \frac{1}{2} \text{ u. s. f.}$$

und der falsche Schluss $2\pi = 360^0$ u. s. f. wäre nicht möglich. Eine solche Unterscheidung ist aber nicht üblich geworden, und in der That entbehrlich, Analysis und Trigonometrie schreiben übereinstimmend *sin*, *cos*, *tang* ... Die kleine Schwierigkeit für den Anfänger verschwindet auch, wenn er in der Analysis statt $sin\,\frac{\pi}{6}$, $sin\,\frac{1}{2}$, $sin\,2$, $sin\,\pi$ spricht:

$$\textit{Sinus}, \text{ dessen } \textit{Arcus} = \frac{\pi}{6} \text{ ist, ist } = \frac{1}{2}$$

$$\text{"} \quad \text{"} \quad \text{"} \quad = \frac{1}{2} \text{ " ist } = 0{,}479\ldots \text{ u. s. f.}$$

Man könnte geradezu schreiben (und sollte es für den Anfänger vorübergehend thun):

$$sin\left(arc = \frac{\pi}{6}\right) = \frac{1}{2}, \quad cos\left(arc = \frac{\pi}{2}\right) = 0, \quad tg\left(arc = \frac{\pi}{4}\right) = 1,$$

oder bald mit Weglassung der Klammern:

$$sin\,arc\,\frac{\pi}{6} = \frac{1}{2}, \quad cos\,arc\,\frac{\pi}{2} = 0, \quad tg\,arc\,\frac{\pi}{4} = 1,$$

und dann endlich erst auch

$$sin\frac{\pi}{6} = \frac{1}{2}, \quad cos\,\frac{\pi}{2} = 0, \quad tg\,\frac{\pi}{4} = 1.$$

Eine solche allmähliche Einführung des *sin*, des *cos* ... einer reinen Zahl würde sich besonders auch mit Rücksicht auf die Umkehrung der goniometrischen Funktionen empfohlen, vgl. unten **5.**

Es hat aber auch in der Trigonometrie keinen Anstand, ganz gleichbedeutend z. B. mit $tg\left(45^0+\frac{\varphi}{2}\right)=tg\left(50^g+\frac{\varphi}{2}\right)$ auch zu schreiben: $tg\left(\frac{\pi}{4}+\frac{\varphi}{2}\right)$, oder $sin\left(\frac{\pi}{2}-\varphi\right)=cos\,\varphi$ statt $sin\,(90^0-\varphi)=cos\,\varphi$ u. s. w., wenn man sich nur ein für allemal merkt, dass überall, wo π (= *arc* 180^0) vorkommt, auch φ „in analytischem Mass", als *arcus*, überall wo ^{0} oder ^{g} steht, auch φ in Gradmass zu denken ist, und dass der reinen Zahl (*arcus*) φ die Gradzahl $(\varphi\,.\,\varrho^0)$ entspricht.

Da das vorliegende Buch in die praktische Trigonometrie einführen soll, so sind überall in den Formeln und Rechnungen die Gradzahlen verwendet.

Über den Gang der Funktionen $sin\,x$, $(cos\,x)$, $tg\,x$, $sec\,x$, für alle Werte von x vergleiche nochmals die graphische Darstellung dieser Funktionen in Figur 37, 38, 39, nebst den dort gemachten Bemerkungen; an die Abscissenpunkte sind daselbst nicht die Gradzahlen ... -180^0, -90^0, 0^0, 90^0, 180^0... angesetzt, sondern die *Arcus*zahlen ... $-\pi$, $-\frac{\pi}{2}$, ∓ 0, $+\frac{\pi}{2}$, $+\pi$... und man liest ab: $sin\frac{\pi}{2}=1$, $tg\frac{\pi}{4}$ (oder also $tg\,(0{,}7854))=1$, $tg\frac{\pi}{2}=\infty$, $sin\frac{3\pi}{2}=-1$, $tg\frac{3\pi}{4}=-1$, $cos\,\pi=cos\,(3{,}14159\ldots)=-1$ u. s. w.

Die obigen Gleichungen (1) und (2) sind übrigens keineswegs die einzigen Gleichungen, durch die die analytischen Funktionen *sin* und *cos* definiert sind, es giebt vielmehr z. B. auch unendliche Produkte für *sin* und *cos* (wobei also die Faktoren mit fortschreitender Gliederzahl immer mehr der Einheit sich nähern müssen) und man kann also aus ihnen bequeme Reihen für die Rechnung von ***log*** *sin* und ***log*** *cos* anschreiben; das Ergebnis ist, wie hier wieder nur ohne Beweis mitgeteilt sein mag (x wie immer im analytischen Mass):

$$log\,sin\,x=log\,x+log\left(1-\frac{x^2}{\pi^2}\right)+log\left(1-\frac{x^2}{4\,\pi^2}\right)+\ldots \text{ in inf.}$$

$$log\,cos\,x=log\left(1-\frac{4\,x^2}{\pi^2}\right)+log\left(1-\frac{4\,x^2}{9\,\pi^2}\right)+log\left(1-\frac{4\,x^2}{25\,\pi^2}\right)+\ldots \text{in inf.}$$

Ja, jene Reihen (1) und (2) sind analytisch nicht (wohl aber praktisch) die wichtigsten arithmetischen Definitionen der Funktionen *sin* und *cos*; diese sind vielmehr die mit Hilfe der imaginären Einheit $i=\sqrt{-1}$ zu gebenden Definitionen, die *sin* und *cos* mit der Exponentialfunktion e^x in Zusammenhang setzen:

$$\cos x = \frac{e^{ix} + e^{-ix}}{2}, \quad \sin x = \frac{e^{ix} - e^{-ix}}{2i},$$

worauf aber hier nicht weiter eingegangen werden soll.

Aus den beiden letzten Gleichungen zusammen folgt die analytisch wichtigste: $\cos x + i \,.\, \sin x = e^{ix}$.

Für praktische Zwecke wichtiger und hier noch zu erwähnen ist, dass man natürlich auch für die übrigen goniometrischen Funktionen, nicht nur für *sin* und *cos*, unendliche Potenzreihen aufstellen kann; nur sind sie nicht so einfach gebaut wie die für *sin* und *cos*. Z. B. wird:

$$tg\, x = x + \frac{x^3}{3} + \frac{2x^5}{15} + \frac{17x^7}{315} + \ldots \text{ in inf.; ferner}$$

$$ctg\, x = \frac{1}{x}\left(1 - \frac{x^2}{3} - \frac{x^4}{45} - \frac{2x^6}{945} - \ldots \text{ in inf.}\right).$$

Es genügt, von der ersten dieser Reihen die ersten drei Glieder für später zu merken; man versuche, diese ersten Glieder auch durch $tg\, x = \frac{\sin x}{\cos x}$ aufzustellen.

Bei der *tg*-Reihe ist noch eine Bemerkung zu machen: Ist x so klein, dass der erstrebten Genauigkeitsstufe entsprechend x^3 gegen x vernachlässigt werden darf (s. oben in **2**), so ist $tg\, x \approx x \approx \sin x$; ist x nur so klein, dass wenigstens x^5 gegen x^3 nicht in Betracht kommt (also, für dieselbe Genauigkeitsstufe, x entsprechend grösser, oder bei demselben kleinen x für eine höhere Genauigkeitsstufe), so ist $tg\, x \approx x + \frac{x^3}{3}$, während $\sin x \approx x - \frac{x^3}{6}$ ist; es ist also, wie bekannt, $tg\, x$ etwas grösser als x $(= arc\,(x\,\varrho))$, $\sin x$ etwas kleiner als x (vgl. z. B. die Figur 30 in § 11) aber $tg\, x$ um doppelt so viel grösser als x, als $\sin x$ kleiner als x ist. Diese Beziehungen für kleine Winkel lassen sich ganz elementar zeigen; es führt dies aber zu einer besondern Betrachtung, der sog.

4) *Maskelyne*schen Regel. Kehren wir zu den Gleichungen (1) und (2) zurück. Wie oben in **2**, angegeben ist, braucht man zur Berechnung von $\sin x$ und $\cos x$ um so weniger Glieder, je kleiner $x = arc\, \varphi$ ist $\left(\varphi \text{ in Gradmass gegeben, also } x = \frac{\varphi}{\varrho}\right)$; ist z. B. $x = arc\, \varphi = \frac{1}{1000}$ (also $\varphi = 206'',2648 = 0^0\, 3'\, 26'',2648; = 636'',620 = 0^g,063\,6620$), so ist x^2 bereits nur noch $\frac{1}{1\,000\,000} = 0{,}000\,001$, x^3 nur noch 0,000 000 001; es wird sich also in diesem Fall $sin\ x$ von x nicht um eine Einheit der 9. Stelle, $cos\ x$ von 1 nicht um eine Einheit der 6. Stelle unterscheiden; für kleine Winkel giebt es so für eine bestimmte Genauigkeitsstufe der Rechnung eine Grenze im Winkel φ, bis zu der $sin\ \varphi = x = \frac{\varphi''}{\varrho''}$ oder $\frac{\varphi^{\backslash\backslash}}{\varrho^{\backslash\backslash}}$, $cos\ \varphi = 1$ gesetzt werden darf; diese Grenze in φ liegt bei derselben Genauigkeitsstufe der Rechnung für $sin\ \varphi$ höher als für $cos\ \varphi$, da die Potenzreihenentwicklung $(x - sin\ x)$ mit der dritten, die Reihenentwicklung $(1 - cos\ x)$ mit der zweiten Potenz von x beginnt. Es ist denn auch schon früher (§ 11) von der Rechnungsweise für kleine φ: $sin\ \varphi \approx \frac{\varphi}{\varrho}$, $(cos\ \varphi = 1$, also) $tg\ \varphi \approx \frac{\varphi}{\varrho}$ Gebrauch gemacht worden.

Die *Maskelyne*sche Regel gestattet nun, auch für verlangte grössere Annäherung bei nicht ganz kleinen Winkeln die Rechnung mit sin und tg bequemer zu gestalten, als es die Tafel der goniometrischen Zahlen oder ihrer Logarithmen, auch bei hier kleinem Intervall, bei den grossen und hier rasch sich verändernden Differenzen ermöglicht.

Die Reihen für $sin\ \alpha$ und $cos\ \alpha$ (α im Gradmass) lauten mit $x = \frac{\alpha''}{\varrho''}\left(= \frac{\alpha^{\backslash\backslash}}{\varrho^{\backslash\backslash}}\right)$

$$sin\ \alpha = \frac{x}{1!} - \frac{x^3}{3!} + \frac{x^5}{5!} - \dots$$

$$cos\ \alpha = 1 - \frac{x^2}{2!} + \frac{x^4}{4!} - \dots$$

Ist nun x so klein, dass man die Glieder von x^4 an ($arc^4\ \alpha$ an) gegen die vorhergehenden vernachlässigen kann, so ist

$$sin\ \alpha = x - \frac{x^3}{6} = x\left(1 - \frac{x^2}{6}\right);\ cos\ x = 1 - \frac{x^2}{2};$$

nach dem binomischen Lehrsatz für gebrochene Coeffizienten ist nun:

$$\left(1 - \frac{x^2}{2}\right)^{\frac{1}{3}} = 1 - \tfrac{1}{3}\frac{x^2}{2} + \left(\binom{\frac{1}{3}}{2}\frac{x^4}{4} - + \dots \text{ in inf.}\right),$$

wobei aber unserer Voraussetzung gemäss die Klammer rechts vernachlässigt werden kann, oder es ist

$$\left(1 - \frac{x^2}{2}\right)^{\frac{1}{3}} = 1 - \tfrac{1}{6}x^2 \quad \text{oder} \quad (cos\ x)^{\frac{1}{3}} = 1 - \frac{x^2}{6};$$

für $sin\ \alpha$ erhält man damit:

$$sin\ \alpha = x\ .\ (cos\ x)^{\frac{1}{3}};\ \text{setzt man hier } x = \frac{\alpha}{\varrho} \text{ ein, so wird}$$

$$log\ sin\ \alpha = log\ x + \tfrac{1}{3}\ log\ cos\ x \qquad \text{oder}$$

$$\left.\begin{aligned} \log \sin\alpha &= \log \alpha'' - \log \varrho'' + \tfrac{1}{3} \log \cos \alpha \\ (1) \qquad &= \log \alpha'' - \log \varrho'' - \tfrac{1}{3} \log \sec \alpha \end{aligned}\right\} \text{ oder auch } \left(\sec \alpha = \frac{1}{\cos \alpha}\right)$$

Ebenso erhält man für $tg\,\alpha = \dfrac{\sin \alpha}{\cos \alpha}$:

$$tg\,\alpha = \frac{x\left(1 - \frac{x^2}{6}\right)}{1 - \frac{x^2}{2}} = \frac{x\,(\cos x)^{\frac{1}{3}}}{\cos x} = x\,(\cos x)^{-\frac{2}{3}} \quad \text{oder:}$$

$$(2) \qquad \log tang\,\alpha = \log \alpha'' - \log \varrho'' + \tfrac{2}{3} \log \sec \alpha .$$

Die Gleichungen (1) und (2) zeigen auch wieder unmittelbar das oben für *sin* und *tg* kleiner Winkel im Vergleich mit dem *arc* dieser Winkel Ausgesprochene.

Die Gleichungen (1) und (2) lassen sich sofort auch an den Zahlen der Logarithmentafel verifizieren; z. B. hat man nach 5-stelligen Tafeln für Winkel bis zu $3^1/_2{}^0$ folgende Zusammenstellung ($\log \sec \alpha = - \log \cos \alpha$)

Winkel α	$\log \alpha'$	$lg \frac{\alpha'}{\varrho'} =$ $lg\,arc\,\alpha$	$lg \sin \alpha$	$lg\,tg\,\alpha$	Abweichung in Einh. d. 5. Stelle von $\log arc\,\alpha$ für $lg \sin \alpha$	$lg\,tg\,\alpha$	$lg \sec \alpha$
0° 30′	1.47712	7.94085	7.94084	7.94086	— 1	+ 1	0.00002
1° 0′	1.77815	8.24188	8.24186	8.24192	— 2	+ 4	0.00007
1° 30′	1.95424	8.41797	8.41792	8.41807	— 5	+ 10	0.00015
2° 0′	2.07918	8.54291	8.54282	8.54308	— 9	+ 17	0.00026
2° 30′	2.17609	8.63982	8.63968	8.64009	— 14	+ 27	0.00041
3° 0′	2.25527	8.71900	8.71880	8.71940	— 20	+ 40	0.00060
3° 30′	2.32222	8.78595	8.78568	8.78649	— 27	+ 54	0.00081

In der That ist also, bis zu $3^1/_2{}^0$, die Abweichung des *log sin* von *log arc* stets halb so gross als die des *log tg*, und die Summe beider Abweichungen ohne Rücksicht auf ihr Vorzeichen ist gleich dem *log sec* des Winkels.

Zunächst ist noch zu fragen, wie weit (bis zu welchem Winkel) darf das durch die letzten Gleichungen (1) und (2) ausgedrückte Rechnungsverfahren für kleinere Winkel ausgedehnt werden? Unserer Voraussetzung (Vernachlässigung von x^4 in dem Ausdruck für *cos*) gemäss so lange, als $\frac{x^4}{4!}$ nicht eine halbe Einheit der letzten Logarithmen-Dezimalstelle, die in Betracht kommen soll, erreicht, also so lange:

$\frac{x^4}{1.2.3.4} < 0{,}000\,005$ für 5-stellige Logarithmen-Tafeln,

$< 0{,}000\,0005$ „ 6-stellige „ „

$< 0{,}000\,00005$ „ 7-stellige „ „ u. s. w., oder

für 5-, 6-, 7-stellige Tafeln, so lange $x^4 < 0{,}000\,12$, $< 0{,}000\,012$, $< 0{,}000\,0012$, d. h. $log\ x^4 < (6.0792 - 10)$, $< (5.0792 - 10)$, $< (4.0792 - 10)$, oder $log\ x < (9.020 - 10)$, $< (8.770 - 10)$, $< (8.520 - 10)$ ist, oder $x (= arc\ \alpha) < 0{,}105$, $< 0{,}059$, $< 0{,}033$ ist, oder so lange etwa (vgl. die *Arcus*-Tafel am Schluss) $\alpha < 6^0$, $< 3^0$, $< 2^0$ ist. Ist z. B. $\alpha = 5^0\,33'$, oder $\alpha' = 333'$, so ist 5-stellig $log\ sec\ \alpha = 0.00\,204$, $\frac{1}{3} log\ sec\ \alpha = 0.00\,068$, $\frac{2}{3} log\ sec\ \alpha = 0.00\,136$, $log \frac{\alpha}{\varrho} = log \frac{333}{3437{,}8} = (2.52\,244 - 3.53\,627) = 8.98\,617$, also nach den Gleichungen (1) und (2) $log\ sin\ \alpha = 8.98\,549$, $log\ tg\ \alpha = 8.98\,753$, wie in der That in der 5-stelligen Tafel bei $5^0\,33'$ steht; ebenso sind für 6- und 7-stellige Tafeln die oben berechneten Grenzen zu bestätigen.

Anwendung der Gleichungen (1) und (2). Nach dem Vorgang der 7-stelligen Tafeln von *Callet* stehen nun in vollständigen Logarithmen-Tafeln (z. B. bei *Gauss* 5-stellig u. s. f.) häufig am Fuss der Zahlen-Logarithmen die Beträge **S** (***S**inus*-Reduktion) und **T** (***T**angens*-Reduktion), nämlich

$$S = -log\ \varrho'' + \frac{1}{3} log\ cos\ \alpha = -log\ \varrho'' - \frac{1}{3} log\ sec\ \alpha$$

oder $S = E(log\ \varrho'' + \frac{1}{3} log\ sec\ \alpha)$ $(= log\ sin\ \alpha - log\ \alpha'')$ und

$$T = E(log\ \varrho'' - \frac{2}{3} log\ sec\ \alpha) \quad (= log\ tg\ \alpha - log\ \alpha''),$$

die man gemäss (1) und (2) zu $log\ \alpha''$ hinzufügen muss, um $log\ sin\ \alpha$ und $log\ tang\ \alpha$ zu erhalten. Es ist dann nämlich:

(3) $$\boldsymbol{log\ sin\ \alpha = log\ \alpha'' + S}$$

(4) $$\boldsymbol{log\ tang\ \alpha = log\ \alpha'' + T}$$

oder, wenn zu gegebenem $log\ sin$ oder $log\ tang$ der Winkel gesucht ist (was aber hier etwas weniger bequem ist)

(5) $$\underline{log\ \alpha'' = log\ sin\ \alpha - S}$$

(6) $$\underline{log\ \alpha'' = log\ tang\ \alpha - T.}$$

Z. B. heisst es 5-stellig (bei *Gauss*) am Fuss der Seite der Zahlenlogarithmen von 950 bis 1000,

bei $2^0\,38' = 9480''$: $S.\,4.68\,542$ $T.\,4.68\,588$

bei $2^0\,39' = 9540''$: $S.\,4.68\,542$ $T.\,4.68\,588$

. . . .;

in der That ist $log\ sec\ 2^0\ 38' = 0.00\,046$, $\frac{1}{3}\, log\ sec\ \alpha = 0.00\,015_3$, $\frac{2}{3}\, log\, sec\, \alpha = 0.00\,031$, $log\, \varrho = 5.31\,442_5$, also $S = E\left(log\, \varrho + \frac{1}{3}\, log\, sec\ \alpha\right)$ $= E(5.31\,458) = 4.68\,542 - 10$, wie oben und $T = E\left(log\ \varrho - \frac{2}{3}\ log\ sec\ \alpha\right) = E\,(5.31\,412) = 4.68\,588 - 10$, ebenfalls wie oben.

Die Gleichungen (3) bis (6) ermöglichen also, wenn die Zahlen S und T unter den Zahlenlogarithmen angeschrieben sind, die bequeme Rechnung nach der *Maskelyne*schen Regel für kleine Winkel; bei (5) und (6) sucht man am einfachsten in der goniometrischen Haupttafel mit einem Blick die nächste Minute von α auf, um danach dann S und T ansetzen zu können. Zu bedauern ist in **5**-stelligen Tafeln nur, dass die Zahlenlogarithmen, wenn die Zahlen bis 1080 gehen, nur bis zu $\alpha = 3^0 = 10\,800''$ ausreichen, während, wie sich oben gezeigt hat, das Verfahren in diesem Fall **5**-stelliger Logarithmen bis in die Nähe von 6^0 ausreichen würde; in 6- und 7-stelligen Tafeln reicht die Erstreckung des Arguments der Zahlenlogarithmen aus.

Beispiele: $log\ sin\, 1^0\, 0'\, 0''$; $log\ \alpha'' = log\ 3600'' = 3.55\,630$

$$\begin{array}{r} \text{dazu} + S = 4.68\,555 - 10 \\ \hline \text{giebt } log\ sin\ (1^0\, 0'\, 0'') = 8.24\,185 - 10 \end{array}$$

wie in der Tafel der Logarithmen der goniometrischen Zahlen.

$log\ tg\ 1^0\, 0'\, 0''$; $log\ \alpha'' = log\ 3600'' + T = 3.55\,630 + 4.68\,562 - 10 = 8.24\,192 - 10$ (ebenso); $log\ tg\ 1^0\, 0'\, 11'' = log\, 3611 + 4.68\,562 - 10 = 3.55\,763 + 4.68\,562 - 10 = 8.24\,325 - 10$; $log\ tg\ 2^0\, 58'\, 22'' = log\, 10\,702 + 4.68\,596 - 10 = 8.71\,542 - 10$.

Umkehrung: $log\ sin\ \alpha = 8.41\,085 - 10$, α in der Nähe von $1^0\, 28'$, also $log\ \alpha'' = 8.41\,085 - 4.68\,553 = 3.72\,532$, $\alpha = 5312'',8 = 1^0\, 28'\, 32'',8$ (suche dies auch direkt); oder: $log\ tg\ \alpha = 8.00\,000 - 10$; $log\ \alpha'' = 8.00\,000 - 4.68\,559 = 3.31\,441$, $\alpha'' = 2062'',6 = 0^0\, 34'\, 22'',6$ (noch bis auf $0'',1$ übereinstimmend mit $\frac{1}{100}$ von ϱ''); u. s. f.

Bei den Verwandlungen der $''$ in $^0\ '\ ''$ in beiden Aufgaben dienen die Angaben, die ebenfalls am Fuss der Zahlenlogarithmen, bei den Zahlen S und T stehen. [22])

5) Umkehrung der goniometrischen Funktionen.

Für die Analysis spielen eine wichtige Rolle die „cyklometrischen“ Funktionen, die „Umkehrung“ (Inversion) der goniometrischen. [Ist $y = f(x)$ eine Funktion von x, so heisst die Funktion $x = F(y)$ von y die Umkehrung jener Funktion]. Obgleich sie in der Trigonometrie kaum oder nicht vorkommen, sind sie hier doch kurz zu erwähnen, eben wegen der Vorbereitung auf die Analysis und weil dadurch das in **3**, Besprochene noch deutlicher werden kann. — Die trigonometrische Frage: was ist der Winkel α, wenn $sin\ \alpha = +\frac{1}{2}$ ist, mit der Antwort: $\alpha = 30^0$ oder 150^0 lautet analytisch:

was ist α (d. h. *arc* α), wenn *sin* $\alpha = +\frac{1}{2}$ ist? Antwort $\frac{\pi}{6}$ oder auch $\frac{5\pi}{6}$ (oder auch $= \frac{13\pi}{6}$ u. s. f.), nämlich *arc* $\left(sin = \frac{1}{2}\right) = \frac{\pi}{6}$ u. s. f., ursprünglich zu sprechen: *arcus*, dessen *sinus* $= \frac{1}{2}$, ist $\frac{\pi}{6}$, einfach geschrieben und gesprochen: *arcus sin* $\frac{1}{2} = \frac{\pi}{6}$, d. h. *arc sin* $\frac{1}{2} = 0{,}523\,5987$ u. s. w.; ebenso: *arc cos* $1 = 0$ (und auch $= 3{,}1416\ldots$, $6{,}2832\ldots$); *arc cos* $(-1) = \pi = 3{,}1416$ u. s. f.; *arc sin* $1 = \frac{\pi}{2}$; *arc cos* $0 = \frac{\pi}{2}$; *arc sin* $\pm\frac{1}{2}\sqrt{2} = \pm\frac{\pi}{4}$; *arc cos* $0{,}7071 = \pm\frac{\pi}{4}$; *arc tg* $1 = \frac{\pi}{4}$; *arc ctg* $1 = \frac{\pi}{4} = 0{,}7854$. Funktionen der Veränderlichen x von dieser Art nun, *arc sin x*, *arc cos x*, *arc tg x*, sind die cyklometrischen Funktionen; man nennt wohl auch die Lehre von ihnen, im Gegensatz zur Goniometrie, die Cyklometrie. Zu beachten ist die in einzelnen der vorstehenden Beispiele angedeutete Vieldeutigkeit; vgl. Seite 175 Schluss.

In manchen geodätischen Büchern findet man z. B. auch *arc tg* $1 = 45^0 = 50^g$ statt *arc tg* $1 = \frac{\pi}{4}$; es ist dies jedoch nicht gebräuchlich und es würde hier besser ein besonderes Zeichen eingeführt (vgl. **3.**), etwa

$$Arc\,tg\,1 = 45^0 = 50^g \quad \text{gegen} \quad arc\,tg\,1 = \frac{\pi}{4} = 0{,}7854.$$

Da dies nicht üblich ist, so schliesst man die cyklometrischen Funktionen von der praktischen Trigonometrie besser aus; sie sind dort ebenso entbehrlich, wie schon für die elementaren Teile der Analysis unentbehrlich. Einige einfache Gleichungen (wie angedeutet mit der Aufforderung zur Diskussion, Angabe der Bedingung der Giltigkeit) mögen hier angeführt sein; z. B.:

$arc\,sin\,p + arc\,cos\,p = \frac{\pi}{2}$; $arc\,sin\,p = arc\,cos\sqrt{1-p^2}$ (wie heisst diese Gleichung, wenn p negativ ist?); $arc\,tg\,q + arc\,ctg\,q = \frac{\pi}{2}$; $arc\,ctg\,q = arc\,tg\frac{1}{q}$;

$$arc\,tg\,x = arc\,sin\frac{x}{\sqrt{1+x^2}} = arc\,cos\frac{1}{\sqrt{1+x^2}} \quad \text{(Bedingung?)}$$

$$arc\,sin\,x + arc\,sin\,y = arc\,sin\left(x\sqrt{1-y^2} + y\sqrt{1-x^2}\right) \quad \text{(ebenso).}$$

Auch die cyklometrischen Funktionen kann man in Potenzreihen der Veränderlichen entwickeln; z. B. ist:

$$arc\,sin\,x = \frac{x}{1} + \frac{1}{2}\,\frac{x^3}{3} + \frac{1\,.\,3}{2\,.\,4}\,\frac{x^5}{5} + \frac{1\,.\,3\,.\,5}{2\,.\,4\,.\,6}\,\frac{x^7}{7} + \ldots \text{ in inf.};$$

(x muss, damit *arc sin x* reell wird [zunächst konvergiert], echt gebrochen positiv oder negativ sein; die Reihe zeigt, dass $arc\,sin(-x) = -arc\,sin\,x$ ist); ferner

$$arc\,tg\,x = x - \frac{1}{3}x^3 + \frac{1}{5}x^5 - \frac{1}{7}x^7 + - \ldots \text{ in inf.}$$

Die Reihe für *arc tg* fällt also sehr einfach aus, mit einfachern Coeffizienten, als sie in $arc\,sin\,x$ vorkommen, während sich in **2.** und **3.** gezeigt hat, dass die Reihen für $sin\,x$ und $cos\,x$ einfacher gebaut waren, als die für $tg\,x$.

Mit $x = 1$ erhält man aus der letzten Gleichung die bekannte Reihe für $\frac{\pi}{4}$, nämlich: $arc\,tg\,1 = \frac{\pi}{4} = 1 - \frac{1}{3} + \frac{1}{5} - \frac{1}{7} + \frac{1}{9} - + \ldots$, die sich aber wegen ihrer langsamen Konvergenz zur Berechnung von π nicht besonders eignet. Setzt man (mit *Euler*) $\frac{\pi}{4} = a + b$ und z. B. $tg\,a = \frac{1}{2}$, somit $b = \frac{\pi}{4} - a$ und $tg\,b = \frac{tg\frac{\pi}{4} - tg\,a}{1 + tg\frac{\pi}{4}\,tg\,a} = \frac{1 - \frac{1}{2}}{1 + \frac{1}{2}} = \frac{1}{3}$, so erhält man in $\frac{\pi}{4} = arc\,tg\frac{1}{2} + arc\,tg\frac{1}{3} = \left(\frac{1}{2} - \frac{1}{3\,.\,2^3} + \frac{1}{5\,.\,2^5} - + \ldots\right) + \left(\frac{1}{3} - \frac{1}{3\,.\,3^3} + \frac{1}{5\,.\,3^5} - + \ldots\right)$ bereits besser konvergierende Reihen. Noch einfacher wird die Rechnung mit $tg\,p = \frac{1}{5}$, $tg\,2p = \frac{2\,.\,\frac{1}{5}}{1 - \frac{1}{25}} = \frac{5}{12}$, $tg\,4p = \frac{2\,.\,\frac{5}{12}}{1 - \left(\frac{5}{12}\right)^2} = \frac{120}{119}$; nun ist $4p$ nur noch wenig grösser als $\frac{\pi}{4}$, da $\left(tg\,4p = \frac{120}{119},\ tg\frac{\pi}{4} = 1\right)$; setzt man also $\frac{\pi}{4} = 4p - q$, so wird $tg\,q = tg\left(4p - \frac{\pi}{4}\right) = \frac{tg\,4p - 1}{1 + tg\,4p} = \frac{1}{239}$ und $\frac{\pi}{4} = 4p - q = 4\,.\,arc\,tg\,p - arc\,tg\,q$ oder $\frac{\pi}{4} = 4\left(\frac{1}{5} - \frac{1}{3\,.\,5^3} + \frac{1}{5\,.\,5^5} - \ldots\right) - \left(\frac{1}{239} - \frac{1}{3\,.\,239^3} + \frac{1}{5\,.\,239^5} - \ldots\right)$; aus dieser Reihe erhält man leicht π auf eine beliebige Anzahl von Dezimalstellen. [23])

Erwähnt sei für die cyklometrischen Funktionen, auf die hier, wie schon bemerkt, nicht weiter einzugehen ist, nur noch, dass die graphische Darstellung der goniometrischen Funktionen in den Figuren 37, 38, 39 zugleich die Darstellung der cyklometrischen ist, wenn man sich nur die x- und y-Axe vertauscht denkt: was dort Funktionswert (abhängige Veränderliche) ist, wird hier Argument (willkürliche Veränderliche) und umgekehrt, wie immer bei der Inversion einer Funktion. Die cyklometrischen Funktionen sind unendlich vieldeutig; während zum gegebenen Wert α des Arguments bei den goniometrischen Funktionen stets nur Ein Wert $sin\,\alpha$, $cos\,\alpha \ldots$ gehört (Eindeutige Funktionen), gehören zu ein und demselben Argument a bei den cyklometrischen Funktionen unendlich viele verschiedene Werte; z. B. ist der „Hauptwert" (Wert zwischen 0 und 2π) des Ausdrucks $arc\,sin\frac{1}{2}$ zwar $\frac{\pi}{6}$, der Ausdruck hat aber in der That die unendlich vielen verschiedenen Werte $\left(\frac{\pi}{6} + 2k\pi\right)$, wo k alle positiven und negativen ganzen Zahlen bedeutet (vgl. S. 174 oben). Die Bedingung dafür, dass der Ausdruck $arc\,sin\,\alpha$ reell ist, ist $1 > x > -1$; ebenso für $arc\,cos$; $arc\,tg\,x$ ist in dieser Beziehung an keine Bedingung gebunden. [24])

Kapitel 4.

Fortsetzung der Goniometrie: Goniometrische Gleichungen. Goniometrie und Algebra.

§ 19. Goniometrische Gleichungen mit Einem unbekannten Winkel.

Wie man in der elementaren Algebra eine Unbekannte x aus einer in x linearen Gleichung (x kommt nur auf der ersten Potenz in der gegebenen Gleichung vor, die ausserdem nur bekannte Zahlen enthält), oder aus einer in x quadratischen Gleichung (x kommt auf der zweiten Potenz oder auf der ersten und zweiten Potenz in der Gleichung vor) zu bestimmen hat, so ist auch hier zunächst die Aufgabe zu besprechen: einen Winkel aus einer Gleichung zu bestimmen, in der eine goniometrische Funktion oder goniometrische Funktionen des Winkels vorkommen. Die einfachsten Fälle dieser Aufgabe sind schon in § 14, **4**) besprochen, sie sind hier in **1**) kurz wiederholt; es ist schon dort erkannt, dass man aus jeder Gleichung $F(\varphi) = m$, wenn F eine beliebige goniometrische Funktion des zu bestimmenden Winkels bedeutet und m eine nach Grösse und Vorzeichen gegebene Zahl ist, zwei verschiedene (und zwischen 0^0 und 360^0, d. h. wirklich verschiedene, nur zwei) Werte von φ erhält, die jener Gleichung genügen.

1) Lineare Gleichungen mit Einer Funktion des unbekannten Winkels. Es sei $F(\varphi)$ eine beliebige goniometrische Funktion des zu bestimmenden Winkels φ; man erhält, wie oben angegeben ist, zwischen 0^0 und 360^0 (analytisch zwischen 0 und 2π) zwei Winkelwerte φ_1 und φ_2, wobei übrigens dann auch jeder Wert

$$\varphi_1 \pm k \,.\, 360^0, \quad \varphi_2 \pm k \,.\, 360^0$$

(k eine ganze Zahl) die Gleichung befriedigt; siehe die Sätze am Schluss von **6**, in § 14. Jede in $F(\varphi)$ lineare Gleichung

$$a \,.\, F(\varphi) + b = 0,$$

wo a und b gegebene Zahlen sind, lässt sich sofort auf die Form bringen:
$$F(\varphi) = m,$$
wo m nach Grösse und Vorzeichen bekannt ist. Es genügt also, Gleichungen von dieser Form zu betrachten, wobei wir auf § 14, **4**) und **5**) zurückkommen, wo sich auch Übungsbeispiele finden, so dass hier eine kurze Zusammenstellung ausreicht.

1) φ zu bestimmen aus $sin\, \varphi = m$. Es giebt nur reelle Werte φ, wenn absolut $m < 1$ ist $(1 > m > -1)$.

a. Es sei nun m positiv, was ausgedrückt sein mag durch $sin\, \varphi = + m$. Wenn φ_1 der spitze Winkel ist, den man unmittelbar aus der Tafel erhält, so hat man für φ die zwei Werte:
$$\varphi = \begin{cases} \varphi_1 \\ 180^0 - \varphi_1 \end{cases} \quad \text{oder allgemeiner} \quad \varphi = \begin{cases} \varphi_1 + k.360^0 \\ 180^0 - \varphi_1 + k.360^0, \end{cases}$$
wo k eine beliebige (positive oder negative) ganze Zahl ist.

b. Sodann sei m negativ, ausgedrückt durch $sin\, \varphi = - m$. Wenn φ_1 der spitze Winkel ist, den die Tafel liefert, so ist
$$\varphi = \begin{cases} -\varphi_1 + k.360^0 \\ 180^0 + \varphi_1 + k.360^0. \end{cases}$$

2) φ zu bestimmen aus $cos\, \varphi = m$. Bedingung für reelle Werte: m muss wie oben zwischen 1 und -1 liegen.

a. $cos\, \varphi = + m$ giebt die zwei Werte $\varphi = \pm \varphi_1 + k.360^0$

b. $cos\, \varphi = - m$ „ „ „ „ $\varphi = 180^0 \pm \varphi_1 + k.360^0$.

3) φ zu bestimmen aus $tang\, \varphi = m$. Hier kann m jeden beliebigen Wert zwischen $-\infty$ und $+\infty$ haben.

a. $tg\, \varphi = + m$ giebt $\varphi = \begin{Bmatrix} \varphi_1 + k.180^0 \\ 180^0 + \varphi_1 + k.180^0 \end{Bmatrix} = \varphi_1 + k.180^0$, wo k eine beliebige (positive oder negative) ganze Zahl ist;

b. $tg\, \varphi = - m$ giebt $\varphi = \begin{Bmatrix} -\varphi_1 + k.180^0 \\ 180^0 - \varphi_1 + k.180^0 \end{Bmatrix} = -\varphi_1 + k.180^0$.

Wenn also $tg\, \varphi$ gegeben ist, so kann man die zwei Resultate für φ auf Eine Form bringen, während dies bei sin und cos nicht möglich ist. Der Grund dafür liegt darin, dass die beiden Ursprungsstrahlen, die aus gegebener $tang$ eines Winkels sich ergeben, nur die zwei verschiedenen Richtungen einer und derselben Geraden sind, während bei gegebenem $\begin{Bmatrix} sin \\ cos \end{Bmatrix}$ die beiden Ursprungsstrahlen, die die zweideutige Lösung der Aufgabe vorstellen, zwei verschiedene Gerade sind, die symmetrisch zur $\begin{Bmatrix} y \\ x \end{Bmatrix}$ Axe liegen (vgl. § 14, **1**) und **6**)).

Zwischen 0^0 und 360^0 liegen immer, wie schon oben angegeben ist, gleichgiltig ob *sin*, *cos* oder *tg* gegeben ist, zwei Werte von φ. Für *ctg*, *sec*, *cosec* erhält man ähnliche Lösungen wie für *tg*, *cos*, *sin*.

2) Gleichungen höhern Grades mit Einer Funktion des unbekannten Winkels.

Als Beispiel diene die in $sin\,\varphi$ quadratische Gleichung

$$a\,sin^2\,\varphi + b\,sin\,\varphi + c = 0.$$

Die Aufgabe ist durch direkte algebraische Auflösung nach $sin\,\varphi$ auf **1,** (und zwar 1)) zurückzuführen; ähnlich in jedem andern hieher gehörigen Fall.

Man erhält hier:

$$sin\,\varphi = \frac{-b \pm \sqrt{b^2 - 4\,ac}}{2\,a}.$$

Sollen dieser Gleichung reelle Werte des Winkels φ entsprechen, so muss sein:

$$2\,a \text{ absolut} > -b \pm \sqrt{b^2 - 4\,ac} \quad \text{oder}$$

$$4\,a^2 + 4\,a\,b + b^2 > b^2 - 4\,ac, \text{ d. h. } a + b + c > 0.$$

Ausserdem muss die Wurzel, die in dem Ausdruck für $sin\,\varphi$ vorkommt, reell sein, d. h. es muss sein

$$b^2 - 4\,ac > 0; \text{ somit giebt:}$$

$$a + b + c > 0 \text{ u. } \left\{\begin{array}{l} b^2 - 4\,ac > 0 \\ b^2 - 4\,ac = 0 \\ b^2 - 4\,ac < 0 \end{array}\right\} \quad \left\{\begin{array}{l} 4 \text{ verschiedene reelle Werte von } \varphi, \\ 2 \quad \text{"} \quad \text{"} \quad \text{"} \quad \text{"} \quad \varphi, \\ \text{keinen reellen Wert von } \varphi. \end{array}\right.$$

Analog für eine in *cos* oder *tg* (Determination im letzten Fall?) quadratische Gleichung, sowie für höhere Gleichungen.

3) Gleichungen mit mehreren Funktionen des unbekannten Winkels.

Zu ihrer Auflösung hat man die gegebene Gleichung durch algebraische und goniometrische Umformungen auf eine der unter **1)** und **2)** behandelten Gleichungen zu reduzieren.

1) **Die wichtigste Aufgabe** ist folgende:

φ zu bestimmen aus der in $sin\,\varphi$ und $cos\,\varphi$ linearen Gleichung

(1) $$a\,cos\,\varphi + b\,sin\,\varphi = c.$$

Erste Lösung. Die nächstliegende Lösung besteht darin, dass man die eine Funktion in der andern ausdrückt, also z. B. $cos\,\varphi = \sqrt{1 - sin^2\,\varphi}$ setzt; man erhält damit

$$a\sqrt{1 - sin^2\,\varphi} = c - b\,sin\,\varphi \quad \text{oder}$$

$$a^2 - a^2\,sin^2\,\varphi = c^2 - 2\,b\,c\,sin\,\varphi + b^2\,sin^2\,\varphi \quad \text{oder}$$

$$(a^2 + b^2)\,sin^2\,\varphi - 2\,b\,c\,sin\,\varphi + (c^2 - a^2) = 0, \text{ d. h.}$$

$$(2) \qquad sin\,\varphi = \frac{b\,c \pm a\sqrt{a^2+b^2-c^2}}{a^2+b^2}$$

womit die Aufgabe auf die oben unter **2)** behandelte zurückgeführt ist. Im allgemeinen erhält man aus Gleichung (2) zwei Werte von $sin\,\varphi$; es könnte also scheinen, als ob der Gleichung (1) vier Werte von φ entsprächen, indem jeder Wert von $sin\,\varphi$ zwei Werte von φ liefert. Nun giebt aber für einen bestimmten Wert von $sin\,\varphi$ die Gleichung (1) Einen bestimmten Wert von $cos\,\varphi$; da nun durch *sin* und *cos* ein Winkel Eindeutig bestimmt ist, so hat die Gleichung (1) im allgemeinen zwei Wurzeln φ.

Die obige Behandlung ist nun aber **unsymmetrisch**; man hätte ebensogut, $sin\,\varphi = \sqrt{1-cos^2\varphi}$ setzend, die in $cos\,\varphi$ quadratische Gleichung

$$(3) \qquad (a^2+b^2)\,cos^2\varphi - 2\,ac\,cos\,\varphi + (c^2-b^2) = 0$$

erhalten können, wie sich auch aus (2) durch Vertauschung von a mit b und gleichzeitig von *sin* mit *cos* unmittelbar ergeben muss.

(2) und (3) zusammen geben also:

$$(4) \qquad \left\{ \begin{aligned} sin\,\varphi &= \frac{b\,c \pm a\sqrt{a^2+b^2-c^2}}{a^2+b^2} \\ cos\,\varphi &= \frac{a\,c \mp b\sqrt{a^2+b^2-c^2}}{a^2+b^2}, \end{aligned} \right.$$

wobei sich die Vorzeichen auf einander beziehen, wie die Probe ergiebt, wenn man aus (4) $a\,cos\,\varphi + b\,sin\,\varphi$ bildet. Auch hier zeigt sich also, dass man im allgemeinen nur zwei, nicht vier Werte für φ erhält; es giebt nämlich

zwei { reelle verschiedene / reelle zusammenfallende / imaginäre (konjugierte) } Werte von φ,

je nachdem $c^2 \lesseqqgtr a^2 + b^2$ ist.

Zusatz. Ist in der gegebenen Gleichung $c = 0$, d. h. hat man die Gleichung

$$a\,cos\,\varphi + b\,sin\,\varphi = 0,$$

so wird nach Division mit $cos\,\varphi$

$$tg\,\varphi = -\frac{a}{b},$$

womit die Aufgabe direkt auf **1,** 3) zurückgeführt ist.

Zweite Lösung. Goniometrisch durch Einführung eines **Hilfswinkels.** Als allgemeines Prinzip merke man, wie sich aus § 13, **4**, und § 14, **7**, ergiebt: Zwei gleichartige Grössen a und b lassen sich stets als rechtwinklige Coordinaten eines (eindeutigen) Punktes betrachten; führt man dessen (ebenfalls eindeutige) Polarcoordinaten (λ, r) ein, indem man setzt:

$$(5) \qquad \left\{ \begin{array}{l} a = r \cos \lambda \\ b = r \sin \lambda \end{array} \right\} \text{ Gleichung (2) im § 13,}$$

so ist (mit der Bestimmung: r positiv) der Hilfswinkel λ Eindeutig gegeben durch die Gleichung

$$(6) \qquad tg \, \lambda = \frac{b}{a}$$

und damit findet sich für r aus (5)

$$(7) \qquad r = \frac{a}{\cos \lambda} \quad \text{oder} \quad = \frac{b}{\sin \lambda}.$$

Setzt man im vorliegenden Fall die Werte aus (5) in die gegebene Gleichung (1) ein, so erhält man:

$$r \cos \varphi \cos \lambda + r \sin \varphi \sin \lambda = c \quad \text{oder}$$

$$(8) \qquad \cos (\varphi - \lambda) = \frac{c}{r}.$$

Aus (6) ist mit Rücksicht auf (5) der Hilfswinkel λ, wie schon angedeutet, **Eindeutig** bestimmt, da durch (6) seine *tg* gegeben und aus (5) die Vorzeichen von *cos* und *sin* bekannt sind; vgl. die Formeln und Übungen in § 14, **4**, und **5.** Mit λ aus (6) erhält man r aus (7) und die Gleichung (8) ergiebt dann zwei gleiche und entgegengesetzte Werte von $(\varphi - \lambda)$, womit man schliesslich zwei Werte von φ erhält.

Je nachdem $c \lesseqgtr r$ oder, da gemäs (5) $a^2 + b^2 = r^2$ ist, je nachdem $c^2 \lesseqgtr a^2 + b^2$, erhält man also

zwei { reelle verschiedene / reelle zusammenfallende / imaginäre konjugierte } Werte von φ,

also ganz dieselbe Determination, wie bei der 1. Auflösung.

Diese zweite Lösung ist aber, weil vollständig symmetrisch, in algebraischer Hinsicht, und da die logarithmische Rechnung sehr einfach ist, überhaupt in jeder Beziehung der ersten Lösung vorzuziehen.

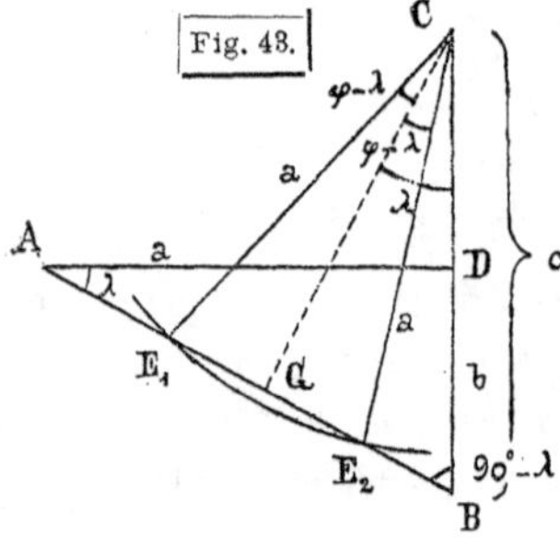

Dritte Lösung. Durch Konstruktion. Es ist stets von grossem Wert, womöglich die trigonometrischen Auflösungen goniometrischer oder algebraischer Aufgaben mit den durch Konstruktion sich ergebenden zu vergleichen. Als Beispiel diene die Konstruktion vorstehender Aufgabe:

Macht man (Fig. 43) $DA = a$, DB $(\perp DA) = b$ und $BC = c$ Längeneinheiten, beschreibt ferner von C aus mit dem Halbmesser a einen Kreis, der AB in E_1 und E_2 schneidet, so ist zunächst der Hilfswinkel $\lambda = \measuredangle DAB$ (a und b als positiv angenommen); ferner $CG = c\,sin\,(90^0 = \lambda) = c\,.\,cos\,\lambda$, also $E_1\,CG = E_2\,CG = \varphi - \lambda$ und somit die beiden Werte φ_1 und φ_2 des gesuchten Winkels φ gegeben durch die Winkel $E_1\,CB$ und $E_2\,CB$.

Je nachdem der um C mit a beschriebene Kreis die Grade AB $\left\{\begin{array}{l}\text{schneidet}\\ \text{berührt}\\ \text{nicht schneidet}\end{array}\right\}$, d. h. je nachdem $c^2 \lesseqgtr a^2 + b^2$ ist, erhält man $\left\{\begin{array}{l}\text{zwei verschiedene}\\ \text{zwei zusammenfallende}\\ \text{keine reelle}\end{array}\right\}$ Lösungen; es ergiebt sich also bei der Konstruktion, wie es der Fall sein muss, abermals dieselbe Determination, wie bei den beiden vorhergehenden Auflösungen.

Zahlenbeispiel zur zweiten Auflösung.

$$\underset{a}{(-4{,}31)}\,cos\,\varphi + \underset{b}{(3{,}01)}\,sin\,\varphi = \underset{c}{1{,}68}$$

$$(6)\quad tg\,\lambda = \frac{b}{a} \qquad (7)\quad r = \frac{a}{cos\,\lambda} \text{ oder } = \frac{b}{sin\,\lambda}$$

$$(8)\qquad cos\,(\varphi - \lambda) = \frac{c}{r} = \frac{c\,.\,cos\,\lambda}{a} = \frac{c\,.\,sin\,\lambda}{b}.$$

Erste Rechnungsweise:

$log\,b = 0.47\,857$

$log\,a = 0.63\,448\,n$, also

$log\,tg\,\lambda = 9.84\,409 - 10\,n$, woraus, da r positiv werden muss, nur

$\lambda = 145^0\,4'\,13''$

$log\,c = 0.22\,531$	$log\,c = 0.22\,531$
$log\,cos\,\lambda = 9.91\,374\,n$	$log\,sin\,\lambda = 9.75\,783 - 10$
$log\frac{1}{a} = E\,log\,a = 9.36\,552 - 10\,n$	$log\frac{1}{b} = E\,log\,b = 9.52\,143 - 10$
$log\,cos\,(\varphi - \lambda) = 9.50\,457 - 10$	$log\,cos\,(\varphi - \lambda) = 9.50\,457 - 10$

$$\varphi - \lambda = \left\{\begin{array}{r}71^0\,21'\,47''\\ -71^0\,21'\,47''\end{array}\right. \text{ und damit}$$

$$\left.\begin{array}{l}\varphi_1 = 216^0\,26'\,0''\\ \varphi_2 = 73^0\,42'\,26''\end{array}\right\}$$

Probe I:

$log\,a = 0.63\,448\,n$	
$log\,cos\,\varphi_1 = 9.90\,555 - 10\,n$	
$log\,a\,cos\,\varphi_1 = 0.54\,003$	$a\,cos\,\varphi_1 = 3{,}46761$
$log\,b = 0.47\,857$	
$log\,sin\,\varphi_1 = 9.77\,370 - 10\,n$	
$log\,b\,sin\,\varphi_1 = 0.25\,227\,n$	$b\,sin\,\varphi_1 = -1{,}78760$
	$c = +1{,}68$

Probe II:

$\log a = 0.63\,448\,n$	
$\log \cos \varphi_2 = 9.44\,800 - 10$	
$\log a \cos \varphi_2 = 0.08\,248\,n$	$a \cos \varphi_2 = -1{,}20914$
$\log b = 0.47\,857$	
$\log \sin \varphi_2 = 9.98\,220 - 10$	
$\log b \sin \varphi_2 = 0.46\,077$	$b \sin \varphi_2 = +2{,}88913$
	$c = +1{,}68.$

Zweite Rechnungsweise. An Stelle der vorstehenden setzen wir, wie schon in § 14, 7, vorbereitet ist, hier und in Zukunft stets die folgende **Rechnung**, die viel übersichtlicher ist als die erste, mehr vor Rechenfehlern schützt und, da weniger zu schreiben ist, rascher zum Ziel führt. Eine weitere Erklärung ist nach dem oben angeführten Paragraphen nicht notwenig:

$$\underset{a}{(-4{,}31)} \cos \varphi + \underset{b}{(3{,}01)} \sin \varphi = \underset{c}{1{,}68}$$

$b = +3{,}01$	b	$0{:}47\,857$
$a = -4{,}31$	$E\begin{cases}\sin\\ \cos\end{cases}\lambda$	$0.08\,626\,n$
$\lambda = 145^0\,4'\,13''$	a	$0.63\,448\,n$
$\varphi - \lambda = \begin{cases}71\ 21\ 47\\ -71\ 21\ 47\end{cases}$	$tg\,\lambda$	$9.84\,409\,n$
	r	$0.72\,074$
$\varphi = \begin{cases}216^0\,26'\,\ 0''\\ 73^0\,42'\,26''\end{cases}$	c	$0.22\,531$
	$\cos(\varphi-\lambda)$	$9.50\,457$

λ im II. Quadranten, nicht auch im IV. zu wählen, weil mit $tg\,\lambda = \frac{+3{,}01}{-4{,}31}$ zugleich bestimmt ist, dass $\sin\lambda$ das Vorzeichen +, $\cos\lambda$ das Vorzeichen — haben soll; über $E\begin{cases}\sin\\ \cos\end{cases}$ nach der *Lagrange*schen **Regel** s. a. a. O.

2) φ **sei zu bestimmen aus** $a \cos^2\varphi + b \sin\varphi \cos\varphi + c \sin^2\varphi = d$. Es ist $\cos^2\varphi = \frac{1+\cos 2\varphi}{2}$, $\sin^2\varphi = \frac{1-\cos 2\varphi}{2}$; damit wird die gegebene Gleichung $a(1+\cos 2\varphi) + b \sin 2\varphi + c(1-\cos 2\varphi) = 2d$ oder

$$(a-c)\cos 2\varphi + b \sin 2\varphi = (2d - a - c),$$

womit die Aufgabe auf die vorige zurückgeführt ist.

Anmerkung. Man könnte die vorliegende Aufgabe auch, aber weniger gut, auf eine der Aufgaben **2.** zurückführen. Dividiert man mit $\cos^2\varphi$ durch, so wird

$$a + b\,tg\,\varphi + c\,tg^2\varphi = \frac{d}{\cos^2\varphi} = d(1 + tg^2\varphi) \qquad \text{oder}$$

$$(c-d)\,tg^2\varphi + b\,tg\,\varphi + (a-d) = 0,$$

woraus $tg\,\varphi$ und damit φ zu bestimmen ist.

4) Die gegebene Gleichung enthält **den gesuchten Winkel** φ nicht direkt, sondern **nur in Zusammensetzungen.**

1) φ sei zu bestimmen aus der Gleichung:

$$a \sin(\varphi + \alpha) + b \sin(\varphi + \beta) = 0,$$

wo α und β gegebene Winkel sind.

Es ist
$$\frac{\sin(\varphi + \alpha)}{\sin(\varphi + \beta)} = -\frac{b}{a}, \text{ somit}$$

$$\frac{b-a}{b+a} = \frac{\sin(\varphi + \alpha) + \sin(\varphi + \beta)}{\sin(\varphi + \alpha) - \sin(\varphi + \beta)}$$

$$= \frac{2 \sin\left(\varphi + \frac{\alpha+\beta}{2}\right) \cos\frac{\alpha-\beta}{2}}{2 \cos\left(\varphi + \frac{\alpha+\beta}{2}\right) \sin\frac{\alpha-\beta}{2}} = tg\left(\varphi + \frac{\alpha+\beta}{2}\right) ctg\frac{\alpha-\beta}{2},$$

woraus sich ergiebt

$$tg\left(\varphi + \frac{\alpha+\beta}{2}\right) = \frac{b-a}{b+a} tg\frac{\alpha-\beta}{2}.$$

Damit ist $\left(\varphi + \frac{\alpha+\beta}{2}\right)$ und also auch φ zu bestimmen.

Sind a und b logarithmisch gegeben, und setzt man $a = r \sin\lambda$, $b = r \cos\lambda$, d. h. während sich r sofort wieder weghebt, Eindeutig: ($\cos\lambda$ das Vorzeichen von a, $\sin\lambda$ das von b): $ctg\,\lambda = \frac{b}{a}$, so wird

$$\frac{b-a}{b+a} = ctg(45^0 + \lambda), \quad \text{also} \quad tg\left(\varphi + \frac{\alpha+\beta}{2}\right) = tg\frac{\alpha-\beta}{2} \cdot ctg(45^0 + \lambda)$$

Vgl. § 16, Gl. (15).

Bemerkung. Man suche hier, ähnlich wie bei **3.** 1) auch eine Konstruktion für die zwei Winkel φ.

2) φ zu bestimmen aus $a \sin(\alpha + \varphi) + b \sin(\beta - \varphi) = 0$. Setzt man in der vorigen Aufgabe $-b$ statt b und $-\beta$ statt β, so erhält man unmittelbar die vorliegende Aufgabe, somit für diese die Lösung

$$tg\left(\varphi + \frac{\alpha-\beta}{2}\right) = \frac{b+a}{b-a} \cdot tg\frac{\alpha+\beta}{2}.$$

3) φ zu bestimmen aus $a \cos(\varphi + \alpha) + b \sin(\varphi - \beta) = 0$. Diese Aufgabe geht aus 1) hervor mit $(90^0 + \alpha)$ an Stelle von α und $-\beta$ an Stelle von β, also wird

$$tg\left(\varphi + \frac{90^0 + \alpha - \beta}{2}\right) = \frac{b-a}{b+a} \cdot tg\frac{90^0 + \alpha + \beta}{2}.$$

4) φ zu bestimmen aus $\frac{\cos(\varphi + \alpha)}{\cos(\varphi + \beta)} = m$. Ganz auf dieselbe Art wie in den eben behandelten Aufgaben erhält man

$$ctg\left(\varphi + \frac{\alpha + \beta}{2}\right) = \frac{1 + m}{1 - m}\, tg\, \frac{\alpha - \beta}{2}.$$

5) φ zu bestimmen aus $\dfrac{tg\,(\varphi + \alpha)}{tg\,(\varphi + \beta)} = m.$

Es wird hier

$$sin\,(2\,\varphi + \beta + \alpha) = \frac{1 + m}{1 - m}\, sin\,(\beta - \alpha).$$

§ 20. Goniometrische Gleichungen mit mehreren unbekannten Winkeln.

1. Die wichtigste Aufgabe ist die folgende:

a) Von zwei Winkeln ist bekannt ihre Summe und das Verhältnis ihrer *Sinus*; die beiden Winkel zu bestimmen.

Es sei gegeben $\left\{\begin{matrix} \dfrac{sin\,\varphi}{sin\,\psi} = m \\ \varphi + \psi = \alpha \end{matrix}\right\}$; gesucht φ und ψ.

Aus der ersten Gleichung folgt, da sie als Proportion geschrieben lautet:

$$sin\,\varphi : sin\,\psi = m : 1$$

$$(sin\,\varphi + sin\,\psi) : (sin\,\varphi - sin\,\psi) = (m + 1) : (m - 1) \qquad \text{oder}$$

$$\frac{m+1}{m-1} = \frac{2\, sin\, \frac{\varphi + \psi}{2} \cdot cos\, \frac{\varphi - \psi}{2}}{2\, cos\, \frac{\varphi + \psi}{2} \cdot sin\, \frac{\varphi - \psi}{2}} = tg\, \frac{\varphi + \psi}{2} \cdot ctg\, \frac{\varphi - \psi}{2}, \text{ somit}$$

$$tg\, \frac{\varphi - \psi}{2} = \frac{m - 1}{m + 1} \cdot tg\, \frac{\varphi + \psi}{2} = \frac{m - 1}{m + 1} \cdot tg\, \frac{\alpha}{2}.$$

Damit ist $\frac{\varphi - \psi}{2}$ bekannt und also auch φ und ψ, nämlich

$$\left\{\begin{aligned} \varphi &= \frac{\alpha}{2} + \frac{\varphi - \psi}{2} \\ \psi &= \frac{\alpha}{2} - \frac{\varphi - \psi}{2}. \end{aligned}\right.$$

b) Die Auflösung bleibt ganz dieselbe, wenn ausser dem Verhältnis der *sin* der beiden Winkel die Differenz der Winkel bekannt ist.

Ist $\dfrac{sin\,\varphi}{sin\,\psi} = m$ und $\varphi - \psi = \beta$ gegeben, so wird

$$tg\, \frac{\varphi + \psi}{2} = \frac{m + 1}{m - 1}\, tg\, \frac{\beta}{2}.$$

Zahlenbeispiel: $\dfrac{sin\,\varphi}{sin\,\psi} = 3{,}7042, \quad \varphi + \psi = 38^0\, 23'\, 15''$

$m-1$	0.43204	$m-1=2,7042$	
$E(m+1)$	9.32751	$m+1=4,7042$	
$tg\frac{\varphi+\psi}{2}$	9.54172	$\frac{\varphi+\psi}{2}=19^0\,11'\,38''$	$\frac{\varphi+\psi}{2}=19^0 11' 38''$
$tg\frac{\varphi-\psi}{2}$	9.30127	$\frac{\varphi_1-\psi_1}{2}=11^0\,18'\,57''$	$\frac{\varphi_2-\psi_2}{2}=191^0 18' 57''$
		$\varphi_1=30^0 30' 35''$	$\varphi_2=210^0 30' 35''$
		$\psi_1=7^0 52' 41''$	$\psi_2=-172^0\ 7' 19''=187^0 52' 41''$

Die Werte von φ und ψ der beiden Lösungen unterscheiden sich je um 180^0, weil die zwei Werte von $\frac{1}{2}(\varphi-\psi)$ sich um 180^0 unterscheiden.

Anmerkung 1). Ist in der vorstehenden Aufgabe $\frac{\sin\varphi}{\sin\psi}=\frac{a}{b}$ gegeben, wobei die Logarithmen von a und b gegeben sind, so erhält man die Auflösung der Aufgabe, wenn man bemerkt, dass

$$\frac{tg\,\lambda-1}{tg\,\lambda+1}=tg\,(\lambda-45^0)=ctg\,(45^0+\lambda) \qquad \text{ist.}$$

Setzt man also $tg\,\lambda=\frac{a}{b}$, aber wie immer mit Eindeutiger Einführung von λ, durch die Bestimmung nämlich, dass ausser dem nach Grösse und Vorzeichen bekannten Werte von $tg\,\lambda$ auch die Vorzeichen von $\sin\lambda$ und $\cos\lambda$ festgesetzt sein sollen durch:

Vorzeichen von $\sin\lambda$ gleich dem von a
" " $\cos\lambda$ " " " b,

so erhält man die Lösung für a) und für b) durch:

$$tg\frac{\varphi-\psi}{2}=tg\,(\lambda-45^0)\,tg\frac{\varphi+\psi}{2}=ctg\,(45^0+\lambda)\,tg\frac{\varphi+\psi}{2}$$

Gerade in dieser Form ist die Aufgabe 1) für mehrere geodätische Aufgaben von grosser Wichtigkeit.

Anmerkung 2). Wenn in a) das gegebene $(\varphi+\psi)$ klein ist (für verschiedene Genauigkeitsstufen bis zu verschiedener Grenze), so ist die Auflösung unmittelbar klar; ist z. B. $\sin\varphi : \sin\psi = 1:2$ und $\varphi+\psi=0^0\,6'\,0''$, so ist $\varphi=0^0\,2'\,0''$ und $\psi=0^0\,4'\,0''$. Grund? Untersuchung über den Geltungsbereich.

2.a) Gesucht φ und ψ aus $\frac{tg\,\varphi}{tg\,\psi}=n$ und $\varphi+\psi=\alpha$.

Es ist $\frac{\sin\varphi\cos\psi}{\cos\varphi\sin\psi}=n$, also $\frac{\sin\varphi\cos\psi-\cos\varphi\sin\psi}{\sin\varphi\cos\psi+\cos\varphi\sin\psi}=\frac{n-1}{n+1}$ oder $\frac{\sin(\varphi-\psi)}{\sin(\varphi+\psi)}=\frac{n-1}{n+1}$, also $\sin(\varphi-\psi)=\frac{n-1}{n+1}\sin(\varphi+\psi)=\frac{n-1}{n+1}\sin\alpha$; damit ist $(\varphi-\psi)$ bekannt und demnach auch φ und ψ.

2b) Gesucht φ und ψ aus $\frac{tg\,\varphi}{tg\,\psi}=n$ und $\varphi-\psi=\beta$.

Aus der vorigen Aufgabe erhält man auch unmittelbar

$$sin(\varphi + \psi) = \frac{n+1}{n-1} sin\, \beta.$$

3) Weitere Aufgaben zur Übung:

φ und ψ zu bestimmen aus $\varphi + \psi = \alpha$ und $sin\,\varphi + sin\,\psi = m$;
φ „ ψ „ „ „ $\varphi + \psi = \alpha$ „ $sin\,\varphi \,.\, sin\,\psi = k$;
φ „ ψ „ „ „ $\varphi + \psi = \alpha$ „ $tg\,\varphi \,.\, tg\,\psi = c$;
φ „ ψ „ „ „ $\varphi + \psi = \alpha$ „ $tg\,\varphi + tg\,\psi = n$.

Den Winkel ψ zu bestimmen aus den zwei Gleichungen:

$$\begin{cases} a\cos\varphi + b\sin\varphi + c = 0 \\ a'\cos(\varphi+\psi) + b'\sin(\varphi+\psi) + c' = 0, \end{cases}$$
wo a, b, c, a', b', c', gegebene Zahlen sind und φ einen ebenfalls nicht bekannten Winkel bedeutet.

Anmerkung. Die Auflösung der Aufgaben 1) bis 3) dieses §, sowie der Aufgaben des Abschnitts **4**, des vorigen § wird vereinfacht (der Hilfswinkel λ wird entbehrlich) durch eine Tafel der Logarithmen $\frac{1+n}{1-n}$ zu gegebenem Logarithmus von n, wie sie z. B. in der fünfstelligen Logarithmentafel von *Rex* sich findet.

Zu bemerken ist auch noch, dass § 20, 1^{b} ganz dieselbe Aufgabe ist wie § 19, **4**, 1): schreibt man hier: $a\sin\psi + b\sin\chi = 0$ und $\psi - \chi = \beta - \alpha = \gamma$ gegeben, so ist dies unmittelbar zu sehen. Ebenso ist § 20, 2^{b} gleich § 19, **4**, 3) u. s. f.

§ 21. Rechnung mit komplexen Zahlen. *Moivre*'s Formel. Binomische Gleichungen. Satz von *Cotes*.

Dieser ganze Paragraph behandelt eigentlich Gegenstände der Algebra, der Analysis, soll aber doch hier eingeschaltet werden, weil er schöne Anwendungen rein goniometrischer Rechnungen bietet, ferner der Zusammenhang der Kreisteilungslehre mit den goniometrischen Formeln, der früher (§ 17, **3**)) schon gestreift wurde, theoretisch wichtig ist.[25])

1) Komplexe Zahlen; ihre Normalform und ihre kanonische Form.

Das System der positiven und negativen Zahlen ist nicht das allgemeinste algebraische Zahlensystem; um dieses aufzustellen braucht man vielmehr neben der „reellen Einheit“ die „imaginäre Einheit“ $i = \sqrt{-1}$; die allgemeine Zahlform ist dann die der sog. komplexen Zahl

$$a + b\sqrt{-1} \quad \text{oder} \quad a + bi,$$

wo a und b positive oder negative Zahlen sind.

Zur Aufstellung dieser Zahlen führt bekanntlich schon die elementare Algebra bei den quadratischen Gleichungen; z. B.: was sind die Wurzeln der

Gleichung $x^2 - 5x + 6 = 0$? Antwort: $+2$ und $+3$; die Gleichung lässt sich also auch so schreiben: $(x-2)(x-3) = 0$. Allgemein: Sind x_1 und x_2 die zwei Zahlen, die die quadratische Gleichung $x^2 + ax + b = 0$ befriedigen, so kann man diese Gleichung auch schreiben: $(x-x_1)(x-x_2) = 0$. Was sind nun die Wurzeln der Gleichung $x^2 + 5x + 31^1/_4 = 0$? Antwort: $\left.\begin{matrix} x_1 \\ x_2 \end{matrix}\right\} = \frac{-5 \pm \sqrt{25 - 4 \cdot 31^1/_4}}{2} = \frac{-5 \pm \sqrt{-100}}{2} = \frac{-5 \pm 10\sqrt{-1}}{2}$ oder mit Einführung des Zeichens $i = \sqrt{-1}$, $x_1 = -2^1/_2 + 5i$, $x_2 = -2^1/_2 - 5i$; die linke Seite der Gleichung muss also identisch sein mit $(x + 2^1/_2 - 5i)$ $(x + 2^1/_2 + 5i)$; multipliziert man aus, so findet man in der That nach $(a+b)(a-b) = a^2 - b^2$ den angeschriebenen Ausdruck gleich $(x + 2^1/_2)^2 - (5i)^2 = x^2 + 5x + \frac{25}{4} - (5\sqrt{-1})^2 = x^2 + 5x + \frac{25}{4} + 25 = x^2 + 5x + 31^1/_4$, übereinstimmend mit der linken Seite der gegebenen Gleichung. — In der höhern Algebra wird nun der Satz bewiesen, dass jede algebraische Gleichung: $a_0 x^n + a_1 x^{n-1} + \ldots + a_n = 0$ so viele und nur so viele Wurzeln hat, als ihr Grad anzeigt (wie aus der elementaren Algebra bekannt ist, dass eine in x lineare Gleichung, Gleichung ersten Grades, Eine, eine in x rein oder unrein quadratische zwei Wurzeln hat, d. h. Werte, die in die Gleichung eingesetzt, diese befriedigen); man kann die „ganze algebraische Funktion“ $x^n + a_1 x^{n-1} + \ldots + a_n$ deren Veränderliche x ist, in n lineare „Wurzelfaktoren“ $(x - x_1)$, $(x - x_2)$, ... $(x - x_n)$ zerlegen; mit $x^n + a_1 x^{n-1} + \ldots + a_n \equiv (x - x_1) \cdot (x - x_2) \ldots (x - x_n)$ zeigt sich in der That, dass, da das Produkt $(x - x_1) \cdot (x - x_2) \ldots (x - x_n)$ nur auf n Arten zu Null werden kann, nämlich dadurch, dass einer der n Faktoren Null wird, dass $x_1, x_2, x_3 \ldots x_n$ die n Wurzeln der Gleichung $x^n + a_1 x^{n-1} + \ldots + a_n = 0$ sind. Diese Wurzeln brauchen aber (unter der auch seither schon gemachten stillschweigenden Voraussetzung lauter reeller Coeffizienten a) keineswegs alle reell zu sein, wie schon die quadratische Gleichung zeigt (s. oben): die Gleichung $x^2 + bx + c = 0$ hat zwei reelle Wurzeln, wenn $b^2 - 4c > 0$ ist, zwei „imaginäre“ (jetzt besser komplexe), wenn $b^2 - 4c < 0$ ist. In der Analysis ist nun zu zeigen, dass komplexe Wurzeln nur „konjugiert“ vorkommen (s. u.), d. h. dass, wenn $(p + qi)$ eine Wurzel der Gleichung $x^n + a_1 x^{n-1} + \ldots + a_n = 0$ ist, auch $(p - qi)$ eine Wurzel dieser Gleichung vorstellt. Daraus folgt, dass, wenn n ungerade ist, mindestens Eine Wurzel reell sein muss (z. B. also bei einer kubischen Gleichung); ist n gerade, so können alle Wurzeln komplex sein; sie haben aber dann stets die Form $(p_1 + q_1 i)$, $(p_1 - q_1 i)$; $(p_2 + q_2 i)$, $(p_2 - q_2 i)$ u. s. f.: man kommt bei der Zerlegung der Funktion $x^n + a_1 x^{n-1} + \ldots a_n$ in ihre Wurzelfaktoren für jede der reellen Wurzeln $r_1, r_2, \ldots$ auf einen Wurzelfaktor von der Form $(x - r_1)$, $(x - r_2) \ldots$; für je zwei zusammengehörige komplexe Wurzeln $(p_1 + q_1 i)$, $(p_1 - q_1 i)$; $(p_2 + q_2 i)$, $(p_2 - q_2 i)$ auf Wurzelfaktoren von der Form $(x - p_1 - q_1 i)$, $(x - p_1 + q_1 i)$; $(x - p_2 - q_2 i)$, $(x - p_2 + q_2 i) \ldots$, von denen sich je zwei zusammengehörige zu einer quadratischen, nur reelle Coeffizienten enthaltenden Form vereinigen lassen, z. B. $(x - p_1 - q_1 i)$ $(x - p_1 + q_1 i) = (x - p_1)^2 - (q_1 i)^2 = (x - p_1)^2 + q_1{}^2 = x^2 - 2p_1 x + (p_1{}^2 + q_1{}^2)$

u. s. f. Den „Hauptsatz der Algebra" kann man dann auch so aussprechen: die ganze algebraische Funktion n^{ten} Grades der veränderlichen Grösse x, nämlich $x^n + a_1 x^{n-1} + \ldots + a_n$, mit lauter reellen Coeffizienten a, kann man entweder in n Faktoren von der Form $(x + r_1)$, $(x + r_2) \ldots$, $(x + r_n)$ zerlegen, wobei die r n verschiedene reelle positive oder negative Zahlen sind, oder in m $\left(m \text{ eine ganze positive Zahl } \leqq \frac{n}{2}\right)$ Faktoren von der Form $(x^2 + p_1 x + q_1)$, $(x^2 + p_2 x + q_2), \ldots$ und in $(n - 2m)$ Faktoren von der Form $(x + r_1)$, $(x + r_2) \ldots$, wo $p_1, q_1; p_2, q_2; \ldots r_1, r_2 \ldots$ lauter reelle, positive oder negative Zahlen sind, für je zwei zusammengehörige p_k und q_k aber vorauszusetzen ist: $p_k^2 < 4 q_k^2$. Im zweiten Fall kann, wenn n gerade ist, $m = 0$ sein, womit der erste Fall vorliegt (n Faktoren von der Form $(x - r)$); wenn n ungerade ist, so muss, der Definition von m gemäss, $(n - 2m)$ mindestens $= 1$ sein.

Führt so schon die Algebra der reellen Zahlen zur Aufstellung der komplexen Zahlen, so gehen die höhern Theorien der Analysis, eben mit Rücksicht auf den angeführten Hauptsatz der Algebra, von der komplexen Zahl als allgemeiner Zahlform aus; die „Veränderliche" ist nicht mehr x, sondern $(x + iy)$.

Jene Form $a + bi$ heisst nun die **Normalform** der komplexen (allgemeinen) Zahlen. Was die geometrische Darstellung betrifft, so ist zur Darstellung des Gesamtsystems der positiven und negativen reellen Zahlen nur eine „Zahlenaxe" notwendig, auf der man, von einem bestimmten Nullpunkt aus gerechnet, positiven und negativen Zweig oder positive und negative Richtung zu unterscheiden hat vgl. § 13 **1)**; zur Darstellung der allgemeinen, komplexen Zahlen dagegen bedarf man der ganzen „Zahlenebene". Errichtet man im Nullpunkt das Lot auf der die reellen Zahlen enthaltenden Axe, so hat man, wenn auf jenem Lot die zwei Punkte in der Entfernung 1 vom Ursprung, zu beiden Seiten der „reellen Axe", ins Auge gefasst werden, nach geometrischem Satz: Länge dieser Strecken $= \sqrt{+1.(-1)}$ (da die Verbindungslinien jener Punkte mit den Punkten $+1$ und -1 der reellen Axe gleichschenklig rechtwinklige Dreiecke herstellen, für die die Höhe anzuschreiben ist gleich Wurzel aus dem Produkt der Hypotenusenabschnitte); oder jene Strecken sind $= \sqrt{-1} = \pm i$. Die beiden Punkte auf dem Lot in der Entfernung 1 vom Nullpunkt können also die positive und negative imaginäre Einheit darstellen; das Lot heisst imaginäre Axe. Die allgemeinen „algebraischen" oder komplexen Zahlen $(a + bi)$ lassen sich nun geometrisch deuten als Nullpunktstrecken in einer Ebene (wie die gewöhnlichen positiven und negativen Zahlen als Strecken einer Zahlenaxe), wenn in dieser ein System rechtwinkliger Coordinaten angenommen wird, dessen x-Axe die reelle, dessen y-Axe die imaginäre Axe vorstellen mag. Trägt man auf der ersten Axe a Längeneinheiten ab (mit Rücksicht auf das Vorzeichen von a) und errichtet in diesem Abscissenpunkt die Ordinate als Lot von b Längeneinheiten (ebenso), so stellt die Verbindungsstrecke des Coordinatennullpunkts mit dem so erhaltenen Punkt die komplexe Zahl $(a + bi)$ dar oder der „Bildpunkt" der Zahl $(a + bi)$ in der Ebene der komplexen Zahl ist auf die eben angegebene Art herzustellen. Die komplexen Zahlen sind nichts anderes als „Strecken mit Richtungsangabe", wobei die „Richtung" sich nicht nur die auf Einer Axe zu unterscheidenden zwei Richtungen bezieht, wie bei den reellen positiven und negativen Zahlen, sondern alle Winkel zwischen 0^0 und 360^0 umfasst. Die reellen Zahlen sind spezielle Fälle der allgemeinen Zahlform: der Winkel der die Zahl vorstellenden, vom Nullpunkt ausgehenden Strecke, mit der reellen Axe, der x-Axe, ist in diesem speziellen Fall 0^0 oder 180^0, d. h. die Strecke liegt in der x-Axe; bei den „rein imaginären" Zahlen (ohne reellen Teil) ist dieser Winkel mit der reellen Axe 90^0 oder 270^0.

Jede komplexe Zahl in der Normalform

$$x + iy$$

(wo $i = \sqrt{-1}$ ist) lässt sich, indem man nach dem soeben Angegebenen x und y als rechtwinklige Coordinaten eines Punkts (Strecken mit Vorzeichen!) betrachtet und dessen Polarcoordinaten (φ, r) einführt, auf die Form bringen

$$r\,(cos\,\varphi + i\,.\,sin\,\varphi).$$

Dies ist die sogen. **kanonische Form** (Polarform) der komplexen Zahlen; der Radius r heisst der Modulus oder absolute Betrag der komplexen Zahl, der Richtungswinkel φ die Anomalie oder auch die Amplitude, der Ausdruck $(cos\,\varphi + i\,.\,sin\,\varphi)$ der Richtungscoeffizient. Die zuletzt genannte Grösse ist nichts anderes als die komplexe Einheit, aufgetragen vom Ursprung aus auf einem Ursprungsstrahl, der mit der reellen Axe (x-Axe, und zwar mit dem positiven Zweig der x-Axe, im Uhrzeigersinn) den Winkel φ einschliesst. Wegen der Periodicität der goniometrischen Funktionen bleibt die kanonische Form unverändert, wenn man zu φ ein beliebiges ganzes Vielfaches von 360^0 oder, wenn die Winkel in analytischem Mass ausgedrückt werden, beliebig oft 2π addiert.[26]) Es besteht also die wichtige Relation

$$(1)\qquad x \pm iy = r\,[cos\,(\varphi + k\,.\,360^0) \pm i\,.\,sin\,(\varphi + k\,.\,360^0)]$$
$$= r\,[cos\,(\varphi + 2k\pi) \pm i\,.\,sin\,(\varphi + 2k\pi)],$$

wo k eine beliebige ganze Zahl bedeutet.

Zwei komplexe Zahlen

$$x + iy = r\,(cos\,\varphi + i\,.\,sin\,\varphi) \quad \text{und}$$
$$x - iy = r\,(cos\,\varphi - i\,.\,sin\,\varphi) = r\,[cos\,(-\varphi) + i\,.\,sin\,(-\varphi],$$

die sich in der Normalform **nur im Vorzeichen von *i*** oder in der kanonischen Form **nur im Vorzeichen von** φ unterscheiden, heissen konjugiert.

Die vier Einheiten des vollständigen Zahlensystems sind:

positive reelle Einheit $+1 = \cos 0^0 + i . \sin 0^0$

„ imag. „ $+i = \cos 90^0 + i . \sin 90^0$

negative reelle „ $-1 = \cos 180^0 + i . \sin 180^0$

„ imag. „ $-i = \cos 270^0 + i . \sin 270^0$

$= \cos(-90^0) + i . \sin(-90^0)$.

Ein komplexer Ausdruck in der kanonischen Form wird:

1) **reell**, wenn $\sin\varphi = 0$, d. h. $\varphi = 0,\ 180^0,\ 360^0 \ldots$ allgemein $= k . 180^0$ ist und zwar:

a) positiv reell für $\varphi = 0,\ 360^0,\ 720^0 \ldots$ allg. $= 2k . 180^0$

b) negativ „ „ $\varphi = 180^0,\ 540^0 \ldots\ldots$ „ $= (2k+1) . 180^0$;

2) **rein imaginär**, wenn $\cos\varphi = 0$, d. h. $\varphi = 90^0,\ 270^0,\ 450^0 \ldots$ allgemein $\frac{2k+1}{2} 180^0$ und zwar:

a) pos. rein imag. für $\varphi = 90^0,\ 450^0 \ldots$ allg. $= (4k+1) . 90^0$

b) neg. „ „ „ $\varphi = 270^0,\ 630^0 \ldots$ „ $= (4k+3) . 90^0$.

2) Multiplikation und Division komplexer Zahlen. Zur Addition und Subtraktion komplexer Zahlen genügt die Normalform, die kanonische Form ist unnötig; es ist nämlich:

$$(a_1 + b_1 i) + (a_2 + b_2 i) = (a_1 + a_2) + i(b_1 + b_2).$$

Schon zur Multiplikation und Division ist aber die Normalform unbequemer. Bequemer wird:

$$[r(\cos\varphi + i . \sin\varphi)] . [r_1(\cos\varphi_1 + i . \sin\varphi_1)] = rr_1 [\cos\varphi \cos\varphi_1 + i . \sin\varphi \cos\varphi_1 + i . \cos\varphi \sin\varphi_1 - \sin\varphi \sin\varphi_1] = rr_1[\cos(\varphi + \varphi_1) + i . \sin(\varphi + \varphi_1)].$$

Ebenso allgemeiner:

$$(2) \qquad [r(\cos\varphi \pm i . \sin\varphi)] . [r_1(\cos\varphi_1 \pm i . \sin\varphi_1)] = rr_1 [\cos(\varphi + \varphi_1) \pm i . \sin(\varphi + \varphi_1)]$$

und ganz entsprechend für die Division:

$$(3) \qquad \frac{r(\cos\varphi \pm i \sin\varphi)}{r_1(\cos\varphi_1 \pm i \sin\varphi_1)} = \frac{r}{r_1}\left\{\cos(\varphi - \varphi_1) \pm i \sin(\varphi - \varphi_1)\right\}.$$

Man erhält damit folgenden Satz:

{Multiplikation / Division} zweier komplexer Ausdrücke in der kanonischen Form wird ausgeführt durch {Multiplikation / Division} der Moduln und {Addition / Subtraktion} der Amplituden.

Man suche diesen Satz den obigen Andeutungen gemäss geometrisch darzustellen.

Zahlenbeispiel. Was ist: $\dfrac{18{,}357 + i\,.\,7{,}6435}{9{,}3145 + i\,.\,18{,}341}$?

Da (r, φ) der kanonischen Form die Polarcoordinaten eines Punktes sind, dessen rechtwinklige Coordinaten die Zahlen (x, y) der Normalform sind, so sind hier und für alles Folgende die Regeln zu beachten, die zur Eindeutigen Verwandlung dieser Coordinaten in einander angegeben worden sind (vgl. § 14, 7): $r\,cos\,\varphi = x$, $r\,sin\,\varphi = y$ liefert aus $tg\,\varphi = \frac{y}{x}$ den Winkel φ Eindeutig, da mit den angeschriebenen Gleichungen auch festgesetzt ist, dass $cos\,\varphi$ das Vorzeichen von x, $sin\,\varphi$ das Vorzeichen von y haben soll; zur Rechnung von r ist die *Lagrange*sche Regel anzuwenden.

Mit
$$(18{,}357 + i\,.\,7{,}6435) = r_1\,(cos\,\varphi_1 + i\,.\,sin\,\varphi_1)$$
$$(9{,}3145 + i\,.\,18{,}341) = r_2\,(cos\,\varphi_2 + i\,.\,sin\,\varphi_2)$$
erhält man in dem vorgelegten Beispiel die nun nach § 14, 7 ohne weitere Erläuterung verständliche Rechnung (5-stellige Logarithmen):

$r_1\,sin\,\varphi_1 = +\mathbf{7{,}6435}$	$r_1\,sin\,\varphi_1$	0.88 329
$r_1\,cos\,\varphi_1 = +\mathbf{18{,}357}$	$E\begin{Bmatrix}sin\\cos\end{Bmatrix}\varphi_1$	0.03 472
Zähler.	$r_1\,cos\,\varphi_1$	1.26 380
$\varphi_1 = 22^0\,36'\,22''$	$tg\,\varphi_1$	9.61 949
r_1 nicht aufgeschlagen.	r_1	1.29 852
$r_2\,sin\,\varphi_2 = +\mathbf{18{,}341}$	$r_2\,sin\,\varphi_2$	1.26 342
$r_2\,cos\,\varphi_2 = +\mathbf{9{,}3145}$	$E\begin{Bmatrix}sin\\cos\end{Bmatrix}\varphi_2$	0.04 983
Nenner.	$r_2\,cos\,\varphi_2$	0.96 916
$\varphi_2 = 63^0\,4'\,34''$	$tg\,\varphi_2$	0.29 426
r_2 nicht aufgeschlagen.	r_2	1.31 325
$\varphi_1 - \varphi_2 = -40^0\,28'\,12''$ (= 319 31 48; erste Form hier bequemer).	$\frac{r_1}{r_2}\,cos\,(\varphi_1 - \varphi_2)$	9.86 651
$\frac{r_1}{r_2}\,cos\,(\varphi_1 - \varphi_2) = +0{,}73538$	$cos\,(\varphi_1 - \varphi_2)$	9.88 124
	$\frac{r_1}{r_2}$	9.98 527
$\frac{r_1}{r_2}\,sin\,(\varphi_1 - \varphi_2) = -0{,}62741$	$sin\,(\varphi_1 - \varphi_2)$	9.81 228 n
Resultat also: $0{,}73538 - i\,.\,0{,}62741$	$\frac{r_1}{r_2}\,sin\,(\varphi_1 - \varphi_2)$	9.79 755 n

Man berechne algebraisch diesen Ausdruck auch dadurch, dass Zähler und Nenner mit $(9{,}3145 - i\,.\,18{,}341)$ multipliziert wird.

Zahlreiche Beispiele mit den verschiedensten Coeffizienten (positiv und negativ) zur Multiplikation und Division der komplexen Zahlen sind nützlich zur Übung in Verwandlung von rechtwinkligen Coordinaten in Polarcoordinaten und umgekehrt. Dabei ist es, wie schon am Schluss des vorstehenden Zahlenbeispiels angedeutet ist, sehr zweckmässig, an Beispielen (mit ganz einfachen Zahlen) den Multiplikations- und Divisions-Satz auch algebraisch zu verifizieren, d. h. sich auch arithmetisch zu überzeugen, dass man in der That auf die allgemeine Zahlenform, die komplexen Zahlen, die Rechnungsregeln anwenden darf, die in der Algebra für reelle Zahlen aufgestellt worden sind. Zu beachten sind die Werte der Potenzen von i: $i^0 = 1$; $i^1 = i$; $i^2 = -1$; $i^3 = -i$ ($i^4 = 1$; $i^5 = i, \ldots.$).

Beispiele. $(2 + 3i)(4 + 5i)$ durch direktes Ausmultiplizieren $= 8 + 12i + 10i + 15i^2 = 8 + 22i - 15 = -7 + 22i.$

$$\frac{2+3i}{4+5i} = \frac{(2+3i)(4-5i)}{(4+5i)(4-5i)} = \frac{8+12i-10i-15i^2}{4^2-(5i)^2} = \frac{23+2i}{16+25} =$$
$$\frac{23}{41} + i \cdot \frac{2}{41} = 0{,}56\ldots + i \cdot 0{,}048\ldots$$

Man rechne diese Beispiele auch goniometrisch durch, um sich von der Identität der so zu erhaltenden Resultate zu überzeugen.

3) Potenzierung und Radizierung. Fortgesetzte Anwendung des vorigen Satzes giebt unter der Voraussetzung, dass zunächst n eine ganze Zahl ist:

$$(4) \qquad [r(\cos\varphi \pm i \cdot \sin\varphi)]^n = r^n [\cos(\overset{1}{\varphi} + \overset{2}{\varphi} + \ldots + \overset{n}{\varphi}) \pm i \cdot \sin(\varphi + \varphi + \ldots + \varphi)]$$
$$= r^n(\cos n\varphi \pm i \cdot \sin n\varphi),$$

in Worten: Potenzierung einer komplexen Zahl geschieht durch Potenzierung des Modulus und Multiplikation der Anomalie (Satz von *Moivre*).[27])

Zahlenbeispiele: 1) Was ist $(2 + 3i)^3$?

Direkte Potenzierung nach $(a + b)^3 = a^3 + 3a^2b + 3ab^2 + b^3$ giebt: $(2 + 3i)^3 = 8 + 3.4.3i + 3.2.(3i)^2 + (3i)^3 = 8 + 36i - 54 - 27i = -46 + 9i$; die Rechnung mit Hilfe von r und φ giebt:

	$r \sin\varphi$	0.47 712
$r \sin\varphi = +3$	$E\frac{\sin}{\cos}\varphi$	0.07 985
$r \cos\varphi = +2$	$r \cos\varphi$	0.30 103
$\varphi = 56^0 18' 36''$	$tg\,\varphi$	0.17 609
$3\varphi = 168^0 55'{,}_8$	r	0.55 697
	$r^3 \cos 3\varphi$	1.66 275 n
$r^3 \cos 3\varphi = -46$	$\cos 3\varphi$	9.99 184 n
$r^3 \sin 3\varphi = +\ 9$	r^3	1 67 091
Resultat:	$\sin 3\varphi$	9.28 332
$-46 + 9i$	$r^3 \sin 3\varphi$	0.95 423

2) Was ist $(2{,}376 + i\,.\,1{,}541)^5$?

	$r\,sin\,\varphi$	0.18 780
$r\,sin\,\varphi = +\,1{,}541$	$E\,\frac{sin}{cos}\,\varphi$	0.07 624
$r\,cos\,\varphi = +\,2{,}376$	$r\,cos\,\varphi$	0.37 585
$\varphi = 32^0\,57'\,58''$	$tg\,\varphi$	9.81 195
$5\,\varphi = 164^0\,49'\,50''$	r	0.45 209
$r^5\,cos\,5\,\varphi = -\,175{,}81$	$r^5\,cos\,5\,\varphi$	2.24 505 n
$r^5\,sin\,5\,\varphi = +\;\;47{,}67$	$cos\,5\,\varphi$	9.98 460 n
	r^5	2.26 045
Resultat:	$sin\,5\,\varphi$	9.41 776
$-\,175{,}81 + i\,.\,47{,}67$	$r^5\,sin\,5\,\varphi$	1.67 821

Nach dem binomischen Satz ist $(a + b)^5 = a^5 + 5\,a^4\,b + 10\,a^3\,b^2 + 10\,a^2\,b^3 + 5\,a\,b^4 + b^5$; um im vorstehenden Beispiel wenigstens den ersten, reellen Teil auch algebraisch zu verifizieren, hat man für ihn: $(2{,}376)^5 - 10\,.\,(2{,}376)^3\,.\,1{,}541^2 + 5\,.\,2{,}376\,.\,1{,}541^4 = 75{,}727 - 318{,}53 + 66{,}99 = -\,175{,}81$ wie oben.

Ferner ist:

$$(5)\quad [r\,(cos\,\varphi \pm i\,.\,sin\,\varphi)]^{-n} = \frac{1}{[r\,(cos\,\varphi \pm i\,.\,sin\,\varphi)]^n} = \frac{1}{r^n\,(cos\,n\,\varphi \pm i\,.\,sin\,n\,\varphi)}$$
$$= r^{-n}\,(cos\,n\,\varphi \mp i\,.\,sin\,n\,\varphi) = r^{-n}\,[cos\,(-\,n\,\varphi) \pm i\,.\,sin\,(-\,n\,\varphi)].$$

Der vorstehende Satz gilt also auch noch für negative ganze Exponenten.

Setzt man $\frac{1}{n}\,\varphi$ an Stelle von φ in Gleichung (4), so wird

$$\left[r\left(cos\,\frac{1}{n}\,\varphi \pm i\,.\,sin\,\frac{1}{n}\,\varphi\right)\right]^n = r^n\,(cos\,\varphi \pm i\,.\,sin\,\varphi) \qquad \text{oder}$$
$$\left(cos\,\frac{1}{n}\,\varphi \pm i\,.\,sin\,\frac{1}{n}\,\varphi\right)^n = cos\,\varphi \pm i\,.\,sin\,\varphi$$
$$cos\,\frac{1}{n}\,\varphi \pm i\,.\,sin\,\frac{1}{n}\,\varphi = \sqrt[n]{cos\,\varphi \pm i\,.\,sin\,\varphi} = (cos\,\varphi \pm i\,.\,sin\,\varphi)^{\frac{1}{n}}$$

und also auch

$$(6)\quad \sqrt[n]{r\,(cos\,\varphi \pm i\,.\,sin\,\varphi)} = \left[r\,(cos\,\varphi \pm i\,.\,sin\,\varphi)\right]^{\frac{1}{n}} = r^{\frac{1}{n}}\left(cos\,\frac{1}{n}\,\varphi + i\,.\,sin\,\frac{1}{n}\,\varphi\right).$$

Da aber, wenn k eine beliebige ganze Zahl bedeutet

$r\,(cos\,\varphi \pm i\,.\,sin\,\varphi) = r\,[cos\,(k\,.\,360^0 + \varphi) \pm i\,.\,sin\,(k\,.\,360^0 + \varphi)]$ ist, so ist

$$(7)\quad \left[r\,(cos\,\varphi \pm i\,.\,sin\,\varphi)\right]^{\frac{1}{n}} = r^{\frac{1}{n}}\left\{cos\,\frac{k\,.\,360^0 + \varphi}{n} \pm i\,.\,sin\,\frac{k\,.\,360^0 + \varphi}{n}\right\}.$$

Endlich geben nun die Gleichungen (4) und (7) zusammen:

$$\left[r(\cos\varphi \pm i.\sin\varphi)\right]^{\frac{m}{n}} = r^{\frac{m}{n}}\left\{\cos\frac{m}{n}(k.360^0+\varphi) \pm i.\sin\frac{m}{n}(k.360^0+\varphi)\right\}$$

oder

$$(8)\quad \left[r(\cos\varphi \pm i.\sin\varphi)\right]^{\frac{m}{n}} = r^{\frac{m}{n}}\left\{\cos\left(k\frac{360^0}{n}+\frac{m}{n}\varphi\right) \pm i.\sin\left(k\frac{360^0}{n}+\frac{m}{n}\varphi\right)\right\}$$

Die ***Moivre*'sche Formel** gilt also für jeden beliebigen positiven oder negativen, ganzen oder gebrochenen Exponenten. Nur ist hier noch eine sehr wichtige Bemerkung zu machen:

Die rechte Seite der Gleichung (7) ändert sich je nach dem Wert der Zahl k. Die n^{te} Wurzel aus einer komplexen Zahl — und damit auch aus einer reellen, da diese nichts andres ist als eine komplexe, deren imaginärer Teil Null geworden ist — ist demnach mehrdeutig, während die m^{te} Potenz (wo m eine ganze Zahl ist) einer komplexen Zahl ein eindeutiger Wert ist.

Setzt man in die rechte Seite der Gleichung (7) zwei Werte von k ein, die sich um n unterscheiden, z. B. k und $(n+k)$, so werden die entsprechenden Anomalien:

$$\text{für } k \qquad \frac{k.360^0+\varphi}{n},$$

$$\text{„} \quad (n+k) \qquad \frac{(n+k).360+\varphi}{n} = 360^0 + \frac{k.360^0+\varphi}{n}.$$

Diese Anomalien sind identisch, weil nur um 360^0 verschieden; man erhält also mit $(n+k)$ denselben Wurzelwert wie mit k. Es geht daraus der Satz hervor:

Die n^{te} Wurzel aus einer komplexen oder reellen Zahl ist $n$deutig; man erhält die n verschiedenen Werte, wenn man für k in Gleichung (7) n aufeinanderfolgende ganze Zahlen, am einfachsten also 0, 1, 2 ... $(n-1)$ einsetzt.

Zahlenbeispiele: 1) Was ist $\sqrt{2{,}376+i.1{,}541}$? Hier versagen die algebraischen Methoden, man kommt nur goniometrisch zum Ziel auf dem oben angegebenen Weg. Der Ausdruck hat zwei verschiedene Werte $(n=2)$.

	$r\sin\varphi = +1{,}541$	$r\sin\varphi$	0.18 780
	$r\cos\varphi = +2{,}376$	$E\frac{\sin}{\cos}\varphi$	0.07 624
	$\varphi = 32^0\,57'\,58''$	$r\cos\varphi$	0.37 585
$(k=0)$	$\frac{1}{2}\varphi = 16^0\,28'\,59''$	$tg\,\varphi$	9.81 195
$(k=1)$	$\frac{360^0}{2}+\frac{1}{2}\varphi = 196^0\,28'\,59''$	r	0.45 209
		$r^{\frac{1}{2}}$	0.22 605

Zur Ausrechnung der beiden Werte der Wurzel hat man also:

	$k=0$	$k=1$
$r^{\frac{1}{2}}$ *cos*	0.20 782	0.20 782*n*
cos	9.98 177	9.98 177*n*
$r^{\frac{1}{2}}$	0.22 605	0.22 605
sin	9.45 291	9.45 291*n*
$r^{\frac{1}{2}}$ *sin*	9.67 896	9.67 896*n*

Antwort: $(2{,}376 + i\,.\,1{,}541)^{\frac{1}{2}} = \begin{cases} +\,1{,}6137 + i\,.\,0{,}4775 \\ -\,1{,}6137 - i\,.\,0{,}4775 \end{cases}$

Probe: Summe der beiden Wurzelwerte $= 0$, wie hier selbstverständlich ist.

2) Was sind die drei ($n = 3$) Werte von $(24{,}935 + i\,.\,31{,}431)^{\frac{2}{3}}$?

$$\boldsymbol{r\,sin\,\varphi = +\,31{,}431}$$
$$\boldsymbol{r\,cos\,\varphi = +\,24{,}935}$$
$$\varphi = 51^0\,34'\,25''$$

$(k=0)$	$\frac{2\varphi}{3}$	$= 34^0\,22'\,57''$
$(k=1)$	$\frac{360^0}{3} + \frac{2\varphi}{3}$	$= 154^0\,22'\,57''$
$(k=2)$	$\frac{360^0}{3} + \frac{2\varphi}{3}$	$= 274^0\,22'\,57''$

$r\,sin\,\varphi$	1.49 735
$E\,\frac{sin}{cos}\,\varphi$	0.10 601
$r\,cos\,\varphi$	1.39 681
$tg\,\varphi$	0.10 054
r	1.60 336
$r^{\frac{1}{3}}$	$0.53\,445_3$
$r^{\frac{2}{3}}$	1.06 891

Zur Ausrechnung der drei verschiedenen Werte des gegebenen Ausdrucks hat man also:

	$k=0$	$k=1$	$k=2$
$r^{\frac{2}{3}}$ *cos*	0.98 551	1.02 398*n*	9.95 209
cos	9.91 660	9.95 507*n*	8.88 318
$r^{\frac{2}{3}}$	1.06 891	1.06 891 X	1.06 891 X
sin	9.75 183	9.63 584	9.99 873*n*
$r^{\frac{2}{3}}$ *sin*	0.82 074	0.70 475	1.06 764*n*

das Resultat wird:

$$(24{,}935 + i\,.\,31{,}431)^{\frac{2}{3}} = \begin{cases} 9{,}672 + i.\ 6{,}618 \\ -10{,}568 + i.\ 5{,}067 \\ 0{,}896 - i.\,11{,}685 \end{cases}$$

Probe: Summe der drei Werte $= 0$.

Bemerkung. Wenn hier der Nenner n der gebrochenen Potenz $\frac{m}{n}$ gross ist, so kann es sich verlohnen, statt n mal $log\,r^{\frac{m}{n}}$ zu schreiben, diesen Wert auf einen „Schiebzettel" zu setzen, den man der Reihe nach über die *log cos* und *log sin* der Winkel ψ ($\psi = \frac{m}{n}\varphi$; $\frac{360^0}{n} + \frac{m}{n}\varphi$; $\frac{720^0}{n} + \frac{m}{n}\varphi; \ldots$) hält und wobei die Logarithmen der Produkte unmittelbar abgelesen und geschrieben werden.

4. Anwendung. n^{te} **Wurzel aus reellen Zahlen: Binomische Gleichungen.** Gegeben seien die Gleichungen

$$x^n = a \quad \text{und} \quad x^n = -a, \text{ aus denen folgt}$$

$$x = \sqrt[n]{a}, \quad \text{„} \quad x = \sqrt[n]{-a}.$$

Wenn $(\sqrt[n]{a})$ den durch Ausziehung der n^{ten} Wurzel auf gewöhnlichem arithmetischen Weg sich ergebenden Wert bezeichnet, so sind die beiden gesuchten Wurzeln zurückgeführt auf

$$(\sqrt[n]{a}).\sqrt[n]{1} \quad \text{und} \quad (\sqrt[n]{a}).\sqrt[n]{-1}.$$

Es handelt sich also nur um die Bestimmung der n Werte der n^{ten} Wurzeln aus der positiven und negativen reellen Einheit.[28])

1) $\sqrt[n]{+1}$. Die Gleichung (7) giebt, da $1 = 1 + 0.i = r(\cos\varphi + i.\sin\varphi)$, d. h. also hier $\begin{cases} r = 1 \\ \varphi = k.360^0 \end{cases}$ ist:

$$\sqrt[n]{+1} = (+1)^{\frac{1}{n}} = (1 + 0.i)^{\frac{1}{n}} = (\cos k.360^0 + i.\sin k.360^0)^{\frac{1}{n}} \quad \text{oder}$$

$$\sqrt[n]{+1} = \cos\frac{k.360^0}{n} + i.\sin\frac{k.360^0}{n} = \cos\frac{2k}{n}180^0 + i.\sin\frac{2k}{n}180^0.$$

Für $k = 0, 1, 2, \ldots (n-1)$ ergeben sich hieraus die verschiedenen n Werte von $\sqrt[n]{1}$; $k = n, (n+1), (n+2) \ldots$ liefert, wie oben gezeigt ist, dieselben Werte wie $k = 0, 1, 2 \ldots$

Da diese n Werte mit Ausnahme des Wurzelwerts 1 und, wenn n gerade ist, des Wurzelwerts -1, komplex sind, so sind die Wurzeln paarweise konjugiert.

In der That erhält man mit k und $(n-k)$ konjugierte Werte; denn $(n-k)$ an Stelle von k giebt:

$$\cos\frac{n-k}{n}360^0 + i.\sin\frac{n-k}{n}360^0$$

$$= \cos\left(360^0 - \frac{k.360^0}{n}\right) + i.\sin\left(360^0 - \frac{k.360^0}{n}\right)$$

$$= \cos\left(-\frac{k.360^0}{n}\right) + i.\sin\left(-\frac{k.360^0}{n}\right) = \cos\frac{k.360^0}{n} - i.\sin\frac{k.360^0}{n},$$

also einen Wert, der zu $\cos\frac{k.360^0}{n} + i.\sin\frac{k.360^0}{n}$ konjugiert ist, vgl. 1).

(9) Tafel der n Werte von $\sqrt[n]{+1}$.

$k=0$ giebt die Wurzel $+1$

$$\begin{cases} k=1 & \text{„ „ „} \quad \cos\frac{2}{n}180^0 + i.\sin\frac{2}{n}180^0 \\ k=(n-1) & \text{„ „ „} \quad \cos\frac{2}{n}180^0 - i.\sin\frac{2}{n}180^0 \end{cases}$$

$$\begin{cases} k=2 & \text{„ „ „} \quad \cos\frac{4}{n}180^0 + i.\sin\frac{4}{n}180^0 \\ k=(n-2) & \text{„ „ „} \quad \cos\frac{4}{n}180^0 - i.\sin\frac{4}{n}180^0 \end{cases}$$

. . . .

n gerade:

$$\begin{cases} k=\frac{n}{2}-1 \text{ giebt die Wurzel } \cos\frac{n-2}{n}180^0 + i.\sin\frac{n-2}{n}180^0 \\ k=\frac{n}{2}+1 \quad \text{„ „ „} \quad \cos\frac{n-2}{n}180^0 - i.\sin\frac{n-2}{n}180^0 \end{cases}$$

$$k=\frac{n}{2} \quad \text{„ „ „} \quad -1.$$

n ungerade:

$$\begin{cases} k=\frac{n-3}{2} \text{ giebt die Wurzel } \cos\frac{n-3}{n}180^0 + i.\sin\frac{n-3}{n}180^0 \\ k=\frac{n+3}{2} \quad \text{„ „ „} \quad \cos\frac{n-3}{n}180^0 - i.\sin\frac{n-3}{n}180^0 \end{cases}$$

$$\begin{cases} k=\frac{n-1}{2} \quad \text{„ „ „} \quad \cos\frac{n-1}{n}180^0 + i.\sin\frac{n-1}{n}180^0 \\ k=\frac{n+1}{2} \quad \text{„ „ „} \quad \cos\frac{n-1}{n}180^0 - i.\sin\frac{n-1}{n}180^0. \end{cases}$$

2) $\sqrt[n]{-1}$. Die Gleichung (7) giebt, da
$-1 = -1 + 0.i = r(\cos\varphi + i.\sin\varphi)$, d. h. hier
$\begin{cases} r = 1 \\ \varphi = (2k+1)180^0 \end{cases}$ ist:

$$\sqrt[n]{-1} = (-1)^{\frac{1}{n}} = (-1+0.i)^{\frac{1}{n}} = \cos\frac{2k+1}{n}180^0 + i.\sin\frac{2k+1}{n}180^0.$$

Mit n aufeinander folgenden ganzen Zahlen für k, am einfachsten also mit $k=0, 1, 2 \ldots (n-1)$, erhält man hieraus die n Werte von $\sqrt[n]{-1}$. In diesem Fall erhält man zwei konjugierte Wurzelwerte mit zwei Werten von k, die sich zu $(n-1)$ ergänzen, also mit k und $(n-1-k)$.

$(n-1-k)$ an Stelle von k gesetzt giebt nämlich die Anomalie

$$\frac{2(n-1-k)+1}{n}180^0=\frac{2n-1-2k}{n}180^0=360^0-\frac{2k+1}{n}180^0$$
$$=-\frac{2k+1}{n}180^0;$$

also erhält man hier in der That mit $(n-1-k)$ einen Wurzelwert, der dem mit k sich ergebenden konjugiert ist.

(10) Tafel der n Werte von $\sqrt[n]{-1}$.

$$\begin{cases} k=0 & \text{giebt die Wurzel } \cos\frac{1}{n}180^0+i.\sin\frac{1}{n}180^0 \\ k=(n-1) & \text{„ „ „ } \cos\frac{1}{n}180^0-i.\sin\frac{1}{n}180^0 \end{cases}$$

$$\begin{cases} k=1 & \text{„ „ „ } \cos\frac{3}{n}180^0+i.\sin\frac{3}{n}180^0 \\ k=(n-2) & \text{„ „ „ } \cos\frac{3}{n}180^0-i.\sin\frac{3}{n}180^0 \end{cases}$$

. . . .

n gerade:

$$\begin{cases} k=\frac{n}{2}-2 & \text{giebt die Wurzel } \cos\frac{n-3}{n}180^0+i.\sin\frac{n-3}{n}180^0 \\ k=\frac{n}{2}+1 & \text{„ „ „ } \cos\frac{n-3}{n}180^0-i.\sin\frac{n-3}{n}180^0 \end{cases}$$

$$\begin{cases} k=\frac{n}{2}-1 & \text{„ „ „ } \cos\frac{n-1}{n}180^0+i.\sin\frac{n-1}{n}180^0 \\ k=\frac{n}{2} & \text{„ „ „ } \cos\frac{n-1}{n}180^0-i.\sin\frac{n-1}{n}180^0 \end{cases}$$

n ungerade:

$$\begin{cases} k=\frac{n-3}{2} & \text{giebt die Wurzel } \cos\frac{n-2}{n}180^0+i.\sin\frac{n-2}{n}180^0 \\ k=\frac{n+1}{2} & \text{„ „ „ } \cos\frac{n-2}{n}180^0-i.\sin\frac{n-2}{n}180^0 \end{cases}$$

$$k=\frac{n-1}{2} \quad \text{„ „ „ } -1.$$

3) Zusammenstellung der reellen Wurzeln von

$\sqrt[n]{+1}$ und $\sqrt[n]{-1}$:

$\sqrt[n]{+}$		$\sqrt[n]{-1}$	
n gerade:	n ungerade:	n gerade:	n ungerade:
$+1$ und -1.	$+1$.	keine.	-1.

Zusatz 1. Wenn n ungerade ist, so ist $\sqrt[n]{-1} = -\sqrt[n]{1}$. Die n Werte von $\sqrt[n]{-1}$ erhält man also unter dieser Voraussetzung aus den n Werten von $\sqrt[n]{+1}$, wenn man diesen sämtlich die entgegengesetzten Zeichen giebt.

2. Da $\sqrt[4n+2]{-1} = \pm i \, . \sqrt[4n+2]{+1}$, so erhält man die $(4n+2)$ Werte des ersten Ausdrucks, wenn man die $(4n+2)$ Werte des letzten Ausdrucks sämtlich mit i multipliziert (vgl. unten $\sqrt[10]{1}$ und $\sqrt[10]{-1}$.)

4) Geometrische Darstellung der n Wurzelwerte von $\sqrt[n]{1}$ und $\sqrt[n]{-1}$.

Die n Wurzelwerte sind nichts anderes als n vom Ursprung ausgehende Strahlen, deren Moduln sämtlich $= 1$ und deren Anomalien

$$\text{bei } \sqrt[n]{+1} \ldots\ldots \frac{2k \, . \, 180^0}{n} \quad \Big| \; k = 0, 1, 2 \ldots (n-1)$$

$$\text{bei } \sqrt[n]{-1} \ldots\ldots \frac{2k+1}{n} 180^0 \quad \Big| \; k = 0, 1, 2 \ldots (n-1) \text{ sind.}$$

Man erhält damit, wenn der positive Zweig der reellen Axe $(+x)$ nach rechts, der positive Zweig der imaginären Axe $(+y)$ nach vorn angenommen wird, z. B. die nachfolgenden Darstellungen für die 2., 3., 4., 5. Wurzeln aus der positiven und negativen reellen Einheit (Fig. 44).[29])

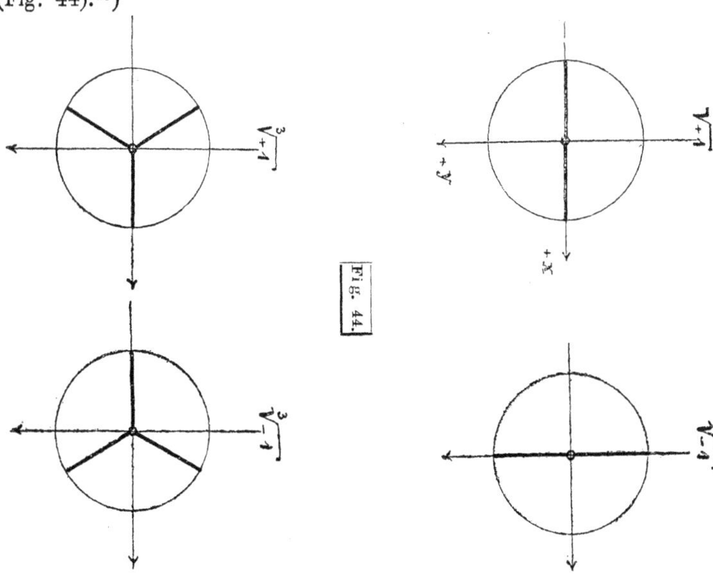

Fig. 44.

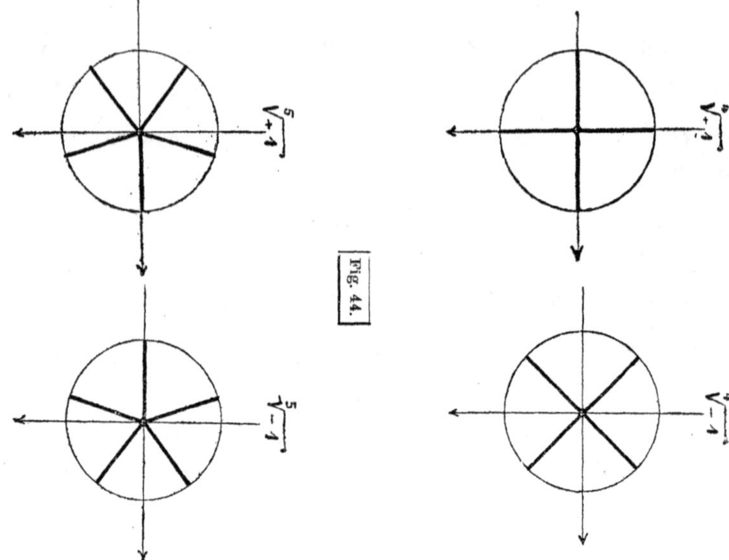

Fig. 44.

Anmerkung. In allen Fällen, in denen sich die Teilung der Kreisperipherie in n gleiche Teile geometrisch durch Konstruktion mit Kreis und Gerader ausführen lässt, kann man die *sin* und *cos* der bei der Berechnung der n Werte von $\sqrt[n]{1}$ und $\sqrt[n]{-1}$ vorkommenden Winkel algebraisch durch Quadratwurzeln allein ausdrücken und umgekehrt (vgl. den *Gauss*schen Satz am Schluss von § 17, S. 156).

5) Zahlenbeispiele zu den binomischen Gleichungen (Werte der n^{ten} Einheitswurzeln).

1) $\sqrt[7]{1}$ und $\sqrt[7]{-1}$ zu berechnen (Anwendung der Tafel der natürlichen Zahlenwerte der goniometr. Funktionen).

a) $\sqrt[7]{+1}$. Hier ist die Anomalie $\frac{k \cdot 360^0}{7}$ (wobei $k = 0, 1, 2, 3, 4, 5, 6$ ist).

Werte von k	Anomalie.	Wurzelwerte.
$k = 0$	0^0	$+1$
$k = \left.\begin{matrix}1\\6\end{matrix}\right\}$	$\pm \frac{360_0}{7} = \pm 51^0\,25',7$	$0{,}6235 \pm i \,.\, 0{,}7818$
$k = \left.\begin{matrix}2\\5\end{matrix}\right\}$	$\pm 2 \,.\, \frac{360^0}{7} = \pm 102^0\,51',4$	$-0{,}2225 \pm i \,.\, 0{,}9749$
$k = \left.\begin{matrix}3\\4\end{matrix}\right\}$	$\pm 3 \,.\, \frac{360^0}{7} = \pm 154^0\,17',1$	$-0{,}9010 \pm i \,.\, 0{,}4339$

Probe: Summe aller Wurzeln $= 1 + 2(0{,}6235 - 0{,}2225 - 0{,}9010)$
$= 0.$

b) $\sqrt[7]{-1}$. Hier ist die Anomalie $(2k+1)\frac{180^0}{7}$ (wo $k = 0, 1, 2, 3, 4, 5, 6$ ist).

Werte von k	Anomalie.	Wurzelwerte.
$k = \begin{matrix}0\\6\end{matrix}\Big\}$	$\pm \frac{180^0}{7} = \pm\ 25^0\,42',85$	$0,9010 \pm i\,.\,0,4339$
$k = \begin{matrix}1\\5\end{matrix}\Big\}$	$\pm 3\,.\,\frac{180^0}{7} = \pm\ 77^0\ 8',55$	$0,2225 \pm i\,.\,0,9749$
$k = \begin{matrix}2\\4\end{matrix}\Big\}$	$\pm 5\,.\,\frac{180^0}{7} = \pm\ 128^0\,34',25$	$-0,6235 \pm i\,.\,0,7818$
$k = 3$	$7\,.\,\frac{180^0}{7} = 180^0.$	$-1 - 0\,.\,i = -1$

Probe: Summe der Wurzelwerte $= 0$.

2) $\sqrt[10]{+1}$ und $\sqrt[10]{-1}$ zu berechnen.

a) $\sqrt[10]{+1}$. Anomalie $k\frac{360^0}{10}$.

Werte von k	Anomalie.	Wurzelwerte.
$k = 0$	0^0	$+1$
$k = \begin{matrix}1\\9\end{matrix}\Big\}$	$\pm \frac{360^0}{10} = \pm\ 36^0$	$0,8090 \pm i\,.\,0,5878$
$k = \begin{matrix}2\\8\end{matrix}\Big\}$	$\pm 2\,.\,\frac{360^0}{10} = \pm\ 72^0$	$0,3090 \pm i\,.\,0,9511$
$k = \begin{matrix}3\\7\end{matrix}\Big\}$	$\pm 3\,.\,\frac{360^0}{10} = \pm\ 108^0$	$-0,3090 \pm i\,.\,0,9511$
$k = \begin{matrix}4\\6\end{matrix}\Big\}$	$\pm 4\,.\,\frac{360^0}{10} = \pm\ 144^0$	$-0,8090 \pm i\,.\,0,5878$
$k = 5$	$5\,.\,\frac{360^0}{10} = 180^0$ $(= -180^0)$	-1

Probe: Summe der Wurzelwerte $= 0$.

b) $\sqrt[10]{-1}$. Anomalie $(2k+1)\frac{180^0}{10}$.

Werte von k	Anomalie.	Wurzelwerte.
$k = \begin{matrix}0\\9\end{matrix}\Big\}$	$\pm \frac{180^0}{10} = \pm\ 18^0$	$0,9511 \pm i\,.\,0,3090$
$k = \begin{matrix}1\\8\end{matrix}\Big\}$	$\pm 3\,.\,\frac{180^0}{10} = \pm\ 54^0$	$0,5878 \pm i\,.\,0,8090$
$k = \begin{matrix}2\\7\end{matrix}\Big\}$	$\pm 5\,.\,\frac{180^0}{10} = \pm\ 90^0$	$0 \pm i = \pm i$
$k = \begin{matrix}3\\6\end{matrix}\Big\}$	$\pm 7\,.\,\frac{180^0}{10} = \pm\ 126^0$	$-0,5878 \pm i\,.\,0,8090$
$k = \begin{matrix}4\\5\end{matrix}\Big\}$	$\pm 9\,.\,\frac{180^0}{10} = \pm\ 162^0$	$-0,9511 \pm i\,.\,0,3090$

Probe: Summe der Wurzelwerte $= 0$.

Vgl. den Zusatz 2. am Schluss von 3), S. 199.

3) Was sind die 6 Wurzeln der Gleichung $x^6 = +1$, in algebraischer Form angeschrieben (mit Benützung von Quadratwurzeln allein, was hier möglich ist, weil man den Kreisumfang mit Zirkel und Lineal allein in sechs gleiche Teile zerlegen kann). Man findet, mit den Anomalien $k.\frac{360^0}{6} = k.60^0$ $(k = 0, 1, 2, 3, 4, 5)$, die Wurzelwerte:

Werte von k	Anomalie.	Wurzelwerte.
$k = 0$	0^0	$+1$
$k = \left.\begin{matrix}1\\5\end{matrix}\right\}$	$\pm 60^0$	$\frac{1}{2} \pm i.\frac{1}{2}\sqrt{3}$
$k = \left.\begin{matrix}2\\4\end{matrix}\right\}$	$\pm 120^0$	$-\frac{1}{2} \pm i.\frac{1}{2}\sqrt{3}$
$k = 3$	$+180^0 = -180^0$	-1

4) Man schreibe dasselbe Schema, mit Quadratwurzeln, für $\sqrt[6]{-1}$, für $\sqrt[3]{+1}$, $\sqrt[3]{-1}$; für $\sqrt[5]{+1}$, $\sqrt[5]{-1}$; $\sqrt[10]{+1}$, $\sqrt[10]{-1}$ an (s. oben); die Funktionen *sin* und *cos* der für die zwei letzten Fälle in Betracht kommenden Winkel ($72^0\ldots$, $36^0\ldots$) siehe in § 6, **3)**.

5. Anwendungen des *Moivre*schen Satzes.

1) Satz von ***Cotes.*** Ist n eine ganze Zahl und sind a und b zwei reelle Zahlen, so ist

für gerades n:

(11)
$$\begin{cases} a^n - b^n = (a^2-b^2)\left(a^2 - 2ab\cos\frac{2}{n}.180^0 + b^2\right)\left(a^2 - 2ab\cos\frac{4}{n}180^0 + b^2\right)\ldots \\ \qquad\left(a^2 - 2ab\cos\frac{n-2}{n}180^0 + b^2\right) \text{ und} \\ \text{für ungerades } n: \\ a^n - b^n = (a-b)\left(a^2 - 2ab\cos\frac{2}{n}180^0 + b^2\right)\left(a^2 - 2ab\cos\frac{4}{n}180^0 + b^2\right)\ldots \\ \qquad\left(a^2 - 2ab\cos\frac{n-1}{n}180^0 + b^2\right); \end{cases}$$

ebenso ferner für gerades n:

(12)
$$\begin{cases} a^n + b^n = \left(a^2 - 2ab\cos\frac{1}{n}180^0 + b^2\right)\left(a^2 - 2ab\cos\frac{3}{n}180^0 + b^2\right)\ldots \\ \qquad\left(a^2 - 2ab\cos\frac{n-1}{n}180^0 + b^2\right) \text{ und} \\ \text{für ungerades } n: \\ a^n + b^n = (a+b)\left(a^2 - 2ab\cos\frac{1}{n}180^0 + b^2\right)\left(a^2 - 2ab\cos\frac{3}{n}180^0 + b^2\right)\ldots \\ \qquad\left(a^2 - 2ab\cos\frac{n-2}{n}180^0 + b^2\right). \end{cases}$$

Setzt man nämlich $\frac{a}{b} = x$ und dividiert mit b^n durch, so handelt es sich um Zerlegung der Ausdrücke $(x^n - 1)$ und $(x^n + 1)$ in Produkte. Nun ist S. 187 der Satz angeführt, dass man $x^n + a_1 x^{n-1} + a_2 x^{n-2} + \ldots + a^n$ darstellen kann in der Form $(x - x_1) . (x - x_2) \ldots (x - x_n)$, wenn man die n Wurzeln $x_1, x_2, \ldots x_n$ der Gleichung $x^n + a_1 x^{n-1} + a_2 x^{n-2} + \ldots + a_n = 0$ aufstellen kann. Für die binomischen Gleichungen $x^n - 1 = 0$ und $x^n + 1 = 0$ sind nun oben mit Hilfe des *Moivre*schen Satzes die Wurzeln aufgestellt worden; man erhält aus den in (9) und (10) S. 197 u. 198 angeschriebenen Tafeln der n Wurzelwerte aus der positiven und negativen Einheit die vorstehenden *Cotes*schen Sätze, wenn man nur beachtet, dass zwei Wurzelfaktoren, die konjugierte Wurzeln enthalten, zusammen einen reellen quadratischen Faktor geben, nämlich in der Normalform $(x - a - b\,i)\,(x - a + b\,i) = (x - a)^2 - (b\,i)^2 = (x - a)^2 + b^2 = x^2 - 2\,a\,x + (a^2 + b^2)$, oder hier in der kanonischen Form:

$$\left\{x - (\cos\alpha + i\sin\alpha)\right\} \cdot \left\{x - (\cos\alpha - i\sin\alpha)\right\} = (x - \cos\alpha)^2 - (i\sin\alpha)^2$$
$$= x^2 - 2\,x\cos\alpha + \cos^2\alpha + \sin^2\alpha = x^2 - 2\,x\cos\alpha + 1.$$

Damit erhält man unmittelbar die *Cotes*schen Sätze, wenn man zum Schluss wieder $x = \frac{a}{b}$ einsetzt und mit b^n durchmultipliziert.

Diese *Cotes*schen Sätze haben eine einfache geometrische Bedeutung; sie lauten nämlich geometrisch so: Teilt man den Umfang eines Kreises mit dem Mittelpunkt O in $2n$ gleiche Teile (Teilpunkte $B_0, B_1, B_2 \ldots B_{2n-1}$) und nimmt auf dem durch einen der Teilpunkte, z. B. $P = B_0$ gehenden Durchmesser einen Punkt M ausserhalb oder innerhalb des Kreises an, so ist, wenn man M mit allen Teilpunkten des Kreisumfangs verbindet, die Differenz den n^{ten} Potenzen von OM ($= a$ des vorigen Beispiels) und OP ($=$ Kreishalbmesser $= b$ des vorigen Beispiels) gleich dem Produkt der Strahlen MB_0, MB_2, $MB_4, \ldots MB_{2n-2}$, d. h. es ist $\overline{OM}^n - \overline{OP}^n$ (M ausserhalb des Kreises) oder $\overline{OP}^n - \overline{OM}^n$ (M innerhalb des Kreises) $= \overline{MB_0} \,.\, \overline{MB_2} \ldots \overline{MB_{2n-2}}$ und es ist ferner die Summe der n^{ten} Potenzen von OM und OP gleich dem Produkt der Strahlen MB_1, $MB_3, \ldots MB_{2n-1}$ oder $\overline{OM}^n + \overline{OP}^n = \overline{MB_1} \,.\, \overline{MB_3} \ldots \overline{MB_{2n-1}}$.

Dass dies der geometrische Ausdruck für die Sätze (11) und (12) ist, wird sich allerdings erst nach der Betrachtung des schiefwinkligen Dreiecks zeigen; übrigens sei auch hier schon eine für das geometrische Verständnis genügende Erläuterung gegeben. Aus der Planimetrie ist der Satz bekannt (allgemeiner Pythagoräischer Lehrsatz, Pythagoräischer Lehrsatz im schiefwinkligen Dreieck): Im ebenen Dreieck ist das Quadrat einer Seite gleich der Summe der Quadrate der beiden andern Seiten, vermindert um das doppelte Produkt aus einer dieser Seiten mal der Projektion der andern auf sie; sind nun a, b, c die Seiten des Dreiecks und liegt der Seite c der Winkel γ gegenüber (Winkel zwischen den Seiten a und b), so ist zunächst die Projektion von a auf die Richtung der Seite b (vgl. den Satz § 8, **1**, S. 57) $=$ $a \cos\gamma$ oder die Projektion von b auf die Richtung der Seite a gleich $b \cos\gamma$, also lautet der Pythagoräische Lehrsatz für das beliebige Dreieck:

$$c^2 = a^2 + b^2 - 2ab\cos\gamma.$$

Giebt man γ die Werte $\gamma_1, \gamma_2 \ldots.$ gleich den Centriwinkeln, die in dem Kreis mit dem Halbmesser b den oben genannten Teilpunkten entsprechen, so sind (mit $OM = a$) die Strecken $c_1, c_2, \ldots$ die Strecken MB_1, $MB_2, \ldots$, womit unmittelbar die ausgesprochene geometrische Bedeutung der algebraischen Sätze (11) und (12) sich zeigt.

2) Satz: Für *cos* und *sin* des *m* fachen (*m* eine ganze Zahl) Winkels α (vgl. § 17, **2**)), in $\cos\alpha$ und $\sin\alpha$ ausgedrückt, wird:

$$(13)\left\{\begin{aligned} \cos m\alpha &= \cos^m\alpha - \binom{m}{2}\cos^{m-2}\alpha\sin^2\alpha + \binom{m}{4}\cos^{m-4}\alpha\sin^4\alpha - + \ldots \\ \sin m\alpha &= \binom{m}{1}\cos^{m-1}\alpha\sin\alpha - \binom{m}{3}\cos^{m-3}\alpha\sin^3\alpha + \\ &\qquad \binom{m}{5}\cos^{m-5}\alpha\sin^5\alpha - + \ldots. \end{aligned}\right.$$

wobei $\binom{m}{r}$ die Binominalcoeffizienten bedeuten:

$$\binom{m}{r} = \frac{m(m-1)\ldots.(m-\overline{r-1})}{1.\ \ 2.\qquad\qquad r}.$$

Anwendungen:

$\cos 2\alpha = \cos^2\alpha - 1.\cos^0\alpha\sin^2\alpha = \cos^2\alpha = \sin^2\alpha,$

$\sin 2\alpha = 2\cos\alpha\sin\alpha - 0 = 2\sin\alpha\cos\alpha,$ wie bekannt;

$$\cos 3\alpha = \cos^3\alpha - 3\cos\alpha\sin^2\alpha + 0 = \cos^3\alpha - 3\cos\alpha(1-\cos^2\alpha)$$
$$= 4\cos^3\alpha - 3\cos\alpha,$$
$$\sin 3\alpha = 3\cos^2\alpha\sin\alpha - 1\cos^0\alpha\sin^3\alpha = 3\sin\alpha(1-\sin^2\alpha) - \sin^3\alpha$$
$$= 3\sin\alpha - 4\sin^3\alpha$$

vgl. S. 152.

Beweis. Nach dem binomischen Satz ist:

$$\cos\alpha + i\sin\alpha)^m = \cos^m\alpha + \binom{m}{1}\cos^{m-1}\alpha . i\sin\alpha + \binom{m}{2}\cos^{m-2}\alpha . i^2\sin^2\alpha + \ldots. + \underset{(=1)}{\binom{m}{m}} i^m\sin^m\alpha \quad \text{oder}$$

$$= \left\{\begin{aligned} &\cos^m\alpha - \binom{m}{2}\cos^{m-2}\alpha\sin^2\alpha + \binom{m}{4}\cos^{m-4}\alpha\sin^4\alpha - + \ldots \\ &+ i.\left[\binom{m}{1}\cos^{m-1}\alpha\sin\alpha - \binom{m}{3}\cos^{m-3}\alpha\sin^3\alpha + \ldots\right] \end{aligned}\right\} \quad (*)$$

Nach dem *Moivre*schen Satz ist anderseits:

$(\cos\alpha + i\sin\alpha)^m = \cos m\alpha + i.\sin m\alpha$; es ist also: $(\cos m\alpha + i.\sin m\alpha)$ gleich der rechten Seite der Gleichung (*). Nun können aber zwei komplexe Ausdrücke $(p_1 + q_1 i)$ und $(p_2 + q_2 i)$ nur dann einander gleich sein, wenn $p_1 = p_2$ und $q_1 = q_2$ ist (man erinnere sich nur der Eindeutigen geometrischen Darstellung des Punktes $x + iy$), womit unmittelbar die Gleichungen (13) sich ergeben.

Zusätze. Aus den Gleichungen (13) ergeben sich noch die folgenden (durch Division mit $\cos^m\alpha$):

$$(14)\quad \begin{cases} \dfrac{\cos m\alpha}{\cos^m\alpha} = \underset{(=1)}{\dbinom{m}{0}} - \dbinom{m}{2} tg^2\alpha + \dbinom{m}{4} tg^4\alpha - + \ldots\ldots \\ \dfrac{\sin m\alpha}{\cos^m\alpha} = \dbinom{m}{1} tg\,\alpha - \dbinom{m}{3} tg^3\alpha + \dbinom{m}{5} tg^5\alpha - + \ldots \end{cases}$$

§ 22. Goniometrische Auflösung der quadratischen und kubischen Gleichungen.

1) Quadratische Gleichungen mit Einer Unbekannten. Für die Auflösung der quadratischen Gleichungen mit Einer Unbekannten x führt die goniometrische Rechnung an Stelle der arithmetischen kaum zur Abkürzung, höchstens für den Fall, dass keine Additions- und Subtraktionslogarithmen zur Hand sind.

Es ist deshalb auch dieser erste Absatz des Paragraphen nur als Übung im goniometrischen Rechnen aufzufassen.[30)]

1) Es sei gegeben die Gleichung (und es seien hier und im folgenden p und q an sich positive Zahlen):

$$(1)\qquad x^2 + px - q = 0, \quad \text{so wird}$$

$$(2)\qquad x = -\frac{p}{2} \pm \sqrt{\left(\frac{p}{2}\right)^2 + q} = -\frac{p}{2} \pm \sqrt{\left(\frac{p}{2}\right)^2 + (\sqrt{q})^2}.$$

Die Wurzel ist die Hypotenuse eines rechtwinkligen Dreiecks mit den Katheten $\frac{p}{2}$ und $\sqrt{q}$; setzt man also:

$$(3)\qquad tg\,\varphi = \frac{\sqrt{q}}{\frac{p}{2}}$$

(φ als spitzer Winkel zu nehmen, da q und p positiv vorausgesetzt werden) so wird (vgl. Fig. 45)

Fig. 45.

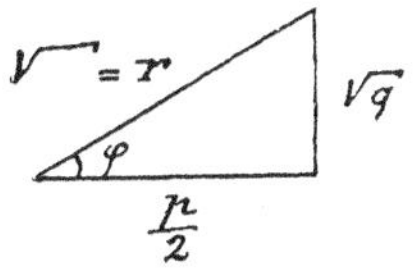

$$(4)\qquad \frac{p}{2} = \sqrt{q}\,.\,ctg\,\varphi \quad \text{und}$$

$$(5)\qquad r = \sqrt{\left(\frac{p}{2}\right)^2 + (\sqrt{q})^2} = \frac{\sqrt{q}}{\sin\varphi}\left(\text{oder } = \frac{\frac{p}{2}}{\cos\varphi}\right), \text{ also}$$

$$(6)\qquad x = -\sqrt{q}\,ctg\,\varphi \pm \frac{\sqrt{q}}{\sin\varphi} = \pm\sqrt{q}\left(\frac{1}{\sin\varphi} \mp \frac{\cos\varphi}{\sin\varphi}\right)$$

$$= \pm\sqrt{q}\left(\frac{1 \mp \cos\varphi}{\sin\varphi}\right) \quad \text{oder}$$

$$(7)\quad \begin{cases} x_1 = +\sqrt{q}\, tg\,\dfrac{\varphi}{2} \\ x_2 = -\sqrt{q}\, ctg\,\dfrac{\varphi}{2} \end{cases}$$ Rechnungsprobe: $log\, x_1 + log\, x_2 = log\, q$ (absolut genommen).

Ist in der gegebenen Gleichung p negativ, q aber positiv, so werden die Wurzeln entgegengesetzt gleich den in (7) angeschriebenen.

2) Ist gegeben (8) $x^2 + p\,x + q = 0$ (p und q positiv, s. oben), so zeigt (9) $x = -\frac{p}{2} \pm \sqrt{\left(\frac{p}{2}\right)^2 - (\sqrt{q})^2}$, dass die Wurzeln $\left\{\begin{matrix}\text{reell}\\ \text{komplex}\end{matrix}\right\}$ sind, je nachdem $\sqrt{q} \left\{\begin{matrix}<\\ >\end{matrix}\right\} \frac{p}{2}$ ist.

Fig. 46.

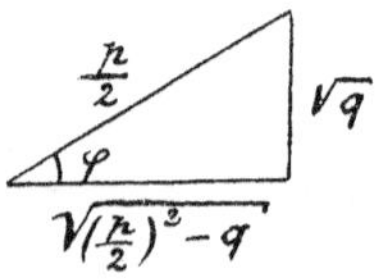

a) Ist $\sqrt{q} < \frac{p}{2}$, so kann man, vgl. Fig. 46

10) $sin\,\varphi = \dfrac{\sqrt{q}}{\frac{p}{2}}$ setzen und erhält damit schliesslich

$$(11)\quad \begin{cases} x_1 = -\sqrt{q}\;\; tg\,\dfrac{\varphi}{2} \\ x_2 = -\sqrt{q}\;\; ctg\,\dfrac{\varphi}{2}. \end{cases}$$ Probe wie oben.

b) Ist aber $\sqrt{q} > \frac{p}{2}$, so dass die Wurzeln komplex sind, so schreibe man statt:

$$(12)\quad x = -\frac{p}{2} \mp \sqrt{\left(\frac{p}{2}\right)^2 - (\sqrt{q})^2} \qquad (13)\quad x = -\frac{p}{2} \pm i\sqrt{(\sqrt{q})^2 - \left(\frac{p}{2}\right)^2}$$

oder mit (14) $x = r\,(cos\,\varphi + i\, sin\,\varphi)$ durch Gleichsetzung der reellen und imaginären Teile:

$$(15)\quad \begin{cases} r\, cos\,\varphi = -\dfrac{p}{2} \\ r\, sin\,\varphi = \sqrt{(\sqrt{q})^2 - \left(\dfrac{p}{2}\right)^2}, \end{cases}$$ woraus durch Quadrieren und Addieren

$$r^2 = \left(\frac{p}{2}\right)^2 + (\sqrt{q})^2 - \left(\frac{p}{2}\right)^2 \quad \text{oder} \quad (16)\quad r = \sqrt{q}$$

und somit die Auflösung gegeben durch:

$$(17)\quad cos\,\varphi = -\frac{\frac{p}{2}}{\sqrt{q}} \qquad (18)\quad \left.\begin{matrix}x_1\\ x_2\end{matrix}\right\} = -\frac{p}{2} \pm i\sqrt{q}\, sin\,\varphi.$$

Zahlenbeispiele nach den vorstehenden Gleichungen geben einfache Gelegenheit zur Übung im Einrichten zweckmässiger Rechnungsformulare.

2) Quadratische Gleichungen mit zwei Unbekannten. Auch hier gilt noch selbstverständlich das im Anfang von **1)** Gesagte, da ja die Auflösung auf jene Aufgabe **1)** zurückzuführen ist. Einzelne Beispiele zur Übung:

1) Die Unbekannten x und y zu bestimmen aus:

$$\left\{\begin{matrix} x+y=a \\ xy=b \end{matrix}\right\}$$

b sei positiv; die Unbekannten sind $\left\{\begin{matrix}\text{reell}\\ \text{komplex}\end{matrix}\right\}$ je nachdem $a^2 \left\{\begin{matrix} > \\ < \end{matrix}\right\} 4b$ ist.

a) Ist $a^2 > 4b$ und setzt man $x = \sqrt{b}\, tg\, \varphi$, $y = \sqrt{b}\, ctg\, \varphi$ (so dass die zweite Gleichung $xy = +b$ befriedigt ist), so wird

$a = x + y = \frac{2\sqrt{b}}{sin\, 2\varphi}$, also φ zu bestimmen aus $sin\, 2\varphi = \frac{2\sqrt{b}}{a}$, womit auch x und y bekannt sind. Die Voraussetzung $a^2 > 4b$ oder $a > 2\sqrt{b}$ giebt für φ einen reellen Wert. Man erhält zwei Wertepaare (x, y), weil man zwei Winkel φ erhält; aber das x des einen ist gleich dem y des andern. Nachweis? Diskussion für den Grenzfall $a = 2\sqrt{b}$?

b) Ist $a^2 < 4b$, sind also die Wurzeln komplex, so setzt man $x = \sqrt{b}(cos\, \varphi + i\, sin\, \varphi)$, $y = \sqrt{b}(cos\, \varphi - i\, sin\, \varphi)$, $(xy = b)$, und hat φ zu bestimmen aus $a = x + y = 2\sqrt{b}\, cos\, \varphi$, also $cos\, \varphi = \frac{a}{2\sqrt{b}}$.

2) Gegebene Gleichungen $\left\{\begin{matrix} x+y=a \\ xy=-b \end{matrix}\right\}$.

b sei an sich positiv, also $(-b)$ negativ. Die Gleichungen sind dann stets durch zwei reelle Wertepaare befriedigt; die Bestimmung des Hilfswinkels muss demnach auf eine goniometrische Funktion führen, die in Beziehung auf ihren Wert keiner Beschränkung unterliegt.

a) Es sei a positiv, $x + y = +a$, so ist mit $x = \sqrt{b}\, ctg\, \varphi$, $y = -\sqrt{b}\, tg\, \varphi$, $(xy = -b)$, der Winkel φ zu bestimmen aus $ctg\, 2\varphi = \frac{a}{2\sqrt{b}}$;

b) a sei negativ, $x + y = -a$, so ist ebenso mit $x = \sqrt{b}\, tg\, \varphi$, $y = -\sqrt{b}\, ctg\, \varphi$, $xy = -b$, der Winkel φ zu bestimmen aus $ctg\, 2\varphi = \frac{+a}{2\sqrt{b}}$. Diskussion? ($x$ und y jedes Wertepaars haben ungleiche Vorzeichen $[xy = -b]$; $x_1 = y_2$, $y_1 = x_2$).

3) Die Aufgabe $x - y = a$, $xy = b$ ist von der vorigen nicht verschieden, wenn zunächst $(-y)$ an Stelle von y bestimmt wird.

4) Die Aufgabe $x^2 + y^2 = a$; $xy = b$ liefert reelle oder komplexe Wurzeln, je nachdem $a > 2b$ oder $a < 2b$ ist. Die Bestimmung des Hilfswinkels wird also wieder auf *sin* oder *cos* dieses Winkels führen. Man erhält bei $a > 2b$ mit $x = \pm\sqrt{a}\, cos\, \varphi$, $y = \pm\sqrt{a}\, sin\, \varphi$ (Vorzeichen auf einander zu beziehen; $x^2 + y^2 = a$) den Winkel φ aus $sin\, 2\varphi = \frac{2b}{a}$; Diskussion?

Bei $a < 2b$ erhält man mit $x = \pm\sqrt{b}(cos\, \varphi + i\, sin\, \varphi)$, $y = \pm\sqrt{b}(cos\, \varphi - i\, sin\, \varphi)$ den Winkel φ aus $cos\, 2\varphi = \frac{a}{2b}$. Diskussion?

5) Ganz ähnlich ist die Auflösung von

$$x^2 + y^2 = a$$
$$x + y = b;$$

die Wurzeln sind $\left\{\begin{matrix}\text{reell}\\ \text{komplex}\end{matrix}\right\}$ für $2a \gtrless b^2$.

Bei $2a > b^2$ ist mit $x = \sqrt{a}\cos\varphi$, $y = \sqrt{a}\sin\varphi$ der Winkel φ zu bestimmen aus $\sin(45^0 - \varphi) = \frac{b}{\sqrt{2a}}$; bei $2a < b^2$ mit $x = \frac{b}{2}(1 + i\cos\varphi)$, $y = \frac{b}{2}(1 - i\cos\varphi)$ aus $\sin\varphi = \frac{\sqrt{2a}}{b}$.

6) Ganz ebenso für $x^2 + y^2 = a$, $x - y = b$.

Die Aufgabe kann auch auf (5) zurückgeführt werden, wenn man nach dem dort angegebenen Verfahren zunächst $(-y)$ bestimmt.

Man versuche die Aufgaben in **2**) ausser auf arithmetischem und goniometrischem Weg auch durch Konstruktion aufzulösen und vergleiche namentlich die Diskussion der Konstruktion mit der Diskussion der andern Lösungen. Bei der Konstruktion zeigt sich auch die geometrische Bedeutung der Hilfswinkel (vgl. ähnliches z. B. Seite 180, auch S. 205, 206).

3) Kubische Gleichung mit Einer Unbekannten.

Eine andere Rolle als bei den quadratischen Gleichungen spielt die goniometrische Auflösung bei den kubischen Gleichungen. Hier giebt es einen Fall der kubischen Gleichungen, in dem die (reellen) Unbekannten ohne Goniometrie überhaupt nicht in reeller Form dargestellt werden können.

Wenn die kubische Gleichung gegeben ist:

$$(1) \qquad AX^3 + BX^2 + CX + D = 0,$$

so ist sie, wie in der Algebra gelehrt wird, zunächst zu „reduzieren", d. h. der Coeffizient der zweithöchsten Potenz X, hier X^2, ist zu 0 zu machen. Man erhält also eine Gleichung, in der die Unbekannte ausser auf der dritten, nun noch auf der ersten Potenz vorkommt. Man kann sie auf die Form bringen:

$$(2) \qquad x^3 + px + q = 0;$$

dabei sind die Wurzeln dieser Gleichung (2) sämtlich um $\frac{B}{3A}$ von denen der ursprünglich gegebenen (1) verschieden.

1. Es handelt sich also um die Auflösung der Gleichung:

$$(2) \qquad x^3 + px + q = 0.$$

Die algebraische Formel des *Cardano* zur Auflösung dieser Gleichung ist folgende. Setzt man:

$$(3) \qquad \left\{\begin{aligned} a &= -\frac{q}{2} + \sqrt{\left(\frac{q}{2}\right)^2 + \left(\frac{p}{3}\right)^3} \\ b &= -\frac{q}{2} - \sqrt{\left(\frac{q}{2}\right)^2 + \left(\frac{p}{3}\right)^3}, \end{aligned}\right.$$

so sind die drei Wurzeln

$$(4)\qquad \begin{cases} x_1 = \sqrt[3]{a} + \sqrt[3]{b} \\ \left.\begin{matrix} x_2 = \\ x_3 = \end{matrix}\right\} - \dfrac{\sqrt[3]{a} + \sqrt[3]{b}}{2} \pm i \, . \sqrt{3}\, \dfrac{\sqrt[3]{a} - \sqrt[3]{b}}{2}, \end{cases}$$

wobei unter $\sqrt[3]{a}$ und $\sqrt[3]{b}$ nur die arithmetisch auszurechnenden Zahlenwerte (mit Vorzeichen) dieser dritten Wurzeln zu verstehen sind. Diese Cardan'sche Formel führt in der That zur Auflösung, wenn a und b reell sind, d. h. so lange

$$(5)\qquad \left(\frac{q}{2}\right)^2 + \left(\frac{p}{3}\right)^3 > 0$$

ist; dies trifft unter allen Umständen zu, wenn $p > 0$ ist, es kann aber zutreffen oder nicht zutreffen, wenn $p < 0$ ist.

1) Ist nämlich $\left(\frac{q}{2}\right)^2 + \left(\frac{p}{3}\right)^3$ positiv, so hat die Gleichung (2) in der That, wie die Form (4) andeutet, Eine reelle und zwei (konjugierte) komplexe Wurzeln; dies trifft jedenfalls zu, wenn p positiv ist.

2) Ist aber $\left(\frac{q}{2}\right)^2 + \left(\frac{p}{3}\right)^3$ negativ (was eintreten kann aber nicht muss, wenn p negativ ist), so ist die Aufgabe algebraisch überhaupt nicht mehr, sondern nur noch goniometrisch lösbar, es liegt der sog. **Casus irreducibilis,** besser **Casus goniometricus** vor; es sind drei reelle Wurzeln vorhanden (die sich nach (4) zunächst alle in imaginärer Form darstellen). [31])

Im Fall 1) ist also die goniometrische Rechnung der Aufgabe nur in demselben Sinn aufzufassen, wie bei den quadratischen Gleichungen, sie bringt unter Umständen gar keinen Vorteil der arithmetischen gegenüber; im Fall 2) führt aber überhaupt nur die goniometrische Auflösung zum Ziele.

Eine allgemeine Bemerkung ist hier endlich noch vorauszuschicken: setzt man in die Gleichung (*) $x^3 + px + q = 0$ an Stelle von x den Wert $(-x)$ ein, so erhält man $-x^3 - px + q = 0$ oder (**) $x^3 + px - q = 0$. Die kubischen Gleichungen (*) und (**), die sich nur im Vorzeichen des absoluten Glieds unterscheiden, haben also drei entgegengesetzt-gleiche Wurzeln.

2. Erster Fall: $\left(\frac{q}{2}\right)^2 + \left(\frac{p}{3}\right)^3 > 0$; man hat wieder zwei Fälle zu unterscheiden; je nachdem p das Vorzeichen + oder — hat.

α) Ist $p > 0$, so hat man für die Grössen a und b nach (3):

$$(6)\qquad \left.\begin{matrix} a \\ b \end{matrix}\right\} = -\frac{q}{2} \pm \sqrt{\left(\frac{q}{2}\right)^2 + \left(\frac{p}{3}\right)^3} = -\frac{q}{2} \pm \sqrt{\left(\frac{q}{2}\right)^2 + \left(\left(\frac{p}{3}\right)^{3/2}\right)^2}$$

d. h. unter der Wurzel wieder einen Ausdruck von der Form $(m^2 + n^2)$; der Hilfswinkel ist also einzuführen wie immer bei der Berechnung der Hypotenuse aus den beiden Katheten, hier aus $\left(\frac{q}{2}\right)$ und $\left(\frac{p}{3}\right)^{3/2}$, nämlich (Fig. 47)

Fig. 47.

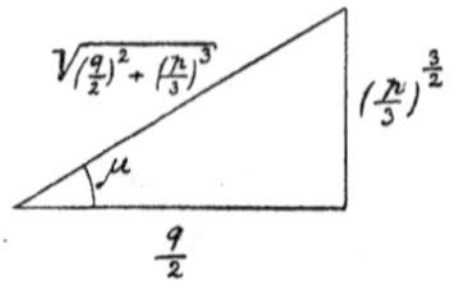

(7) $$tg\,\mu = \frac{\left(\frac{1}{3}p\right)^{3/2}}{\frac{1}{2}q}, \text{ womit}$$

(8) $$\begin{cases} \frac{q}{2} = \left(\frac{1}{3}p\right)^{3/2} . \, ctg\,\mu \quad \text{und} \\ \sqrt{} = \frac{\frac{1}{2}q}{\cos\mu} \quad \text{wird.} \end{cases}$$

Nach (6) ist also: $$\left.\begin{matrix} a \\ b \end{matrix}\right\} = -\frac{q}{2}\left(1 \mp \frac{1}{\cos\mu}\right) = -\frac{q}{2}\,\frac{\cos\mu \mp 1}{\cos\mu}$$

oder mit Rücksicht auf (8) $$= -\left(\frac{1}{3}p\right)^{3/2}\frac{\cos\mu \mp 1}{\sin\mu} \quad \text{oder}$$

(9) $$\begin{cases} a = \left(\frac{1}{3}p\right)^{3/2} tg\,\frac{\mu}{2} \\ b = -\left(\frac{1}{3}p\right)^{3/2} ctg\,\frac{\mu}{2} \end{cases}, \quad \text{also} \quad (10) \begin{cases} \sqrt[3]{a} = \sqrt{\frac{1}{3}p}\,\sqrt[3]{tg\,\frac{\mu}{2}} \\ \sqrt[3]{b} = -\sqrt{\frac{1}{3}p}\,\sqrt[3]{ctg\,\frac{\mu}{2}} \end{cases}$$

und daher $$x_1 = \sqrt{\frac{1}{3}p}\left\{\sqrt[3]{tg\,\frac{\mu}{2}} - \sqrt[3]{ctg\,\frac{\mu}{2}}\right\}$$

Setzt man, um x_1 in Form eines Produktes zu erhalten, noch

(11) $$\sqrt[3]{tg\,\frac{\mu}{2}} = tg\,\lambda, \quad \text{also} \quad \sqrt[3]{ctg\,\frac{\mu}{2}} = ctg\,\lambda, \quad \text{so wird}$$

$$x_1 = \sqrt{\frac{1}{3}p}\,(tg\,\lambda - ctg\,\lambda) = -2\sqrt{\frac{1}{3}p}\,.\,ctg\,2\lambda.$$

Ähnlich für die beiden andern Wurzeln; für alle drei erhält man die Ausdrücke:

(12) $$\begin{cases} x_1 = -2\sqrt{\frac{1}{3}p}\,ctg\,2\lambda \\ x_2 = \sqrt{\frac{1}{3}p}\,(ctg\,2\lambda + i\sqrt{3}\,cosec\,2\lambda) \\ x_3 = \sqrt{\frac{1}{3}p}\,(ctg\,2\lambda - i\sqrt{3}\,cosec\,2\lambda). \end{cases}$$

Wenn q das Vorzeichen — hat, so bleibt die Einführung von μ dieselbe wie in (7):

$$tg\,\mu = \frac{\left(\frac{1}{3}p\right)^{3/2}}{+\frac{1}{2}q},$$

ebenso ändert sich nichts an der Einführung von λ nach (11); man erhält nur für x_1, x_2, x_3 die entgegengesetzten Vorzeichen von den in (12) angeschriebenen (vgl. den Schluss von **1**)).

β) Ist p negativ (aber noch $\left(\frac{p}{2}\right)^2 + \left(\frac{p}{3}\right)^3 > 0$, da sonst der Casus goniometricus vorliegt), so erhält man ganz auf demselben Weg, mit Beachtung der Fig. 48, die Auflösung durch folgende Gleichungen (das obere Vorzeichen bezieht sich auf den Fall q positiv, das untere auf den Fall q negativ, vgl. den Schluss von **1**)):

Fig. 48.

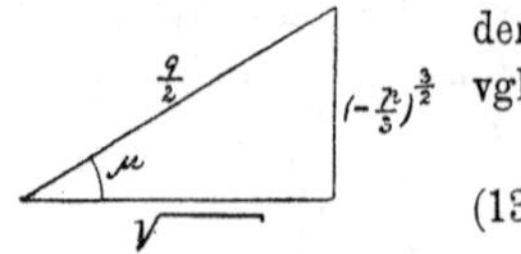

(13) $$\sin\mu = \frac{\left(-\frac{1}{3}p\right)^{3/2}}{+\frac{1}{2}q}, \quad (14) \quad \sqrt[3]{tg\,\frac{\mu}{2}} = tg\,\lambda;$$

$$(15)\quad \begin{cases} x_1 = \mp 2\sqrt{-\frac{1}{3}p}\,cosec\,2\lambda \\ x_2 = \pm\sqrt{-\frac{1}{3}p}\,(cosec\,2\lambda + i\sqrt{3}\,ctg\,2\lambda) \\ x_3 = \pm\sqrt{-\frac{1}{3}p}\,(cosec\,2\lambda - i\sqrt{3}\,ctg\,2\lambda). \end{cases}$$

3. Zweiter Fall. Während, wie schon erwähnt wurde, die goniometrische Auflösung des vorstehenden ersten Falls der reellen Wurzel in der Gleichung (3) nur unter Umständen eine kleine Rechnungserleichterung vorstellt, ist sie für den zweiten Fall

$\left(\frac{q}{2}\right)^2 + \left(\frac{1}{3}p\right)^3 < 0$, (wo also p jedenfalls negativ sein muss), in dem drei reelle Wurzeln vorhanden sind, stets erforderlich. Setzt man (Gleichung 3):

$$(16)\quad \begin{cases} a = -\frac{q}{2} + \sqrt{\left(\frac{q}{2}\right)^2 + \left(\frac{1}{3}p\right)^3} = -\frac{q}{2} - i\sqrt{-\left\{\left(\frac{q}{2}\right)^2 + \left(\frac{1}{3}p\right)^3\right\}} \\ \qquad = r\,(cos\,\varphi - i\,sin\,\varphi) \\ b = -\frac{q}{2} - \sqrt{\left(\frac{q}{2}\right)^2 + \left(\frac{1}{3}p\right)^3} = -\frac{q}{2} + i\sqrt{-\left\{\left(\frac{q}{2}\right)^2 + \left(\frac{1}{3}p\right)^3\right\}} \\ \qquad = r\,(cos\,\varphi + i\,sin\,\varphi), \end{cases}$$

d. h. setzt man

$$(17)\quad \begin{cases} r\,cos\,\varphi = -\frac{q}{2} \\ r\,sin\,\varphi = \sqrt{-\left\{\left(\frac{q}{2}\right)^2 + \left(\frac{1}{3}p\right)^3\right\}}, \text{ also} \end{cases}$$

$$r^2 cos^2\varphi + r^2 sin^2\varphi = r^2 = \left(\frac{q}{2}\right)^2 - \left(\frac{q}{2}\right)^2 - \left(\frac{1}{3}p\right)^3 = -\left(\frac{1}{3}p\right)^3, \text{ oder:}$$

$$(18)\quad \begin{cases} r = \sqrt{-\left(\frac{1}{3}p\right)^3} \quad \text{und} \\ cos\,\varphi = -\dfrac{\frac{q}{2}}{\sqrt{-\left(\frac{1}{3}p\right)^3}}, \end{cases}$$

so erhält man φ Eindeutig, da auch das Vorzeichen von

$$(19)\quad sin\,\varphi = \frac{\sqrt{-\left\{\left(\frac{q}{2}\right)^2 + \left(\frac{1}{3}p\right)^3\right\}}}{\sqrt{-\left(\frac{1}{3}p\right)^3}} \text{ bekannt ist.}$$

Dieses Vorzeichen ist hier stets + zu nehmen; es liegt also φ immer im I. oder II. Quadranten, je nachdem *cos* φ aus (18) + oder — sich ergiebt, d. h. je nachdem q an sich negativ oder positiv ist. (Die Form der Gleichung (18) zeigt zugleich, warum es hier für die logarithmische Rechnung bequemer ist, φ aus *cos* statt wie gewöhnlich aus *tg* zu bestimmen, durch Division der zwei Gleichungen (17) zu erhalten). Damit wird nun aus (16) nach dem *Moivre* schen Satz:

$$(20)\quad\begin{cases}\sqrt[3]{a} = r^{\frac{1}{3}}\left(\cos\frac{1}{3}\varphi - i\sin\frac{1}{3}\varphi\right) = \sqrt{-\frac{1}{3}p}\left(\cos\frac{\varphi}{3} - i\sin\frac{\varphi}{3}\right)\\ \sqrt[3]{b} = r^{\frac{1}{3}}\left(\cos\frac{1}{3}\varphi + i\sin\frac{1}{3}\varphi\right) = \sqrt{-\frac{1}{3}p}\left(\cos\frac{\varphi}{3} + i\sin\frac{\varphi}{3}\right)\end{cases}$$

und demnach aus den Gleichungen (4):

$$x_1 = 2\sqrt{-\frac{1}{3}p}\cos\frac{\varphi}{3}$$

$$\left.\begin{matrix}x_2\\x_3\end{matrix}\right\} = -\sqrt{-\frac{1}{3}p}\cos\frac{\varphi}{3} \pm \sqrt{3}\,.\,\sqrt{-\frac{1}{3}p}\sin\frac{\varphi}{3}$$

oder man erhält, mit Rücksicht darauf, dass $\cos 60^0 = \frac{1}{2}$, $\sin 60^0 = \frac{1}{2}\sqrt{3}$ ist und dass also $\cos\left(60^0 \pm \frac{\varphi}{3}\right) = \frac{1}{2}\cos\frac{\varphi}{3} \mp \frac{1}{2}\sqrt{3}\sin\frac{\varphi}{3}$ ist, mit:

$$(18)\quad\begin{cases}\cos 3\lambda = -\dfrac{\frac{1}{2}q}{\sqrt{-\left(\frac{1}{3}p\right)^3}}\\ m = \sqrt{-\frac{1}{3}p}\end{cases}$$

(3λ Eindeutig im I. oder II. Quadranten, je nach dem Vorzeichen von $\cos 3\lambda$) die drei gesuchten reellen Wurzeln aus:

$$(21)\quad\begin{cases}x_1 = 2m\cos\lambda\\ x_2 = -2m\cos(60^0 + \lambda)\\ x_3 = -2m\cos(60^0 - \lambda)\end{cases}$$

oder endlich, noch etwas symmetrischer angeordnet, aus

$$(22)\quad\begin{cases}\boldsymbol{x_1 = 2m\cos\lambda}\\ \boldsymbol{x_2 = 2m\cos(120^0 + \lambda)}\\ \boldsymbol{x_3 = 2m\cos(240^0 + \lambda)}.\end{cases}$$ [32])

Vgl. zu dieser Umformung auch § 17, 3).

Zahlenbeispiel zum Casus goniometricus: $x^3 - 7x - 6 = 0$

$$\frac{q}{2} = -3;\ \frac{1}{3}p = -\frac{7}{3};\ \sqrt{\left(\frac{q}{2}\right)^2 + \left(\frac{1}{3}p\right)^3} = \sqrt{9 - \frac{343}{27}}$$

in der That imaginär.

$$-\frac{q}{2} = +3$$

$$-\frac{1}{3}p = +\frac{7}{3}$$

$$= +2{,}3333\ldots$$

$$3\lambda = 32^\circ\, 40^3/_4{}'$$

$$\lambda = 10^\circ\, 53'\, 35''$$

$$120^\circ + \lambda = 130\ 53\ 35$$

$$240^\circ + \lambda = 250\ 53\ 35$$

$$x_1 = +3;\ x_2 = -2;$$

$$x_3 = -1.$$

$-\frac{1}{3}p = m^2$	$0.36\,797_3$
$\sqrt{-\frac{1}{3}p} = m$	$0.18\,398_7$
m^3	0.55 196
$E\,m^3$	9.44 804
$-\frac{1}{2}q$	0.47 712
$\cos 3\lambda$	9.92 516
$2m$	0.48 502
$\cos\lambda$	9.99 210
$\cos(120^0 + \lambda)$	9.81 600 *n*
$\cos(240^0 + \lambda)$	9.51 498
x_1	0.47 712
x_2	0.30 102 *n*
x_3	0.00 000 *n*

Von der Richtigkeit dieses Resultats überzeugt man sich leicht durch Einsetzen; es ist: $x^3 - 7x - 6 = (x-3)\,.\,(x+2)\,.\,(x+1)$, also sind in der That $+3, -2, -1$ die Wurzeln der gegebenen Gleichung.

Anhang zum Abschnitt I: Goniometrie.

Zusammenstellung einiger goniometrischer Formeln.*)

1) Goniometrische Formeln für einen beliebigen Winkel α und für Vielfache von α.

Wenn n eine ganze positive Zahl ist, so ist

$$1)\quad \sin\alpha + \sin 2\alpha + \sin 3\alpha + \ldots + \sin n\alpha = \frac{\sin\frac{n}{2}\alpha\,\sin\frac{n+1}{2}\alpha}{\sin\frac{\alpha}{2}}$$

$$2)\quad \cos\alpha + \cos 2\alpha + \cos 3\alpha + \ldots + \cos n\alpha = \frac{\sin\frac{n}{2}\alpha\,\cos\frac{n+1}{2}\alpha}{\sin\frac{\alpha}{2}}.$$

Erweiterung s. unten in 2).

3) Wenn n eine gerade ganze Zahl ist, so ist:

$$\cos^n\alpha = \frac{1}{2^{n-1}}\left\{\cos n\alpha + \binom{n}{1}\cos(n-2)\alpha + \binom{n}{2}\cos(n-4)\alpha + \ldots\right.$$
$$\left. + \binom{n}{\frac{n}{2}-1}\cos 2\alpha + \binom{n}{\frac{n}{2}}\frac{1}{2}\right\};$$

ist n ungerade, so ist:

$$\cos^n\alpha = \frac{1}{2^{n-1}}\left\{\cos n\alpha + \binom{n}{1}\cos(n-2)\alpha + \binom{n}{2}\cos(n-4)\alpha + \ldots\right.$$
$$\left. + \binom{n}{\frac{n-1}{2}}\cos\alpha\right\}.$$

4) Wenn n eine gerade ganze Zahl ist, so ist:

$$\sin^n\alpha = \frac{1}{2^{n-1}(-1)^{\frac{n}{2}}}\left\{\cos n\alpha - \binom{n}{1}\cos(n-2)\alpha + \binom{n}{2}\cos(n-4)\alpha - \ldots\right.$$
$$\left. \pm \binom{n}{\frac{n}{2}-1}\cos 2\alpha \mp \binom{n}{\frac{n}{2}}\frac{1}{2}\right\};$$

ist n ungerade, so ist:

$$\sin^n\alpha = \frac{1}{2^{n-1}(-1)^{\frac{n-1}{2}}}\left\{\sin n\alpha - \binom{n}{1}\sin(n-2)\alpha + \binom{n}{2}\sin(n-4)\alpha - \ldots\right.$$
$$\left. \pm \binom{n}{\frac{n-1}{2}}\sin\alpha\right\}.$$

5) Ist n eine ganze gerade Zahl, so ist:

$$\left\{\begin{aligned} \cos n\alpha &= (1-\sin^2\alpha)^{\frac{n}{2}} - \binom{m}{2}(1-\sin^2\alpha)^{\frac{n-2}{2}}\sin^2\alpha \\ &\qquad + \binom{m}{4}(1-\sin^2\alpha)^{\frac{n-4}{2}}\sin^4\alpha - \ldots \text{ und} \\ \sin n\alpha &= \cos\alpha\left\{\binom{m}{1}(1-\sin^2\alpha)^{\frac{n-2}{2}}\sin\alpha - \binom{m}{3}(1-\sin^2\alpha)^{\frac{n-4}{2}}\sin^3\alpha + \ldots\right\};\end{aligned}\right.$$

---

*) Aufgenommen sind nur Formeln, die sich im Text nicht finden; die Zusammenstellung giebt Gelegenheit zum Gebrauch der goniometrischen Grundformeln. [38])

ist n eine ganze ungerade Zahl, so ist:

$$\left\{\begin{aligned} \cos n\alpha &= \cos\alpha\left\{(1-\sin^2\alpha)^{\frac{n-1}{2}} - \binom{n}{2}(1-\sin^2\alpha)^{\frac{n-3}{2}}\sin^2\alpha \right.\\ &\qquad \left. + \binom{n}{4}(1-\sin^2\alpha)^{\frac{n-5}{2}}\sin^4\alpha - \ldots\right\}\\ \sin n\alpha &= \binom{n}{1}(1-\sin^2\alpha)^{\frac{n-1}{2}}\sin\alpha - \binom{n}{3}(1-\sin^2\alpha)^{\frac{n-3}{2}}\sin^3\alpha + \ldots \end{aligned}\right.$$

6) (Unmittelbar aus 5). Für gerades n ist:

$$\left\{\begin{aligned} \cos n\alpha &= 1 - \frac{n}{1}\left(\frac{n-1}{2}+\frac{1}{2}\right)\sin^2\alpha + \frac{n(n-2)}{1.3}\left(\frac{(n-1)(n-3)}{2.4}\right.\\ &\qquad \left. + \frac{n-1}{2}.\frac{3}{2} + \frac{3.1}{2.4}\right)\sin^4\alpha - \ldots\\ \sin n\alpha &= \cos\alpha\left\{\frac{n}{1}\sin\alpha - \frac{n(n-2)}{1.3}\left(\frac{n-1}{2}+\frac{3}{2}\right)\sin^3\alpha\right.\\ &\qquad \left. + \frac{n(n-2)(n-4)}{1.3.5}\left[\frac{(n-1)(n-3)}{2.4} + \frac{n-1}{2}.\frac{5}{2} + \frac{5.3}{2.4}\right]\sin^5\alpha - \ldots\right\}; \end{aligned}\right.$$

für ungerades n dagegen:

$$\left\{\begin{aligned} \cos n\alpha &= \cos\alpha\left\{1 - \frac{n-1}{2}\left(\frac{n}{2}+\frac{1}{2}\right)\sin^2\alpha + \frac{(n-1)(n-3)}{1.3}\left[\frac{n(n-2)}{2.4}\right.\right.\\ &\qquad \left.\left. + \frac{n.3}{2.2} + \frac{3.1}{2.4}\right]\sin^4\alpha - \ldots\right\}\\ \sin n\alpha &= \binom{n}{1}\sin\alpha - \frac{n(n-1)}{1.3}\left(\frac{n-2}{2}+\frac{3}{2}\right)\sin^3\alpha\\ &\qquad + \frac{n(n-1)(n-3)}{1.3.5}\left[\frac{(n-2)(n-4)}{2.4} + \frac{n-2}{2}.\frac{5}{2} + \frac{5.3}{2.4}\right]\sin^5\alpha - \ldots \end{aligned}\right.$$

7) (Unmittelbar aus 6). Für gerade n ist:

$$\left\{\begin{aligned} \cos n\alpha &= 1 - \frac{n.n}{1.2}\sin^2\alpha + \frac{(n+2).n.n.(n-2)}{1.2.3.4}\sin^4\alpha\\ &\qquad - \frac{(n+4)(n+2)n.n.(n-2)(n-4)}{1.2.3.4.5.6}\sin^6\alpha + \ldots\\ \sin n\alpha &= \cos\alpha\left\{\frac{n}{1}\sin\alpha - \frac{(n+2)n(n-2)}{1.2.3}\sin^3\alpha\right.\\ &\qquad \left. + \frac{(n+4)(n+2)n(n-2)(n-4)}{1.2.3.4.5}\sin^5\alpha - \ldots\right\}; \end{aligned}\right.$$

für ungerade n dagegen:

$$\left\{\begin{aligned} \cos n\alpha &= \cos\alpha\left\{1 - \frac{(n+1)(n-1)}{1.2}\sin^2\alpha\right.\\ &\qquad \left. + \frac{(n+3)(n+1)(n-1)(n-3)}{1.2.3.4}\sin^4\alpha - \ldots\right\}\\ \sin n\alpha &= \frac{n}{1}\sin\alpha - \frac{(n+1)n(n-1)}{1.2.3}\sin^3\alpha\\ &\qquad + \frac{(n+3)(n+1)n(n-1)(n-3)}{1.2.3.4.5}\sin^5\alpha - \ldots \end{aligned}\right.$$

8) (Unmittelbar aus 7), mit $(90^0 - \alpha)$ an Stelle von α in 7): Für gerade n ist:

$$\left\{\begin{aligned} \cos n\alpha &= (-1)^{\frac{n}{2}}\left\{1 - \frac{n \,.\, n}{1 \,.\, 2}\cos^2\alpha + \frac{(n+2)\,n \,.\, n\,(n-2)}{1 \,.\, 2 \,.\, 3 \,.\, 4}\cos^4\alpha \right.\\ &\quad \left. - \frac{(n+4)\,(n+2)\,n \,.\, n \,.\, (n-2)\,(n-4)}{1 \,.\, 2 \,.\, 3 \,.\, 4 \,.\, 5 \,.\, 6}\cos^6\alpha + \ldots\right\}\\ \sin n\alpha &= (-1)^{\frac{n}{2}+1}\sin\alpha\left\{\frac{n}{1}\cos\alpha - \frac{(n+2)\,n\,(n-2)}{1 \,.\, 2 \,.\, 3}\cos^3\alpha \right.\\ &\quad \left. + \frac{(n+4)\,(n+2)\,n\,(n-2)\,(n-4)}{1 \,.\, 2 \,.\, 3 \,.\, 4 \,.\, 5}\cos^5\alpha - \ldots\right\}; \end{aligned}\right.$$

für ungerade n dagegen:

$$\left\{\begin{aligned} \sin n\alpha &= (-1)^{\frac{n-1}{2}}\sin\alpha\left\{1 - \frac{(n+1)\,(n-1)}{1 \,.\, 2}\cos^2\alpha \right.\\ &\quad \left. + \frac{(n+3)\,(n+1)\,(n-1)\,(n-3)}{1 \,.\, 2 \,.\, 3 \,.\, 4}\cos^4\alpha - \ldots\right\}\\ \cos n\alpha &= (-1)^{\frac{n-1}{2}}\left\{\frac{n}{1}\cos\alpha - \frac{(n+1)\,n\,(n-1)}{1 \,.\, 2 \,.\, 3}\cos^3\alpha \right.\\ &\quad \left. + \frac{(n+3)\,(n+1)\,n\,(n-1)\,(n-3)}{1 \,.\, 2 \,.\, 3 \,.\, 4 \,.\, 5}\cos^5\alpha - \ldots\right\}. \end{aligned}\right.$$

Speziell findet man aus diesen Gleichungen:

$$(7') \quad \left\{\begin{aligned} \cos 2\alpha &= 1 - 2\sin^2\alpha\\ \cos 4\alpha &= 1 - 8\sin^2\alpha + 8\sin^4\alpha\\ \cos 6\alpha &= 1 - 18\sin^2\alpha + 48\sin^4\alpha - 32\sin^6\alpha \end{aligned}\right.$$

. . . .

$$(7'') \quad \left\{\begin{aligned} \sin 3\alpha &= 3\sin\alpha - 4\sin^3\alpha\\ \sin 5\alpha &= 5\sin\alpha - 20\sin^3\alpha + 16\sin^5\alpha \end{aligned}\right.$$

. . . . und

$$(8' \text{ und } 8''): \left\{\begin{aligned} \cos 2\alpha &= -(1 - 2\cos^2\alpha) = 2\cos^2\alpha - 1 = -1 + 2\cos^2\alpha\\ \cos 3\alpha &= -(3\cos\alpha - 4\cos^3\alpha) = 4\cos^3\alpha - 3\cos\alpha\\ \cos 4\alpha &= 1 - 8\cos^2\alpha + 8\cos^4\alpha\\ \cos 5\alpha &= 5\cos\alpha - 20\cos^3\alpha + 16\cos^5\alpha\\ \cos 6\alpha &= -(1 - 18\cos^2\alpha + 48\cos^4\alpha - 32\cos^6\alpha)\\ &= -1 + 18\cos^2\alpha - 48\cos^4\alpha + 32\cos^6\alpha \quad ; \end{aligned}\right.$$

. . . .

vgl. zu den ersten dieser Gleichungen für die *cos* und *sin* der Vielfachen eines Winkels α auch § 17 (35).

9) Für ganz beliebige ganze n, gerade oder ungerade, ist:

$$\left\{\begin{aligned} \cos n\alpha &= 2^{n-1}\cos^n\alpha - \frac{n}{1}\,2^{n-3}\cos^{n-2}\alpha + \frac{n\,(n-3)}{1 \,.\, 2}\,2^{n-5}\cos^{n-4}\alpha\\ &\quad - \frac{n(n-4)(n-5)}{1 \,.\, 2 \,.\, 3}\,2^{n-7}\cos^{n-6}\alpha + \frac{n(n-5)(n-6)(n-7)}{1 \,.\, 2 \,.\, 3 \,.\, 4}\,2^{n-9}\cos^{n-8}\alpha - \ldots\\ \frac{\sin n\alpha}{\sin\alpha} &= 2^{n-1}\cos^{n-1}\alpha - \frac{n-2}{1}\,2^{n-3}\cos^{n-3}\alpha + \frac{(n-3)(n-4)}{1 \,.\, 2}\,2^{n-5}\cos^{n-5}\alpha\\ &\quad - \frac{(n-4)(n-5)(n-6)}{1 \,.\, 2 \,.\, 3}\,2^{n-7}\cos^{n-7}\alpha + \frac{(n-5)(n-6)(n-7)(n-8)}{1 \,.\, 2 \,.\, 3 \,.\, 4}\,2^{n-9}\cos^{n-9}\alpha - \ldots \end{aligned}\right.$$

Eine Formel für $tg\, n\alpha$ s. unten bei 46).

2) Goniometrische Formeln für zwei beliebige Winkel α, β.

10) $\sin^2\alpha - \sin^2\beta = \sin(\alpha+\beta)\sin(\alpha-\beta)$.

11) $\cos^2\alpha - \cos^2\beta = -\sin(\alpha+\beta)\sin(\alpha-\beta)$.

12) $\cos^2\alpha - \sin^2\beta = \cos(\alpha+\beta)\cos(\alpha-\beta)$.

13) $\sin\alpha\cos(\beta-\alpha) + \cos\alpha\sin(\beta-\alpha) = \sin\beta$.

14) $\cos\alpha\cos(\beta-\alpha) - \sin\alpha\sin(\beta-\alpha) = \cos\beta$.

15) $tg(\alpha+\beta)\,.\,tg(\alpha-\beta) = \dfrac{\cos^2\beta - \cos^2\alpha}{\cos^2\beta - \sin^2\alpha} = \dfrac{\sin^2\alpha - \sin^2\beta}{\cos^2\alpha - \sin^2\beta}$ (s. 10) bis 12)).

16) $1 \pm tg\,\alpha\, tg\,\beta = \dfrac{\cos(\alpha\mp\beta)}{\cos\alpha\cos\beta}$. | 17) $ctg\,\alpha\, ctg\,\beta \pm 1 = \dfrac{\cos(\alpha\mp\beta)}{\sin\alpha\sin\beta}$.

18) $tg^2\alpha - tg^2\beta = \dfrac{\sin(\alpha+\beta)\sin(\alpha-\beta)}{\cos^2\alpha\cos^2\beta}$.

19) $ctg^2\alpha - tg^2\beta = \dfrac{\cos(\alpha+\beta)\cos(\alpha-\beta)}{\sin^2\alpha\cos^2\beta}$.

20) $\dfrac{\sin(\alpha+\beta)}{\sin\alpha+\sin\beta} = \dfrac{\cos\frac{1}{2}(\alpha+\beta)}{\cos\frac{1}{2}(\alpha-\beta)}$.

21) $\dfrac{\sin(\alpha+\beta)}{\sin\alpha-\sin\beta} = \dfrac{\sin\frac{1}{2}(\alpha+\beta)}{\sin\frac{1}{2}(\alpha-\beta)}$.

22) $\dfrac{\sin\alpha}{\cos\alpha+\cos\beta} + \dfrac{\cos\alpha}{\sin\alpha+\sin\beta} = \dfrac{\sin\beta}{\cos\alpha+\cos\beta} + \dfrac{\cos\beta}{\sin\alpha+\sin\beta}$.

23) $tg\dfrac{\alpha+\beta}{2} + tg\dfrac{\alpha-\beta}{2} = \dfrac{2\sin\alpha}{\cos\alpha+\cos\beta}$.

Summe der *sin* und der *cos* einer Reihe von Winkeln, die in arithmetischer Progression (n ist eine ganze Zahl) stehen; Erweiterung von 1) und 2) in **1)**:

24) $\sin\alpha + \sin(\alpha+\beta) + \sin(\alpha+2\beta) + \ldots + \ldots \sin(\alpha+(n-1)\beta)$
$$= \frac{\sin\frac{n\beta}{2}\sin\left(\alpha+\frac{n-1}{2}\beta\right)}{\sin\frac{\beta}{2}}.$$

25) $\cos\alpha + \cos(\alpha+\beta) + \cos(\alpha+2\beta) \ldots + \ldots \cos(\alpha+(n-1)\beta)$
$$= \frac{\sin\frac{n\beta}{2}\cos\left(\alpha+\frac{n-1}{2}\beta\right)}{\sin\frac{\beta}{2}}.$$

Aus (24) und (25) unmittelbar:

26) $\dfrac{\sin\alpha + \sin(\alpha+\beta) + \sin(\alpha+2\beta) + \ldots + \sin(\alpha+n\beta)}{\cos\alpha + \cos(\alpha+\beta) + \cos(\alpha+2\beta) + \ldots + \cos(\alpha+n\beta)} = tg\left(\alpha+\frac{n}{2}\beta\right)$.

27) $\sin\alpha + \sin\beta + \sin(\alpha+\beta) = 4\cos\dfrac{\alpha}{2}\cos\dfrac{\beta}{2}\sin\dfrac{\alpha+\beta}{2}$.

28) $\sin\alpha + \sin\beta - \sin(\alpha+\beta) = 4\sin\dfrac{\alpha}{2}\sin\dfrac{\beta}{2}\sin\dfrac{\alpha+\beta}{2}$.

29) $\sin^2\alpha\cos^2\beta + \cos^2\alpha\sin^2\beta + \cos^2\alpha\cos^2\beta + \sin^2\alpha\sin^2\beta = 1$.

30) $ctg\,\alpha + ctg\,\beta + tg\,(\alpha + \beta) = ctg\,\alpha\, ctg\,\beta\, tg\,(\alpha + \beta)$.

31) $sin^2\,\alpha + sin^2\,\beta + sin^2\,(\alpha + \beta) = 2\,[1 - cos\,\alpha\, cos\,\beta\, cos\,(\alpha + \beta)]$.

32) $cos^2\,\alpha + cos^2\,\beta + cos^2\,(\alpha + \beta) = 1 + 2\, cos\,\alpha\, cos\,\beta\, cos\,(\alpha + \beta)$.

3) Goniometrische Formeln für drei beliebige Winkel α, β, γ, u. s. f.

33) $sin\,(\alpha + \beta + \gamma) = sin\,\alpha\, cos\,\beta\, cos\,\gamma + cos\,\alpha\, sin\,\beta\, cos\,\gamma + cos\,\alpha\, cos\,\beta\, sin\,\gamma$
$- sin\,\alpha\, sin\,\beta\, sin\,\gamma$.

34) $sin\,\alpha + sin\,\beta + sin\,\gamma - sin\,(\alpha + \beta + \gamma) = 4\, sin\,\frac{\beta+\gamma}{2}\, sin\,\frac{\gamma+\alpha}{2}\, sin\,\frac{\alpha+\beta}{2}$.

35) $sin\,(\alpha + \beta - \gamma) + sin\,(\alpha - \beta + \gamma) + sin\,(-\alpha + \beta + \gamma) - sin\,(\alpha + \beta + \gamma)$
$= 4\, sin\,\alpha\, sin\,\beta\, sin\,\gamma$.

36) $cos\,(\alpha + \beta + \gamma) = cos\,\alpha\, cos\,\beta\, cos\,\gamma - sin\,\alpha\, sin\,\beta\, cos\,\gamma - sin\,\alpha\, cos\,\beta\, sin\,\gamma$
$- cos\,\alpha\, sin\,\beta\, sin\,\gamma$.

37) $cos\,(\alpha + \beta - \gamma) + cos\,(\alpha - \beta + \gamma) + cos\,(-\alpha + \beta + \gamma) + cos\,(\alpha + \beta + \gamma)$
$= 4\, cos\,\alpha\, cos\,\beta\, cos\,\gamma$.

38) $cos\,(\alpha + \beta - \gamma) + cos\,(\alpha - \beta + \gamma) - cos\,(-\alpha + \beta + \gamma) - cos\,(\alpha + \beta + \gamma)$
$= 4\, cos\,\alpha\, sin\,\beta\, sin\,\gamma$.

39) $cos\,\alpha + cos\,\beta + cos\,\gamma + cos\,(\alpha + \beta + \gamma) = 4\, cos\,\frac{\beta+\gamma}{2}\, cos\,\frac{\gamma+\alpha}{2}\, cos\,\frac{\alpha+\beta}{2}$.

40) $tg\,(\alpha + \beta + \gamma) = \frac{tg\,\alpha + tg\,\beta + tg\,\gamma - tg\,\alpha\, tg\,\beta\, tg\,\gamma}{1 - (tg\,\beta\, tg\,\gamma + tg\,\gamma\, tg\,\alpha + tg\,\alpha\, tg\,\beta)}$.

41) $sin\,\alpha\, sin\,(\beta - \gamma) + sin\,\beta\, sin\,(\gamma - \alpha) + sin\,\gamma\, sin\,(\alpha - \beta) = 0$.

42) $cos\,\alpha\, sin\,(\beta - \gamma) + cos\,\beta\, sin\,(\gamma - \alpha) + cos\,\gamma\, sin\,(\alpha - \beta) = 0$.

Anhangsweise seien hier auch noch einige Sätze über *sin*, *cos*, *tg* der Summe von beliebig vielen beliebigen Winkeln angeführt. Sind $\alpha, \beta, \gamma \ldots \mu$ beliebige Winkel, bezeichnet S_1 die Summe $tg\,\alpha + tg\,\beta + \ldots + tg\,\mu$, ferner S_2 die Summe aller verschiedenen Produkte, die man aus je zwei dieser *tg* als Faktoren bilden kann, also $S_2 = tg\,\alpha\, tg\,\beta + tg\,\alpha\, tg\,\gamma + \ldots + tg\,\alpha\, tg\,\mu$ $+ tg\,\beta\, tg\,\gamma + \ldots + tg\,\beta\, tg\,\mu + tg\,\gamma\, tg\,\delta + \ldots$ (Anzahl der Summanden $= \binom{n}{2}$, wenn n Winkel $\alpha, \beta, \gamma \ldots \mu$ gegeben sind), ebenso S_3 die Summe aller verschiedenen Produkte, die man bilden kann, wenn man je drei der *tg* als Faktoren zusammennimmt, also $S_3 = tg\,\alpha\, tg\,\beta\, tg\,\gamma + tg\,\alpha\, tg\,\beta\, tg\,\delta + \ldots$ $+ tg\,\alpha\, tg\,\beta\, tg\,\mu + tg\,\alpha\, tg\,\gamma\, tg\,\delta + \ldots tg\,\alpha\, tg\,\gamma\, tg\,\mu + \ldots + \ldots$ (Anzahl der Summanden $= \binom{n}{3}$) u. s. f., so gelten folgende Sätze:

43) $sin\,(\alpha + \beta + \gamma + \ldots + \mu) = (S_1 - S_3 + S_5 - + \ldots)\, cos\,\alpha\, cos\,\beta\, cos\,\gamma \ldots cos\,\mu$

44) $cos\,(\alpha + \beta + \gamma + \ldots + \mu) = (1 - S_2 + S_4 - + \ldots)\, cos\,\alpha\, cos\,\beta\, cos\,\gamma \ldots cos\,\mu$; also

45) $tg\,(\alpha + \beta + \gamma + \ldots + \mu) = \frac{S_1 - S_3 + S_5 - + \ldots}{1 - S_2 + S_4 - + \ldots}$.

Die Gleichungen 33), 36), 40) sind spezielle Fälle von 43), 44), 45). Mit $\alpha = \beta = \gamma = \ldots = \mu$ findet man aus 43) und 44) bekannte Formeln; aus 45) erhält man für einen beliebigen Winkel α und beliebiges ganzes n:

46) $$tg\, n\, \alpha = \frac{n\, tg\, \alpha - \binom{n}{3} tg^3 \alpha + \binom{n}{5} tg^5 \alpha - + \dots}{1 - \binom{n}{2} tg^2 \alpha + \binom{n}{4} tg^4 \alpha - + \dots}.$$

4) Goniometrische Formeln für drei Winkel α, β, γ, die zusammen 180^0 geben (Winkel eines ebenen Dreiecks).

47) $\sin \alpha + \sin \beta + \sin \gamma = 4 \cos \frac{\alpha}{2} \cos \frac{\beta}{2} \cos \frac{\gamma}{2}$.

48) $\sin \alpha + \sin \beta - \sin \gamma = 4 \sin \frac{\alpha}{2} \sin \frac{\beta}{2} \cos \frac{\gamma}{2}$.

49) $\cos \alpha + \cos \beta + \cos \gamma = 1 + 4 \sin \frac{\alpha}{2} \sin \frac{\beta}{2} \sin \frac{\gamma}{2}$ (Summe der *cos* der drei Winkel eines ebenen Dreiecks also jedenfalls > 1).

50) $\cos \alpha + \cos \beta - \cos \gamma = 4 \cos \frac{\alpha}{2} \cos \frac{\beta}{2} \sin \frac{\gamma}{2} - 1$.

51) $\sin 2\alpha + \sin 2\beta + \sin 2\gamma = 4 \sin \alpha \sin \beta \sin \gamma$.

52) $\sin 2\alpha + \sin 2\beta - \sin 2\gamma = 4 \cos \alpha \cos \beta \sin \gamma$.

53) $\cos 2\alpha + \cos 2\beta + \cos 2\gamma = -4 \cos \alpha \cos \beta \cos \gamma - 1$.

54) $\cos 2\alpha + \cos 2\beta - \cos 2\gamma = 1 - 4 \sin \alpha \sin \beta \cos \gamma$.

55) $\dfrac{\sin \alpha + \sin \beta - \sin \gamma}{\sin \alpha + \sin \beta + \sin \gamma} = tg \frac{\alpha}{2}\, tg \frac{\beta}{2}$.

56) $\dfrac{\sin 2\alpha + \sin 2\beta - \sin 2\gamma}{\sin 2\alpha + \sin 2\beta + \sin 2\gamma} = ctg\, \alpha\, ctg\, \beta$.

57) $tg\, \alpha + tg\, \beta + tg\, \gamma = tg\, \alpha\, tg\, \beta\, tg\, \gamma$.

58) $tg\, 2\alpha + tg\, 2\beta + tg\, 2\gamma = tg\, 2\alpha\, tg\, 2\beta\, tg\, 2\gamma$.

59) $ctg \frac{\alpha}{2} + ctg \frac{\beta}{2} + ctg \frac{\gamma}{2} = ctg \frac{\alpha}{2}\, ctg \frac{\beta}{2}\, ctg \frac{\gamma}{2}$.

60) $tg \frac{\beta}{2}\, tg \frac{\gamma}{2} + tg \frac{\gamma}{2}\, tg \frac{\alpha}{2} + tg \frac{\alpha}{2}\, tg \frac{\beta}{2} = 1$.

61) $ctg\, \beta\, ctg\, \gamma + ctg\, \gamma\, ctg\, \alpha + ctg\, \alpha\, ctg\, \beta = 1$.

62) $\sin^2 \alpha + \sin^2 \beta + \sin^2 \gamma = 2 (1 + \cos \alpha \cos \beta \cos \gamma)$.

63) $\sin^2 \alpha + \sin^2 \beta - \sin^2 \gamma = 2 \sin \alpha \sin \beta \cos \gamma$.

64) $\cos^2 \alpha + \cos^2 \beta + \cos^2 \gamma = 1 - 2 \cos \alpha \cos \beta \cos \gamma$.

65) $\cos^2 \alpha + \cos^2 \beta - \cos^2 \gamma = 1 - 2 \sin \alpha \sin \beta \cos \gamma$.

66) $\sin^2 \alpha + \cos^2 \beta + \cos^2 \gamma = 2 (1 - \cos \alpha \sin \beta \sin \gamma)$.

67) $1 - (\cos^2 \alpha + \cos^2 \beta + \cos^2 \gamma) = 2 \cos \alpha \cos \beta \cos \gamma$.

68) $(\sin \alpha + \sin \beta + \sin \gamma)\, (\sin \alpha + \sin \beta - \sin \gamma)\, (\sin \alpha - \sin \beta + \sin \gamma)$
$(-\sin \alpha + \sin \beta + \sin \gamma) = 4 \sin^2 \alpha \sin^2 \beta \sin^2 \gamma$.

69) $$\cos n\alpha + \cos n\beta + \cos n\gamma = 1 \pm 4 \sin \frac{n\alpha}{2} \sin \frac{n\beta}{2} \sin \frac{n\gamma}{2}$$
$$= -1 \pm 4 \cos \frac{n\alpha}{2} \cos \frac{n\beta}{2} \cos \frac{n\gamma}{2};$$

wann ist das $\left\{ \begin{array}{l} \text{obere} \\ \text{untere} \end{array} \right\}$ Zeichen zu nehmen?

5) Goniometrische Formeln für drei Winkel, von denen der eine gleich der Summe der beiden andern ist: $\gamma = \alpha + \beta$.

70) $ctg\,\alpha + ctg\,\beta + tg\,\gamma = ctg\,\alpha\, ctg\,\beta\, tg\,\gamma.$

71) $sin^2\alpha + sin^2\beta + sin^2\gamma = 2\,(1 - cos\,\alpha\, cos\,\beta\, cos\,\gamma).$

72) $cos^2\alpha + cos^2\beta + cos^2\gamma = 1 + 2\,cos\,\alpha\, cos\,\beta\, cos\,\gamma.$

73) $sin^2\alpha + sin^2\beta + cos^2\gamma = 1 - 2\,sin\,\alpha\, sin\,\beta\, cos\,\gamma.$

74) $cos^2\alpha + cos^2\beta + sin^2\gamma = 2\,(1 + sin\,\alpha\, sin\,\beta\, cos\,\gamma).$

6) Goniometrische Formeln für vier Winkel $\alpha, \beta, \gamma, \delta$, die zusammen 360^0 geben (Winkel eines ebenen Vierecks).

75) $sin\,\alpha + sin\,\beta + sin\,\gamma + sin\,\delta = 4\,sin\,\frac{\alpha+\delta}{2}\,sin\,\frac{\beta+\delta}{2}\,sin\,\frac{\gamma+\delta}{2}.$

76) $sin\,\alpha + sin\,\beta - sin\,\gamma - sin\,\delta = 4\,cos\,\frac{\alpha+\delta}{2}\,cos\,\frac{\beta+\delta}{2}\,sin\,\frac{\gamma+\delta}{2}.$

77) $sin\,\frac{\alpha}{2} + sin\,\frac{\beta}{2} + sin\,\frac{\gamma}{2} - sin\,\frac{\delta}{2} = 4\,cos\,\frac{\alpha+\delta}{4}\,cos\,\frac{\beta+\delta}{4}\,cos\,\frac{\gamma+\delta}{4}.$

78) $cos\,\alpha + cos\,\beta + cos\,\gamma + cos\,\delta = -4\,cos\,\frac{\alpha+\delta}{2}\,cos\,\frac{\beta+\delta}{2}\,cos\,\frac{\gamma+\delta}{2}.$

79) $cos\,\alpha + cos\,\beta - cos\,\gamma - cos\,\delta = -4\,sin\,\frac{\alpha+\delta}{2}\,sin\,\frac{\beta+\delta}{2}\,cos\,\frac{\gamma+\delta}{2}.$

80) $cos\,\frac{\alpha}{2} + cos\,\frac{\beta}{2} + cos\,\frac{\gamma}{2} - cos\,\frac{\delta}{2} = 4\,sin\,\frac{\alpha+\delta}{4}\,sin\,\frac{\beta+\delta}{4}\,sin\,\frac{\gamma+\delta}{4}.$

81) $tg\,\alpha + tg\,\beta + tg\,\gamma + tg\,\delta = \frac{sin\,(\alpha+\delta)\,sin\,(\beta+\delta)\,sin\,(\gamma+\delta)}{cos\,\alpha\, cos\,\beta\, cos\,\gamma\, cos\,\delta}.$

82) $tg\,\frac{\alpha}{2} + tg\,\frac{\beta}{2} + tg\,\frac{\gamma}{2} + tg\,\frac{\delta}{2} = \frac{sin\,\frac{1}{2}(\alpha+\delta)\,sin\,\frac{1}{2}(\beta+\delta)\,sin\,\frac{1}{2}(\gamma+\delta)}{cos\,\alpha\, cos\,\beta\, cos\,\gamma\, cos\,\delta}.$

83) $ctg\,\alpha + ctg\,\beta + ctg\,\gamma + ctg\,\delta = \frac{sin\,(\alpha+\delta)\,sin\,(\beta+\delta)\,sin\,(\gamma+\delta)}{sin\,\alpha\, sin\,\beta\, sin\,\gamma\, sin\,\delta}.$

84) $ctg\,\frac{\alpha}{2} + ctg\,\frac{\beta}{2} + ctg\,\frac{\gamma}{2} + ctg\,\frac{\delta}{2} = \frac{sin\,\frac{1}{2}(\alpha+\delta)\,sin\,\frac{1}{2}(\beta+\delta)\,sin\,\frac{1}{2}(\gamma+\delta)}{sin\,\alpha\, sin\,\beta\, sin\,\gamma\, sin\,\delta}.$

85) $sin^2\alpha + sin^2\beta + sin^2\gamma + sin^2\delta = 2[1 + sin\alpha sin\beta sin\gamma sin\delta - cos\,\alpha\, cos\beta\, cos\,\gamma\, cos\,\delta].$

86) $cos^2\alpha + cos^2\beta + cos^2\gamma + cos^2\delta = 2[1 - sin\alpha sin\beta sin\gamma sin\delta + cos\alpha\, cos\,\beta\, cos\,\gamma\, cos\,\delta].$

87) $sin\,\delta = sin\,\alpha\, sin\,\beta\, sin\,\gamma - sin\,\alpha\, cos\,\beta\, cos\,\gamma - sin\,\beta\, cos\,\gamma\, cos\,\alpha - sin\,\gamma\, cos\,\alpha\, cos\,\beta.$

88) $cos\,\delta = cos\,\alpha\, cos\,\beta\, cos\,\gamma - cos\,\alpha\, sin\,\beta\, sin\,\gamma - cos\,\beta\, sin\,\gamma\, sin\,\alpha - cos\,\gamma\, sin\,\alpha\, sin\,\beta.$

ABSCHNITT II.

Trigonometrie und Polygonometrie der Ebene.

Kapitel 1.

Trigonometrie des ebenen Dreiecks.

Im ersten Abschnitt, Goniometrie (nebst Teilen der ebenen Trigonometrie) sind bereits die trigonometrischen Aufgaben über das rechtwinklige ebene Dreieck (§ 8), über gleichschenklige Dreiecke und reguläre Polygone (§ 9), endlich über Figuren am Kreis (§ 10) vollständig behandelt. Am Schluss von § 9 (vgl. daselbst **4**) sind auch schon trigonometrische Aufgaben über das schiefwinklige ebene Dreieck aufgelöst, soweit dazu die Zerlegung des beliebigen Dreiecks durch eine Höhe in zwei rechtwinklige Dreiecke ausreicht. Es sind dort aber auch schon die Gründe für die Notwendigkeit einer selbständigen Trigonometrie des beliebigen ebenen Dreiecks aufgezählt: für manche Aufgaben genügt die Anwendung der für das rechtwinklige Dreieck aufgestellten Formeln an sich zunächst nicht, z. B. bei der Aufgabe, aus den gegebenen Seiten eines Dreiecks seine Winkel zu berechnen; ein Winkel des schiefwinkligen Dreiecks kann stumpf sein, so dass man bei Zurückführung der Aufgaben auf das rechtwinklige Dreieck stets zwei Fälle auseinanderhalten müsste, was sich im Folgenden als unnötig zeigen wird; u. s. f. Wir können aber jetzt selbstverständlich bei der Ableitung aller der neuen Formeln Gebrauch machen von den für beliebige Winkel giltigen Bezeichnungen, die im Abschnitt I, Goniometrie, aufgestellt worden sind.

§ 23. Trigonometrische Formeln für das ebene schiefwinklige Dreieck.

Die Seiten des Dreiecks werden mit a, b, c, die gegenüberliegenden Winkel (in derselben Reihenfolge) mit α, β, γ bezeichnet.[34])

1) Winkelbeziehungen. Zwischen den Winkeln des Dreiecks besteht die Gleichung

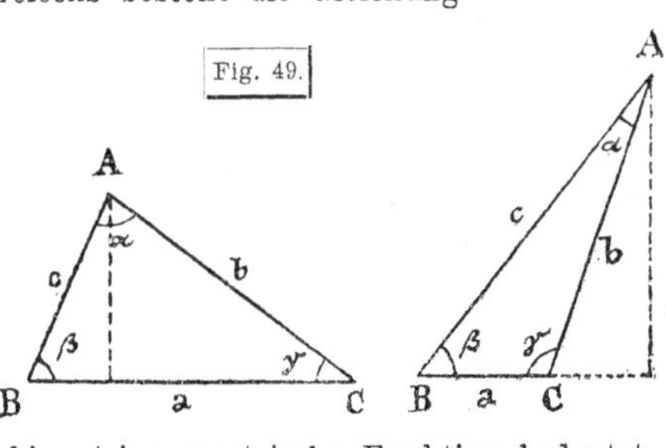

(1) $\alpha + \beta + \gamma = 180^0$.

Wenn zwei Winkel bekannt sind, so ist damit auch der dritte gegeben, z. B.

$$(1') \quad \begin{cases} \alpha = 180^0 - (\beta + \gamma) \\ \dfrac{\alpha}{2} = 90^0 - \dfrac{\beta + \alpha}{2}, \end{cases}$$

woraus, wenn F eine beliebige trigonometrische Funktion bedeutet, folgt:

$$F\left(\frac{\alpha}{2}\right) = Co\text{-}F\left(\frac{\beta + \gamma}{2}\right) \quad \text{u. s. f.}$$

Einige weitere, aus den Gleichungen (1) und (1′) hervorgehende goniometrische Beziehungen zwischen den drei Winkeln eines Dreiecks sind im Anhang zu Abschnitt I. mitgeteilt (bei **4**, Goniometrische Formeln für drei Winkel α, β, γ, die zusammen 180^0 geben).

Zunächst genügt es, hier noch an Folgendes zu erinnern: Von den drei Winkeln des Dreiecks kann Einer stumpf sein; man hat also entweder drei spitze oder einen stumpfen und zwei spitze Winkel im Dreieck. Die *sin* aller Dreieckswinkel sind in jedem dieser beiden Fälle, d. h. sowohl im „spitzwinkligen" als im „stumpfwinkligen" ebenen Dreieck stets > 0; *cos*, *tg* und *ctg* Eines der drei Winkel kann < 0 sein.

Die Summe zweier Winkel kann (auch im spitzwinkligen Dreieck, im stumpfwinkligen ohnehin) $> 90^0$ sein (ist aber selbstverständlich, gemäss (1), $< 180^0$); während also auch $sin\,(\alpha + \beta)$, $sin\,(\alpha + \gamma)$, $sin\,(\beta + \gamma)$ in jedem Dreieck > 0 sind, kann *cos*, *tg*, *ctg* der Summe zweier Dreieckswinkel < 0 sein.

Die halbe Summe zweier Winkel ist stets spitz; die Werte von $sin\,\frac{\beta + \gamma}{2}$, $cos\,\frac{\beta + \gamma}{2}$, $tg\,\frac{\beta + \gamma}{2}$, $ctg\,\frac{\beta + \gamma}{2}$ u. s. f. haben in jedem Dreieck das Vorzeichen $+$.

Die halbe Differenz zweier Winkel, z. B. $\frac{\beta-\gamma}{2}$, ist ein positiver oder negativer (je nachdem $\beta > \gamma$ oder $\beta < \gamma$ ist), aber jedenfalls spitzer Winkel; es ist also z. B. $\cos\frac{\beta-\gamma}{2}$ stets > 0, während die Werte von $\sin\frac{\beta-\gamma}{2}$, $tg\frac{\beta-\gamma}{2}$, $ctg\frac{\beta-\gamma}{2} < 0$ sind, wenn $\beta < \gamma$ ist.

2) *Sinus*-Satz. Fällt man die Höhe h' von A auf die Gegenseite $BC (= a)$, so lässt sich h' doppelt ausdrücken, nämlich $h' = b \sin\gamma$ und $= c \sin\beta$.

Mit Benützung der drei Höhen findet man also folgende **drei** Gleichungen, deren **allgemeine Giltigkeit** (für spitze und stumpfwinklige Dreiecke) aus $\sin(180^0 - \varphi) = \sin\varphi$ hervorgeht:

$$(2)\quad \left\{\begin{array}{ll} \boldsymbol{b \sin\gamma = c \sin\beta} & (= h') \\ \boldsymbol{c \sin\alpha = a \sin\gamma} & (= h'') \\ \boldsymbol{a \sin\beta = b \sin\alpha} & (= h''') \end{array}\right. \quad \textit{Sinus}\text{-Satz;}$$

man kann den *Sinus*-Satz auch als Proportion in folgenden Formen schreiben:

$$(2')\quad \left\{\begin{array}{l} \boldsymbol{\frac{a}{\sin\alpha} = \frac{b}{\sin\beta} = \frac{c}{\sin\gamma}} \quad \text{oder} \\ \boldsymbol{a : b : c = \sin\alpha : \sin\beta : \sin\gamma}. \end{array}\right.$$

Man hat damit folgende Form für den *Sinus*-Satz: **In jedem Dreieck verhalten sich die Seiten zu einander wie die *sin* der gegenüberliegenden Winkel.**

Die Gleichungen (1) und (2) sind die für jedes beliebige Dreieck, ob spitz- oder stumpfwinklig, giltigen Fundamentalformeln; aus ihnen lassen sich alle übrigen herleiten und man erhält dabei ebenfalls lauter allgemein giltige Formeln, wenn nur Umformungen vorgenommen werden, deren Allgemeingiltigkeit bereits im ersten Abschnitt, Goniometrie, bewiesen worden ist. Dieser Weg wird hier eingeschlagen; es werden keine weitern Formeln mehr direkt der Figur entnommen, da man dann immer erst prüfen muss, ob sie in jedem Fall giltig bleiben. Trotzdem ist die Figur, auch wenn die fett gedruckten Formeln unbedingt auswendig gemerkt werden müssen, keineswegs entbehrlich; sie ist das bequemste Mittel, die Formeln sich recht einzuprägen oder eine nicht mehr im Gedächtnis vorrätige Formel rasch abzulesen, wobei dann die Erinnerung an die hier eingehaltene Entwicklung des besondern Nachweises der Allgemeingiltigkeit überhebt.

Die Gleichungen (2) sind so angeschrieben, wie man sie aus der ersten, direkt aus der Figur abgelesenen sofort durch „cyklische Vertauschung" erhält. Wenn man für irgend welche Stücke des Dreiecks, z. B. die Seiten b, c und die Winkel β, γ eine für sie giltige Gleichung aufgefunden hat, so gilt diese Beziehung, da ja b vor a oder vor c, β vor α oder vor γ keinerlei Vorzug hat, genau ebenso für *alle andern Stücke* des Dreiecks, die *dieselbe Lage* zu einander haben, wie die Stücke in der zuerst aufgefundenen Formel. Einfach und symmetrisch kann man ohne Figur aus der ersten Gleichung die übrigen ableiten durch „cyklische Vertauschung", wobei man sich des nebenstehenden Cyklus der die Seiten und die Winkel bezeichnenden Buchstaben zu erinnern hat: auf a folgt b, auf b sodann c, auf c endlich wieder a; ebenso bei den Winkeln. Aus der der Figur entnommenen Gleichung $b \sin\gamma = c \sin\beta$ erhält man so zunächst weiter c (nach b) mal $\sin\alpha$ (nach γ) $= a$ (nach c) mal $\sin\gamma$ (nach β) u. s. f. Durch Fortsetzung des Verfahrens von der *letzten* Gleichung (2) aus erhält man wieder die erste, womit sich zeigt, dass die drei angeschriebenen Gleichungen *alle* vorhandenen umfassen, wie auch unmittelbar klar ist.

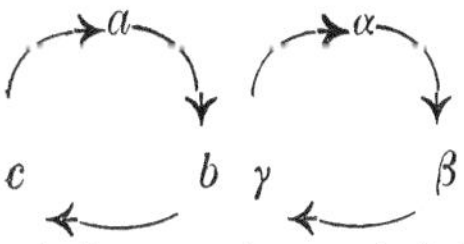

Zusätze zum *Sinus*-Satz.

1) *Rechtwinkliges Dreieck.* Ist $\alpha = 90^0$, also $\sin\alpha = 1$, so ist $\frac{a}{\sin\alpha = 1} = \frac{b}{\sin\beta} = \frac{c}{\sin\gamma}$, übereinstimmend mit der allgemeinen Form (2').

2) $b = c$ ist nach Gleichung (2), 1, oder (2') nur möglich, wenn zugleich $\beta = \gamma$ ist und umgekehrt; wie bekannt: gleichschenkliges Dreieck mit $b = c$ als Schenkeln (vgl. § 9, 2). [Die Gleichung $\sin\beta = \sin\gamma$ giebt goniometrisch eigentlich zunächst die *zwei* Auflösungen: $\beta = \gamma$ oder $\beta = 180^0 - \gamma$; was ist über die zweite zu sagen?].

3) $b > c$ bedingt $\beta > \gamma$ und umgekehrt, $b < c$ bedingt $\beta < \gamma$ und umgekehrt: der grössern Seite liegt der grössere Winkel gegenüber und umgekehrt.

4) Denkt man sich einen Winkel, z. B. β *veränderlich*, γ *konstant*, (also auch die Veränderung an α je gleich der negativ genommenen Veränderung an β, da stets $\alpha + \beta + \gamma = 180^0$ sein muss), ferner die Seite a konstant, so sind also, da stets $c \sin\beta = b \sin\gamma$ bleiben muss, b und c mit β veränderlich. Denkt man sich β zunächst als spitzen Winkel, und nun wachsend, so verändert sich, wenn α nahezu ein rechter Winkel geworden ist $\frac{a}{\sin\alpha}$ nur sehr langsam, da sich $\sin\alpha$ dann nur sehr langsam verändert; was ist also, da $\sin\gamma$ konstant ist der Annahme nach, über die Veränderungen von b und c für diesen Fall (α in der Nähe von 90^0) zu sagen? (c verändert sich kaum, b rasch. Geometrische Deutung an der Hand der Figur, Fortsetzung des Wachstums von β bis zum stumpfen Winkel; zu beachten, dass *sin* eines Winkels mit wachsendem Winkel zunimmt, so lange der Winkel zwischen 0^0 und 90^0 ist, bei 90^0 wie schon angedeutet, nur noch sehr langsam; wird der Winkel $> 90^0$, stumpf, so nimmt *sin* wieder ab,

von 90° aus sehr langsam, bis für den Grenzfall 180° der *sin* wieder = 0 geworden ist, wie es für den Winkel 0° war.

3) Projektions-Satz. Die letzte der Gleichungen (2) giebt:

$$a \sin\beta = b \,.\, \sin[180^0 - (\beta + \gamma)] = b \sin(\beta + \gamma)$$
$$= b \sin\beta \cos\gamma + b \cos\beta \sin\gamma,$$

oder, wenn mit $\sin\beta$ durchdividiert wird:

$$a = b \cos\gamma + \frac{b}{\sin\beta} \cos\beta \sin\gamma = b \cos\gamma + \frac{c}{\sin\gamma} \sin\gamma \cos\beta$$
$$= b \,.\, \cos\gamma + c \,.\, \cos\beta.$$

Es ist also weiter (durch cyklische Vertauschung)

$$(3) \qquad \left\{ \begin{aligned} a &= b \cos\gamma + c \cos\beta, \\ b &= c \cos\alpha + a \cos\gamma \\ c &= a \cos\beta + b \cos\alpha, \end{aligned} \right.$$

in Worten:

Projektions-Satz.[35]) **Eine Seite des Dreiecks ist gleich der Summe der Produkte aus je einer der andern Seiten und dem *cos* des Winkels, den diese Seite mit der ersten bildet;** einfacher und unmittelbar klar: Jede Dreiecksseite ist gleich der Summe der Projektionen der beiden andern Seiten auf sie. Dabei ist jedoch für den Fall, dass der eine von den zwei Winkeln an der betrachteten Seite stumpf ist, die Projektion seiner zweiten Schenkelstrecke (Seite) negativ zu nehmen.

Man lese diesen Satz auch unmittelbar aus der Figur für die zwei verschiedenen Fälle des spitz- und stumpfwinkligen Dreiecks ab.

Zusätze zum Projektionssatz. 1) Rechtwinkliges Dreieck. Ist $\alpha = 90^0$, so ist $\cos\alpha = 0$, also $b = a \cos\gamma$, $c = a \cos\beta$.

2) $b = c$, oder $\beta = \gamma$, gleichschenkliges Dreieck, giebt $a = 2\, b \cos\beta$ wie bekannt (§ 9, 2).

3) Ist $\beta > \gamma$ und sind beide spitz, also $\cos\beta < \cos\gamma$, so ist, da auch $b > c$ ist, um so mehr $b \cos\gamma > c \cos\beta$; in Worten?

Mit den vorstehenden Gleichungen (1) bis (3) könnten alle Dreiecksaufgaben gelöst werden. Man stellt aber behufs bequemerer Rechnung noch weitere Formeln auf, die sich sämtlich aus ihnen ableiten lassen.

4) Pythagoräischer Satz im beliebigen ebenen Dreieck. Eliminiert man aus je einer *Sinus*- und *Cosinus*-Formel (2) und (3) einen **Winkel,** so erhält man z. B. aus

$$a \sin\gamma = c \sin\alpha$$
$$a \cos\gamma = b - c \cos\alpha$$

durch Quadrierung und Addition:

$$a^2 (\sin^2\gamma + \cos^2\gamma) = b^2 - 2\, b\, c \,.\, \cos\alpha + c^2 (\sin^2\alpha + \cos^2\alpha) \quad \text{oder}$$

$$(4)\quad \begin{cases} a^2 = b^2 + c^2 - 2\,b\,c\,.\,\cos\alpha & \text{und durch cykl. Vertauschung} \\ b^2 = c^2 + a^2 - 2\,c\,a\,.\,\cos\beta & \\ c^2 = a^2 + b^2 - 2\,a\,b\,.\,\cos\gamma; & \text{in Worten:} \end{cases}$$

Pythagoräischer Lehrsatz im schiefwinkligen Dreieck oder *Cosinus*-**Satz** (weil er den *cos* jedes der drei Winkel in den Seiten ausdrückt) [36]: **Das Quadrat einer Dreiecksseite ist gleich der Summe der Quadrate der beiden andern Seiten vermindert um das doppelte Produkt aus der einen von ihnen und der Projektion der andern auf sie.** Das von der Quadratsumme abzuziehende doppelte Produkt wird an sich negativ, ist also dann zu addieren, wenn der in der Formel vorkommende Dreieckswinkel stumpf ist.

Auch diesen Satz leite man aus der Figur ab.

Zusätze zum *Cos*-Satz: 1) Ist $\alpha = 90^0$, $\cos\alpha = 0$, so ist $a^2 = b^2 + c^2$, Pythagoräischer Lehrsatz im rechtwinkligen Dreieck.

2) Ist $b = c$, $\beta = \gamma$ (gleichschenkliges Dreieck), so ist $a^2 = 2\,b^2 - 2\,b^2 \cos\alpha$; oder $a^2 = 2\,b^2\,(1 - \cos\alpha) = 4\,b^2 \sin^2\frac{\alpha}{2}$, $a = 2\,b \sin\frac{\alpha}{2}$ wie bekannt (§ 9, 2, Seite 72).

5) Tangentenformel in Seiten und Winkeln. *Mollweide*sche und *Neper*sche Gleichungen. Eliminiert man anderseits aus je zwei sich entsprechenden Formeln (2) und (3), z. B. aus

$$b \sin\alpha = a \sin\beta \qquad\qquad c \sin\alpha = a \sin\gamma$$
$$\text{und}$$
$$b \cos\alpha = c - a\cos\beta \qquad\qquad c\cos\alpha = b - a\cos\gamma$$

eine **Seite**, so erhält man:

$$(5)\quad \begin{cases} tg\,\alpha = \dfrac{a \sin\beta}{c - a\cos\beta} \overset{\text{und}}{=} \dfrac{a\sin\gamma}{b - a\cos\gamma}; \text{ durch cykl. Vert.} \\ tg\,\beta = \dfrac{b\sin\gamma}{a - b\cos\gamma} \overset{\text{und}}{=} \dfrac{b\sin\alpha}{c - b\cos\alpha} \\ tg\,\gamma = \dfrac{c\sin\alpha}{b - c\cos\alpha} \overset{\text{und}}{=} \dfrac{c\sin\beta}{a - c\cos\beta}. \end{cases}$$

Diese „*Tangenten*-Formeln" in Seiten und Winkeln sind ebenfalls unmittelbar aus der Figur abzulesen.

Durch Addition und Subtraktion je zweier Gleichungen (2), z. B. der zweiten und dritten, nämlich $c\sin\alpha = a\sin\gamma$
$b \sin\alpha = a\sin\beta$, erhält man:

$$(b + c)\sin\alpha = a\,(\sin\beta + \sin\gamma) \text{ oder} \qquad (b - c)\sin\alpha = a\,(\sin\beta - \sin\gamma)$$

$$2\,(b+c)\sin\frac{\alpha}{2}\cos\frac{\alpha}{2} = 2\,a\sin\frac{\beta+\gamma}{2}\cos\frac{\beta-\gamma}{2} \qquad 2\,(b-c)\sin\frac{\alpha}{2}\cos\frac{\alpha}{2} = 2\,a\sin\frac{\beta-\gamma}{2}\cos\frac{\beta+\gamma}{2}$$

oder vermöge (1′) — oder vermöge (1′)

$$(b + c)\sin\frac{\alpha}{2} = a\cos\frac{\beta-\gamma}{2}. \qquad (b - c)\cos\frac{\alpha}{2} = a\sin\frac{\beta-\gamma}{2}.$$

Man erhält damit und weiter durch cyklische Vertauschung die wichtigen Gleichungen:

$$(6)\quad \left\{\begin{array}{ll} (b+c)\sin\frac{\alpha}{2} = a\cos\frac{\beta-\gamma}{2} \\ (b-c)\cos\frac{\alpha}{2} = a\sin\frac{\beta-\gamma}{2} \\ (c+a)\sin\frac{\beta}{2} = b\cos\frac{\gamma-\alpha}{2} \\ (c-a)\cos\frac{\beta}{2} = b\sin\frac{\gamma-\alpha}{2} \\ (a+b)\sin\frac{\gamma}{2} = c\cos\frac{\alpha-\beta}{2} \\ (a-b)\cos\frac{\gamma}{2} = c\sin\frac{\alpha-\beta}{2} \end{array}\right.$$

***Mollweide*sche Gleichungen.**[37])

Die Gleichungen (6) heissen nach ihrem Entdecker die ***Mollweide*schen Gleichungen.** Sie sind sehr leicht zu merken, wenn man beachtet, dass selbstverständlich rechts lauter halbe Winkeldifferenzen stehen, und dass, wo links die Summe zweier Seiten steht, rechts eine Winkelfunktion stehen muss, die nicht negativ werden kann; dies ist der *cos* der halben Winkeldifferenz. Also: links Differenz der Seiten, dann rechts *Sinus* (links Minus, rechts *Sinus*); links Summe, rechts *Cosinus* der halben Winkeldifferenz.

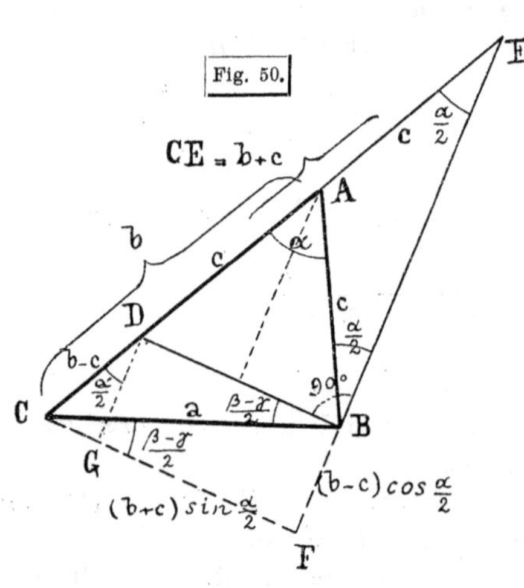

Um Gl. (6) aus der Figur abzulesen, sei (Fig. 50) $AD = AE = c$ gemacht worden, so dass $CE = (b+c)$, $CD = (b-c)$ ist. Damit wird: $BE \perp BD$, der Winkel $CEB = \frac{\alpha}{2}$,

und $\sphericalangle ABD = 90^0 - \frac{\alpha}{2} = \frac{\beta+\gamma}{2}$; ferner

$$\sphericalangle CBD = \sphericalangle BCF = \beta - \frac{\beta+\gamma}{2} = \frac{\beta-\gamma}{2} \quad \text{und somit}$$

$$CF = CE.\sin\frac{\alpha}{2} = BC.\cos\frac{\beta-\gamma}{2} \;\Big\|\; DG = BF = CD.\cos\frac{\alpha}{2} = BC.\sin\frac{\beta-\gamma}{2},$$

d. h. $\left\{\begin{array}{l}(b+c)\sin\frac{\alpha}{2}=a\cos\frac{\beta-\gamma}{2}\\ (b-c)\cos\frac{\alpha}{2}=a\sin\frac{\beta-\gamma}{2}\end{array}\right\}$ Erste zwei Gleichungen (6).

Man kann sich die *Mollweide*schen Gleichungen auch so merken: Sie sind nichts andres als der *Sinus*-Satz, angewandt auf die Dreiecke CBE und CBD. Konstruiert man ein Dreieck, in dem zwei Seiten gleich einer Seite des ursprünglichen und gleich der Summe der beiden andern Seiten des ursprünglichen sind, während der Gegenwinkel jener ersten Seite die Hälfte ihres Gegenwinkels im ursprünglichen Dreieck ist, so ist auch der Gegenwinkel der zweiten Seite in dem neuen Dreieck aus den Winkeln des ursprünglichen bekannt: er ist gleich $90^0 +$ der halben Differenz der zwei andern Winkel im ursprünglichen Dreieck. (Sind oben im Dreieck CBE die Seiten $CB=a$, $CE=b+c$, der Winkel in E gleich $\frac{\alpha}{2}$, so ist der Winkel in B gleich $90^0+\frac{\beta-\gamma}{2}$). Ebenso für Dreieck CBD; ist $BC=a$, $CD=b-c$ und Winkel in D gleich $90^0+\frac{\alpha}{2}$, so ist der Winkel in B gleich $\frac{\beta-\gamma}{2}$. Anwendung des *Sinus*-Satzes auf beide Dreiecke giebt die zwei ersten Gleichungen (6).

Das Dreieck CBF zeigt noch, **dass a die Hypotenuse eines rechtwinkligen Dreiecks ist, dessen Katheten $(b+c)\sin\frac{\alpha}{2}$ und $(b-c)\cos\frac{\alpha}{2}$ sind**, d. h. dass $a^2=(b+c)^2\sin^2\frac{\alpha}{2}+(b-c)^2\cos^2\frac{\alpha}{2}$ ist; der der Kathete $(b-c)\cos\frac{\alpha}{2}$ in diesem wichtigen rechtwinkligen Dreieck CBF gegenüberliegende Winkel ist $\frac{\beta-\gamma}{2}$. Die zuletzt angeschriebene Gleichung geht auch unmittelbar aus Quadrierung und Addition der zwei ersten Gleichungen (6) hervor:

$a^2\cos^2\frac{\beta-\gamma}{2}+a^2\sin^2\frac{\beta-\gamma}{2}=a^2=\ldots\ldots$ wie soeben angeschrieben.

Vgl. auch unten Gleichung (8).

Zusätze zu den *Mollweide*schen Gleichungen: Sie liefern weder für das rechtwinklige noch für das gleichschenklige Dreieck Neues oder Bemerkenswertes: ist $\alpha=90^0$, also $\sin\frac{\alpha}{2}=\cos\frac{\alpha}{2}=\frac{1}{2}\sqrt{2}$, so wird $(b+c)=a\sqrt{2}\cos\frac{\beta-\gamma}{2}$, $(b-c)=a\sqrt{2}\sin\frac{\beta-\gamma}{2}$, wie auch aus der Figur abzulesen ist; im gleichschenkligen Dreieck mit $b=c$, $\beta-\gamma=0$, $\cos\frac{\beta-\gamma}{2}=1$, giebt die erste $2\,b\sin\frac{\alpha}{2}=a$ wie bekannt.

Aus den Formeln (6) erhält man durch Division je zweier zusammengehöriger:

$$\frac{(b+c)\sin\frac{\alpha}{2}}{(b-c)\cos\frac{\alpha}{2}} = ctg\frac{\beta-\gamma}{2} \quad \text{oder} \quad \frac{b+c}{b-c} = ctg\frac{\alpha}{2}\, ctg\frac{\beta-\gamma}{2}, \text{ also}$$

$$(7) \quad \left\{ \begin{aligned} \frac{b+c}{b-c} &= \frac{tg\frac{\beta+\gamma}{2}}{tg\frac{\beta-\gamma}{2}} \quad \text{und durch cykl. Vertausch.} \\ \frac{c+a}{c-a} &= \frac{tg\frac{\gamma+\alpha}{2}}{tg\frac{\gamma-\alpha}{2}} \quad \textbf{\textit{Neper}sche Gleichungen.} \\ \frac{a+b}{a-b} &= \frac{tg\frac{\alpha+\beta}{2}}{tg\frac{\alpha-\beta}{2}}. \end{aligned} \right.$$

[38])

Diese Gleichungen heissen ***Neper*sche Gleichungen** oder Analogien (d. h. Proportionen); in Worten lautet der Satz:

Die Summe zweier Dreiecksseiten verhält sich zu ihrer Differenz wie die *tg* der halben Summe der Gegenwinkel zur *tg* ihrer halben Differenz.

Man kann die *Neper*schen Gleichungen auch einfach direkt aus dem *Sinus*-Satz erhalten (wie sie denn älter als die *Mollweide*schen sind); es ist nämlich

$$\frac{b}{c} = \frac{\sin\beta}{\sin\gamma}, \qquad \text{somit auch}$$

$$\frac{b+c}{b-c} = \frac{\sin\beta+\sin\gamma}{\sin\beta-\sin\gamma} = \frac{2\sin\frac{\beta+\gamma}{2}\cos\frac{\beta-\gamma}{2}}{2\sin\frac{\beta-\gamma}{2}\cos\frac{\beta+\gamma}{2}} = \frac{tg\frac{\beta+\gamma}{2}}{tg\frac{\beta-\gamma}{2}}.$$

Endlich können auch diese Gleichungen, ähnlich wie die *Mollweide*schen, aus der Figur abgelesen werden. Es ist nämlich nach Fig. 50: $EC:DC = EF:DG$ oder $(b+c):(b-c) = EF:BF = CF\,.\,ctg\frac{\alpha}{2} : CF\,.\,tg\frac{\beta-\gamma}{2} = ctg\frac{\alpha}{2} : tg\frac{\beta-\gamma}{2}$ oder $(b+c):(b-c) = tg\frac{\beta+\gamma}{2} : tg\frac{\beta-\gamma}{2}$.

6) Goniometrische Funktionen der (halben) Winkel, in den Seiten ausgedrückt. Der bisherige Formelapparat liefert noch keine bequeme Auflösung des Dreiecks für den Fall, dass die drei Seiten gegeben sind. Diese erhält man auf folgendem Weg:

Führt man in die erste Gleichung (4) den halben Winkel durch

$$\cos\alpha = 2\cos^2\frac{\alpha}{2} - 1 \quad \text{und}$$

$$\cos\alpha = 1 - 2\sin^2\frac{\alpha}{2} \quad \text{ein, so wird}$$

$$(8) \quad \left|\begin{array}{l} a^2 = (b+c)^2 - 4bc\cos^2\frac{\alpha}{2} \\ a^2 = (b-c)^2 + 4bc\sin^2\frac{\alpha}{2}. \end{array}\right.$$

Diese Formeln sind zur logarithmischen Rechnung schon geeigneter als (4), weil ihre rechte Seite nur aus zwei Summanden besteht.

Aus (8) ergiebt sich leicht wieder der Satz in den Bemerkungen zu der geometrischen Herleitung der *Mollweide*schen Gleichungen, S. 227.

Die Gleichungen (8) kann man in folgender Form schreiben:

$$4bc\sin^2\frac{\alpha}{2} = a^2 - (b-c)^2 = (a+b-c)(a-b+c)$$

$$4bc\cos^2\frac{\alpha}{2} = (b+c)^2 - a^2 = (a+b+c)(-a+b+c).$$

Setzt man nun

$$a + b + c = 2s, \quad {}^{39)}$$

also s gleich dem halben Dreiecksumfang, so wird

$$(-a+b+c) = 2(s-a)$$

$$(a-b+c) = 2(s-b)$$

$$(a+b-c) = 2(s-c), \quad \text{also}$$

$$bc\,.\sin^2\frac{\alpha}{2} = (s-b)(s-c) \quad ; \quad bc\,.\cos^2\frac{\alpha}{2} = s(s-a) \quad \text{oder}$$

$$\sin\frac{\alpha}{2} = \sqrt{\frac{(s-b)(s-c)}{bc}} \quad ; \quad \cos\frac{\alpha}{2} = \sqrt{\frac{s(s-a)}{bc}} \quad \text{und}$$

$$2\sin\frac{\alpha}{2}\cos\frac{\alpha}{2} = \sin\alpha = \frac{2}{bc}\sqrt{s(s-a)(s-b)(s-c)}.$$

Man erhält damit die folgenden vier Formelgruppen (9) bis (13):

$$(9) \quad \left\{\begin{array}{ll} \sin\frac{\alpha}{2} = \sqrt{\frac{(s-b)(s-c)}{bc}}; & \cos\frac{\alpha}{2} = \sqrt{\frac{s(s-a)}{bc}} \\ \sin\frac{\beta}{2} = \sqrt{\frac{(s-c)(s-a)}{ca}}; & \cos\frac{\beta}{2} = \sqrt{\frac{s(s-b)}{ca}} \\ \sin\frac{\gamma}{2} = \sqrt{\frac{(s-a)(s-b)}{ab}}; & \cos\frac{\gamma}{2} = \sqrt{\frac{s(s-c)}{ab}} \end{array}\right\} \quad (10)$$

$$\left.\begin{aligned} \sin\alpha &= \frac{2}{bc}\sqrt{s(s-a)(s-b)(s-c)} \\ \sin\beta &= \frac{2}{ca}\sqrt{s(s-a)(s-b)(s-c)} \\ \sin\gamma &= \frac{2}{ab}\sqrt{s(s-a)(s-b)(s-c)} \end{aligned}\right\} \tag{11}$$

Die Gleichungen (11) kann man einfacher so schreiben:

Setzt man $F = \sqrt{s(s-a)(s-b)(s-c)}$; $m = \frac{2F}{abc}$ (11')

(so dass also F, wie aus der Planimetrie bekannt ist, den Flächeninhalt des Dreiecks vorstellt; was ist m? vgl. den übernächsten § 25), so wird:

$$\sin\alpha = m \,.\, a \;, \quad \sin\beta = m \,.\, b \;, \quad \sin\gamma = m \,.\, c \tag{11''}$$

Die wichtigsten Gleichungen dieser Gruppe ergeben sich aber durch Division zusammengehöriger (9) und (10), nämlich:

$$\left.\begin{aligned} tg\frac{\alpha}{2} &= \sqrt{\frac{(s-b)(s-c)}{s(s-a)}} \\ tg\frac{\beta}{2} &= \sqrt{\frac{(s-c)(s-a)}{s(s-b)}} \\ tg\frac{\gamma}{2} &= \sqrt{\frac{(s-a)(s-b)}{s(s-c)}} \end{aligned}\right\} \tag{12}$$

Multipliziert man in den Gleichungen (12) unter der Wurzel Zähler und Nenner bei der ersten mit $(s-a)$, bei der zweiten mit $(s-b)$, bei der letzten mit $(s-c)$, so erhält man, wenn

$$r = \sqrt{\frac{(s-a)(s-b)(s-c)}{s}} \tag{13'}$$

gesetzt wird, die bequeme Form:

$$\left.\begin{aligned} tg\frac{\alpha}{2} &= \frac{1}{s-a}\sqrt{\frac{(s-a)(s-b)(s-c)}{s}} = \frac{r}{s-a} \\ tg\frac{\beta}{2} &= \frac{1}{s-b}\sqrt{\frac{(s-a)(s-b)(s-c)}{s}} = \frac{r}{s-b} \\ tg\frac{\gamma}{2} &= \frac{1}{s-c}\sqrt{\frac{(s-a)(s-b)(s-c)}{s}} = \frac{r}{s-c} \end{aligned}\right\} \tag{13}$$

In den Formeln (9) bis (13) ist als Vorzeichen vor den Wurzeln stets + zu denken, weil ein Dreieckswinkel stets zwischen 0^0 und 180^0, der halbe also stets zwischen 0^0 und 90^0 liegt; es sind also *sin*, *cos*, *tg* jedes halben Dreieckswinkels (und ebenso *sin* eines ganzen Dreieckswinkels, Gleichungen (11), stets positiv.

Geometrische Herleitung der Gleichungen (13), Bedeutung von r. Bezeichnet man den Flächeninhalt des Dreiecks mit F

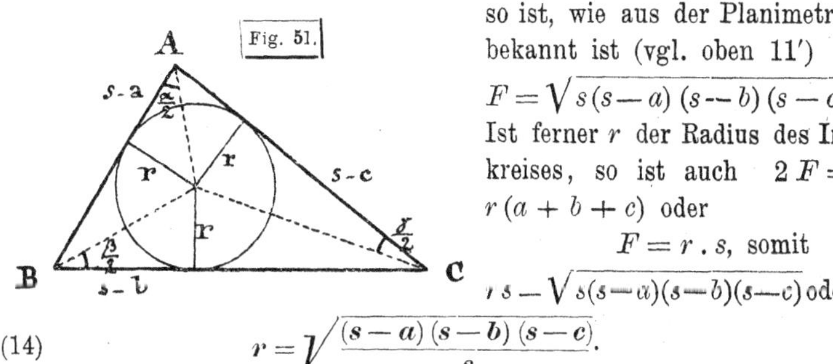

so ist, wie aus der Planimetrie bekannt ist (vgl. oben 11')

$$F = \sqrt{s(s-a)(s-b)(s-c)}.$$

Ist ferner r der Radius des Inkreises, so ist auch $2F = r(a+b+c)$ oder

$$F = r \cdot s, \text{ somit}$$

$r s = \sqrt{s(s-a)(s-b)(s-c)}$ oder

(14) $$r = \sqrt{\frac{(s-a)(s-b)(s-c)}{s}}.$$

Damit sind die Gleichungen (13) direkt der Fig. 51 zu entnehmen und es zeigt sich zugleich, dass die Strecke, die die in allen drei vorkommende Quadratwurzel liefert, nichts andres ist als der Radius des Inkreises.

§ 24. Berechnung des schiefwinkligen Dreiecks.

Unter den gegebenen oder gesuchten Stücken des Dreiecks seien wieder zunächst nur die Seiten a, b, c und Winkel α, β, γ des Dreiecks verstanden. Das Dreieck ist durch drei von einander unabhängige Stücke bestimmt; unter diesen muss demnach mindestens eine Seite sein, da mit zwei gegebenen Winkeln der dritte bekannt ist. Man hat also die folgenden **Hauptfälle**:

I. Gegeben sind eine Seite und zwei Winkel,
II. „ „ zwei Seiten und ein Winkel,
III. „ „ die drei Seiten. [40])

Der zweite Fall bietet zwei verschiedene Aufgaben dar, je nachdem nämlich der gegebene Winkel der von den beiden Seiten eingeschlossene ist oder der einen dieser Seiten gegenüberliegt. Man hat also vier **Fundamental-Dreiecksaufgaben**; für alle diese Aufgaben liefern die im vorigen § entwickelten Formeln unmittelbar die Auflösung.

I. Gegeben sind eine Seite und zwei Winkel, z. B. a, β, γ. Der dritte Winkel ist unmittelbar ebenfalls gegeben, deshalb ist es gleichgültig, ob beide gegebene Winkel oder nur einer von ihnen der gegebenen Seite anliegen.

Es ist $$\alpha = 180^0 - (\beta + \gamma) \text{ und}$$

$$\left\{\begin{aligned} b &= \frac{a \sin \beta}{\sin \alpha} \\ c &= \frac{a \sin \gamma}{\sin \alpha}. \end{aligned}\right.$$

Man gewöhne sich daran, die Proportion des *Sinus*-Satzes, sowie jede andere, als solche zu sprechen, während das aus ihr gesuchte Stück sogleich niedergeschrieben wird: man schreibe b gleich (sprich b zu) a, mal (sprich wie) $\sin\beta$ durch (sprich zu) $\sin\alpha$. [41])

Zur Berechnung ist zu bemerken, dass man, nachdem die Zahlen für die zwei gegebenen Winkel übereinandergesetzt sind, den dritten auf einmal abliest (ohne zuerst die Summe der beiden anzuschreiben). Ferner ist

$$\log b = (\log a + E \log \sin\alpha) + \log\sin\beta$$
$$\log c = (\log a + E \log \sin\alpha) + \log\sin\gamma;$$

die in der Klammer stehenden beiden Logarithmen sind also dem $\log b$ und $\log c$ gemeinschaftlich und folglich nur Einmal zu schreiben; dem Rechnungsschema:

$\log a = \ldots\ldots$	$\log a = \ldots\ldots$
$E \log \sin\alpha = \ldots\ldots$	$E \log \sin\alpha = \ldots\ldots$
$\log\sin\beta = \ldots\ldots$	$\log\sin\gamma = \ldots\ldots$
$\log b = \ldots\ldots$	$\log c = \ldots\ldots$
$b = \ldots\ldots$	$c = \ldots\ldots$

ist daher das unten angewendete wieder bei weitem vorzuziehen, weil es einfacher ist und durch weniger Schreibarbeit weniger Anlass zu Rechnungsfehlern bietet; vgl. die Rechnungen am rechtwinkligen Dreieck (§ 8) und am Kreis (§ 10).

Beispiel 1. Es sei gegeben $a = 3042{,}5$ m, $\beta = 48^0\,30'\,20''$, $\gamma = 45^0\,47'\,40''$; was sind (α), b und c? (5-stellig).

$a =$ **3042,5** m	$\sin\beta$	9.87 450	b
$\beta =$ **48⁰ 30′ 20″**	a	3.48 323	b, c
$\gamma =$ **45⁰ 47′ 40″**	$E \sin\alpha$	0.00 122	b, c
$\alpha = 85^0\,42'\,0''$	$\sin\gamma$	9.85 543	c
$b = 2285{,}3$ m	b	3.35 895	
$c = 2187{,}2$ m	c	3.33 988	

Beispiel 2. (Vierstellig).

$b =$ **42,97**	$\sin\alpha$	9.7081	a
$\alpha =$ **30⁰ 42′**	b	1.6332	a, c
$\beta =$ **112⁰ 18′**	$E \sin\beta$	0.0337	a, c
$\gamma = 37^0\,0'$	$\sin\gamma$	9.7795	c
$a = 23{,}72$	a	1.3750	
$c = 27{,}95$	c	1.4464	

Determination der Aufgabe: Irgend welche Bedingung für die

gegebenen Stücke ist nicht vorhanden, ausser der selbstverständlichen, dass die Summe der zwei gegebenen Winkel $< 180^0$ sein muss.

Man suche aber hier sogleich durch möglichst verschiedene Annahmen Rechenschaft zu erlangen über die Schärfe, mit der die andern Seiten zu finden sind; z. B. α klein (also $(\beta + \gamma)$ nahe bei 180^0), was ist über b und c zu sagen? (Trigonometrisch, dann geometrisch). Oder α nahe bei 180^0 (also $(\beta + \gamma)$ klein)? Oder α nahe bei 90^0 und β sehr klein. U. s. f.

II^a. Gegeben sind zwei Seiten und der eingeschlossene Winkel, z. B. b, c, α.[42])

1. Wenn die dritte Seite allein verlangt ist, so kann man die erste Formel (8) in § 23. zur logarithmischen Rechnung einrichten.

1) Es ist a Kathete in einem rechtwinkligen Dreieck mit der Hypotenuse $(b + c)$ und der zweiten Kathete $2\sqrt{bc}\cos\frac{\alpha}{2}$, nämlich:

$$a = \sqrt{(b + c)^2 - 4\, b\, c \cos^2 \frac{\alpha}{2}}.$$

Setzt man demnach $p = 2\sqrt{bc}\cos\frac{\alpha}{2}$, so wird

$$a = \sqrt{(b + c + p)\,(b + c - p)}.$$

Beispiel: In einem Dreieck sind zwei Seiten 375,440 und 278, 201 Meter, der von beiden eingeschlossene Winkel $= 61^0\,40'\,29'',8$; was ist die dritte Seite des Dreiecks? (Sechsstellig).

$\alpha = $ **61° 40′ 29″,8**	b	2.57 4541
$b = $ **375,440**	c	2.44 4359
$c = $ **278,201**	$b\,c$	5.01 8900
$\frac{\alpha}{2} = 30^0\,50'\,14'',9$	$\sqrt{b\,c}$	2.50 9450
$b + c = 653,641$	2	0.30 1030
$p = 554,989$	$\cos\frac{\alpha}{2}$	9.93 3804
$b + c + p = 1208,630$	p	2.74 4284
$b + c - p = 98,652$	$(b+c+p)$	3.08 2294
$a = 345,303$	$(b+c-p)$	1.99 4106
	a^2	5.07 6400
	a	2.53 8200

Man könnte zur Ausrechnung der $\sqrt{}$ auch, statt der Zerlegung in Summe mal Differenz, einen Hilfswinkel einführen, z. B. setzen:

$$\sin\mu = \frac{2\sqrt{b\,c}\cos\frac{\alpha}{2}}{(b+c)}$$ und würde damit erhalten:

$$a = (b+c)\cos\mu \quad \text{oder} \quad = 2\sqrt{b\,c}\cos\frac{\alpha}{2}\,ctg\,\mu.$$

Für das obige Beispiel wäre dann die Rechnung so (5-stellig):

$\alpha = $ **61° 40′ 30″**	b	2.57 454
$b = $ **375,44**	c	2.44 436
$c = $ **278,20**	$b\,c$	5.01 890
$\frac{\alpha}{2} = 30^0\,50'\,15''$	$\sqrt{b\,c}$	2.50 945
$b + c = 653{,}64$	$\cos\frac{\alpha}{2}$	9.93 380
μ braucht nicht angeschrieben zu werden.	2	0.30 103
	$2\sqrt{b\,c}\cos\frac{\alpha}{2}$	2.74 428
$a = 345{,}30.$	$(b+c)$	2.81 534
	$\sin\mu$	9.92 894
	$\cos\mu$	9.72 286
	a	2.53 820

2) Selbstverständlich kann man auch die zweite Formel (8) in § 23 zur logarithmischen Rechnung einrichten. Es ist nach ihr:

$$a = \sqrt{(b-c)^2 + 4\,b\,c\sin^2\frac{\alpha}{2}},$$

also a die Hypotenuse eines rechtwinkligen Dreiecks mit den Katheten $(b-c)$ und $2\sqrt{b\,c}\sin\frac{\alpha}{2}$. Nach der früher beim rechtwinkligen Dreieck aufgestellten Vorschrift für diesen Fall (vgl. § 8, IV. Fall) erhält man mit

$$tg\,\lambda = \frac{2\sqrt{b\,c}\sin\frac{\alpha}{2}}{b-c}, \quad a = \frac{b-c}{\cos\lambda} \overset{\text{oder}}{=} \frac{2\sqrt{b\,c}\sin\frac{\alpha}{2}}{\sin\lambda}$$

unter Beachtung der *Lalande*schen Regel stets das richtige Resultat. Für das vorige Beispiel erhält man damit folgende Rechnung (ebenfalls 5-stellig):

$\alpha = 61^0\, 40'\, 30''$	b	2.57 454
$b = 375{,}44$	c	2.44 436
$c = 278{,}20$		
	$b\,c$	5.01 890
$\frac{\alpha}{2} = 30^0\, 50\frac{1}{4}'$	$\sqrt{b\,c}$	2.50 945
$b - c = 97{,}24$	2	0.30 103
	$sin\frac{\alpha}{2}$	9.70 978
λ braucht nicht aufgeschrieben zu werden.	Zähler	2.52 026
$a = 345{,}30$	$E\frac{sin}{cos}\lambda$	0.01 794
	Nenner	1.98 784
	$tg\,\lambda$	0.53 242
	a	2.53 820

Diese drei Rechnungsarten für a sind ziemlich gleichwertig. Bei allen könnte man statt der Zerlegung oder statt des Hilfswinkels auch Additions- und Subtraktionslogarithmen verwenden. Die Rechnung nach der ursprünglichen Gleichung, nämlich (4) in § 23, *Cosinus*-Satz:

$$a = \sqrt{b^2 + c^2 - 2\,b\,c\,cos\,\alpha}$$

ist etwas umständlicher, sei es, dass man die Quadrattafel mit zu Hilfe nimmt oder nicht.

Determination der Aufgabe. Aus dem letzten Ausdruck für a könnte man ablesen: Bedingung der Möglichkeit $(b^2 + c^2) > 2\,b\,c\,cos\,\alpha$; aber dies trifft ja für ganz beliebige Strecken (absolute Zahlen) b und c und für beliebige Winkel α zu. Ähnlich für die übrigen Formen für a; die in 2) zeigt a auf den ersten Blick als stets möglich; die erste Form in 1) aber ebenso, da $(b + c)^2 = b^2 + 2\,b\,c + c^2$ und $2\,cos^2\,\alpha$ stets < 1 ist (Grund?), also $4\,b\,c\,cos^2\frac{\alpha}{2}$ stets $< 2\,b\,c$ ist. Die gegebenen Stücke sind also keiner Beschränkung unterworfen, ausser der selbstverständlichen $\alpha < 180^0$.

Man suche aber auch hier gleich wieder durch verschiedene Zahlenannahmen ein Urteil über die Genauigkeit des bestimmten a in verschiedenen Fällen zu gewinnen und das Ergebnis geometrisch zu deuten. Was ist z. B. über die Schärfe von a zu sagen, wenn b und c nahezu gleich sind und α klein ist? Wenn α sich 180^0 nähert? (In diesem Fall nähert sich $cos\,\alpha$ dem Wert -1, also $(-2\,b\,c\,cos\,\alpha)$ dem Wert $+2\,b\,c$ und $a = \sqrt{b^2 + c^2 - 2\,b\,c\,cos\,\alpha}$ somit dem Wert $(b+c)$); u. s. f.

2. Erste vollständige Lösung. Sind dagegen auch die Winkel verlangt, so kann man einen davon zuerst und mit seiner Hilfe nach dem *Sinus*-Satz die dritte Seite berechnen. Aus Gl. (5) § 23 ergiebt sich

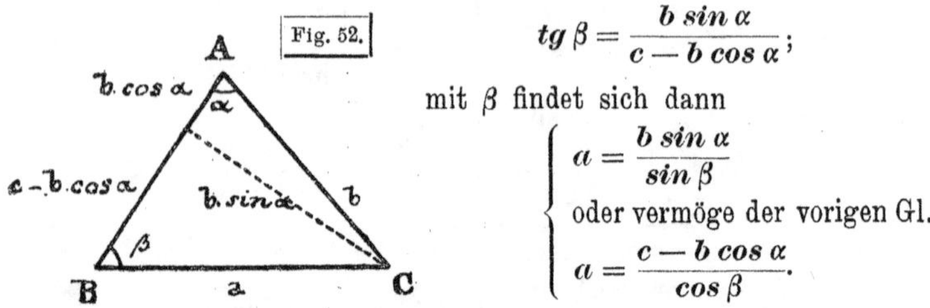

Fig. 52.

$$tg\,\beta = \frac{b \sin\alpha}{c - b\cos\alpha};$$

mit β findet sich dann

$$a = \frac{b \sin\alpha}{\sin\beta}$$

oder vermöge der vorigen Gl.

$$a = \frac{c - b\cos\alpha}{\cos\beta}.$$

Die vorstehenden Gleichungen sind auch wieder unmittelbar der Fig. 52 zu entnehmen. Die Figur zeigt a als Hypotenuse in einem rechtwinkligen Dreieck mit den Katheten $b \sin\alpha$ und $(c - b\cos\alpha)$; der Gegenwinkel der zuerst genannten Kathete ist β. Die Aufgabe ist also zurückgeführt auf die Auflösung eines rechtwinkligen Dreiecks, dessen Katheten bekannt sind, womit auch E^{sin}_{cos} des Rechnungsschemas verständlich ist:

Beispiel (wie oben):

$\alpha = 61^0\,40'\,30''$	$b \cos\alpha$	2.25 075
$b = 375{,}44$	$\cos\alpha$	9.67 621
$c = 278{,}20$	b	2.57 454
$b\cos\alpha = 178{,}136$	$\sin\alpha$	9.94 461
$c - b\cos\alpha = 100{,}064$	$b \sin\alpha$	2.51 915
$\beta = 73^0\,9'\,18''$	$E^{sin}_{cos}\,\beta$	0.01 905
$(\gamma = 45\;10\;12)$	$c - b\cos\alpha$	2.00 027
$a = 345{,}30.$	$tg\,\beta$	0.51 888
	a	2.53 820

Durch Einführung eines Hilfswinkels kann man die vorstehende Auflösung zur logarithmischen Rechnung noch etwas bequemer einrichten (das Aufschlagen von $b \cos\alpha$ ersparen).

Setzt man nämlich $tg\,\nu = \frac{b \sin\alpha}{c}$, so wird

$$tg\,\beta = \frac{c\,.\,tg\,\nu}{c - b\cos\alpha} = \frac{c \sin\nu}{c\cos\nu - b\cos\alpha\cos\nu} \quad \text{oder da} \quad b\cos\nu = \frac{c\sin\nu}{\sin\alpha} \quad \text{ist}$$

$$tg\,\beta = \frac{c\sin\nu}{c\cos\nu - \dfrac{c\sin\nu\cos\alpha}{\sin\alpha}} = \frac{\sin\alpha\sin\nu}{\sin(\alpha - \nu)}$$

Die Auflösung wäre also hienach gegeben durch:

$$tg\,\nu = \frac{b \sin\alpha}{c};\quad tg\,\beta = \frac{\sin\alpha \sin\nu}{\sin(\alpha - \nu)};\quad a = \frac{b \sin\alpha}{\sin\beta}.$$

Diese Auflösung führt am bequemsten zum Ziel, wenn für die Seiten nicht die Zahlen, sondern deren Logarithmen gegeben sind; besonders, wenn zugleich auch der Dreiecksinhalt gebraucht wird, zu dem ohnehin die Logarithmen von b, c und $\sin\alpha$ aufzuschlagen sind; vgl. später. Vgl. übrigens auch die Bemerkung am Schluss von II[a] in **4.**

Beispiel. Das obige, 4-stellig:

$\alpha = \mathbf{61^\circ 40',5}$	$\sin\alpha$	9.9446	
$\boldsymbol{b} = \mathbf{375{,}4}$	b	2.5745	
$\boldsymbol{c} = \mathbf{278{,}2}$	$E\,c$	7.5557	
$\nu = 49^0\,54',6$	$tg\,\nu$	0.0748	
	$\sin\nu$	9.8837	
$\alpha - \nu = 11^0\,45',9$	$\sin\alpha$	9.9446	s. oben.
	$E\sin(\alpha - \nu)$	0.6906	
$\beta = 73^0\ \ 9',3$	$tg\,\beta$	0.5189	
$(\gamma = 45^0\,10',2)$	$E\sin\beta$	0.0190	
$a = 345{,}2$	$b\sin\alpha$	2.5191	s. oben.
	a	2.5381	

2. Zweite vollständige Lösung mit Benützung der *Neper*schen und *Mollweide*schen Gleichungen. Diese Auflösung ist unmittelbar zur logarithmischen Rechnung geeignet und symmetrischer als die erste, da hier die beiden fehlenden Winkel gleichzeitig und gleichartig bestimmt werden.

Es ist nach der *Neper*schen Gleichung (7) (§ 23):

$$tg\,\frac{\beta - \gamma}{2} = \frac{b - c}{b + c}\,tg\,\frac{\beta + \gamma}{2} \text{ oder } \boldsymbol{tg}\,\frac{\beta - \gamma}{2} = \frac{b - c}{b + c}\cdot ctg\,\frac{\alpha}{2} = \frac{(\boldsymbol{b} - \boldsymbol{c})\,\boldsymbol{cos}\,\frac{\alpha}{2}}{(\boldsymbol{b} + \boldsymbol{c})\,\boldsymbol{sin}\,\frac{\alpha}{2}}$$

Damit sind β und γ bestimmt, nämlich

$$\begin{cases} \beta = \frac{\beta + \gamma}{2} + \frac{\beta - \gamma}{2} \\ \gamma = \frac{\beta + \gamma}{2} - \frac{\beta - \gamma}{2} \end{cases}$$

In dem Ausdruck für $tg\,\frac{\beta - \gamma}{2}$ ist nicht die erste, unmittelbar aus den *Neper*schen Gleichungen folgende Form mit $ctg\,\frac{\alpha}{2}$ stehen gelassen, sondern dafür $\frac{\cos\frac{\alpha}{2}}{\sin\frac{\alpha}{2}}$ geschrieben, mit Rücksicht auf die Anwendung der

*Mollweide*schen Gleichungen (Gl. (6), § 23) zur Berechnung von a. Nach diesen Gleichungen ist nämlich:

$$a = \frac{(b-c)\cos\frac{\alpha}{2}}{\sin\frac{\beta-\gamma}{2}} \overset{\text{oder}}{=} \frac{(b+c)\sin\frac{\alpha}{2}}{\cos\frac{\beta-\gamma}{2}}.$$

Es wird dabei wieder nicht die eine und andere dieser Gleichungen verwendet oder beliebig eine von beiden, sondern die, die sich ohne nähere Überlegung nach der *Lalande*schen Regel ergiebt. Man hat sich zu erinnern, dass a die Hypotenuse eines rechtwinkligen Dreiecks mit den Katheten $(b-c)\cos\frac{\alpha}{2}$ und $(b+c)\sin\frac{\alpha}{2}$ ist (vgl. § 23, S. 227), in dem der Kathete $(b-c)\cos\frac{\alpha}{2}$ der Winkel $\frac{\beta-\gamma}{2}$ gegenüberliegt. Die Auflösung ist damit auch hier, wo alle Stücke verlangt sind, und zwar in symmetrischer Form, zurückgeführt auf die Auflösung eines durch seine zwei Katheten bestimmten rechtwinkligen Dreiecks. Es braucht damit (vgl. § 8, IV. Fall) zu dem unten angewandten Rechnungsschema keine weitere Bemerkung gemacht zu werden; man beachte nur noch, dass, wenn $b > c$ auch $\beta > \gamma$ ist, oder bei $b < c$ die $tg\frac{\beta-\gamma}{2}$, wenn man die Buchstaben nicht umtauschen will, negativ wird. Auf die Rechnung nach der *Lalande*schen Regel hat dies aber keinen Einfluss. Diese zweite vollständige Auflösung ist wegen ihrer Symmetrie die beste und schönste, wenn für b und c die Zahlen gegeben sind. [43]

Beispiel 1) (das obige; fünfstellig):

$\alpha = 61°\,40'\,30''$	$b-c$	1.98 784
$b = 375{,}44$	$\cos\frac{\alpha}{2}$	9.93 380
$c = 278{,}20$		
$b-c = 97{,}24$	$b+c$	2.81 534
$b+c = 653{,}64$	$\sin\frac{\alpha}{2}$	9.70 978
$\frac{\alpha}{2} = 30°\,50'\,15''$	$(b-c)\cos\frac{\alpha}{2}$	1.92 164
$\frac{\beta+\gamma}{2} = 59°\,9'\,45''$	$E\frac{\sin}{\cos}\frac{\beta-\gamma}{2}$	0.01 308
$\frac{\beta-\gamma}{2} = 13°\,59'\,32''$	$(b+c)\sin\frac{\alpha}{2}$	2.52 512
$\beta = 73°\,9'\,17''$	$tg\frac{\beta-\gamma}{2}$	9.39 652
$\gamma = 45°\,10'\,13''$		
$a = 345{,}30$	a	2.53 820

Beispiel 2) nach beiden vorstehenden vollständigen Methoden (fünfstellig):

$\gamma = 124^\circ\ 7'\ 40''$	$a \cos \gamma$	$1.26\,036\,n$
$a = 32{,}461$	$\cos \gamma$	$9.74\,900\,n$
$b = 27{,}590$	a	$1.51\,136$
$a \cos \gamma = -18{,}212$	$\sin \gamma$	$9.91\,792$
$b - a \cos \gamma = 45{,}802$	$a \sin \gamma$	$1.42\,928$
$\alpha = 30^0\ 23'\ 56''$	$E \frac{\sin}{\cos} \alpha$	$0.06\,422$
$(\beta = 25^0\ 28'\ 24'')$	$b - a \cos \gamma$	$1.66\,089$
$c = 53{,}103$	$tg\ \alpha$	$9.76\,839$
	c	$1.72\,511$

$\gamma = 124^\circ\ 7'\ 40''$	$a - b$	$0.68\,762$
$a = 32{,}461$	$\cos \frac{\gamma}{2}$	$9.67\,070$
$b = 27{,}590$		
$a - b = 4{,}871$	$a + b$	$1.77\,852$
$a + b = 60{,}051$	$\sin \frac{\gamma}{2}$	$9.94\,619$
$\frac{\gamma}{2} = 62^0\ 3'\ 50''$	$(a - b) \cos \frac{\gamma}{2}$	$0.35\,832$
$\frac{\alpha + \beta}{2} = 27^0\ 56'\ 10''$	$E \frac{\sin}{\cos} \frac{\alpha - \beta}{2}$	$0.00\,040$
$\frac{\alpha - \beta}{2} = 2^0\ 27'\ 47''$	$(a + b) \sin \frac{\gamma}{2}$	$1.72\,471$
$\alpha = 30^0\ 23'\ 57''$	$tg\ \frac{\alpha - \beta}{2}$	$8.63\,361$
$\beta = 25^0\ 28'\ 23''$		
$c = 53{,}103$	c	$1.72\,511$

Determination der Aufgabe. Selbstverständlich gilt die am Schluss von **1.** gemachte Bemerkung (stets eine Lösung und nur Eine Lösung) auch für die Auflösungen **2.** und **3.**

4. Wenn die Logarithmen von b und c statt b und c selbst gegeben sind und man braucht nur die fehlenden Winkel, so kann man, wenn man nicht b und c aufschlagen und dann nach **2.** oder **3.**, der ersten oder zweiten vollständigen Auflösung rechnen will, nach der am Schluss von **2.** angegebenen Abänderung der ersten vollständigen Auflösung rechnen. Man kann aber die Aufgabe auch so auffassen: durch Einen Dreieckswinkel α ist auch die Summe der beiden zu suchenden gegeben; durch die beiden Seiten b und c ist nach dem *Sinus*-Satz ferner auch das Verhältnis der *sin* dieser beiden Winkel gegeben. Man hat also zwei Winkel β und γ zu bestimmen aus gegebener Summe und gegebenem *Sinus*-Verhältnis (vgl. § 20, 1; ferner später die Auflösung der *Snellius* sche Vierecksaufgabe) $\frac{\beta+\gamma}{2} = 90^0 - \frac{\alpha}{2}$; $\frac{\sin\beta}{\sin\gamma} = \frac{b}{c}$.

Die Auflösung lautet (vgl. die angegebenen Stellen): es ist $\frac{\beta-\gamma}{2}$ zu bestimmen aus $tg\frac{\beta-\gamma}{2} = ctg\frac{\alpha}{2}\cdot\frac{\frac{b}{c}-1}{\frac{b}{c}+1}$.

Mit Hilfe der *Rex* schen Tafel (5-stellig und 4-stellig) für $log \frac{1+x}{1-x}$ mit $log\, x$ als Argument wird also die Auflösung sehr einfach und rechnerisch etwas schärfer als die folgende. Ist diese Tafel nicht zur Hand, so setzt man (vgl. ebend.): $tg\,\lambda = \frac{b}{c}$ und erhält $tg\frac{\beta-\gamma}{2} = ctg\frac{\alpha}{2}\cdot tg\,(\lambda - 45^0)$. Dabei ist λ als positiver spitzer Winkel zu nehmen. Ist $b > c$, so ist $\lambda > 45^0$, also $tg\,(\lambda - 45^0)$ positiv und $\frac{\beta-\gamma}{2}$ positiv, wie es sein soll. — Sind nicht nur die Winkel β und γ, sondern auch a zu bestimmen, so müsste man noch den *Sinus*-Satz anwenden; wenn b und c logarithmisch gegeben sind (aber nur dann!) stellt selbst mit Berechnung von a diese Auflösung keinen Umweg vor.

Beispiel (das zuletzt berechnete, fünfstellig; andere Bezeichnung als oben). In einem Dreieck sind die Logarithmen zweier Seiten 1.72 511 und 1.51 136, der von diesen Seiten eingeschlossene Winkel ist 25° 28′ 24″. Was sind die beiden andern Winkel?

1) Mit Benützung der Tafel $log\frac{1+x}{1-x}$.

$log\, b$ = 1.72 511	b	1.72 511
$log\, c$ = 1.51 136	c	1.51 136
α = 25° 28′ 24″	x	0.21 375
$\frac{\alpha}{2} = 12^0\,44'\,12''$	$\frac{x-1}{x+1}$	9.38 245
$\frac{\beta+\gamma}{2} = 77^0\,15'\,48''$	$ctg\frac{\alpha}{2}$	0.64 583
$\frac{\beta-\gamma}{2} = 46^0\,51'\,50''$	$tg\frac{\beta-\gamma}{2}$	0.02 828
$\beta = 124^0\,7'\,38''$		
$\gamma = 30^0\,23'\,58''$		

Vgl. oben; zu beachten, dass die Bezeichnung der Winkel und Seiten geändert ist. Bemerkenswert ist, dass diese Rechnung 1) etwas schärfer ist als die folgende Rechnung 2).

2) Mit dem Hilfswinkel.

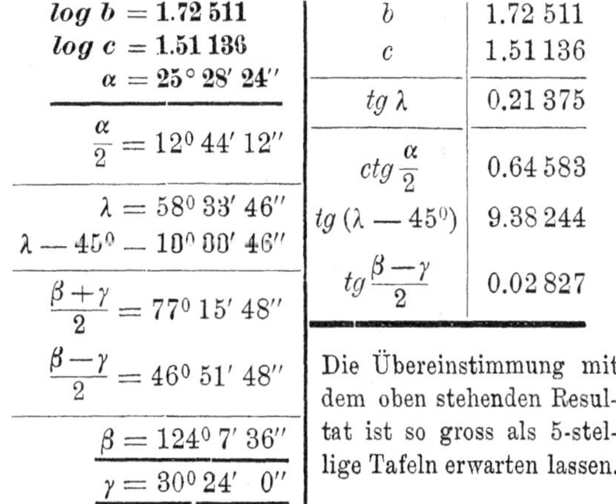

$log\ b = 1.72\,511$	b	1.72 511
$log\ c = 1.51\,136$	c	1.51 136
$\alpha = 25^\circ\,28'\,24''$	$tg\,\lambda$	0.21 375
$\frac{\alpha}{2} = 12^0\,44'\,12''$	$ctg\,\frac{\alpha}{2}$	0.64 583
$\lambda = 58^0\,33'\,46''$	$tg\,(\lambda - 45^0)$	9.38 244
$\lambda - 45^0 = 13^0\,33'\,46''$		
$\frac{\beta+\gamma}{2} = 77^0\,15'\,48''$	$tg\,\frac{\beta-\gamma}{2}$	0.02 827
$\frac{\beta-\gamma}{2} = 46^0\,51'\,48''$		
$\beta = 124^0\,7'\,36''$		
$\gamma = 30^0\,24'\,\;0''$		

Die Übereinstimmung mit dem oben stehenden Resultat ist so gross als 5-stellige Tafeln erwarten lassen.

IIᵇ. Casus ambiguus. Gegeben sind zwei Seiten und der Gegenwinkel der einen, z. B. a, b, α.

Es ist schon aus der Planimetrie bekannt, dass man in diesem Fall (allein unter den vier Fällen) entweder

zwei verschiedene Dreiecke oder
nur Ein Dreieck oder endlich
gar kein Dreieck

erhalten kann. Dies muss sich natürlich auch aus der trigonometrischen Auflösung zeigen.

1. Wenn nur die dritte Seite c gesucht ist, so kann man diese aus der quadratischen Gleichung (Gl. (4) § 23)

$$c^2 - 2\,b\,c\,cos\,\alpha + (b^2 - a^2) = 0$$

bestimmen, nämlich

$$\begin{aligned} c &= b\,cos\,\alpha \pm \sqrt{b^2\,cos^2\,\alpha - b^2 + a^2} \\ &= b\,cos\,\alpha \pm \sqrt{a^2 - b^2\,sin^2\,\alpha} \\ &= b\,cos\,\alpha \pm \sqrt{(a + b\,sin\,\alpha)\,(a - b\,sin\,\alpha)}\ ; \end{aligned}$$

man erhält zwei brauchbare Werte von c, also zwei verschiedene Dreiecke, wenn die beiden Wurzeln c positiv ausfallen; nur Ein Dreieck, wenn eine der Wurzeln negativ sich ergiebt, und kein Dreieck, wenn die beiden Wurzeln imaginär sind.

Beispiel.

$$\alpha = 64^\circ\, 30'\, 29''$$
$$a = 420{,}30$$
$$b = 310{,}15$$

$$b \sin \alpha = 279{,}956$$

$$a + b \sin \alpha = 700{,}256$$
$$a - b \sin \alpha = 140{,}344$$

$$b \cos \alpha = 133{,}481$$
$$\sqrt{} = 313{,}489$$

$$c = 446{,}97$$

$b \cos \alpha$	2.12 542
$\cos \alpha$	9.63 385
b	2.49 157
$\sin \alpha$	9.95 552
$b \sin \alpha$	2.44 709
$a + b \sin \alpha$	2.84 525
$a - b \sin \alpha$	2.14 720
$(\;)\cdot(\;)$	4.99 245
$\sqrt{}$	$2.49\,622_5$

Das untere Zeichen vor der Quadratwurzel würde eine negative Seite c ergeben. In der That ist der gegebene Winkel der Gegenwinkel der grössern der gegebenen Seiten, somit, wie aus der Planimetrie bekannt ist, die Auflösung eindeutig; s. auch unten.

Man könnte in diesem ersten Fall, die dritte Seite c allein verlangt, nach der angegebenen Gleichung auch so rechnen, dass man die Wurzel als Kathete eines rechtwinkligen Dreiecks mit a als Hypotenuse und $b \sin \alpha$ als andrer Kathete bestimmt; setzt man: $\sin \lambda = \dfrac{b \sin \alpha}{a}$, so wird $\sqrt{a^2 - b^2 \sin^2 \alpha} = a \cos \lambda$ und also $c = b \cos \alpha \pm a \cos \lambda$. Dieser Hilfswinkel λ ist nun aber nichts anderes als der Dreieckswinkel β und man wird damit auf die vollständige Auflösung des Dreiecks geführt, bei der ausser der dritten Seite auch die Winkel verlangt sind, s. **2.**

2. Vollständige Auflösung. Sind auch die Winkel verlangt, so bestimmt man diese wieder zuerst und mit ihrer Hilfe die fehlende Seite. Nach dem *Sinus*-Satz ist:

$$\sin \beta = \frac{b \sin \alpha}{a}.$$

Für den Winkel β erhält man, da er durch *sin* bestimmt ist, im allgemeinen zwei im Dreieck mögliche Werte, einen spitzen Winkel β' und den stumpfen Winkel $(180^0 - \beta')$.

Determination. Es können hier nun folgende vier verschiedene Fälle eintreten:

1) Keiner der beiden Werte von β ist möglich.
2) Beide Lösungen fallen in Eine zusammen.
3) Beide Werte sind möglich und verschieden.
4) Nur Ein Wert ist möglich, der andere unbrauchbar, höchstens

kann in diesem Fall die zweite Lösung eine uneigentliche werden, nämlich das Dreieck eine doppelt zu denkende Strecke.

Man erhält folgende Determination der Aufgabe:

Der **I. Fall, keine** Lösung, tritt ein, wenn $b \sin \alpha > a$ ist, da $\sin \beta < 1$ sein muss. Dieser Fall kann nur eintreten, wenn $a < b$, d. h. wenn der Gegenwinkel der kleinern Seite gegeben ist.

Der Satz, dass im Dreieck der grössern Seite der grössere Winkel gegenüberliegt und dass nur Ein Winkel ein stumpfer sein kann, liefert die weitere Entscheidung.

Der **II. Fall**, beide Lösungen in Eine zusammenfallend, tritt ein, wenn $b \sin \alpha = a$ ist. Das Dreieck ist dann ein rechtwinkliges mit b als Hypotenuse.

Ist endlich $b \sin \alpha < a$, so hat man die Fälle III. und IV.; jedoch kann auch unter dieser Bedingung keine Lösung sich ergeben.

III. Fall: $a < b$, also auch $\alpha < \beta$, d. h. der Gegenwinkel der kleinern Seite gegeben.

III[a]) Ist $\alpha < 90^0$, so sind beide Lösungen möglich.

III[b]) Ist $\alpha > 90^0$, so erhält man, da $\alpha < \beta$ sein muss, keine Lösung.

IV. Fall: $a > b$, also auch $\alpha > \beta$, d. h. der Gegenwinkel der grössern Seite gegeben.

Die Lösung ist stets eindeutig, was auch α sein mag, da nur der spitze Winkel β zulässig ist.

Der oben unter 4) angegebene Fall der zweiten uneigentlichen Lösung tritt ein, wenn $a = b$, d. h. das mögliche Dreieck gleichschenklig ist.

Zusammenstellung. Gegeben a, b, α und zwar $b \sin \alpha < a$, so dass nicht die Aufgabe von vorn herein unmöglich ist.

Ist $a < b$, d. h. der **Gegenwinkel** der **kleinern Seite gegeben**, und $\alpha < 90^0$, so erhält man **zwei** Lösungen; ist aber $\alpha > 90^0$, so erhält man **keine** Lösung.

Ist $a > b$, d. h. der **Gegenwinkel** der **grössern Seite gegeben**, so erhält man stets **eine** Lösung **und nur eine Lösung**.

Man kann diese ganze Determination auch unmittelbar aus den untenstehenden Figuren ablesen:

1. Konstruktion. (Fig. 53 und 54, in denen die oben unterschiedenen Fälle I, II, III[a] und III[b], und IV angedeutet sind). Planimetrisch wäre so zu verfahren: An der Seite $CA = b$ ist in A der Winkel $NAC = \alpha$ angetragen; der zweite Schenkel AN dieses Winkels wird von C aus mit der gegebenen Seite a als Halbmesser eines Kreises

eingeschnitten, um die Ecke B des Dreiecks zu erhalten. Ist $a > b$, d. h. also der gegebene Winkel der Gegenwinkel der grössern Seite, so erhält man in jedem Fall Einen und nur Einen brauchbaren Punkt B. (IV. in Fig. 53 sowohl als in 54); I. in Fig. 53 entspricht $a < b \sin \alpha$, kein Dreieck möglich; bei II. ist $a = b \sin \alpha$, Dreieck bei B rechtwinklig; III[a]. zwei brauchbare Lösungen; III[b]. (Fig. 54) keine Lösung.

Fig. 53.

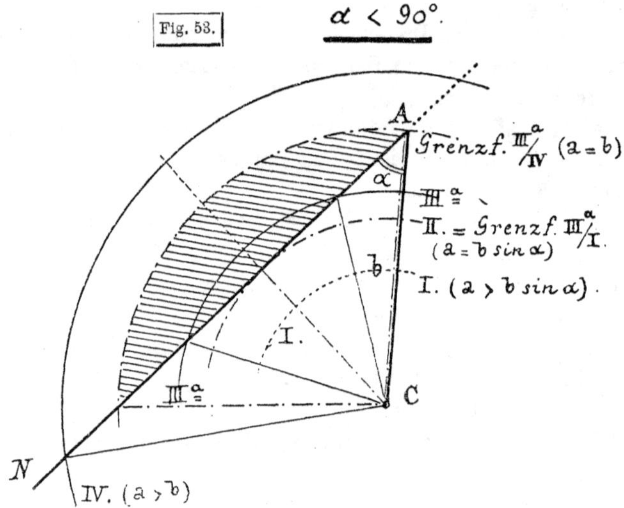

Fig. 54.

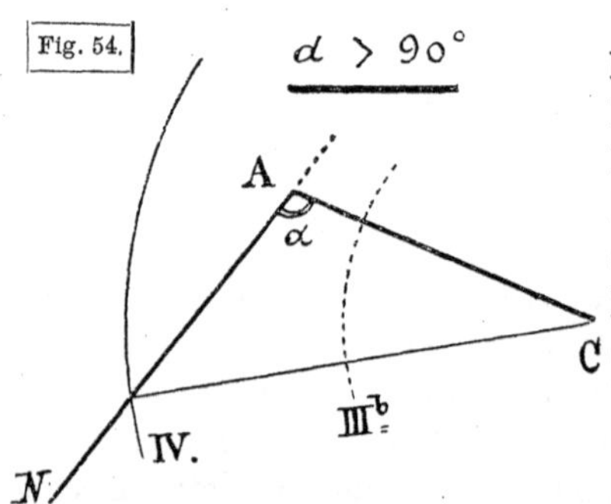

Der Konstruktion gemäss liest man also aus diesen zwei Figuren die Bedingungen in der Form von Anforderungen an die Längen von a ab, die vorhanden sein müssen, damit ein bestimmter Fall vorliegt. Ist α spitz ($\alpha < 90^0$, Fig. 53), in welchem Fall allein es sich um zwei verschiedene brauchbare Lösungen handeln kann, so sind die Grenzen für a, innerhalb deren diese zwei verschiedenen Lösungen vorhanden sind: innere Grenze (von C aus) $a = b \sin \alpha$, der Bogen um C berührt AN, die zwei Dreiecke fallen in Ein rechtwinkliges zusammen; äussere Grenze (von C aus): $a = b$, das eine der beiden Dreiecke zieht sich zu einer doppelt zu denkenden Strecke zusammen, das andere ist gleichschenklig. Innerhalb der innern Grenze ($a < b \sin \alpha$) giebt es keine Lösung; ausserhalb der äussern Grenze stets nur Eine Lösung. Die Zone der Doppeldeutigkeit ist in Fig. 53 schraffiert.

2. Konstruktion. Auch der zweite zur Konstruktion zur Verfügung stehende Weg (Fig. 55 und Fig. 56) muss selbstverständlich auf dieselbe Determination führen: beschreibt man über $BC = a$ einen Kreisbogen, der den Winkel α als Peripheriewinkel fasst und durchschneidet diesen Bogen durch einen zweiten, um C als Mittelpunkt und mit b als Halbmesser beschriebenen, so können wieder die 4 oben aufgezählten Fälle eintreten. Der Bogen über a ist $>$ oder $<$ als ein Halbkreis, je nachdem $\alpha < 90^0$ oder $\alpha > 90^0$ ist ($\alpha = 90^0$ würde als Bogen über BC einen Halbkreis geben).

Fig. 55.

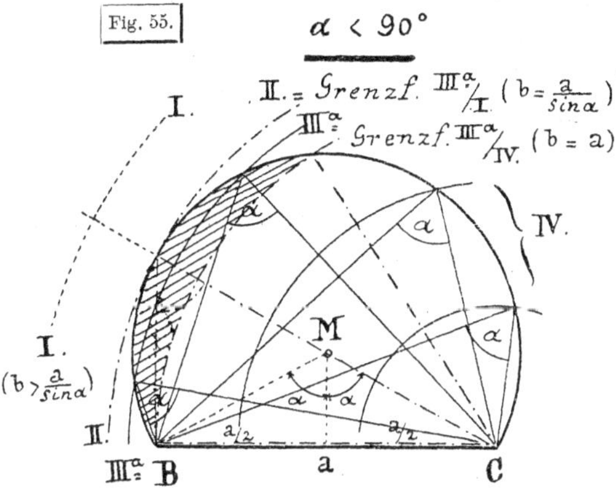

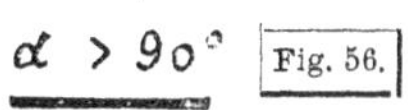

Fig. 56.

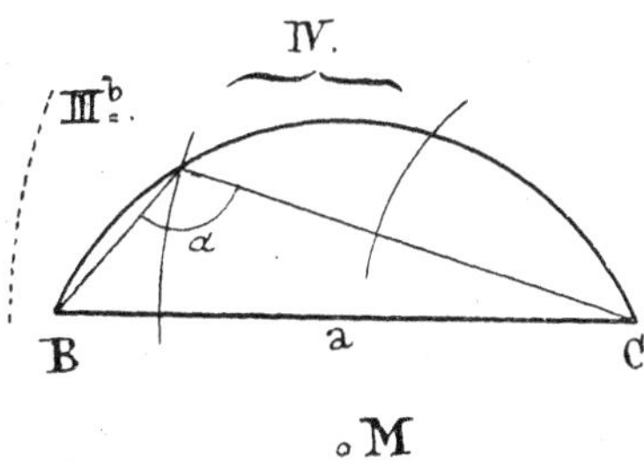

Ferner ist leicht zu sehen, dass der Durchmesser dieses Bogens $= \frac{a}{\sin \alpha}$ ist; (Peripheriewinkel α giebt Centriwinkel $2\,\alpha$, also $R = \frac{a/2}{\sin \alpha}$ oder $\frac{a}{\sin \alpha} = 2\,R$). Man liest also hier die Bedingung in Form einer Anforderung an b ab: Ist α stumpf (Fig. 56), so kann nur $b < a$ in Betracht kommen (III^b, $b > a$, ist unmöglich) und man erhält stets Eine und nur Eine Lösung (IV.). Ist α spitz (Fig. 55), so erhält man mit $b < a$ stets Eine und nur Eine Lösung (IV); von $b = a$ an (2. Grenzfall, ein gleichschenkliges Dreieck und eine doppelt zu denkende Strecke)

bis zu $b = \frac{a}{\sin\alpha}$ (= Durchmesser; im letzten Fall, dem 2. Grenzfall, berührt also der Bogen um C den Kreis über BC und das Dreieck wird in B rechtwinklig) ist Doppeldeutigkeit (zwei brauchbare Dreiecke) vorhanden, wie wieder durch die Schraffierung hervorgehoben ist; jenseits des 1. Grenzfalls: d. h. mit $b > \frac{a}{\sin\alpha}$ ist kein Dreieck mehr möglich (Fall I). Man erhält demnach (wie schon angedeutet ist, selbstverständlich) genau dieselbe Diskussion, wie oben bei der 1. Konstruktion und bei der Zusammenstellung S. 243.

Schluss der Berechnung des Dreiecks. Ist nun β bestimmt und sind zwei Werte von β möglich (die, wenn β' den spitzen, vom *Sinus*-Satz gelieferten Winkel β bedeutet, sind: $\beta_1 = \beta'$ und $\beta_2 = 180^0 - \beta'$), so liefert der Projektions-Satz:

$$c_1 = b\cos\alpha + a\cos\beta' \quad \text{und} \quad c_2 = b\cos\alpha + a\cos(180^0 - \beta') \quad \text{oder}$$

$$\left.\begin{matrix} c_1 \\ c_2 \end{matrix}\right\} = \boldsymbol{b\cos\alpha \pm a\cos\beta'}.$$

Statt dieser Gleichung könnte man auch verwenden den *Sinus*-Satz, d. h. im Fall zweier möglicher Winkel β:

$$c = \frac{a\sin(\alpha + \beta_1)}{\sin\alpha} \overset{\text{und}}{=} \frac{a\sin(\alpha + \beta_2)}{\sin\alpha} \quad \text{oder}$$

da $\beta_1 = \beta'$, $\alpha + \beta_1 = \alpha + \beta'$; $\beta_2 = 180^0 - \beta'$, $\alpha + \beta_2 = 180^0 + \alpha - \beta'$ ist:

$$\left.\begin{matrix} c_1 \\ c_2 \end{matrix}\right\} = \boldsymbol{\frac{a\sin(\beta' \pm \alpha)}{\sin\alpha}}.$$

Ein unmöglicher Wert von β gäbe sich auch ohne die vorstehende Diskussion an einem negativen Wert von c, den er bei Rechnung nach einer der zuletzt angeschriebenen Gleichungen zur Folge hätte, zu erkennen. Man lese mit Rücksicht hierauf auch nochmals aus jeder der Gleichungen für c die oben angeschriebene Determination der Aufgabe ab:

Gegeben a, b, α; ist $a > b$, d. h. der Gegenwinkel der grössern Seite gegeben, so erhält man stets eine und nur eine Lösung; ist $a < b$, d. h. der Gegenwinkel der kleinern Seite gegeben, so giebt es entweder keine oder zwei Lösungen: der Bereich der Doppeldeutigkeit ist (vgl. Fig. 53 und Fig. 55) angegeben durch $\frac{a}{\sin\alpha} > b > a$. Die zwei Grenzfälle $\frac{a}{\sin\alpha} = b$ und $b = a$ entsprechen dem rechtwinkligen und gleichschenkligen Dreieck.

Beispiele. 1. (s. oben bei **1)**). $\boldsymbol{\alpha = 64^0\,30'\,29''}$, $\boldsymbol{a = 420{,}30}$, $\boldsymbol{b = 310{,}15}$. Es ist der Gegenwinkel der grössern Seite gegeben, also jedenfalls eine Lösung und nur Eine Lösung (Fall IV).

$\alpha = 64^0\,30'\,29''$	$b\,cos\,\alpha$	2.12 542
$a = 420{,}30$	$cos\,\alpha$	9.63 385
$b = 310{,}15$	b	2.49 157
$\beta = \beta' = 41^0\,45'\,56''$	$sin\,\alpha$	9.95 552
$\beta = 180^0 - \beta'$ unbrauchbar, da $\alpha > \beta$ sein muss, Lösung eindeutig (Gegenwinkel der grössern Seite gegeben)	$E\,a$	7.37 644
	$sin\,\beta$	9.82 353
	a	2.62 356
$b\,cos\,\alpha = 133{,}48$	$cos\,\beta$	9.87 267
$a\,cos\,\beta = 313{,}49$	$a\,cos\,\beta$	2.49 623
$c = 446{,}97$		
$(\gamma = 74^0\,13'\,35'')$		

Wenn man die Rechnung von c nach dem *Sinus*-Satz machen will (vgl. den Schluss der obigen Rechenvorschriften), so sieht das Schema folgendermassen aus:

$\alpha = 64^0\,30'\,29''$	b	2.49 157	
$a = 420{,}30$	$sin\,\alpha$	9.95 552	
$b = 310{,}15$	$E\,a$	7.37 644	
Auflösung eindeutig, weil der Gegenwinkel der grössern Seite gegeben ist.	$sin\,\beta$	9.82 353	
	$a/sin\,\alpha$	2.66 804	← auf einmal oben ablesen! Addiere $log\,sin\,\alpha$ und $log\,a$ von vorn, sprich also 7.33 196, schreibe aber die Ergänzung wie neben.
$\beta = 41^0\,45'\,56''$	$sin\,(\alpha+\beta) = sin\,\gamma$	9.98 224	
$(\gamma = 73^0\,43'\,35'')$	c	2.65 028	Diese zweite Rechnung für c ist um eine Kleinigkeit kürzer als die obige erste.
$\alpha + \beta = 106^0\,16'\,25''$			
$c = 446{,}97$			

2) $c = 45{,}40$ $b = 60{,}40$ $\gamma = 102^0\,47'\,20''$.

Die Auflösung ist unmöglich, da der Gegenwinkel γ der kleinern Seite c nicht stumpf sein kann (Fall III$^b_2$).

3) $a = 320{,}74$ $b = 1942{,}35$ $\alpha = 42^0\,42'\,30''$.

Es giebt keine Lösung, da $b\,sin\,\alpha > a$ ist (Fall I).

4) $b = 47{,}39$ $c = 45{,}40$ $\gamma = 42^0\,42',5$ (vierstellig).

Der Gegenwinkel der kleinern Seite ist als spitzer Winkel gegeben; es giebt also zwei Lösungen, wenn $b\,sin\,\gamma < c$ ist. Dies trifft zu, also sind in der That 2 Lösungen vorhanden (Fall III^a).

$b = 47{,}39$
$c = 45{,}40$
$\gamma = 42^0\,42',5$

$\beta' = 45^0\,4',2$

Erstes Dreieck	Zweites Dreieck
$\beta_1 = 45^0\,4',2$	$\beta_2 = 134^0 55',8$
$(\alpha_1 = 92^0\,13',7)$	$(\alpha_2 = 2^0\,21'.7)$
$b\cos\gamma = 34{,}82_5$	$b\cos\gamma = 34{,}82_5$
$c\cos\beta_1 = +\,32{,}07$	$b\cos\beta_2 = -\,32{,}07$
$a_1 = 66{,}89$	$a_2 = 2{,}76$

$b\cos\gamma$	1.54 19
$\cos\gamma$	9.86 62
b	1.67 57
$\sin\gamma$	9.83 14
$E\,c$	8.34 29
$\sin\beta$	9.85 00
c	1.65 71
$\cos\beta'$	9.84 90
$c\cos\beta'$	1.50 61

Über die andere Rechnung von a_1 und a_2 (mit Benützung des *Sinus*-Satzes) vgl. das Beispiel 1).

III. Gegeben sind die drei Seiten *a*, *b*, *c*.

Die Formeln (9) bis (13) in § 23 geben unmittelbar die Lösung. Am besten eignet sich zur Berechnung die Formel (13).

Setzt man nämlich $\sqrt{\frac{(s-a)(s-b)(s-c)}{s}} = r,$ wo

$s = \frac{a+b+c}{2}$ und r der Radius des Inkreises ist,

so wird $tg\frac{\alpha}{2} = \frac{r}{s-a}$, $tg\frac{\beta}{2} = \frac{r}{s-b}$, $tg\frac{\gamma}{2} = \frac{r}{s-c}$. [44])

Rechnungsproben: (1) $(s-a) + (s-b) + (s-c) = s.$

(2) $s \,.\, tg\frac{\alpha}{2} \,.\, tg\frac{\beta}{2} \,.\, tg\frac{\gamma}{2} = r.$

(3) $\frac{\alpha}{2} + \frac{\beta}{2} + \frac{\gamma}{2} = 90^0.$

Determination der Aufgabe. Die für die Seiten gegebenen Zahlen unterliegen nur der Bedingung, dass die Summe je zweier von ihnen grösser als die dritte sein muss.

Beispiele. 1) Die 3 Seiten eines Dreiecks sind 250,04, 360,72 und 432,18; was sind die Winkel?

$a = \mathbf{250{,}04}$
$b = \mathbf{360{,}72}$
$c = \mathbf{432{,}18}$

$2s = 1042{,}94$

$s = 521{,}47$

$s - a = 271{,}43$
$s - b = 160{,}75$
$s - c = 89{,}29$

Probe: $s = 521{,}47$

$\frac{\alpha}{2} = 17^0\ 39'\ 49''$

$\frac{\beta}{2} = 28\ \ 16\ \ 0$

$\frac{\gamma}{2} = 44\ \ \ 4\ \ 10$

Probe: $89^0\ 59'\ 59''$

Ergebnis: $\alpha = 35^0\ 19'\ 38''$, $\beta = 56^0\ 32'\ 0''$, $\gamma = 88^0\ 8'\ 20''$

s	2.71 723
$(s-a)$	2.43 366
$(s-b)$	2.20 615
$(s-c)$	1.95 080
$E\,s$	7.28 277
r^2	3.87 338
r	1.93 669
$tg\frac{\alpha}{2}$	9.50 303
$tg\frac{\beta}{2}$	9.73 054
$tg\frac{\gamma}{2}$	9.98 589
s	2.71 723
Probe: r	1.93 669

Bei der Rechnung von $tg\frac{\alpha}{2}$, $tg\frac{\beta}{2}$, $tg\frac{\gamma}{2}$ schreibt man am besten $log\,r$ auf einen Zettel, den man der Reihe nach über $log\,(s-a)$, $log\,(s-b)$, $log\,(s-c)$ hält, um bequemer abziehen zu können, als wenn die zuletzt genannten Logarithmen über dem $log\,r$ stehen. Man kann auch $log\,ctg\frac{\alpha}{2}$, $log\,ctg\frac{\beta}{2}$, $log\,ctg\frac{\beta}{2}$ bilden $\left(ctg\frac{\alpha}{2} = \frac{s-a}{r},\ ctg\frac{\beta}{2} = \frac{s-b}{r},\ ctg\frac{\gamma}{2} = \frac{s-c}{r}\right)$.

2) Was ist der grösste Winkel im Dreieck mit den Seiten 3, 4, 5? Die längste Seite sei a; es ist $2s = 12$ oder $s = 6$; $s - a = 1$, $s - b = 2$, $s - c = 3$; also (Gl. 12) $tg\frac{\alpha}{2} = \sqrt{\frac{(s-b)\,(s-c)}{s\,(s-a)}} = \sqrt{\frac{2.3}{6.1}} = 1$ oder $\frac{\alpha}{2} = 45^0$, $\alpha = 90^0$, wie bekannt; oder auch (Gl. 11)

$$sin\,\alpha = \frac{2}{b\,c}\sqrt{s\,(s-a)\,(s-b)\,(s-c)} = \frac{2}{3.4}\sqrt{6.1.2.3} = 1, \text{ also}$$

$\alpha = 90^0$ u. s. f.; oder, schliesslich hier am einfachsten:

$$cos\,\alpha = \frac{b^2 + c^2 - a^2}{2\,b\,c} = \frac{3^2 + 4^2 - 5^2}{2\,b\,c} = 0,\ \alpha = 90^0.$$

3) Wenn nur Ein Winkel verlangt wird, kann man überhaupt daran denken, bei einfachen Zahlen nach der zuletzt angeschriebenen Gleichung rechnen. Was ist z. B. in dem Dreieck mit den Seiten 38, 62 und 53 der der letzten Seite gegenüberliegende Winkel (vierstellig)? Antwort: Es ist

$$cos\,x = \frac{38^2 + 62^2 - 53^2}{2.38.62}$$

$x = 58\ 15^0{,}2$

(schärfer $58^0\ 15'{,}5$)

$38^2 = 1444$	Quadr.-Tafel.
$62^2 = 3844$	
5288	
$53^2 = 2809$	
2479	

2479	3.3943
E 2	9.6990
E38	8.4202
E62	8.2076
$cos\,x$	9.7211

Erspart wird aber durch diese Rechnung kaum etwas, so dass es in jedem Fall bei der Anwendung einer der Gleichungen (12) oder (13) (oder gelegentlich auch (9), (10), (11)) sein Bewenden hat.

Wie am Schluss von § 8 und am Anfang des § 9 für das rechtwinklige Dreieck, so soll hier am Schluss des die „Auflösung" der schiefwinkligen Dreiecke behandelnden § 24 die dringende Aufforderung nicht fehlen, sich diese vier Aufgaben durch eine Reihe von Zahlenbeispielen geläufig zu machen. Wenn einige Rechnungsübung erlangt ist, ändere man auch wieder die Bezeichnungen ab.

Anhalt für Rechenübungen bietet die am Schluss dieses Kapitels 1 als Anhang gegebene Zusammenstellung von zusammengehörigen Stücken ebener Dreiecke, die auch die Zahlen für die Flächeninhalte (vgl. den folgenden § 25) und, wenigstens für einige „rationale" Dreiecke auch sonstige Stücke (s. ebenfalls § 25) enthält. Über solche sogenannte rationale Dreiecke vgl. die Notiz am Schluss der ersten Abtheilung jener Zusammenstellung.

§ 25. Berechnung weiterer Stücke im schiefwinkligen Dreieck.

1) Höhen des Dreiecks. Die Höhen seien bezeichnet mit h' (auf a), h'' (auf b) und h''' (auf c); zur kürzesten Seite gehört die längste Höhe (Grund?) u. s. f. Man liest unmittelbar aus der Figur ab (siehe § 23, **2.**, *Sinus*-Satz):

$$(1) \qquad \begin{cases} h' = b \sin \gamma = c \sin \beta \\ h'' = c \sin \alpha = a \sin \gamma \\ h''' = a \sin \beta = b \sin \alpha. \end{cases}$$

Beachte in diesen Formeln die cyklische Vertauschung.

Anmerkung. Sind die Höhen aus den drei Seiten a, b, c zu rechnen ist also unmittelbar kein Winkel gegeben), so rechnet man am besten den Flächeninhalt F nach Gleichung (6), s. u., aus den drei Seiten und dann $h' = \frac{2F}{a}$, u. s. f. Man kann auch die Abschnitte verwenden, in die der Fusspunkt einer Höhe die Gegenseite teilt. Sie seien mit p und q bezeichnet, p' und q' auf a und zwar p' an b, q' an c anstossend, u. s. f., so ist z. B. p' und q' zu bestimmen aus

$$p' + q' = a\,; \qquad (p' - q')\,a = b^2 - c^2 \qquad \text{oder also:}$$

$$\tfrac{1}{2}(p' + q') = \frac{a}{2}\,; \qquad \tfrac{1}{2}(p' - q') = \frac{(b+c)(b-c)}{2a},$$

womit p' und q' bekannt sind. Damit ist dann auch h' bekannt durch

$$h' = \sqrt{(b + p')(b - p')} = \sqrt{(c + q')(c - q')} \qquad \text{(Rechenprobe).}$$

Man wird den angegebenen Weg jedenfalls benützen, wenn man nur Eine Höhe und zugleich den Fusspunkt dieser Höhe braucht.

2) Flächeninhalt des Dreiecks. Er sei $F = \frac{a h'}{2} = \frac{b h''}{2} = \frac{c h'''}{2}$, so hat man also nach (1):

$$(2) \quad \begin{cases} \boldsymbol{2\,F = a\,b\,sin\,\gamma = b\,c\,sin\,\alpha = c\,a\,sin\,\beta} \\ \boldsymbol{F = \frac{1}{2}\,a\,b\,sin\,\gamma = \frac{1}{2}\,b\,c\,sin\,\alpha = \frac{1}{2}\,c\,a\,sin\,\beta.} \end{cases}$$

In Worten: Die doppelte Fläche des Dreiecks ist je gleich dem Produkt zweier Seiten und dem *sin* des von ihnen eingeschlossenen Winkels.

Dieser Satz (2) eignet sich unmittelbar zur Rechnung, wenn zwei Seiten und der zwischenliegende Winkel gegeben sind.

Ist eine Seite und zwei Winkel gegeben, z. B. α, β, γ, so ist nach (2)

$$2\,F = a\,c\,.\,sin\,\beta = a\,\frac{a\,sin\,\gamma}{sin\,\alpha}\,sin\,\beta \qquad \text{oder}$$

$$(3) \qquad 2\,F = \frac{a^2\,sin\,\beta\,sin\,\gamma}{sin\,(\beta+\gamma)} = \frac{b^2\,sin\,\gamma\,sin\,\alpha}{sin\,(\gamma+\alpha)} = \frac{c^2\,sin\,\alpha\,sin\,\beta}{sin\,(\alpha+\beta)}\,.$$

Man kann diese Gleichung in eine andere Form bringen, welche vielfacher Anwendung fähig ist, sich aber allerdings nicht so unmittelbar zu logarithmischer Rechnung eignet; es ist

$$2\,F = \frac{a^2\,sin\,\beta\,sin\,\gamma}{sin\,\beta\,cos\,\gamma + cos\,\beta\,sin\,\gamma} \qquad \text{oder}$$

$$(4) \qquad 2\,F = \frac{a^2}{ctg\,\beta + ctg\,\gamma} = \frac{b^2}{ctg\,\gamma + ctg\,\alpha} = \frac{c^2}{ctg\,\alpha + ctg\,\beta}\,.$$

Nach (3) [oder (4)] ist zu rechnen, wenn eine Seite und die Winkel gegeben sind.

Sind zwei Seiten und der Gegenwinkel der einen gegeben, z. B. a, b, α, so folgt aus (2) zusammen mit der in § 24, II^b **1**, für c aufgestellten Gleichung:

$$(5) \qquad 2\,F = b\,sin\,\alpha\left\{b\,cos\,\alpha \pm \sqrt{(a + b\,sin\,\alpha)\,(a - b\,sin\,\alpha)}\right\}$$

Die Gleichung ist an sich nicht von Bedeutung, aber doch anzuführen, weil in dem Doppelzeichen der Wurzel die (in diesem Fall allein möglicherweise vorhandene) Doppeldeutigkeit zum Ausdruck kommt. Die Grösse unter der Wurzel ist $(a^2 - b^2\,sin^2\,\alpha)$; man kann auch aus dieser Inhaltsformel wieder die Diskussion von § 24 II^b, **2**, ablesen.

Sind endlich die drei Seiten des Dreiecks gegeben, so ist nach (2) und nach § 23 (11)

$$F = \frac{1}{2}\,b\,c\,.\,sin\,\alpha \qquad \text{oder}$$

$$(6) \qquad \boldsymbol{F = \sqrt{s\,(s-a)\,(s-b)\,(s-c)}},$$

wie auch aus der Planimetrie bekannt ist (vgl. § 23, nach Gl. (11)).

Will man den Inhalt des Dreiecks symmetrisch in allen sechs Stücken des Dreiecks ausdrücken, so erhält man, indem man alle die drei Gleichungen (2) mit einander multipliziert:

(7) $8\,F^3 = a^2\,b^2\,c^2 \sin\alpha \sin\beta \sin\gamma$ oder $2\,F = \sqrt[3]{a^2\,b^2\,c^2 \sin\alpha \sin\beta \sin\gamma}$,

eine Formel, die wieder nicht von praktischer Bedeutung, aber wegen ihrer Form und als Grenzfall einer später zu besprechenden stereometrischen Aufgabe anzuführen ist. In zur Rechnung ungeeigneter Form löst dieselbe Aufgabe die Gleichung

$$(8) \qquad F = \frac{a^2 + b^2 + c^2}{4\,(ctg\,\alpha + ctg\,\beta + ctg\,\gamma)}.$$

Man leite endlich, mit Benützung der Gleichungen (1), auch noch folgende Formel für den Dreiecksinhalt in den drei Höhen ausgedrückt ab: Setzt man $\frac{1}{h} = \frac{1}{2}\left(\frac{1}{h'} + \frac{1}{h''} + \frac{1}{h'''}\right)$, so wird

$$(9) \qquad F = \frac{1}{4\sqrt{\frac{1}{h}\left(\frac{1}{h} - \frac{1}{h'}\right)\left(\frac{1}{h} - \frac{1}{h''}\right)\left(\frac{1}{h} - \frac{1}{h'''}\right)}}$$

[Analogie zu (6)].

3) Halbmesser R des Umkreises. Wenn von einem Dreieck nur eine Seite und ihr Gegenwinkel bekannt ist, so ist damit schon, obgleich das Dreieck noch nicht bestimmt ist, der Halbmesser des Umkreises gegeben als Halbmesser eines Kreises, der über jener Seite als Sehne beschrieben wird und den gegebenen Winkel fasst; vgl. § 24, Aufgabe II^b. In der That gilt folgender Satz:

Der gemeinsame Wert des Verhältnisses einer Dreiecksseite zum *sin* ihres Gegenwinkels ist gleich dem Durchmesser des Umkreises, d. h.

Fig. 57.

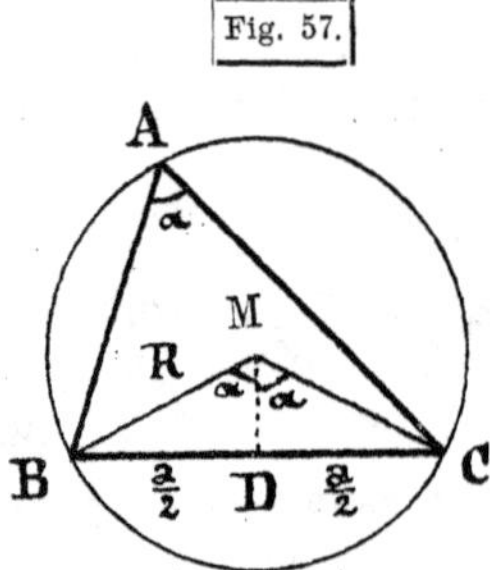

$$(10) \qquad \frac{a}{\sin\alpha} = \frac{b}{\sin\beta} = \frac{c}{\sin\gamma} = 2\,R.$$

Es ist nämlich (Fig. 57)

$\measuredangle BMC = 2\,\alpha$ (Centriwinkel auf demselben Bogen wie der Peripheriewinkel $BAC = \alpha$), also $\measuredangle BMD = \alpha$ und: $BM = \frac{BD}{\sin\alpha}$, d. h. $R = \frac{a/2}{\sin\alpha}$ oder wie oben in (10).

Aus der Gleichung $R = \frac{a/2}{\sin\alpha}$ folgt ferner mit dem Wert von $\sin\alpha$ aus Gleichung (11) § 23 für den Fall, dass die drei Seiten des Dreiecks gegeben sind:

$$(11) \qquad R = \frac{a\,b\,c}{4\sqrt{s\,(s-a)\,(s-b)\,(s-c)}} = \frac{a\,b\,c}{4\,F}.$$

Aus (11) endlich ergiebt sich unmittelbar der Satz:

$$(12)\quad \begin{cases} 2\,R\,h' = b\,c \\ 2\,R\,h'' = c\,a \\ 2\,R\,h''' = a\,b \end{cases}$$

oder in Worten: Das Rechteck aus zwei Dreiecksseiten ist gleich dem Rechteck aus dem Durchmesser des Umkreises und der Höhe auf die dritte Seite.

Will man R in allen sechs Stücken des Dreiecks ausdrücken, so wird:

$$(13)\qquad R = \frac{a+b+c}{8\cos\frac{1}{2}\alpha\cos\frac{1}{2}\beta\cos\frac{1}{2}\gamma}.$$

Dieser Formel: $s = 4\,R\cos\frac{\alpha}{2}\cos\frac{\beta}{2}\cos\frac{\gamma}{2}$ analoge Formeln mit $(s-a)$, $(s-b)$, $(s-c)$ kann man in grosser Zahl aufstellen; z. B.:

$$(14)\quad \begin{cases} s-a = 4\,R\cos\frac{\alpha}{2}\sin\frac{\beta}{2}\sin\frac{\gamma}{2} \\ s-b = 4\,R\cos\frac{\beta}{2}\sin\frac{\gamma}{2}\sin\frac{\alpha}{2} \\ s-c = 4\,R\cos\frac{\gamma}{2}\sin\frac{\alpha}{2}\sin\frac{\beta}{2}. \end{cases}$$

Man drücke auch die Höhen in R aus, z. B.

$$h''' = 2\,R\sin\alpha\sin\beta \quad \text{[vgl. (12)] u. s. f.}$$

Es giebt hier eine Menge von Beziehungen, deren Aufstellung praktisch nicht wichtig ist, aber zur Übung im trigonometrischen Rechnen am Dreieck gute Dienste leistet.

4) Halbmesser r des Inkreises. Für den Halbmesser des Inkreises ist unmittelbar, wenn die drei Seiten des Dreiecks gegeben sind:

$$(15)\qquad r = \frac{F}{s} \qquad \text{oder}$$

$$(16)\quad r = \frac{\sqrt{s(s-a)(s-b)(s-c)}}{s} = \sqrt{\frac{(s-a)(s-b)(s-c)}{s}}$$

(vgl. Gleichung (14) § 23).

Wenn eine Seite, z. B. a, und die Winkel des Dreiecks gegeben sind, so erhält man zunächst aus (13) § 23

$$r = (s-a)\,tg\frac{\alpha}{2} = \frac{(s-a)\sin\frac{\alpha}{2}}{\cos\frac{\alpha}{2}};$$

gemäss (9) § 23 ist aber

$$(s-a)\sin\frac{\alpha}{2} = (s-a)\sqrt{\frac{(s-b)(s-c)}{b\,c}} = a\sin\frac{\beta}{2}\sin\frac{\gamma}{2} \quad \text{somit,}$$

$$(17) \qquad r = \frac{a \sin\frac{\beta}{2} \sin\frac{\gamma}{2}}{\cos\frac{\alpha}{2}} = \frac{b \sin\frac{\gamma}{2} \sin\frac{\alpha}{2}}{\cos\frac{\beta}{2}} = \frac{c \sin\frac{\alpha}{2} \sin\frac{\beta}{2}}{\cos\frac{\gamma}{2}}.$$

Setzt man $k = \sin\frac{\alpha}{2} \sin\frac{\beta}{2} \sin\frac{\gamma}{2}$, so wird:

$$(17') \qquad a = \frac{r \sin\alpha}{2k}, \qquad b = \frac{r \sin\beta}{2k}, \qquad c = \frac{r \sin\gamma}{2k}.$$

5) Halbmesser r', r'', r''' der Ankreise. (r' ist der Halbmesser des Ankreises an der Seite a, r'' an b, r''' an c). Aus Fig. 58 folgt

$$2F = br' + cr' - ar' = r'(-a + b + c), \qquad \text{also ist}$$

$$(18) \quad \begin{cases} r' = \dfrac{F}{s-a} \left(= \sqrt{\dfrac{s(s-b)(s-c)}{s-a}} \right) \\ r'' = \dfrac{F}{s-b} \left(= \sqrt{\dfrac{s(s-c)(s-a)}{s-b}} \right) \\ r''' = \dfrac{F}{s-c} \left(= \sqrt{\dfrac{s(s-a)(s-b)}{s-c}} \right) \end{cases}$$; vgl. dazu die Gleich. (16).

Fig. 58.

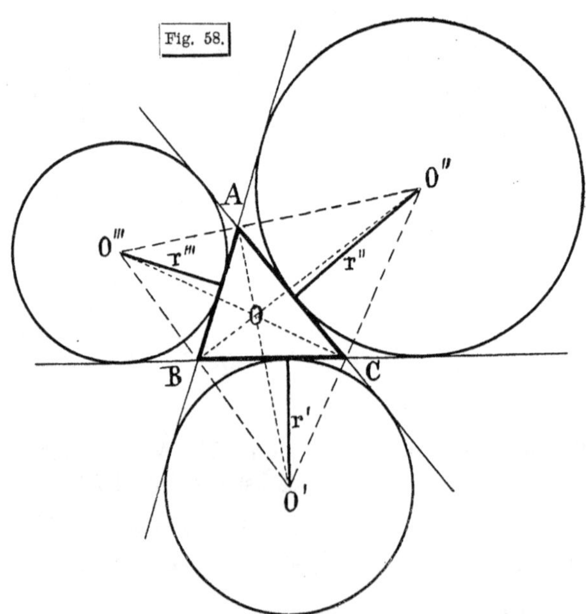

Ebenfalls direkt aus der Figur abzulesen oder durch Umformung aus den vorigen zu gewinnen sind folgende Formeln:

$$(19)\qquad \begin{cases} r' = s \,.\, tg\,\dfrac{\alpha}{2} \\[2ex] r'' = s \,.\, tg\,\dfrac{\beta}{2} \\[2ex] r''' = s \,.\, tg\,\dfrac{\gamma}{2}. \end{cases}$$

Nach (18) ist zu rechnen, wenn die drei Seiten gegeben sind; ist aber das Dreieck durch eine Seite und die Winkel gegeben, so erhält man für r', r'', r''' die (17) entsprechenden Formeln:

$$(20)\qquad \begin{cases} r' = \dfrac{a \cos\frac{\beta}{2} \cos\frac{\gamma}{2}}{\cos\frac{\alpha}{2}} \\[3ex] r'' = \dfrac{b \cos\frac{\gamma}{2} \cos\frac{\alpha}{2}}{\cos\frac{\beta}{2}} \left(= a \,.\, \dfrac{\sin\frac{\beta}{2} \cos\frac{\gamma}{2}}{\sin\frac{\alpha}{2}} \right) \\[3ex] r''' = \dfrac{c \cos\frac{\alpha}{2} \cos\frac{\beta}{2}}{\cos\frac{\gamma}{2}} \left(= a \,.\, \dfrac{\sin\frac{\gamma}{2} \cos\frac{\beta}{2}}{\sin\frac{\alpha}{2}} \right). \end{cases}$$

Für diesen Fall, eine Seite a und die Winkel gegeben, kann man zur Rechnung von r', r'', r''' auch nach dem *Sinus*-Satz die andern Seiten b und c rechnen und dann die Gleichungen (20) in der Form anwenden:

$$(20')\qquad \begin{cases} k' = \cos\dfrac{\alpha}{2} \cos\dfrac{\beta}{2} \cos\dfrac{\gamma}{2}\,; \\[2ex] r' = \dfrac{a\,k'}{\cos^2\frac{\alpha}{2}} \;;\; r'' = \dfrac{b\,k'}{\cos^2\frac{\beta}{2}} \;;\; r''' = \dfrac{c\,k'}{\cos^2\frac{\gamma}{2}}. \end{cases}$$

Beziehungen zwischen r, r', r'', r'''. Es ist

$$(21)\qquad \begin{cases} F = rs = r'(s-a) = r''(s-b) = r'''(s-c), \text{ somit} \\[1ex] \dfrac{1}{r'} + \dfrac{1}{r''} + \dfrac{1}{r'''} = \dfrac{(s-a) + (s-b) + (s-c)}{r \,.\, s} = \dfrac{1}{r}\,; \end{cases}$$

endlich erhält man:

$$(22)\qquad r \,.\, r' \,.\, r'' \,.\, r''' = \frac{F}{s} \cdot \frac{F}{(s-a)} \cdot \frac{F}{(s-b)} \cdot \frac{F}{(s-c)} = F^2.$$

Für **4)** und **5)** gilt in noch höherem Masse als am Schluss von **3)** die daselbst gemachte Bemerkung; von weitern Formeln seien daher nur einige wenige zu Übungen angeschrieben: [45])

(23) $r\,r'\,r'' = (s-c)\,F$ u. s. f.; 24) $F = \dfrac{r'\,r''\,r'''}{\sqrt{r'\,r'' + r''\,r''' + r'''\,r'}}$;

(25) $a = F\left(\dfrac{1}{r''} + \dfrac{1}{r'''}\right) = F\left(\dfrac{1}{r} - \dfrac{1}{r'}\right)$ u. s. f.;

$$(26)\quad a\,b\,c = \frac{F}{s^2}(r' + r'')(r'' + r''')(r''' + r');$$

$$(27)\quad r' + r'' + r''' - r = \frac{s}{\cos\frac{\alpha}{2}\cos\frac{\beta}{2}\cos\frac{\gamma}{2}};$$

$r'\,r''\,r''' = ?$ Viele Beziehungen liefert die Betrachtung des Dreiecks $O'\,O''\,O'''$ und der Dreiecke $O'\,O\,O''$ u. s. f. Nimmt man ausser Seiten und Winkeln noch andere Stücke des Dreiecks hinzu, so vermehrt sich die Zahl der Formeln ins Unübersehbare; z. B. ist für die Höhen

$$(28)\quad \frac{1}{r} = \frac{1}{h'} + \frac{1}{h''} + \frac{1}{h'''};\qquad (29)\quad \frac{1}{r'} = -\frac{1}{h'} + \frac{1}{h''} + \frac{1}{h'''} \text{ u. s. w.};$$

$$(30)\quad \frac{1}{h'} = \frac{1}{2}\left(\frac{1}{r''} + \frac{1}{r'''}\right)$$ u. s. f. Von einiger Wichtigkeit sind, wie schon aus der Planimetrie bekannt ist, die Beziehungen zwischen r, r', r'', r''' und dem Umkreishalbmesser R. Z. B. ist

$$(31)\quad r = 4\,R\sin\frac{\alpha}{2}\sin\frac{\beta}{2}\sin\frac{\gamma}{2};\qquad (32)\quad r' = 4\,R\sin\frac{\alpha}{2}\cos\frac{\beta}{2}\cos\frac{\gamma}{2} \text{ u. s. f.}$$

(aus diesen beiden Gleichungen liest man wieder mit $2\,R = \frac{a}{\sin\alpha} = \frac{b}{\sin\beta} = \frac{c}{\sin\gamma}$ die Gleichungen (17) und (20) ab oder umgekehrt);

$$(33)\quad r' - r = 4\,R\sin^2\frac{\alpha}{2} \text{ u. s. f.};\qquad (34)\quad F = 4\,r\,R\cos\frac{\alpha}{2}\cos\frac{\beta}{2}\cos\frac{\gamma}{2}.$$

Es lässt sich allgemein folgender Satz aufstellen: Bezeichnet man neben den seither gebrauchten Stücken mit p, p', p'', p''' die Ausdrücke $(4\,R + r)$, $(4\,R - r')$, $(4\,R - r'')$, $(4\,R - r''')$, so erhält man aus jeder Formel am Dreieck eine neue richtige Formel, wenn man die in jener vorkommenden Elemente α, β, γ; a, b, c; s, $(s-a)$, $(s-b)$, $(s-c)$; F; R; r, r', r'', r'''; p, p', p'', p''' ersetzt durch: $-\alpha$, $(180^0 - \beta)$, $(180^0 - \gamma)$; a, $-b$, $-c$; s, $-(s-a)$, $(s-b)$, $(s-c)$; $-F$; $-R$; r, r', r'', r'''; $-p$, $-p'$, $-p''$, $-p'''$. Man kann diesem Satz eine noch allgemeinere Fassung geben.[46])

6. Winkelhalbierende und Schwerlinien. 1) Die Strecken der Winkelhalbierenden zwischen den Dreiecksecken und den gegenüberliegenden Seiten seien mit w', w'', w''' bezeichnet (w' halbiert den Winkel α u. s. f.), ferner seien die durch die Winkelhalbierende auf a entstehenden Abschnitte mit a_1, a_2 bezeichnet (a_1 an b, a_2 an c anstossend), ebenso b_1, b_2 auf b und c_1, c_2 auf c.

Es sind folgende Sätze zu beweisen:

$$(35)\quad a_1 : a_2 = b : c,\quad b_1 : b_2 = c : a,\quad c_1 : c_2 = a : b;$$

$$(36)\quad \begin{cases} a_1 : b : w' = \sin\frac{\alpha}{2} : \sin\left(\frac{\alpha}{2} + \gamma\right) : \sin\gamma \\ a_2 : c : w' = \sin\frac{\alpha}{2} : \sin\left(\frac{\alpha}{2} + \beta\right) : \sin\beta \text{ u. s. f.} \end{cases}$$

$$(37)\quad w'^2 = b\,c - a_1\,a_2,\quad w''^2 = c\,a - b_1\,b_2,\quad w'''^2 = a\,b - c_1\,c_2;$$

$$(38)\quad w'^2 = \frac{b\,c}{(b+c)^2}[(b+c)^2 - a^2] = \frac{4\,b\,c}{(b+c)^2}s\,(s-a) \text{ u. s. f.}$$

Aus (38) sind die Längen von w', w'', w''' zu berechnen, wenn die drei Seiten gegeben sind. Sind eine Seite, z. B. a, und die Winkel gegeben, so erhält man

(39) $$w'' = \frac{a \sin \gamma}{\sin\left(\frac{\beta}{2} + \gamma\right)}; \quad w''' = \frac{a \sin \beta}{\sin\left(\frac{\gamma}{2} + \beta\right)}; \quad w' = \frac{c \sin \beta}{\sin\left(\frac{\alpha}{2} + \beta\right)} = \frac{b \sin \gamma}{\sin\left(\frac{\alpha}{2} + \gamma\right)}$$

oder (40) $$w' = \frac{a \sin \gamma \sin \beta}{\sin \alpha \sin\left(\frac{\alpha}{2} + \beta\right)} = \frac{a \sin \beta \sin \gamma}{\sin \alpha \sin\left(\frac{\alpha}{2} + \gamma\right)};$$ in der That ist

im Dreieck $$\sin\left(\frac{\alpha}{2} + \beta\right) = \sin\left(\frac{\alpha}{2} + \gamma\right) \text{ u. s. f.}$$

Sind zwei Seiten und der eingeschlossene Winkel gegeben, z. B. b, c, α, so sind, um w' zu berechnen, am besten zunächst die Winkel β und γ zu suchen (vgl. § 24, **II**[a], 2) und damit $w' = \frac{c \sin \beta}{\sin\left(\frac{\alpha}{2} + \beta\right)} = \frac{b \sin \gamma}{\sin\left(\frac{\alpha}{2} + \gamma\right)}$ u. s. f. wie oben.

2) D i e V e r b i n d u n g s s t r e c k e n d e r E c k e n m i t d e n M i t t e l p u n k t e n d e r G e g e n s e i t e n (S c h w e r l i n i e n des Dreiecks) seien t', t'', t''' (Bezeichnung in derselben Art wie oben); dann ist:

(41) $$2\, t'^2 = b^2 + c^2 - \frac{a^2}{2} \text{ u. s. f.}$$ Hieraus sind die Schwerlinien zu rechnen, wenn die drei Seiten gegeben sind. Umgekehrt wird:

(42) $$a = \frac{2}{3} \sqrt{2\,(t''^2 + t'''^2) - t'^2}$$ u. s. f. für die beiden andern Seiten.

Weitere Fälle: Zwei Seiten und der eingeschlossene Winkel gegeben, z. B. b, c, α, wie ist t' zu bestimmen? Wie sind die t' u. s. f. zu bestimmen, wenn eine Seite und die Winkel gegeben sind? Ferner wird für den Dreiecksinhalt aus den drei Schwerlinien

(43) $$F = \frac{4}{3} \sqrt{t\,(t - t')\,(t - t'')\,(t - t''')}, \text{ wenn } t = \frac{1}{2}\,(t' + t'' + t''')$$
gesetzt wird.

Sind α_1, α_2 die Teile, in die α durch t' zerlegt wird (α_1 an b, α_2 an c anliegend), so ist

$$\sin \alpha_1 = \frac{\frac{a}{2} \cdot \sin \gamma}{t'}, \quad \sin \alpha_2 = \frac{\frac{a}{2} \cdot \sin \beta}{t'}, \quad \text{also}$$

(44) $$\begin{cases} \sin \alpha_1 : \sin \alpha_2 = \sin \gamma : \sin \beta = c : b \\ \sin \beta_1 : \sin \beta_2 = \sin \alpha : \sin \gamma = a : c \\ \sin \gamma_1 : \sin \gamma_2 = \sin \beta : \sin \alpha = b : a \end{cases}$$

(Analogie zu dem Satz über a_1, a_2 u. s. f. bei den Winkelhalbierenden w' u. s. f. in 1)).

Für die durch Schwerlinie, Winkelhalbierende, Höhe aus einer Ecke auf der Gegenseite gebildeten Abschnitte kann man zusammen merken: die Abschnitte, in die a zerfällt

durch die Schwerlinie t' aus A verhalten sich wie $1 : 1$
„ „ Winkelhalbierende w' „ A „ „ „ $b : c = \sin \beta : \sin \gamma$
„ „ Höhe h' „ A „ „ „ $tg\,\gamma : tg\,\beta\,(= ctg\,\beta : ctg\,\gamma)$

§ 26. Übungen zu § 25.

In diesem § sollen nur eine Anzahl von Rechenübungen zu den Formeln des letzten § vereinigt werden.

1) Inhalt des Dreiecks.

1) Ein Dreieck hat die Seiten 250,04, 360,72, 432,18 (s. § 24, III, Beispiel 1). Was ist der Inhalt F? (Gl. 6). Was sind die Höhen? (Für diese ist $h' = \frac{2F}{a}$ u. s. f., vgl. Zusatz zu Gl. (1)).

a = **250,04** m	s	2.71 723
b = **360,72** m	$(s-a)$	2.43 366
c = **432,18** m	$(s-b)$	2.20 615
$2s = 1042,94$	$(s-c)$	1.95 080
$s = 521,47$	F^2	9.30 784
$s-a = 271,43$	F	4.65 392
$s-b = 160,75$	$2F$	4.95 495
$s-c = 89,29$	a	2.39 801
Probe $s = 521,47$	b	2.55 717
$F = 45\,073$ qm	c	2.63 566
$= 4$ ha 50a 73qm	h'	2.55 694
$h' = 360,53$ m	h''	2.39 778
$h'' = 249,91$ m	h'''	2.31 929
$h''' = 208,59$ m		

Zu beachten ist (wenn die Bezeichnung der Seiten ganz beliebig gewählt ist) bei den Höhen nur, dass zur grössern Seite die kleinere Höhe (zur grössten Seite also die kleinste Höhe) gehört. Man rechne auch mit $\log \frac{1}{h'} = 7.44\,306$ u. s. f. den Dreiecksinhalt nach (9).

2) Dasselbe Dreieck ist gegeben durch die zwei Seiten 250,04, 360,72 und den zwischenliegenden Winkel 88° 8′ 20″; was ist der Inhalt? (Gl. 2). Ebenso wenn gegeben ist die Seite 360,72 und die Winkel 35° 19′ 38″ und 88° 8′ 20″? (Gl. 3).

a = **250,04** m	a	2.39 801
b = **360,72** m	b	2.55 717
γ = **88° 8 $\frac{1}{3}$′**	$\sin\gamma$	9.99 977
$2F = 90\,146$	$2F$	4.95 495
$F = 45\,073$ qm		

b = **360,72**	b	2.55 717
α = **35° 19′ 38″**	b^2	5.11 434
γ = **88° 8′ 20″**	$\sin\alpha$	9.76 211
$\alpha+\gamma = 123° 27′ 58″$	$\sin\gamma$	9.99 977
$2F = 90\,146$	$E\sin(\alpha+\gamma)$	0.07 873
$F = 45\,073$ qm	$2F$	4.95 495

3) In einem Dreieck ist eine Seite = 10,00 m und die zwei anliegenden Winkel sind 34° 28′ und 73° 12′; was ist der Inhalt? (4-stellig.)

$c = \mathbf{10{,}00}$	c^2	2.0000
$\alpha = \mathbf{34^0\,28'}$	$sin\,\alpha$	9.7527
$\beta = \mathbf{73^0\,12'}$	$sin\,\beta$	9.9811
$\alpha + \beta = 107^0\,40'$	$E\,sin\,(\alpha + \beta)$	0.0210
	$2\,F$	1.7548
	2	0.3010
$F = 28{,}43$ qm	F	1.4538

oder mit der Tafel der natürlichen Werte der goniometrischen Zahlen (nach Gl. (4)):

$ctg\,\alpha = 1{,}4568$	c^2	2.0000
$ctg\,\beta = 0{,}3020$	$(ctg\,\alpha + ctg\,\beta)$	0.2452
$ctg\,\alpha + ctg\,\beta = 1{,}7588$	$2\,F$	1.7548
$2\,F = 56{,}86$		
$F = 28{,}43$ qm		

Im vorliegenden Fall eines runden c kann man $2\,F = \frac{c^2}{ctg\,\alpha + ctg\,\beta}$ auch unmittelbar der Reciproken-Tafel entnehmen (wenn keine besondere da ist, so dient als solche die Spalte tg und $cotg$ der natürlichen goniometrischen Zahlen).

4) Was ist der Inhalt eines Dreiecks, in dem eine Seite 18 cm, eine zweite 24 cm lang ist und in dem der Gegenwinkel der ersten Seite $30^0\,10'$ beträgt? (Vierstellig.)

Der Gegenwinkel der kleinern Seite ist als spitzer Winkel gegeben; möglicherweise sind also zwei Lösungen (zwei Dreiecke) vorhanden. Nun ist der Durchmesser des Umkreises $\frac{a}{sin\,\alpha} = \frac{18}{sin\,30^0\,10'}$ cm oder, da $sin\,30^0 = \frac{1}{2}$ ist, nahezu 36 cm, die Länge der zweiten gegebenen Seite b also zwischen a und $2\,R$; es sind also in der That zwei Lösungen möglich. Vgl. § 24, II^b Fig. 55 nebst Text dazu. Rechnung von F unmittelbar nach (5) würde geben: (zum Vergleich ist unten auch die Rechnung nach der vorigen Aufgabe beigefügt, die bequemer und kürzer ist. Wenn nicht nur der Inhalt gebraucht wird, wäre ohnehin nach der zweiten Methode zu rechnen).

$$a = 18 \text{ cm}$$
$$b = 24 \text{ cm}$$
$$\alpha = 30^0\,10'$$

$$b \sin \alpha = 12{,}063$$

$$a + b \sin \alpha = 30{,}063$$
$$a - b \sin \alpha = 5{,}937$$

1. Dreieck	2. Dreieck
$b \cos \alpha = 20{,}748$	$b \cos \alpha = 20{,}748$
$+\sqrt{\ } = +13{,}360$	$-\sqrt{\ } = -13{,}360$
$\{\ \}_1 = 34{,}11$	$\{\ \}_2 = 7{,}388$
$2F_1 = 411{,}5$	$2F_2 = 89{,}10$
$F_1 = 205{,}7$ qcm	$F_2 = 44{,}55$ qcm

$b \cos \alpha$	1.3170
$\cos \alpha$	9.9368
b	1.3802
$\sin \alpha$	9.7012
$b \sin \alpha$	1.0814
$(a + b \sin \alpha)$	1.4780
$(a - b \sin \alpha)$	0,7736
$(\ )(\ )$	2.2516
$\sqrt{\ }$	1.1258
$b \sin \alpha$	1.0814
$\{\ \}_1$	1.5329
$\{\ \}_1$	0.8685
$2F_1$	2.6143
$2F_2$	1.9499

$$a = 18$$
$$b = 24$$
$$\alpha = 30^0\,10'$$

1. Dreieck	2. Dreieck
$\beta_1 = \beta' = 42^0\ 4',3$	$\beta_2 = 180^0 - \beta' = 137^0 55',7$
$\alpha + \beta_1 = 72^0\,14',3$	$\alpha + \beta_2 = 168^0\,5',7$
$2F_1 = 411{,}5$	$2F_2 = 89{,}10$
$F_1 = 205{,}7$ qcm	$F_2 = 44{,}55$ qcm

b	1.3802
$\sin \alpha$	9.7012
$E\,a$	8.7447
$\sin \beta$	9.8261
a	1.2553
$a\,b$	2.6355
$\sin(\alpha+\beta_1)$	9.9788
$\sin(\alpha+\beta_2)$	9.3145
$2F_1$	2.6143
$2F_2$	1.9499

Statt $\sin \gamma_1$ und $\sin \gamma_2$ in $2F_1 = a\,b \sin \gamma_1$ und $2F_2 = a\,b \sin \gamma_2$ ist geschrieben $\sin(\alpha + \beta_1)$ und $(\alpha + \beta_2)$, was ja unmittelbar damit identisch ist.

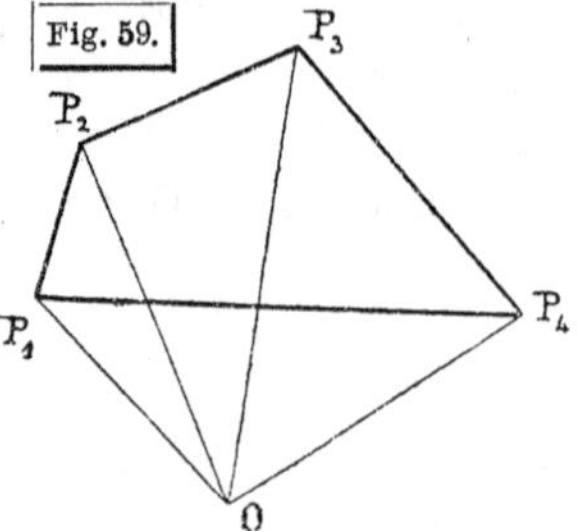

5) Polygonfläche durch Dreieckszerlegung. Die Punkte P_1, P_2, P_3, P_4 sind die in der angegebenen Reihe folgenden Ecken eines Vierecks und dieses ist (vgl. Fig. **59**) bestimmt durch Messen der Winkel zwischen den Strahlen OP_1, OP_2, OP_3, OP_4 in einem Punkt O und der Entfernungen OP_1, OP_2, OP_3, OP_4. (Es sind also für die Punkte P Polarcoordinaten gegeben). Es sind gemessen worden:

die Richtungen:	$P_1 O P_2 =$ **30° 4',2**	$O P_1 =$ **58,10** m
„ „	$P_1 O P_3 =$ **64° 58',1**	$O P_2 =$ **73,88** „
„ „	$P_1 O P_4 =$ **100° 27',5**	$O P_3 =$ **72,90** „
ferner die Entfernungen:		$O P_4 =$ **50,22** „

Was ist der Flächeninhalt des Vierecks? (Fünfstellig). Zerlegung in die Dreiecke mit O als gemeinschaftlicher Spitze.

Winkel	Dr. $P_1 O P_2$ **30° 4',2**	Dr. $P_2 O P_3$ **34° 53',9**	Dr. $P_3 O P_4$ **35° 29',4**	Dr. $P_4 O P_1$ **100° 27',5**
sin	9.69 988	9.75 749	9.76 385	9.99 272
r_k	1.76 418	1.86 853	1.86 273	1.70 088
r_{k+1}	1.86 853	1.86 273	1.70 088	1.76 418
$2 F_\triangle$	3.33 259	3.48 875	3.32 746	3.45 778
$2 F_\triangle =$	2150,7	3081,4	2125,5	2869,3

somit $2F = 2150{,}7 + 3081{,}4 + 2125{,}5 - 2869{,}3 = 4488{,}3$ qm oder

$$\underline{F = 2244 \text{ qm}} = \underline{22 \text{ a } 44 \text{ qm.}}$$

Praktisch wichtig sind von den Inhaltsformeln des vorigen § vor allen (2), sodann (6); aus (2) abgeleitet (3), allenfalls auch (4). — Spezieller Fall für (2): Rechtwinkliges Dreieck mit a als Hypotenuse: $\alpha = 90^0$, $\sin \alpha = 1$, $2F = bc$.

2) Andere Stücke des Dreiecks. Von grosser Wichtigkeit ist der Satz in **3**, § 25: $\frac{a}{\sin \alpha} = \frac{b}{\sin \beta} = \frac{c}{\sin \gamma} = 2R$.

6) Was ist in einem Dreieck mit den Seiten 3, 4, 5 der Umkreishalbmesser? Das Dreieck ist bekanntlich rechtwinklig, also $R = \frac{a}{2}$ (s. auch § 9, S. 71). In der That giebt die für jedes Dreieck giltige Gl. (11), $R = \frac{abc}{4F}$, hier $R = \frac{3 \cdot 4 \cdot 5}{4 \cdot \frac{1}{2} \cdot 3 \cdot 4} = 2{,}5$.

Ebenso ist wichtig: Inkreishalbm. $r = \sqrt{\frac{(s-a)(s-b)(s-c)}{s}} = \frac{F}{s}$.

7) Beispiel. Was ist in dem in **1**) S. 258 berechneten Dreieck r und R? Aus den dort bereits angeschriebenen Zahlen lässt sich unmittelbar ablesen (vgl. auch § 24, III. S. 248 und 249):

$$\log r = 1\,93\,669 \qquad \log R = 2.33\,486$$

$$\underline{r = 86{,}436 \text{ m}}\ , \quad \underline{R = 216{,}20 \text{ m.}}$$

8) In einem Dreieck ist eine Seite 360,72, ihr Gegenwinkel 56° 32' 0'', die zwei andern Winkel sind 35° 19' 40'' und 88° 8' 20''; was ist Umkreis- und was Inkreishalbmesser? (Das Dreieck ist dasselbe wie in 7); vgl. § 24, III).

$\mathbf{a = 360{,}72}$
$\mathbf{\alpha = 56^0\,32'\;\;0''}$
$\mathbf{\beta = 35^0\,19'\,40''}$
$\mathbf{\gamma = 88^0\;\;8'\,20''}$

Probe $180^0\,0'\,0'$

$\frac{\beta}{2} = 17^0\,39'\,50''$

$\frac{\gamma}{2} = 44^0\;\;4'\,10''$

$\frac{\alpha}{2} = 28^0\,16'\;\;0''$

$2\,R = 432{,}41$
$R = 216{,}20$
$r = 86{,}44.$

s. oben.

$2\,R$	2.63 590
$E sin\,\alpha$	0.07 873
a	2.55 717
$sin\frac{\beta}{2}$	9.48 206
$sin\frac{\gamma}{2}$	9.84 231
$E cos\frac{\alpha}{2}$	0.05 515
r	1.93 669

Wie sind die Ankreishalbmesser r' r'' r''' desselben Dreiecks zu berechnen, wenn die drei Seiten (nicht wie oben eine Seite und die Winkel) gegeben sind?

9) In einem Dreieck ist eine Seite 100 m, ihr Gegenwinkel $10^0\,0'\,0''$; was ist der Umkreisdurchmesser $2\,R$? Was ist ferner $2\,R$, wenn der Gegenwinkel $170^0\,0'\,0''$ ist?

Antwort: In beiden Fällen $2\,R = \frac{100}{sin\,10^0\,0'}$

100	2.00 000
$sin\,10^0\,0'$	9.23 967
$2\,R = 575{,}88$	2.76 033

Allgemein: Bei gegebener Dreieckseite a und den Gegenwinkeln α oder $(180^0 - \alpha)$ dieser Seite erhält man denselben Umkreishalbmesser, wie aus der Geometrie bekannt ist (Satz vom Kreisviereck: die Summe zweier gegenüberliegender Winkel ist 180^0). Mit $\alpha \lesseqgtr 90^0$ wird $2\,R > a$, mit $\alpha = 90^0$ (rechtwinkliges Dreieck) wird $2\,R = a$; mit $\alpha < 90^0$ ist der Teil des Kreisumfangs, der die dritte Dreiecksecke enthält, grösser, mit $\alpha > 90^0$ kleiner als ein Halbkreis; vgl. auch § 24, II[b], Seite 245.

10) Ein Dreieck ist einem Kreis von 86,44 m Halbmesser so umschrieben, dass zwei Dreieckswinkel $56^0\,32',0$ und $88^0\,8,'3$ werden; was sind die Seiten des Dreiecks? (vgl. 8). (Vierstellig.)

Nach (17') erhält man mit $k = sin\frac{\alpha}{2}\,sin\frac{\beta}{2}\,sin\frac{\gamma}{2}$ die Seiten aus

$$a = \frac{r\,sin\,\alpha}{2\,k}\quad,\quad b = \frac{r\,sin\,\beta}{2\,k}\quad,\quad c = \frac{r\,sin\,\gamma}{2\,k}.$$

$\boldsymbol{r = 86,44}$	$sin\frac{\alpha}{2}$	9 6754
$\boldsymbol{\alpha = 56^0\,32',0}$	$sin\frac{\beta}{2}$	9.4820
$\boldsymbol{\gamma = 88^0\,8',3}$	$sin\frac{\gamma}{2}$	9.8423
$\beta = 35^0\,19',7$	2	0.3010
$\frac{\alpha}{2} = 28^0\,16',0$	$2\,k$	9.3007
$\frac{\beta}{2} = 17^0\,39',8$	r	1.9367
$\frac{\gamma}{2} = 44^0\ \ 4',2$	$r:2\,k$	2.6360
Probe $90^0\,0',0$	$sin\,\alpha$	9.9213
$a = 360,8$	$sin\,\beta$	9.7621
$b = 250,1$	$sin\,\gamma$	9.9998
$c = 432,3$	a	2.5573
	b	2.3981
	c	2.6358

11) Dasselbe Dreieck wie in 1), 2), 7), 8), 10) sei das einemal durch die drei Seiten

$$a = 360{,}72,\ b = 250{,}04,\ c = 432{,}18,$$

das zweitemal durch eine Seite und die Winkel:

$$a = 360{,}72,\ \alpha = 56^0\,32'\,0'',\ \gamma = 88^0\,8'\,20''\ \ (\beta = 35^0\,19'\,40'')$$

gegeben; wie berechnen sich in jedem Fall die Halbmesser der Ankreise? (Fünfstellig.)

$\boldsymbol{a = 360,72}$	s	2.71 723
$\boldsymbol{b = 250,04}$	$(s-a)$	2.20 615
$\boldsymbol{c = 432,18}$	$(s-b)$	2.43 366
$2\,s = 1042,94$	$(s-c)$	1.95 080
$s = 521,47$	F^2	9.30 784
$s-a = 160,75$	F	4.65 392
$s-b = 271,43$		
$s-c = 89,29$	$r' = \frac{F}{s-a}$	2.44 777
Probe $s = 521,47$	$r'' = \frac{F}{s-b}$	2.22 026
$r' = 280,40$		
$r'' = 166,06$	$r''' = \frac{F}{s-c}$	2.70 312
$r''' = 504,80$		
	$r = \frac{F}{s}$	1.93 669
	Probe: F^2	9.30 784

Zu der zweiten Rechnung (S. 264) ist zu bemerken, dass die Rechnung nach der zweiten Form der Gleichungen (20) etwas bequemer wäre: man muss zwar im ganzen ebensoviele *sin* und *cos* aufschlagen (*sin* und *cos* für jeden halben Winkel), aber es stehen je zwei davon auf derselben Seite; dafür ist die hier benützte Rechnung (mit Hilfe von b und c) symmetrischer.

$\mathbf{a = 360{,}72}$	c	2.63 567
$\boldsymbol{\alpha = 56^0\,32'\;\;0''}$	$\sin\gamma$	9.99 977
$\boldsymbol{\beta = 35^0\,19'\,40''}$	a	2.55 717
$\boldsymbol{\gamma = 88^0\;\;8'\,20''}$	$E\sin\alpha$	0.07 873
$\frac{\alpha}{2} = 28^0\,16'\;\;0'$	$\sin\beta$	9.76 212
$\frac{\beta}{2} = 17^0\,39'\,50''$	b	2.39 802
$\frac{\gamma}{2} = 44^0\;\;4'\,10''$	$\cos\frac{\alpha}{2}$	9.94 485
Probe: $90^0\;\;0'\;\;0''$	$\cos\frac{\beta}{2}$	9.97 903
$r' = 280{,}40$	$\cos\frac{\gamma}{2}$	9.85 643
$r'' = 166{,}06$	k'	9.78 031
$r''' = 504{,}80$	$a\,k'$	2.33 748
	$b\,k'$	2.17 833
	$c\,k'$	2.41 598
	$\cos^2\frac{\alpha}{2}$	9.88 970
	$\cos^2\frac{\beta}{2}$	9.95 806
	$\cos^2\frac{\gamma}{2}$	9.71 286
	r'	2.44 778
	r''	2.22 027
	r'''	2.70 312

12) Berechne für dasselbe Dreieck wie in 11), bei denselben zwei verschiedenen Daten, die Länge der winkelhalbierenden Strecken und die Länge der Schwerlinien.

Wenn a, b, c gegeben sind, erhält man w', w'', w''' unmittelbar aus (38); für t', t'', t''' erhält man zunächst, wenn man die Gleichung (41) anschreibt, quadriert und paarweise subtrahiert:

$$t'^2 - t'''^2 = \frac{3}{4}(c^2 - a^2),\quad t''^2 - t'^2 = \frac{3}{4}(a^2 - b^2),\quad t'''^2 - t''^2 = \frac{3}{4}(b^2 - c^2);$$

wie sind hieraus t', t'', t''' zu berechnen?

Wenn a und die Winkel gegeben sind, so erhält man w', w'', w''' unmittelbar aus (39) und (40); für t' kann man α_1 und α_2 nach (43) ausrechnen (aus $\alpha_1 + \alpha_2 = \alpha$ und $\sin\alpha_1 : \sin\alpha_2 = c : b = \sin\gamma : \sin\beta$) und dann t' aus

$$t' = \frac{a}{2}\,\frac{\sin\gamma}{\sin\alpha'} = \frac{a}{2}\,\frac{\sin\beta}{\sin\alpha_2};$$ entsprechend für t'', und t''', nachdem $\log b$ und $\log c$ durch den *Sinus*-Satz bestimmt sind.

Stoff zu weitern Übungen im Sinn dieses § bietet z. T. auch die Zusammenstellung von Dreiecken im Anhang dieses 1. Kapitels.

§ 27. Weitere Aufgaben und Sätze über das ebene Dreieck.

In diesem § sollen zunächst eine Reihe von Dreiecksbestimmungen behandelt werden, bei denen nicht lauter Seiten und Winkel des Dreiecks gegeben sind, sondern auch Zusammensetzungen dieser Stücke oder andere Bestimmungsstücke, zur Übung im Gebrauch der für das ebene Dreieck aufgestellten Formeln. Die hier ausgewählten Aufgaben sollen nur als **Beispiele** der beliebig grossen Zahl ähnlicher Dreiecksberechnungen dienen. Man unterlasse nicht, neben die trigonometrische Lösung, wo es möglich ist, die algebraische zu stellen; bei den rechtwinkligen Dreiecken der ersten Nummer sind dafür einige Anhaltspunkte gegeben. Ebenso ist es von grossem Wert, die Auflösung durch Konstruktion mit der durch Rechnung zu vergleichen. Endlich ist eine sorgfältige Diskussion des Resultats nie zu unterlassen und die Übereinstimmung der Determination, die man auf algebraischem, geometrischem und trigonometrischem Weg erhält, herzustellen. Zunächst sei zum rechtwinkligen Dreieck zurückgekehrt (vgl. § 8 und 9, **1**).

1) Rechtwinkliges Dreieck.

1) Von einem rechtwinkligen Dreieck ist gegeben die Hypotenuse a und die Summe l der beiden Katheten; das Dreieck zu berechnen.

a) Algebraische Lösung:

$$b^2 + c^2 = a^2$$
$$b + c = l \quad \text{oder}$$
$$(b + c^2 = l^2, \quad \text{also}$$
$$2\,b\,c = l^2 - a^2 \quad \text{und}$$
$$(b - c^2) = 2\,a^2 - l^2,$$
$$b - c = \sqrt{2\,a^2 - l^2}.$$

Aus $(b + c)$ und $(b - c)$ erhält man b und c.

Bedingung der Möglichkeit der Aufgabe: $2\,a^2 \geqq l^2$ oder $a\sqrt{2} \geqq l$.

b) Trigonometrische Lösung:

$$(1) \quad \begin{cases} b = a \sin\beta \\ c = a \cos\beta \end{cases}$$

$$l = b + c = a\,(\sin\beta + \cos\beta) = a\sqrt{2}\sin(45^0 + \beta); \quad \text{somit}$$

$$(2) \quad \sin(45^0 + \beta) = \frac{l}{a\sqrt{2}}.$$

Hieraus bestimmt sich β und damit b und c aus (1).

Bedingung der Möglichkeit: $a\sqrt{2} \geqq l$, gemäss (2); also ebenso wie bei a), wie es sein muss. Mit $a\sqrt{2} = l$ folgt aus der algebraischen Lösung $b - c = 0$ und damit übereinstimmend aus der trigonometrischen $\beta = 45^0$.

2) Gegeben sei die Hypotenuse a und die zu ihr gehörige Höhe h.

a) Algebraische Lösungen. Aus

$$b^2 + c^2 = a^2 \quad \text{und} \quad b\,c = a\,h \quad \text{findet sich}$$

$$b + c = \sqrt{a^2 + 2\,a\,h}, \quad b - c = \sqrt{a^2 - 2\,a\,h},$$

womit b und c bestimmt sind. Bedingung der Möglichkeit ist: $a^2 - 2\,a\,h \geqq 0$ oder $\frac{a}{2} \geqq h$, wie auch geometrisch unmittelbar klar ist.

Oder: Es seien x und y die Abschnitte, in die die Hypotenuse durch die Höhe geteilt wird, so ist

$$x + y = a \quad \text{und} \quad x\,y = h^2, \text{ woraus}$$

$$x - y = \sqrt{a^2 - 4\,h^2},$$

somit x und y bestimmt. Bedingung der Möglichkeit wie oben. Ferner ist dann $b = \sqrt{a\,x}, \quad c = \sqrt{a\,y}$.

b) Trigonometrische Lösung. Es ist

$$a = h\,ctg\,\beta + h\,tg\,\beta = \frac{2\,h}{sin\,2\,\beta}, \quad \text{woraus} \quad sin\,2\,\beta = \frac{2\,h}{a}.$$

Bedingung der Möglichkeit $\frac{a}{2} \geqq h$, wie oben. Damit ist nun $2\,\beta$ bestimmt und also auch $b = a\,sin\,\beta, \quad c = a\,cos\,\beta$.

3) Gegeben die Summe l der beiden Katheten und die Höhe h.

a) Algebraische Lösung. Es ist $2\,F = a\,h = b\,c$, somit hat man zur Bestimmung von a die Gleichung:

$$a^2 = b^2 + c^2 = (b + c^2) - 2\,b\,c = l^2 - 2\,a\,h \quad \text{oder}$$

$$a^2 + 2\,a\,h - l^2 = 0 \quad , \quad \text{woraus} \quad a = -h + \sqrt{h^2 + l^2}.$$

Damit ist dann auch $b\,c = a\,h$ bekannt und b und c sind also aus ihrem Produkt und ihrer Summe wie gewöhnlich zu bestimmen.

b) Trigonometrische Lösung. Es ist

$$l = b + c = \frac{h}{cos\,\beta} + \frac{h}{sin\,\beta} = h\,\frac{sin\,\beta + cos\,\beta}{sin\,\beta\,cos\,\beta},$$

woraus β zu bestimmen ist: Mit $sin\,\beta + cos\,\beta = \sqrt{1 + sin\,2\,\beta}$ und $sin\,\beta\,cos\,\beta = \frac{1}{2}\,sin\,2\,\beta$, also

$$\frac{\sqrt{1 + sin\,2\,\beta}}{sin\,2\,\beta} = \frac{l}{2\,h}$$

erhält man für $sin\,2\,\beta$ eine quadratische Gleichung, aus der sich ergiebt

$$sin\,2\,\beta = \frac{2\,h^2 + \sqrt{4\,h^4 + 4\,h^2\,l^2}}{l^2} = \frac{2\,h}{l^2}\,(h + \sqrt{h^2 + l^2}.$$

Man kann diese Formel leicht zur logarithmischen Rechnung bequem einrichten, übrigens auch mit Hilfe der Additionslogarithmen direkt benützen. Um für diese wieder einmal ein Beispiel zu geben, ist hier das nachstehende berechnet (vierstellig):

$h = 41{,}3$	h^2	3.2319	$c = 96{,}94$	c	1.9865
$l = 142{,}6$	l^2	4.3082		$E \sin\beta$	0.3705_5
	k	8.9237		h	1.6159_5
	$(1+k)$	0.0350		$E \cos\beta$	0.0435
	$h^2 + l^2$	4.3432	$b = 45{,}65$	b	1.6594_5
	$\sqrt{h^2 + l^2}$	2.1716	Probe $= 142{,}59$	a	2.0300
	h	1.6159_5	$a = 107{,}12$		
	n	9.4443_5			
	$(1+n)$	0.1066			
	$h + \sqrt{}$	2.2782			
	$2h$	1.9170			
	$E l^2$	5.6918			
$2\beta = 50^\circ 26',0$	$\sin 2\beta$	9.8870			
$\beta = 25^\circ 13',0$					

Wie lautet nach den beiden vorstehenden Auflösungen die Determination der Aufgabe? Wie ist ferner diese Aufgabe durch Konstruktion zu lösen?

4) Gegeben die Differenz der beiden Katheten $b - c = d$ und der Radius R des Umkreises (oder also die Hypotenuse $a = 2R$).

a) Algebraische Lösung. Es ist

$$a = 2R, \quad \text{also}$$
$$b^2 + c^2 = 4R^2$$
$$2bc = 4R^2 - d^2$$
$$b + c = \sqrt{8R^2 - d^2},$$

womit $(b + c)$ und also auch b und c bestimmt sind.

Bedingung der Möglichkeit anscheinend $8R^2 > d^2$; warum genügt diese nicht? In Wirklichkeit $2R > d$.

b) Trigonometrische Lösung. $a = 2R$, ferner

$$d = b - c = a \sin\beta - a \cos\beta = -a\sqrt{2}\cos(45^0 + \beta), \qquad \text{somit}$$
$$\cos(45^0 + \beta) = -\frac{d}{a\sqrt{2}} = -\frac{d}{2\sqrt{2}\,.\,R}.$$

Bedingung der Möglichkeit wie oben. Da $(b - c) = d$ gegeben, also $\beta > \gamma$ ist, d. h. $\beta > 45^0$, so ist $(45^0 + \beta)$ im zweiten Quadranten und es ist also $\cos(45^0 + \beta)$ negativ, wie es sich oben ergeben hat.

5) Gegeben der Flächeninhalt F und die Hypotenuse a.

a) Algebraische Lösung. Es ist Produkt und Quadratsumme der Katheten gegeben; man sucht also deren Summe und Differenz.

b) Trigonometrische Lösung. Es ist

$$F = \frac{1}{2} a \sin\beta \,.\, a \cos\beta = \frac{1}{4} a^2 \sin 2\beta, \qquad \text{woraus}$$
$$\sin 2\beta = \frac{4F}{a^2} \quad \text{u. s. f.}$$

6) Gegeben der Flächeninhalt F und der Winkel β.

Unmittelbar aus der vorigen Aufgabe folgt:

$$a^2 = \frac{4F}{\sin 2\beta} \quad \text{u. s. w.}$$

7) Gegeben die Hypotenuse a und die Differenz der beiden spitzen Winkel $(\beta - \gamma) = \delta$.

Die *Mollweide*schen Gleichungen [§ 23, (6)] liefern für das rechtwinklige Dreieck:

$$(b + c) \sin 45^0 = a \cos \frac{\beta - \gamma}{2}; \qquad (b - c) \cos 45^0 = a \sin \frac{\beta - \gamma}{2}, \quad \text{also}$$

$$(b + c) = a\sqrt{2} \cos \frac{\delta}{2}; \quad (b - c) = a\sqrt{2} \sin \frac{\delta}{2},$$ womit b und c bestimmt sind.

2) Schiefwinkliges Dreieck.

1) Ein Dreieck zu berechnen aus der Summe der drei Seiten $(a + b + c) = 2s$ und zwei Winkeln.

Mit zwei Winkeln ist auch der dritte gegeben. Ferner ist nach dem *Sinus*-Satz:

$$a : b : c := \sin\alpha : \sin\beta : \sin\gamma, \quad \text{also auch}$$

$$(a + b + c) : a = (\sin\alpha + \sin\beta + \sin\gamma) : \sin\alpha,$$ woraus durch einfache Umformung sich ergiebt:

$$a = \frac{2s \, . \sin\alpha}{4 \cos\frac{\alpha}{2} \cos\frac{\beta}{2} \cos\frac{\gamma}{2}}, \quad \text{oder} \quad a = \frac{s \, . \sin\frac{\alpha}{2}}{\cos\frac{\beta}{2} \cos\frac{\gamma}{2}}; \quad \text{ebenso wird}$$

$$b = \frac{s \, . \sin\frac{\beta}{2}}{\cos\frac{\gamma}{2} \cos\frac{\alpha}{2}}, \qquad c = \frac{s \, . \sin\frac{\gamma}{2}}{\cos\frac{\alpha}{2} \cos\frac{\beta}{2}}.$$

2) Gegeben eine Seite a, ein anliegender Winkel β und die Summe der beiden andern Seiten $(b + c) = l$.

Erste Auflösung: Nach der ersten *Mollweide*schen Gleichung ist:

$$a \cos\frac{\beta - \gamma}{2} = (b + c) \sin\frac{\alpha}{2} = l \cos\frac{\beta + \gamma}{2}, \quad \text{woraus}$$

$$\frac{l}{a} = \frac{\cos\frac{\beta - \gamma}{2}}{\cos\frac{\beta + \gamma}{2}} = \frac{\cos\frac{\beta}{2}\cos\frac{\gamma}{2} + \sin\frac{\beta}{2}\sin\frac{\gamma}{2}}{\cos\frac{\beta}{2}\cos\frac{\gamma}{2} - \sin\frac{\beta}{2}\sin\frac{\gamma}{2}}, \quad \text{also}$$

$$\frac{l + a}{l - a} = \frac{\cos\frac{\beta}{2}\cos\frac{\gamma}{2}}{\sin\frac{\beta}{2}\sin\frac{\gamma}{2}} \quad \text{oder} \quad tg\frac{\gamma}{2} = \frac{l - a}{l + a} ctg\frac{\beta}{2}.$$

Mit Hilfe von γ und α erhält man dann aus der 2. *Mollweide*schen Gleichung

$$b - c = a \frac{\sin\frac{\beta - \gamma}{2}}{\cos\frac{\alpha}{2}},$$ womit b und c bestimmt sind.

Zweite Auflösung: Es ist $tg\frac{\beta}{2} = \sqrt{\frac{(s - c)(s - a)}{s(s - b)}}$,

$tg\frac{\gamma}{2}=\sqrt{\frac{(s-a)(s-b)}{s(s-c)}}$, also $tg\frac{\beta}{2}tg\frac{\gamma}{2}=\frac{s-a}{s}$. Nun ist bekannt $s=\frac{a+l}{2}$, $s-a=\frac{l-a}{2}$; man kommt damit wieder wie oben auf

$$tg\frac{\gamma}{2}=\frac{l-a}{l+a}ctg\frac{\beta}{2}.$$

Zur Berechnung von b und c kann man selbstverständlich auch den *Sinus*-Satz anwenden; zum Schluss erhält man als Probe $(b+c)=l$.

3) Gegeben eine Seite a, ihr Gegenwinkel α und die Summe der beiden andern Seiten $(b+c)=l$.

Nach der vorigen Aufgabe ist $\frac{\cos\frac{\beta-\gamma}{2}}{\cos\frac{\beta+\gamma}{2}}=\frac{l}{a}$.

Nun ist $\frac{\beta+\gamma}{2}=90^0-\frac{\alpha}{2}$, ferner $\frac{\beta-\gamma}{2}=90^0-\frac{\alpha}{2}-\gamma$, somit

$$\sin\left(\frac{\alpha}{2}+\gamma\right)=\frac{l}{a}\sin\frac{\alpha}{2}.$$

Hieraus ist γ zu bestimmen und dann $(b-c)$ mit Hilfe der *Mollweide*schen Gleichung.

4) Gegeben eine Seite a, ein anliegender Winkel β und die Differenz der beiden andern Seiten $(b-c)=d$.

Ganz ebenso, wie bei der zweiten Auflösung von (2) erhält man:

$tg\frac{\gamma}{2}=\frac{a-d}{a+d}tg\frac{\beta}{2}$. Mit γ findet sich sodann aus der *Neper*schen Gleichung

$$b+c=d\frac{tg\frac{\beta+\gamma}{2}}{tg\frac{\beta-\gamma}{2}} \quad \text{u. s. w.}$$

5) Gegeben eine Seite a, die Differenz der anliegenden Winkel $(\beta-\gamma)=\delta$ und die Summe der zwei andern Seiten $(b+c)=l$.

Nach Aufg. (2) ist $\frac{l}{a}=\frac{\cos\frac{\beta-\gamma}{2}}{\cos\frac{\beta+\gamma}{2}}$, also

$$\cos\frac{\beta+\gamma}{2}=\frac{a}{l}\cos\frac{\delta}{2} \quad \text{und} \quad b-c=\frac{a\sin\frac{\delta}{2}}{\sin\frac{\beta+\gamma}{2}}.$$

6) Gegeben eine Seite a, die Differenz der anliegenden Winkel $(\beta-\gamma)=\delta$ und das Verhältnis der zwei andern Seiten $\frac{b}{c}=m$.

Es ist $tg\frac{\beta+\gamma}{2}=\frac{b+c}{b-c}\cdot tg\frac{\beta-\gamma}{2}=\frac{m+1}{m-1}tg\frac{\delta}{2}$, womit β und γ bestimmt sind. Dann finden sich b und c mittels des *Sinus*-Satzes oder indirekt aus $(b+c)$ und $(b-c)$ mittels der *Mollweide*schen Gleichungen. Wenn $\log m\,(=\log b-\log c)$ gegeben ist, so rechnet man $\frac{\beta+\gamma}{2}$ mittels der

Tafel $log \frac{m+1}{m-1}$ in der *Rex*schen Logarithmentafel oder mittels eines Hilfswinkels, vgl. § 20, 1 b.

7) Gegeben eine Seite a, die Summe l der beiden andern Seiten und die auf a gefällte Höhe h'.

Es ist $2F = b\,c\,sin\,\alpha = a\,h'$, somit $b\,c = \frac{a\,h'}{sin\,\alpha}$.

Ferner $a^2 = b^2 + c^2 - 2\,b\,c\,cos\,\alpha = (b+c)^2 - 2\,b\,c\,(1 + cos\,\alpha)$ oder

$a^2 = l^2 - 2\,a\,h' \frac{1 + cos\,\alpha}{sin\,\alpha} = l^2 - 2\,a\,h'\,ctg \frac{\alpha}{2}$, somit $tg \frac{\alpha}{2} = \frac{2\,a\,h}{(l+a)(l-a)}$.

Endlich $(\beta - \gamma)$ und $(b - c)$ mit Hilfe der *Mollweide*schen Gleichungen.

8) Gegeben eine Seite a, der Gegenwinkel α und die zu a gehörige Höhe h'.

Nach der vorigen Aufgabe ist $b\,c = \frac{a\,h'}{sin\,\alpha} = \frac{a\,h'}{2\,sin \frac{\alpha}{2}\,cos \frac{\alpha}{2}}$, ferner

$a^2 = (b+c)^2 - 2\,b\,c\,(1 + cos\,\alpha)$, oder $(b+c)^2 = a^2 + 4\,b\,c\,cos^2 \frac{\alpha}{2}$; ebenso wird

$(b-c)^2 = a^2 - 4\,b\,c\,sin^2 \frac{\alpha}{2}$, vgl. § 23, Gl. (8); also

$$(1)\qquad b + c = \sqrt{a^2 + 2\,a\,h\,ctg \frac{\alpha}{2}} = a \sqrt{1 + \frac{2\,h}{a}\,ctg \frac{\alpha}{2}}$$

$$(2)\qquad b - c = \sqrt{a^2 - 2\,a\,h\,tg \frac{\alpha}{2}} = a \sqrt{1 - \frac{2\,h}{a}\,tg \frac{\alpha}{2}}.$$

Zur logarithmischen Rechnung erhält man mit

$$(3)\qquad tg\,\varphi = \sqrt{\frac{2\,h}{a}\,ctg \frac{\alpha}{2}}\,; \qquad (4)\qquad sin\,\psi = \sqrt{\frac{2\,h}{a}\,tg \frac{\alpha}{2}}$$

$$(5)\qquad b + c = \frac{a}{cos\,\varphi} \qquad \text{und} \qquad b - c = a\,cos\,\psi.$$

Endlich $(\beta - \gamma)$ aus der *Mollweide*schen Gleichung.

Aus (2) erhält man als Bedingung der Möglichkeit

$a > 2\,h\,tg \frac{\alpha}{2}$, womit (4) zulässig ist.

Beispiel (fünfstellig):

$h =$ **47,35**	$tg\,\varphi$	$9.71\,721_5$	$b + c = 248,58$	$(b+c)$	2.39 546
$a =$ **220,41**	$tg^2\,\varphi$	9.43 443	$b - c = 124,90$	$E\,cos\,\varphi$	0.05 223
$\alpha =$ **115° 20′ 40″**			$b = 186,74$	a	2.34 323
$\frac{\alpha}{2} =$ 57° 40′ 20″	$ctg \frac{\alpha}{2}$	9.80 131	$c = \;\;61,84$	$cos\,\psi$	9.75 332
	$2\,h$	1.97 635	$\frac{\beta+\gamma}{2} = 32° 19′ 40″$	$(b-c)$	2.09 655
	$E\,a$	7.65 677			
	$tg \frac{\alpha}{2}$	0.19 869	$\frac{\beta-\gamma}{2} = 17\;\;38\;\;23$	$cos \frac{\alpha}{2}$	9.72 816
				$E\,a$	7.65 677
	$sin^2\,\psi$	9.83 181	$\beta = 49° 58′\;\;3″$	$sin \frac{\beta-\gamma}{2}$	9.48 148
	$sin\,\psi$	$9.91\,590_5$	$\gamma = 14\;\;41\;\;17$		

9) Gegeben der Halbmesser r des Inkreises und zwei (die drei) Winkel.

Es ist $(s-a) = r\, ctg\frac{\alpha}{2}$, $(s-b) = r\, ctg\frac{\beta}{2}$, $(s-c) = r\, ctg\frac{\gamma}{2}$, ferner $(s-a)+(s-b)+(s-c) = s$ und somit a, b, c gefunden.

10) Gegeben der Inhalt F und zwei Winkel β, γ.

Es ist $2F = \dfrac{a^2}{ctg\,\beta + ctg\,\gamma} = a^2 \dfrac{sin\,\beta\; sin\,\gamma}{sin\,(\beta+\gamma)}$, also $a = \sqrt{2F\dfrac{sin\,(\beta+\gamma)}{sin\,\beta\; sin\,\gamma}}$.

Der *Sinus*-Satz liefert sodann b und c.

11) Gegeben ein Winkel α, die von seinem Scheitel ausgehende Höhe h' und die Summe $(b+c) = l$ der den Winkel einschliessenden Seiten.

Nach Aufgabe (7) ist $tg\frac{\alpha}{2} = \dfrac{2\,a\,h'}{l^2 - a^2}$.

Durch Auflösung dieser in a quadratischen Gleichung könnte a direkt bestimmt werden. Zur Rechnung bequemer ist die Einführung eines Hilfswinkels; setzt man nämlich

$$l = p\, cos\, \varphi\ , \qquad a = p\, sin\, \varphi, \qquad \text{so wird}$$

$$tg\frac{\alpha}{2} = \frac{2\,h'\,p\, sin\,\varphi}{p^2\, cos\, 2\,\varphi} = \frac{h'\, sin\, 2\,\varphi}{l\, cos\, 2\,\varphi} = \frac{h'}{l}\, tg\, 2\,\varphi.$$

Der Hilfswinkel bestimmt sich demnach aus der Gleichung

$$tg\, 2\,\varphi = \frac{l}{h'}\, tg\frac{\alpha}{2} \qquad \text{und dann ist} \qquad a = l\, tg\,\varphi;$$

weitere Auflösung mit Hilfe der *Mollweide*schen Gleichungen.

12) Gegeben ein Winkel α, die von seinem Scheitel ausgehende Höhe h' und das Verhältnis $\frac{b}{c} = \frac{m}{n}$ der den Winkel einschliessenden Seiten.

Es ist $\dfrac{\beta+\gamma}{2} = 90^\circ - \dfrac{\alpha}{2}$; ferner $tg\dfrac{\beta-\gamma}{2} = \dfrac{b-c}{b+c}\, ctg\dfrac{\alpha}{2} = \dfrac{m-n}{m+n}\, ctg\dfrac{\alpha}{2}$.

Damit sind β und γ bestimmt, und dann $b = \dfrac{h}{sin\gamma}$, $c = \dfrac{h}{sin\,\beta}$.

Zur Rechnung vgl. die Bemerkung bei 6).

13) Gegeben eine Seite a, der gegenüberliegende Winkel α und die Länge w' der Halbierungslinie von α.

Fig. 60.

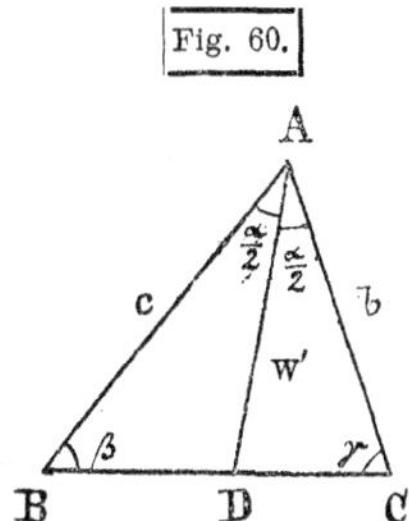

Nach Fig. 60 ist:

$$\frac{w'}{sin\,\beta}\, sin\frac{\alpha}{2} + \frac{w'}{sin\gamma}\, sin\frac{\alpha}{2} = a, \qquad \text{d. h. man}$$

hat die Winkel β und γ zu bestimmen aus:

$$\begin{cases} \dfrac{1}{sin\,\beta} + \dfrac{1}{sin\gamma} = \dfrac{a}{w'\, sin\frac{\alpha}{2}} & \text{und} \\ \beta + \gamma = 180^0 - \alpha = 2\,\varepsilon. \end{cases}$$

Wie bei allen ähnlichen Aufgaben (vgl. § 20) wird man zum Ziel gelangen, wenn man neben das gegebene

$$\begin{cases} \dfrac{\beta+\gamma}{2} = \varepsilon\left(= 90^0 - \dfrac{\alpha}{2}\right) \text{ als zu bestimmen stellt:} \\ \dfrac{\beta-\gamma}{2} = \varphi; \text{ aus beiden Gleichungen ergiebt sich zunächst} \end{cases}$$

$\beta = \varepsilon + \varphi$, $\gamma = \varepsilon - \varphi$, d. h. man hat den Winkel φ zu bestimmen aus:

$$\frac{1}{\sin(\varepsilon+\varphi)} + \frac{1}{\sin(\varepsilon-\varphi)} = \frac{a}{w' \sin\frac{\alpha}{2}} \quad \text{oder aus:}$$

$$\sin(\varepsilon-\varphi) + \sin(\varepsilon+\varphi) = \frac{a}{w' \sin\frac{\alpha}{2}} \sin(\varepsilon+\varphi)\sin(\varepsilon-\varphi) \quad \text{oder:}$$

$$2\sin\varepsilon\cos\varphi = -\frac{a}{2w'\sin\frac{\alpha}{2}}(\cos 2\varepsilon - \cos 2\varphi) = \frac{a}{2w'\sin\frac{\alpha}{2}}(\cos 2\varphi - \cos 2\varepsilon).$$

Nun ist $\sin\varepsilon = \cos\frac{\alpha}{2}$, also geht die letzte Gleichung über in:

$$2\cos\varphi = \frac{a}{w'\sin\alpha}(\cos 2\varphi - \cos 2\varepsilon) = \frac{2a}{w'\sin\alpha}(\cos^2\varphi - \cos^2\varepsilon),$$

d. h. man erhält für $\cos\varphi$ die quadratische Gleichung:

$$\cos^2\varphi - \frac{w'\sin\alpha}{a}\cos\varphi - \cos^2\varepsilon = 0.$$

Setzt man demnach: $\dfrac{w'\sin\alpha}{2a} = m$, so wird

$$\cos^2\varphi - 2m\cos\varphi - \cos^2\varepsilon = 0, \quad \text{oder} \quad \cos\varphi = m \pm \sqrt{m^2 + \cos^2\varepsilon}.$$

Das Zeichen — vor der Wurzel ist übrigens nicht brauchbar, weil $\cos\varphi = \cos\frac{\beta-\gamma}{2}$ nicht negativ sein kann; die Auflösung ist also Eindeutig. Mit $\varphi = \frac{\beta-\gamma}{2}$ sind β und γ bekannt und damit b und c zu rechnen. Den Ausdruck für $\cos\varphi$, nämlich $\cos\varphi = m + \sqrt{m^2+\cos^2\varepsilon} = m + \sqrt{m^2 + \sin^2\frac{\alpha}{2}}$ kann man ganz bequem mit Benützung von Additionslogarithmen rechnen.

Bedingung der Möglichkeit: $m + \sqrt{m^2 + \sin^2\frac{\alpha}{2}} < 1$ oder $1 - 2m > \sin^2\frac{\alpha}{2}$.[47])

Die vorstehende Aufgabe hat in der Planimetrie unter der folgenden Form eine gewisse Berühmtheit erlangt: Durch einen auf der Halbierungslinie des gegebenen Winkels BAC gegebenen Punkt D eine Gerade so zu ziehen, dass das zwischen die Schenkel des Winkels fallende Stück BC eine vorgeschriebene Grösse a erhalte; wie ist die Aufgabe am einfachsten durch geometrische Konstruktion zu lösen? (Vergleich mit der obigen Berechnung.)

Man betrachte zur Kontrolle der vorstehenden Rechnung auch noch den Fall des gleichschenkligen Dreiecks (w' die Höhe auf a); in diesem Fall ist $w' = \dfrac{a}{2}\dfrac{\cos\frac{\alpha}{2}}{\sin\frac{\alpha}{2}}$, also $w'\sin\alpha = a\cos^2\frac{\alpha}{2}$ und $m = \dfrac{w'\sin\alpha}{2a}$

$= \frac{1}{2} \cos^2 \frac{\alpha}{2}$; es ist also in diesem Falle $\left(m^2 + \sin^2 \frac{\alpha}{2}\right)$, was unter der Wurzel bei $\cos\varphi$ steht, gleich $\frac{1}{4} \cos^4 \frac{\alpha}{2} + \sin^2 \frac{\alpha}{2} = 1 - \cos^2 \frac{\alpha}{2} + \frac{1}{4} \cos^4 \frac{\alpha}{2} = \left(1 - \frac{1}{2} \cos^2 \frac{\alpha}{2}\right)^2 = (1-m)^2$, somit $\cos\varphi = m + (1-m) = 1$, d. h. $\varphi = \frac{\beta - \gamma}{2} = 0$, wie es in diesem Fall sein soll.

Beispiel. $\alpha = 60^0\,0'$, $w' = a = 100$ m giebt: $m = \frac{1}{2} \sin\alpha \frac{w'}{a} = \frac{1}{2} \cdot \frac{1}{2} \sqrt{3} = \frac{1}{4} \sqrt{3}$, $\sin\frac{\alpha}{2} = \sin 30^0 = \frac{1}{2}$, also $\sqrt{m^2 + \sin^2\frac{\alpha}{2}} = \sqrt{\frac{3}{16} + \frac{4}{16}} = \frac{1}{4}\sqrt{7}$ und $\cos\varphi = \frac{1}{4}(\sqrt{3} + \sqrt{7})$, also Auflösung unmöglich ($\cos\varphi > 1$); wie ist das geometrisch unmittelbar zu sehen?

14) Gegeben $(a + c) = l$, $(b + c) = m$ und der Winkel γ. Vorausgesetzt sei dabei $l > m$, d. h. $a > b$ und also auch $\alpha > \beta$.

Die *Mollweide*schen Gleichungen

$$\frac{a+b}{c} = \frac{\cos\frac{1}{2}(\alpha - \beta)}{\sin\frac{\gamma}{2}} \quad \text{und} \quad \frac{a-b}{c} = \frac{\sin\frac{1}{2}(\alpha-\beta)}{\cos\frac{\gamma}{2}} \quad \text{geben}$$

$$(1) \quad \left\{ \begin{aligned} \frac{(a+c)+(b+c)}{c} &= \frac{\cos\frac{1}{2}(\alpha-\beta) + 2\sin\frac{\gamma}{2}}{\sin\frac{\gamma}{2}} \quad \text{und} \\ \frac{(a+c)-(b+c)}{c} &= \frac{\sin\frac{1}{2}(\alpha-\beta)}{\cos\frac{\gamma}{2}}, \quad \text{woraus} \end{aligned} \right.$$

$$(1') \quad \frac{\sin\frac{1}{2}(\alpha-\beta)}{\cos\frac{1}{2}(\alpha-\beta) + 2\sin\frac{\gamma}{2}} = \frac{l-m}{l+m} \operatorname{ctg}\frac{\gamma}{2}.$$

In dieser Gleichung kommt als unbekannt nur der Winkel $\frac{1}{2}(\alpha - \beta)$ vor, der aus ihr mittels § 19, **3**, 1) bestimmt werden kann. (Form $\sin\varphi + p\cos\varphi = q$).

Eine etwas andere Lösung von der Gleichung (1′) aus ist folgende: denkt man sich ein Dreieck konstruiert, das l und m als Seiten enthält, die den Winkel γ zwischen sich haben, bezeichnen ferner α' und β' die Winkel, die l und m in diesem Dreieck gegenüberliegen, so ist gemäss den *Neper*schen Gleichungen, wenn man

$$(2) \qquad \operatorname{tg}\varphi = \frac{l-m}{l+m}\operatorname{ctg}\frac{\gamma}{2} \qquad \text{setzt,}$$

$$(3) \qquad \frac{\alpha' - \beta'}{2} = \varphi \quad \text{und ferner ist} \quad \frac{\alpha' + \beta'}{2} = 90^0 - \frac{\gamma}{2}, \quad \text{somit}$$

$$(4) \qquad \alpha' = 90^0 - \frac{\gamma}{2} + \varphi; \qquad \beta' = 90^0 - \frac{\gamma}{2} - \varphi \quad \text{bekannt.}$$

An Stelle der Gleichung (1′) kann man die folgende schreiben:

$$\frac{\sin\frac{1}{2}(\alpha-\beta)}{\cos\frac{1}{2}(\alpha-\beta)+2\sin\frac{\gamma}{2}} = tg\,\frac{\alpha'-\beta'}{2};$$

setzt man hier $\psi = \frac{\alpha-\beta}{2} - \frac{\alpha'-\beta'}{2}$,

so erhält man leicht aus der letzten Gleichung:

(5) $\sin\psi = 2\sin\frac{\gamma}{2}\sin\frac{\alpha'-\beta'}{2}$. Ausserdem ist

$$0 = \frac{\alpha+\beta}{2} - \frac{\alpha'+\beta'}{2}, \text{ also}$$

(6) $\alpha = \alpha' + \psi \qquad \beta = \beta' - \psi$ bekannt; schliesslich erhält man c gemäss (1) aus

(7) $$c = \frac{(l-m)\cos\frac{\gamma}{2}}{\sin(\varphi+\psi)}.$$

Bedingung der Möglichkeit: Gleichung (5) liefert, da $\alpha'-\beta' > 0$ ist ($a > b$ vorausgesetzt), stets einen spitzen Winkel ψ. Ausserdem muss aber, wenn der aus (6) sich ergebende Wert von β zulässig sein soll, $\psi < \beta'$ sein, d. h. es muss sein $\sin\alpha' < 2\sin\beta'$ oder $l < 2m$.

Es ist leicht zu zeigen, dass diese notwendige Bedingung auch hinreichend ist. Wie ist aber c zu rechnen, wenn $l = m$ ist? ($c + a = c + b$, oder $a = b$, $\alpha = \beta$, d. h. das Dreieck ist gleichschenklig; φ und ψ werden 0).

Beispiel (fünfstellig):

$\gamma = 65^0\,40'\,30''$	c	2.08 528	$90^0 - \frac{\gamma}{2} + \varphi = \alpha' = 62^0\,14'\,11'',7$
$l = 245,30$	$E\sin(\varphi+\psi)$	0.73 617	
$m = 218,71$	$\cos\frac{\gamma}{2}$	9.92 439	$90^0 - \frac{\gamma}{2} - \varphi = \beta' = 52\;\;5\;\;18'',3$
$l - m = 26,59$			
$l + m = 464,01$	$(l-m)$	1.42 472	$\varphi = 5\;\;30\;\;15'',6$
$\frac{\gamma}{2} = 32\;50\;15$	$E(l+m)$	7.33 347	$\alpha = 67\;\;44\;\;27$
	$ctg\,\frac{\gamma}{2}$	0.19 018	$\beta = 46\;\;35\;\;3$
$90^0 - \frac{\gamma}{2} = 57\;\;9\;45$	$tg\,\varphi$	8.94 837	$c = 121,70$
$\varphi = 5\;\;4\;26,_7$	$\sin\varphi$	8.94 667	$a = 123,60$
$\psi = 5\;30\;15,_6$	$\sin\frac{\gamma}{2}$	9.73 421	$b = 97,01$
$\varphi + \psi = 10\;34\;42$	2	0.30 103	
	$\sin\psi$	8.98 191	

15) Die Seiten eines Dreiecks zu berechnen, dessen drei Höhen h', h'', h''' gegeben sind.

Auflösung: Setzt man $\mathfrak{h}' = \frac{1}{h'}$, $\mathfrak{h}'' = \frac{1}{h''}$, $\mathfrak{h}''' = \frac{1}{\mathfrak{h}'''}$ und $\mathfrak{h} = \frac{1}{2}(\mathfrak{h}' + \mathfrak{h}'' + \mathfrak{h}''')$, so wird $F = \dfrac{1}{4\sqrt{\mathfrak{h}(\mathfrak{h}-\mathfrak{h}')(\mathfrak{h}-\mathfrak{h}'')(\mathfrak{h}-\mathfrak{h}''')}}$ (vgl. Gl. (9) in § 25) und damit $a = 2F\mathfrak{h}'$, $b = 2F\mathfrak{h}''$, $c = 2F\mathfrak{h}'''$. Beweis leicht mit Benützung des Ausdrucks der Fläche F in den drei Seiten.

16) Wenn in einem Dreieck ein Winkel, z. B. α, sich wenig von 180^0 unterscheidet, so unterscheidet sich die Summe seiner Schenkel $(b+c)$ wenig von der dritten, dem Winkel gegenüberliegenden Seite a. Wie ist diese Seite a am bequemsten zu rechnen und wie die beiden Winkel an ihr?

a) Für a hat man: $a^2 = b^2 + c^2 - 2bc\cos\alpha$, oder, da α wenig von 180^0 verschieden sein soll, mit $\alpha = 180^0 - \varepsilon$, $\varepsilon = 180^0 - \alpha$ (ε klein): $a^2 = b^2 + c^2 + 2bc\cos\varepsilon = b^2 + c^2 + 2bc - 2bc(1-\cos\varepsilon) = (b + c^2) - 4bc\sin^2\frac{\varepsilon}{2}$, also

$$(1)\qquad a = \sqrt{(b+c)^2 - 4bc\sin^2\frac{\varepsilon}{2}} = (b+c)\sqrt{1 - \frac{4bc}{(b+c)^2}\sin^2\frac{\varepsilon}{2}}.$$

Ist nun $\frac{\varepsilon}{2}$ klein, so ist $\sin^2\frac{\varepsilon}{2}$ um so kleiner; man kann ferner $\sqrt{1-x}$, wenn x ein so kleiner echter Bruch ist, dass x^2 gegen x nicht mehr in Betracht kommt für die anzuwendende Genauigkeitsstufe der Rechnung, $= 1 - \frac{x}{2}$ setzen, denn es ist $\left(1-\frac{x}{2}\right)^2 = 1 - x + \frac{x^2}{4}$, wobei aber nach dem eben Ausgesprochenen hier das letzte Glied rechter Hand gegen x nicht mehr in Betracht kommen soll. Man kann also in (1) setzen:

$$(2)\qquad a \approx (b+c)\left[1 - \frac{2bc}{(b+c)^2}\sin^2\frac{\varepsilon}{2}\right] \approx (b+c) - \frac{2bc}{b+c}\sin^2\frac{\varepsilon}{2}$$ oder endlich

auch, wenn man beachtet, dass $\sin\frac{\varepsilon}{2} = \left(\frac{\varepsilon}{2\varrho}\right) - \frac{1}{6}\left(\frac{\varepsilon}{2\varrho}\right)^3 + \ldots$ ist und dass hier $\left(\frac{\varepsilon}{\varrho}\right)^3$ gegen $\left(\frac{\varepsilon}{\varrho}\right)$ nicht mehr in Betracht kommt:

$$(2')\qquad a \approx (b+c) - \frac{2bc}{b+c}\cdot\left(\frac{\varepsilon}{2\varrho}\right)^2 \approx (b+c) - \frac{bc}{2(b+c)}\cdot\left(\frac{\varepsilon}{\varrho}\right)^2.$$

Ist ε oder $\frac{\varepsilon}{2}$ eine runde Zahl (auf 1'), so dass man $\sin\frac{\varepsilon}{2}$ unmittelbar in der Tafel findet, so wird man die Form (2) vorziehen; rechnet man den kleinen Überschuss d von $(b+c)$ über a aber mit dem Rechenschieber, so ist (2') bequemer.

Dasselbe Resultat erhält man auch so: Setzt man in

$$a^2 = b^2 + c^2 + 2bc\cos\varepsilon$$ für $\cos\varepsilon$ die Reihe:

$$\cos\varepsilon = 1 - \frac{1}{2}\left(\frac{\varepsilon}{\varrho}\right)^2 + \ldots,$$ wobei man beim zweiten Glied abbricht, da ε^3 gegen ε nicht mehr in Betracht kommen soll, so hat man:

$$a^2 \approx b^2 + c^2 + 2bc\left(1 - \frac{1}{2}\left(\frac{\varepsilon}{\varrho}\right)^2\right) \approx (b+c)^2 - bc\left(\frac{\varepsilon}{\varrho}\right)^2,$$ also

$$a \approx \sqrt{(b+c)^2 - b\,c\left(\frac{\varepsilon}{\varrho}\right)^2} \approx (b+c) - \frac{1}{2}\,\frac{b\,c}{(b+c)}\left(\frac{\varepsilon}{\varrho}\right)^2 \text{ wie oben.}$$

Beispiel. $b = 312{,}487$, $c = 247{,}501$, $\alpha = 178^0\,30'\,0''$ ($\varepsilon = 1^0\,30'\,0''$).

$\mathbf{b = 312{,}487}$	2	0.3010
$\mathbf{c = 247{,}501}$	b	2.4948
$\frac{\varepsilon}{2} = \mathbf{0^0\,45'\,0''}$	c	2.3936
	$E(b+c)$	7.2518
$b + c = 559{,}988$	$sin^2\frac{\varepsilon}{2}$	6.2339–10
$d = 0{,}047$		
$a = 559{,}941$	d	8.6751

Die Länge von a fällt also hier, trotzdem dass der Brechungswinkel zwischen b und c um $1\frac{1}{2}^0$ von 180^0 abweicht, nur um 47 mm kürzer aus als $(b+c)$. Der obige Ausdruck für $d = (b+c) - a$ zeigt, dass d für kleine Winkel ε proportional ε^2 wächst; z. B. wäre für $\varepsilon = 3^0$ die Differenz d 4mal so gross als neben berechnet, für $\varepsilon = \frac{3}{4}^0$ 4mal kleiner als links u. s. f.

Diese Aufgabe ist für manche praktische Anwendungen in der Geodäsie wichtig. — Der Vorteil solcher Auflösungen in der Nähe der Grenzfälle ist, ausser der Vereinfachung der Rechnung an sich, der, dass man selbst für scharfe Rechnung nur Logarithmen mit wenigen Ziffern braucht (oder den Rechenschieber anwenden kann)[48].

b) Nun die Winkel β und γ. Es ist gegeben die Summe der Winkel: $\beta + \gamma = 180^0 - \alpha = \varepsilon = 1^0\,30'\,0'' = 5400''$ und ihr *Sinus*-Verhältnis $\frac{sin\,\beta}{sin\,\gamma} = \frac{312{,}5}{247{,}5}$. Warum ist hier der Schluss gestattet:

$$\beta'' \approx 5400''\cdot\frac{312{,}5}{312{,}5 + 247{,}5} \approx 5400''\cdot\frac{312{,}5}{560{,}0} \quad\text{und}$$

$$\gamma'' \approx 5400''\cdot\frac{247{,}5}{312{,}5 + 247{,}5} \approx 5400''\cdot\frac{247{,}5}{560{,}0}\,?$$

(so lange man für die verlangte Genauigkeitsstufe $\left(\frac{\beta}{\varrho}\right)^3$ und $\left(\frac{\gamma}{\varrho}\right)^3$ gegen $\left(\frac{\beta}{\varrho}\right)$ und $\left(\frac{\gamma}{\varrho}\right)$ vernachlässigen kann, ist die oben gemachte Annahme richtig). Die Ausrechnung mit fünfstelligen Tafeln giebt:

$\beta'' = 3013''$	β''	3.47 905
$\beta = 0^0\,50'\,13''$	312,5	2.49 485
$\gamma = 0^0\,39'\,47''$	E 560,0	7.25 181
	5400″	3.73 239
$\gamma = 2387''$	247,5	2.39 358
	γ''	3.37 778

Die Auflösung der Gleichungen $\beta + \gamma = 1^0\,30'\,0''$ und $\frac{sin\,\beta}{sin\,\gamma} = \frac{312{,}5}{247{,}5}$ mit Benützung des Hilfswinkels oder der *Rex*schen Tafel für $log\,\frac{1+x}{1-x}$ (vgl. zu beidem § 20, 1) und Anm. nach 3)) giebt (unter der Voraussetzung, dass bereits $log\ b$ und $log\ c$ bekannt seien) und ebenfalls mit fünfstelliger Rechnung:

$\lambda = 38^0\,22'\,46''$	$tg\,\lambda$	9.89 873
$\frac{\beta+\gamma}{2} = 0^0\,45'\,0''$	$tg\,\frac{\beta+\gamma}{2}$	8.11 696
$\frac{\beta-\gamma}{2} = 0^0\,5'\,13''$	$ctg(45^0+\lambda)$	9.06 471
	$tg\,\frac{\beta-\gamma}{2}$	7.18 167
$\beta = 0^0\,50'\,13''$		
$\gamma = 0^0\,39'\,47''$		

$\frac{\beta+\gamma}{2} = 0^0\,45'\,0''$	x	9.89 873
$\frac{\beta-\gamma}{2} = 0^0\,5'\,13''$	$\frac{1-x}{1+x}$	9.06 470
	$tg\frac{\beta+\gamma}{2}$	8.11 696
$\beta = 0^0\,50'\,13''$		
$\gamma = 0^0\,39'\,47''$	$tg\frac{\beta-\gamma}{2}$	7.18 166

Das Ergebnis dieser beiden Auflösungen stimmt also bis auf 1'' völlig mit der obigen einfachen Proportionsrechnung für β und γ überein.

Die *Rex*sche Tafel zeigt sich in Beziehung auf die Bequemlichkeit der Rechnung etwas im Vorteil; auch ist die Rechnung schärfer, sobald $tg = x$ in der Nähe von 1 ist (*log* in der Nähe von 0, z. B. 9.99 .... oder 0.01 ...); schon oben ist die Interpolation bei $ctg\ (45^0 + \lambda)$ nicht bequem braucht freilich auch nicht scharf gemacht zu werden, warum? Warum hätte überhaupt für die beiden letzten Rechnungen vierstellige Rechnung genügt?

Man versuche auch andere ähnliche Aufgaben, die sich Grenzfällen nähern, auf solchen Wegen aufzulösen. Später werden sich in den Differentialformeln vielfach unmittelbar bequemere Formeln finden.

3) Einige weitere Sätze über das schiefwinklige Dreieck.

Die folgenden Sätze, die zum grössten Teil von der Planimetrie her geläufig sind, sollen trigonometrisch bewiesen werden:

1) Satz von *Stewart*. Verbindet man in dem Dreieck ABC einen beliebigen Punkt D auf BC durch die Transversale $AD = d$ mit A und sind die Abschnitte $BD = a_1$, $CD = a_2$, so ist

$$a_1\,b^2 + a_2\,c^2 = a\,(d^2 + a_1\,a_2).$$

Ist Winkel $ADB = \delta$, so ist aus den beiden Dreiecken ADB und ADC:

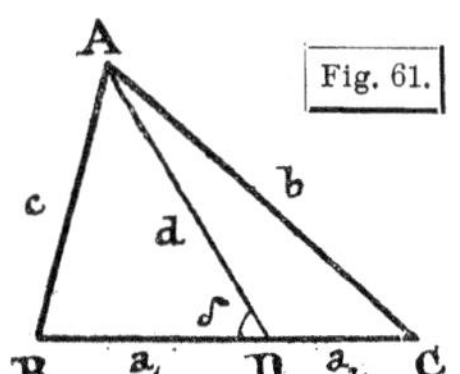

Fig. 61.

$$c^2 = d^2 + a_1{}^2 - 2\,a_1\,d\,.\,cos\,\delta$$
$$b^2 = d^2 + a_2{}^2 + 2\,a_1\,d\,.\,cos\,\delta, \text{ also}$$

$$a_2\,(d^2 + a_1{}^2 - c^2) = a_1\,(b^2 - d^2 - a_2{}^2) \text{ oder}$$
$$a_1\,b^2 + a_2\,c^2 = d^2\,(a_1 + a_2) + a_1\,a_2\,(a_1 + a_2)$$
$$= (d^2 + a_1\,a_2), \text{ w. z. b. w.}$$

Zusätze: a) Ist die Transversale d die Winkelhalbierende w', also mit den Bezeichnungen von

§ 25, 6. etwa $a_2 = a'$, $a_1 = a''$ (dort stösst a_1 an b, a_2 an c an) zu setzen, wo $a' : a'' = b : c$ sich verhält, so wird aus der angeschriebenen Proportion:

$$a' : (a' + a'') = b : (b + c); \quad a'' : (a' + a'') = c : (b + c) \quad \text{oder}$$

$\frac{a'}{a} = \frac{b}{b+c}$, $\frac{a''}{a} = \frac{c}{b+c}$, und da nach *Stewart* allgemein ist: $a' c^2 + a'' b^2 = a(d^2 + a' a'')$ oder $d^2 + a' a'' = \frac{a'}{a} c^2 + \frac{a''}{a} b^2 - a' a''$, so wird hier

$$w'^2 = \frac{b}{b+c} c^2 + \frac{c}{b+c} b^2 - a' a'' = b\,c - a' a''.$$

Dies ist die Gleichung (37) in § 25. Man lese diese Gleichung auch direkt aus der Figur (z. B. 60) ab: Es ist $b = \frac{w' \sin\left(\gamma + \frac{\alpha}{2}\right)}{\sin \gamma}$, $c = \frac{w' \sin\left(\beta + \frac{\alpha}{2}\right)}{\sin \beta}$;

$a' = \frac{w' \sin \frac{\alpha}{2}}{\sin \gamma}$, $a'' = \frac{w' \sin \frac{\alpha}{2}}{\sin \beta}$; hieraus findet man sofort: $b\,c - a' a'' =$

$$\frac{w'^2 \sin\left(\gamma + \frac{\alpha}{2}\right) \sin\left(\beta + \frac{\alpha}{2}\right)}{\sin \beta \sin \gamma} - \frac{w'^2 \sin^2 \frac{\alpha}{2}}{\sin \beta \sin \gamma} = \frac{w'^2}{\sin \beta \sin \gamma}\left[\sin\left(\gamma + \frac{\alpha}{2}\right) \sin\left(\beta + \frac{\alpha}{2}\right) - \sin^2 \frac{\alpha}{2}\right] = w'^2.$$

b) Ist die Transversale d die Schwerlinie t', also $a_1 = a_2 = \frac{a}{2}$, so wird $\frac{a}{2}(b^2 + c^2) = a\left(t'^2 + \frac{a^2}{4}\right)$ oder $b^2 + c^2 = 2\,t'^2 + \frac{a^2}{2}$ (vgl. Gl. (41) in § 25); schreibt man die andern Gleichungen ebenfalls an:

$c^2 + a^2 = 2\,t''^2 + \frac{b^2}{2}$; $a^2 + b^2 = 2\,t'''^2 + \frac{c^2}{2}$, so erhält man durch Kombination dieser drei Gleichungen auch leicht die Gl. (42) in § 25.

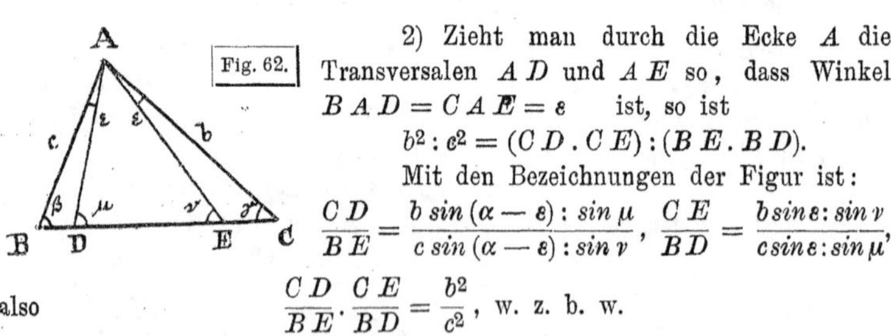

Fig. 62.

2) Zieht man durch die Ecke A die Transversalen AD und AE so, dass Winkel $BAD = CAE = \varepsilon$ ist, so ist

$$b^2 : c^2 = (CD \,.\, CE) : (BE \,.\, BD).$$

Mit den Bezeichnungen der Figur ist:

$$\frac{CD}{BE} = \frac{b \sin(\alpha - \varepsilon) : \sin \mu}{c \sin(\alpha - \varepsilon) : \sin \nu}, \quad \frac{CE}{BD} = \frac{b \sin \varepsilon : \sin \nu}{c \sin \varepsilon : \sin \mu},$$

also

$$\frac{CD}{BE} \cdot \frac{CE}{BD} = \frac{b^2}{c^2}, \text{ w. z. b. w.}$$

3) Satz des *Ceva.* Schneiden sich drei Ecktransversalen eines Dreiecks in Einem Punkt, so sind die Produkte je dreier nicht zusammenstossender Seitenabschnitte einander gleich.

Es ist (Fig. 63)

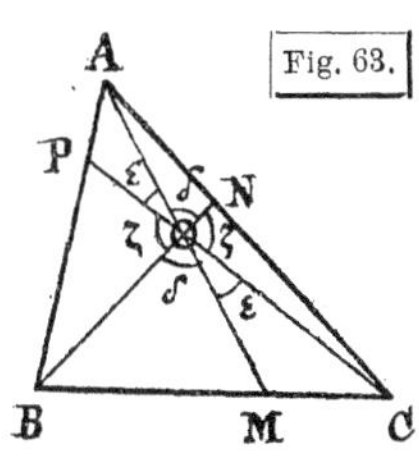

Fig. 63.

$$\begin{array}{l|l} 2\triangle BOM = BO.OM.\sin\delta & 2\triangle COM = CO.OM.\sin\varepsilon \\ 2\triangle CON = CO.ON.\sin\zeta & 2\triangle AON = AO.ON.\sin\delta \\ 2\triangle AOP = AO.OP.\sin\varepsilon & 2\triangle BOP = BO.OP.\sin\zeta, \end{array}$$

somit $\frac{(BOM).(CON).(AOP)}{(COM).(AON).(BOP)} = 1$ und folglich auch, da die Dreiecke im Zähler und Nenner je paarweise gleiche Höhen haben,

$$BM.CN.AP = CM.AN.BP.$$

Zusatz 1. Ebenso ist die Verallgemeinerung des vorstehenden Satzes zu beweisen: Schneiden sich beliebige n Ecktransversalen eines Polygons von ungerader Seitenzahl n in Einem Punkt, so sind die Produkte der nicht zusammenstossenden n Abschnitte der Gegenseiten einander gleich.

Zusatz 2. Bezeichnet man die Halbmesser der Umkreise um die Dreiecke BOM, COM; CON, AON; AOP, BOP (Fig. 63) in dieser Reihenfolge mit R'_a, R''_a; R'_b, R''_b; R'_c, R''_c, so ist $R'_a . R'_b . R'_c = R''_a . R''_b . R''_c$.

4) Satz von *Menelaus*. Schneidet eine beliebige Gerade die Seiten BC, CA, AB eines Dreiecks ABC in den Punkten D, E, F, so ist das Produkt der drei nicht aneinanderstossenden Abschnitte der drei Seiten gleich dem Produkt der drei andern.

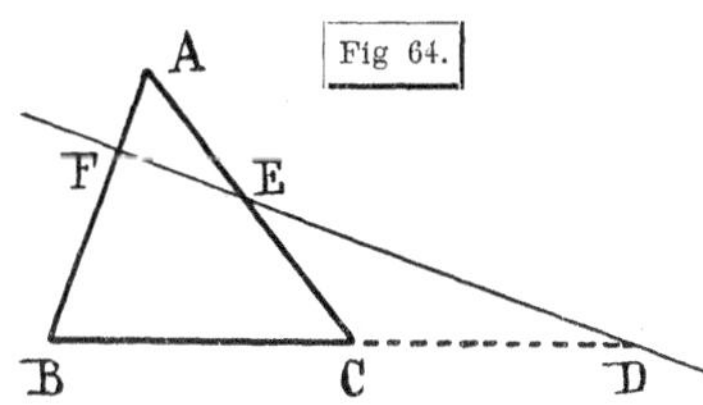

Fig 64.

Es ist $\frac{\triangle BDF}{\triangle CDE} = \frac{BD.DF}{CD.DE}$ (da beide denselben Winkel D enthalten, dessen *sin* in Zähler und Nenner sich also heraushebt); ferner $\frac{\triangle CED}{\triangle AEF} = \frac{CE.ED}{AE.EF}$ (Winkel bei E in beiden derselbe) und $\frac{\triangle AFE}{\triangle BDF} = \frac{AF.FE}{BF.FD}$ (Winkel bei F im einen und im andern ergänzen sich zu 180^0, so dass ihre *sin* ebenfalls gleich sind).

Die Multiplikation der drei Gleichungen giebt

$$1 = \frac{BD.DF.CE.ED.AF.FE}{CD.DE.AE.EF.BF.FD} = \frac{BD.CE.AF}{CD.AE.BF}, \text{ w. z. b. w.}$$

Zusatz. Auch dieser Satz ist zu verallgemeinern; er gilt für ein ganz beliebiges Polygon: werden die Seiten irgend eines Vielecks (n-Ecks) von einer Geraden geschnitten, so ist das Produkt der nicht zusammenstossenden Abschnitte auf allen n Seiten gleich dem Produkt der übrigen n nicht zusammenstossenden Abschnitte der Seiten.

5) Aus dem Satz des *Ceva* folgt unmittelbar der weitere, ihm analoge: Verbindet man einen beliebigen Punkt O in der Ebene eines Dreiecks ABC mit den Ecken A, B, C des Dreiecks, so ist (vgl. Fig. 63), wenn α_1, α_2; β_1, β_2; γ_1, γ_2 die Teile sind, in die die Dreieckswinkel α, β, γ zer-

legt werden (α_1, β_1, γ_1 je in verschiedenen Dreiecken mit O als Spitze):

$$\frac{\sin\alpha_1 \,.\, \sin\beta_1 \,.\, \sin\gamma_1}{\sin\alpha_2 \,.\, \sin\beta_2 \,.\, \sin\gamma_2} = 1.$$

Zusatz. Auch dieser Satz ist zu verallgemeinern: Verbindet man (Fig. 65) einen beliebigen Punkt O in der Ebene eines n Ecks mit den Ecken A, B, $C \ldots K$ dieses n Ecks (der Punkt O braucht nicht notwendig im Innern des Vielecks zu liegen, wenn nur der folgende Ausdruck „Teile der Vieleckswinkel" entsprechend abgeändert wird) und sind α_1, α_2; β_1, β_2; γ_1, γ_2; .... $\varkappa_1$, $\varkappa_2$ die Teile, in die die Polygonwinkel α, β, γ, ... $\varkappa$ durch die Verbindungslinien OA, OB, ... OK zerlegt werden (α_1, β_1, γ_1, ... $\varkappa_1$ in verschiedenen Dreiecken mit der Spitze O), so ist

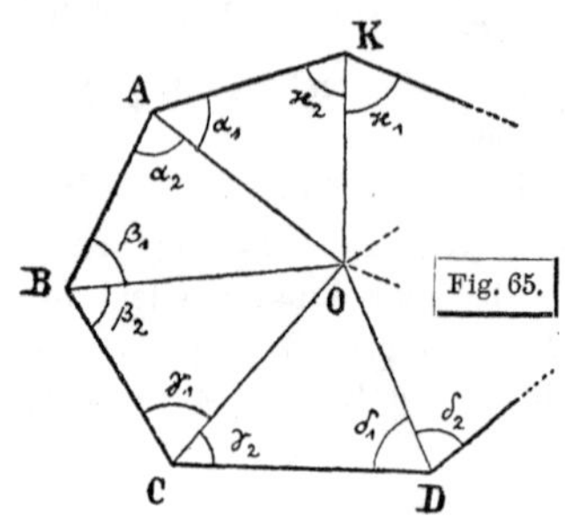

Fig. 65.

$$\frac{\sin\alpha_1 \,.\, \sin\beta_1 \,.\, \sin\gamma_1 \,\ldots\, \sin\varkappa_1}{\sin\alpha_2 \,.\, \sin\beta_2 \,.\, \sin\gamma_2 \,\ldots\, \sin\varkappa_2} = 1.$$

Der Beweis des Satzes folgt unmittelbar aus der fortwährenden Anwendung des *Sinus*-Satzes auf die Dreiecke AOB, BOC, ... KOA.

Der Satz ist wichtig als Schlusssatz für ein trigonometrisches Centralsystem.

6) Der Dreieckssatz 5) gestattet auch unmittelbar folgenden Satz abzulesen: Zieht man in einem Dreieck die drei Höhen auf die Seiten und sind h'_α und h'_a; h''_β und h''_b; h'''_γ und h'''_c die Abschnitte, in die diese drei Höhen durch den gemeinschaftlichen Durchschnittspunkt geteilt werden, so ist

$$h'_\alpha \,.\, h'_a = h''_\beta \,.\, h''_b = h'''_\gamma \,.\, h'''_c \quad \text{oder}$$

das Produkt der beiden Abschnitte derselben Höhe ist konstant.

7) Der Durchschnittspunkt H der Höhen eines Dreiecks, der Mittelpunkt M des um das Dreieck beschriebenen Kreises und der Durchschnittspunkt T der drei Schwerlinien (Schwerpunkt des Dreiecks) liegen auf Einer Geraden und es ist $HO = OT$; einfachster Beweis?

8) Der Kreis durch die Halbierungspunkte der drei Seiten eines Dreiecks enthält zugleich die Fusspunkte der Höhen und halbiert die „obern" Abschnitte h'_α, h''_β, h'''_γ der drei Höhen (Neuner-Kreis). Auch hier einfachster Beweis? U. s. f.

Von grosser Fruchtbarkeit ist, wie schon in § 25, **5.** durch die grosse Zahl der dort angeschriebenen Gleichungen angedeutet ist, die Betrachtung der auf den Inkreis und die Ankreise sich beziehenden Punkte und Abmessungen. Da übrigens alle diese Sätze nur den Wert von Übungen, keine praktische Bedeutung haben, so möge unter Verweis auf das a. a. O. Zusammengestellte hier nur noch Folgendes angeführt sein:

9) Wenn man aus den drei ungleichen Seitenabschnitten, in die die Berührungspunkte des Inkreises (Radius r) die Dreiecksseiten teilen, ein

Dreieck konstruiert und wenn r' und R' den Radius des In- und des Umkreises dieses neuen Dreiecks bezeichnen, so ist $r^2 = 2\,r'\,R'$.

Die Seiten des neuen Dreiecks sind (vgl. § 23, Fig. 51 und § 25, 4):

$$a' = r\,ctg\,\frac{\alpha}{2} = s - a;\quad b' = r\,ctg\,\frac{\beta}{2} = s - b;\quad c' = r\,ctg\,\frac{\gamma}{2} = s - c,$$

also ist
$$s' = \frac{1}{2}(s - a + s - b + s - c) = \frac{s}{2}.$$

$$s' - a' = a - \frac{s}{2},\quad s' - b' = b - \frac{s}{2},\quad s' - c' = c - \frac{s}{2},\ \text{somit}$$

$$r' = \sqrt{\frac{\left(a - \frac{s}{2}\right)\left(b - \frac{s}{2}\right)\left(c - \frac{s}{2}\right)}{\frac{s}{2}}}\quad \text{und}$$

$$R' = \frac{(s-a)(s-b)(s-c)}{4\sqrt{\frac{s}{2}\left(a - \frac{s}{2}\right)\left(b - \frac{s}{2}\right)\left(c - \frac{s}{2}\right)}},\ \text{woraus folgt:}$$

$$2\,r'\,R' = \frac{(s-a)(s-b)(s-c)}{s} = r^2.$$

10) Die Halbmesser der vier Kreise, die durch je drei der vier Mittelpunkte der die Seiten eines Dreiecks berührenden Kreise (Inkreis und Ankreise) gelegt werden können, sind einander gleich; jeder ist gleich dem Durchmesser des Umkreises des Dreiecks.

11) In den zwei Nebenwinkelräumen eines Dreieckswinkels, z. B. α, seien die zwei Ankreise gezogen (Halbmesser r'' und r'''); das Produkt aus dem kleinsten vorhandenen Abstand dieser beiden Kreisumfänge und dem grössten Abstand (beide Strecken, auf der Halbierungslinie der Winkel $180^0 - \alpha$, sind um $2\,r'' + 2\,r'''$ verschieden) ist gleich dem Quadrat der dem betrachteten Winkel gegenüberliegenden Seite (hier also $= a^2$).

12) Ist in einem Dreieck M der Mittelpunkt des umbeschriebenen Kreises (Halbmesser R), O der Mittelpunkt des Inkreises (Halbmesser r), sind O', O'', O''' die Mittelpunkte der Ankreise (Halbmesser r', r'', r''') und bezeichnet man die Strecken $M\,O$; $M\,O'$, $M\,O''$, $M\,O'''$ mit d; d', d'', d''', so ist: $d^2 = R\,(R - 2\,r)$; $d'^2 = R(R + 2\,r')$, $d''^2 = R(R + 2\,r'')$, $d'''^2 = R(R + 2\,r''')$. Die Summe der Quadrate der vier Abstände d ist also gleich dem dreifachen Quadrat des Umkreis-Durchmessers.

Anhang zu Kapitel 1.

Um Gelegenheit zu Rechnungsübungen zum § 24 und zum Teil auch zu den folgenden §§ dieses Kapitels 1 des II. Abschnitts zu geben, sind hier (wie am Schluss des Kapitels 2 des I. Abschnitts für rechtwinklige Dreiecke u. s. f.) die **Stücke** (Seiten, Winkel und im allgemeinen Flächeninhalt) **einer Anzahl von ebenen Dreiecken** zusammengestellt. Über die Rechnungsgenauigkeit vgl. die Bemerkung vor der eben genannten Zusammenstellung im Abschnitt I; die Angaben für F sind selbstverständlich auch dort, wo sie scheinbar runde Zahlen sind, nur Näherungen, die bei einer gewissen, der Rechnung entsprechenden Stellenzahl abgebrochen sind, mit Ausnahme der rationalen Dreiecke, vgl. unten. Für einzelne Dreiecke im ersten Teil der folgenden Sammlung ist statt F der Umkreishalbmesser R angegeben; für eine Anzahl von rationalen Dreiecken (s. unten) sind statt der Winkel die Zahlen für Um-, In- und die Ankreishalbmesser angegeben. Im zweiten Teil der Zusammenstellung (Dreiecke für II^b) sind nur die Seiten und Winkel angeschrieben.

1) Schiefwinklige Dreiecke für die Fälle I, II^a und III.

Nr.	a	b	c	α	β	γ	F
1*	29,24	30,18	1,654	53°59′	123°23′,$_7$	2°37′,$_3$	20,14
2	37,002	40,234	10,977	65 13 41	99 8 43	15 37 36	200,505
3*	57,06	81,02	104,37	32 53,$_5$	50 46,$_8$	96 39,$_7$	2296
4	128,076	164,392	147,054	48 10 4	73 0 56	58 49 0	9006,2
5	134,08	248,91	306,02	25 23 28	52 45 8	101 51 24	16330,8
6	140,836	249,465	175,648	33 17 42	103 29 54	43 12 24	12026,8
7*	148,73	193,05	219,4	41 39,$_7$	59 37,$_9$	78 42,$_4$	14080
8	224,467	190,990	170,744	76 28 54	55 49 18	47 41 48	15854,4
9**	235	105	229	80	26	74	3stell. Log.
10*	235,0	104,6	229,4	80 0	26 0	74 0	4- „ „
11	235,000	104,607	229,384	80 0 0	26 0 0	74 0 0	5- „ „
12	261,057	225,311	285,880	60 2 19	48 23 35	71 34 6	27901,9
13	268,044	196,948	315,862	57 38 40	38 22 0	83 59 20	26250
14	321,80	385,24	267,58	55 36 28	81 3 56	43 19 36	R=194,99
15	369,66	286,72	231,40	90 23 10	50 51 40	38 45 10	33173
16*	401,9	477,7,$_5$	417,6	52 49,$_6$	71 17,$_5$	55 52,$_9$	79490
17	402,678	352,467	403,900	63 54 34	51 49 30	64 15 56	65415,7
18	412,64	499,50	377,58	53 59 0	78 16 24	47 44 36	76276,7
19	426,37	580,56	375,49	47 11 44	92 33 15	40 15 1	R=290,569
20	569,14	409,42	268,76	112 27 20	41 40 9	25 52 31	50844

Nr.	a	b	c	α	β	γ	F
21*	671,27	650,28	437,34	$73°17'{,}_4$	$68°\ 6'{,}_1$	$38°36'{,}_5$	136200
22*	1025,1	624,7	718,96	$99\ 12{,}_2$	$36\ 59{,}_0$	$43\ 48{,}_8$	221700
23	1203,92	890,76	540,32	112 13 16	43 13 49	24 32 55	R = 650,25
24	1249,17	2992,87	2287,05	22 43 12	112 16 42	45 0 6	1321850
25	2292,37	1975,20	2169,80	66 57 44	52 27 32	60 34 44	1971950
26	3099,60	2320,84	2898,13	71 54 12	45 22 37	62 43 11	3196770
27	3228,77	1408,74	2416,60	112 27 13	23 46 49	43 45 58	1572570
28	3963,2	2399,8	3233,9	88 6 40	37 14 40	54 38 40	3878400
29	7844	5296	3782	118 36 5	36 21 16	25 2 39	8792600
30*†)	130	140	150	$53\ 7{,}_8$	$59\ 29{,}_4$	$67\ 22{,}_8$	8400

(Zu 23–27:) 6stellig, aber mit Abrundung auf 1″ in den Winkeln.

†) Anmerkung. Das letzte Dreieck 30) ist ein sog. rationales schiefwinkliges Dreieck; während bei allen vorhergehenden Dreiecken die Zahlen für F Näherungswerte sind, ist die Zahl 8400 für das letzte Dreieck streng richtig. In „rationalen" schiefwinkligen Dreiecken sind die Zahlen für die Seitenlängen a, b, c und zugleich der Flächeninhalt F rationale Zahlen. Dass damit dann auch die Höhen, der Inkreishalbmesser, der Umkreishalbmesser rationale Zahlen werden, folgt aus $ah = 2F$, $rs = F$, $abc = 4F.R$. Man erhält solche Dreiecke durch Zusammenlegung zweier rechtwinkliger rationaler Dreiecke (vgl. die Bemerkung bei der Zusammenstellung rechtwinkliger Dreiecke am Schluss des Kapitel 2 im I. Abschnitt). Sind x, y, z, und x', y', z', zwei Systeme pythagoräischer Zahlen (z und z' die Hypotenusenzahlen), so sind auch mx, my, mz und nx', ny', nz' zwei solche Systeme und man kann m und n so bestimmen, dass zwei Kathetenzahlen gleich werden, z. B. $mx = nx'$. Dann sind mz, nz' und $my \pm ny'$ die drei Seiten eines rationalen schiefwinkligen Dreiecks (das eine Zeichen in der letzten Seite giebt ein spitzwinkliges, das andere ein zugeordnetes stumpfwinkliges Dreieck). Die folgenden sechs Nummern geben einige

Beispiele für rationale schiefwinklige Dreiecke. 31) und 32), ebenso 32) und 33) sind einander zugeordnet. Alle Zahlen der Tafel sind rational, z. B. ist R für die zwei ersten $8^1/_8$; der Punkt über einer Zahl deutet den periodischen Dezimalbruch an, z. B. $1{,}3\dot{3} = 1^1/_3$, R für Dreieck 33) ist

$$\frac{14{,}5\,.\,2{,}5\,.\,15}{72} = \frac{181^1/_4}{24} = 7\,\frac{53}{96} = 7{,}55208\dot{3} \quad \text{u. s. w.}$$

Nr.	a	b	c	r	r'	r''	r'''	F	R
31†)	4	15	13	1,5	2	24	8	24	8,125
32	13	14	15	4	10,5	12	14	84	8,125
33	14,5	2,5	15	1,125	12	$1{,}3\dot{3}$	18	18	$7{,}55208\dot{3}$
34	68	75	77	21	55	66	70	2310	42,5
35	370	130	400	$53{,}3\dot{3}$	300	75	480	24000	$200{,}41\dot{6}$
36	510	520	530	150	$433{,}\dot{3}$	450	468	117000	$300{,}3\dot{3}$

Über eine grosse Zahl (496) von schiefwinkligen rationalen Dreiecken vgl. *Grebe* (siehe den Anhang zu Kapitel 2 des I. Abschnitts; aus den daselbst erwähnten 32 ersten Systemen pythagoräischer Zahlen gebildet); vgl. ferner *Schlömilch* (ebenso) u. s. f.

2) Schiefwinklige Dreiecke für den Fall IIᵇ.

Nr.	a	b	α	β	γ	c
1*	15,45	18,00	21° 14′,4	{ 24° 57′,9 155 2,1	133° 47,7 3 43,5	30,78 2,77 }
2*	18,75	30,48	26 27,7	{ 46 23,7 133 36,3	107 8,6 19 56,0	40,22 14,35 }
3*	33	65	30 30,6	90	59 59,4	56
4	171,99	223,74	49 41 40	{ 82 46 45 97 13 15	47 31 35 33 5 5	166,35 123,11 }
5	200	1000	111 11 11	—	—	—
6	624,16	836,48	43 17 50	{ 66 47 36 113 12 24	69 54 34 23 29 46	854,75 362,87 }
7	760,28	525,16	110 47 37	40 13 20	28 59 3	394,070
8	764,5	519,4	87 17 28	42 44 9	49 58 23	586,03
9	776,44	585,32	113 15 22	43 50 9	22 54 29	328,95
10*	4960	3240	103 14	39 29	37 17	3086
11	5874	6349	26 29 20	{ 28 49 23 151 10 37	124 41 17 2 20 3	10828,75 536,25 }
12	5943,2	6134,6	47 13 40	{ 49 15 38 130 44 22	83 30 42 2 1 58	8044,54 287,26 }

Kapitel 2.

Trigonometrie des ebenen Vierecks (Tetragonometrie).

Anhang: Erste Andeutungen über Polygonometrie.

Es lässt sich eine Tetragonometrie aufstellen, die in ähnlicher Weise, wie es für das Dreieck im vorigen Kapitel geschehen ist, Beziehungen zwischen den „Stücken" des ebenen Vierecks aufsucht.[49]) Von Stücken kommen hier, wenn sogleich über die vier Seiten und die vier Winkel (Summe der vier Winkel $= 360^0$) hinausgegangen wird, vor allem in Betracht der Inhalt des Vierecks, die zwei Diagonalen, sowie die Teile, in die diese die Viereckswinkel zerlegen. Diese Tetragonometrie ist aber nicht gerade von grosser Wichtigkeit: sie lässt sich zum Teil sofort zurückführen auf die Trigonometrie im engern Sinn (Kapitel 1), zum Teil betrachten als besondern Fall der Polygonometrie (Kapitel 5). Gleichwohl müssen einige Aufgaben und Sätze über das ebene Viereck und besonders über spezielle ebene Vierecke hier behandelt werden.

Ein beliebiges ebenes Viereck ist durch fünf unabhängige Stücke geometrisch bestimmt, es muss also möglich sein, die übrigen Stücke auch trigonometrisch zu berechnen. In der Regel lässt sich die Berechnung zurückführen auf die zweier Dreiecke, in die man das Viereck durch eine Diagonale zerlegt, vgl. unten in § 30. Ähnlich wie beim Dreieck mit den einfachen speziellen Fällen des rechtwinkligen und gleichschenkligen Dreiecks begonnen wurde, sollen aber auch hier einige spezielle Vierecke voranstehen.

Hat aber das Viereck Eine Eigenschaft, die die Angabe Eines Stücks ersetzt, so können, um dieses Viereck zu bestimmen, nur noch vier weitere Stücke gegeben sein. Ein solches Viereck ist z. B. das Trapez, für das die Bestimmung besteht: zwei Seiten liegen parallel, und das demnach durch vier unabhängige Stücke gegeben ist. Auch ein „Kreisviereck" und ein „Tangentenviereck" sind solche durch vier weitere Stücke bestimmte Vierecke; beim ersten lautet die zum Voraus festgesetzte Bestimmung wie beim Trapez: zwei der Viereckswinkel geben zusammen 180° (also auch die zwei übrigen), nur sind diese Winkel nicht wie beim Trapez zwei aufeinanderfolgende Viereckswinkel, sondern zwei sich gegenüberliegende; u. s. f.

Sind zwei Bestimmungen vorhanden, die je die Angabe eines Stücks ersetzen, so sind noch drei unabhängige Stücke zur Bestimmung des Vierecks nötig; ein Viereck dieser Art ist z. B. das Parallelogramm (je zwei Gegenseiten sind parallel, mit Einem bekannten Winkel also alle vier gegeben; oder auch: die Seiten sind paarweise gleich).

Drei a priori aufgestellte Anforderungen an das Viereck, von dem Wert je Eines Bestimmungsstücks, lassen nur noch die Wahl zweier weiterer unabhängiger Daten übrig (Beispiele: Rechteck; hier sind drei Winkel [damit auch der vierte)] je gleich einem rechten Winkel gegeben; Rhombus: ein Parallelogramm (zwei Bestimmungen) mit gegebenem Diagonalen-Schnittwinkel [rechter Winkel; dritte Bestimmung] oder Parallelogramm, in dem die zwei Seiten gleich sind [dritte Bestimmung]). Viereck mit vier zum Voraus aufgestellten Bestimmungen giebt es nur Eines, das Quadrat: ein Rechteck (drei Bestimmungen), in dem die beiden Seiten gleich sind (vierte Bestimmung) und das in der That durch Ein unabhängiges Stück (das eine Länge oder ein Flächeninhalt sein muss, da über die Winkel verfügt ist), bestimmt wird: Seite, Diagonale, Flächeninhalt.

Über das Quadrat ist trigonometrisch kaum etwas zu sagen. Auch die Aufgaben über das Rechteck führen unmittelbar auf die Aufgaben über das rechtwinklige Dreieck zurück. Es mag deshalb begonnen werden mit dem Parallelogramm und dem Trapez.[50])

§ 28. Parallelogramm und Trapez.

1. Daten und Hilfslinien. Ein Parallelogramm erfordert, wie schon angegeben, zur Bestimmung drei von einander unabhängige Stücke. Durch diese ist eines der Dreiecke bestimmt, in die das Parallelogramm durch eine seiner Diagonalen zerlegt wird, oder eines der Dreiecke, in die beide Diagonalen das Parallelogramm teilen. Es lassen sich demnach alle Aufgaben über Berechnung von Parallelogrammen direkt zurückführen auf Dreiecksaufgaben.

Das Trapez erfordert vier Stücke zur Bestimmung (vgl. oben). Auch die Berechnung der Trapeze kann auf Dreiecksaufgaben zurückgeführt werden durch Benützung folgender Hilfslinien: beide Diagonalen; Lote von den Endpunkten der einen Parallelseite auf die andere; die beiden Geraden, von denen jede das Trapez in ein Parallelogramm und ein Dreieck teilt; Verlängerung der nicht parallelen Seiten bis zum Durchschnittspunkt.

2) Parallelogramm. In einem Parallelogramm sind gegeben die zwei Seiten a, b und der von ihnen eingeschlossene Winkel α. Gesucht sind die beiden Diagonalen e, f, der von ihnen gebildete Winkel γ und der Inhalt F des Parallelogramms.

Aus den beiden Dreiecken ABC und ABD erhält man (Fig. 66) unmittelbar, da die zwei Winkel des Parallelogramms sich zu 180^0 ergänzen:

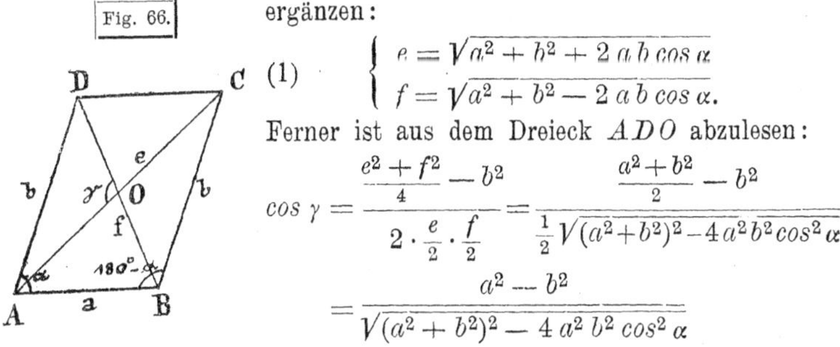

$$(1) \quad \begin{cases} e = \sqrt{a^2 + b^2 + 2\,a\,b\cos\alpha} \\ f = \sqrt{a^2 + b^2 - 2\,a\,b\cos\alpha}. \end{cases}$$

Ferner ist aus dem Dreieck ADO abzulesen:

$$\cos\gamma = \frac{\frac{e^2 + f^2}{4} - b^2}{2 \cdot \frac{e}{2} \cdot \frac{f}{2}} = \frac{\frac{a^2+b^2}{2} - b^2}{\frac{1}{2}\sqrt{(a^2+b^2)^2 - 4\,a^2 b^2 \cos^2\alpha}}$$

$$= \frac{a^2 - b^2}{\sqrt{(a^2 + b^2)^2 - 4\,a^2\,b^2\cos^2\alpha}}$$

Mittels $tg\,\gamma = \frac{\sqrt{1 - \cos^2\gamma}}{\cos\gamma}$ erhält man leicht aus der vorhergehenden Gleichung

$$(2) \qquad tg\,\gamma = \frac{2\,a\,b\sin\alpha}{(a + b)\,(a - b)}.$$

Endlich ist (3) $\quad F = 2 \,.\, \triangle\, ABD = a\,b \,.\, \sin\alpha.$

Grenzfall: $\alpha = 90^0$ (Rechteck) giebt $F = a\,b$. Man lese auch für das Rechteck $tg\,\gamma = \frac{2\,a\,b}{(a + b)\,(a - b)}$ direkt ab (γ Winkel an der Spitze eines hier gleichschenkligen Dreiecks mit b als Grundlinie und $\frac{a}{2}$ als Höhe oder a als Grundlinie und $\frac{b}{2}$ als Höhe).

Zusätze. 1) Im Parallelogramm ist die Summe der Quadrate der Diagonalen gleich der doppelten Summe der Quadrate der beiden Seiten (unmittelbar aus Gl. (1)).

2) Sind μ, ν die Winkel, die im Dreieck mit den Seiten a, b, e (Dreieck ABC) den Seiten a, b gegenüberliegen, μ', ν' die den Seiten a, b im Dreieck $a, b, f\,(ABD)$ gegenüberliegenden Winkel, so kann man e und f aus a, b, α auch dadurch rechnen, dass man zuerst μ, ν und μ' ν' bestimmt (die Dreiecke a, b, α und $a, b, (180^0 - \alpha)$ nach § 24, II^b auflöst). Man erhält ferner mit diesen Bezeichnungen den unmittelbar aus der Figur abzulesenden Satz: $e : f = \sin\mu' : \sin\mu = \sin\nu' : \sin\nu$. — Anwendung auf das Rechteck (Parallelogramm mit gleichen Diagonalen).

2) Gegeben seien die beiden Seiten a, b und der (der Seite b gegenüberliegende) Winkel γ der Diagonalen.

Nach der vorhergehenden Aufgabe ist

(4) $$\sin\alpha = \frac{(a+b)(a-b)\,tg\,\gamma}{2\,a\,b}.$$

Mit dieser Gleichung ist die Aufgabe auf die vorige zurückgeführt und zugleich die Determination gegeben: wenn $a > b$ ist, so muss, wenn die Aufgabe möglich sein soll, $\gamma < 90^0$ und ausserdem $2\,a\,b > (a^2 - b^2)\,tg\,\gamma$ sein. Grenzfall: Rechteck mit den Seiten a, b $(a > b)$; dann ist

$$tg\,\frac{\gamma}{2} = \frac{b}{a}, \quad \text{also} \quad tg\,\gamma = \frac{2\,\frac{b}{a}}{1 - \frac{b^2}{a^2}} = \frac{2\,a\,b}{a^2 - b^2} \text{ (s. oben) und } \sin\alpha = 1.$$

3) Gegeben seien die beiden Diagonalen e, f und der Flächeninhalt F.

Es ist nach 1)
$$e^2 = a^2 + b^2 + 2\,a\,b\cos\alpha$$
$$f^2 = a^2 + b^2 - 2\,a\,b\cos\alpha, \quad \text{somit}$$
$$e^2 - f^2 = 4\,a\,b\cos\alpha; \quad \text{ferner ist}$$
$$F = a\,b\sin\alpha, \quad \text{also}$$

(5) $$tg\,\alpha = \frac{4\,F}{(e+f)(e-f)}.$$

Der Winkel γ der Diagonalen findet sich aus dem Dreieck AOD, in dem zwei Seiten $\frac{e}{2}$, $\frac{f}{2}$ und der Inhalt $\frac{F}{4}$ bekannt sind. Es ist

$$\frac{1}{2}\cdot\frac{e}{2}\cdot\frac{f}{2}\sin\gamma = \frac{F}{4} \quad \text{oder}$$

(6) $$\sin\gamma = \frac{2\,F}{e\,f}$$ (Determination der Aufgabe $e\,f \geqq 2\,F$).

Bemerkenswert ist die Gleichung (6) in der Form (6') $2\,F = e\,f\sin\gamma$, die übrigens für ein beliebiges Viereck gilt (vgl. § 30).

Endlich ist gemäss (2) $a^2 - b^2 = \frac{2\,a\,b\sin\alpha}{tg\,\gamma}$, somit sind, da auch $a^2 + b^2 = \frac{1}{2}(e^2 + f^2)$ bekannt ist, a und b bestimmt. Man kann a und b auch mit Benützung der Winkel α (aus 5) und γ (aus 6) bestimmen, oder die Winkel μ und ν (vgl. Zusatz 2. zu 1) benützen; u. s. f.

4) Gegeben seien Umfang u, Inhalt F und der Winkel α.

Es ist $a + b = \frac{u}{2}$; ferner $a\,b\sin\alpha = F$, also $a\,b = \frac{F}{\sin\alpha}$, womit die Aufgabe durch Bestimmung von $(a - b)$ zu lösen ist; wie am einfachsten trigonometrisch?

3) Trapez. 1) In einem Trapez sind gegeben die beiden Parallelseiten a, b und die an der einen von ihnen (a) anliegenden Winkel γ, δ. Gesucht werden die nicht parallelen Seiten, die Diagonalen und deren Abschnitte, und der Inhalt.

Zieht man durch den einen Endpunkt der einen Parallelseite (Fig. 67) eine Parallele mit der zu bestimmenden Seite c, so erhält man ein Dreieck, in dem eine Seite $(a - b)$ und die Winkel bekannt sind. Die beiden andern Seiten dieses Dreiecks sind unmittelbar die gesuchten nicht parallelen Seiten.

Die Diagonalen lassen sich dann als dritte Seiten in zwei Dreiecken bestimmen, von denen je zwei Seiten und der von diesen eingeschlossene Winkel bekannt sind. Mit Hilfe der Winkel dieser beiden Dreiecke kann man endlich die Abschnitte berechnen, in die sich die Diagonalen gegenseitig zerlegen.

Um den Inhalt F zu finden, sei h die Höhe des Trapezes, d. h. der Abstand der Parallelseiten; dann wird (Inhalt des abgeschnittenen Dreiecks doppelt ausgedrückt):

$$h(a-b) = \frac{(a-b)^2 \sin\gamma \sin\delta}{\sin(\gamma+\delta)} \quad \text{[vgl. § 25, Gl. (4)], somit}$$

$$(1) \quad F = \frac{a+b}{2} \cdot h = \frac{1}{2} \frac{(a+b)(a-b) \sin\gamma \sin\delta}{\sin(\gamma+\delta)}.$$

2) Beziehungen zwischen den Diagonalen und den vier Seiten eines Trapezes.

Fig. 67.

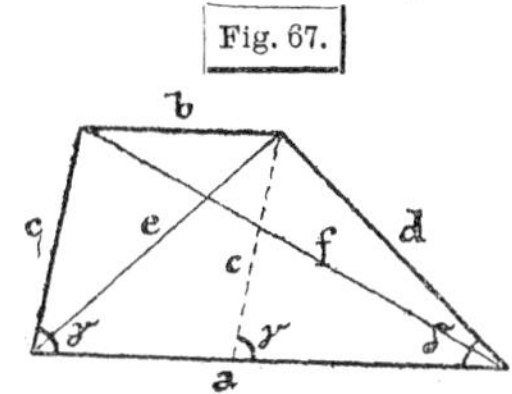

Es ist

$$(2) \quad f^2 = a^2 + c^2 - 2\,a\,c \cos\gamma \quad \text{und}$$

$$e^2 = b^2 + c^2 - 2\,b\,c \cos(180^0 - \gamma) \quad \text{oder}$$

$$(3) \quad e^2 = b^2 + c^2 + 2\,b\,c \cos\gamma.$$

Multipliziert man (2) mit b, (3) mit a und addiert, so wird

$$a e^2 + b f^2 = a b^2 + a c^2 + a^2 b + c^2 b = c^2 (a+b) + a b (a+b) \quad \text{oder}$$

$$(4) \quad a e^2 + b f^2 = (c^2 + a b)(a+b).$$

Ebenso ist

$$e^2 = a^2 + d^2 - 2\,a\,d \cos\delta$$

$$f^2 = b^2 + d^2 + 2\,b\,d \cos\delta, \quad \text{woraus folgt}$$

$$(5) \quad b e^2 + a f^2 = (d^2 + a b)(a+b).$$

Addiert man (4) und (5), so erhält man folgenden Satz:

$$(a+b) e^2 + (a+b) f^2 = (a+b)[c^2 + d^2 + 2\,a\,b] \quad \text{oder}$$

$$(6) \quad e^2 + f^2 = c^2 + d^2 + 2\,a\,b,$$

in Worten: Im Trapez ist die Summe der Quadrate der Diagonalen um das doppelte Produkt der Parallelseiten grösser als die Summe der Quadrate der nicht parallelen Seiten.

Subtrahiert man (4) von (5), so wird

$$f^2 (a-b) + e^2 (b-a) = (a+b)(d^2 - c^2) \quad \text{oder}$$

$$(7) \quad \frac{f^2 - e^2}{d^2 - c^2} = \frac{a+b}{a-b},$$

in Worten: Im Trapez verhält sich die Differenz der Quadrate der Diagonalen zur Differenz der Quadrate der nicht parallelen Seiten wie die Summe der Parallelseiten zu ihrer Differenz.

3) Gegeben seien die vier Seiten a, b, c, d eines Trapezes. Es ist

$$d^2 = (a - b)^2 + c^2 - 2\,c\,(a - b)\cos\gamma, \quad \text{woraus folgt}$$

$$(8)\quad \begin{cases} \cos\gamma = \dfrac{(a-b)^2 + (c^2 - d^2)}{2\,c\,(a-b)}; & \text{ebenso wird} \\ \cos\delta = \dfrac{(a-b)^2 + (d^2 - c^2)}{2\,d\,(a-b)}. \end{cases}$$

Damit sind γ und δ bestimmt und es können also nach 1) Diagonalen und Inhalt gefunden werden.

Ist in diesem Fall der Inhalt F allein verlangt, so kann man ihn in den vier Seiten direkt ausdrücken. Es ist nämlich

$$F = \frac{1}{2}(a + b)\,h = \frac{1}{2}(a + b)\,c \sin\gamma, \qquad \text{oder da}$$

$$\sin\gamma = \sqrt{1 - \cos^2\gamma} = \sqrt{(1 + \cos\gamma)(1 - \cos\gamma)} \qquad \text{ist,}$$

mit Hilfe des obigen Ausdrucks für $\cos\gamma$ nach einiger Umformung:

$$(9)\quad F = \frac{a+b}{4(a-b)}\sqrt{[(c+d)+(a-b)][(c+d)-(a-b)][(a-b)+(c-d)]\,[(a-b)-(c-d)]}.$$

§ 29. Das Sehnenviereck (Kreisviereck) und das Tangentenviereck. [51]

1) Sehnenviereck. Zur Bestimmung braucht man vier unabhängige Stücke; eine Angabe über jedes solche Viereck steht nämlich von vornherein fest: Damit ein Viereck ein Kreisviereck ist, einen durch alle vier Ecken gehenden Umkreis besitzt (Fig. 68), muss die Summe je zweier gegenüberliegender Winkel 180° sein.

Fig. 68.

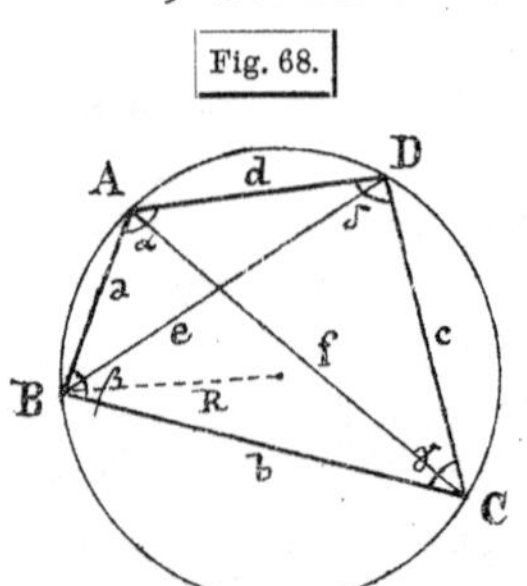

$$(1)\quad \begin{cases} \alpha + \gamma = 180^0 \\ \beta + \delta = 180^0. \end{cases}$$

Wie im Trapez sind also nur zwei Winkel unabhängig von einander.

Es seien gegeben die vier Seiten a, b, c, d (Fig. 68). Gesucht sind die Winkel, der Inhalt, die Diagonalen und der Halbmesser des Umkreises.

Es ist (2) $e^2 = a^2 + d^2 - 2\,a\,d\cos\alpha$ und

(3) $e^2 = b^2 + c^2 - 2\,b\,c\,.\cos(180^0 - \alpha)$

$= b^2 + c^2 + 2\,b\,c\cos\alpha,$ also

$a^2 + d^2 - 2\,a\,d\cos\alpha = b^2 + c^2 + 2\,b\,c\cos\alpha$ oder

$$2\,(a\,d + b\,c)\cos\alpha = (a^2 + d^2) - (b^2 + c^2)$$

$$\cos\alpha = \frac{(a^2 + d^2) - (b^2 + c^2)}{2\,(b\,c + a\,d)}.$$

Hieraus erhält man die beiden Gleichungen:

$$1 + \cos\alpha = \frac{(a+d)^2 - (b-c)^2}{2\,(b\,c + a\,d)} = \frac{(a+d+b-c)\,(a+d-b+c)}{2\,(b\,c + a\,d)}$$

$$1 - \cos\alpha = \frac{-(a-d)^2 + (b+c)^2}{2\,(b\,c + a\,d)} = \frac{(-a+d+b+c)\,(a-d+b+c)}{2\,(b\,c + a\,d)}.$$

Setzt man $(a + b + c + d) = 2\,s$, so geben die zwei letzten Gleichungen:

(4) $\cos\frac{\alpha}{2} = \sqrt{\frac{(s-b)\,(s-c)}{b\,c + a\,d}}$ und $\sin\frac{\alpha}{2} = \sqrt{\frac{(s-d)\,(s-a)}{b\,c + a\,d}}.$

Ganz ebenso wird

(5) $\cos\frac{\beta}{2} = \sqrt{\frac{(s-c)\,(s-d)}{a\,b + c\,d}}$ und $\sin\frac{\beta}{2} = \sqrt{\frac{(s-a)\,(s-b)}{a\,b + c\,d}}.$

Aus den Gleichungen (4) und (5) folgt, wenn man je die zusammengehörigen multipliziert:

(6) $$\left\{\begin{aligned} \sin\alpha &= \frac{2\sqrt{(s-a)\,(s-b)\,(s-c)\,(s-d)}}{b\,c + a\,d} \\ \sin\beta &= \frac{2\sqrt{(s-a)\,(s-b)\,(s-c)\,(s-d)}}{a\,b + c\,d}. \end{aligned}\right.$$

Dividiert man dagegen je die beiden Gleichungen (4) und (5), so erhält man die für die logarithmische Rechnung bequemsten Formeln:

(7) $tg\frac{\alpha}{2} = \sqrt{\frac{(s-d)\,(s-a)}{(s-b)\,(s-c)}}$ und $tg\frac{\beta}{2} = \sqrt{\frac{(s-a)\,(s-b)}{(s-c)\,(s-d)}}.$

Für den Inhalt F des Kreisvierecks findet man:

$$2\,F = a\,d\sin\alpha + b\,c\sin(180^0 - \alpha)$$

$= (b\,c + a\,d)\sin\alpha,$ somit nach (5)

(8) $$F = \sqrt{(s-a)\,(s-b)\,(s-c)\,(s-d)}.$$

Die Diagonalen können mit Hilfe von (2) (ähnliche Formel für f) berechnet werden; sie lassen sich aber auch direkt in den Seiten ausdrücken. Es ist

$$\left.\begin{aligned} e^2 &= a^2 + d^2 - 2\,a\,d\cos\alpha \\ e^2 &= b^2 + c^2 + 2\,b\,c\cos\alpha \end{aligned}\right|\begin{aligned} &b\,c \\ &a\,d \end{aligned};$$

multipliziert man also beide Gleichungen mit den rechts angeschriebenen Faktoren und addiert, so wird α eliminiert und man erhält:

$$e^2(bc+ad) = ad(b^2+c^2) + bc(a^2+d^2)$$
$$= (ab+cd)(bd+ac), \text{ somit}$$

$$(9) \quad e = \sqrt{\frac{(ab+cd)(bd+ac)}{bc+ad}}; \text{ ebenso ist } f = \sqrt{\frac{(ad+bc)(bd+ac)}{ab+cd}}.$$

Multipliziert man die Formeln (9), so kommt man auf den

Ptolemäischen Lehrsatz: Im Sehnenviereck ist das Produkt der Diagonalen gleich der Summe der Produkte je zweier Gegenseiten.

Durch Division der beiden Formeln (9) findet sich:

$$\frac{e}{f} = \frac{ab+cd}{bc+ad}.$$

Zur Bestimmung des Umkreis-Halbmessers R ist endlich

$$2R = \frac{e}{\sin\alpha} = \sqrt{\frac{(ab+cd)(bd+ac)}{bc+ad}} \cdot \frac{bc+ad}{2\sqrt{(s-a)(s-b)(s-c)(s-d)}} \quad \text{oder}$$

$$(10) \qquad R = \frac{1}{4}\sqrt{\frac{(bc+ad)(ca+bd)(ab+cd)}{(s-a)(s-b)(s-c)(s-d)}}.$$

Anmerkungen. 1) Man betrachte, durch die ganze Entwicklung hindurch, auch den Grenzfall: eine Seite, z. B. d, werde kleiner und kleiner, so dass sich die Punkte A und D auf dem Kreisumfang immer näher rücken. Ist $d = 0$ geworden, so geht das Kreisviereck in ein (beliebiges) ebenes Dreieck über, die Diagonalen e und f fallen mit den Seiten a und c zusammen. In der That erhält man mit $d = 0$ aus (4), (5), (6), (7), (8) und (10) die vom Dreieck her bekannten Formeln und aus den Gleichungen (9) $e = a$ und $f = b$.

2) Angefügt sei hier auch eine *Newton*sche Aufgabe: Wie berechnet man den Durchmesser eines Kreises, wenn die Längen von drei aneinanderstossenden Sehnen gegeben sind, derart, dass der Anfangs- und Endpunkt dieser Kreissehnenfolge die Endpunkte eines Durchmessers sind? In diesem Fall sind, mit d als Durchmesser, die Winkel zwischen a und f und zwischen c und e rechte Winkel, also $a^2 + f^2 = d^2$, $e^2 + c^2 = d^2$; dazu $ef = bd + ac$. Aus diesen drei Gleichungen sind e und f zu eliminieren; man erhält für d die kubische Gleichung: $d^3 - d(a^2+b^2+c^2) - 2abc = 0$.

3) Wie kann man mit Benützung des *Ptolemäi*schen Lehrsatzes die Sätze $\sin(\varphi+\psi) = \sin\varphi\cos\psi + \cos\varphi\sin\psi$; $\cos(\varphi+\psi) = \cos\varphi\cos\psi - \sin\varphi\sin\psi$ ablesen?

4) Legt man in einem beliebigen Dreieck Kreise durch je eine Ecke und die Mittelpunkte der in dieser Ecke zusammenstossenden Seiten, so haben diese drei Kreise gleiche Durchmesser und schneiden sich in Einem Punkt. (In welchem?)

2) Tangentenviereck. Erfordert ebenfalls zur Bestimmung vier unabhängige Stücke; eine Bestimmung lautet nämlich: damit ein Viereck ein Tangentenviereck ist (einen die vier Seiten zugleich berührenden Inkreis besitzt), muss die Summe zweier Gegenseiten gleich der Summe der beiden andern Gegenseiten sein.

Es dürfen also hier nicht die vier Seiten gegeben sein, indem mit drei gegebenen Seiten auch die vierte aus der Gleichung

(1) $$a + c = b + d$$ bekannt ist.

Es seien gegeben drei Seiten a, b, c und ein Winkel α (Fig. 69). Gesucht werden die übrigen Winkel, der Inhalt und der Radius des Inkreises.

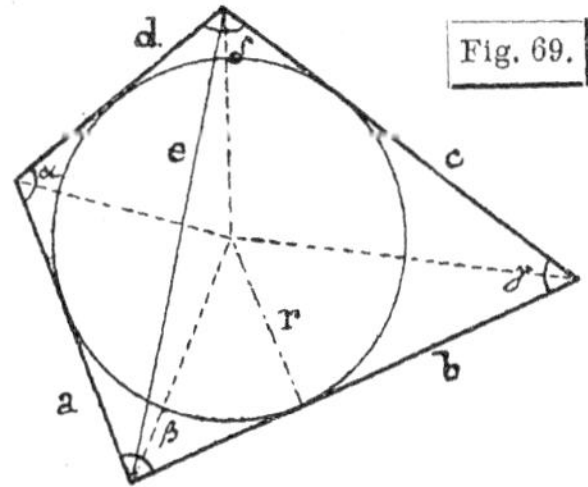

Fig. 69.

Man kann mit Benützung der Diagonale e die Aufgabe zurückführen auf zwei Dreiecksaufgaben, indem in einem der beiden Dreiecke zwei Seiten a und $d = (a + c) - b$ und der eingeschlossene Winkel α und sodann im zweiten die drei Seiten b, c und e gegeben sind.

Die Aufgabe lässt sich aber auch direkt lösen mit Hilfe der leicht zu beweisenden Gleichungen:

(2) $$\left\{\begin{array}{l} d \sin\frac{\alpha}{2} \sin\frac{\delta}{2} = b \sin\frac{\beta}{2} \sin\frac{\gamma}{2} \\ a \sin\frac{\alpha}{2} \sin\frac{\beta}{2} = c \sin\frac{\gamma}{2} \sin\frac{\delta}{2}. \end{array}\right.$$

Durch Multiplikation dieser zwei Gleichungen erhält man die zwei folgenden:

(3) $$\left\{\begin{array}{l} a\, d \sin^2\frac{\alpha}{2} = b\, c \sin^2\frac{\gamma}{2} \\ c\, d \sin^2\frac{\delta}{2} = a\, b \sin^2\frac{\beta}{2}. \end{array}\right.$$

Aus der ersten Gleichung (3) findet sich $\sin\frac{\gamma}{2}$ und damit γ. Sodann ist aus der zweiten Gleichung (3) das Verhältnis $\frac{\sin\frac{1}{2}\beta}{\sin\frac{1}{2}\delta}$ bekannt; ausserdem ist $\frac{\beta}{2} + \frac{\delta}{2} = 180^0 - \left(\frac{\alpha}{2} + \frac{\gamma}{2}\right)$ gegeben und demnach die Bestimmung von $\frac{\beta}{2}$ und $\frac{\delta}{2}$ zurückgeführt auf die Aufgabe 1. in § 20.

Für den Flächeninhalt F erhält man leicht die Gleichung

(4) $$F = \sqrt{a\, b\, c\, d} \sin\frac{\alpha + \gamma}{2} = \sqrt{a\, b\, c\, d} \sin\frac{\beta + \delta}{2}$$

und damit wird endlich

(5) $$r = \frac{F}{a + c} = \frac{F}{b + d}.$$

§ 30. Beliebiges Viereck. Andeutungen über beliebige Polygone.

1) Vierecksaufgaben und Sätze. Zur Bestimmung eines Vierecks braucht man fünf unabhängige Stücke; es können also, wenn als

Stücke vorläufig nur Seiten und Winkel in Betracht kommen, gegeben sein zwei Seiten und drei Winkel, drei Seiten und zwei Winkel, vier Seiten und ein Winkel; denn zwischen den vier Winkeln besteht die Beziehung: Summe gleich 360°. Dabei sind „geschränkte" Vierecke (in denen sich ein Paar von den zwei Paaren vorhandener Gegenseiten schneiden) ausgeschlossen. Unter dieser Voraussetzung kann das Viereck einen, zwei oder drei stumpfe Winkel enthalten; es kann aber auch Einen überstumpfen Winkel enthalten, eine einspringende Ecke besitzen: eine Ecke, die innerhalb des von den drei andern Ecken gebildeten Dreiecks liegt. Ein Viereck, das lauter Winkel $< 180^0$, keine einspringende Ecke hat, heisst konvexes Viereck. Zwischen den vier Winkeln eines Vierecks bestehen die im Anhang zum Abschnitt I, **6.** aufgestellten Beziehungen.

Je nach der gegenseitigen Lage der oben genannten Bestimmungsstücke bieten die angegebenen drei Fälle verschiedene Aufgaben. Alle lassen sich durch folgende Hilfslinien auf Dreiecks-Aufgaben zurückführen: Diagonalen, Verlängerung zweier Gegenseiten bis zum Schnitt, Lote von den Endpunkten einer Seite auf die Gegenseite. Sind z. B. drei Winkel (damit auch der vierte) und zwei zusammenstossende Seiten gegeben, so sind die die Endpunkte der gegebenen Seiten verbindende Diagonale und die Teilwinkel an ihr aus dem ersten Dreieck (zwei Seiten und der zwischenliegende Winkel gegeben) zu berechnen; das zweite Dreieck, in dem dann eine Seite (die berechnete Diagonale) und die Winkel gegeben sind, liefert die zwei zu bestimmenden Seiten; der Inhalt des Vierecks ist gleich der Summe der zwei Dreiecke. Sind dagegen neben den Winkeln zwei Gegenseiten gegeben, so verlängert man die nicht bekannten Seiten bis zum Schnitt; man hat so wieder zwei Dreiecke, die beide aus einer Seite und den Winkeln unmittelbar zu berechnen sind, die zu bestimmenden Vierecksseiten sind die Unterschiede zusammengehörender Seiten der beiden Dreiecke, die Vierecksfläche ist die Differenz der beiden Dreiecksflächen. U. s. f.

Weitere Aufgaben entstehen, wenn auch die Diagonalen und die Winkel, in die sie die Viereckswinkel teilen, unter die gegebenen oder zu bestimmenden Stücke gehören. Vielfach geben selbstverständlich auch hier die oben genannten Hilfslinien sofortige Zurückführung der Aufgaben auf Dreiecksaufgaben; oft aber sind die so aufzustellenden Vierecksaufgaben auch nicht mehr unmittelbar durch zwei Dreiecksaufgaben zu lösen. Es seien z. B. gegeben zwei zusammenstossende Vierecksseiten und der Winkel zwischen ihnen, ferner die zwei Winkel, in die die von dem Scheitel des gegebenen Winkels ausgehende Diagonale den gegenüberliegenden Winkel zerlegt. Man muss dieses Viereck berechnen können, denn es sind 5 von einander unabhängige Bestimmungsstücke vorhanden. Die geometrische Konstruktion ist sehr einfach: man wird zuerst die zwei Seiten und den zwischenliegenden Winkel auftragen; die vierte Ecke und damit die zwei fehlenden Seitenlängen erhält man dann durch den Schnitt zweier Kreise, die über den aufgetragenen Seiten so beschrieben werden, dass sie je einen der weiter gegebenen Winkel als Peripheriewinkel fassen. Für die trigonometrische Rechnung aber lässt sich keine Hilfslinie mehr unmittelbar angeben, die das Viereck in zwei einzeln gegebene und also zu berechnende Dreiecke zerlegen würde.

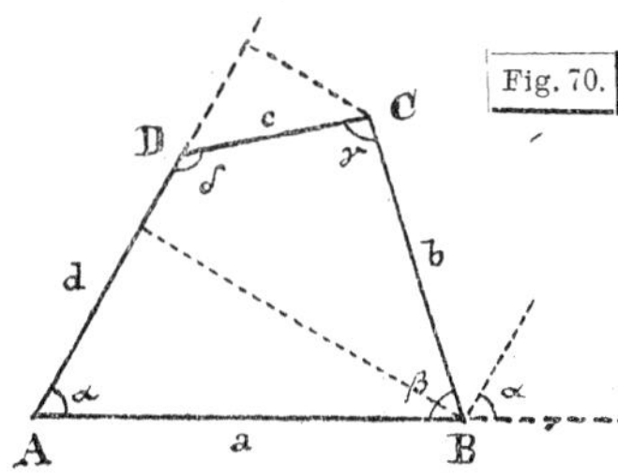

Über diese und ähnliche, praktisch (geodätisch) sehr wichtige Aufgaben vgl. das folgende Kapitel 3.: Geodätische Aufgaben.

Im folgenden sollen nur einige wenige Sätze über das allgemeine Viereck abgeleitet werden.

1) Aufgabe. Eine Beziehung zwischen den Seiten und den Winkeln eines konvexen Vierecks aufzustellen.

Wenn man die Endpunkte einer Seite auf die Gegenseite projiziert, z. B. die Ecken B und C auf die Seite AD (Fig. 70), so ist die Länge der Projektion jeder Seite gleich der Länge der Seite mal dem $\cos$ des Winkels zwischen ihrer Richtung und der Richtung von AD, also der Reihe nach (von a aus) gleich $a \cos \alpha$, $b \cos [180^0 - (\alpha + \beta)]$, $c \cos (180^0 - \delta)$; es ist also:

$$(1) \qquad a \cdot \cos \alpha - b \cdot \cos (\alpha + \beta) + c \cdot \cos \delta - d = 0.$$

Ganz ebenso erhält man durch Projektion der Ecken des Vierecks auf eine zu AD senkrechte Richtung die Gleichung

$$(2) \qquad a \cdot \sin \alpha - b \cdot \sin (\alpha + \beta) - c \cdot \sin \delta = 0.$$

Die Gleichungen (1) und (2) enthalten die 4 Seiten und 3 Winkel, also sämtliche Stücke des Vierecks (der vierte Winkel ist nicht unabhängig) und man kann mit ihrer Hilfe zu fünf beliebigen gegebenen unabhängigen Stücken stets die beiden fehlenden bestimmen. Es ist dabei nur noch zu beachten, dass diese Gleichungen nicht die einzigen ihrer Art sind, vielmehr erhält man durch Projektion der Ecken auf jede der vier Seiten (oder eine dazu parallele Richtung) und eine dazu senkrechte Richtung andere Formen dieser Gleichungen.

Man erhält neben den oben angeschriebenen Gleichungen (Projektion auf d und auf eine Richtung senkrecht dazu) aus der obigen

Figur noch die folgenden Formen (Projektion auf a und auf die Richtung senkrecht dazu):

$$\text{und}\ \begin{cases} a - b\cos\beta - c\cos[180^0 - (\beta+\gamma)] - d\cos\alpha = 0 \\ b\sin\beta - c\sin[180^0 - (\beta+\gamma)] - d\sin\alpha = 0 \end{cases} \text{oder}$$

$$\begin{cases} (1') & a - b\cos\beta + c\cos(\beta+\gamma) - d\cos\alpha = 0 \\ (2') & b\sin\beta - c\sin(\beta+\gamma) - d\sin\alpha = 0; \end{cases}$$

ebenso (nach derselben Reduktion), durch die Projektion auf b und die dazu senkrechte Richtung:

$$\begin{cases} (1'') & b - c\cos\gamma + d\cos(\gamma+\delta) - a\cos\beta = 0 \\ (2'') & c\sin\gamma + d\sin(\gamma+\delta) - a\sin\beta = 0; \end{cases}$$

endlich durch Projektion auf die Richtung von c und eine dazu senkrechte:

$$\begin{cases} c + b\cos(180^0 - \gamma) + d\cos(180^0 - \delta) - a\cos(\alpha+\delta-180^0) = 0 \\ d\sin\delta + a\sin(\alpha+\delta-180^0) - b\sin\gamma = 0 \end{cases} \text{oder:}$$

$$\begin{cases} (1''') & d\cos\delta - a\cos(\alpha+\delta) + b\cos\gamma - c = 0 \quad \text{und} \\ (2''') & d\sin\delta - a\sin(\alpha+\delta) - b\sin\gamma = 0. \end{cases}$$

Die Symmetrie dieser vier Gleichungsgruppen (1) (2) bis (1''') (2''') ist deutlich. Zwei von den acht Gleichungen zusammen liefern nun in der That immer die Auflösung des Vierecks bei fünf gegebenen Stücken, unter denen jedenfalls mindestens Ein Winkel ist. Hat man, um ein ganz beliebiges Beispiel zu nehmen, gegeben: a, b, d, α und β, so geben die zwei Gleichungen (1) und (2) unmittelbar $c\cos\delta$ und $c\sin\delta$, also auf bekanntem Weg c und δ (c ist Hypotenuse eines rechtwinkligen Dreiecks mit $c\sin\delta$ und $c\cos\delta$ als Katheten, in dem man also den Winkel δ sofort berechnen und mit seiner Hilfe c finden kann); oder ist gegeben a, c, α, β, γ (also auch δ), so erhält man aus (1') und (2') Gleichungen für b und d von der Form $mb + nd = l$, $m'b + n'd = l'$; oder ist gegeben a, b, c, d, α, so liefern dieselben Gleichungen: $b\cos\beta - c\cos(\beta+\gamma) = p$, $b\sin\beta - c\sin(\beta+\gamma) = q$ zur Bestimmung von β und γ (wie sind β und γ zu bestimmen? Wie auf anderem Weg?).

Es ist jedoch zu betonen, dass die Zerlegung des Vierecks durch die früher angegebenen Hilfslinien der Benützung zweier der oben angeschriebenen acht Gleichungen vorzuziehen ist für die Stufe der Entwicklung der ebenen Trigonometrie, auf der wir uns hier befinden; für eine spätere Stufe der Entwicklung (Polygonometrie, vgl. Kap. 5. ist noch mehr zu bevorzugen das Verfahren, dass man überhaupt die tetragonometrischen Aufgaben nicht als besondere Aufgaben betrachtet, sondern sie nach den allgemeinen für beliebige Polygone giltigen Vorschriften behandelt. Schon hier sei auf den Nutzen der Einführung eines rechtwinkligen Coordinatensystems hingewiesen. Es seien

z. B. gegeben drei Seiten und die zwei von ihnen eingeschlossenen Winkel, z. B. c, d, a, δ, α in Fig. 70; man sucht die vierte Seite b. Die Lote von C und B auf d (die mittlere Seite) deuten bereits an, wie man bequem das Coordinatensystem anzunehmen haben wird, um sofort die Coordinaten der Punkte C und B zu finden: legt man den Ursprung in den Punkt A, die $+x$-Axe in die Richtung AD (also $+y$ nach rechts unten in Fig. 70), so hat man:

$x_b = a\cos\alpha$, $y_b = a\sin\alpha$; $x_c = d + c.\cos(180^0 - \delta) = d - c\cos\delta$, $y_c = c\sin\delta$.

Nun ist die gesuchte Seite b offenbar nichts anderes als die Hypotenuse in einem rechtwinkligen Dreieck mit den Katheten $(x_c - x_b)$ und $(y_b - y_c)$, also nach bekannter Art sehr einfach zu berechnen.

Hingewiesen sei hier auch noch darauf, dass man die obigen acht Projektionsgleichungen (1) (2) u. s. f., die Beziehungen zwischen den Seiten und Winkeln eines Vierecks ausdrücken, in folgender alle acht zugleich umfassenden Form aufstellen kann [man beachte oben, dass der vierte Winkel in einem Viereck gleich 360^0 minus der Summe der drei andern ist, also z. B. $\delta = 360^0 - (\alpha + \beta + \gamma)$ gesetzt werden kann, oder $\cos\delta = \cos(\alpha + \beta + \gamma)$ und $\sin\delta = -\sin(\alpha + \beta + \gamma)$]. Werden die Seiten eines Vierecks (folgeweise) mit l_1, l_2, l_3, l_4 bezeichnet und bedeutet ε_1 den Viereckswinkel zwischen l_1 und l_2, ε_2 den Winkel zwischen l_2 und l_3, ε_3 den Winkel zwischen l_3 und l_4, und ε_4 den Winkel zwischen l_4 und l_1, so gelten allgemein folgende zwei Gleichungen (Projektion auf die Richtung von l_1 und eine Senkrechte dazu):

$$\left\{\begin{aligned} & l_1 + l_2\cos(180^0 - \varepsilon_1) + l_3\cos[360^0 - (\varepsilon_1 + \varepsilon_2)] \\ & \qquad + l_4\cos[540^0 - (\varepsilon_1 + \varepsilon_2 + \varepsilon_3)] = 0 \quad \text{und} \\ & 0 + l_2\sin(180^0 - \varepsilon_1) + l_3\sin[360^0 - (\varepsilon_1 + \varepsilon_2)] \\ & \qquad + l_4\sin[540^0 - (\varepsilon_1 + \varepsilon_2 + \varepsilon_3)] = 0; \end{aligned}\right.$$

oder in einfacherer Form geschrieben (wobei nun die Vorzeichen alternieren):

$$(*)\quad \left\{\begin{aligned} & l_1 - l_2\cos\varepsilon_1 + l_3\cos(\varepsilon_1 + \varepsilon_2) - l_4\cos(\varepsilon_1 + \varepsilon_2 + \varepsilon_3) = 0 \quad \text{und} \\ & \qquad l_2\sin\varepsilon_1 - l_3\sin(\varepsilon_1 + \varepsilon_2) + l_4\sin(\varepsilon_1 + \varepsilon_2 + \varepsilon_3) = 0. \end{aligned}\right.$$

Man überzeugt sich leicht an der Figur, dass in der That aus (*) die obigen acht Gleichungen zum Vorschein kommen, wenn man l_1 der Reihe nach mit a, b, c, d (also l_2 der Reihe nach mit b, c, d, a; ...) und demnach ε_1 der Reihe nach mit β, γ, δ, α (ε_2 der Reihe nach mit γ, δ, α, β; ...) der obigen Bezeichnung identifiziert und womit der in den Gleichungen (1) (2) bis (1''') (2''') neben zwei andern vorkommende Winkel jedesmal 360^0 minus Summe der drei übrigen gesetzt wird.

Zu beachten ist auch noch, dass die zwei Richtungen, auf die man die Ecken des Vierecks projiziert, keineswegs notwendig die einer

Seite und die einer dazu Senkrechten sein müssen; wie ändern sich die Gleichungen (*) mit Rücksicht hierauf? (Das Nähere wird in Kap. 5., Polygonometrie, aufzustellen sein).

2) Formeln für den Vierecksinhalt F.

a) Es seien gegeben die vier Seiten des Vierecks a, b, c, d und der Winkel ε, den die Diagonalen mit einander bilden.

Fig. 71.

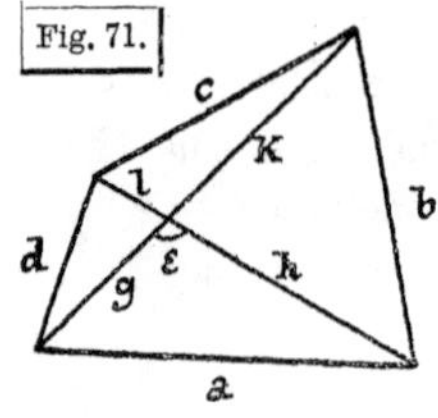

Bezeichnet man (Fig. 71) die Abschnitte, in die sich die Diagonalen gegenseitig zerlegen, mit g, h, k, l, so ist

$$a^2 = g^2 + h^2 - 2\,g\,h\cos\varepsilon$$
$$b^2 = h^2 + k^2 + 2\,h\,k\cos\varepsilon$$
$$c^2 = k^2 + l^2 - 2\,k\,l\cos\varepsilon$$
$$d^2 = l^2 + g^2 + 2\,l\,g\cos\varepsilon,$$

somit, wenn man in der ersten und dritten Gleichung die Zeichen ändert und addiert:

$$g\,h + h\,k + k\,l + l\,g = \frac{(b^2 + d^2) - (a^2 + c^2)}{2\cos\varepsilon}.$$

Nun ist $2\,F = g\,h\sin\varepsilon + h\,k\sin\varepsilon + k\,l\sin\varepsilon + l\,g\sin\varepsilon$ oder also

$$F = \frac{1}{4}\{(b^2 + d^2) - (a^2 + c^2)\}\,tg\,\varepsilon.$$

b) Es seien gegeben die beiden Diagonalen e, f und der Winkel ε, unter dem sie sich schneiden.

Es ist
$$2\,F = (g\,h + h\,k + k\,l + l\,g)\sin\varepsilon$$
$$= [g\,(h + l) + k\,(h + l)]\sin\varepsilon, \quad \text{also}$$
$$\boldsymbol{F = \frac{1}{2}\,e\,f\sin\varepsilon.}$$

3) Zwei Sätze. Anhangsweise seien hier noch folgende zwei Sätze über das beliebige Viereck angeführt:

1) Satz von *Riecke*. In jedem konvexen Viereck ist das Produkt der Diagonalen gleich der Summe von zwei Produkten, die man erhält, wenn man je das Produkt zweier Gegenseiten mit dem *cos* der Differenz der beiden Winkel multipliziert, die auf einer von den beiden Gegenseiten stehen, d. h. es ist (Fig. 72), wenn $\varphi = \zeta - \eta = \iota - \vartheta$ und $\psi = \varkappa - \lambda = \nu - \mu$ gesetzt wird,

$$e\,f = a\,c\cos\varphi + b\,d\cos\psi.$$

Fig. 72.

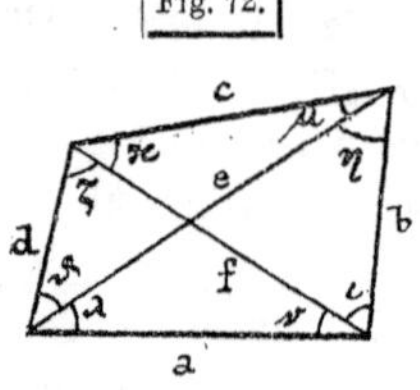

Dieser Satz ist eine Erweiterung des *Ptolemäi*schen Satzes. Ist nämlich das Viereck ein Kreisviereck, so sind die oben angeschriebenen Winkeldifferenzen gleich Null, ihr *cos* ist also gleich 1, das Produkt der Diagonalen gleich der Summe der Produkte je zweier Gegenseiten.

2) Satz von *Baur*. Mit den obigen Bezeichnungen ist in jedem konvexen Viereck

$$\frac{e f}{\sin(\varphi + \psi)} = \frac{a c}{\sin \varphi} = \frac{b d}{\sin \psi}.$$

Anmerkung. Man kann die beiden Sätze von *Riecke* und *Baur* auch so zusammenfassen: Bildet man ein Dreieck mit den Seitenlängen $a.c$, $b.d$ und $e.f$ (wo a, b, c, d die Seiten, e und f die Diagonaleneines konvexen Vierecks sind) [oder mit Seitenlängen, die diesen Beträgen proportional sind] so sind, mit den Bezeichnungen der obenstehenden Figur: $\zeta - \eta = \iota - \vartheta$ und $\varkappa - \lambda = \nu - \mu$ die Gegenwinkel der Seiten $a c$ und $b d$; der *Riecke*sche Satz ist der Projektionssatz, der *Baur*sche Satz der *Sinus*-Satz in diesem Dreieck.

Von Interesse ist in diesem Zusammenhang auch die Betrachtung eines Grenzfalls des Vierecks, nämlich des Grenzfalls zwischen dem konvexen Viereck (mit lauter Winkeln $< 180^0$) und dem Viereck mit einer einspringenden Ecke (ein Winkel grösser als 180^0; vgl. Einleitung), also des Falls, in dem ein Vierecks winkel $= 180^0$ ist. Es fallen dann eine Diagonale des Vierecks und zwei Seiten des Vierecks in dieselbe Gerade zusammen und die Länge dieser Diagonale wird gleich der Summe dieser beiden Seiten, aus dem Viereck wird ein Dreieck mit einer von einer Ecke ausgehenden Transversalen. Teilt im Dreieck $A B C$ die von der Ecke A ausgehende Transversale (Länge der Strecke $= d$) die Gegenseite a in die Teile a_1 und a_2 (a_1 an c, a_2 an b anstossend) und den Winkel α in die Teile α_1 und α_2, so lautet die Anwendung der Sätze von *Riecke* und *Baur* auf diese Figur:

$$a d = a_1 b \cos \alpha_1 + a_2 c \cos \alpha_2 \quad \text{und} \quad \frac{a d}{\sin \alpha} = \frac{a_1 b}{\sin \alpha_1} = \frac{a_2 c}{\sin \alpha_2}; \quad \text{oder:}$$

ein Dreieck mit Seitenlängen proportional $a d$, $a_1 b$ und $a_2 c$ enthält als Gegenwinkel der zwei zuletzt genannten Seiten die Winkel α_1 und α_2, als Gegenwinkel der ersten Seite $(180^0 - \alpha)$. Vgl. damit die Sätze über Transversalen in § 27, **3.**; Anwendungen auf Winkelhalbierende, Schwerlinie u. s. f. (§ 25, **6.**).

Die Gleichung für den Vierecksinhalt am Schluss von 2) auf die soeben benützte Figur angewendet giebt folgenden Satz: Verbindet man eine Ecke eines Dreiecks mit einem beliebigen Punkt der Gegenseite, ist d die Länge dieser Verbindungsstrecke, a die Länge der Seite und φ (und $180^0 - \varphi$) der Winkel, unter dem d und a sich treffen, so ist der doppelte Dreiecksinhalt $2F = a d \sin \varphi$, wie man auch unmittelbar abliest. (Spezieller Fall: Höhe h' giebt $\varphi = 90^0$, also $2F = a h'$). U. s. f.

2) Beliebiges Polygon. Ein Polygon von n Seiten ist bestimmt durch $(2n - 3)$ seiner Stücke, wenn diese unter sich unabhängig sind; es dürfen also nicht alle n Polygonwinkel darunter sein. Aus ihnen lassen sich demnach die fehlenden drei Stücke bestimmen und man hat folgende Fälle zu unterscheiden: Gesucht ist 1) eine Seite und zwei Winkel, 2) zwei Seiten und ein Winkel, 3) drei Winkel. Je nach der gegenseitigen Lage der gesuchten Stücke entstehen eine Reihe von Aufgaben, die sich mittels Zerlegung des Vielecks in Dreiecke und Vierecke durch die Diagonalen auf Dreiecks- und Vierecks-Aufgaben zurückführen lassen. Wenn auch der Inhalt des Polygons verlangt ist, so kann dieser als Summe der Dreiecksflächen berechnet werden. Auch hier werden aber zweckmässig alle Aufgaben nach den allgemeingiltigen Vorschriften behandelt, die im Kap. 4. und 5. aufgestellt werden werden.

Eine Beziehung zwischen den Seiten und Winkeln eines beliebigen geschlossenen Polygons erhält man in ganz ähnlicher Weise wie oben in **1.** 1). Sind $a, b, c \ldots$ die Seiten des Polygons, $\alpha, \beta, \gamma \ldots$ die Winkel, wobei α der Winkel zwischen der letzten Polygonseite und a sein soll, β der Winkel zwischen a und b u. s. f., so erhält man, wenn das Polygon erst auf die Seite a und dann auf eine dazu senkreckte Gerade projiziert wird, unmittelbar die zwei folgenden allgemein giltigen Gleichungen:

$$a + b\cos(180^0 - \beta) + c\cos[360^0 - (\beta+\gamma)] + d\cos[540^0 - (\beta+\gamma+\delta)] + \ldots = 0 \text{ und}$$

$$0 + b\sin(180^0 - \beta) + c\sin[360^0 - (\beta+\gamma)] + d\sin[540^0 - (\beta+\gamma+\delta)] + \ldots = 0; \text{ oder}$$

$$(**)\left\{\begin{array}{l} a - b\cos\beta + c\cos(\beta+\gamma) - d\cos(\beta+\gamma+\delta) + e\cos(\beta+\gamma+\delta+\varepsilon) - \ldots = 0. \\ b\sin\beta - c\sin(\beta+\gamma) + d\sin(\beta+\gamma+\delta) - e\sin(\beta+\gamma+\delta+\varepsilon) + \ldots = 0. \end{array}\right.$$

Diese zwei Gleichungen geben die Beziehungen zwischen den n Seiten und $(n-1)$ Winkeln, d. h. allen $(2n-1)$ Stücken des Polygons; durch sie und die bekannte Winkelsumme $(n-2)\,180^0$ kann man also aus $(2n-3)$ unabhängigen gegebenen Stücken die fehlenden drei Stücke bestimmen.

Besser als die direkte Anwendung dieser Gleichungen ist aber meist, wie schon oben angedeutet wurde, auf unserer jetzigen Rechnungsstufe die Zerlegung des Polygons in Dreiecke.

Und auch diese Berechnungsart ist nur ausnahmsweise anzuwenden; vielmehr sind Polygone, selbst meist schon mit Vorteil Vierecke, (vgl. die Bemerkung am Schluss von **1.** 1), mit Hilfe der Coordinaten-Methode der Polygonometrie zu berechnen, die im Kapitel 5. gelehrt werden wird.[52])

Ehe nämlich zu dieser allgemeinen Methode übergegangen wird, soll hier ein kurzes Kapitel eingeschaltet werden, das Anwendungen der ebenen Trigonometrie (Dreiecksrechnungen, Vierecksaufgaben, Kreisrechnungen u. s. f.) enthält; einmal als durchgreifende Repetition des Bisherigen, sodann aber als unmittelbare Vorbereitung für die geodätische Trigonometrie (vgl. Einleitung und Vorwort).

Kapitel 3.

Geodätische Aufgaben.

Als Anwendungen und zur Wiederholung des bisher Erlernten, ferner als unmittelbare Vorbereitung auf die Geodäsie (vgl. das Vorwort und besonders die Einleitung) sollen hier einige Aufgaben der sog. praktischen Geometrie und praktischen Trigonometrie (Geodäsie) behandelt werden, soweit sie der Zugrundlegung eines rechtwinkligen Coordinatensystems nicht bedürfen (vgl. darüber das folgende Kapitel 4). [53])

In der Vermessungslehre unterschied man früher gewöhnlich praktische Geometrie und höhere Geodäsie, jene die einfachern, diese die höhern Messungen umfassend; neuerdings teilt man vielfach ein in: Feldmessung (Stückmessung und gewöhnliches Nivellieren), Landmessung (Landesvermessung und Topographie; auch die technisch-geodätischen Aufgaben gehören hieher) und Erdmessung (grosse Triangulierungen mit den zugehörigen astronomischen Bestimmungen von geographischen Breiten, Längenunterschieden, Azimuten, u. s. f.). Hier kommen für uns vorläufig selbstverständlich nur Aufgaben aus den ganz elementaren Teilen der Geodäsie in Betracht. *)

In jedem der genannten Abschnitte hat man dann wieder zu unterscheiden: Horizontalmessungen oder Lagemessungen, Vertikal- oder Höhenmessungen; jene haben die Bestimmung der gegenseitigen Lage, der „Horizontalprojektionen" von Punkten des Vermessungsgebiets auf die „Vermessungsfläche" zum Gegenstand, diese die Bestimmung von Höhenunterschieden. Ziehen wir zunächst nur Lagemessungen in Betracht. Erstreckt sich das Vermessungsgebiet nur über eine kleine Fläche, ein paar hundert oder einige tausend Quadratmeter, so ist als Vermessungsfläche offenbar eine Horizontalebene anzunehmen, von der Krümmung der „mathematischen" Erdoberfläche ist ganz abzusehen. Ja es wird sich später zeigen, dass diese Annahme der Horizontalebene als Vermessungsfläche bei Lagemessungen bis zu einer zunächst unerwartet grossen Ausdehnung des Vermessungsgebiets (viele Quadratkilometer) auch für die feinsten Messungen völlig ausreicht.

---

*) Schon *Kopernikus* sagt in seinem Werk „De revolutionibus" (1543, Kap. 13; 1873 von *M. Curtze* neu herausgegeben), dass ein grosser Teil der Geodäsie (im Sinn von Feldmessung u. s. f.) nichts anderes sei als ebene Trigonometrie; und diese Gleichsetzung ist mehr und mehr zur Wahrheit geworden, so dass dieses kurze dritte Kapitel hier ganz wohl an seinem Platze ist.

Es handelt sich also für die hier zunächst zu behandelnden elementaren Aufgaben der Lagemessung (Strecken und Flächen) durchaus um Figuren im Sinne der Planimetrie oder ebenen Trigonometrie. Wenn die Punkte der physischen Erdoberfläche, mit denen man zu thun hat, nicht in der That nahezu einer Horizontalebene angehören (ebenes Flussthal u. dgl.), so hat man sie sich auf eine solche projiziert zu denken; jedenfalls ist unter dem „Abstand“ zweier Punkte die Horizontalprojektion der Verbindungslinie der beiden Punkte auf der Erdoberfläche, unter dem Flächeninhalt einer der physischen Erdoberfläche angehörenden Figur der Inhalt der Horizontalprojektion dieser Figur zu verstehen; ein Horizontalwinkel (§ 32, 33) oder kurz Winkel ist der Winkel zwischen den Horizontalprojektionen seiner Schenkel.

§ 31. Aufgaben der sog. Lage-Kleinmessung (Stückmessung).

1) Einleitung. Die elementare Feldmessung (Kleinmessung oder Stückmessung) hat hauptsächlich folgende Messwerkzeuge: vertikal in den Boden zu stossende Stäbe (dünne Stangen von etwa $1\frac{1}{2}$ bis 3 m Länge) zur Bezeichnung (Sichtbarmachung) von Punkten); Längenmesswerkzeuge (Messlatten sind hölzerne Massstäbe von genau 3, 4, 5 m Länge, das Stahlband ist genau 10 oder 20 m lang); endlich Werkzeuge zum „Abstecken“ der konstanten Winkel 180° und besonders 90° (Aufsuchen von Punkten einer Geraden, besonders aber Fällen und Errichten von Senkrechten).

Fig. 73.

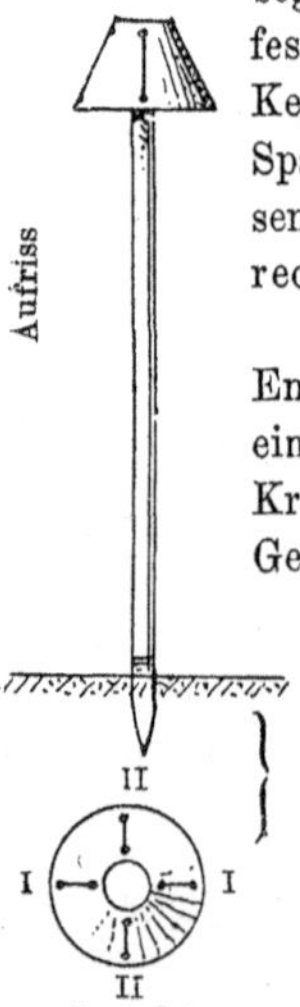

Aufriss

II

I I

II

Grundriss.

Unter den zuletzt genannten Werkzeugen genügt es, hier die sog. Kreuzscheibe zu nennen: im Mantel eines auf einem fest aufzustellenden Stab angebrachten Prismas, Cylinders oder Kegels sind zwei Absehebenen (meist in der Form schmaler Spalten) angebracht (vgl. die schematische Figur 73), die genau senkrecht auf einander stehen und so das Abstecken eines rechten Winkels gestatten.

Zur Absteckung einer geraden Linie, deren gegebene Endpunkte gegenseitig sichtbar und z. B. nicht über 100 m von einander entfernt sind, braucht man die eine Diopterebene der Kreuzscheibe nicht notwendig zu verwenden; man kann die Gerade durch einfaches Ausfluchten, Einweisen eines Zweiten, der die Stäbe aufhält, nach Augenmass auf dem Felde abstecken, ohne irgendwo eine grössere Seitenabweichung als 2 cm befürchten zu müssen.

Strecken werden direkt mit den Latten oder mit dem Band gemessen, wobei die Längenmesswerkzeuge auf horizontaler Strecke unmittelbar auf den Boden vor einander gelegt werden, wodurch man in diesem Fall die gesuchte Länge erhält; wenn die „Gerade“, in der zu messen ist, geneigt ist, bergauf und bergab geht, so ist die Streckenmessung mit Hilfsmitteln, die in der Geodäsie bekannt werden werden, „auf den Horizont zu reduzieren“ (s. oben).

Die „Aufnahme" von Figuren (Eckpunkten einer geradlinig begrenzten Figur) geschieht nun in der Regel nicht nur durch Streckenmessung allein (z. B. Dreieck durch seine drei Seiten), sondern dadurch, dass die aufzunehmenden Punkte auf eine abgesteckte Gerade, eine Aufnahmslinie, „angewinkelt" werden, dass die Fusspunkte der Lote von ihnen auf die Aufnahmslinie in dieser aufgesucht werden. Messung beliebiger Winkel kommt bei diesen elementarsten Aufgaben direkt nicht vor (vgl. über den Theodolit dazu § 32 und 33), vielmehr nur indirekt, indem der Winkel eines rechtwinkligen Dreiecks bestimmt ist, wenn man nach dem soeben angedeuteten Verfahren dessen beide Katheten misst.

Der Zweck der Kleinmessung (Stückmessung) ist hauptsächlich die Ermittlung des Flächeninhalts der einzelnen Grundstücke (Horizontalprojektion, s. oben); deshalb ist im Folgenden zunächst meist von Flächenaufgaben die Rede.

2) Aufgaben über Längen u. s. w. **Coordinatenumwandlung.** 1) Das Instrument zum Aufsuchen der Fusspunkte von Loten (Kreuzscheibe) lasse einen Fehler von 2′ in dem abgesteckten rechten Winkel befürchten: man erhalte also statt des Lotfusspunktes D von dem auf die Aufnahmslinie AB anzuwinkelnden Punkt C den Punkt D_1 derart, dass Winkel $AD_1C = 90° 2'$ ist. Wie gross darf die Länge von Loten CD werden, damit der Fehler DD_1 in der Lage des Fusspunkts nicht grösser wird als 3 cm? (auf dem Feld genau die Aufgabe, die schon in § 1, S. 7 auf dem Papier betrachtet wurde).

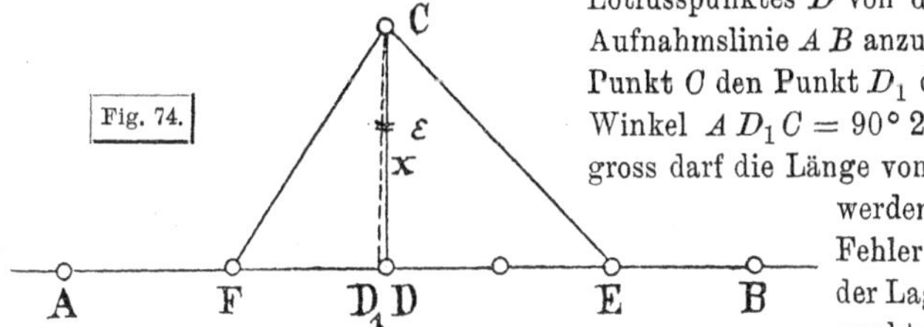

Fig. 74.

Die Auflösung lautet unmittelbar: ist die Länge $CD = x$, so ist (kleiner Winkel ε, für den $tg\,\varepsilon \approx sin\,\varepsilon \approx \frac{\varepsilon}{\varrho}$ ist; $D_1CD = \varepsilon$ der Annahme gemäss $= 2'$) $DD_1 = x \cdot \frac{2'}{\varrho'}$, also hier $x = \left(3 \cdot \frac{\varrho'}{2'}\right)$ cm $= \left(3 \cdot \frac{3438}{2}\right)$ cm $=$ 5200 cm rund $=$ 52 m. In der That geht man mit der Länge von Kreuzscheibenloten in der Feldmessung über 40 bis 50 m Länge jedenfalls nicht hinaus.

2) Langes Lot mit der Kreuzscheibe. Ist nun aber C z. B. 80 oder 100 m von AB entfernt (Fig. 74) und man will ausnahmsweise doch den Lotfusspunkt D direkt bestimmen, so kann man so verfahren: Man sucht mit der Kreuzscheibe den Lotfusspunkt so gut es eben möglich ist und erhält z. B. D_1; die Längen von CD und von CD_1 werden sich selbst für sehr scharfe Messung nicht merklich unterscheiden: beide stehen im Verhältnis von $cos\,\varepsilon : 1$; ε ist aber nur wenige ′; für fünfstellige logarith-

mische Rechnung ist noch $\cos 0^0 15' = 1$, bei sechsstelliger noch $\cos 0^0 5' = 1$; wäre der Winkelfehler ε selbst 10′, so ist $\cos 10' = (1 - \frac{1}{2}\left(\frac{10}{3438}\right)^2 + ..)$, also mit $CD_1 = 100{,}000$ m die Differenz zwischen CD_1 und $CD = CD_1 . \cos 0^0 10'$ nur 0,4 mm, d. h. verschwindend. Misst man also CD_1 (statt CD, was praktisch genau ebensolang ist) $= e$, nimmt auf AB den Punkt E beliebig an und misst noch $CE = d$, so wird die Kathete $ED = \sqrt{d^2 - e^2} = \sqrt{(d+e)(d-e)}$ und man kann demnach den Fusspunkt D von E aus genauer einmessen.

3) Lot ohne Kreuzscheibe. Den Lotfusspunkt D (Fig. 74) von C auf AB anzugeben, während gar keine Kreuzscheibe zur Hand ist. Nehme E und F auf AB beliebig an und messe $CE = f$, $CF = e$ und $EF = c$. Damit ist das Dreieck CEF durch seine drei Seiten bestimmt und somit ist der Lotfusspunkt D, d. h. es sind die Strecken ED und FD zu berechnen mit Hilfe von § 25, **1**.

4) Unzugängliche Entfernung. Die Punkte A und B kann man sehen, z. B. mit der Kreuzscheibe nach ihnen zielen, aber sie sind unzugänglich, man kann nicht zu ihnen messen (Fig. 75, z. B. A und B auf einer Insel des Sees S). Steckt man sich mit der Kreuzscheibe zwei Axen OM, ON senkrecht zu einander aus und sucht auf ihnen die Lotfusspunkte A_1, B_1 und A_2, B_2, so ist

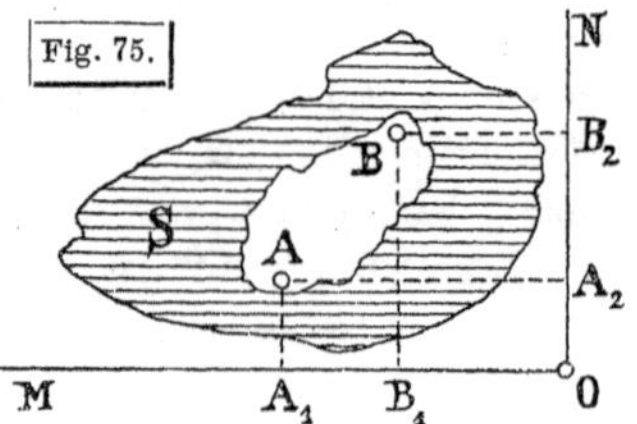

$$\overline{AB} = \sqrt{\overline{A_1B_1}^2 + \overline{A_2B_2}^2}$$

mit der Quadrattafel oder mit Benützung eines Hilfswinkels und der *Lagrange*schen Regel sofort auszurechnen. Bedingung selbstverständlich, dass die Dimensionen der Figur die Anwendung der Kreuzscheibe zulassen (s. oben).

5) Mittelbare Winkelmessung. In der Regel ist bei der Verwendung der Kreuzscheibe nicht von beliebigen Winkeln in Gradmass die Rede (vielmehr nur beim Theodolit, vgl. die folgenden §§); man kann aber selbstverständlich auch hier (nur weniger genau) die Winkel mittelbar messen. Soll z. B. der Winkel α bestimmt werden, den OM und ON einschliessen, so nimmt man B auf ON beliebig an, fällt das Lot BC auf OM, und hat nach Messung von OC und CB oder von OB und BC

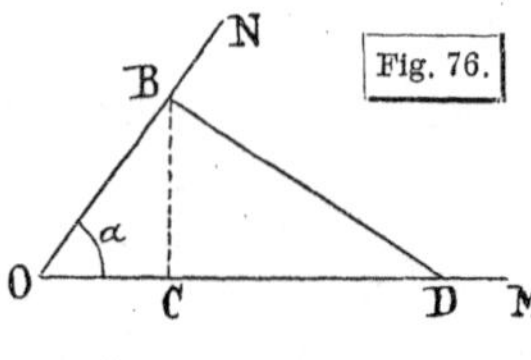

$$tg\,\alpha = \frac{BC}{OC} \quad \text{oder} \quad \sin\alpha = \frac{BC}{OB}.$$

Hat man keine Kreuzscheibe, so nimmt man B und D beliebig an und hat nach Messuug von $OB = b$, $BD = a$, $DO = c$ den Winkel α aus

$$\frac{a+b+c}{2} = s\,; \quad tg\,\frac{\alpha}{2} = \sqrt{\frac{(s-b)(s-c)}{s(s-a)}}.$$

Beispiele und Genauigkeitsbetrachtungen für beide Fälle.

6) Reduktion schief gemessener Strecken auf die Horizontale. Wenn die Strecke AB, deren horizontale Länge l_0 man braucht, genau gleichförmig ansteigt, so kann man auch zunächst die schiefe Länge $AB = l$ messen und dann an l den Abzug machen, der notwendig ist, um es auf l_0 zu bringen. Z. B. hat man auf einer Strasse von konstant 5% Steigung die Strecke $l = 225{,}000$ m gemessen; was ist l_0? Ist α der Neigungswinkel, der die angegebene Steigung vorstellt, so ist $l_0 = l \cdot \cos\alpha$, für logarithmische Rechnung unmittelbar zu benützen oder, da man sonst bei kleinem α ziemlich vielstellige Tafel anwenden muss, zu ersetzen durch Berechnung von $(l - l_0)$:

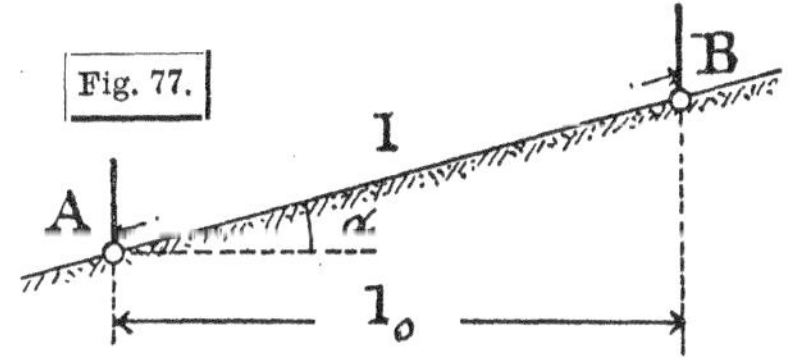

$$l - l_0 = l - l\cos\alpha = l(1 - \cos\alpha) = 2\,l\sin^2\frac{\alpha}{2}.$$

Ist α so klein, dass man die Potenzreihe für $\cos$ bei der zweiten abbrechen kann, so ist mit $x = \frac{\alpha}{\varrho}$ (α in Gradmass gegeben) $\cos\alpha = (1 - \frac{x^2}{2} + \ldots)$, also $l - l\cos\alpha = l - l\left(1 - \frac{x^2}{2}\right) = \frac{1}{2}\,l\left(\frac{\alpha}{\varrho}\right)^2$. Bei kleinem α, wie es auf Eisenbahnen oder auch noch auf Strassen vorkommt, kann man hier statt $\frac{\alpha}{\varrho}$ noch genügend $\frac{p}{100}$ oder $\frac{1}{m}$ nehmen, wenn $p\,\%$ oder $1:m$ die Steigung der Strasse oder Bahn ist (vgl. § 11, Aufg. 5) und 6)) also so schreiben: Reduktion der schiefen Länge l auf den Horizont

$$= \frac{1}{2}\,l \cdot \frac{p^2}{10000} \text{ oder } = \frac{l}{2\,m^2}.$$

Mit den vortsehenden Zahlen (5% Steigung) ist für strenge Rechnung $tg\,\alpha = \frac{5}{100} = \frac{1}{20}$ oder $\log tg\,\alpha = E\log 20 = 8.69\,897$, $\alpha = 2^0\,51'\,45''$; man erhält damit für die drei angegebenen Rechnungsarten:

1) direkt mit 6-stelligen Log.		2) Log. Rechnung der Reduktion, 4-stellige Log.		3) Näherungsrechnung ohne Logarith.
l	2.35 2183	l	2.3522	$\frac{1}{m} = \frac{1}{20}$, $m = 20$;
$\cos\alpha$	9.99 9457	2	0.3010	
		$\sin^2\frac{\alpha}{2}$	6.7950 — 10	
l_0	2.35 1640			Red. $= \frac{225{,}0}{2.400} = \frac{225{,}0}{800}$ m $= 0{,}281$ m
$l_0 = 224{,}719$ m		$l - l_0$	9.4482 — 10	
		$l - l_0 =$ 0,281 m		$l_0 = 224{,}719$ m.
		$l_0 = 224{,}719$ m.		

Die letzte Rechnung stimmt also selbst bei $\alpha = 3^0$ rund noch auf 1 mm mit der ersten (zu der 5-stellige Logarithmentafeln nicht ausreichen).

7) Reduktion schwach gebrochener und schwach gekrümmter Strecken auf die Gerade.[54]) AB sei in einem bestimmten Fall mit

den Latten u. s. f. direkt nicht bequem zu messen, wohl aber $AC + CB$, wobei der Winkel γ in C sehr nahe bei 180^0 ist. Was ist die Reduktion von $(AC + CB)$ auf AB?

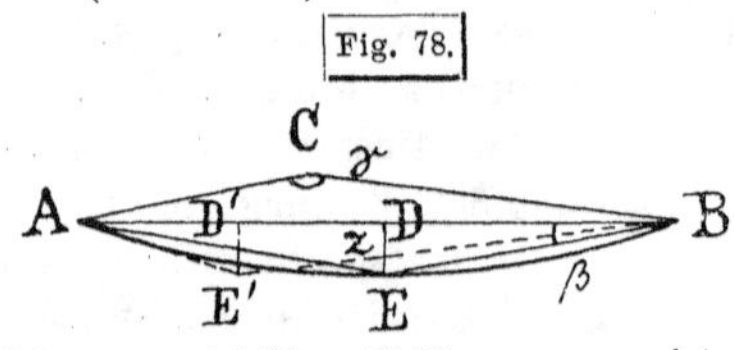

Diese Aufgabe ist bereits ausführlich behandelt in § 27, 2, 16), worauf verwiesen sei.

a) Ist z die kleine Querabweichung DE von E aus der Geraden AB und (nahezu) $AE = EB$, so ist, wenn $(AE + EB)$ gemessen ist, mit $AE = EB = c$ der Winkel β in B oder A gegeben durch $\sin\beta = \frac{z}{c}$ oder, weil β klein ist, β in analytischem Mass $= \frac{z}{c}$, also $\cos\beta = 1 - \frac{z^2}{2c^2} + ..$ und $AD = DB = \frac{l}{2} = c\cos\beta$ $= c\left(1 - \frac{z^2}{2c^2}\right)$ oder $l = 2c - \frac{z^2}{c}$, d. h.

$$(1) \qquad AB = l = AE + EB - \frac{z^2}{c} = AE + EB - \frac{2z^2}{l}$$

(da es in dem kleinen Korrektionsglied gleichgiltig ist, ob man im Nenner c oder $\frac{1}{2}l$ nimmt); dasselbe Resultat erhält man ohne β aus dem Pythagor. Lehrs. mit Reihenentwicklung: $BD = \sqrt{c^2 - z^2} = c\sqrt{1 - \frac{z^2}{c^2}} \approx c\left(1 - \frac{1}{2}\frac{z^2}{c^2}\right)$ $= c - \frac{1}{2}\frac{z^2}{c}$, also $AB = AE + EB - \frac{z^2}{c} = AE + EB - \frac{2z^2}{l}$. Die Gleichung gilt selbstverständlich auch noch, so lange D nur genähert die Mitte von AB ist. Liegt aber der Punkt D' z. B. in $1/3$ der Länge von AB (vgl. Fig. 78), so findet man auf demselben Weg, mit $AE' = s_1$ und $E'B = s_2$ und der Querabweichung $D'E' = z$ die Länge (2) $l = s_1 + s_2 - \frac{9z^2}{4l}$; liegt endlich D'' in $1/4$ der Länge von AB, so wird (3) $l = s_1 + s_2 - \frac{8z^2}{3l}$ (vgl. unten bei b), wo dasselbe Resultat erscheint).

b) Ist die Messung der wenig zugänglichen Strecke AB auf dem flachen Bogen (Kreisbogen) AEB gemacht (Fig. 78): Kreisbogen $AEB = e$ gemessen, so ist, mit dem gesuchten $AB = l$, der Halbmesser dieses Bogens $r \approx \frac{l^2}{8z}$ (vgl. § 10, S. 88), der Centriwinkel $AOB = \alpha = 4\beta$, also mit β (in analytischem Mass) $= \frac{z}{c}$, $\alpha = \frac{4z}{c} = \frac{8z}{l}$. Die Sehnenlänge zum Centriwinkel α im Kreis vom Halbmesser r ist $l = 2r\sin\frac{\alpha}{2}$ (vgl. § 10, Seite 85 und 86) oder es ist, für kleines α, Sehnenlänge $l = 2r\left(\frac{\alpha}{2} - \frac{1}{6}\left(\frac{\alpha}{2}\right)^3 + ..\right) =$ $r(\alpha - \frac{1}{24}\alpha^3)$; die Bogenlänge AEB ist aber $e = r\alpha$, somit der gesuchte Unterschied zwischen e und l, $e - l = r \cdot \frac{\alpha^3}{24}$ oder mit Einsetzung von r und α

von oben: (4) $$e - l = \frac{l^2}{8z} \cdot \frac{8^3 \cdot z^3}{24\, l^3} \frac{8}{3} \frac{z^2}{l} = \frac{8}{3} \frac{z^2}{e},$$
da es in dem kleinen Korrektionsglied wieder ganz gleichgiltig ist, ob man im Nenner l oder e schreibt. Ist also die Bogenlänge $e = AEB$ gemessen mit der kleinen Pfeilhöhe z, so ist, um die entsprechende Sehnenlänge $AB = l$ zu erhalten, an e der Abzug $\frac{8}{3} \frac{z^2}{e}$ zu machen. (Dies ist dasselbe Ergebnis wie bei a) am Schluss: D'' in $\frac{1}{4}$ der Länge von AB, $D''E''$ = Seitenabweichung $= z$, Messung der gebrochenen Strecke $AE'' + BE'' = e$).

Beispiel a). Ist z. B. $z = 1{,}00$ m, die gebrochene Strecke $AE + EB = 200{,}000$ m gemessen und E ziemlich in der Mitte zwischen A und B, so wird die entsprechende gerade Strecke
$$AB = l = 200{,}000 - \frac{2}{200} = 199{,}990 \text{ m}.$$

b) Ist dagegen die Bogenlänge $AEB = 200{,}000$ m gemessen und z wieder $= 1{,}00$ m, so ist die entsprechende Sehne $AB = l = 200{,}000 - \frac{8}{3} \cdot \frac{1}{200} = 199{,}987$ m, also nur um 3 mm oder um $\frac{1}{67\,000}$ rund anders als oben.

c) Ein Stahlmessband, das genau gerade gestreckt die Länge 20,000 m hat, wird bei der Messung so gehalten, dass es sich um 0,2 m „einschlägt". Wie viel erhält man diese Messbandstrecke zu kurz? Antwort: um $\frac{8}{3} \cdot \frac{(0{,}2)^2}{20}$ Meter $= 5{,}3$ mm.

8) Coordinatentransformation. Wenn man die nicht direkt gemessene Entfernung zwischen zwei Punkten zu berechnen hat, die auf verschiedene Aufnahmslinien aufgenommen sind, so sind die Coordinaten des einen Punkts auf das Aufnahmesystem des zweiten zu „transformieren."

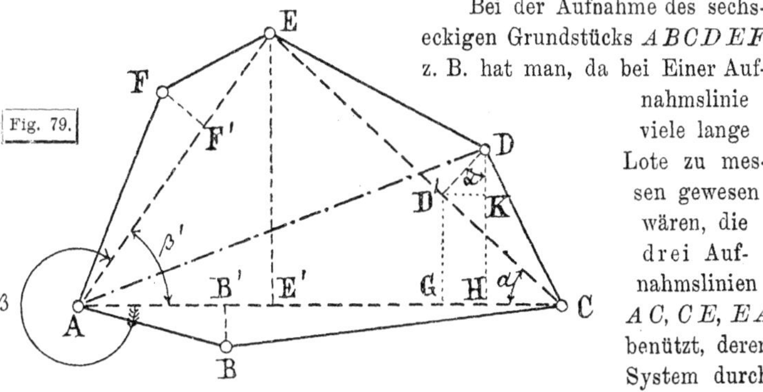

Bei der Aufnahme des sechseckigen Grundstücks $ABCDEF$ z. B. hat man, da bei Einer Aufnahmslinie viele lange Lote zu messen gewesen wären, die drei Aufnahmslinien AC, CE, EA benützt, deren System durch die Messung der genannten drei Strecken, ausserdem zur Probe durch $EE' \perp AC$ und Messung von AE' und $E'E$ festgelegt ist. Es seien z. B. gemessen:

$$A\,E' = 50{,}35 \text{ m}, \quad A\,C = 86{,}42 \text{ m}, \quad (E'\,C = 36{,}07 \text{ m});$$
$$E\,E' = 48{,}29 \text{ m}, \quad A\,E = 69{,}76 \text{ m}, \quad C\,E = 60{,}27 \text{ m};$$

Probe (mit der Quadrattafel zu rechnen bei den kleinen Zahlen):

$$A\,E = \sqrt{\overline{A\,E'}^2 + \overline{E'E}^2}, \quad C\,E = \sqrt{\overline{C\,E'}^2 + \overline{E'\,E}^2}.$$

Die Punkte B, D und F sind ferner aufgenommen durch die Messungen: $A\,B' = 31{,}77$, $B'\,B = 7{,}32$; $C\,D' = 22{,}97$, $D'\,D = 11{,}01$; $A\,F' = 50{,}13$, $F''\,F = 18{,}26$. Man soll nun bestimmen die Länge der Strecke $A\,D$.

Hier wandelt man am einfachsten die thatsächlich gemessenen Coordinaten von D, die Strecken $C\,D'$ und $D'\,D$, die sich auf $C\,E$ als Aufnahmslinie beziehen, um in Coordinaten, die auf $A\,C$ bezogen sind, d. h. man berechnet, was für Coordinaten hätte der Punkt D erhalten, wenn er ebenfalls auf $A\,C$, auf den als Aufnahmslinie sich A bezieht (Abscisse 0, Ordinate 0) aufgenommen worden wäre? Mit den Loten $D\,H$ und $D'\,G \perp A\,C$ liest man, wenn α den Winkel zwischen $C\,A$ und $C\,E$ bezeichnet, die Strecken $C\,H$ und $H\,D$, die man also braucht, unmittelbar aus der Figur ab:

$$C\,H = C\,G - D'\,K = \overline{C\,D'}\,.\cos\alpha - \overline{D'\,D}\sin\alpha$$
$$H\,D = G\,D' + K\,D = \overline{C\,D'}\,.\sin\alpha + \overline{D'\,D}\,.\cos\alpha.$$

Diese beiden Gleichungen sind nichts anderes, als die Coordinatenumwandlungsformeln (4) in § 15:

$$x = x'\cos\alpha - y'\sin\alpha\ ; \qquad y = x'\sin\alpha + y'\cos\alpha,$$

die allgemein gelten zur Transformation eines Punktes (x', y') in einem „neuen" System in den entsprechenden Punkt (x, y) eines „alten" Systems, das denselben Nullpunkt hat und wobei die Abweichung der $+x'$-Axe des neuen Systems im Uhrzeigersinn von der $+x$-Axe des alten gleich α (beliebig zwischen 0^0 und 360^0) ist; es sind dabei nur die Vorzeichen der Coordinaten zu beachten. Ist im vorliegenden Fall $C\,A$ die Richtung $+x$, $C\,E$ die Richtung $+x'$, so ist gegeben (gemessen) für den Punkt D: $C\,D' = x' = +22{,}97$ m, $D'D = y' = +11{,}01$ m; gesucht sind $C\,H = x$, $H\,D = y$, wobei der Winkel α gegeben ist durch $tg\,\alpha = \frac{48{,}29}{36{,}07}$ oder, bei vollständig stimmender Messungskontrole genau gleichbedeutend, $\sin\alpha = \frac{48{,}29}{60{,}27}$.

In der That erhält man aus beiden Ausdrücken, auf 1' übereinstimmend, $\alpha = 53^0\,15'$ und damit für die weitere Rechnung folgende Zahlen:

$x'\cos\alpha$	1.1381	$y'\sin\alpha$	0.9456	$C\,H = 13{,}74_3 - 8{,}82_3 = 4{,}92$
$\cos\alpha$	9.7769	$\sin\alpha$	9.9038	
x'	1.3612	y'	1.0418	
$\sin\alpha$	9.9038	$\cos\alpha$	9.7769	
$x'\sin\alpha$	1.2650	$y'\cos\alpha$	0.8187	$H\,D = 18{,}41 + 6{,}59 = 25{,}00$

Hätte man also D auf $A\,C$ als Aufnahmslinie bezogen, so hätte man für diesen Punkt die Coordinaten erhalten (die Abscisse von A aus gemessen gedacht):

$$A\,H = 86{,}42 - 4{,}92 = 81{,}50 \text{ m} \quad \text{und} \quad H\,D = 25{,}00 \text{ m};$$

die gesuchte Entfernung AD ist demnach $AD = \sqrt{(81,50)^2 + (25,00)^2}$ (bei den kleinen Zahlen genügend mit der Quadrattafel auszurechnen) oder

$$\underline{AD = 85,25 \text{ m.}}$$

Man bestimme auch die Entfernung FD, indem man den Punkt F auf AC transformiert; will man dabei nicht, wie es oben zuerst geschehen ist, durch Hilfslinien zusammensetzen, sondern die allgemein giltigen Formeln

$$x = x' \cos\alpha - y' \sin\alpha \quad ; \quad y = x' \sin\alpha + y' \cos\alpha$$

anwenden, und die Richtung AC als $+x$, AE als $+x'$ nehmen, so ist $\alpha = \beta = 360^0 - \beta'$ zu setzen, wobei β' aus $\sin\beta' = \frac{48,29}{69,76}$ oder $tg\,\beta' = \frac{48,29}{50,35}$ zu bestimmen und zu beachten ist, dass an sich $\cos\beta$ positiv, $\sin\beta$ negativ ist; ferner ist $x' = +50,13$ m, $y' = -13,26$ m zu setzen. Für x muss man im ganzen einen positiven (Richtung AC), für y einen negativen (Richtung der $-y$) Wert erhalten. Vgl. unten in **3**, 3), wo die Rechnung für F durchgeführt ist.

3) Aufgaben über Flächenbestimmung und Flächenteilung. Coordinaten-Umwandlung.

1) Fläche des Dreiecks ist für die verschiedenen Fälle angegeben in § 25, 2.

2) Für die Vierecksfläche sind die wichtigsten Formeln: $2F$ gleich Produkt aus beiden Diagonalen und *sin* ihres Schnittwinkels (§ 30, **1**, 2); $2F$ gleich einer Diagonale mal der Summe der Höhen von den zwei andern Ecken auf sie. Nachgetragen kann noch eine für manche praktische Flächenbestimmungsaufgaben brauchbare Formel werden: sind a und c zwei Gegenseiten eines (nicht geschränkten) Vierecks, und sind die Viereckswinkel mit α, β, γ, δ so bezeichnet, dass α und β die an a, und γ und δ die an c liegenden Winkel sind, so ist:

$$F = \frac{a^2}{ctg\,\alpha + ctg\,\beta} + \frac{c^2}{ctg\,\gamma + ctg\,\delta} = \frac{a^2 \sin\alpha \sin\beta}{\sin(\alpha + \beta)} + \frac{c^2 \sin\gamma \sin\delta}{\sin(\gamma + \delta)},$$

wie man sofort durch Anwendung der Formeln (3) und (4) § 25 auf die zwei Dreiecke, die durch Verlängerung der zwei andern Seiten (b, d) des Vierecks bis zum Schnitt entstehen, und mit Beachtung von $ctg\,(180^0 - \varphi) = -ctg\,\varphi$ findet.

3) Die Flächen von Polygonen, deren Ecken auf eine Aufnahmslinie „angewinkelt" sind (vgl. oben **1**), erhält man mit Hilfe dieser bei der Aufnahme benützten Linien, die die gesuchte Fläche in Dreiecke und Trapeze zerlegen; in jedem Dreieck ist Grundlinie und Höhe, in jedem Trapez sind die Parallelseiten und die Höhe bestimmt. Dabei kann man manchmal durch Zusammenfassungen an Rechnungsarbeit etwas sparen; z. B. das beistehende Fünfeck, dessen Aufnahmszahlen wohl ohne weiteres verständlich sind, statt aus den vier Produkten:

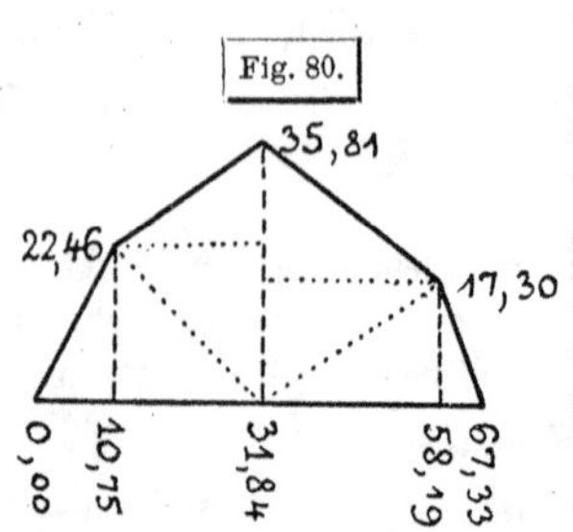

$2F = 10{,}75 \,.\, 22{,}46 + 21{,}09 \,.\, (22{,}46 + 35{,}81) + 26{,}35 \,.\, (35{,}81 + 17{,}30) + 9{,}14 \,.\, 17{,}30$ aus den drei Produkten (mit Benützung der punktierten Linien) $2F = 31{,}84 \,.\, 22{,}46 + 35{,}81\,(58{,}19 - 10{,}75) + 35{,}49 \,.\, 17{,}30$ rechnen. Das Nähere gehört jedoch in die elementare Geodäsie. Vgl. über Polygonflächen auch den Schluss des Kapitels 5, Polygonometrie.

4) Coordinatenumwandlung. Wenn Punkte sich auf verschiedene Aufnahmslinien beziehen, ist hier wieder sehr häufig Coordinatenumwandlung auszuführen.

Wird z. B. gefragt, welche Fläche $Q = ABCF$ schneidet die Verbindungslinie CF in Fig. 79 von der Fläche des Sechsecks ab? so ist der Punkt F auf AC zu transformieren. Mit den Andeutungen von **2.** 8): Richtung AC die Richtung $+x$, AE die von $+x'$, $\beta = 360^0 - \beta'$, $\beta' = 43^0\,48'$ $x' = +50{,}13$, $y' = -13{,}26$, Anwendung der allgemeinen Formeln:

$$x = x' \cos\beta - y' \sin\beta \;;\; y = x' \sin\beta + y' \cos\beta$$

(die hier wieder auch aus der Figur verifiziert werden mögen) hat man hier folgende Rechnung (man verwendet hier selbstverständlich β' zur Rechnung und beachtet, dass $\cos(360^0 - \varphi) = \cos(-\varphi) = \cos\varphi$ und $\sin(360^0 - \varphi) = \sin(-\varphi) = -\sin\varphi$ ist)

$x' \cos\beta$	1.5585	$y' \sin\beta$	0.9627	$x_f = +36{,}18 - 9{,}18 = +27{,}00$
$\cos\beta$	9.8584	$\sin\beta$	9.8402 n	
x'	1.7001	y'	1.1225 n	
$\sin\beta$	9.8402 n	$\cos\beta$	9.8584	
$x' \sin\beta$	1.5403 n	$y' \cos\beta$	0.9809 n	$y_f = -34{,}70 - 9{,}57 = -44{,}27.$

Man beachte hier, dass, wenn es sich in der That nur um die Fläche von $ABCF$ handelt, die Ausrechnung von x_f ganz entbehrlich ist, vielmehr die von $y_f = 44{,}27$ (das —Vorzeichen heisst: auf der Seite links von AC, von A gegen C hin gesehen), genügt; man hat nämlich:

$2Q = AC\,(y_b + y_f) = 86{,}42\,(7{,}32 + 44{,}27) = 4458$ qm oder $\underline{Q = 22\text{ a } 29\text{ qm.}}$

Man berechne hier auch noch die Fläche S des ganzen Sechsecks und beantworte die Frage: welcher Teil ist Q von S? Oder was ist bei einem Preis von 60 000 Mark für das ganze Grundstück (und gleicher Wertigkeit aller Teile der Fläche) der Wert von Q? Man rechne, zur Probe für die umgewandelten Coordinaten von D und von F, die Fläche S auf doppelte Art: einmal aus den Dreiecken der ursprünglichen Aufnahme:

$$2S = 86{,}42 \,.\, 48{,}29 + 86{,}42 \,.\, 7{,}32 + 69{,}76 \,.\, 13{,}26 + 60{,}27 \,.\, 11{,}01,$$

wobei der erste Summand (der „Kern") und der zweite natürlich vereinigt werden, sodann mit Benützung der AC-Coordinaten von D und F (wie am einfachsten?); auf beiden Wegen wird $2S = 6394{,}4$ oder $\underline{S = 31\text{ a } 97\text{ qm.}}$

Man berechne auch folgende Aufgabe: Durch den Punkt D wird eine Parallele mit AC gezogen. Wie gross ist das vom Sechseck abgeschnittene Stück? (Der Schnittpunkt der Parallelen mit AF ist auszurechnen; wie am einfachsten? Winkel $FAE = \gamma$ gegeben durch $tg\,\gamma = \frac{13,26}{50,13}$, Winkel $FAC = \delta = \gamma + \beta'$; Schnittpunkt der gezogenen Parallelen mit AF sei N, so ist $AN = \frac{DH}{\sin\delta}$, der Abstand des Lotfusspunktes L von N auf AC wird $AL = DH \,.\, ctg\,\delta$ u. s. f.)

4) Abschneiden gegebener Flächen.

a) Gegeben Winkel $MON = \alpha$ (Fig. 81) mittelbar, nämlich durch $KH \perp ON$ und Messen von OH und HK. Die Gerade XY so zu ziehen, dass sie parallel einer gegebenen Richtung, z. B. KL wird (Winkel β mit ON, ebenso wie α gegeben) und dass das Dreieck OXY einen vorgeschriebenen Flächeninhalt F erhält (Dreiecksteilung parallel zu einer Seite). Ist $OX = x$, $OY = y$, so ist also $2F = xy \sin\alpha$ oder $xy = \frac{2F}{\sin\alpha}$; ferner ist aber $x : y = \sin\beta : \sin[(180^0 - (\alpha + \beta)] = \sin\beta : \sin(\alpha + \beta)$; also x und y aus Produkt und Verhältnis zu bestimmen. Man erhält:

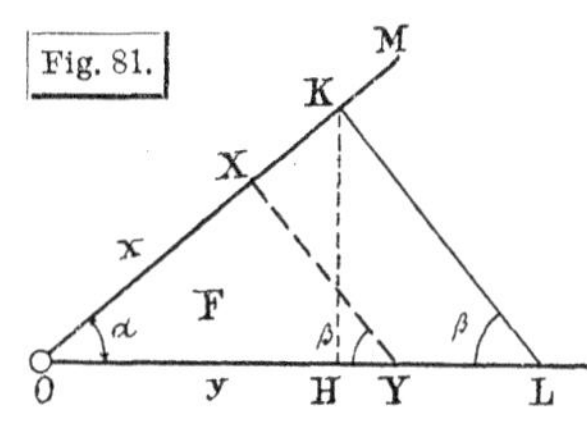

$$x = \sqrt{\frac{2F\sin\beta}{\sin\alpha\sin(\alpha+\beta)}} \quad \text{und} \quad y = \sqrt{\frac{2F\sin(\alpha+\beta)}{\sin\alpha\sin\beta}}.$$

Für die Länge XY der Trennungslinie endlich ist:

$$XY = \frac{x\sin\alpha}{\sin\beta} = \frac{y\sin\alpha}{\sin(\alpha+\beta)} = \sqrt{\frac{2F\sin\alpha}{\sin\beta\sin(\alpha+\beta)}}.$$

Zusatz. Vom Dreieck ABC soll durch eine Gerade XY (Punkt X auf AB, Punkt Y auf AC) ein Dreieck AXY von gegebener Fläche F so abgeschnitten werden, dass XY die kleinste mögliche Länge erhält; wie ist XY zu ziehen? Antwort: so, dass $AX = AY = \sqrt{\frac{2F}{\sin\alpha}}$ wird; die Länge von XY ist dann $= 2\sqrt{F\,ctg\,\frac{\alpha}{2}}$.

b) Gegeben Winkel $MON = \alpha$ (durch $tg\,\alpha = \frac{FG}{OF}$, s. Fig. 82) und ein Punkt P. Man soll durch P eine Gerade XY so ziehen, dass das Dreieck OXY eine vorgeschriebene Grösse F erhält.

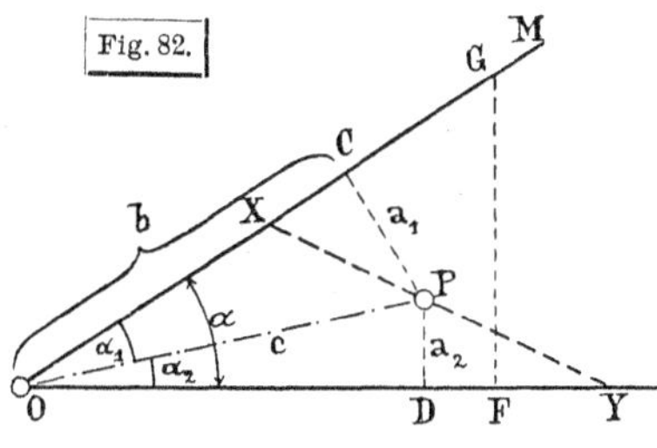

α) P sei im Innern des Winkels und gegeben durch $(PC \perp OM)\; OC = b$, $CP = a_1$. Der Symmetrie wegen soll übrigens statt b eingeführt werden PD ($\perp ON$) $= a_2$ (sind in der That b und a_1 gemessen, so kann man a_2 einfach berechnen durch:

$$tg\,\alpha_1 = \frac{a_1}{b};\quad OP = c = \frac{a_1}{sin\,\alpha_1} \overset{\text{oder}}{=} \frac{b}{cos\,\alpha_1};\quad \alpha_2 = \alpha - \alpha_1;\quad a_2 = c\,.\,sin\,\alpha_2).$$

Es sei also P gegeben durch a_1 und a_2. Mit $OX = x$ und $OY = y$ wird

$$a_1 x + a_2 y = 2F \quad \text{und} \quad x\,y\,sin\,\alpha = 2F \quad \text{oder} \quad x\,y = \frac{2F}{sin\,\alpha}.$$

Aus beiden Gleichungen sind x und y zu bestimmen. Man erhält:

$$x = \frac{F \pm \sqrt{F\left(F - \frac{2\,a_1\,a_2}{sin\,\alpha}\right)}}{a_1},\quad y = \frac{F \mp \sqrt{F\left(F - \frac{2\,a_1\,a_2}{sin\,\alpha}\right)}}{a_2};$$

die Auflösung also zweideutig (Zeichen aufeinander zu beziehen), so lange $F\,sin\,\alpha > 2\,a_1\,a_2$ ist; die zwei Lösungen fallen in Eine zusammen mit $F\,sin\,\alpha = 2\,a_1\,a_2$ (dann wird XY in O halbiert, die zwei Dreiecke OXP und OYP werden sich also gleich, $x = ?$ $y = ?$); ist endlich $F\,sin\,\alpha < 2\,a_1\,a_2$, so ist die Auflösung unmöglich. — Betrachtung spezieller Fälle: $\alpha = 90^0$; sodann $a_1 = a_2$ (P auf der Halbierungslinie von α) u. s. f.

β) P sei ausserhalb des Winkelraumes MON und zwar wieder durch die senkrechten Abstände a_1 und a_2 gegeben (der eine allenfalls, wie oben angedeutet ist, zu berechnen), Fig. 83; hier sind x und y zu bestimmen aus

Fig. 83.

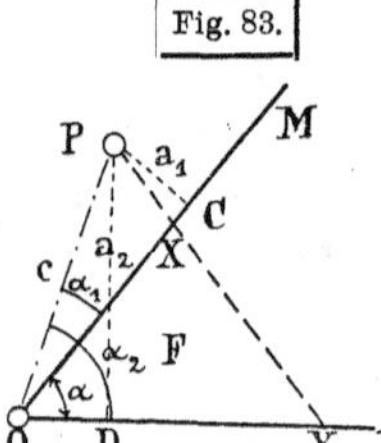

$$a_2 y - a_1 x = 2F \quad \text{und} \quad x\,y = \frac{2F}{sin\,\alpha};$$

man erhält also für x:

$$x = \frac{-F \pm \sqrt{F\left(F + \frac{2\,a_1\,a_2}{sin\,\alpha}\right)}}{a_1};\ \text{ähnlich für } y.$$

Die Auflösung ist also hier immer möglich und immer Eindeutig (Sinn des Zeichens — vor der Wurzel?): $F = 0$ giebt PO als gesuchte Linie, $F = \infty$ giebt die Parallele zu ON.

c) Sog. Parallelteilung (oder Viereckst eilung durch Parallele zu einer Seite).[55]) Gegeben die Strecke $AB = a$ und zwei Gerade AM von A aus, BN von B aus durch die (mittelbar, mit Hilfe von AC, CD; BH, HG) gegebenen Winkel α und β; Fig. 84. In welchem Abstand y ist eine Parallele mit a zu legen, damit das abgeschriebene Trapez $ABYX$ den Inhalt F erhält?

Fig. 84.

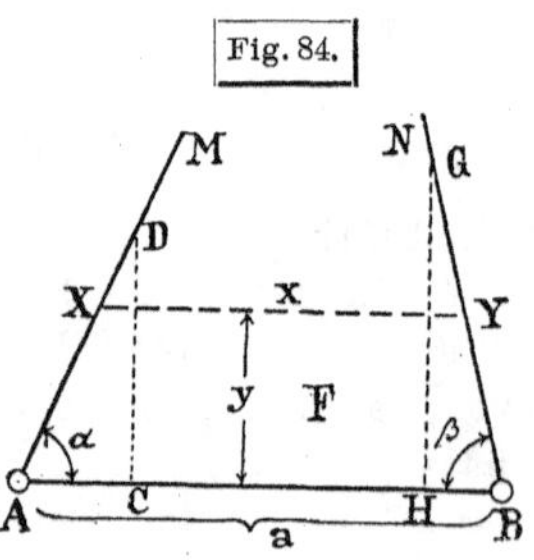

Die Länge der Parallelen sei x, so ist

$$(1)\quad (a + x)\,y = 2F;$$

ferner $\quad a - x = y\,ctg\,\alpha + y\,ctg\,\beta \quad$ oder

$$(2)\quad \frac{a - x}{y} = ctg\,\alpha + ctg\,\beta.$$

Durch Multiplikation von (1) und (2) ist y eliminiert und es wird:

(3) $x = \sqrt{a^2 - 2F(ctg\,\alpha + ctg\,\beta)}$; damit dann (4) $y = \dfrac{2F}{a + x}$,

endlich die zum Abstecken der Parallelen bequemsten Abschnitte:

$$(5) \qquad AX = \frac{y}{sin\,\alpha} \quad , \quad BY = \frac{y}{sin\,\beta}.$$

Die vorstehenden Formeln gelten selbstverständlich für spitze und für stumpfe Winkel α und β (im zweiten Fall ist ctg negativ). Wenn $\alpha + \beta = 180^0$ ist, so sind AM und BN parallel und es muss $x = a$ werden; in der That ist für diesen Fall $(ctg\,\alpha + ctg\,\beta) = 0$, also $x = a$, $y = \dfrac{F}{a}$. Mit $(\alpha + \beta) \lesseqgtr 180^0$ ist $x \lesseqgtr a$ und $y \gtreqless \dfrac{F}{a}$.

Zahlenbeispiel. Wenn F eine runde Zahl ist, so kann man bei kleinen Abmessungen die Quadrattafel mitbenützen. Es sei $F = 1000$ qm zu machen, $a = 52,34$ m; $AC = 15,31$, $CD = 22,78$; $BH = 10,03$, $HG = 31,49$ m gemessen (4-stellig).

$a = $ **52,34**	AC	1.1850	($\alpha = 56^0\ 6'$)	$2F$	3.3010
$ctg\,\alpha = 0,6721$	CD	1.3576	($\beta = 72^0\ 20'$)	$a + x$	1.9024
$ctg\,\beta = 0,3185$	$ctg\,\alpha$	9.8274	$a + x = 79,88$	y	1.3986
$ctg\,\alpha + ctg\,\beta = 0,9906$	BH	1.0013	$y = 25,04$ m	$sin\,\alpha$	9.9191
(Quad.-Taf.) $a^2 = 2739,48$	HG	1.4982	$AX = 30,16$ m	$sin\,\beta$	9.9790
$2F(ctg\,\alpha + ctg\,\beta) = 1981,2$	$ctg\,\beta$	9.5031	$BY = 26,28$ m	AX	1.4795
$x^2 = 758,3$				BY	1.4196
(Quad. Taf.) $x = 27,54$ m					

Zusatz (Anwendung von c). Gegeben sei das Polygon $A_1 A_2 \ldots A_n A_1$, die Seiten seien $A_1 A_2 = a_1$, $A_2 A_3 = a_2 \ldots$, $A_n A_1 = a_n$, die Winkel $\alpha_1, \alpha_2 \ldots \alpha_n$. Man soll durch Parallelen mit den Seiten, die alle denselben Abstand y von den Seiten haben, einen Streifen vom Inhalt F am Umfang des Polygons abschneiden.

Die Parallelen schneiden sich auf den Halbierungslinien der Polygonwinkel; bezeichnet man die Seiten des zu legenden Polygons mit $x_1, x_2 \ldots x_n$ so ist nach Aufgabe c)

$$a_1 = x_1 + y\left(ctg\frac{\alpha_1}{2} + ctg\frac{\alpha_2}{2}\right)$$

$$a_2 = x_2 + y\left(ctg\frac{\alpha_2}{2} + ctg\frac{\alpha_3}{2}\right)$$

$$\cdots\cdots\cdots\cdots$$

$$a_n = x_n + y\left(ctg\frac{\alpha_n}{2} + ctg\frac{\alpha_1}{2}\right).$$

Setzt man den Umfang $a_1 + a_2 + \ldots + a_n = u$; $x_1 + x_2 + \ldots + x_n = x$ und $2\left(ctg\frac{\alpha_1}{2} + ctg\frac{\alpha_2}{2} + \ldots + ctg\frac{\alpha_n}{2}\right) = m$, so wird

$$(1) \qquad u = x + y \cdot m \qquad \text{oder} \qquad u - x = y \cdot m.$$

Ferner ist $2F = y(a_1 + x_1) + y(a_2 + x_2) + \ldots + y(a_n + x_n) = y(u + x)$ oder

$$(2) \qquad u + x = \frac{2F}{y}.$$

Aus (1) und (2) folgt durch Multiplikation $\quad u^2 - x^2 = 2mF, \quad$ also

$$x = \sqrt{u^2 - 2mF} \text{ und } y = \frac{u - x}{m} \overset{\text{oder}}{=} \frac{2F}{u + x}.$$

d) (Erweiterung der Vierecksteilung c).[56]) Gegeben die drei Seiten $MABN$ eines Vierecks wie in c). Man soll durch die Gerade XY, die eine gegebene Richtung ($\parallel KL$, gegeben durch den Winkel γ, vgl. Fig. 85) das Viereck $ABYX = F$ abschneiden. Zieht man $AD \parallel KL$, so ist Winkel $DAB = \delta = \alpha + \gamma - 180^0$, also

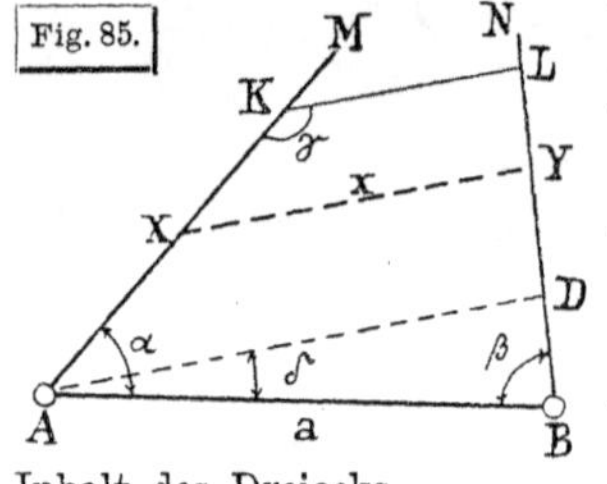

$$AD = \frac{a \sin\beta}{\sin(\beta + \delta)}$$ und zur Probe für den Punkt D auch

$$BD = \frac{a \sin\delta}{\sin(\beta + \delta)}$$ bekannt; ferner wird der Inhalt des Dreiecks

$$ABD = Q = \frac{1}{2}a \,.\, AD \,.\, \sin\delta = \frac{a^2 \sin\beta \sin\delta}{2\sin(\beta + \delta)}.$$

Man hat dann von AD aus die Aufgabe c): durch die Parallele XY zu AD ist abzuschneiden der Inhalt $(F - Q)$. Man kann aber die Aufgabe auch direkt auflösen: setzt man $XY = x$, so wird nach **3**, 2):

$$2F = \frac{a^2}{ctg\,\alpha + ctg\,\beta} + \frac{x^2}{ctg\,\gamma + ctg\,\varepsilon},$$ wenn $\varepsilon = 360^0 - (\alpha + \beta + \gamma)$ gesetzt wird.

Hieraus ist x zu berechnen; man findet:

$$x^2 = \left(2F - \frac{a^2 \sin\alpha \sin\beta}{\sin(\alpha + \beta)}\right) \cdot \frac{\sin(\gamma + \varepsilon)}{\sin\gamma \sin\varepsilon},$$ sodann mit Hilfe von x leicht die Strecken AX, BY.

e) Es sei $MABN$ wie oben gegeben durch $AB = a$ und die Winkel α und β. Auf AB ist in der Entfernung e von A der Punkt P gegeben; durch P die Gerade PXY so zu ziehen, dass der Inhalt von $ABYX = F$ werde.

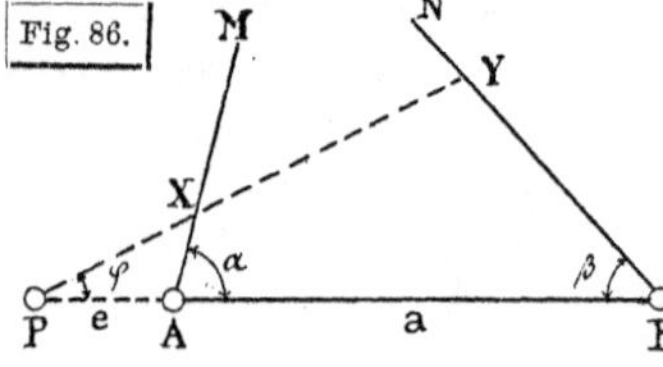

Ist φ der Winkel, den PXY mit AB macht, so ist

$$2F = \frac{(a + e)^2}{ctg\,\beta + ctg\,\varphi} - \frac{e^2}{ctg\,\varphi - ctg\,\alpha},$$

woraus $ctg\,\varphi$ zu bestimmen ist (quadratische Gleichung).

f) Auf AM ist der Punkt P gegeben; man soll auf BN den Punkt X so bestimmen, dass der Inhalt von $ABXP = F$ werde. Es sei $AP = b$ gegeben, so erhält man mit $2F_1 = ab \sin\alpha$ die Strecke BX aus

$$BX = \frac{2F - 2F_1}{a \sin\beta - b \sin(\alpha + \beta)}.$$

§ 32. Aufgaben über Absteckungen.

1) Einleitung. Die Aufgaben dieses und der zwei folgenden Paragraphen machen die Annahme, dass beliebige Horizontalwinkel gemessen werden können. Dazu dient der sog. Theodolit: an diesem Instrument dreht sich in einem horizontalliegenden, fein geteilten Kreis um eine genau senkrecht stehende Axe der obere Teil des Instruments, die sog. Alhidade, die die Absehvorrichtung (Zielvorrichtung zum Anzielen der Punkte, Fernrohr mit Ziellinie) trägt; an der untern Scheibe der Alhidade, die genau in den Teilkreisring einpasst, ist ein Zeiger, dessen Stand gegen die Striche und die (von 0^0 bis 360^0 oder 0^g bis 400^g durchlaufende) Bezifferung der Teilung abgelesen wird; der Horizontalwinkel AOB (O Standpunkt, OA und OB die, mehr oder weniger geneigten, Schenkel des zu messenden Horizontalwinkels AOB) entsteht so als Unterschied der Ablesungen für die zwei Richtungen (Zielungen) OB und OA. Die Ablesung des Zeigers an der Kreisteilung geschieht durch besondere Ablesevorrichtungen (Nonien, Mikroskope), je nach der Grösse des Instruments (Feinheit der Teilung) auf 1′, 30″, 20″, 10″, 5″, 2″ genau, während die Teilung selbst nur Striche im Winkelabstand von 1^0, $1/2^0$, $1/3^0$, $1/6^0$, $1/12^0$ zeigt. Wiederholung der Messung liefert den Winkel genauer als die einfache Messung; man kann so z. B. noch mit einem 20″-Theodolit den Winkel zwischen zwei scharfen Zielpunkten auf wenige ″ genau messen; mit einem 2″-Theodolit sind auf grosse Zielweiten Winkelmessungen bis auf etwa 0,″4 überhaupt möglich. Ein Horizontalwinkel muss offenbar, bei gleicher linearer Genauigkeit der Lage von Punkten auf seinen Schenkeln um so genauer gemessen werden, je länger die Schenkel sind; bei der Kreuzscheibe (konstanter Winkel 90^0, s. § 31, **1**), wo man mit dem einen Schenkel über 40 oder 50 m nicht hinausgeht, genügt die mit ihr erreichbare Genauigkeit von einigen ′ für die gewöhnlichen Zwecke; die Theodolite sollen nun aber für beliebige Entfernungen ausreichen und hienach hat sich die Genauigkeit der Winkelmessung zu richten.

Der Zweck einer „Absteckung“ ist die Übertragung einer auf einem Plan gezeichneten (projektierten) Linie, Strassen- oder Bahnaxe, Bauflucht u. s. f. auf das Feld.

2) Abstecken von längern Geraden.

1) Wie genau muss der Winkel ABC von vorgeschriebener Grösse, z. B. $ABC = 90^0\,0'\,0''$, der die Richtung BC liefern soll, abgesteckt werden, wenn die Strecke BC 100 m, 200 m, 1000 m lang gebraucht wird und der Punkt C seitlich um nicht mehr als 1 cm falsch zu liegen kommen soll? (Vgl. § 1, S. 7; § 31, S. 303).

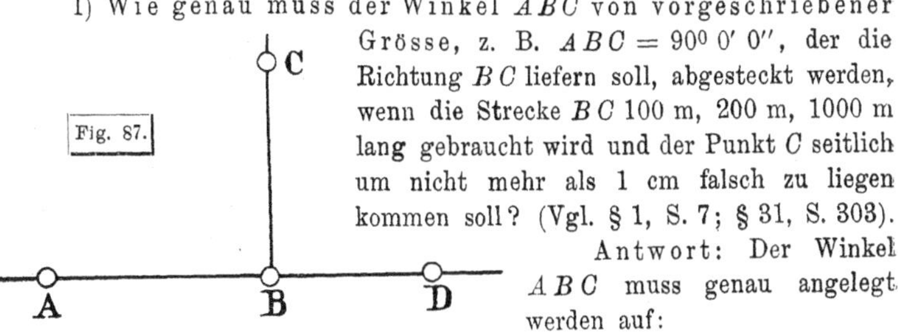

Antwort: Der Winkel ABC muss genau angelegt werden auf:

$\frac{1}{100 . 100} \cdot \varrho''$, $\frac{1}{200 . 100} \cdot \varrho''$, $\frac{1}{1000 . 100} \cdot \varrho''$ oder auf 21″, 10″, 2″. Mit einem Instrument von 20″ Ablesung ist der Winkel nicht z. B. auf 5″ durch einmaliges Anlegen richtig zu erhalten; wie wird dann wohl zu verfahren sein? (Die Ausführung gehört in die Geodäsie).

2) An einem 1000 m langen geraden Tunnel ist die Angabe der Richtung der Axe von jedem der beiden Endpunkte her mit einem Fehler von 10″ behaftet (nach verschiedenen Seiten wirkend). Mit welchem Fehler stossen die beiden vorgetriebenen Stollen in der Mitte zusammen?

Antwort: $\left(2 . 500 \frac{10''}{206\,265''}\right)$ Meter $= 5$ cm.

3) Die sog. Hauptpunkte von einfachen Kreisbögen. Die Axen von Verkehrswegen (Bahnen, Strassen, Kanälen) setzen sich im allgemeinen stets aus Geraden und aus Kreisbögen zusammen, die diese Geraden berührend verbinden.

Bei einem abzusteckenden Kreisbogen sind stets die zwei Geraden, die er berühren soll, auf dem Feld gegeben, abgesteckt; ferner ist der Halbmesser des Kreisbogens durch das Projekt bestimmt und also ebenfalls vorgeschrieben. (Der Halbmesser, der sich im einzelnen Fall nach den Bodenformen richtet, darf für eine bestimmte Art von Verkehrswegen nicht unter einen gewissen Betrag, den sog. Minimalhalbmesser sinken; dieser ist z. B. für Hauptbahnen 300 m, für Nebenbahnen 150 oder 100 m, für Hauptstrassen 50 oder 30 m u. s. f.). Bei der Absteckung eines Kreisbogens unterscheidet man: Hauptpunkte und Zwischenpunkte; jene sind vor allem die Berührungspunkte des Bogens mit den gegebenen Tangenten, ferner meist auch der Halbierungspunkt des Bogens („Bogenmitte"), bei längern Bögen auch die „Bogenviertel" (s. u.) u. s. f. Es sei hier vorläufig nur von diesen Hauptpunkten die Rede. Mit dem Mittelpunkt des abzusteckenden Bogens hat man nie zu thun.

1) Der Schnittpunkt S der zwei gegebenen Tangenten sei zugänglich und für die Absteckung brauchbar.[57])

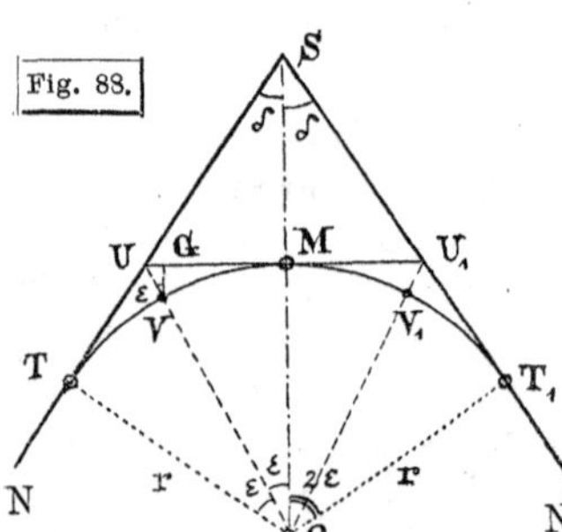

Es ist im Schnittpunkt S (Fig. 88) der Winkel $2\,\delta$ zwischen den beiden Tangentenrichtungen gemessen; damit wird, bei gegebenem Halbmesser r,

$2\,\varepsilon = 90^0 - \delta$; $ST = ST_1 = r\,tg\,2\,\varepsilon$;

$SO = \frac{r}{\cos 2\,\varepsilon}$, also $SM = SO - r$.

Ferner ist $TU = UM = r\,tg\,\varepsilon$. Man kann also die Punkte U, T; U_1, T_1 von S aus einmessen, und M als Halbierungspunkt von UU_1 bestimmen. Probe: $UU_1 = 2\,r\,tg\,\varepsilon$; weitere Probe für M: die berechnete Strecke SM auf der Halbierungslinie von $2\,\delta$ abgemessen, muss denselben Punkt M liefern.

Der Punkt V kann, wenn verlangt, oft nach seinen rechtwinkligen Coordinaten in Beziehung auf UM oder UT abgesteckt werden, nämlich

$$UV = \frac{r}{\cos \varepsilon} - r \; ; \quad UG = UV . \sin \varepsilon \; ; \quad GV = UV . \cos \varepsilon .$$

Wenn die Länge des Bogens verlangt wird, so ist

$$\text{Bogen } TM = r \frac{2\,\varepsilon''}{\varrho''} , \quad \text{Bogen } TT_1 = r \frac{4\,\varepsilon''}{\varrho''} .$$

Beispiel:

$r = 200$ m	
$2\,\delta = 119°\,41'\,45''$	
$\delta =$	59 50 52
$2\,\varepsilon =$	30 9 8
$\varepsilon =$	15 4 34
$SO =$	231,30 m
$SM =$	31,30 m
$ST =$	116,18 „
$TU =$	53,87 „
($OU =$	207,13 „)

SO	2.36 417
$E \cos 2\,\varepsilon$	0.06 314
r	2.30 103
$tg\, 2\,\varepsilon$	9.76 410
$tg\, \varepsilon$	9.43 035
($E \cos \varepsilon$	0.01 521)
ST	2.06 513
TU	1.73 138
(OU	2.31 624)

Wenn die Bogenviertel auf die angegebene Art abgesteckt werden sollen, ist noch zu rechnen:

$UG = 1{,}86$	UG	0.26 82
	$\sin \varepsilon$	9.41 51
$UV = 7{,}13$	UV	0.85 31
	$\cos \varepsilon$	9.98 48
$GV = 6{,}89$	GV	0.83 79

Endlich, wenn die Bogenlänge TT_1 verlangt ist:

$4\,\varepsilon = 60°\,18'\,16''$	$4\,\varepsilon''$	5.33 665
$= 217\,096''$	$E\,\varrho''$	4.68 557
	r	2.30 103
Bg $TT_1 = 210{,}50$ m	Bg TT_1	2.32 325

2) Der Schnittpunkt der Tangenten sei nicht zugänglich, oder zwar zugänglich, aber für die Absteckung nicht brauchbar; in der That ist dies meist der Fall (z. B. S unten im Thal zugänglich, aber für die Messung ST und ST_1 an der Bergwand herauf nicht brauchbar; oder selbst in der Ebene: Winkel $2\,\delta$ klein, würde ST sehr lang geben).

Man nimmt (Fig. 89) auf den gegebenen Tangenten zwei Punkte A und A_1 an, in denen die Winkel $A_1\,A\,T = \alpha$ und $A\,A_1\,T_1 = \alpha_1$ gemessen werden. Wird noch $A\,A_1 = a$ gemessen, so ist das Dreieck $A\,S\,A_1$ aus einer Seite und zwei Winkeln bestimmt; man erhält:

$$2\,\delta = \alpha + \alpha_1 - 180^0 ; \quad \text{ferner}$$

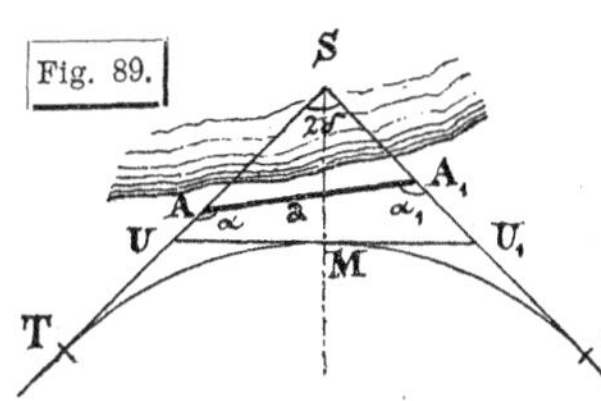

$$SA = \frac{a}{\sin 2\,\delta} \sin \alpha_1 , \quad SA_1 = \frac{a}{\sin 2\,\delta} \sin \alpha .$$

Endlich ist, wie oben, $ST = ST_1 = r\, ctg\, \delta$, also $AT = ST - SA$ und $A_1 T_1 = ST - SA_1$ bekannt und die Punkte T und T_1 sind von A und A_1 aus einzumessen; ebenso U und U_1. Der Halbierungspunkt von $U\,U_1$ ist M mit der Probe $U\,U_1 = 2\,U\,T$. Wie kann man auch hier für den Punkt M sich eine weitere Probe verschaffen? (Benützung des Schnittpunkts von SM mit $A\,A_1$; dieser Punkt sei Q, was sind SQ, AQ, $A_1\,Q$; welcher Winkel in Q anzulegen, um die Richtung QM zu erhalten?)

Wenn die Wahl zweier solcher Punkte A, A_1 nicht möglich ist, so ist zwischen den beiden Tangenten eine gebrochene Linie von möglichst wenigen Seiten, z. B. $A A_1 A_2$ zu legen, wo A auf der Tangente ST, A_2 auf der Tangente ST_1 liegt; es sind sämtliche Seiten und Winkel des Zugs zu messen. In dem Viereck $S A A_1 A_2$ sind dann alle Winkel, mit Ausnahme des Winkels in S und die Seiten bis auf SA und SA_2 bekannt; die fehlenden Stücke lassen sich also leicht berechnen. Ähnlich für ein Polygon $S A A_1 \ldots A_n$, das bei mehr als vier Seiten aber ausserordentlich scharfe Messung verlangen würde; stets hat man aber die Winkel bis auf einen, die Seiten bis auf zwei; vgl. den Abschnitt Polygonometrie.

4) Zwischenpunkte. Wie viel Punkte des Bogens man nach dem Vorstehenden als Hauptpunkte direkt bestimmt (ob man sich mit T und T_1, oder mit T, T_1 und M, oder .... begnügt) hängt besonders von der Grösse des Abstands der Mitte der so gewonnenen Bogenstücke (z. B. TM, MT_1 im zweiten Fall) von den Tangenten (TU, UM) ab. Man fügt nämlich zwischen die Hauptpunkte weitere Bogenpunkte als sog. Zwischenpunkte ein, in Entfernungen von 20 m oder 10 m oder 5 m von einander je nach Bedarf. Für sie verwendet man in der Regel „rechtwinklige Coordinaten von der Tangente aus", d. h. man misst von einem der Hauptpunkte, z. B. T aus, auf der Tangente daselbst eine Abscisse x ab und trägt die zugehörige Ordinate senkrecht auf. Die Länge von y ist, wie man unmittelbar aus Fig. 90 abliest:

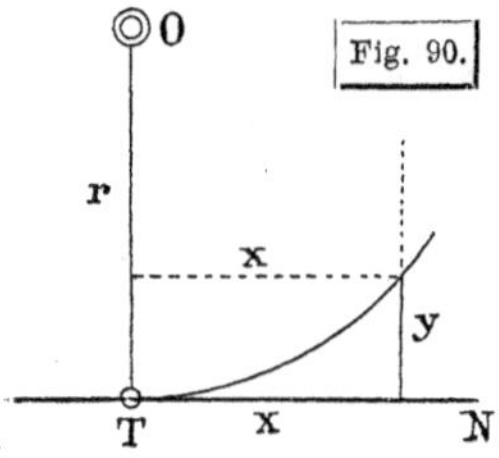

Fig. 90.

(1) $y = r \pm \sqrt{r^2 - x^2}$, oder da das obere Vorzeichen den hier nicht in Betracht kommenden zweiten Kreispunkt zu x giebt:

(2) $y = r - \sqrt{(r+x)(r-x)}$ oder endlich, für den meist vorhandenen Fall, dass $\frac{x}{r}$ ein ziemlich kleiner echter Bruch bleibt, bequemer:

$$y = r - r\sqrt{1 - \frac{x^2}{r^2}} = r - r\left\{1 - \binom{\frac{1}{2}}{1}\frac{x^2}{r^2} + \binom{\frac{1}{2}}{2}\frac{x^4}{r^4} - + \ldots\right\} \quad \text{oder}$$

$$(3) \qquad y = \frac{x^2}{2r} + \frac{x^4}{8r^3} + \ldots$$

1) Eine erste Art der rechtwinkligen Coordinaten von der Tangente aus besteht hiernach einfach darin, dass man zu runden x die y aus (2) oder (3) rechnet (für runde Halbmesser r sind Tabellen vorhanden) und aufträgt. Es ist die bequemste Methode für die Zwischenpunkte; sie ist auch auf dem Papier zur Herstellung von Kreisbögen mit sehr grossem Halbmesser sehr bequem.

Sie hat aber den Übelstand, dass die einzelnen Bogenpunkte mit zunehmendem y in immer grössere Entfernung von einander kommen.

2) Sollen die Bogenpunkte alle den gleichen Abstand haben, dem Bogen nach gemessen den Abstand b, so hat man mit:

(4) $\psi^{('')} = \frac{b}{r} \cdot \varrho^{('')}$ (Centriwinkel ψ dem Bogen b

entsprechend) die zusammengehörigen Coordinaten des 1., 2., ... n. Bogenpunkts vom Hauptpunkt aus zu berechnen aus:

$$(5) \qquad \left\{ \begin{array}{l} x = r \, . \, sin \, (k \, . \, \psi) \\ y = r - r \, . \, cos \, (k \, . \, \psi) = 2 \, r \, . \, sin^2 \frac{k \, \psi}{2} \end{array} \right\} \; k = 1, 2, \ldots n.$$

(Auch hier fertige Tabellen für runde Werte r und b). — Übung: Auf einer Zeichnung soll ein Kreisbogen mit 10,00 m Halbmesser durch Auftragen einzelner Punkte im Bogenabstand von je 50 mm von einander hergestellt werden, wobei der Bogen eine scharf gezogene Gerade MN in einem auf ihr gegebenen Punkt P berühren soll; hier wird $\psi'' = \frac{50}{10\,000} \, . \, 206\,265'' = 1031'',3$ $= 0^0 \, 17' \, 11''$, wonach $(x_1 \, y_1)$, $(x_2 \, y_2)$, $(x_3 \, y_3) \ldots$ auszurechnen sind.

3) Eine dritte Art, Bogenpunkte auf dem Feld einzurücken, benützt nicht rechtwinklige Coordinaten, sondern Peripheriewinkel. Ist in dem Hauptpunkt T der Theodolit aufgestellt und sollen die Bogenpunkte 1, 2, 3... alle den Sehnenabstand $s =$ der Länge des Längenmesswerkzeuges (5 m-Latte, 10 m- oder 20 m-Band, vgl. § 31, **1**) von einander erhalten, so kann man an NT die Winkel $NT1 = \varphi$, $NT2 = 2\,\varphi$, $NT3 = 3\,\varphi$ ... anlegen und jeden folgenden Punkt 1, 2, 3... mit Hilfe des vorhergehenden T, 1, 2... erhalten, indem in diesem der Anfangspunkt der Lage des Längenmesswerkzeugs angelegt und der Endpunkt in jene Richtung eingewiesen wird. Der Winkel φ ist dabei zu bestimmen aus (6) $sin\,\varphi = \frac{s}{2\,r}$.

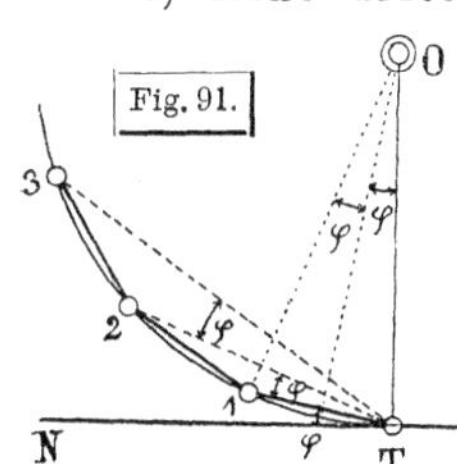

5) Hauptpunkte von sog. Korbbögen. Oft muss man Bögen zwischen gegebene Gerade einlegen, die aus zwei (oder mehr) einander berührenden Kreisbögen von verschiedenen Halbmessern bestehen, sog. Korbbögen. Es seien hier nur Bögen aus zwei verschiedenen Kreisbögen zusammengesetzt angenommen; die zwei wichtigsten Aufgaben sind:

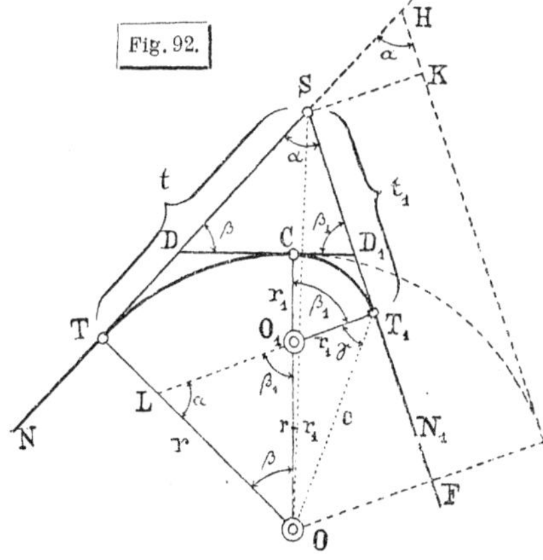

1) Gegeben der Berührungspunkt T durch $ST = t$, Fig. 92, gegeben ferner die Halbmesser r und r_1, gemessen in P der Winkel α zwischen den vorgeschriebenen Tangentenrichtungen SN und SN_1; gesucht T_1, der Berührungspunkt C der beiden Bögen und die Tangente in C.

Die Centriwinkel in O und O_1 seien β und β_1; man denke den Bogen TC mit r bis G ($OG \perp SN_1$, d. h. $\parallel O_1 T_1$) verlängert und die Tangente in G gezogen ($\parallel SN_1$), dann ist $HT = HG = r\, ctg\frac{\alpha}{2}$, $SH = r\, ctg\frac{\alpha}{2} - t$, $SK = FG = SH \,.\, sin\,\alpha$, somit $OO_1 \,.\, cos\,\beta_1 + r_1 + \left(r\, ctg\frac{\alpha}{2} - t\right) = r$ oder $(r - r_1)\, cos\,\beta_1 = r - r_1 - \left(r\, ctg\frac{\alpha}{2} - t\right) sin\,\alpha$, also

$$cos\,\beta_1 = 1 - \frac{\left(r\, ctg\frac{\alpha}{2} - t\right) sin\,\alpha}{r - r_1} \text{ bekannt.}$$

Mit β_1 hat man auch $\beta = 180^0 - (\alpha + \beta_1)$, also die Tangentenababschnitte

$$TD = DC = r\, tg\frac{\beta}{2} \quad ; \quad CD_1 = D_1 T_1 = r_1\, tg\frac{\beta_1}{2} \quad ; \text{ endlich}$$

aus dem Dreieck SDD_1 die Seiten SD und SD_1, womit die Punkte T_1, D_1, D und C einzumessen sind.

2) Gegeben die Berührungspunkte T und T_1 durch $ST = t$, $ST_1 = t_1$ (vgl. ebenfalls Fig. 92), ferner der Halbmesser r; gemessen α. Gesucht werden r_1, C und die Tangente in C.

In dem Viereck $STOT_1$ sind 5 Stücke gegeben (drei Seiten t_1, t, r und die eingeschlossenen Winkel α und 90^0), das Viereck ist also zu berechnen: es zerfällt durch SO in das rechtwinklige Dreieck STO und das Dreieck ST_1O; in jenem ist aus den Katheten t und r der Winkel TSO und die Hypotenuse SO zu bestimmen, sodann aus dem zweiten Dreieck (Seiten SO und ST_1 und der Winkel zwischen beiden OST_1 bekannt) die Strecke $OT_1 = c$ und der Winkel γ. Im Dreieck OO_1T_1 ist dann also:

$$(r - r_1)^2 = r_1^2 + c^2 - 2\, r_1\, c \,.\, cos\,\gamma,$$

d. h. es ist r_1 zu bestimmen aus der linearen Gleichung

$$r_1 = \frac{r^2 - c^2}{2\,(r - c \,.\, cos\,\gamma)};$$

damit leicht alles weitere wie oben. — Diskussion.

§ 33. Triangulierungsaufgaben.

Jede Triangulierung (Dreiecksmessung) hat den Zweck, die gegenseitige Lage von Punkten (deren Entfernung so gross und deren Lage so beschaffen ist, dass direkte Längenmessung auszuschliessen ist) zu bestimmen, d. h. indirekt, durch Rechnung, die Entfernungen zwischen den „Dreieckspunkten" zu ermitteln. Es ist also nur Eine Entfernung (oder es sind einige wenige Entfernungen) direkt gegeben und im übrigen findet nur Winkelmessung mit dem Theodolit statt; aus der gegebenen Seite (Basis, Grundlinie, Standlinie) und den gemessenen Winkeln ist alles übrige zu berechnen.*)

*) Die erste Triangulierung in der Form, in der wir sie heute noch benützen, hat der Holländer *Willebrord Snellius* ausgeführt (1617) zum Zweck einer Gradmessung (vgl. unten bei **2.**); die Methode der Triangulation ist dann im 17. Jahrhundert zu Landmessungs- und Erdmessungszwecken rasch allgemein verwendet worden.

Über die Anlage der Dreiecksnetze und Dreiecksketten auf der Erdoberfläche, Auswahl der Dreieckspunkte, Zahl auf einem bestimmten Triangulationsgebiet, hat die Geodäsie zu belehren; auch die Einteilung der Triangulationsarbeiten in verschiedene Stufen (oder Ordnungen, Dreiecke und Dreieckspunkte I., II., III., IV. Ordnung) gehört nicht hieher. Zu besprechen sind hier nur die einfachsten Aufgaben, unter der Annahme, dass die Dimensionen des ganzen Triangulationsgebiets nicht so gross sind, dass die Krümmung der mathematischen Erdoberfläche in Betracht käme; d. h. es handelt sich für uns um ebene Dreiecke, die Summe der drei gemessenen Winkel eines Dreiecks soll genau 180^0 sein. Diese Annahme ist selbst für grosse Dreiecke noch zutreffend; es wird sich in der sphärischen Trigonometrie zeigen, dass ein Dreieck mit 1″ Excess (Summe der drei Dreieckswinkel 180^0 0′ 1″) auf der Erdoberfläche einer Fläche von rund 200 qkm entspricht. Für Abmessungen von mehreren Kilometern ist also unsere Annahme ebener Dreiecke für jede praktische Genauigkeitsstufe der Rechnung zutreffend.

1) Einfachste Triangulierungs-Aufgabe. Die Entfernung der zwei Punkte A und B zu bestimmen, Fig. 93, zwischen denen man zusammensehen, aber nicht messen kann (und die so gross ist, dass irgend welche Anwendung der Kreuzscheibe, vgl. § 31, **1**, **2**, nicht die notwendige Genauigkeit giebt).

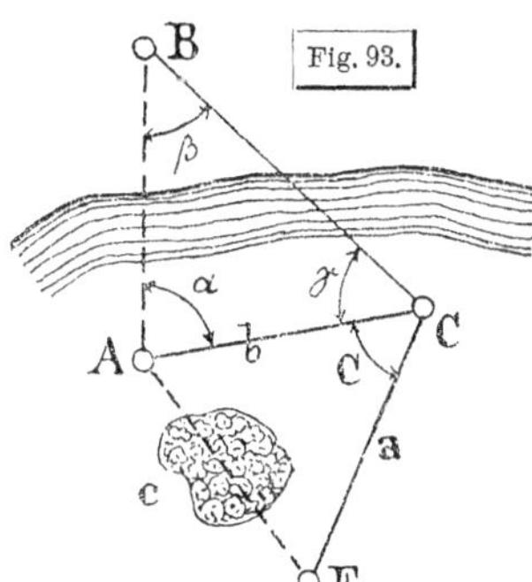

Bildet man mit Hilfe eines dritten Punktes C das Dreieck ABC, in dem alle Punkte gegenseitig sichtbar sind, und misst $AC = b$, ferner die Winkel α, β, γ des Dreiecks, so liefert der *Sinus*-Satz sofort:

$$AB = \frac{b}{\sin\beta}\sin\gamma.$$

Wann ist das Dreieck ABC für die gesuchte Entfernung günstig geformt?

Anmerkung. Soll die Entfernung AE bestimmt werden, wobei A und E gegenseitig nicht sichtbar sind, so kann man $AC = b$ (wie oben) und $CE = a$ messen, sowie den Winkel C zwischen CA und CE; man hat dann nach § 23 Gl. (6):

$$c^2 = (a+b)^2 \sin^2\frac{1}{2}C + (a-b)^2\cos^2\frac{1}{2}C,$$ d. h. c als Hypotenuse in dem *Mollweide*schen Dreieck zu berechnen mit Hilfe von Additionslogarithmen oder besser mit Benützung des Hilfswinkels (der nichts anderes ist als $\frac{A-E}{2}$). Indessen ist diese Aufgabe dann keine reine Trian-

gulierungsaufgabe mehr, bei denen im allgemeinen (s. übrigens § 34, 1. u. s. f.) die Annahme: nur Eine Entfernung gegeben, festzuhalten ist.

2) Kette von Dreiecken. Fortgesetzte Anwendung der vorigen Aufgabe. Um die Entfernung der Punkte F und G zu bestimmen (Fig. 94), kann man wegen der örtlichen Verhältnisse nirgends in der Nähe eine Grundlinie messen, vielmehr nur in grösserer Entfernung davon, z. B. bei AB. Man hat nun die Punkte F und G durch die in der Figur angedeutete Kette von Dreiecken ABC, BCD, CDE, CEF, EFG mit den Endpunkten A und B der Basis AB verbunden und es sind gemessen worden:

1) die Länge der **Grundlinie** $AB = 685{,}35$ **m**,

2) die **sämtlichen 15 Winkel in den 5 Dreiecken.**

Diese Winkel sollen mit den in die Fig. eingeschriebenen Zahlen bezeichnet sein. Wegen der unvermeidlichen Messungsfehler ist die Summe der drei gemessenen Winkel in einem Dreieck nicht genau 180°, vielmehr sind die Winkel auf diese Summe erst „auszugleichen“. Dies soll bereits geschehen sein und die so verbesserten Messungsergebnisse seien nun:

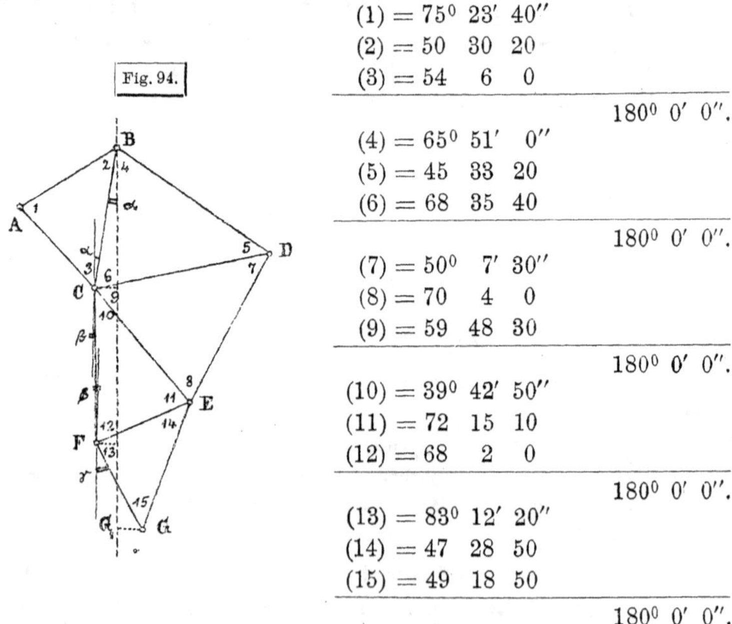

Fig. 94.

$(1) = 75^0\ 23'\ 40''$
$(2) = 50\ \ 30\ \ 20$
$(3) = 54\ \ \ 6\ \ \ 0$
$180^0\ 0'\ 0''.$

$(4) = 65^0\ 51'\ \ 0''$
$(5) = 45\ \ 33\ \ 20$
$(6) = 68\ \ 35\ \ 40$
$180^0\ 0'\ 0''.$

$(7) = 50^0\ \ 7'\ 30''$
$(8) = 70\ \ \ 4\ \ \ 0$
$(9) = 59\ \ 48\ \ 30$
$180^0\ 0'\ 0''.$

$(10) = 39^0\ 42'\ 50''$
$(11) = 72\ \ 15\ \ 10$
$(12) = 68\ \ \ 2\ \ \ 0$
$180^0\ 0'\ 0''.$

$(13) = 83^0\ 12'\ 20''$
$(14) = 47\ \ 28\ \ 50$
$(15) = 49\ \ 18\ \ 50$
$180^0\ 0'\ 0''.$

Verlangt wird die Entfernung der beiden Punkte F und G.

Die Dreiecksseiten ergeben sich durch die Kette hindurch unmittelbar durch fortgesetzte Anwendung des *Sinus*-Satzes gemäss **1)**, nämlich:

$$BC = \frac{AB \,.\, sin\,(1)}{sin\,(3)}; \quad CD = \frac{BC \,.\, sin\,(4)}{sin\,(5)}; \quad CE = \frac{CD \,.\, sin\,(7)}{sin\,(8)};$$

$$EF = \frac{CE \,.\, sin\,(10)}{sin\,(12)}; \quad FG = \frac{EF \,.\, sin\,(14)}{sin\,(15)}.$$

Damit erhält man die folgende Rechnung:

AB	2.88 591	CE	2.93 158
$sin\,(1)$	9.98 573	$sin\,(10)$	9.80 547
$E\,sin\,(3)$	0.09 149	$E\,sin\,(12)$	0.03 273
BC	2.91 313	EF	2.76 978
$sin\,(4)$	9.96 022	$sin\,(14)$	9.86 750
$E\,sin\,(5)$	0.14 635	$E\,sin\,(15)$	0.12 017
CD	3.01 970	FG	2.75 745
$sin\,(7)$	9.88 505	$FG = 572{,}07$ m	
$E\,sin\,(8)$	0.02 683		
CE	2.93 158		

Zu bemerken ist noch, dass durch diese Triangulierung selbstverständlich nicht nur die Längen aller Dreiecksseiten bekannt sind, sondern auch die Längen beliebiger Diagonalen, z. B. kann man BE berechnen als dritte Seite in einem Dreieck mit den Seiten CB und CE und dem zwischenliegenden Winkel $(6 + 9)$ oder mit den Seiten DB und DE und dem eingeschlossenen Winkel $(5 + 7)$; ebenso alle andern Abmessungen, z. B. BG (wie dies am einfachsten?).

Ferner sei noch erwähnt, dass man auch die Länge der Projektion einer beliebigen Diagonale auf eine durch eine bestimmte Ecke unter gegebenem Winkel mit den Seiten gezogene Gerade sehr einfach berechnen kann.

In der Fig. 94 ist z. B. durch B eine Gerade gezogen, die mit BC den Winkel $\alpha = 9^0\,56'\,40''$ einschliesse; was ist die Länge der Projektion der Strecke BG auf diese Gerade? Antwort: Für die Winkel β und γ, die die Seiten CF und FG mit jener Geraden einschliessen, hat man der Figur gemäss:

$$\alpha + (6) + (9) + (10) + \beta = 180^0 \text{ und } -\beta + (12) + (13) + \gamma = 180^0,$$

d. h. $\beta = 1^0\,56'\,20''$ und $\gamma = 30^0\,42'\,0''$.

Die Projektion der Strecke BG auf die Linie BG_1 ist nun offenbar:

$BG_1 = BC \,.\, cos\,\alpha + CF \,.\, cos\,\beta + FG \,.\, cos\,\gamma$, d. h. man hat mit den oben gefundenen Seitenlogarithmen und den soeben angeschriebenen Winkeln α, β, γ noch folgende Rechnung:

BC	2.91313	CF	2.94314	FG	2.75745	$BC.\cos\alpha = 806{,}42$
$\cos\alpha$	9.99343	$\cos\beta$	9.99975	$\cos\gamma$	9.93442	$CF.\cos\beta = 876{,}78$
	2.90656		2.94289		2.69187	$FG.\cos\gamma = 491{,}89,$

also für die gesuchte Projektion von BG auf die gegebene Richtung: $\underline{\underline{BG_1 = 2175{,}09\,\text{m}}}$*)

In Wirklichkeit sind nun bei einer grössern Triangulierung (Landestriangulierung) nicht, wie oben angenommen, reine Ketten von Dreiecken vorhanden, sondern durch Diagonalen verstrebte Netze von Dreiecken (z. B. sind in der vorstehenden Figur auch, wenn dies möglich ist, die Winkel beobachtet, die AD, BE, AF u. s. f. mit den oben eingezeichneten Dreiecksseiten bilden); das ganze Land ist mit einem möglichst gleichmässigen Netz von Dreiecken überzogen, in dem nun viel mehr Winkel beobachtet sind, als zur einfachen planimetrischen Konstruktion des Netzes erforderlich wären, so dass, infolge der unvermeidlichen Messungsfehler, diese unmittelbaren Messungsergebnisse „Widersprüche" aufweisen. Die Wegschaffung dieser Widersprüche ist die Aufgabe der „Ausgleichungsrechnung", eines im Laufe der Zeit immer wichtiger gewordenen Teils der Geodäsie.

Die Berechnung beliebiger Entfernungen in dem Triangulierungsnetz endlich (z. B. AG, BF,... in Fig. 94) wird am bequemsten, wenn man die Eckpunkte der Triangulierung „auf ein rechtwinkliges Coordinatensystem bezieht", die Coordinaten aller der benützten Dreieckspunkte berechnet; vgl. dazu Kap. 4. Das Hauptergebnis einer grössern Triangulierung, z. B. einer „Landestriangulierung", für alle technischen und ähnlichen Zwecke ist deshalb stets das Verzeichnis der rechtwinkligen Coordinaten aller Dreieckspunkte in einem einheitlichen Coordinatensystem.

3) Centrierungsaufgaben. Bei der Ausführung von Triangulierungen, überhaupt bei der Messung von Horizontalwinkeln kommt es häufig vor, dass von einem bestimmten Standpunkt (Winkelscheitel) aus ein anzuzielender Punkt nicht sichtbar ist, wohl aber ein ganz in dessen Nähe befindlicher Punkt, oder dass man den Theodolit nicht über dem Punkt

---

*) Auf dem Prinzip der vorstehenden Aufgabe beruhen die Breitengradmessungen (nur dürfen die hier vorkommenden grossen Dreiecke, wie schon oben angedeutet ist, nicht als ebene berechnet werden):

1) Zwei Punkte in der Nähe desselben Meridians sind durch eine Dreieckskette verbunden, die nach der vorstehenden Andeutung gemessen ist; daraus lässt sich die Strecke zwischen den beiden Endpunkten des ganzen Netzes und ihre Projektion auf die Meridianlinie bestimmen.
2) Auf astronomischem Weg (durch Messung der geographischen Breiten dieser beiden Endpunkte des Bogens) ist der Meridianbogen auch in Bogenmass auszudrücken.

Aus beiden Angaben (Bogenlänge und Centriwinkel) lässt sich der Krümmungshalbmesser des Meridians an der Stelle dieser Breitengradmessung berechnen, also eine „Erdmessung" ausführen; vgl. die Anmerkung S. 320 über die Erfindung der Triangulierung.

(z. B. Kirchturmspitze) aufstellen kann, der den Scheitel des zu messenden Winkels bezeichnet, wohl aber in einem ganz benachbarten Punkte. Die hieraus entstehenden Aufgaben sind

1) das sog. Centrieren eines Zielpunkts,

2) das Centrieren des Winkels oder Standpunkts.

In beiden Fällen sind ausser der Winkelmessung selbst noch Messungen auszuführen, die die Lage des benützten Zielpunkts oder Aufstellungspunkts gegen den zu benützenden bestimmen: es sind die sog. Centrierungselemente oder Centrierungsstücke zu ermitteln. Lineare Excentricität nennt man die Entfernung des benützten Punkts von dem zu benützenden; ihre Ermittlung ist oft nicht durch direkte Messung möglich (z. B. bei Türmen), sondern erfordert selbst wieder eine kleine Triangulierung.

1) Centrieren eines Zielpunkts. Vom Standpunkt A aus (vgl. Fig. 95) ist der Winkel $BAC = \alpha$ zu messen. Punkt C kann nicht angezielt werden, es ist deshalb der Winkel $BAC_1 = \alpha_1$ gemessen worden, wobei $CC_1 = e$ und $\sphericalangle AC_1C = \lambda$ (gleich sehr nahezu $180^0 - ACC_1$, so dass es gleichgiltig ist, ob λ den Winkel bezeichnet, den e mit C_1A oder CA bildet) die Centrierungsstücke von C_1 sind. Gesucht ist die an α_1 anzubringende Korrektion, um α zu erhalten.

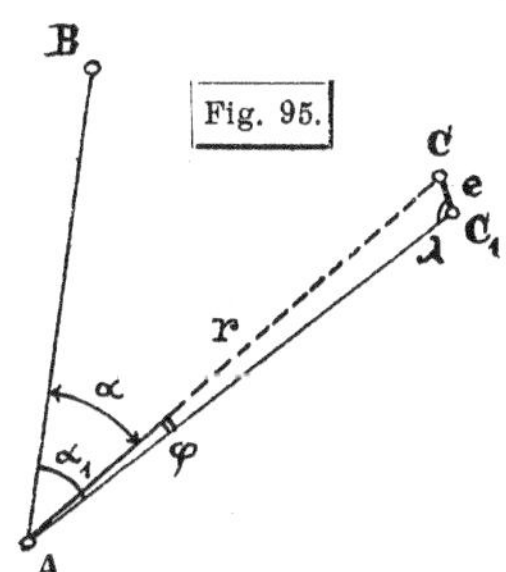

Fig. 95.

Die gesuchte Korrektion φ ergiebt sich durch Anwendung des *Sinus*-Satzes auf das sehr schmale Dreieck ACC_1, nämlich

$$\sin\varphi = \frac{e}{r}\sin\lambda.$$

Hier ist nun stets e im Vergleich zu r sehr klein; damit ist auch φ sehr klein und also $\sin\varphi \approx \frac{\varphi''}{206265''}$ und es ist also

$$\varphi'' \approx \frac{e}{r}\sin\lambda \,.\, 206265''.$$

Diese Korrektion ist je nach der Lage der Punkte B, C, C_1 gegen A zu dem gemessenen Winkel α_1 zu addieren oder davon zu subtrahieren, um α zu erhalten. r ist dabei entweder gegeben oder aus einer vorläufigen Berechnung des Dreiecks ABC (mit den nichtcentrierten Winkeln) zu bestimmen; es braucht, wie die Formel zeigt, nicht genau bekannt zu sein, ebenso ist Genauigkeit in λ um so weniger erforderlich, je kleiner e ist und je näher λ oder $(180^0 - \lambda)$ bei 0^0 ist, erforderlich, dagegen ist e im allgemeinen stets sorgfältig zu messen.

Beispiel:

gemessen	$c = $ **2,390** m	e	0.37 84	C_1 rechts von C (von A aus gesehen)
	$\lambda = $ **97° 33'**	$\sin\lambda$	9.99 62	
		ϱ''	5.31 44	gemessen: $\alpha_1 = $ **62° 34′ 58″**
	$r \approx $ **3720** m	Er	6.42 95	berechnet: $\varphi = -\ 2' \,11'',4$
	$\varphi = 131'',4 = 2'\,11'',4$	φ''	2.11 85	$\alpha = 62^\circ\,32'\,46'',6$

2) Centrieren des Standpunkts (excentrische Winkelmessung). Vom Punkt A aus (Fig. 96) soll der Winkel α gemessen werden.

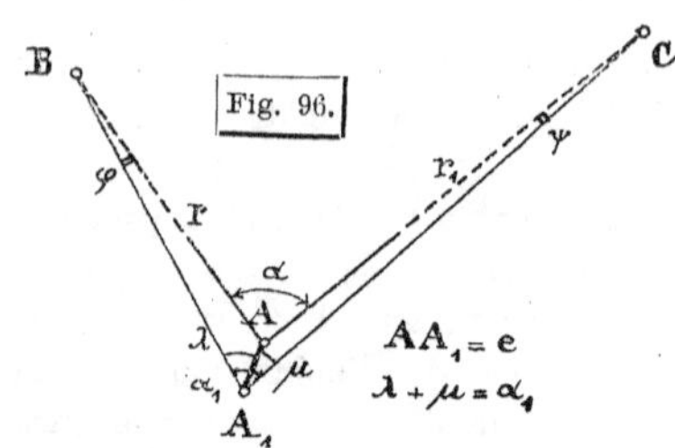

Statt in dem unzugänglichen Punkt A ist das Instrument im benachbarten Punkt A_1 aufgestellt und daselbst der Winkel α_1 gemessen; die Centrierungsstücke von A_1 sind: $AA_1 = e$, $\sphericalangle BA_1A = \lambda$ (also $\sphericalangle CA_1A = \mu = \alpha_1 - \lambda$). Aus α_1 ist der „centrierte" Winkel $BAC = \alpha$ abzuleiten.

Es ist $\alpha = \alpha_1 + \varphi + \psi$; ferner

$$\sin\varphi = \frac{e}{r}\sin\lambda \quad \text{und} \quad \sin\psi = \frac{e}{r_1}\sin\mu$$

oder, da wieder e klein im Verhältnis zu r und r_1 ist, also φ und ψ kleine Winkel sind,

$$\varphi'' \approx \frac{e}{r}\sin\lambda \,.\, 206265'' \quad \text{und} \quad \psi'' \approx \frac{e}{r_1}\sin\mu \,.\, 206265'',$$

woraus
$$\alpha = \alpha_1 + e\,.\left(\frac{\sin\lambda}{r} + \frac{\sin\mu}{r_1}\right) 206265''.$$

Diese Formel gilt natürlich nicht allgemein für alle möglichen gegenseitigen Lagen der vier Punkte A, A_1, B und C, indem die Korrektionen bald zu addieren, bald zu subtrahieren sind. Es sind vier Fälle möglich: φ und ψ beide positiv zu nehmen wie oben; φ und ψ beide negativ zu nehmen; φ positiv, ψ negativ; endlich umgekehrt. Welchen Lagen von A_1 gegen A und die beiden Zielpunkte B und C entsprechen diese vier Fälle? Wie müssen A und A_1 liegen, damit φ und ψ sich aufheben, $\alpha = \alpha_1$ wird?

§ 34. Fortsetzung. Die Aufgaben von *Snellius* und von *Hansen* und weitere Aufgaben der praktischen Trigonometrie.

1) Die *Snellius*sche Aufgabe.*) Geometrisch aufgefasst lautet die Aufgabe: Ein Viereck soll konstruiert werden, wenn gegeben sind zwei Seiten, der von ihnen eingeschlossene Winkel und die beiden Winkel, in die der dem gegebenen gegenüberliegende Viereckswinkel geteilt wird durch die von seinem Scheitel ausgehende Diagonale.

Geodätisch (trigonometrisch) ausgedrückt (Fig. 97): Die Lage eines Punktes P gegen drei Punkte A, C, B von bekannter

*) Diese überaus wichtige Vierecksaufgabe heisst auch heute noch vielfach, aber unrichtigerweise *Pothenot*sche Aufgabe (*Pothenot* 1692); planimetrisch uralt, ist sie praktisch-trigonometrisch erst von *Snellius* am Anfang des 17. Jahrhunderts benützt worden. Seine Auflösung war noch sehr mühsam.

Lage, d. h. die Entfernungen PA, PB und PC zu bestimmen, wenn die beiden Winkel α, β gemessen sind, unter denen die Strecken AC und BC von P aus erscheinen. Man bezeichnet diese Bestimmung der Lage von P in der Geodäsie auch als Rückwärtseinschneiden von P über A, C, B. Wenn ein zu bestimmender Punkt durch Winkelmessung auf der Lage nach gegebenen Punkten bestimmt wird, so heisst er von diesen aus vorwärts eingeschnitten; wäre z. B. in Fig. 97 der Punkt P durch Messung der Winkel PCB und PBC bestimmt, so wäre er von B und C aus vorwärts eingeschnitten. Wenn aber die Winkelmessung, die zur Bestimmung der Lage des neuen Punktes zu führen hat, auf diesem selbst gemacht ist, so spricht man von Rückwärtseinschneiden. Für das Vorwärtseinschneiden eines Punktes genügen also planimetrisch zwei gegebene Standpunkte; für das Rückwärtseinschneiden eines Punktes muss man drei gegebene Zielpunkte haben. Die gegenseitige Lage von A, C, B (C ist der „mittlere" der drei gegebenen Punkte) soll gegeben sein durch die beiden Strecken $AC = a$, $BC = b$ und den von beiden eingeschlossenen Winkel γ; die zwei gemessenen Winkel α und β werden beide $< 180^0$ vorausgesetzt, was durch entsprechende Bezeichnung der gegebenen Punkte stets erreicht werden kann.

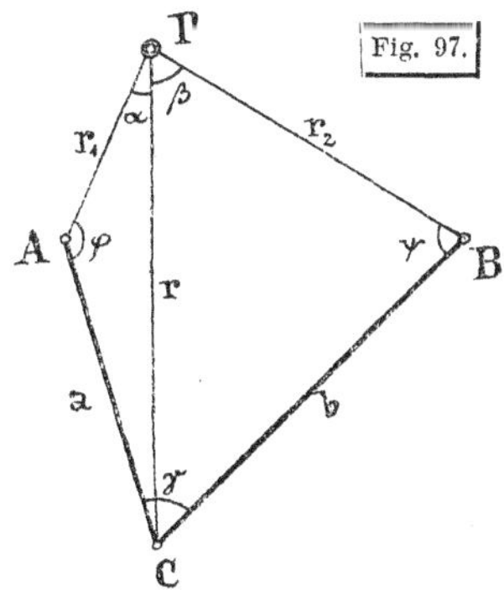

Fig. 97.

Die planimetrische Konstruktion des Punktes P ist sehr einfach: nachdem $CA = a$ und $CB = b$ unter dem Winkel γ zusammengestossen sind, beschreibt man über a einen Kreis, der α als Peripheriewinkel fasst, ebenso über b einen Kreis mit β als Peripheriewinkel; der Schnittpunkt beider Kreise ist P.

Trigonometrische Auflösung.[58]) Die beiden unbekannten Viereckswinkel in A und B seien φ und ψ, so ist

$$(1) \qquad \varphi + \psi = 360^0 - (\alpha + \beta + \gamma); \qquad \text{ferner}$$

$$(2) \qquad \frac{a}{\sin\alpha} \sin\varphi = r = \frac{b}{\sin\beta} \sin\psi.$$

Aus (1) und (2) ist $(\varphi + \psi)$ und $\dfrac{\sin\varphi}{\sin\psi}$ bekannt, also die *Snellius*sche Aufgabe zurückgeführt auf § 20, 1. Fasst man $\left(\dfrac{a}{\sin\alpha}, \dfrac{b}{\sin\beta}\right)$ in (2) als rechtwinklige Coordinaten eines Punkts auf und führt (vgl. § 19, Seite 179/180) dessen Polar-Coordinaten (λ, p) ein durch

$$\frac{a}{\sin\alpha} = p \sin\lambda\ , \qquad \frac{b}{\sin\beta} = p \cos\lambda,$$ so erhält man

$$(3) \qquad tg\,\lambda = \frac{a/\sin\alpha}{b/\sin\beta}.$$

Ferner wird aus (2) $\quad \frac{\sin\varphi}{\sin\psi} = \frac{1}{tg\,\lambda},\quad$ somit

$$\frac{\sin\varphi - \sin\psi}{\sin\varphi + \sin\psi} = \frac{1 - tg\,\lambda}{1 + tg\,\lambda} = ctg\,(45^0 + \lambda)$$ [vgl. § 16, Gl. (15)], oder

$$\frac{2 \sin\frac{1}{2}(\varphi - \psi) \cos\frac{1}{2}(\varphi + \psi)}{2 \sin\frac{1}{2}(\varphi + \psi) \cos\frac{1}{2}(\varphi - \psi)} = ctg\,(45^0 + \lambda),$$ woraus

$$(4) \qquad tg\,\frac{\varphi - \psi}{2} = tg\,\frac{\varphi + \psi}{2}\, ctg\,(45^0 + \lambda).$$

Aus (1) und (4) sind nun φ und ψ bekannt, nämlich

$$(5) \qquad \begin{cases} \varphi = \dfrac{\varphi + \psi}{2} + \dfrac{\varphi - \psi}{2} \\[2ex] \psi = \dfrac{\varphi + \psi}{2} - \dfrac{\varphi - \psi}{2}. \end{cases}$$

Damit kann r aus (2) berechnet werden; endlich folgt aus den Dreiecken ACP und BCP

$$(6) \qquad r_1 = \frac{a}{\sin\alpha} \sin(\alpha + \varphi)\ , \qquad r_2 = \frac{b}{\sin\beta} \sin(\beta + \psi).$$

G a n g d e r R e c h n u n g: λ aus (3); $\frac{\varphi + \psi}{2}$ aus (1); $\frac{\varphi - \psi}{2}$ aus (4); φ und ψ aus (5); r doppelt (R e c h n u n g s p r o b e!) aus (2); r_1 und r_2 aus (6).

D i s k u s s i o n d e r v o r s t e h e n d e n L ö s u n g. $tg\,\lambda$ ist, da der Voraussetzung gemäss $\sin\alpha$ und $\sin\beta$ stets positiv sind und a und b kein Vorzeichen haben, immer positiv und zwar sind auch $\sin\lambda$ und $\cos\lambda$ positiv; man erhält also aus (3) λ stets als s p i t z e n positiven Winkel; $ctg\,(45^0 + \lambda)$ ist dann $\gtrless 0$, je nachdem $\lambda \lessgtr 45^0$ ist. Aus (4) folgt damit, da φ und $\psi < 180^0$ sind, $\frac{\varphi - \psi}{2}$ als positiver oder negativer s p i t z e r Winkel, je nachdem $tg\,\frac{\varphi - \psi}{2} \gtrless 0$ wird.

Die Genauigkeit der Bestimmung der Lage von P ist abhängig von der Form des Vierecks $ACBP$; P ist schlecht bestimmt, wenn die zwei Kreise über a und b (vgl. oben die planimetrische Konstruktion) sich „schief“ schneiden (vgl. § 7 Seite 54/55). Wenn diese beiden Kreise zusammenfallen, d. h. wenn das Viereck $ACBP$ ein S e h n e n v i e r e c k ist, so ist die Aufgabe u n b e s t i m m t, indem ein beliebiger Punkt des Kreisumfangs den Bedingungen genügt. U n g ü n s t i g wird die Bestimmung sein, wenn P n a h e z u auf dem Umkreis des Dreiecks ACB liegt, d. h. wenn $(\alpha + \beta + \gamma)$ nahezu $= 180^0$ ist, wodurch eben der Schnitt der beiden Kreise ein „schiefer“ wird.

Dies zeigt sich auch in der obigen trigonometrischen Auflösung: $\frac{a}{sin\,\alpha}$ ist der Durchmesser des Kreises über a, $\frac{b}{sin\,\beta}$ der des Kreises über b. Die beiden Kreise fallen also (unter der Voraussetzung, dass das Viereck $ACBP$ ein konvexes ist) zusammen, wenn

$$\frac{a}{sin\,\alpha} = \frac{b}{sin\,\beta} \text{ ist; damit wird } tg\,\lambda = \frac{a/sin\,\alpha}{b/sin\,\beta} = 1, \text{ also}$$

$$\lambda = 45^0, \quad ctg\,(45^0 + \lambda) = 0.$$

Ferner ist in diesem Fall

$$\alpha + \beta + \gamma = 180^0, \text{ also auch } \varphi + \psi = 180^0, \text{ somit } \frac{\varphi + \psi}{2} = 90^0,$$

und

$$tg\,\frac{\varphi - \psi}{2} = tg\,90^0 \,.\, ctg\,90^0 = \infty \,.\, 0 = \frac{0}{0}, \text{ d. h. unbestimmt.}$$

Ist $tg\,\lambda$ nahezu $= 1$, also $log\,tg\,\lambda$ nahezu 0, so wird bei konvexem Viereck die Bestimmung ungenau sein (Fig. 98).

Dieser Fall der Unbestimmtheit der Aufgabe oder der wenig genauen Bestimmung von P wird nicht eintreten können, wenn P innerhalb des Dreiecks ACB liegt oder wenn $\gamma > 180^0$ ist (Fig. 99).

Fig. 98.

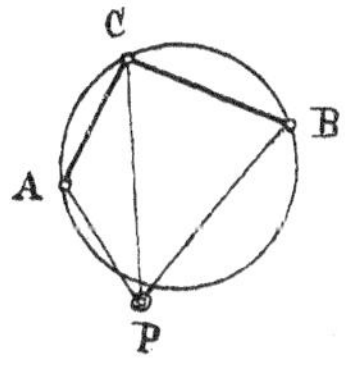

Fig. 99.

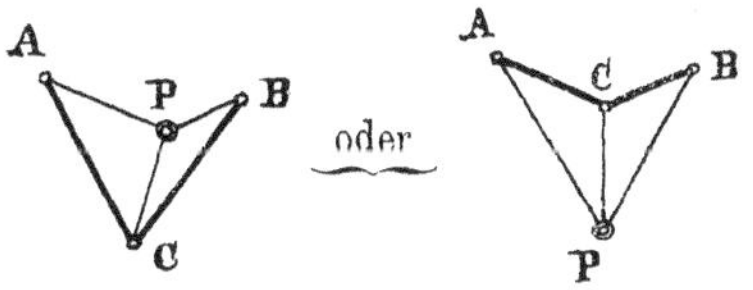

oder

Beispiel.

$a = \mathbf{370{,}25}$ m
$b = \mathbf{268{,}46}$ „
$\gamma = \mathbf{122^\circ\,59'\,10''}$

$\alpha = \mathbf{87^\circ\,42'\,40''}$
$\beta = \mathbf{65^\circ\;\;7'\,30''}$

$\alpha + \beta + \gamma = 275^\circ\,49'\,20''$
$\varphi + \psi = 84^\circ\,10'\,40''$

$\frac{\varphi + \psi}{2} = 42^\circ\;\;5'\,20''$
$\frac{\varphi - \psi}{2} = -17^\circ\,51'\,34''$

$\varphi = 24^\circ\,13'\,46''$
$\psi = 59^\circ\,56'\,54''$

$\lambda = 64^\circ\,38'\;\;0''$
$45^\circ + \lambda = 109^\circ\,38'\;\;0''$

$\alpha + \varphi = 112^\circ\,56'\,26''$
$\beta + \psi = 125^\circ\;\;4'\,24''$

$r = 302{,}72$ m
$r_2 = 679{,}31$ „
$r_2 = 286{,}23$ „

a	2.56 850
$sin\,\alpha$	9.70 065
$a/sin\,\alpha$	2.86 785
$b/sin\,\beta$	2.54 374
$sin\,\beta$	9.88 514
b	2.42 888
$a/sin\,\alpha : b/sin\,\beta = tg\,\lambda$	0.32 411
$ctg\,(45^\circ + \lambda)$	9.55 235 n
$tg\,\frac{\varphi + \psi}{2}$	9.95 579
$tg\,\frac{\varphi - \psi}{2}$	9.50 814 n
r_1	2.83 207
$sin\,(\alpha + \varphi)$	9.96 422
$a/sin\,\alpha$	2.86 785
$sin\,\varphi$	9.61 319
(Probe) r	2.48 104
	2.48 104
$sin\,\psi$	9.93 730
$b/sin\,\beta$	2.54 374
$sin\,(\beta + \psi)$	9.91 297
r_2	2.45 671

Bei der grossen praktischen Wichtigkeit der Aufgabe des Rückwärtseinschneidens, die mit einem Minimum von Feldarbeit (es sind nur Winkel auf einem und demselben Punkt, dem gesuchten, zu messen) die Lage des zu bestimmenden Punktes giebt, sind im folgenden noch einige Zahlenbeispiele mit Resultaten zusammengestellt; 1, 3, 5, 7 sind zur Rechnung mit 6-stelligen Logarithmen bestimmt (wobei aber auch hier auf 1″ in den Winkeln abgerundet ist), die übrigen sind mit 5-stelligen Logarithmen gerechnet.

Nr.	a	b	γ	α	β	r	r_1	r_2
1	5836,7	7417,2	237° 15′ 46″	17° 14′ 23″	25° 32′ 11″	11781,9	15929,6	16036,7
2	634,82	396,74	128 29 45	46 18 16	85 33 28	382,20	835,54	140,04
3	6230,4	3683,8	134 15 24	73 17 36	66 0 48	3329,08	6309,86	3431,62
4	248,262	218,084	131 57 37	87 16 26	38 23 17	221,85	122,48	342,96
5	4720,61	3691,86	225 46 52	18 16 38	73 39 46	2154,10	6717,33	3664,82
6	719,08	627,62	49 14 36	102 13 42	116 36 24	516,33	402,95	193,93
7	1213,6	728,9	223 47 17	37 15 4	25 39 49	1090,00	1886,22	1537,86
8	625,3	418,4	152 37 23	47 26 4	38 53 37	635,76	844,48	620,21

Zusätze. 1) Die im Vorstehenden gegebene (jetzt 100 Jahre alte) Lösung ist wegen ihrer vollständigen Symmetrie die beste. Man würde wesentlich dieselbe Auflösung erhalten, wenn man als unbekannte Winkel einführen wollte die Winkel zwischen a und r und zwischen r und b, $ACP = \xi$, $BCP = \eta$, in die γ durch die Diagonale zerfällt. Man hätte in diesem Fall ξ und η zu bestimmen aus den zwei Gleichungen

$$(7) \qquad \xi + \eta = \gamma,$$

$$(8) \qquad \frac{a}{\sin \alpha} \sin(\alpha + \xi) = \frac{b}{\sin \beta} \sin(\beta + \eta),$$

also aus der gegebenen Summe und dem gegebenen Verhältnis von

$$\frac{\sin(\alpha + \xi)}{\sin(\beta + \eta)} = k.$$ Man erhält hier:

$$\frac{\sin(\alpha + \xi) + \sin(\beta + \eta)}{\sin(\alpha + \xi) - \sin(\beta + \eta)} = \frac{k+1}{k-1} \quad \text{oder} \quad tg\,\frac{\alpha+\beta+\gamma}{2} \cdot ctg\left(\frac{\alpha+\beta}{2} + \frac{\xi - \eta}{2}\right) = \frac{k+1}{k-1},$$

d. h. es ist $\frac{1}{2}(\xi - \eta)$ zu bestimmen aus

$$(9) \qquad tg\left(\frac{\alpha - \beta}{2} + \frac{\xi - \eta}{2}\right) = \frac{k-1}{k+1}\, tg\,\frac{\alpha + \beta + \gamma}{2},$$

oder mit derselben Einführung des Hilfswinkels wie oben, nämlich

$$(3) \qquad tg\,\lambda = \frac{a/\sin \alpha}{b/\sin \beta}:$$

$$(10) \qquad tg\left(\frac{\alpha - \beta}{2} + \frac{\xi - \eta}{2}\right) = tg\,\frac{\alpha + \beta + \gamma}{2}\, ctg\,(45^0 + \lambda),$$

wenn nicht (fünsftellig) nach (9) mit der *Rex* schen Tafel für $\log \frac{k-1}{k+1}$ gerechnet werden soll.

Nach Bestimmung von ξ und η hätte man:

$$r = \frac{a}{\sin\alpha}\sin(\alpha+\xi) = \frac{b}{\sin\beta}\sin(\beta+\eta);\quad r_1 = \frac{a}{\sin\alpha}\sin\xi,\quad r_2 = \frac{b}{\sin\beta}\sin\eta.$$

Wie schon bemerkt, ist diese Auflösung von der vorigen in nichts wesentlich verschieden und ebenfalls symmetrisch.

Wollte man nur Einen Winkel als unbekannt einführen, z. B. (Fig. 97) $CAP = \varphi$, so wäre, wenn CBP (oben mit ψ bezeichnet) $= 360^0 - (\alpha+\beta+\gamma+\varphi) = \varphi + \delta$ (wo $\delta = 360^0 - (\alpha+\beta+\gamma)$ bekannt ist) gesetzt wird, φ zu bestimmen aus $\frac{a}{\sin\alpha}\sin\varphi = \frac{b}{\sin\beta}\sin(\varphi+\delta)$ oder aus $\frac{\sin\varphi}{\sin(\varphi+\delta)} = m$ (Aufg. **4.** 1, § 19 mit $\alpha = 0$); auch so kann man also wieder auf dieselbe Auflösung zurückkommen, aber auf unsymmetrischem Weg. — Es giebt auch noch andere trigonometrische Wege zur Lösung, die aber übergangen werden. Ein geometrisch-trigonometrischer ist deshalb nicht ohne Interesse, weil er ziemlich mit dem *Snellius*schen übereinstimmt. Mit a und α, sowie mit b und β sind Halbmesser und Mittelpunkt der zwei Kreise über a und b bestimmt (vgl. § 25, **3**). Sind M_1 und M_2 die Mittelpunkte, R_1 und R_2 die Halbmesser dieser zwei Kreise, so sind also in dem Dreieck M_1M_2C die Seiten $M_1C = \frac{a}{2\sin\alpha}$, $M_2C = \frac{b}{2\sin\beta}$ bekannt; ebenso kennt man aber auch die Winkel zwischen M_1C und a, M_2C und b ($= 90^0 - \alpha$ und $= 90^0 - \beta$), also auch den Winkel $M_1CM_2 = \alpha+\beta+\gamma-180^0$. Damit lässt sich die dritte Seite dieses Dreiecks M_1CM_2, nämlich M_1M_2 berechnen und daraus leicht vollends alles übrige. Immerhin ist diese Auflösung viel umständlicher als die oben angegebene und deshalb praktisch nicht von Bedeutung.

2) Wie ändert sich die Auflösung der vorstehenden Aufgabe **1**), wenn die Strecken a und b in gerader Linie liegen, d. h. $\gamma = 180^0$ ist? Wenn ferner noch $a = b$ ist (Punkt C Halbierungspunkt von AB)? Der speziellste Fall: $a = b$, $\gamma = 180^0$, $\alpha = \beta = \mu$ muss ein gleichschenkliges Dreieck APB geben; man verfolge diesen Fall.

2) Die *Hansen*sche Aufgabe, Aufgabe der unzugänglichen Distanz. (Aufgabe der zwei Punktepaare, gleichzeitiges Rückwärtseinschneiden **zweier** Punkte über **zwei** gegebene Punkte): Die Entfernung a zweier Punkte B, C, die nicht direkt gemessen werden kann oder soll, ist dadurch zu bestimmen, dass man in ihnen die Winkel misst, die die Strahlen nach zwei Punkten A und A_1, deren Entfernung e bekannt ist, mit der Verbindungslinie BC der zwei Punkte einschliessen; vgl. Fig. 100.

Geometrisch lautet die Aufgabe also: ein Viereck AA_1CB zu konstruieren aus einer Seite $AA_1 = e$ und den 4 Winkeln, die AB und A_1B, AC und A_1C mit der Gegenseite BC von e bilden. Die Konstruktion der Aufgabe ist sofort klar: durch die gegebenen vier unabhängigen

Winkel ist die Form des Vierecks vollständig bestimmt. Man kann also mit diesen vier Winkeln ein dem verlangten Viereck ähnliches zeichnen und hat dies, ohne die Winkel zu verändern, nur noch so zu vergrössern oder zu verkleinern, dass die eine gegebene Seite die vorgeschriebene Grösse erhält.

Es ist damit auch klar, dass es gleichgiltig ist, welche Seite des Vierecks gegeben ist; insbesondere ob, wie oben angenommen, e gegeben und a gesucht ist oder umgekehrt. Im letzten Fall wäre also die Aufgabe diese: eine Standlinie $BC = a$ ist gemessen; in den Endpunkten werden die Winkel gemessen, die die von zwei Punkten A und A_1 aus nach B und C gehenden Strahlen AB, AC, A_1B, A_1C, mit BC und CB einschliessen; man sucht die Entfernung e der beiden Punkte A und A_1. Im Sinn der praktischen Trigonometrie wäre dies aber keine Aufgabe des Rückwärtseinschneidens mehr, sondern die Punkte A und A_1 wären von B und C aus je vorwärts eingeschnitten und man sucht nur zuletzt die Strecke AA_1. Man könnte in diesem Fall also die Auflösung zurückführen auf die von 3 Dreiecken, ABC, A_1BC und endlich AA_1B oder AA_1C (jene beiden aus einer Seite und den Winkeln, dieses aus zwei Seiten und dem Zwischenwinkel aufzulösen); doch ist auch für diesen Fall die folgende Lösung unmittelbar brauchbar. — In dem ersten Fall, Messung der Winkel in den Endpunkten der gesuchten Strecke, ist der gesuchte Punkt A über B, C und den noch nicht bekannten Punkt A_1 und zugleich A_1 über den noch nicht bekannten Punkt A_1 und über B und C rückwärts eingeschnitten. — Jedenfalls wird es sich, da die Form des Vierecks durch die gegebenen Winkel allein vollständig feststeht, bei einer symmetrischen Auflösung erst am Schluss der Rechnung um Berechnung von a aus e (oder allenfalls auch umgekehrt) handeln.*)

Trigonometrische Auflösung.[59]) Es sei (vgl. Fig. 100 und 101) mit $\left\{\begin{matrix}\beta\\ \beta_1\end{matrix}\right\}$ stets der Winkel bezeichnet, den $\left\{\begin{matrix}PA\\ PA_1\end{matrix}\right\}$ mit BC, und mit $\left\{\begin{matrix}\gamma\\ \gamma_1\end{matrix}\right\}$ der Winkel, den $\left\{\begin{matrix}CA\\ CA_1\end{matrix}\right\}$ mit CB einschliesst.

Es sind zwei Fälle zu unterscheiden; je nachdem nämlich A und A_1 $\left\{\begin{matrix}\text{auf derselben}\\ \text{nicht „ „}\end{matrix}\right\}$ Seite der zu bestimmenden Strecke BC liegen, ist der Winkel $ABA_1 = \left\{\begin{matrix}\beta - \beta_1\\ \beta + \beta_1\end{matrix}\right\}$ (vgl. Fig. 100 und 101).

---

*) Diese Triangulierungsaufgabe geht ebenfalls ins 17. Jahrhundert zurück (1671 *Collins*); 1754 hat *Lagrive* in seinem Manuel de Trigonométrie pratique eine andere Lösung angegeben, und in der Folge ist die Aufgabe oft behandelt worden; die unten angegebene Lösung ist wesentlich die von *Bohnenberger* (1802); später (1841) hat *Hansen* die Aufgabe im Coordinatensystem gelöst (vgl. Kap. 4) und sie wird deshalb häufig nach ihm benannt.

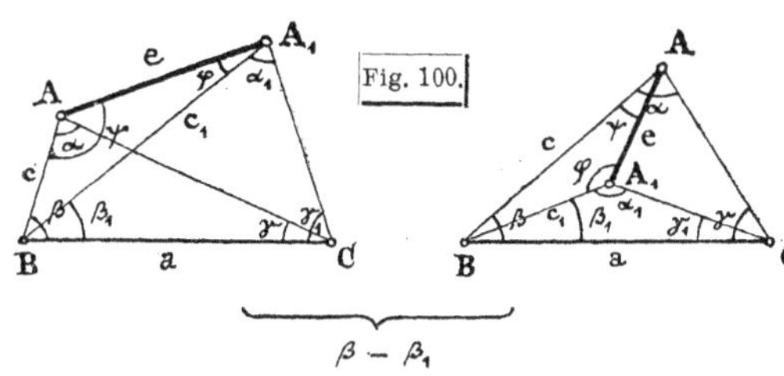

Im ersten Fall sei die Bezeichnung der Punkte so gewählt, dass $\beta > \beta_1$ ist.

Die unbekannten Winkel $B A_1 A$ und $B A A_1$ seien stets mit φ und ψ bezeichnet.

1) A und A_1 liegen auf derselben Seite der Linie BC. Mit den übrigen Buchstaben der Fig. 100 wird:

$$(1) \qquad \alpha = 180^0 - (\beta + \gamma) \quad ; \quad \alpha_1 = 180^0 - (\beta_1 + \gamma_1). \quad \text{Ferner}$$

$$AB = c = \frac{a \sin \gamma}{\sin \alpha} \quad ; \quad A_1 B = c_1 = \frac{a \sin \gamma_1}{\sin \alpha_1} \quad \text{und}$$

$$e = \frac{c \sin (\beta - \beta_1)}{\sin \varphi} \overset{\text{und}}{=} \frac{c_1 \sin (\beta - \beta_1)}{\sin \psi} \quad \text{oder}$$

$$(2) \quad e = \frac{a \sin \gamma}{\sin \alpha} \cdot \frac{1}{\sin \varphi} \cdot \sin (\beta - \beta_1) \overset{\text{und}}{=} \frac{a \sin \gamma_1}{\sin \alpha_1} \cdot \frac{1}{\sin \psi} \cdot \sin (\beta - \beta_1).$$

Setzt man nun (3) $m = \dfrac{\sin \gamma}{\sin \alpha} \cdot \dfrac{1}{\sin \varphi} = \dfrac{\sin \gamma_1}{\sin \alpha_1} \cdot \dfrac{1}{\sin \psi}$, so wird

$$(4) \qquad a = \frac{e}{m \sin (\beta - \beta_1)} \quad \text{(oder auch } e = a\, m \sin (\beta - \beta_1)\text{)}.$$

Zur Bestimmung von φ und ψ hat man wieder, wie bei der *Snellius* schen Vierecksaufgabe, Summe von φ und φ und Verhältnis der *sin*; zunächst ist

$$(5) \qquad \varphi + \psi = 180^0 - (\beta - \beta_1).$$

Führt man λ ein durch

$$(6) \qquad ctg\, \lambda = \frac{\sin \varphi}{\sin \psi} = \frac{\sin \gamma}{\sin \alpha} : \frac{\sin \gamma_1}{\sin \alpha_1}, \qquad \text{so wird}$$

(7) $tg \dfrac{\varphi - \psi}{2} = tg \dfrac{\varphi + \psi}{2} \cdot ctg\, (45^0 + \lambda)$ (vgl. die *Snellius* sche Aufg.); damit sind dann φ und ψ bestimmt aus

$$(8) \qquad \begin{cases} \varphi = \dfrac{\varphi + \psi}{2} + \dfrac{\varphi - \psi}{2} \\[2ex] \psi = \dfrac{\varphi + \psi}{2} - \dfrac{\varphi - \psi}{2}. \end{cases}$$

Gang der Rechnung. α und α_1 aus (1); $\dfrac{\varphi + \psi}{2}$ aus (5); λ aus (6); $\dfrac{\varphi - \psi}{2}$ aus (7), φ und ψ aus (8); m doppelt (Rechnungsprobe!) aus (3); a (oder auch e) aus (4). Auch hier ist stets λ als spitzer Winkel

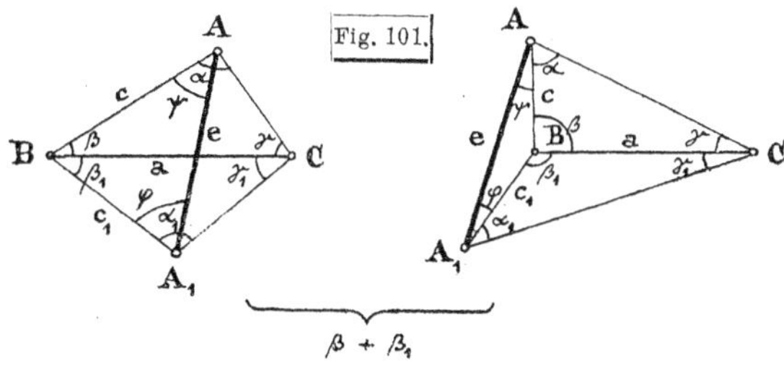

zu nehmen; $\frac{\varphi - \psi}{2}$ wird $\left\{\begin{matrix}\text{positiv}\\ \text{negativ}\end{matrix}\right\}$ $(\varphi \gtrless \psi)$, je nachdem $\lambda \lesseqgtr 45^0$, also $ctg\,(45^0 + \lambda) \gtrless 0$ ist.

2) A und A_1 liegen auf verschiedenen Seiten der Linie BC (Fig. 101). Es ist klar, dass die Auflösung ganz dieselbe bleibt, nur hat überall, wo im vorigen Fall $(\beta - \beta_1)$ stand, jetzt $(\beta + \beta_1)$ zu stehen, also in den Gleichungen (2), (4) und (5).

Für die beiden verschiedenen Fälle folgen zwei Zahlenbeispiele.

1. Fall: $(\beta - \beta_1)$ (5-stellig)
(*e* aus gegebenem *a* gesucht, vgl. die Vorbemerkungen).

$a = $ **403,21**	$sin\,\gamma$	9.99 016
$\beta = $ **40° 21′ 13″**	$E\,sin\,\alpha$	0.21 560
$\beta_1 = $ **35 40 7**	$sin\,\gamma / sin\,\alpha$	0.20 576
$\gamma = $ **102 9 35**	$sin\gamma_1 / sin\alpha_1$	0.25 583
$\gamma_1 = $ **113 49 52**	$E\,sin\,\alpha_1$	0.29 453
$\alpha = $ 37 29 42	$sin\,\gamma_1$	9.96 130
$\alpha_1 = $ 30 30 1	$ctg\,\lambda$	9.94 993
$\beta - \beta_1 = $ 4 41 6	$ctg(45^0 + \lambda)$	8.76 029 *n*
$\varphi + \psi = $ 175 18 54	$tg\,\frac{\varphi + \psi}{2}$	1.38 820
$\frac{\varphi + \psi}{2} = $ 87 39 27	$tg\,\frac{\varphi - \psi}{2}$	0.14 849 *n*
$\frac{\varphi - \psi}{2} = $ −54 36 35	$sin\,\gamma / sin\,\alpha$	0.20 576
$\varphi = $ 33 2 52	$E\,sin\,\varphi$	0.26 334
$\psi = $ 142 16 2		0.46 910
$\lambda = $ 48 17 44	m (Probe)	0.46 910
$45^0 + \lambda = $ 93 17 44	$E\,sin\,\psi$	0.21 327
$e = 96{,}99$	$sin\gamma_1 / sin\alpha_1$	0.25 583
	a	2.60 553
	m	0.46 910
	$sin\,(\beta - \beta_1)$	8.91 211
	e	1.98 674

2. Fall: $(\beta + \beta_1)$ (5-stellig)
(*a* aus gegebenem *e* gesucht, Hauptaufgabe, vgl. die Vorbemerkungen).

$e = $ **452,73**	$sin\,\gamma$	9.82 811
$\beta = $ **52° 41′ 20″**	$sin\,\alpha$	9.99 834
$\beta_1 = $ **34 19 20**	$sin\,\gamma / sin\,\alpha$	9.82 977
$\gamma = $ **42 18 40**	$sin\gamma_1 / sin\alpha_1$	9.83 609
$\gamma_1 = $ **41 42 40**	$sin\,\gamma_1$	9.82 306
$\alpha = $ 85 0 0	$sin\,\alpha_1$	9.98 697
$\alpha_1 = $ 103 58 0	$ctg\,\lambda$	9.99 368
$\beta + \beta_1 = $ 87 0 40	$tg\,\frac{\varphi + \psi}{2}$	0.02 267
$\varphi + \psi = $ 92 59 20	$ctg(45^0 + \lambda)$	7.86 167 *n*
$\frac{\varphi + \psi}{2} = $ 46 29 40	$tg\,\frac{\varphi - \psi}{2}$	7.88 434 *n*
$\frac{\varphi - \psi}{2} = $ − 0 26 20	$sin\,\gamma / sin\,\alpha$	9.82 977
$\varphi = $ 46 3 20	$sin\,\varphi$	9.85 734
$\varphi = $ 46 56 0		9.97 243
$\lambda = $ 45 25 0	m (Probe)	9.97 243
$45^0 + \lambda = $ 90 25 0	$sin\gamma_1 / sin\alpha_1$	9.83 609
$a = 483{,}06$	$sin\,\psi$	9.86 366
	e	2.65 584
	$E\,m$	0.02 757
	$E sin(\beta + \beta_1)$	0.00 059
	a	2.68 400

Auch für diese Aufgabe, deren Wichtigkeit freilich nicht so gross ist, wie die der *Snellius* schen (des einfachen Rückwärtseinschneidens), folgen noch einige Zahlenbeispiele (*a* aus *e* oder umgekehrt bringt keinen Unterschied; für alle zehn Beispiele reicht 5-stellige Rechnung aus).

Nr.	a	β	β_1	γ	γ_1	e
I. Fall. $(\beta - \beta_1)$. (Endpunkte von $A\,A_1$ auf derselben Seite von $B\,C$.)						
1	681,48	78° 12′ 22″	18° 25′ 55″	32° 14′ 38″	69° 13′ 19″	555,09
2	729,08	79 17 40	34 5 50	73 16 10	38 0 20	1229,45
3	484,62	86 27 33	19 37 35	28 19 37	116 5 41	573,17
4	161,156	62 20 20	19 44 3	79 56 41	26 19 37	198,072
5	306,24	93 17 10	36 9 50	25 0 20	72 13 40	258,87
6	748,37	63 48 16	24 39 44	14 37 55	110 48 5	856,56
II. Fall. $(\beta + \beta_1)$. (Endpunkte von $A\,A_1$ auf verschiedenen Seiten von $B\,C$.)						
7	363,328	38 17 11	28 39 13	114 29 28	124 43 35	767,62
8	77,736	67 3 20	24 51 40	46 0 30	72 1 20	97,694
9	67,087	36 13 30	42 58 20	112 47 10	123 37 50	248,38
10	375,77	17 53 1	29 48 39	148 47 19	111 36 5	624,79

Auch für diese Aufgabe lassen sich selbstverständlich ausser der vorstehenden *Bohnenberger-Hansen-Baur* schen eine ganze Anzahl andrer Auflösungen aufstellen. Z. B. führt der schon in den Vorbemerkungen angedeutete Weg (Auflösung dreier Dreiecke) in jedem Fall (auch wenn a aus e gesucht ist) sehr einfach zum Ziel: es sei z. B. in der ersten Figur 101 der Winkel $A\,B\,A_1 = (\beta + \beta_1) = \delta$ (in der zweiten Figur 101 ist $\delta = 360^0 - (\beta + \beta_1)$, während es in der Fig. 100 wieder $(\beta - \beta_1)$ statt hier $(\beta + \beta_1)$ heisst), so ist

$$c = a\frac{\sin\gamma}{\sin\alpha}, \qquad c_1 = a\frac{\sin\gamma_1}{\sin\alpha_1};$$

$$e^2 = c^2 + c_1{}^2 - 2\,c\,c_1\cos\delta = a^2\left\{\left(\frac{\sin\gamma}{\sin\alpha}\right)^2 + \left(\frac{\sin\gamma_1}{\sin\alpha_1}\right)^2 - 2\left(\frac{\sin\gamma}{\sin\alpha}\right)\left(\frac{\sin\gamma_1}{\sin\alpha_1}\right)\cos\delta\right\}.$$

Setzt man also die Zahlen:

$$(9)\quad \frac{\sin\gamma}{\sin\alpha} = p, \quad \frac{\sin\gamma_1}{\sin\alpha_1} = p_1, \quad \text{so wird} \quad (10)\quad e^2 = a^2\,(p^2 + p_1{}^2 - 2\,p\,p_1\cos\delta),$$

oder, für den wichtigern Fall, dass a aus e gesucht wird:

$$(11)\qquad a^2 = \frac{e^2}{p^2 + p_1{}^2 - 2\,p\,p_1\cos\delta}.$$

Die Klammer in (10), der Nenner in (11) ist nach der Aufgabe zu berechnen: gegeben zwei Seiten p und p_1 eines Dreiecks (p und p_1 sind hier reine Zahlen) und der zwischenliegende Winkel δ; man braucht das Quadrat der dritten Seite; vgl. § 24, II[a] **1**: der Hilfswinkel μ oder λ von S. 234 führt zum Ziel, wobei man das Aufschlagen der Numeri der Zahlen p und p_1 durch Additions- oder Subtraktionslogarithmen ersparen kann, und selbst die direkte Rechnung nach (10) oder (11) ist nicht umständlicher, als die Rechnung nach (1) bis (8). Und da diese einfachere und nächstliegende Auflösung auch nicht unsymmetrisch ist, so kann man sie als der *Hansen-Baur* schen ziemlich gleichwertig bezeichnen. 60)

Noch grössere Symmetrie erhält man für diese zuletzt genannte Auflösung [nach (1) bis (8)], wenn man (mit *Reuschle*) nicht nur die Winkel φ

und ψ, die $(\beta - \beta_1)$ oder $(\beta + \beta_1)$ zu 180^0 ergänzen, einführt, sondern auch noch die Winkel φ' und ψ', die (im Dreieck $A A_1 C$) den Winkel $(\gamma - \gamma_1)$ oder $(\gamma + \gamma_1)$ zu 180^0 ergänzen.[61])

Anmerkung. Eine andere Aufgabe würde man mit der Annahme erhalten, es könne oder solle die Winkelmessung nicht in den beiden gesuchten und nicht in den beiden gegebenen Punkten gemacht werden (dies sind eben die in der vorstehenden Nummer gemeinschaftlich behandelten beiden Aufgaben), sondern in dem einen der gegebenen und in einem der gesuchten Punkte. Es sei z. B. gegeben (Fig. 102) $BC = a$; gemessen sind die Winkel $ABC = \beta$, $A_1BC = \beta_1$ in B und die Winkel $BAA_1 = \delta$, $CAA_1 = \delta_1$ in A. Man sucht die Entfernung $AA_1 = e$. Doch wäre hier unmittelbar aus den zwei Dreiecken ABC und AA_1B zu rechnen:

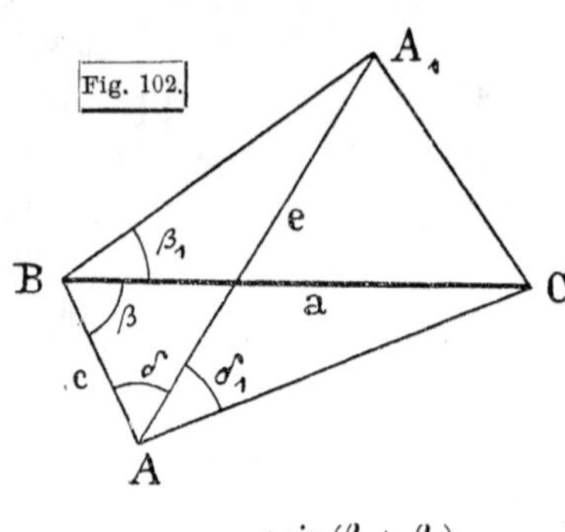

$$c = \frac{a \sin(\beta + \delta + \delta_1)}{\sin(\delta + \delta_1)}$$

$$e = \frac{c \sin(\beta + \beta_1)}{\sin(\beta + \beta_1 + \delta)} = a \cdot \frac{\sin(\beta + \beta_1) \sin(\beta + \delta + \delta_1)}{\sin(\delta + \delta_1) \sin(\beta + \beta_1 + \delta)}.$$

3) Erweiterungen der vorigen Aufgaben. Als Übungen mögen die folgenden Aufgaben erwähnt sein, obgleich die meisten an praktischer Wichtigkeit nicht einmal an **2)** heranreichen.

1) „Einfach erweiterte" *Snellius*sche Aufgabe.[62]) Die zwei Punkte P_1 und P_2 (Fig. 103) sind gleichzeitig über die drei gegebenen Punkte A, C, B (gegeben $AC = a$, $BC = b$, Winkel $ACB = \gamma$) einzuschneiden durch Messung der Winkel $AP_1C = \alpha$, $CP_1P_2 = \delta_1$, $CP_2P_1 = \delta_2$, $BP_2C = \beta$; die unbekannten Entfernungen r', r'', r_1, r_2; s zu bestimmen. Unbekannte seien in dieser Fünfecksaufgabe wieder die Winkel φ und ψ in A und B, so sind diese abermals aus Summe und *Sinus*-Verhältnis zu bestimmen:

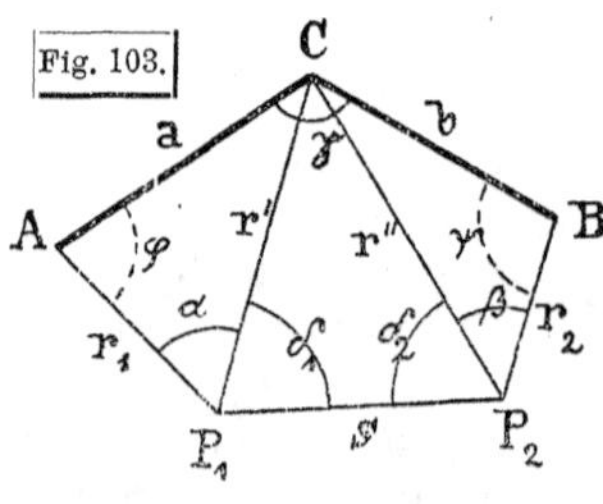

(1) $\varphi + \psi = 540^0 - (\alpha + \beta + \gamma + \delta_1 + \delta_2)$

und (*Sinus*-Satz im Dreieck $C P_1 P_2$)

(2) $\frac{a}{\sin\alpha} \sin\varphi : \frac{b}{\sin\beta} \sin\psi = \sin\delta_2 : \sin\delta_1$,

so dass also in der That aus (2) $\frac{\sin\varphi}{\sin\psi}$ bestimmt ist. Die Auflösung also ganz wie in **1)** (nach § 20. 1; entweder mit Benützung der Hilfstafel $\log\frac{1+z}{1-z}$ oder mit dem Hilfswinkel λ, hier aus $tg\,\lambda = \frac{a/\sin\alpha \,.\, \sin\delta_1}{b/\sin\beta \,.\, \sin\delta_2}$ u. s. f.)

Die Aufgabe lässt sich in ähnlicher Weise beliebig oft erweitern: z. B. (Sechsecksaufgabe) sind die drei Punkte P_1, P_2, P_3 zugleich über

A, C, B rückwärts in der Art eingeschnitten, dass die sechs Winkel, die $P_1 A$ mit $P_1 C$; $C P_1$ mit $P_1 P_2$; $C P_2$ mit $P_2 P_1$ und $P_2 P_3$; $P_3 P_2$ mit $P_3 C$, und $C P_3$ mit $P_3 B$ bilden, gemessen sind. Auflösung ganz ähnlich wie oben $\left(tg\,\lambda = \frac{a/\sin\alpha \,.\, \sin\delta_1 \sin\delta_3}{b/\sin\beta \,.\, \sin\delta_2 \sin\delta_4}\right)$; u. s. f.

2) Als eine Erweiterung der Aufgabe der zwei Punktepaare (gleichzeitiges Rückwärtseinschneiden zweier Punkte über zwei gegebene Punkte) lässt sich die Aufgabe ansehen: zwei Punkte gleichzeitig (gegenseitig) über je zwei gegebene Punkte rückwärts einzuschneiden; es ist dies folgende Sechsecksaufgabe: das Viereck $ABCD$ ist durch fünf Stücke bestimmt, z. B. durch $AB = a$, $DC = b$, $AD = e$ und die Viereckswinkel ε_1 in A und ε_2 in D. In P_1 und P_2 sind die Winkel α und δ_1, β und δ_2 gemessen; gesucht werden die unbekannten Entfernungen r_1, r_2, s u. s. f. Es lassen sich mehrere Auflösungen aufstellen, die einfachste mit Benützung der unbekannten Winkel φ und ψ; wie? [63])

Fig. 104.

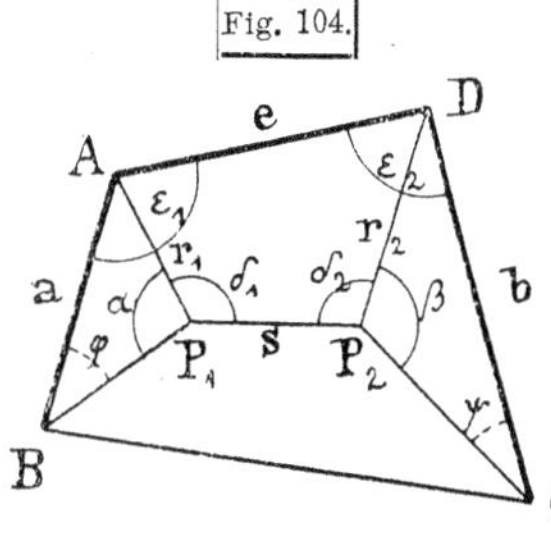

3) Eine andere Sechsecksaufgabe von *Lambert* ist ebenfalls viel behandelt worden: Zwischen den sechs Punkten A, B, C; D, E, F sind die in der Fig. 105 angedeuteten acht Winkel $\beta_1, \beta_2, \delta_1, \delta_2, \varepsilon_1, \varepsilon_2, \zeta_1, \zeta_2$, gemessen. Da das Sechseck zur Bestimmung $(2 \times 6) - 3 = 9$ unabhängige Stücke braucht, so können acht davon unabhängige Winkel sein, wie es hier zutrifft, so dass also die Form des Sechsecks vollständig bestimmt ist; das letzte gegebene Stück muss eine Strecke sein und bestimmt dann alle Abmessungen. Als Unbekannte seien genommen die Winkel $EAB = \varphi$ und $ECB = \psi$.

Fig. 105.

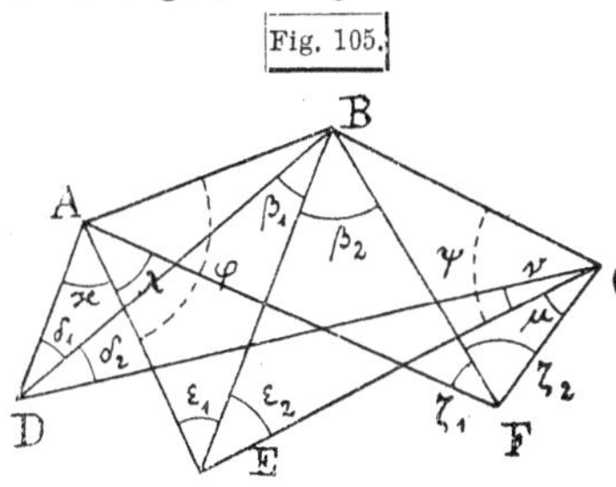

Die Winkel $DAE = \varkappa$, $EAF = \lambda$; $FCE = \mu$, $ECD = \nu$ sind bekannt:

$$\varkappa = \beta_1 + \varepsilon_1 - \delta_1 \qquad \mu = \beta_2 + \varepsilon_2 - \zeta_2$$

$$\lambda = \beta_2 + \zeta_1 - \varepsilon_1 \qquad \nu = \beta_1 + \delta_2 - \varepsilon_2$$ und damit wird:

$$\frac{AB}{BC} = \frac{\sin\varepsilon_1 \sin\psi}{\sin\varepsilon_2 \sin\varphi} = \frac{\sin\delta_1 \sin(\psi - \nu)}{\sin\delta_2 \sin(\varphi + \varkappa)} \text{ oder } \frac{\sin(\varphi + \varkappa)}{\sin\varphi} = \frac{\sin(\psi - \nu)}{\sin\psi} \frac{\sin\delta_1 \sin\varepsilon_2}{\sin\varepsilon_1 \sin\delta_2};$$

hieraus erhält man, durch Entwicklung der sin der Summe und Differenz links und rechts eine Beziehung zwischen $ctg\,\varphi$ und $ctg\,\psi$ von der Form:

$$(1) \qquad ctg\,\varphi + m_1\, ctg\,\psi = n_1 .$$

Ganz ebenso erhält man, wenn man die Dreiecke AFB und CFB statt ADB und CDB benützt, eine zweite Gleichung von der Form:

$$(2) \qquad ctg\,\psi + m_2\, ctg\,\varphi = n_2 .$$

Aus (1) und (2) sind also φ und ψ zu bestimmen; damit ist dann, wenn Eine Seite, z. B. AB gegeben ist, auch das besonders gesuchte BE bekannt.

4) Eine sich hier anschliessende *Lambert*sche Achtecksaufgabe sei wenigstens genannt: Vier Punkte A, B, C, D sind in ihrer gegenseitigen Lage gegeben. Auf vier weitern Punkten E, F, G, H, deren Lage gegen A, B, C, D zu bestimmen ist, werden die zwölf unabhängigen Winkel gemessen, die die Verbindungslinie jedes dieser Punkte mit den Punkten A, B, C, D unter sich einschliessen (vgl. Fig. 106). Man verlangt die Berechnung des Achtecks. (Ein Achteck ist durch $2 \times 8 - 3 = 13$ unabhängige Stücke bestimmt, von denen also 12 Winkel sein können, wie hier. Ist noch Eine Seite gegeben, so sind alle Abmessungen bestimmt. — Man kann eine Auflösung durch eine Gleichung 2. Grades finden. [64])

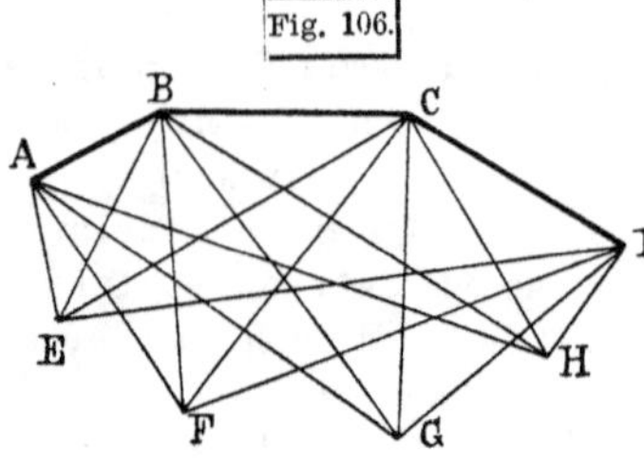

4) Zwei weitere praktisch-geometrische Aufgaben seien noch erwähnt:

1) „Vorwärtseinschneiden eines Punkts ohne Visur in der Grundlinie": Gegeben ist (Fig. 107) das Dreieck ACB durch $CA = a$, $CB = b$ und den Winkel γ. Der Punkt P soll bestimmt werden, während man nicht zwischen A und B und zwischen C und P zusammensehen kann. Man misst deshalb die Winkel α in A, β in B; was sind die Entfernungen des Punktes P von A, C, B? Mit den unbekannten Winkeln φ und ψ findet man:

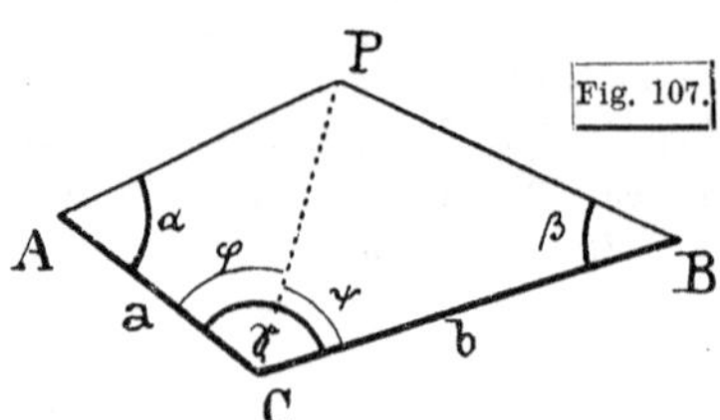

$$(1) \qquad \varphi + \psi = \gamma \qquad \text{und}$$

$$(2) \qquad \frac{\sin(\alpha + \varphi)}{\sin(\beta + \psi)} = \frac{a \sin \alpha}{b \sin \beta} = m \qquad \text{bekannt.}$$

Übereinstimmende Addition und Subtraktion in (2) führt wieder in ganz ähnlicher Weise zum Ziele wie in **1.**

2) Bestimmung eines Punkts durch Einen Vorwärtsschnitt und Einen Rückwärtsschnitt (oft als „Gegenschnitt" bezeichnet). [65]) Gegeben ist $CA = a$, $CB = b$, Winkel $ACB = \gamma$ wie oben; gemessen sollen nun aber zur Bestimmung von P sein: $APB = \delta$ in P, und $ACP = \gamma_1$ in C; bekannt ist also auch unmittelbar $BCP = \gamma_2 = \gamma - \gamma_1$. Was sind die Entfernungen r, r_1, r_2? (Geometrisch entsteht der Punkt P also als Schnittpunkt des Kreisbogens über AB als Sehne und mit δ als Peripheriewinkel und der Geraden CP, die man an CA unter dem Winkel γ anlegt. Nimmt man

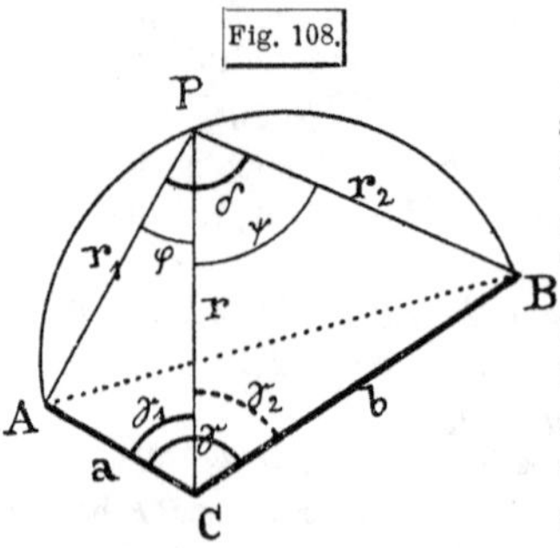

φ und ψ als unbekannte Winkel, so sind diese zu bestimmen aus

$$(1) \qquad \varphi + \psi = \delta, \qquad (2) \quad \frac{a}{\sin\varphi} \sin(\varphi + \gamma_1) = \frac{b}{\sin\psi} \sin(\psi + \gamma_2).$$

Entwickelt man in (2), so erhält man, ähnlich wie in **3**, 3) eine Gleichung von der Form

$$(2') \qquad m \, ctg\, \varphi + n \, ctg\, \psi + p = 0.$$

Setzt man hier für ψ aus (1) $(\delta - \varphi)$, so erhält man eine quadratische Gleichung für $ctg\,\varphi$. Warum quadratisch? Dieser Weg ist aber unsymmetrisch. Wie kann man symmetrisch verfahren? Bemerkt sei auch, dass Gleichungen wie (1) und (2), wenn man eine gute erste Näherung für φ (und $\psi = \delta - \varphi$) hat, am besten und bequemsten durch systematische Versuche (Probieren) aufgelöst werden. Vgl. auch § 10, Seite 92.

Schlussbemerkung zu § 33 und 34. Alle die angeführten Aufgaben über praktisch-trigonometrische Bestimmungen der Lage von Punkten (Vorwärts- und Rückwärtseinschneiden) werden im folgenden Abschnitt in etwas anderer Fassung wiederkehren. Gegebene Punkte im Sinne der Geodäsie sind nämlich durch ihre rechtwinkligen Coordinaten gegeben (vgl. die Bemerkung bei § 33, **2.** Schluss); die Aufgabe des einfachen Rückwärtseinschneidens eines Punkts über drei gegebene Punkte (§ 34, **1**) lautet dann also z. B. so: drei Punkte A, C, B sind durch ihre Coordinaten (x_a, y_a), (x_c, y_c), (x_b, y_b) gegeben; in einem Punkt D werden die Winkel zwischen A und C und zwischen C und B gemessen $= \delta_1$ und $= \delta_2$; was sind die Coordinaten des Punktes D?

Zuvor aber mögen auch noch einige Andeutungen über trigonometrische Höhenmessung eingeschaltet sein.

§ 35. Aufgaben über trigonometrische Höhenmessung.

1) Einleitung. Die wichtigste Art der Bestimmung von Höhenunterschieden zwischen Punkten der physischen Erdoberfläche ist die durch („geometrisches“) Nivellement, wobei ganz mit horizontaler Ziellinie, nicht mit Höhenwinkeln gearbeitet wird; ihre Besprechung gehört aber nicht hieher, sondern vollständig in die Geodäsie.

Die nächst wichtige Art der Bestimmung von Höhenunterschieden, die trigonometrische, benützt gemessene Höhenwinkel (Neigungswinkel): Winkel einer Zielung gegen die durch die Instrumentenmitte gezogene Horizontale. In der Regel dient zur Messung der Höhenwinkel der Höhenkreis (Vertikalkreis) am Theodolit (s. § 32, **1**), ein geteilter Kreis, dessen Ebene mit der Vertikalebene der Zielung zur Übereinstimmung gebracht wird. Vielfach misst man (besonders in der elementaren praktischen Astronomie) Höhenwinkel auch mit sog. Reflexionsinstrumenten (Spiegelsextant u. s. f.).

2) Einige elementare Aufgaben. 1) Von einem Standpunkt O in der Nähe eines Seeufers aus, dessen Höhe h über dem Wasserspiegel (z. B. aus der Karte) bekannt ist, hat man an einem Sextanten den Höhenwinkel nach dem Punkt P einer Wolke $= \alpha$ abgelesen, sowie den Tiefenwinkel β nach dem Spiegelbild P' von P. Wie hoch ist die Wolke über dem See?[66]

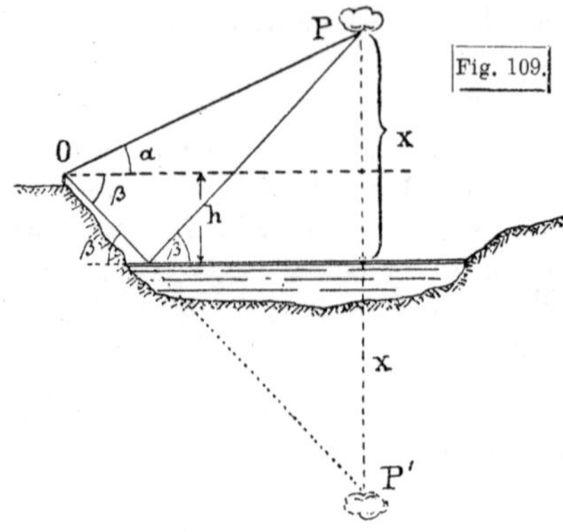

Man liest aus der Figur unmittelbar ab:

$(x-h)\, ctg\, \alpha = (x+h)\, ctg\, \beta$ (= Horizontalabstand zwischen O und P);

$$\frac{x-h}{x+h} = \frac{ctg\, \beta}{ctg\, \alpha} = \frac{\cos \beta \sin \alpha}{\sin \beta \cos \alpha}$$ oder

durch übereinstimmende Addition und Subtraktion:

$$\frac{2x}{2h} = \frac{\sin \alpha \cos \beta + \cos \alpha \sin \beta}{\sin \beta \cos \alpha - \cos \beta \sin \alpha} = \frac{\sin(\beta+\alpha)}{\sin(\beta-\alpha)} \quad \text{oder} \quad x = h\frac{\sin(\beta+\alpha)}{\sin(\beta-\alpha)}.$$

Beispiel: $h = 48{,}5$ m, $\beta = 47^0\, 33'$, $\alpha = 45^0\, 13'$ giebt $x = 1190$ m. Ist auch die horizontale Entfernung der Wolke verlangt, so ist sie $(x-h)\, ctg\, \alpha = (x+h)\, ctg\, \beta$.

2) Die Punkte C und D, deren Entfernung e gegeben ist, liegen gleich hoch (CD horizontal); der Fusspunkt A eines Turms AB liegt in der Richtung CD und ebenfalls in derselben Höhe mit C und D. Wenn von C und D nach der Turmspitze B die Höhenwinkel γ und δ gemessen werden, wie gross ist $AB = h$?

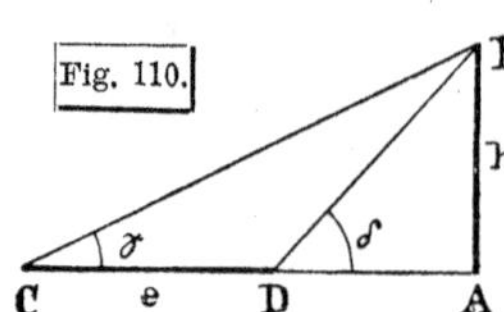

Antwort: $$h = e\frac{\sin \gamma \sin \delta}{\sin(\delta - \gamma)}.$$

Wie ändert sich die Antwort, wenn zwar C, D, A noch in gerader Linie liegen (im Sinne der praktischen Geometrie, d. h. also in Einer Vertikalebene liegen), aber D um h_1 höher liegt als C und A um h_2 höher liegt als D (h_1 und h_2 z. B. durch Nivellement ermittelt)?

3) Die Höhe des Turms AB zu bestimmen aus folgenden Messungen[67]:

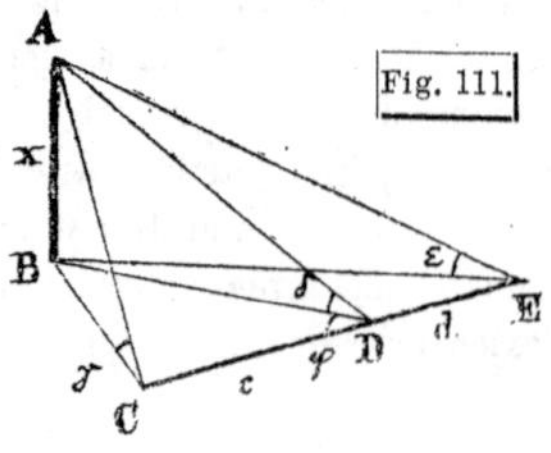

In der durch den Fusspunkt B gehenden Horizontalebene sind auf einer Geraden CE (Fig. 111) die beiden zusammenstossenden Strecken $CD = c$, $DE = d$ gemessen; ferner in C, D, E die Höhenwinkel γ, δ, ε nach A.

Es sei $CDB = \varphi$, also $EDB = 180^0 - \varphi$, so wird, da $BC = x\, ctg\, \gamma$, $BD = x\, ctg\, \delta$, $BE = x\, ctg\, \varepsilon$ ist

$$-2\,c\,x\,ctg\,\delta\,cos\,\varphi = x^2\,ctg^2\,\gamma - x^2\,ctg^2\,\delta - c^2$$
$$2\,d\,x\,ctg\,\delta\,cos\,\varphi = x^2\,ctg^2\,\varepsilon - x^2\,ctg^2\,\delta - d^2;$$

man erhält hieraus, wenn die beiden Werte von $2\,x\,ctg\,\delta\,cos\,\varphi$ einander gleich gesetzt werden, eine in x rein quadratische Gleichung und kann den sich ergebenden Wert von x auf die Form bringen:

$$x = \frac{sin\,\gamma\,sin\,\delta\,sin\,\varepsilon\,\sqrt{(c+d)\,c\,d}}{\sqrt{[d\,sin^2\,\varepsilon\,sin\,(\delta+\gamma)\,sin\,(\delta-\gamma) + c\,sin^2\,\gamma\,sin\,(\delta+\varepsilon)\,sin\,(\delta-\varepsilon)]}}.$$

Beispiel: $c = 1650$ m, $d = 2350$ m; $\gamma = 3^0\,18'\,10''$, $\delta = 5^0\,9'\,30''$, $\varepsilon = 2^0\,7'\,0''$; $x = 104{,}4$ m. Vereinfachung der Formel mit $c = d$.

4) In dem Punkt B ist eine vertikale Stange (Latte) aufgestellt, an der in der Entfernung $P_1\,P_2 = l$ von einander zwei Zielmarken angebracht sind. Im Punkt O werden die Höhenwinkel α und β nach den Punkten P_1 und P_2 gemessen. Wie hoch liegen P_1 und P_2 über dem Mittelpunkt O des Instruments und was ist die Horizontaldistanz a zwischen O und B?

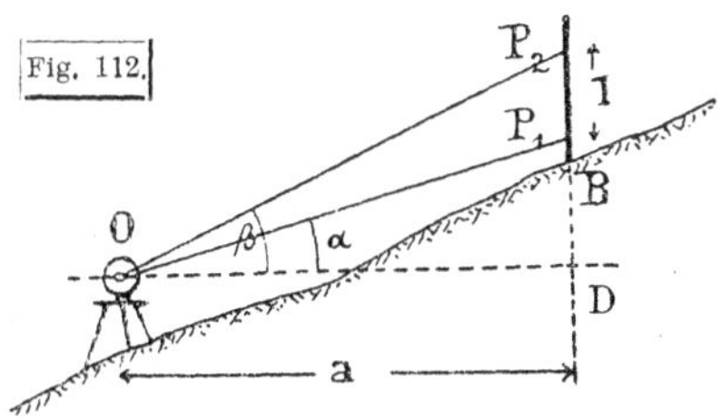

Es ist: $D\,P_1 = a\,tg\,\alpha$, $D\,P_2 = a\,tg\,\beta$, also $D\,P_2 - D\,P_1 = l = a\,(tg\,\beta - tg\,\alpha) = a\,\frac{sin\,(\beta-\alpha)}{cos\,\beta\,cos\,\alpha}$; oder: Horizontaldistanz $a = \frac{l\,cos\,\alpha\,cos\,\beta}{sin\,(\beta-\alpha)}$; Höhenunterschied zwischen O und P_1, $D\,P_1 = a\,tg\,\alpha$; Höhenunterschied zwischen O und P_2, $D\,P_2 = a\,tg\,\beta$.

Beispiel. $l = 3{,}000$ m; $\beta = 10^0\,4'\,20''$, $\alpha = 8^0\,51'\,30''$. Was ist über $(\beta-\alpha)$, $sin\,(\beta-\alpha)$ in dem Ausdruck für a zu bemerken (Genauigkeit)?

3) Aufgabe der trigonometrischen Höhenmessung im engern Sinn. Wichtiger als die vorstehenden Aufgaben ist die der eigentlichen trigonometrischen Höhenmessung, bei der auf die sog. Depression des Horizonts aufmerksam zu machen ist: in den obigen Aufgaben ist einfach angenommen, dass der Höhenunterschied zwischen zwei Punkten, deren Horizontaldistanz a ist und von dem der zweite vom ersten aus unter dem Höhenwinkel α erscheint, $h = a\,tg\,\alpha$ sei. Diese Voraussetzung ist nun aber für kleine a (bei scharfen Messungen nicht über wenige hundert Meter) zutreffend; für grössere a hat man sich an folgendes zu erinnern: es sei in A die Ziellinie eines Fernrohrs genau horizontal gerichtet ($A\,D$ in Fig. 113) und genau in dieser Ziellinie $A\,D$ erscheine ein entfernter Punkt D. Dieser Punkt D in der Horizontalen $A\,D$ ist nun aber nicht gleich hoch mit A; vielmehr liegt der Punkt B' (wenn $A\,B'$ der durch A gehende Kreis vom Erdmittelpunkt aus ist) gleich hoch mit A. Die Strecke $D\,B'$ ist die sog. Depression des Horizonts (auf die Entfernung $A\,D$), der Betrag des Einflusses der Erdkrümmung. Dieser Einfluss wird, wie schon angedeutet ist, bereits auf wenige hundert Meter Entfernung fühlbar und steigt mit wachsender Entfernung rasch. Die Aufgabe sei nun folgende:

In A ist nach dem Punkt B (Fig. 113), dessen Horizontalabstand a von A gegeben ist, der Höhenwinkel α (Winkel, den BA mit der Horizontalebene AD durch A bildet) gemessen. Wie hoch (H) liegt der Punkt B über dem Punkt A?

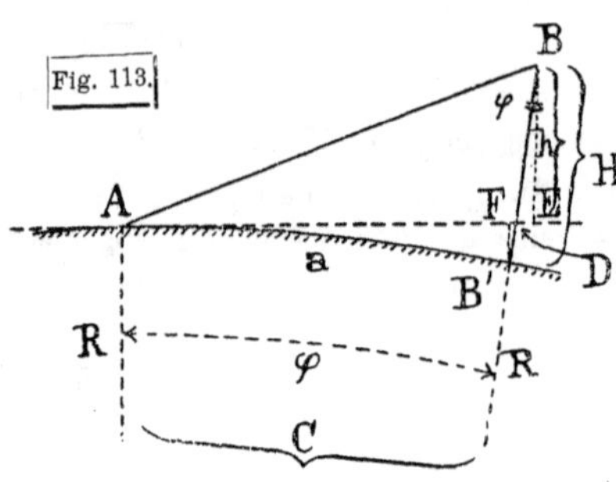

Bei dieser Gelegenheit, wo zum erstenmal der Halbmesser R der Erdkugel vorkommt, ist auf die Grösse von R im Vergleich mit auf der Erdoberfläche möglichen Zielweiten hinzuweisen. Wenn eine Sichtweite von 100 km möglich sein soll, so verlangt dies schon (von den Verhältnissen der Luftdurchsichtigkeit selbstverständlich abgesehen), dass beide Endpunkte bedeutende Meereshöhen haben oder dass wenigstens der eine schon ziemlich hoch liegt. Wenn dies nicht der Fall ist, so sieht man von einem zum andern Punkt nicht wegen der zwischen beiden vorhandenen Erdwölbung (A und B' in der Figur). Aus der Geographie ist bekannt, dass einer Strecke von rund 110 km der Erdoberfläche ein Centriwinkel im Erdmittelpunkt von 1^0 entspricht ($b = R \cdot \frac{\varphi}{\varrho}$, also mit $R =$ etwa 6375 km, $\varphi = 1^0$, $b = \left(6375 \cdot \frac{1}{57{,}3}\right)$km $= 111$ km).

So grosse Zielweiten, wie 100 oder 110 km, kommen nun bei der trigonometrischen Höhenmessung entfernt nicht vor; der Winkel φ, der dem gegebenen a entspricht, ist also viel kleiner als 1^0. Einer Zielweite $a = 22$, 11, $5^1/_2$, 1 km entspricht (rund) $\varphi = 0^0\,12'$, $0^0\,6'$, $0^0\,3'$, $0^0\,0',55$; der Winkel φ beträgt also stets nur wenige Minuten; die Strecken BD und $BE = BD \cdot cos\,\varphi$ (Erhebung des Punktes B über dem mathematischen Horizont AD von A) sind deshalb für die anzuwendende Rechnungsschärfe (5-stellige Tafeln) genau gleich und es ist ferner gleichgiltig, ob man das gegebene a gleichsetzt dem Bogen AB' oder der Sehne AB' oder der Strecke AF oder AD, oder selbst der Strecke AE. Ist R wie oben $= 6\,375\,000$ Meter, $\varphi = 0^0\,12'$ ($^1/_5{}^0$, einer Entfernung a von rund 22 km, also einer bereits sehr grossen Zielweite entsprechend), so ist

$$(1)\quad \left\{\begin{array}{lll} AD = R \cdot tg\,\varphi & = R \cdot tg\,0^0\,12' & = 22\,253{,}04 \text{ m} \\ \text{Bogen } AB' = R \cdot \frac{\varphi}{\varrho} & = R \cdot \frac{720''}{206\,264'',8} & = 22\,252{,}95 \text{ m} \\ \text{Sehne } AB' = 2R \cdot sin \frac{\varphi}{2} & = 2\,R \cdot sin\,0^0\,6' & = 22\,252{,}93 \text{ m} \\ AF = R \cdot sin\,\varphi & = R \cdot sin\,0^0\,12' & = 22\,252{,}90 \text{ m}; \end{array}\right.$$

(diese absoluten Zahlen sind genügend genau nur 7-stellig zu erhalten, aber die Unterschiede zwischen ihnen, um die es sich hier zunächst allein handelt, kann man 3-stellig rechnen, indem man Reihenentwicklung bis zu φ^3 einschliesslich macht). In der That bewegen sich also die Unterschiede der Längen AD, Bogen AB', Sehne AB', AF, in cm. Die Strecke AE kann bei grossem h (Hochgebirge) und beträchtlichem φ allerdings einige Meter länger werden als die eben genannten Entfernungen; da man aber bei grossem φ die gesuchte Höhe doch nicht z. B. auf $^1/_{5000}$ genau erhält, so ist auch dies gleichgiltig. D. h. man darf jedenfalls setzen: Höhe von B über dem Horizont AD, oder $BD = BE = h = a\,tg\,\alpha$. Dies ist aber noch nicht der gesuchte Höhenunterschied; dieser ist vielmehr $B'B = H = h + B'D$ oder auch (wegen der Kleinheit von φ) $h + B'F$, nämlich um $B'D = B'F$ $=$ dem Einfluss der Erdkrümmung (s. oben) grösser als h. Hier ist nun $B'F = B'D = R - R\cos\varphi$, wo $\varphi'' = \frac{a}{R} \cdot \varrho''$ oder $\frac{\varphi}{\varrho} = \frac{a}{R}$ ist; da dieser Winkel sehr klein ist, so darf für jede hier in Betracht kommende Schärfe der Rechnung gesetzt werden: $\cos\varphi = 1 - \frac{1}{2}\varphi^2$ (φ in Halbmesserteilen), also hier $= 1 - \frac{1}{2}\frac{a^2}{R^2}$, oder es ist

(2) $$B'F = B'D = R - R\left(1 - \frac{1}{2}\frac{a^2}{R^2}\right) = \frac{a^2}{2R};$$ vgl. dazu auch § 32, **4.** (3), wo hier a die dort mit x bezeichnete Abscisse vom Berührungspunkt aus ist und das zweite Glied rechter Hand in jedem Fall verschwindet. Man hat also: (3) Gesuchter Höhenunterschied $H = a\,tg\,\alpha + \frac{a^2}{2R}$.

Mit $R = \infty$ ergiebt sich die oben in **2.** stillschweigend benützte Formel $a\,tg\,\alpha$ für die Horizontal**ebene** als Horizont des Standpunkts; der Betrag von $\frac{a^2}{2R}$ (vgl. Gl. (2)), um den also dieser Höhenunterschied vergrössert wird infolge der Kugelwölbung der Fläche, die Punkte von derselben Meereshöhe enthält, ist für kleinere Zielweiten a klein, wächst aber mit dem Quadrat von a; er hat z. B. ($\log R = 6.805$ für Meter) für einige Entfernungen bis 20 000 m die Werte der nebenstehenden Tabelle; während er also für $a = 100$ selbst für die feinsten Arbeiten kaum in Betracht kommt, ist ein Punkt, der in der in A genau horizontal gelegten Ziellinie eines Fernrohrs erscheint und 10 000 m von A entfernt ist, nicht gleich hoch mit A, sondern nahezu 8 m höher als A, bei 20 000 m Entfernung 31 m höher (das Vierfache für die doppelte Entfernung) u. s. f. Vgl.

a in Metern	$\frac{a^2}{2R}$
100	0,8 mm
300	7,1 „
500	2,0 cm
700	4 „
1000	8 „
2000	0,31 m
5000	1,96 „
10 000	7,8 „
20 000	31,3 „

auch den § über Aufgaben aus der Mathematischen Geographie am Schluss des III. Abschnitts.

Wie genau muss man nach (3) den Höhenwinkel α messen, wenn man bei $a = 500$, 1000, 2000, 5000, 10 000 m in H eine Genauigkeit von 0,1 m erreichen will?

Anmerkung. Die vorstehende Formel (3) gilt unter der Voraussetzung, dass der Lichtstrahl von A nach B eine Gerade sei. In der That ist dies nicht der Fall, sondern der von B nach A gelangende Lichtstrahl ist eine sehr flache (noch viel weniger als AB' gekrümmte) nach unten concave Curve, da er von B aus immer tiefere und damit dichtere Luftschichten zu durchdringen hat. Es ist deshalb in (2) und (3) noch eine (dem Einfluss der Erdkrümmung entgegenwirkende) Korrektion wegen der Refraktion des Lichtstrahls (Strahlenbrechung) anzubringen, deren Berechnung jedoch der Geodäsie vorbehalten bleiben muss; erwähnt sei, dass der Einfluss der (stark wechselnden) Refraktion durchschnittlich etwa $^1/_8$ von dem der Erdkrümmung ist, so dass statt $\frac{a^2}{2R}$ in (2) und (3) durchschnittlich nur $^7/_8$ davon in Rechnung zu bringen ist.

Kapitel 4.

Rechnungen im rechtwinkligen Coordinatensystem. Geodätische Aufgaben unter Zugrundlegung der rechtwinkligen Coordinaten der Punkte.

§ 36. Definitionen.

1) Einleitung. Bei den Aufgaben des letzten Kapitels ist schon mehrfach hervorgehoben worden (vgl. z. B. Bemerkung am Schluss von § 34), dass es sich bei praktisch-trigonometrischen Rechnungen fast stets um Bestimmung der rechtwinkligen Coordinaten von Punkten handelt. Das Ergebnis einer Triangulierung ist (vgl. S. 324) das Verzeichnis der Coordinaten der sämtlichen Dreieckspunkte in einem einheitlichen System rechtwinkliger Coordinaten; einen trigonometrischen Punkt neu bestimmen heisst, seine Coordinaten in diesem System berechnen auf Grund von Winkelmessungen, die entweder auf Punkten mit gegebenen Coordinaten (Vorwärtseinschneiden) oder auf dem zu bestimmenden Punkt (Rückwärtseinschneiden) ausgeführt worden sind. Das folgende Kapitel 5. wird ferner zeigen, dass auch für die praktische und theoretische „Polygonometrie“ die Zugrundlegung eines Systems rechtwinkliger Coordinaten notwendig ist.

Das Folgende gehört deshalb zu den praktisch wichtigsten Abschnitten der Trigonometrie; als spezielle trigonometrische Vorbereitung auf die Geodäsie ist es ganz unentbehrlich. Und gerade die einfachsten Dinge, die Grundaufgaben von § 37, sind durch eine möglichst grosse Anzahl von Zahlenbeispielen geläufig zu machen.

Die geodätischen Systeme rechtwinkliger Coordinaten gehören der mathematischen Erdoberfläche an; für ein kleines Vermessungsgebiet ist es ohne weiteres zulässig, dieser Fläche eine sie berührende Ebene, die Horizontalebene, zu substituieren. Für grössere Vermessungsgebiete (in der Landmessung und Landesvermessung) genügt diese einfache Annahme, die jedenfalls für eine Fläche von vielen qkm ausreicht (vgl. S. 301), nicht mehr durchaus; man muss vielmehr die Vermessungsfläche betrachten als Stück einer Kugelfläche (oder bei noch grösserer Ausdehnung des Vermessungsgebiets als Stück einer Ellipsoidfläche), und man hat dann also zunächst mit rechtwinkligen sphärischen (oder rechtwinkligen sphäroidischen) Coordinaten der Dreieckspunkte zu thun. Dass und bis zu welcher Ausdehnung und Genauigkeitsstufe man auch noch mit den rechtwinkligen Coordinaten in solchen geodätischen Systemen so rechnen darf, wie mit rechtwinkligen ebenen Coordinaten, ist in der Geodäsie nachzuweisen.

Wir machen für das Folgende selbstverständlich durchaus die Annahme, dass es sich um Rechnungen in der Ebene, um ein ebenes rechtwinkliges Coordinatensystem handelt.

2) Coordinatensystem. Richtungswinkel. Strecke. Coordinaten.

1) **System.** Es wird stets ein ebenes rechtwinkliges Coordinatensystem vorausgesetzt, in dem der positive Zweig der y-Axe um $+ 90^0$ (Uhrzeigersinn!) abweicht von dem positiven Zweig der x-Axe. Die Richtung des positiven Zweigs der x-Axe ist dabei ganz gleichgiltig; vgl. dazu § 13. **2.**

Bei den geodätischen Coordinatensystemen, in Beziehung auf die die Coordinaten der Punkte einer grössern Landesvermessung angegeben werden, ist es gebräuchlich, die Richtung der x-Axe in den Meridian des Coordinatenursprungs zu legen. Geht also $+x$ nach Norden (Beisp. Bayern, Württemberg, Elsass-Lothringen, die 40 preussischen Landmessungssysteme), so geht $+y$ nach Osten; hat $+x$ die Richtung nach Süden, so geht $+y$ nach Westen (Beisp. Baden).

2) **Richtungswinkel.** [68]) Der **Richtungswinkel einer Geraden** ist der Winkel, den sie mit der x-Axe einschliesst. Schärfer (eindeutig) ist diese Definition wie folgt auszusprechen: Sind P_1 und P_2 zwei beliebige Punkte im Coordinatensystem, so ist der **Richtungswinkel der Strecke** $P_1 P_2$, **Bezeichnung** $(P_1 P_2)$, **der Winkel**, um

den eine durch den **Anfangspunkt** P_1 der Strecke gezogene **Parallele zur positiven Richtung der x-Axe im positiven Drehsinn** (Uhrzeigersinn) gedreht werden muss, bis sie mit der Richtung $P_1 P_2$ zusammenfällt. Dieser Winkel liegt also für die verschiedenen, in der Coordinatenebene überhaupt möglichen, Richtungen zwischen 0^0 und 360^0. Dem Richtungswinkel

0^0	entspricht	die	Richtung	des	$+$ Zweigs	der	x-Axe,
90^0	„	„	„	„	$+$ „	„	y-Axe,
180^0	„	„	„	„	$-$ „	„	x-Axe,
270^0	„	„	„	„	$-$ „	„	y-Axe,

vgl. die Fig. 114 (in der absichtlich $+x$ wieder anders angenommen ist als früher, nämlich nach dem geodätischen Gebrauch. Es ist schon erwähnt, dass die Richtung von $+x$ gleichgiltig ist). Aus der aufgestellten Definition folgt unmittelbar der

Satz 1. Den zwei auf einer Geraden zu unterscheidenden Richtungen entsprechen zwei Richtungswinkel, die sich um 180^0 unterscheiden, d. h. es ist

$$(1) \qquad (P_2 P_1) = (P_1 P_2) \pm 180^0;$$

denn der Richtungswinkel der Strecke $P_2 P_1$ wird erhalten, wenn man durch P_2 die Parallele mit $+x$ zieht und diese im positiven Sinn um P_2 dreht bis zum Zusammenfallen mit der Richtung $P_2 P_1$; vgl. die Fig. 114.

Fig. 114.

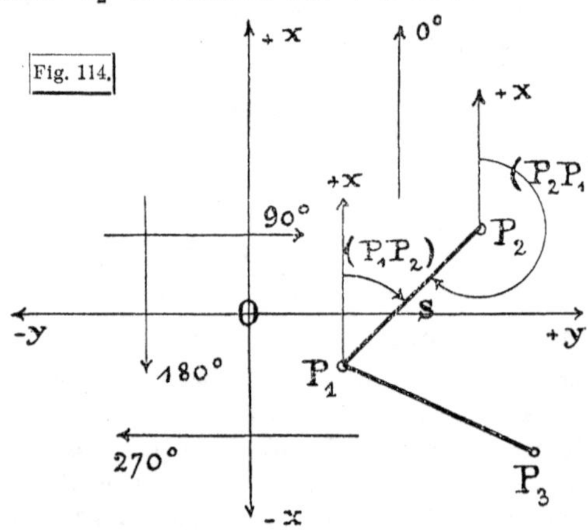

In der Formel (1) ist $\pm 180^0$ geschrieben, weil sich mit dem einen und andern Zeichen zwei Winkel ergeben, die sich um 360^0, d. h. nicht, unterscheiden. Man hat das obere oder untere Zeichen zu nehmen, je nachdem man mit dem ersten oder zweiten den neuberechneten Winkel zwischen 0^0 und 360^0 bringt: Winkel $> 360^0$ sind überflüssig, ebenso negative Winkel, obgleich man an sich, wenn (Fig. 114) $(P_1 P_2) = 55^0$ ist, ebensogut setzen könnte: $(P_1 P_2) = 415^0$ und statt $(P_2 P_1) = 55^0 + 180^0 = 235^0$ auch $(P_2 P_1) = 55^0 - 180^0 = -125^0$.

Man merke den Satz (1) auch so: Veränderung eines Richtungswinkels um 180^0 bedeutet Umkehrung der Richtung;

während *tg* (und *cotg*) des so veränderten Richtungswinkels unverändert bleiben, ändern *sin* und *cos* das Vorzeichen (vgl. § 13 und § 14, **6**).

Aus der Definition geht sofort auch hervor:

Satz 2. Gehen von einem Punkt P_1 zwei beliebige Richtungen $P_1 P_2$ und $P_1 P_3$ aus (s. Fig. 114) und bedeutet γ den Winkel in P_1 „zwischen P_2 links und P_3 rechts“ (d. h. den Winkel, um den man $P_1 P_2$ von links nach rechts, im positiven Drehungssinn, d. h. im Uhrzeigersinn, drehen muss, um es in die Richtung $P_1 P_3$ zu bringen), so ist

(2) $(P_1 P_3) = (P_1 P_2) + \gamma$ oder $(P_1 P_3) - (P_1 P_2) = + \gamma$, d. h. Richtungswinkel des Schenkels $P_1 P_3$ minus Richtungswinkel des Schenkels $P_1 P_2$ gleich Winkel zwischen $P_1 P_2$ links und $P_1 P_3$ rechts; der Winkel γ kann dabei einen ganz beliebigen Betrag haben, positiv oder negativ sein, vgl. übrigens die folgende Bemerkung.

Man mache sich die Sätze (1) und besonders (2) durch eine grosse Zahl von Zahlen-Annahmen in der Figur klar, und merke sich ferner ein für allemal: alle Richtungswinkel hält man zwischen 0^0 und 360^0; um bei den Richtungswinkeln oder bei Differenzen von Richtungswinkeln (siehe z. B. γ in (2)) negative Zahlen zu vermeiden, darf man stets jeden beliebigen Richtungswinkel um 360^0 vergrössern, ohne ihn zu verändern (aber um 180^0 darf man einen Richtungswinkel nicht ändern, denn damit kehrt man die Richtung um). Ist z. B. in Gleichung (2) $(P_1 P_3) = 135^0$ und $(P_1 P_2) = 90^0$, so ist γ (in dem oben angeführten Sinn) $= + 45^0$; ist $(P_1 P_3) = 0^0$ und $(P_1 P_2) = 315^0$, so ist $\gamma = 0^0 - 315^0 = 360^0 - 315^0$, also ebenfalls $= + 45^0$; ist aber $(P_1 P_3) = 0$ und $(P_1 P_2) = 45^0$, so ist (in dem oben gegebenen Drehungssinn für γ, von P_2 nach P_3 im + Drehungssinn) $\gamma = 0^0 - 45^0 = -45^0 = + 315^0$. Es ist also hier der Winkel zwischen P_2 links und P_3 rechts $= 315^0$, oder auch: der Winkel zwischen P_3 links und P_2 rechts ($= -\gamma$ in obigem Sinn) $= + 45^0$.

3) **Strecke.** Der Abstand zwischen zwei Punkten, P_1 und P_2, die Strecke $P_1 P_2 = s$, hat kein Vorzeichen, für die Rechnung also stets das Zeichen +. In der That ist diese Entfernung eine von der Annahme des Coordinatensystems ganz unabhängige Grösse; wenn die zwei Punkte P_1 und P_2 in der Ebene gegeben sind, so ist ihre Entfernung gegeben und stets dieselbe, wie man auch $+ x$ und damit das ganze Coordinatensystem legen mag. Nicht unabhängig von der Wahl der Richtung $+ x$ ist dagegen der in 2) definierte Richtungswinkel $(P_1 P_2)$.

4) **Coordinaten.** Abhängig sind ferner von der Annahme des Coordinatensystems, und zwar nicht mehr nur von der Richtung des + Zweigs der x-Axe (wie die Richtungswinkel), sondern auch von der Lage der x-Axe, ferner von der Annahme des Nullpunkts auf ihr, die Coordinaten der Punkte einer in der Coordinatenebene gegebenen Figur.

Schon bei der Einführung der rechtwinkligen Coordinaten (x, y) in § 13. **2)** ist betont, dass Abscisse x und Ordinate y eines Punktes stets mit Vorzeichen versehene Strecken sind; auch die Differenz zweier Abscissen oder zweier Ordinaten hat stets ein bestimmtes Vorzeichen.

Für einen Punkt, der im	**Abscisse** x	**Ordinate** y
I. Raum des Coordinatensystems liegt, ist	+	+
II. „ „ „ „ „	—	+
III. „ „ „ „ „	—	—
IV. „ „ „ „ „	+	—

Die Coordinaten der Punkte werden mit denselben Indices bezeichnet, wie die Punkte; z. B. sind die Coordinaten des Punkts A: x_a, y_a; die Coordinaten der Punkte P_1, P_2 sind (x_1, y_1), (x_2, y_2).

§ 37. Die beiden trigonometrischen Grundaufgaben im rechtwinkligen Coordinatensystem und einfache Anwendungen.

1) Allgemeiner Satz. Alle elementaren Aufgaben über trigonometrische Rechnungen im rechtwinkligen Coordinatensystem führen zurück auf zwei Hauptaufgaben; beide sind dieselbe Aufgabe in zwei verschiedenen Formen und beruhen auf dem bereits in § 13 S. 113 aufgestellten

Satz. Sind P_1 und P_2 zwei beliebige Punkte im Coordinatensystem, ist die Länge der Strecke $P_1 P_2 = s$ (s ist eine absolute Strecke, s. § 36, **2.** 3) und $(P_1 P_2)$ der Richtungswinkel von $P_1 P_2$ (s. § 36, **2.** 2), so sind die Projektionen der Strecke s auf die x- und die y-Axe, mit den ihnen zukommenden Vorzeichen, gleich $s . cos\,(P_1 P_2)$ und $s . sin\,(P_1 P_2)$; d. h. es bestehen (vgl. dazu noch § 13. **1**, mit Fig. 32) die Gleichungen:

$$(1) \quad \begin{cases} x_2 - x_1 = s \,.\, cos\,(P_1 P_2) \\ y_2 - y_1 = s \,.\, sin\,(P_1 P_2)\,; \end{cases}$$

bei den Coordinatendifferenzen steht die Abscisse und die Ordinate des

„Endpunkts voran“ (Endpunkt im Sinne der Richtungswinkelbezeichnung). Man nehme zu diesen völlig allgemein giltigen Gleichungen (1) sogleich auch, z. T. an der Hand der Figur, z. T. ohne Figur, spezielle Fälle: $(P_1 P_2) = 0$ heisst z. B., die Strecke hat die Richtung des + Zweigs der x-Axe, also ist $cos = 1$, $sin = 0$; in der That ist dann nach (1) die Projektion auf die x-Axe gleich der Strecke (aber jene so mit Vorzeichen versehen, dass $x_2 > x_1$ ist; sind die Punkte im II. oder III. Raum, so ist also der absolute Betrag von x_1 grösser als der von x_2) und die Projektion auf die y-Axe ist 0; für $(P_1 P_2) = 180^0$ sind die Projektionsfaktoren (cos und sin des Richtungswinkels, vgl. § 13, S. 113) — 1 und 0; für $(P_1 P_2) = 90^0$ sind sie 0 und + 1; für $(P_1 P_2) = 270^0$ endlich 0 und — 1.

Die beiden Hauptaufgaben, die dieser allgemeine Projektionssatz (1) löst, sind nun die beiden folgenden, die nichts andres geben, als die Auflösung ebener rechtwinkliger Dreiecke, wobei das einemal die Hypotenuse und der Winkel, das andremal die beiden Katheten des Dreiecks gegeben sind. [69])

Nur ist hier der Winkel des rechtwinkligen Dreiecks (der Richtungswinkel) nicht auf den Spielraum 0^0 bis 90^0 beschränkt, sondern kann jeden beliebigen Wert (genügend allgemein [mit Rücksicht auf $F(\alpha) = F(k\,360^0 + \alpha)$, wenn k eine beliebige ganze positive oder negative Zahl ist], einen beliebigen Wert zwischen 0^0 und 360^0) haben und es ist deshalb nur noch die Hypotenuse des Dreiecks (die Entfernung s der zwei Punkte) eine absolute Strecke, während die Katheten (die Projektionen von s auf die zwei Axrichtungen) bestimmte Vorzeichen haben.

2) Anfangspunkt gegeben, Strecke und Richtungswinkel gegeben, Endpunkt gesucht: Der Punkt P_1 ist durch seine rechtwinkligen Coordinaten $(x_1 y_1)$ gegeben; von ihm geht unter gegebenem Richtungswinkel $(P_1 P_2)$ die Strecke $P_1 P_2$ von gegebener Länge s aus; gesucht werden die Coordinaten $(x_2 y_2)$ des Endpunkts P_2 dieser Strecke.

Die Gleichungen (1) geben sofort die gesuchten Coordinaten von P_2 aus

(2) $x_2 = x_1 + s \,.\, cos\,(P_1 P_2) \quad ; \quad y_2 = y_1 + s \,.\, sin\,(P_1 P_2).$

Diese Gleichungen gelten ganz allgemein für alle Lagen von P_1 und alle Werte von $(P_1 P_2)$. Je nach dem Wert des Richtungswinkels $(P_1 P_2)$ haben cos und sin bekanntlich die folgenden Vorzeichen (vgl. § 13):

Ist $(P_1 P_2)$	*cos*	*sin*
im I. Quadranten (zwischen 0° und 90°), so ist	+	+
„ II. „ („ 90° „ 180°), „ „	—	+
„ III. „ („ 180° „ 270°), „ „	—	—
„ IV. „ („ 270° „ 360°), „ „	+	—

Nach dem über die Ausführung dieser Rechnungen in § 14, 7. Angegebenen (vgl. auch § 21) bedürfen die untenstehenden Rechenbeispiele keiner weitern Erläuterung mehr. Man führe die Rechnung stets ohne Figur und zeichne sich erst nachträglich die entsprechende Skizze.

Beispiel 1: Von einem Punkt P_1 mit den Coordinaten $x_1 = +2650{,}44$ m $\quad y_1 = +3487{,}31$ m geht eine Strecke $P_1 P_2$ von der Länge $s = 268{,}19$ m aus unter dem Richtungswinkel $(P_1 P_2) = \alpha = 67^0\,42'\,30''$.

Was sind die Coordinaten des Endpunkts P_2?

		$s \cos\alpha = +101{,}73$	$s \cos\alpha$	2.00 744
$x_1 = +$ **2650,44**	$y_1 = +$ **3487,31**		$\cos\alpha$	9.57 900
$+$ 101,73	$+$ 248,15	$s =$ **268,19**	s	2.42 844
$x_2 = +2752{,}17$	$y_2 = +3735{,}46$	$\alpha =$ **67° 42′ 30″**	$\sin\alpha$	9.96 627
		$s \sin\alpha = +248{,}15$	$s \sin\alpha$	2.39 471

Beispiel 2: $x_1 = -2786{,}59$, $y_1 = +30420{,}70$; $s = 392{,}50$; $\alpha = 312^0 37' 40''$.

		$s \cos\alpha = +265{,}82$	$s \cos\alpha$	2.42 458
$x_1 = -$ **2786,59**	$y_1 = +$ **30420,70**		$\cos\alpha$	9.83 074
$+$ 265,82	$-$ 288,79	$s =$ **392,50**	*) s	2.59 384╳
$x_2 + -2520{,}77$	$y_2 = +30131{,}91$	$\alpha =$ **312° 37′ 40″**	$\sin\alpha$	9.86 674n
		$s \sin\alpha = -288{,}79$	$s \sin\alpha$	2.46 058n

3) Endpunkte gegeben, Richtungswinkel und Strecke gesucht. Gegeben sind die Coordinaten (x_1, y_1), (x_2, y_2) zweier Punkte P_1 und P_2. Gesucht sind Länge s und Richtungswinkel $(P_1 P_2)$ der Strecke $P_1 P_2$.

Die Strecke $P_1 P_2$ ist Hypotenuse in einem rechtwinkligen Dreieck,

*) Das Zeichen ╳, dessen Anbringung sich selbst für schon ziemlich geübte Rechner empfiehlt, bedeutet, dass die aus der Tafel entnommenen Funktionen *sin* und *cos* zu vertauschen sind. Es ist also anzuwenden, wenn α im II. oder IV. Quadranten, d. h. (mit spitzen Winkeln φ und ψ) $\alpha = (90^0 + \varphi)$ oder $= (270^0 + \psi)$ ist; s. Anmerkung S. 133.

dessen beide Katheten (mit ihren Vorzeichen) gegeben sind. Ist, was oft vorkommt,

a) die Länge der Strecke $P_1 P_2$ allein gesucht und sind die Differenzen der Abscissen und Ordinaten nicht zu gross, so kann man nach der Formel $s = \sqrt{(x_2 - x_1)^2 + (y_2 - y_1)^2}$ mit Hilfe der Quadrattafel rechnen.

b) Ist dagegen ausserdem auch der Richtungswinkel $(P_1 P_2)$ gesucht, so rechnet man diesen zuerst und mit seiner Hilfe s. Für praktisch-trigonometrische Rechnungen braucht man stets den Richtungswinkel; aber auch wenn er weiter nicht gebraucht wird, rechnet man im allgemeinen immer nach b), selbst für kleinere Coordinatendifferenzen; für grosse reicht ohnehin die Quadrattafel nicht aus.

Die Gleichungen (1) liefern durch Division:

$$(3) \quad tg\,(P_1 P_2) = \frac{y_2 - y_1}{x_2 - x_1} \quad \text{(Endpunkt voran!)}$$

$$(4) \quad s = \frac{y_2 - y_1}{sin\,(P_1 P_2)} \overset{\text{und}}{=} \frac{x_2 - x_1}{cos\,(P_1 P_2)}.$$

Aus (3) erhält man scheinbar zwei Werte für den Richtungswinkel, die um 180^0 verschieden sind. Es ist aber nur einer von beiden brauchbar, indem nicht nur *tg* des Richtungswinkels nach Grösse und Vorzeichen bekannt ist, sondern auch die Vorzeichen von *sin* und *cos* gegeben sind. Aus (4) muss sich nämlich s als positive Strecke ergeben; es muss also

$sin\,(P_1 P_2)$ das Vorzeichen von $y_2 - y_1$ und
$cos\,(P_1 P_2)$ " " " $x_2 - x_1$ haben.

Demnach liegt (vgl. § 14, **4.** und **5.**) der

Richtungswinkel $(P_1 P_2)$ im	$y_2 - y_1$	$x_2 - x_1$
I. Quadranten, wenn	+	+
II. " "	+	—
III. " "	—	—
IV. " "	—	+

In der That kann man ja, da der Richtungswinkel $(P_1 P_2)$ Eindeutig definiert ist, auch nur Einen Wert $(P_1 P_2)$ aus (3) erhalten. Die Strecke s aus (4) rechnet man nicht doppelt nach beiden Formeln, sondern mit Hilfe der bequemern von beiden. Diese entspricht stets der aus der letzten rechten Spalte der Tafel zu entnehmenden Funktion, weil in dieser Spalte die Differenzen kleiner sind als in der mit *sin* überschriebenen und also die Interpolationsrechnung bequemer auszuführen ist. Die bei Berechnung des rechtwinkligen Dreiecks aus beiden Katheten (§ 8, IV) aufgestellte *Lalande*sche Regel, aus der Spalte *tg* oder *ctg* stets in die letzte Spalte rechts überzugehen und die Ergänzung des dort entnommenen Logarithmus zum Logarithmus der grössern Kathete zu addieren, um den Logarithmus der Hypotenuse zu erhalten, ist leicht als auch für alle möglichen Fälle der vorliegenden Aufgabe giltig nachzuweisen, und man hat damit nach (3) und (4) abermals die folgende, bei der Häufigkeit dieser Rechnung sehr wichtige

Regel. Um den *log tg* des Richtungswinkels $(P_1\, P_2)$ der Strecke $P_1\, P_2$ zu finden, zieht man vom *log* $(y_2 - y_1)$ den *log* $(x_2 - x_1)$ ab (in den Coordinatendifferenzen **Endpunkt voran!**) Das **Vorzeichen von** $(y_2 - y_1)$ und von $(x_2 - x_1)$ **giebt das Vorzeichen von** ***sin*** α und von ***cos*** α und damit ist der **Richtungswinkel Eindeutig** bestimmt.

Um den *log* der Strecke $P_1\, P_2$ zu finden, geht man von der Spalte *tg* oder *ctg* in die **letzte rechte**, mit *cos* überschriebene **Spalte und addiert die Ergänzung** des dort zu entnehmenden Logarithmus **zum grössern der Logarithmen** $(y_2 - y_1)$ oder $(x_2 - x_1)$. Selbstverständlich und deshalb unwichtig ist, dass man, da s sich mit dem Zeichen + ergeben muss, jener Ergänzung noch das Vorzeichen eben des grössern der beiden Logarithmen zu geben hat.

Für das Aufschlagen der Richtungswinkel $(P_1\, P_2) = \alpha$ beachte man noch die folgende Zusammenstellung, wobei φ der unmittelbar der Tafel zu entnehmende **spitze** Winkel ist und $(tg\,\alpha)$ den absoluten Wert von $tg\,\alpha$ bedeutet:

I. $tg\,\alpha$ **positiv**	$tg\,\varphi = (tg\,\alpha)$	II. $tg\,\alpha$ **negativ**	$ctg\,\varphi = (tg\,\alpha)$
(1) $\left\{\begin{matrix} y_2 - y_1 \\ x_2 - x_1 \end{matrix}\right\}$ positiv	$\alpha = \varphi$	(1) $\left\{\begin{matrix} y_2 - y_1 \text{ positiv} \\ x_2 - x_1 \text{ negativ} \end{matrix}\right.$	$\alpha = 90^0 + \varphi$
(2) $\left\{\begin{matrix} y_2 - y_1 \\ x_2 - x_1 \end{matrix}\right\}$ negativ	$\alpha = 180^0 + \varphi$	(2) $\left\{\begin{matrix} y_2 - y_1 \text{ negativ} \\ x_2 - x_1 \text{ positiv} \end{matrix}\right.$	$\alpha = 270^0 + \varphi$.

Beisp. 1) Geg. $\left\{\begin{matrix} x_1 = +\mathbf{3470{,}25} & x_2 = +\mathbf{3153{,}01} \\ y_1 = +\mathbf{9786{,}42} & y_2 = +\mathbf{9997{,}99} \end{matrix}\right\}$

$y_2 - y_1 = +211{,}57$	$(y_2 - y_1)$	2.32546
	$E\,{}^{sin}_{cos}\,(P_1\, P_2)$	0.07990 *n*
$x_2 - x_1 = -317{,}24$	$(x_2 - x_1)$	2.50139 *n*
$(P_1 P_2) = 146^0 18' 0''$	$tg\,(P_1\, P_2)$	9.82407 *n*
$s = 381{,}32.$	s	2.58129

Beisp. 2) Geg. $\left\{\begin{matrix} x_1 = -\mathbf{2888{,}76} & x_2 = -\mathbf{2025{,}20} \\ y_1 = +\ \mathbf{327{,}05} & y_2 = -\ \ \mathbf{2{,}01} \end{matrix}\right\}$

$y_2 - y_1 = -329{,}06$	$(y_2 - y_1)$	2.51728 *n*
	$E\,{}^{sin}_{cos}\,(P_1\, P_2)$	0.02944
$x_2 - x_1 = +863{,}56$	$(x_2 - x_1)$	2.93629
$(P_1 P_2) = 339^0 8' 25''$	$tg\,(P_1\, P_2)$	9.58099 *n*
$s = 924{,}10_5.$	s	2.96573

Beisp. 3) Gesucht die Entfernung der beiden Punkte

$$\left\{\begin{matrix} x_1 = -\ \mathbf{2789{,}05} & x_2 = -\ \mathbf{2904{,}90} \\ y_1 = +\ \mathbf{3225{,}17} & y_2 = +\ \mathbf{3089{,}68} \end{matrix}\right\}$$

a) mit der Quadrattafel:		b) mittels des Hilfs (Richtungs-)winkels:	
$y_2 - y_1 = -135{,}49$	$-135{,}49$	$(y_2 - y_1)$	2.13 191 *n*
$x_2 - x_1 = -115{,}85$		$E \frac{sin}{cos} \mu$	0.11 916 *n*
$(y_2 - y_1)^2 = 18357$	$-115{,}85$	$(x_2 - x_1)$	2.06 390 *n*
$(x_2 - x_1)^2 = 13422$			
$s^2 = 31779$		$tg\,\mu$	0.06 801
$s = 178{,}27.$	$s = 178{,}27.$	s	2.25 107

Anmerkung. So einfach die beiden vorstehenden Grundaufgaben der trigonometrischen Rechnung im Coordinatensystem sind, so wichtig ist es, dass man für alle möglichen Fälle eine grosse Anzahl von Beispielen für beide Aufgaben rechnet. Die beiden Aufgaben müssen vollständig geläufig sein und mit Sicherheit ohne Figur ausgeführt werden: alle Rechnungen sind, wie schon einmal angedeutet ist, nach den obigen allgemein giltigen Regeln ohne Benützung der Figur zu führen; es empfiehlt sich aber, für den Anfang nachträglich eine Skizze aufzutragen.

Zur Zahlenrechnung sei hier ein für allemal angemerkt, dass man für den gewöhnlich vorhandenen Fall, dass überall auf 1 cm genau gerechnet werden soll, mit 5-stelligen Tafeln ausreicht, so lange die Coordinatendifferenzen nirgends über 1000 m hinausgehen; sind grössere Coordinatendifferenzen vorhanden, so muss man 6 stellig rechnen (auch schon bei kleinern, wenn man ausnahmsweise auf 1 mm zu rechnen hat). Mehr als 6-stellige Logarithmen braucht man in der ebenen Triangulierung nirgends.

4) Einige Übungen zu diesen zwei Aufgaben folgen hier vor deren Gebrauch bei den wichtigsten praktisch-trigonometrischen Punktbestimmungsaufgaben.

1) Wie ist aus den Gleichungen (3) und (4) abzulesen, dass

$$(BA) = (AB) \pm 180^0 \qquad \text{ist?}$$

Es ist $tg\,(AB) = \frac{y_b - y_a}{x_b - x_a}$, dagegen $tg\,(BA) = \frac{y_a - y_b}{x_a - x_b}$; die tg der beiden Richtungswinkel sind also nach Grösse und Vorzeichen gleich, die zugehörigen Richtungswinkel selbst aber um 180^0 verschieden, weil $sin\,(AB)$ das Vorzeichen von $(y_b - y_a)$, $sin\,(BA)$ aber das Vorzeichen von $(y_a - y_b)$ hat; ebenso für *cos*.

2) Mit Hilfe von (3) zu beweisen, dass die Summe der drei Winkel eines ebenen Dreiecks $= 180^0$ ist. Das Dreieck sei $P_1 P_2 P_3$; die Coordinaten der Eckpunkte seien $(x_1 y_1)$, $(x_2 y_2)$, $(x_3 y_3)$ und die Numerierung der Ecken mag gegen den Uhrzeigersinn um das Dreieck gehen. Bezeichnet man die Winkel des Dreiecks in P_1 mit (1), in P_2 mit (2), in P_3 mit (3), so ist dann nach § 36 (2):

(*) $(1) = (P_1 P_2) - (P_1 P_3)$; $(2) = (P_2 P_3) - (P_2 P_1)$; $(3) = (P_3 P_1) - (P_3 P_2)$, (erst nachträglich eine Figur machen!). Nun sind die Winkel

$(1) + (2) + (3) = 180^0$ (oder $= k \,.\, 360^0 + 180^0$, k eine ganze Zahl), wenn sich zeigen lässt, dass (**) $tg\,(1) + tg\,(2) + tg\,(3) = tg\,(1) \,.\, tg\,(2) \,.\, tg\,(3)$ ist, vgl. Gleichung (57) im Anhang zum Abschnitt I.

Hier ist nun $tg\,(1) = tg \{ (P_1 P_2) - (P_1 P_3) \} = \dfrac{tg\,(P_1 P_2) - tg\,(P_1 P_3)}{1 + tg\,(P_1 P_2)\, tg\,(P_1 P_3)}$

$$\text{oder} \quad tg\,(1) = \frac{\frac{y_2 - y_1}{x_2 - x_1} - \frac{y_3 - y_1}{x_3 - x_1}}{1 + \frac{y_2 - y_1}{x_2 - x_1} \cdot \frac{y_3 - y_1}{x_3 - x_1}} = \frac{(y_2 - y_1)(x_3 - x_1) - (x_2 - x_1)(y_3 - y_1)}{(x_2 - x_1)(x_3 - x_1) + (y_2 - y_1)(y_3 - y_1)}.$$

Der Ausdruck giebt nebenbei an, wie man aus den gegebenen Coordinaten dreier Punkte direkt den Winkel zu berechnen hätte, den in dem einen von ihnen die Linien nach den zwei andern einschliessen; es zeigt sich aber auch, dass durch diese direkte Rechnung nichts gewonnen würde und dass es stets besser ist, einen solchen Winkel als Differenz der zwei getrennt zu rechnenden Richtungswinkel zu berechnen.

Ähnliche Ausdrücke, wie für $tg\,(1)$ erhält man auch für $tg\,(2)$ und $tg\,(3)$; setzt man:

$$\begin{array}{l|l} y_2 - y_1 = y' & x_2 - x_1 = x' \\ y_3 - y_2 = y'' & x_3 - x_2 = x'' \\ y_1 - y_3 = y''' & x_1 - x_3 = x''' \end{array}$$

so erhält man mit Beachtung der Vorzeichen (z. B. $x_3 - x_1 = - x'''$, $y_3 - y_1 = - y'''$) die Ausdrücke:

$$tg\,(1) = \frac{y'\,x''' - x'\,y'''}{x'\,x''' + y'\,y'''}; \quad tg\,(2) = \frac{y''\,x' - x''\,y'}{x''\,x' + y''\,y'}; \quad tg\,(3) = \frac{y'''\,x'' - x'''\,y''}{x'''\,x'' + y'''\,y''};$$

womit leicht (**) zu verifizieren ist.

Selbstverständlich ist diese ganze Rechnung unnötig (nur als Übung aufzufassen); denn durch Addition der Gleichungen (*) erhält man unmittelbar: $(1) + (2) + (3) = (P_1 P_2) - (P_1 P_3) + (P_2 P_3) - (P_2 P_1) + (P_3 P_1) - (P_3 P_2) = (P_1 P_2) + (P_2 P_3) + (P_3 P_1) - \{ (P_1 P_2) \pm 180^0 + (P_2 P_3) \pm 180^0 + (P_3 P_1) \pm 180^0 \} = -(\pm 180^0 \pm 180^0 \pm 180^0)$. Dieser Ausdruck kann nur die Werte -540^0, -180^0, $+180^0$, $+540^0$ u. s. f., allgemein $180^0 \pm k \,.\, 360^0$ (k eine ganze Zahl), ein ungerades Vielfaches von 180^0 annehmen. Woher rührt die Mehrdeutigkeit? Numeriert man die Ecken mit dem Uhrzeigersinn, so ist $(P_1 P_2) - (P_1 P_3)$ u. s. f. nicht mehr der Innenwinkel des Dreiecks in P_1 u. s. f., sondern dessen Implement; die Summe dieser „Dreieckswinkel" ist nicht 180^0, sondern 900^0.

3) Bestimmung eines Punktes durch sog. Bogenschnitt. [70])

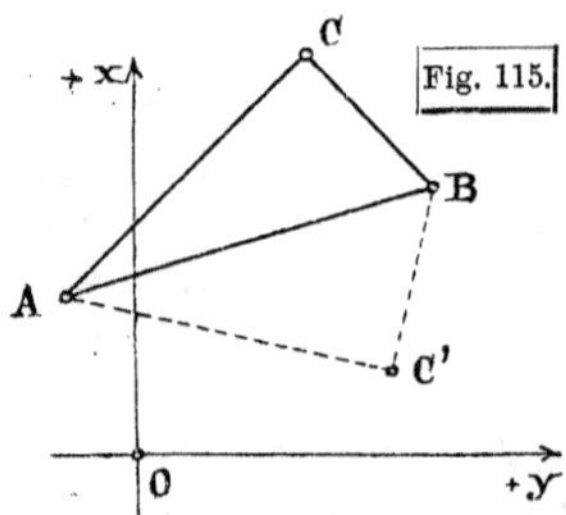

Gegeben sind zwei Punkte A und B durch ihre Coordinaten (x_a, y_a), (x_b, y_b); zur Bestimmung eines Punktes C werden gemessen die Strecken $AC = b$ und $BC = a$. Was sind die Coordinaten (x_c, y_c)? Geometrisch entsteht der Punkt C als Schnittpunkt der zwei Kreise um A und B mit b und a als Halbmesser; es ist nur zu beachten, dass im Coordinatensystem C und C' verschiedene Punkte sind.

a) Aus den gegebenen Coordinaten hat man (zweite Grundaufgabe):

$$tg\,(A\,B) = \frac{y_b - y_a}{x_b - x_a};\quad A\,B = c = \frac{y_b - y_a}{sin\,(A\,B)} \overset{\text{oder}}{=} \frac{x_b - x_a}{cos\,(A\,B)}.$$

Das Dreieck $A\,B\,C$ ist damit durch seine drei Seiten gegeben, also sind die Winkel α, β, γ zu berechnen: mit $s = \frac{1}{2}(a + b + c)$ und mit

$$r = \sqrt{\frac{(s-a)(s-b)(s-c)}{s}} \text{ ist } ctg\frac{\alpha}{2} = \frac{s-a}{r},\ ctg\frac{\beta}{2} = \frac{s-b}{r},\ ctg\frac{\gamma}{2} = \frac{s-c}{r}.$$

(Rechenprobe).

Nun sind also die Richtungswinkel von $A\,C$ und $B\,C$ bekannt:

$$(A\,C) = (A\,B) - \alpha \quad ; \quad (B\,C) = (B\,A) + \beta = (A\,B) \pm 180^0 + \beta$$

(für den Punkt C' wäre $(A\,C') = (A\,B) + \alpha$, $(B\,C') = (B\,A) - \beta$), und es ist nur noch (doppelt; Rechenprobe) die erste Grundaufgabe zu lösen: von Punkt A (ebenso von B) mit bekannten Coordinaten geht unter bekanntem Richtungswinkel $(A\,C)$ (oder $(B\,C)$) eine Strecke von bekannter Länge b (oder a) aus; man sucht die Coordinaten des Endpunkts; es wird:

$$\begin{cases} \underline{x_c = x_a + b\,cos\,(A\,C) \overset{\text{und}}{=} x_b + a\,cos\,(B\,C)} \\ \underline{y_c = y_a + b\,sin\,(A\,C) \overset{\text{und}}{=} y_b + a\,sin\,(B\,C).} \end{cases}$$

b) Man kann die Auflösung auch so machen: Es sei D der Fusspunkt des Lots von C auf $A\,B$; die Strecke $A\,D$ sei $= p$, $B\,D = q$, die Höhe $C\,D = h$. Diese drei Strecken sind, nachdem wie oben $(A\,B)$ und c berechnet sind, sofort sehr einfach nach § 25, 1. zu berechnen (h mit Probe). Für die Coordinaten von D hat man damit:

$$x_d = x_a + p\,cos\,(A\,B) \overset{\text{und}}{=} x_b + q\,cos\,(B\,A)$$

$$y_d = y_a + p\,sin\,(A\,B) \overset{\text{und}}{=} y_b + q\,sin\,(B\,A),$$ folglich auch, da

$$(D\,C) = (A\,B) - 90^0 = (B\,A) + 90^0 \quad \text{ist:}$$

$$\underline{x_c = x_d + h\,cos\,(D\,C)}\quad,\quad \underline{y_c = y_d + h\,sin\,(D\,C).}$$

Man rechne hiezu einige Beispiele aus. — Man könnte auch (x_c, y_c) auf diesem Wege ohne Benützung der Coordinaten des Punktes D und ohne trigonometrische Rechnung finden; wie?

Man versuche auch, auf eine goniometrische oder die zuletzt angedeutete algebraische Auflösung von folgendem Ansatz aus zu kommen: x_c und y_c sind zu bestimmen aus

$$(x_c - x_a)^2 + (y_c - y_a)^2 = b^2 \qquad (x_c - x_b)^2 + (y_c - y_b)^2 = a^2.$$

4) Bestimmung eines Punktes durch sog. Diagonalenschnitt (als Schnittpunkt zweier durch je zwei ihrer Punkte gegebener Geraden). Vier Punkte A, B, C, D sind gegeben durch ihre Coordinaten $(x_a\,y_a)$, $(x_b\,y_b)$, $(x_c\,y_c)$, $(x_d\,y_d)$. Was sind die Coordinaten $(x_e\,y_e)$ des Durchschnittspunkts E der Geraden (Diagonalen des Vierecks, wenn die Punkte als Eckpunkte eines Vierecks aufgefasst werden) $A\,C$ und $B\,D$?

Eine trigonometrische Lösung dieser im analytisch-geometrischen Sinn sehr einfachen und arithmetisch bequem zu rechnenden Aufgabe, die auch praktisch, ebenso wie die vorige, nicht ohne Bedeutung ist, erhält man so:

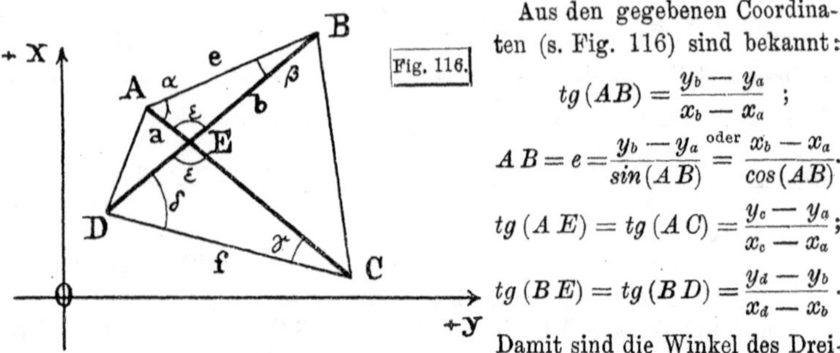

Aus den gegebenen Coordinaten (s. Fig. 116) sind bekannt:

$$tg\,(AB) = \frac{y_b - y_a}{x_b - x_a}\,;$$

$$AB = e = \frac{y_b - y_a}{sin\,(AB)} \overset{\text{oder}}{=} \frac{x_b - x_a}{cos\,(AB)}.$$

$$tg\,(AE) = tg\,(AC) = \frac{y_c - y_a}{x_c - x_a}\,;$$

$$tg\,(BE) = tg\,(BD) = \frac{y_d - y_b}{x_d - x_b}\,.$$

Damit sind die Winkel des Dreiecks AEB bekannt, $\alpha = (AE) - (AB)$, $\beta = (BA) - (BE)$, (Probe:) $\varepsilon = 180^0 - (\alpha + \beta) = (EB) - (EA) = (BE) - (AE)$; somit die Seiten AE und EB, sowie die Coordinaten von E zu berechnen aus:

$$a = \frac{e\,sin\,\beta}{sin\,\varepsilon} \quad\Bigg|\quad x_e = x_a + a\,cos\,(A\,E) = x_b + b\,cos\,(B\,E)$$

$$b = \frac{e\,sin\,\alpha}{sin\,\varepsilon} \quad\Bigg|\quad y_e = y_a + a\,sin\,(A\,E) = y_b + b\,sin\,(B\,E).$$

Die Auflösung ist allerdings unsymmetrisch, da die Punkte A, B keinen Vorzug vor den zwei andern haben. Rechnet man auch noch (CD) und $CD = f$, $[(CA)$ und (DB) sind schon bekannt], so kann man die Auflösung mit f, γ, δ wiederholen. Zahlenbeispiele bilde man selbst.

5) Kreisbogen im Coordinatensystem. Von der Geraden NT ist der Richtungswinkel (NT) gegeben; im Punkt T mit gegebenen Coordinaten $(x_t\,y_t)$ schliesst sich berührend an ein Kreisbogen vom gegebenen Halbmesser r und gegebener Bogenlänge $TT_1 = b$; was sind die Coordinaten $(x_{t'}, y_{t'})$ des Endpunkts T_1 dieses Bogens und was ist der Richtungswinkel der Tangente T_1N_1 in T_1? Ist β der Centriwinkel, der b entspricht, so ist $\beta = \frac{b}{r}\,\varrho$ und die Sehne $TT_1 = s = 2r\,sin\,\frac{\beta}{2}$; der Richtungswinkel (TT_1) von TT_1 ist $= (NT) + \frac{\beta}{2}$ (oder $-\frac{\beta}{2}$ je nach der Lage des Bogens), somit $x_t' = x_t + s\,cos\,(TT_1)$, $y_t' = y_t + s\,sin\,(TT_1)$ zu rechnen; endlich ist $(T_1N_1) = (NT) + \beta$ (oder $-\beta$). Der Weg über den Mittelpunkt O des Bogens wäre umständlicher; ebenso der über den Schnittpunkt S von NT und N_1T_1.

Beispiel: $(NT) = 62^0\,4'\,20''$; $r = 300$ m, $b = 300{,}00$ m; $x_t = +13215{,}14$ m, $y_t = +2488{,}77$ m. Da $b = r$ ist, so ist $\beta = \varrho = 57^0\,17'\,45''$, $(T_1N_1) = 119^0\,22'\,5''$; ferner wird $(TT_1) = 90^0\,43'\,12''$, $log\,s = 2.45\,887$;

$$\begin{cases} x_t' = +13\,215{,}14 + 3{,}61 = +13\,218{,}75 \text{ m} \\ y_t' = +2488{,}77 + 287{,}63 = +2776{,}40 \text{ m.} \end{cases}$$

6) Dreieckskette mit Zugrundlegung eines Coordinatensystems. Von der Aneinanderreihung von Dreiecken zu einer Kette und der Kombination von Dreiecken zu Netzen war schon in § 33 die Rede; es ist dort auch schon angegeben, dass die Zugrundlegung eines Coordinatensystems alle Rechnungen erleichtert. Die Aufgabe sei nun folgende:

A und F sollen die Mundlöcher eines geraden Tunnels werden; beide Punkte sind durch eine Dreieckskette (Fig. 117) verbunden, in der die Basis AB und alle Winkel gemessen sind. Es ist die **Richtung der Tunnelaxe** AF in den beiden Punkten A und F, d. h. ihr Winkel gegen die Dreiecksseiten AB oder AC einerseits, FD, FE anderseits, sowie die **Länge** AF **des Tunnels** anzugeben.

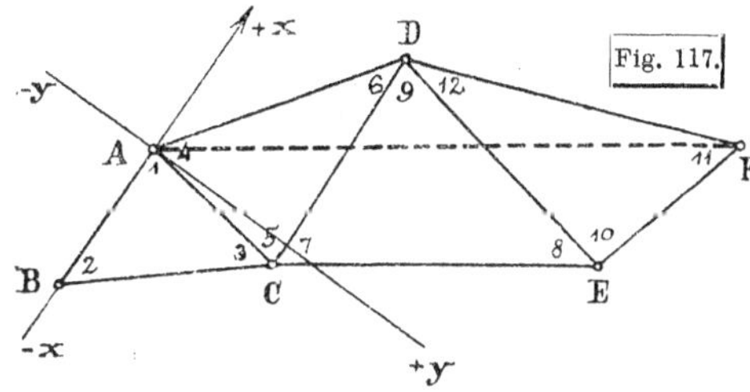

Die gemessenen Winkel, an denen die Verbesserungen wegen der Winkelsummen in den Dreiecken angebracht sind, so dass die Summe der drei Winkel eines Dreiecks = 180° ist, seien wieder mit den Zahlen (1) bis (12) bezeichnet [vgl. § 33, 2].

Basis AB = 320,43 m.

(1) = **83° 7′ 20″**		(7) = **56° 45′ 50″**	
(2) = **48 39 40**		(8) = **45 0 20**	
(3) = **48 13 0**	180 0 0.	(9) = **78 13 50**	180 0 0.
(4) = **61 59 10**		(10) = **92 41 30**	
(5) = **80 22 30**		(11) = **55 45 40**	
(6) = **37 38 20**	180 0 0.	(12) = **31 32 50**	180 0 0.

Vor allem wird man die Längen aller Dreiecksseiten bestimmen (vgl. § 33, S. 322/323); man findet die unten angeschriebenen Logarithmen:

Für die weitere Rechnung wird man nun aber ein Coordinatensystem zu Grund legen. Da man seine Lage hier ganz beliebig wählen kann, wird man es möglichst bequem annehmen: es sei z. B. A Ursprung und die Verlängerung von BA die positive Richtung der x-Axe; damit ist $+y$ so anzunehmen, wie es in der Figur geschehen ist.

AC	2.50 871
BC	2.63 004
AD	2.71 674
CD	2.66 878
CE	2.81 003
DE	2.74 168
DF	2.82 385
EF	2.54 300

Die Coordinaten von A und B, sowie die Richtungswinkel von AB, AC, AD sind dann unmittelbar bekannt, nämlich

$$\begin{cases} x_a = 0 \\ y_a = 0 \end{cases} \qquad \begin{cases} x_b = -320{,}43 \\ y_b = 0, \end{cases}$$

$$(AB) = 180°\ 0'\ 0''$$
$$(AC) = 96\ 52\ 40\ (= 180° - (1))$$
$$(AD) = 34\ 53\ 30\ (= 180° - [(1) + (4)]).$$

Überhaupt sind aber die Richtungswinkel aller Seiten nunmehr unmittelbar der Figur zu entnehmen; z. B. ist, nachdem $(AD) = 34^0\,53'\,30''$ oder $(DA) = 214^0\,53'\,30''$ gefunden wurde, auch bekannt:

$(DF) = (DA) - [(6) + (9) + (12)] = 67^0\,28'\,30''$; ferner aus $(CA) = 276^0\,52'\,40''$ auch $(CE) = (CA) + (5) + (7) = 414^0\,1'\,0'' = 54^0\,1'\,0''$, also $(EC) = 234^0\,1'\,0''$ und damit $(EF) = (EC) + (8) + (10) = 371^0\,42'\,50'' = 11^0\,42'\,50''$.

Die angeschriebenen Richtungswinkel: (AD), (DE); (AC), (CE) und (EF) sind nicht zufällig gewählt; man wird vielmehr von einem der Punkte mit angenommenen Coordinaten, am einfachsten A, auf möglichst kurzem Rechnungswege nach F zu kommen suchen. Dies ist der Weg A, D, F und zur Kontrole A, C, E, F. Um die Coordinaten dieser Punkte zu rechnen ist nichts erforderlich, als mehrfache Anwendung der 1. Grundaufgabe; z. B. ist für den ersten Weg:

$$x_d = \underset{(=0)}{x_a} + AD \,.\, cos\,(AD)\,; \qquad y_d = \underset{(=0)}{y_a} + AD \,.\, sin\,(AD)$$

$$x_f = x_d + DF \,.\, cos\,(DF)\,; \qquad y_f = y_d + DF \,.\, sin\,(DF)\,;$$

und ganz ebenso für den zweiten Weg A, C, E, F. Führt man die Multiplikation der Strecken mit *cos* und *sin* ihrer Richtungswinkel durch, so erhält man der Reihe nach:

$x_d = +427{,}24$, $y_d = +297{,}96$; $x_f = +682{,}60$, $y_f = +913{,}69$; ferner $x_c = -38{,}63$, $y_c = +320{,}31$; $x_e = +340{,}73$, $y_e = +842{,}80$; $x_f = +682{,}60$, $y_f = +913{,}69$ wie oben.

Aus den Coordinaten von F erhält man endlich den Richtungswinkel (AF) und die Länge AF, und zwar, da $x_a = 0$, $y_a = 0$ ist, einfach aus:

$$tg\,(AF) = \frac{y_f}{x_f}, \quad AF = \frac{y_f}{sin\,(AF)} \overset{\text{oder}}{=} \frac{x_f}{cos\,(AF)}.$$

Mit AF sind dann aber auch die gesuchten Winkel der Richtung AF mit AD oder AC und der Richtung FA mit FE oder FD bekannt.

y_f	2.96 080	Die gesuchte Länge wird $AF = 1140{,}51$ m; ferner für die Winkel	
$E\,{}^{sin}_{cos}\,(AF)$	0.09 630	$(AF) = 53°\ 14'\ 14''$	$(FA) = 233°\ 14'\ 14''$
x_f	2.83 417	$(AD) = 34\ \ 53\ \ 30$	$(FE) = 191\ \ 42\ \ 50$
		$(AC) = 96\ \ 52\ \ 40$	$(FD) = 247\ \ 28\ \ 30$
$tg\,(AF)$	0.12 663		
AF	3.05 710	$DAF = 18°\ 20'\ 44''$	$EFA = 41°\ 31'\ 24''$
Die zugehörigen Zahlen stehen rechts:		$CAF = 43\ \ 38\ \ 26$	$AFD = 14\ \ 14\ \ 16$

§ 38. Die beiden Hauptaufgaben der Kleintriangulierung (praktischen Trigonometrie): Bestimmung eines Punktes durch Vorwärts- oder Rückwärtseinschneiden.

Diese beiden Hauptaufgaben sind die Bestimmung der Lage eines Punktes durch Winkelmessung a) in gegebenen Punkten oder b) in dem gesuchten Punkt. Man hat hiernach

a) Bestimmung eines Punktes durch Vorwärtseinschneiden,

b) Bestimmung eines Punktes durch Rückwärtseinschneiden (vgl. § 34, 1, S. 327). Dabei sind nun also gegebene Punkte durch ihre Coordinaten gegeben, für den gesuchten Punkt sind die Coordinaten zu bestimmen.

1) Erste Hauptaufgabe: Vorwärtseinschneiden eines Punkts C von zwei Punkten A und B aus (oder Triangulierung von C mit Hilfe des Dreiecks ABC):

Von einem Dreieck ACB sind gegeben die Coordinaten (x_a, y_a) und (x_b, y_b) zweier Ecken A und B; gemessen sind ferner die Winkel α, β, γ des Dreiecks. Gesucht sind die Coordinaten der dritten Ecke C (vgl. § 33, Aufg. **1**). [71]

Reines Vorwärtseinschneiden des Punktes C von A und B aus würde nur Messung von α und β verlangen, wie denn auch der Punkt C durch die so entstehenden zwei Bestimmungslinien planimetrisch festliegt; es wäre dann $\gamma = 180^0 - (\alpha + \beta)$. Ist auch der dritte Winkel γ gemessen, so ist C zugleich über A und B rückwärts eingeschnitten, es ist mehr gemessen, als planimetrisch erforderlich ist; es liegt also eine „Ausgleichungsaufgabe" vor, deren Bedingungsgleichung hier sehr einfach lautet: Summe der drei „ausgeglichenen" Winkel $(\alpha + \beta + \gamma)$ muss $= 180^0$ sein (Verteilung des Messungswiderspruchs auf die Winkel α, β, γ).

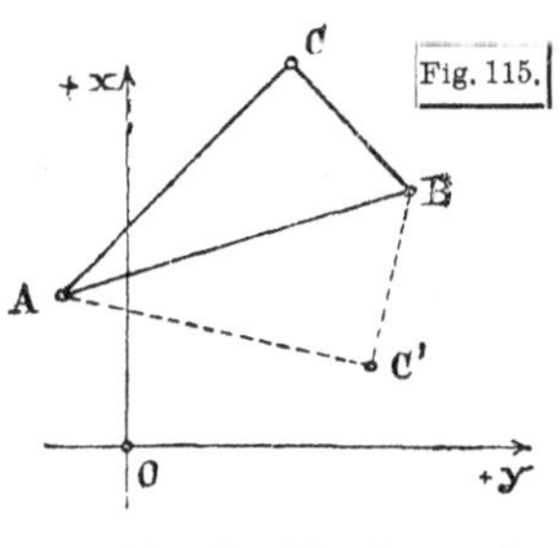

Fig. 115.

Um Zweideutigkeit der Aufgabe zn vermeiden (vgl. § 37, **4**, 3), hat man über die Art der Bezeichnung eine Übereinkunft zu treffen und hat dazu folgende gewählt: Denkt man sich (Fig. 115) in der Verbindungslinie der beiden gegebenen Punkte so stehend, dass man nach dem gesuchten C sieht, so bezeichnet man die Ecke zur linken Hand als A, die zur rechten als B. (Zur Bestimmung von C' aus denselben gegebenen Stücken würde also der jetzt mit B bezeichnete Punkt A sein und umgekehrt).

Die Auflösung ist folgende: Man rechnet (AB) und $c = AB$ (zweite Grundaufgabe); mit c, nach dem *Sinus*-Satz, $AC = b$ und $BC = a$; mit (AB) sind auch (AC) und (BC) bekannt; somit von den Coordinaten von A und B aus die Coordinaten von C zu rechnen (erste Grundaufgabe).

$$(1) \qquad tg\,(AB) = \frac{y_b - y_a}{x_b - x_a} \quad \text{und}$$

$$(2) \qquad AB = \frac{y_b - y_a}{sin\,(AB)} \overset{\text{oder}}{=} \frac{x_b - x_a}{cos\,(AB)}; \text{ ferner ist}$$

$$(3) \qquad (AC) = (AB) - \alpha$$

$$(4) \qquad (BC) = (BA) + \beta = (AB) \pm 180^0 + \beta.$$

Die Seiten AC und BC finden sich nach dem *Sinus*-Satz aus $AB = c$ und den Winkeln durch:

$$(5) \quad b = AC = \frac{c \, . \, sin\,\beta}{sin\,\gamma}; \qquad (6) \quad a = BC = \frac{c \, . \, sin\,\alpha}{sin\,\gamma};$$

damit wird endlich:

$$(7) \quad \begin{cases} x_c = x_a + AC \, . \, cos\,(AC) \overset{\text{und}}{=} x_b + BC \, . \, cos\,(BC) \\ y_c = y_a + AC \, . \, sin\,(AC) \overset{\text{und}}{=} y_b + BC \, . \, sin\,(BC) \end{cases}$$

Die doppelte Rechnung der gesuchten Coordinaten liefert eine vollständig durchgreifende Rechenprobe.

Beispiel.

Gegebene Punkte:

A:	$x_a = + \mathbf{29644{,}34}$	$y_a = + \mathbf{3462{,}08}$
B:	$x_b = + \mathbf{30482{,}16}$	$y_b = + \mathbf{2539{,}60}$
	$x_b - x_a = +\ 837{,}82$	$y_b - y_a = -\ 922{,}48.$

Gemessene Winkel:

		Corr.
in A:	$\alpha = \mathbf{36^0\,27'\,40''}$	50″
„ B:	$\beta = \mathbf{82\ 47\ 10}$	20″
„ C:	$\gamma = \mathbf{60\ 44\ 40}$	50″
	179 59 30	0.

Die drei gemessenen Winkel α, β, γ zeigen einen „Dreieckschlussfehler" von 30″, dergleichmässig verteilt ist.

$(A\,B) = 312^0\,14'\,46''$

$(A\,B) - \alpha = (A\,C) = 275\ 46\ 56$

$(B\,A) = 132\ 14\ 46$

$(B\,A) + \beta = (B\,C) = 215\ \ 2\ \ 6.$

Probe: $(C\,A) - (C\,B) = \gamma$ $(A\,C) - (B\,C) = \gamma$ $= 60^0\,44'\,50''.$

$x_a = + \mathbf{29644{,}34}$	$x_b = + \mathbf{30482{,}16}$
$AC.\cos(AC) = +\ 142{,}76$	$B\,C.\cos(B\,C) = -\ 695{,}06$
$\underline{C}$ | $x_c = + 29787{,}10$	$x_c = + 29787{,}10$
$y_a = + \mathbf{3462{,}08}$	$y_b = + \mathbf{2539{,}60}$
$AC.\sin(AC) = -\ 1409{,}77$	$B\,C.\sin(B\,C) = -\ 487{,}31$
$\underline{C}$ | $y_c = + 2052{,}31$	$y_c = + 2052{,}29$

$(y_b - y_a)$	2.96 496 n
$E \frac{\sin}{\cos}(A\,B)$	0.13 061 n
$(x_b - x_a)$	2.92 315
$tg\,(A\,B)$	0.04 181 n
$c = A\,B$	3.09 557
$E \sin \gamma$	0.05 925
$A\,C$	3.15 137
$\sin \beta$	9.99 655
$A\,B/\sin \gamma$	3.15 482
$\sin \alpha$	9.77 402
$B\,C$	2.92 884
$A\,C.\cos(A\,C)$	2.15 461
$\cos(AC)$	9.00 324
$A\,C$	3.15 137 X
$\sin(A\,C)$	9.99 778 n
$A\,C.\sin(A\,C)$	3.14 915 n
$B\,C.\cos(B\,C)$	2.84 202 n
$\cos(B\,C)$	9.91 318 n
$B\,C$	2.92 884
$\sin(B\,C)$	9.75 897 n
$B\,C.\sin(B\,C)$	2.68 781 n

Bei der Wichtigkeit der vorstehenden Aufgabe folgen noch einige Zahlenbeispiele:

Nr.	x_a / y_a	x_b / y_b	α	β	γ	x_c / y_c	Bemerk.
1	+ 25559,37 / + 10424,37	+ 30124,13 / + 7604,08	45⁰ 45′ 33″	71⁰ 44′ 30″	62⁰ 29′ 54″	+ 27564,96 / + 7117,54	6stell.
2	+ 28559,37 / + 10424,37	+ 30456,18 / + 8125,20	56 15 35	69 41 32	54 2 53	+ 27564,93 / + 7117,52	desgl.
3	+ 29252,91 / + 8983,82	+ 29266,85 / + 9012,46	60 34,4	38 38,7	80 46,9	+ 29273,02 / + 8985,04	4stell.
4	+ 29252,91 / + 8983,82	+ 29266,85 / + 9012,46	80 9 15	31 14 58	68 35 47	+ 29269,961 / + 8978,896	5stell.
5	+ 35019,85 / + 8198,48	+ 34634,62 / + 8217,47	86 10 29	42 25 24	51 18 7	+ 35014,60 / + 8531,80	desgl.
6	− 10671,75 / + 33173,05	− 11359,55 / + 32887,27	75 37 24	49 41 38	54 40 58	− 11090,09 / + 33729,60	desgl.

Zusätze. 1) Eine Anwendung dieser Aufgabe auf eine andere Coor-

dinatenaufgabe ist schon in § 37, **4**, 4) angegeben; ebenso gehört § 37, **4**, 3) hieher.

2) Die vorstehende Rechnung ist die bequemste und praktisch stets anzuwenden. An sich könnte man aber selbstverständlich die verschiedensten Wege gehen; einige seien wenigstens (im Sinn einer Übung) angedeutet; der erste ist der der Aufgabe § 37, **4**, 3) b), der den Fusspunkt D der Höhe von C auf AB benützt. Mit den dort und oben gebrauchten Bezeichnungen ist, nachdem (AB) und $AB = c$ gerechnet ist:

$$p = \frac{c}{\sin\gamma}\sin\beta \cdot \cos\alpha, \quad q = \frac{c}{\sin\gamma}\sin\alpha \cdot \cos\beta, \quad h = p\, tg\,\alpha = q\, tg\,\beta$$ (womit p und q kontroliert sind). Sodann hat man für die Coordinaten von D:

$$x_d = x_a + p\cos(AB) \overset{\text{und}}{=} x_b + q\cos(BA)$$
$$y_d = y_a + p\sin(AB) \overset{\text{und}}{=} y_b + q\sin(BA);$$

beachtet man endlich, dass $(DC) = (AB) + 90^0$ ist, so wird:

$$\underline{x_c} = x_d + h\cos(DC) = \underline{x_d - h\sin(AB)}$$
$$\underline{y_c} = y_d + h\sin(DC) = \underline{y_d + h\cos(AB)}.$$

Zählt man die Tafeleingänge nach, so findet man, dass sie nicht grösser ist als bei der ersten Auflösung; besonders ist zu beachten, dass man für (DC) nichts neues aufzuschlagen braucht. Aber die Schlussprobe fehlt (die Proben sind früher vorhanden). Der Punkt D teilt die Strecke c im Verhältnis $p : q = ctg\,\alpha : ctg\,\beta$, ebenso verhalten sich $(x_d - x_a) : (x_b - x_d)$ und $(y_d - y_a) : (y_b - y_d)$. Man kann dieses Verhältnis noch weiter benützen, doch soll nicht weiter darauf eingegangen werden. — Oder man könnte von dem Mittelpunkt E der Strecke AB ausgehen, deren Coordinaten als Mittel der von A und B sofort gegeben sind (womit dann auch $(y_b - y_a)$, $(x_b - x_a)$ einfach kontroliert werden; sind γ_1, γ_2 die Winkel, in die γ durch die Schwerlinie $t''' = CE$ zerfällt, so sind γ_1 und γ_2 in bekannter Weise zu bestimmen aus $\gamma_1 + \gamma_2 = \gamma$ und $\frac{\sin\gamma_1}{\sin\gamma_2} = \frac{\sin\alpha}{\sin\beta}$; mit γ_1 und γ_2 ist dann auch t''', ferner (EC) bekannt und daraus (x_c, y_c) zu berechnen. — Endlich: man könnte den Punkt F auf AB benützen, der der Winkelhalbierenden in C entspricht. — Alle diese Lösungen sind, wie schon bemerkt, praktisch ohne Bedeutung. Wichtiger ist noch folgende Abänderung der Aufgabe **1.**

2) Einfaches Vorwärtseinschneiden „ohne Visur in der Grundlinie" (vgl. § 34. **4**, 1)

Häufig kann bei der vorstehenden ersten Hauptaufgabe der Kleintriangulierung in der Basis AB des Dreiecks ABC nicht gezielt werden.

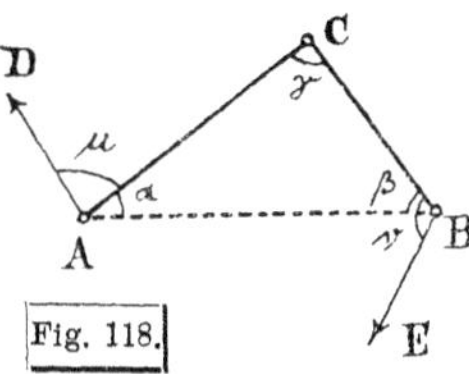

Fig. 118.

Man hat dann die Aufgabe des Vorwärtseinschneidens „ohne Visur in der Grundlinie": Gegeben sind die Coordinaten der beiden Standpunkte A und B und die Coordinaten zweier weiterer Punkte D und E, die von A und B aus sichtbar sind (in der angeführten Aufgabe des § 34 sind D und E identisch; der hier behandelte allgemeinere Fall ist im Coordinatensystem nicht umständlicher). Gemessen werden (Fig. 118) in A der Winkel $DAC = \mu$, in B der Winkel $EBC = \nu$ meist auch noch, wenn möglich, in C der Winkel γ, womit wieder eine Messungsprobe gegeben ist (vgl. oben in **1**). Die Aufgabe ist unmittelbar auf die vorige zurückzuführen. Wie dort sind zunächst (AB) und AB, ferner

aus den Coordinaten von D und A der Richtungswinkel (AD)

" " " " E " B " " (BE)

zu bestimmen. Nun ist

$$(AC) = (AD) + \mu \quad , \quad (BC) = (BE) + \nu ; \quad \text{ferner}$$

$$\alpha = (AB) - (AC), \quad \beta = (BC) - (BA) = (BC) - (AB) \pm 180^0;$$

ist γ ebenfalls gemessen, so hat man die Messungsprobe $\alpha + \beta + \gamma = 180^0$, andernfalls ist γ aus dieser Gleichung zu bestimmen. Damit ist die Aufgabe auf die vorige zurückgeführt.

3) Bestimmung eines Punktes durch einen Vorwärts- und einen Rückwärtsschnitt (oft sog. Gegenschnitt); vgl. § 34, **4**, 2 mit Fig. 108). Gegeben sind die Punkte A, C, B durch ihre Coordinaten (x_a, y_a), (x_c, y_c), (x_b, y_b); in C wird der Winkel $ACP = \gamma_1$, in P der Winkel $APB = \delta$ gemessen. Was sind (x_d, y_d)?

Man kann für diese Aufgabe viele Auflösungen aufstellen, z. B. benützen den Punkt E, in dem (Fig. 108) AB und CP sich schneiden und der leicht zu berechnen ist.

Man kann die Aufgabe auch ähnlich verallgemeinern, wie **2**) die Aufgabe **1**) verallgemeinert: Gegeben sind die Punkte A, B, C und D; in B wird der Winkel zwischen A und P und in P der zwischen C und D gemessen; was sind die Coordinaten von P? Wie wird die Auflösung für diesen allgemeinern Fall der Aufgabe am einfachsten?

4) Zweite Hauptaufgabe: Rückwärtseinschneiden eines Punktes *D* über drei gegebene Punkte *A*, *C*, *B*; oder *Snellius*sche Aufgabe im Coordinatensystem. Gegeben sind die Coordinaten dreier Punkte A, C, B, nämlich (x_a, y_a), (x_c, y_c), (x_b, y_b); in einem Punkt D sind gemessen die Winkel δ_1 zwischen A und C, δ_2 zwischen C und B; was sind die Coordinaten des Punkts D? Vgl. Fig. 119. Die Aufgabe ausserhalb des Coordinatensystems ist in § 34, **1.** ausführlich behandelt.

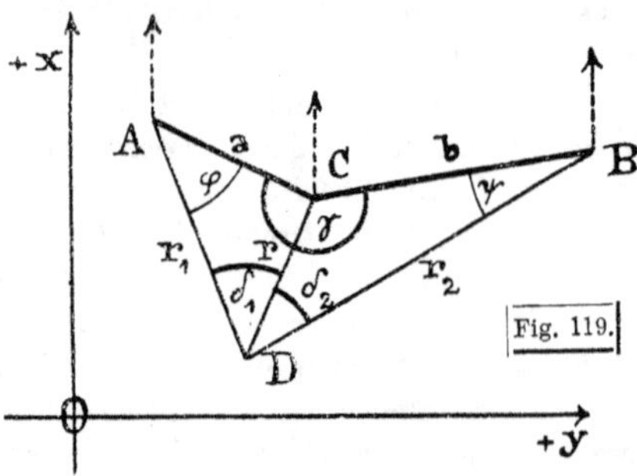

Fig. 119.

Am bequemsten und jedenfalls am anschaulichsten ist die *Jordan*sche Auflösung [72]), die die Aufgabe zuerst vom

Coordinatensystem loslöst, nun die Winkel und Abmessungen nach § 34, **1.** bestimmt und sie sodann wieder ins Coordinatensystem zurückführt, um (x_d, y_d) von A und B aus zu rechnen. Die Bestimmung von a, b, γ geschieht zunächst aus:

$$(1)\quad \begin{cases} tg(AC) = \dfrac{y_c - y_a}{x_c - x_a}, \\ tg(BC) = \dfrac{y_c - y_b}{x_c - x_b}, \end{cases} \qquad (2)\quad \begin{cases} AC = a = \dfrac{y_c - y_a}{sin(AC)} \overset{\text{oder}}{=} \dfrac{x_c - x_a}{cos(AC)} \\ BC = b = \dfrac{y_c - y_b}{sin(BC)} \overset{\text{oder}}{=} \dfrac{x_c - x_b}{cos(BC)} \end{cases}$$

Damit hat man auch γ, nämlich

$$(3)\quad \gamma = (CA) - (CB) = (AC) - (BC), \text{ die oben berechnet sind.}$$

Mit a, b, γ; δ_1, δ_2 ist nun die Auflösung des Vierecks diese (s. den oben angegebenen Ort):

$$(4)\quad tg\,\lambda = \frac{a/sin\,\delta_1}{b/sin\,\delta_2}\quad ; \qquad (5)\quad \frac{\varphi + \psi}{2} = 180^0 - \frac{\gamma + \delta_1 + \delta_2}{2};$$

$$(6)\qquad tg\,\frac{\varphi - \psi}{2} = tg\,\frac{\varphi + \psi}{2}\,ctg(45^0 + \lambda).$$ Damit sind φ und ψ bekannt, also zu berechnen die gesuchten Entfernungen:

$$(7)\quad \begin{cases} r_1 = \dfrac{a}{sin\,\delta_1}\,sin(\delta_1 + \varphi) = AD \\ r_2 = \dfrac{b}{sin\,\delta_2}\,sin(\delta_2 + \psi) = BD \\ r = \dfrac{a}{sin\,\delta_1}\,sin\,\varphi \overset{\text{und}}{=} \dfrac{b}{sin\,\delta_2}\,sin\,\psi \text{ (Rechenprobe);} \end{cases}$$

ferner hat man, wenn man nur von zwei der gegebenen Punkte aus (was als Rechenprobe genügt) den Punkt D berechnet, für die Richtungswinkel:

$$(8)\quad \begin{cases} (AD) = (AC) + \varphi \\ (BD) = (BC) - \psi \end{cases} \quad \text{Rechenprobe: } (DA) + \delta_1 = (DC) = (DB) - \delta_2 \text{ oder } (AD) + \delta_1 = (BD) - \delta_2;$$

damit wird also schliesslich:

$$(9)\quad \begin{cases} x_d = x_a + AD\,.\,cos(AD) \overset{\text{und}}{=} x_b + BD\,.\,cos(BD) \\ y_d = y_a + AD\,.\,sin(AD) \overset{\text{und}}{=} y_b + BD\,.\,sin(BD). \end{cases}$$

Über die Bezeichnung der Punkte A, C, B (C der „mittlere", δ_1 und δ_2 je $< 180^0$) u. s. f. (λ spitzer Winkel; $\frac{\varphi - \psi}{2}$ positiver oder negativer spitzer Winkel); ebenso über die Determination der Aufgabe (Unbestimmtheit, wenn D auf dem „gefährlichen" Kreis durch A, C, B liegt) ist § 34, **1** zu vergleichen. Die Anordnung des Rechenschemas hat nach § 34 und nach der vorstehenden Aufgabe **1.** (Vorwärtseinschneiden) keine Schwierigkeit.

Beispiel. (Hier reichen 5-stellige Logarithmen gerade noch aus, wenn, wie im vorliegenden Fall, die Winkel δ_1 und δ_2 nicht sehr scharf gemessen sind).

Gegebene Punkte:

C:	$x_c = +$ **30796,55**	$y_c = +$ **11731,96**
A:	$x_a = +$ **28644,80**	$y_a = +$ **11368,34**
B:	$x_b = +$ **31781,93**	$y_b = +$ **12010,25**

$x_c - x_a = +\ 2151{,}75$	$y_c - y_a = +\ 363{,}62$
$x_c - x_b = -\ 985{,}38$	$y_c - y_b = -\ 278{,}29$

Gemessene Winkel:

in D: | $ADC = \delta_1 =$ **62° 40′ 0″**
$BDC = \delta_2 =$ **68 24 37**

$(AC) = 9^0\,35'\,30''$
$(BC) = 195\ 46\ 14$

$\gamma = (CA) - (CB) = (AC) - (BC) = 173\ 49\ 16$
$\delta_1 + \delta_2 = 131\ \ 4\ 37$

$\gamma + \delta_1 + \delta_2 = 304\ 53\ 53$

$360^0 - (\gamma + \delta_1 + \delta_2) = \varphi + \psi = 55\ \ 6\ \ 7$

$\lambda = 65^0\,51'\,18''$
$(45^0 + \lambda) = 110^0\,51'\,18''$

$\frac{\varphi + \psi}{2} = 27^0\,33'\ \ 4''$

(spitz zu nehmen) $\frac{\varphi - \psi}{2} = -11\ 14\ 27$

$\varphi = 16\ 18\ 37$
$\psi = 38\ 47\ 31$

Probe: $\varphi + \delta_1 + \psi + \delta_2 + \gamma = 360^0$. | $\varphi + \delta_1 = 78^0\,58'\,37''$
$\psi + \delta_2 = 107\ 12\ \ 8$

$(AC) = 9^0\,35'\,30''$
$+\varphi = 16\ 18\ 37$

Probe: $(AD) + \delta_1 = (BD) - \delta_2 = (CD)$ | $(AD) = 25\ 54\ \ 7$
$(BD) = 156\ 58\ 43$

$-\psi = -38\ 47\ 31$
$(BC) = 195\ 46\ 14$

$A \mid x_a = +$ **28644,80**	$y_a = +$ **11368,34**
$AD\cos(AD) = +\ 2168{,}9$	$AD\sin(AD) = +\ 1053{,}3$
$D \mid x_d = +30813{,}7$	$y_d = +12421{,}6$
$B \mid x_b = +$ **31781,93**	$y_b = +$ **12010,25**
$BD\cos(BD) = -\ 968{,}14$	$BD\sin(BD) = +\ 411{,}38$
$D \mid x_d = +30813{,}79$	$y_d = +12421{,}63$

$y_c - y_a$	2.56 064
$E \frac{sin}{cos} (AC)$	0.00 611
$x_c - x_a$	3.33 279
$tg\,(AC)$	9.22 785
$AC = a$	3.33 890
$E \sin \delta_1$	0.05 142
(*) $a \sin \delta_1$	3.39 032
$y_c - y_b$	2.44 449n
$E \frac{sin}{cos} (BC)$	0.01 667
$x_c - x_b$	2.99 360n
$tg\,(BC)$	9.45 089
$BC = b$	3.01 027
$E \sin \delta_2$	0.03 159
(*) $b/\sin \delta_2$	3.04 186
(*) $tg\lambda = \frac{a/\sin\delta_1}{b/\sin\delta_2}$	0.34 846
$ctg\,(45^0 + \lambda)$	9.58 088n
$tg\,\frac{\varphi + \psi}{2}$	9.71 742
$tg\,\frac{\varphi - \psi}{2}$	9.29 830n
AD	3.38 223
$\sin(\varphi + \delta_1)$	9.99 191
(*) $a/\sin\delta_1$	3.39 032
$\sin\varphi$	9.44 846
Probe: r	2.83 878
Probe: r	2.83 878
$\sin\psi$	9.79 692
(*) $b/\sin\delta_2$	3.04 186
$\sin(\psi + \delta_2)$	9.98 012
BD	3.02 198
$AD\cos(AD)$	3.33 625
$\cos(AD)$	9.95 402
AD	3.38 223
$\sin(AD)$	9.64 031
$AD\sin(AD)$	3.02 254
$BD\cos(BD)$	2.98 594n
$\cos(BD)$	9.96 396n
BD	3.02 198
$\sin(BD)$	9.59 226
$BD\sin(BD)$	2.61 424

Die beiden Werte für D, von A und B aus, stimmen genügend überein (5-stellige Rechnung, während die Coordinaten-Differenzen bei AD über 2000 und 1000 m sind); der zweite Wert ist selbstverständlich schärfer. Am schärfsten würde hier der Wert von C aus ausfallen; es ist

$$(CD) = \begin{cases} 88^0\,34'\,7'' = (AD) + \delta_1 \\ 88^0\,34'\,6'' = (BD) - \delta_2 \end{cases}, \text{ s. Probe, und } \log CD = \begin{cases} 2.83\,878 \\ 2.83\,878 \end{cases};$$

eben diese Proben zeigen auch 5-stellige Logarithmen noch ausreichend. Von C aus wird:

$$CD.\cos(CD) = +17{,}24, \quad CD.\sin(CD) = +689{,}67, \text{ also}$$
$$\underline{x_d = +30813{,}79}\;, \quad \underline{y_d = +12421{,}63} \text{ wie oben.}$$

Bei der Wichtigkeit der Aufgabe folgen wieder einige Zahlenbeispiele, die meist 6-stellig gerechnet sind (aber mit Schlussabrundung auf 1″ in den Winkeln).

Nr.	x_a / y_a	x_c / y_c	x_b / y_b	δ_1	δ_2	y_d / x_d
1	28560,64 9323,91	28996,79 8807,58	29266,85 9012,46	93°44′ 38″	83° 6′ 42″	29097,60 9095,65
2	— 10590,87 + 28408,72	— 11058,44 + 31052,53	— 11382,55 + 32119,37	53 23 29	38 55 21	— 12673,89 + 30986,86
3	— 11382,55 + 32119,37	— 11878,57 + 34603,07	— 13489,82 + 32582,28	49 48 52	37 20 10	— 13275,97 + 31605,15
4	38572,02 10181,79	35791,61 10804,68	35860,32 15737,06	36 27 6	20 21 20	34363,82 8526,92
5	116511,0 44640,9	110961,9 41931,3₅	100964,6 51730,6	10 9 21	43 29 9	104303,4 32013,1
6	— 43628,95 + 31642,16	— 39039,60 + 35001,56	— 37299,67 + 38464,08	45 19 47	97 52 6	— 39577,69 + 37667,18

Zusätze. 1) Eine Verallgemeinerung dieser Aufgabe, ähnlich wie die der Aufgabe **1.** in **2.** und bei dem am Schluss von **3.** Angedeuteten, ist praktisch wertlos. Der Punkt D entsteht als Schnittpunkt zweier Kreise, die über a und b als Sehnen und mit δ_1 und δ_2 als Peripheriewinkeln beschrieben werden. In allgemeinerer Fassung würde also unsere Aufgabe so lauten: Es sind gegeben die Coordinaten (x_a, y_a), (x_b, y_b); (x_e, y_e), (x_f, y_f) von vier Punkten A, B; E, F. Auf einem Punkt D, dessen Coordinaten (x_d, y_d) zu bestimmen sind, sind gemessen die Winkel $ADB = \alpha$ und $EDF = \varepsilon$. Was sind die Coordinaten von D? Diese Aufgabe ist deshalb praktisch unwichtig, weil bei Sichtbarkeit aller der angegebenen Punkte von D aus kein Grund vorliegt, nicht zwei solche Winkel zu wählen, die einen Schenkel gemeinschaftlich haben, wie oben angenommen ist. Immerhin versuche man, zur Übung diese allgemeinere Aufgabe zu lösen.

2) Dagegen ist noch ein Wort über andere Rechnungsmethoden zu sagen: Man kann die Aufgabe des Rückwärtseinschneidens wieder auf

den verschiedensten Wegen lösen. Erwähnt sei wenigstens, dass man die Aufgabe ganz auf Vorwärtseinschneiden zurückführen kann und zwar abermals auf verschiedene Art. Mit den Coordinaten von A und C und dem Winkel δ_1 sind zugleich die Coordinaten des Mittelpunkts M_1 des Kreises über a als Sehne und mit δ_1 als Peripheriewinkel bestimmt (vgl. § 25, **3**); ebenso ist M_2 bestimmt durch die Punkte B, C und den Winkel δ_2. Ferner sind die Halbmesser dieser Kreise aus $2\,R_1 = \frac{a}{sin\,\delta_1}$ und $2\,R_2 = \frac{b}{sin\,\delta_2}$ bekannt (bei der obigen Lösung ist $tg\,\lambda$ das Verhältnis der beiden Kreishalbmesser, vgl. § 34, **1**, S. 329); von M_1 und M_2 aus ist also D bestimmt durch die Entfernung $M_1 D = R_1$ und $M_2 D = R_2$ (Aufg. **4**. 3) in § 37). Die Coordinaten von M_1 und M_2 sind sehr einfach auszurechnen: es seien E_1 und E_2 die Halbierungspunkte der Seiten CA und CB, deren Coordinaten unmittelbar durch $x_{e_1} = \frac{1}{2}(x_a + x_c)$, $y_{e_1} = \frac{1}{2}(y_a + y_c)$ u. s. f. gegeben sind; dann ist (Winkel $AM_1C = 2\,\delta_1$ u. s. f.) $E_1 M_1 = \frac{1}{2}\,a\,ctg\,\delta_1$, $E_2 M_2 = \frac{1}{2}\,b\,ctg\,\delta_2$. Ferner ist $(E_1 M_1) = (AC) + 90^0$, $(E_2 M_2) = (BC) - 90^0$, so dass $(x_{m_1}\, y_{m_1})$ $(x_{m_2}\, y_{m_2})$ sofort anzuschreiben sind; endlich sind aus R_1, R_2 die Coordinaten von D zu berechnen (§ 37, **4**, 3). — Man kann auch (ohne die Coordinaten von M_1 und M_2 ausrechnen zu müssen), die Coordinaten von D dadurch bestimmen, dass man den zu C in Beziehung auf $M_1 M_2$ symmetrischen Punkt berechnet.[73] — Noch andere Auflösungen der Aufgabe rechnen mit Hilfe der sog. *Collins*schen Hilfspunkte (Schnittpunkt E von CD oder seiner Verlängerung mit dem durch die Punkte A, D, B gehenden Kreis; der Punkt E ist durch die Winkel δ_2 und δ_1 von A und B aus vorwärts eingeschnitten; auch für D kommt man dann auf doppeltes Vorwärtseinschneiden zurück. Über noch andere Auflösungen siehe [74]).

Eine weitere Auflösung endlich (von *Bessel*; von *Baur* etwas abgeändert), mit der oben im Text angegebenen trigonometrischen wesentlich vollständig übereinstimmend, ist hier noch wegen ihrer analytischen Eleganz (Unabhängigkeit von der Figur u. s. f.) im Sinn einer Übung anzuführen [75]). Die durch ihre Coordinaten (x_0, y_0), (x_1, y_1), (x_2, y_2) gegebenen drei Punkte seien A_0, A_1, A_2; in dem Punkt P, dessen Coordinaten (x, y) zu bestimmen sind, sind gemessen die Winkel zwischen A_0 links und A_1 rechts $= \beta_1$, zwischen A_0 links und A_2 rechts $= \beta_2$ (man beachte, dass hier die beiden gemessenen Winkel von demselben linken Schenkel aus gezählt sind, wie es die Art der praktischen Winkelmessung bei dieser Aufgabe nahelegt).

Bezeichnet man die unbekannten Entfernungen mit

$$PA_0 = r_0\,, \quad PA_1 = r_1\,, \quad PA_2 = r_2$$

und die unbekannten Richtungswinkel dieser Strecken derselben Reihenfolge nach mit $\quad (PA_0) = \varphi_0\,, \quad (PA_1) = \varphi_1\,, \quad (PA_2) = \varphi_2\,,$

so hat man zur Rechnung der acht Unbekannten x, y; r_0, r_1, r_2; $\varphi_0, \varphi_1, \varphi_2$ zunächst sechs Gleichungen:

$$(1)\quad \left\{\begin{array}{l|l} x_0 - x = r_0 \cos\varphi_0 & y_0 - y = r_0 \sin\varphi_0 \\ x_1 - x = r_1 \cos\varphi_1 & y_1 - y = r_1 \sin\varphi_1 \\ x_2 - x = r_2 \cos\varphi_2 & y_2 - y = r_2 \sin\varphi_2 \end{array}\right\};$$

ausserdem bestehen aber noch die zwei Gleichungen:

$$(2)\qquad \varphi_1 = \varphi_0 + \beta_1\,, \qquad \varphi_2 = \varphi_0 + \beta_2,$$

also sind aus (1) und (2) die acht Unbekannten zu bestimmen.

Durch Elimination von x und y aus (1) erhält man:

$$(3)\quad \left\{\begin{array}{l|l} x_1 - x_0 = r_1\cos\varphi_1 - r_0\cos\varphi_0 & y_1 - y_0 = r_1\sin\varphi_1 - r_0\sin\varphi_0 \\ x_2 - x_0 = r_2\cos\varphi_2 - r_0\cos\varphi_0 & y_2 - y_0 = r_2\sin\varphi_2 - r_0\sin\varphi_0 \end{array}\right\};$$

setzt man nun die Strecken $A_0 A_1 = a_1$ und $A_0 A_2 = a_2$ und ihre Richtungswinkel $(A_0 A_1) = \alpha_1$ und $(A_0 A_2) = \alpha_2$, so wird

$$(4)\quad \left\{\begin{array}{l|l} a_1\cos\alpha_1 = x_1 - x_0 & a_1\sin\alpha_1 = y_1 - y_0 \\ a_2\cos\alpha_2 = x_2 - x_0 & a_2\sin\alpha_2 = y_2 - y_0 \end{array}\right\}$$

und damit die Gleichung (3)

$$(5)\quad \left\{\begin{array}{l|l} r_1\cos\varphi_1 - r_0\cos\varphi_0 = a_1\cos\alpha_1 & r_1\sin\varphi_1 - r_0\sin\varphi_0 = a_1\sin\alpha_1 \\ r_2\cos\varphi_2 - r_0\cos\varphi_0 = a_2\cos\alpha_2 & r_2\sin\varphi_2 - r_0\sin\varphi_0 = a_2\sin\alpha_2 \end{array}\right\}.$$

Eliminiert man r_1 aus den beiden obern Gleichungen (5), so wird

$$r_1\sin\varphi_1\cos\varphi_1 - r_0\sin\varphi_1\cos\varphi_0 = a_1\sin\varphi_1\cos\alpha_1$$
$$r_1\sin\varphi_1\cos\varphi_1 - r_0\cos\varphi_1\sin\varphi_0 = a_1\cos\varphi_1\sin\alpha_1$$

$$r_0(\sin\varphi_1\cos\varphi_0 - \cos\varphi_1\sin\varphi_0) = a_1(\sin\alpha_1\cos\varphi_1 - \cos\alpha_1\sin\varphi_1)$$

oder $\quad r_0\sin(\varphi_1 - \varphi_0) = a_1\sin(\alpha_1 - \varphi_1)$.

Vermöge (2) ist nun $\varphi_1 - \varphi_0 = \beta_1$, somit erhält man, wenn man noch ganz ebenso r_2 aus den beiden untern Gl. (5) eliminiert, die zwei Gleichungen

$$(6)\quad \left\{\begin{array}{l} r_0\sin\beta_1 = a_1\sin(\alpha_1 - \varphi_1) \\ r_0\sin\beta_2 = a_2\sin(\alpha_2 - \varphi_2). \end{array}\right.$$

Setzt man hier zur Abkürzung

$$(7)\qquad \alpha_1 - \varphi_1 = \mu_1\,, \qquad \alpha_2 - \varphi_2 = \mu_2\,,$$

so ist $(\mu_2 - \mu_1)$ und das Verhältnis $\sin\mu_2 : \sin\mu_1$ bekannt; man bestimmt also $\frac{1}{2}(\mu_2 + \mu_1)$, womit dann μ_2 und μ_1 und also auch φ_1 und φ_2 gefunden sind.

Zunächst ist $\mu_2 - \mu_1 = (\alpha_2 - \alpha_1) - (\varphi_2 - \varphi_1)$ oder

$$(8)\qquad \mu_2 - \mu_1 = (\alpha_2 - \alpha_1) - (\beta_2 - \beta_1);$$ ferner nach (6):

$\frac{a_1}{\sin\beta_1}\cdot\sin\mu_1 = r_0 = \frac{a_2}{\sin\beta_2}\cdot\sin\mu_2$. Setzt man nun (9) $\frac{\sin\beta_1}{a_1} = n_1$, $\frac{\sin\beta_2}{a_2} = n_2$,

so wird (10) $r_0 = \frac{\sin\mu_1}{n_1} \overset{\text{und}}{=} \frac{\sin\mu_2}{n_2}$, somit (11) $\frac{\sin\mu_2}{\sin\mu_1} = \frac{n_2}{n_1}$.

Aus (8) und (11) ergiebt sich mit

$$(12)\quad \operatorname{ctg}\lambda = \frac{n_2}{n_1} \qquad (13)\quad \operatorname{tg}\frac{\mu_2 + \mu_1}{2} = \operatorname{tg}\frac{\mu_2 - \mu_1}{2}\operatorname{tg}(45^0 + \lambda).$$

Aus (8) und (13) sind nun μ_2 und μ_1 und damit auch φ_2, φ_1, φ_0 und r_0 bekannt. Um r_1 und r_2 zu bestimmen, eliminiert man r_0 aus den beiden obern und aus den zwei untern Gleichungen (5) und erhält

$$(14) \quad \begin{cases} r_1 = \dfrac{a_1}{\sin\beta_1}\sin(\alpha_1 - \varphi_0) = \dfrac{1}{n_1}\sin(\alpha_1 - \varphi_0) \\ r_2 = \dfrac{a_2}{\sin\beta_2}\sin(\alpha_2 - \varphi_0) = \dfrac{1}{n_2}\sin(\alpha_2 - \varphi_0). \end{cases}$$

Wie die Formeln zur Rechnung zu ordnen sind, ist klar: a_1, α_1; a_2, α_2 aus (4); $\frac{1}{2}(\mu_2 - \mu_1)$ aus (8); λ aus (9), (12); $\frac{1}{2}(\mu_2 + \mu_1)$ aus (13); φ_1, φ_2 aus (7); φ_0 (mit Probe) aus (2); r_1, r_2 aus (14); r_0 (mit Probe) aus (6); x und y (wenn man will, dreimal) aus (1).

§ 39. Weitere Aufgaben zur trigonometrischen Punktbestimmung. Coordinatentransformation.

An praktischer Wichtigkeit können sich die hier in **1)** noch aufzuzählenden weitern Aufgaben zur trigonometrischen Punktbestimmung mit den zwei Hauptaufgaben des § 38 bei weitem nicht messen; dagegen bieten sie schöne Übungen im trigonometrischen Rechnen. — Die in **2.** nochmals behandelte Aufgabe der Coordinatenumwandlung steht in keinem unmittelbaren Zusammenhang mit den Aufgaben der § 37, 38 und 39, **1.**); dagegen ist sie, schon bei den elementarsten geodätischen Aufgaben vorkommend (vgl. § 31, **2.** 8) und **3.** 4)), vielfach auch für praktisch-trigonometrische Aufgaben (Punkte in verschiedenen Coordinatensystemen) von grosser Bedeutung und mag deshalb den Abschluss dieses Kapitels bilden.

1) Weitere Aufgaben zur trigonometrischen Punktbestimmung. Alle Aufgaben des § 34, soweit sie nicht in § 38 besprochen sind (*Snellius*sche Aufgabe), kann man nun auch im Coordinatensystem behandeln, wobei also die gegebenen Punkte durch ihre Coordinaten gegeben sind und für die zu bestimmenden ihre Coordinaten gesucht werden. Zu einzelnen dieser Aufgaben sollen hier einige Notizen zusammengestellt werden.

1) *Hansen*sche Aufgabe (gleichzeitiges und gegenseitiges Rückwärtseinschneiden zweier Punkte über zwei gegebene); vgl. § 34, **2.** Hier hat, wie schon soeben angedeutet ist, nur die Form der Aufgabe selbständige Bedeutung, bei der die Winkelmessung in den zu bestimmenden Punkten gemacht ist.

Eine Auflösung ähnlich der *Jordan*schen für § 38, **4.** liegt nahe und braucht hier nicht ausgeführt zu werden. Die *Hansen*sche Auflösung, nach der die ganze Aufgabe gewöhnlich den Namen trägt, ist der *Bessel*schen für § 38, **4.** (s. S. 367) ganz analog und mag ebenfalls selbst aufgesucht werden.

Erwähnt sei nur noch, dass man auch bei dieser Aufgabe, wenn man will, ganz mit (mittelbarem) Vorwärtseinschneiden auskommen kann, nämlich unter Benützung der sog. *Collins*schen Hilfspunkte (vgl. § 38, 4., Zusatz 2). [76])

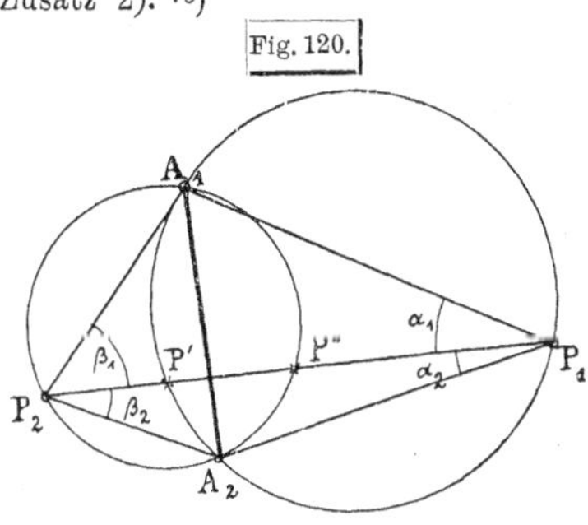

Fig. 120.

Es seien A_1, A_2 die zwei gegebenen, P_1 und P_2 die zwei gesuchten Punkte; durch die Winkelmessung in P_1 ist der Kreis durch A_1, A_2, P_1 vollständig festgelegt, ebenso durch die Winkelmessung in P_2 der Kreis $A_1\,A_2\,P_2$. Es sei ferner P' der Schnittpunkt des ersten, P'' der des zweiten Kreises mit der Verbindungslinie $P_1\,P_2$ der beiden gesuchten Punkte; die Coordinaten von P' und P'' (dies sind eben die *Collins*schen Hilfspunkte) lassen sich sofort berechnen. Es ist nämlich mit den Bezeichnungen der Figur, wie man unmittelbar aus den Kreisvierecken abliest, nachdem $(A_1\,A_2)$ und $A_1\,A_2$ aus den gegebenen Coordinaten berechnet sind,

$$(1) \qquad \left\{\begin{array}{l|l} (A_1\,P') = (A_1\,A_2) + \alpha_2 & (A_1\,P'') = (A_1\,A_2) - \beta_2 \\ (A_2\,P') = (A_2\,A_1) - \alpha_1 & (A_2\,P'') = (A_2\,A_1) + \beta_1 \end{array}\right\}$$

ferner lassen sich aus den Dreiecken $A_1\,A_2\,P'$ und $A_1\,A_2\,P''$ die Entfernungen $A_1\,P'$, $A_2\,P'$; $A_1\,P''$, $A_2\,P''$ rechnen. Man hat also nun für die Coordinaten der Punkte P' und P'':

$$(2) \qquad \left\{\begin{array}{l|l} x' = x_1 + A_1\,P' \cos(A_1\,P') & x'' = x_1 + A_1\,P'' \cos(A_1\,P'') \\ y' = y_1 + A_1\,P' \sin(A_1\,P') & y'' = y_1 + A_1\,P'' \sin(A_1\,P'') \end{array}\right\}$$

wobei zur Kontrole auch noch die entsprechenden, von A_2 (x_2, y_2) ausgehenden Gleichungen benützt werden können. Übrigens braucht man die Coordinaten (x', y'), (x'', y'') hier wieder nicht vollständig auszurechnen, da es sich für das Folgende nur um die Differenzen $(x''-x')$ und $(y''-y')$ handelt, nämlich um

$$(3) \qquad \left\{\begin{array}{rl} x''-x' &= A_1\,P'' \cos(A_1\,P'') - A_1\,P' \cos(A_1\,P') \\ &= A_2\,P'' \cos(A_2\,P'') - A_2\,P' \cos(A_2\,P') \\ \hline y''-y' &= A_1\,P'' \sin(A_1\,P'') - A_1\,P' \sin(A_1\,P') \\ &= A_2\,P'' \sin(A_2\,P'') - A_2\,P' \sin(A_2\,P') \end{array}\right\};$$

man kann den Übergang von den Logarithmen zu den Zahlen durch Benützung von Additions- und Subtraktionslogarithmen vermeiden, was hier keine unbeträchtliche Abkürzung vorstellt. Jedenfalls ist bekannt:

$$(4) \qquad tg\,(P'\,P'') = tg\,(P_1\,P_2) = \frac{y''-y'}{x''-x'}.$$

Mit $(P_1\,P_2)$ sind dann überhaupt alle Richtungswinkel bekannt, nämlich

$$(5) \qquad \left\{\begin{array}{l|l} (P_1\,A_1) = (P_1\,P_2) + \alpha_1 & (P_2\,A_1) = (P_2\,P_1) - \beta_1 \\ (P_1\,A_2) = (P_1\,P_2) - \alpha_2 & (P_2\,A_2) = (P_2\,P_1) + \beta_2 \end{array}\right.$$

und somit nach Berechnung der Seiten des Dreiecks $A_1\,A_2\,P_1$ und $A_1\,A_2\,P_2$ auch die Coordinaten von P_1 und P_2 mit Proben. Eine genügend durchgreifende Probe, wenn man die Doppelrechnung der Coordinaten von P' und P'' oder von $(x''-x')$ und $(y''-y')$ und der Coordinaten von P_1 und

P_2 vermeiden will, kann man auch darin finden, dass das unabhängig berechnete $(P_1 P_2)$ mit $(P' P'')$ übereinstimmen muss. Diese Auflösung ist nicht umständlicher als die oben angedeutete; eingewendet kann nur werden, dass $P' P''$ oft kurz ausfallen, somit $(P' P'')$ unsicher werden wird. Die Auflösung, wenn sie auch geometrische Anschauung zu Hilfe nehmen muss, hat aber den Vorzug, dass man durchaus mit Formeln zu rechnen hat, die vom Vorwärtseinschneiden her geläufig sein müssen; bei seltener Anwendung einer Aufgabe ist dieser Umstand nicht gleichgiltig.

Fig. 121.

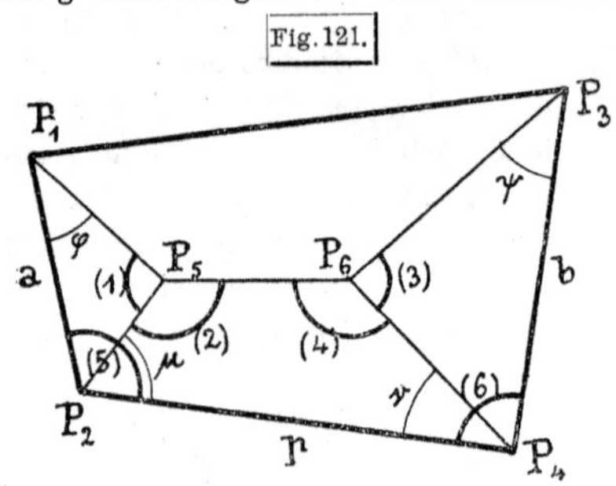

2) Das gleichzeitige Rückwärtseinschneiden zweier Punkte über je zwei verschiedene gegebene Punkte (vgl. § 34. **3**, 2) ist ebenfalls sehr verschiedener Behandlung fähig.

Man kann wieder die *Collins*schen Hilfspunkte benützen, aber auch direkt so verfahren [77]): Es seien P_1, P_2; P_3, P_4 die gegebenen, P_5, P_6 die gesuchten Punkte, also gemessen: $P_1 P_5 P_2 = (1)$, $P_2 P_5 P_6 = (2)$, $P_3 P_6 P_4 = (3)$, $P_4 P_6 P_5 = (4)$. Verwendet man als Hilfslinie die Strecke $P_2 P_4$, so sind (5) und (6) aus den gegebenen Coordinaten bekannt; führt man als Unbekannte die Winkel φ und ψ ein, so ist zunächst

$$(1)\qquad \frac{\varphi+\psi}{2} = 360^0 - \frac{1}{2}\left[\left\{(1)+(2)+(5)\right\}+\left\{(3)+(4)+(6)\right\}\right] = \alpha.$$

Setzt man ferner $\qquad (2)\quad \dfrac{\varphi-\psi}{2} = x$, also

$(3)\qquad \varphi = \alpha + x \quad , \quad \psi = \alpha - x$, so erhält man für den Winkel $\varkappa$, den die Richtungen von $P_2 P_4$ und $P_5 P_6$ mit einander bilden:

$$\varkappa = \pm \frac{1}{2}[((2)+\mu) - ((4)+\nu)] \quad \text{oder, weil}$$

$$(2)+\mu = 540^0 - [(3)+(4)+(6)+(\alpha - x)] \quad \text{und}$$

$$(4)+\nu = 540^0 - [(1)+(2)+(5)+(\alpha + x)] \quad \text{ist:}$$

$$(4)\qquad \begin{cases} \pm\varkappa = x + \frac{1}{2}[((1)+(2)+(5)) - ((3)+(4)+(6))] \quad \text{oder mit} \\ \beta = \frac{1}{2}[\qquad] \quad , \quad \pm\varkappa = \beta + x. \end{cases}$$

Projiziert man den Zug $P_5 P_2 P_4 P_6$ auf die zu $P_5 P_6$ senkrechte Richtung, so ist also x zu bestimmen aus:

$$\frac{a}{\sin(1)}\sin(\alpha+x)\sin(2) - \frac{b}{\sin(3)}\sin(\alpha-x)\sin(4) = \pm p\sin(\beta+x),$$

wo a, b, p die in der Figur angedeuteten bekannten Entfernungen sind. Setzt man hier:

$(5)\qquad \dfrac{a}{\sin(1)}\sin(2) = m \quad , \quad \dfrac{b}{\sin(3)}\sin(4) = n$, so erhält man, nach kurzer Entwicklung, für $tg\,x$ den Ausdruck:

$$(6) \qquad tg\,x = \frac{(n - m)\sin\alpha \pm p \sin\beta}{(n + m)\cos\alpha \mp p \cos\beta},$$

wo über das Vorzeichen leicht zu entscheiden ist. Damit ist die Aufgabe gelöst.

3) Die Auflösung der übrigen Aufgaben von § 34, **3**, im Coordinatensystem soll hier nicht ausgeführt werden. (Man kann für ähnliche Aufgaben ein Verfahren finden, das sie einheitlich löst [78]). Nur zu der „einfach erweiterten“ *Snellius* schen Aufgabe, dem gegenseitigen Rückwärtseinschneiden zweier Punkte über drei gegebene (§ 34, **3.**, 1), die man im Coordinatensystem ganz nach Analogie von § 38, **4.** behandeln wird, sei hier noch nachträglich eine geometrische Bemerkung gemacht.

Diese Aufgabe kommt in der Nautik oft in folgender, etwas abgeänderter Form vor: die Schiffsorte P_1 und P_2 sind gegen die an der Küste gegebenen (in die Karte eingetragenen) Punkte A, C, B festzulegen; man hat in P_1 (mit dem Sextanten) den Winkel $\alpha = A P_1 C$ gemessen, sieht aber von P_1 aus B noch nicht; nach bestimmter Fahrtstrecke $P_1 P_2$, deren Richtung (in die Karte einzutragen) durch den Kompass und deren Länge durch Loggen und Zeit bekannt ist, sieht man in P_2 den Punkt B und misst $\beta = C P_2 B$. Um die Punkte P_1, P_2 in die Karte einzutragen, ist graphisch so zu verfahren: mit den Punkten A, C und dem Winkel α liegt der Kreis M_1 fest, mit C, B, β der Kreis M_2; Richtung (in der Karte) und Länge von $P_1 P_2$ sind bestimmt, nur der Ort nicht (diese beiden Stücke treten an die Stelle des gemessenen weitern Winkels je in P_1 und P_2 beim „gegenseitigen“ Rückwärtseinschneiden über die drei Punkte A, C, B); P_1 ergiebt sich als Schnitt des Kreises M_1 und des Kreises M'_2, der von M_2 aus um eine Strecke gleich und in der bekannten Richtung $P_1 P_2$ gegen M_1 hin verschoben ist, oder P_2 als Schnitt von Kreis M_2 und von Kreis M_1', der von M_1 aus um eine Strecke gleich und parallel $P_1 P_2$ gegen M_2 verschoben wird.

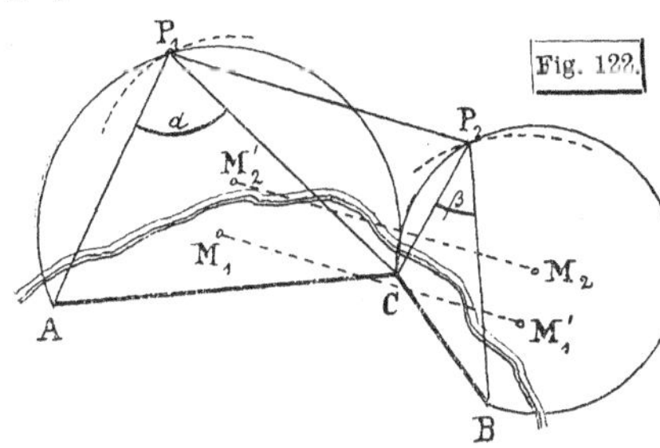

Fig. 122.

Diese nautische Aufgabe ist nun hier allerdings zunächst auszuschliessen, da sie eine Längenmessung enthält, nicht nur eine Punktbestimmung durch reine Winkelmessung (rein „trigonometrisch“) ist. Es mag aber doch hier an sie erinnert sein, um anzudeuten, dass sich der Kreis unserer Aufgaben ganz ausserordentlich erweitert, wenn man einzelne gemessene Winkel der seitherigen Aufgaben durch gemessene Längen ersetzt. Man nennt solche Aufgaben, in denen die Lage von Punkten aus gemessenen Winkeln und gemessenen Seiten zu bestimmen ist, polygonometrische Aufgaben; sie sind durch Projektion eines „Zugs“ auf zwei zu einander senkrechte Axen zu behandeln (Andeutung bereits in der zuletzt gelösten Aufgabe 2)).

Diesen Aufgaben ist das folgende Kapitel 5. gewidmet; es mag aber doch gleich hier im Zusammenhang mit dem Vorhergehenden und um eben zum Kapitel 5. überzuleiten, noch eine ähnliche Aufgabe aufgestellt werden:

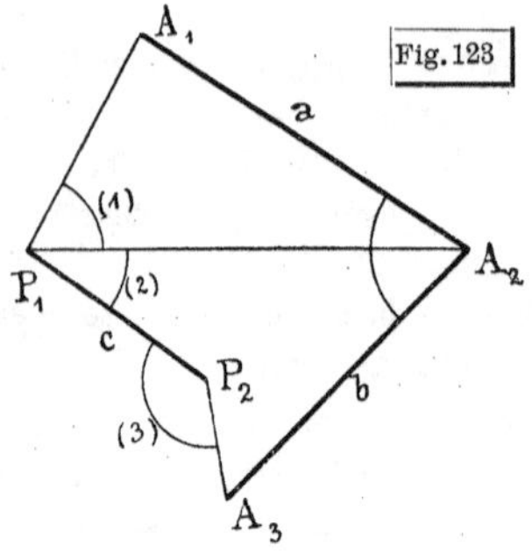

Fig. 123

Von einem Punkt P_1 sind die zwei Punkte A_1 und A_2 sichtbar, ein dritter, der einfaches Rückwärtseinschneiden gestatten würde, fehlt aber; dagegen kann man $P_1 P_2 = c$, z. B. $= 200$ m, bequem und genügend genau direkt messen und in P_2 sind zwar A_1 und A_2 nicht sichtbar, es bietet sich aber (neben P_1) ein dritter gegebener Zielpunkt A_3. In dem Fünfeck sind also aus den gegebenen Coordinaten $(x_1 y_1)$, $(x_2 y_2)$, $(x_3 y_3)$ von A_1, A_2, A_3 bekannt zwei zusammenstossende Seiten a, b und der Winkel zwischen beiden, ferner ist die nicht an eine der vorigen anstossende Seite c gemessen, endlich in deren einem Endpunkt der Fünfeckswinkel (Implement von (3)), im andern Endpunkte zwei weitere unabhängige Winkel (1) und (2); zusammen wie nothwendig 7 Stücke. Die direkte Auflösung ist sehr einfach.[79)]

2) Coordinatenumwandlung. Mit den in den letzten Paragraphen behandelten praktisch-trigonometrischen Aufgaben steht diese Aufgabe nur dann in unmittelbarem Zusammenhang, wenn bei ihnen Punkte vorkommen, die sich auf verschiedene Coordinatensysteme beziehen und man dann also zunächst die Punkte in ein einheitliches System umrechnen muss. Da aber die Aufgabe der Coordinatentransformation auch sonst von grosser geodätischer Bedeutung ist, so mag sie, in gegen früher etwas erweiterter Form, den Abschluss dieses Kapitels bilden.

Aufgabe. In Beziehung auf ein rechtwinkliges Coordinatensystem OX, OY sind die Coordinaten gewisser Punkte gegeben; es sollen die Coordinaten dieser Punkte in Beziehung auf ein neues rechtwinkliges Coordinatensystem $O'X'$, $O'Y'$ berechnet werden.

Die Lage des neuen Coordinatensystems selbst ist dabei durch die folgenden Angaben bestimmt:

1) der Ursprung O' hat in Beziehung auf das alte System die Coordinaten (a, b);
2) die Abscissenaxe des neuen Systems hat im alten System den Richtungswinkal φ (beliebig zwischen 0^0 und 360^0), so zwar, dass dass man φ erhält, wenn man durch O' eine Parallele zur positiven Richtung der x-Axe zieht und diese im Uhrzeigersinn um O' dreht bis zum Zusammenfallen mit $O'X'$. Man entwerfe danach selbst eine Figur.

Diese Aufgabe ist für den Fall, dass O' mit O zusammenfällt ($a = b = 0$ ist), bereits in § 15, **4** vollständig erledigt; man beweise die dort gefundenen Gleichungen (4) nochmals mit Hilfe des Additionstheorems der Funktionen *sin* und *cos* (Gleichungen (5) und (6) daselbst).

Denkt man das alte System (O, x, y) parallel so verschoben, dass O mit O' zusammenfällt, so ist leicht zu sehen, dass die Gleichungen (4) von § 15 für den jetzigen allgemeinen Fall nun so lauten:

$$(1) \quad \begin{cases} x = a + x' \cos \varphi - y' \sin \varphi \\ y = b + x' \sin \varphi + y' \cos \varphi. \end{cases}$$

Diese Gleichungen gelten völlig allgemein, für ganz beliebige (x' y'), für ganz beliebiges φ und für beliebige Lage von O' (a, b) im System O. Nur sind selbstverständlich die Vorzeichen der Coordinaten und des *sin* und des *cos* von φ zu beachten. Sie drücken zunächst die Coordinaten eines beliebigen Punktes in Beziehung auf das **alte** System aus, in seinen auf das **neue** bezogenen Coordinaten und so braucht man in der elementaren Geodäsie die Gleichungen meist (vgl. § 31, **2**, 8) und **3**, 4)).

Man kann aber ebensogut allgemein giltige Gleichungen zum Übergang vom **alten** System auf das **neue** aus ihnen ableiten: es sind nur die Gleichungen (1) nach x' und y' aufzulösen; man findet:

$$(2) \quad \begin{cases} x' = \quad (x - a) \cos \varphi + (y - b) \sin \varphi \\ y' = -(x - a) \sin \varphi + (y - b) \cos \varphi. \end{cases}$$

Beispiel (für (2)). Es sind die Coordinaten von fünf Punkten A, B, C, D, E in Beziehung auf ein rechtwinkliges System gegeben, nämlich:

$x_a = +$ **35325,75**	$y_a = -$ **27230,40**
$x_b = +$ **35574,95**	$y_b = -$ **27198,48**
$x_c = +$ **35596,01**	$y_c = -$ **27002,40**
$x_d = +$ **35700,53**	$y_d = -$ **26999,38**
$x_e = +$ **35951,46**	$y_e = -$ **26923,56**.

Gesucht sind die Coordinaten dieser Punkte in Beziehung auf ein Coordinatensystem, dessen Ursprung **im Punkt** A liegt und in dem die positive Richtung der Abscissenaxe mit der $+ x$-Axe des alten Systems einen Winkel von $\varphi = +$ **31° 7′ 50″** einschliesst.

Mit $a = +$ **35325,75**, $b = -$ **27230,40**, $\varphi =$ **31° 7′ 50″** erhält man unmittelbar das nachfolgende Schema, das keiner Erklärung bedarf. Bei der ersten Zahlenrechnung kehren a, b, bei der zweiten logarithmischen Rechnung kehren $\log \cos \varphi$ und $\log \sin \varphi$ je fünfmal wieder; man schreibt sie deshalb bequem auf Schiebzettel und hält sie über die einzelnen Zahlen und Logarithmen. Man hat damit folgende Rechnung: [80])

Bezeichnung des Punkts	A	B	C	D	E
$(x-a) =$		+ 249,20	+ 270,26	+ 374,78	+ 625,71
$(y-b) =$		+ 31,92	+ 228,00	+ 231,02	+ 306,84
$(x-a)$		2.39655	2.43179	2.57378	2.79638
$(y-b)$		1.50406	2.35793	2.36365	2.48692
$(x-a)\cos\varphi$		2.32902	2.36426	2.50625	2.72885
$(y-b)\sin\varphi$		1.21755	2.07142	2.07714	2.20041
$-(x-a)\sin\varphi$		2.11004 n	2.14528 n	2.28727 n	2.50987 n
$(y-b)\cos\varphi$		1.43653	2 29040	2.29612	2.41939
$(x-a)\cos\varphi =$		213,315	231,344	320,814	535,612 *)
$(y-b)\sin\varphi =$		16,503	117,875	119,438	158,640
$-(x-a)\sin\varphi =$		− 128,836	− 139,726	− 193,764	− 323,500
$(y-b)\cos\varphi =$		27,323	195,164	197,750	262,659
$x' =$	0	+ 229,82	+ 349,22	+ 440,25	+ 694,25
$y' =$	0	− 101,51	+ 55,44	+ 3,99	− 60,84

Anmerkung. Es kommt in der Geodäsie vor, dass die x- und die x'-Axe einen Winkel φ von nur einer kleinen Anzahl von $''$ bilden. In diesem Falle darf man, wie immer, $\sin\varphi \approx \frac{\varphi''}{\varrho''}$ setzen und auch noch $\cos\varphi \approx 1$ (bis zu welchen Grenzen?) Beispiel. In der württembergischen Vermessung liegt die x-Axe des Systems nicht genau im Meridian des Nullpunkts, sondern diese Richtung $+x$ weicht vom Nordzweig des Nullpunkt-Meridians um den Betrag 15″,6 nach Osten ab. Wenn ein Punkt im Landesvermessungssystem die Coordinaten: $x = +37245{,}04$ m, $y = -36842{,}93$ m hat, was sind seine Coordinaten, bezogen auf den Meridian des Nullpunkts? (Die beiden Coordinatenanfangspunkte fallen zusammen).

---

*) Die dritte Dezimale bei diesen Werten ist nur angesetzt, um die zweite in x' und y' sicher zu stellen.

Kapitel 5.

EBENE POLYGONOMETRIE.

Dieser wichtige Teil der Trigonometrie der Ebene hat eine doppelte Aufgabe: er setzt einmal die Berechnung der planimetrischen Figuren fort, wobei er sie von der Zerlegung in Dreiecke und Vierecke (Kapitel 1. und Kapitel 2.) dadurch unabhängig macht, dass der Rechnung ein Coordinatensystem zu Grund gelegt wird, die Eckpunkte des beliebigen Polygons, um das es sich nun handelt, auf ein System rechtwinkliger Coordinaten bezogen werden; die Berechnung fehlender Stücke eines Polygons geschieht also mit Hilfe der Rechnung der Coordinaten der Eckpunkte (vgl. die Bemerkungen § 30, S. 296 und S. 300). Sodann aber bildet er, in derselben Art, wie das auf ihn vorbereitende Kapitel 4. und die daselbst rechnerisch behandelten praktisch-trigonometrischen Aufgaben die unmittelbare Vorbereitung auf die praktische Polygonometrie der Geodäsie; und diese Bestimmung ist, im Sinne des vorliegenden Buches, noch wichtiger als die erste.

Man versteht, wie schon im letzten § 39 (S. 372) angedeutet ist, unter polygonometrischer Bestimmung der Lage eines Punktes in der Geodäsie eine Messung, bei der Winkel und Strecken gemessen werden (im Gegensatz zu der trigonometrischen Punktbestimmung, Kapitel 4., bei der nur Winkel gemessen werden, indem zwar selbstverständlich auch irgendwo im trigonometrischen Netz Eine Basis, Grundlinie, gemessen sein muss (vgl. § 33, Einleitung), für die Klein-Triangulierungs-Aufgaben jede direkte Längenmessung aber stets durch den „Anschluss" an bereits trigonometrisch bestimmte Punkte ersetzt wird). Der „Polygonzug" oder „polygonale Zug" verbindet die polygonometrisch zu bestimmenden Punkte und in ihm sind also alle sich folgenden Seiten und Winkel gemessen. Die Polygonzüge bereiten, von den trigonometrisch bestimmten Punkten aus, die Kleinmessung (vgl. § 31) vor, indem sie Aufnahmslinien für diese direkt herstellen oder vermitteln; geschlossene Polygone sind für die praktische Trigonometrie nicht so wichtig wie die Züge. Wir gehen deshalb auch vom offenen Zug aus; alles was allenfalls über geschlossene Polygone dann noch hinzuzufügen ist, ist eigentlich selbstverständlich, sobald die Berechnung des Zugs richtig erfasst ist.

§ 40. Der polygonale Zug und seine Berechnung.[81])

1) Definitionen. In der Ebene seien $(n+1)$ Punkte, mit (0), (1), (2).... (n) numeriert, in ganz beliebiger Lage gegeben. Die Strecken (0)(1); (1)(2); (2)(3);.... $(n-1)(n)$, d. h. die Verbindungsstrecken der Ecken, in der Reihenfolge der Numerierung, bilden den polygonalen Zug oder Polygonzug (0), (1), (2), ... (n), dessen Ecken die genannten Punkte sind.

In diesem Zug sind nun die Seiten (Strecken zwischen je zwei aufeinanderfolgenden Ecken) und Winkel gegeben (Polygonwinkel oder Brechungswinkel, nämlich in jeder Ecke zwischen den daselbst zusammenstossenden Seiten).

Die Seiten seien mit s, die Brechungswinkel (Polygonwinkel) mit β bezeichnet. Ein für allemal sind folgende Bestimmungen festzuhalten:

1) Der **Polygonwinkel** (der Buchstabe r bedeutet hier und im folgenden stets jede beliebige Ecke) β_r ist der Winkel, um den in der Ecke (r) die Richtung nach der vorhergehenden Ecke $(r-1)$ im positiven Drehungssinn (Uhrzeigersinn) gedreht werden muss, bis sie mit der Richtung nach der folgenden Ecke $(r+1)$ zusammenfällt (vorhergehende und folgende Ecke im Sinne der Numerierung der Ecken). Die einzelnen Polygonwinkel heissen also β_1 (erster), β_2, β_3, ... β_{n-1} (letzter); alle β sind beliebig zwischen 0^0 und 360^0.

2) Die **Seite** s_r ist die Strecke zwischen den Ecken $(r-1)$ und (r), also die Seite, die (im Sinne der Numerierung gezählt), in der Ecke (r) endigt. Die einzelnen Seiten sind s_1 (erste), s_2, $s_3 \ldots s_n$ (letzte).

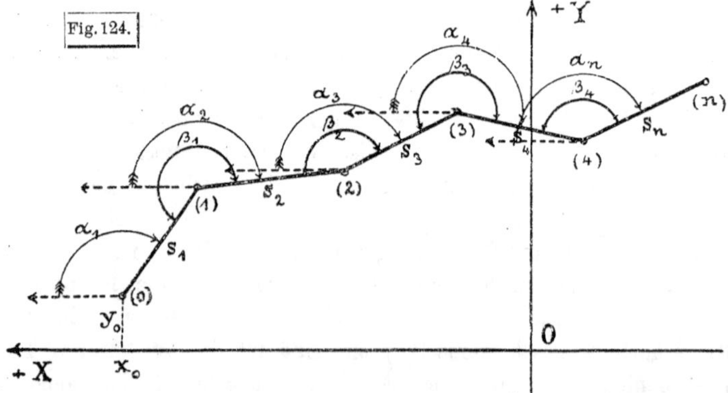

Mit Hilfe der gemessenen Seiten und Winkel ist der Zug in sich vollständig bestimmt, man kann ihn z. B. planimetrisch auftragen.

Wie schon angedeutet ist, bezieht man nun aber die Ecken des

Zugs auf ein rechtwinkliges Coordinatensystem; über die Lage der x-Axe dieses Systems machen wir im allgemeinen gar keine Voraussetzung, nur liegt wie immer mit $+x$ und dem Nullpunkt auf x auch $+y$ vollständig fest ($+y$ weicht im Uhrzeigersinn von $+x$ um 90^0 ab).

In diesem System kommen nun die Richtungswinkel α der Seiten und, mit ihrer Hilfe berechnet, endlich die Coordinaten (x, y) der einzelnen Eckpunkte in Betracht und es gelten ferner die Bestimmungen:

3) Der Richtungswinkel der Seite s_r heisse α_r und zwar sei α_r stets $= (P_{r-1} P_r) =$ dem Richtungswinkel von $(r-1)$ nach (r); der Richtungswinkel $(P_r P_{r-1})$ wäre also $\alpha_r \pm 180^0$.

4) Die Coordinaten der Ecke r sind (x_r, y_r).

Zu der Form der Züge ist gleich hier nochmals zu bemerken, dass oben bei 1) über die Brechungswinkel β gar keine Voraussetzung gemacht ist, und diese Voraussetzung ist hier zunächst durchaus festzuhalten. Es ändert z. B. an allem Folgenden nichts, ob Seiten des Zugs sich durchschneiden oder nicht. Praktisch wichtig sind allerdings, wie sich in der Geodäsie später zeigen wird, besonders Züge, deren β nicht sehr viel von 180^0 abweichen, ziemlich „gestreckte" Züge. Wenn alle β nahe bei 180^0 sind, so ändern sich die α der aufeinanderfolgenden s nicht sehr viel: für einen genau gestreckten Zug (alle $\beta = 180^0$) wäre für alle Seiten der Richtungswinkel derselbe; es ist dies nicht von praktischer Bedeutung, aber als anschauliche Erläuterung für die folgenden Gleichungen (1) zu erwähnen.

2) Aufgabe. Von einem polygonalen Zug (0), (1), (2),....(n) sind gegeben alle Seiten $s_1, s_2, \ldots . s_n$ und alle Polygonwinkel $\beta_1, \beta_2, \ldots . \beta_{n-1}$; ferner die Coordinaten (x_0, y_0) des Anfangspunkts (0) und der Richtungswinkel α_1 der ersten Seite s_1. Gesucht sind die Coordinaten sämtlicher übrigen Eckpunkte (1), (2), (3),... (n).

1) **Bestimmung der Richtungswinkel** der Seiten $s_2, s_3, \ldots s_n$.
Der Richtgsw. der Strecke von $(r-1)$ nach (r) ist α_r, also nach § 36, **2)** (1):
„ „ „ „ „ (r) nach $(r-1)$ $\alpha_r \pm 180^0$.

In der Ecke (r) gelangt man nun aus der Richtung von (r) nach $(r-1)$ in die Richtung von (r) nach $(r+1)$ gemäss der Definition von β_r eben durch positive Drehung um den Polygonwinkel β_r, somit ist nach § 36, **2**, (2) allgemein

$$\alpha_{r+1} = \alpha_r \pm \mathbf{180^0} + \beta_r.$$

Man findet demnach die einzelnen Richtungswinkel rekurrierend aus den Gleichungen:

$$(1)\qquad \begin{cases} \alpha_2 = \alpha_1 \pm 180^0 + \beta_1 \\ \alpha_3 = \alpha_2 \pm 180^0 + \beta_2 \\ \alpha_4 = \alpha_3 \pm 180^0 + \beta_3 \\ \cdot\;\cdot\;\cdot\;\cdot\;\cdot\;\cdot\;\cdot\;\cdot\;\cdot\;\cdot \\ \alpha_n = \alpha_{n-1} \pm 180^0 + \beta_{n-1}. \end{cases}$$

Diese Gleichungen sind ein für allemal mit und ohne Figur klar zu machen und zu merken. Das obere oder untere Vorzeichen bei 180⁰ darf man ganz nach Willkür nehmen, denn man erhält mit dem einen oder andern zwei Winkel, die sich um 360⁰, d. h. für uns nicht unterscheiden. Man hat das eine oder andere Zeichen derart zu wählen, dass alle α zwischen 0⁰ und 360⁰ zu liegen kommen. Nur weglassen darf man die 180⁰ Veränderung selbstverständlich nirgends, wie man am einfachsten an dem am Schluss von **1**, angedeuteten Fall des völlig gerade gestreckten Zugs, der lauter gleiche α liefern muss, übersieht.

2) **Bestimmung der Coordinaten** der Ecken (1), (2),... (n).

Nachdem gemäss (1) die Richtungswinkel berechnet sind, liefert nunmehr die erste Grundaufgabe § 37, **2**) unmittelbar die zur rekurrierenden Bestimmung der Coordinaten dienenden Gleichungen:

$$x_{r+1} = x_r + s_{r+1} \cdot cos_{r-1} \quad \text{und} \quad y_{r+1} = y_r + s_{r+1} \cdot sin\, \alpha_{r+1};$$

speziell ist also

$$(2)\qquad \left\{ \begin{array}{l|l} x_1 = x_0 + s_1 \cdot cos\, \alpha_1 & y_1 = y_0 + s_1 \cdot sin\, \alpha_1 \\ x_2 = x_1 + s_2 \cdot cos\, \alpha_2 & y_2 = y_1 + s_2 \cdot sin\, \alpha_2 \\ x_3 = x_2 + s_3 \cdot cos\, \alpha_3 & y_3 = y_3 + s_3 \cdot sin\, \alpha_3 \\ \cdot\;\cdot\;\cdot\;\cdot\;\cdot\;\cdot\;\cdot\;\cdot & \cdot\;\cdot\;\cdot\;\cdot\;\cdot\;\cdot\;\cdot\;\cdot \\ x_n = x_{n-1} + s_n \cdot cos\, \alpha_n & y_n = y_{n-1} + s_n \cdot sin\, \alpha_n. \end{array} \right\}$$

3) **Ausführung der Rechnung.** Die Ausrechnung des Zugs mit Hilfe der Gleichungen (1) und (2) geschieht selbstverständlich mit Benützung eines Schemas. Sehr zweckmässig ist das folgende *Baur*sche Schema[82]). In der ersten Spalte steht ausser der Nummer der Ecke je die Seite, deren Index diese Nummer ist, d. h. also die Seite, die in dieser Ecke endigt; die zweite Spalte enthält Richtungs- **und** Polygonwinkel; in der dritten und vierten Spalte werden, mit Benützung der α in der zweiten, gebildet die Logarithmen von $s_r\, cos\, \alpha_r$ und von $s_r\, sin\, \alpha_r$ (Projektion der Zugseiten auf die Coordinatenaxenrichtungen mit den ihnen zukommenden Vorzeichen); in der fünften und sechsten endlich werden die Zahlen zu diesen Logarithmen aufgeschlagen und mit ihrer Hilfe gebildet x_r und y_r. Die Berechnung geschieht also in folgender Weise:

1) Ausrechnung der α nach (1); es sind je die beiden Winkel, die zwischen zwei Horizontallinien stehen, zu addieren und es ist die Summe um 180⁰ zu verändern, um den Richtungswinkel der folgenden Seite zu erhalten.

2) Anbringung der Zeichen n (und χ) bei $\log \cos \alpha$ und $\log \sin \alpha$ (und dazwischen) und der Kennziffern der $\log s$; Ausfüllung von $\log \cos \alpha$ und $\log \sin \alpha$ und von $\log s$, wobei am besten die Logarithmen in der Reihenfolge in das Schema eingesetzt werden, in der sie sich in der Logarithmen-Tafel finden.

3) Bildung der $\log (s . \cos \alpha)$ und $\log (s . \sin \alpha)$, nachdem ebenfalls alle Vorzeichen eingesetzt sind.

4) Aufschlagen der Zahlen zu diesen Logarithmen nach Einsetzen der Vorzeichen.

5) Bildung der x und y nach (2) durch Addition der beiden zwischen zwei Horizontalen stehenden Zahlen.

Namentlich das konsequente Einsetzen aller Zeichen vor Ausfüllung einer Spalte wird sehr vor Rechenfehlern schützen. Ferner unterlasse man nicht die Ausführung folgender

Rechnungsproben. a) Vor Berechnung der α addiere man alle β. Diese Summe muss, nachdem die Berechnung der α durchgeführt ist, von einem Vielfachen von 180^0 abgesehen, übereinstimmen mit dem Unterschied $(\alpha_n - \alpha_1)$; denn durch Addition aller Gleichungen (1) erhält man, wenn man auf beiden Seiten α_2 gegen α_2, α_3 gegen $\alpha_3, \ldots . \alpha_{n-1}$ gegen α_{n-1} weghebt, so dass zunächst links nur α_n, rechts α_1 übrig bleibt, ferner rechts $(\beta_1 + \beta_2 + \ldots + \beta_{n-1})$ entsteht, sowie eine im allgemeinen nicht angebbare ganze Zahl mal 180^0 (die 180^0 in den einzelnen α werden im allgemeinen zum Teil mit dem Zeichen $+$, zum Teil mit dem Zeichen $-$ zu nehmen gewesen sein):

$$(3) \quad \alpha_n - \alpha_1 = \underbrace{(\beta_1 + \beta_2 + \ldots + \beta_n)}_{= \Sigma \beta} - k . 180^0 \quad (k \text{ eine ganze Zahl}).$$

b) Vor Berechnung der x und y bilde man die Summen der $(s . \cos \alpha)$ und der $(s . \sin \alpha)$, die dann, nach Ausrechnung der x und y übereinstimmen müssen mit dem Abscissen- und Ordinatenunterschied der Ecken (n) und (0); denn ganz auf demselben Weg wie bei a) erhält man durch Addition aller Gleichungen (2), mit Weglassung der auf beiden Seiten vorkommenden Grössen:

$$(4) \quad \Sigma (s . \cos \alpha) = x_n - x_0 \quad | \quad \Sigma (s . \sin \alpha) = y_n - y_0.$$

Der in (4) ausgesprochene Satz lautet so: Die algebraische Summe der Projektionen der Seiten eines zwischen dem Punkt (0) und dem Punkt (n) verlaufenden polygonalen Zugs auf irgend eine Gerade (z. B. die Richtung der x-Axe, die ja aber völlig beliebig ist), ist von der Form des Zugs ganz unabhängig. Man beachte, dass den Projektionen, wie immer, Vorzeichen zukommen, deshalb also algebraische Summe); oder: die algebraische Summe der Projektionen der Seiten irgend eines Zugs zwischen den Punkten (0) und (n) auf die $\begin{Bmatrix} x\text{-Axe} \\ y\text{-Axe} \end{Bmatrix}$ ist stets, wie auch der Zug verlaufen mag, gleich $\begin{Bmatrix} x_n - x_0 \\ y_n - y_0 \end{Bmatrix}$. Dieser Satz ist zur Auflösung vieler Aufgaben im rechtwinkligen Coordinatensystem wichtig: man wende ihn z. B. an auf die polygonometrische Aufgabe am Schluss von § 39, **1**).

3) Erstes Beispiel. In dem polygonalen Zug (0), (1), (2), (3), (4), (5) seien gemessen: die Winkel:

β_1 (in der Ecke (1) zwischen (0) links und (2) rechts) = 185° 29′ 10″
β_2 („ „ „ (2) „ (1) „ „ (3) „) = 43° 2′ 38″
β_3 („ „ „ (3) „ (2) „ „ (4) „) = 225° 21′ 25″
β_4 („ „ „ (4) „ (3) „ „ (5) „) = 197° 53′ 5″;

ferner die Seiten:

s_1 (Strecke zwischen (0) und (1)) = 75,24
s_2 („ „ (1) „ (2)) = 110,89
s_3 („ „ (2) „ (3)) = 94,28
s_4 („ „ (3) „ (4)) = 156,20
s_5 („ „ (4) „ (5)) = 100,38.

Man zeichne sich mit Zeichenhalbkreis und Massstab den Zug in einem bestimmten Massstab (z. B. 1:2000, 100 m der gemessenen Längen dargestellt durch 5 cm) auf; in der Ecke (2) ist eine besonders scharfe Knickung des Zugs (Polygonwinkel nur 43°).

Sodann soll aber der Zug berechnet werden, den Gleichungen (1) und (2) gemäss, und zwar sollen zur Festlegung des Zugs in einem Coordinatensystem, in dem eben die Coordinaten der Ecken gefunden werden sollen, weiter gegeben sein:

Coordinaten des Anfangspunkts (0) des Zugs: $x_0 = -22545,33$, $y_0 = +17899,45$ (damit liegt nur der Anfangspunkt fest und der in sich vollständig gegebene Zug [s. die Aufzeichnung] könnte um jenen Anfangspunkt noch beliebig gedreht werden; es muss also noch die Richtung einer Seite im Coordinatensystem gegeben sein, nämlich) endlich:

Richtungswinkel der ersten Zugseite, R.-W. ((0)(1)) $= \alpha_1 = 211^0\,14'\,18''$. (Man zeichne sich nachträglich nach diesen Angaben zwei Parallelen zu $+x$ und $+y$, z. B. $y = +17\,500$ und $x = -22\,500$ zu der Zugskizze hinzu).

Gesucht sind die Coordinaten der Ecken (1), (2), (3), (4), (5) in diesem System, in dem der Zug nun festliegt. Die hier folgende Rechnung wird nach all dem Vorhergehenden keiner weitern Erklärung mehr bedürfen: die gegebenen Zahlen sind fett gedruckt (Zugseiten und Brechungswinkel; dazu, mit etwas andern Ziffern, die Coordinaten von (0) und der Richtungswinkel von s_1), die gefundenen Coordinaten sind unterstrichen (sie stehen für jeden Punkt neben einander unten in dem dem Punkt zugewiesenen Horizontalfach).

Beispiel 1:

Ecke (r) Seite s_r	α_r β_r	$lg \begin{cases} \cos\alpha_r \\ s_r \\ \sin\alpha_r \end{cases}$	$lg \begin{cases} s_r\cos\alpha_r \\ s_r\sin\alpha_r \end{cases}$	$s_r\cos\alpha_r$ x_r	$s_r\sin\alpha_r$ y_r
(0)	—	—	—	— 22545,33	+ 17899,45
(1)	211° 14′ 13″	9.93 198n	1.80 843n	— 64,33	— 39,02
		1.87 645			
75,24	**185 29 10**	9.71 482n	1.59 127n	— 22609,66	+ 17860,43
(2)	216 43 23	9.90 392n	1.94 881n	— 88,88	— 66,31
		2.04 489			
110,89	**43 2 38**	9.77 667 n	1.82 156n	— 22698,54	+ 17794,12
(3)	79 46 1	9.24 957	1.22 399	+ 16,75	+ 92,78
		1.97 442			
94,28	**225 21 25**	9.99 304	1.96 746	— 22681,79	+ 17886,90
(4)	155 7 26	9.95 772n	2.15 140n	— 141,71	+ 65,71
		2.19 368X			
156,20	**197 53 5**	9.62 393	1.81 761	— 22823,50	+ 17952,61
(5)	173 0 31	9.99 676n	1.99 840n	— 99,63	+ 12,22
		2.00 164X			
100,38		9.08 536	1.08 700	— 22923,13	+ 17964,83

Rechenproben: $\beta_1 + \beta_2 + \beta_3 + \beta_4 = 681^0\,46'\,18'' = 720^0 + (\alpha_5 - \alpha_1)$
$s_1 \cos\alpha_1 + \ldots + s_5 \cos\alpha_5 = -\ 377{,}80 = x_5 - x_0.$
$s_1 \sin\alpha_1 + \ldots + s_5 \sin\alpha_5 = +\ 65{,}38 = y_5 - y_0.$

4) Anmerkungen. 1) Die vorstehende einfache Aufgabe ist für die praktische Trigonometrie (ebene Geodäsie) von ausserordentlicher Wichtigkeit, da sie bei jeder Lageplan-Aufnahme wiederkehrt, sie muss durch sehr zahlreiche Beispiele völlig geläufig gemacht werden. Man bilde selbst Zahlenbeispiele mit ganz beliebigen Zahlen; schon bei geringer Rechenübung ist es empfehlenswert, sich von der Figur ganz unabhängig zu halten und erst nach Ausführung der Berechnung eine Figur anzufertigen. Trägt man die berechneten Coordinaten auf, so erhält man eine Kontrole der Rechnung in den Seitenlängen (für die hier verfolgten Zwecke genügt Millimeterpapier zum Auftragen).

Das (scharfe) Auftragen eines Zugs nach den berechneten Coordinaten der Ecken ist dem Auftragen nach Seiten und Winkeln (mit dem Zeichenhalbkreis oder selbst mit Sehnen- oder Tangentenlängen [vgl. § 2, S. 14, u. s. f.]) selbstverständlich bedeutend überlegen, besonders in Beziehung auf die Fehlerfortpflanzung.

Bei einiger Rechenübung wähle man dann auch besondere Fälle, z. B. alle Polygonwinkel nahe bei 180° (die α dann nicht sehr viel von einander verschieden); ferner ein solcher nahezu gerade gestreckter Zug annähernd in der Richtung einer der Axen; u. s. w.

2) Darüber, wie in der praktischen Polygonometrie der Richtungs-

winkel der ersten Seite zu Stand kommt, ist wenigstens noch eine Andeutung zu machen; der Anfangspunkt des Zugs ist hier ein trigonometrischer Punkt A, dessen Coordinaten also in dem Coordinatensystem, in dem der Zug festgelegt werden soll, gegeben sind (vgl. § 34, S. 324 u. s. f.). In diesem Anfangspunkt $A = (0)$ des Zugs wird nun hier auch ein „Polygonwinkel" gemessen, nämlich zwischen dem Punkt B (mit ebenfalls gegebenen Coordinaten) links und dem ersten Polygonpunkt (1) rechts; ist dieser Winkel β_0, so ist also $\alpha_1 = (AB) + \beta_0$, wo (AB) aus $tg\,(AB) = \frac{y_b - y_a}{x_b - x_a}$ zu bestimmen ist; so kommt man also zum Richtungswinkel der ersten Seite.

3) In der praktischen Polygonometrie sind übrigens nicht nur die Coordinaten des Anfangspunkts des Zugs im Coordinatensystem fest gegeben, sondern auch ebenso die des Endpunkts; der Zug, der zwischen diese beiden festen Punkte hineinzulegen ist, ist ferner durch Messen eines „Abschlusswinkels" (Polygonwinkel im Endpunkt) ganz in derselben Art „angebunden", wie oben in 2) für den Anfangspunkt angedeutet ist. Die Gleichungen (3) und (4) der letzten Nummer haben damit nicht mehr nur die Bedeutung einfacher Rechenproben, sondern zugleich von Messungsproben, indem die Beträge $(\alpha_n - \alpha_1)$, ebenso $(x_n - x_0)$ und $(y_n - y_0)$ hier zum Voraus unveränderlich gegeben sind (vgl. den Satz nach Gl. (4)); indessen gehört die „Ausgleichung" der sich zeigenden „Widersprüche" bei diesem „an-" oder „eingebundenen" Zug nicht hieher, sondern in die Geodäsie. — Man überlege auch folgendes: Wenn eine Seite grob falsch gemessen wird, in welcher Art wird dadurch der auf die Fehlerseite folgende Zugteil unrichtig? Wenn ein Winkel einen groben Fehler hat, wie wirkt dies auf den jenseits der Fehlerecke liegenden Teil des Zuges? (Zunächst ausserhalb des Coordinatensystems, dann mit Benützung von Coordinaten).

4) Für viele Zwecke der Polygonometrie, besonders wenn die berechneten Coordinaten nur dazu dienen sollen, den Zug möglichst genau zu Papier bringen zu können, hat man aber die Wahl der Lage des Coordinatensystems ganz frei. Man wird in diesem Fall selbstverständlich Nullpunkt und x-Axe möglichst bequem annehmen, jene in den Anfangspunkt, diese in die erste Seite oder ähnlich legen, vgl. das Beispiel § 37, S. 357 (Triangulierung).

5) Für den freien (nicht angebundenen) Zug ist es endlich ganz gleichgiltig, ob die Coordinaten des Anfangspunkts oder einer andern Ecke und der Richtungswinkel der ersten Seite oder einer andern Seite gegeben ist; man hat nur von den gegebenen Stücken aus zum Teil rückwärts zu rechnen.

Man behandle selbst folgendes Beispiel, in dem zu den Winkeln und Seiten des Zugs (0), (1), (2), (3), (4), (5), (6), (7), (8), (9) gegeben sind: die Coordinaten der Ecke (5): $x_5 = +3275{,}64$, $y_5 = +2686{,}56$ und der Richtungswinkel der Seite s_3 (zwischen den Punkten (2) und (3)), nämlich $\alpha_3 = 157^0\,41'\,3''$. Das Ergebnis der Rechnung ist hier sogleich neben die Daten gesetzt:

Gegeben:	
$\beta_1 = 19^\circ\,14'\,42''$	$s_1 = 245{,}11$
$\beta_2 = 265\;\;51\;\;24$	$s_2 = 754{,}00$
$\beta_3 = 0\;\;0\;\;0$	$s_3 = 375{,}70$
$\beta_4 = 279\;\;3\;\;9$	$s_4 = 472{,}70$
$\beta_5 = 191\;\;50\;\;39$	$s_5 = 200{,}17$
$\beta_6 = 151\;\;55\;\;54$	$s_6 = 259{,}45$
$\beta_7 = 266\;\;6\;\;54$	$s_7 = 207{,}79$
$\beta_8 = 78\;\;44\;\;45$	$s_8 = 424{,}40$
$\alpha_3 = 157^0\,41'\,3''$	$s_9 = 206{,}30$
$x_5 = +3275{,}64$	
$y_5 = +2686{,}56$	

Man findet: $\alpha_1 = 232^0\,34'\,57''$, $\alpha_9 = 45^0\,22'\,24''$ und die Coordinaten:

$x_0 = 3053{,}72$	$y_0 = 2006{,}85$
$x_1 = 2904{,}79$	$y_1 = 1812{,}18$
$x_2 = 3139{,}95$	$y_2 = 2528{,}57$
$x_3 = 2792{,}38$	$y_3 = 2671{,}22$
$x_4 = 3229{,}68$	$y_4 = 2491{,}73$
$x_6 = 3282{,}07$	$y_6 = 2945{,}94$
$x_7 = 3384{,}35$	$y_7 = 3126{,}81$
$x_8 = 3029{,}93$	$y_8 = 3360{,}26$
$x_9 = 3174{,}85$	$y_9 = 3507{,}09$

Was bedeutet $\beta_3 = 0$? Auch für Züge, die nach 5) durch die Coordinaten einer beliebigen Ecke und den Richtungswinkel einer beliebigen Seite im Coordinatensystem festliegen, rechne man zur Übung zahlreiche Beispiele.

§ 41. Das geschlossene Polygon. Allgemeines.

1) Einleitung. Es ist schon angegeben, dass für die praktische Polygonometrie in der Geodäsie das geschlossene Polygon im Vergleich mit dem polygonalen Zug (§ 40) nur eine untergeordnete Rolle spielt. Gleichwohl muss hier die Rechnung beliebiger Polygone gelehrt werden als Fortsetzung der Rechnung der Dreiecke und Vierecke.

Lässt man in dem polygonalen Zug des vorigen § 40 die Ecke (n) mit der Ecke (0) zusammenfallen, so entsteht ein geschlossenes Polygon (n-Eck); die Seiten können sich, der Definition unseres Zugs gemäss, beliebig schneiden. Es entsteht in der Ecke (n) $(=(0)$; doch soll jetzt (0) zu Gunsten von (n) ganz wegbleiben) der Polygonwinkel β_n, um den in (n) die Richtung nach $(n-1)$ im Uhrzeigersinn gedreht werden muss, bis sie mit der nach (1) zusammenfällt; auf die Seite $(n-1)(n) = s_n$ folgt die Seite $(n)(1) = s_1$.

2) Satz. Für die Coordinaten der Ecken findet man nach dem vorigen §:

$$\begin{array}{ll}
x_1 = x_n + s_1 \,.\, \cos\alpha_1 & y_1 = y_n + s_1 \,.\, \sin\alpha_1 \\
x_2 = x_1 + s_2 \,.\, \cos\alpha_2 & y_2 = y_1 + s_2 \,.\, \sin\alpha_2 \\
\ldots & \ldots \\
x_{n-1} = x_{n-2} + s_{n-1} \,.\, \cos\alpha_{n-1} & y_{n-1} = y_{n-2} + s_{n-1} \,.\, \sin\alpha_{n-1} \\
x_n = x_{n-1} + s_n \,.\, \cos\alpha_n & y_n = y_{n-1} + s_n \,.\, \sin\alpha_n.
\end{array}$$

Hieraus ergeben sich durch Addition die zwei Gleichungen:

$$(1)\quad \left\{\begin{array}{l} \sum\limits_{r=1}^{r=n}(s_r\,.\,\cos\alpha_r) = s_1\cos\alpha_1 + s_2\cos\alpha_2 + \ldots + s_n\cos\alpha_n = 0 \\ \sum\limits_{r=1}^{r=n}(s_r\,.\,\sin\alpha_r) = s_1\sin\alpha_1 + s_2\sin\alpha_2 + \ldots + s_n\sin\alpha_n = 0 \end{array}\right\},$$ in Worten:

Die algebraische Summe der Projektionen der Seiten eines geschlossenen Polygons auf eine beliebige Axe ist Null (vgl. den Satz am Schluss von **2**, des vorigen §).

3) Winkelsumme. Der Satz der Planimetrie, dass die Summe der Polygonwinkel im n-Eck gleich ist $(n-2).180^0$, ist bei unsrer allgemeinen und auch hier festzuhaltenden Definition des Polygonwinkels, derzufolge ein Polygonwinkel nicht notwendig der Innenwinkel des Polygons zu sein braucht, nicht mehr stets zutreffend. Es sei ein Vieleck mit beliebigen aus- und einspringenden Ecken gegeben, z. B. das Sechseck Fig. 125; man er-

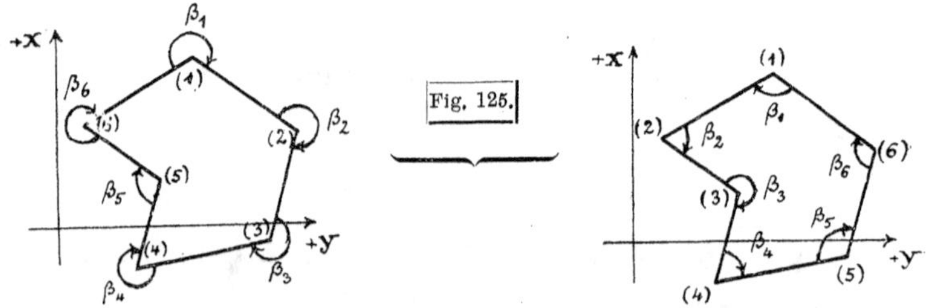

Fig. 125.

hält hier als Polygonwinkel die Innenwinkel des Sechsecks oder deren Implemente, je nachdem man die Numerierung $\left\{\begin{array}{c}\text{entgegengesetzt}\\ \text{mit}\end{array}\right\}$ dem Uhrzeigersinn gehen lässt. Jedenfalls ist also darauf zu achten, ob man bei der hier festzuhaltenden allgemein giltigen Rechnung die Innenwinkel des Polygons oder ihre Implemente für die β zu nehmen hat. Wenn das erste zutreffen soll, so muss die Ecken-Numerierung gegen den Uhrzeigersinn gemacht werden.

Unter der Voraussetzung, dass die Seiten des Polygons sich nicht schneiden, die sonst, wie oben mehrfach bemerkt, nicht nötig ist, erhält man für das geschlossene n-Eck, wenn die Ecken numeriert sind

entgegengesetzt dem Uhrzeigersinn | mit dem Uhrzeigersinn

die Summe der Polygonwinkel gleich

(2) $(n-2)\,180^0$ | $(n+2)\,180^0$. (2)

Allgemeiner Ausdruck für die Summe der Polygonwinkel.

Es ist

$$\begin{aligned} \alpha_2 &= \alpha_1 \pm 180^0 + \beta_1 \\ \alpha_3 &= \alpha_2 \pm 180^0 + \beta_2 \\ &\ldots\ldots\ldots \\ \alpha_n &= \alpha_{n-1} \pm 180^0 + \beta_{n-1} \\ \alpha_1 &= \alpha_n \pm 180^0 + \beta_n, \end{aligned}$$ also durch Addition

$$\Sigma\alpha = \Sigma\alpha \pm k\,.\,180^0 + \Sigma\beta,$$

oder, wenn p eine gewisse ganze Zahl bedeutet:

$$(3) \qquad \Sigma\beta = (2p - n)\,180^0.$$

Sind die Ecken des Polygons in dem dem eben angenommenen entgegengesetzten Drehungssinn numeriert, und sind $\beta'_1, \beta'_2, \ldots \beta'_n$ die neuen Polygonwinkel, so ist (vgl. Fig. 125)

$$\beta'_1 = 360^0 - \beta_1 \;;\; \beta'_2 = 360^0 - \beta_2, \ldots, \text{ somit}$$

$$\Sigma\beta' = n \,.\, 360^0 - \Sigma\beta = n \,.\, 360^0 - (2p - n)\,180^0 \text{ oder}$$

$$(4) \qquad \Sigma\beta' = (3n - 2p)\,180^0, \text{ wo } p \text{ eine gewisse ganze Zahl bedeutet.}$$

Die beiden gefundenen Gl. stimmen mit der bekannten planimetrischen Gleichung überein bei (3) mit $p = n - 1$ und bei (4) mit $p = n + 1$.

4) Aufzählung der Aufgaben über Berechnung eines beliebigen n-Ecks. Von den $2n$ Seiten und Winkeln eines geschlossenen Polygons sind $(2n - 3)$ unabhängige Stücke zur Bestimmung des Polygons erforderlich, die übrigen drei lassen sich aus ihnen berechnen; die drei fehlenden Stücke können nicht 3 Seiten sein, denn es müssten bei $(n - 3)$ gegebenen Seiten alle n Winkel gegeben sein, um die $(2n - 3)$ erforderlichen Stücke zu haben. Die nWinkel sind aber nicht unabhängig von einander, sondern durch die Gleichung (3) oder (4) verbunden, es sind höchstens $(n - 1)$ Winkel unabhängig von einander; also können höchstens zwei Seiten gesucht sein (dann also Ein Winkel, der sich aber unmittelbar aus (3) oder (4) ergiebt); oder es können Eine Seite und zwei Winkel gesucht sein; oder es können (keine Seite) und drei Winkel gesucht sein, d. h. man hat folgende drei Fälle zu unterscheiden. Gesucht sind:

I. zwei Seiten und ein Winkel (gegeben $(n-2)$ Seiten, $(n-1)$ Winkel),
II. eine Seite und zwei Winkel („ $(n-1)$ „ $(n-2)$ „),
III. drei Winkel (keine Seite; gegeben n Seiten, $(n - 3)$ Winkel).

Die Anordnung der Fälle entspricht genau den Fällen I., II., III., bei der Auflösung des Dreiecks (als des einfachsten Polygons) in § 24.

In der praktischen Polygonometrie (in der Geodäsie) sind meist wieder mehr Stücke eines Polygons als $(2n - 3)$ gemessen, wodurch Messungsproben (Ausgleichungsaufgaben) entstehen; doch bleiben solche Fälle hier wieder weg (vgl. § 40, 4, 3)).

Die vorstehenden drei Aufgaben sind verschieden zu behandeln, je nachdem die gesuchten Stücke „vereinigt“ oder „getrennt“ liegen. Im folgenden § werden je nur die einfachsten Fälle der drei Aufgaben behandelt; alle übrigen, die durch nicht vereinigte Lage der gesuchten Stücke entstehen, lassen sich mit Hilfe der Diagonalen auf sie zurückführen oder werden durch Zerlegung des Polygons in Dreiecke aufgelöst.

§ 42. Berechnung der drei Aufgaben über das geschlossene Polygon. [83])

1) Erste Aufgabe. Von einem Polygon sind gegeben alle Seiten bis auf zwei und alle Winkel bis auf einen; die fehlenden Stücke zu berechnen.

Annahme (vereinigte Lage der fehlenden Stücke): Die beiden gesuchten Seiten stossen zusammen und schliessen den gesuchten Winkel ein.

Die zuletzt gemachte Annahme ist übrigens nicht notwendig; denn der fehlende Winkel ergiebt sich sofort aus Gl. (3) oder (4) in § 41; übrigens führt auch die successive Rechnung der Richtungswinkel auf ihn bei beliebiger Lage.

Man wähle (es wird absichtlich keine Figur beigegeben, die man sich erst am Schluss entwerfen möge) die Bezifferung der Ecken so, dass die gesuchten Seiten die Bezeichnungen s_{n-1} und s_n erhalten, der gesuchte Winkel ist dann also β_{n-1}. Die Coordinaten von (n) und der Richtungswinkel α_1 seien entweder gegeben oder beliebig zu wählen, im letzten Fall am einfachsten $x_n = y_n = 0$, $\alpha_1 = 0$, d. h. der Punkt (n) ist Coordinaten-Ursprung und die $+x$-Axe liegt in der Richtung $(n)(1)$. Hieraus lassen sich nun die Coordinaten bis zur Ecke $(n-2)$, nämlich (x_1, y_1), $(x_2, y_2) \ldots (x_{n-2}, y_{n-2})$ berechnen; der letzte verwendete Richtungswinkel ist α_{n-2}. Der fehlende Winkel β_{n-1} findet sich aus

$$(1)\quad \begin{cases} \alpha_n = \alpha_{n-1} \pm 180^0 + \beta_{n-1}, \\ \alpha_1 = \alpha_n \pm 180^0 + \beta_n. \end{cases}$$

wobei α_n selbst zu bestimmen ist aus

Die beiden Gleichungen:

$$\begin{cases} x_n - x_{n-1} = s_n \cdot \cos \alpha_n \\ x_{n-1} - x_{n-2} = s_{n-1} \cos \alpha_{n-1} \end{cases} \quad \begin{vmatrix} y_n - y_{n-1} = s_n \cdot \sin \alpha_n \\ y_{n-1} - y_{n-2} = s_{n-1} \sin \alpha_{n-1} \end{vmatrix}$$

geben durch Addition

$$(*)\quad \begin{cases} x_n - x_{n-2} = s_n \cos \alpha_n + s_{n-1} \cos \alpha_{n-1} \quad \text{und} \\ y_n - y_{n-2} = s_n \sin \alpha_n + s_{n-1} \sin \alpha_{n-1}. \end{cases}$$

Berechnet man nun d und δ aus den beiden Gleichungen

$$x_n - x_{n-2} = d \cos \delta \quad , \quad y_n - y_{n-2} = d \sin \delta, \qquad \text{nämlich:}$$

$$(2)\quad tg\, \delta = \frac{y_n - y_{n-2}}{x_n - x_{n-2}} \quad ; \quad d = \frac{x_n - x_{n-2}}{\cos \delta} \overset{\text{oder}}{=} \frac{y_n - y_{n-2}}{\sin \delta},$$

so dass d und δ Länge und Richtungswinkel der Diagonale $(n-2)(n)$ sind, so erhält man die zwei fehlenden Seiten s_{n-1} und s_n, wenn man aus (*) das einemal s_n, das anderemal s_{n-1} eliminiert; es wird

$$(3)\quad s_{n-1} = d \cdot \frac{\sin(\alpha_n - \delta)}{\sin(\alpha_n - \alpha_{n-1})} \quad \text{und} \quad s_n = d \cdot \frac{\sin(\delta - \alpha_{n-1})}{\sin(\alpha_n - \alpha_{n-1})}.$$

Diese zwei Gleichungen sind nichts andres als der *Sinus*-Satz, angewandt auf das Dreieck $(n-2)(n-1)(n)$.

Setzt man mit den gefundenen Werten die Berechnung des polygonalen Zugs fort, so müssen für (x_n, y_n) die gegebenen oder angenommenen Werte erhalten werden, womit eine Rechnungsprobe entsteht.

Ob $\left\{\begin{array}{l}\text{die Coordinaten}\\\text{der Richtungswinkel}\end{array}\right\}$ der ersten $\left\{\begin{array}{l}\text{Ecke}\\\text{Seite}\end{array}\right\}$ oder einer folgenden gegeben sind, ändert wieder an der Berechnung nichts; vgl. das folgende Beispiel.

Beispiel. Sechseck.

$s_1 =$ **718,64**	$\beta_1 =$ **225° 47′ 50″**
$s_2 =$ **338,96**	$\beta_2 =$ **263 18 5**
$s_3 =$ **673,04**	$\beta_3 =$ **247 23 46**
$s_4 =$ **424,82**	$\beta_4 =$ **112 17 5**
$x_3 = -614{,}734$	$\beta_6 =$ **254 48 11**
$y_3 = -394{,}504$	$\alpha_2 = 165\ 5\ 50$

Aus der untenfolgenden Rechnung findet sich

$$y_6 - y_4 = +\ 208{,}090$$
$$x_6 - x_4 = +\ 622{,}501$$

und damit erhält man die nebenstehende Rechnung für δ, d, s_5, s_6.

$d \sin \delta$	2.31 825	208,090
$E \frac{\sin}{\cos} \delta$	0.02 300	
$d \cos \delta$	2.79 414	622,501
tg	9.52 411	$\alpha_6 = 44\ 29\ 49$
d	2.81 714	$\delta = 18\ 29\ 1$
$E \sin (\alpha_6 - \alpha_5)$	0.39 786	$\alpha_5 = 248\ 4\ 46$
$\sin (\alpha_6 - \delta)$	9.64 205	$\alpha_6 - \delta = 26\ 0\ 48$
$d : \sin (\alpha_6 - \alpha_5)$	3.21 500	$\delta - \alpha_5 = 130\ 24\ 15$
$\sin (\delta - \alpha_5)$	9.88 166	$\alpha_6 - \alpha_5 = 156\ 25\ 3$
s_5	2.85 705	(Probe).
s_6	3.09 666	

Ecke. s	α β	$log \begin{cases} \cos \alpha \\ s \\ \sin \alpha \end{cases}$	$log \begin{cases} s \cos \alpha \\ s \sin \alpha \end{cases}$	$s \cos \alpha$ x	$s \sin \alpha$ y
(6)				+ 312,296	— 482,607
(1) **718,64**	119° 18′ 0″ **225 47 50**	9.68 965 n 2.85 651 9.94 055	2.54 616 n 2.79 706	— 351,692 — 39,396	+ 626,700 *) + 144,093
(2) **338,96**	165 5 50 **263 18 5**	9.98 514 n 2.53 015 9.41 024	2.51 529 n 1.94 039	— 327,562 — 366,958	+ 87,174 + 231,267
(3) **673,04**	248 23 55 **247 23 46**	9.56 602 n 2.82 804 9.96 838 n	2.39 406 n 2.79 642 n	— 247,776 — 614,734	— 625,771 — 394,504
(4) **424,82**	315 47 41 **112 17 5**	9.85 543 2.62 820 9.84 338	2.48 363 2.47 158 n	+ 304,529 — 310,205	— 296,193 — 690,697
(5) 719,531	248 4 46 336 25 3	9.57 208 n 2.85 705 9.96 741 n	2.42 913 n 2.82 446 n	— 268,612 — 578,817	— 667,514 — 1358,211
(6) 1249,29	44 29 49 **254 48 11**	9.85 326 3.09 666 9.84 564	2.94 992 2.94 230	+ 891,080 (+ 312,263)	+ 875,580 (— 482,631)
(1)	119 18 0 (wie oben).			(genügend wie oben).	

*) Die dritte Dezimale ist nur angesetzt, um die zweite vor Anhäufung von Abrundungsfehlern zu schützen.

Gang der Rechnung. 1) Bildung sämtlicher Richtungswinkel und des fehlenden Polygonwinkels β_5.

2) Berechnung der Coordinaten (x_4, y_4); (x_2, y_2), (x_1, y_1), (x_6, y_6) von den gegebenen (x_3, y_3) aus $[(x_4, y_4)$ vorwärts; $(x_2, y_2) \ldots$ rückwärts$]$.

3) Berechnung von δ und d; s_5 und s_6 (Seitenrechnung).

4) Berechnung von (x_5, y_5) (x_6, y_6) mit Hilfe der gefundenen Seiten zur Probe.

Es kann bei der vorstehenden Aufgabe vorkommen, dass die gesuchten Seiten oder eine von ihnen sich negativ ergeben (vgl. die folgenden Beispiele). Wenn die Differenzen $(\alpha_n - \delta)$, $(\delta - \alpha_{n-1})$ und $(\alpha_n - \alpha_{n-1})$ alle dasselbe Vorzeichen haben, so ergeben sich die Seiten s_{n-1} und s_n positiv; wenn dies nicht der Fall ist, so erhält eine Seite oder erhalten beide das negative Vorzeichen. Wird s_{n-1} negativ, so heisst dies: denkt man sich in der Ecke (n) an s_1 den Winkel β_n und in $(n-2)$ an s_{n-2} den Winkel β_{n-2} in richtiger Weise angelegt, so schneidet der zweite Schenkel von β_n die Rückverlängerung des zweiten Schenkels von β_{n-2}, nicht diesen selbst, in der Ecke $(n-1)$. Ebenso wird s_n negativ, wenn die Rückverlängerung des zweiten Schenkels von β_n vom zweiten Schenkel von β_{n-2} in $(n-1)$ geschnitten wird; werden endlich beide Seiten negativ, so schneiden sich die beiden Rückverlängerungen der zweiten Schenkel in $(n-1)$.

Weitere Beispiele.*)

1) Viereck.

$s_1 =$ **637,12**	$\beta_1 =$ **222° 22′ 13″**	$s_3 = 613{,}94$	$s_4 = 951{,}21$
$s_2 =$ **567,78**	$\beta_2 =$ **279 43 11**	$\beta_3 = 270°\ 55'\ 40''$	
$x_4 = 0$	$\beta_4 =$ **306 58 55**	$\delta = 199\ 54\ 26$	
$y_4 = 0$	$\alpha_1 = 0\ 0\ 0$	$\log d = 3.05\,067$	
		$x_2 = 1056{,}600$	$y_2 = 382{,}638$
		$x_3 = 572{,}215$	$y_3 = 759{,}855$.

Man vergleiche zu dieser Aufgabe (oder einer der folgenden) auch § 32, S. 318 oben, Kreisbogenabsteckung bei unzugänglichem Tangentenschnitt u. s. f.

2) Fünfeck.

$s_1 =$ **312,48**	$\beta_1 =$ **38° 16′ 11″**	$s_4 = 385{,}32$	$s_5 = -10{,}56$
$s_2 =$ **739,21**	$\beta_2 =$ **67 35 52**	$\beta_4 = 280°\ 32'\ 9''$	
$s_3 =$ **308,05**	$\beta_3 =$ **100 18 43**	$\delta = 24\ 38\ 37$	
$x_5 = 0$	$\beta_5 =$ **53 17 5**	$\log d = 2.58\,814_5$	
$y_5 = 0$	$\alpha_1 = 0\ 0\ 0$	$x_3 = -352{,}103$	$y_3 = -161{,}529$
		$x_4 = -6{,}312$	$y_4 = +8{,}468$.

---

*) Die bei den einzelnen Fällen der Polygonberechnung beigefügten weitern Beispiele sind vom Verfasser meist sechsstellig berechnet, so dass sich bei Benützung fünfstelliger Logarithmentafeln häufig kleine Unterschiede in den Resultaten gegenüber von den angegebenen zeigen werden.

3) Sechseck.

$s_1 = \mathbf{2588{,}6}$	$\beta_1 = \mathbf{242^\circ\, 35'\, 18''}$	$s_5 = -1354{,}8$ $\quad s_6 = 9360{,}3$
$s_2 = \mathbf{2944{,}7}$	$\beta_2 = \mathbf{144\ \ 19\ \ 42}$	$\beta_5 = 254^\circ\ 33'\ 32''$
$s_3 = \mathbf{2432{,}3}$	$\beta_3 = \mathbf{159\ \ 33\ \ 14}$	$\delta = 205\ \ 45\ \ 1$
$s_4 = \mathbf{2091{,}0}$	$\beta_4 = \mathbf{296\ \ 27\ \ 52}$	$log\ d = 3.95\,874_5$
$x_6 = 0$	$\beta_6 = \mathbf{342\ \ 30\ \ 22}$	$x_4 = 8190{,}76$ $\quad y_4 = 3950{,}80$
$y_6 = 0$	$\alpha_1 = 0\ \ 0\ \ 0$	$x_5 = 8927{,}34$ $\quad y_5 = 2813{,}74.$

4) Sechseck.

$s_1 = \mathbf{418{,}7}$	$\beta_1 = \mathbf{259^\circ\, 49'\ 1''}$	$s_5 = 577{,}43$ $\quad s_6 = 504{,}25$
$s_2 = \mathbf{276{,}3}$	$\beta_2 = \mathbf{218\ \ 36\ \ 24}$	$\beta_5 = 280^\circ\ 18'\ 54''$
$s_3 = \mathbf{607{,}5}$	$\beta_3 = \mathbf{307\ \ 17\ \ 14}$	$\delta = 212\ \ 35\ \ 16$
$s_4 = \mathbf{133{,}8}$	$\beta_4 = \mathbf{148\ \ 32\ \ 58}$	$log\ d = 2.84\,216_5$
$x_6 = -128{,}5$	$\beta_6 = \mathbf{225\ \ 25\ \ 34}$	$x_4 = 457{,}326$ $\quad y_4 = 300{,}675.$
$y_6 = -\ 73{,}8$	$\alpha_1 = 312\ 48\ 23$	$x_5 = -105{,}454$ $\quad y_5 = 429{,}927.$

2) Zweite Aufgabe. Von einem Polygon sind gegeben alle Seiten bis auf eine, und alle Winkel bis auf zwei; die fehlenden Stücke zu berechnen.

Annahme (vereinigte Lage der fehlenden Stücke): Die beiden gesuchten Winkel sind die der fehlenden Seite anliegenden.

Man wähle die Bezifferung der Ecken so, dass die gesuchte Seite s_n wird; die gesuchten Winkel sind dann also β_{n-1} und β_n.

Sind (x_n, y_n) und α_1 oder überhaupt die Coordinaten irgend einer Ecke und der Richtungswinkel irgend einer Seite gegeben oder willkürlich angenommen (im letzten Fall am einfachsten wieder alle drei gleich Null), so kann man mittels der gegebenen Stücke alle Richtungswinkel bis α_{n-1} und somit die Coordinaten der Ecken bis zu $(n-1)$ bestimmen. Damit sind die Coordinaten der Endpunkte $(n-1)$ und (n) der gesuchten Seite bekannt und somit diese Seite und ihr Richtungswinkel α_n zu berechnen. Es ist nämlich

$$tg\ \alpha_n = \frac{y_n - y_{n-1}}{x_n - x_{n-1}} \quad \text{und} \quad s_n = \frac{x_n - x_{n-1}}{cos\ \alpha_n} \overset{\text{oder}}{=} \frac{y_n - y_{n-1}}{sin\ \alpha_n}.$$

Die beiden gesuchten Polygonwinkel ergeben sich sodann aus

$$\begin{cases} \alpha_n = \alpha_{n-1} \pm 180^0 + \beta_{n-1} \\ \alpha_1 = \alpha_n \quad \pm 180^0 + \beta_n \end{cases} \quad \text{oder} \quad \begin{cases} \beta_{n-1} = \alpha_n - \alpha_{n-1} \pm 180^0 \\ \beta_n \quad = \alpha_1 - \alpha_n \quad \pm 180^0. \end{cases}$$

Beispiel. Sechseck.

$s_1 = \mathbf{326{,}03}$	$\beta_1 = \mathbf{252^\circ\, 47'\ 5''}$	$s_6\, sin\ \alpha_6$	$2.09\,703\,n$	$-125{,}034$
$s_2 = \mathbf{257{,}12}$	$\beta_2 = \mathbf{224\ \ 21\ \ 38}$	$E\, \frac{sin}{cos}\, \alpha_6$	$0.06\,098$	
$s_3 = \mathbf{221{,}76}$	$\beta_3 = \mathbf{283\ \ 15\ \ 5}$	$s_6\, cos\ \alpha_6$	$2.34\,163$	$+219{,}602$
$s_4 = \mathbf{298{,}04}$	$\beta_4 = \mathbf{162\ \ 37\ \ 22}$			
$s_5 = \mathbf{318{,}98}$	$\alpha_1 = 0\ \ 0\ \ 0$	$tg\ \alpha_6$	$9.75\,540\,n$	$\alpha_6 = 330^0\, 20'\, 37''$
$x_6 = 0$		s_6	$2.40\,261$	$s_6 = 252{,}70$
$y_6 = 0$				

Resultat: $s_6 = 252{,}70$, $\quad \beta_5 = 307^0\, 19'\, 28''$

$\beta_6 = 209\ \ 39\ \ 23.$

Für die nebenstehende Rechnung sind die Daten aus der unten folgenden Coordinatenrechnung entnommen.

Ecke s	α β	$log \begin{cases} cos\ \alpha \\ s \\ sin\ \alpha \end{cases}$	$log \begin{cases} s\ cos\ \alpha \\ s\ sin\ \alpha \end{cases}$	$s\ cos\ \alpha$ x	$s\ sin\ \alpha$ y
(6)				0	0
(1) **326,03**	0° 0′ 0″ **252 47 5**	—	—	326,03 + 326,030	0 + 0,000
(2) **257,12**	72 47 5 **224 21 38**	9.47 124 2.41 013 9.98 009	1.88 137 2.39 022	+ 76,098 + 402,128	+ 245,594 + 245,594
(3) **221,76**	117 8 43 **283 15 5**	9.65 920 *n* 2.34 588 X 9.94 932	2.00 508 *n* 2.29 520	— 101,177 + 300,951	+ 197,332 + 442,926
(4) **298,04**	220 23 48 **162 37 22**	9.88 171 *n* 2.47 428 9.81 163 *n*	2.35 599 *n* 2.28 591 *n*	— 226,980 + 73,971	— 193,157 + 249,769
(5) **318,98**	203 1 10 307 19 27	9.96 396 *n* 2.50 376 9.59 223 *n*	2.46 772 *n* 2.09 599 *n*	— 293,573 — 219,602	— 124,735 + 125,034
(6)	330 20 37 209 39 23				
(1)	0 0 0 (wie oben)				

Gang der Rechnung. 1) Bildung der Richtungswinkel von α_1 bis α_5.
2) Berechnung der Coordinaten aller Punkte bis zu (x_5, y_5).

3) Bestimmung von α_6 und s_6 aus $\begin{cases} s_6\ cos\ \alpha_6 = +219{,}602 \\ s_6\ sin\ \alpha_6 = -125{,}034 \end{cases}$ da $x_6 = y_6 = 0$.

4) Berechnung der beiden gesuchten Winkel β_5 und β_6.

Weitere Beispiele.

1) Viereck.

$s_1 = \mathbf{339{,}64}$ | $\beta_1 = \mathbf{132° \; 36' \; 51''}$
$s_2 = \mathbf{670{,}28}$ | $\beta_2 = \mathbf{108 \; 15 \; 23}$
$s_3 = \mathbf{212{,}11}$ | $\alpha_1 = \; 0 \; 0 \; 0$

$x_4 = 0$, $y_4 = 0$.

$x_3 = 690{,}207$, $y_3 = -678{,}561$
$s_4 = 967{,}90$ $\alpha_4 = 135^0 \; 29' \; 15''$
$\beta_3 = 74^0 \; 37' \; 1''$
$\beta_4 = 44 \; 30 \; 45$.

2) Fünfeck.

$s_1 = \mathbf{486{,}0}$ | $\beta_1 = \mathbf{46° \; 38' \; 0''}$
$s_2 = \mathbf{467{,}1}$ | $\beta_2 = \mathbf{136 \; 5 \; 0}$
$s_3 = \mathbf{394{,}2}$ | $\beta_3 = \mathbf{38 \; 51 \; 0}$
$s_4 = \mathbf{482{,}4}$ | $\alpha_1 = 263 \; 47 \; 48$

$x_5 = 411{,}828$, $y_5 = 440{,}384$.

$x_4 = 359{,}556$, $y_4 = 312{,}861$
$s_5 = 137{,}82$
$\alpha_5 = 67^0 \; 42' \; 40''$
$\beta_4 = 302 \; 20 \; 52$
$\beta_5 = 16 \; 5 \; 8$.

3) Sechseck.

$s_1 = 402,74$	$\beta_1 = 268°\ 36'\ 2''$
$s_2 = 518,48$	$\beta_2 = 297\ \ 48\ \ 22$
$s_3 = 706,10$	$\beta_3 = 78\ \ 45\ \ 29$
$s_4 = 692,06$	$\beta_4 = 312\ \ 24\ \ 10$
$s_5 = 948,54$	$\alpha_1 = 109\ \ 26\ \ 27$

$x_6 = 375,72$, $y_6 =$ 1[illegible]7,68.

$$\begin{cases} x_5 = +\,609,945 \\ y_5 = -\,681,241 \end{cases}$$

$s_6 = 909,60$

$\alpha_6 = 104°\ 55'\ 19''$

$\beta_5 = 297\ \ 54\ \ 49$

$\beta_6 = 184\ \ 31\ \ \ 8.$

4) Achteck

$s_1 = 612,31$	$\beta_1 = 98°\ 17'\ 2''$
$s_2 = 633,24$	$\beta_2 = 45\ \ 38\ \ 55$
$s_3 = 505,08$	$\beta_3 = 102\ \ 17\ \ 23$
$s_4 = 383,52$	$\beta_4 = 255\ \ 48\ \ 29$
$s_5 = 534,20$	$\beta_5 = 83\ \ 14\ \ 14$
$s_6 = 594,29$	$\beta_6 = 162\ \ \ 0\ \ \ 2$
$s_7 = 112,03$	$\alpha_1 = 0\ \ \ 0\ \ \ 0$

$x_8 = 0$, $y_8 = 0$.

$$\begin{cases} x_7 = 546,614 \\ y_7 = 823,866 \end{cases}$$

$s_8 = 988,71$

$\alpha_8 = 236°\ 26'\ 13''$

$\beta_7 = 29\ \ 10\ \ \ 7$

$\beta_8 = 303\ \ 33\ \ 47.$

3) Dritte Aufgabe. Von einem Polygon sind alle Stücke mit Ausnahme dreier Winkel gegeben; diese Winkel zu berechnen.

Annahme (vereinigte Lage der Stücke): Die gesuchten Polygonwinkel sollen drei aufeinanderfolgende sein.

Die Bezifferung werde so gewählt, dass die drei fehlenden Winkel β_{n-2}, β_{n-1} und β_n sind. Mittels der gegebenen oder beliebig angenommenen Coordinaten einer Ecke (im zweiten Fall wieder $x_n = y_n = 0$) und des Richtungswinkels einer Seite lassen sich die Coordinaten der Ecken des polygonalen Zugs $(n)\ (1)\ (2)\ \ldots\ (n-2)$ berechnen. Nun berechne man wieder d und δ wie bei dem ersten Fall (s. **1**) aus den Gleichungen

$$(1)\qquad \begin{cases} x_n - x_{n-2} = d \cos \delta \\ y_n - y_{n-2} = d \sin \delta, \end{cases} \qquad \text{nämlich}$$

$$(1')\qquad tg\,\delta = \frac{y_n - y_{n-2}}{x_n - x_{n-2}}\,; \qquad d = \frac{x_n - x_{n-2}}{\cos \delta} \overset{\text{oder}}{=} \frac{y_n - y_{n-2}}{\sin \delta}.$$

Aus den drei Seiten s_{n-1}, s_n und d des durch die drei Ecken $(n-2)$, $(n-1)$, (n) gebildeten Dreiecks berechnet man nun die Winkel dieses Dreiecks. Diese Dreieckswinkel seien γ_{n-2}, γ_{n-1}, γ_n, wobei die Indices den Ecken entsprechen, also γ_{n-2} der Gegenwinkel von s_n, γ_{n-1} der von d, γ_n der von s_{n-2} ist.

Um hieraus die fehlenden Richtungswinkel von s_{n-1} und s_n zu erhalten, beachte man zunächst die zwei Gleichungen

$$\begin{cases} s_{n-1} \cos \alpha_{n-1} + s_n \cos \alpha_n = d \cos \delta \\ s_{n-1} \sin \alpha_{n-1} + s_n \sin \alpha_n = d \sin \delta\,; \end{cases}$$

die aus ihnen folgenden Gleichungen

$$\left\{\begin{array}{l} s_n^2 = d^2 \quad + s_{n-1}^2 - 2\,d\,s_{n-1}\cos(\delta - \alpha_{n-1}) \\ s_{n-1}^2 = d^2 \quad + s_n^2 \quad - 2\,d\,s_n \quad \cos(\delta - \alpha_n) \\ d^2 = s_{n-1}^2 + s_n^2 \quad + 2\,s_{n-1}s_n\cos(\alpha_n - \alpha_{n-1}) \end{array}\right.$$

geben mit Berücksichtigung von $\gamma_{n-2} + \gamma_{n-1} + \gamma_n = 180^0$ und von $\cos(-\varphi) = \cos\varphi$ zu erkennen, dass

$$(2) \quad \left\{\begin{array}{rl} \pm(\delta - \alpha_{n-1}) &= \gamma_{n-2} \\ \mp(\delta - \alpha_n) &= \gamma_n \\ 180^0 \mp (\alpha_n - \alpha_{n-1}) &= \gamma_{n-1} \\ \hline 180^0 &= 180^0 \end{array}\right.$$

sein muss, wobei sich, wie auch stets im folgenden, die Vorzeichen auf einander beziehen. Man erhält demnach immer zwei verschiedene Lösungen (den zwei Lagen des Dreiecks $(n-2)\,(n-1)\,(n)$ gegen die Diagonale d oder $(n-2)\,(n)$ entsprechend, vgl. Fig. 126. — Aus (2) folgt nun

$$(3) \quad \alpha_{n-1} = \delta \mp \gamma_{n-2}; \quad \alpha_n = \delta \pm \gamma_n; \quad \alpha_n - \alpha_{n-1} = \pm(180^0 - \gamma_{n-1}) \quad \text{(Probe)}$$

und damit ergeben sich die Winkel β_{n-2}, β_{n-1} und β_n in bekannter Weise aus den Gleichungen

$$(4) \quad \left\{\begin{array}{l} \beta_{n-2} = \alpha_{n-1} - \alpha_{n-2} \mp 180^0 \\ \beta_{n-1} = \alpha_n \quad - \alpha_{n-1} \mp 180^0 = \left\{\begin{array}{l} 360^0 - \gamma_{n-1} \\ \gamma_{n-1} \end{array}\right. \\ \beta_n \quad = \alpha_1 \quad - \alpha_n \quad \mp 180^0, \end{array}\right.$$

wobei für jedes β von den Doppelvorzeichen vor 180^0 das zu nehmen ist, das β zwischen 0^0 und 360^0 liefert. Die beiden verschiedenen Werte von α_{n-1}, α_n und $(\alpha_n - \alpha_{n-1})$ aus (3) liefern die beiden Lösungen.

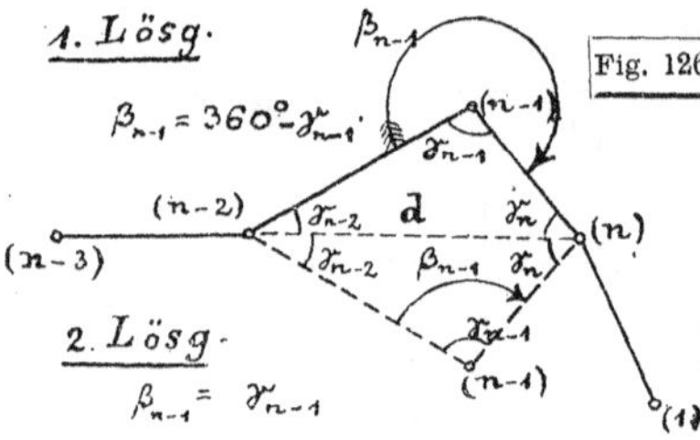

Fig. 126.

Dass die beiden Werte von β_{n-1} gleich γ_{n-1} und $(360^0 - \gamma_{n-1})$ sind, lässt sich leicht aus der Figur ablesen (vgl. Fig. 126); ebenso zeigt sich dort die Zweideutigkeit der Auflösung, s. oben.

Beispiel. Fünfeck.

$s_1 = $ **326,74**	$d \sin\delta$	2.65 382 n	$-450{,}633$	$\delta = 314^0\,42'\,41''$
$s_2 = $ **509,10**	$E\,{}^{\sin}_{\cos}\,\delta$	0.14 833 n		$\gamma_3 = 35\;19\;40$
$s_3 = $ **548,22**				$\gamma_4 = 52\;45\;32$
$s_4 = $ **796,06**	$d \cos\delta$	2.64 944	$+446{,}114$	$\gamma_5 = 91\;54\;48$
$s_5 = $ **460,58**	$tg\,\delta$	0.00 438 n	$s_5 = 460{,}58$	$\alpha_4 = \{279\;23\;1$
$\beta_1 = $ **72° 37′ 11″**	d	2.80 215	$s_4 = 796{,}06$	$350\;2\;21$
$\beta_2 = $ **110 12 22**	$s - s_5$	2.68 555	$d = 634{,}09$	$\alpha_5 = \{46\;37\;29$
$\alpha_1 = 260\;43\;47$	$s - d$	2.49 315	$2s = 1890{,}73$	$222\;47\;53$
	$s - s_4$	2.17 409	$s = 945{,}37$	$\left.\begin{array}{l}\alpha_5\\\alpha_4\end{array}\right\} = \{127\;14\;28$
$x_5 = 207{,}18$	$E\,s$	7.02 439	$s - s_5 = 484{,}79$	$232\;45\;32$
$y_5 = -120{,}13$	r^2	4.37 718	$s - d = 311{,}28$	$\beta_3 = \{15\;49\;41$
Aus der untenstehenden Coordinaten-Rechnung folgt $y_5 - y_3 = -450{,}633$ $x_5 - x_3 = +446{,}114$, somit für d und die Dreieckswinkel die nebenstehende Rechnung.	r	2.18 859	$s - s_4 = 149{,}31$	$86\;29\;1$
	$tg\,\frac{1}{2}\gamma_3$	9.50 304	$\frac{1}{2}\gamma_3 = 17^0\,39'\,50''$	$\beta_4 = \{307\;14\;28$
	$tg\,\frac{1}{2}\gamma_4$	9.69 544	$\frac{1}{2}\gamma_4 = 26\;22\;45$	$52\;45\;32$
	$tg\,\frac{1}{2}\gamma_5$	0.01 450	$\frac{1}{2}\gamma_5 = 45\;57\;23$	$\beta_5 = \{34\;6\;18$
			Probe: 89 59 58	$217\;55\;54$

Ecke. l	α β	$log \begin{cases} cos\ \alpha \\ s \\ sin\ \alpha \end{cases}$	$log \begin{cases} s\ cos\ \alpha \\ s\ sin\ \alpha \end{cases}$	$s\ cos\ \alpha$ x	$s\ sin\ \alpha$ y
(5)				+ 207,180	— 120,130
(1)	260° 43′ 47″	9.20 708 *n*	1.72 128 *n*	— 52,636	— 322,470
		2.51 420			
326,74	**72 37 11**	9.99 429 *n*	2.50 849 *n*	+ 154,544	— 442,600
(2)	153 20 58	9.95 122 *n*	2.65 802 *n*	— 455,010	+ 228,353
		2.70 680 ╳			
509,10	**110 12 22**	9.65 181	2.35 861	— 300,466	— 214,247
(3)	83 33 20	9.05 015	$1.78\ 910_5$	+ 61,532	+ 544,750
548,22	{ 15 49 41	$2.73\ 895_5$			
	86 19 1	$9.99\ 724_5$	2.73 620	— 238,934	+ 330,503
(4)	{ 279 23 1	{ 9.21 230	{ 2.11 325	{ + 129,794	{ — 785,417
	350 2 21	9.99 341	2.89 436	+ 784,080	— 137,700
		2.90 095 ╳			
796,06	{ 307 14 28	{ 9.99 415 *n*	{ 2.89 510 *n*	{ — 109,140	{ — 454,914
	52 45 32	9.23 798 *n*	2.13 893 *n*	+ 545,146	+ 192,803
(5)	{ 46 37 29	{ 9.83 681	{ 2.50 011	{ + 316,308	{ + 334,777
	222 47 53	9.86 555 *n*	2.52 885 *n*	— 337,946	— 312,915
		2.66 330			
460,58	{ 34 6 18	{ 9.86 146	{ 2.52 476	{ (+ 207,168)	{ (— 120,137)
	217 55 54	9.83 213 *n*	2.49 543 *n*	(+ 207,200)	(— 120,112)
(1)	260 43 47 (wie oben)	(genügend übereinstimmend mit oben)			

Im vorstehenden Beispiel gelten je die $\begin{Bmatrix} \text{obern} \\ \text{untern} \end{Bmatrix}$ der zusammengeklammerten Zahlen für die $\begin{Bmatrix} \text{erste} \\ \text{zweite} \end{Bmatrix}$ Lösung.

Gang der Rechnung. 1) Bildung der Richtungswinkel bis α_3 und Berechnung der Coordinaten bis (x_3, y_3).

2) Berechnung von δ, d; γ_3, γ_4, γ_5 (Nebenrechnung).

3) Berechnung der beiden Werte von α_4 und α_5; hieraus β_3, β_4, β_5, womit die Aufgabe gelöst ist.

4) Berechnung der Coordinaten (x_4, y_4) und (x_5, y_5) zur Rechnungsprobe.

Weitere Beispiele.

1) Viereck.

$s_1 = $ **427,60**	$\beta_1 =$ **78° 15′ 42″**
$s_2 = $ **195,39**	$\alpha_1 = 272\ 14\ 1$
$s_3 = $ **376,04**	{ $x_4 = 328,33$
$s_4 = $ **312,98**	$y_4 = 218,08$

Resultate: $x_2 = 152,288$, $y_2 = —176,931$

$log\ d = 2.63\ 595$

$\delta = 65^0\ 58'\ 45''$

$\gamma_2 = 44\ 52\ 40$

$\gamma_3 = 77\ \ 9\ 10$

$\gamma_4 = 57\ 58\ 10$

	Erste Lösung	Zweite Lösg.
$x_3 =$	503,113	18,404
$y_3 =$	— 41,549	174,468
$x_4 =$	328,330	328,330
$y_4 =$	218,080	218,080
$\beta_2 =$	30° 36′ 22″	120° 21′ 42″
$\beta_3 =$	282 50 50	77 9 10
$\beta_4 =$	328 17 6	84 13 26.

2) Fünfeck.

Gegeben		
$s_1 = \mathbf{748{,}6}$	$\beta_1 = \mathbf{284^0\ 45'\ 44''}$	
$s_2 = \mathbf{306{,}8}$	$\beta_2 = \mathbf{217\ \ 31\ \ 16}$	
$s_3 = \mathbf{531{,}4}$	$\alpha_1 = 246\ \ 18\ \ 8$	
$s_4 = \mathbf{409{,}2}$	$x_5 = -\ 43{,}090$	
$s_5 = \mathbf{270{,}0}$	$y_5 = -\ 225{,}710$	

Resultate: $x_3 = 425{,}738$, $y_3 = -\ 704{,}582$
$\log d = 2.82\,618$
$\delta = 134^0\ 23'\ 34''$
$\gamma_3 = \ \ 7\ \ 35\ \ 4$
$\gamma_4 = 160\ \ 52\ \ 37$
$\gamma_5 = \ 11\ \ 32\ \ 19$

	Erste Lösung.	Zweite Lösg.
$x_4 =$	180,569	103,385
$y_4 =$	— 376,958	— 452,524
$x_5 =$	— 43,090	— 43,090
$y_5 =$	— 225,708	— 225,709
$\beta_3 =$	$278^0\ 13'\ 22''$	$293^0\ 23'\ 30''$
$\beta_4 =$	199 7 23	160 52 37
$\beta_5 =$	280 22 15	303 26 53.

3) Sechseck.

Gegeben	
$s_1 = \mathbf{348{,}7}$	$\beta_1 = \mathbf{282^0\ 47'\ 50''}$
$s_2 = \mathbf{563{,}9}$	$\beta_2 = \mathbf{250\ \ 16\ \ 46}$
$s_3 = \mathbf{412{,}8}$	$\beta_3 = \mathbf{316\ \ 52\ \ 11}$
$s_4 = \mathbf{218{,}6}$	$\alpha_1 = 224\ \ 46\ \ 50$
$s_5 = \mathbf{462{,}0}$	$x_6 = \ 26{,}71$
$s_6 = \mathbf{164{,}1}$	$y_6 = -\ 48{,}25$

Resultate: $x_4 = 363{,}449$, $y_4 = -\ 322{,}785$
$\log d = 2.63\,796$
$\delta = 140^0\ 48'\ 38''$

$\gamma_4 = 20^0\ 48'\ 10''$
$\gamma_5 = 70\ \ 6\ \ 2$
$\gamma_6 = 89\ \ 5\ \ 48$

	Erste Lösung.	Zweite Lösg.
$x_5 =$	132,394	— 74,965
$y_5 =$	77,287	— 177,056
$\beta_4 =$	$125^0\ 16'\ 51''$	$166^0\ 53'\ 10''$
$\beta_5 =$	289 53 58	70 6 2
$\beta_6 =$	174 52 25	353 4 1

4) Achteck.

Gegeben	
$s_1 = \mathbf{699{,}45}$	$\beta_1 = \mathbf{132^0\ 40'\ 16''}$
$s_2 = \mathbf{984{,}03}$	$\beta_2 = \mathbf{251\ \ 31\ \ 22}$
$s_3 = \mathbf{704{,}55}$	$\beta_3 = \mathbf{240\ \ 29\ \ 27}$
$s_4 = \mathbf{1109{,}62}$	$\beta_4 = \mathbf{225\ \ 48\ \ 4}$
$s_5 = \mathbf{890{,}27}$	$\beta_5 = \mathbf{222\ \ 17\ \ 49}$
$s_6 = \mathbf{992{,}19}$	$\alpha_1 = 0\ \ 0\ \ 0$
$s_7 = \mathbf{765{,}33}$	$x_8 = 0$
$s_8 = \mathbf{2006{,}46}$	$y_8 = 0$

Resultate: $x_6 = 1211{,}824$, $y_6 = 999{,}885$
$\log d = 3.196\,200$
$\delta = 219^0\ 31'\ 35''$

$\gamma_6 = 113^0\ 50'\ \ 9''$
$\gamma_7 = \ 45\ \ 44\ \ 39$
$\gamma_8 = \ 20\ \ 25\ \ 12$

	Erste Lösung.	Zweite Lösg.
$x_7 =$	1004,850	1895,921
$y_7 =$	1736,697	656,749
$x_8 =$	— 0,01	— 0,01
$y_8 =$	— 0,01	— 0,01
$\beta_6 =$	$142^0\ 54'\ 28''$	$10^0\ 34'\ 46''$
$\beta_7 =$	314 15 21	45 44 39
$\beta_8 =$	270 3 14	310 53 38.

4) Weitere Aufgaben. In den Nummern **1)** bis **3)** dieses § sind nur die einfachsten Aufgaben der drei möglichen Fälle der Berechnung eines Polygons behandelt, siehe die Bemerkung am Schluss von § 41. Man löse nun aber auch andere Aufgaben der drei Fälle auf. Es seien z. B. gegeben in einem Sechseck alle Seiten bis auf eine und alle Winkel bis auf zwei; die gegebenen Seiten seien s_1, s_2, s_3, s_4, s_5, gesucht also s_6, die gesuchten Winkel seien nun aber nicht β_5 und β_6, sondern β_3 und β_5 (so dass also β_1, β_2, β_4, β_6 gegeben sind) u. s. w. [84])

§ 43. Flächeninhalt eines beliebigen Polygons.

Eine Art der Berechnung des Flächeninhalts eines Polygons ist die Zerlegung in Dreiecke durch Diagonalen von einer Ecke aus; ein anderer Weg bietet sich jetzt dar mit Benützung der Coordinaten der Ecken.

Bei der Zerlegung in Dreiecke muss der Centralpunkt nicht gerade eine Ecke sein; eine andere Zusammensetzung der Vielecksfläche aus Dreiecken ist schon in § 26, **1.** 5) angewandt und soll hier nochmals, aber nur als Zwischenglied gebraucht werden; dabei soll der daselbst mit O bezeichnete Punkt der Coordinatenanfangspunkt sein.

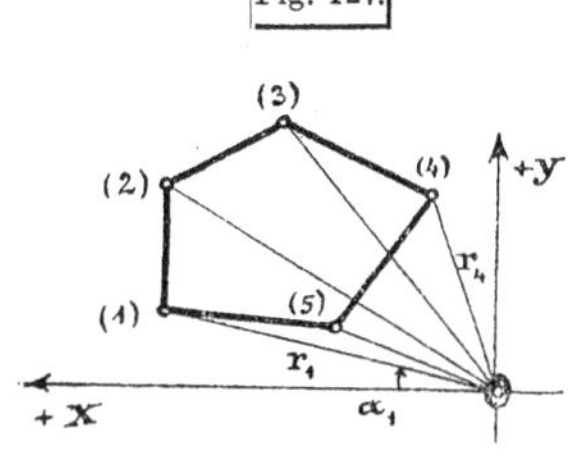

Wir setzen ferner voraus, dass die Seiten des Vielecks sich nicht schneiden, da sonst der Flächeninhalt keinen eindeutigen Sinn mehr hat; ob aber ein- oder ausspringende Ecken vorhanden sind, ist gleichgiltig. Es sei nun z. B. der Inhalt des Fünfecks (1) (2) (3) (4) (5), Fig. 127, zu bestimmen; man hat

$$F = \triangle\, O\,(1)\,(2) + \triangle\, O\,(2)\,(3) + \triangle\, O\,(3)\,(4) - \triangle\, O\,(4)\,(5) - \triangle\, O\,(5)\,(1).$$

Bezeichnet man den Radius vector der Ecke (k) mit r_k und seinen Richtungswinkel mit α_k, so ist demnach, da die Winkel in den angeschriebenen Dreiecken die Differenzen der Richtungswinkel sind (mit richtigen Vorzeichen zu nehmen), nämlich Winkel zwischen (k) links und $(k+1)$ rechts $= \alpha_{k+1} - \alpha_k$):

$$2F = r_1 r_2 \sin(\alpha_2 - \alpha_1) + r_2 r_3 \sin(\alpha_3 - \alpha_2) + r_3 r_4 (\alpha_4 - \alpha_3) - r_4 r_5 \sin(\alpha_4 - \alpha_5) - r_5 r_1 \sin(\alpha_5 - \alpha_1)$$

oder

$$2F = r_1 r_2 \sin(\alpha_2 - \alpha_1) + r_2 r_3 \sin(\alpha_3 - \alpha_2) + r_3 r_4 \sin(\alpha_4 - \alpha_3) + r_4 r_5 \sin(\alpha_5 - \alpha_4) + r_5 r_1 \sin(\alpha_1 - \alpha_5).$$

Diese Gleichung ist nun vollständig symmetrisch und von allgemeiner Giltigkeit; für ein *beliebiges* n-*Eck* erhält man folglich ganz ebenso

$$2F = r_1 r_2 \sin(\alpha_2 - \alpha_1) + r_2 r_3 \sin(\alpha_3 - \alpha_2) + \ldots\ldots + r_{n-1} r_n \sin(\alpha_n - \alpha_{n-1}) + r_n r_1 \sin(\alpha_1 - \alpha_n)$$

oder in abgekürzter Bezeichnungsweise:

$$(1) \qquad 2F = \sum_{k=1}^{k=n} r_{k-1} r_k \sin(\alpha_k - \alpha_{k-1}).$$

Wenn man die $\sin(\alpha_k - \alpha_{k-1})$ alle auflöst, so erhält man hieraus

$$\begin{aligned} 2F = {} & r_1 r_2 \sin\alpha_2 \cos\alpha_1 - r_1 r_2 \cos\alpha_2 \sin\alpha_1 \\ & + r_2 r_3 \sin\alpha_3 \cos\alpha_2 - r_2 r_3 \cos\alpha_3 \sin\alpha_2 \\ & \ldots\ldots\ldots\ldots\ldots \\ & + r_n r_1 \sin\alpha_1 \cos\alpha_n - r_n r_1 \cos\alpha_1 \sin\alpha_n, \end{aligned}$$

oder mit Einführung der rechtwinkligen Coordinaten $x_k = r_k \cos\alpha_k$, $y_k = r_k \sin\alpha_k$

$$2F = (x_1 y_2 - x_2 y_1) + (x_2 y_3 - x_3 y_2) + \ldots + (x_n y_1 - x_1 y_n);$$

oder, wenn das einemal nach den Abscissen, das anderemal nach den Ordinaten geordnet wird:

$$(2) \qquad 2F = x_1(y_2 - y_n) + x_2(y_3 - y_1) + x_3(y_4 - y_2) + \ldots + x_n(y_1 - y_{n-1})$$

$$(3) \qquad -2F = y_1(x_2 - x_n) + y_2(x_3 - x_1) + y_3(x_4 - x_2) + \ldots + y_n(x_1 - x_{n-1});$$

in abgekürzter Schreibweise und mit Weglassung des neg. Vorzeichens in (3)

$$\text{(I)} \qquad 2F = \sum_{k=1}^{k=n} x_k (y_{k+1} - y_{k-1}) \quad \overset{\text{und}}{=} \quad \sum_{k=1}^{k=n} y_k (x_{k+1} - x_{k-1}).$$

Diese beiden allgemein giltigen Gleichungen, von denen die eine F mit dem Vorzeichen $+$, die andere mit dem Vorzeichen — giebt, sind sehr leicht zu merken (jede Abscisse multipliziert mit der Differenz der folgenden minus vorhergehenden Ordinate; jede Ordinate multipliziert mit der Differenz der folgenden minus vorhergehenden Abscisse); sie gestatten übrigens keine unmittelbare geometrische Deutung. Man kann, um eine Formel mit solcher zu erhalten, die Gleichungen (2) und (3) in folgender Form schreiben:

$$2F = x_1(y_2 - y_1 + y_1 - y_n) + x_2(y_3 - y_2 + y_2 - y_1) + \dots\dots\dots + x_n(y_1 - y_n + y_n - y_{n-1}) \quad \text{und}$$

$$-2F = y_1(x_2 - x_1 + x_1 - x_n) + y_2(x_3 - x_2 + x_2 - x_1) + \dots\dots\dots + y_n(x_1 - x_n + x_n - x_{n-1}) \quad \text{oder}$$

$$\begin{aligned} &(4) \quad 2F = (x_2 + x_1)(y_2 - y_1) + (x_3 + x_2)(y_3 - y_2) + \dots + (x_1 + x_n)(y_1 - y_n) \\ &(5) \quad -2F = (y_2 + y_1)(x_2 - x_1) + (y_3 + y_2)(x_3 - x_2) + \dots + (y_1 + y_n)(x_1 - x_n); \end{aligned}$$

in abgekürzter Schreibweise:

$$\text{(II)} \qquad 2F = \sum_{k=1}^{k=n} (x_{k+1} + x_k)(y_{k+1} - y_k) \quad \overset{\text{und}}{=} \quad \sum_{k=1}^{k=n} (y_{k+1} + y_k)(x_{k+1} - x_k).$$

Diese Gleichungen (II) geben die Fläche des Polygons als algebraische Summe der Trapeze, die durch Projektion der Ecken des Polygons auf die y und die x-Axe entstehen.

Die Rechnung nach (II) ist aber etwas weniger bequem als die Rechnung nach (I) (Doppelrechnung mit vollständig durchgreifender Probe).

Wenn die bei den einzelnen Ecken des Polygons vorkommenden Coordinatenzahlen alle grosse Zahlen sind, so kann man stets die Rechnung dadurch vereinfachen, dass man durch Parallelverschiebung des Coordinatensystems eine Ecke zum Coordinatenursprung macht, d. h. von den $\left\{\begin{matrix}\text{Abscissen}\\\text{Ordinaten}\end{matrix}\right\}$ aller Ecken die $\left\{\begin{matrix}\text{Abscisse}\\\text{Ordinate}\end{matrix}\right\}$ einer bestimmten Ecke abzieht; oder $\left\{\begin{matrix}\text{vermindert}\\\text{vermehrt}\end{matrix}\right\}$ man wenigstens, um mit kleinern Zahlen zu rechnen, die Abscissen und Ordinaten je um eine konstante beliebige Zahl (vgl. Beispiel 2).

Man unterlasse nicht, auch einige Beispiele, besonders solche, in denen „geschränkte Trapeze" vorkommen, durch Zerlegung in Trapeze und Dreiecke zu berechnen.

Beispiel 1. Sechseck.

Gegeben:		
	$x_1 = + \mathbf{4{,}66}$	$y_1 = - \mathbf{6{,}26}$
	$x_2 = + \mathbf{25{,}82}$	$y_2 = - \mathbf{33{,}48}$
	$x_3 = + \mathbf{38{,}04}$	$y_3 = - \mathbf{14{,}02}$
	$x_4 = + \mathbf{45{,}62}$	$y_4 = + \mathbf{19{,}24}$
	$x_5 = + \mathbf{18{,}34}$	$y_5 = + \mathbf{22{,}06}$
	$x_6 = \mathbf{0}$	$y_6 = + \mathbf{3{,}38}.$

Ecke	y_k	$x_{k+1} - x_{k-1}$	x_k	$y_{k+1} - y_{k-1}$	$y_k(x_{k+1} - x_{k-1})$ +	$y_k(x_{k+1} - x_{k-1})$ —	$x_k(y_{k+1} - y_{k-1})$ +	$x_k(y_{k+1} - y_{k-1})$ —
(1)	— 6,26	+25,82	+ 4,66	—36,86		161,6332		171,7676
(2)	—33,48	+33,38	+25,82	— 7,76		1117,5624		200,3632
(3)	—14,02	+19,80	+38,04	+52,72		277,5960	2005,4688	
(4)	+19,24	—19,70	+45,62	+36,08		379,0280	1645,9696	
(5)	+22,06	—45,62	+18,34	—15,86		1006,3772		290,8724
(6)	+ 3,38	—13,68	0	—28,32		46,2384		0
		Probe: 0.		Probe: 0.			+ 3651,4384	— 663,0032
					$2F = -2988,4352$		$2F = +2988,4352$	
							$F = 1494,2.$	

Beispiel 2. Dreieck.

$x_1 =$ **28560,64**	$x_2 =$ **28996,79**	$x_3 =$ **30483,71**	$F = 605204;$
$y_1 =$ **9323,91**	$y_2 =$ **8807,58**	$y_3 =$ **9822,52**	

oder, von den Abscissen 29000, von den Ordinaten 9000 subtrahiert:

$x_1' = -439,36$	$x_2' = -3,21$	$x_3' = 1483,71$	$F = 605204;$
$y_1' = +323,91$	$y_2' = -192,42$	$y_3' = 822,52$	

oder endlich den Coordinatenursprung nach (2) verlegt:

$x_1'' = -436,15$	$x_2'' = 0$	$x_3'' = 1486,92$	$F = 605204.$
$y_1'' = +516,33$	$y_2'' = 0$	$y_3'' = 1014,94$	

Weitere Beispiele.

Nr.	Polygon.	x_1 / y_1	x_2 / y_2	x_3 / y_3	x_4 / y_4	x_5 / y_5	x_6 / y_6	F
1	Fünfeck	0 0	14,68 — 14,84	28,22 — 1,29	30,41 9,78	12,66 7,31	— —	406,78
2*)	„ „	0 0	26,20 — 68,40	51,40 — 79,20	82,80 — 57,80	96,00 0	— —	5288,18
3	„ „	0 — 36,2	46,1 — 79,4	130,3 — 46,8	158,1 0	58,9 0	— —	7562,03
4	Sechseck	0 0	36,4 62,3	77,9 104,9	131,9 57,6	374,6 — 60,2	45,7 — 40,8	26216,98
5	„ „	0 0	36,4 62,3	319,1 135,9	438,0 0	374,6 — 60,2	45,7 — 40,8	56678,76
6	„ „	— 779,24 + 2358,46	— 821,60 + 2398,64	— 1082,46 + 2567,82	— 1039,62 + 2762,80	— 741,50 + 2811,52	— 693,16 + 2540,18	115072,4

*) Wie ist dieses Fünfeck am einfachsten durch Zerlegung zu berechnen?

Anhang zu den Abschnitten I. und II.

Differentialformeln der Goniometrie und der ebenen Trigonometrie. [85])

I. Einleitung.

In der praktischen Trigonometrie (Geodäsie u. s. f.) ist es von grösster Wichtigkeit, übersehen zu können, um wie viel eine kleine Veränderung eines „gegebenen" Stücks die mit Hilfe dieses gegebenen Stücks berechneten Stücke verändert: die „unvermeidlichen Messungsfehler", die schon früher mehrfach gestreift worden sind, machen dies notwendig. Man muss z. B. angeben können, mit welcher Genauigkeit (auf wie viel $''$ genau) ein bestimmter Winkel gemessen werden muss, damit eine mit Hilfe dieses Winkels berechnete Strecke eine bestimmte verlangte Genauigkeit erhalte u. s. f.

Diese Aufgabe wird in der sog. Differentialrechnung behandelt; man kann aber auch ganz elementar die hiehergehörigen goniometrischen und trigonometrischen Differentialformeln aufstellen.

Unsere nächste Aufgabe wird sein, anzugeben: wie verändern sich die goniometrischen Funktionen eines Winkels α, wenn man diesen um einen gewissen sehr kleinen Betrag verändert?

Die kleine Änderung von α sei bezeichnet mit $\triangle\,\alpha$ *); dabei wird $\triangle\,\alpha$ stets so klein vorausgesetzt, dass für die jeweilige Schärfe der Rechnung $sin \triangle \alpha = tg \triangle \alpha = \frac{(\triangle\,\alpha)''}{206\,265''}$ und $cos \triangle \alpha = 1$ gesetzt werden kann (vgl. § 11, § 18, S. 163/164, 169/171 u. s. f.), d. h. dass die Potenzen $\left(\frac{\triangle\,\alpha}{\varrho}\right)^2$ und um so mehr $\left(\frac{\triangle\,\alpha}{\varrho}\right)^3 \ldots$ gegen $\frac{\triangle\,\alpha}{\varrho}$ (hier wird also $\triangle\,\alpha$ stets als eine Anzahl von $''$ oder, je nach der Genauigkeit der Rechnung u. s. f., als einige $'$ gedacht) nicht in Betracht kommen, für die einzuhaltende Genauigkeitsstufe der Rechnung weggelassen werden müssen.

Zu beachten ist immerhin, dass alle Gleichungen dieses Abschnittes (für „endliche Zunahmen") nur Näherungsgleichungen sind, die um so

*) Die Schwierigkeit, die für den Anfänger in dieser Bezeichnungsweise zu liegen pflegt, wird vermindert, wenn man das oben angeschriebene Symbol stets als „Zunahme an α" liest; diese „Zunahmen" haben stets bestimmte Zeichen, können $\lesseqgtr 0$ sein.

schärfer richtig werden, je kleiner die Zunahmen sind. Die Differentialrechnung wird später schärfere Ausdrücke für diese Verhältnisse geben.

II. Goniometrische Differentialformeln.

Es sollen die Veränderungen angegeben werden, die an $\sin\alpha$, $\cos\alpha$, $tg\,\alpha$, $ctg\,\alpha$ eintreten, wenn der Winkel α auf $(\alpha + \triangle\,\alpha)$ zunimmt.

1) $$\sin(\alpha + \triangle\,\alpha) = \sin\alpha\cos\triangle\,\alpha + \cos\alpha\sin\triangle\,\alpha$$
$$= \sin\alpha + \cos\alpha \cdot \frac{(\triangle\,\alpha)''}{\varrho''}.$$

Der *Sinus* des Winkels α vergrössert sich also, wenn α um den kleinen Winkel $\triangle\,\alpha$ zunimmt, um $\frac{\triangle\,\alpha}{\varrho} \cdot \cos\alpha$.

Ist z. B. $\alpha = 60^0$, so dass also $\sin 60^0 = \frac{1}{2}\sqrt{3} = 0{,}86603$ ist, und lässt man α um 10' zunehmen (für 5-stellige Rechnung ist selbst dieses $\triangle\,\alpha$ nicht zu gross), so ist die Zunahme an $\sin\alpha$, da $\cos 60^0 = \frac{1}{2}$ ist, gegeben durch: $\frac{10}{3438} \cdot \frac{1}{2} = 0{,}00145$; in der That ist nach der Logarithmentafel $\log\sin(60^0\ 10') = 9.93826$, die Zahl dazu 0,86748, genügend genau $= 0{,}86603 + 0{,}00145$. — Die „Vergrösserung" von $\sin\alpha$ ist in der That eine Zunahme, so lange $\alpha < 90^0$ ist (dann ist $\cos\alpha > 0$), eine Abnahme, wenn α zwischen 90^0 und 180^0 ist ($\cos\alpha < 0$), wie es sein soll; man verfolge auch die übrigen Quadranten.

Beispiel: Es ist $\sin 56^0\ 0' = 0{,}8290$
$\cos 56^0\ 0' = 0{,}5592.$

Wie gross ist der Winkel, dessen $\sin$ gleich 0,8297 ist?

$\frac{\triangle\,\alpha'}{3438'} \cdot \cos\alpha = 0{,}8297 - 0{,}8290$, oder $\triangle\,\alpha = +4'$, also ist der gesuchte Winkel $56^0\ 4'$; vgl. die 4-stellige Tafel.

2) $$\cos(\alpha + \triangle\,\alpha) = \cos\alpha\cos\triangle\,\alpha - \sin\alpha\sin\triangle\,\alpha$$
$$= \cos\alpha - \sin\alpha \cdot \frac{(\triangle\,\alpha)''}{\varrho''}.$$

Der *Cosinus* von α vermindert sich bei Zunahme von α auf $(\alpha + \triangle\,\alpha)$ um $\frac{\triangle\,\alpha}{\varrho} \cdot \sin\alpha$; die „Abnahme" ist eine wirkliche Verminderung, so lange α zwischen 0^0 und 90^0 ist, wird negativ (geht also in Zunahme über) für $180^0 > \alpha > 90^0$ u. s. w., wie bekannt.

Beispiel: Es ist (vgl. die 4-stellige Tafel)
$\cos 31^0\ 10' = 0{,}8557$, $\sin 31^0\ 10' = 0{,}5175$

was ist $\cos 31^0\ 12'$?

$$\cos 31^0\ 12' = \cos 31^0\ 10' - \frac{2'}{3438'} \cdot \sin 31^0\ 10'$$
$$= 0{,}8557 - 0{,}0003 = 0{,}8554 \qquad \text{(vgl. die Tafel).}$$

Anmerkung zu 1) und 2). Es ist nützlich, die Gleichungen **1**) und **2**) (ebenso die folgenden) auch aus der Figur abzulesen. Ist (Fig. 128) $AOB = \alpha$, $BOB' = \triangle\alpha$, so sind mit $AO = 1$ die Strecken

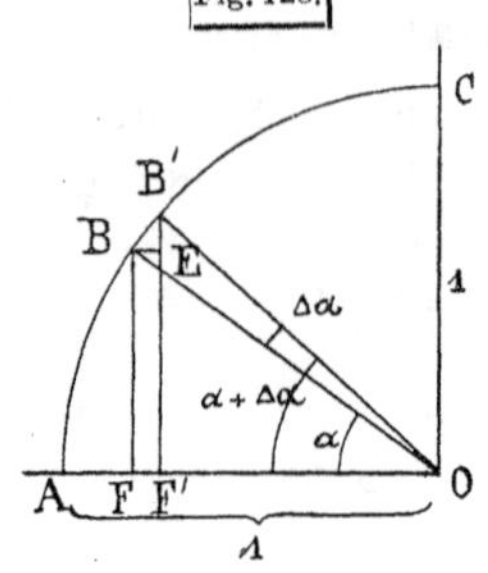

$$FB = sin\, \alpha\,, \qquad F'B' = sin\,(\alpha + \triangle\alpha);$$
$$OF = cos\, \alpha\,, \qquad OF' = cos\,(\alpha + \triangle\alpha).$$

Ferner ist der Bogen $BB' = arc \triangle\alpha \left(= \frac{\triangle\alpha''}{\varrho''}\right)$; der Unterschied zwischen dem Bogen BB' und und der Sehne BB' ist („von der dritten Ordnung", d. h. es kommt nur die Potenz $(\triangle\alpha)^3$ darin vor, jedenfalls also) um so kleiner, je kleiner $\triangle\alpha$ ist. Zugleich ist der Winkel $BB'E \approx \alpha$ und auch diese Gleichung wird um so schärfer richtig, je kleiner $\triangle\alpha$ wird (für verschwindend kleine $\triangle\alpha$ wird aus der Sehne oder Sekante BB' die Tangente in B). Für ein genügend kleines $\triangle\alpha$ (je nach der Genauigkeit der Rechnung u. s. f. genügend klein) liest man also aus der Figur ab:

$$sin\,(\alpha + \triangle\alpha) = F'B' = FB + EB' = sin\,\alpha + BB'\, cos\,\alpha$$
$$= sin\,\alpha + arc \triangle\alpha \,.\, cos\,\alpha = sin\,\alpha + \frac{(\triangle\alpha)''}{\varrho''}\, cos\,\alpha,$$
$$cos\,(\alpha + \triangle\alpha) = OF' = OF - BE = cos\,\alpha - BB'\, sin\,\alpha$$
$$= cos\,\alpha - arc \triangle\alpha \,.\, sin\,\alpha = cos\,\alpha - \frac{(\triangle\alpha)''}{\varrho''}\, sin\,\alpha; \text{ wie oben.}$$

3) $tg\,(\alpha + \triangle\alpha) = \frac{tg\,\alpha + tg \triangle\alpha}{1 - tg\,\alpha\, tg \triangle\alpha}$. Wenn man rechts die Division ausführt und die Glieder des Resultats vom dritten einschliesslich an, als Potenzen von $tg \triangle\alpha$ enthaltend, vernachlässigt, so wird:

$$tg\,(\alpha + \triangle\alpha) = tg\,\alpha + (1 + tg^2\,\alpha)\, tg \triangle\alpha$$
$$= tg\,\alpha + sec^2\,\alpha \,.\, \frac{(\triangle\alpha)''}{\varrho''}\,.$$

Beispiel. Es ist $tg\, 12^0\, 40' = 0{,}2247$
$sec\, 12^0\, 40' = 1{,}0249;$ was ist $tg\, 12^0\, 39'$?

$$tg\; 12^0\, 39' = 0{,}2247 - \frac{1'}{3438'} \cdot 1{,}05 = 0{,}2247 - 0{,}0003 = 0{,}2244.$$

4) $ctg\,(\alpha + \triangle\alpha) = \frac{ctg\,\alpha\, ctg \triangle\alpha - 1}{ctg\,\alpha + ctg \triangle\alpha} = ctg\,\alpha - cosec^2\,\alpha \,.\, \frac{(\triangle\alpha)''}{\varrho''}$.

Wenn demnach der Winkel α um den kleinen Winkel $\triangle\alpha$ zunimmt, so ist die dadurch entstehende $\left\{\begin{matrix}\text{Zu-}\\ \text{Ab-}\end{matrix}\right\}$nahme an $\left\{\begin{matrix}tg\,\alpha\\ ctg\,\alpha\end{matrix}\right\}$ proportional $\triangle\alpha$ und $\left\{\begin{matrix}sec^2\,\alpha\\ cosec^2\,\alpha\end{matrix}\right\}$. *)

*) Zu den in **1**) bis **4**) angegebenen Differentialformeln, für die die Differentialrechnung schärfere Herleitungen liefert, rechne man zahlreiche Zahlenbeispiele mit positiven und negativen Zunahmen und mit Umkehrung (s. S. 399) durch.

III. Differentialformeln des rechtwinkligen Dreiecks.

Um Differentialformeln für die ebenen Dreiecke aufstellen zu können, müssen nun auch Veränderungen der Seiten eingeführt werden. Es sei z. B. $\triangle a$ eine sehr kleine Zunahme (wirkliche Zu- oder Abnahme je nach dem Vorzeichen) der Länge der Seite a eines Dreiecks. Die Grösse $\triangle a$ wird so klein vorausgesetzt, dass gegen den Betrag von $\frac{\triangle a}{a}$ der Betrag der zweiten (und also um so mehr jeder höhern) Potenz von $\left(\frac{\triangle a}{a}\right)$ nicht in Betracht kommt; ebenso ist $\frac{\triangle a}{a} \cdot \frac{\triangle b}{b}$ im Vergleich mit $\frac{\triangle a}{a}$ oder $\frac{\triangle b}{b}$ zu vernachlässigen u. s. f. Statt zu sagen: es ist $\left(\frac{\triangle a}{a}\right)^2$ u. s. f. im Vergleich mit $\left(\frac{\triangle a}{a}\right)$ u. s. f. zu vernachlässigen, kann man (wenn mit a^2 multipliziert wird) auch sagen: es ist $(\triangle a)^2$ gegen $a . \triangle a$ zu vernachlässigen; ebenso z. B. $\triangle a . \triangle b$ gegen $a . \triangle b$ oder gegen $b . \triangle b$ u. s. w.

Zunächst soll nun das rechtwinklige Dreieck untersucht werden.

1) Die Katheten b, c eines rechtwinkligen Dreiecks erleiden kleine Veränderungen $\triangle b$, $\triangle c$. Um wie viel verändert sich dadurch die Hypotenuse a?

Es ist $\quad (a + \triangle a)^2 = (b + \triangle b)^2 + (c + \triangle c)^2 \quad$ oder

$$a^2 + 2\,a . \triangle a + (\triangle a)^2 = b^2 + 2\,b . \triangle b + (\triangle b)^2 + c^2 + 2\,c . \triangle c + (\triangle c)^2,$$

woraus sich, da $a^2 = b^2 + c^2$ ist, mit Vernachlässigung der Quadrate von $\triangle a$, $\triangle b$, $\triangle c$ ergiebt:

$$\underline{a . \triangle a = b . \triangle b + c . \triangle c.}$$

Beispiel: Es sei $a = 500$, $b = 400$, so wird $c = 300$. Was wird aus der Kathete c, wenn a um 0,5 zunimmt, b um 0,2 abnimmt?

$$c . \triangle c = a . \triangle a - b . \triangle b, \quad \text{woraus}$$

$$\triangle c = \frac{500 . 0{,}5 - 400 . (-0{,}2)}{300} = +1{,}1; \text{ es wird also}$$

$$c' = c + \triangle c = 301{,}1.$$

Probe: $c' = \sqrt{500{,}5^2 - 399{,}8^2} = 301{,}1.$

2) Die Beziehung zwischen kleinen Veränderungen des Winkels β, der Kathete b und der Hypotenuse a anzugeben.

Es ist $\quad b = a \sin \beta, \quad$ also

$$b + \triangle b = (a + \triangle a) \sin(\beta + \triangle \beta) = (a + \triangle a)\left(\sin \beta + \cos \beta . \frac{(\triangle \beta)''}{\varrho''}\right), \text{ woraus}$$

$$\triangle b = \triangle a . \sin \beta + a \cos \beta \cdot \frac{(\triangle \beta)''}{\varrho''} \text{ oder, wenn mit } b = a \sin \beta \text{ dividiert wird,}$$

$$\underline{\frac{\triangle b}{b} = \frac{\triangle a}{a} + ctg\, \beta \cdot \frac{\triangle \beta}{\varrho}.}$$

3) Die Beziehung zwischen kleinen Veränderungen des Winkels β und der beiden Katheten b, c anzugeben.

Es ist $b = c \cdot tg\,\beta$, also

$$b + \triangle b = (c + \triangle c)\, tg(\beta + \triangle \beta) = (c + \triangle c)\left(tg\,\beta + sec^2\beta \cdot \frac{(\triangle \beta)''}{\varrho''}\right)$$ oder

$$\underline{\triangle b = \triangle c \cdot tg\,\beta + c \cdot sec^2\beta \cdot \frac{(\triangle \beta)''}{\varrho''}}.$$

Diese Gleichung lässt sich noch etwas anders schreiben. Es ist nämlich

$$c \cdot sec\,\beta = a = \frac{b}{sin\,\beta}, \quad \text{also} \quad c \cdot sec^2\beta = \frac{b}{sin\,\beta\, cos\,\beta} = \frac{2b}{sin\,2\beta}$$ und daher

$$\triangle b = \triangle c \cdot tg\,\beta + \frac{2b}{sin\,2\beta} \cdot \frac{(\triangle \beta)''}{\varrho''}.$$

IV. Differentialformeln des schiefwinkligen Dreiecks.

Die beiden Grundgleichungen des schiefwinkligen Dreiecks, aus denen alle übrigen Formeln abgeleitet wurden, sind (vgl. § 23, **1** und **2**)

$$(1) \qquad \alpha + \beta + \gamma = 180^0 \qquad \text{und}$$

$$(2) \qquad \frac{a}{sin\,\alpha} = \frac{b}{sin\,\beta} = \frac{c}{sin\,\gamma}.$$

Wenn man die aus ihnen sich ergebenden Differentialformeln aufstellt, so muss man also damit im Stand sein, die Veränderungen dreier Stücke zu berechnen, wenn die der drei andern (worunter mindestens eine Seite) bekannt sind.

Aus der Gleichung (1) folgt, da auch $(\alpha + \triangle \alpha) + (\beta + \triangle \beta) + (\gamma + \triangle \gamma) = 180^0$ sein muss:

$$(3) \qquad \underline{\triangle \alpha + \triangle \beta + \triangle \gamma = 0.}$$

Aus der Gleichung (2)

$$a\, sin\,\beta = b\, sin\,\alpha$$

erhält man ferner (vgl. unten **2**)

$$\frac{\triangle a}{a} + ctg\,\beta \cdot \frac{(\triangle \beta)''}{\varrho''} = \frac{\triangle b}{b} + ctg\,\alpha \cdot \frac{(\triangle \alpha)''}{\varrho''}$$

oder vollständig:

$$(4) \qquad \underline{\frac{\triangle a}{a} - ctg\,\alpha \cdot \frac{(\triangle \alpha)''}{\varrho''} = \frac{\triangle b}{b} - ctg\,\beta \cdot \frac{(\triangle \beta)''}{\varrho''} = \frac{\triangle c}{c} - ctg\,\gamma \cdot \frac{(\triangle \gamma)''}{\varrho''}}.$$

Aus den Gleichungen (3) und (4) müssen sich alle übrigen Differentialformeln des schiefwinkligen Dreiecks herleiten lassen.

Es ist jedoch bequemer, für die verschiedenen Fälle von den dafür passendsten Formeln auszugehen, wie dies im folgenden geschehen soll.

1) Die Beziehung zwischen kleinen Veränderungen der drei Seiten a, b, c und eines Winkels α in einem Dreieck anzugeben.

Es ist $a^2 = b^2 + c^2 - 2\,b\,c\,cos\,\alpha$, somit

$$(a + \triangle a)^2 = (b + \triangle b)^2 + (c + \triangle c)^2 - 2(b + \triangle b)(c + \triangle c)\left\{cos\,\alpha - sin\,\alpha \cdot \frac{(\triangle \alpha)''}{\varrho''}\right\}$$ oder

$$a^2 + 2a \,.\, \triangle a = b^2 + 2b \,.\, \triangle b + c^2 + 2c \,.\, \triangle c - 2bc \,.\, \cos\alpha - 2b \,.\, \triangle c \,.\, \cos\alpha$$
$$- 2c \,.\, \triangle b \,.\, \cos\alpha + 2bc \sin\alpha \cdot \frac{(\triangle \alpha)''}{\varrho''} \,.$$

Subtrahiert man von dieser Gleichung die erste, so wird

$$a \,.\, \triangle a = b \,.\, \triangle b + c \,.\, \triangle c + bc \sin\alpha \cdot \frac{(\triangle \alpha)''}{\varrho''} - b \cos\alpha \,.\, \triangle c - c \cos\alpha \,.\, \triangle b$$
$$= (b - c\cos\alpha) \triangle b + (c - b\cos\alpha) \triangle c + bc \sin\alpha \cdot \frac{(\triangle \alpha)''}{\varrho''} \,.$$

2) Die Beziehung zwischen kleinen Veränderungen zweier Seiten a, b und der beiden gegenüberliegenden Winkel α, β anzugeben.

Es ist $a \sin\beta = b \sin\alpha,$ woraus

$$(a + \triangle a) \sin(\beta + \triangle \beta) = (b + \triangle b) \sin(\alpha + \triangle \alpha), \qquad \text{oder}$$
$$\sin\beta \,.\, \triangle a + a\cos\beta \cdot \frac{(\triangle \beta)''}{\varrho''} = \sin\alpha \,.\, \triangle b + b\cos\alpha \cdot \frac{(\triangle \alpha)''}{\varrho''} \,.$$

Dividiert man diese Gleichung links mit $a \sin\beta$, rechts mit dem damit gleichen $b \sin\alpha$, so erhält man die gesuchte Beziehung in der Form:

$$\frac{\triangle a}{a} + ctg\,\beta \cdot \frac{\triangle \beta}{\varrho} = \frac{\triangle b}{b} + ctg\,\alpha \cdot \frac{\triangle \alpha}{\varrho} \quad \text{[vgl. oben Gl. (4)].}$$

3) Die Beziehung zwischen kleinen Veränderungen zweier Seiten b, c und von zwei Winkeln α, γ anzugeben, von denen der eine der von beiden Seiten eingeschlossene ist.

$$\text{Es ist} \qquad tg\,\gamma = \frac{c \sin\alpha}{b - c\cos\alpha} \qquad \text{oder}$$
$$(*) \qquad b - c\cos\alpha = c \sin\alpha \,.\, ctg\,\gamma, \qquad \text{somit}$$
$$(b + \triangle b) - (c + \triangle c)\cos(\alpha + \triangle \alpha) = (c + \triangle c)\sin(\alpha + \triangle \alpha)\, ctg\,(\gamma + \triangle \gamma) \quad \text{oder}$$
$$b + \triangle b - (c + \triangle c)\left(\cos\alpha - \sin\alpha \cdot \frac{(\triangle \alpha)''}{\varrho''}\right) = (c + \triangle c)\left(\sin\alpha + \cos\alpha \cdot \frac{(\triangle \alpha)''}{\varrho''}\right).$$
$$\left(ctg\,\gamma - cosec^2\gamma \cdot \frac{(\triangle \gamma)''}{\varrho''}\right) \quad \text{oder} \quad b - c\cos\alpha + \triangle b - \cos\alpha \,.\, \triangle c + c \,.\, \sin\alpha \frac{(\triangle \alpha)''}{\varrho''}$$
$$= c \sin\alpha\, ctg\,\gamma + \sin\alpha\, ctg\,\gamma \,.\, \triangle c + c\cos\alpha\, ctg\,\gamma \cdot \frac{(\triangle \alpha)''}{\varrho''} - c \sin\alpha\, cosec^2\gamma \cdot \frac{(\triangle \gamma)''}{\varrho''}.$$

Zieht man von dieser Gleichung die Gleichung (*) ab, so erhält man die verlangte Beziehung in der Form:

$$c(\sin\alpha - \cos\alpha\, ctg\,\gamma)\frac{(\triangle \alpha)''}{\varrho''} + c\sin\alpha\, cosec^2\gamma \cdot \frac{(\triangle \gamma)''}{\varrho''} = -\triangle b + (\cos\alpha + \sin\alpha\, ctg\,\gamma) \triangle c.$$

Durch Einführung der dritten Seite a lässt sich diese Gleichung auf bequemere Form bringen. Es ist

$$\sin\alpha - \cos\alpha\, ctg\,\gamma = \sin\alpha - \cos\alpha \frac{\cos\gamma}{\sin\gamma} = \frac{\sin\alpha \sin\gamma - \cos\alpha \cos\gamma}{\sin\gamma}$$
$$= \frac{-\cos(\alpha + \gamma)}{\sin\gamma} = \frac{\cos\beta}{\sin\gamma} \qquad \text{und}$$
$$\cos\alpha + \sin\alpha\, ctg\,\gamma = \cos\alpha + \sin\alpha \frac{\cos\gamma}{\sin\gamma} = \frac{\sin\beta}{\sin\gamma}, \qquad \text{somit}$$

$$c\frac{\cos\beta}{\sin\gamma}\cdot\frac{(\triangle\alpha)''}{\varrho''}+c\sin\alpha\operatorname{cosec}^2\gamma\cdot\frac{(\triangle\gamma)''}{\varrho''}=-\triangle b+\frac{\sin\beta}{\sin\gamma}\cdot\triangle c$$

oder mit $\sin\gamma$ durchmultipliziert und mit Rücksicht darauf, dass

$$c\sin\alpha\operatorname{cosec}^2\gamma\sin\gamma=\frac{c\sin\alpha}{\sin\gamma}=a \qquad \text{ist:}$$

$$c\cos\beta\cdot\frac{(\triangle\alpha)''}{\varrho''}+a\cdot\frac{(\triangle\gamma)''}{\varrho''}=-\sin\gamma\,.\,\triangle b+\sin\beta\,.\,\triangle c.$$

Zusammenstellung.

Mit den im Vorstehenden entwickelten Formeln erhält man für die verschiedenen einzelnen Fälle der Dreiecksberechnung die folgende Zusammenstellung:

1) Gegeben $\triangle a$, ferner $\triangle\beta$ und $\triangle\gamma$.

$$(1)\quad\begin{cases}\triangle\alpha=-(\triangle\beta+\triangle\gamma).\\ \triangle b=\frac{b}{a}\cdot\triangle a+b\left(ctg\,\beta\cdot\frac{(\triangle\beta)''}{\varrho''}-ctg\,\alpha\cdot\frac{(\triangle\alpha)''}{\varrho''}\right)\\ \triangle c=\frac{c}{a}\cdot\triangle a+c\left(ctg\,\gamma\cdot\frac{(\triangle\gamma)''}{\varrho''}-ctg\,\alpha\cdot\frac{(\triangle\alpha)''}{\varrho''}\right).\end{cases}$$

2) Gegeben $\triangle b$, $\triangle c$, $\triangle\alpha$.

$$(2)\quad\begin{cases}\triangle a=\cos\gamma\,.\,\triangle b+\cos\beta\,.\,\triangle c+b\sin\gamma\,.\,\frac{(\triangle\alpha)''}{\varrho''}\\ \frac{(\triangle\beta)''}{\varrho''}=\frac{1}{\cos\beta}\left(\sin\gamma\cdot\frac{\triangle b}{c}-\sin\beta\cdot\frac{\triangle a}{a}+\frac{b}{a}\cos\alpha\cdot\frac{(\triangle\alpha)''}{\varrho''}\right)\\ \triangle\gamma=-(\triangle\alpha+\triangle\beta).\end{cases}$$

3) Gegeben $\triangle a$, $\triangle b$, $\triangle\alpha$.

$$(3)\quad\begin{cases}\frac{(\triangle\beta)''}{\varrho''}=\left(\frac{\triangle b}{b}-\frac{\triangle a}{a}\right)tg\,\beta+\frac{tg\,\beta}{tg\,\alpha}\cdot\frac{(\triangle\alpha)''}{\varrho''}\\ \triangle\gamma=-(\triangle\alpha+\triangle\beta)\\ \triangle c=\frac{1}{\cos\beta}\cdot\triangle a-\frac{\cos\gamma}{\cos\beta}\cdot\triangle b-c\,.\,tg\,\beta\cdot\frac{(\triangle\alpha)''}{\varrho''}.\end{cases}$$

4) Gegeben $\triangle a$, $\triangle b$, $\triangle c$.

$$(4)\quad\begin{cases}\frac{(\triangle\alpha)''}{\varrho''}=\frac{1}{c\sin\beta}\left\{\triangle a-\cos\gamma\,.\,\triangle b-\cos\beta\,.\,\triangle c\right\}\\ \frac{(\triangle\beta)''}{\varrho''}=\frac{1}{a\sin\gamma}\left\{\triangle b-\cos\alpha\,.\,\triangle c-\cos\gamma\,.\,\triangle a\right\}\\ \frac{(\triangle\gamma)''}{\varrho''}=\frac{1}{b\sin\alpha}\left\{\triangle c-\cos\beta\,.\,\triangle a-\cos\alpha\,.\,\triangle b\right\}.\end{cases}$$

Diese Gleichungen (4) lassen sich noch auf symmetrischere Form bringen; z. B. ist $\frac{(\triangle\alpha)''}{\varrho''}=\frac{\triangle a}{c\,.\,\sin\beta}-\frac{\triangle b}{c}\frac{\cos\gamma}{\sin\beta}-\frac{\triangle c}{c}ctg\,\beta$ oder

$$\frac{(\triangle\alpha)''}{\varrho''} = \frac{\triangle a}{a\cdot\frac{\sin\gamma}{\sin\alpha}\cdot\sin\beta} - \frac{\triangle b}{b}\, ctg\,\gamma - \frac{\triangle c}{c}\, ctg\,\beta$$ oder endlich

mit Rücksicht auf: $\frac{\sin\alpha}{\sin\beta\,\sin\gamma} = \frac{\sin(\beta+\gamma)}{\sin\beta\,\sin\gamma} = ctg\,\beta + ctg\,\gamma$:

$$(4)\quad \begin{cases} \frac{(\triangle\alpha)''}{\varrho''} = \left(\frac{\triangle a}{a} - \frac{\triangle b}{b}\right) ctg\,\gamma + \left(\frac{\triangle a}{a} - \frac{\triangle c}{c}\right) ctg\,\beta; \quad \text{ebenso:} \\ \frac{(\triangle\beta)''}{\varrho''} = \left(\frac{\triangle b}{b} - \frac{\triangle c}{c}\right) ctg\,\alpha + \left(\frac{\triangle b}{b} - \frac{\triangle a}{a}\right) ctg\,\gamma \\ \frac{(\triangle\gamma)''}{\varrho''} = \left(\frac{\triangle c}{c} - \frac{\triangle a}{a}\right) ctg\,\beta + \left(\frac{\triangle c}{c} - \frac{\triangle b}{b}\right) ctg\,\alpha. \end{cases}$$ [86)]

ABSCHNITT III.

SPHÄRISCHE TRIGONOMETRIE.

Kapitel 1.

DIE WICHTIGSTEN FORMELN DES SPHÄRISCHEN DREIECKS.

§ 44. Dreikant und sphärisches Dreieck.

1) Einleitung. Beschreibt man um die Spitze eines **Dreikants** als Mittelpunkt eine Kugel, so bilden die Grosskreise, in denen die Seitenflächen des Dreikants die Kugel schneiden, ein sphärisches Dreieck.

Die **Seiten** des sphärischen Dreiecks sind Masse für die Seiten des Dreikants; jene Bögen grösster Kreise der Kugel, auf der das sphärische Dreieck liegt, sind in Graden u. s. f. auszudrücken. Die Seiten des sphärischen Dreiecks werden mit a, b, c bezeichnet; sind demnach $\mathfrak{a}$, $\mathfrak{b}$, $\mathfrak{c}$ die Längen dieser Bögen auf der Kugeloberfläche gemessen, so finden, wenn r der Kugelhalbmesser ist, die folgenden Beziehungen statt:

$$\mathfrak{a} = \frac{a}{\varrho} r\,, \quad \mathfrak{b} = \frac{b}{\varrho} r\,, \quad \mathfrak{c} = \frac{c}{\varrho} r \qquad \text{oder umgekehrt:}$$

$$a = \frac{\mathfrak{a}}{r} \varrho\,, \quad b = \frac{\mathfrak{b}}{r} \varrho\,, \quad c = \frac{\mathfrak{c}}{r} \varrho\,,$$

wo ϱ Centriwinkel ist, der dem dem Halbmesser gleichen Bogen in Graden oder Minuten oder Sekunden entspricht, je nachdem die Seiten in Graden oder Minuten oder Sekunden ausgedrückt sind.

Man hat zunächst in der sphärischen Trigonometrie bei den Dreiecksseiten nie mit Längen (Strecken) zu thun; es ist aber doch nützlich, gleich hier auch folgende Angaben zu betrachten: auf einer Kugel von 50 cm Halbmesser liegt ein sphärisches Dreieck, dessen Seiten die Längen (Bogenlängen) 20, 25, 30 cm haben. Was sind die Seiten dieses sphärischen Dreiecks oder des entsprechenden Dreikants (gebildet durch die nach den Ecken gezogenen Kugelhalbmesser)? Antwort: $\frac{20}{50} \cdot \varrho$, $\frac{25}{50} \cdot \varrho$ und $\frac{30}{50} \cdot \varrho$ oder: $22^0\,55'\,6''$, $28^0\,38'\,52''$ und $34^0\,22'\,39''$.

Die **Winkel** α, β, γ des sphärischen Dreiecks sind die Neigungswinkel der Seitenflächen des Dreikants gegen einander; der Winkel α wird also z. B. eingeschlossen von den beiden Tangenten, die man in der Ecke A des sphärischen Dreiecks an die beiden Grosskreisbögen b und c ziehen kann oder es ist der Winkel, „unter dem die Seiten b und c auf der Kugel sich schneiden."

Wenn man drei Punkte A, B, C auf einer Kugelfläche ganz beliebig annimmt und durch je zwei davon den sie verbindenden Grosskreis legt, so ist unter den acht entstehenden sphärischen Dreiecken ABC stets eines, dessen Seiten und Winkel alle $< 180^0$ sind, indem zwei beliebige Punkte auf einem Grosskreis diesen in zwei Bögen teilen, von denen der eine $< 180^0$, der andere $> 180^0$ ist. Es geschieht also der Allgemeinheit durchaus kein Eintrag, wenn wir als Bedingung aufstellen:

Seiten und Winkel der betrachteten sphärischen Dreiecke sind sämtlich $< 180^0$.

Einzelne der folgenden Gleichungen (z. B. die Grundgleichungen) gelten freilich auch noch ohne diese Beschränkung, andere aber nicht ohne weiteres (z. B. die *Delambre* schen Gleichungen; wenn bei diesen Seiten und Winkel bis 360^0 zulässig sein sollten, so müsste auf der einen Seite der Gleichungen $\pm$ stehen). Dreiecke, in denen zwei Seiten $> 180^0$ sind, sind zudem keine Dreiecke im engern Sinn mehr, indem ausser den drei Ecken noch ein Schnittpunkt jener zwei Seiten vorhanden ist.

2) Hauptsätze über das Dreikant oder sphärische Dreieck. Ihre Kenntnis wird aus der Stereometrie vorausgesetzt, sie mögen aber hier kurz aufgeführt werden.

1) Die **Summe der Seiten des Dreikants oder sphärischen Dreiecks ist $> 0^0$ und $< 360^0$.** Ein sphärisches Dreieck mit der Seitensumme $= 0^0$ wird auf der Kugeloberfläche zunächst zum Punkt (allgemeiner zum beliebigen ebenen Dreieck, vgl. darüber unten); ein Dreieck mit der Seitensumme 360^0 degeneriert zum Umfang eines Grosskreises (die drei Ecken gehören demselben Grosskreis der Kugel an). Das entsprechende Dreikant artet im ersten Fall zum dreikantigen Prisma, im zweiten zur Ebene aus.

2) **Die Summe der Winkel ist $> 180^0$ und $< 540^0$.** Die erste Grenze, dass die Summe der drei Winkel des Dreiecks oder sphärischen Dreiecks $> 180^0$ sein muss, ist unmittelbar klar (der Grenzfall 180^0 entspricht wieder dem ersten der vorigen Grenzfälle, ebenes Dreieck); ebenso ist aber auch die obere Grenze leicht klar zu machen, sie geht auch schon aus unsrer Bedingung: alle Winkel $< 180^0$ hervor (Grenzfall 540^0 giebt wieder den zweiten der vorigen Grenzfälle, Ebene für das Dreikant, Halbkugel für das sphärische Dreieck).

3) Die Summe zweier Seiten ist grösser und die Differenz zweier Seiten kleiner als die dritte Seite.

4) Die Summe zweier Winkel ist kleiner als der um 180^0 vermehrte dritte.

5) Der grössern Seite liegt der grössere Winkel gegenüber und umgekehrt.

Zusätze: 5[a]) Sind zwei Seiten gleich, so sind es auch ihre Gegenwinkel, und umgekehrt.

5[b]) Gleichseitige Dreiecke sind also auch gleichwinklig (die Seite ist aber dabei ganz beliebig zwischen 0° und 120° [Winkel zwischen 60° und 180°)].

6) Je nachdem die Summe zweier Seiten $\gtreqless 180^0$, ist auch die Summe ihrer Gegenwinkel $\gtreqless 180^0$ und umgekehrt.

Zusatz: 6[a]) Sind zwei Seiten je $= 90^0$, so sind auch die beiden Gegenwinkel rechte Winkel, und umgekehrt.

7) Zu jedem beliebigen sphärischen Dreieck kann man ein zweites konstruieren, dessen **Seiten** die **Supplemente der Winkel** und dessen **Winkel** die **Supplemente der Seiten des ursprünglichen** sind. Dieses Dreieck heisst das **Polar**- oder **Supplementar-Dreieck des gegebenen.**

8) Der **Excess** eines sphärischen Dreiecks ist der **Überschuss seiner Winkelsumme über 180°**. Der Flächeninhalt des Dreiecks verhält sich zur Oberfläche der Kugel wie der Excess (in Graden) zu 720°.

9) Legt man durch jede Kante des Dreikants eine Ebene senkrecht zur gegenüberliegenden Seite, so schneiden sich diese drei Ebenen in Einer Geraden.

10) Legt man durch die Halbierungslinie jeder Seite eines Dreikants eine Ebene senkrecht zu dieser Seite, so schneiden sich diese drei Ebenen in Einer Geraden, der Axe des um das Dreikant beschriebenen Kegels.

11) Die drei Ebenen, die die Flächenwinkel des Dreikants halbieren, schneiden sich in Einer Geraden, der Axe des einbeschriebenen Kegels.

Man spreche die drei letzten Sätze auch für das sphärische Dreieck aus.

Wie lauten die Sätze 1) 2) und 8) für eine n-kantige körperliche Ecke (n-Kant) und für das auf der Kugeloberfläche von n Grosskreisbögen begrenzte sphärische n-Eck?

3) Rechtwinkliges Dreikant oder sphärisches Dreieck. Der wichtigste spezielle Fall des sphärischen Dreiecks ist das rechtwinklige, in dem ein Winkel $= 90^0$ ist (zwei Seitenflächen des Dreikants stehen senkrecht aufeinander); weniger wichtig ist das rechtseitige oder Quadranten-Dreieck, in dem eine Seite $= 90^0$ ist. Einen noch speziellern Fall siehe bei 6[a]) in **2.**

Die Formeln des rechtwinkligen sphärischen Dreiecks lassen sich sehr einfach mit Hilfe der ebenen Trigonometrie aufstellen (vgl. unten) und man kann also, ausgehend vom rechtwinkligen Dreieck, die Beziehungen zwischen den Stücken des schiefwinkligen mittels Zerlegung durch eine Höhe erhalten. Es ist aber vorzuziehen, diese

Formeln zugleich mit dem Nachweis ihrer allgemeinen Giltigkeit zu erhalten; sie sind daher unten zunächst mit Hilfe der Coordinatentransformation abgeleitet.

4) Übergang vom sphärischen zum ebenen Dreieck. Wenn man den Radius r der Kugel, der das sphärische Dreieck angehört, immer grösser werden lässt, so zwar, dass die Seiten des Dreiecks a, b, c ihre Längen $\mathfrak{a}, \mathfrak{b}, \mathfrak{c}$ beibehalten, während sich dann natürlich die Winkel α, β, γ verändern (die Summe von α, β, γ wird immer kleiner, kommt der Grenze 180^0 immer näher), so wird das Dreieck sich immer mehr einem ebenen Dreieck mit den Seiten $\mathfrak{a}, \mathfrak{b}, \mathfrak{c}$ nähern. Das ebene Dreieck ist also der Grenzfall des sphärischen und die Formeln des ersten müssen sich aus denen des zweiten ableiten lassen, indem man die Längen $\mathfrak{a}, \mathfrak{b}, \mathfrak{c}$ der Seiten des sphärischen Dreiecks im Vergleich zum Kugelhalbmesser r so klein annimmt, dass

z. B. $$\sin a = tg\, a = \frac{a}{\varrho}\,, \qquad \cos a = 1$$

gesetzt werden darf; dies wird später näher auszuführen sein. Vorläufig genügt es zu merken, dass zu jeder beliebigen trigonometrischen Formel im ebenen Dreieck eine ihr entsprechende im sphärischen aufgestellt werden kann und umgekehrt. Die Gegenüberstellung dieser Formeln ist vielfach sehr nützlich und stets auszuführen, auch wo im Folgenden nicht ausdrücklich darauf hingewiesen ist.

§ 45. Rechtwinklige Coordinaten und Polarcoordinaten im Raum.

Um die gegenseitige Lage von Punkten im Raum angeben zu können, bezieht man sie wieder auf ein Coordinatensystem. Die beiden für uns wichtigsten räumlichen Systeme sind die folgenden:

1) Rechtwinklige Coordinaten. Zu der x-Axe und y-Axe der ebenen Coordinaten-Geometrie (Abschnitt I, § 13, Abschnitt II, § 36 ff.) kommt noch eine auf ihrer Ebene im Ursprung senkrecht stehende Axe hinzu, die z-Axe (auch Applikatenaxe genannt) (Fig. 129). Die drei auf einander senkrechten Ebenen, die je zwei der Coordinatenaxen enthalten, heissen die Coordinatenebenen und zwar yz, zx, xy-Ebene (**Seiten-, Vertikal-, Horizontal**-Ebene); der ganze Raum wird durch sie in acht Oktanten zerlegt. Die **rechtwinkligen Coordinaten** eines Punkts P oder (x, y, z), die wieder Strecken der Coordinatenaxen mit Rücksicht auf Länge **und** Richtung sind, d. h. stets ein **Vorzeichen** besitzen, sind die Abstände des Punkts von den drei Coordinatenebenen: x (Abscisse) von der yz-Ebene, y (Ordinate) von der zx-Ebene, z (Applikate) von der xy-Ebene. Aus den Vorzeichen der Coordinaten eines Punkts ist wieder zu erkennen, in welchem der acht Räume der Punkt liegt. Durch je zwei der drei Coordinaten eines Punkts ist seine Projektion auf die eine der Coordinatenebenen gegeben. Für einen Punkt der xy-Ebene ist $z = 0$ u. s. f.; für einen Punkt der x-Axe ist $\left\{\begin{matrix} y = 0 \\ z = 0 \end{matrix}\right\}$ u. s. f.

2) Polarcoordinaten. Das einfachste Polarcoordinatensystem ist das folgende: In einer Ebene, der **Polarebene**, ist eine feste Axe, die **Polaraxe**, und auf dieser ein fester Punkt O, der **Pol**, gegeben (Fig. 129). Um die Lage eines Punkts P zu bestimmen, projiziert man den Strahl, der P mit dem Pol verbindet, auf die Polarebene. Die Strecke OP, die stets absolut zu nehmen ist, heisst wieder **Radius vector** oder **Radius** r; der Winkel, den die Projektion des Radius mit der Polaraxe macht, gezählt von der positiven Richtung der Polaraxe aus im positiven Drehungssinn von 0° bis 360°, heisse φ, und der Winkel, den der Radius selbst mit seiner Projektion einschliesst, gezählt von der Polarebene aus aufwärts von 0° bis 90° und abwärts von 0° bis —90° (bei Verbindung mit einem rechtwinkligen räumlichen Coordinatensystem, s. Fig. 129, positiv gegen $+z$ hin, negativ gegen $-z$ hin), heisse Θ, dann ist der Punkt P vollständig und eindeutig bestimmt durch (φ, Θ, r). Diese Stücke heissen die **Polarcoordinaten des Punkts P** oder (φ, Θ, r). Durch φ ist die Projektion des Strahls OP auf die Polarebene gegeben, durch Θ der Strahl im Raum selbst und durch r (absolute Strecke) auf ihm der Punkt P. Man könnte Θ auch von der $+z$-Axe aus gegen die $-z$-Axe hin durchzählen von 0° bis 180° (vgl. den folgenden § 46). Dies entspricht in der geodätischen Praxis der Zählung nach „Zenitdistanzen"; doch mag es zunächst bei der im Vorstehenden eingeführten Zählung von 0° bis +90° und bis —90°, der Zählung nach „Höhenwinkeln" (von der Horizontalebene aus) bleiben.

Fig. 129.

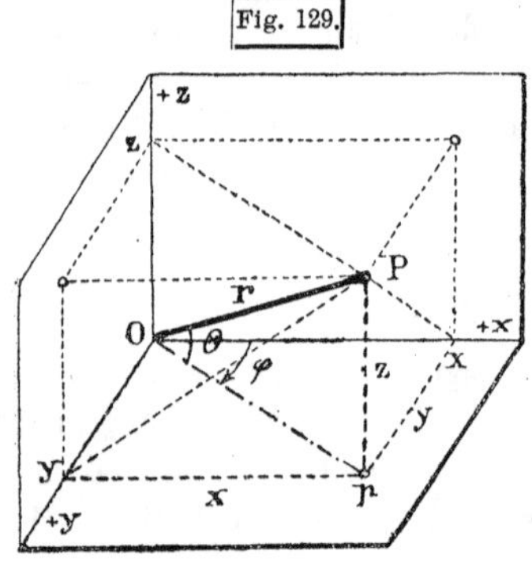

3) Beziehungen zwischen beiden Systemen (Fig. 129). Der Ursprung O des rechtwinkligen Systems sei Pol, die xy-Ebene Polarebene, die x-Axe Polaraxe ($+x$ deren positiver Zweig); dann bestehen die allgemein giltigen Gleichungen:

$$(1)\quad \begin{cases} x = r\cos\Theta\cos\varphi \\ y = r\cos\Theta\sin\varphi \\ z = r\sin\Theta; \end{cases}$$

$r\cos\Theta$ ist nämlich die Projektion von r auf die xy-(Polar-)Ebene $= Op$, und $r\sin\Theta$ die Projektion von r auf die z-Axe. Auch $(r\cos\Theta)$ hat immer das Vorzeichen $+$, da Θ nur zwischen -90^0 und $+90^0$ sein kann; Θ und z haben dasselbe Vorzeichen.

Die Gleichungen (1) quadriert und addiert geben

$$(1')\quad r^2 = x^2 + y^2 + z^2,$$

wie auch unmittelbar klar ist $(r^2 = \overline{Op}^2 + \overline{pP}^2)$.

Die Gleichungen (1) dienen unmittelbar zur Bestimmung der rechtwinkligen Coordinaten eines Punkts, dessen Polarcoordinaten gegeben sind. Für die umgekehrte Aufgabe erhält man aus ihnen:

$$(2)\quad \begin{cases} tg\,\varphi = \dfrac{y}{x}\;; \quad r\cos\Theta = \dfrac{x}{\cos\varphi} \overset{\text{oder}}{=} \dfrac{y}{\sin\varphi} \\ tg\,\Theta = \dfrac{z}{r\cos\Theta}\;; \quad r = \dfrac{r\cos\Theta}{\cos\Theta} \overset{\text{oder}}{=} \dfrac{z}{\sin\Theta}. \end{cases}$$

Die Form der Gleichungen (2) ist mit Rücksicht auf allgemeine Giltigkeit und mit Beachtung der *Lalande*schen Regel gewählt.

Aufgabe 1). Die rechtwinkligen Coordinaten des Punkts (**168⁰ 4′**, **62⁰ 17′**; **230,50** m) zu bestimmen.

	$r\cos\Theta$	2.03 022	x	2.02 073n	
$r =$ **230,50 m**	$\cos\Theta$	9.66 755	$\cos\varphi$	9.99 051n	
$\Theta = +$ **62⁰17′**	r	2.36 267	$r\cos\Theta$	2.03 022X	$x = -104{,}89$ m
	$\sin\Theta$	9.94 707	$\sin\varphi$	9.31 549	$y = +\ 22{,}17$ m
$\varphi =$ **168⁰ 4′**	z	2.30 974	y	1.34 571	$z = +204{,}05$ m.

Aufgabe 2). Die Polarcoordinaten des durch seine rechtwinkligen Coordinaten (+ **430,41** m, — **326,04** m, + **132,15** m) gegebenen Punktes zu bestimmen.

	$r\cos\Theta$	2.73 236	r	2.74 499	
$x = +$ **430,41** m	y	2.51 327n	z	2.12 107	
$y = -$ **326,04** m	$E\,{}^{\sin}_{\cos}\,\varphi$	0.09 848	$E\,{}^{\sin}_{\cos}\,\Theta$	0.01 263	$\varphi = 322^0\,51'\,21''$
$z = +$ **132,15** m	x	2.63 388	$r\cos\Theta$	2.73 236	$\Theta = \ \ 13\ \ 45\ \ \ 9$
	$tg\,\varphi$	9.87 939n	$tg\,\Theta$	9.38 871	$r = 555{,}89$ m

Die beiden Aufgaben der Verwandlung von räumlichen Polarcoordinaten in räumliche rechtwinklige Coordinaten und umgekehrt sind wieder durch zahlreiche Zahlenbeispiele geläufig zu machen; eine Figur ist erst allenfalls nach Ausführung der Rechnung zu skizzieren.

4) Zwei weitere Aufgaben. 1) Die Entfernung der beiden Punkte P_1 oder $(x_1\, y_1\, z_1)$ und P_2 oder $(x_2\, y_2\, z_2)$ zu bestimmen.

Die Auflösung ist ganz analog derselben Aufgabe in der Ebene, vgl. § 37, 3. Verschiebt man das Coordinatensystem parallel zu seiner alten Lage so, dass der Punkt P_1 Ursprung wird, so zeigt sich unmittelbar, dass die Gleichungen (1) und (2) noch gelten, sobald man in ihnen überall an Stelle von x, y, z die Differenzen $(x_2 - x_1)$, $(y_2 - y_1)$, $(z_2 - z_1)$ setzt (Endpunkt voran!) Sind diese Coordinaten-Differenzen nicht gross, so kann die Entfernung r nach (1′) mit Hilfe der Quadrattafel aus der Gleichung

$$r = \sqrt{(x_2 - x_1)^2 + (y_2 - y_1)^2 + (z_2 - z_1)^2}$$

bestimmt werden; sonst aber ist nach den Gleichungen (2) zu rechnen.

Beispiel. $P_1 \begin{cases} x_1 = +\,\mathbf{485{,}30} \\ y_1 = +\,\mathbf{538{,}05} \\ z_1 = -\,\mathbf{368{,}41} \end{cases}$ $P_2 \begin{cases} x_2 = +\,\mathbf{560{,}40} \\ y_2 = +\,\mathbf{563{,}14} \\ z_2 = -\,\mathbf{432{,}08} \end{cases}$ $\begin{array}{l} x_2 - x_1 = +\,75{,}10 \\ y_2 - y_1 = +\,25{,}09 \\ z_2 - z_1 = -\,63{,}67. \end{array}$

a) Mit Quadrattafel:

$(x_2 - x_1)^2 =$	5640,01
$(y_2 - y_1)^2 =$	629,51
$(z_2 - z_1)^2 =$	4053,87
$r^2 =$	10323,39
$r =$	101,60

b) Mit den Gleichungen (2):

$y_2 - y_1$	1.39 950	$z_2 - z_1$	1.80 393n	
$E \frac{sin}{cos} \varphi$	0.02 298	$E \frac{sin}{cos} \Theta$	0.10 829	
$x_2 - x_1$	1.87 564	$r \cos \Theta$	1.89 862	
$tg\, \varphi$	9.52 386	$tg\, \Theta$	9.90 531n	
$r \cos \Theta$	1.89 862	r	2.00 691	$r = 101{,}60_5.$

2) Eine vom Nullpunkt O eines räumlichen Coordinatensystems ausgehende Gerade G schliesst mit den drei Axen dieses Systems die Winkel δ, ε, ζ ein (δ der Winkel zwischen G und $+x$, ε der Winkel zwischen G und $+y$, ζ der Winkel zwischen G und $+z$). Welche Beziehung besteht zwischen diesen drei Winkeln?

Dass eine solche Beziehung bestehen muss, ist klar; wenn man zwei der drei Winkel willkürlich wählt, so ist damit die Lage der Geraden, d. h. also auch der dritte der Winkel bestimmt. Fällt man von dem beliebigen Punkt P auf der Geraden G die drei Lote auf die Coordinatenaxen, so erhält man die in Fig. 129 angedeuteten Linien Px, Py, Pz. Ist $OP = r$, so ist aber $\frac{Ox}{r} = \cos \delta$, $\frac{Oy}{r} = \cos \varepsilon$, $\frac{Oz}{r} = \cos \zeta$, also lautet die gesuchte Beziehung zwischen δ, ε, ζ gemäss Gleichung (1′):

$$\cos^2 \delta + \cos^2 \varepsilon + \cos^2 \zeta = 1.$$

Die Gerade G braucht nicht durch den Ursprung zu gehen. Werden die Winkel, die eine beliebige Gerade im Raum mit den Richtungen der drei Axen eines beliebig angenommenen rechtwinkligen Coordinatensystems bildet, mit (x, G), (y, G), (z, G) bezeichnet, ((x, G) ist also der Winkel, den eine durch einen beliebigen Punkt von G zur x-Axe parallel gezogene Gerade mit G bildet u. s. f.), so ist allgemein;

$$\cos^2 (x, G) + \cos^2 (y, G) + \cos^2 (z, G) = 1.$$

Beispiel. Ein gleichseitiges sphärisches Dreieck mit der Seite 90°

hat zugleich den Winkel $= 90^0$ (speziellster Fall des sphärischen Dreiecks, gleichseitig und rechtseitig, zugleich in allen drei Ecken rechtwinklig); ein solches Dreieck ist ein Oktant der Kugeloberfläche.

Einer Kugeloberfläche vom Halbmesser 1 m gehört nun ein Dreieck $A_1 A_2 A_3$ von der eben bezeichneten Art an; in ihm liegt ein Punkt P so, dass seine Abstände von den Ecken A_1 und A_2 (auf der Kugeloberfläche gemessen) 0,88 m und 0,94 m betragen; was ist der Abstand PA_3 (ebenso)?

Auflösung. Durch die Grosskreisbögen PA_1, PA_2, PA_3 werden die Winkel gemessen, die der Strahl OP mit den drei Axen (den Geraden OA_1, OA_2, OA_3) bildet; für diese drei Winkel findet aber die oben angegebene Beziehung (Summe der Quadrate der *cos* gleich 1) statt. Die zwei gegebenen Winkel sind, da $\mathfrak{m} = 0{,}88$ m, $\mathfrak{n} = 0{,}94$ m ist (vgl. § 44, **1**)

$$m = \frac{0{,}88}{1{,}00}\varrho \quad \text{und} \quad n = \frac{0{,}94}{1{,}00}\varrho\ ;$$

der dritte p ergiebt sich aus:

$$\cos p = 1 - \cos^2 m - \cos^2 n.$$

Im vorliegenden Fall findet man die Werte von m und n, da der Halbmesser eine runde Zahl ist (sogar unmittelbar gleich der Einheit), am bequemsten aus der *arc*-Tafel, es wird $m = 50^0\,25'\,13''$, $n = 53^0\,51'\,30''$; damit

$$\log\cos p = 9.69\,563 \quad (\cos p = 0{,}49\,617)\ , \quad p = 60^0\,15'\,11'' \quad \text{oder}$$

$$\mathfrak{p} = \frac{p}{\varrho}\cdot r, \quad \text{oder da hier } r = 1 \text{ ist}, \quad \mathfrak{p} = arc\,p = 1{,}0516.$$

Die Antwort lautet also: die gesuchte Entfernung ist 1,052 m.

Wie lautet die Determination dieser Aufgabe? ($m + n > 90^0$ oder $arc\,m + arc\,n > \frac{\pi}{2}$); Grund? Wann liegt der Punkt P innerhalb, wann ausserhalb des Dreiecks $A_1 A_2 A_3$?

§ 46. Allgemeine Entwicklung der Fundamentalformeln des sphärischen Dreiecks durch Coordinatentransformation.

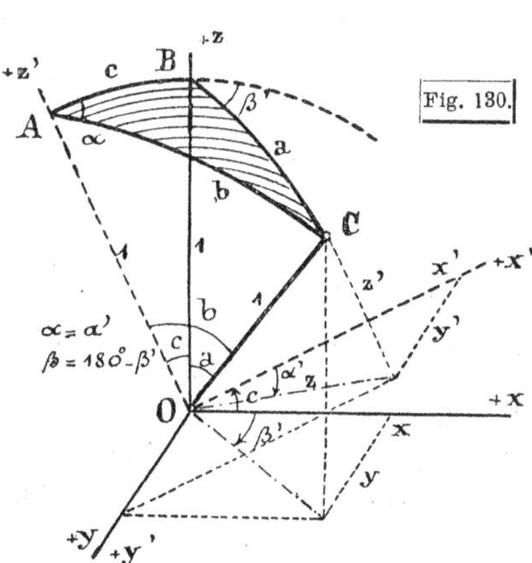

Fig. 130.

Sind (x, y, z) die rechtwinkligen Coordinaten des Punkts C (vgl. Fig. 130), ferner β' der Winkel zwischen der $+x$-Axe und der Projektion des Radius OC auf die xy-Ebene, gezählt wie gewöhnlich, endlich a der Winkel, den der Radius mit der z-Axe macht, gezählt von der positiven Richtung der z-Axe gegen die xy-Ebene hin von 0^0 bis 180^0, also a das Complement von Θ, so wird nach Gl. (1) des vorigen §:

$$(1)\quad \left\{\begin{aligned} x &= r \sin a \cos \beta' \\ y &= r \sin a \sin \beta' \\ z &= r \cos a. \end{aligned}\right\}$$

Bezieht man nun C noch auf ein zweites Coordinatensystem $(x'\,y'\,z')$ mit demselben Ursprung (Fig. 130), dessen Ordinatenaxe mit der des alten zusammenfällt (so dass auch die $x'z'$-Ebene mit der xz-Ebene zusammenfällt) während die x'-Axe mit der x-Axe und also auch die z'-Axe mit der z-Axe den Winkel c bildet, und sind α', b die den Polarcoordinaten β', a entsprechenden in diesem zweiten System, so wird

$$(2)\quad \left\{\begin{aligned} x' &= r \sin b \cos \alpha' \\ y' &= r \sin b \sin \alpha' \\ z' &= r \cos b. \end{aligned}\right\}$$

Zwischen den Coordinaten (x, y, z) und $(x'\,y'\,z')$ des Punkts C in beiden Systemen bestehen nun, da die xz-Ebene beider zusammenfällt, gemäss den Formeln für die Coordinatentransformation in der Ebene (vgl. § 15, S. 141; § 39, S. 372/373) die **allgemein giltigen** Gleichungen:

$$(3)\quad \left\{\begin{aligned} x &= x' \cos c - z' \sin c \\ y &= y' \\ z &= x' \sin c + z' \cos c. \end{aligned}\right\}$$

Setzt man in (3) die Werte der rechtwinkligen Coordinaten, in den Polarcoordinaten gemäss (1) und (2) ausgedrückt, ein, so erhält man, wenn man die dritte Gleichung voranstellt und alle Gleichungen mit r, das schon zu Anfang der Einheit hätte gleichgesetzt werden können, durchdividiert:

$$(4)\quad \left\{\begin{aligned} \cos a &= \sin b \sin c \cos \alpha' + \cos b \cos c \\ \sin a \sin \beta' &= \sin b \sin \alpha' \\ \sin a \cos \beta' &= \sin b \cos c \cos \alpha' - \cos b \sin c. \end{aligned}\right\}$$

Beschreibt man um den Nullpunkt O (die Spitze des Dreikants $(O, z'\,z\,C)$) mit dem Halbmesser OC eine Kugelfläche, die die z-Axe in B, die z'-Axe in A schneiden möge, und verbindet die Punkte A, B, C durch Bögen grösster Kreise (Schnittlinien der Seitenflächen des eben genannten Dreikants mit der Kugelfläche), so sind die drei Seiten BC, CA, AB des entstehenden sphärischen Dreiecks gleich a, b, c; der Winkel zwischen den beiden Seiten AB und BC ist (als Winkel zwischen der xz-Ebene und der den Radius auf die xy-Ebene projizierenden Ebene) $\beta = 180^0 - \beta'$ und der Winkel zwischen den Seiten BA und AC (als Winkel zwischen der xz-Ebene und der den Radius auf die $x'y'$-Ebene projizierende Ebene) $\alpha = \alpha'$. Damit gehen die Gleichungen (4) über in die folgenden:

$$(5)\quad \begin{cases} \cos a = \cos b \cos c + \sin b \sin c \cos \alpha \\ \sin a \sin \beta = \sin b \sin \alpha \\ \sin a \cos \beta = \cos b \sin c - \sin b \cos c \cos \alpha. \end{cases}$$

Bei der Herleitung dieser Grundformeln des sphärischen Dreiecks mit den Seiten a, b, c und den Gegenwinkeln α, β, γ dieser Seiten ist keine Voraussetzung über die Grösse der Seiten und Winkel gemacht worden; sie sind also **allgemein giltig**, selbst für solche Dreiecke, in dessen Seiten und Winkel $> 180^0$ vorkommen. Die drei Formeln (5) mit den aus ihnen durch cyklische Vertauschung sich ergebenden würden zur Lösung jeder Dreiecksaufgabe (Dreikantsaufgabe) genügen; der bequemern Rechnung wegen entwickelt man aber aus ihnen noch weitere Formeln (vgl. § 48). Da, wie man sich leicht überzeugt, aus der ersten der Gleichungen (5) zusammen mit den beiden Formeln für $\cos b$ und $\cos c$ zu drei beliebigen gegebenen Stücken des sphärischen Dreiecks stets die drei fehlenden bestimmt werden könnten, so wird oft speziell diese erste Gleichung (5) als Grundformel des sphärischen Dreiecks bezeichnet und es lassen sich aus ihr natürlich alle übrigen Formeln ableiten.

Indessen ist es vorzuziehen, an den drei Formeln (5), wie sie sich unmittelbar aus der Coordinatentransformation ergeben, als **Grundformeln** festzuhalten [87]).

Die soeben gegebene Herleitung der drei Grundformeln ist auch entschieden die beste, weil sie zugleich den Nachweis der Allgemeingiltigkeit dieser Formeln in sich trägt [88]); doch mögen zunächst auch einige der sonst meist üblichen Ableitungen der Grundformeln mit Zuhilfenahme spezieller geometrischer Figuren angedeutet sein.

§ 47. Andere Herleitungen der Grundformeln des sphärischen Dreiecks.

Die im folgenden gegebenen Beweise der Gleichungen (5) des vorigen § haben den Übelstand, dass sie deren allgemeine Giltigkeit nicht erkennen lassen.

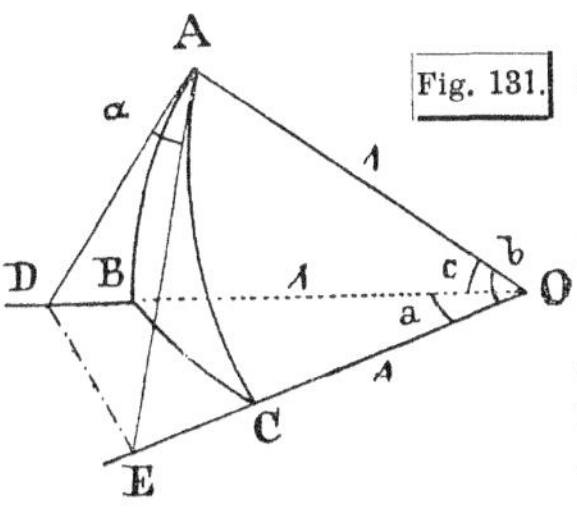

Fig. 131.

1) Die oft speziell so genannte **Hauptformel** des sphärischen Dreiecks (s. den Schluss von § 46) lässt sich so nachweisen: Zieht man an die Seiten AB und AC des sphärischen Dreiecks ABC (Fig. 131) in A die Tangenten AD und AE (errichtet auf der Kante OA des Dreikants $[O, ABC]$ im Punkt A in den Seitenflächen AOB und AOC die Lote AD und AE), so schliessen diese den Winkel α

(Flächenwinkel gegenüber der Kante OC) ein; es ist nun, wenn der Kugelhalbmesser $= 1$ gesetzt wird,

$$AE = tg\,b \quad , \quad AD = tg\,c;$$
$$OE = sec\,b \quad , \quad OD = sec\,c,$$

somit aus den beiden Dreiecken DAE, das den Winkel α, und DOE, das den Winkel a enthält:

$(DE)^2 = tg^2\,b + tg^2\,c - 2\,tg\,b.tg\,c.cos\,\alpha = sec^2\,b + sec^2\,c - 2\,sec\,b.sec\,c.cos\,a,$
oder $\quad 2 + 2\,tg\,b\,tg\,c\,cos\,\alpha = 2\,sec\,b\,sec\,c\,cos\,a \quad$ oder, wenn mit 2 durchdividiert und mit $cos\,b\,.\,cos\,c$ durchmultipliziert wird:

$$cos\,b\,cos\,c + sin\,b\,sin\,c\,cos\,\alpha = cos\,a,$$

übereinstimmend mit der ersten Gleichung (5).

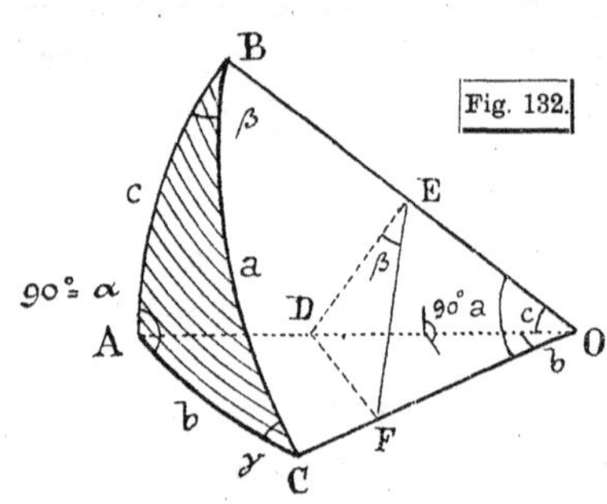

2) Mit Benützung des **rechtwinkligen sphärischen Dreiecks.** Es sei (Fig. 132) O, ABC ein in der Kante A rechtwinkliges Dreikant (die Ebenen AOB und AOC stehen senkrecht auf einander), so ist, wenn EF in der Seitenfläche a und ED in der Seitenfläche c senkrecht zu OB gezogen werden, DEF ein in D rechtwinkliges Dreieck, das bei E den Winkel β enthält, somit

(1) $\quad sin\,\beta = \frac{DF}{EF} = \frac{OF\,.\,sin\,b}{OF\,.\,sin\,a} = \frac{sin\,b}{sin\,a}$ (2te Gl. (5) mit $\alpha = 90^0$)

(2) $\quad cos\,\beta = \frac{ED}{EF} = \frac{OE\,.\,tg\,c}{OE\,.\,tg\,a} = \frac{tg\,c}{tg\,a}$

(3) $\quad tg\,\beta = \frac{DF}{ED} = \frac{OD\,.\,tg\,b}{OD\,.\,sin\,c} = \frac{tg\,b}{sin\,c}$ (2te durch 3te Gl. (5) mit $\alpha = 90^0$).

Endlich giebt die Division von (1) und (2) in Verbindung mit (3)

(4) $\quad cos\,a = cos\,b\,cos\,c \quad$ (1te Gl. (5) mit $\alpha = 90^0$).

Mit Hilfe der vier vorstehenden **Formeln des rechtwinkligen Dreiecks,** die schon bei dieser Gelegenheit zu merken sind, und mit Hilfe der Höhen lassen sich nun alle Gleichungen (5) des vorigen § ebenfalls herleiten.

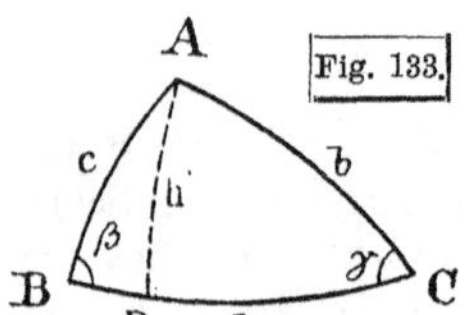

Ist z. B. (Fig. 133) $AD = h'$ der durch A gehende, auf BC senkrechte Grosskreis, so ist nach (1)

$$sin\,\beta = \frac{sin\,h'}{sin\,c} \quad \text{und} \quad sin\,\gamma = \frac{sin\,h'}{sin\,b}, \quad \text{somit}$$

$sin\,b\,sin\,\gamma = sin\,c\,sin\,\beta$ (2te G. (5) cykl. vert.).

3) Mit Hilfe des **Dreikants** stereometrisch oder deskriptiv-geometrisch.*)

*) Es ist sehr zu empfehlen, dass der Lernende diesen höchst anschaulichen Beweis an einem nach der beistehenden Figur selbst anzufertigenden Modell eines Dreikants sich klar mache. 89)

Klappt man zwei Seiten des Dreikants in die Ebene der dritten um, so lassen sich alle Gleichungen (5) direkt aus der Figur ablesen (Fig. 134).

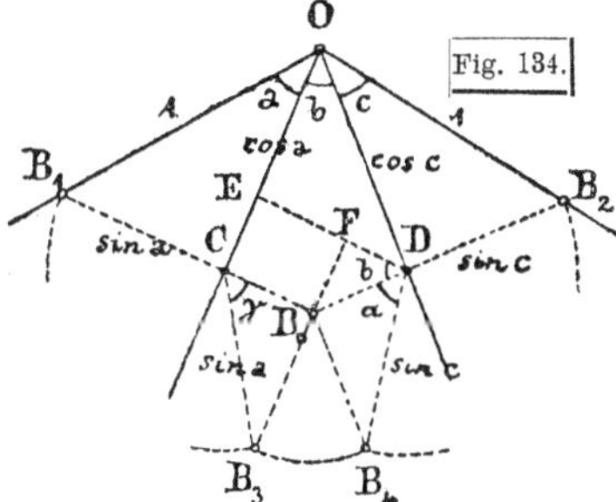

Sind die drei Seiten des Dreikants neben einander gelegt und ist $OB_1 = OB_2 = 1$, (Umklappungen der Strecke $OB = 1$ auf der der Seite b gegenüberliegenden Kante), so erhält man die Projektion B_0 von B auf die Seite b durch $B_1 B_0 \perp OC$ und $B_2 B_0 \perp OD$. Ist ferner $B_0 B_3 \perp B_0 B_1$, $B_0 B_4 \perp B_0 B_2$ und $CB_3 = CB_1$, $DB_4 = DB_2$ (Zeichnungsprobe $B_0 B_3 = B_0 B_4$), so sind $B_0 C B_3$ und $B_0 D B_4$ die Umklappungen der rechtwinkligen Dreiecke $B_0 CB$ und $B_0 DB$, die bei C und D die Winkel γ und α des Dreikants enthalten. Zieht man noch $DE \perp OC$, so liest man unmittelbar aus der Figur die drei Beziehungen ab:

$$OC = OE + B_0 F; \quad B_0 B_3 = B_0 B_4; \quad CB_0 = DE - DF \qquad \text{oder}$$

$$\left\{\begin{array}{l} \cos a = \cos c \cos b + \sin c \sin b \cos \alpha \\ \sin a \sin \gamma = \sin c \sin \alpha \qquad \text{und} \\ \sin a \cos \gamma = \cos c \sin b - \sin c \cos b \cos \alpha, \end{array}\right.$$

also die Gl. (5) in § 46, wobei nur an Stelle der zwei letzten Gleichungen (5) die aus ihnen mit γ an Stelle von β (damit auch c an Stelle von b) sich ergebenden erscheinen. Wie müssen die Stücke des Dreikants gelegt werden, damit genau die eben genannten Formeln (5) entstehen?

§ 48. Die Grundformeln und daraus abgeleitete Formeln. Hilfswinkel. Das Polardreieck.

1) Die Grundformeln. Die erste Gleichung (5) in § 46 giebt mit den weiter durch **cyklische Vertauschung** (vgl. S. 223) zu erhaltenden:

$$\text{(I)} \quad \left\{\begin{array}{ll} (1) & \cos a = \cos b \cos c + \sin b \sin c \cos \alpha \\ (2) & \cos b = \cos c \cos a + \sin c \sin a \cos \beta \\ (3) & \cos c = \cos a \cos b + \sin a \sin b \cos \gamma \end{array}\right\} \text{Cosinus-Satz}$$

in Worten: **Der *cos* einer Seite ist gleich dem Produkt der *cos* der beiden andern Seiten plus dem Produkt aus den *sin* dieser Seiten und dem *cos* des Gegenwinkels jener Seite.**

Die zweite der Gleichungen (5) liefert die Gruppe:

$$\text{(II)} \quad \left\{\begin{array}{ll} (1) & \sin a \sin \beta = \sin b \sin \alpha \\ (2) & \sin b \sin \gamma = \sin c \sin \beta \\ (3) & \sin c \sin \alpha = \sin a \sin \gamma \end{array}\right\} \text{Sinus-Satz}$$

oder $\sin a : \sin b : \sin c = \sin \alpha : \sin \beta : \sin \gamma$,

in Worten: **Die *sin* der drei Seiten verhalten sich wie die *sin* der gegenüberliegenden Winkel**, oder: **In jedem Dreieck ist das**

Verhältnis des *sin* einer Seite zum *sin* des Gegenwinkels konstant. Dieses Verhältnis heisst der **Modulus** des Dreiecks.

Endlich erhält man aus der dritten Gleichung (5) durch cyklische Vertauschung die sechs Gleichungen:

$$(\mathrm{III})\left\{\begin{array}{ll}(1) & \sin a \cos\beta = \cos b \sin c - \sin b \cos c \cos\alpha \\ (2) & \sin a \cos\gamma = \cos c \sin b - \sin c \cos b \cos\alpha \\ (3) & \sin b \cos\gamma = \cos c \sin a - \sin c \cos a \cos\beta \\ (4) & \sin b \cos\alpha = \cos a \sin c - \sin a \cos c \cos\beta \\ (5) & \sin c \cos\alpha = \cos a \sin b - \sin a \cos b \cos\gamma \\ (6) & \sin c \cos\beta = \cos b \sin a - \sin b \cos a \cos\gamma \end{array}\right\}$$

Sinus-Cosinus-Satz. [90])

Nochmals ist darauf hinzuweisen, dass die Gruppe dieser Gleichungen (III) an sich vollständig ebenbürtig neben (I) und (II) steht, wenn sie auch nicht überall dieselbe praktische Bedeutung hat.

2) Weitere Formeln. Durch Division der Formeln (III) mit den entsprechenden (II) erhält man

$$(\mathrm{IV})\left\{\begin{array}{ll}(1) & \sin\alpha\, ctg\,\beta = ctg\, b \sin c - \cos c \cos\alpha \\ (2) & \sin\alpha\, ctg\,\gamma = ctg\, c \sin b - \cos b \cos\alpha \\ (3) & \sin\beta\, ctg\,\gamma = ctg\, c \sin a - \cos a \cos\beta \\ (4) & \sin\beta\, ctg\,\alpha = ctg\, a \sin c - \cos c \cos\beta \\ (5) & \sin\gamma\, ctg\,\alpha = ctg\, a \sin b - \cos b \cos\gamma \\ (6) & \sin\gamma\, ctg\,\beta = ctg\, b \sin a - \cos a \cos\gamma \end{array}\right.$$

Aus der Gleichung (IV, 6) folgt:

$$\sin\gamma\cos\beta = \frac{\cos b \sin a \sin\beta}{\sin b} - \cos a \cos\gamma \sin\beta \quad \text{oder gemäss (II, 1)}$$

$$= \cos b \sin\alpha - \cos a \cos\gamma \sin\beta, \quad \text{woraus}$$

$$\sin\alpha \cos b = \cos\beta \sin\gamma + \sin\beta \cos\gamma \cos a.$$

Diese Gleichung entspricht der Gleichung (III, 1), nur stehen in ihr Seiten, wo in jener Winkel stehen und umgekehrt; durch cyklische Vertauschung erhält man die sechs Gleichungen:

$$(\mathrm{V})\left\{\begin{array}{ll}(1) & \sin\alpha \cos b = \cos\beta \sin\gamma + \sin\beta \cos\gamma \cos a \\ (2) & \sin\alpha \cos c = \cos\gamma \sin\beta + \sin\gamma \cos\beta \cos a \\ (3) & \sin\beta \cos c = \cos\gamma \sin\alpha + \sin\gamma \cos\alpha \cos b \\ (4) & \sin\beta \cos a = \cos\alpha \sin\gamma + \sin\alpha \cos\gamma \cos b \\ (5) & \sin\gamma \cos a = \cos\alpha \sin\beta + \sin\alpha \cos\beta \cos c \\ (6) & \sin\gamma \cos b = \cos\beta \sin\alpha + \sin\beta \cos\alpha \cos c \end{array}\right.$$

Durch Division dieser Gleichungen mit den entsprechenden (II) ergeben sich die sechs, den Gleichungen (IV) ebenso gegenüberstehenden:

$$(\mathrm{VI})\left\{\begin{array}{ll}(1) & \sin a\, ctg\, b = ctg\,\beta \sin\gamma + \cos\gamma \cos a \\ (2) & \sin a\, ctg\, c = ctg\,\gamma \sin\beta + \cos\beta \cos a \\ (3) & \sin b\, ctg\, c = ctg\,\gamma \sin\alpha + \cos\alpha \cos b \\ (4) & \sin b\, ctg\, a = ctg\,\alpha \sin\gamma + \cos\gamma \cos b \\ (5) & \sin c\, ctg\, a = ctg\,\alpha \sin\beta + \cos\beta \cos c \\ (6) & \sin c\, ctg\, b = ctg\,\beta \sin\alpha + \cos\alpha \cos c \end{array}\right.$$

Um endlich noch eine Gleichung zu erhalten, die der Gleichung (I, 1) in derselben Art entspricht, kann man aus den Gleichungen (V, 1 und 4) $\sin\alpha\cos b$ eliminieren; man erhält:

$$\sin\beta\cos a = \cos\alpha\sin\gamma + \cos\gamma(\cos\beta\sin\gamma + \sin\beta\cos\gamma\cos a)$$
$$= \cos\alpha\sin\gamma + \cos\beta\cos\gamma\sin\gamma + \sin\beta\cos a\cos^2\gamma \quad \text{oder}$$
$$\cos\alpha\sin\gamma = -\cos\beta\cos\gamma\sin\gamma + \sin\beta\cos a(1-\cos^2\gamma);$$

dividiert man mit $\sin\gamma$ durch, so wird

$$(\text{VII}) \begin{cases} (1) & \boldsymbol{\cos\alpha = -\cos\beta\cos\gamma + \sin\beta\sin\gamma\cos a} \quad \text{u. durch cykl. Vert.} \\ (2) & \boldsymbol{\cos\beta = -\cos\gamma\cos\alpha + \sin\gamma\sin\alpha\cos b} \\ (3) & \boldsymbol{\cos\gamma = -\cos\alpha\cos\beta + \sin\alpha\sin\beta\cos c.} \end{cases}$$

Von den bis jetzt entwickelten Formeln enthalten (I) und (VII), (II), (IV) und (VI) je vier, (III) und (V) je fünf Stücke des Dreiecks. Unbedingt auswendig zu merken sind die fett gedruckten (I), (II), (III) und (VII).

3) Hilfswinkel. Da die Formeln (I) bis (VII) mit Ausnahme von (II) auf der rechten Seite eine Summe zeigen, so kann man sie durch Einführung eines Hilfswinkels zur logarithmischen Rechnung bequemer machen (vgl. besonders § 19, S. 179/180). Es seien z. B. gegeben die beiden Grundformeln

$$\cos a = \cos b\cos c + \sin b\sin c\cos\alpha \quad \text{und}$$
$$\sin a\cos\beta = \cos b\sin c - \sin b\cos c\cos\alpha.$$

Macht man die Substitution $\cos b = m\cos u$, $\sin b\cos\alpha = m\sin u$, wobei also u und m wie gewöhnlich eindeutig bestimmt sind durch

$$tg\, u = \frac{\sin b\cos\alpha}{\cos b} \quad \text{und} \quad m = \frac{\cos b}{\cos u} \overset{\text{oder}}{=} \frac{\sin b\cos\alpha}{\sin u},$$

so wird $\cos a = m\cos(c-u)$, $\sin a\cos\beta = m\sin(c-u)$.

In der Regel lassen sich solche Hilfswinkel einfach geometrisch deuten (vgl. z. B. über u die Berechnung des sphärischen Dreiecks § 55 Fall III[a]). Es ist übrigens durchaus nicht immer die Einführung eines solchen Hilfswinkels geboten, vielmehr empfiehlt sich sehr häufig die direkte Anwendung der ursprünglichen Formel mit Übergang auf die Numeri oder Benützung der *Gauss*schen Logarithmen.

4) Polardreieck. Die Formeln (I) und (VII); (III) und (V), (IV) und (VI) entsprechen sich je in der Art, dass die einen Winkel enthalten, wo in den andern Seiten vorkommen und umgekehrt; durch sie wird also abermals die Existenz des **Polar-** oder **Supplementar-Dreikants** nachgewiesen [§ 44, 2, 7], **dessen** $\left\{\begin{matrix}\textbf{Seiten}\\ \textbf{Winkel}\end{matrix}\right\}$ die **Supplemente** der $\left\{\begin{matrix}\textbf{Winkel}\\ \textbf{Seiten}\end{matrix}\right\}$ **des ursprünglichen** Dreiecks sind. Die Gleichungen (II) entsprechen sich selbst.

Mit Hilfe des Polardreiecks lässt sich zu jeder im

sphärischen Dreieck aufgefundenen Formel eine Polarformel aufstellen, in der die Seiten der ersten durch Winkel und umgekehrt ersetzt sind. [91])

§ 49. Die Gleichungen von *Delambre* und *Neper*.

1) *Delambre*'sche Gleichungen. Die Gleichungen von *Delambre* und *Neper* im sphärischen Dreieck entsprechen genau denen von *Mollweide* und *Neper* im ebenen Dreieck (vgl. § 23, 5); man erhält sie am besten auch auf demselben Weg wie dort. Durch Addition und Subtraktion der zwei Gleichungen (II, 1) und (II, 3) wird

$$\sin a\,(\sin\beta + \sin\gamma) = \sin\alpha\,(\sin b + \sin c)$$
$$\sin a\,(\sin\beta - \sin\gamma) = \sin\alpha\,(\sin b - \sin c) \text{ oder}$$

$$(1)\quad \sin\frac{a}{2}\cos\frac{\beta-\gamma}{2}\,.\,\cos\frac{a}{2}\sin\frac{\beta+\gamma}{2} = \sin\frac{\alpha}{2}\sin\frac{b+c}{2}\,.\,\cos\frac{\alpha}{2}\cos\frac{b-c}{2}$$

$$(2)\quad \sin\frac{a}{2}\sin\frac{\beta-\gamma}{2}\,.\,\cos\frac{a}{2}\cos\frac{\beta+\gamma}{2} = \sin\frac{\alpha}{2}\cos\frac{b+c}{2}\,.\,\cos\frac{\alpha}{2}\sin\frac{b-c}{2}$$

Addiert und subtrahiert man ebenso die Formeln (III, 1) und (III, 2), so wird

$$(3)\quad \sin\frac{a}{2}\cos\frac{\beta-\gamma}{2}\,.\,\cos\frac{a}{2}\cos\frac{\beta+\gamma}{2} = \sin\frac{\alpha}{2}\sin\frac{b+c}{2}\,.\,\sin\frac{\alpha}{2}\cos\frac{b+c}{2}$$

$$(4)\quad \sin\frac{a}{2}\sin\frac{\beta-\gamma}{2}\,.\,\cos\frac{a}{2}\sin\frac{\beta+\gamma}{2} = \cos\frac{\alpha}{2}\sin\frac{b-c}{2}\,.\,\cos\frac{\alpha}{2}\cos\frac{b-c}{2}$$

Endlich erhält man durch dieselbe Behandlung der Gleichungen (V, 1) und (V, 2)

$$(5)\quad \sin\frac{\alpha}{2}\cos\frac{b+c}{2}\,.\,\cos\frac{\alpha}{2}\cos\frac{b-c}{2} = \cos\frac{a}{2}\cos\frac{\beta+\gamma}{2}\,.\,\cos\frac{a}{2}\sin\frac{\beta+\gamma}{2}$$

$$(6)\quad \sin\frac{\alpha}{2}\sin\frac{b+c}{2}\,.\,\cos\frac{\alpha}{2}\sin\frac{b-c}{2} = \sin\frac{a}{2}\cos\frac{\beta-\gamma}{2}\,.\,\sin\frac{a}{2}\sin\frac{\beta-\gamma}{2}$$

Setzt man, um diese sechs Gleichungen besser zu übersehen,

$$\sin\frac{\alpha}{2}\sin\frac{b+c}{2} = m \qquad \sin\frac{a}{2}\cos\frac{\beta-\gamma}{2} = m'$$

$$\sin\frac{\alpha}{2}\cos\frac{b+c}{2} = n \qquad \cos\frac{a}{2}\cos\frac{\beta+\gamma}{2} = n'$$

$$\cos\frac{\alpha}{2}\sin\frac{b-c}{2} = q \qquad \sin\frac{a}{2}\sin\frac{\beta-\gamma}{2} = q'$$

$$\cos\frac{\alpha}{2}\cos\frac{b-c}{2} = t \qquad \cos\frac{a}{2}\sin\frac{\beta+\gamma}{2} = t',$$

so erhält man die Gleichungen (1) bis (6) in der Form:

$$(1)\quad m'\,t' = m\,t \qquad q'\,t' = q\,t \quad (4)$$
$$(2)\quad q'\,n' = q\,n \qquad n\,t = n'\,t' \quad (5)$$
$$(3)\quad m'n' = m\,n \qquad m\,q = m'\,q' \quad (6)$$

Aus diesen Gleichungen folgt z. B.

$$(*)\qquad \frac{m'}{m} = \frac{t}{t'} = \frac{n'}{n} = \frac{m}{m'},$$

woraus $m = m'$ und ganz ebenso ferner $n = n'$, $q = q'$, $t = t'$, d. h. es ist

$$\text{(VIII)}\quad \begin{cases} \sin\frac{\alpha}{2}\sin\frac{b+c}{2} = \sin\frac{a}{2}\cos\frac{\beta-\gamma}{2} \\ \sin\frac{\alpha}{2}\cos\frac{b+c}{2} = \cos\frac{a}{2}\cos\frac{\beta+\gamma}{2} \\ \cos\frac{\alpha}{2}\sin\frac{b-c}{2} = \sin\frac{a}{2}\sin\frac{\beta-\gamma}{2} \\ \cos\frac{\alpha}{2}\cos\frac{b-c}{2} = \cos\frac{a}{2}\sin\frac{\beta+\gamma}{2} \end{cases}$$

***Delambre*'sche Gleichungen.** [92])

Die Gleichungen (VIII) heissen nach ihrem Entdecker **die *Delambre*'schen Gleichungen.***)

Aus der Gleichung (*) ergiebt sich eigentlich $m = \pm m'$; dass nur das obere Zeichen erforderlich ist, geht unmittelbar aus den Gleichungen (VIII) selbst in Verbindung mit der Bestimmung, dass alle Seiten und Winkel des Dreiecks $< 180^0$ sind und dem Satz 6) § 44 hervor.

Durch cyklische Vertauschung ergeben sich die übrigen Gleichungen. Von den zwölf im ganzen vorhandenen entsprechen sich sechs selbst polar, die übrigen sechs je paarweise; von den obigen vier z. B. sind die 2. und 3. sich selbst polar, während die 1. und 4. sich gegenseitig entsprechen.

Um die *Delambre*'schen Gleichungen, von denen jede alle sechs Stücke des Dreiecks enthält, sich zu merken, beachte man, dass in den Gleichungen, die die halbe Winkelsumme enthalten, dreimal *cos*, in denen, die die halbe Winkeldifferenz enthalten, dreimal *sin* steht; die Erwägung, dass $\left\{\begin{matrix} \sin \\ \cos \end{matrix}\right\}$ bei wachsendem Winkel $\left\{\begin{matrix} \text{zu-} \\ \text{ab-} \end{matrix}\right\}$ nimmt, liefert leicht die weitere Entscheidung. Die angegebene Regel ist namentlich bequem, wenn die eine Seite der aufzustellenden Gleichung gegeben ist und wenn man sich in Beziehung auf Funktion und Vorzeichen bei den vorkommenden Seiten- und Winkelsummen und Differenzen merkt, dass dem ***Sinus*** auf einer Seite das ***Minus***-Zeichen auf der andern entspricht.

Mnemotechnisch am bequemsten ist wohl folgende Form der *Delambre*schen Gleichungen:

---

*) Meist werden sie, aber nicht ganz richtig, als ***Gauss*'sche Gleichungen** bezeichnet (*Delambre* 1807 (in der Connaissance des Temps für 1809, die im April 1807 herauskam), *Mollweide* 1808 (*Zach*'s Monatl. Corresp. für November 1808), *Gauss* 1809 (ohne Beweis in der Theoria Motus, 1809, S. 51 mitgeteilt).

$$\frac{\cos\frac{\beta-\gamma}{2}}{\sin\frac{\alpha}{2}}=\frac{\sin\frac{b+c}{2}}{\sin\frac{a}{2}}\,,\qquad \frac{\sin\frac{\beta-\gamma}{2}}{\cos\frac{\alpha}{2}}=\frac{\sin\frac{b-c}{2}}{\sin\frac{a}{2}}$$

$$\frac{\cos\frac{\beta+\gamma}{2}}{\sin\frac{\alpha}{2}}=\frac{\cos\frac{b+c}{2}}{\cos\frac{a}{2}}\,,\qquad \frac{\sin\frac{\beta+\gamma}{2}}{\cos\frac{\alpha}{2}}=\frac{\cos\frac{b-c}{2}}{\cos\frac{a}{2}}\,,$$

bei der nur zu merken ist: links stehen immer zwei verschiedene Funktionen (*cos* und *sin*), rechts zwei gleiche; die Winkel links und die Seiten rechts entsprechen sich vollständig; endlich die schon angegebene Regel: „*Sinus* auf der einen giebt *Minus* auf der andern Seite". Diese Form der Gleichungen (VIII) zeigt sie auch am bequemsten als *Sinus*-Sätze in gewissen sphärischen Dreiecken, deren Stücke aus denen des gegebenen Dreiecks zu bilden sind; bildet man z. B. ein Dreieck, in dem zwei Seiten $\frac{a}{2}$ und $\frac{b+c}{2}$ sind und macht man den Gegenwinkel der ersten gleich $\frac{\alpha}{2}$, so ist der der zweiten $90^0-\frac{\beta-\gamma}{2}$ u. s. f.; für die Anschauung wird allerdings nicht dasselbe gewonnen, wie durch Fig. 50 für die *Mollweide*schen Gleichungen in der Ebene. [93])

Endlich kann man aber zum Anschreiben der *Delambre*schen Gleichungen auch ausgehen von den leicht zu merkenden *Mollweide*schen des ebenen Dreiecks. Beim Übergang vom sphärischen auf das ebene Dreieck (vgl. § 53) geben nämlich die vier Gleichungen (VIII) der Reihe nach

$$\sin\frac{\alpha}{2}\cdot\frac{b+c}{2}=\frac{a}{2}\cdot\cos\frac{\beta-\gamma}{2}\qquad\Big|\qquad \cos\frac{\alpha}{2}\cdot\frac{b-c}{2}=\frac{a}{2}\cdot\sin\frac{\beta-\gamma}{2}$$

$$\sin\frac{\alpha}{2}\cdot\;1\;=1\;.\cos\frac{\beta+\gamma}{2}\qquad\Big|\qquad \cos\frac{\alpha}{2}\cdot\;1\;=1\;.\sin\frac{\beta+\gamma}{2}.$$

Die erste und dritte dieser Gleichungen sind die *Mollweide*'schen Gleichungen des ebenen Dreiecks, die zwei andern die aus $\alpha+\beta+\gamma=180^0$ im ebenen Dreieck sich ergebenden. Schreibt man alle vier Gleichungen in der obigen Art an, so hat man, um die *Delambre*schen des sphärischen Dreiecks zu erhalten, nur noch *sin* vor $\frac{a}{2}$ und statt 1 den *cos* von $\frac{a}{2}$ und von $\frac{b+c}{2}$ oder $\frac{b-c}{2}$ gemäss der obigen Regel über die *sin* und *cos* zu setzen.

2) *Neper*sche Gleichungen. Aus den Formeln (VIII) erhält man unmittelbar durch Division je zweier zusammengehörigen die leicht zu merkenden Gleichungen (IX), die sich auch einfach unmittelbar aus dem *Sinus*-Satz ableiten lassen (wie sie denn auch 200 Jahre länger bekannt sind, als die Gl. VIII), nämlich

$$
\text{(IX)}\left\{\begin{array}{l|l}
tg\frac{b+c}{2}=tg\frac{a}{2}\frac{\cos\frac{\beta-\gamma}{2}}{\cos\frac{\beta+\gamma}{2}} & tg\frac{\beta+\gamma}{2}=ctg\frac{\alpha}{2}\frac{\cos\frac{b-c}{2}}{\cos\frac{b+c}{2}}\\[2ex]
tg\frac{b-c}{2}=tg\frac{a}{2}\frac{\sin\frac{\beta-\gamma}{2}}{\sin\frac{\beta+\gamma}{2}} & tg\frac{\beta-\gamma}{2}=ctg\frac{\alpha}{2}\frac{\sin\frac{b-c}{2}}{\sin\frac{b+c}{2}}
\end{array}\right\}
$$

Neper'sche Gleichungen.

Diese Gleichungen heissen *Neper*'**sche Gleichungen** oder Analogien (Proportionen).

Jede von ihnen enthält fünf Stücke des Dreiecks; von den vorstehenden entsprechen sich polar die nebeneinanderstehenden. Die übrigen acht im Dreieck vorhandenen ergeben sich wieder durch cyklische Vertauschung.

Anmerkung. Mit Hilfe der in den §§ 48 und 49 aufgestellten Formeln lassen sich nun auch leicht die Sätze 1) bis 6) in § 44 nachweisen, was dem Leser überlassen bleiben mag.

§ 50. Weitere Formeln.

1) Eine Funktion eines Winkels oder eines halben Winkels ausgedrückt in den Seiten. Um für das sphärische Dreieck Gleichungen zu erhalten, die den Gleichungen § 23 (9) bis (13) des ebenen Dreiecks entsprechen, kann man ausgehen von der Fundamental-Gleichung

$$\cos a = \cos b \cos c + \sin b \sin c \cos \alpha.$$

Entwickelt man hieraus die Ausdrücke für $(1 - \cos\alpha)$ und für $(1 + \cos\alpha)$, so erhält man

$$
\begin{array}{l|l}
1-\cos\alpha=\frac{\sin b\sin c-\cos a+\cos b\cos c}{\sin b\sin c} & 1+\cos\alpha=\frac{\sin b\sin c+\cos a-\cos b\cos c}{\sin b\sin c}\\[1ex]
\quad=\frac{\cos(b-c)-\cos a}{\sin b\sin c}\ \text{oder} & \quad=\frac{\cos a-\cos(b+c)}{\sin b\sin c}\ \text{oder}\\[1ex]
2\sin^2\frac{\alpha}{2}=\frac{2\sin\frac{a-b+c}{2}\cdot\sin\frac{a+b-c}{2}}{\sin b\sin c} & 2\cos^2\frac{\alpha}{2}=\frac{2\sin\frac{b+c+a}{2}\cdot\sin\frac{b+c-a}{2}}{\sin b\sin c}
\end{array}
$$

Setzt man $a + b + c = 2s$,

so erhält man hieraus und durch cyklische Vertauschung:

$$
\text{(X)}\left\{\begin{array}{l|l}
\sin\frac{\alpha}{2}=\sqrt{\frac{\sin(s-b)\sin(s-c)}{\sin b\sin c}} & \cos\frac{\alpha}{2}=\sqrt{\frac{\sin s\cdot\sin(s-a)}{\sin b\sin c}}\\[1ex]
\sin\frac{\beta}{2}=\sqrt{\frac{\sin(s-c)\sin(s-a)}{\sin c\sin a}} & \cos\frac{\beta}{2}=\sqrt{\frac{\sin s\cdot\sin(s-b)}{\sin c\sin a}}\\[1ex]
\sin\frac{\gamma}{2}=\sqrt{\frac{\sin(s-a)\sin(s-b)}{\sin a\sin b}} & \cos\frac{\gamma}{2}=\sqrt{\frac{\sin s\cdot\sin(s-c)}{\sin a\sin b}}
\end{array}\right\}\text{(XI)}
$$

Durch Multiplikation je zweier zusammengehöriger Gleichungen (X) und (XI) erhält man mit

$$\text{(XII)} \begin{cases} S = \sqrt{\sin s \cdot \sin(s-a) \cdot \sin(s-b) \cdot \sin(s-c)} \\ \sin\alpha = \dfrac{2S}{\sin b \sin c};\ \sin\beta = \dfrac{2S}{\sin c \sin a};\ \sin\gamma = \dfrac{2S}{\sin a \sin b}. \end{cases}$$

Der Ausdruck S heisst der **Ecken-*Sinus*** oder die **Amplitude** des Dreiecks. 94)

Durch Division je zweier zusammengehöriger Gleichungen (X) und (XI) dagegen wird endlich

$$\text{(XIII)} \begin{cases} tg\dfrac{\alpha}{2} = \sqrt{\dfrac{\sin(s-b)\sin(s-c)}{\sin s \cdot \sin(s-a)}} = \dfrac{k}{\sin(s-a)} \\ tg\dfrac{\beta}{2} = \sqrt{\dfrac{\sin(s-c)\sin(s-a)}{\sin s \cdot \sin(s-b)}} = \dfrac{k}{\sin(s-b)} \\ tg\dfrac{\gamma}{2} = \sqrt{\dfrac{\sin(s-a)\sin(s-b)}{\sin s \cdot \sin(s-c)}} = \dfrac{k}{\sin(s-c)} \end{cases} \text{(XIV)}$$

wo

$$k = \sqrt{\frac{\sin(s-a)\sin(s-b)\sin(s-c)}{\sin s}}$$

gesetzt wird.

Über die geometrische Bedeutung von k vgl. § 55, I. Fall. Zur Berechnung der Winkel α, β, γ aus den gegebenen Seiten a, b, c eignen sich noch etwas besser die Formeln

$$ctg\frac{\alpha}{2} = \frac{1}{k}\sin(s-a)$$

u. s. f., da man dann von den ohnehin zu berechnenden $\log\sin(s-a)$ u. s. f. den konstanten $\log k$ zu subtrahieren hat. Jedenfalls sind die Formeln (XIII) und (XIV) für die *tg* der halben Winkel die wichtigsten dieser Gruppe.

2) Eine Funktion einer Seite oder einer halben Seite ausgedrückt in den Winkeln. Um analog eine Seite direkt in den Winkeln auszudrücken, könnte man ganz ebenso ausgehen von der Formel

$$\cos\alpha = -\cos\beta\cos\gamma + \sin\beta\sin\gamma\cos a.$$

Man kann aber auch die gesuchten Gleichungen aus den obigen ableiten durch Übergang auf das Polardreieck. Sind a', b', c' die Seiten und α', β', γ' die Winkel dieses Supplementardreikants, ist ferner $\underline{\alpha + \beta + \gamma = 2\sigma}$, so wird, da

$$a' = 180^0 - \alpha \quad , \quad b' = 180^0 - \beta \quad , \quad c' = 180^0 - \gamma \quad \text{ist,}$$

$$s' = 270^0 - \sigma, \quad \text{somit}$$

$$s'-a' = 90^0 - (\sigma-\alpha) \quad ; \quad s'-b' = 90^0 - (\sigma-\beta) \quad ; \quad s'-c' = 90^0 - (\sigma-\gamma).$$

Da ferner

$$\alpha' = 180^0 - a \quad , \quad \beta' = 180^0 - b \quad , \quad \gamma' = 180^0 - c$$

ist, so erhält man aus der Gleichung (XII):

$$\sin\alpha' = \frac{2}{\sin\beta\sin\gamma}\sqrt{-\cos\sigma\cos(\sigma-\alpha)\cos(\sigma-\beta)\cos(\sigma-\gamma)}$$ oder mit

$$\text{(XV)}\begin{cases} \Sigma = \sqrt{-\cos\sigma\cos(\sigma-\alpha)\cos(\sigma-\beta)\cos(\sigma-\gamma)} \\ \sin a = \dfrac{2\Sigma}{\sin\beta\sin\gamma};\ \sin b = \dfrac{2\Sigma}{\sin\gamma\sin\alpha};\ \sin c = \dfrac{2\Sigma}{\sin\alpha\sin\beta}. \end{cases}$$

Der Ausdruck Σ heisst der **Polar-Ecken-*Sinus*** (die ***Co-Amplitude***) des Dreiecks. [95])

Ganz ebenso wird aus den Gleichungen (XIII) und (XIV) mit

$$k' = \sqrt{\frac{\cos(\sigma-\alpha)\cos(\sigma-\beta)\cos(\sigma-\gamma)}{-\cos\sigma}}$$

$$\text{(XVI)}\begin{cases} tg\dfrac{a}{2} = \sqrt{\dfrac{-\cos\sigma\cos(\sigma-\alpha)}{\cos(\sigma-\beta)\cos(\sigma-\gamma)}} = \dfrac{\cos(\sigma-\alpha)}{k'} \\ tg\dfrac{b}{2} = \sqrt{\dfrac{-\cos\sigma\cos(\sigma-\beta)}{\cos(\sigma-\gamma)\cos(\sigma-\alpha)}} = \dfrac{\cos(\sigma-\beta)}{k'} \\ tg\dfrac{c}{2} = \sqrt{\dfrac{-\cos\sigma\cos(\sigma-\gamma)}{\cos(\sigma-\alpha)\cos(\sigma-\beta)}} = \dfrac{\cos(\sigma-\gamma)}{k'} \end{cases} \text{(XVII)}$$

Über die geometrische Bedeutung von k' vgl. § 55, II. Fall. Die den Gleichungen (X) und (XI) polar entsprechenden stelle man selbst auf. In der Gruppe der zuletzt angeschriebenen Gleichungen sind wieder (XVI) und (XVII) für die tg der halben Seiten die wichtigsten.

Alle die in den Gleichungen (X) bis (XVII) vorkommenden Quadratwurzeln sind unter den in § 44 gemachten Voraussetzungen stets reell und sind stets positiv zu nehmen.

Das Verhältnis $S:\Sigma$ (vgl. (XII) und (XV)), zwischen dem Ecken-*Sinus* und dem Polar-Ecken-*Sinus* ist gleich dem Modulus M des Dreiecks:

$$\frac{S}{\Sigma} = \frac{\sin a}{\sin\alpha} = \frac{\sin b}{\sin\gamma} = \frac{\sin c}{\sin\gamma} = M.$$

§ 51. Der sphärische Excess des Dreiecks oder Dreikants. Flächeninhalt des sphärischen Dreiecks.

1) Der sphärische Excess des Dreikants oder Dreiecks. Gemäss § 44, 8) ist der sphärische Excess ε des Dreikants oder Dreiecks definiert durch

$$\text{(XVIII)}\qquad \underline{\varepsilon = \alpha + \beta + \gamma - 180^0.}$$

Nach der Voraussetzung 2) § 44 sind also 0^0 und 360^0 die Grenzen für ε.

2) Flächeninhalt des Dreiecks auf einer Kugel von bestimmtem Halbmesser r. Der Flächeninhalt F des dem betrachteten Dreikant entsprechenden sphärischen

Dreiecks auf einer Kugel von gegebenem Halbmesser ist dann der sovielte Teil der Kugeloberfläche, als der Excess von 720°. Man pflegt in der Stereometrie diesen Satz noch kürzer so auszudrücken: der Flächeninhalt des sphärischen Dreiecks ist gleich seinem Excess, wobei also zu beachten ist, dass als Masseinheit die Fläche verwendet wird, die dem Excess 1° oder 1′ oder 1″ entspricht.

Es ist demnach, wenn r den Kugelhalbmesser bedeutet,

$$\text{(XIX)} \qquad F = \frac{4\pi r^2 . \varepsilon^0}{720^0} = \pi r^2 \frac{\varepsilon^0}{180^0} = \frac{r^2 \varepsilon}{\varrho}.$$

Die Gleichung (XIX) ist auch so auszusprechen: **Auf der Kugel vom Halbmesser 1 ist der Flächeninhalt eines sphärischen Dreiecks gleich dem *arc* seines Excesses.** [96])

3) Excess in den Seiten ausgedrückt. Um eine Funktion des Excesses in den Seiten auszudrücken, ist

$$\alpha + \beta + \gamma = 180^0 + \varepsilon\,; \qquad \beta + \gamma = 180^0 - (\alpha - \varepsilon), \qquad \text{somit}$$

$$\sin\frac{\beta+\gamma}{2} = \cos\frac{\alpha-\varepsilon}{2}\,; \qquad \cos\frac{\beta+\gamma}{2} = \sin\frac{\alpha-\varepsilon}{2}.$$

Damit ist gemäss den *Delambre*schen Gleichungen (VIII):

$$\begin{cases} \cos\frac{a}{2}\cos\frac{\alpha-\varepsilon}{2} = \cos\frac{\alpha}{2}\cos\frac{b-c}{2} \\ \cos\frac{a}{2}\sin\frac{\alpha-\varepsilon}{2} = \sin\frac{\alpha}{2}\cos\frac{b+c}{2} \end{cases} \quad \text{oder}$$

$$\begin{cases} (1) \quad \cos\frac{\alpha}{2} : \cos\frac{\alpha-\varepsilon}{2} = \sin\frac{a}{2} : \cos\frac{b-c}{2} \\ (2) \quad \sin\frac{\alpha}{2} : \sin\frac{\alpha-\varepsilon}{2} = \cos\frac{a}{2} : \cos\frac{b+c}{2}. \end{cases}$$

In diesen Proportionen wird nun übereinstimmend subtrahiert und addiert. Aus (1) erhält man damit

$$\frac{\cos\frac{\alpha-\varepsilon}{2} - \cos\frac{\alpha}{2}}{\cos\frac{\alpha-\varepsilon}{2} + \cos\frac{\alpha}{2}} = \frac{\cos\frac{b-c}{2} - \cos\frac{a}{2}}{\cos\frac{b-c}{2} + \cos\frac{a}{2}} \quad \text{oder}$$

$$\frac{\sin\left(\frac{\alpha}{2} - \frac{\varepsilon}{4}\right)\sin\frac{\varepsilon}{4}}{\cos\left(\frac{\alpha}{2} - \frac{\varepsilon}{4}\right)\cos\frac{\varepsilon}{4}} = \frac{\sin\frac{a+b-c}{4}\sin\frac{a-b+c}{4}}{\cos\frac{a+b-c}{4}\cos\frac{a-b+c}{4}} \quad \text{oder}$$

$$\text{(3)} \qquad tg\frac{\varepsilon}{4}\, tg\left(\frac{\alpha}{2} - \frac{\varepsilon}{4}\right) = tg\frac{s-b}{2}\, tg\frac{s-c}{2}.$$

Ganz auf demselben Weg erhält man aus der Gleichung (2)

$$\text{(4)} \qquad tg\frac{\varepsilon}{4}\, ctg\left(\frac{\alpha}{2} - \frac{\varepsilon}{4}\right) = tg\frac{s}{2}\, tg\frac{s-a}{2}.$$

Durch Multiplikation der Gleichungen (3) und (4) wird:

$$\text{(XX)} \qquad tg\frac{\varepsilon}{4} = \sqrt{tg\frac{s}{2}\, tg\frac{s-a}{2}\, tg\frac{s-b}{2}\, tg\frac{s-c}{2}}.$$

Diese Gleichung wird nach ihrem Entdecker meist als ***L'Huilier*-sche Gleichung** bezeichnet.

Beispiel zu (XX) und (XIX). Auf einer Kugel vom Halbmesser 10 m liegt ein sphärisches Dreieck, dessen Seiten 23,877 m, 19,597 m, 17,813 m lang sind; wie gross ist der Flächeninhalt dieses Dreiecks?

Für die Seiten erhält man zunächst im Gradmass (da r eine runde Zahl ist am einfachsten mit Benützung der *arc*-Tafel)

$$136^0\,48'\,24'' \;;\qquad 112^0\,16'\,55'' \;;\qquad 102^0\,3'\,44''.$$

Das sich hieraus ergebende $\frac{\varepsilon}{4}$ wird $= 63^0\,58'\,13''$, also Excess $\varepsilon = 255^0\,52'\,52''$. Da r eine runde Zahl ist, so drückt man wieder mit Hilfe der *arc*-Tafel ε in Halbmesserteilen aus; man findet $arc\,\varepsilon = 4{,}46\,608$ und somit:

$$\underline{F} = r^2 \,.\, arc\,\varepsilon = 100\,\text{qm} \,.\, 4{,}46\,608 = \underline{446{,}61\ \text{qm.}}$$

Unwichtiger sind die eben so leicht wie (XX) nachzuweisenden Gleichungen für $sin\frac{\varepsilon}{4}$ und $cos\frac{\varepsilon}{4}$:

$$\text{(XXI)}\quad \begin{cases} sin\frac{\varepsilon}{4} = \sqrt{\dfrac{sin\frac{s}{2}\,sin\frac{s-a}{2}\,sin\frac{s-b}{2}\,sin\frac{s-c}{2}}{cos\frac{a}{2}\,cos\frac{b}{2}\,cos\frac{c}{2}}} \\[2ex] cos\frac{\varepsilon}{4} = \sqrt{\dfrac{cos\frac{s}{2}\,cos\frac{s-a}{2}\,cos\frac{s-b}{2}\,cos\frac{s-c}{2}}{cos\frac{a}{2}\,cos\frac{b}{2}\,cos\frac{c}{2}}} \end{cases}$$

, ferner die Gleichungen für $sin\frac{\varepsilon}{2}$, $tg\frac{\varepsilon}{2}$ u. s. f., z. B.

$$\text{(XXII)}\qquad sin\frac{\varepsilon}{2} = 2\,M\,sin\frac{\alpha}{2}\,sin\frac{\beta}{2}\,sin\frac{\gamma}{2}\qquad \text{(wo } M \text{ der Modulus ist),}$$

$$\text{(XXIII)}\quad tg\frac{\varepsilon}{2} = \frac{tg\frac{b}{2}\,tg\frac{c}{2}\,sin\,\alpha}{1+tg\frac{b}{2}\,tg\frac{c}{2}\,cos\,\alpha} = \frac{tg\frac{c}{2}\,tg\frac{a}{2}\,sin\,\beta}{1+tg\frac{c}{2}\,tg\frac{a}{2}\,cos\,\beta} = \frac{tg\frac{a}{2}\,tg\frac{b}{2}\,sin\,\gamma}{1+tg\frac{a}{2}\,tg\frac{b}{2}\,cos\,\gamma}$$

und ähnliche.

4) Halber Winkel minus Viertels-Excess in den Seiten ausgedrückt. Wichtig sind dagegen noch die Formeln, die durch Division der Gleichungen (3) und (4) und der durch cyklische Vertauschung zu erhaltenden entstehen [97]), nämlich

$$\text{(XXIV)}\quad \begin{cases} tg\left(\frac{\alpha}{2}-\frac{\varepsilon}{4}\right) = \sqrt{\dfrac{tg\frac{s-b}{2}\,tg\frac{s-c}{2}}{tg\frac{s}{2}\,tg\frac{s-a}{2}}} \\[2ex] tg\left(\frac{\beta}{2}-\frac{\varepsilon}{4}\right) = \sqrt{\dfrac{tg\frac{s-c}{2}\,tg\frac{s-a}{2}}{tg\frac{s}{2}\,tg\frac{s-b}{2}}} \\[2ex] tg\left(\frac{\gamma}{2}-\frac{\varepsilon}{4}\right) = \sqrt{\dfrac{tg\frac{s-a}{2}\,tg\frac{s-b}{2}}{tg\frac{s}{2}\,tg\frac{s-c}{2}}} \end{cases}$$

Das Vorzeichen der Quadratwurzel in (XX) [ebenso in (XXI)] ist jedenfalls positiv, da $\frac{\varepsilon}{4}$ zwischen 0^0 und 90^0 liegt. Ferner geht aus Gleichung (3) hervor, dass $tg\left(\frac{\alpha}{2}-\frac{\varepsilon}{4}\right)$ dasselbe Vorzeichen hat wie $tg\,\frac{\varepsilon}{4}$, indem $\frac{s-b}{2}$ und $\frac{s-c}{2}$ je zwischen 0^0 und 90^0 fallen, so dass das Vorzeichen ihrer tg positiv ist. Man hat also auch in (XXIV) den Quadratwurzeln durchaus nur das Vorzeichen + zu geben.

§ 52. Das rechtwinklige und das rechtseitige sphärische Dreieck.

1) Rechtwinkliges Dreikant. Der wichtigste spezielle Fall des sphärischen Dreiecks ist das **rechtwinklige sphärische Dreieck.**

Der rechte Winkel sei α, so dass a die Hypotenuse, b und c die beiden Katheten sind (im Dreikant schliessen die Seiten b und c den rechten Winkel zwischen sich ein, der Seite $\begin{Bmatrix} b \\ c \end{Bmatrix}$ liegt der Flächenwinkel $\begin{Bmatrix} \beta \\ \gamma \end{Bmatrix}$ gegenüber). Die Formeln für diesen wichtigsten speziellen Fall sind bereits in § 47, **2**, aus der Figur abgelesen worden, sollen aber jetzt aus unsern allgemein giltigen Formeln (I) bei (XXIV), mit $\alpha = 90^0$, nochmals aufgestellt werden.

Fig. 135.

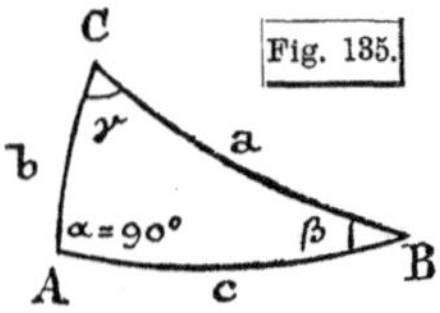

Man erhält mit $\alpha = 90^0$ aus (I, 1)

$$(1) \qquad \cos a = \cos b \cos c.$$

Aus den Formeln (II, 1) und (II, 3) ergiebt sich

$$\sin a \sin \beta = \sin b \quad , \qquad \sin a \sin \gamma = \sin c \qquad \text{oder}$$

$$(2) \qquad \sin \beta = \frac{\sin b}{\sin a} \quad ; \qquad \sin \gamma = \frac{\sin c}{\sin a}.$$

Aus den Formeln (VI, 5) und (VI, 4) folgt:

$$\sin c \, ctg\, a = \cos \beta \cos c \quad , \qquad \sin b \, ctg\, a = \cos \gamma \cos b \qquad \text{oder}$$

$$(3) \qquad \cos \beta = \frac{tg\, c}{tg\, a} \quad ; \qquad \cos \gamma = \frac{tg\, b}{tg\, a}.$$

Die Formeln (VI, 6) und (VI, 3) geben

$$\sin c \, ctg\, b = ctg\, \beta \quad , \qquad \sin b \, ctg\, c = ctg\, \gamma \qquad \text{oder}$$

$$(4) \qquad tg\, \beta = \frac{tg\, b}{\sin c} \quad ; \qquad tg\, \gamma = \frac{tg\, c}{\sin b}.$$

Ferner erhält man aus (VII, 1)

$$(5) \qquad \cos a = ctg\, \beta \, ctg\, \gamma$$

und endlich aus (VII, 2) und (VII, 3)

$$\cos \beta = \cos b \sin \gamma \quad , \qquad \cos \gamma = \cos c \sin \beta \qquad \text{oder}$$

$$(6) \qquad \cos b = \frac{\cos \beta}{\sin \gamma} \quad ; \qquad \cos c = \frac{\cos \gamma}{\sin \beta}.$$

Diese sechs Formeln sind unbedingt auswendig zu merken. Es giebt eine Regel (von *Neper*), nach der man sie mechanisch anschreiben kann; es ist aber besser, sie ein für allemal zu merken, am besten durch Vergleich mit dem ebenen rechtwinkligen Dreieck für (2) bis (4): in $sin\,\beta$, $cos\,\beta$, $tg\,\beta$ stehen rechts die gleichen Seiten wie im ebenen rechtwinkligen Dreieck und man merke sich weiter, um (2) bis (4) anzuschreiben, nur noch: zwei *sinus*, zwei *tang*, eine *tang* und ein *sin*. [98])

Die an die Stelle von (XX) tretende **Excessformel** für das rechtwinklige Dreikant fällt sehr einfach aus; es wird nämlich hier:

$$(7) \qquad tg\frac{\varepsilon}{2} = tg\frac{b}{2}\,tg\frac{c}{2}.$$

Wie ist diese Gleichung am leichtesten aus § 51 und wie am einfachsten direkt herzuleiten? Da man mit bestimmter Voraussetzung (s. § 51, 2) sagen kann, das sphärische Dreieck ist gleich seinem Excess, so zeigt sich, dass die Gleichung (7) der der Ebene $F = \frac{1}{2}\,b\,c$ aufs genaueste entspricht.

Über den durch die letzten Bemerkungen abermals nahe gelegten thatsächlichen Übergang vom sphärischen zum ebenen Dreieck vgl. die folgenden §§, besonders § 54.

Folgerungen aus den Gleichungen (1) bis (6).

Aus (1) ergiebt sich:

Stumpfe Seiten können im rechtwinkligen Dreieck nur in der Zahl Null oder Zwei **auftreten.** Ferner folgt aus (5):

Wenn einer der Winkel $> 90^0$ (stumpf) ist, so ist entweder die Hypotenuse, oder aber der andere Winkel ebenfalls $> 90^0$. Aus den beiden vorstehenden Sätzen oder direkt aus (4) ergiebt sich endlich:

Eine Kathete und ihr Gegenwinkel sind stets gleichartig, gleichzeitig $< 90^0$ oder $> 90^0$, gleichzeitig spitz oder stumpf.

Zusatz. Enthält ein sphärisches Dreieck zwei rechte Winkel, so sind auch die beiden Gegenseiten je $= 90^0$, d. h. das Dreieck ist die Hälfte eines Kugelzweiecks; vgl. § 44, 6[a].

Alle diese Sätze sind aus der Stereometrie bekannt; es ist aber nützlich, sie aus den obigen Gleichungen nochmals abzulesen.

2) Sog. Quadranten-Dreieck. Von geringer Wichtigkeit ist das sogen. **Quadranten-Dreieck** oder **rechtseitige** Dreieck, in dem eine Seite, z. B. $a = 90^0$ ist. Man kann die Formeln für diesen speziellen Fall aus den allgemeinen Gleichungen (I) bis (VII) mit $a = 90^0$, oder auch dadurch ableiten, dass man das Dreieck als Polardreieck eines rechtwinkligen Dreiecks betrachtet. Die Formeln sind die folgenden:

$$cos\,\alpha = -\,cos\,\beta\,cos\,\gamma = -\,ctg\,b\,ctg\,c$$

$$\left\{\begin{array}{lll} sin\,b = \dfrac{sin\,\beta}{sin\,\alpha} = \dfrac{cos\,c}{cos\,\gamma} & ; & sin\,c = \dfrac{sin\,\gamma}{sin\,\alpha} = \dfrac{cos\,b}{cos\,\beta} \\[2ex] cos\,b = -\,\dfrac{tg\,\gamma}{tg\,\alpha} & ; & cos\,c = -\,\dfrac{tg\,\beta}{tg\,\alpha} \\[2ex] tg\,b = \dfrac{tg\,\beta}{sin\,\gamma} & ; & tg\,c = \dfrac{tg\,\gamma}{sin\,\beta} \end{array}\right.$$

$$\cos\beta = \frac{\cos b}{\sin c} \quad ; \quad \cos\gamma = \frac{\cos c}{\sin b}.$$

Auf diese Gleichungen lassen sich ähnliche Sätze gründen, wie sie oben für das rechtwinklige Dreieck aufgestellt worden sind.

§ 53. Übergang vom sphärischen zum ebenen Dreieck.

Noch bevor zur Berechnung beliebiger sphärischer Dreiecke übergegangen wird, mögen in diesem kurzen § einige Andeutungen über den Zusammenhang der Formeln des sphärischen und des ebenen Dreiecks gegeben werden.

Durch drei beliebige feste Punkte A, B, C des Raums gehe eine Kugelfläche von beliebigem Halbmesser r; jene drei Punkte seien parweise durch Grosskreisbögen mit einander verbunden. Das so gebildete sphärische Dreieck ABC hat offenbar um so grössere Seiten (in Gradmass, wie seither immer, ausgedrückt), je kleiner r angenommen wird, um so kleinere Seiten, je grösser r angenommen wird. Sind $\mathfrak{a}, \mathfrak{b}, \mathfrak{c}$ die fest gegebenen geradlinigen Entfernungen der Punkte BC, CA, AB, so sind die Seiten a, b, c, bei Annahme eines bestimmten r, zu bestimmen aus:

$$(1)\quad 2r\sin\frac{a}{2} = \mathfrak{a} \quad , \quad 2r\sin\frac{b}{2} = \mathfrak{b} \quad , \quad 2r\sin\frac{c}{2} = \mathfrak{c} \quad ,$$

da $\mathfrak{a}, \mathfrak{b}, \mathfrak{c}$ Sehnen in Kreisen mit dem Halbmesser r (Grosskreisen) und mit den Centriwinkeln a, b, c sind. Die Gleichungen (1)

$\sin\frac{a}{2} = \frac{\mathfrak{a}}{2r}$, $\sin\frac{b}{2} = \frac{\mathfrak{b}}{2r}$, $\sin\frac{c}{2} = \frac{\mathfrak{c}}{2r}$ zeigen, wie auch geometrisch unmittelbar klar ist, dass bei unbegrenzt wachsendem r (und fest gegebenen endlichen Zahlen für $\mathfrak{a}, \mathfrak{b}, \mathfrak{c}$) die Werte a, b, c unbegrenzt abnehmen. Im Grenzfall $r = \infty$ sind im Sinne der sphärischen Trigonometrie $a = 0$, $b = 0$, $c = 0$ geworden; die Längen $\mathfrak{a}$, $\mathfrak{b}$, $\mathfrak{c}$ sind aber konstant geblieben. Es ist nur an Stelle der Kugel mit dem endlichen Halbmesser r eine solche mit ∞ grossem Halbmesser, eine Ebene getreten, aus dem sphärischen Dreieck ein ebenes Dreieck geworden. Die Summe der Winkel des Dreiecks hat sich dabei von $(180^0 + \varepsilon)$ immer mehr der Grenze 180^0 genähert, bis eben im angegebenen Grenzfall (ebenes Dreieck) in der That die Winkelsumme 180^0 geworden ist; da die Kugel in diesem Grenzfall den Halbmesser ∞ hat, so ist im Vergleich mit dieser ∞ grossen Kugeloberfläche die Fläche des Dreiecks $= 0$, $\varepsilon = 0$.

Nehmen wir statt der oben benützten $\mathfrak{a}, \mathfrak{b}, \mathfrak{c}$ (geradlinige Entfernungen der drei betrachteten Punkte) wieder die **Längen** $\boldsymbol{\mathfrak{a}}$**,** $\boldsymbol{\mathfrak{b}}$**,** $\boldsymbol{\mathfrak{c}}$ der das Dreieck bildenden Grosskreisbögen und denken uns mit diesen konstanten Längen je ein sphärisches Dreieck auf Kugeln konstruiert, deren Halbmesser folgeweise immer grösser werden, so sind, wenn r den Halbmesser einer bestimmten Kugel bedeutet, die Seiten des sphärischen Dreiecks gegeben durch (vgl. § 44 Einleitung):

$$(2) \qquad a = \frac{\mathfrak{a}}{r}\varrho \; , \; b = \frac{\mathfrak{b}}{r}\varrho \; , \; c = \frac{\mathfrak{c}}{r}\varrho$$

und auch diese a, b, c nehmen, bei konstanten $\mathfrak{a}, \mathfrak{b}, \mathfrak{c}$ und wachsendem r, fortwährend ab, bis im Grenzfall $r = \infty$ wieder $a = b = c = 0$ geworden ist. Aber die Verhältnisse $\frac{a}{b}$, $\frac{b}{c}$, $\frac{c}{a}$ sind, was auch r sein mag, stets dieselben und verändern sich auch nicht mit $r = \infty$; das sphärische Dreieck geht in diesem Grenzfall in ein ebenes Dreieck von ganz bestimmter Form d. h. mit bestimmten Winkeln über (das Dreikant in ein dreikantiges Prisma von bestimmter Normalquerschnittsform).

Da mit stetig (unbegrenzt) wachsendem r die a, b, c (bei konstanten $\mathfrak{a}, \mathfrak{b}, \mathfrak{c}$) stetig (unbegrenzt) abnehmen und für sehr grosses (unendliches) r die a, b, c sehr klein (Null) werden, während die Winkel α, β, γ endliche Grösse behalten und in der Gleichung $\alpha+\beta+\gamma=180^0+\varepsilon$ das ε nur immer mehr (unbegrenzt) abnimmt, so entwickeln wir die Funktionen der Seiten a, b, c in unsern Grundgleichungen, um auf diesen Grenzfall $r = \infty$ übergehen zu können, in die Reihen (müssen aber die Funktionen der Winkel unverändert stehen lassen).

Mit $\frac{a}{\varrho} = \frac{\mathfrak{a}}{r}$, $\frac{b}{\varrho} = \frac{\mathfrak{b}}{r}$, $\frac{c}{\varrho} = \frac{\mathfrak{c}}{r}$ (a, b, c in Gradmass, ϱ in dem Gradmass, in dem a, b, c gemessen sind [^{0}, $'$ oder $''$] $\mathfrak{a}, \mathfrak{b}, \mathfrak{c}$ und r in demselben Längenmass) erhält man aus (I, 1), nämlich

$$\cos a = \cos b \cos c + \sin b \sin c \cos \alpha :$$

1) $1 - \frac{1}{2}\left(\frac{\mathfrak{a}}{r}\right)^2 + \ldots = \left[1 - \frac{1}{2}\left(\frac{\mathfrak{b}}{r}\right)^2 + \ldots\right] \cdot \left[1 - \frac{1}{2}\left(\frac{\mathfrak{c}}{r}\right)^2 + \ldots\right] + \left(\frac{\mathfrak{b}}{r} - \ldots\right)\left(\frac{\mathfrak{c}}{r} - \ldots\right) \cos \alpha$ oder, wenn man annimmt, dass $\left(\frac{\mathfrak{a}}{r}\right)$ bereits so klein sei, dass $\left(\frac{\mathfrak{a}}{r}\right)^3, \left(\frac{\mathfrak{b}}{r}\right)^3$ u. s. f. und also um so mehr $\left(\frac{\mathfrak{b}}{r}\right)^2 \cdot \left(\frac{\mathfrak{c}}{r}\right)^2$ u. s. f. gegen $\left(\frac{\mathfrak{a}}{r}\right)^2$ oder $\left(\frac{\mathfrak{b}}{r}\right) \cdot \left(\frac{\mathfrak{c}}{r}\right)$ u. s. f. vernachlässigt werden müssen:

$$1 - \frac{1}{2}\left(\frac{\mathfrak{a}}{r}\right)^2 = 1 - \frac{1}{2}\left(\frac{\mathfrak{b}}{r}\right)^2 - \frac{1}{2}\left(\frac{\mathfrak{c}}{r}\right)^2 + \frac{\mathfrak{b}\,\mathfrak{c}}{r^2} \cos \alpha \, .$$

Lässt man auf beiden Seiten 1 weg, ändert das Zeichen und multipliziert mit $2r^2$ durch, so erhält man (im Grenzfalle $r = \infty$) für das ebene Dreieck die Gleichung:

$$\mathfrak{a}^2 = \mathfrak{b}^2 + \mathfrak{c}^2 - 2\,\mathfrak{b}\,\mathfrak{c}\cos\alpha\ ,$$

wie bekannt (Pythagor. Lehrsatz oder *Cosinus*-Satz des ebenen Dreiecks).

2) Aus (II, 1) $\sin a \sin\beta = \sin b \sin\alpha$ wird ebenso:

$$\left(\frac{\mathfrak{a}}{r} - \ldots\right)\sin\beta = \left(\frac{\mathfrak{b}}{r} - \ldots\right)\sin\alpha$$

oder für den Grenzfall des ebenen Dreiecks:

$$\mathfrak{a}\sin\beta = \mathfrak{b}\sin\alpha$$ (*Sinus*-Satz des ebenen Dreiecks).

3) Aus (III, 1) endlich

$$\sin a \cos\beta = \cos b \sin c - \sin b \cos c \cos\alpha$$

wird auf demselben Weg:

$$\left(\frac{\mathfrak{a}}{r} - \ldots\right)\cos\beta = \left(1 - \frac{1}{2}\frac{\mathfrak{b}^2}{r^2} + \ldots\right)\left(\frac{\mathfrak{c}}{r} - \ldots\right) - \left(\frac{\mathfrak{b}}{r} - \ldots\right)\left(1 - \frac{1}{2}\frac{\mathfrak{c}^2}{r^2} + \ldots\right)\cos\alpha$$

oder, unter der Annahme, dass $\frac{\mathfrak{a}}{r}$ u. s. f. bereits so klein geworden sind, dass zweite Potenzen oder Produkte aus zwei ersten Potenzen, um so mehr also dritte Potenzen ... dagegen nicht mehr in Betracht kommen:

$\frac{\mathfrak{a}}{r}\cos\beta = \frac{\mathfrak{c}}{r} - \frac{\mathfrak{b}}{r}\cos\alpha$ oder mit r durchmultipliziert und anders geordnet, für den Grenzfall des ebenen Dreiecks:

$$\mathfrak{c} = \mathfrak{a}\cos\beta + \mathfrak{b}\cos\alpha$$ (Projektions-Satz des ebenen Dreiecks).

Wie es hier für die drei Grundformeln gezeigt worden ist, so kann man zu jeder Formel des sphärischen Dreiecks die ihr im ebenen entsprechende angeben und umgekehrt. Man findet nur gelegentlich bei dieser Vergleichung für das ebene Dreieck Formeln, die nichts sagen, als: für diesen Fall ist $\alpha + \beta + \gamma = 180^0$; z. B. folgt aus (VII):

$$\cos\alpha = -\cos\beta\cos\gamma + \sin\beta\sin\gamma\cos a$$

mit $a = 0$ (Grenzfall des ebenen Dreiecks)

$$-\cos\alpha = \cos\beta\cos\gamma - \sin\beta\sin\gamma\ ,$$

d. h. $-\cos\alpha = \cos(\beta + \gamma)$ oder $\alpha = 180^0 - (\beta + \gamma)$ wie bekannt.

Bei den *Delambre*schen Gleichungen (VIII), die den *Mollweide*schen des ebenen Dreiecks entsprechen, ist ebenfalls eine solche Anmerkung schon gemacht; die *Neper*schen Gleichungen (IX) in beiden Dreiecken entsprechen sich unmittelbar; ebenso erhält man aus den Formeln des § 50, **1**) unmittelbar alle Formeln des § 23, **6**) (aus XV u. s. f. dagegen selbstverständlich nur $a = 0$, $b = 0$, $c = 0$). Sehr wichtig ist die Durchführung des Grenzübergangs bei den Formeln für den sphärischen Excess (§ 51); in der That zeigt sich, dass die Formel für $tg\frac{\varepsilon}{4}$ in den Seiten in die Gleichung des ebenen Dreiecks $F = \sqrt{\mathfrak{s}(\mathfrak{s}-\mathfrak{a})(\mathfrak{s}-\mathfrak{b})(\mathfrak{s}-\mathfrak{c})}$ übergeht (womit die Ausdrucksweise:

Inhalt des sphärischen Dreiecks ist gleich seinem Excess, abermals gestattet erscheint; aus den Formeln (XXIV) werden unmittelbar wieder die Gleichungen (12) § 23 des ebenen Dreiecks.

Man stelle sich auch Aufgaben wie die folgende: welche Gleichung im sphärischen Dreieck entspricht der Formel des ebenen:

$$F = \frac{1}{2} a\, b \sin\gamma \quad ?$$

Man findet leicht: $tg \frac{\varepsilon}{2} = \dfrac{tg \frac{a}{2} tg \frac{b}{2} \sin\gamma}{1 + tg \frac{a}{2}\, tg \frac{b}{2} \cos\gamma}$ also die Formel (XXIII), § 51, wobei der Übergang in die erste mit $r = \infty$ unmittelbar einzusehen ist.

Man führe ferner auch diese ganze Grenzfallbetrachtung für den Übergang vom rechtwinkligen sphärischen Dreieck (§ 52) zum rechtwinkligen ebenen Dreieck nochmals selbständig, vom Vorstehenden unabhängig, an den Gleichungen (1) bis (7) des § 52 durch ((1) giebt den *Pythagorä*ischen Lehrsatz, (2), (3), (4) geben die Definitionsgleichungen der Funktionen *sin*, *cos*, *tang* im ebenen rechtwinkligen Dreieck; (5) und (6) geben nur $\beta + \gamma = 90^0$; (7) geht über in $F = \frac{1}{2}$ b c).

Kapitel 2.

BERECHNUNG DER SPHÄRISCHEN DREIECKE (DREIKANTE).

§ 54. Berechnung des rechtwinkligen sphärischen Dreiecks.

1) Einleitung. Es werden zunächst wieder nur Seiten und Winkel des Dreiecks als gegebene oder gesuchte Stücke betrachtet. Da ein beliebiges sphärisches Dreieck (Dreikant) durch drei ganz beliebige seiner sechs Stücke (auch z. B. die drei Winkel) bestimmt ist und hier $\alpha = 90^0$ ist, so ist das rechtwinklige Dreikant bestimmt durch zwei ganz beliebige seiner fünf Stücke. Es entstehen also die folgenden **6 Aufgaben**:

I. Gegeben zwei Seiten:
- **1) Hypotenuse und eine Kathete,**
- **2) beide Katheten.**

II. Gegeben eine Seite und ein Winkel:
- **3) Hypotenuse und ein Winkel,**
- **4) die eine Kathete und der anliegende Winkel,**
- **5) die eine Kathete und ihr Gegenwinkel.**

III. Gegeben zwei Winkel, nämlich:
- **6) die beiden Gegenwinkel der Katheten.** [99])

Die Auflösung der sämtlichen Aufgaben ergiebt sich unmittelbar durch Benützung der Gleichungen (1) bis (6) in § 52. In welcher Weise entsprechen sich die aufgestellten Aufgaben polar?

Man beachte die über das sphärische Dreieck überhaupt aufgestellten Sätze (§ 44) und die aus den genannten Gleichungen gefolgerten Sätze (§ 52, Schluss von **1**).

Da alle Seiten und Winkel zwischen 0^0 und 180^0 liegen, so ist ein aus *cos* oder *tg* bestimmtes Stück eindeutig, ein aus *sin* bestimmtes im allgemeinen zweideutig.

Was die Genauigkeit der Bestimmungen betrifft, so liefert *tg* oder *ctg* die besten Resultate (vgl. § 7, S. 50 und S. 54, u. s. f.). Man wird also stets ein gesuchtes Stück aus seiner *tg* oder *ctg* zu bestimmen suchen, wenn nicht die für das gesuchte Stück sich ergebende geringe Genauigkeit in der Natur der Aufgabe begründet ist. Wenn das gesuchte Stück

{ nahe bei 0^0 oder bei 180^0 liegt, so kann es jedenfalls aus *cos*
{ „ „ 90^0 „ „ „ „ „ „ *sin*

nur sehr ungenau bestimmt werden und es ist also in diesen Fällen häufig nicht die sich unmittelbar darbietende Formel zu benützen.

2) Die einzelnen sechs Aufgaben. Bei der folgenden Übersicht der einzelnen Aufgaben ist als **Auflösung 1**) stets die bezeichnet, **die alle drei gesuchten Stücke unmittelbar in den gegebenen** ausdrückt. Die Gleichungen der **Auflösung 1)** sind meist zu verwenden (vgl. übrigens das Vorstehende), wenn **nur ein fehlendes Stück verlangt** wird; sind dagegen **die sämtlichen fehlenden Stücke verlangt**, so ist nach den **Auflösungen 2)** zu rechnen, die schärfere Resultate liefern, indem dort so viel als möglich *tg*- und *ctg*-Formeln benützt sind. Die **Zahlenbeispiele** beziehen sich auf die **Auflösung 2),** also auf die **Voraussetzung,** dass **alle drei fehlenden Stücke zu bestimmen** sind.

I. Fall. Gegeben die Hypotenuse a und eine Kathete, z. B. b.

Aufl. 1). Es ist $cos\, c = \frac{cos\, a}{cos\, b}$; $sin\, \beta = \frac{sin\, b}{sin\, a}$; $cos\, \gamma = tg\, b\, ctg\, a.$

β ist, trotz der Bestimmung aus *sin*, eindeutig, da c und γ eindeutig sind; je nachdem $c \gtreqless b$, ist auch $\gamma \gtreqless \beta$, wonach man β zu wählen hat.

Determination. Aus der Gleichung für $cos\, c$ folgt, dass der absolute Wert von $cos\, a <$ sein muss als der von $cos\, b$, d. h. dass a näher an 90^0 liegen muss als b, damit die Aufgabe möglich ist.

Ergiebt sich das gesuchte Stück aus der es gebenden vorstehenden Gleichung ungenau, so kann man die leicht nachzuweisenden Gln. benützen:

$$tg\frac{c}{2}=\sqrt{tg\tfrac{1}{2}(a+b)\,tg\tfrac{1}{2}(a-b)};\; tg\left(\frac{\beta}{2}+45^0\right)=\sqrt{\frac{tg\frac{1}{2}(a+b)}{tg\frac{1}{2}(a-b)}};\; tg\frac{\gamma}{2}=\sqrt{\frac{sin\,(a-b)}{sin\,(a+b)}}.$$

Hier und bei allen folgenden Fällen vergleiche man auch diese Formeln des rechtwinkligen sphärischen Dreiecks mit denen des rechtwinkligen ebenen; z. B. geht die Formel für $tg\,\frac{c}{2}$ in der Ebene über in $\mathfrak{c}=\sqrt{(\mathfrak{a}+\mathfrak{b}).(\mathfrak{a}-\mathfrak{b})}$.

Aufl. 2). Es ist c wie in Aufl. 1) zu berechnen, also für gewöhnlich aus cos, oder wenn a und b nahezu gleich oder nahezu um 180^0 verschieden sind, so dass c klein oder in der Nähe von 180^0 ist, aus $tg\,c/_2$ (was ist aber auch in diesem Fall über c zu sagen, wenn a und b Messungs-Daten sind?); sodann ist $tg\,\beta=\frac{tg\,b}{sin\,c}$, $\;tg\,\gamma=\frac{tg\,c}{sin\,b}$.

Rechnungsprobe: $tg\,\beta\,tg\,\gamma=\frac{1}{cos\,a}$.

Zusätze. Ist b sehr klein, z. B. $=n''$, so ist

$$c=a\quad;\quad\beta''=\frac{n''}{sin\,a}\quad;\quad\gamma=90^0-n''.\,ctg\,a.$$

Sind a und b beide sehr klein, z. B. $a=m''$ und $b=n''$, so darf man das Dreieck als ebenes rechtwinkliges Dreieck berechnen, in dem die Hypotenuse m, die eine Kathete n Längeneinheiten enthält.

Beispiel: **$a=83^0\;4'\;25''$**
$b=142\;17\;10$

$c=98\;46\;7$

Auflösung 1) ergiebt:
$\beta=141\;57\;38$
$\gamma=95\;23\;25$

$\beta=141\;57\;35$
$\gamma=95\;23\;25.$

$cos\,a$	9.08 133
$E\,cos\,b$	0.10 178 n
$cos\,c$	9.18 311 n
$E\,sin\,c$	0.00 510
$tg\,b$	9.88 834 n
$tg\,c$	0.81 178 n
$E\,sin\,b$	0.21 345
$tg\,\beta$	9.89 344 n
$tg\,\gamma$	1.02 523 n
$tg\,\beta\,tg\,\gamma$ (Probe).	0.91 867 $=E\,cos\,a$

II. Fall. Gegeben die beiden Katheten b und c.

Aufl. 1). Es ist $cos\,a=cos\,b\,cos\,c$; $tg\,\beta=\frac{tg\,b}{sin\,c}$; $tg\,\gamma=\frac{tg\,c}{sin\,b}$.

Rechnungsprobe: $tg\,\beta\,tg\,\gamma=\frac{1}{cos\,a}$.

Ergiebt sich a aus cos ungenau, so ist, auch wenn a allein verlangt wird, die Auflösung 2) zu benützen.

Aufl. 2). Zuerst β und γ wie in Aufl. 1) und sodann mit ihrer Hilfe

$$tg\,a=\frac{tg\,c}{cos\,\beta}=\frac{tg\,b}{cos\,\gamma}.$$

Zusätze. Ist b sehr klein, z. B. $=n''$, so ist

$$a=c\quad;\quad\beta''=\frac{n''}{sin\,c}\quad;\quad\gamma=90^0-n''.\,ctg\,c.$$

Sind b und c beide sehr klein, so darf man das Dreieck als ebenes rechtwinkliges Dreieck berechnen, in dem die Katheten b und c Längeneinheiten enthalten.

Beispiel.

$\beta = 123^0\ 12'\ 9''$		$tg\,\beta$	0.18 413 n
$b = 124\ \ 18\ \ 17$	(**)	$tg\,b$	0.16 604 n
$c = 73\ \ 34\ \ 39$		$E\,sin\,c$	0.01 809
		$E\,sin\,b$	0.08 299
	(*)	$tg\,c$	0.53 056
$\gamma = 76\ \ 18\ \ 59$		$tg\,\gamma$	0.61 355
	(*)	$E\,cos\,\beta$	0.26 154 n
	(**)	$E\,cos\,\gamma$	0.62 606
$a = 99\ \ 10\ \ 6$		$tg\,a$	0.79 210 n
			0.79 210 n

In dem im Text zuletzt angeführten, nicht selten vorkommenden Fall versagt die Formel $cos\,a = cos\,b\,cos\,c$ ganz, obgleich a aus gegebenen b und c immer scharf bestimmt ist. Z. B. würde mit $b = 0^0\,2'\,0''$, $c = 0^0\,3'\,0''$ die 5-stellige Rechnung liefern: $log\,cos\,b = 0$, $log\,cos\,c = 0$, also $log\,cos\,a = 0$ ($cos\,a = 1$), also $a = 0$; selbst mit 7-stelligen Logarithmen könnte man a nicht auf 10″ genau auf diesem Weg bestimmen (man würde finden $a =$ etwa $0^0\,4'$); der angegebene Weg liefert scharf $a = 0^0\,3'\,36'',3$. Bis zu welcher Grenze darf dieser Weg benützt werden? (Reihenentwicklung).

III. Fall. Gegeben die Hypotenuse a und ein Winkel, z. B. β.

Aufl. 1). Es ist $ctg\,\gamma = cos\,a\,tg\,\beta$; $sin\,b = sin\,a\,sin\,\beta$; $tg\,c = tg\,a\,cos\,\beta$. b ist trotz der Bestimmung aus sin eindeutig, da γ und c eindeutig sind; je nachdem $\gamma \gtreqless \beta$, ist auch $c \gtreqless b$, wonach man b zu wählen hat.

Ergiebt sich b aus sin ungenau, so erhält man es genauer aus cos mit Hilfe von c, nämlich $cos\,b = \frac{cos\,a}{cos\,c}$ oder ist in diesem Fall, auch wenn b allein verlangt wird, die Auflösung 2) zu benützen.

Aufl. 2). γ und c wie in Aufl. 1) und b aus $tg\,b = tg\,a\,cos\,\gamma$.

Beispiel.

$a = 37^0\ 48'\ 5''$	$cos\,a$	9.89 770
$\beta = 123\ \ 17\ \ 14$	$tg\,\beta$	0.18 273 n
$\gamma = 140\ \ 16\ \ 32$	$ctg\,\gamma$	0.08 043 n
	$cos\,\gamma$	9.88 600 n
	$tg\,a$	9.88 970
	$cos\,\beta$	9.73 944 n
$b = 149\ \ 10\ \ 43$	$tg\,b$	9.77 570 n
$c = 156\ \ 56\ \ 20$	$tg\,c$	9.62 914 n

IV. Fall. Gegeben die eine Kathete und der anliegende Winkel, z. B. b, γ.

Aufl. 1). Es ist $\cos\beta = \cos b \sin\gamma$; $tg\, c = \sin b\, tg\,\gamma$; $tg\, a = \dfrac{tg\, b}{\cos\gamma}$.
Ergiebt sich β aus *cos* ungenau, so erhält man es genauer mit Hilfe des zuerst zu bestimmenden a aus $\sin\beta = \dfrac{\sin b}{\sin a}$ oder man benütze, auch wenn β allein verlangt wird, die Auflösung 2).

Aufl. 2). Zuerst a und c wie in Aufl. 1) und dann β aus

$$ctg\,\beta = tg\,\gamma \cos a \overset{\text{oder}}{=} \frac{\sin c}{tg\, b}.$$

Beispiel.

$b = 44^0\ 26'\ 21''$	$tg\, b$	9.99 150
$\gamma = 50\quad 0\quad 0$	$E \cos\gamma$	0.19 193
$a = 56\quad 45\quad 19$	$tg\, a$	0.18 343
	$\sin b$	9.84 519
	$tg\,\gamma$	0.07 619
	$\cos a$	9.73 895
$c = 39\quad 50\quad 31$	$tg\, c$	9.92 138
$\beta = 56\quad 50\quad 30$	$ctg\,\beta$	9.81 514

V. Fall. Casus ambiguus. Gegeben die eine Kathete und ihr Gegenwinkel, z. B. b und β.

Aufl. 1). Es ist $\sin\gamma = \dfrac{\cos\beta}{\cos b}$; $\sin c = tg\, b\, ctg\,\beta$; $\sin a = \dfrac{\sin b}{\sin\beta}$.
Da für alle drei fehlenden Stücke sich der *sin* in den zwei gegebenen ausdrücken lässt, so ist die Auflösung (im allgemeinen stets) zweideutig.

Determination. Da $\sin c$ stets positiv ist, so müssen $tg\, b$ und $ctg\,\beta$ dasselbe Vorzeichen haben, es müssen also, wenn eine Lösung möglich sein soll, b und β gleichartig, d. h. beide gleichzeitig $\lesseqgtr 90^0$ gegeben sein (vgl. § 52, Schluss von 1.). Ferner folgt aus der Gleichung für $\sin\gamma$, dass der absolute Wert von $\cos\beta <$ sein muss als der von $\cos b$, d. h. dass β näher an 90^0 liegen muss als b (Grenzfall $\beta = b$).

Fig. 136.

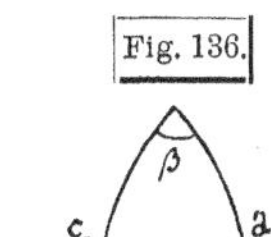

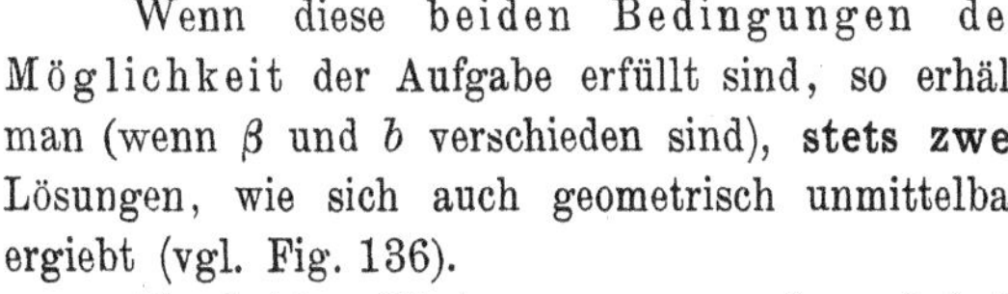
Wenn diese beiden Bedingungen der Möglichkeit der Aufgabe erfüllt sind, so erhält man (wenn β und b verschieden sind), **stets zwei** Lösungen, wie sich auch geometrisch unmittelbar ergiebt (vgl. Fig. 136).

Die beiden Werte von γ, c und a sind je Supplemente, d. h. die zwei Lösungen sind Nebendreiecke. Der spitze Wert von a gehört zu den gleichartigen Werten von b und c, da $\cos a = \cos b \cos c$ ist.

Ergiebt sich ein gesuchtes Stück aus der einen der vorstehenden Gleichungen ungenau, so kann man die Gleichungen benützen:

$$tg\left(\frac{\gamma}{2}+45^0\right)=\pm\sqrt{ctg\tfrac{1}{2}(\beta+b)\,ctg\tfrac{1}{2}(\beta-b)};\; tg\left(\frac{c}{2}+45^0\right)=\pm\sqrt{\frac{sin(\beta+b)}{sin(\beta-b)}};$$

$$tg\left(\frac{a}{2}+45^0\right)=\pm\sqrt{tg\tfrac{1}{2}(\beta+b)\,tg\tfrac{1}{2}(\beta-b)};\text{ oder } tg\,a=\pm\frac{sin\,b}{\sqrt{sin(\beta+b)\,sin(\beta-b)}}.$$

Aufl. 2). Es ist a wie in Aufl. 1) zu berechnen, also für gewöhnlich aus *sin* oder, wenn b und β nahezu gleich sind, so dass *sin* kein scharfes Resultat liefert, aus einer der zuletzt gegebenen Formeln (Genauigkeit?) und sodann:

$$ctg\,\gamma' = cos\,a'\,tg\,\beta \quad ; \quad tg\,c' = tg\,a'\,cos\,\beta,$$

wobei a' den spitzen, für a sich ergebenden Wert bezeichnet. Die beiden Lösungen sind dann:

$$\left\{\begin{array}{l} a_1 = a' \\ \gamma_1 = \gamma' \\ c_1 = c' \end{array}\right. \quad \text{und} \quad \left\{\begin{array}{l} a_2 = 180^0 - a' \\ \gamma_2 = 180^0 - \gamma' \\ c_2 = 180^0 - c'. \end{array}\right.$$

Dabei sind also γ_1 und c_1 je $> 90^0$, wenn β und $b > 90^0$ sind.

Beispiel 1.

b =	**24° 47′ 23″**	
β =	**49 34 46**	
a' =	33 25 6	

Erstes Dreieck.	Zweites Dreieck.
a_1 = 33° 25′ 6″	a_2 = 146° 34′ 54″
c_1 = 23 9 47	c_2 = 156 50 13
γ_1 = 45 34 43	γ_2 = 134 25 17

sin b	9.62 251
E sin β	0.11 844
sin a'	9.74 095
tg a'	9.81 944
cos β	9.81 183_5
tg c'	9.63 127_5
cos a'	9.92 151
tg β	0.06 972
ctg γ'	9.99 123

Beisp. 2. b = 68° 40′ 25″ β = 67° 2′ 13″; keine Lösung.
Beisp. 3. b = 118° 24′ 30″ β = 120° 37′ 50″; keine Lösung.

VI. Fall. Gegeben die beiden Winkel β und γ.

Aufl. 1). Es ist $cos\,a = ctg\,\beta\,ctg\,\gamma;\; cos\,b = \frac{cos\,\beta}{sin\,\gamma};\; cos\,c = \frac{cos\,\gamma}{sin\,\beta}.$

Determination. Zunächst muss, da $\alpha = 90^0$ ist, $\beta + \gamma > 90^0$ und $< 270^0$ sein. Ferner muss $\beta - \gamma < 90^0$ sein [vgl. § 44, Satz 2) und 4)]. Diese Bedingungen ergeben sich auch unmittelbar daraus, dass $tg\,\beta\,tg\,\gamma$ absolut > 1 sein muss. Man hat demnach als Bedingungen der Möglichkeit der Aufgabe die folgenden:

sind β und γ gleichartig, so muss $\beta+\gamma > 90^0$ und $< 270^0$ sein;
„ β „ γ ungleichartig, „ $\beta-\gamma$ absolut $< 90^0$ sein.

Ergiebt sich das gesuchte Stück aus einer der vorstehenden Gleichungen ungenau, so kann man die Gleichungen benützen:

$$tg\frac{a}{2}=\sqrt{\frac{-\cos(\beta+\gamma)}{\cos(\beta-\gamma)}} \quad \text{oder} \quad tg\, a=\frac{\sqrt{-\cos(\beta+\gamma)\cos(\beta-\gamma)}}{\cos\beta\cos\gamma};$$

$$tg\frac{b}{2}=\sqrt{tg\tfrac{1}{2}(\beta+\gamma-90^0)\,tg\tfrac{1}{2}(\beta-\gamma+90^0)}\,;\quad tg\frac{c}{2}=\sqrt{tg\tfrac{1}{2}(\gamma+\beta-90^0)\,tg\tfrac{1}{2}(\gamma-\beta+90^0)}.$$

Anfl. 2). Zunächst ist a wie in Aufl. 1) zu berechnen, also für gewöhnlich aus *cos*, oder wenn $(\beta+\gamma)$ nahe an 90^0 oder 270^0 ist, so pass a aus *cos* nicht scharf erhalten wird, mit Hilfe einer der zuletzt angegebenen Formeln, und sodann:

$$tg\, b = tg\, a \cos\gamma \quad ; \quad tg\, c = tg\, a\cos\beta.$$

Beispiel.			
	$\beta = $ **46⁰ 48′ 7″**	$ctg\,\beta$	9.97 266
	$\gamma = $ **78 34 21**	$ctg\,\gamma$	9.30 564
	$a = 79\ 3\ 31$	$\cos a$	9.27 830
		$\cos\gamma$	9.29 694
		$tg\,a$	0.71 373
		$\cos\beta$	$9.83\,538_5$
	$b = 45\ 42\ 14$	$tg\,b$	0.01 067
	$c = 74\ 13\ 47$	$tg\,c$	$0.54\,911_5$

3) Einige Anwendungen. Gleich hier mögen einige wenige Übungen über das rechtwinklige Dreikant eingeschaltet werden.

1. Aufg. Es sind zwei rechtwinklig zusammenstossende Ebenen gegeben (Horizontalebene und Vertikalebene, H.-E. und V.-E.), deren Durchschnittslinie G Grundriss heissen mag (alles wie in der darstellenden Geometrie). Durch einen Punkt von G zieht man eine Gerade S so, dass die Projektionen von S auf die H.-E. sowohl als auf die V.-E. in diesen Ebenen 45^0 mit G einschliessen (wie man für manche Zwecke thatsächlich Gerade in der darstellenden Geometrie annimmt).

Welchen Winkel x bildet S selbst mit G, und welchen Winkel y bildet S mit jeder seiner Projektionen?

Man löse solche Aufgaben, wie diese und die folgende, möglichst ohne Figur; sie dienen dann sehr zur Ausbildung des räumlichen Vorstellungsvermögens. Man betrachte hier das Dreikant, gebildet aus S, G und der einen Projektion von S. Dieses ist in der zuletzt genannten Kante rechtwinklig; da ferner S jedenfalls in der Halbierungsebene des rechten Winkels zwischen H.-E. und V.-E. liegt (Winkel beider Projektionen mit G derselbe), so ist der Winkel in der Kante G 45^0; endlich ist die zwischen diesem Winkel und dem rechten Winkel liegende Seite ebenfalls 45^0. Man hat also gegeben eine Kathete b und den anliegenden Winkel γ; man sucht die zweite Kathete y und die Hypotenuse x. Es ist:

$$tg\, y = \sin b\, tg\,\gamma \quad , \quad tg\, x = \frac{tg\, b}{\cos\gamma} \quad , \quad \text{also mit den hier gegebenen Zahlen:}$$

$$tg\, y = \tfrac{1}{2}\sqrt{2} \quad , \quad tg\, x = \frac{1}{\tfrac{1}{2}\sqrt{2}} = \sqrt{2}\ ; \quad \text{oder } y = 35^0\,16' \ , \ x = 54^0\,44' \text{ (4-stellig).}$$

2. Aufg. Eine regelmässige vierseitige Pyramide hat zur Basis ein Quadrat von 10 m Seitenlänge und die Spitze liegt ebenfalls 10 m über der Basis. Welche Winkel $2x$ bilden die Seitenflächen der Pyramide mit einander? Das rechtwinklige Dreikant, dessen Kanten sind: zwei sich folgende Seitenkanten und die Höhe hat zwei g l e i c h e Katheten b, für die ist $tg\,b = \frac{5\sqrt{2}}{10} = \frac{1}{2}\sqrt{2}$, während die gleichen Winkel an der Hypotenuse die Hälfte x des gesuchten Neigungswinkels sind; es ist also hier:

$$tg\,x = \frac{tg\,b}{sin\,b} = \frac{1}{cos\,b} = \sqrt{1 + tg^2 b} = \sqrt{\frac{3}{2}} = 1{,}2248\ , \qquad x = 50^0\,46'\ ,$$

$$2x = 101^0\,32'.$$

Denkt man sich der Höhe der Pyramide nach einander verschiedene (wachsende) Werte im Verhältnis zur Länge der Basiskante beigelegt, z. B. Höhe $= 0$ mal (Grenzfall), $\frac{1}{10}$ mal, $\frac{1}{2}$ mal, $0{,}707\ldots\left(=\frac{1}{2}\sqrt{2}\right)$ mal, 1 mal, 2 mal, 10 mal, ..., ∞ mal (Grenzfall) so lang als die Basiskante, so nimmt $2x$ allmälig ab von 180^0 (unterer Grenzfall, die Pyramide ist zur Ebene degenerirt) auf 90^0 (oberer Grenzfall, aus der Pyramide ist ein quadratisches Prisma geworden). Man verfolge dies an einigen Zahlen.

Welchen Winkel y bildet in der vorigen Aufgabe eine Seitenfläche der Pyramide mit der Basisfläche? (Beispiel für rechtseitiges und rechtwinkliges Dreikant; übrigens unmittelbar $tg\,y = \frac{10}{5} = 2$, $y = 63^0\,26'$). Grenzen für y bei der oben angegebenen Veränderung von h sind 0^0 und 90^0.

Solche Aufgaben bilde man selbst zahlreich mit Hilfe der einfachsten geometrischen Gebilde.

3. Aufg. Auf einer Kugel von 50 cm Halbmesser stossen zwei Grosskreisbögen von je 50 cm Länge in einem Endpunkte rechtwinklig zusammen. Wie weit sind die andern Endpunkte (auf der Kugel gemessen) von einander entfernt? — Die gegebenen gleichen Katheten seien $\mathfrak{b}$, so ist hier, da $\mathfrak{b}$ die Länge des Kugelhalbmessers hat, $b = \varrho = 57^0\,17'\,45''$. Ist ferner a die Hypotenuse, so ist hier

$cos\,a = cos\,b\ cos\,b$, oder $log\ cos\,a = 2\ log\ cos\,b = 9.46\,584$, oder $a = 73^0\,0'\,16''$. Nun ist nach $\mathfrak{a}$ gefragt, also $\mathfrak{a} = \frac{a}{\varrho}\cdot r$ oder

$$\mathfrak{a} = \frac{262\,816''}{206\,265''}\cdot r = 1{,}2742\ .\ 50\ \text{cm} = 63{,}71\ \text{cm}.$$

Welchen Winkel x bildet a mit jeder der beiden Katheten?

Antwort: Es ist hier $tg\,x = \frac{tg\,b}{sin\,b} = \frac{1}{cos\,b}$, also hier $log\ tg\,x = E\ log\ cos\,b = 0.26\,708$, $x = 61^0\,36',1$.

Man verfolge diese Aufgabe in der Art, dass man, mit $\alpha = 90^0$,

$$\mathfrak{b} = \mathfrak{c} = 50 \text{ cm} = 0{,}5 \text{ m}$$

beibehält, aber r wachsen lässt; für die Werte von $r = 1$ m, 2 m, 5 m, 10 m, 100 m, 1000 m, ∞ erhält man die folgende Zusammenstellung:

r	$\mathfrak{b} = \mathfrak{c}$	$b = c$	a	$\mathfrak{a}$	x	Bemerkung.
1 m	0,5 m	28° 38′ 52″	39° 37′ 54″	69,17 cm	48° 43′ 49″	5 stellig gerechnet für a u. x
2 m	0,5 m	14° 19′ 26″	20° 9′ 0″	70,34 „	45° 54′ 16″	6 „ „ „ „ „
5 m	0,5 m	5° 43′ 46″	8° 5′ 45″	70,65 „	45° 8′ 37″	6 „ „ „ „ „
10 m	0,5 m	2° 51′ 53″,2	4° 3′ 2″	70,7 „	45° 2′ 9″	7 „ „ „ „ „
100 m	0,5 m	0° 17′ 11″,3	0° 24′ 15″	70,7 „	45° 0′ 1″	7 „ „ „ „ „
1000 m	0,5 m	0° 1′ 43″,13	0° 2′ 25″	70,7 „	45° 0′ 0″	10 „ „ „ „ „
.	.	.	.	.	.	(od. mit Reihenentwicklung)
.	.	.	.	.	.	. .
.	.	.	.	.	.	. .
∞	0,5 m	0° 0′ 0″,00	0° 0′ 0″,00	70,71.. „	45° 0′ 0″,00	. .

Die Zusammenstellung zeigt, dass mit wachsendem r die Hypotenuse a bald sehr genau proportional r abnimmt, so dass $\mathfrak{a}$ fast ganz unverändert bleibt und dass der Winkel x rasch auf seinen Grenzwert $45^0\ 0'\ 0'',00$ sinkt.

Man rechne ähnliches bis zu den Grenzfällen auch für andere Dreikante und sphärische Dreiecke und untersuche für die vorstehenden Dreiecke auch die Flächeninhalte (Formeln (XIX), (XX), § 51, Formel (7), § 52) im Vergleich mit dem des Flächeninhalts des ebenen Dreiecks (Grenzfall) = 1250 qcm.

§ 55. Berechnung des schiefwinkligen Dreiecks.

1) Einleitung. Unter den gegebenen oder gesuchten Stücken des Dreiecks oder Dreikants seien wieder zunächst nur die Seiten a, b, c und die Winkel α, β, γ des Dreiecks (Dreikants) verstanden. Die drei Winkel sind unabhängig von einander und das Dreieck ist durch drei ganz beliebige der sechs Stücke bestimmt. Man hat also die folgenden Fälle, wobei die sich polar entsprechenden gegenübergestellt sind.

I. Ggb. die drei Seiten.	**II. Ggb. die drei Winkel.**
III. „ zwei Seiten u. ein Wkl.	**IV. „ zwei Wkl. u. eine Seite.**

Die Fälle III. und IV. bieten je zwei verschiedene Aufgaben dar, je nachdem die **beiden** gegebenen $\left\{\begin{matrix}\text{Seiten}\\ \text{Winkel}\end{matrix}\right\}$ oder nur $\left\{\begin{matrix}\textbf{eine}\\ \textbf{einer}\end{matrix}\right\}$ davon $\left\{\begin{matrix}\text{dem}\\ \text{der}\end{matrix}\right\}$ gegebenen $\left\{\begin{matrix}\text{Winkel}\\ \text{Seite}\end{matrix}\right\}$ anliegen.[100])

Man hat also sechs verschiedene Dreiecks-Aufgaben.

Beachte auch die Sätze in § 44; ein aus *cos* oder *tg* bestimmtes Stück ist eindeutig, ein aus *sin* bestimmtes im allgemeinen zweideutig. Bestimmungen aus *tg* sind die schärfsten (vgl. § 54, 1).

Über die Berechnung eines sphärischen Dreiecks, in dem die Längen $\mathfrak{a}$, $\mathfrak{b}$, $\mathfrak{c}$ der Seiten im Verhältnis zum Kugelhalbmesser sehr klein sind, vgl. später.

2) Die sechs einzelnen Aufgaben.

I. Fall. Gegeben die drei Seiten *a, b, c*. (Vgl. in der Ebene § 24, III. Fall.)

Determination. Es muss $360^0 > a + b + c > 0$ sein; ferner muss die Summe je zweier Seiten grösser als die dritte sein.

1) **Wenn nur Ein Winkel verlangt ist,** z. B. α, so kann dieser nach der Formel (I) berechnet werden, nämlich:

$$\cos\alpha = \frac{\cos a - \cos b \cos c}{\sin b \ \sin c}.$$

Diese Formel lässt sich leicht durch Einführung eines Hilfswinkels zur logarithmischen Rechnung bequemer einrichten, übrigens auch ebenso vorteilhaft direkt benützen. — Ergiebt sich α aus *cos* ungenau, so ist nach (XII) oder (XIII) zu rechnen.

2) **Erste (vollständige) Lösung.** Mit Hilfe einer der Formeln (X) bis (XIV), am besten der letzten. Setzt man $2s = a + b + c$,

$$\left\{\begin{array}{l} k = \sqrt{\dfrac{\sin(s-a)\sin(s-b)\sin(s-c)}{\sin s}} \qquad \text{so wird} \\ ctg\dfrac{\alpha}{2} = \dfrac{\sin(s-a)}{k} \quad ; \quad ctg\dfrac{\beta}{2} = \dfrac{\sin(s-b)}{k} \quad ; \quad ctg\dfrac{\gamma}{2} = \dfrac{\sin(s-c)}{k}. \end{array}\right.$$

Geometrische Bedeutung von k. Beschreibt man in das sphärische Dreieck den Inkreis (Fig. 137) (in das Dreikant den einbeschriebenen Kegel, vgl. § 44, Satz 11), so liest man, wenn p den sphärischen Halbmesser des Inkreises bedeutet, unmittelbar aus den rechtwinkligen Dreiecken AHM, BFM, CGM ab:

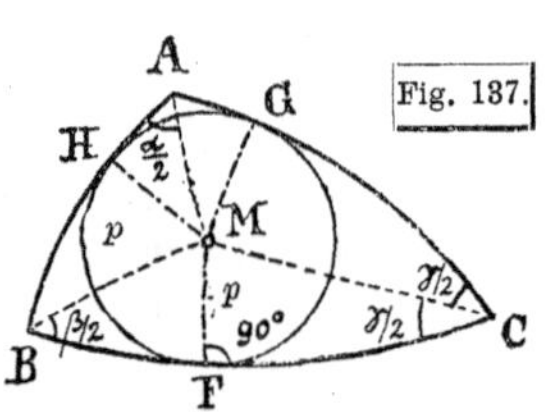

Fig. 137.

$$tg\frac{\alpha}{2} = \frac{tg\,p}{\sin(s-a)}, \quad tg\frac{\beta}{2} = \frac{tg\,p}{\sin(s-b)}, \quad tg\frac{\gamma}{2} = \frac{tg\,p}{\sin(s-c)},$$

Es zeigt sich also damit, dass k die *tg* des sphärischen Halbmessers des Inkreises ist. Wenn man sich nur den Wert von k merkt (beachte dabei die Analogie zur Ebene, § 23, Gl. (14), so liest man die Gleichungen für die *tg* von $\frac{\alpha}{2}$, $\frac{\beta}{2}$, $\frac{\gamma}{2}$ bequem aus der Figur ab.

Rechnungsproben: (1) $(s-a) + (s-b) + (s-c) = s$.

(2) $\dfrac{1}{\sin s} \cdot ctg\dfrac{\alpha}{2} \cdot ctg\dfrac{\beta}{2} \cdot ctg\dfrac{\gamma}{2} = \dfrac{1}{k}$.

3) Zweite vollständige Lösung. Mit Benützung der Gleichung (XXIV).

Setzt man $$m = \sqrt{\frac{tg\,\tfrac{1}{2}(s-a)\,tg\,\tfrac{1}{2}(s-b)\,tg\,\tfrac{1}{2}(s-c)}{tg\,\tfrac{1}{2}\,s}},$$ so wird

$$ctg\frac{\varepsilon}{4} = \frac{ctg\tfrac{1}{2}s}{m};\quad ctg\left(\frac{\alpha}{2}-\frac{\varepsilon}{4}\right) = \frac{tg\tfrac{1}{2}s(-a)}{m};\quad ctg\left(\frac{\beta}{2}-\frac{\varepsilon}{4}\right) = \frac{tg\tfrac{1}{2}(s-b)}{m};\quad ctg\left(\frac{\gamma}{2}-\frac{\varepsilon}{4}\right) = \frac{tg\tfrac{1}{2}(s-c)}{m}.$$

Rechnungsproben:

(1) $(s-a)+(s-b)+(s-c) = s.$

(2) $ctg\,\frac{\varepsilon}{4}\,ctg\left(\frac{\alpha}{2}-\frac{\varepsilon}{4}\right)ctg\left(\frac{\beta}{2}-\frac{\varepsilon}{4}\right)ctg\left(\frac{\gamma}{2}-\frac{\varepsilon}{4}\right) = \frac{1}{m^2}.$

(3) $\left(\frac{\alpha}{2}-\frac{\varepsilon}{4}\right)+\left(\frac{\beta}{2}-\frac{\varepsilon}{4}\right)+\left(\frac{\gamma}{2}-\frac{\varepsilon}{4}\right)+\frac{\varepsilon}{4} = \frac{\alpha+\beta+\gamma}{2}-\frac{\varepsilon}{2} = 90^0.$

Wegen der Probe (3) für die ganze Rechnung ist diese Lösung der vorigen meist vorzuziehen.

Beispiel 1) nach beiden vollständigen Lösungen [bei der ersten Ek, bei der zweiten Em auf Schiebzettel *)].

a =	**43° 4′ 30″**	$sin\,(s-a)$	9.88 746
b =	**68 17 20**	$sin\,(s-b)$	9.63 076
c =	**75 48 10**	$sin\,(s-c)$	9.48 483
$2s$ =	187 10 0	$E\,sin\,s$	0.00 085
s =	93 35 0	k^2	9.00 384
$s-a$ =	50 30 30	Ek	0.49 808
$s-b$ =	25 17 40	$ctg\,\frac{\alpha}{2}$	0.38 554
$s-c$ =	17 46 50	$ctg\,\frac{\beta}{2}$	0.12 878
Pr. s =	93 35 0	$ctg\,\frac{\gamma}{2}$	9.98 291
$\frac{\alpha}{2}$ =	22 22 17	$E\,sin\,s$	0.00 085
$\frac{\beta}{2}$ =	36 37 37	Probe: Ek	0.49 808
$\frac{\gamma}{2}$ =	46 7 37		

α = 44 44 34; β = 73 15 14; γ = 92 15 14.

a =	**43° 4′ 30″**	$tg\,\frac{s-a}{2}$	9.67 368
b =	**68 17 20**	$tg\,\frac{s-b}{2}$	9.35 101
c =	**75 48 10**	$tg\,\frac{s-c}{2}$	9.19 430
$2s$ =	187 10 0	$E\,tg\,\frac{s}{2}$	9.97 282
$\frac{s}{2}$ =	46 47 30	m^2	8.19 181
$\frac{s-a}{2}$ =	25 15 15	Em	$0.90\,409_5$
$\frac{s-b}{2}$ =	12 38 50	$ctg\,\frac{\varepsilon}{4}$	$0.87\,691_5$
$\frac{s-c}{2}$ =	8 53 25	$ctg\left(\frac{\alpha}{2}-\frac{\varepsilon}{4}\right)$	$0.57\,777_5$
Pr. $\frac{s}{2}$ =	46 47 30	$ctg\left(\frac{\beta}{2}-\frac{\varepsilon}{4}\right)$	$0.25\,510_5$
$\frac{\varepsilon}{4}$ =	7 33 45_5	$ctg\left(\frac{\gamma}{2}-\frac{\varepsilon}{4}\right)$	$0.09\,839_5$
$\frac{\alpha}{2}-\frac{\varepsilon}{4}$ =	14 48 32	Probe: Em^2	1.80 819
$\frac{\beta}{2}-\frac{\varepsilon}{4}$ =	29 3 51	$\frac{\alpha}{2}$ = 22 22 17_5	α = 44 44 35
$\frac{\gamma}{2}-\frac{\varepsilon}{4}$ =	38 33 52	$\frac{\beta}{2}$ = 36 37 36_5	β = 73 15 13
Probe:	90 0 0_5	$\frac{\gamma}{2}$ = 46 7 37_5	γ = 92 15 15

*) Die Rechnung mit *ctg* statt *tg* ist insofern wieder etwas bequemer, als man die Logarithmen addieren kann; vgl. Bemerkung S. 249 oben.

II. Fall. Gegeben die drei Winkel α, β, γ. — (Polarfall des vorigen).

Determination. Es muss $540^0 > \alpha + \beta + \gamma > 180^0$ gegeben, ferner Satz 4) § 44 befriedigt sein.

1) **Wenn nur eine Seite verlangt ist**, z. B. a, so kann diese nach Formel (VII) [direkt (*Gauss*'sche Logarithmen) oder mit Benützung eines Hilfswinkels] berechnet werden, nämlich

$$\cos a = \frac{\cos \alpha + \cos \beta \cos \gamma}{\sin \beta \sin \gamma}.$$

Ist a klein oder nahe bei 180^0, so dass es sich aus $\cos$ ungenau ergiebt, so ist nach (XV) oder (XVI) zu rechnen, s. nächste Lösung.

2) **Erste (vollständige) Lösung.** Mit Hilfe einer der Formeln (XV) bis (XVII), am besten der letzten. Setzt man $2\sigma = \alpha + \beta + \gamma$,

$$k' = \sqrt{\frac{\cos(\sigma - \alpha)\cos(\sigma - \beta)\cos(\sigma - \gamma)}{-\cos\sigma}}, \quad \text{so wird}$$

$$tg\frac{a}{2} = tg\frac{a}{2} = \frac{\cos(\sigma - \alpha)}{k'}; \quad tg\frac{b}{2} = \frac{\cos(\sigma - \beta)}{k'}; \quad tg\frac{c}{2} = \frac{\cos(\sigma - \gamma)}{k'}.$$

Geometrische Bedeutung von k'. Beschreibt man um das sphärische Dreieck den Umkreis (Figur 138) (um das Dreikant den umbeschriebenen Kegel vgl. § 44, Satz 10)), so liest man, wenn R den sphärischen Halbmesser des Umkreises bedeutet, unmittelbar aus den rechtwinkligen Dreiecken BFO, CGO und AHO, für die leicht nachzuweisen ist, dass Winkel FBO $(= FCO) = \sigma - \alpha$, $GCO (= GAO) = \sigma - \beta$, HAO $(= HBO) = \sigma - \gamma$ ist, die Gleichungen ab:

Fig. 138.

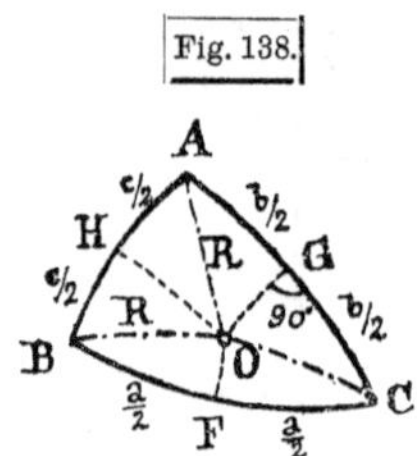

$$\cos(\sigma - \alpha) = \frac{tg\frac{a}{2}}{tgR}, \quad \cos(\sigma - \beta) = \frac{tg\frac{b}{2}}{tgR}, \quad \cos(\sigma - \gamma) = \frac{tg\frac{c}{2}}{tgR}.$$

Es zeigt sich also damit, dass k' die ctg des sphärischen Halbmessers des Umkreises ist. Wenn man sich nur den Wert von k' merkt, so liest man die Gleichungen für die tg von $\frac{a}{2}$, $\frac{b}{2}$, $\frac{c}{2}$ bequem aus der Figur ab. Auch hier ist die Analogie zur Ebene zu beachten (auch in der Ebene ist z. B. Winkel $FBO = 90^0 - \alpha = [\frac{1}{2}(\alpha + \beta + \gamma) - \alpha]$ u. s. f).

Rechnungsproben: (1) $(\sigma - \alpha) + (\sigma - \beta) + (\sigma - \gamma) = \sigma$.

$$(2) \qquad -\frac{1}{\cos\sigma} \cdot tg\frac{a}{2} \cdot tg\frac{b}{2} \cdot \frac{c}{2} = \frac{1}{k'}.$$

3) **Zweite vollständige Lösung.** Setzt man $360^0 - (a + b + c) = e$, so heisst e der **sphärische Defekt** des Dreiecks; es ist zugleich der **sphärische Excess des Polardreiecks** und man kann

daher mit Hilfe dieses Polardreiecks leicht Formeln entwickeln, die den Formeln (XX) bis (XXIV) polar entsprechen.

Da jedoch der sphärische Defekt keine weitere Bedeutung hat, so ist es vorzuziehen, die genannten Formeln direkt zur Lösung zu verwenden. Bildet man aus den gegebenen Winkeln den Excess ε, so lässt sich die bei der zweiten vollständigen Lösung der vorigen Aufgabe benützte Grösse m berechnen, nämlich (vgl. dort Probe 2):

$$m = \sqrt{tg\frac{\varepsilon}{4}\, tg\left(\frac{\alpha}{2}-\frac{\varepsilon}{4}\right) tg\left(\frac{\beta}{2}-\frac{\varepsilon}{4}\right) tg\left(\frac{\gamma}{2}-\frac{\varepsilon}{4}\right)};$$ damit wird

$$tg\frac{s}{2} = \frac{tg\frac{\varepsilon}{4}}{m};\quad ctg\frac{s-a}{2} = \frac{tg\left(\frac{\alpha}{2}-\frac{\varepsilon}{4}\right)}{m};\quad ctg\frac{s-b}{2} = \frac{tg\left(\frac{\beta}{2}-\frac{\varepsilon}{4}\right)}{m};\quad ctg\frac{s-c}{2} = \frac{tg\left(\frac{\gamma}{2}-\frac{\varepsilon}{4}\right)}{m}.$$

Rechnungsproben: (1) $\frac{\varepsilon}{4}+\left(\frac{\alpha}{2}-\frac{\varepsilon}{4}\right)+\left(\frac{\beta}{2}-\frac{\varepsilon}{4}\right)+\left(\frac{\gamma}{2}-\frac{\varepsilon}{4}\right) = 90^0.$

(2) $tg\frac{s}{2}\cdot ctg\frac{s-a}{2}\cdot ctg\frac{s-b}{2}\cdot ctg\frac{s-c}{2} = \frac{1}{m^2}.$

(3) $\frac{s-a}{2}+\frac{s-b}{2}+\frac{s-c}{2} = \frac{s}{2}.$

Bei der letzten Auflösung erhält man wieder eine Probe mehr als bei der vorigen. [101])

Beispiel nach beiden vollständigen Lösungen.

$\alpha =$	**75⁰ 14′ 20″**	$cos(\sigma-\alpha)$	9.65 855
$\beta =$	**95 25 30**	$cos(\sigma-\beta)$	9.86 615
$\gamma =$	**105 36 40**	$cos(\sigma-\gamma)$	9.92 590
$2\sigma =$	276 16 30	$E[-cos\,\sigma]$	0.12 799
$\sigma =$	138 8 15	k'^2	9.57 859
$\sigma-\alpha =$	62 53 55	k'	9.78 929$_5$
$\sigma-\beta =$	42 42 45	$E\,k'$	0.21 070$_5$
$\sigma-\gamma =$	32 31 35	$tg\frac{a}{2}$	9.86 925$_5$
Pr. $\sigma =$	138 8 15	$tg\frac{b}{2}$	0.07 685$_5$
$\frac{a}{2} =$	36 30 10$_5$	$tg\frac{c}{2}$	0.13 660$_5$
$\frac{b}{2} =$	50 2 36	$E[-cos\sigma]$	0.12 799
$\frac{c}{2} =$	53 51 56$_5$	Probe: $E\,k'$	0.21 070$_5$

$a=73^0 0'21''$; $b=100^0 5'12''$; $c=107^0 43'53''$.

$\alpha =$	**75⁰ 14′ 20″**	$tg\left(\frac{\alpha}{2}-\frac{\varepsilon}{4}\right)$	9.38 204
$\beta =$	**95 25 30**	$tg\left(\frac{\beta}{2}-\frac{\varepsilon}{4}\right)$	9.64 127
$\gamma =$	**105 36 40**	$tg\left(\frac{\gamma}{2}-\frac{\varepsilon}{4}\right)$	9.73 903
$\varepsilon =$	96 16 30	$tg\frac{\varepsilon}{4}$	9.64 998
$\frac{\varepsilon}{4} =$	24 4 7$_5$	m^2	8.41 232
$\frac{\alpha}{2}-\frac{\varepsilon}{4} =$	13 33 2$_5$	m	9.20 616
$\frac{\beta}{2}-\frac{\varepsilon}{4} =$	23 38 37$_5$	$E\,m$	0.79 384
$\frac{\gamma}{2}-\frac{\varepsilon}{4} =$	28 44 12$_5$	$tg\frac{s}{2}$	0.44 382
Probe:	90 0 0	$ctg\frac{s-a}{2}$	0.17 588
$\frac{s}{2} =$	70 12 22$_5$	$ctg\frac{s-b}{2}$	0.43 511
$\frac{s-a}{2} =$	33 42 11	$ctg\frac{s-c}{2}$	0.53 287
$\frac{s-b}{2} =$	20 9 46	Probe: $E\,m^2$	1.58 768
$\frac{s-c}{2} =$	16 20 24	$\frac{a}{2}$ 36⁰ 30′ 11″$_5$	$a=$ 73⁰ 0′23″
		$\frac{b}{2}$ 50 2 36$_5$	$b=$100 5 13
Pr. $\frac{s}{2} =$	70 12 21.	$\frac{c}{2}$ 53 51 58$_5$	$c=$107 43 57.

Fall III[a]. Gegeben zwei Seiten und der eingeschlossene Winkel, z. B. b, c, α (vgl. in der Ebene § 24, Fall II[a]).

1) **Wenn die dritte Seite a allein verlangt ist,** so kann man die Formel (I, 1)

$$\cos a = \cos b \cos c + \sin b \sin c \cos \alpha$$

direkt oder mit Benützung *Gauss*scher Logarithmen anwenden.

Beispiele zu diesem sehr wichtigen Fall vgl. im Kap. 3. und Kap. 4.

2) **Erste (vollständige) Lösung.** Diese Auflösung ist mit Vorteil anzuwenden, wenn ausser der dritten Seite noch einer der fehlenden Winkel gesucht ist; sind die beiden Winkel β und γ zu bestimmen, so rechnet man bequemer nach der zweiten vollst. Lösung.

Es seien gesucht a und β; beide lassen sich bestimmen aus den zwei Gleichungen (I, 1) und (II, 1) oder besser zunächst (I, 1) und (III, 1), da sich die beiden letzten auf die bereits in § 48, **3**) angegebene Art leicht zur bequemern logarithmischen Rechnung einrichten lassen. Setzt man

$$(1) \qquad \cos b = m \cos u \quad , \quad \sin b \cos \alpha = m \sin u,$$

so dass m und u (eindeutig) bestimmt sind aus

$$(2) \begin{cases} tg\, u = tg\, b \cos \alpha & \text{(wo } u \text{ stets zwischen } 0^0 \text{ und } 180^0) \\ m = \dfrac{\cos b}{\cos u} \overset{\text{oder}}{=} \dfrac{\sin b \cos \alpha}{\sin u}, & \text{so erhält man} \end{cases}$$

$$(3) \quad \cos a = m \cos (c - u) \quad , \quad \cos \beta = m \frac{\sin (c - u)}{\sin a}.$$

Um tgFormeln zu erhalten, kann man besser hier noch die Gleichung (II, 1) ebenfalls benützen; man erhält schliesslich, wenn der Wert von m eingesetzt wird:

$$(4) \quad tg\, \beta = \frac{tg\, \alpha \sin u}{\sin (c - u)}; \quad tg\, a = \frac{tg\, (c - u)}{\cos b}, \text{ wobei } u \text{ zu bestimmen aus (2).}$$

Geometrische Bedeutung von u und m. Die Formeln dieser Auflösung haben den Vorzug, dass sie sich unmittelbar aus der Figur ablesen lassen.

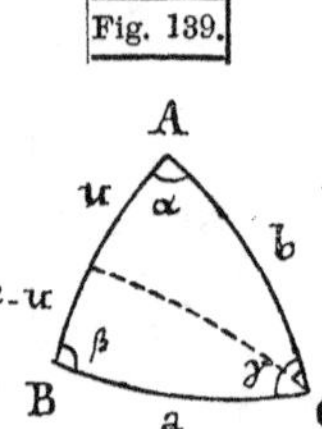

Fig. 139.

In Figur 139 zeigt sich aus (1), dass m nichts andres ist, als $\cos h'''$, wenn u den an b anstossenden Abschnitt der Seite c bezeichnet. Damit lassen sich die Gleichungen (3) und (4) aus dem rechtwinkligen Dreieck ablesen, das a zur Hypotenuse und die Höhe h''' und den Abschnitt $(c - u)$ zu Katheten hat.

Ganz ähnliche Formeln für den fehlenden Winkel γ lassen sich natürlich durch Benützung der Höhe h'' aufstellen oder aus den obigen durch cyklische Vertauschung (β und γ, also zugleich b und c vertauscht; a, α unverändert gelassen).

Beispiel.

$b = 76^0\,43'\,43''$	$tg\,b$	0.62 734
$c = 120\;31\;20$	$cos\,\alpha$	9.49 479 *n*
$\alpha = 108\;12\;27$	$tg\,u$	0.12 213 *n*
$u = 127\;\;2\;53$	$tg\,\alpha$	0.48 290 *n*
$c - u = 6\;31\;33$	$sin\,u$	9.90 207
	$E\,sin\,(c - u)$	$0.94\,442_5 n$
$\beta = 87\;19\;\;6$	$tg\,\beta$	$1.32\,939_5$
	$tg\,(c - u)$	9.05 840 *n*
	$E\,cos\,\beta$	1.32 988
$a = 112\;14\;40$	$tg\,a$	0.38 828 *n*

3) **Zweite vollständige Lösung.** Mit Hilfe der *Delambre*schen und *Neper*schen Gleichungen. Es ist nach (IX)

$$\begin{cases} tg\frac{\beta+\gamma}{2} = ctg\frac{\alpha}{2}\cdot\dfrac{cos\frac{b-c}{2}}{cos\frac{b+c}{2}} = \dfrac{cos\frac{\alpha}{2}\,cos\frac{b-c}{2}}{sin\frac{\alpha}{2}\,cos\frac{b+c}{2}} = \dfrac{Z}{N} \\ tg\frac{\beta-\gamma}{2} = ctg\frac{\alpha}{2}\cdot\dfrac{sin\frac{b-c}{2}}{sin\frac{b+c}{2}} = \dfrac{cos\frac{\alpha}{2}\,sin\frac{b-c}{2}}{sin\frac{\alpha}{2}\,sin\frac{b+c}{2}} = \dfrac{Z'}{N'}, \end{cases}$$

womit β und γ (jedenfalls scharf wegen tg) bestimmt sind. Ferner nach (VIII)

$$\begin{cases} cos\frac{a}{2} = \dfrac{Z}{sin\frac{\beta+\gamma}{2}} \overset{\text{oder}}{=} \dfrac{N}{cos\frac{\beta+\gamma}{2}} \\ sin\frac{a}{2} = \dfrac{Z'}{sin\frac{\beta-\gamma}{2}} \overset{\text{oder}}{=} \dfrac{N'}{cos\frac{\beta-\gamma}{2}}. \end{cases}$$

Daraus sind $sin\frac{a}{2}$ und $cos\frac{a}{2}$ bestimmt und $\frac{a}{2}$ ist also aus dem einen von beiden jedenfalls scharf zu erhalten.

Da hier $sin\,\frac{\beta+\gamma}{2}$ und $cos\,\frac{\beta-\gamma}{2}$ stets positiv sind, während $cos\frac{\beta+\gamma}{2}$ und $sin\,\frac{\beta-\gamma}{2}$ das Vorzeichen von $cos\,\frac{b+c}{2}$ und $sin\,\frac{b-c}{2}$ haben und sowohl $sin\frac{a}{2}$ als $cos\frac{a}{2}$ sich positiv ergeben muss, so rechnet man hier wieder $sin\frac{a}{2}$ und $cos\,\frac{a}{2}$ nicht doppelt, sondern mit Beachtung der *Lalande*schen Regel (§ 8. IV. Fall, § 19, S. 182 u. s. f. Beachte aber besonders die Analogie zur Ebene, § 24, Fall IIa, 2), nämlich:

Nachdem die Log. von Z, N, Z', N' und daraus die Log. von $tg\,\frac{\beta+\gamma}{2}$ und $tg\,\frac{\beta-\gamma}{2}$ gebildet sind, geht man aus der

Spalte *tg* oder *ctg* in die letzte Spalte rechts und addiert die Ergänzung des dort zu entnehmenden Log., der noch das Vorzeichen des grössern der Log. Z, N und Z', N' zu geben ist, zu diesem grössern Log., um $\log\cos\frac{a}{2}$ und $\log\sin\frac{a}{2}$ zu erhalten.[102)]

Wie schon angedeutet ist, ist $\frac{a}{2}$ entweder aus $\sin\frac{a}{2}$ oder aus $\cos\frac{a}{2}$ scharf bestimmt; man hat $\frac{a}{2}$ immer mit Hilfe des kleinern der beiden Logarithmen aufzuschlagen.

Beispiel (dasselbe wie oben; b und c sind aber vertauscht, um für dieses erste Beispiel b als grössere Seite zu haben):

$b =$ **120° 31′ 20″**	$\frac{\beta+\gamma}{2} =$ 102° 35′ 20″		
$c =$ **76 43 43**	$\frac{\beta-\gamma}{2} =$ 15 16 12		
$\alpha =$ **108 12 27**			
$b-c =$ 43 47 37	$\beta =$ 117 51 32		
$b+c =$ 197 15 3	$\gamma =$ 87 19 8		
$\frac{\alpha}{2} =$ 54 6 13_5	$\frac{a}{2} =$ 56 7 22		
$\frac{b-c}{2} =$ 21 53 48_5	$a =$ 112 14 44		
$\frac{b+c}{2} =$ 98 37 31_5			

$\cos\frac{\alpha}{2}$	9.76 813	$\cos\frac{\alpha}{2}$	9.76 813
$\cos\frac{b-c}{2}$	9.96 748	$\sin\frac{b-c}{2}$	9.57 163
Z	9.73 561	Z'	9.33 976
$E\frac{\sin}{\cos}\frac{\beta+\gamma}{2}$	0.01 057	$E\frac{\sin}{\cos}\frac{\beta-\gamma}{2}$	0.01 561
N	9.08 455*n*	N'	9.90 359
$\cos\frac{b+c}{2}$	9.17 602*n*	$\sin\frac{b+c}{2}$	9.99 506
$\sin\frac{\alpha}{2}$	9.90 853	$\sin\frac{\alpha}{2}$	9.90 853
$tg\frac{\beta+\gamma}{2}$	0.65 106*n*	$tg\frac{\beta-\gamma}{2}$	9.43 617
$\cos\frac{a}{2}$	9.74 618	$\sin\frac{a}{2}$	9.91 920

Fall IV^a. Gegeben zwei Winkel und die eingeschlossene Seite, z. B. β, γ, a. — (Polarfall des vorigen; vgl. auch in der Ebene § 24, I. Fall.)

1) **Wenn der dritte Winkel α allein verlangt ist**, so kann man die Formel (VII), nämlich

$$\cos\alpha = -\cos\beta\cos\gamma + \sin\beta\sin\gamma\cos a$$

direkt oder mit Benützung *Gauss*scher Logarithmen anwenden.

2) **Erste (vollständige) Lösung**. Diese Auflösung ist mit Vorteil anzuwenden, wenn ausser dem dritten Winkel noch eine der fehlenden Seiten gesucht ist. Es seien zu bestimmen α und b; man kann beide finden aus (VII, 1) und (II, 1) oder besser zunächst aus (VII, 1) und (V, 1) da sich die beiden letzten wieder sehr einfach zur bequemen logarithmischen Rechnung einrichten lassen. Setzt man

$$(1) \qquad \cos\beta = n\sin\mu\ , \qquad \sin\beta\cos a = n\cos\mu,$$

so dass n und μ (eindeutig) bestimmt sind aus

$$(2)\quad \begin{cases} ctg\,\mu = tg\,\beta\,\cos a & \text{(wo } \mu \text{ stets zwischen } 0^0 \text{ und } 180^0) \\ n = \dfrac{\cos\beta}{\sin\mu} \overset{\text{oder}}{=} \dfrac{\sin\beta\,\cos a}{\cos\mu}, & \text{so erhält man} \end{cases}$$

$$(3)\qquad \cos\alpha = n\,\sin(\gamma-\mu)\ ,\qquad \cos b = n\,\frac{\cos(\gamma-\mu)}{\sin\alpha}.$$

Um tg-Formeln zu erhalten, benützt man wieder besser auch noch die Gleichung (II, 1) und erhält nach Einsetzung von n

$$(4)\qquad tg\,b = \frac{tg\,a\,\cos\mu}{\cos(\gamma-\mu)};\quad tg\,\alpha = \frac{ctg(\gamma-\mu)}{\cos b},\quad \text{wobei } \mu \text{ zu bestimmen aus (2).}$$

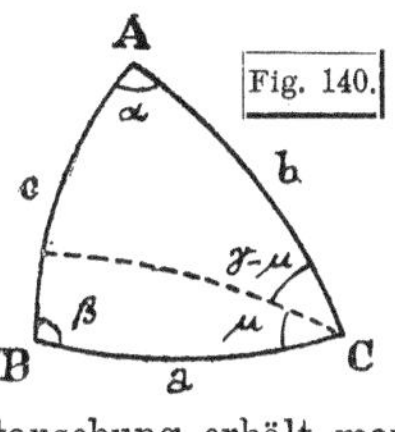

Fig. 140.

Geometrische Bedeutung von μ und n. Die nebenstehende Fig. 140 zeigt, dass μ der zwischen a als Hypotenuse und h''' als Kathete eingeschlossene Winkel eines rechtwinkligen Dreiecks ist. Die Formeln haben also wieder den Vorzug, dass sie aus der Figur abgelesen werden können.

Mit Benützung von h'' oder durch cyklische Vertauschung erhält man die Formeln für c (vgl. den vorigen Fall).

Beispiel.

$\beta =$ **126° 18′ 4″**	$tg\,\beta$	0.13 395 n
$\gamma =$ **63 42 14**	$\cos a$	9.45 911 n
$a =$ **106 43 37**	$ctg\,\mu$	9.59 306
$\mu =$ 68 36 18	$tg\,a$	0.52 212 n
$\gamma-\mu =$ —4 54 4	$\cos\mu$	9.56 205
	$E\cos(\gamma-\mu)$	0.00 159
$b =$ 129 22 46	$tg\,b$	0.08 576 n
	$ctg(\gamma-\mu)$	1.06 677 n
	$E\cos b$	0.19 760 n
$\alpha =$ 86 53 9_5	$tg\,\alpha$	1.26 437

3) **Zweite vollständige Lösung.** Mit Hilfe der *Delambre*schen und *Neper*schen Gleichungen. Es ist nach (IX)

$$\begin{cases} tg\dfrac{b+c}{2} = tg\dfrac{a}{2}\cdot\dfrac{\cos\frac{\beta-\gamma}{2}}{\cos\frac{\beta+\gamma}{2}} = \dfrac{\sin\frac{a}{2}\cos\frac{\beta-\gamma}{2}}{\cos\frac{a}{2}\cos\frac{\beta+\gamma}{2}} = \dfrac{Z}{N} \\ tg\dfrac{b-c}{2} = tg\dfrac{a}{2}\cdot\dfrac{\sin\frac{\beta-\gamma}{2}}{\sin\frac{\beta+\gamma}{2}} = \dfrac{\sin\frac{a}{2}\sin\frac{\beta-\gamma}{2}}{\cos\frac{a}{2}\sin\frac{\beta+\gamma}{2}} = \dfrac{Z'}{N'}, \end{cases}$$

womit b und c (jedenfalls scharf) bestimmt sind. Ferner nach (VIII)

$$\begin{cases} \sin\dfrac{\alpha}{2} = \dfrac{Z}{\sin\frac{b+c}{2}} \overset{\text{oder}}{=} \dfrac{N}{\cos\frac{b+c}{2}} \\ \cos\dfrac{\alpha}{2} = \dfrac{Z'}{\sin\frac{b-c}{2}} \overset{\text{oder}}{=} \dfrac{N'}{\cos\frac{b-c}{2}}. \end{cases}$$

Es sind dabei wieder die bei der zweiten vollständigen Auflösung des vorigen Falls gegebenen Rechnungsvorschriften über die beiden $E\overset{sin}{\underset{cos}{}}$ und über das Aufschlagen von $\frac{\alpha}{2}$ zu beachten.[103])

Beispiel (dasselbe wie oben).

$\beta = \mathbf{126^0 18' \ 4''}$	$\frac{b+c}{2} = 94^0 20' \ 23_5''$
$\gamma = \mathbf{63 \ 42 \ 14}$	$\frac{b-c}{2} = 35 \ \ 2 \ 24_5$
$a = \mathbf{106 \ 43 \ 37}$	
$\beta - \gamma = 62 \ 35 \ 50$	$b = \mathbf{129 \ 22 \ 48}$
$\beta + \gamma = 190 \ \ 0 \ 18$	$c = 59 \ 17 \ 59$
$\frac{a}{2} = 53 \ 21 \ 48_5$	$\frac{\alpha}{2} = \begin{cases} 43 \ 26 \ 32 \\ 43 \ 26 \ 35 \end{cases} 33''$
$\frac{\beta-\gamma}{2} = 31 \ 17 \ 55$	$\alpha = 86 \ 53 \ \ 6$
$\frac{\beta+\gamma}{2} = 95 \ \ 0 \ \ 9$	

$sin\,\frac{a}{2}$	9.90 441	$sin\,\frac{a}{2}$	9.90 441
$cos\,\frac{\beta-\gamma}{2}$	9.93 170	$sin\,\frac{\beta-\gamma}{2}$	9.71 558
Z	9.83 611	Z'	9.61 999
$E\overset{sin}{\underset{cos}{}}\frac{b+c}{2}$	0.00 124	$E\overset{sin}{\underset{cos}{}}\frac{b-c}{2}$	0.08 685
N	8.71 630n	N'	9.77 412
$cos\,\frac{\beta+\gamma}{2}$	8.94 052n	$sin\,\frac{\beta+\gamma}{2}$	9.99 834
$cos\,\frac{a}{2}$	9.77 578	$cos\,\frac{a}{2}$	9.77 578
$tg\,\frac{b+c}{2}$	1.11 981n	$tg\,\frac{b-c}{2}$	9.84 587
$sin\,\frac{\alpha}{2}$	9.83 735	$cos\,\frac{\alpha}{2}$	9.86 097

Fall III^b. (Erster) Casus ambiguus. Gegeben zwei Seiten und der Gegenwinkel der einen, z. B. a, b, α (vgl. im ebenen Dreieck § 24, Fall II^b).

1) **Auflösung durch Zerlegung des Dreiecks** in zwei rechtwinklige Dreiecke mittels der Höhe h''' (vgl. Fig. 139). Es seien bezeichnet die beiden Teile, in die c zerlegt wird, mit u (an A anstossend) und v, ferner die Teile des Winkels γ mit μ und ν (μ an b, ν an a anliegend). Zunächst ist nun $sin\,\beta = \frac{sin\,b\,sin\,\alpha}{sin\,a}$; daraus folgt, wenn β' der sich ergebende spitze Winkel ist,

$$\beta_1 = \beta' \quad , \quad \beta_2 = 180^0 - \beta',$$

d. h. man erhält im allgemeinen zwei Dreiecke (s. bei der folgenden 2. Auflösung). Ferner wird

$$tg\,u = tg\,b\,cos\,\alpha, \quad cos\,v = \frac{cos\,a}{cos\,h'''}, \text{ wo } sin\,h''' = sin\,b\,sin\,\alpha \text{ ist.}$$

Endlich ist
$$tg\,\mu = \frac{ctg\,\alpha}{cos\,b} \quad , \quad cos\,\nu = tg\,h'''\,ctg\,a.$$

Die Teile u der Seite c und μ des Winkels γ sind eindeutig bestimmt; sind v' und ν' die spitzen Winkel, die sich für die andern Teile ergeben, so sind die beiden Werte von c und von γ:

$$c_1 = u + v' \quad , \quad c_2 = u - v' \quad ; \quad \gamma_1 = \mu + \nu' \quad , \quad \gamma_2 = \mu - \nu'.$$

Diese Auflösung ist als die nächstliegende und einfachste ganz gut; es ist nur die in der folgenden gegebene Determination zu beachten.

2) **Zweite Auflösung**. β ist wieder zu bestimmen durch den *Sinus*-Satz, nämlich $\sin\beta = \frac{\sin b \sin\alpha}{\sin a}$;
man erhält also zwei im Dreieck mögliche Werte für β, nämlich β' und $(180^0 - \beta')$. Ob beide brauchbar sind, ergiebt sich aus der folgenden Diskussion, die sich besonders auf die Sätze 5) und 6) des § 44 stützt.

Es sind wieder die folgenden vier Fälle möglich:

1) Keiner der beiden Werte von β ist zulässig.
2) Beide Lösungen fallen in Eine zusammen.
3) Beide Werte sind möglich und verschieden.
4) Nur Ein Wert ist möglich, der andere unbrauchbar.

Determination. Der **1. Fall**, keine Lösung, ergiebt sich, wenn $\sin b \sin\alpha > \sin a$ ist. Dieser Fall kann nur eintreten, wenn $\sin b > \sin a$, d. h. wenn der Gegenwinkel der Seite gegeben ist, die weiter von 90^0 entfernt ist.

Der **2. Fall**, beide Lösungen in eine zusammenfallend, tritt ein, wenn $\sin b \sin\alpha = \sin a$ ist. Das Dreieck ist dann ein rechtwinkliges mit b als Hypotenuse.

Die **Fälle 3**) und **4**) setzen voraus, dass $\sin b \sin\alpha < \sin a$ ist. Man hat hier nun die vier folgenden Unterfälle zu untersuchen:

1) a und b beide $< 90^0$.

Ist $a < b$, so ist die Lösung $\left\{\begin{matrix}\text{zweideutig}\\\text{unmöglich}\end{matrix}\right\}$, je nachdem $\alpha \lesseqgtr 90^0$ ist.
" $a > b$, " " " " stets eindeutig, und zwar wird $\beta < 90^0$.

2) $a > 90^0$ und $b < 90^0$.

Ist b näher an 90^0 als a, so ist die Lösg. $\left\{\begin{matrix}\text{zweideutig}\\\text{unmöglich}\end{matrix}\right\}$, je nachdem $\alpha \gtreqless 90^0$ ist.
" a " " 90^0 " b, " " " " stets eindeutig, u. zwar wird $\beta < 90^0$.

3) $a < 90^0$ und $b > 90^0$.

Ist b näher an 90^0 als a, so ist die Lösg. $\left\{\begin{matrix}\text{zweideutig}\\\text{unmöglich}\end{matrix}\right\}$, je nachdem $\alpha \lesseqgtr 90^0$ ist.
" a " " 90^0 " b, " " " " stets eindeutig, u. zwar wird $\beta > 90^0$.

4) a und b beide $> 90^0$.

Ist $a > b$, so ist die Lösung $\left\{\begin{matrix}\text{zweideutig}\\\text{unmöglich}\end{matrix}\right\}$, je nachdem $\alpha \gtreqless 90^0$ ist.
" $a < b$, " " " " stets eindeutig, und zwar wird $\beta > 90^0$.

Aus der vorstehenden Diskussion ergiebt sich folgende

Zusammenstellung:

I) $\boldsymbol{\sin b \sin\alpha > \sin a}$. Keine Lösung. Dieser Fall kann nur eintreten, wenn der Gegenwinkel der weiter von 90^0 entfernten Seite gegeben ist.

II) $\sin b \sin \alpha = \sin a$. Zwei zusammenfallende Lösungen und zwar ein rechtwinkliges Dreieck mit b als Hypotenuse.

III) $\sin b \sin \alpha < \sin a$.

1) a näher bei 90° als b. Die Lösung ist stets eindeutig und zwar ergiebt sich β gleichartig mit b.

2) b näher bei 90° als a. Die Lösung ist $\left\{\begin{matrix}\text{zweideutig}\\ \text{unmöglich}\end{matrix}\right\}$, je nachdem a und α $\left\{\begin{matrix}\text{gleichartig}\\ \text{ungleichartig}\end{matrix}\right\}$ sind. 104)

Man lese diese Determination auch wieder aus einer Figur mit Hilfe der Formeln des rechtwinkligen Dreiecks ab, ganz ähnlich wie es in der Ebene, § 24, Fall II[b] geschehen ist.

Ist nun β bestimmt, so erhält man $\frac{c}{2}$ und $\frac{\gamma}{2}$ auch mittels der *Neper*schen Gleichungen. Wenn β eindeutig ist, so wird unmittelbar:

$$\left\{\begin{aligned} tg\frac{c}{2} &= tg\frac{a+b}{2}\cdot\frac{\cos\frac{\alpha+\beta}{2}}{\cos\frac{\alpha-\beta}{2}} \;\overset{\text{und}}{=}\; tg\frac{a-b}{2}\cdot\frac{\sin\frac{\alpha+\beta}{2}}{\sin\frac{\alpha-\beta}{2}} \\ tg\frac{\gamma}{2} &= ctg\frac{\alpha+\beta}{2}\cdot\frac{\cos\frac{a-b}{2}}{\cos\frac{a+b}{2}} \;\overset{\text{und}}{=}\; ctg\frac{\alpha-\beta}{2}\cdot\frac{\sin\frac{a-b}{2}}{\sin\frac{a+b}{2}}. \end{aligned}\right.$$

Ist β zweideutig und zwar β' der spitze Wert, so ist leicht nachzuweisen, dass mit

$$\left\{\begin{aligned} m &= tg\frac{b-a}{2}\,tg\frac{b+a}{2} \\ n &= \frac{\sin(\beta'+\alpha)}{\sin(\beta'-\alpha)} \end{aligned}\right. \quad\text{und}\quad \left\{\begin{aligned} m' &= \frac{\sin(b-a)}{\sin(b+a)} \\ n' &= ctg\frac{\beta'-\alpha}{2}\,.\,ctg\frac{\beta'+\alpha)}{2} \end{aligned}\right.$$

die beiden Werte von c und γ sich ergeben aus

$$\left\{\begin{aligned} tg\frac{c_1}{2} &= \sqrt{mn} \\ tg\frac{c_2}{2} &= \sqrt{\frac{m}{n}} \end{aligned}\right. \quad\text{und}\quad \left\{\begin{aligned} tg\frac{\gamma_1}{2} &= \sqrt{m'n'} \\ tg\frac{\gamma_2}{2} &= \sqrt{\frac{m'}{n'}}. \end{aligned}\right. \qquad 105)$$

Anmerkung. Die zuletzt angeschriebenen Gleichungen lassen sich auch aus der Figur ableiten. Es folgt aus ihnen ferner:

$$tg\frac{c_1}{2}\,tg\frac{c_2}{2} = \frac{\cos a - \cos b}{\cos a + \cos b}\;;\quad tg\frac{\gamma_1}{2}\,tg\frac{\gamma_2}{2} = -\frac{\sin(a-b)}{\sin(a+b)}.$$

Beispiele:

1) $a = $ **102° 38′ 4″**	$a+b = 139°\ 2'\ 52''$	$\sin b$	9.77 350
$b = $ **36 24 48**	$a-b = 66\ 13\ 16$	$\sin\alpha$	9.87 109
$\alpha = $ **48 0 10**		$E \sin a$	0.01 064
	$\alpha+\beta = 74\ 52\ 51$		
$\beta_1 = 26\ 52\ 41$	$\alpha-\beta = 21\ 7\ 29$	$\sin\beta$	9.65 523

β_2 unmöglich. Da $a > b$ und also $\alpha > \beta$, so ist der stumpfe Winkel β unmöglich.

$\frac{a+b}{2} = 69^0\,31'\,26''$	$tg\frac{a+b}{2}$	0.42 781	$ctg\frac{\alpha+\beta}{2}$	0.11 596
$\frac{a-b}{2} = 33\ \ 6\ \ 38$	$cos\frac{\alpha+\beta}{2}$	9.89 981	$cos\frac{a-b}{2}$	9.92 305
$\frac{\alpha+\beta}{2} = 37\ \ 26\ \ 25$	$E\,cos\frac{\alpha-\beta}{2}$	0.00 742	$E\,cos\frac{a+b}{2}$	0.45 616
$\frac{\alpha+\beta}{2} = 10\ \ 33\ \ 45$	$tg\frac{c}{2}$	0.33 504	$tg\frac{\gamma}{2}$	0.49 516
$\frac{c}{2} = 65\ \ 11\ \ 13$	$E\,sin\frac{\alpha-\beta}{2}$	0.73 683	$E\,sin\frac{a+b}{2}$	0.02 835
$\frac{\gamma}{2} = 72\ \ 16\ \ 1_5$	$sin\frac{\alpha+\beta}{2}$	9.78 386	$sin\frac{a-b}{2}$	9.73 740
$c = 130\ \ 22\ \ 26$	$tg\frac{a-b}{2}$	9.81 435	$ctg\frac{\alpha-\beta}{2}$	0.72 940
$\gamma = 144\ \ 32\ \ 3.$				

2) $a = 3^0\,20'\,30''$ $b = 104^0\,37'\,30''$ $\alpha = 40^0\,3'\,30''$.
Die Auflösung ist unmöglich, da $sin\,b\,sin\,\alpha > sin\,a$ ist.
3) $a = 47^0\,4'\,30''$ $b = 48^0\,58'\,10''$ $\alpha = 147^0\,2'\,20''$.
Hier ist zwar $sin\,b\,sin\,\alpha < sin\,a$. Da jedoch b näher an 90^0 als a ist und gleichzeitig a und α ungleichartig sind, so giebt es keine Lösung.

4)				
$a = 43^0\,49'\,54''$	$b + a = 119^0\,35'\,22''$		$sin\,b$	9.98 644
$b = 75\ \ 45\ \ 28$	$b - a = 31\ \ 55\ \ 34$		$sin\,\alpha$	9.60 903
$\alpha = 23\ \ 59\ \ 0$	$\beta' + \alpha = 58\ \ 39\ \ 20$		$E\,sin\,a$	0.15 955
$\beta' = 34\ \ 40\ \ 20$	$\beta' - \alpha = 10\ \ 41\ \ 20$		$sin\,\beta$	9.75 502

Die Auflösung ist zweideutig.

$\frac{b+a}{2} = 59^0\,47'\,41''$		$tg\frac{b-a}{2}$	9.45 644	$sin\,(b-a)$	9.72 331
				$E\,sin\,(b+a)$	0.60 069
$\frac{b-a}{2} = 15\ \ 57\ \ 47$		$tg\frac{b+a}{2}$	0.23 498	m'	9.78 400
$\frac{\beta'+\alpha}{2} = 29\ \ 19\ \ 40$		m	9.69 142	$ctg\frac{\beta'-\alpha}{2}$	1.02 896
$\frac{\beta'-\alpha}{2} = 5\ \ 20\ \ 40$		$sin\,(\beta'+\alpha)$	9.93 149	$ctg\frac{\beta'+\alpha}{2}$	0.25 041
		$E\,sin\,(\beta'+\alpha)$	0.73 172		
Erstes Dreieck.	Zweites Dreieck.	n	0.66 321	n'	1.27 937
$\frac{c_1}{2} = 56^0\,23'\,3''$	$\frac{c_2}{2} = 18^0\,5'\,26''$	$m\,n$	0.35 463	$m'\,n'$	1.06 337
$\frac{\gamma_1}{2} = 73\ \ 37\ \ 4$	$\frac{\gamma_2}{2} = 10\ \ 8\ \ 10$	$\frac{m}{n}$	9.02 821	$\frac{m'}{n'}$	8.50 463
$c_1 = 112\ \ 46\ \ 6$	$c_2 = 36\ \ 10\ \ 52$	$tg\frac{c_1}{2}$	$0.17\,731_5$	$tg\frac{\gamma_1}{2}$	$0.53\,168_5$
$\gamma_1 = 147\ \ 14\ \ 8$	$\gamma_2 = 20\ \ 16\ \ 20$	$tg\frac{c_2}{2}$	$9.51\,410_5$	$tg\frac{\gamma_2}{2}$	$9.25\,231_5$
$\beta_1 = 34\ \ 40\ \ 20$	$\beta_2 = 145\ \ 19\ \ 40.$				

Fall IV^b. (Zweiter) Casus ambiguus. Gegeben zwei Winkel und die Gegenseite des einen, z. B. α, β, a. (Polarfall des vorigen).

1) **Eine erste Auflösung**, die der 1. Auflösung des vorigen Falls entspricht, erhält man am einfachsten durch Übergang auf das Polardreieck. Es mögen (h'''), $(u)\ldots$ im Polardreieck dasselbe bedeuten wie h''', $u\ldots$ im ursprünglichen. Zunächst wird $\sin b = \frac{\sin a \sin \beta}{\sin \alpha}$; daraus ergiebt sich, wenn b' der spitze Wert ist, $b_1 = b'$, $b_2 = 180^0 - b'$, d. h. man erhält im allgemeinen zwei Dreiecke (s. die folgende zweite Auflösung). Ferner ist

$$\sin(h''') = \sin a \sin \beta \;;\quad tg(u) = -tg\,\beta \cos a, \quad \cos(v) = -\frac{\cos \alpha}{\cos(h''')};$$

endlich $\quad ctg(\mu) = -\cos \beta\, tg\, a\,, \quad \cos(\nu) = -tg(h''')\, ctg\, \alpha.$

Damit werden dann die gesuchten Stücke der beiden Dreiecke:

$$\gamma_1 = (u) + (v')\,, \quad \gamma_2 = (u) - (v')\;; \quad c_1 = (\mu) + (\nu')\,, \quad c_2 = (\mu) - (\nu').$$

Auch bei dieser, ganz guten, Auflösung ist selbstverständlich die Diskussion zu beachten, die bei der folgenden zweiten Auflösung angegeben ist.

2) **Zweite Auflösung.** Es ist wieder b zu bestimmen durch den *Sinus*-Satz, nämlich

$$\sin b = \frac{\sin a \sin \beta}{\sin \alpha};$$

man erhält zwei im Dreieck mögliche Werte b' (spitz) und $(180^0 - b')$.

Durch die Diskussion der vorstehenden Gleichung, die der für den vorhergehenden Fall ausgeführten ganz analog ist und ebenfalls mit Hilfe einer Figur und den Formeln des rechtwinkligen Dreiecks verifiziert werden mag, gelangt man zu folgender

Determination:

I) $\sin a \sin \beta > \sin \alpha$. Keine Lösung. Dieser Fall kann nur eintreten, wenn β näher bei 90^0 liegt als α (die Gegenseite des weiter von 90^0 entfernten Winkels gegeben ist).

II) $\sin a \sin \beta = \sin \alpha$. Zwei zusammenfallende Lösungen und zwar ein in b rechtseitiges Dreieck.

III) $\sin a \sin \beta < \sin \alpha$.

1) α näher bei 90^0 als β. Die Lösung ist stets eindeutig und zwar ergiebt sich b gleichartig mit β.

2) β näher bei 90^0 als α. Die Lösung ist $\left\{\begin{matrix}\text{zweideutig}\\ \text{unmöglich}\end{matrix}\right\}$, je nachdem α und a $\left\{\begin{matrix}\text{gleichartig}\\ \text{ungleichartig}\end{matrix}\right\}$ sind.

Ist nun b bestimmt, so erhält man $\frac{\gamma}{2}$ und $\frac{c}{2}$ wieder mittels der *Neper*schen Gleichungen. Wenn b eindeutig ist, so wird unmittelbar (s. die Auflösung der vorigen Aufgabe):

$$\left\{\begin{aligned} tg\frac{\gamma}{2} &= ctg\frac{\alpha+\beta}{2}\cdot\frac{\cos\frac{a-b}{2}}{\cos\frac{a+b}{2}} \overset{\text{und}}{=} ctg\frac{\alpha-\beta}{2}\cdot\frac{\sin\frac{a-b}{2}}{\sin\frac{a+b}{2}} \\ tg\frac{c}{2} &= tg\frac{a+b}{2}\cdot\frac{\cos\frac{\alpha+\beta}{2}}{\cos\frac{\alpha-\beta}{2}} \overset{\text{und}}{=} tg\frac{a-b}{2}\cdot\frac{\sin\frac{\alpha+\beta}{2}}{\sin\frac{\alpha-\beta}{2}}. \end{aligned}\right.$$

Ist b zweideutig und zwar b' der spitze Wert, so ergeben sich mit

$$\left\{\begin{aligned} p &= ctg\frac{\beta-\alpha}{2}\,ctg\frac{\beta+\alpha}{2} \\ q &= \frac{\sin(b'-a)}{\sin(b'+a)} \end{aligned}\right. \quad \text{und} \quad \left\{\begin{aligned} p' &= \frac{\sin(\beta+\alpha)}{\sin(\beta-\alpha)} \\ q' &= tg\frac{b'-a}{2}\,tg\frac{b'+a}{2} \end{aligned}\right.$$

die beiden Werte von γ und c aus den Gleichungen

$$\left\{\begin{aligned} tg\frac{\gamma_1}{2} &= \sqrt{p\,q} \\ tg\frac{\gamma_2}{2} &= \sqrt{\frac{p}{q}} \end{aligned}\right. \quad \text{und} \quad \left\{\begin{aligned} tg\frac{c_1}{2} &= \sqrt{p'q'} \\ tg\frac{c_2}{2} &= \sqrt{\frac{p'}{q'}}. \end{aligned}\right. \qquad 106)$$

Anmerkung. Aus den letzten Gleichungen ergiebt sich ferner

$$tg\frac{\gamma_1}{2}\,tg\frac{\gamma_2}{2} = \frac{\cos\alpha+\cos\beta}{\cos\alpha-\cos\beta}\;;\quad tg\frac{c_1}{2}\,tg\frac{c_2}{2} = -\frac{\sin(\alpha+\beta)}{\sin(\alpha-\beta)}.$$

Beispiele.

1) $\alpha =$ **102° 18′ 22″**	$\alpha+\beta =$ 235° 2′ 11″	$\sin a$	9.95 079	Da α näher an 90° ist als β, so ist die Lösung eindeutig und b mit β gleichartig.
$\beta =$ **132 43 49**	$\alpha-\beta =$ — 30 25 27	$\sin\beta$	9.86 602	
$a =$ **63 14 11**	$a+b =$ 201 4 11	$E\sin\alpha$	0.01 010	
$b_2 =$ 137 50 0	$a-b =$ — 74 35 49	$\sin b$	9.82 691	
b_1 unmöglich.				

$\frac{\alpha+\beta}{2} =$ 117° 31′ 5_5″	$ctg\frac{\alpha+\beta}{2}$	9.71 682n	$tg\frac{a+b}{2}$	0.73 056_5n
$\frac{\alpha-\beta}{2} =$ — 15 12 43_5	$\cos\frac{a-b}{2}$	9.90 064	$\cos\frac{\alpha+\beta}{2}$	9.66 467n
$\frac{a+b}{2} =$ 100 32 5_5	$E\cos\frac{a+b}{2}$	0.73 795n	$E\cos\frac{\alpha-\beta}{2}$	0.01 549
$\frac{a-b}{2} =$ — 37 17 54_5	$tg\frac{\gamma}{2}$	0.35 541 0.35 539	$tg\frac{c}{2}$	0.41 072
$\frac{\gamma}{2} =$ 66 11 40	$E\sin\frac{a+b}{2}$	0.00 738	$E\sin\frac{\alpha-\beta}{2}$	0.58 105n
$\frac{c}{2} =$ 68 46 26	$\sin\frac{a-b}{2}$	9.78 245n	$\sin\frac{\alpha+\beta}{2}$	9.94 785_5
$\gamma =$ 132 23 20	$ctg\frac{\alpha-\beta}{2}$	0.56 556n	$tg\frac{a-b}{2}$	9.88 181_5n
$c =$ 137 32 52				

2) $\alpha =$ **63° 4′ 30″** $\beta =$ **77° 3′ 20′** $a =$ **87° 4′ 30″**.

Die Auflösung ist unmöglich, da $\sin a \sin\beta > \sin\alpha$ ist.

3) $\alpha =$ **47° 3′ 30″** $\beta =$ **48° 54′ 10″** $a =$ **133° 2′ 10″**.

Hier ist $sin\, a\, sin\, \beta < sin\, \alpha$. Da jedoch β näher an 90^0 als α liegt und gleichzeitig α und a ungleichartig sind, so giebt es keine Lösung.

4) *)

$\alpha = 160^0\ 27'\ 47''$	$\beta + \alpha = 190^0\ 59'\ 18''$	$sin\, a$	9.76 751	Die Auflösung ist zweideutig.
$\beta = 30\ 31\ 31$	$\beta - \alpha = -129\ 56\ 16$	$sin\, \beta$	9.70 579	
$a = 144\ 9\ 47$	$b' + a = 206\ 56\ 17$	$E\, sin\, \alpha$	0.47 571	
$b' = 62\ 46\ 30$	$b' - a = -81\ 23\ 17.$	$sin\, b$	9.94 901	

$\frac{\beta+\alpha}{2} =$	$95^0\ 29'\ 39''$
$\frac{\beta-\alpha}{2} =$	$-64\ 58\ 8$
$\frac{b'+a}{2} =$	$103\ 28\ 9$
$\frac{b'-a}{2} =$	$-40\ 41\ 38$

Erstes Dreieck.	Zweites Dreieck.
$\frac{\gamma_1}{2} = 17^0\ 23'\ 7''$	$\frac{\gamma_2}{2} = 8^0\ 9'\ 49''$
$\frac{c_1}{2} = 43\ 22\ 22$	$\frac{c_2}{2} = 14\ 44\ 32$
$\gamma_1 = 34\ 46\ 14$	$\gamma_2 = 16\ 19\ 38$
$c_1 = 86\ 44\ 44$	$c_2 = 29\ 29\ 4$
$b_1 = 62\ 46\ 30$	$b_2 = 117\ 13\ 30$

$ctg\, \frac{\beta-\alpha}{2}$	9.66 929n	$sin\, (\beta + \alpha)$	9.28 014n
$ctg\, \frac{\beta+\alpha}{2}$	8.98 311n	$E\, sin\, (\beta - \alpha)$	0.11 535n
p	8.65 240	p'	9.39 549
$sin\, (b' - a)$	9.99 508n	$tg\, \frac{b'-a}{2}$	9.93 447n
$E\, sin\, (b' + a)$	0.34 388n	$tg\, \frac{b'+a}{2}$	0.62 068n
q	0.33 896	q'	0.55 515
$p\, q$	8.99 136	$p'\, q'$	9.95 064
$\frac{p}{q}$	8.31 344	$\frac{p'}{q'}$	8.84 034
$tg\, \frac{\gamma_1}{2}$	9.49 568	$tg\, \frac{c_1}{2}$	9.97 532
$tg\, \frac{\gamma_2}{2}$	9.15 672	$tg\, \frac{c_2}{2}$	9.42 017

*) Vgl. *Heis*, Trigonometrie, 2. Aufl., Seite 137.

Anhang zum Kapitel 2.

In den folgenden Tabellen sind **zusammengehörige Stücke einer Anzahl von sphärischen Dreiecken** zusammengestellt. Die mit * bezeichneten Beispiele sind mit vierstelligen Logarithmen gerechnet, mit ** bezeichnete dreistellig, die übrigen fünfstellig, einige wenige davon sechsstellig. In der Spalte F ist der Flächeninhalt der sphärischen Dreiecke für $r = 1$ angegeben (also $F = arc\,\varepsilon$; vgl. § 51, 2).

1) Rechtwinklige Dreiecke für die Fälle I, II, III, IV und VI.

Nr.	b	c	a	β	γ	$arc\,\varepsilon = F$ (für $r=1$)
1	20° 47′ 17″	126° 20′ 35″	123° 38′ 40″	25° 14′ 5″	104° 38′ 4″	0,69585
2*	33 31,3	122 54,1	116 55,6	38 16,4	109 39,7	1,0112
3	36 17 40	48 41 48	57 51 39	44 21 7	62 31 20	0,29451
4	36 17 43	123 28 19	116 23 32	41 21 48	111 22 28	1,09498
5	41 44 6	122 39 24	113 44 42	46 39 24	113 6 19	1,21758
6	42 19 24	167 51 14	136 17 12	76 59 26	162 16 25	2,60515
7	44 45 24	68 35 52	74 58 55	46 48 7	74 34 21	0,54759
8	45 42 14	74 13 47	79 3 31	46 48 7	78 34 21	0,61741
9*	46 15,7	63 0,8	71 43,0	49 32,7	69 48,0	0,5122
10	56 39 49	49 59 44	69 18 42	63 15 28	54 57 51	0,49256
11**	58,0	124,3	107,4	62,6	120,0	1,616
12**	65,4	150,9	111,4	77,4	148,6	2,374
13	68 37 10	103 44 32	94 58 5	69 10 43	102 49 44	1,43130
14	86 59 9	64 32 4	88 42 16	87 16 42	64 33 54	1,07936
15	91 40 24	42 58 18	91 13 28	91 8 27	42 59 1	0,77012
16*	109 13,0	136 0,7	76 18,1	103 36,5	134 22,2	2,5827
17	112 17 36	53 19 12	103 5 49	108 12 6	55 25 38	1,28506
18	112 37 45	71 58 28	96 50 18	111 37 23	73 16 54	1,65640
19	115 27 48	101 13 36	85 11 55	115 2 11	100 9 36	2,18509
20	116 48 46	71 36 21	98 11 0	115 37 20	73 28 10	1,72948
21	118 37 40	145 54 11	66 37 29	107 0 51	142 21 30	2,78157
22	119 3 45	50 42 42	107 54 52	113 26 25	54 25 48	1,35909
23*	119 49,6	122 56,8	74 18,4	115 41,6	119 20,8	2,5314

Nr.	b	c	a	β	γ	$arc\,\varepsilon = F$ (für $r=1$)
24	$120^0 35' 38''$	$70^0 15' 18''$	$99^0 54' 2''$	$119^0 5' 43''$	$72^0 49' 49''$	1,77894
25	124 18 32	111 5 42	78 17 43	122 28 58	107 40 27	2,44620
26	133 46 37	108 34 53	77 15 51	132 14 48	103 38 36	2,54627
27	135 3 24	173 40 5	45 17 32	96 18 22	171 4 21	3,09584
28*	135 $16,_9$	167 $51,_0$	46 $0,_0$	102 $0,_0$	162 $59,_2$	3,0541
29**	$135,_3$	$167,_8$	$46,_0$	$102,_0$	$163,_0$	3,054
30*	136 $19,_2$	36 $59,_0$	125 $17,_4$	122 $12,_6$	47 $28,_7$	1,3908
31*	138 $24,_7$	27 $46,_5$	131 $26,_0$	117 $42,_2$	38 $25,_9$	1,1543
32	140 25 26	63 39 6	110 0 14	137 18 36	72 29 12	2,09084
33*	149 $10,_7$	156 $56,_3$	37 $48,_1$	123 $17,_2$	140 $16,_5$	3,02922
34	156 51 48	124 31 36	58 35 13	152 35 12	105 7 36	2,92715
35	90	90	90	90	90	1,57080

2) Rechtwinklige Dreiecke für den Fall V (Casus ambiguus).

Nr.	b	β	a	c	γ
1*	$24^0 47',_4$	$49^0 34',_8$	$33^0 25',_1$ 146 $34,_9$	$23^0 9',_8$ 156 $50,_2$	$45^0 34',_7$ 134 $25,_3$
2**	$48,_3$	$50,_5$	$75,_5$ $104,_5$	$67,_8$ $112,_2$	$73,_0$ $107,_0$
3	75 24 16	78 19 41	81 10 29 98 49 31	52 29 48 127 30 12	53 24 0 126 36 0
4*	83 $16,_1$	85 $28,_7$	85 $0,_4$ 94 $59,_6$	42 $3,_7$ 137 $56,_3$	42 $15,_5$ 137 $44,_5$
5**	112	93	$68,_3$ $111,_7$	$172,_5$ $7,_5$	$171,_9$ $8,_1$
6	113 17 36	102 37 14	70 15 36 109 44 24	148 39 47 31 20 13	146 27 32 33 32 28
7	126 18 42	118 54 39	67 0 13 112 59 47	131 16 43 48 43 17	125 16 30 54 43 30
8*	128 $16,_6$	109 $8,_4$	56 $11,_9$ 123 $48,_1$	153 $54,_4$ 26 $5,_6$	148 $2,_5$ 31 $57,_5$
9	128 16 40	115 24 20	60 20 58 119 39 2	142 59 44 37 0 16	136 10 2 43 49 58
10	134 24 36	119 36 48	55 15 7 124 44 53	144 32 7 35 27 53	135 4 48 44 55 12
11	136 48 10	116 59 26	50 11 24 129 48 36	151 25 50 28 34 10	141 29 50 38 30 10
12	168 12 26	110 34 47	12 36 35 167 23 25	175 30 14 4 29 46	158 57 19 21 2 41

3) Schiefwinklige Dreiecke für die Fälle I, II, III[a] und IV[a].

Nr.	a	b	c	α	β	γ	$arc\,\varepsilon = F$ (für $r=1$)
1	35 41 28	56 16 40	29 18 10	36 18 30	122 25 9	29 47 1	0,14855
2	36 14 28	128 17 22	107 15 55	33 49 46	132 20 34	64 3 43	0,87674
3*	48 $36,_2$	45 $48,_6$	17 $58,_9$	90 $26,_8$	72 $54,_3$	24 $18,_1$	0,1336
4	49 16 46	102 48 1	88 20 17	47 30 41	108 24 56	76 33 31	0,91605
5	54 42 42	68 27 32	18 14 44	38 9 47	135 14 32	13 42 36	0,12419
6	55 25 26	124 38 40	122 27 10	67 47 16	112 19 16	108 24 56	1,89412
7**	$60,_0$	$60,_0$	$60,_0$	$70,_5$	$70,_5$	$70,_5$	0,550
8**	64	84	100	62	78	104	1,117
9	66 12 30	119 0 40	72 53 50	49 12 40	133 38 46	52 15 54	0,96207
10*	66 $31,_8$	107 $16,_4$	84 $29,_7$	63 $19,_2$	111 $32,_0$	75 $50,_7$	1,2339
11	67 36 43	112 31 17	94 0 28	67 24 4	112 43 52	84 53 46	1,48402
12*	74 $26,_3$	101 $49,_7$	62 $31,_6$	65 $18,_3$	112 $37,_1$	56 $47,_9$	0,9551
13	74 45 15	112 39 44	43 53 55	32 20 32	149 13 29	22 36 40	0,42199
14	78 35 50	37 35 24	70 24 6	96 48 12	38 9 48	72 36 24	0,48125
15	84 57 56	66 25 30	27 10 50	129 48 20	44 58 43	20 37 39	0,26898
16*	85 $17,_4$	128 $38,_7$	107 $49,_8$	98 $46,_4$	129 $10,_6$	109 $7,_0$	2,7413
17**	$90,_0$	$53,_5$	$54,_3$	$122,_0$	$43,_0$	$43,_5$	0,497
18	90 0 0	89 0 0	88 0 0	90 2 6	88 59 58	87 59 59	1,51903
19*	90 $0,_0$	116 $43,_2$	116 $31,_4$	104 $33,_0$	120 $10,_0$	119 $59,_8$	2,8748
20	91 54 42	65 51 48	111 6 32	82 18 36	64 48 18	112 19 42	1,38654
21*	92 $16,_4$	123 $17,_5$	88 $42,_2$	91 $52,_0$	123 $16,_2$	89 $56,_5$	2,1830
22*	92 $28,_4$	67 $36,_6$	40 $37,_9$	123 $29,_5$	50 $31,_1$	32 $55,_7$	0,4702
23	93 36 40	112 19 10	76 24 30	88 19 34	112 6 0	76 47 2	1,69663
24*	99 $49,_0$	114 $17,_5$	57 $38,_6$	86 $18,_1$	112 $37,_2$	58 $48,_9$	1,3568
25	108 0 0	60 0 0	60 0 0	138 11 23	37 22 38	37 22 38	0,57499
26	108 0 0	108 0 0	108 0 0	116 33 54	116 33 54	116 33 54	2,96174
27	109 28 16	109 28 16	109 28 16	120 0 0	120 0 0	120 0 0	3,14159
28**	112	86	125	115	102	127	2,862
29	112 17 14	89 27 52	128 59 26	118 42 38	108 35 24	132 32 46	3,13891
30*	112 $38,_0$	86 $14,_0$	125 $9,_0$	115 $10,_2$	101 $55,_2$	126 $42,_2$	2,8587
31	115 27 32	100 51 18	42 33 26	115 59 48	77 52 16	42 19 12	0,98066
32*	116 $18,_3$	89 $27,_6$	140 $53,_5$	133 $42,_5$	126 $15,_6$	149 $25,_6$	4,0037
33	126 42 50	108 12 22	36 54 43	127 35 17	69 53 14	36 25 9	0,94063
34	128 17 22	94 43 33	68 9 28	129 32 41	78 16 2	65 46 20	1,63335
35	128 17 22	110 12 49	41 23 51	125 30 38	76 42 45	43 18 0	1,14359
36	136 48 22	112 16 55	102 3 45	153 16 53	142 34 4	140 1 53	4,46596
37*	136 $48,_4$	112 $16,_9$	102 $3,_7$	153 $16,_9$	142 $34,_1$	140 $2,_0$	4,4660
38	141 24 30	46 18 34	126 17 36	129 45 32	63 1 0	96 37 22	1,90936
39	147 39 30	30 46 31	157 23 22	105 14 45	67 20 16	136 6 5	2,24598
40*	151 $50,_4$	134 $30,_4$	66 $1,_5$	156 $19,_3$	142 $38,_1$	128 $57,_8$	4,3270

Schiefwinklige Dreiecke für den Fall III[b] (erster Casus ambiguus).

Nr.	a	b	α	β	γ	c
1	42 36 10	127 19 30	37 18 40	45 24 10	168 3 36	166 38 30
				134 35 50	61 32 20	100 56 14
2	82 $47,_2$	89 $17,_9$	164 $27,_6$	—	—	—
3	105 51 20	96 48 10	162 38 40	17 56 0	2 43 52	8 51 54
				162 4 0	173 1 46	156 53 24
4*	112 $16,_4$	76 $57,_9$	127 $38,_5$	56 $28,_6$	46 $5,_6$	57 $20,_5$
				123 $31,_4$	166 $31,_2$	164 $11,_6$
5	112 17 17	96 18 22	142 53 26	40 23 56	13 8 14	20 24 1
				139 36 4	157 21 47	143 49 17
6	112 17 17	112 16 16	89 9 50	—	—	—
7	112 17 23	78 45 13	139 16 46	43 45 5	29 29 27	44 16 55
				136 14 55	143 32 18	165 7 29

Schiefwinklige Dreiecke für den Fall IV[b] (zweiter Casus ambiguus).

Nr.	α	β	a	b	c	γ
1	46 37 36	109 29 18	40 53 24	58 6 0	31 41 50	35 41 42
				121 54 0	116 4 22	94 8 2
2*	67 $42,_7$	83 $41,_6$	37 $6,_6$	40 $23,_9$	22 $38,_2$	36 $10,_7$
				139 $36,_1$	166 $51,_7$	159 $36,_0$
3	76 45 38	118 37 14	54 47 22	132 32 29	131 49 10	117 23 26
4	94 37 13	152 48 26	128 34 55	158 59 55	49 52 58	77 10 55
5	106 16 33	83 19 15	152 37 36	28 24 25	167 56 5	154 7 36
				151 35 35	5 10 22	10 50 59
6*	136 $42,_6$	102 $5,_2$	136 $17,_4$	80 $11,_7$	114 $40,_5$	115 $36,_9$
				99 $48,_8$	87 $57,_7$	97 $23,_2$

Kapitel 3.

Bestimmung weiterer Stücke im sphärischen Dreieck. Weitere Dreiecksaufgaben und Sätze der Sphärik. Anwendung der sphärischen Trigonometrie auf Stereometrie, mathematische Geographie und Geodäsie.

§ 56. Bestimmung der wichtigsten weitern Stücke des sphärischen Dreiecks.

Bei allen folgenden Formeln vergleiche man die analogen des ebenen Dreiecks (§ 25).

1) Höhen des Dreiecks. Bezeichnet man, wie es schon oben geschehen ist, den von der Ecke A ausgehenden Grosskreisbogen, der die Gegenseite rechtwinklig schneidet, mit h' (Fig. 141) und analog die beiden andern, so wird:

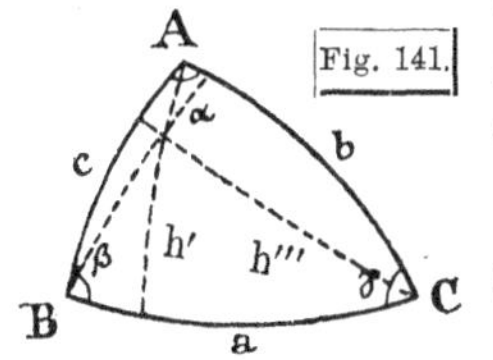

$$(1) \quad \begin{cases} \sin h' = \begin{cases} \sin b \sin \gamma \\ \sin c \sin \beta, \end{cases} & \sin h'' = \begin{cases} \sin c \sin \alpha \\ \sin a \sin \gamma, \end{cases} \\ \sin h''' = \begin{cases} \sin a \sin \beta \\ \sin b \sin \alpha. \end{cases} \end{cases}$$

Mit Hilfe der Formeln (XII) und (XV) in § 50 kann man die Höhen in den Seiten und in den Winkeln allein ausdrücken. Man findet, wenn S und Σ (Ecken-*Sinus* und Polar-Ecken-*Sinus*) die dort angegebenen Bedeutungen haben:

$$(2) \quad \sin h' = \frac{2\,S}{\sin a} = \frac{2\,\Sigma}{\sin \alpha}; \quad \sin h'' = \frac{2\,S}{\sin b} = \frac{2\,\Sigma}{\sin \beta}; \quad \sin h''' = \frac{2\,S}{\sin c} = \frac{2\,\Sigma}{\sin \gamma}.$$

Zusatz. An Stelle der Gleichung im ebenen Dreieck $2\,F = a\,h' = b\,h'' = c\,h'''$ tritt im sphärischen die folgende:

$$2\,S = \sin a \sin h' = \sin b \sin h'' = \sin c \sin h'''; \text{ ebenso ist}$$
$$2\,\Sigma = \sin \alpha \sin h' = \sin \beta \sin h'' = \sin \gamma \sin h'''.$$

2) Flächeninhalt des Dreiecks. Ist ε der Excess des Dreiecks, d. h.

$$\varepsilon = (\alpha + \beta + \gamma) - 180^0, \text{ so ist (vgl. § 51, 2)}$$

$$(3) \qquad F = \frac{\pi\,r^2\,.\,\varepsilon^0}{180^0} = \frac{r^2\,\varepsilon}{\varrho} = r^2\,arc\,\varepsilon;$$

„Flächeninhalt des sphärischen Dreiecks gleich seinem Excess"; genauer (s. § 51 S. 426): Auf der Kugel vom Halbmesser 1 ist der Flächeninhalt gleich dem *arc* des Excesses; auf der Kugel vom beliebigen Halbmesser r gleich diesem *arc* multipliziert mit dem Quadrat des Halbmessers.

1) Wenn die **drei Winkel des Dreiecks gegeben** sind, so ist ε unmittelbar bekannt.

2) Sind die **drei Seiten gegeben**, so ist ε aus (XX) zu berechnen.

3) Um den Excess unmittelbar zu bestimmen, wenn **zwei Seiten und der eingeschlossene Winkel**, z. B. b, c, α gegeben sind, erhält man aus

$$\sin\frac{\varepsilon}{2} = -\cos\frac{\alpha+\beta+\gamma}{2} \quad \text{und} \quad \cos\frac{\varepsilon}{2} = \sin\frac{\alpha+\beta+\gamma}{2},$$

indem man den Winkel rechts in $\frac{\alpha}{2}$ und $\frac{\beta+\gamma}{2}$ zerlegt, sodann die Gleichungen mit $\cos\frac{a}{2}$ durchmultipliziert und die *Delambre* schen Gl. anwendet, leicht die zwei Gleichungen

$$\begin{cases} \cos\frac{a}{2}\sin\frac{\varepsilon}{2} = \sin\frac{b}{2}\sin\frac{c}{2}\sin\alpha \\ \cos\frac{a}{2}\cos\frac{\varepsilon}{2} = \cos\frac{b}{2}\cos\frac{c}{2} + \sin\frac{b}{2}\sin\frac{c}{2}\cos\alpha. \end{cases}$$

Durch Division beider erhält man:

$$(4) \qquad tg\frac{\varepsilon}{2} = \frac{\sin\alpha}{ctg\frac{b}{2}\,ctg\frac{c}{2} + \cos\alpha},$$

womit ε unmittelbar in den gegebenen Stücken ausgedrückt ist. Dies ist die Gleichung, die schon als (XXIII) in § 51 aufgeführt ist; multipliziert man nämlich in (4) Zähler und Nenner mit $tg\frac{b}{2}\,tg\frac{c}{2}$, so erhält man:

$$(4') \qquad tg\frac{\varepsilon}{2} = \frac{tg\frac{b}{2}\,tg\frac{c}{2}\sin\alpha}{1 + tg\frac{b}{2}\,tg\frac{c}{2}\cos\alpha},$$

wie in (XXIII).

Der Zusammenhang mit dem ebenen Dreieck ist klar; lässt man b und c bis zur Null abnehmen (womit nicht zugleich $\mathfrak{b}$ und $\mathfrak{c}$ verschwinden, vgl. § 53), so erhält man für den Grenzfall:

$$\frac{\mathfrak{e}}{2} = \frac{\mathfrak{b}}{2}\cdot\frac{\mathfrak{c}}{2}\sin\alpha, \text{ wie es das ebene Dreieck verlangt.}$$

4) Ist endlich **eine Seite und die zwei anliegenden Winkel** gegeben, so berechnet man zunächst den dritten Winkel mittels (VII).

5) **Spezieller Fall. Excess des rechtwinkligen Dreiecks.**

a) Sind die Winkel gegeben, so ist $\varepsilon = (\beta+\gamma) - 90^0$.

b) Sind dagegen die Katheten b und c gegeben, so folgt mit $\alpha = 90^0$ aus (4′)

$$(5)\quad tg\,\frac{\varepsilon}{2} = tg\,\frac{b}{2} \cdot tg\,\frac{c}{2}.$$

Diese Formel, die schon in § 52 als (7) aufgeführt ist und sich auch sehr leicht direkt herleiten lässt, tritt hier an die Stelle der Gleichung $F = \frac{1}{2}\,b\,c$ im ebenen rechtwinkligen Dreieck.

Man bilde selbst Zahlenbeispiele zu diesem Absatz **2)**; man verfolge z. B. die Flächeninhalte der Dreiecke in § 54, **3)**, 3).

3) Sphärischer Halbmesser R des Umkreises.

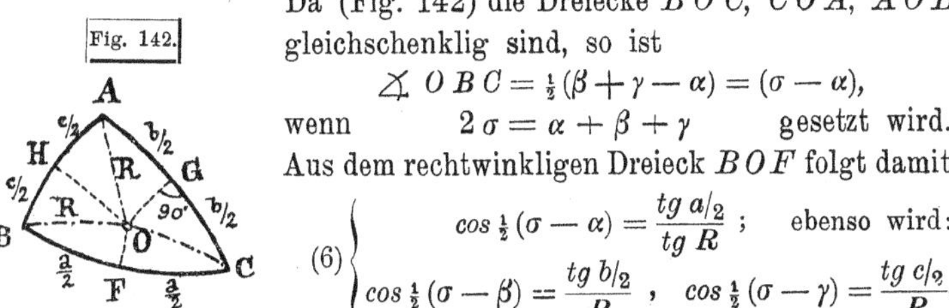

Da (Fig. 142) die Dreiecke BOC, COA, AOB gleichschenklig sind, so ist

$$\measuredangle\, OBC = \tfrac{1}{2}(\beta + \gamma - \alpha) = (\sigma - \alpha),$$

wenn $2\sigma = \alpha + \beta + \gamma$ gesetzt wird. Aus dem rechtwinkligen Dreieck BOF folgt damit

$$(6)\quad \begin{cases} \cos\tfrac{1}{2}(\sigma - \alpha) = \dfrac{tg\,a/_2}{tg\,R}; \quad \text{ebenso wird:} \\ \cos\tfrac{1}{2}(\sigma - \beta) = \dfrac{tg\,b/_2}{R}, \quad \cos\tfrac{1}{2}(\sigma - \gamma) = \dfrac{tg\,c/_2}{R}. \end{cases}$$

Die Vergleichung mit (XVII), § 50 und mit § 55, II. Fall, 2) giebt unmittelbar:

$$(7)\quad ctg\,R = \sqrt{\frac{\cos(\sigma - \alpha)\cos(\sigma - \beta)\cos(\sigma - \gamma)}{-\cos\sigma}} \quad (= k').$$

Nach Analogie der Ebene wird der Umkreishalbmesser in einfacher Beziehung stehen zu dem konstanten Verhältnisse des *sin* einer Seite zum *sin* des Gegenwinkels (Modulus). Setzt man in der ersten Gleichung (6) für $(\sigma - \alpha)$ wieder $\frac{1}{2}(\beta + \gamma - \alpha)$ und sodann $\cos\frac{1}{2}(\beta+\gamma-\alpha) = \cos\frac{\beta+\gamma}{2}\cos\frac{\alpha}{2} - \sin\frac{\beta+\gamma}{2}\sin\frac{\alpha}{2}$, so erhält man mit Beachtung der *Delambre*schen Gleichungen leicht die gewünschte Beziehung in der Form:

$$(8)\quad \frac{\sin a}{\sin\alpha}\left(= \frac{\sin b}{\sin\beta} = \frac{\sin c}{\sin\gamma}\right) = 2\,tg\,R\cos\frac{a}{2}\cos\frac{b}{2}\cos\frac{c}{2}.$$

Wenn der Pol O des Umkreises ausserhalb des Dreiecks liegt, so bleibt der Beweis natürlich ganz ähnlich.

Die Gleichung (7) drückt R in den Winkeln allein aus; will man es in den Seiten allein haben, so findet sich mit Benützung des Ecken-*Sinus* S (§ 50, XII):

$$(9)\quad tg\,R = \frac{2\sin a/_2\sin b/_2\sin c/_2}{S}.$$ [Vgl. auch die Anmerkung nach 4)].

4) Sphärischer Halbmesser p des Inkreises. Da

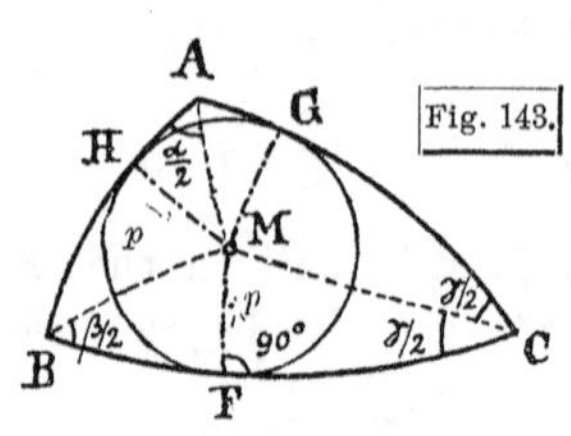

Fig. 143.

Fig. (143) $AG = AH$ ist u. s. f., so ist $AG = (s - a)$ u. s. f., somit aus dem rechtwinkligen Dreieck AMH

$$tg\frac{\alpha}{2} = \frac{tg\,p}{sin\,(s-a)};$$

ebenso aus den andern Dreiecken:

$$tg\frac{\beta}{2} = \frac{tg\,p}{sin\,(s-b)} \quad tg\frac{\gamma}{2} = \frac{tg\,p}{sin\,(s-c)}$$

und also gemäss Gl. (XIV) in § 50 und § 55, I. Fall, 2):

$$(10) \quad \boldsymbol{tg\,p = \sqrt{\frac{sin\,(s-a)\,sin\,(s-b)\,sin\,(s-c)}{sin\,s}}} \quad (= k).$$

Ferner wird:

$$(11) \quad ctg\,p = \frac{ctg\,\alpha/_2}{sin\,(s-a)} = \frac{ctg\,\beta/_2}{sin\,(s-b)} = \frac{ctg\,\gamma/_2}{sin\,(s-c)}$$

und, um p auch in den Winkeln allein auszudrücken:

$$(12) \quad \boldsymbol{ctg\,p = \frac{2\,cos\,\alpha/_2\,cos\,\beta/_2\,cos\,\gamma/_2}{\Sigma}}.$$ (Σ ist der Polar-Ecken-*Sinus*).

Anmerkung. Aus den Gleichungen (7) und (10) ergiebt sich, da k' für das Polardreieck dasselbe ist, wie k für das ursprüngliche Dreieck, der

Satz: Der Halbmesser des Inkreises eines Dreiecks und der Halbmesser des Umkreises seines Polardreiecks (und umgekehrt) ergänzen sich zu 90°.

5) Sphärische Halbmesser R', R'', R''' der Umkreise der Nebendreiecke und sphärische Halbmesser p', p'', p''' der Ankreise. R' bedeute den sphärischen Radius des Kreises, der um das an die Seite a anstossende Nebendreieck beschrieben ist. Um R' zu erhalten, hat man in den Gleichungen (7) bis (9) an Stelle von b und c zu setzen $(180^0 - b)$ und $(180^0 - c)$ u. s. f. Man findet:

$$(13) \quad tg\,R' = -\frac{tg\,a/_2}{cos\,\sigma} = \frac{ctg\,b/_2}{cos\,(\sigma-\gamma)} = \frac{ctg\,c/_2}{cos\,(\sigma-\beta)}$$
$$= \frac{2\,sin\,a/_2\,cos\,b/_2\,cos\,c/_2}{S} = \frac{cos\,(\sigma-\alpha)}{\Sigma}$$

und analoge Formeln für die Halbmesser R'' und R'''.

Der Ankreis an der Seite a ist der Inkreis des an a anstossenden Nebendreiecks, also p' aus p zu erhalten mit $(180^0 - b)$ und $(180^0 - c)$ an Stelle von b und c. Man findet

$$(14) \quad ctg\,p' = \frac{ctg\,\alpha/_2}{sin\,s} = \frac{tg\,\beta/_2}{sin\,(s-c)} = \frac{tg\,\gamma/_2}{sin\,(s-b)}$$
$$= \frac{2\,cos\,\alpha/_2\,sin\,\beta/_2\,sin\,\gamma/_2}{\Sigma} = \frac{sin\,(s-a)}{S}$$

und durch cyklische Vertauschnng die Ausdrücke für p'' und p'''.

6) Anhang zu 3), 4), 5). Beziehungen zwischen den Halbmessern der acht Kreise (R, p; R', R'', R'''; p', p'', p''').

(15) $tg\,R' + tg\,R'' + tg\,R''' - tg\,R = 2\,ctg\,p.$

(16) $ctg\,R' \,.\, ctg\,R'' \,.\, ctg\,R''' \,.\, tg\,R = cos^2\,\sigma.$

(17) $ctg\,R' \,.\, ctg\,R'' \,.\, ctg\,R''' \,.\, ctg\,R = \Sigma^2.$

(18) $-tg\,R' + tg\,R'' + tg\,R''' + tg\,R = 2\,ctg\,p'.$

(19) $tg\,R' \,.\, ctg\,R'' \,.\, ctg\,R''' \,.\, ctg\,R = cos^2\,(\sigma - \alpha).$

(20) $ctg\,p' + ctg\,p'' + ctg\,p''' - ctg\,p = 2\,tg\,R.$

(21) $tg\,p' \,.\, tg\,p'' \,.\, tg\,p''' \,.\, ctg\,p = sin^2\,s.$

(22) $tg\,p' \,.\, tg\,p'' \,.\, tg\,p''' \,.\, tg\,p = S^2.$

(23) $-ctg\,p' + ctg\,p'' + ctg\,p''' + ctg\,p = 2\,tg\,R'.$

(24) $ctg\,p' \,.\, tg\,p'' \,.\, tg\,p''' \,.\, tg\,p = sin^2\,(s - a).$

(25) $tg\,R' + tg\,R'' + tg\,R''' + tg\,R = ctg\,p' + ctg\,p'' + ctg\,p''' + ctg\,p.$

Ebenso wie im ebenen Dreieck (vgl. § 25, **5**, u. s. f.) lassen sich hier eine zahllose Menge von Beziehungen aufstellen, die aber in praktischer Hinsicht nicht von Bedeutung sind. [107])

7) Winkelhalbierende Transversalen und seitenhalbierende Transversalen im sphärischen Dreieck (analog § 25, **6**, im ebenen) und ihre Beziehungen zu Seiten und Winkeln möge der Leser im einzelnen selbst untersuchen.

Um wenigstens eine hierhergehörige Aufgabe zu lösen, sei folgende gewählt: Ein sphärisches Dreieck ist gegeben durch seine drei Winkel α, β, γ; wie findet man den Grosskreisbogen w', der α halbiert und den Winkel δ, unter dem er a schneidet? (Dabei mag δ Gegenwinkel von c, $(180^0 - \delta)$ Gegenwinkel von b in den beiden Dreiecken sein, in die w' das gegebene Dreieck zerlegt).

Aus diesen beiden Dreiecken findet man nach (VII)

$$cos\,\beta = -cos\,\frac{\alpha}{2}\,cos\,\delta + sin\,\frac{\alpha}{2}\,sin\,\delta\,cos\,w'$$

$$cos\,\gamma = +cos\,\frac{\alpha}{2}\,cos\,\delta + sin\,\frac{\alpha}{2}\,sin\,\delta\,cos\,w'$$

folglich durch Addition

$$2\,sin\,\frac{\alpha}{2}\,sin\,\delta\,cos\,w' = cos\,\beta + cos\,\gamma$$

oder

$$cos\,w' = \frac{cos\,\frac{\beta+\gamma}{2}\,cos\,\frac{\beta-\gamma}{2}}{sin\,\frac{\alpha}{2}\,sin\,\delta}\,;$$

dabei ist zuerst δ aus der Gleichung zu bestimmen, die man durch Subtraktion der beiden zuerst angeschriebenen erhält, nämlich

$$2\,cos\,\frac{\alpha}{2}\,cos\,\delta = cos\,\gamma - cos\,\beta$$

oder

$$cos\,\delta = \frac{sin\,\frac{\beta+\gamma}{2}\,sin\,\frac{\beta-\gamma}{2}}{cos\,\frac{\alpha}{2}}.$$

§ 57. Weitere Aufgaben und Sätze über das sphärische Dreieck und sonstige Sätze der Sphärik.

Teils zur Übung in den Rechnungen am Dreieck, teils zur Vervollständigung der Sätze in § 44 u. s. f. sollen hier einige weitere Aufgaben und Sätze eingeschaltet werden. Überall ziehe man das ebene Dreieck zur Vergleichung heran.

1) Rechtwinkliges Dreieck.

1) Die Abschnitte, in die die Höhe h eines rechtwinkligen sphärischen Dreiecks die Hypotenuse teilt, seien a_1 und a_2, die Teile des rechten Winkels α_1 und α_2. Wie lauten die Beziehungen, die den im ebenen rechtw. Dreieck giltigen entsprechen?

Die Gleichungen des rechtwinkligen Dreiecks geben unmittelbar

(1) $\sin a \sin h = \sin b \sin c$; (2) $\sin^2 h = tg\, a_1\, tg\, a_2$.

(3) $tg^2 b = tg\, a\, tg\, a_1$; (4) $tg^2 c = tg\, a\, tg\, a_2$.

(5) $tg\, \alpha_1 = \dfrac{tg\, b}{tg\, c}$; (6) $tg\, \alpha_2 = \dfrac{tg\, c}{tg\, b}$. Es ist $\alpha_2 = 90^0 - \alpha_1$ ist also $\alpha_1 > 90^0$, so ist α_2 negativ. Sind b und c gleichartig, so liegen $a_1, a_2, \alpha_1, \alpha_2$ zwischen 0^0 und 90^0; sind b und c ungleichartig, und zwar $b > 90^0$, $c < 90^0$, so wird a_1, sowie $\alpha_1 > 90^0$. Ferner ist

(7) $tg\, h = tg\, b \cos \alpha_1 = tg\, c \cos \alpha_2$; (8) $\sin h = \sqrt{-\cos(\beta+\gamma)\cos(\beta-\gamma)}$

2) Ein rechtwinkliges sphärisches Dreieck ist durch seine Katheten b, c gegeben. Man soll Inhalt, Inkreis- und Umkreishalbmesser angeben.

Für den Excess des Dreiecks ist schon in § 52, **1**, Gl. (7), ferner im vorigen § 56, **2**, 5) die Gleichung angegeben:

$$tg\frac{\varepsilon}{2} = tg\frac{b}{2}\, tg\frac{c}{2}.$$

Beispiel: Auf einer Kugel von 13,06 m Radius liegt ein rechtwinkliges sphärisches Dreieck, dessen Katheten $\mathfrak{b} = 28{,}71$ m und $\mathfrak{c} = 12{,}48$ m lang sind. Was ist der Flächeninhalt des Dreiecks?

Man findet $b = 125^0\, 17'\, 15''$, $c = 54^0\, 45'\, 47''$; damit $\varepsilon = 90^0\, 52'\, 53''$ und $F = 270{,}545$ qm.

Für den Inkreishalbmesser p und den Umkreishalbmesser R findet man aus **4)** und **3)** des vorigen § 56 mit $\alpha = 90^0$, $tg\frac{\alpha}{2} = ctg\frac{\alpha}{2} = 1$ in der ersten Gleichung und Gleichung (11) in **4**, und $\sin \alpha = 1$ in Gl. (8) in **3**):

$$tg\, p = \sin(s-a) \;;\; tg\, R = \frac{\sin a/2}{\cos b/2 \cos c/2} = \sqrt{tg^2\frac{b}{2} + tg^2\frac{c}{2}}.$$

Man vergleiche damit die Formeln der Ebene ($\mathfrak{p} = \mathfrak{s} - \mathfrak{a}$; $\mathfrak{R} = \frac{\mathfrak{a}}{2} = \frac{1}{2}\sqrt{\mathfrak{b}^2 + \mathfrak{c}^2}$).

3) Ein rechtwinkliges Dreieck zu berechnen aus a und h.

Bestimmt man φ aus $\sin \varphi = \dfrac{2 \sin h}{\cos^2 h\, tg\, a}$, wo φ als positiver oder negativer spitzer Winkel zu nehmen ist, so wird

$$\begin{cases} tg\,a_1 = tg\,a\cos^2 h\cos^2\frac{\varphi}{2} \\ tg\,a_2 = tg\,a\cos^2 h\sin^2\frac{\varphi}{2} \end{cases} \quad \begin{cases} tg\,\beta = \frac{tg\,h}{\sin a_2} \\ tg\,\gamma = \frac{tg\,h}{\sin a_1} \end{cases} \quad \begin{cases} tg\,\alpha_1 = \frac{tg\,a_1}{\sin h} \\ tg\,\alpha_2 = \frac{tg\,a_2}{\sin h} \end{cases} \quad \begin{cases} tg\,b = tg\,a\cos\gamma \\ tg\,c = tg\,a\cos\beta. \end{cases}$$

a und h müssen entweder beide $< 90^0$ oder ungleichartig gegeben sein, und zwar so, dass absolut $\sin h < \begin{Bmatrix} tg\,a/_2 \\ ctg\,a/_2 \end{Bmatrix}$ ist, je nachdem $a \lesseqgtr 90^0$ ist. Ist $a > 90^0$, $h < 90^0$, so sind a_2 und α_2 als negative spitze Winkel zu nehmen.

Beispiel:

$a = 69^0\ 18'\ 42''$	$a_1 = 41\ \ 6\ 58$	$\alpha_1 = 51\ 54\ 37$	$\beta = 63\ 15\ 28$	$b = 56\ 39\ 49$
$h = 43\ \ 9\ 43.$	$a_2 = 28\ 11\ 44$	$\alpha_2 = 38\ \ 5\ 23$	$\gamma = 54\ 57\ 51$	$c = 49\ 59\ 44.$

2) Gleichschenkliges sphärisches Dreikant. Gleichseitige Dreiecke. Reguläre sphärische Polygone.

1) Gleichschenklige Dreiecke (vgl. § 9, 2). Ist $c = b$, so ist auch $\gamma = \beta$, das Dreieck gleichschenklig mit b als Schenkel, a als Basis. Man lese mit diesen Annahmen die hier giltigen Gleichungen aus den Grundformeln u. s. f. ab.

Beispiel. Um welchen Winkel muss die Ebene eines gegebenen Winkels b um den einen festgehaltenen Schenkel gedreht werden, bis der zweite Schenkel mit seiner urspringlichen Lage den Winkel a einschliesst? Hier sind b und a Schenkel und Basis eines gleichschenkligen Dreikants, dessen Winkel x an der Spitze gesucht wird. Man hat unmittelbar:

$$\sin\frac{x}{2} = \frac{\sin\frac{1}{2}a}{\sin b}.$$

Man könnte diese Gleichung auch durch Anwendung von (X, 1), oder von (I) ausgehend finden.

Beispiel: $b = 50^0$, $a = 30^0$ giebt $x = 39^0\ 29',6$.

2) Gleichseitige Dreiecke. Mit $a = b = c$ ist auch $\alpha = \beta = \gamma$. Zwischen der Seite a und dem Winkel α eines gleichseitigen sphärischen Dreiecks besteht die Beziehung (aus (I) oder bequemer (X), endlich aus der Figur sofort abzulesen):

$$\sin\frac{\alpha}{2} = \frac{\sin a/_2}{\sin a} = \frac{1}{2\cos a/_2}\ ;\quad \cos\frac{a}{2} = \frac{1}{2\sin\alpha/_2}$$

Die Seite a ist ganz beliebig zwischen 0^0 und 120^0; dem ersten Grenzfall entspricht $\alpha = 60^0$, dem zweiten $\alpha = 180^0$ und zwischen beiden Extremen liegt stets der Winkel eines gleichseitigen Dreikants.

Für den Excess in den Seiten ausgedrückt hat man nach (XX) mit $2s = 3a$, $s = \frac{3a}{2}$, $\frac{s-a}{2} = \frac{a}{4}$ den Ausdruck:

$$tg\frac{\varepsilon}{4} = tg\frac{a}{4}\sqrt{tg\frac{a}{4}\ tg\frac{3a}{4}}\ ;$$

man wende auch (XXI), (XXII), (XXIII), (XXIV) auf diesen Fall an. Was ist ferner Inkreishalbmesser und Umkreishalbmesser?

3) Reguläre sphärische Polygone (regelmässige n-Kante). Auf einer Kugel von gegebenem Halbmesser r liegt ein reguläres, aus Grosskreisbögen gebildetes n-Eck, das gegeben sei entweder durch seine Seite a, oder durch seinen Winkel α (zwischen aufeinanderfolgenden Seiten). Es soll bestimmt werden: im ersten Fall der Winkel α, im zweiten die Seite a; in beiden Fällen die Radien des In- und Umkreises p und R und der Flächeninhalt F (vgl. stets die Ebene, § 9, 3)). Man findet je nachdem die Seite oder der Winkel gegeben ist:

$$\sin\frac{\alpha}{2} = \frac{\cos\left(\frac{1}{n}\,180^0\right)}{\cos\frac{1}{2}a} \quad ; \quad \cos\frac{a}{2} = \frac{\cos\left(\frac{1}{n}\,180^0\right)}{\sin\frac{1}{2}\alpha}$$

$$\sin p = \frac{tg\frac{1}{2}a}{tg\left(\frac{1}{n}\,180^0\right)} \quad ; \quad \cos p = \frac{\cos\frac{1}{2}\alpha}{\sin\left(\frac{1}{n}\,180^0\right)}$$

$$\sin R = \frac{\sin\frac{1}{2}a}{\sin\left(\frac{1}{n}\,180^0\right)} \quad ; \quad \cos R = \frac{1}{tg\frac{\alpha}{2}\;tg\left(\frac{1}{n}\,180^0\right)}.$$

Ist endlich ε der Excess des Polygons, so ist

$$F = r^2 . \mathrm{arc}\,\varepsilon = r^2 . \frac{\varepsilon^0}{\varrho^0}.$$

Der Excess ε eines beliebigen sphärischen n-Ecks (selbstverständlich aus Grosskreisbögen gebildet) ist aber der Überschuss der Summe seiner Winkel über $(n-2) . 180^0$, also hier

$$\varepsilon = n\,\alpha - (n-2) . 180^0.$$

Betrachtung der Grenzen für α und für a.

Beispiele. 1) Man bildet eine regelmässige 4-seitige körperliche Ecke mit der Seite 70^0; was ist der Flächenwinkel in jeder Kante?

2) Fünf Grosskreise auf einer Kugel von 10 m Halbmesser schneiden sich so, dass ein reguläres sphärisches Fünfeck entsteht, dessen Seite 3 m lang ist. Was ist der Winkel dieses Fünfecks? Was ist sein Flächeninhalt? Um wie viel ist dieser Flächeninhalt grösser als der des regelmässigen ebenen Fünfecks, das die fünf Ecken des sphärischen zu Ecken hat?

Der Inhalt dieses Sehnenpolygons ist allgemein:

$$F' = n\,r^2 \sin^2\frac{a}{2}\,ctg\left(\frac{1}{n}\,180^0\right). \text{ Nachweis.}$$

3) Sätze über das schiefwinklige sphärische Dreieck. Vgl. § 27, 3.

1) Zieht man in einem Dreieck ABC die Transversale AD beliebig (Fig. 144), so wird mit den eingeschriebenen Bezeichnungen

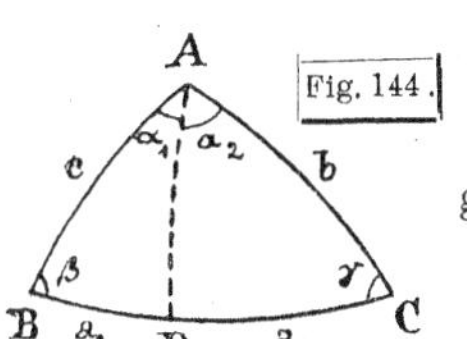

$$\frac{\sin a_1}{\sin a_2} = \frac{\sin c \sin \alpha_1}{\sin b \sin \alpha_2} = \frac{\sin \gamma \sin \alpha_1}{\sin \beta \sin \alpha_2}.$$

Ist die Transversale die von A ausgehende Mediane, d. h. $\alpha_1 = \alpha_2$, so wird

$$\frac{\sin a_1}{\sin a_2} = \frac{\sin c}{\sin b}.$$

Ist die Transversale die Höhe h', so wird

$$\frac{\cos a_1}{\cos a_2} = \frac{\cos c}{\cos b} \quad ; \quad \frac{\sin a_1}{\sin a_2} = \frac{tg\,\gamma}{tg\,\beta}.$$

Was ist über α_1 und α_2 zu sagen, wenn die Transversale so gezogen wird, dass $a_1 = a_2$ ist? Ist t' die Länge dieser Transversale, so ist

$$2 \cos \frac{a}{2} \cos t' = \cos b + \cos c.$$

Ist die beliebige Transversale $AD = d$, so wird

$$\sin a \cos d = \cos b \sin a_1 + \cos c \sin a_2.$$

Vgl. dazu § 27, **3**, 1) und S. 257, unten.

2) *Cevas* Satz im sphär. Dreieck. Schneiden sich drei Ecktransversalen eines sphär. Dreiecks in Einem Punkte, so sind die Produkte der *sin* je dreier nicht zusammenstossender Seitenabschnitte einander gleich.

3) *Menelaus'* Satz im sphär. Dreieck. Werden die drei Seiten eines sphär. Dreiecks von einem beliebigen Grosskreis geschnitten, so sind die Produkte der *sin* je der drei nicht zusammenstossenden Seitenabschnitte einander gleich.

Für 2) und 3) Umkehrungen und Erweiterungen für beliebige sphärische Polygone.

4) **Satz.** Zieht man in einem Dreieck ABC die Transversalen AD, BE, CF derart, dass jede von ihnen die Fläche des Dreiecks halbiert, und sind a_1, a_2; b_1, b_2; c_1, c_2 die Abschnitte der Seiten (wobei a_1, b_1, c_1 die nicht zusammenstossenden Abschnitte sein sollen), so gelten die Gleichungen:

$$(1) \qquad \sin \frac{a_1}{2} \sin \frac{b_1}{2} \sin \frac{c_1}{2} = \sin \frac{a_2}{2} \sin \frac{b_2}{2} \sin \frac{c_2}{2}$$

$$(2) \qquad \cos \frac{a_1}{2} \cos \frac{b_1}{2} \cos \frac{c_1}{2} = \cos \frac{a_2}{2} \cos \frac{b_2}{2} \cos \frac{c_2}{2}.$$

Durch Division von (1) und (2) erhält man ferner

$$(3) \qquad tg \frac{a_1}{2}\, tg \frac{b_1}{2}\, tg \frac{c_1}{2} = tg \frac{a_2}{2}\, tg \frac{b_2}{2}\, tg \frac{c_2}{2}.$$

Endlich durch Multiplikation von (1) und (2)

$$(4) \qquad \sin a_1 \sin b_1 \sin c_1 = \sin a_2 \sin b_2 \sin c_2,$$

d. h. die drei Transversalen gehen gemäss der Umkehrung von (3) durch Einen Punkt.

5) **Satz.** Die Fläche eines sphärischen Dreiecks ist bestimmt durch eine Seite und den Grosskreisbogen, der die Mittelpunkte der beiden andern Seiten verbindet. Dieser Grosskreisbogen ist grösser als die halbe erste Seite.

Folgt unmittelbar aus der zweiten der im Eingang von § 56, **2**, 3) aufgestellten Gleichung:

$$\cos\frac{a}{2}\cos\frac{\varepsilon}{2} = \cos\frac{b}{2}\cos\frac{c}{2} + \sin\frac{b}{2}\sin\frac{c}{2}\cos\alpha\,;$$

denn die rechte Seite dieser Gleichung ist nichts andres als der *cos* des Grosskreisbogens, der die Mittelpunkte der Seiten b und c verbindet.

4) Sätze über sphärische Dreiecke mit einer veränderlichen Ecke.

1) Satz. Ist für ein sphär. Dreieck der Umkreis gezeichnet und bleiben die Ecken B und C konstant, während die Ecke A sich auf dem Umkreis bewegt, so ist für jede Lage von A die Differenz $(\beta + \gamma - \alpha)$ konstant. — Umkehrung.

Folgt unmittelbar aus § 56, **3**, oder auch aus der Figur. Die Differenz ist positiv oder negativ, je nachdem A auf der einen oder andern Seite des Bogens BC liegt. Ist die Seite BC Durchmesser des Umkreises, so ist die Differenz gleich Null.

2) *Lexell*s Satz. Für sphärische Dreiecke auf derselben Basis und mit gleichem Excess ist der geometrische Ort der dritten Ecke ein Kleinkreis der Kugel, der durch die Gegenpunkte der beiden ersten Ecken geht.

Beweis. Um das Scheiteldreieck $B_1 C_1 A$ des sphärischen Dreiecks BCA sei der Umkreis beschrieben. Die Winkel jenes Dreiecks sind $\alpha_1 = \alpha$, $\beta_1 = 180^0 - \beta$, $\gamma_1 = 180^0 - \gamma$. Ist also ε der Excess von ABC, so ist $\varepsilon = \alpha + \beta + \gamma - 180^0 = 180^0 - (\beta_1 + \gamma_1 - \alpha_1)$. Nach dem vorigen Satz ist aber $(\beta_1 + \gamma_1 - \alpha_1)$ und damit auch ε konstant, wenn A auf dem Kleinkreis durch B_1, C_1 und A bleibt.

Je nachdem A auf dem einen oder andern der beiden Bögen $B_1 C_1$ liegt, haben die unter sich gleichen Dreiecke verschiedene Inhalte. Steht der *Lexell*-Kreis senkrecht auf dem Grosskreis BCB_1C_1, so ist jedes der sphärischen Dreiecke gleich ABC $\frac{1}{4}$ der Kugeloberfläche.

Mittelst des *L.*-Satzes kann man auf der Kugel durch ganz ähnliche Konstruktionen wie in der Ebene sphär. Polygone in flächengleiche sphär. Dreiecke verwandeln.

Den beiden vorstehenden Sätzen entsprechen polar die zwei folgenden:

3) Satz. Ist in einem sphär. Dreieck der Inkreis gezeichnet und bleibt der Winkel α konstant, während die Seite BC sich so bewegt, dass sie stets Tangente am Inkreis bleibt, so ist für jede Lage von BC die Differenz $(b + c - a)$ konstant.

4) *Sorlin* s Satz. Konstruiert man für ein sphär. Dreieck den Inkreis eines Nebendreiecks, so haben alle Dreiecke, die den betrachteten Winkel gemeinschaftlich haben, während seine Gegenseite Tangente an jenem Kleinkreis bleibt, denselben Umfang (vgl. § 56, (14)).

5) Satz. Wenn ein beweglicher Punkt P auf einer Kugeloberfläche von zwei festen Punkten A und B der Kugeloberfläche die sphärischen Abstände x und y hat und es ist, wo m, n und q beliebige Konstante sind,

$$m \cos x + n \cos y = q,$$

so ist der Ort des Punkts P ein Kleinkreis der Kugel.

5) Weitere Sätze und Aufgaben der Sphärik.

Auf der Oberfläche der Kugel kann man sich ebenfalls alle die Aufgaben stellen, die die elementare Planimetrie für die Ebene löst und zu jedem Satz der Planimetrie kann ein analoger in der Sphärik aufgestellt werden. An die Stelle von Kreisen in der Ebene treten auf der Kugeloberfläche Kleinkreise, wie sie schon bei Inkreis, Umkreis, Ankreisen des sphärischen Dreiecks, in den Sätzen der vorhergehenden Nummer 4. u. s. f. benützt worden sind; an die Stelle jeder Geraden der Ebene tritt auf der Kugel ein Grosskreis (der für die Kugelfläche ebenso die kürzeste Entfernung zweier ihm angehörenden Punkte ist, wie die Gerade in der Ebene).

Es mag dies an einem Beispiele klar werden: Zieht man in der Ebene von einem Punkt P ausserhalb eines Kreises eine Tangente PA an den Kreis und eine Sekante PBC, so ist $PA^2 = PB \cdot PC$; wie lautet dieser Satz auf der Kugel? Antwort: Zieht man durch einen Punkt P einer Kugeloberfläche zwei Grosskreisbögen, von denen der eine einen beliebigen Kleinkreis in A berührt, während der andere diesen Kreis in B und C schneidet und sind die Bögen $PA = a$, $PB = b$, $PC = c$, so ist

$$tg\frac{b}{2}\, tg\frac{c}{2} = tg^2\frac{a}{2} \quad \text{und} \quad \sin b \sin c = \sin^2 a \cos^2\frac{b-c}{2}.$$

Der Bestimmung dieses Buches entsprechend kann auf solche Analogien, die alle Beziehungen der Ebene als Spezialfälle der in der Sphärik geltenden erscheinen lassen, nicht weiter eingegangen werden; es muss vielmehr die Aufsuchung solcher Sätze und die Auflösung zugehöriger Aufgaben dem Leser überlassen bleiben. Ein weiteres Beispiel sei wenigstens noch genannt. Welcher Satz entspricht auf der Kugel dem *Ptolemä*ischen Satz über das Sehnenviereck der Ebene? ($ef = ac + bd$, § 29, **1**.) Antwort: Ist in einen Kleinkreis ein sphärisches Viereck mit den Seiten a, b, c, d einbeschrieben, dessen Diagonalen e und f sind, so findet man (wie am einfachsten?)

$$\sin\frac{e}{2} \sin\frac{f}{2} = \sin\frac{a}{2} \sin\frac{c}{2} + \sin\frac{b}{2} \sin\frac{d}{2}.$$ Selbstverständlich haben auch alle andern Sätze des § 29, **1** sphärische Analogien, z. B.:

$$\frac{\sin\frac{e}{2}}{\sin\frac{f}{2}} = \frac{\sin\frac{a}{2}\sin\frac{d}{2} + \sin\frac{b}{2}\sin\frac{c}{2}}{\sin\frac{a}{2}\sin\frac{b}{2} + \sin\frac{c}{2}\sin\frac{d}{2}};$$

ist ε der Excess des Vierecks, so ist ferner

$$\sin\frac{\varepsilon}{2} = \sqrt{\frac{\sin\frac{1}{2}(s-a)\sin\frac{1}{2}(s-b)\sin\frac{1}{2}(s-c)\sin\frac{1}{2}(s-d)}{\cos\frac{a}{2}\cos\frac{b}{2}\cos\frac{c}{2}\cos\frac{d}{2}}} \quad \text{mit } 2s = a+b+c+d.$$

Ähnliche Formel für $\cos\frac{\varepsilon}{2}$? 108)

Die praktisch (geodätisch) wichtigsten Beziehungen zwischen Kugel und Ebene, für sphärische Figuren von im Vergleich zum Kugelhalbmesser sehr kleinen Abmessungen, s. im § 60 dieses Kapitels (geodätische Aufgaben).

§ 58. Stereometrische Aufgaben und Sätze.

1) Neigungswinkel der Flächen der regulären Körper. Beim Tetraeder, Würfel oder Dodekaeder bilden drei von einer Ecke ausgehende Kanten ein gleichseitiges Dreikant, dessen Seiten 60°, 90° oder 108° sind; es ist also gemäss § 57, 2, 2)

a) beim Tetraeder . $\sin\frac{\alpha}{2} = \frac{1}{\sqrt{3}}$, woraus $\alpha = 70^0 31' 43'',6$

b) beim Würfel . . . $\sin\frac{\alpha}{2} = \frac{1}{\sqrt{2}}$, " $\alpha = 90\ 0\ 0$

c) beim Dodekaeder $\sin\frac{\alpha}{2} = \frac{1}{\frac{1}{2}\sqrt{10-2\sqrt{5}}}$ " $\alpha = 116\ 33\ 54{,}2$.

Beim Oktaeder und beim Ikosaeder bilden drei der 4 und der 5 von einer Ecke ausgehenden Kanten ein Dreikant mit den Seiten $a = 90^0$, und $a = 108^0$, und $b = c = 60^0$, somit ist

d) beim Oktaeder $\sin\frac{\alpha}{2}$ $= \frac{\sin a/_2}{\sin b} = \frac{\frac{1}{2}\sqrt{2}}{\frac{1}{2}\sqrt{3}}$ $\alpha = 109^0 28' 16'',4$

e) beim Ikosaeder $\sin\frac{\alpha}{2}$ $= \frac{\sin a/_2}{\sin b} = \frac{\frac{1}{4}(\sqrt{5}+1)}{\frac{1}{2}\sqrt{3}}$ $\alpha = 138\ 11\ 22{,}9$.

Zusatz. Beim Rhombendodekaeder bilden die von einer 3flächigen Ecke ausgehenden Kanten ein gleichseitiges Dreikant, dessen Seite a gegeben ist durch $tg\ \frac{1}{2}\ a = \sqrt{2}$ ($a = 109^0\ 28'\ 16'',4$ = dem Neigungswinkel der Oktaederflächen). Damit wird

$$\sin\frac{\alpha}{2} = \frac{1}{2\cos\frac{1}{2}a} = \frac{1}{2\frac{1}{\sqrt{3}}} = \frac{1}{2}\sqrt{3}, \quad \alpha = 120^0\ 0'\ 0''.$$

2) Einige Aufgaben über Neigung von Ebenen u. s. f.

1) Eine Ebene schneidet von den Axen eines rechtwinkl. Coordinaten-Systems die Stücke a, b, c ab. Gesucht die Neigungswinkel der Ebene gegen die drei Coordinatenebenen (Fig. 145).

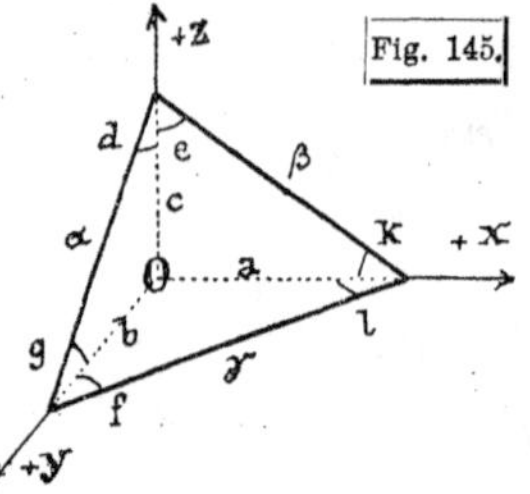

Die Neigungswinkel der Ebene gegen die $y\,z$, $z\,x$, $x\,y$ Ebene seien α, β, γ; bezeichnet man ferner die Winkel, die die Spuren der Ebene auf den Coordinatenebenen mit den Axen machen (vgl. die Fig.), mit d, e; f, g; k, l, so zwar, dass

$$tg\,d = \frac{b}{c},\ tg\,k = \frac{c}{a},\ tg\,f = \frac{a}{b} \text{ und}$$

$$g = 90^0 - d,\ e = 90^0 - k,\ l = 90^0 - f$$

ist, so erhält man aus den rechtwinkligen Dreikanten, deren Katheten d, e; f, g; k, l sind, mittels der *Neper*schen Gleichungen:

$$tg\frac{\beta+\gamma}{2}=\frac{\cos\frac{1}{2}(l-k)}{\cos\frac{1}{2}(l+k)}\quad tg\frac{\gamma+\alpha}{2}=\frac{\cos\frac{1}{2}(g-f)}{\cos\frac{1}{2}(g+f)}\quad tg\frac{\alpha+\beta}{2}=\frac{\cos\frac{1}{2}(e-d)}{\cos\frac{1}{2}(e+d)}$$

$$tg\frac{\beta-\gamma}{2}=\frac{\sin\frac{1}{2}(l-k)}{\sin\frac{1}{2}(l+k)}\quad tg\frac{\gamma-\alpha}{2}=\frac{\sin\frac{1}{2}(g-f)}{\sin\frac{1}{2}(g+f)}\quad tg\frac{\alpha+\beta}{2}=\frac{\sin\frac{1}{2}(e-d)}{\sin\frac{1}{2}(e+d)}$$

womit α, β, γ je doppelt bestimmt sind.

Beispiel.

$a=9$, $b=7$, $c=4$, giebt $\underline{\alpha=68^0\,53'\,56''}$, $\underline{\beta=62^0\,25'\,39''}$, $\underline{\gamma=35^0\,54'\,8''}$.

Die Aufgabe ist selbstverständlich auch einfach mit Hilfe der ebenen Trigonometrie zu lösen. Dasselbe gilt für die folgende Aufgabe.

2) Von einer Ebene sind gegeben die Neigungen α und β gegen Seiten- und Vertikalebene (yz- und zx-Ebene). Wenn sie von der z-Axe das Stück c abschneidet, was sind die von der x- und y-Axe abgeschnittenen Stücke und was ist die Neigung gegen die Horizontalebene?

Mit den Bezeichnungen der vorigen Aufgabe wird aus dem Dreikant, dessen Winkel α, β, 90^0 sind, mit $\sigma=\frac{\alpha+\beta}{2}+45^0$

$$tg\frac{d}{2}=\sqrt{\frac{-\cos\sigma\cos(\sigma-\beta)}{\cos(\sigma-\alpha)\cos(\sigma-90^0)}}=\sqrt{tg(\sigma-90^0)\,tg(\sigma-\alpha)};$$

ebenso wird $tg\frac{e}{2}=\sqrt{tg(\sigma-90^0)\,tg(\sigma-\beta)}$, woraus $d, e; g\,k$ bekannt sind. Sodann ist $b=c\,.\,tg\,d$, $a=e\,.\,tg\,e$; endlich $\cos\gamma=\sin\alpha\cos g=\sin\beta\cos k$.

Anwendungen finden Aufg. 1) und 2) und ähnliche Aufgaben, die man zahlreich selbst aufstellen mag (vgl. auch z. B. § 55, **3**, 1) 2)) z. B. in der Kristallographie.

Beispiele: 1) Von einem Oktaeder, dessen Axen sich unter rechten Winkeln halbieren, sind zwei Flächenwinkel gegeben: $2\beta=\mathbf{137^0\,50',5}$ $2\gamma=\mathbf{75^0\,23',7}$. Was ist der dritte Flächenwinkel 2α und was ist das Verhältnis der drei Axen?

Es wird $\underline{\alpha=60^0\,21'\,37''}$, $\underline{2\alpha=120^0\,43'\,14''}$; $\underline{a:b:c=1:1{,}3750:0{,}5307_5}$.

2) Von einer Ebene sind gegeben $\alpha=\mathbf{61^0\,7'\,25''}$, $\gamma=\mathbf{36^0\,24'\,9''}$, $c=\mathbf{300}$. Was sind β, a, b?

Es wird $\underline{\beta=69^0\,49'\,23''}$; $\underline{a=500}$, $\underline{b=700}$.

3) Projektionen. Projiziert man eine beliebige ebene geschlossene Figur rechtwinklig auf eine zweite Ebene, die mit der Ebene der Figur den Winkel α einschliesst, so ist, wenn F den Flächeninhalt der Figur, F' den Inhalt der Projektion bedeutet:

$$\boldsymbol{F'=F\,.\cos\alpha}.$$

Beweis zunächst für ein beliebig liegendes Dreieck, das man durch eine Parallele zu der Ebene, auf die man projiziert, zerlegt; daraus folgt der Satz sodann für eine beliebige polygonal begrenzte, und dann für eine ganz beliebig umschlossene Figur.

2) Projiziert man eine beliebige ebene geschlossene Figur auf drei zu einander senkrechte Ebenen, so ist, wenn F den Inhalt der Figur, F', F'', F''' die Inhalte der Projektionen bedeuten:

$$\boldsymbol{F^2=F'^2+F''^2+F'''^2}. \quad 109)$$

Dieser Satz kann z. B. dazu dienen, den Flächeninhalt des Dreiecks (mittels Additions-Logarithmen) zu berechnen, dessen drei Ecken auf den Coord.-Axen in gegebenen Entfernungen a, b, c vom Ursprung liegen [vgl. **2.** 1)]. Wie ist diese Aufgabe am einfachsten mit Benützung der Winkel zu lösen?

4) Tetraeder. Bezeichnungen (Fig. 146): Ecken mit A, B, C, D; Inhalte der gegenüberliegenden Dreiecke mit F_a, F_b, F_c, F_d; Kantenlängen DA, DB, DC mit $\mathfrak{a}$, $\mathfrak{b}$, $\mathfrak{c}$; Gegenkanten $\mathfrak{a}_1$, $\mathfrak{b}_1$, $\mathfrak{c}_1$; Seiten des Dreikants D sind a, b, c (a liegt der Kante $\mathfrak{a}$ gegenüber u. s. f.); die Flächenwinkel des Tetraeders α, β, γ; $\alpha_1, \beta_1, \gamma_1$; Kubikinhalt des Tetraeders V.

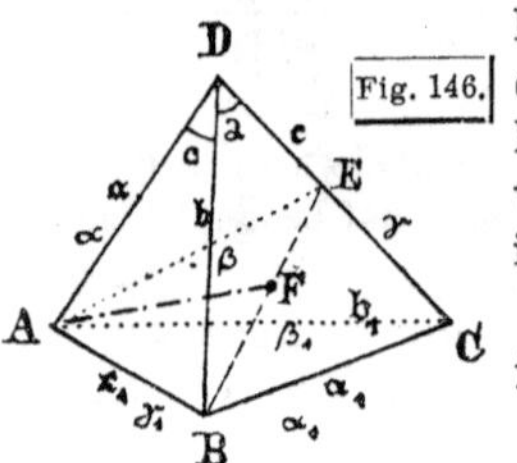

Fig. 146.

Mit diesen Bezeichnungen erhält man folgende Sätze:

(1) $F_d = F_a \cos \alpha_1 + F_b \cos \beta_1 + F_c \cos \gamma_1$;

u. s. f. Ferner

(2) $F_d^2 = F_a^2 + F_b^2 + F_c^2 - 2(F_b F_c \cos \alpha + F_c F_a \cos \beta + F_a F_b \cos \gamma)$

[Verallgem. von **3**, 2)].

Legt man die Ebene ABE senkrecht zur Kante $\mathfrak{c}$ und zieht AF ($=\mathfrak{h}_a$) senkrecht zu BE, so ist $\sphericalangle AEB = \gamma$ und $V = \frac{1}{3} F_a . \mathfrak{h}_a$. Da nun $F_a = \frac{1}{2} \mathfrak{b}\,\mathfrak{c} \sin a$, ferner $\mathfrak{h}_a = AE \sin \gamma = \mathfrak{a} \sin b \sin \gamma$ ist, so ist

$$V = \frac{1}{6} \mathfrak{a}\,\mathfrak{b}\,\mathfrak{c} \sin a \sin b \sin \gamma.$$

Bezeichnet man den Ecken-*Sinus* des Dreikants D mit S_d, wo also [vgl. § 50, (XII)] $S_d = \sqrt{\sin s \sin (s-a) \sin (s-b) \sin (s-c)}$ ist, so wird

(3) $V = \frac{1}{3} \mathfrak{a}\,\mathfrak{b}\,\mathfrak{c}\, S_d = \frac{1}{3} \mathfrak{a}\,\mathfrak{b}_1\,\mathfrak{c}_1\, S_a = \frac{1}{3} \mathfrak{a}_1\,\mathfrak{b}\,\mathfrak{c}_1\, S_b = \frac{1}{3} \mathfrak{a}_1\,\mathfrak{b}_1\,\mathfrak{c}\, S_c$; also

Satz: Der Inhalt eines Tetraeders ist gleich dem Drittel des Produkts aus drei von einer Ecke ausgehenden Kanten und dem Ecken-*Sinus* des von ihnen gebildeten Dreikants.

Zusätze: a) Die Kubikinhalte zweier Tetraeder, die eine Ecke (Dreikant) gemeinschaftlich haben, verhalten sich wie die Produkte der drei von jener Ecke ausgehenden Kanten.

b) Es ist $V^2 = \frac{1}{9} \mathfrak{a}\mathfrak{a}_1\, \mathfrak{b}\mathfrak{b}_1\, \mathfrak{c}\mathfrak{c}_1 \sqrt{S_a S_b S_c S_d}$.

Aus der Gl. (3) erhält man, wenn $\Sigma_d = \sqrt{-\cos \sigma \cos (\sigma-\alpha) \cos (\sigma-\beta) \cos (\sigma-\gamma)}$ den Polar-Ecken-*Sinus* [vgl. § 50, (XV)] des Dreikants D bezeichnet,

(4) $V = \frac{2}{3} \frac{\mathfrak{a}\,\mathfrak{b}\,\mathfrak{c}}{\sin \alpha \sin \beta \sin \gamma} \Sigma_d^2$; u. s. f. Ferner wird

(5) $V = \frac{2}{3} \sqrt{F_a F_b F_c \Sigma_d}$ u. s. f.

Um endlich den Kubikinhalt in den sechs Kanten auszudrücken, wird mit $\mathfrak{b}^2 + \mathfrak{c}^2 - \mathfrak{a}_1^2 = m_1^2$, $\mathfrak{c}^2 + \mathfrak{a}^2 - \mathfrak{b}_1^2 = m_2^2$, $\mathfrak{a}^2 + \mathfrak{b}^2 - \mathfrak{c}_1^2 = m_3^2$:

(6) $144\, V^2 = 4\, \mathfrak{a}^2 \mathfrak{b}^2 \mathfrak{c}^2 + m_1^2 m_2^2 m_3^2 - \mathfrak{a}^2 m_1^4 - \mathfrak{b}^2 m_2^4 - \mathfrak{c}^2 m_3^4$.

(Verifikation am regelmässigen Tetraeder, $V = \frac{1}{12} a^3 \sqrt{2}$).

Aus (3) folgt

(7) $S_a : S_b : S_c = \frac{\mathfrak{a}_1}{\mathfrak{a}} : \frac{\mathfrak{b}_1}{\mathfrak{b}} : \frac{\mathfrak{c}_1}{\mathfrak{c}}$ u. s. f., in Worten:

Die Ecken-*Sinus* zweier Ecken verhalten sich umgekehrt wie die Produkte ihrer nicht gemeinschaftlichen Kanten.

Aus (5) folgt

$$\frac{F_a}{\Sigma_a} = \frac{F_b}{\Sigma_b} = \frac{F_c}{\Sigma_c} = \frac{F_d}{\Sigma_d} = M, \text{ d. h.:}$$

Die Polar-Sinus der Ecken verhalten sich wie die Inhalte der Gegenflächen. Die Grösse M heisst **Modulus des Tetraeders.**

Entsprechend dem Modulus des ebenen Dreiecks, der das Verhältnis einer Seite zum *sin* des Gegenwinkels (Durchmesser des Umkreises) und dem Modulus des sphärischen Dreiecks, der das Verhältnis des *sin* einer Seite zum *sin* des Gegenwinkels ist (vgl. § 48, **1**, II), ist demnach der Modul eines Tetraeders das Verhältnis des Inhalts einer Seitenfläche zum Polar-Sinus der Gegenecke. [110]

5) Dreiseitiges Prisma. Sind $\mathfrak{a}$, $\mathfrak{b}$, $\mathfrak{c}$ die Kanten, die die Grundfläche bilden, $\mathfrak{d}$ die Seitenkante, F_d der Inhalt der Basis, F_a, F_b, F_c die Inhalte der Seitenflächen, V der Kubikinhalt, so wird

$$\frac{S_a}{\mathfrak{a}} = \frac{S_b}{\mathfrak{b}} = \frac{S_c}{\mathfrak{c}} = \frac{V}{\mathfrak{a}\mathfrak{b}\mathfrak{c}\mathfrak{d}} \text{ und}$$

$$\frac{F_a}{\Sigma_a} = \frac{F_b}{\Sigma_b} = \frac{F_c}{\Sigma_c} = \frac{F_a F_b F_c F_d}{V^2}.$$

6) Parallelepiped. Die in einer Ecke zusammenstossenden Kanten seien $\mathfrak{a}$, $\mathfrak{b}$, $\mathfrak{c}$ (Fig. 147), die Seiten des Dreikants a, b, c, die Winkel α, β, γ, so ist die Grundfläche $\mathfrak{a}\,\mathfrak{b}\, sin\, c$ und die Höhe $\mathfrak{c}\, sin\, b\, sin\, \alpha$, somit

Fig. 147.

$$V = \mathfrak{a}\,\mathfrak{b}\,\mathfrak{c}\, sin\, b\, sin\, c\, sin\, \alpha$$

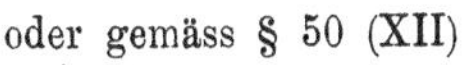

oder gemäss § 50 (XII)

$$V = 2\,\mathfrak{a}\,\mathfrak{b}\,\mathfrak{c}\,.\,S,$$

wenn S wieder den Ecken-*Sinus* des Dreikants (a, b, c) bedeutet.

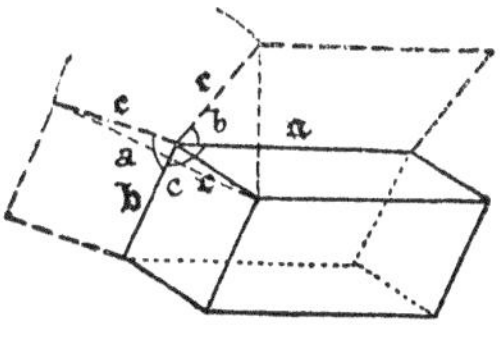

§ 59. Aufgaben aus der mathematischen Geographie.

1) Einleitung. Der Ausdruck mathematische Geographie wird häufig vorzugsweise synonym mit elementarer Astronomie oder mit sphärischer Astronomie gebraucht; hier verstehen wir darunter nur Rechnungen auf der Erdoberfläche (Entfernungen, Flächen u. s. f.).

In der Erdkunde legt man der Bestimmung eines Punkts auf der Erdoberfläche das **geographische Coordinatensystem der „Länge und**

Breite" zu Grund. Die **Länge** λ eines Punkts (λ, φ) ist der Winkel zwischen seinem Meridian und einem festen Null-Meridian (Anfangsmeridian, meist Greenwich), die **Breite (oder Polhöhe)** φ ist die sphärische Entfernung des Punkts vom Äquator.

Von der Abweichung der wirklichen mathematischen Erdoberfläche von einer Kugelfläche sehen wir hier vollständig ab; wir haben hier alle Rechnungen sphärisch zu führen.

Für den **Halbmesser der Erdkugel** ist im folgenden stets 6370 km gerechnet.

Die Meridiane sind Grosskreise, die sich in den Polen der Erde schneiden; die Parallelkreise sind (mit Ausnahme des Äquators, $\varphi = 0$) sämtlich Kleinkreise, die der Anfänger unrichtigerweise bei manchen Aufgaben als sphärische Hilfslinien anzuwenden geneigt ist. Zwischen zwei Punkten desselben Parallelkreises ist z. B. nicht der Parallelkreisbogen die kürzeste Entfernung. Wie liegt, auf der Nordhalbkugel der Erde, der Grosskreisbogen zwischen zwei solchen Punkten im Vergleich mit dem Parallelkreisbogen?

Zur Veranschaulichung des geographischen Coordinatennetzes und aller Aufgaben darüber ist die Benutzung eines Globus mit Netz (der sehr klein sein kann) dringend anzuraten; die besten Dienste leistet ein Schieferglobus mit Netz, auf dem man zeichnen kann. Solche Globen sind freilich sehr teuer; aber auch ein ganz kleiner gewöhnlicher Globus (Preis von 1 Mark an) genügt.

2) Bogen eines Meridians zwischen den Parallelkreisen φ_1 und φ_2

ist $= r\,(arc\,\varphi_2 - arc\,\varphi_1) = r\,\dfrac{(\varphi_2 - \varphi_1)^0}{\varrho^0}$. Bei $r = 6370$ km ist z. B. „1^0 des Meridians" $= 6370 \,.\, arc\ 1^0 = 111{,}2$ km; Meridianquadrant ($\varphi_2 = 90^0$, $\varphi_1 = 0^0$) $= r \,.\, arc\ 90^0 = r \,.\, \frac{\pi}{2} = 10006$ km (Metersystem).

3) Parallelkreise und Zonenflächen.

1) Der Parallelkreis zur Breite φ hat den Halbmesser $r\cos\varphi$, sein Umfang ist also $2\pi r \cos\varphi$; der Abstand seiner Ebene von der Äquator-Ebene ist $r\sin\varphi$.

Beispiel: Länge der Wendekreise (bei einem Winkel zwischen Äquator und Ekliptik $= 23^0\,28'$) $= 36710$ km; Länge der Polarkreise $= 15940$ km; Bogen des Parallelkreises 89^0 zwischen zwei Meridianen von 1^0 Abstand $= 1{,}94$ km.

Die Länge des Parallelkreisbogens zwischen zwei Punkten dieses Parallelkreises heissen die Seeleute Abweitung; sie ist grösser als die kürzeste Entfernung (Grosskreisbogen) zwischen beiden Punkten (s. u.), doch ist der Unterschied, so lange der Bogen selbst nicht gross wird, nicht bedeutend. Haben zwei Punkte auf demselben Parallelkreis φ einen Längenunterschied $= (\lambda_2 - \lambda_1)$, so ist die Abweitung zwischen beiden Punkten nach dem Vorstehenden gleich

$$2\pi r \cos\varphi \cdot \frac{(\lambda_2 - \lambda_1)^0}{360^0} = r \cos\varphi \frac{\lambda_2 - \lambda_1}{\varrho} = r \cos\varphi \,.\, arc\,(\lambda_2 - \lambda_1).$$

Die Umfänge der Parallelkreise (und also auch Abweitungen zwischen denselben Meridianen) nehmen vom Äquator ($\varphi = 0^0$) aus zunächst nur langsam ab (langsame Abnahme von $\cos\varphi$). Man stelle sich, um Anschauung zu gewinnen, die Verhältniszahlen der Parallelkreisumfänge (und Abweitungen) für $\varphi = 0^0$, 10^0, 20^0 .... 70^0, 80^0, 90^0 auf und beantworte nun folgende Fragen: wie heisst der Parallelkreis, dessen Umfang halb so gross als der Äquatorumfang ist? (auswendig. $\varphi = 60^0$, da $\cos 60^0 = \frac{1}{2}$ ist). Auf welchem Parallelkreise ist der Umfang $^5/_6$, $^3/_4$, $^1/_{10}$ des Äquatorumfangs?

2) Der Flächeninhalt F der Zone zwischen den Parallelkreisen φ_1 und φ_2 ist

$$F = 2\pi r\,(r \sin\varphi_2 - r \sin\varphi_1) = 4\pi r^2 \sin\frac{\varphi_2 - \varphi_1}{2} \cos\frac{\varphi_2 + \varphi_1}{2}.$$

Beispiel: Nördliche gemässigte Zone $\varphi_2 = 66^0\,32'$, $\varphi_1 = 23^0\,28'$, $F = 132\,340\,000$ qkm. Liegt der eine der begrenzenden Parallelkreise auf der südlichen, der andere auf der nördlichen Halbkugel, so ist das eine φ negativ zu nehmen.

Ist das eine φ, z. B. $\varphi_2 = 90^0$ (Pol), d. h. ist zu bestimmen der Flächeninhalt der Kugelkappe (Kalotte), begrenzt durch den Parallelkreis $\varphi_1 = \varphi$, so findet man $F = 2\pi r\,(r - r \sin\varphi) = 2\pi r^2\,(1 - \sin\varphi) = 2\pi r^2\,(\sin 90^0 - \sin\varphi) = 2\pi r^2 \,.\, 2 \sin\left(45^0 - \frac{\varphi}{2}\right) . \cos\left(45^0 + \frac{\varphi}{2}\right) = 4\pi r^2 \sin^2\left(45^0 - \frac{\varphi}{2}\right)$.

Dies stimmt mit dem aus der Stereometrie bekannten Satz: Der Inhalt einer Kugelkappe ist gleich dem Inhalt des Kreises, dessen Halbmesser die Kugelsehne der Kappe ist (Sehne, die zum spärischen Halbmesser der Kalotte gehört). Dieser sphärische Halbmesser ist $(90^0 - \varphi)$; die zugegörige Sehne $s = 2r \sin\frac{90^0 - \varphi}{2}$, also der Inhalt der Kalotte $F = \pi \,.\, s^2 = 4\pi r^2 \sin^2\left(45^0 - \frac{\varphi}{2}\right)$.

Beispiel: Inhalt einer der kalten Zonen.

3) Der Flächeninhalt der Figur, die durch die zwei Parallelkreise φ_1 und φ_2 und durch die zwei Meridiane mit den Längen λ_1 und λ_2 begrenzt wird, ist

$$F = \frac{(\lambda_2 - \lambda_1)^0}{360^0} 4\pi r^2 \sin\frac{\varphi_2 - \varphi_1}{2} \cos\frac{\varphi_2 + \varphi_1}{2} = 2r^2 \frac{\lambda_2 - \lambda_1}{\varrho} \sin\frac{\varphi_2 - \varphi_1}{2} \cos\frac{\varphi_2 + \varphi_1}{2}.$$

Beispiel: Für ein Blatt einer **„Gradabteilungskarte"** sei $\varphi_1 = 48^0\,0'$, $\varphi_2 = 48^0\,30'$; $\lambda_1 = 26^0\,0'$, $\lambda_2 = 27^0\,0'$. Man findet $F = 4115$ qkm.

4) Entfernungen und beliebige Flächen.

1) Die Entfernung der beiden Punkte (λ_1, φ_1) **und** (λ_2, φ_2) **zu berechnen.** Die Entfernung wird gemessen durch den Grosskreisbogen e, der die zwei Punkte verbindet. Denkt man sich ausserdem die Meridiane der beiden Punkte gezogen, so entsteht ein sphärisches Dreieck, in dem zwei Seiten $(90^0 - \varphi_1)$, $(90^0 - \varphi_2)$ sind, während der von beiden eingeschlossene Winkel $(\lambda_2 - \lambda_1)$ ist. Dieses Dreieck Pol — P_1 — P_2

kommt bei allen Aufgaben vor, in denen von zwei Punkten der Erdoberfläche die Rede ist, (vgl. unten in **5**). Die dritte Seite des Dreiecks ist die gesuchte Entfernung. Nach dem *Cosinus*-Satz (I) ist

$$\cos e = \cos (90^0 - \varphi_1) \cos (90^0 - \varphi_2) + \sin (90^0 - \varphi_1) \sin (90^0 - \varphi_2) \cos (\lambda_2 - \lambda_1) \quad \text{oder}$$

$$(1) \qquad \underline{\cos e = \sin \varphi_1 \sin \varphi_2 + \cos \varphi_1 \cos \varphi_2 \cos (\lambda_2 - \lambda_1).}$$

Um die Entfernung im Längenmass zu erhalten, ist

$$(2) \qquad \mathfrak{e} = \frac{e}{\varrho} r = r \,.\, arc\, e.$$

Es empfiehlt sich meist, die Gleichung (1) direkt (ohne Hilfswinkel) mit Übergang auf die Numeri oder mit Anwendung der Additions- und Subtraktions-Logarithmen zu benützen. Als e ist der Bogen zu nehmen, der $< 180^0$ ist.

Beispiele:[111])

Nr.	Ort:	λ (östl. Gr.)	φ	e	e (km)
1	Petersburg New-York	+ 30° 18′ 43″ + 286 5 45	+ 59° 56′ 31″ + 40 42 45	61° 52′ 52″	6880
2	Petersburg Sydney	+ 30 18 43 + 151 11 39	+ 59 56 31 — 33 51 40	134 5 9	14910
3	New-York Sydney	+ 286 5 45 + 151 11 39	+ 40 42 45 — 33 51 40	143 52 33	16000

Zusätze: a) Liegen die beiden **Punkte auf demselben Meridian,** so ist $\lambda_2 - \lambda_1 = 0$, $\cos e = \cos (\varphi_2 - \varphi_1)$, d. h.

$$(3) \qquad e = \varphi_2 - \varphi_1,$$

wie auch unmittelbar klar ist (vgl. oben **1**). Diese Formel wird auch noch gelten, wenn die beiden Punkte nur sehr nahezu auf demselben Meridian liegen und zwar darf (bei gleicher Genauigkeit des Resultats) der Längenunterschied um so grösser werden, je grösser $(\varphi_2 - \varphi_1)$ selbst ist.

Beispiel:
Wien	λ_2 (östl. Gr.) = **16°23′,0**,	$\varphi_2 = +$ **48°13′,0**	Gl. (1) giebt $\mathfrak{e}$ = 9134 km
Kapstadt	λ_1 („ „) = **18 25,0**,	$\varphi_1 = -$ **33 55,0**	„ (3) „ $\mathfrak{e}$ = 9131 „

b) Liegen die beiden **Punkte auf demselben Parallelkreis,** ist also $\varphi_1 = \varphi_2 = \varphi$, so wird

$$\cos e = \sin^2 \varphi + \cos^2 \varphi \cos (\lambda_2 - \lambda_1), \quad \text{woraus mit}$$

$$\cos e = 1 - 2 \sin^2 \frac{e}{2} \quad \text{und} \quad \sin^2 \varphi = 1 - \cos^2 \varphi \quad \text{sich ergiebt}$$

$$(4) \qquad \sin \frac{e}{2} = \cos \varphi \sin \frac{\lambda_2 - \lambda_1}{2},$$

was auch direkt aus dem gleichschenkligen sphärischen Dreieck mit Spitze im Pol abzuleiten ist. Die Gleichung gilt wieder näherungsweise auch für Orte, deren Breiten nur nahezu gleich sind und zwar dürfen die Breiten um so mehr verschieden sein, je grösser $(\lambda_2 - \lambda_1)$ ist. Für φ ist dann $\frac{\varphi_1 + \varphi_2}{2}$ zu nehmen.

1. Beispiel:
Lissabon	λ_1 (westl. Gr.) = **9° 7′,9**,	$\varphi_1 = +$**38°43′,0**	Gl. (1) giebt $\mathfrak{e}$ = 5414 km
New-York	λ_2 („ „) = **73 54,3**,	$\varphi_2 = +$**40 42,8**	„ (4) „ $\mathfrak{e}$ = 5410 „

2. Beispiel. Zwei Punkte auf dem Parallelkreis $48^0\,30'$ haben einen Längenunterschied von $10^0\,20'$. Um wie viel ist der Grosskreisbogen zwischen beiden kleiner als der Bogen des Parallelkreises (Abweitung zwischen beiden Punkten)?

Grosskreisbogen $= 6^0\,50'\,30'',3 = 760,6$ km, Parallelkreisbogen (Abweitung s. oben **3**, 1)) $= 761,2$ km.

c) Wie ist der Abstand zweier durch ihre geogr. Coordinaten gegebener Punkte zu berechnen, wenn dieser Abstand klein ist im Vergleich zum Kugelhalbmesser?

$$\text{Z. B.} \begin{cases} \varphi_1 = 48^0\,34'\,10'' \\ \lambda_1 = 28^0\;\;4'\,21'' \end{cases} \qquad \begin{cases} \varphi_2 = 49^0\;\;1'\,45'' \\ \lambda_2 = 28^0\,55'\;\;7'' \end{cases}$$

Die Gleichung (1) für $\cos e$ versagt hier. Reihenentwicklung (d. h. Rechnung der Entfernung wie in der Ebene).

2) Was ist der **Flächeninhalt des Dreiecks, dessen Ecken die Punkte** (λ_1, φ_1), (λ_2, φ_2) **und** (λ_3, φ_3) **sind?**

Man hat nach (1) die drei Seiten des sphärischen Dreiecks zu berechnen und sodann den Excess nach § 51 (XX).

Beispiel. Dreieck: Petersburg–New-York–Sydney. Mit den oben [vgl. 1)] berechneten Seiten erhält man

$$\frac{\varepsilon}{4} = 47^0\,14'\,33,_5'', \quad \text{also} \quad \varepsilon = 188^0\,58'\,14'' = 680294''.$$

Das Dreieck nimmt also $\dfrac{680294''}{720\,.\,60\,.\,60''} = 0,26234$, d. h. etwas über ein Viertel der ganzen Erdoberfläche ein. Für den Inhalt in qkm erhält man 133 828 000. (Oberfläche der ganzen Erde 510 Mill. qkm.)

Wie ist ε direkt in den Coordinaten der drei Eckpunkte auszudrücken?

5) Verschiedene Aufgaben der mathematischen Geographie.

1) Ein Grosskreis schneidet den Äquator unter dem Winkel γ; unter welchem Winkel schneidet er den Parallelkreis φ?

Man hat, wenn der gesuchte Winkel ψ ist, ein rechtwinkliges sphärisches Dreieck, in dem eine Kathete φ, der gegenüberliegende Winkel γ und der anliegende $(90^0 - \psi)$ ist, also

$$\sin(90^0 - \psi) = \frac{\cos\gamma}{\cos\varphi} \quad \text{oder} \quad \cos\psi = \frac{\cos\gamma}{\cos\varphi}.$$

Mit $\varphi = \gamma$ muss sich $\cos\psi = 1$, nämlich $\psi = 0$ ergeben (warum? Berührung des Grosskreises mit dem Parallelkreis γ; diese Punkte sind in geograph. Länge um 90^0 verschieden vom Schnittpunkt).

Beispiel: Gesucht der Winkel, den die Ekliptik mit dem Parallelkreis 10^0 bildet. Mit $\gamma = 23^0\,28'$, $\varphi = 10^0$ wird $\psi = 21^0\,20'$. Man rechne für $\gamma = 23^0\,28'$ den Schnittwinkel mit $\varphi = 1^0, 5^0, (10^0), 15^0, 20^0, 23^0$.

2) Zu zwei Meridianen, die den Winkel δ $(= \lambda_2 - \lambda_1)$ mit einander bilden, werden in den sphärischen Entfernungen b und c vom Pol (in Punkten der Meridiane mit den geogr. Breiten $(90^0 - b)$ und $(90^0 - c)$), zwei Grosskreise senkrecht gezogen.

Fig. 148.

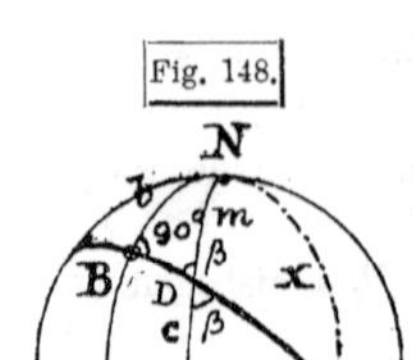

Welchen Winkel bilden diese zwei Grosskreise und in welcher Entfernung vom Pol schneiden sie sich?

Es ist (Fig. 148), wenn $ND = m$ gesetzt wird.

$$tg\, m = \frac{tg\, b}{cos\, \delta}, \quad ctg\, \beta = cos\, m\, tg\, \delta.$$

Ferner ist $CD = c - m$, somit aus Dreieck CDE:

$$tg\, n = tg\, \beta\, sin\, (c - m), \quad tg\, \psi = \frac{tg\, (c - m)}{sin\, n}.$$

Endlich wird $cos\, x = cos\, c\, cos\, n$.

Beispiel: $\delta = \mathbf{30^0}$, $\boldsymbol{b} = \mathbf{45^0}$, $c = \mathbf{100^0}$ giebt $m = 49^0\, 6',4$, $c - m = 50^0\, 53',6$, $n = 64^0\, 1',8$; $\underline{\psi = 53^0\, 50',5}$ und $\underline{x = 94^0\, 21',7}$.

3) Ein Schiff fährt im grössten Kreis vom Punkt (λ_1, φ_1) nach (λ_2, φ_2). In welcher Breite passiert es den Meridian λ und in welcher Länge den Parallelkreis φ?

Man berechne zunächst die dritte Seite und die an ihr liegenden Winkel des Dreiecks Pol $P_1\, P_2$ [vgl. 4, 1)]. Für den ersten Teil der Aufgabe hat man dann noch ein Dreieck aus einer Seite und den zwei anliegenden Winkeln zu berechnen, für den zweiten ein Dreieck aus zwei Seiten und dem Gegenwinkel der einen.

Beispiel: Ein Schiff fährt von New-York ($73^0\, 55'$ W. Gr.; $+ 40^0\, 43'$) nach Kapstadt ($18^0\, 25'$ O. Gr.; $- 33^0\, 55'$). In welcher Länge schneidet es den Äquator? Man findet den Winkel S.Pol–New-York–Kapstadt $= 64^0 11',8$ und hieraus mit Hilfe eines hier rechtwinkligen Dreiecks die gesuchte Länge $= \underline{20^0\, 27',7 \text{ W. Gr.}}$

4) Länge und Breite des Punkts der Erdoberfläche zu bestimmen, der von den gegebenen Punkten $P_1\, (\lambda_1, \varphi_1)$, $P_2\, (\lambda_2, \varphi_2)$ und dem Nordpol gleich weit entfernt ist. Es handelt sich um Bestimmung des Mittelpunkts P des Umkreises des in 3) berechneten Dreiecks $NP_1\, P_2$. Setzt man $b = 90^0 - \varphi_1$, $c = 90^0 - \varphi_2$, $\alpha = \lambda_2 - \lambda_1$, bezeichnen ferner R den sphärischen Umkreishalbmesser, endlich α_1 und α_2 die Teile, in die NP den Winkel α teilt, so ist

$$cos\, \alpha_1 = \frac{tg\, \frac{1}{2} b}{tg\, R}, \quad cos\, \alpha_2 = \frac{tg\, \frac{1}{2} c}{tg\, R}, \quad \text{also} \quad \frac{cos\, \alpha_1}{cos\, \alpha_2} = \frac{tg\, \frac{1}{2} b}{tg\, \frac{1}{2} c}, \quad \text{somit}$$

α_1, α_2 zu bestimmen aus Summe ($= \alpha$) und cos-Verhältnis. Übereinstimmende Addition und Subtraktion in der letzten Gleichung liefert:

$$\frac{cos\, \alpha_1 + cos\, \alpha_2}{cos\, \alpha_1 - cos\, \alpha_2} = \frac{tg\, \frac{1}{2} b + tg\, \frac{1}{2} c}{tg\, \frac{1}{2} b - tg\, \frac{1}{2} c} \quad \text{oder} \quad - ctg\, \frac{\alpha_1 + \alpha_2}{2}\, ctg\, \frac{\alpha_1 - \alpha_2}{2} = \frac{sin\, \frac{1}{2}(a + b)}{sin\, \frac{1}{2}(a - b)},$$

d. h.

$$tg\, \frac{\alpha_1 - \alpha_2}{2} = - \frac{sin\, \frac{1}{2}\, (a - b)}{sin\, \frac{1}{2}\, (a + b)} \cdot ctg\, \frac{\alpha}{2}.$$

Damit sind α_1 und α_2 bekannt und also auch R (mit Probe) aus den zwei zuerst angeschriebenen Gleichungen.

Beispiel: $\varphi_1 = + 72^0\, 48'$ $\lambda_1 = 56^0\, 41'$ östl. Gr. | Resultat: $\varphi = 78^0 14',2$, $\lambda = 13^0 15',3$
$\varphi_2 = + 67^0\;\; 5'$ $\lambda_2 = \;\; 0^0\;\; 0'$ „ „ | Wo liegt der zweite Punkt der Erdoberfläche, der der Aufgabe genügt?

Man erweitere die Aufgabe auch so: Auf der Erdoberfläche sind drei Punkte P_1, P_2, P_3 beliebig gegeben: $(\lambda_1\ \varphi_1)$, $(\lambda_2\ \varphi_2)$, $(\lambda_3\ \varphi_3)$; was sind die geographischen Coordinaten $(\lambda,\ \varphi)$ des sphärischen Mittelpunkts des durch sie gehenden Kleinkreises und was ist der sphärische Halbmesser R dieses Kreises? [112])

5) Von einem gegebenen Punkt (λ_1, φ_1) geht ein Grosskreisbogen von gegebener Länge e aus, der einen gegebenen Winkel α mit dem Meridian des Punkts (λ_1, φ_1) einschliesst (das **Azimut** des Grosskreisbogens ist α) *). Gesucht sind die geographischen Coordinaten des Endpunkts.

Diese Aufgabe (und ihre Umkehrung) ist geodätisch und mathematisch-geographisch (nautisch u. s. f.) von grosser Wichtigkeit. („Geodätische Hauptaufgabe", wobei allerdings auf der Kugel sowohl als auf dem Ellipsoid, wo an Stelle der Kugelgrosskreise „geodätische" Linien treten, die Länge des Bogens im Vergleich mit den Abmessungen der Erde so klein sind, dass Reihenentwicklung vorgenommen werden muss; hier handelt es sich nur um sphärisch-trigonometrische Übungen).

Die Auflösung dieser Aufgabe und aller ähnlichen besteht abermals in der Berechnung des schon mehrfach genannten Dreiecks Pol — P_1 — P_2, in dem zwei Seiten $(90^0 - \varphi_1)$ und $(90^0 - \varphi_2)$ sind, während der eingeschlossene Winkel $(\lambda_2 - \lambda_1)$ und die dritte Seite e ist. Die beiden übrigen Winkel des Dreiecks sind das Azimut von e im einen und das Supplement des Azimuts im andern Endpunkt.

Bei der vorliegenden Aufgabe ist das Dreieck zu berechnen aus zwei Seiten $(90 - \varphi_1)$, e und dem eingeschlossenen Winkel α. Man bestimme ausser $(\lambda_2,\ \varphi_2)$ auch den Azimut des Bogens in diesem Endpunkt. Mit dieser Aufgabe 5) verwandte Aufgaben sind die folgenden:

a) Vom Punkt (λ_1, φ_1) geht unter dem Azimut α ein Grosskreisbogen aus, dessen Endpunkt die Breite φ_2 hat. Wie lang ist der Bogen, was ist die geographische Länge des Endpunkts und das Azimut des Bogens im Endpunkt?

Berechnung des obengenannten Dreiecks aus zwei Seiten $(90^0 - \varphi_1)$, $(90^0 - \varphi_2)$ und dem Gegenwinkel α der zweiten.

b) Gegeben der Ausgangspunkt, die Länge des Bogens und die Breite des Endpunkts; gesucht die geogr. Länge dieses Punkts und die Azimute des Bogens im Anfangs- und Endpunkt.

Bekannt sind die drei Seiten des Dreiecks.

c) Gegeben die geogr. Coordinaten des Anfangs- und des Endpunkts; gesucht die Länge des Bogens und dessen Azimute im Anfangs- und Endpunkt. (Die Länge des Bogens allein ist bereits in **4**, 1) berechnet; man wähle jetzt eine andere Auflösung [*Mollweide* und *Neper*]).

Bekannt sind zwei Seiten und der eingeschlossene Winkel.

*) Die Azimute der Richtungen werden vom Meridian aus in der Geodäsie meist von N. über O. von 0^0 bis 360^0 gezählt.

d) Gegeben der Anfangspunkt, das Azimut des Bogens in diesem Punkt und die geogr. Länge des Endpunkts; gesucht die Breite des Endpunkts und die Länge des Bogens.

Bekannt sind eine Seite und die zwei anliegenden Winkel.

Man gebe diesen Aufgaben auch „Einkleidungen" (Schiffswege, vgl. 3), u. s. f.).

5) „Alignements-Aufgaben" in geographischen Coordinaten.

1) Was ist die Bedingung dafür, dass die drei Punkte (λ_1, φ_2), (λ_2, φ_2) und (λ_3, φ_3) auf einem Grosskreis liegen?

Bezieht man die Punkte auf ein rechtwinkliges Coordinatensystem, dessen xy-Ebene die Äquatorebene ist (z-Axe also Erdaxe; x-Axe im Nullmeridian), so erhält man für die rechtwinkligen Coordinaten der Punkte

$$\begin{cases} x_1 = r\cos\varphi_1\cos\lambda_1 \\ y_1 = r\cos\varphi_1\sin\lambda_1 \\ z_1 = r\sin\varphi_1 \end{cases} \quad \begin{cases} x_2 = r\cos\varphi_2\cos\lambda_2 \\ y_2 = r\cos\varphi_2\sin\lambda_2 \\ z_2 = r\sin\varphi_2 \end{cases} \quad \begin{cases} x_3 = r\cos\varphi_3\cos\lambda_3 \\ y_3 = r\cos\varphi_3\sin\lambda_3 \\ z_3 = r\sin\varphi_3. \end{cases}$$

Die Ebene der drei Punkte (x_1, y_1, z_1), (x_2, y_2, z_2), (x_3, y_3, z_3) soll nun durch den Erdmittelpunkt gehen; die Bedingung dafür ist, wie in der analytischen Geometrie gezeigt wird:

$$z_1(x_2 y_3 - x_3 y_2) + z_2(x_3 y_1 - x_1 y_3) + z_3(x_1 y_2 - x_2 y_1) = 0$$

oder, wenn man wieder auf Polar-Coordinaten übergeht:

$$\sin\varphi_1\cos\varphi_2\cos\varphi_3\sin(\lambda_3-\lambda_2)+\sin\varphi_2\cos\varphi_3\cos\varphi_1\sin(\lambda_1-\lambda_3)+\sin\varphi_3\cos\varphi_2\cos\varphi_2\sin(\lambda_2-\lambda_1)=0 \text{ od.}$$

$$\underline{tg\,\varphi_1\sin(\lambda_2-\lambda_3)+tg\,\varphi_2\sin(\lambda_3-\lambda_1)+tg\,\varphi_3\sin(\lambda_1-\lambda_2)=0.}$$

Die Aufgabe kann auch ohne Zuhilfenahme der analytischen Geometrie gelöst werden; wie am einfachsten?

Man beachte die Analogie zur Ebene: sind φ_1, φ_2, φ_3 sehr klein und ebenso die λ-Unterschiede sehr klein, und nehmen die genannten Grössen unbegrenzt ab, so lautet im Grenzfall, wenn x_1, x_2, x_3 Zahlen sind, die den sehr klein gewordenen φ_1, φ_2, φ_3 und y_1, y_2, y_3 Zahlen, die den sehr klein gewordenen λ-Differenzen proportional sind, die angeschriebene Gleichung (die $\cos\lambda$ sind alle $= 1$):

$$x_1(y_2 - y_3) + x_2(y_3 - y_1) + x_3(y_1 - y_2) = 0.$$

Der zuletzt angeschriebene Ausdruck ist aber die doppelte Fläche des Dreiecks, das in einem ebenen Coordinatensystem die Punkte $(x_1 y_1)$, $(x_2 y_2)$, $(x_3 y_3)$ zu Eckpunkten hat (vgl. § 43); wird er gleich Null, so liegen also diese drei Punkte in gerader Linie.

2) Man versuche die vorstehende Aufgabe auch zur Lösung der folgenden zu verwenden:

Gegeben sind die Punkte P_1, P_3; P_2, P_4 der Erdoberfläche durch ihre geographischen Coordinaten $(\lambda_1\,\varphi_1)$, $(\lambda_3\,\varphi_3)$; $(\lambda_2\,\varphi_2)$, $(\lambda_4\,\varphi_4)$; man sucht die geographischen Coordinaten des Durchschnittspunkts der Grosskreisbögen $P_1 P_3$, $P_2 P_4$.

[Analogie in der Ebene: § 37, 4, 4)].

Die Aufgabe wird übrigens besser ohne Beziehung zur vorhergehenden behandelt (am besten mit Benützung der centralen Projektion der Punkte auf eine Ebene, vgl. u. 6); sie führt aber, welchen Weg man auch einschlägt, zu ziemlich komplizierten Rechnungen [113]). Sie hat in der sphärischen Astronomie (vgl. Kap. 4) eine gewisse Berühmtheit erlangt (Bestimmung des Orts eines Gestirns durch „Alignement", d. h. durch den Schnitt zweier Grosskreisbögen zwischen gegebenen Punkten am Himmel. Terrestrische Einkleidung: Zwei Schiffe sollen (auf grössten Kreisen), das eine von P_1 nach P_3, das zweite von P_2 nach P_4 fahren und die Schiffe sollen sich unterwegs begegnen; wie lange vor oder nach I muss II abfahren, wenn beide gleich schnell fahren und wo treffen sie sich?

6) Projektionen der Kugeloberfläche auf die Ebene. Wenn man die durch ihre geographischen Coordinaten auf der Erdoberfläche gegebenen Punkte (λ, φ) nach irgend einem mathematischen Gesetz auf eine Ebene, die sog. Bildebene, überträgt, so erhält man eine „Abbildung" der Kugeloberfläche oder eines Teiles davon in der oder auf die Ebene, eine sog. Kartenprojektion. Auf das weite Gebiet der verschiedenen Abbildungen der Kugeloberfläche auf die Ebene kann hier nicht eingegangen werden; nur über eine der einfachsten Arten, die perspektivischen Abbildungen, mag eine Notiz folgen.

Bei ihnen wird die Übertragung der Kugelpunkte auf die feste Bildebene dadurch gemacht, dass man von einem festen Punkt O aus, dem sog. Augpunkt, Strahlen durch die abzubildenden Kugelpunkte P_1, $P_2 \ldots$ zieht; die Durchschnittspunkte P_1', $P_2' \ldots$ dieser Strahlen mit der Bildebene sind die Bildpunkte von P_1, $P_2 \ldots$

Wenn es sich um eine derartige Abbildung einer von einem Parallelkreis begrenzten Kalotte der Erde handelt (sphärischer Mittelpunkt also im Pol der Erde), so wird der Augpunkt ein Punkt der Erdaxe sein müssen; die Bildebene berührt die Erdoberfläche im Pol (übrigens ändert Parallelverschiebung der Bildebene nur den Massstab der Abbildung). Die Meridiane bilden sich also ab als Geradenbüschel mit unveränderten Schnittwinkeln, die Parallelkreise als koncentrische Kreisschar mit dem Schnittpunkt jenes Büschels als Mittelpunkt. Nimmt man den Augpunkt in bestimmtem Abstand D vom Mittelpunkt der Kugel (Halbmesser r) und zwar auf dem abliegenden Teil der Erdaxe an, so bildet sich der Parallelkreis φ ab als Kreis mit dem Halbmesser $\frac{r \cos \varphi \, (D + r)}{D + r \sin \varphi}$ (oder wenn $1 : m$ der Längenmassstab der Abbildung im Kartenmittelpunkt, hier dem Pol, werden soll, $\frac{r}{m} \cdot \frac{(D + r) \cos \varphi}{D + r \, . \sin \varphi}$.

Leicht zu sehen ist, dass drei besonders ausgezeichnete Lagen für den Augpunkt vorhanden sein werden: 1) $D = 0$ (Augpunkt im Erdmittelpunkt); 2) $D = r$ (Augpunkt im Südpol, wenn eine Nordpolarkalotte abgebildet werden soll); 3) $D = \infty$ (Augp. im ∞ fernen Punkt der Erdaxe). Der zweite Fall ist theoretisch der wichtigste, er liefert die sog. stereographische Abbildung; mit $D = r$ wird der Halbmesser des Parallelkreises (von m abgesehen)

$$r \cdot \frac{2\, r \cos \varphi}{r(1 + \sin \varphi)} = 2\, r\, tg \left(45^0 - \frac{\varphi}{2}\right),$$

wie auch unmittelbar aus der Figur abzulesen ist.

Das Wesen der Abbildung ändert sich offenbar nicht, wenn man statt einer polaren eine beliebig auf der Erdkugel liegende Kalotte perspektivisch abbilden will; der Augpunkt ist nur auf dem Erddurchmesser anzunehmen, der durch den (jetzt beliebig liegenden) sphärischen Mittelpunkt der Kalotte geht (auf dem abgewandten Zweig dieses Erddurchmessers); die Bildfläche berührt die Erdoberfläche in jenem Hauptpunkt; geometrisch endlich hat man an Stelle von Meridianen und Parallelkreisen der vorigen „normalen" Lage hier die Grosskreise durch den Hauptpunkt uud die sie senkrecht schneidenden Kleinkreise (Ebenen $\perp$ Hauptpunktdurchmesser) zu setzen. Trigonometrisch wollen wir nun nur die eine

Aufgabe stellen: Der Hauptpunkt habe die geographische Breite φ_0, die geographische Längen werden von ihm aus gezählt; die Bildebene berührt die Erdkugel im Hauptpunkt. Auf dem Hauptpunktdurchmesser liegt der Augpunkt im Abstand D vom Erdmittelpunkt (vom Hauptpunkt abgewendet); wie bildet sich in der Kartenebene ein beliebiger Kugelpunkt (λ, φ) ab?

In der Kartenebene werde ein System rechtwinkliger Coordinaten angenommen, die x-Axe im geradlinig abgebildeten Meridian des Hauptpunkts, der Nullpunkt im Hauptpunkt. Ist auf der Kugeloberfläche δ der sphärische Abstand $P_0 P$ [P_0 Hauptpunkt, P der Punkt (λ, φ)], α das Azimut von δ im Punkt P_0, so liest man aus dem Dreieck $P_0 P N$ (Nordpol) die drei Grundgleichungen ab:

$$(1) \quad \begin{cases} \cos \delta = \sin \varphi_0 \sin \varphi + \cos \varphi_0 \cos \varphi \cos \lambda \\ \sin \delta \sin \alpha = \cos \varphi \sin \lambda \\ \sin \delta \cos \alpha = \cos \varphi_0 \sin \varphi - \sin \varphi_0 \cos \varphi \cos \lambda. \end{cases}$$

Der Bogen δ wird geradlinig abgebildet, als Strecke von der Länge [s. oben mit $\delta = (90^0 - \varphi)$] $\frac{r}{m} \cdot \frac{(D + r) \sin \delta}{D + r \cos \delta}$ und zwar bildet in der Abbildung diese Strecke den wahren Winkel α mit der x-Axe; es ist also

$$(2) \quad x = \frac{r}{m} \cdot \frac{(D + r) \sin D}{D + r \cdot \cos \delta} \cdot \cos \alpha \quad , \quad y = \frac{r}{m} \cdot \frac{(D + r) \sin \delta}{D + r \cdot \cos \delta} \cdot \sin \alpha.$$

Setzt man in (2) die Ausdrücke für $\cos \delta$, für $\sin \delta \cos \alpha$ und $\sin \delta \sin \alpha$ aus (1) ein, so hat man unmittelbar:

$$(3) \quad \begin{cases} x = \frac{r}{m} \cdot \frac{(D + r)(\cos \varphi_0 \sin \varphi - \sin \varphi_0 \cos \varphi \cos \lambda)}{D + r(\sin \varphi_0 \sin \varphi + \cos \varphi_0 \cos \varphi \cos \lambda)} \\ y = \frac{r}{m} \cdot \frac{(D + r) \cos \varphi \sin \lambda}{D + r(\sin \varphi_0 \sin \varphi + \cos \varphi_0 \cos \varphi \cos \lambda)}. \end{cases}$$

Beispiel. Eine Karte von Europa soll mit dem Mittelpunktslängenmassstab 1 : 10 Millionen dadurch entworfen werden, dass man ein entsprechendes Stück der Kugeloberfläche auf einer Bildebene perspektivisch entwirft, die die Erdoberfläche im Punkt (50^0 n. B. $= \varphi_0$, 20^0 östl. L. v. G.) berührt; der Augpunkt soll dabei (auf dem vom angegebenen Hauptpunkt abliegenden Teil des Erddurchmessers) die Entfernung 1,965 Erdhalbmesser haben und der Erdhalbmesser ist zu 6380 km anzunehmen. Wie lauten in dieser Karte die rechtwinkligen Coordinaten für den Punkt Archangelsk mit $64^0\,32'$ n. B., $40^0\,34'$ östl. L.

Mit $\varphi_0 = \mathbf{50^0}$, $\varphi = \mathbf{64^0\,32'}$, $\lambda = (40^0\,34' - 20^0) = \mathbf{20^0\,34'}$, $r = \mathbf{6\,380\,000\,000}$ **mm**, $m = \mathbf{10\,000\,000}$ geben die Gl. (3) $\underline{x = 176{,}5 \text{ mm}}$, $\underline{y = 98.0 \text{ mm}}$ ($+x$ im Nordzweig des Meridians des Hauptpunkts in der Kartenebene; vgl. eine Atlaskarte damit, die in beliebiger anderer Entwurfsart gezeichnet ist und meist kleinern Massstab, d. h. grösseres m haben wird).

Auf eine Diskussion der Gleichung (3) in der Art, dass untersucht würde, 1) was ist das Bild eines bestimmten Parallelkreises φ, 2) was das Bild eines bestimmten Meridians λ in der Karte (im ersten Falle λ, im zweiten φ aus (3) eliminiert, giebt die Gleichung der Kurve in rechtwinkligen Coordinaten), kann hier nicht eingegangen werden. Geometrisch ist klar, dass diese Bildkurven sämtlich Kegelschnitte sind (den Kreis und die Gerade als Grenzfälle selbstverständlich eingeschlossen); und ferner sei etwa noch ohne Beweis erwähnt, dass für den Fall $D = r$ (sog. stereographische Abbildung) alle Bildkurven von beliebigen Kugelkreisen in jedem Falle wieder Kreise werden. Das Weitere muss aber einem wichtigen Zweig der mathematischen Geographie und Geodäsie, der sog. Kartenprojektionslehre, vorbehalten bleiben. [114])

7) Aussichtsweite, Kimmtiefe am Meer. Zum Schluss mag hier noch ein sehr einfacher, aber praktisch wichtiger Gegenstand der mathematischen Geographie kurz berührt werden, nämlich folgende

Aufgabe. Das Auge eines Beobachters befindet sich in der Höhe h über dem Meeresspiegel. Wie gross ist der Halbmesser des zu übersehenden Kreises (die sog. Entfernung der Kimm) und was ist die Kimmtiefe oder Depression des Horizonts?

Als Kimm bezeichnet man den Kreis, der den scheinbaren Horizont des Beobachters auf dem Meere begrenzt, also die Linie, in der der Kegel, dessen Spitze im Auge des Beobachters liegt, die Erdkugel berührt Die Kimmtiefe ist der Tiefenwinkel, unter dem die Kimm von dem Beobachtungspunkt aus erscheint, also der Winkel zwischen der Geraden nach der Kimm und der Horizontalen durch den Beobachtungspunkt.

(Man ist sehr geneigt, die Entfernung der Kimm dem Anblick nach zu überschätzen; dass es sich für die auf Schiffen vorkommenden Augenhöhen nur um wenige km handeln kann, geht schon daraus hervor, dass man die weissen Wellenkämme bis nahe zur Kimm deutlich sieht).

Die Entfernung der Kimm sei a, so ist, da a klein ist im Verhältnis zu r, sehr nahe $a^2 = h\,(2\,r + h)$ oder, mit Vernachlässigung von h^2,

(1) $a = \sqrt{2\,r\,h}$, wie sich auch aus $h = \dfrac{a^2}{2\,R}$ nach S. 342/343 ergiebt.

Die Kimmtiefe sei α'', so ist α der zu a als Bogen (hier gleich Sehne) im Kreis vom Halbmesser r gehörige Centriwinkel, somit

$$(2) \qquad \alpha'' = \frac{a}{r}\,\varrho'' = \sqrt{\frac{2\,h}{r}}\,.\,206265'';$$

h und r sind natürlich im gleichen Mass auszudrücken.

Beispiele: 1) Was ist die Kimmtiefe in **10 m** Erhebung über dem Meeresspiegel? Es wird $\underline{\alpha = 6'\,6''}$.

2) Was ist die Entfernung der Kimm für $h = 6$ m? Man findet $\underline{a = 8{,}74 \text{ km}}$ (s. die obige Bemerkung über a).

3) Welche Fläche übersieht man in **12 m** Höhe über dem Meeresspiegel? Es ist $a^2 = 2\,.\,0{,}012\,.\,6370$ km, also $\pi\,a^2 = \underline{480 \text{ qkm}}$.

4) Von einem Schiff aus, auf dem sich das Auge in der Höhe h_1 über dem Meeresspiegel befindet, sieht man das Licht eines Leuchtturms, das h_2 über dem Meeresspiegel liegt, gerade in der Kimm. Wie weit ist das Schiff vom Leuchtturm entfernt? Nach (1) wird

$$a = \sqrt{2r}\,(\sqrt{h_1} + \sqrt{h_2}).$$

5) Die Bodenseeufer zwischen Friedrichshafen und Rorschach sind 20,0 km von einander entfernt. In Friedrichshafen befindet sich das Auge eines Beobachters 5 m über dem Wasserspiegel; wie hoch muss in Rorschach ein Punkt über dem Seespiegel liegen, damit er ihn sehen kann?

Anmerkung. Bei den vorstehenden Aufgaben ist wieder abgesehen von der sog. Refraktion (vgl. § 36, Schluss, S. 344), die die Höhenwinkel vergrössert (Tiefenwinkel verkleinert), deren genauere Betrachtung aber der Geodäsie und nautischen praktischen Astronomie überlassen bleiben muss. Unter ihrer Wirkung ist die thatsächlich vorhandene Depression um etwa $\frac{1}{13}$ (übrigens wechselnd) kleiner, als sie ohne Refraktion wäre, wie sich aus der folgenden kleinen Tafel ergiebt:

Aughöhe in m	Geometr. Kimmtiefe	Wirkliche Kimmtiefe	Aughöhe in m	Geometr. Kimmtiefe	Wirkliche Kimmtiefe
1	1′ 56″	1′ 48″	6	4′ 43″	4′ 22″
2	2 44	2 32	7	5 6	4 44
3	3 20	3 6	8	5 27	5 3
4	3 51	3 34	10	6 6	5 40
5	4 19	4 0	20	8 37	8 0

Wie macht sich die Refraktion in a geltend? Man behandle auch grössere Höhen, z. B. $h = 560$ m (Berg am Meeresufer); auch für solche h genügen noch die obigen Näherungen, da auch sie immer noch klein gegen r sind.

§ 60. Geodätische Aufgaben. Satz von *Legendre*.

1) Reduktion von Sextantenwinkeln auf den Horizont. In Abschn. II, Kap. 3, Schluss der Einleitung, ist erwähnt (in § 32, **1**, nochmals angedeutet), dass man unter dem Horizontalwinkel zwischen zwei Punkten von einem Standpunkt aus die Horizontalprojektion des Winkels versteht, den die Sehstrahlen selbst mit einander bilden. Dieser letzte Winkel heisst Positionswinkel und wird mittels des Sextanten oder anderer Spiegel- und Prismeninstrumente gemessen. Die genannten Instrumente dienen jetzt allerdings ausschliesslich direkten geographischen Ortsbestimmungs-Zwecken (bei der Messung); früher hat man sie aber auch in der Geodäsie i. e. S. benützt und auch heute noch muss man bei der Untersuchung von Sextanten Positionswinkel „auf den Horizont reduzieren". Wenn ein Positionswinkel geodätisch benützt werden soll, so ist er ebenfalls auf den Horizont zu reduzieren, d. h. man hat die

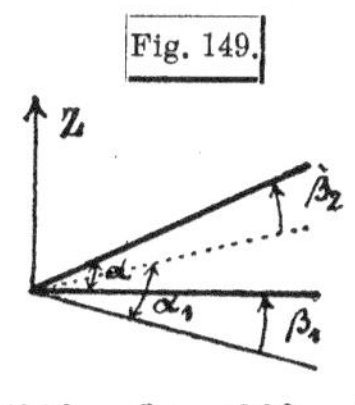

Fig. 149.

Aufgabe: Es soll die Horizontalprojektion α_1 des Positionswinkels α angegeben werden, wenn die Schenkel von α die Neigungen β_1 und β_2 gegen den Horizont haben (Fig. 149). Denkt man sich das Lot auf der Horizontalebene im Scheitel des Winkels, so bildet dieses mit den Schenkeln des Positionswinkels ein Dreikant, dessen Seiten $(90^0-\beta_1)$, $(90^0-\beta_2)$ und α sind, während α_1 der Winkel in der Kante Z ist. Damit wird nach § 50, (XIII) mit $q = \frac{1}{2}(\alpha + \beta_1 + \beta_2)$

$$tg\frac{\alpha_1}{2} = \sqrt{\frac{sin\,(q-\beta_1)\;sin\,(q-\beta_2)}{cos\,q\;cos\,(q-\alpha)}}.$$

Liegt ein Schenkel des Positionswinkels unterhalb der Horizontalebene, so ist sein Höhenwinkel negativ zu nehmen.

Beisp.: $\alpha = \mathbf{47^0\,38'\,40''}$; $\beta_1 = +\mathbf{4^0\,13'\,10''}$; $\beta_2 = +\mathbf{2^0\,38'\,50''}$; $\underline{\alpha_1 = 47^0 42' 38''}$.

Geodätisch wichtig war besonders der Fall: β_1 und β_2 nicht gross, wie es praktisch fast stets der Fall war und ist. Man findet leicht, dass, die β in $'$ genommen, für diesen Fall (β_1 und β_2 etwa nicht grösser als 2^0 oder 3^0) $\alpha_1 = \alpha + \left\{\left(\frac{\beta_1+\beta_2}{2}\right)^2 tg\frac{\alpha}{2} - \left(\frac{\beta_1-\beta_2}{2}\right)^2 ctg\frac{\alpha}{2}\right\}\frac{60''}{\varrho'}$ ist, wobei man das Korrektions-Glied in $''$ erhält. Vorzeichen der β beachten. — Ist ausser α_1 auch noch die Neigung γ der Ebene des Positionswinkels gegen die Horizontalebene zu bestimmen, so ist γ das Complement der durch die Kante Z gelegten Höhe, also wird

$$cos\,\gamma = \frac{2}{sin\,\alpha}\sqrt{cos\,q\;cos\,(q-\alpha)\;sin\,(q-\beta_1)\;sin\,(q-\beta_2)}\,.$$

2) Sphärisch-trigonometrische geodätische Aufgaben. Berechnung der geodätischen Dreiecke nach dem Satz von *Legendre*. In § 35, **3**, ist erwähnt, dass man bei der Höhenmessung schon bei sehr kurzen Zielungen, für feine Arbeiten schon von 100 m an, auf die Krümmung der Erdoberfläche Rücksicht nehmen muss; doch kommt man dort mit einfachen Betrachtungen der ebenen Trigonometrie aus. Bei Lagemessungen macht sich der Einfluss der Erdkrümmung erst bei verhältnismässig sehr grossem Messungsgebiet fühlbar (s. z. B. § 33, Einleitung; § 36, Einleitung u. s. f.); selbst auf einer Fläche von 100 qkm darf man ganz so rechnen, als ob die mathematische Erdoberfläche eine Ebene wäre. Für grössere Gebiete, von einigen 100 oder 1000 qkm, genügt aber diese einfachste Annahme auch für die Lagemessung nicht mehr; man muss auf die Krümmung der Erdoberfläche Rücksicht nehmen. Die nächst einfache Annahme, die in der That für alle Zwecke der Landmessung (nicht auch der Landesvermessung, bei der auch geographische Coordinaten, Längen und Breiten, in Betracht kommen) bis zu vielen Tausenden von qkm ausreicht, ist die: das für uns in Betracht kommende Stück der mathematischen Oberfläche der Erde, unsere Vermessungsfläche, ist die einer **Kugel** von gegebenem Halbmesser r. Hier ist dann für verschiedene Gegenden auf der Erdoberfläche, weil eben die Krümmung der mathematischen Erdoberfläche in Wirklichkeit nicht konstant ist, r etwas verschieden anzunehmen; aber jedenfalls ist es für uns gegeben.

Die geodätischen Dreiecke (s. Triangulierung § 33, Einleitung) I. Ordnung sind also dann als sphärische Dreiecke anzusehen; die Summe der drei gemessenen Dreieckswinkel soll nicht mehr genau $180^0 0' 0''$ sein, sondern etwas, aber wie sich gleich zeigen wird, im allgemeinen nur sehr wenig, grösser. Denn die Seitenlängen dieser Dreiecke sind im Verhältnis zum Kugelhalbmesser immer noch klein. Ein Dreieck mit 100 km langen Seiten ist bereits ganz aussergewöhnlich gross (in Europa sind für einen bestimmten Zweck, Verbindung der spanischen und algerischen Triangulierungsnetze über das Mittelmeer weg, Zielungen bis 270 km vorgekommen; in Deutschland ist bei den neuern Triangulierungen I. O. keine Seite mehr 100 km lang). Dieser Seitenlänge entspricht, wenn der Erdhalbmesser rund zu 6380 km gerechnet wird, ein Grosskreisbogen von $\frac{100}{6380}\,206265''' = 0^0\,53'\,53''$; für ein gleichseitiges Dreieck mit dieser Seite ist aber nach § 57, **2**,: $\alpha = 60^0\,0'\,7'',35$, somit der Excess des Dreiecks nur $22''$. Ein Dreieck mit den Seiten 70, 80, 100 km hat $14''$ Excess; die Seite eines gleichseitigen Dreiecks mit $1''$ Excess ist 21 km lang. Auch die grössten geodätischen Dreiecke (es ist hier nur von den unmittelbar messbaren die Rede, deren Endpunkte gegenseitig sichtbar sind) haben demnach im allgemeinen nie über $20''$ Excess. Um einen Massstab zu haben, merke man:

$1''$ Excess entspricht einer Fläche von 197 (rund 200) qkm; oder
1 qkm Fläche entspricht einem Excess von $0'',005$.

Die Seiten auch der grössten geodätischen Dreiecke erreichen also nur ausnahmsweise das Gradmass 1^0; meist sind sie viel kürzer, nur $\frac{1}{2}^0$ oder $\frac{1}{3}^0$ oder $\frac{1}{4}^0$ (= 55, 37, 28 km rund lang). Die Anwendung der ursprünglichen Formeln des sphärischen Dreiecks auf Dreiecke mit so kleinen Seiten würde nun, wenn die Rechnung genügend scharf ausfallen soll, z. T. die Anwendung vielziffriger Logarithmentafeln verlangen, z. T. überhaupt nicht zu brauchbaren Resultaten führen. Man muss also Reihenentwicklungen machen; oder noch besser eine Rechnungsmethode suchen, die die Auflösung von sphärischen Dreiecken mit sehr kleinen Seiten

($<1^0$) auf die Auflösung von ebenen Dreiecken zurückzuführen gestattet.

Der wichtigste Satz dieser Art ist der **Satz von *Legendre***; er lautet:

Die Winkel eines sphärischen Dreiecks mit sehr kleinen Seiten sind je um ein Drittel vom Excess des Dreiecks grösser als die entsprechenden Winkel eines ebenen Dreiecks, dessen Seitenlängen mit denen des sphärischen Dreiecks genau übereinstimmen. Die Flächen beider Dreiecke sind sehr nahe gleich.

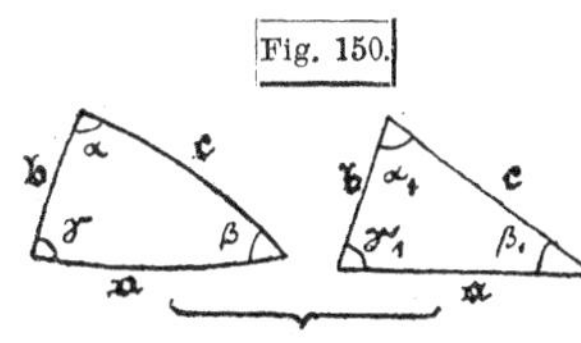

Die Längen der Seiten des sphär. und zugleich des ebenen Dreiecks seien (Fig. 150) $\mathfrak{a}$, $\mathfrak{b}$, $\mathfrak{c}$, die Winkel des ersten α, β, γ, die des zweiten α_1, β_1, γ_1, die Inhalte F und F_1; dann ist
$\varepsilon = \alpha + \beta + \gamma - 180^0$; $\alpha_1 + \beta_1 + \gamma_1 = 180^0$.

Ferner

$$tg\frac{\varepsilon}{4} = \sqrt{tg\frac{s}{2}\,tg\frac{s-a}{2}\,tg\frac{s-b}{2}\,tg\frac{s-c}{2}} \quad ; \quad F_1 = \sqrt{\mathfrak{s}(\mathfrak{s}-\mathfrak{a})(\mathfrak{s}-\mathfrak{b})(\mathfrak{s}-\mathfrak{c})};$$

dabei ist $s = \frac{a+b+c}{2}$ und $\mathfrak{s} = \frac{\mathfrak{a}+\mathfrak{b}+\mathfrak{c}}{2}$, $a = \frac{\mathfrak{a}}{r}\varrho$ u. s. f. gesetzt.

Führt man in dem Ausdruck für $\frac{\varepsilon}{4}$ ebenfalls die Längen der Seiten ein, so wird

$$tg\frac{\varepsilon}{4} = \sqrt{tg\frac{\mathfrak{s}}{2r}\,tg\frac{\mathfrak{s}-\mathfrak{a}}{2r}\,tg\frac{\mathfrak{s}-\mathfrak{b}}{2r}\,tg\frac{\mathfrak{s}-\mathfrak{c}}{2r}}.$$

Nun ist (§ 18, **3**, S. 169), wenn x einen Winkel in analytischem Mass bedeutet:

$$tg\,x = x + \frac{x^3}{3} + \cdots, \text{ somit}$$

$$\left(\frac{\varepsilon}{4} + \cdots\right) = \sqrt{\left(\frac{\mathfrak{s}}{2r} + \cdots\right)\left(\frac{\mathfrak{s}-\mathfrak{a}}{2r} + \cdots\right)\left(\frac{\mathfrak{s}-\mathfrak{b}}{2r} + \cdots\right)\left(\frac{\mathfrak{s}-\mathfrak{c}}{2r} + \cdots\right)}$$

oder mit Vernachlässigung der höhern Potenzen

$$\frac{\varepsilon}{4} = \frac{1}{4r^2}\sqrt{\mathfrak{s}(\mathfrak{s}-\mathfrak{a})(\mathfrak{s}-\mathfrak{b})(\mathfrak{s}-\mathfrak{c})}.$$

Hieraus ergiebt sich $\frac{\varepsilon}{4}$ in Halbmesserteilen, also bei Reihenentwicklung bis zu r^4 im Nenner

$$(1) \qquad F = 4r^2\frac{\varepsilon}{4} = \sqrt{\mathfrak{s}(\mathfrak{s}-\mathfrak{a})(\mathfrak{s}-\mathfrak{b})(\mathfrak{s}-\mathfrak{c})} = F_1,$$

die Flächen der beiden Dreiecke sind einander gleich.

Die Werte, die $\mathfrak{a}$, $\mathfrak{b}$, $\mathfrak{c}$ erreichen dürfen, damit diese Gleichsetzung gestattet ist, hängen natürlich wieder von dem zu erreichenden Genauigkeitsgrad der Rechnung ab (Glieder mit r^4 im Nenner).

Um sich eine Anschauung über den Bereich der Formel (1) zu verschaffen, löse man hier auch nochmals folgende Aufgabe (vgl. § 54, Schluss):

Auf der Oberfläche einer Kugel von gegebenem Halbmesser r, z. B. = 60 cm, liegt ein verhältnismässig kleines sphärisches Dreieck z. B. mit den Seiten 3, 4, 5 cm. Um wie viel (Bruchform) ist die Fläche dieses sphärischen Dreiecks grösser als 6 qcm $(= \frac{1}{2} \cdot 3 . 4 =$ Fläche des ebenen [rechtwinkligen] Dreiecks mit den Seitenlängen 3, 4, 5 cm), wenn der Halbmesser der Kugel (wie oben angenommen) 60 cm $\left(\text{Seiten des Dreiecks also in analytischem Mass } \frac{1}{20}, \frac{1}{15}, \frac{1}{12}\right)$, wenn er 120 cm $\left(\frac{1}{40}, \frac{1}{30}, \frac{1}{24}\right)$, 240 cm $\left(\frac{1}{80}, \frac{1}{60}, \frac{1}{48}\right)$, 480 cm $\left(\frac{1}{160}, \frac{1}{120}, \frac{1}{96}\right)$ beträgt? Die zwei letzten Annahmen entsprechen einem ausserordentlich grossen und einem grossen geodätischen Dreieck I. O.

Jedenfalls zeigt sich leicht aus (1), dass man den Excess auch des grössten geodätischen Dreiecks sehr einfach bis auf 0″,01 (d. h. praktisch absolut) genau ermitteln kann auf Grund einer Karte, aus der man die Dimensionen des zu berechnenden Dreiecks (Grundlinie und Höhe) absticht. Der Massstab der Karte braucht nicht einmal sehr gross zu sein; es genügt, die Längen auf etwa 0,1 km genau entnehmen zu können.

Um nun einen Winkel in den Seiten auszudrücken, ist im sphärischen Dreieck

$$\cos\alpha = \frac{\cos a - \cos b \cos c}{\sin b \sin c} = \frac{\cos\frac{\mathfrak{a}}{r} - \cos\frac{\mathfrak{b}}{r}\cos\frac{\mathfrak{c}}{r}}{\sin\frac{\mathfrak{b}}{r}\sin\frac{\mathfrak{c}}{r}}$$

oder, da der Voraussetzung gemäss $\frac{\mathfrak{a}}{r}$, $\frac{\mathfrak{b}}{r}$, $\frac{\mathfrak{c}}{r}$ sehr klein sind,

$$\cos\alpha = \frac{\left(1 - \frac{\mathfrak{a}^2}{2r^2} + \frac{\mathfrak{a}^4}{24r^4} - \cdots\right) - \left(1 - \frac{\mathfrak{b}^2}{2r^2} + \frac{\mathfrak{b}^4}{24r^4} - \cdots\right)\left(1 - \frac{\mathfrak{c}^2}{2r^2} + \frac{\mathfrak{c}^4}{24r^4} - \cdots\right)}{\left(\frac{\mathfrak{b}}{r} - \frac{\mathfrak{b}^3}{6r^3} + \cdots\right)\left(\frac{\mathfrak{c}}{r} - \frac{\mathfrak{c}^3}{6r^3} + \cdots\right)},$$

woraus, wenn beiderseits mit $2r^2$ multipliziert wird und alle Glieder, die r^4 im Nenner erhalten, weggelassen werden:

$$2\mathfrak{b}\mathfrak{c}\cos\alpha = \frac{-\mathfrak{a}^2 + \mathfrak{b}^2 + \mathfrak{c}^2 + \frac{\mathfrak{a}^4 - \mathfrak{b}^4 - \mathfrak{c}^4}{12r^2} - \frac{\mathfrak{b}^2\mathfrak{c}^2}{2r^2}}{1 - \frac{\mathfrak{b}^2 + \mathfrak{c}^2}{6r^2}}$$ oder, stets bis zur gleichen Grenze,

$$2\mathfrak{b}\mathfrak{c}\cos\alpha = \left\{\mathfrak{b}^2 + \mathfrak{c}^2 - \mathfrak{a}^2 + \frac{\mathfrak{a}^4 - \mathfrak{b}^4 - \mathfrak{c}^4 - 6\mathfrak{b}^2\mathfrak{c}^2}{12r^2}\right\}\left(1 + \frac{\mathfrak{b}^2 + \mathfrak{c}^2}{6r^2}\right)$$

$$= \mathfrak{b}^2 + \mathfrak{c}^2 - \mathfrak{a}^2 - \frac{\mathfrak{b}^4 + \mathfrak{c}^4 - \mathfrak{a}^4 + 6\mathfrak{b}^2\mathfrak{c}^2}{12r^2} + (\mathfrak{b}^2 + \mathfrak{c}^2 - \mathfrak{a}^2)\frac{\mathfrak{b}^2 + \mathfrak{c}^2}{6r^2}.$$

Im ebenen Dreieck dagegen ist $2\mathfrak{b}\mathfrak{c}\cos\alpha_1 = \mathfrak{b}^2 + \mathfrak{c}^2 - \mathfrak{a}^2$; es ist also

$$2\mathfrak{b}\mathfrak{c}\cos\alpha = 2\mathfrak{b}\mathfrak{c}\cos\alpha_1 + \frac{\mathfrak{a}^4 - (\mathfrak{b}^2 + \mathfrak{c}^2)^2 - 4\mathfrak{b}^2\mathfrak{c}^2 + 2(\mathfrak{b}^2 + \mathfrak{c}^2)^2 - 2\mathfrak{a}^2(\mathfrak{b}^2 + \mathfrak{c}^2)}{12r^2}$$ oder

$$(2) \quad 2\mathfrak{b}\mathfrak{c}\cos\alpha = 2\mathfrak{b}\mathfrak{c}\cos\alpha_1 + \frac{\mathfrak{a}^4 + \mathfrak{b}^4 + \mathfrak{c}^4 - 2(\mathfrak{b}^2\mathfrak{c}^2 + \mathfrak{c}^2\mathfrak{a}^2 + \mathfrak{a}^2\mathfrak{b}^2)}{12r^2}$$

Ferner ist $\cos\alpha_1 = \frac{\mathfrak{b}^2 + \mathfrak{c}^2 - \mathfrak{a}^2}{2\mathfrak{b}\mathfrak{c}}$, also

$1 + \cos\alpha_1 = \frac{(\mathfrak{b} + \mathfrak{c})^2 - \mathfrak{a}^2}{2\mathfrak{b}\mathfrak{c}}$, $1 - \cos\alpha_1 = \frac{\mathfrak{a}^2 - (\mathfrak{b} - \mathfrak{c})^2}{2\mathfrak{b}\mathfrak{c}}$, woraus durch Multiplikation

$$sin^2 \alpha_1 = (1 + cos\, \alpha_1)(1 - cos\, \alpha_1) = \frac{[\mathfrak{a}^2 - (\mathfrak{b} - \mathfrak{c})^2][-\mathfrak{a}^2 + (\mathfrak{b} + \mathfrak{c})^2]}{4\, \mathfrak{b}^2 \mathfrak{c}^2} \quad \text{oder}$$

$$4\, \mathfrak{b}^2 \mathfrak{c}^2 sin^2 \alpha_1 = -\mathfrak{a}^4 - \mathfrak{b}^4 - \mathfrak{c}^4 + 2(\mathfrak{b}^2 \mathfrak{c}^2 + \mathfrak{c}^2 \mathfrak{a}^2 + \mathfrak{a}^2 \mathfrak{b}^2).$$

Setzt man dies in (2) ein, so erhält man

$$(3) \qquad 2\, \mathfrak{b}\, \mathfrak{c}\, cos\, \alpha = 2\, \mathfrak{b}\, \mathfrak{c}\, cos\, \alpha_1 - \frac{4\, \mathfrak{b}^2 \mathfrak{c}^2 sin^2 \alpha_1}{12\, r^2}.$$

Nun ist $2 F_1 = \mathfrak{b}\, \mathfrak{c}\, sin\, \alpha_1$, also erhält man aus (3)

$$cos\, \alpha = cos\, \alpha_1 - \frac{F_1}{3\, r^2} sin\, \alpha_1,$$

oder da gemäss (1) $F_1 = F = \frac{r^2 \varepsilon}{\varrho}$, also $\frac{F_1}{3\, r^2} = \frac{\varepsilon}{3\, \varrho}$ ist,

$$(4) \qquad cos\, \alpha = cos\, \alpha_1 - \frac{1}{3} \frac{\varepsilon}{\varrho} sin\, \alpha_1.$$

Ist nun $\alpha = \alpha_1 + \psi$, wobei ψ einen sehr kleinen Winkel (von wenigen $''$) bedeutet, so ist aber (vgl. Anhang zu den Abschnitten I und II, S. 399)

$$(5) \qquad cos\, \alpha = cos\, \alpha_1 - \frac{\psi}{\varrho} sin\, \alpha_1.$$

Durch Vergleichung mit (4) zeigt sich $\psi = \frac{\varepsilon}{3}$, d. h. es ist

$$\underline{\alpha = \alpha_1 + \frac{\varepsilon}{3}}\,; \quad \text{ebenso aber auch } \underline{\beta = \beta_1 + \frac{\varepsilon}{3}}, \quad \underline{\gamma = \gamma_1 + \frac{\varepsilon}{3}},$$

w. z. b. w.

Man kann also in der That ein sphärisches Dreieck mit sehr kleinen Seiten stets dadurch berechnen, dass man an seiner Stelle ein ebenes Dreieck berechnet; die Seiten dieses ebenen Dreiecks sind genau so lang wie des sphärischen, die Winkel des ebenen Dreiecks sind je um $\frac{1}{3}\varepsilon$ kleiner als die des sphärischen, d. h. man hat, um die Winkel des ebenen zu erhalten, den Excess des sphärischen gleichmässig auf dessen Winkel zu verteilen. [115])

Was die Giltigkeitsgrenze des Satzes betrifft, so ist er nach dem Vorstehenden unter Voraussetzung des Abbrechens der Reihenentwicklung bei den Gliedern mit r^3 im Nenner bewiesen. Je nach der geforderten Genauigkeit der Rechnung darf der Satz demnach ausgedehnt werden; es lässt sich zeigen, dass er bei der ungünstigsten Form eines Dreiecks noch eine Genauigkeit von $0'',01$ in den Dreieckswinkeln liefert, wenn die kleinste Seite im Dreieck 240 km lang ist, d. h. der Satz ist für alle messbaren geodätischen Dreiecke für jede Genauigkeitsstufe giltig.

Beispiele zum *Legendre*schen Satz s. unten.

Anmerkung. Vor Benützung des *L.*-Satzes war zur Berechnung der geodät. sphär. Dreiecke besonders die sog. Additamenten-Methode im Gebrauch. Wenn z. B. ein geodätisches Dreieck zu berechnen ist aus einer Seite $\mathfrak{a}$ und den Winkeln, so ist

$$sin\, b = \frac{sin\, a\, sin\, \beta}{sin\, \alpha} \quad \text{oder} \quad sin \frac{\mathfrak{b}}{r} = \frac{sin \frac{\mathfrak{a}}{r} sin\, \beta}{sin\, \alpha}, \quad \text{woraus} \quad r\, sin \frac{\mathfrak{b}}{r} = \frac{r\, sin \frac{\mathfrak{a}}{r} sin\, \beta}{sin\, \alpha}.$$

Wenn a sehr klein ist, d. h. also $\mathfrak{a}$ gegen r sehr klein ist, so unterscheiden sich $\mathfrak{a}$ und $\left(r \sin \frac{\mathfrak{a}}{r}\right)$ sehr wenig von einander; wenn man also eine Tafel hat, die für kleine Bögen unmittelbar den Übergang von $r \sin \frac{\mathfrak{a}}{r}$ auf den Bogen $\mathfrak{a}$ und umgekehrt gestattet, so wird die Berechnung ebenfalls sehr einfach ausfallen. Nun ist

$$r \sin \frac{\mathfrak{b}}{r} = \mathfrak{b}\left(1 - \frac{\mathfrak{b}^2}{6 r^2} + \cdots\right) \quad \text{oder} \quad \log\left(r \sin \frac{\mathfrak{b}}{r}\right) = \log \mathfrak{b} + \log\left(1 - \frac{\mathfrak{b}^2}{6 r^2}\right).$$

Die sehr kleine Grösse $\log\left(1 - \frac{\mathfrak{b}^2}{6 r^2}\right)$, um die sich also der *log* der Bogenlänge b und der *log* des zugehörigen $\left(r \sin \frac{\mathfrak{b}}{r}\right)$ unterscheiden, und für die Tafeln entworfen sind, heisst eben das Additament für $\mathfrak{b}$ oder für $r \sin \frac{\mathfrak{b}}{r}$.

Ein noch älteres Verfahren, das jetzt nicht mehr angewandt wird, war die sog. *Delambre*sche Methode, die zur Berechnung der geodätischen sphärischen Dreiecke deren Sehnendreiecke benützte.

Beispiele zum *Legendre*schen Satz. Der *Legendre*sche Satz ermöglicht nun, die Berechnung aller der Triangulierungsaufgaben, die in § 33 und § 34 für die Horizontalebene durchgeführt worden siud, überhaupt alle Aufgaben der Ebene, auch auf der Kugel als Vermessungsfläche dadurch zu lösen, dass man (unter Voraussetzung von Abmessungen der Figur, die im Vergleich mit der Kugel sehr klein sind) sie zurückführt auf die analogen Aufgaben der Ebene.

Bei den hier in Betracht kommenden Abmessungen der geodätischen Figuren reichen zur Berechnung selbstverständlich 5- und auch 6-stellige Tafeln nicht mehr aus; man muss die (Haupt-) Rechnungen 7-stellig (neuerdings rechnet man auch 8-stellig, z. T. auch mit dem *Vega*schen Thesaurus 10-stellig) führen. Den Halbmesser r der Vermessungskugel braucht man nicht mit derselben Genauigkeit anzugeben: da er bei Anwendung des *Legendre*schen Satzes nur in dem Ausdruck für den Excess, $\varepsilon'' = \frac{F}{r^2} \cdot \varrho''$, vorkommt und die Excesse über eine geringe Anzahl von $''$ nicht hinausgehen, so genügt es vollständig, bei Rechnung bis auf 0'',01 in ε den $\log r$ 4-stellig zu nehmen.

Für die Zahlenbeispiele ist $\boldsymbol{\log r = 6.8055}$ (m) benützt ($r = 6390$ km $= 6\,390\,000$ m rund).

Aufgabe 1). Die für die **Triangulierung wichtigste Aufgabe** ist (vgl. § 33, **1**): In einem geodätisch-sphärischen Dreieck sind gegeben eine Seite $\mathfrak{a}$ und zwei Winkel β, γ, oder die drei Winkel α, β, γ. Man soll die zwei andern Seiten berechnen. Die Fläche F des (ebenen und sphärischen) Dreiecks und hieraus dessen Excess sind zu berechnen nach

$$2F = \frac{\mathfrak{a}^2}{ctg\,\beta + ctg\,\gamma} = \frac{\mathfrak{a}^2 \sin\beta \sin\gamma}{\sin(\beta+\gamma)} \quad \text{und} \quad \varepsilon'' = \frac{F \cdot \varrho''}{r^2}.$$

Ferner ist: $\alpha_1 = \alpha - \frac{\varepsilon}{3}$, $\beta_1 = \beta - \frac{\varepsilon}{3}$, $\gamma_1 = \gamma - \frac{\varepsilon}{3}$ und nun das Dreieck als ebenes Dreieck mit der Seite $\mathfrak{a}$ und den Winkeln $\alpha_1, \beta_1, \gamma_1$ zu berechnen.

Der Überschuss der Summe der gemessenen Winkel über 180^0 wird nicht genau den Excess des Dreiecks vorstellen, weil die Winkel selbst mit Messungsfehlern behaftet sind. Man würde aber, wenn α, β, γ gleichwertig gemessen sind und man ε gar nicht berechnen wollte, α_1, β_1, γ_1 doch dadurch richtig erhalten, dass man von α, β, γ je ein Drittel der Differenz $(\alpha + \beta + \gamma - 180^0)$ abzieht, da der Messungswiderspruch ebenfalls gleichmässig zu verteilen wäre.

Beispiel (aus der württemb. Vermessung):

A (Solitude)	gemessen	$\alpha = \mathbf{59^0\ 0'\ 47'',20}$	$log\ \mathfrak{c} = \mathbf{4.669\,8275}$ (m)
C (Stocksberg)		$\gamma = \mathbf{69^0\ 38'\ 43'',34}$	ε findet sich $= 3'',94$; es sind also die gemessenen Winkel (um den Messungswiderspruch wegzuschaffen), je um $0'',40$ zu vergrössern.
B (Hohenstaufen)		$\beta = \mathbf{51^0\ 20'\ 32'',20}$	
		$180\ \ 0\ \ 2'',74$	

Damit wird $\alpha_1 = 59^0\,0'\,46'',29$, $\beta_1 = 69^0\,38'\,42'',42$, $\gamma_1 = 51^0\,20'\,31'',29$ und hieraus durch Berechnung des ebenen Dreiecks

$$\underline{log\ \mathfrak{a} = 4.630\,9542}\ , \qquad \underline{log\ \mathfrak{b} = 4.590\,4193}.$$

Aufgabe 2). Gegeben zwei Seiten $\mathfrak{b}$, $\mathfrak{c}$ und der eingeschlossene Winkel α.

Es ist $F = \frac{1}{2}\,\mathfrak{b}\,\mathfrak{c}\,sin\,\alpha$ und $\varepsilon'' = \frac{F\varrho''}{r^2}$, woraus $\alpha_1 = \alpha - \frac{\varepsilon}{3}$.

Damit ist das ebene Dreieck zu berechnen, das $\mathfrak{a}$, ferner zunächst β_1 und γ_1 liefert; die gesuchten Winkel β und γ sind dann

$$\beta = \beta_1 + \frac{\varepsilon}{3}\ , \quad \gamma = \gamma_1 + \frac{\varepsilon}{3}.$$

Beisp.: $\mathfrak{b} = \mathbf{51605{,}17}$ **m**, $\mathfrak{c} = \mathbf{46281{,}73}$ **m**, $\alpha = \mathbf{89^0\ 36'\ 21'',20}$. Es wird

$\varepsilon = 6'',03 \qquad \alpha_1 = 89^0\ 36'\ 19'',19\ ;\ \underline{log\ \mathfrak{a} = 4.839\,3586};$

$$\left.\begin{array}{l}\beta_1 = 48^0\ 19'\ 54'',09,\\ \gamma_1 = 42^0\ \ 3'\ 46'',73,\end{array}\right\}\ \text{also}\ \left\{\begin{array}{l}\underline{\beta = 48^0\ 19'\ 56'',10.}\\ \underline{\gamma = 42^0\ \ 3'\ 48'',74.}\end{array}\right.$$

Aufgabe 3). Gegeben die drei Seiten $\mathfrak{a}$, $\mathfrak{b}$, $\mathfrak{c}$. Es sind α_1, β_1, γ_1, F unmittelbar aus dem ebenen Dreieck zu bestimmen. Aus F ergiebt sich ε und damit α, β, γ.

Aufgabe 4). Die ***Snellius*sche Vierecksaufgabe (Aufgabe des Rückwärtseinschneidens)** auf der Kugel (vgl. die Aufgabe in der Ebene § 34, 1). Die Entfernungen $\mathfrak{d}$, $\mathfrak{e}$, $\mathfrak{f}$ eines Punkts P von drei gegebenen Punkten A, C, B (Fig. 151) sollen auf der Kugel bestimmt werden aus den zwei Winkeln α und β, unter denen die Bögen $CA = a$ und $CB = b$, die unter gegebenem Winkel γ in C zusammenstossen, von P aus erscheinen.

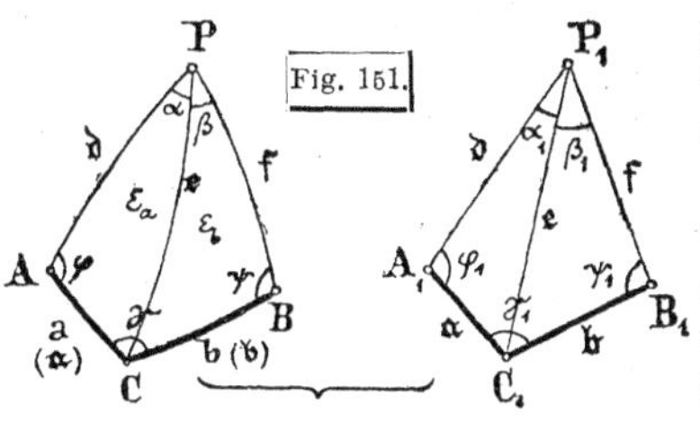
Fig. 151.

Voraussetzung ist selbstverständlich wieder, dass alle Dimensionen des Vierecks $ACBP$ sehr klein sind im Verhältnis zum Kugelhalbmesser.

Man löse nach § 34, 1, mit den gegebenen Stücken die Aufgabe näherungsweise (mit 5-stelligen, oder selbst 4-stelligen Logarithmen), wie wenn die Punkte A, C, B, P in einer Ebene liegen würden.

Sind die sich hierbei ergebenden Winkel im ebenen Viereck bei A und B mit φ_0 und ψ_0 bezeichnet, so werden diese Näherungswerte der sphärischen Winkel in A und B dazu dienen können, die Flächen F_a, F_b der Dreiecke APC und BPC und also auch deren Excesse ε_a und ε_b, zu berechnen. Es wird

$$F_a = \frac{\mathfrak{a}}{2} \cdot \frac{\mathfrak{a} \sin(\alpha + \varphi_0)}{\sin \alpha} \sin \varphi_0 \quad , \quad F_b = \frac{\mathfrak{b}}{2} \cdot \frac{\mathfrak{b} \sin(\beta + \psi_0)}{\sin \beta} \sin \psi_0, \quad \text{woraus}$$

$$\varepsilon_a = \frac{\mathfrak{a}^2 \sin \varphi_0 \sin(\alpha + \varphi_0)}{\sin \alpha} \cdot \frac{\varrho}{2 r^2}, \quad \varepsilon_b = \frac{\mathfrak{b}^2 \sin \psi_0 \sin(\beta + \psi_0)}{\sin \beta} \cdot \frac{\varrho}{2 r^2};$$

damit kann man nun das Viereck definitiv (7-stellig z. B.) als ebenes Viereck berechnen mit den Seiten $\mathfrak{a}$, $\mathfrak{b}$ und den Winkeln

$$\alpha_1 = \alpha - \frac{\varepsilon_a}{3} \quad , \quad \beta_1 = \beta - \frac{\varepsilon_b}{3} \quad , \quad \gamma_1 = \gamma - \frac{\varepsilon_a + \varepsilon_b}{3}.$$

Beispiel: $\log \mathfrak{a} = \mathbf{4.839\,3631}$ (m), $\log \mathfrak{b} = \mathbf{4.665\,4124}$ (m) | $\gamma = \mathbf{48^0\ 19'\ 56'',32}$ | $\alpha = \mathbf{62^0\ 35'\ 54'',30}$, $\beta = \mathbf{13^0\ 51'\ 35'',40}$.

Man findet: $\begin{cases} \varphi_0 = \ \ 78^0\ 27',0 \ , & \varepsilon_a = 8'',36_4 \\ \psi_0 = 156\ \ 45',5 \ , & \varepsilon_b = 1'',45_3 \end{cases}$ | $(\lambda_0 = 21^0\ 56',2)$, somit

$\gamma_1 = 48\ 19\ 53{,}05 \quad , \quad \alpha_1 = 62\ 35\ 51{,}51 \quad , \quad \beta_1 = 13\ 51\ 34{,}92$. Hieraus

$(\lambda = 21^0\ 56'\ 11'',23) \begin{cases} \varphi_1 = \ \ 78^0\ 27'\ \ 5'',24 \\ \psi_1 = 156\ \ 45\ \ 35\ ,28 \end{cases}$, somit $\left(\begin{cases} \varphi = \ \ 78^0\ 27'\ \ 8'',03 \\ \psi = 156\ \ 45\ \ 35\ ,76 \end{cases}\right)$ und

$\underline{\log \mathfrak{e} = 4.882\,1674}$, $\underline{\log \mathfrak{d} = 4.689\,4615}$, $\underline{\log \mathfrak{f} = 4.498\,1864}$.

Man löse auch noch andere Aufgaben über (im Verhältnis zum Halbmesser der Kugel kleine) sphärische Figuren auf demselben Weg.

3) Fortsetzung. Geodätisch-sphärisches Coordinatensystem. Um die gegenseitige Lage von Punkten einer sphärischen Vermessungsfläche angeben zu können, benützt man in der Landmessung nicht das System der geographischen Coordinaten (Länge und Breite der Punkte, s. § 59; dieses System spielt dagegen dann die Hauptrolle in der Topographie und Erdmessung, nur sind die geographischen Coordinaten nicht sphärisch, sondern ellipsoidisch zu nehmen, worauf hier nicht einzugehen ist); man benützt vielmehr ein System von linearen Coordinaten, rechtwinkligen sphärischen Coordinaten, da man dann jedenfalls leicht alle sphärischen Coordinaten-Rechnungen, bei der Kleinheit der in Betracht kommenden Figuren, mit Zuhilfenahme der Rechnungen im ebenen rechtwinkligen Coordinatensystem lösen kann.

Ein mittterer Punkt des sphärischen Vermessungsgebiets wird als Nullpunkt O des rechtwinklig-sphärischen Coordinatensystems angenommen; die x-Axe dieses Systems wird gewöhnlich in den Meridian dieses Punktes O gelegt, $+x$ nach Norden. Um einen Punkt P der Kugelfläche festzulegen, zieht man durch P einen Grosskreis PQ, der den Grundkreis x (Meridian von O, x-Axe, hier aber als Grosskreis zu denken), in Q senkrecht schneidet;

die rechtwinkligen sphärischen Coordinaten des Punktes P oder (x, y) oder, mit Beibehaltung unserer seitherigen Bezeichnung, $(\mathfrak{x}, \mathfrak{y})$ sind dann die Grosskreisbögen $OQ = (x$ oder) $\mathfrak{x}$ und $QP = (y$ oder) $\mathfrak{y}$. Die $+\mathfrak{y}$ sind nach Osten, die $-\mathfrak{y}$ nach Westen gerichtet, wenn $+x$ nach Norden geht (vgl. § 36, **2**, u. auch **1**). Jene Grosskreise PQ, die auf dem Grundkreis senkrecht stehen, mögen kurz Hauptkreise heissen; sie schneiden sich in zwei Punkten, die die sphärische Entfernung 90⁰ vom Grundkreis haben (also wenn dieser der Meridian von O ist, in den zwei Punkten des Erdäquators, die in Länge um 90⁰ vom Meridian O entfernt sind). Trägt man diese rechtwinkligen sphärischen Coordinaten (x, y) oder $(\mathfrak{x}, \mathfrak{y})$ in wirklicher Länge als rechtwinklige ebene Coordinaten in ein ebenes Coordinatensystem ein, so ergibt sich eine gewisse „Abbildung" des Streifens der Kugeloberfläche auf die Ebene (vgl. § 59, **6**, Einleitung); wie jede Abbildung der Kugeloberfläche auf die Ebene ist diese Abbildung „verzerrt", aber nicht überall gleich stark. Für einen schmalen Streifen längs der x-Axe wird die Verzerrung unmerklich sein; sie wird um so grösser werden, je grösser y $(\mathfrak{y})$ wird: alle Abmessungen in der Richtung der Hauptkreise (Richtung der y) erscheinen in der Ebene in richtiger Länge; alle Abmessungen senkrecht dazu (Richtung der x-Axe) erscheinen aber in der Ebene zu gross, da die Hauptkreisbilder parallele Gerade (senkrecht zur x-Axe) sind, die Hauptkreise auf der Kugel selbst aber konvergieren (s. oben). Ist $y = \frac{\mathfrak{y}}{r}$ der Abstand eines bestimmten Punktes von dem Grundkreis auf der Kugel, so werden Abmessungen in der Richtung der x-Axe in der Karte in diesem Punkt zu gross dargestellt im Verhältnis (1) $\quad 1 : \cos\frac{\mathfrak{y}}{r}$.

Ist $\frac{\mathfrak{y}}{r}$ ein kleiner Bruch, d. h. handelt es sich um einen schmalen Streifen längs der x-Axe, so darf man statt (1) schreiben: $1 : \left(1 - \frac{\mathfrak{y}^2}{2r^2}\right)$, d. h. die Längenverzerrung in der Richtung der x-Axe ist in der Karte $\frac{\mathfrak{y}^2}{2r^2}$ des Betrags der Längen. Die Verzerrung wächst also proportional dem Quadrat von $\mathfrak{y}$; für $\mathfrak{y} = 111$ km, $y = 1^0$ oder $\frac{\mathfrak{y}}{r} = \frac{1}{57{,}3}$ ist sie rund $\frac{1}{6600}$ der Länge, für $\mathfrak{y}$ halb so gross $\left(55 \text{ km oder } \mathfrak{y} = \frac{1}{2}{}^{\circ}\right)$ aber nur $1/4$ so gross, rund $\frac{1}{26000}$. In der That beschränkt man die seitliche (W.-O.-)Ausdehnung der geodätischen rechtwinklig-sphärischen Coordinatensysteme auf den zuletzt genannten Betrag von etwa 60000 m zu beiden Seiten der x-Axe und darf dann aber für die meisten Rechnungen der Landmessung in dem auf die oben bezeichnete Art zu Stand gekommenen ebenen Coordinatensysteme genau so rechnen, als ob diese Coordinaten in der That von Haus aus ebene Coordinaten wären, d. h. absehen von der kleinen Verstreckung der Längen in der Richtung der x-Axe (während in der Richtung der y-Axe ohnehin alle

Längen genau sind); jene Verstreckung erreicht am O.- und W.-Rand eines gegen 120 km breiten Coordinatensystems den Betrag von rund $\frac{1}{23000}$.

Man versuche nun selbst die für schärfere Rechnungen mit diesen (x, y) an den Formeln der Ebene (vgl. § 37 u. s. w.) notwendigen Korrektionen (sphärische Correktionsglieder) zu bestimmen (das Ganze beruht auf Reihenentwicklung der in den Formeln des sphärischen Dreiecks auftretenden *sin*, *cos* und *tg* der Seiten, z. B. $sin\frac{s}{r}$, $tg\frac{s}{r}$, $sin\frac{x}{r}$, $sin\frac{y}{r}$ u. s. f. bis auf die dritten Potenzen, z. B. $\left(\frac{s}{r}\right)^3$, $\left(\frac{x}{r}\right)^3$ u. s. f. einschliesslich. Die wirkliche Durchführung muss der Geodäsie vorbehalten bleiben.

Eine hierher gehörige Aufgabe, die bei geodätischer Bestimmung der Nordrichtung (Bestimmung des Meridians in einem Punkt des Coordinatensystems; keineswegs etwa bei dem Richtungswinkel im Coordinatensystem) auftritt, mag hier behandelt sein, die sog.

Konvergenz der Meridiane. Ist $P_1 P_2$ (Fig. 152) ein Grosskreisbogen der Erde, der wieder klein im Verhältnis zu r sein soll, so bezeichnet man als Meridian-Konvergenz den Unterschied der Winkel, die die Meridiane von P_1 und P_2 mit $P_1 P_2$ bilden (wenn noch von 180° abgesehen wird, d. h. die Winkel z. B. wie in der Figur auf der einen Seite von Norden gegen Osten, auf der andern von Süden gegen Westen gezählt werden).

Fig. 152.

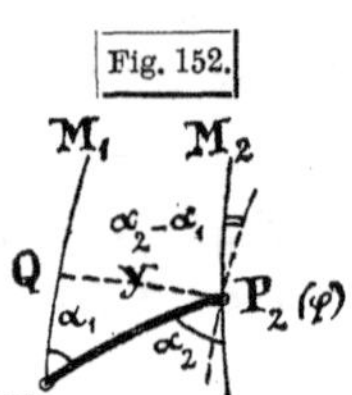

$P_1 M_1$ sei der Meridian von P_1, $P_2 M_2$ der von P_2, so ist die Meridiankonvergenz $(\alpha_2 - \alpha_1)$ gleich dem Unterschied der Azimute von $P_1 P_2$ in P_1 und P_2 (mit der soeben angegebenen Zählweise). Den Punkt P_1 denken wir uns nun mit dem Nullpunkt O eines „orientierten" Coordinaten-Systems (d. h. der Meridian von O ist die x-Axe des Systems) identifizirt; es sei ferner $P_2 Q = y$ der (sphärische) Abstand des Punktes P_2 vom Grundkreis, d. h. vom Meridian $P_1 M_1$, endlich φ die geographische Breite von P_2 und N der Schnittpunkt der beiden Meridiane $P_1 M_1$ und $P_2 M_2$, d. h. der Nordpol, so ist aus dem rechtwinkligen Dreieck $N Q P_2$:

$$tg\frac{\mathfrak{y}}{r} = tg\,(90^0 - \varphi)\,cos\,[90^0 - (\alpha_2 - \alpha_1)]$$ oder, da $\mathfrak{y}$ klein ist,

$$\frac{\mathfrak{y}}{r} = ctg\,\varphi\,sin\,(\alpha_2 - \alpha_1),$$ woraus

$$(\alpha_2 - \alpha_1)'' = \frac{\mathfrak{y}}{r}\,tg\,\varphi\,.\,\varrho''.$$

Um diesen Betrag weicht also in einem orientierten Coordinatensystem der Meridian eines Punkts P (mit der Ordinate $\mathfrak{y}$) ab von einer Parallelen zur x-Axe (nach Norden gesehen gegen die x-Axe des Systems hin); oder: um diesen Betrag unterscheiden sich (im angegebenen Sinn) der Richtungswinkel und das Azimut (Winkel mit dem Meridian) einer beliebigen vom Punkt P ausgehenden Richtung. [116)]

Beispiel: $\varphi = 48^0\ 30',0$ $\mathfrak{y} = 10$ km giebt $\alpha_2 - \alpha_1 = 0^0\ 6'\ 6''$.

(Es ist nochmals zu betonen, dass dieser mit $\mathfrak{y}$ rasch bedeutend werdende Unterschied für den in den landmesserischen Rechnungen für gewöhnlich allein vorkommenden Richtungswinkel nicht in Betracht kommt, vielmehr nur bei geodätischer Bestimmung der Nord-Südlinie in einem Punkt; hier darf man nicht den Richtungswinkel einer Richtung zugleich für ihr Azimut halten. Auch braucht kaum hinzugefügt zu werden, dass die Aufgabe der Meridiankonvergenz, wie schon die Figur 152 andeutet, auch ganz ohne Zusammenhang mit dem geodätischen rechtwinklig sphärischen Coordinatensystem betrachtet werden kann; z. B. so: von dem Punkt P_1 (geogr. Breite φ_1) geht unter dem Azimut α_1 (N. gegen O.) ein Grosskreisbogen von der Länge $P_1 P_2 = s$ aus, was ist sein Azimut α_2 im Endpunkt P_2 (S. gegen W.)? Für beliebig lange s (vgl. § 59, 5, 5)) und für kurze s zu berechnen. Es ist oben $\sin \alpha_1 = \frac{\sin y}{\sin s}$ zu setzen u. s. f.

ANHANG ZU KAPITEL 2 UND 3.

Differentialformeln des sphärischen Dreiecks.

Die Differentialformeln der sphärischen Trigonometrie sind noch wichtiger als die der ebenen, da sie in der sphärischen Astronomie ganz unentbehrlich und fortwährend im Gebrauch sind; vgl. das folgende Kapitel 4.

Bedeuten wieder (vgl. den Anh. zu Abschn. I. und II) $\triangle a$, $\triangle b$, $\triangle c$; $\triangle \alpha$, $\triangle \beta$, $\triangle \gamma$, sehr kleine positive oder negative Veränderungen an den Seiten und Winkeln eines sphärischen Dreiecks, so erhält man aus den für dieses giltigen Formeln die nachstehenden Beziehungen. Es ist hier, da die Seiten des sphärischen Dreiecks ebenfalls durch einen Winkel vorgestellt sind, gleichgiltig, ob man sich Seiten und Winkel in Halbmesserteilen oder in Bogenmass ausgedrückt denkt; deshalb ist ϱ überall weggelassen.

1) Grundformeln. Den drei Grundgleichungen ((I), (II), (III)) und der Gleichung (VII) oder den vier „Fällen" des sphärischen Dreiecks (vgl. § 55) entsprechend erhält man zunächst folgende vier Aufgaben.

1. Aufgabe. Die Beziehung zwischen kleinen Veränderungen der drei Seiten a, b, c und eines Winkels, z. B. α, in einem Dreieck anzugeben.

Aus der Formel (I, 1) erhält man nach S. 399, 1) und 2) die Beziehung

$$\cos a - \sin a \,.\, \triangle a = (\cos b - \sin b \,.\, \triangle b)(\cos c - \sin c \,.\, \triangle c) + \\ + (\sin b + \cos b \,.\, \triangle b)(\sin c + \cos c \,.\, \triangle c)(\cos \alpha - \sin \alpha \,.\, \triangle \alpha)$$

oder mit Vernachlässigung der Produkte der kleinen Zunahmen gegen die ersten Potenzen:

$$\cos a - \sin a \,.\, \triangle a = \cos b \cos c + (-\sin b \cos c + \cos b \sin c \cos \alpha) \,.\, \triangle b \\ + (-\cos b \sin c + \sin b \cos c \cos \alpha) \,.\, \triangle c + \sin b \sin c \cos \alpha - \sin b \sin c \sin \alpha \,.\, \triangle \alpha.$$

Subtrahiert man diese Gleichung von der Gl. (I, 1) selbst, so wird

$$\sin a \,.\, \triangle a = (\sin b \cos c - \cos b \sin c \cos \alpha) \,.\, \triangle b + (\cos b \sin c - \sin b \cos c \cos \alpha) \,.\, \triangle c \\ + \sin b \sin c \sin \alpha \,.\, \triangle \alpha$$

oder nach Division mit $\sin a$ und wegen (III, 2) und (III, 1):

$$(1) \qquad \triangle a = \cos \beta \,.\, \triangle c + \cos \gamma \,.\, \triangle b + \begin{cases} \dfrac{\sin b \sin c \sin \alpha}{\sin a} \,.\, \triangle \alpha \text{ oder} \\ + \sin b \sin \gamma \,.\, \triangle \alpha \text{ oder} \\ + \sin c \sin \beta \,.\, \triangle \alpha. \end{cases}$$

2. Aufgabe. (Polarfall des vorigen). Die Beziehung zwischen kleinen Veränderungen der drei Winkel α, β, γ und einer Seite, z. B. a, anzugeben.

Mit Hilfe des Polardreiecks oder direkt aus (VII, 1) erhält man

$$(2) \qquad \triangle \alpha = -\cos b \,.\, \triangle \gamma - \cos c \,.\, \triangle \beta + \begin{cases} \dfrac{\sin \beta \sin \gamma \sin a}{\sin \alpha} \,.\, \triangle a \text{ oder} \\ + \sin \beta \sin c \,.\, \triangle a \text{ oder} \\ + \sin \gamma \sin b \,.\, \triangle a. \end{cases}$$

3. Aufgabe. Die Beziehung zwischen kleinen Veränderungen zweier Seiten, z. B. b, c, und ihrer Gegenwinkel β, γ, anzugeben.

Aus dem *Sinus*-Satz (II) folgt

$$(\sin b + \cos b \,.\, \triangle b)(\sin \gamma + \cos \gamma \,.\, \triangle \gamma) = (\sin c + \cos c \,.\, \triangle c)(\sin \beta + \cos \beta \,.\, \triangle \beta)$$

oder $\quad (3) \quad \operatorname{ctg} b \,.\, \triangle b - \operatorname{ctg} c \,.\, \triangle c = \operatorname{ctg} \beta \,.\, \triangle \beta - \operatorname{ctg} \gamma \,.\, \triangle \gamma.$

Dieser Fall entspricht sich selbst polar.

4. Aufgabe. Die Beziehungen zwischen kleinen Veränderungen zweier Seiten, z. B. b, c, und denen der Winkel α, β, von welchen der eine der von den Seiten eingeschlossene ist, anzugeben.

Ausgehend von (III, 1) oder bequemer von (IV, 1) kann man die gesuchte Beziehung in der Form erhalten:

$$(4) \qquad \sin \gamma \,.\, \triangle b - \sin \beta \cos a \,.\, \triangle c = \sin a \,.\, \triangle \beta + \sin b \cos \gamma \,.\, \triangle \alpha.$$

Dieser Fall entspricht sich ebenfalls selbst polar.

Mit Hilfe der vorstehenden vier Differentialformeln und der durch cyklische Vertauschung aus ihnen zu erhaltenden kann man stets die Veränderung irgend eines Stücks des sphärischen Dreiecks in den kleinen Veränderungen dreier beliebiger Stücke, durch die das Dreieck gegeben sein soll, ausdrücken.

2) Wichtigste Anwendung. Denkt man sich von diesen drei gegebenen Stücken nur Eines um einen sehr kleinen Betrag verändert, während die beiden andern konstant sein sollen, so hat man die einfachsten und am häufigsten anzuwendenden Fälle. Wenn dann alle drei Stücke veränderlich sind, so kann man auch die Veränderung eines gesuchten Stücks zusammensetzen aus den drei Veränderungen, die es erleidet, wenn man sich nur je eines der gegebenen Stücke verändert denkt. Die folgenden, sehr einfachen Formeln sind deshalb noch wichtiger als die vorstehenden.

1. Aufgabe. Konstant seien zwei Seiten, z. B. b, c; gesucht die Beziehungen zwischen den kleinen Zunahmen $\triangle a$; $\triangle\alpha$, $\triangle\beta$, $\triangle\gamma$. Man findet:

$$\frac{\triangle a}{\triangle\alpha} = \sin b \sin\gamma = \sin c \sin\beta \quad ; \quad \frac{\triangle\beta}{\triangle\gamma} = \frac{tg\beta}{tg\gamma};$$

$$\frac{\triangle a}{\triangle\beta} = -\sin a \, tg\gamma \quad ; \quad \frac{\triangle a}{\triangle\gamma} = -\sin a \, tg\beta.$$

2. Aufgabe. (Polarfall des vorigen). Konstant seien zwei Winkel, z. B. β, γ; gesucht die Beziehungen zwischen den kleinen Zunahmen $\triangle\alpha$; $\triangle a$, $\triangle b$, $\triangle c$. Es wird

$$\frac{\triangle\alpha}{\triangle a} = \sin\beta \sin c = \sin\gamma \sin b \quad ; \quad \frac{\triangle b}{\triangle c} = \frac{tg\, b}{tg\, c};$$

$$\frac{\triangle\alpha}{\triangle b} = \sin\alpha \, tg\, c \quad ; \quad \frac{\triangle\alpha}{\triangle c} = \sin\alpha \, tg\, b.$$

3. Aufgabe. Konstant seien eine Seite und ihr Gegenwinkel, z. B. a, α; gesucht die Beziehungen zwischen den kleinen Zunahmen $\triangle b$, $\triangle c$; $\triangle\beta$, $\triangle\gamma$. Es wird

$$\frac{\triangle b}{\triangle c} = -\frac{\cos\beta}{\cos\gamma} \; ; \; \frac{\triangle b}{\triangle\beta} = \frac{tg\, b}{tg\beta} \; ; \; \frac{\triangle c}{\triangle\gamma} = \frac{tg\, c}{tg\gamma} \; ; \; \frac{\triangle\beta}{\triangle\gamma} = -\frac{\cos b}{\cos c}.$$

4. Aufgabe. Konstant seien eine Seite und einer der anliegenden Winkel, z. B. a, β; gesucht die Beziehungen zwischen den kleinen Zunahmen $\triangle b$, $\triangle c$; $\triangle\alpha$, $\triangle\gamma$. Man findet

$$\frac{\triangle b}{\triangle c} = \cos\alpha \; ; \; \frac{\triangle b}{\triangle\alpha} = -\frac{tg\, b}{tg\alpha} \; ; \; \frac{\triangle c}{\triangle\alpha} = -\frac{tg\, b}{\sin\alpha} \; ; \; \frac{\triangle\alpha}{\triangle\gamma} = -\cos b.$$

Die beiden letzten Fälle entsprechen sich wieder selbst polar. [117)]

Zahlenbeispiele bilde man selbst. Auch verfolge man spezielle Fälle, besonders das rechtwinklige sphärische Dreieck.

Kapitel 4.

Grundzüge der sphärischen Astronomie. [118)]

Die **sphärische** Astronomie beschäftigt sich mit den scheinbaren Bewegungen der Himmelskörper infolge der scheinbaren täglichen Drehung des Himmelsgewölbes; sie bildet die Vorbereitung auf die praktische Astronomie, soweit diese die geographische Ortsbestimmung (Bestimmung der geographischen Coordinaten des Beobachtungspunktes) und die astronomische Zeitbestimmung zum Gegenstand hat.

Die Erde hat bekanntlich zwei verschiedene Bewegungen: sie dreht sich täglich einmal um ihre Axe und sie führt innerhalb eines Jahres einen Umlauf um die Sonne aus. Ein Beobachter auf der Erde überträgt diese beiden wirklichen Bewegungen der Erde auf die Körper ausserhalb; in Folge der Axendrehung der Erde von Westen über Süden nach Osten sieht er die scheinbare Himmelskugel, in deren Mittelpunkt er sich befindet, im Lauf eines (Stern-) Tages von Osten über Süden nach Westen rotieren und in Folge des Umlaufs der Erde um die Sonne scheint diese innerhalb eines Jahres einen Grosskreis an der Himmelskugel zurückzulegen, die sogen. Ekliptik.

Um den Ort der Gestirne an der Sphäre (Kugel um den Erdmittelpunkt mit beliebigem Halbmesser) angeben zu können, bezieht man sie auf Systeme sphärischer Coordinaten. Ein solches wird die Äquatorebene der Himmelskugel, ein anderes die Ebene der Ekliptik zur Grundebene haben müssen; ein drittes endlich hat den Horizont des Beobachtungsorts zur Grundebene. Das dritte und das erste sind für uns hier allein wichtig.

§ 61. Die Coordinatensysteme der Himmelskugel.

1) I. System: Horizont, Zenitlinie.

Die Richtung der **Vertikallinie (Zenitlinie)** in einem Beobachtungsort auf der Erdoberfläche wird angegeben durch das Senkel (Lot). Die Schnittpunkte der Vertikallinie mit der Himmelskugel heissen Zenit (Scheitelpunkt) und Nadir (Fusspunkt).

Der **Horizont** des Beobachtungsorts ist die durch den Mittelpunkt der Erde senkrecht zur Vertikallinie gelegte Ebene. Von diesem sogen. wahren Horizont ist zu unterscheiden der scheinbare Horizont, dessen Ebene parallel zum wahren liegt und die Erdkugel in dem Beobachtungspunkt berührt. Je weiter ein Gestirn von der Erde entfernt ist, je weniger also der Erdhalbmesser im Vergleich zu jener Entfernung in Betracht kommt, um so eher wird man die beiden Horizonte verwechseln dürfen. Für die Fixsterne fallen beide für jede Genauigkeitsstufe der Rechnung und Beobachtung zusammen; für die Sonne kommt der Unterschied für gröbere

Messung mit kleinen Instrumenten ebenfalls noch nicht in Betracht, bedeutend wird er nur für den uns nahen Mond.

Der Horizont teilt die Himmelskugel in eine sichtbare und eine unsichtbare Halbkugel.

Süd- und Nordpunkt des Horizonts sind seine Schnittpunkte mit dem Meridian des Beobachtungspunkts (vgl. II. System), Ost- und Westpunkt des Horizonts sind seine Schnittpunkte mit dem Himmelsäquator (ebenso); sie stehen von den vorigen Punkten um je 90⁰ ab.

Vertikalkreise (Vertikale, Höhenkreise) sind Grosskreise, die durch das Zenit gehen und deren Ebenen also senkrecht auf dem Horizont stehen; der sogen. **erste Vertikal** geht durch den Ost- und Westpunkt des Horizonts. Horizontalkreise (Almukantarate) sind Kleinkreise, deren Ebenen parallel zur Horizontalebene sind.

2) II. System: Äquator, Weltaxe.

Die **Weltaxe** ist die Linie, um die die Himmelskugel ihre scheinbare tägliche Drehung ausführt; sie fällt also zusammen mit der Axe, um die thatsächlich die Erde sich dreht. Ihre Schnittpunkte mit der Himmelskugel sind die Weltpole (Nordpol, Südpol).

Die **Äquatorebene** der Himmelskugel steht im Erdmittelpunkt senkrecht auf der Weltaxe, fällt also zusammen mit der Ebene des Erdäquators. Der Äquator teilt die Himmelskugel in die nördliche und südliche Halbkugel.

Deklinationskreise (Abweichungskreise, **Stundenkreise, Meridiane**) sind Grosskreise, die durch die Weltpole gehen und deren Ebenen also senkrecht auf der Äquatorebene stehen. Der Hauptmeridian (der **Meridian des Orts**) geht zugleich durch das Zenit des Beobachtungsorts (und durch den Nord- und Südpunkt von dessen Horizont). Parallelkreise oder Tagkreise sind Kleinkreise, deren Ebenen parallel zur Äquatorebene sind.

Anmerkung. Weltaxe, Äquator, Meridiane und Parallelkreise der Himmelskugel entsprechen also genau den gleichbenannten Linien der Erdkugel, dagegen beziehen sich „Länge und Breite" am Himmel nicht auf dieses System (vgl. III).

3) Zusätze zum I. und II. System.

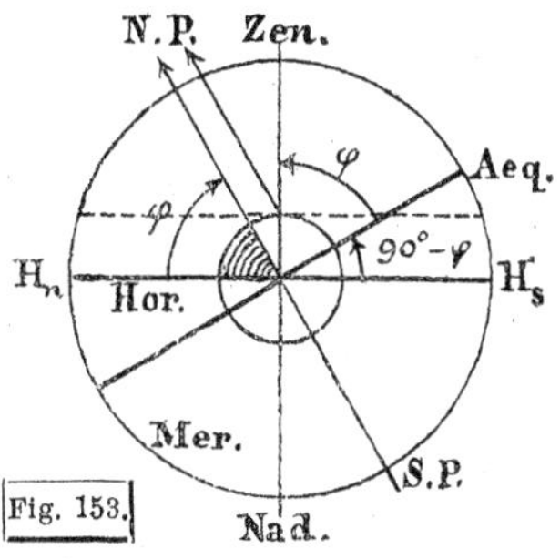

Fig. 153.

1) **Polhöhe** des Beobachtungsorts auf der Erde ist die Neigung der Weltaxe gegen den Horizont des Orts, oder der Höhenwinkel des sichtbaren Pols. Die Polhöhe ist gleich der geographischen Breite φ des Orts (vgl. Fig. 153). Die Äquatorhöhe, d. h. der Bogen des Meridians zwischen Äquator und Horizont oder zwischen Zenit und Weltpol, ist das Complement der geographischen Breite ($90^0 - \varphi$).

2) **Kulmination** der Gestirne. Die Gestirne beschreiben bei der täglichen Axendrehung der Himmelskugel Parallelkreise; jeder Stern kommt im Lauf eines Tags zweimal in den Meridian des Beobachtungsorts. Die Hälfte des Meridians vom sichtbaren Pol über das Zenit zum unsichtbaren Pol entspricht dem Meridian des Orts im geogr. Sinn, die andere Hälfte dem Meridian eines um 180⁰ in geogr. Länge verschiedenen Orts. Wenn man ein Gestirn in die $\left\{\begin{matrix}\text{zuerst}\\ \text{zuletzt}\end{matrix}\right\}$ genannte Meridianhälfte eintreten sieht, so sagt man, es befinde sich in $\left\{\begin{matrix}\text{oberer}\\ \text{unterer}\end{matrix}\right\}$ Kulmination.

3) **Einteilung der Gestirne für den Beobachtungsort.** In einem Erdort, dessen geogr. Breite φ ist, kommen nur die Sterne über (an) den Horizont (vgl. Fig. 154), deren Abstand vom unsichtbaren Pol $\gtreqless \varphi$ ist. Danach unterscheidet man für den Ort unsichtbare und sichtbare Sterne. Die letzten zerfallen wieder in zwei Klassen, nämlich in Circumpolarsterne (stets sichtbare, d. h. über dem Horizont befindliche, Sterne) und in auf- und untergehende Sterne. Die Circumpolarsterne sind also solche, für die auch die untere Kulmination oberhalb des Horizonts stattfindet. Dies ist der Fall für Gestirne, deren sphärischer Abstand vom sichtbaren Pol $\leqq \varphi$ ist.

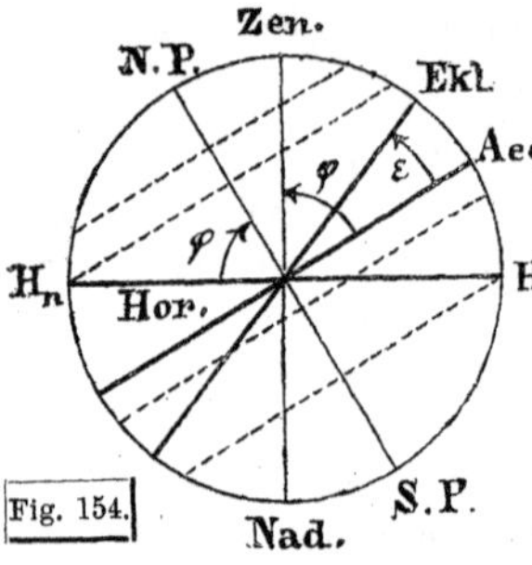

Fig. 154.

4) III. System: Ekliptik, Axe der Ekliptik.

Wie in der Einleitung bemerkt ist, scheint die Sonne in Folge des Umlaufs der Erde innerhalb eines Jahres am Himmel (im Sinn der Bewegung der Erde selbst, vgl. Fig. 155) einen Grosskreis zurückzulegen, die sogen. Ekliptik. Die Ebene dieser scheinbaren Sonnenbahn, die also mit der Ebene der thatsächlichen Erdbahn zusammenfällt, ist gegen die Äquatorebene unter einem Winkel von etwa $23^1/_2{}^0$ geneigt; dieser Winkel heisst Schiefe der Ekliptik.

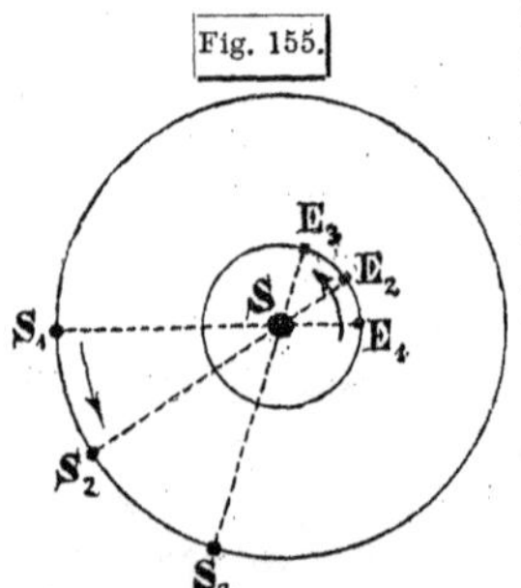

Fig. 155.

Die **Axe der Ekliptik** ist die Gerade, die im Erdmittelpunkt auf der Ebene der Erdbahn senkrecht steht; ihre Schnittpunkte mit der Sphäre sind die Pole der Ekliptik.

Die **Ekliptik** selbst schneidet den Äquator in zwei Punkten, den Tag- und Nacht-Gleichen-Punkten oder Aquinoktien [Frühlings-Äquinoktium, **Frühlingspunkt oder Widder- (♈) Punkt***) und Herbst-Äquinoktium]. Sonnenwendepunkte oder Solstitien (Sommer-Solstitium und Winter-

*) Den Frühlings- oder Widderpunkt (♈) erreicht die Sonne am Anfang des Frühlings, um den 21. März; ehedem lag der Punkt am Anfang des Zeichens des Widders, jetzt befindet er sich in dem Sternbild der Fische.

Solstitium) heissen die Punkte der Ekliptik, die von den genannten um je 90° abstehen.

Breitenkreise *) sind Grosskreise, die durch die Ekliptikpole gehen und deren Ebenen also senkrecht zur Ebene der scheinbaren Sonnenbahn stehen.

5) Zusätze zum II. und III. System.

1) Nördl. und südl. Wendekreis heissen die zwei Parallelkreise, die durch die Solstitien gehen; nördl. und südl. Polarkreis sind die zwei Parallelkreise, die die Ekliptikpole enthalten. Die entsprechenden vier Parallelkreise der Erdkugel teilen die Oberfläche der Erde in die fünf Zonen.

2) Colur der Nachtgleichen heisst der Breitenkreis, der durch die Äquinoktialpunkte geht, während der Colur der Sonnenwenden die Ekliptik in den Solstitien schneidet.

§ 62. Sphärische Coordinaten eines Gestirns.

Diesen drei Systemen entsprechen vier Paare sphärischer Coordinaten, indem im II. System ein Stern auf zwei verschiedenen Arten bestimmt wird.

1) Bestimmung im I. System durch die Horizont-Coordinaten: Azimut und Höhe (vgl. Fig. 156).

1) **Azimut** a ist der Bogen des Horizonts zwischen dem Meridian des Beobachtungsorts und dem Vertikal des Gestirns, gezählt vom Südpunkt**) des Horizonts über West u. s. f. im Sinne der täglichen Drehung der Sphäre von 0° zu 360°.

2) **Höhe** h eines Sterns ist der Bogen seines Vertikals zwischen Horizont und Stern, gezählt vom Horizont zum Zenit von 0° bis + 90° (und vom Horizont zum Nadir von 0° bis — 90°). Statt der Höhe wendet man häufig die **Zenitdistanz**

$$z = 90^0 - h \quad \text{an.}$$

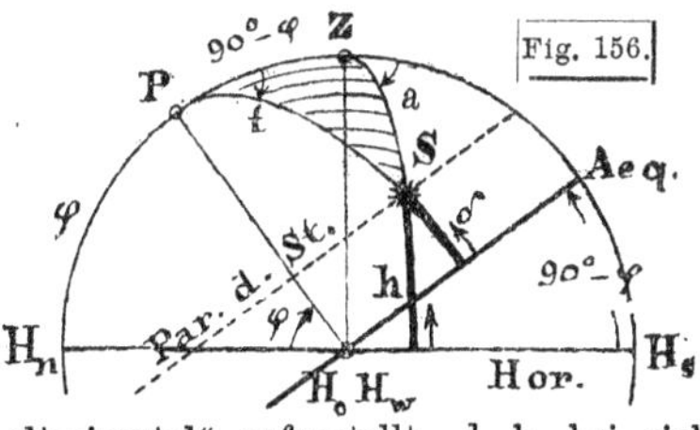

Fig. 156.

Die Messung der in jedem Augenblick sich verändernden sphär. Coordinaten a und z kann mittels des Theodolits (mit Höhenkreis) geschehen (vgl. § 32, **1**, Einleitung, 33, 35, **1**). Dieses Instrument ist „altazimutal" aufgestellt, d. h. bei richtiger Aufstellung hat seine Hauptumdrehungsaxe die Richtung der Zenitlinie; der Horizontalkreis liegt in

---

*) Vgl. die Anmerkung zum II. System (Schluss von **2**) und beachte den astronomischen Sprachgebrauch, nach dem die Breitenkreise Grosskreise der Sphäre sind und zwar die, auf denen die Breiten gemessen werden (entsprechend den Höhenkreisen im I. und den Deklinationskreisen im II. System).

) Die Zählung der Azimute geschieht in der Astronomie meist (beim Polarstern z. B. nicht) vom Südpunkt aus, während in der Geodäsie meist die Zählung von N. über O. angewandt wird (vgl. § 36, **2, S. 345 und § 60, **3**).

der Ebene des Horizonts, der Höhenkreis in dem augenblicklichen Vertikal des beobachteten Gestirns. Ein Theodolit, an dem ein besonders fein geteilter Höhenkreis sich befindet, heisst wohl auch Höhenkreis; ein Instrument mit gleich fein geteiltem Horizontal- und Vertikalkreis Universalinstrument. Höhen allein werden auch (auf dem Meere stets) mit dem Sextanten u. s. f. gemessen (künstl. Horizont, auf See die Kimm, vgl. § 59, 7).

2) Bestimmung im II. System durch die ersten Äquator-Coordinaten: Stundenwinkel u. Deklination

(vgl. Fig. 156).

1) **Stundenwinkel** t eines Sterns heisst der Bogen des Äquators zwischen dem Meridian des Beobachtungsorts und dem Stundenkreis des Sterns, gezählt vom Meridian aus im gleichen Sinn wie die Azimute von 0^0 bis 360^0. Der Stundenwinkel wird sehr häufig in Stunden zu 15^0 angegeben, indem man sich den Äquator vom Meridian des Beobachtungsorts aus für manche Aufgaben auch in 24^h eingeteilt denkt. t wird wohl auch vom Meridian aus nach beiden Seiten hin gezählt (+ und —). Die Verwandlung von t aus $^{h,\,m,\,s}$ in $^{0\,\prime\,\prime\prime}$ und umgekehrt führt man sehr leicht ohne besondere Tafeln aus, wenn man sich die Beziehungen merkt:

$1^h = 15^0$	$1^0 = \frac{1^h}{15}$ $(15^0 = 1^h)$
$(4^m = 1^0)$ $1^m = 15' = \frac{1^0}{4}$	$1' = \frac{1^m}{15} = 4^s$
$1^s = 15'' = \frac{1'}{4}$	$1'' = \frac{1^s}{15}$

Die Deklinationskreise oder Stundenkreise entsprechen den Meridianen der Erdkugel; ist für einen Erdort ein Stern im Meridian, so hat der Stern an einem Ort, dessen Unterschied in geogr. Länge gegen den ersten k^0 beträgt (östlich vom ersten), den Stundenwinkel $k^h = \frac{k^0}{15}$; ist also allgemein der Stundenwinkel des Sterns am ersten Ort t, so ist er am zweiten $(t \mp k)$, je nachdem der zweite Ort $k^0 \left\{\begin{matrix}\text{westlich}\\ \text{östlich}\end{matrix}\right\}$ vom ersten liegt.

2) **Deklination (Abweichung)** δ eines Gestirns ist der Bogen des durch den Stern gehenden Deklinationskreises zwischen Äquator und Stern, gezählt vom Äquator aus zum Nordpol von 0^0 bis $+90^0$, zum Südpol von 0^0 bis -90^0. Die **Poldistanz** des Sterns ist der Bogen zwischen Stern und Pol, also $(90^0 - \delta)$.

Stundenwinkel und Deklination werden beobachtet mittels der sog. Äquatoriale (parallaktischen Instrumente), deren Hauptdrehaxe die Richtung der Weltaxe hat und deren Grundkreis parallel zur Äquatorebene liegt, so dass der zweite Teilkreis in die Ebene eines Deklinationskreises fällt.

Zusätze zu 1) und 2). Kulminationshöhen der Gestirne. Ist h_u die Höhe eines Sterns in der untern, h_o in der obern Kulmination, so ist h_u (über dem Nordpunkt des Horizonts) $= \delta - (90^0 - \varphi)$; es ist also h_u positiv, wenn die Poldistanz des Sterns $90^0 - \delta < \varphi$ ist. In diesem Fall bleibt der Stern in unterer Kulmination über dem Horizont, er ist Circumpolarstern; ist aber $90^0 - \delta > \varphi$, so ist der Stern in unterer Kulmination unter dem Horizont (nicht sichtbar) in der Tiefe $-h_u = 90^0 - (\varphi + \delta)$. Ganz ähnliche Formeln erhält man für h_o, so dass man für die Kulminationen folgende Zusammenstellung hat (der Beob.-Ort liege auf der nördlichen Halbkugel, d. h. φ sei positiv):

Unt. Kulm. { (1) $\varphi > 90^0 - \delta$; unt. Kulm. i. d. Höhe $h_u = (\varphi + \delta) - 90^0$ (oberh. d. Horiz.).
(2) $\varphi < 90^0 - \delta$; „ „ „ „ Tiefe $-h_u = 90^0 - (\varphi + \delta)$ (unterh. „ „).

Ob. Kulm. { (1) $\varphi > \delta$; obere „ „ „ Höhe $h_o = 90^0 - (\varphi - \delta)$ (südlich v. Zenit).
(2) $\varphi < \delta$; „ „ „ „ Tiefe $h_o = 90^0 + (\varphi - \delta)$ (nördl. „ „).

Ist $\varphi = \delta$, so findet die obere Kulmination des Sterns im Zenit statt. Sterne mit südl. Deklination erscheinen in oberer Kulmination über dem Horizont, wenn ihre südl. Deklination (absolut) kleiner ist als die Äquatorhöhe. In der dritten der obigen Formeln ist dann δ negativ zu nehmen.

Für $\varphi < 45^0$ haben alle Circumpolarsterne ihre obere Kulmination nördlich vom Zenit, aber nicht jeder Stern, der nördlich vom Zenit kulminiert, ist Circumpolarstern; für $\varphi > 45^0$ ist jeder Stern, der nördlich vom Zenit kulminiert, Circumpolarstern, dagegen kulminieren nicht alle Circumpolarsterne nördlich vom Zenit.

Kulminationshöhen der Sonne: 1) So lange $\varepsilon < \varphi < 90^0 - \varepsilon$ (für alle Orte der gemässigten Zone), sind alle Höhen der Sonne im Meridian $> 0^0$ und $< 90^0$; ebenso alle Mitternachtstiefen zwischen 0^0 und -90^0.

2) Ist $\varphi \leqq \varepsilon$ (heisse Zone), so kann die Sonne auf der Nordseite des Zenits kulminieren (Höhe 90^0 und über 90^0, Zenit- und Überzenitstände der Sonne im Sommer; in der entgegengesetzten Jahreszeit Nadir- und Übernadirstände).

3) Ist $\varphi \geqq 90^0 - \varepsilon$ (Polarzone), so kann die Höhe der obern Sonnenkulmination 0 und < 0 werden (Mittagsstände der Sonne im und unter dem Horizont im Winter; in der entgegengesetzten Jahreszeit Mitternachtsstände der Sonne im und über dem Horizont).

4) An einem Ort mit der Breite φ (nördlich) erreicht die Sonne eine grösste Kulminationshöhe von $(90^0 - \varphi) + \varepsilon$ (wann?), eine kleinste von $(90^0 - \varphi) - \varepsilon$ (wann?). Wann geht die Sonne im Ostpunkt des Horizonts auf, im Westpunkt unter? Was ist über die andern Jahreszeiten in Beziehung auf den Aufgangs- und Untergangspunkt der Sonne zu sagen?

3) Bestimmung im II. System durch die zweiten Äquator-Coordinaten: Rektascension und Deklination. (vgl. Fig. 157).

1) **Rektascension** α eines Sterns (AR = ascensio recta, **gerade Aufsteigung**) ist der Bogen des Äquators zwischen dem Frühlingspunkt und dem Meridian des Sterns, gezählt im entgegengesetzten Sinn der täglichen Bewegung, d. h. im Sinn der jährlichen Bewegung der Sonne (entgegengesetzt dem Uhrzeigersinn) von 0^0 bis 360^0; die AR wird

meist wie der Stundenwinkel in Stunden, Minuten, Sekunden angegeben. Uber die Verwandlung von h, m, s in $0\ '\ ''$ und umgekehrt s. die Bemerkung bei **2**), S. 504.

2) **Deklination** δ siehe unter **2**).

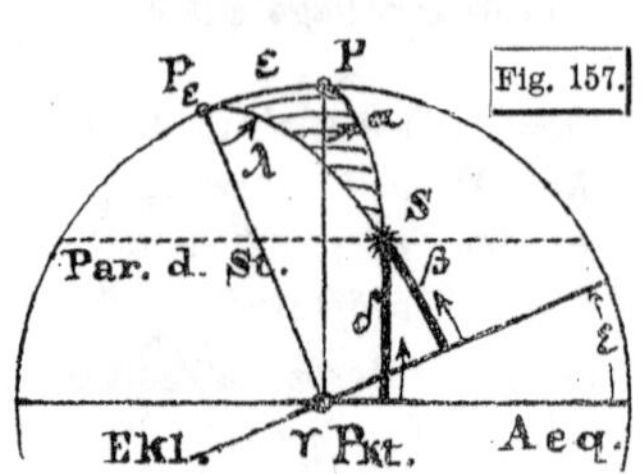

Fig. 157.

Dieses System unterscheidet sich vom vorigen nur dadurch, dass der Anfangspunkt der Zählung auf dem Grundkreis hier ein **fester**, die tägliche Drehung der Sphäre mitmachender **Punkt** ist, nämlich eben der ♈-**Punkt**, so dass für einen bestimmten Stern die *AR* während der täglichen Bewegung konstant bleibt, während sich im vorigen System t fortwährend ändert.

Die Coordinaten (α, δ) sind für jeden Fixstern konstant (wenigstens für uns als konstant anzusehen, vgl. § 64, **1**)); durch sie erhält der Stern einen festen Ort am Himmel angewiesen. Die Sternverzeichnisse geben die „Örter" der Sterne in *AR* und δ.

Anmerkungen. 1) Diese (α, δ) der Sterne leisten also für sie ganz genau dasselbe wie in der Geographie die (λ, φ) für Punkte auf der Erdoberfläche, vgl. § 59. Man löse hier auch die wichtigsten der dort behandelten Aufgaben, z. B.

a) Zwei Sterne haben die Coordinaten (α_1, δ_1), (α_2, δ_2); was ist der Grosskreisbogen zwischen beiden? (Vgl. § 59, **4**, S. 477/478). Er sei e, so ist

$$\cos e = \sin \delta_1 \sin \delta_2 + \cos \delta_1 \cos \delta_2 \cos (\alpha_2 - \alpha_1).$$

(Wenn man dieses berechnete e mit einem gemessenen [z. B. mit dem Sextanten, was zur Prüfung der Spiegelinstrumente wichtig ist] vergleicht, so ist zu beachten, dass die Distanz am Himmel durch die Refraktion (wenn das eine Gestirn oder beide eine merkliche Parallaxe haben, auch durch diese, vgl. zu Parallaxe und Refraktion, § 64, **2**) etwas verändert erscheint.

Man berechne auch die Winkel, die der Bogen e mit den Deklinationskreisen seiner Endpunkte bildet (diese Winkel heissen in der sphärischen Astronomie Positionswinkel); vgl. § 59, S. 481/482.

b) An einem bestimmten Abend erschien der Ort eines Kometen als Schnittpunkt der Grosskreisbögen zwischen den zwei Sternpaaren $(\lambda_1\ \delta_1)$, $(\lambda_3\ \delta_3)$ und $(\lambda_2\ \delta_2)$, $(\lambda_4\ \delta_4)$; was war an diesem Abend *AR* und δ des Kometen? Alignement, vgl. § 59, S. 482; man kann so unter Umständen ganz ohne Instrumente Örter am Himmel ziemlich genau bestimmen. Was ist zu sagen, wenn die Coordinatendifferenzen der gegebenen Punkte sämtlich klein sind (nahe beisammen stehende Sterne benutzt werden)?

2) Anhangsweise sei bei diesem System der (α, δ) auch erwähnt der Begriff des sog. Quadratgrads am Himmel. Obgleich von Bogenlängen und wirklichen Flächen an der Sphäre nicht die Rede sein kann, da man sich den Halbmesser ∞-gross (oder aber ganz beliebig) zu denken hat, so ist doch für gewisse Aufgaben der praktischen sphärischen Astronomie das

Bedürfnis vorhanden, Kugelflächen am Himmel auch noch anders als durch den sphärischen Excess auszudrücken. Dazu dient der sog. Quadratgrad, der mit q bezeichnet sei. Er bedeutet die Fläche des Kugeldreiecks, dessen Excess $= 1^0$ ist. Man hat somit, um ihn einzuführen, nur in allen Gleichungen über wirkliche Flächeninhalte auf der Kugel, die also r^2 oder $r \,.\, h$ u. s. f. enthalten (vgl. § 51, **2**, § 59, **3**, **4**, u. s. f.), für r zu setzen $\varrho^0 = \frac{180^0}{\pi}$. Man findet damit: Fläche des sphärischen Dreiecks mit dem Excess ε (wo $\varepsilon = \alpha + \beta + \gamma - 180^0$; $F = r^2 \,.\, \frac{\varepsilon^0}{\varrho^0}$, wenn r den Halbmesser bedeutet), $F = (\varrho^0 \,.\, \varepsilon)$ Quadratgrad $= (57{,}2958 \,.\, \varepsilon^0)$ q.

Fläche der Zone zwischen Äquator und Parallelkreis δ ($= 2\pi r h$, wenn r der Halbmesser der Kugel und h die Höhe der Zone [Abstand der Parallelkreisebene von der Äquatorebene] ist):

$$F = (2\pi \,.\, (\varrho^0)^2 \,.\, \sin\delta) \text{ Quadratgrad} = (20626{,}5 \,.\, \sin\delta) \text{ q.}$$

(Vielleicht ist die Zone für den Begriff des Quadratgrads am anschaulichsten: es sei $\delta = 1^0$, so ist $\sin\delta$ sehr nahezu $= \frac{1}{\varrho^0}$ (sehr wenig kleiner); die Zone zwischen Äquator ($\delta = 0$) und $\delta = 1^0$ umfasst also sehr nahezu (sehr wenig weniger als) $\frac{20626{,}5}{57{,}296} = 360$ q $= 360$ Quadratgrade, wie auch die Anschauung lehrt).

Fläche des Zweiecks zwischen den Meridianen α_2 und α_1 $\left(= 2 r^2 \frac{(\alpha_2 - \alpha_1)^0}{\varrho^0}, \text{ also hier:}\right)$ $F = [114{,}5916 \,.\, (\alpha_2 - \alpha_1)^0]$ q.

Oberfläche der ganzen Kugel ($= 4\pi r^2$, also hier) $O = 41252{,}96 ..$ q.

Man dehne selbst diese Betrachtung auch auf die „Quadratminute" am Himmel aus.

4) Sternzeit. Um aus gegebenem α und δ die Lage des Sterns am Himmel für einen gegebenen Zeitpunkt zu bestimmen, muss man noch die Lage des ♈-Punkts gegen den Meridian für diesen Zeitpunkt kennen. Dieser **Stundenwinkel Θ des Frühlingspunkts** heisst die **Sternzeit**. Die Zeit zwischen zwei aufeinander folgenden obern Kulminationen eines Sterns (also die Zeit einer scheinbaren Umdrehung der Sphäre, d. h. einer wirklichen der Erde) heisst ein Sterntag zu 24 Sternstunden zu je 24 Sternminuten zu je 60 Sternsekunden. Der Sterntag beginnt mit der Kulmination des ♈-Punkts; es ist also:

0^h (24^h) Sternzeit, wenn der ♈-Punkt den Stundenwinkel 0^0 hat (kulminiert)
1^h „ „ „ „ „ „ 15^0 „
. . . .
12^h „ „ „ „ „ „ 180^0 „
. . . .
23^h „ „ „ „ „ „ 345^0 „

oder anders ausgedrückt:

um 0^h Sternzeit kulm. d. Pkt. des Äq., dessen $AR = 0^h$ ist (♈-Punkt)
„ 1^h „ „ „ „ „ „ „ „ $= 1^h$ „ u. s. f.
(Grund für die Zählweise der AR gegen den Urzeigersinn).

Zwischen Sternzeit eines Augenblicks, Rektascension eines beliebigen Sterns und Stundenwinkel dieses Sterns in jenem Augenblick besteht stets die Gleichung (vgl. die Fig. 158 u. 159).

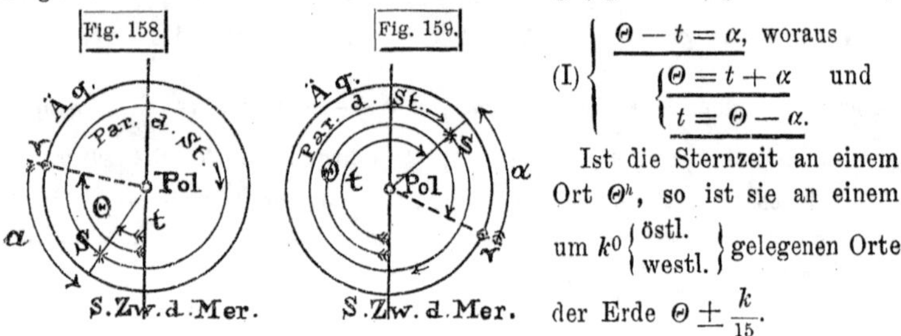

$$\text{(I)} \begin{cases} \Theta - t = \alpha, \text{ woraus} \\ \begin{cases} \Theta = t + \alpha & \text{und} \\ t = \Theta - \alpha. \end{cases} \end{cases}$$

Ist die Sternzeit an einem Ort Θ^h, so ist sie an einem um $k^0 \left\{ \begin{matrix} \text{östl.} \\ \text{westl.} \end{matrix} \right\}$ gelegenen Orte der Erde $\Theta \pm \frac{k}{15}$.

Die Gleichungen (I) sind sehr wichtig und durch Figur und Zahlenbeispiele geläufig zu machen.

1) Ein Stern hat die AR $\alpha = 196^0\ 4'$; in welchem Stundenkreis befindet er sich um $3^h\ 30^m$ Sternzeit? Es wird $t = 216^0\ 26' = 14^h\ 25{,}7^m$.

2) $t = 0$ giebt $\Theta = \alpha$, d. h. die Sternzeit des Durchgangs durch den Meridian ist für jeden Stern gleich seiner AR, jeder Stern kulminiert zu der Sternzeit, die gleich seiner α ist. Ist der Stern ein Circumpolarstern, so kommt er, wie eben ausgesprochen, um α^h Sternzeit in obere, um $(\alpha + 12)^h$ Sternzeit in untere Culmination.

Auf 2) beruht die Messung der AR mittels des sog. Passagen-Instruments; dieses besteht nur aus einem Fernrohr, das stets auf einen Punkt des Meridians weist, dessen Fernrohr also um eine genau von Ost nach West gerichtete Axe auf- und abgekippt werden kann. Wenn man an einer nach Sternzeit gehenden Uhr die Durchgangszeiten von Sternen beobachtet, so erhält man in den Zeitunterschieden unmittelbar die AR-Unterschiede. Aus der Zusammenstellung in den Zusätzen zu **1**) und **2**) folgt, dass man mit diesem Instrument auch die Deklinationen der Gestirne bestimmen kann durch Messung der Meridianhöhen; ein solches Instrument, das also einen stets im Meridian liegenden fein geteilten Kreis hat, heisst Meridiankreis.

5) Bestimmung im III. System durch die Ekliptik-Coordinaten: Länge und Breite (vgl. Fig. 157).

1) **Länge** λ eines Gestirns ist der Bogen der Ekliptik zwischen dem ♈-Punkt und dem Breitenkreis des Sterns, gezählt vom Frühlingspunkt aus im Sinn der AR (also im Sinn der jährlichen Bewegung der Sonne und entgegen der täglichen Bewegung der Sphäre) von 0^0 bis 360^0.

2) **Breite** β des Gestirns ist der Bogen des durch den Stern gehenden Breitenkreises zwischen der Ekliptik und dem Stern, gezählt von jener zum Nordpol der Ekliptik von 0^0 bis $+ 90^0$, zum Südpol der Ekliptik von 0^0 bis $- 90^0$.

Dieses System ist nur für die theoretische Astronomie wichtig, für unsere Zwecke nicht von Bedeutung.

Beispiel: Für die Sonne, die sich in der Ebene der Ekliptik bewegt, ist stets $\beta = 0$.

Zusammenstellung der vier Coordinatensysteme der Sphäre:

System Nr.	Grundebene (xy Ebene) oder Grundkreis.	Anfangspunkt der Zählung auf dem Grundkreis (Schnittp. m. $+x$).	z-Axe.	Coordinaten:		
				Winkel zwischen z Axe u. Proj. d. Rad., gezählt im Sinne:		Winkel zwischen Proj. des Rad. u. Radius:
I.	Horizont.	Südpunkt.	Zenitlinie.	Azimut a	+	Höhe h
II.	Äquator.	Schnittpunkt mit d. Meridian des Beobacht.-Orts.	Weltaxe.	Std.-Winkel t	+	Deklin. δ
III.	Äquator.	♈-Punkt.	Weltaxe.	AR α	—	Deklin. δ
[IV.	Ekliptik.	♈-Punkt.	Ekl.-Axe.	Länge λ	—	Breite β]

Als positiver Drehungssinn der ersten der Coordinaten in jedem System ist der des Uhrzeigers (tägliche Drehung der Sphäre) bezeichnet; die zweite wird wie gewöhnlich von der Grundebene aus nach beiden Seiten hin bis $+ 90^0$ und $- 90^0$ gezählt.

Von diesen Coordinaten verändern sich a, h; t in jedem Augenblick. Die übrigen dagegen: α, δ; (λ, β) werden von der täglichen Umdrehung der Sphäre nicht beeinflusst.

§ 63. Beziehungen zwischen den verschiedenen sphärischen Coordinaten eines Gestirns. Dreieck Zenit-Pol-Stern und Beziehungen darin. Aufgaben.

Der Zusammenhang zwischen den vier Systemen von Polar-Coordinaten kann entweder durch Übergang auf rechtwinklige Coordinaten und Transformation dieser Coordinaten, oder auch mit Benützung der beiden sphär. Dreiecke **Zenit-Pol-Stern** (und **Ekliptikpol-Weltpol-Stern**) abgeleitet werden.

Das erste dieser beiden Dreiecke kommt für unsere Zwecke allein in Betracht, die Ekliptik-Coordinaten sind für uns unwichtig, vgl. § 62, **5.** Die zwei Dreiecke sind in Fig. 156 und 157 gezeichnet. Der zweite der angegebenen Wege genügt für uns, da die Grundformeln des sphärischen Dreiecks in § 46, eben auf dem ersten Weg, in vollständiger Allgemeinheit abgeleitet worden sind.

1) Dreieck Zenit-Pol-Stern. Es handelt sich für uns besonders um den Übergang von a, h auf t, δ und umgekehrt. Dazu dient das Dreieck (vgl. Fig. 156) **Zenit-Pol-Stern** (das praktisch-astronomische

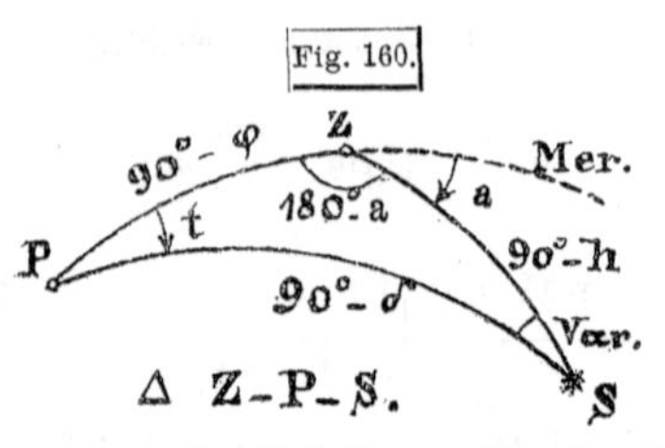

Dreieck), das hier in Fig. 160 nochmals für sich herausgezeichnet ist und folgende Seiten und Winkel enthält:

Seiten: Zenit-Pol, $ZP = 90^0 - \varphi$,
Zenit-Stern, $ZS = 90^0 - h$,
Pol-Stern, $PS = 90^0 - \delta$;

Winkel: in S (am Stern) die unwichtige sog. Variation („Winkel am Stern")
im Pol P Stundenwinkel t, oder auch $(360^0 - t)$,
„ Zenit Z Supplement des Azimuts $(180^0 - a)$.

Aus diesem Dreieck erhält man für den Übergang von (t, δ) auf (a, h) und umgekehrt folgende allgemein giltigen Beziehungen.

2) Übergang von (a, h) auf (t, δ). (Stundenwinkel und Dekl. aus Azimut und Höhe). Durch Anwendung der drei Grundformeln auf das Dreieck ZPS (Fig. 160) erhält man:

$$(1)\begin{cases} \cos(90^0-\delta) = \cos(90^0-h)\cos(90^0-\varphi) + \sin(90^0-h)\sin(90^0-\varphi)\cos(180^0-a) \\ \sin(90^0-\delta)\sin t = \sin(90^0-h)\sin(180^0-a) \\ \sin(90^0-\delta)\cos t = \cos(90^0-h)\sin(90^0-\varphi) - \sin(90^0-h)\cos(90^0-\varphi)\cos(180^0-a). \end{cases}$$

Wenn im Dreieck ZPS bei P der Winkel $(360^0 - t)$ statt t auftritt, so ist gleichzeitig bei Z der Winkel $(a - 180^0)$ statt $(180^0 - a)$. Die Formeln sind also, wie es sein muss, ganz allgemein giltig; sie müssen die gesuchten Stücke ohne Zweideutigkeit ergeben. Aus (1) erhält man einfacher geschrieben die II. Gruppe von Grundformeln:

$$(\text{II}) \quad \begin{cases} \sin\delta = \sin h \sin\varphi - \cos h \cos\varphi \cos a \\ \cos\delta \sin t = \cos h \sin a \\ \cos\delta \cos t = \sin h \cos\varphi + \cos h \sin\varphi \cos a. \end{cases}$$

Um mit Hilfe dieser Gleichungen (II) t und δ wirklich zu berechnen, setzt man (vgl. § 48, **3**, § 55, Fall III^a u. s. f.)

$$(2) \quad \begin{Bmatrix} \sin h = m \cos\mu \\ \cos h \cos a = m \sin\mu \end{Bmatrix} \text{ woraus } \begin{Bmatrix} tg\,\mu = \dfrac{\cos h \cos a}{\sin h} \\ m = \dfrac{\sin h}{\cos\mu} \overset{\text{oder}}{=} \dfrac{\cos h \cos a}{\sin\mu} \end{Bmatrix}$$

und erhält

$$(3) \quad \begin{cases} \sin\delta = m \sin(\varphi - \mu) \\ \cos t = \dfrac{m \cos(\varphi - \mu)}{\cos\delta} \end{cases}$$

oder endlich mit Benützung der zweiten Gl. (II):

$$(4) \quad \begin{cases} tg\,t = \dfrac{tg\,a \sin\mu}{\cos(\varphi - \mu)}, \\ tg\,\delta = tg(\varphi - \mu)\cos t, \end{cases}$$

wo μ mit Beachtung von (2) zu bestimmen ist aus $tg\,\mu = ctg\,h \cos a$.

Aus (4) ergeben sich, da μ eindeutig bestimmt ist, t und δ mit Beachtung der Vorzeichen aus (II) ebenfalls eindeutig. Man braucht sogar die Vorzeichen nicht ausdrücklich, da t und a stets auf derselben Seite des Meridians, d. h. im gleichen Halbkreis, liegen; a und t verschwinden gleichzeitig oder werden gleichzeitig 180^0 (s. 2. Gleichung II, δ und h bleiben endlich, also mit $t = 0$ auch $a = 0$ u. s. f.).

Die geometrische Bedeutung von μ ergiebt sich, wenn man sich (vgl. § 55) die von dem Stern ausgehende Höhe des Dreiecks ZPS gezogen denkt; es ist dann μ der an Z anstossende Abschnitt der Seite PZ.

3) Umkehrung: Übergang von (t, δ) auf (a, h). (Azimut und Höhe aus Stundenwinkel und Dekl.). Aus dem Dreieck ZPS erhält man die III. Gruppe von Grundformeln.

$$(\text{III}) \left\{ \begin{aligned} \sin h &= \sin \delta \sin \varphi + \cos \delta \cos \varphi \cos t \\ \cos h \sin a &= \cos \delta \sin t \\ \cos h \cos a &= -\sin \delta \cos \varphi + \cos \delta \sin \varphi \cos t. \end{aligned} \right.$$

Die zweite dieser Gleichungen (III) ist dieselbe wie die zweite von (II).

Um a und h mit Hilfe dieser Gleichungen (III) wirklich auszurechnen, verfährt man ganz ebenso wie oben; durch die Substitution:

$$(5) \left\{ \begin{aligned} \sin \delta &= n \sin \nu \\ \cos \delta \cos t &= n \cos \nu \end{aligned} \right\} \text{ erhält man } \left\{ \begin{aligned} tg\, \nu &= \frac{\sin \delta}{\cos \delta \cos t} \\ n &= \frac{\sin \delta}{\sin \nu} \overset{\text{oder}}{=} \frac{\cos \delta \cos t}{\cos \nu} \end{aligned} \right\}$$

und damit
$$(6) \left\{ \begin{aligned} \sin h &= n \cos (\varphi - \nu) \\ \cos a &= \frac{n \sin (\varphi - \nu)}{\cos h} \end{aligned} \right.$$
oder endlich mit Benützung der zweiten Gl. (III):

$$(7) \left\{ \begin{aligned} tg\, a &= \frac{tg\, t \cos \nu}{\sin (\varphi - \nu)} \\ tg\, h &= ctg (\varphi - \nu) \cos a, \end{aligned} \right.$$
wo ν mit Beachtung von (5) zu bestimmen ist aus $tg\, \nu = \dfrac{tg\, \delta}{\cos t}$.

Vgl. die obige Bemerkung nach **2)**: a und t im gleichen Halbreis u. s. f.

Die geometrische Bedeutung von ν ergiebt sich mit derselben Hilfslinie wie in **2)**; ν ist das Complement des an P anstossenden Abschnitts der Seite PZ.

4) Einige Zahlenbeispiele zu den in **2)** und **3)** entwickelten vollständigen Übergängen von (a, h) auf (t, δ) und umgekehrt.

Nr.		Gestirn.	Gegebene sphär. Coord.	Gesuchte sphär. Coord.
1	$\varphi = 48^0 46',_7$ Stuttgart)	α im Stier (Aldebaran)	$a = 82^0 10',_8$; $h = +28^0 31',_1$	$t = 65^0\ 4',_5$; $\delta = +16^0 16',_8$
2	$\varphi = 48\ 46\ 36$	Sonne	$a = 19\ \ 1\ 34$; $h = +15\ 34\ 59$	$t = 1^h\ 20^m\ 4^s$; $\delta = -23\ 27\ 20$ (kürzester Tag)
3	$\varphi = 48^0 46' 42''$	α in der Andromeda	$t = 301^0 14' 30''$; $\delta = +28^0 27' 20''$	$a = 272^0 12' 34''$; $h = +41^0 13' 41''$
4	$\varphi = 48\ 46,_7$	β im Orion (Rigel)	$t = 1^h\ 15^m\ 21^s$; $\delta = -\ 8\ 20\ 12$	$a = 21\ 46\ 18$; $h = +30\ 31\ 56$
5	$\varphi = 50\ \ 0\ \ 0$ (Mainz)	α im Widder (Hamal)	$t = 0^0\ 0'\ 0''$; $\delta = +22\ 55\ 17$ (Kulmination)	$a = 0\ 0\ 0$; $h = +62\ 55\ 17$ (Kulmination)
6	$\varphi = 48\ 46,_7$	α im kl. Bären (Polarstern)	$t = 155^0\ 4',_0$; $\delta = +88\ 42,_0$	$a = 179\ 11,_2$; $h = +47\ 35,_8$
7	$\varphi = 50\ \ 0$	δ im kl. Bären	$t = 15^h\ 0,_0{}^m$; $\delta = +86\ 36\ 39$ (untere Kulmination)	$a = 180\ \ 0,_0$; $h = +46\ 36\ 39$ (untere Kulmination)

5) Aufgaben. Die vorstehenden Grundformeln (II) und (III) lösen, zusammen mit der in § 62, 4) angegebenen:

$$(\text{I}) \qquad \Theta = t + \alpha \quad ; \quad t = \Theta - \alpha$$

thatsächlich alle Aufgaben der praktisch-sphärischen Astronomie (geographische Ortsbestimmung, direkte Azimutbestimmung, Zeitbestimmung). Natürlich wird man die Formeln (II) und (III) nicht stets in der angeschriebenen Form verwenden, sondern sie auch in Kombinationen benützen, d. h. noch mehr unsrer früher für das sphärische Dreieck entwickelten Formeln, nicht nur die drei Grundformeln, auf das astronomische Dreieck Zenit-Pol-Stern anwenden.

In der Regel sucht man bei praktischen Aufgaben nur Ein Stück des Dreiecks, z. B. t, oder a, u. s. f. Als **Beispiele** seien angeführt folgende Aufgaben:

1) In einem Beobachtungsort mit bekannter Polhöhe φ ist in einem bestimmten Augenblick die Höhe eines Sterns mit bekannter δ (und bekannter $AR = \alpha$) beobachtet worden; diese Höhe sei h. Was ist die Sternzeit dieses Augenblicks gewesen? (Bestimmung einer Uhr-Korrektion durch Vergleichung der Angabe der Uhr mit der aus der Messung zu berechnenden richtigen Zeit). Unmittelbar aus (III, 1) hat man:

$$\cos t = \frac{\sin h - \sin\varphi \sin\delta}{\cos\varphi \cos\delta};$$

man kann diese Gleichung ganz wohl so zur Rechnung von t benützen, wie sie dasteht. Man kann sie aber auch umformen, wobei noch statt der Höhe h eingeführt sein mag die Zenitdistanz $z = 90^0 - h$ (man erhält mit dem Theodolit meist unmittelbar z und erst mittelbar h); bildet man aus

(1) $\cos t = \dfrac{\cos z - \sin\varphi \sin\delta}{\cos\varphi \cos\delta}$ die Ausdrücke für $(1 - \cos t)$ und für $(1 + \cos t)$, so erhält man leicht:

$$(2) \qquad tg\frac{t}{2}\left(= \sqrt{\frac{1-\cos t}{1+\cos t}}\right) = \sqrt{\frac{\sin(s-\varphi)\sin(s-\delta)}{\cos s \,.\, \cos(s-z)}},$$

wenn $s = \frac{1}{2}(\varphi + \delta + z)$ gesetzt wird. Die Gleichung (2) ist nichts andres als Gleichung (XIII) unserer Dreiecksformeln, angewandt auf das astronomische Dreieck und zwar auf den Winkel bei P. Man kann, wenn man bei $(1 - \cos t)$ oder $(1 + \cos t)$ stehen bleiben will, auch die Gleichungen anwenden (vgl. (X) und (XI), § 50)

(3) $\sin\frac{t}{2} = \sqrt{\dfrac{\sin(s-\varphi)\sin(s-\delta)}{\cos\varphi\cos\delta}}$ und (4) $\cos\frac{t}{2} = \sqrt{\dfrac{\cos s \,.\, \cos(s-z)}{\cos\varphi\cos\delta}}$,

doch ist (2) die beste.

Hat man nun t, so ist die gesuchte Sternzeit der Beobachtung $\Theta = t + \alpha$. Man betrachte den Grenzfall der Kulmination.

2) Was ist in einem gegebenen Sternzeit-Augenblick Θ das Azimut a eines bestimmten Sterns (α, δ)? Polhöhe des Beobachtungsorts $= \varphi$.

(Diese Aufgabe kommt z. B. vor bei Bestimmung des Azimuts einer vom Standpunkt ausgehenden terrestrischen Richtung. Zielt man mit dem Theodolitfernrohr einmal den Stern bei genau bekannter Sternzeit an, sodann den irdischen Zielpunkt und liest jedesmal am Horizontalkreis des Theodolits ab, so kann man das Azimut der terrestrischen Richtung angeben, wenn man ausrechnen kann, was im Augenblick der Zielung nach dem Stern dessen Azimut war).

Man hat hier zunächst aus der gegebenen Sternzeit Θ den Stundenwinkel $t = \Theta - \alpha$; sodann geben die zwei letzten Gleichungen (III) durch Division:

$$ctg\, a = \frac{-\sin\delta \cos\varphi + \cos\delta \sin\varphi \cos t}{\cos\delta \sin t}.$$

Man wird diese Gleichung am besten unmittelbar benützen (*Gauss*sche Logarithmen), kann aber auch einen Hilfswinkel einführen: mit $\cos\varphi = m \cos u$, $\sin\varphi \cos t = m \sin u$ (so dass also u zu bestimmen ist [aber eindeutig] aus $tg\, u = tg\, \varphi \cos t$) wird

$$ctg\, a = \frac{\cos\varphi \sin(u-\delta)}{\cos u \sin t \cos\delta} \overset{\text{und}}{=} \frac{\sin\varphi\, ctg\, t \sin(u-\delta)}{\sin u \cos\delta}.$$

3) [Umkehrung von **2)**]. Um welche Sternzeit erreicht, in einem Beobachtungsort mit gegebener Polhöhe φ, ein bestimmter Stern [gegeben (α, δ)] ein bekanntes (gegebenes) Azimut a? (Z. B. Zeitbestimmung durch Verschwinden eines Sterns an einer vertikalen Hauskante, wenn das Azimut der Richtung vom Standpunkt nach dieser Hauskante geodätisch bestimmt werden kann, vgl. § 60, **3)**). Die Aufgabe ist durch die zwei letzten Gleichungen (II) gelöst, wenn man aus ihnen h eliminiert; ebenso aus (III, 2 und 3). Keine dieser Eliminationen ist aber bequem zu machen. Man verfährt besser so: Es sei p die Variation (Winkel am Stern im Dreieck Z–P–S), so ist p zu bestimmen aus $\sin p = \frac{\cos\varphi \sin a}{\cos\delta}$; wendet man nun auf Z–P–S die *Neper*schen Gleichungen an ($\alpha = 180^0 - a$, $\beta = p$, also $a = 90^0 - \delta$, $b = 90^0 - \varphi$), so erhält man den gesuchten Stundenwinkel t aus

$$tg\frac{t}{2} = tg\frac{a-p}{2}\,\frac{\cos\frac{\varphi-\delta}{2}}{\sin\frac{\varphi+\delta}{2}} \overset{\text{und}}{=} tg\frac{a+p}{2}\,\frac{\sin\frac{\varphi-\delta}{2}}{\cos\frac{\varphi+\delta}{2}}$$

und damit die Sternzeit $\Theta = t + \alpha.$

§ 64. Bemerkung über die „Örter" der Gestirne an der Sphäre. Refraktion und Parallaxe. Deklination der Sonne.

1) Über die Sternörter (α, δ). In der Astronomie spricht man vom wahren, mittlern und scheinbaren Ort eines bestimmten Sterns (α, δ). Mehrere Ursachen bewirken, dass die AR und die Deklination eines Fixsterns im Lauf der Zeit keineswegs konstant bleiben, sondern kleinen periodischen Schwankungen und fortschreitenden Veränderungen unterworfen sind, sowie auch, dass wir einen Stern in einem bestimmten Augenblick nicht genau an der Stelle der Sphäre erblicken, an der wir ihn sehen würden, wenn die Erde nicht von der Lufthülle umgeben wäre und sich nicht im Raume bewegen würde.

Auf die Veränderungen an (α, δ) infolge der **Präcession** (Vorrücken der Nachtgleichen; der ♈-Punkt ist kein fester Punkt der Ekliptik, sondern verschiebt sich auf ihr jährlich um etwa 50″, so dass er in etwa 26 000 Jahren alle Lagen auf der Ekliptik, und dass in derselben Zeit der Weltpol jeden Ort eines Kleinkreises um den Ekliptikpol als Mittelpunkt und mit der Ekliptikschiefe als Halbmesser eingenommen haben wird) und der **Nutation** (periodisches „Schwanken" der Erdaxe; der Weltpol weicht infolgedessen bald nach aussen, bald nach innen von einem Punkt des eben genannten Kleinkreises ab, die Periode beträgt etwa $18\frac{1}{2}$ Jahre) kann hier nicht eingegangen werden; ebenso nicht auf die Wirkung der sog. **Aberration** des Lichts (Geschwindigkeit des Lichts nicht ∞-gross gegen die Geschwindigkeit der Erde in ihrer Bahn, jene etwa 300 000, diese durchschnittlich 30 km pro Sekunde; der Winkel $\frac{30}{300\,000} \cdot 206\,265'' = 20'',6$ heisst Aberrationskonstante. Um diesen Winkel sieht man infolge der Bewegung der Erde einen Punkt ausserhalb der Erde verschoben in der Richtung der Erdbewegung, vorausgesetzt, dass die von dem Punkte kommenden Lichtstrahlen senkrecht zur Bewegungsrichtung der Erde bei dieser anlangen).

Es genüge vielmehr hier die Bemerkung, dass die elementare sphärische Astronomie mit „mittlern" und „wahren" (α, δ) gar nichts zu thun hat, sondern nur mit sog. scheinbaren (α, δ), wie sie in den astronomischen Jahrbüchern für eine grosse Anzahl von Sternen, für die Planeten und die Sonne (die für uns auch einfach Wandelstern ist) vorausberechnet sind.

2) Parallaxe und Refraktion. Der Ort, an dem wir ein Gestirn am Himmel erblicken, wenn wir uns als Beobachter im Erdmittelpunkt („geocentrischer" Ort), oder als Beobachter in einem Punkt der Erdoberfläche denken, ist ferner dann nicht derselbe, wenn nicht, wie bei den Fixsternen, die Entfernung des Gestirns im Vergleich mit dem Erdhalbmesser ∞-gross ist; die entsprechende Reduktion nennt man Parallaxe. Endlich gelangt das Licht eines Weltkörpers aus dem Weltraum in die Erdatmosphäre und zwar in immer dichtere Schichten, legt hier also keinen ganz geradlinigen Weg zurück. Man sieht infolge der Lufthülle alle Sterne etwas zu hoch an der Sphäre; die entsprechende Korrektion ist die Refraktion.

1. Parallaxe der Gestirne. Der scheinbare Ort eines uns verhältnismässig nahen Gestirns am Himmel verändert sich mit der Lage des Beobachtungsorts; je weiter das Gestirn entfernt ist, desto geringer wird diese Veränderung sein. Die Fixsterne haben so grosse Entfernungen von der Erde, dass diesen gegenüber der Halbmesser der Erde, ja sogar für die meisten der Halbmesser der Erdbahn vollständig verschwindet (s. unten bei d)). Für die Fixsterne fallen also scheinbarer und wahrer Horizont des Beobachtungsorts (s. § 61, **1**) zusammen. Sobald aber die Entfernung eines Gestirns dem Halbmesser der Erde gegenüber nicht unendlich gross ist (wie bei der Sonne, den Planeten und vor allem dem Mond), ist der geocentrische Ort des Gestirns verschieden von seinem scheinbaren.

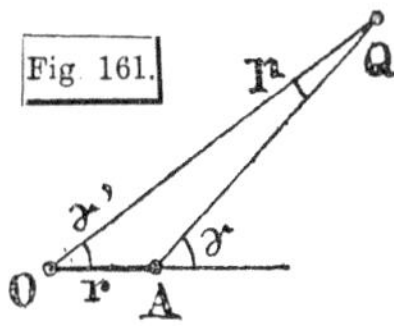

Unter Parallaxe versteht man allgemein den Winkel, unter dem von einem entfernten Punkt aus eine bestimmte Strecke erscheint, z. B. also den Winkel $p = \gamma - \gamma'$ (Fig. 161). Je grösser die Entfernungen $O\,Q$, $A\,Q$ sind (O ist der Erdmittelpunkt, A der Beobachtungspunkt auf der Erdoberfläche, $O\,A$ der Erdhalbmesser), desto kleiner ist p.

Unter der **Höhenparallaxe eines Gestirns** (Parallaxe der Höhe oder Zenitdistanz) versteht man den Unterschied seiner Höhenwinkel über dem wahren und scheinbaren Horizont des Beobachtungsorts; man kann sie also auch definieren als Winkel, unter dem vom Mittelpunkt jenes Gestirns aus der zu dem Beobachtungsort führende Erdhalbmesser erscheint (vgl. Fig. 162). Es sei $O\,H$ der wahre, $A\,H_1$ der scheinbare Horizont; die Höhenparallaxe des Gestirns M ist

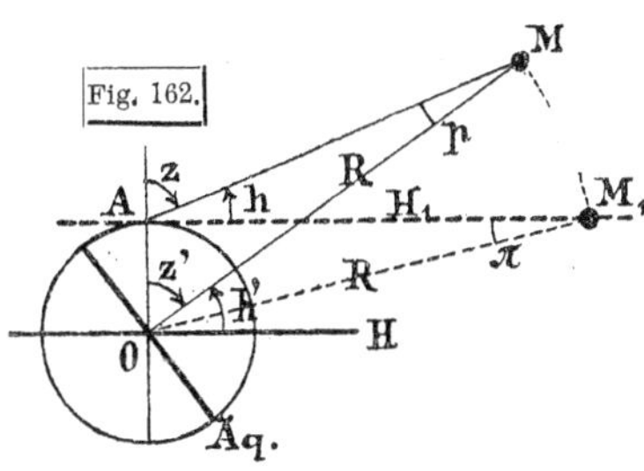

$$p = h' - h = z - z',$$

wo h' oder z' die geocentrische Höhe oder Zenitdistanz ist.

p wird bei gleicher Entfernung des Gestirns M um so grösser, je grösser z wird, und erreicht also seinen grössten Wert, wenn das Gestirn im Punkt M_1, d. h. im Horizont steht. Man nennt die sich hier zeigende Parallaxe die Horizontal-Parallaxe (π). Ist die Entfernung $O\,M = R$, der Erdhalbmesser r, so ist für die

Horiz.-Parallaxe: $sin\,\pi = \frac{r}{R}$ oder genügend $\pi'' = \frac{r}{R}\varrho''$ (wo $\varrho'' = 206265''$),

ferner für die Höhen-Parallaxe $sin\,p = \frac{r\,sin\,z}{R}$ oder $p = \pi\,sin\,z = \pi\,cos\,h.$

Im Zenit ist demnach die Höhen-Parallaxe gleich 0; für jede gegebene Höhe kann man p bestimmen, wenn π bekannt ist. Der Mond ist uns so nahe, seine Parallaxe ist so gross, dass man Rücksicht nehmen muss auf die Verschiedenheit der Länge der Erdhalbmesser; man spricht deshalb beim Mond von einer Äquatorial-Horizontal-Parallaxe. Für die Parallaxen der Planeten und der Sonne genügt stets ein mittlerer Erdhalbmesser. Im folgenden sind einige Zahlenwerte für die Parallaxe gegeben.

a) **Mond.** Die Entfernung von der Erde ist klein genug (Parallaxe gross genug), dass man die Parallaxe aus direkter Beobachtung bestimmen kann. Sind (Fig. 163) z_1 und z_2 die Zenitdistanzen des Mondmittelpunkts im Augenblick der Kulmination an zwei Orten von gleicher geographischer Länge und bekannten Breiten φ_1 und φ_2 (der Meridianbogen $A_1\,A_2$ der hier als Kugel vorausgesetzten Erde muss möglichst gross sein), so sind in

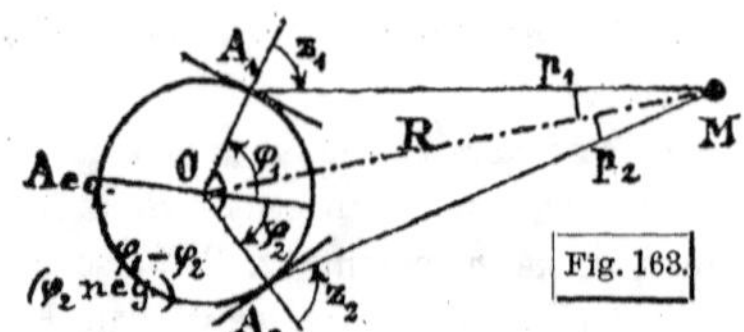

Fig. 163.

dem Viereck $A_1 O A_2 M$ zwei Seiten $O A_1$, $O A_2$ und die drei Winkel bei A_1, O, A_2 bekannt. Zur Berechnung von p_1 und p_2 und damit OM erhält man also zunächst

$$(1) \quad p_1 + p_2 = z_1 + z_2 - (\varphi_1 - \varphi_2)$$

(wobei φ_2 negativ, wenn es südliche Breite bedeutet); ferner

$$(2) \quad R = r \frac{\sin z_1}{\sin p_1} = r \frac{\sin z_2}{\sin p_2},$$

woraus durch übereinstimmende Addition und Subtraktion

$$(3) \quad tg\, \tfrac{1}{2}(p_1 - p_2) = \frac{tg\, \tfrac{1}{2}(z_1 - z_2)}{tg\, \tfrac{1}{2}(z_1 + z_2)}\, tg\, \tfrac{1}{2}(p_1 + p_2).$$

Beispiel (*Lalande* und *Lacaille* 1752 in Berlin und am Cap d. g. H., beide auf demselben Meridian):

$\varphi_1 = +52^0\,31'\,13''$	$z_1 = 32^0\ 3'\ 51''$ (Zen.-Dist. des unt. Mondrands)	$R = 58r$
$\varphi_2 = -33\ 56\ 3$	$z_2 = 55\ 42\ 48$ (Zen.-Dist. d. ob., also desselb. „)	$\pi = 55'$.

In Wirklichkeit ist die Aufgabe viel komplizierter, doch ist hier darauf nicht einzugehen.

Die Entfernung des Mondes von der Erde ist nicht konstant; sie beträgt zwischen 57,02 und 63,65, im Mittel 60,3 Äquator-Halbmesser der Erde, so dass die Äquatorial-Horizontal-Parallaxe des Mondes zwischen 61′ und 54′, im Mittel 57′ 40″, also nahezu 1⁰ beträgt.

Bei dieser grossen Parallaxe kommt beim Mond (und bei diesem allein) ferner nicht nur eine Höhenparallaxe, sondern auch eine kleine Seitenparallaxe („Seitenverschub" der Seeleute, Correktion auch am Azimut, nicht nur an der Höhe) in Betracht, auf die aber hier ebenfalls nicht einzugehen ist.

b) **Sonne.** Die Horizontal-Parallaxe der Sonne ist schon zu klein, d. h. ihre Entfernung zu gross, als dass die vorige Methode angewendet werden könnte. Man hat die mittlere Horizontal-Parallaxe der Sonne zu etwa 8″,8 bestimmt. Diese Parallaxe entspricht einer mittlern Entfernung von rund 23000 Erdhalbmessern (die Entfernung schwankt um etwa 700 Erdhalbmesser im Lauf eines Jahres).

Die Höhenparallaxe an einer unmittelbar gemessenen Sonnenhöhe oder Sonnenzenitdistanz ist also stets bereits ziemlich klein; wenn man mit einem kleinen Instrument die Höhen nur auf $^1/_2{}'$ oder $^1/_3{}'$ messen kann, kommt sie schon nicht mehr in Betracht.

c) **Planeten.** Die Parallaxen der Planeten schwanken bei einem und demselben Wandelstern z. T. sehr stark, wenn uns der Planet verhältnismässig sehr nahe kommen und sich sehr weit von uns entfernen kann. Die Horizontalparallaxe des Mars (Nachbar nach aussen) schwankt z. B. zwischen 23″ und 3″ (der scheinbare Halbmesser der Planetenscheibe dementsprechend zwischen 12″ und 2″ rund), die der Venus (Nachbar nach innen) zwischen 33″ und 5″ (Halbmesser zwischen 32″ und 5″), die des Jupiter, dessen Bahn die Erdbahn bereits in einem verhältnismässig ausserordentlich grossen Kreis umschliesst, aber nur zwischen 2″ und 1″ (Halbmesser 22″ und 15″) u. s. f.

d) **Fixsterne.** Für sie ist, wie schon erwähnt, die Parallaxe = 0. Für einige wenige ist es möglich gewesen, sehr kleine sog. jährliche Parallaxen zu bestimmen (Winkel, unter denen nicht der Erdhalbmesser, sondern der 23000 mal grössere Erdbahnhalbmesser von dem Fixstern aus erscheint); die grösste solche Parallaxe, also die des uns nächsten Fixsterns, wahrscheinlich α im Centauren, beträgt wahrscheinlich noch nicht 1″, so dass das Licht, das die Strecke Sonne — Erde in einigen Minuten zurücklegt, 3 bis 4 Jahre braucht, um von diesem Nachbarstern zu unsrem Sonnensystem zu kommen.

2. Refraktion. Der Lichtstrahl, der von irgend einem Gestirn ausgeht (die Entfernung spielt dabei natürlich keine Rolle mehr), gelangt aus dem leeren Weltraume in immer dichtere Schichten der Erdatmosphäre; er muss also in dieser eine nach der Erdoberfläche hin konkave Kurve bilden. Der Unterschied der Höhe, in der man ein Gestirn thatsächlich sieht und der, in der es stehen würde, wenn die Atmosphäre nicht vorhanden wäre, heisst **Refraktion;** sie hat ihren kleinsten Wert, nämlich 0, für einen Stern im Zenit, ihren grössten (Horizontalrefraktion) für einen Stern im Horizont. Alle Sterne sieht man in Folge der Refraktion zu hoch (in zu grosser Höhe, zu kleiner Zenitdistanz), während das Azimut keine Änderung erleidet; ein Gestirn, das im Horizont zu stehen scheint befindet sich in Wirklichkeit unterhalb des Horizonts. Der Wert der Horizontalrefraktion ist im Mittel etwa 34′. Die Refraktion ist für eine gegebene Höhe nicht stets dieselbe, sondern abhängig vom Zustand der Luft. Man hat deshalb Tafeln für eine sog. mittlere Refraktion und sodann besondere Hilfstafeln zur Korrektion für den jeweiligen Barometer- und Thermometerstand bei der Beobachtung. Ein kleiner Auszug solcher Tafeln mag hier folgen.

Mittlere Refraktion.
(Barometerstand 760 mm, Temp. + 10° C.)

Scheinb. Zenit-distanz	Re-fraktion	Scheinb. Zenit-distanz	Re-fraktion.
0°	0′ 0″	77°	4′ 8″
10	10	78	4 28
20	21	79	4 52
30	34	79° 30′	5 5
40	49	80 0	5 20
45	58	80 30	5 36
50	1′ 9″	81 0	5 54
55	1 23	81 30	6 13
60	1 41	82 0	6 35
65	2 4	82 30	6 59
68	2 23	83 0	7 26
70	2 39	90°	33′ 48″
72	2 58		
74	3 21		
76	3 50		

Korrektionstafeln.

I. Faktor für Barometerstand.			
mm		mm	
690	0,908	740	0,974
700	0,921	750	0,987
710	0,934	760	1,000
720	0,947	770	1,013
730	0,961	780	1,026

II. Faktor für Temperatur.			
°C		°C	
−20	1,125	+10	1,000
−15	1,102	+15	0,982
−10	1,080	+20	0,964
− 5	1,059	+25	0,947
0	1,039	+30	0,931
+ 5	1,019		

Vom Zenit bis zur Zenitdistanz 45° (Höhe 90° bis 45°) wächst also die Refraktion nur bis etwa 1'. In der Nähe des Horizonts sind die Beobachtungen wegen der dort bedeutenden und unregelmässigen Refraktion höchst unsicher, so dass für gewöhnlich kein Gestirn beobachtet wird, für welches $h < 10^0$ ($z > 80^0$) ist. Mit steigendem Barometer wird die Refraktion grösser, mit steigendem Thermometer kleiner.

Beispiel zu der Tafel.

1) Es ist beobachtet (bei 739 mm Barometerstand, + 18° Temperatur) $h = 12^0 48' 20'$ ($z = 77^0 11' 40''$), was ist der Einfluss der Refraktion?

Mittlere Refraktion = 4' 12'' = 252'', somit Refraktion = 252''. 0,973 . 0,971 = 238'' = 3' 58'', woraus gesuchte Höhe = 12° 44' 22'' (Zenitdistanz 77° 15' 38'').

Schlussbemerkung zu **2**) (**1** und **2**): Über Höhenparallaxe und Refraktion merke man sich: sie wirken einander stets entgegen, man hat von einer gemessenen Höhe den Betrag: Refraktion minus Parallaxe abzuziehen, zu einer gemessenen Zenitdistanz zu addieren, um sie von Refraktion und Parallaxe zu befreien, d. h. um den Wert zu erhalten, der in die Formeln (II) oder (III) § 63, für h oder z einzusetzen ist.

3) Wandelsterne. Sonne. In den astronomischen Jahrbüchern (Ephemeriden), wie sie für jedes Jahr zum Voraus erscheinen (wichtigste: Nautical Almanac, Connaissance des Temps, Berliner astronomisches Jahrbuch; für unsere Zwecke und für die elementaren praktisch-astronomischen Aufgaben zum Selbstunterricht völlig ausreichend, wegen Einrichtung und sehr billigen Preises, 1 Mk. 50, besonders empfehlenswert: Nautisches Jahrbuch, herausgegeben vom Reichsamt des Innern, Berlin), sind nicht nur für eine Anzahl von Fixsternen die scheinbaren (α, δ) von Tag zu Tag verzeichnet, sondern auch die Örter in demselben System für die Wandelsterne (besonders Venus, Mars, Jupiter, Saturn, ferner für die Sonne und (in kürzern Intervallen) für den Mond. Von diesen Gestirnen, die ihren Ort am Himmel rasch verändern (für uns also alle zusammen einfach Wandelsterne sind), ist für uns am wichtigsten die **Sonne**. Infolge der (scheinbaren) Bewegung der Sonne in der Ekliptik (sie legt diesen Grosskreis im Lauf eines Jahres von W. gegen O. hin zurück, also pro Tag [die Geschwindigkeit der Bewegung ist zudem nicht ganz gleichförmig] durchschnittlich die Strecke von fast 1° des Grosskreises) nimmt die AR der Sonne (aber nicht gleichförmig) von Tag zu Tag um einige ^{m} zu. Die Deklination der Sonne schwankt im Lauf des Jahres zwischen den Grenzen $-\varepsilon$ ($-23^1/_2{}^0$ rund) und $+\varepsilon$ ($+23^1/_2{}^0$). Diese $\delta_\odot$ verändert sich zur Zeit ihrer extremen Werte (Solstitien, um den 21. Juni und 21. Dezember) sehr langsam, zur Zeit der Äquinoktien (Äquatorstand der Sonne) aber sehr rasch, hier rund 1' in der Stunde. In der Zeit von etwa 22. Sept. bis gegen den 21. März ist $\delta_\odot$ negativ, vom 21. März bis gegen den 22. Sept. $\delta_\odot$ positiv. Man muss im allgemeinen stets auf die Veränderlichkeit der $\delta_\odot$ Rücksicht nehmen, d. h. die $\delta_\odot$ in den Gleichungen (II), (III) § 63 u. s. f. muss die

Deklination der Sonne sein, die der Zeit der Beobachtung entspricht. Selbst für gröbere Beobachtung oder Rechnung ist dies zu beachten (vgl. z. B. § 65, **5**, § 66, **2**).

§ 65. Sternzeit und die zwei Sonnenzeiten: Wahre Zeit, Mittlere Zeit; Zeitgleichung. Zeitverwandlung. Aufgaben mit der Sonne. Anhang: Sonnenuhren.

1) Einleitung. Ausser den Winkelmessinstrumenten (vgl. § 62, **1**, **2**) braucht man in der sphärischen Astronomie noch ein Instrument zur Zeitmessung, die **Uhr.** Pendeluhren sind Stationsuhren, Chronometer sind transportierbar. Man hat zwei verschiedene Uhren: solche für Sternzeit und solche für Mittlere Sonnenzeit, kurz mittlere Zeit. Da beide je vollständig gleichförmig gehen sollen, so kann die eine oder andere für alle Beobachtungen benützt werden; da man das konstante Verhältnis der Länge einer Stunde Sternzeit zu einer Stunde mittlerer Zeit mit äusserster Schärfe kennt, so braucht man, um die beliebigen und über beliebige Zeiträume sich erstreckenden Mittlern-Zeitpunkten entsprechenden Sternzeitpunkte, oder umgekehrt, finden zu können, nur eine Angabe: Sternzeit zu einem gewissen (aber ganz beliebig liegenden) Mittlern-Zeitpunkt oder umgekehrt. Man kann mit Rücksicht auf diese stets mögliche „Zeitverwandlung" auch für Messungen an Sternen eine M.Z.-Uhr oder bei Beobachtungen an der Sonne eine St.Z.-Uhr als Beobachtungsuhr benützen, wenn es auch bequemer ist, für Messungen der ersten Art eine St.Z.-Uhr, für Messungen der zweiten Art eine M.Z.-Uhr zu haben.

2) Sternzeit. Diese ist bereits in § 62, **4**, eingeführt worden. Ein Sterntag ist die Zeit einer Umdrehung der Sphäre (thatsächlich also einer Erdumdrehung), d. h. die Zeit zwischen zwei gleichartigen Kulminationen desselben Sterns. Da die Drehung als vollständig gleichförmig anzusehen ist, so teilt man den Sterntag in 24 gleiche Teile, Sternstunden zu je 60^m zu je 60^s. Der Sterntag beginnt (0^h Sternzeit) mit der Kulmination des Υ-Punktes; die Stunden werden von 0 bis 24 gezählt. Die Sternzeit ist der jeweilige Stundenwinkel des Υ-Punkts. Ist Θ die Sternzeit eines Augenblicks, t der Stundenwinkel irgend eines Sterns in diesem Augenblick und α die AR dieses Sterns, so gelten allgemein die Gleichungen

$$(1) \qquad \Theta - t = \alpha, \quad \text{oder} \quad \Theta = t + \alpha \qquad \text{(vgl. § 62, 4).}$$

3) Sonnenzeiten. Für die Zwecke des gewöhnlichen Lebens ist die Sternzeit nicht brauchbar, da infolge der scheinbaren Bewegung der Sonne in ihrer Jahresbahn sie zu stets sich ändernden Sternzeiten kulminirt (21. März etwa um 0^h, 21. Juni 6^h, 21. September 12^h, 21. Dezember 18^h.

Man mache sich diese Zahlen klar [Sonne erreicht um den 21. März den ♈-Punkt, der stets um 0^h Sternzeit kulminiert]; man hat damit dann auch ohne astronomisches Jahrbuch für das ganze Jahr eine ungefähre Anschauung der Lage der Sternzeit und der Sonnenzeiten zu einander). Man muss also für die Zwecke des bürgerlichen Lebens u. s. f. die Sonne selbst als Zeitmesser benützen.

1) Der sog. **wahre Sonnentag** ist die Zeit zwischen zwei aufeinanderfolgenden Kulminationen der Sonne.

Der jeweilige **Stundenwinkel der Sonne ist die wahre Sonnenzeit,** kurz W.Z. oder W. Der wahre Sonnentag beginnt im wahren Mittag (0^h W.Z., Kulmination der Sonne). Ist W die W.Z., Θ die St.-Z., $\alpha_\odot$ die AR der Sonne, so ist stets

$$(2) \qquad W = \Theta - \alpha_\odot .$$

Damit lässt sich W.Z. in St.Z. verwandeln, da die AR der Sonne in den astronomischen Jahrbüchern für jeden Mittag verzeichnet ist.

2) Die W.Z. wird, wie aus dem Vorhergehenden sich ergiebt, stets durch Beobachtung der Sonne erhalten. Aber auch sie eignet sich nicht als Zeitmass, da die Zeit zwischen zwei Sonnenkulminationen im Lauf des Jahres nicht immer dieselbe bleibt. Denn erstens bewegt sich die Sonne in ihrer Jahresbahn nicht mit gleichförmiger Geschwindigkeit und sodann würden, auch wenn dies der Fall wäre, gleichlangen Ekliptik-Bögen doch nicht gleichlange Äq.-Bögen entsprechen. Die Uhren, mit denen die bürgerliche Zeit gemessen werden soll, müssen nun aber einen gleichförmigen Gang haben. Man denkt sich deshalb zunächst eine zweite Sonne, die sich mit gleichförmiger Geschwindigkeit in der Ekliptik bewegt und mit der wahren im Aphel und Perihel zusammentrifft, und endlich eine dritte, die sogen. **mittlere Sonne,** die sich im Äquator mit gleichförmiger Geschwindigkeit bewegt (den Äquator im Lauf eines Jahres von W. nach O. zurücklegt) und mit der zweiten gleichzeitig den ♈-Punkt passiert; diese gedachte sogen. mittlere Sonne ist also stets ein gewisser Punkt des Äquators. Die gewöhnlichen (bürgerlichen) Uhren geben **mittlere Sonnenzeit** an.*)

---

*) Seit einigen Jahren ist dies in den meisten Ländern nicht mehr richtig; die Angaben der öffentlichen (und damit auch der privaten) Uhren eines Landes sind „vereinheitlicht" worden, man hat sogen. Einheitszeiten eingeführt. Im Deutschen Reich ist z. B. gesetzlich seit dem 1. April 1893 die sogen. Mitteleuropäische Zeit (M.E.Z.) als bürgerliche Zeit eingeführt worden. Es ist dies die Mittlere Zeit, die in den Punkten des Meridians 15° östl. von Greenw. vorhanden ist. Unsere Uhren geben in den einzelnen Orten nun nicht mehr die mittlern Ortszeiten an, sondern in demselben absoluten Augenblick machen richtig gehende Uhren im ganzen Deutschen Reich auch alle dieselbe Angabe, nämlich eben die Zeit des Meridians 15° östl. Gr. Da in zwei Orten A und B, die um λ Grad Länge

Der **mittlere Sonnentag** ist der konstante Zeitraum zwischen zwei Kulminationen der gedachten mittlern Sonne; er beginnt im mittlern Mittag (0^h M.Z., Kulmination der mittlern Sonne) und wird in 24^h zu je 60^m zu je 60^s mittlere Zeit geteilt. Die **Mittlere Zeit** (Stundenwinkel der gedachten mittlern Sonne) wird astronomisch von 0^h bis 24^h gezählt, bürgerlich zweimal von 0^h bis 12^h. Der astronomische mittlere Tag beginnt 12^h später als der bürgerliche Tag, so dass z. B.

astronomisch 3. März 19^h = bürgerlich 4. März 7^h Morgens,
„ 3. März 4^h = „ 3. März 4^h Nachmittags,
bürgerlich 10. März Nm. 3^h = astronomisch 10. März 3^h,
„ 10. März Vm. 7^h = „ 9. März 19^h ist.

Die M.Z. kann nicht durch Beobachtung der Sonne unmittelbar erhalten werden, sondern nur die W.Z. (s. oben). Ist M die M.Z. und $\alpha'_{\odot}$ die AR der mittlern Sonne, so ist

$$(3) \qquad M = \Theta - \alpha'_{\odot},$$

somit gemäss (2)

$$M - W = \alpha_{\odot} - \alpha'_{\odot} = Z$$

oder

$$(4) \qquad M = W + Z.$$

Die Grösse Z, der AR-Unterschied der wahren und der mittlern Sonne heisst die **Zeitgleichung**; sie ist zur W.Z. zu addieren, um M.Z. zu er-

---

verschieden auf der Erdoberfläche liegen, die richtig gehenden M.Z.-Uhren um (λ . 4) Minuten verschieden zeigen (und zwar so, dass die Uhr von B der von A um die genannte Zeit $\left\{\begin{matrix}\text{voraus-}\\\text{nach-}\end{matrix}\right\}$ geht, wenn B $\left\{\begin{matrix}\text{östlich}\\\text{westlich}\end{matrix}\right\}$ von A liegt), so hat man zum Zweck einer solchen „Zeitvereinheitlichung" nur die vordem nach den Mittlern Ortszeiten gehenden Uhren um einen bestimmten, für ein und denselben Ort stets gleichbleibenden, Betrag vor- oder zurückzurichten; dieser Betrag ist allein abhängig von dem Unterschied der geographischen Länge des Orts gegen die Länge des Normalzeit-Meridians. Im Deutschen Reich mussten im Frühjahr 1893 im äussersten Osten des Reichs die Uhren um 31 Min. zurück-, im äussersten Westen um $36^1/_2$ Min. vorgerückt werden, damit sie von nun an M.E.Z. zeigten (in runden Zahlen natürlich; ebenso waren sie in Berlin um 7 Min. vor-, Dresden um 5 Min. vor-, München um 14 Min. vor-, Stuttgart um 23 Min. vor-, Karlsruhe um 27 Min. vor-, Strassburg um 29 Min. vorzurücken; ebenso in Köln 32, in Hamburg 20 Min. vor-, dagegen in Breslau um 8 Min., in Danzig um 14 Min., in Königsberg um 26 Min. zurückzustellen).

Die sphärische Astronomie hat, wie hier ein- für allemal angemerkt sein mag, mit solcher Zeitvereinheitlichung (die durch die Bedürfnisse des modernen Schnellverkehrs notwendig wurde) an sich nichts zu thun. In der Folge ist (als M.Z) stets die Mittlere Zeit des Beobachtungsorts verwendet und es muss also, falls eine nach der jetzigen bürgerlichen Zeit (richtig) gehende Uhr für die Zeitangaben verwendet gedacht ist, an ihrer Angabe zuerst die von der Lage des Beobachtungsorts in geogr. Länge abhängige (für ein- und denselben Ort aber durchaus konstante) Reduktion angebracht sein, die diese Angabe in M.Z. des Orts verwandelt; vgl. z. B. Auf- und Untergang der Sonne, s. 68, **2**.

halten. Die Zeitgleichung ist wegen der ungleichförmigen Jahresbewegung der wahren Sonne bald positiv, bald negativ, und in den astron. Jahrbüchern für jeden mittlern oder für jeden wahren Mittag des Ephemeriden-Orts berechnet. Viermal im Jahr erreicht die Zeitgleichung grösste Werte (davon liegen die beiden Hauptextreme etwa in 11/II und 2/XI (beachte die Zahlen, die leicht zu merken sind), d. h. etwas vor Mitte Februar und zu Anfang November; sie betragen je $^1/_4$ Stunde, genauer + 14,5 Min. gegen Mitte Februar und — 16,3 Min. zu Anfang November); viermal ist sie Null. Da die Sonne zu Anfang der Kalenderjahre nicht immer genau dieselbe Stellung in ihrer Bahn hat, so schwankt auch die Zeitgleichung für dieselben Tage in den verschiedenen Jahren etwas. Die folgende Tabelle giebt z. B. die

Zeitgleichung (auf 1^s) für 1897 im mittlern Greenwicher Mittag.

Dat.	Z.-Gl.	Dat.	Z.-Gl.	Dat.	Z.-Gl.	Dat.	Z.-Gl.	Dat.	Z.-Gl.
	m s		m s		m s		m s		m s
Jan. 1.	+ 4 1	Mrz. 17.	+8 21	Mai 31.	—2 32	Aug. 14.	+ 4 25	Okt. 28.	—16 8
6.	+ 6 17	22.	+6 51	Juni 5.	—1 43	19.	+ 3 22	Nov. 2.	—16 19
11.	+ 8 21	27.	+5 19	10.	—0 46	24.	+ 2 7	7.	—16 10
16.	+10 10	April 1.	+3 48	15.	+0 16	29.	+ 0 42	12.	—15 40
21.	+11 41	6.	+2 20	20.	+1 20	Sept. 3.	— 0 52	17.	—14 48
26.	+12 52	11.	+0 57	25.	+2 25	8.	— 2 32	22.	—13 36
31.	+13 44	16.	—0 19	30.	+3 26	13.	— 4 17	27.	—12 4
Feb. 5.	+14 16	21.	—1 26	Juli 5.	+4 22	18.	— 6 3	Dez. 2.	—10 14
10.	+14 27	26.	—2 22	10.	+5 9	23.	— 7 48	7.	— 8 10
15.	+14 19	Mai 1.	—3 4	15.	+5 44	28.	— 9 29	12.	— 5 53
20.	+13 52	6.	—3 33	20.	+6 7	Okt. 3.	—11 4	17.	— 3 29
25.	+13 10	11.	—3 48	25.	+6 16	8.	—12 32	22.	— 0 59
März 2.	+12 13	16.	—3 50	30.	+6 11	13.	—13 48	27.	+ 1 30
7.	+11 5	21.	—3 37	Aug. 4.	+5 51	18.	—14 51	32.	+ 3 55
12.	+ 9 47	26.	—3 10	9.	+5 16	23.	—15 39	(= 1898. Jan. 1.)	

Für gröbere Rechnung, auf $^1/_2{}^m$ (oder selbst $0,1^m$), ist diese Tabelle stets brauchbar, da die Zeitgleichung an den mittlern Mittagen derselben Tage verschiedener Jahre nur um wenige ^{s} schwankt. (Nach vier Jahren kehren ziemlich genau dieselben Zahlen wieder).

4) Vergleichung von Zeiträumen in St.-Z. und M.-Z. Verwandlung eines in St.-Z. gegebenen Zeitpunkts in den M.-Z.-Punkt und umgekehrt.

1) Verhältnis von St.-Z. zu M.-Z. Die nach dem Vorstehenden im Gebrauch befindlichen beiden Arten von Uhren (Sternzeit-Uhren und Mittlere-Zeit-Uhren) gehen also beide vollkommen gleichförmig. Eine Stunde St.-Z. ist nun aber nicht genau gleich einer Stunde M.-Z. Bei ihrer scheinbaren jährlichen Bewegung durchläuft die Sonne in einem tropischen Jahr die Ekliptik von West nach Ost; das tropische Jahr muss also genau einen Sterntag mehr enthalten als mittlere Tage. Es ist nun

1 trop. Jahr = 365,2422 ... mittlern Tagen = 366,2422 ... Sterntagen, somit

$$(5)\begin{cases} 1\,\text{St.-Tg.} = \dfrac{365{,}2422}{366{,}2422}\,\text{M.-Tg.} = 1\,\text{M.-Tg.} - 3^{m}\,55^{s}{,}909\,\text{M.Z.} = 23^{h}\,56^{m}\,4^{s}{,}09\,\text{M.Z.} \\ 1\,\text{M. Tg.} = \dfrac{366{,}2422}{365{,}2422}\,\text{St.-Tg.} = 1\,\text{St.-Tg.} + 3^{m}\,56^{s}{,}555\,\text{St.-Z.} = 24^{h}\,3^{m}\,56^{s}{,}56\,\text{St.-Z.} \end{cases}$$

Da 1 St.-Tag um $3^m\,56^s{,}55..$ (St.-Z.) kürzer ist als 1 M.-Tag, so müssen die Tabellen der Astronomischen Jahrbücher, die für jeden Tag den St.-Z.-Punkt angeben, der dem mittlern Mittag ($0^h\,0^m\,0^s{,}0$) auf dem Ephemeriden-Meridian entspricht, von Tag zu Tag um $3^m\,56^s{,}55..$ geringere Sternzeiten als dem Mittlern Mittag entsprechend liefern.

Um eine in St.-Z. gegebene Zeitdauer in M.-Z. zu verwandeln, ist also von der ersten ein gewisser Betrag ($3^m\,56^s$ auf 24^h) zu subtrahieren, im umgekehrten Fall zu addieren ($3^m\,57^s$ auf 24^h). Um die Verwandlungen bequem auszuführen, entwirft man ein für allemal **Tabellen**, die die Werte von 1, 2 ... ^{h}, ^{m}, ^{s} St.-Z. in ^{h}, ^{m}, ^{s} M.-Z. angeben und umgekehrt.

2) **Verwandlung eines gegebenen Zeitpunkts aus St.-Z. in M.-Z. oder W.-Z. und umgekehrt.** Man muss dazu noch die St.-Z. im mittlern Mittag kennen, die in den astronom. Jahrbüchern von Tag zu Tag (und zwar für den Meridian der betreffenden Sternwarte, s. oben § 64, **3**)) verzeichnet ist; sie nimmt im Lauf des Jahres alle Werte zwischen 0^h und 24^h an (s. Eingang von **3**). Ist Θ_0 die St.-Z. für $M = 0$, so ist

$$(6)\ \text{M.-Z.}\ M = (\Theta - \Theta_0).\frac{23^h\,56^m\,4^s{,}09}{24^h} = (\Theta - \Theta_0).\,0{,}9972695$$

$$(7)\ \text{St.-Z.}\ \Theta = \Theta_0 + M.\frac{24^h\,3^m\,56^s{,}56}{24^h} = \Theta_0 + M\,.\,1{,}0027379$$

(vgl. die obige Bemerkung über die Berechnung dieser Produkte durch Tabellen.)

1) Die M.-Z. eines Zeitpunkts, dessen St.-Z. gegeben ist, erhält man also, wenn man von dieser die St.-Z. im mittlern Mittag subtrahiert und den Rest in M.-Z. verwandelt.

Dabei ist zu bemerken, dass in dem Jahrbuch (z. B. im Nautischen Jahrbuch) nicht die Θ_0 für den Beobachtungsort, sondern für Orte auf dem Ephemeridenmeridian (beim Nautischen Jahrbuch Greenwich) angegeben, d. h. dass noch die geogr. Länge des Beobachtungsorts zu berücksichtigen ist. Liegt der Ort ($\pm k^0$) in Länge (östlich) vom Ephemeriden-Meridian entfernt, so sind statt der für die Zeit l^h in den Tafeln angegebenen Werte von Θ_0, Z, $\alpha_\odot$ die für die Zeit $\left(l \pm \frac{k}{15}\right)^h$ giltigen zu benützen. Diese Bemerkung gilt auch für die folgenden Nummern.

2) Die St.-Z. aus gegebener M.-Z. findet man durch Verwandlung der nach dem mittlern Mittag verflossenen M.-Z. (eben der gegebenen Zahl) in St.-Z. und Addition zur St.-Z. im mittlern Mittag.

3) Die M.-Z. aus gegebener W.-Z. Man hat zur W.-Z. die ihr entsprechende Zeitgleichung zu addieren.

4) Die W.-Z. aus gegebener M.-Z. Es ist die der gegebenen M.-Z. entsprechende Zeitgleichung zu subtrahieren.

5) Die St.-Z. aus gegebener W.-Z. Die W.-Z. W ist der Stundenwinkel der Sonne, somit

$$\Theta = W + \alpha_{\odot}, \qquad \text{Gl. (2) in } \mathbf{3},$$

wobei $\alpha_{\odot}$ für die gegebene W.-Z. zu interpolieren ist.

6) Die W.-Z. aus gegebener St.-Z. $W = \Theta - \alpha_{\odot}$, wobei $\alpha_{\odot}$ für die genäherte W.-Z., die bestimmt werden soll, zu interpolieren ist.

Die Verwandlungen 5) und 6) kann man natürlich auch mittels der Zeitgleichung Z auf 1) und 2) zurückführen.

5) Aufgaben mit der Sonne. Zur Übung löse man hier, mit Benützung der M.-Z., Aufgaben, wie sie mit Benützung von St.-Z. und Sternen in § 63, **5**, gelöst worden sind. Z. B.:

1) Um welche M.-Z. ist am längsten Tag ($\delta_{\odot} = +23^0\,27',3$) in einer Stadt mit gegebener Polhöhe φ eine Strasse von bekannter Richtung (gegeben Azimut a) schattenfrei?

Nach § 63, **5**, 3) ist mit $\sin p = \frac{\cos\varphi \sin a}{\cos\delta}$ der Stundenwinkel t zu rechnen aus

$$tg\frac{t}{2} = tg\frac{a-p}{2}\,\frac{\cos\frac{\varphi-\delta}{2}}{\sin\frac{\varphi+\delta}{2}} \quad \overset{\text{und}}{=} \quad \overline{tg}\frac{a+p}{2}\,\frac{\sin\frac{\varphi-\delta}{2}}{\cos\frac{\varphi+\delta}{2}}.$$

Dieser Stundenwinkel t ist aber hier, wo es sich um die Sonne handelt, zugleich die W.Z., $t_{\odot} = W$; mit Hilfe der Zeitgleichung Z (aus dem Jahrbuch, genähert aus der obigen Tafel S. 522) erhält man die gesuchte

$$M = t_{\odot} + Z.$$

Es ist noch zu bemerken, dass wegen der fortwährenden Veränderung von $\delta_{\odot}$ die Rechnung eigentlich zweimal geführt werden sollte, zuert genähert, um mit der gefundenen genäherten Zeit dann das genauere $\delta_{\odot}$ interpolieren zu können. Da es sich aber um den längsten Tag handelt, an dem $\delta_{\odot}$ sich nur sehr wenig verändert (vgl. § 64, **3**), so kann hier davon abgesehen werden; s. unten bei **3**.

Beispiel. $\varphi = 48^0\,47',0$ $\delta = +23^0\,27',3$ (längster Tag); $a = 32^0\,4'$ giebt $t = 15^0\,54',6 = 1^h\,3^m,6$, also $W = 1^h\,3^m,6$ und daraus M.-Z. $= 1^h\,5^m,1$, wenn Z an diesem Tag (und zur gesuchten Zeit) zu $+1^m,5$ angenommen wird.

2) Welche Richtung (Azimut gesucht) muss eine Mauer (auf einem Punkt von bekannter geographischer Breite) haben, damit sie an einem bestimmten Tag zu einer gegebenen M.Z. den Sonnenschein erhalte?

Bekannt φ, δ, t (aus gegebener M.Z. mittels Z. die W.Z., diese in Bogen verwandelt, giebt t), gesucht a. Auflösung in § 63, **5**, 2. Die $\delta_{\odot}$ ist für die gegebene M.Z. zu interpolieren.

3) Bei allen Aufgaben, in denen die **Zeit** gesucht ist (wie z. B. in **1**)), muss man bei der Sonne, wenn man die Zeit nicht schon ziemlich genähert kennt (z. B. auf 1^m oder einige wenige ^{m}) zweimal rechnen; die erste Rechnung (Näherung) liefert die Zeit nur mit der Genauigkeit, die notwendig ist, um die richtige $\delta_\odot$ (und Z) interpolieren und damit die zweite definitive Rechnung führen zu können. Wie genau die Näherung der Zeit sein muss (wie weit genähert man z. B. die Zeit von Anfang an kennen muss, um sich die Näherungsrechnung ersparen zu können), hängt ausser von der Schärfe der verlangten Rechnung auch von der Schnelligkeit der Veränderung von $\delta_\odot$ ab. Im März und September, wo sich die $\delta_\odot$ in 1^h um $1'$ verändert, muss man, wenn man in der Aufgabe das $\delta_\odot$ auf $1''$ richtig braucht, die Zeit zum Voraus oder aus der Näherungsrechnung auf 1^m kennen; im Juni oder Dezember kommt es bei derselben Genauigkeit in $\delta_\odot$ auf 1^m Zeit bei der Interpolation nicht an.

Man rechne mit Rücksicht hierauf die Aufgabe § 63, **5**, 1), Zeit aus gemessener Höhe, hier mit der Sonne nochmals durch. Es ist dabei noch darauf aufmerksam zu machen, dass man bei einer Höhe oder Zenitdistanz der Sonne nicht den Mittelpunkt nehmen kann, sondern nur einen Rand. Ausser den Korrektionen für Refraktion und Höhen-Parallaxe (vgl. § 64, **2**) ist also bei der Sonne stets noch der Sonnenhalbmesser (dessen im Lauf des Jahres zwischen 16′ 18″ zu Anfang Januar und 15′ 45″ zu Anfang Juli veränderlichen Wert das astronomische Jahrbuch giebt) zu addieren oder subtrahieren, je nachdem man $\underline{\odot}$ oder $\overline{\odot}$ genommen hat. Bezeichnet h' die gemessene Höhe, p die Höhenparallaxe der Sonne und r die Refraktion für diese Höhe, endlich R den Halbmesser der Sonnenscheibe, so ist, wenn $\underline{\odot}$ genommen worden ist:

$$h = h' - r + p + R \qquad \text{in die Gleichung}$$

$$\cos t_\odot = \frac{\sin h - \sin \varphi \sin \delta_\odot}{\cos \varphi \cos \delta_\odot} \qquad \text{einzusetzen.}$$

Kennt man die Zeit nicht genügend genähert, so rechnet man mit genähertem $\delta_\odot$ diese Gleichung aus, erhält ein genähertes $t_\odot = W$, interpoliert δ genau, rechnet nochmals schärfer nach derselben Gleichung und erhält so das scharfe $t_\odot = W$. Interpoliert man noch für die gefundene Zeit Z, so hat man auch

$$M = W + Z.$$

Ähnlich, wie oben bemerkt, für alle andern Aufgaben, in denen die Sonnenzeit gesucht ist.

4) Weitere Zeitaufgaben für die Sonne: a) Zu welcher M.Z. kommt die Sonne an einem bestimmten Tag in den ersten Vertikal? Der erste Vertikal entspricht $a = \pm 90^0$; es ist also gegeben: φ (Beobachtungsort), δ (mit Beachtung des eben Gesagten), $a = 90^0$ (spezieller Fall der Aufgabe **1**)). In der Zeit vom 22. Septbr. (ungefähr) bis zum 21. März (ebenso) kommt bei uns die Sonne oberhalb des Horizonts überhaupt nicht in den ersten Vertikal (warum?).

b) Über Zeit (und Ort) des Sonnen-Auf- und Untergangs s. § 68, **2**.

6) Anhang. Sonnenuhren. Im Zusammenhang mit der Erläuterung der W.Z. und der Zeit-Aufgaben mit der Sonne mag noch ein

Wort über **Sonnenuhren** angefügt sein. Jede Sonnenuhr liefert W und es ist also die Z. zu ihrer Angabe hinzuzufügen, um M.Z. zu erhalten. Der Zeiger ist bei allen der Schatten einer materiellen Geraden (Stab, schief abgeschnittene Kante einer in der Meridianebene aufgestellten Tafel), die parallel zur Weltaxe ist; diese Schattenlinie liegt also stets in der (Rückverlängerung der) Stundenebene der Sonne. Je nach der Stellung des Zifferblatts haben die Uhren verschiedene Namen. Die einfachste ist:

1) die Polaruhr oder Äquatorialuhr. Das Zifferblatt ist parallel der Äquatorebene. Da die W.Z. der Stundenwinkel der Sonne ist, so erhält man die Stundenlinien des Zifferblatts durch Antragen des Winkels t selbst an die Spur der Meridianebene auf dem Zifferblatt, also für $t = 1^h, 2^h \ldots$ der Winkel $15^0, 30^0 \ldots$ von Norden aus.

2) Horizontaluhr. Das Zifferblatt ist horizontal, also parallel dem Horizont. Zuerst ist wieder die Spur der Meridianebene auf dem Zifferblatt (Richtung N—S) zu bestimmen. Ist sodann x das Azimut der Linie für die Stunde t, so ist x Kathete eines rechtwinkligen Dreiecks, dessen gegenüberliegender Winkel t und dessen andere Kathete φ ist, somit

$$tg\, x = sin\, \varphi\, tg\, t.$$

Beispiel. $\varphi = 48^0\, 47'$ giebt für 10^h V.M. $(t = -30^0)\, x = 23^0\, 28',5$. Wie lässt sich die Einteilung des Zifferblatts konstruieren?

3) Vertikale Sonnenuhr. Im wahren Mittag ist der Schatten des Stifts vertikal.

a) Der einfachste Fall ist der, dass das Zifferblatt im ersten Vertikal liegt, d. h. von Ost nach West gerichtet ist; dies ist eine Mittagsuhr. (Zwischen welchen, im Lauf des Jahres wechselnden Tageszeiten versagt diese Uhr? Vgl. oben **5**, Aufg. 4a). Wie lautet die Gleichung für den Winkel x, unter dem der Strich für den Stundenwinkel t gegen die Vertikale durch die Spur des Schattenstifts auf der Wand zu ziehen ist? (Antwort: $tg\, x = cos\, \varphi\, tg\, t$; vgl. unten bei b)).

b) Bildet das Zifferblatt keinen rechten Winkel mit dem Meridian, hat die Wand vielmehr das Azimut a (wie gewöhnlich von Süden gezählt; die Uhr heisst oft $\left\{\begin{matrix}\text{Morgen-}\\\text{Abend-}\end{matrix}\right\}$ Uhr, wenn das Zifferblatt etwas gegen $\left\{\begin{matrix}\text{O.}\\\text{W.}\end{matrix}\right\}$ gewendet ist), so ist (wie schon oben angegeben) der Strich für 0^h W.Z. immer noch vertikal durch die Spur des Schattenstifts auf der Wand zu ziehen; ist x der Winkel, den man an dieser Linie anzulegen hat, um den Strich für $\pm t^h$ W.Z. (t Stunden vor oder nach dem wahren Mittag) zu erhalten, so ergiebt sich aus dem Dreikant, in dem in der schattenwerfenden Kante (gegenüberliegend) der Winkel t vorhanden ist, während die auf die Seite x gegen den Winkel t hin folgende Seite $= (90^0 - \varphi)$ und der Winkel zwischen $(90^0 - \varphi)$ und x gleich a oder $(180^0 - a)$ ist (man entwerfe selbst eine Figur), unmittelbar:

$$ctg\,x = ctg\,t\,\frac{sin\,a}{cos\,\varphi} \mp cos\,a\,tg\,\varphi.$$

Man kann direkt hienach rechnen, oder, in der Formel für $tg\,x$, einen Hilfswinkel einführen; wie am einfachsten? Auch diese Einteilung lässt sich noch leicht konstruiren [119]).

§ 66. Einige Andeutungen über Bestimmung von Zeit, Meridian, Breite, Länge.

1) Einleitung. Der eine Zweig der praktisch-sphärischen Astronomie beschäftigt sich mit der astronomischen Bestimmung der Ortszeit eines bestimmten Beobachtungsorts (Zeitbestimmung), der Ermittelung der geographischen Coordinaten eines Punkts auf der Erdoberfläche (geogr. Ortsbestimmung) und der Aufsuchung der Nord—Südlinie auf dem Horizont dieses Beobachtungsorts (Bestimmung des Azimuts einer von dem Punkt ausgehenden terrestrischen Richtung). Die erste Aufgabe, Zeitbestimmung, tritt entweder selbständig auf (Bestimmung der Zeiten für die Zwecke des bürgerlichen Lebens oder [schon feiner] für die Bedürfnisse der modernen Schnellverkehrsmittel) oder als Hilfsaufgabe bei den Bestimmungen der geographischen Breite und der geographischen Länge eines Punktes und des Azimuts einer von ihm ausgehenden Richtung.

Selbstverständlich können und sollen hier nur einige wenige Andeutungen gegeben werden im Sinne von Übungen zu den letzten §§, während die Durchführung wirklicher Rechnungen, ebensowohl wie die Anleitung zur Messung, der elementaren praktisch-sphärischen Astronomie vorbehalten bleiben muss [120]).

2) Bestimmung der Zeit. Aus der Beobachtung eines **Sterns** mit bekannter *AR* erhält man stets zunächst die **St.Z.**, aus der Beobachtung der **Sonne** zunächst die **W.Z.**

1) **Stern im Meridian** (wenn die Nordsüdlinie genau bekannt ist). In der obern Kulmination des Sterns ist die St.-Z. gleich der *AR* des Sterns; somit sind im Lauf des Tages (der Nacht) beliebig viele St.-Z. zu bestimmen, wenn man ein Instrument fest so aufstellt, dass man sein Fernrohr um eine horizontalliegende Axe kippen kann, die genau die Richtung West-Ost hat, so dass die Kippebene der Fernrohrziellinie, die auf jener Axe senkrecht steht, mit der Ebene des Beobachtungsmeridians zusammenfällt. Ein solches Instrument heisst Passagen-(Durchgangs-)Instrument; vgl. § 62, 4. Schluss. Es ermöglicht die schärfsten Zeitbestimmungen, wobei freilich seine Aufstellung nicht so genau sein kann, dass an dem unmittelbaren Ergebnis keine Correktionen (für die „Aufstellungsfehler") notwendig wären. Welche Aufstellungsfehler kommen in Betracht? Man versuche für einen davon, z. B. eine kleine Neigung der Kippaxe, den Einfluss auf die „Antrittszeit" eines bestimmten Sterns (Deklination δ) zu berechnen. Beobachtet

man den Durchgang der Sonne durch die Meridianebene, so erhält man den wahren Mittag.

2) Messung der Höhe eines Gestirns (möglichst weit ab vom Meridian, s. u.).

a) Sterne. Ist φ bekannt, so erhält man, wenn eine beliebige Höhe h oder Zenitdistanz z eines Sterns gemessen ist [z befreit von der Refraktion, vgl. § 64, **2**, 2)], t aus [vgl. § 63, **5**, 1)]

$$\cos t = \frac{\cos z - \sin\varphi \sin\delta}{\cos\varphi \cos\delta} \text{ oder } tg\,\frac{t}{2} = \sqrt{\frac{\sin(s-\varphi)(\sin s - \delta)}{\cos s \,.\, \cos(s-z)}},\ \text{wo } s = \tfrac{1}{2}(z+\varphi+\delta).$$

Das Zeichen von t bleibt unbestimmt, man muss also wissen, auf welcher Seite des Meridians die Beobachtung liegt. Die St.-Z. der Beobachtung ist dann

$$\Theta = t + \alpha.$$

Wo muss man die Höhe des Sterns nehmen, damit die Bestimmung günstig wird? Bei Beantwortung aller derartiger Fragen hat man die Differentialformeln der sphärischen Trigonometrie anzuwenden (vgl. Anhang zu Kap. 2 und 3). Im vorliegenden Fall wird die Messung günstig sein, wenn ein bestimmter Fehler in h (= — Fehler in z) einen möglichst kleinen Fehler in t hervorbringt; es fragt sich also: welcher Fehler $\triangle t$ entspricht einem bestimmten $\triangle h$ oder $\triangle z$? Aus

$$(1)\quad \cos z = \sin\varphi \sin\delta + \cos\varphi \cos\delta \cos t$$

folgt, wenn man sich z um $\triangle z$, und t um das entsprechende $\triangle t$ verändert denkt:

$$\cos(z + \triangle z) = \sin\varphi \sin\delta + \cos\varphi \cos\delta \cos(t + \triangle t), \qquad \text{d. h.}$$

$$(2)\quad \cos z - \sin z \,.\, \triangle z = \sin\varphi \sin\delta + \cos\varphi \cos\delta (\cos t - \sin t \,.\, \triangle t)$$

Zieht man diese Gleichung (2) von (1) ab, so erhält man:

$$(3)\quad \sin z \,.\, \triangle z = \cos\varphi \cos\delta \sin t \,.\, \triangle t,$$

oder wenn $\triangle t$ ausgedrückt in $\triangle z$ gesucht wird:

$$(4)\quad \triangle t = \frac{\sin z \,.\, \triangle z}{\cos\varphi \cos\delta \sin t}.$$

Nach (4) kann man für jedes angenommene $\triangle z$ das zugehörige $\triangle t$ ausrechnen (ist $\triangle z$ in $''$ angenommen, so erhält man auch $\triangle t$ in $''$, hat also mit 15 zu dividieren, wenn man $\triangle t$ in ^{s} erhalten will). Mit Rücksicht auf

$$\cos\delta \sin t = \cos h \sin a = \sin z \sin a \qquad \text{Gl. (II), 2 und (III) 2 in § 63}$$

kann man (4) einfacher so schreiben:

$$(5)\quad \triangle t = \frac{1}{\cos\varphi \sin a} \triangle z.$$

Diese Gleichung (5) ist in manchen Beziehungen wichtig und merkwürdig. Sie sagt u. A.: in einem bestimmten Beobachtungspunkt der Erde (φ) verändern alle Sterne, die in demselben Vertikal stehen (dasselbe a haben) ihre Höhe genau gleich rasch, was auch ihre Deklination δ ist. — In unsrem Fall wird $\triangle t$ für ein bestimmtes $\triangle z$, da

$\cos\varphi$ eine Konstante ist, offenbar ein Minimum, wenn $\sin a$ seinen Maximalwert hat, d. h. wenn $\sin a = \pm 1$, $a = \pm 90^0$ ist; mit andern Worten: man hat, wenn aus einer Sternhöhe die Zeit bestimmt werden soll, diese Höhe in der Nähe des ersten Vertikals zu nehmen (ein bestimmter Stern verändert auf seiner Tagesbahn seine Höhe am raschesten in der Nähe des ersten Vertikals, in der Richtung also, die am weitesten abliegt vom Meridian); aber in nicht zu geringer Höhe, weil dort der Betrag der Refraktion zu unsicher wird.

b) Sonne. Wenn die Sonne benützt wird (wie gewöhnlich zur See, weil hier die Kimm nur scharf sichtbar, so lange die Sonne über dem Horizont ist; aber auch zu Land am bequemsten, weil bei Tag), so ist die Höhe des Sonnenrandes in der Nähe des ersten Vertikals (aber wegen der Refraktion doch nicht zu nahe am Horizont) zu nehmen; an dieser Höhe sind sodann die Corr. für Refraktion, Parallaxe und Sonnenhalbmesser anzubringen (zur See auch noch für Kimmtiefe). Ferner muss man wegen der Veränderlichkeit von $\delta_\odot$ die zu bestimmende Zeit schon genähert kennen oder vorläufig (genähert) berechnen, um $\delta_\odot$ interpoliren zu können (vgl. § 64, **3**, § 65, **5**; über die Zeiten, zu denen die Sonne in den ersten Vertikal kommt, s. **Aufg.** 3[a] daselbst). Das sich ergebende $t_\odot$ ist W.Z., woraus also durch die Zeitgleichung Z die M.Z. zu finden ist.

3) Korrespondirende Höhen. Wenn φ nur genähert bekannt ist, das beste Mittel die Uhrzeit zu finden.

a) Sind u_1 und u_2 die Angaben einer Sternuhr für die Zeiten, zu denen ein **Stern** dieselbe Höhe östlich und westlich vom Meridian erreicht, so war er um $\frac{u_1 + u_2}{2}$ Uhr im Meridian, woraus sich der Fehler im Stand der Uhr ergiebt, da die Sternzeit der obern Kulmination (gleich α) bekannt ist.

b) Benützt man die **Sonne** (und Mittlere Zeit-Uhr), so ist eine Verbesserung am Resultat anzubringen, die sog. Mittagsverbesserung, während $\frac{u_1 + u_2}{2}$ (welche Uhrangabe also nicht ganz dem Meridianstand der Sonne $[W = 0]$ entspricht) der unverbesserte Mittag heisst; dieser liegt (bei pos. φ) $\begin{Bmatrix}\text{nach}\\ \text{vor}\end{Bmatrix}$ dem wahren Mittag, wenn $\delta_\odot$ $\begin{Bmatrix}\text{zunimmt}\\ \text{abnimmt}\end{Bmatrix}$. Die Deklination der Sonne bei der Nachmittagsbeobachtung ist nämlich nicht mehr genau dieselbe wie bei der Vormittagsbeobachtung, so dass der gleichen Höhe nicht mehr genau der gleiche Stundenwinkel links und rechts vom Meridian entspricht. Ist $t = \frac{1}{2}(u_2 - u_1)$ die halbe Zwischenzeit der Beobachtungen, φ die (genäh.) Polhöhe und $\triangle\delta$ die Änderung von $\delta_\odot$ für die halbe Zwischenzeit t, so wird (die Ausrechnung mag hier wegbleiben)

$$\text{die Mittagsverbesserung} = -\left(\frac{tg\,\varphi}{\sin t} - \frac{tg\,\delta}{tg\,t}\right)\cdot\triangle\delta = \mu\,t\left(\frac{tg\,\delta}{tg\,t} - \frac{tg\,\varphi}{\sin t}\right),$$

wenn μ die stündliche Änderung der $\delta_\odot$ (aus dem Jahrbuch) ist und t in Stunden genommen wird.

4) Zeit und Polhöhe gleichzeitig: s. **3**, 6).

3) Bestimmung der geographischen Breite (Polhöhe).

1) Gestirn im Meridian. Ist h_1 die (berichtigte) gemessene Kulminationshöhe, so ist φ unmittelbar bestimmt nach § 62, 2, Zusätze, S. 505. Die Bestimmung der Polhöhe ist identisch mit der Bestimmung des Orts des Zenits des Beobachters in dem System der täglichen Sternbahnen.

2) Beide Kulminationshöhen eines Circumpolarsterns. Es seien h_1 und h_2 die (berichtigten) Höhen des Sterns in der obern und untern Kulmination, so ist $\varphi = \frac{1}{2}(h_1 + h_2)$. Was ist über Ausführung der Messung zu sagen? (Tageszeiten).

3) Höhe eines Gestirns ausserhalb des Meridians (aber möglichst nahe beim Meridian). Ist die Zeit und damit t bekannt, so wäre, wenn zunächst eine beliebige Höhe h gemessen ist, φ zu bestimmen aus

$$(1) \qquad \sin h = \sin\varphi \sin\delta + \cos\varphi \cos\delta \cos t.$$

Warum nimmt man die Höhe h am besten möglichst nahe beim Meridian? (Hier ist der Einfluss eines bestimmten Zeitfehlers auf die Höhe und damit auf φ am kleinsten). In der That misst man „Circum-Meridianhöhen“ (Höhen oder Zenitdistanzen so nahe beim Meridian, dass man die „Reduktion auf den Meridian“ durch Näherung rechnen darf). Die eben angeschriebene Gleichung (1) kann so geschrieben werden:

$$(2) \quad \sin h = \sin\varphi \sin\delta + \cos\varphi \cos\delta \left(1 - 2\sin^2\frac{t}{2}\right) = \cos(\varphi - \delta) - 2\cos\varphi\cos\delta\sin^2\frac{t}{2}.$$

Bezeichnet man nun die Kulminationshöhe des Sterns mit h', so ist $h' = 90^0 - \varphi + \delta = 90^0 - (\varphi - \delta)$, also $\sin h' = \cos(\varphi - \delta)$. Das gemessene h wird von dem zu berechnenden h' um so weniger sich unterscheiden, je kleiner t ($\mp$ links oder rechts vom Meridian) ist. Ist $h' = h + x$, oder also

$$(3) \qquad h = h' - x,$$

so ist, wenn x genügend klein und in Halbmesserteilen gedacht ist,

$$(4) \quad \sin h = \sin h' - \cos h' . x = \cos(\varphi - \delta) - \cos h' . x = \cos(\varphi - \delta) - \sin(\varphi - \delta) . x.$$

Setzt man (4) in (3) ein, so findet man:

$$\cos(\varphi - \delta) - \sin(\varphi - \delta) . x = \cos(\varphi - \delta) - 2\cos\varphi\cos\delta\sin^2\frac{t}{2},$$

oder die gesuchte „Reduktion einer Höhe nahe beim Meridian“ (Circummeridianhöhe) auf den Meridian, wenn man statt $\sin^2\frac{t}{2}$ noch $\left(\frac{t}{2}\right)^2$ schreibt:

$$(5) \quad x = \frac{\cos\varphi\cos\delta}{\sin(\varphi - \delta)} \cdot \frac{t^2}{2}.$$

Dabei sind x und t zunächst in Halbmesserteilen zu denken (ist also z. B. $t = 10^m = 2^1/_2{}^0$, so wäre t in der letzten Gleichung gleich $\frac{2,5}{57,296}$ zu setzen); welcher Coefficient ist rechts beizufügen, wenn man z. B. t in Zeitsekunden nehmen und x in $''$ erhalten will?

4) Höhe eines Polsterns zu beliebiger bekannter Zeit. Der wichtigste Polstern ist der Polarstern (weil nahe beim Pol, $1^1/_4{}^0$ entfernt, und als Stern II. Gr. selbst in kleinen Fernröhren schon in der Dämmerung sichtbar). Fällt man von dem Punkt S der Bahn, den der Polarstern zur Zeit der Beobachtung einnimmt, ein sphärisches Lot SQ auf den Meridian, bezeichnet PQ (P wie immer der Pol, Z das Zenit) mit v, ZQ mit x und das Lot SQ mit w, so ist, da $PS = 90^0 - \delta$ und der Winkel t in P bekannt ist (t aus: Sternzeit der Beobachtung minus α des Polarsterns) alles zu berechnen aus den rechtwinkligen Dreiecken PSQ und SQZ, also auch $\varphi = 90^0 - (v + x)$ zu finden. Man suche für diese Aufgabe selbst eine Näherungsauflösung (möglich, weil eben die Poldistanz des Polarsterns $p = 90^0 - \delta$ nur $1^1/_4{}^0$ beträgt).

5) **Circumpolarsterne.** Sind die beiden Höhen h_1 und h_2 beobachtet, die ein Stern in demselben (belieb.) Azimut erreicht, so kann man daraus Breite (und Meridian) bestimmen. Ist $cos\, m = \dfrac{sin\, \delta}{cos\, \frac{1}{2}(h_2 - h_1)}$, so wird $sin\, \varphi = sin\, \frac{1}{2}(h_2 + h_1)\, cos\, m$ (und $ctg\, a = cos\, \frac{1}{2}(h_2 + h_1)\, ctg\, m$).

6) **Breite und Zeit aus zwei verschiedenen Höhen desselben Sterns. Methode von *Douwes*.** [121])

Sind zwei Höhen h_1, h_2 desselben Sterns gemessen und ist die genaue Zwischenzeit $\tau = t_2 - t_1$ der Beobachtungen bekannt, so kann man aus den Gleichungen:

$$(1) \qquad sin\, h_1 = sin\, \varphi\, sin\, \delta + cos\, \varphi\, cos\, \delta\, cos\, t_1,$$

$$(2) \qquad sin\, h_2 = sin\, \varphi\, sin\, \delta + cos\, \varphi\, cos\, \delta\, cos\, t_2,$$

$$(3) \qquad t_2 - t_1 = \tau$$

die drei Grössen φ, t_1, t_2 bestimmen. Diese Aufgabe wurde früher viel zur See gebraucht; ihrer direkten Auflösung wird hier in der Regel eine näherungsweise vorgezogen: aus den obigen Gleichungen folgt

$$(4) \qquad sin\, (t_1 + \tfrac{1}{2}\tau) = \frac{sin\, h_1 - sin\, h_2}{2\, cos\, \varphi\, cos\, \delta\, sin\, \frac{1}{2}\tau}.$$

Nun ist φ aus den Beobachtungen der Richtung und Geschwindigkeit der Fahrt mittelst Kompass und Log stets annähernd bekannt („gegisste" Breite); man kann also aus (4) einen genäherten Wert von t_1 finden. Mit diesem erhält man ferner aus der Gleichung (1)

$$(5) \qquad cos\, (\varphi - \delta) = sin\, h_1 + 2\, cos\, \varphi\, cos\, \delta\, sin^2\, \tfrac{1}{2}\, t_1.$$

Stimmt das aus (5) sich ergebende φ mit dem angenommenen überein, so ist dieses richtig; wenn nicht, so ist der Versuch zu wiederholen. Es sind Tafeln vorhanden, die die Rechnung erleichtern sollen. In Wirklichkeit muss wegen der Bewegung des Schiffs auch noch erst die zweite Beobachtung auf den „Ort der ersten reduziert" werden.

7) **Weitere Aufgaben** über Bestimmung der Polhöhe: a) Aus den gleichzeitigen Höhen h_1, h_2 zweier Sterne, für die α und δ gegeben sind, φ zu berechnen. Auflösung durch Benützung der Dreiecke PS_1S_2, ZS_1S_2 und ZPS_2.

b) Aus drei auf einer Seite des Meridians liegenden Höhen desselben

Sterns und den Zwischenzeiten der Beobachtungen die Polhöhe des Beobachtungsorts (sowie den Stundenwinkel der ersten Beobachtung und die δ des Sterns) zu bestimmen.

c) Aus drei auf einer Seite des Meridians liegenden Höhen desselben Sterns und den Azimut-Unterschieden die Polhöhe des Beobachtungsorts (sowie das Azimut der ersten Beobachtung und die δ des Sterns) zu bestimmen.

d) Drei Sterne von gegebenen α, δ werden in derselben, nicht bekannten Höhe beobachtet und die Zwischenzeiten der Beobachtungen gemessen; zu bestimmen die Polhöhe (sowie Stundenwinkel und Höhe).

e) Drei Sterne von gegebenen α, δ werden in derselben, nicht bekannten Höhe beobachtet und die Unterschiede der Azimute gemessen; es soll die Polhöhe bestimmt werden.

Die Anzahl solcher, die schönsten Übungen darbietenden Aufgaben ist fast unbegrenzt [122]).

4) Bestimmung des Meridians (Azimutbestimmung). Es ist im Beobachtungspunkt die Richtung der Nordsüdlinie zu bestimmen oder der Winkel, den eine von dem Beobachtungspunkt ausgehende terrestrische Richtung (Horizontalprojektion der Richtung nach einem gegebenen Zielpunkt) mit der Nordsüdlinie einschliesst.

1) Beobachtung der Höhe eines Sterns. Nach der Gleichung

$$\sin\delta = \sin h \sin\varphi - \cos h \cos\varphi \cos a$$

kann man bei gegebenem φ durch Messung von h das Azimut a bestimmen; liest man also bei einer Einstellung des Sterns zugleich den Höhen- und den Horizontalkreis ab, so kann man durch Anlage des berechneten a an der Richtung der Zielung die des Meridians bestimmen. — Untersuchung der günstigsten Bedingungen. Warum ist die Nähe des Meridians zu vermeiden? (h ändert sich hier sehr langsam, a sehr rasch).

2) Wenn die Zeit (und damit t) **bekannt ist,** so erhält man, wenn man noch h misst, aus (II, 2):

$$\sin a = \frac{\cos\delta \sin t}{\cos h}.$$

Warum eignet sich am besten der Polarstern? (Bewegt sich sehr langsam, ein kleiner Fehler in t macht in a selbst dann wenig aus, wenn der Polarstern in der Nähe der Kulmination ist).

Über gemessene Höhen eines Circumpolarsterns in demselben (beliebigen) Azimut s. **3**, 5)).

Man braucht aber, wenn man die Zeit (und damit t) hat, kein h mehr zu messen. Die Aufgabe der Azimutbestimmung einer terrestrischen Richtung wird vielmehr gelöst durch Messung des Horizontalwinkels zwischen einem Stern und dem irdischen Zielpunkt. Durch Division von (III, 2) und (III, 3) wird h eliminiert und man hat:

$$ctg\, a = \frac{\cos\delta \sin\varphi \cos t - \sin\delta \cos\varphi}{\cos\delta \sin t} = \sin\varphi\, ctg\, t - \frac{tg\,\delta \cos\varphi}{\sin t}.$$

Am besten eignet sich der Polarstern (kleiner Fehler in t macht in a wenig aus); wenn die Zeit (und damit t) gut bestimmt ist, so ist die Stellung des Polarsterns in seiner Bahn ziemlich gleichgiltig, selbst die Zeiten der Kulmination sind brauchbar. Immerhin ist zu überlegen: wann und wo verändert sich das Azimut eines Circumpolarsterns am langsamsten? Es ist dies der Fall in der sog. Digression (grössten Ausweichung vom Meridian), das Azimut wird hier „stationär"; s. die folgende Nummer.

3) Beobachtung der grössten Digression eines Circumpolarsterns. So heisst also die Stellung des Sterns östlich und westlich vom Meridian, bei der der Vertikal des Sterns den vom Stern beschriebenen Parallelkreis berührt. In der grössten Digression erreicht das Azimut seinen grössten Wert links und rechts vom Meridian und verändert sich sehr langsam. Für Stundenwinkel t_1, Höhe h_1 und Azimut a_1 der grössten Digression bestehen die Gleichungen:

$$\sin h_1 = \frac{\sin\varphi}{\sin\delta}, \quad \cos t_1 = \frac{tg\,\varphi}{tg\,\delta} \quad \text{oder} \quad tg^2\frac{t_1}{2} = \frac{\sin(\delta-\varphi)}{\sin(\delta+\varphi)}, \quad \sin a_1 = \frac{\cos\delta}{\cos\varphi}.$$

Durch die letzte dieser Gleichungen erhält man aus der Beobachtung einer Digression (bei bekannter geographischer Breite) a_1 und damit den Meridian, auch ohne dass man die Zeit kennt (der Stern ist zu verfolgen bis zu seiner grössten Ausweichung).

Was ist das grösste Azimut, das der Polarstern ($\delta = 88^0\,45'$ oder $p = 1^0\,15'$) links und rechts vom Nordpunkt des Horizonts in dem Beobachtungsort mit $\varphi = 48^0\,47'$ erreicht?

4) Korrespondirende Höhen. Die Gleichung

$$\sin h = \sin\delta \sin\varphi + \cos\delta \cos\varphi \cos t$$

zeigt, dass zu gleichen Werten von t zu beiden Seiten des Meridians ($-t$ und $+t$) gleiche Höhen gehören, wie auch direkt klar ist und was schon in **2**, 3) benützt wurde.

Beobachtet man einen **Stern** in derselben Höhe (die nicht gemessen zu werden braucht) zu beiden Seiten des Meridians und sind A_1 und A_2 die Ablesungen am Horizontalkreis des Theodolits, so entspricht die Ablesung $\frac{A_1 + A_2}{2}$ dem Meridian.

Benützt man die **Sonne**, so ist wieder noch eine Verbesserung an dem vorigen Resultat anzubringen wegen der Veränderlichkeit der $\delta_\odot$ (vgl. **2**, 3), die sog. Meridianverbesserung; die der Ablesung $\frac{A_1 + A_2}{2}$ entsprechende Richtung heisst der unverbesserte Meridian. Hat die Sonne bei der Vormittagsbeobachtung die Deklination δ und für die angenommene Höhe h das Azimut $-a$, so wird die Deklination der Nachmittagsbeobachtung $(\delta + \triangle\,\delta)$ sein, wo $\triangle\,\delta$ wenige $''$ bis einige $'$ beträgt, das Azimut dieser Beobachtung $(a + \triangle\,a)$. Es ist also (II, 1)

$$\sin\delta = \sin h \sin\varphi - \cos h \cos\varphi \cos a \qquad \text{und}$$

$$\sin(\delta + \triangle\delta) = \sin h \sin\varphi - \cos h \cos\varphi \cos(a + \triangle a), \qquad \text{woraus}$$

$$\triangle a = \frac{\cos\delta \,.\, \triangle\delta}{\cos h \cos\varphi \sin A} = \frac{\triangle\delta}{\cos\varphi \sin t},$$

wenn t den Stundenwinkel der Sonne bei der Beobachtung bezeichnet $\left(= \frac{u_2 - u_1}{2}\right.$, wenn u_2 und u_1 die Uhrangaben für beide Beobachtungen sind; ob der Stand der Uhr richtig ist, ist wieder gleichgiltig). Die Ablesung am Horizontalkreis, die dem Meridian entspricht, ist

$$\frac{A_1 + A_2}{2} - \frac{\triangle a}{2} = \frac{A_1 + A_2}{2} - \frac{\triangle\delta}{2\cos\varphi \sin t}.$$

Die Breite φ braucht man wieder nur genähert zu kennen, die Zeit gar nicht (vielmehr nur die Zwischenzeit zwischen beiden Beobachtungen). Wenn μ (Bogensekunden) wieder die stündliche Änderung von $\delta_{\odot}$ ist (angegeben im Jahrbuch), so wird (t in Stunden)

$$\text{die Meridianverbesserung} = -\frac{\mu t}{\cos\varphi \sin t}.$$

5) Bestimmung der geographischen Länge.

Weitaus die schwierigste, d. h. in ihren Resultaten unsicherste Aufgabe. Es ist an einem Ort anzugeben, wie viel Uhr es, gleichzeitig mit einem bekannten Augenblick der Ortszeit dieses Ortes, im Nullmeridian (Greenwich) ist. Zu dieser Ermittlung des Unterschieds der Ortszeiten zweier Meridiane kann man Erscheinungen am Himmel verwenden, die für alle Orte der Erde gleichzeitig eintreten, [1) Mondfinsternisse; 2) Verfinsterungen der Jupitertrabanten] oder man kann künstliche Zeitsignale benützen: [3) optische Signale, Pulverblitze, Signale mit dem Heliotrop; 4) elektrische Zeitsignal-Übertragung durch den Telegraphen, was die genauesten Bestimmungen liefert; diese Bestimmung der Längen-(Zeit-) Unterschiede allein kann sich in Beziehung auf Genauigkeit den Messungen von Zeit, Breite, Azimut vergleichen] oder endlich 5) direkte Übertragung der Zeit von einem in Länge bekannten Meridian aus durch Chronometer anwenden, die nach dem Ort, dessen Länge zu bestimmen ist, transportirt werden. Endlich kann man noch die rasche Eigenbewegung eines Himmelskörpers an der Sphäre (der Mond allein hat hiezu genügend rasche Eigenbewegung am Himmel) zur Längenbestimmung benützen [6) Monddistanzen (s. u.); 7) Bedeckung von Gestirnen durch den Mond, wozu auch die fälschlich sogenannten Sonnenfinsternisse gehören, 8) Mondkulminationen; die zuletzt genannte Methode liefert gute Resultate bei fester Aufstellung eines Instruments, ebenso 7).

Von allen genannten Methoden sollen im Folgenden nur die Monddistanzen etwas erläutert werden, weil allein diese Methode fast jederzeit (auch zur See) angewandt werden kann. Sie ist deshalb zur See neben der Chronometerübertragung viel im Gebrauch. In Folge der Eigenbewegung des Mondes von West über Süd nach Ost (ein siderischer Umlauf um die

Erde dauert $27^d\ 7^h\ 43^m,2$ M.-Z., so dass der Mond in seiner Bahn von West nach Ost im Lauf eines Tages 12^0 bis 15^0 weiter rückt) verändern sich die sphärischen Abstände des Mondes von den in seiner Bahn liegenden Sternen durchschnittlich in einer Zeitsekunde um etwa $^1/_2$ Bogensekunde. Im astronomischen Jahrbuch ist nun von 3^h zu 3^h M.Z. des Ephem.-Orts die geocentrische Distanz des Mondes von einer Anzahl heller Sterne in der Nähe seiner Bahn und von den hellsten Wandelsternen (wozu für uns auch die Sonne gehört) angegeben. Misst man nun an einem andern Ort zu einer bestimmten M.Z. dieses Ortes die Distanz des Mondes von einem solchen Stern (man misst den Abstand des vollen Mondrandes von dem Stern oder dem nächsten Sonnenrand mit Hilfe des Sextanten oder eines andern Spiegel- oder Prismen-Instruments) und „reduziert diese Distanz auf den Erdmittelpunkt", d. h. befreit sie vom Einfluss der Refraktion und Parallaxe, so kann man durch einfache Interpolation bestimmen, welche Mittlere Zeit des Ephem.-Orts dieser gemessenen und auf den Erdmittelpunkt reduzirten Distanz entspricht und hat damit den gesuchten Zeitunterschied.

Um diese Reduktion vornehmen zu können, hat man ausser der Distanz selbst noch die Höhe des Mondes und die des benützten Gestirns zu bestimmen (durch Messung oder besser Rechnung, da ja die Zeit [und damit t für beide Gestirne] ohnehin genau bekannt sein muss). Aus den gemessenen (oder also z. T. berechneten) Grössen ist nun zunächst abzuleiten: der scheinbare sphärische Abstand d des Mondmittelpunkts von dem Stern oder dem Sonnenmittelpunkt und die scheinbaren Höhen h_1 des Mondmittelpunkts, h_2 des Sonnenmittelpunkts, wobei zu beachten ist, dass der Mondhalbmesser von dem in den Tafeln angegebenen geocentrischen abweicht (bei der Sonne ist diese parallaktische Veränderung des Halbmessers zu vernachlässigen), ferner dass in Folge der Refraktion der Umriss von Mond und Sonne, wenn sie tief stehen, verzerrt ist. Daraus ist endlich zu ermitteln die geocentrische Distanz d', die ohne Refraktion stattfinden würde.

Höhen-Parallaxe und Refraktion wirken beide im Vertikal des Gestirns und zwar einander entgegengesetzt (vgl. § 64, 2); beim Mond überwiegt die erste (Horizontal-Parallaxe etwa 1^0, Horizontal-Refraktion etwa $34'$), bei der Sonne die zweite, so dass der Mond von dem Beobachtungsort aus tiefer, die Sonne höher steht, als sie vom Erdmittelpunkt aus ohne Atmosphäre erscheinen würden. Beim Mond kommt aber ausser der Höhenparallaxe auch noch die Seitenparallaxe in Betracht.

Bezeichnen m den Unterschied der Azimute von Mond und Sonne und h'_1, h'_2 die wahren geocentrischen Höhen der beiden Gestirne, so ist

(1) $\cos d = \sin h_1 \sin h_2 + \cos h_1 \cos h_2 \cos m$ u. $\cos d' = \sin h_1' \sin h_2' + \cos h_1' \cos h_2' \cos m$,

woraus durch Elimination von m sich ergiebt:

$$(2)\qquad \frac{\cos d + \cos(h_1 + h_2)}{\cos h_1 \cos h_2} = \frac{\cos d' + \cos(h'_1 + h'_2)}{\cos h'_1 \cos h'_2};$$

hieraus ist d' zu bestimmen. Setzt man

$$(3)\qquad 2n = h_1 + h_2 + d \quad , \text{ so wird}$$

(4) $$\sin^2 \frac{d'}{2} = \cos^2 \tfrac{1}{2}(h'_1+h'_2) - \frac{\cos h'_1 \cos h'_2}{\cos h_1 \cos h_2} \cos n \cos (n-d).$$

Man kann diesen Ausdruck zur Rechnung bequemer machen; setzt man

(5) $$\sin \psi = \frac{\sqrt{\frac{\cos h'_1 \cos h'_2}{\cos h_1 \cos h_2} \cos n \cos (n-d)}}{\cos \tfrac{1}{2}(h'_1 + h'_2)}, \quad \text{so wird}$$

(6) $$\sin \frac{d'}{2} = \cos \tfrac{1}{2}(h'_1 + h'_2) \cos \psi.$$

Bestimmt man dann die der geocentrischen Distanz d' entsprechende Greenw. M.Z., so erhält man den gesuchten Zeitunterschied.

§ 67. Auf- und Untergang der Sterne. Tagbogen.

1) Morgen- und Abendweite. Tagbogen. In Figur 164 ist $BSDC$ der von einem Stern S beschriebene Parallelkreis. Steht der Stern im Horizont (d. h. ist $h = 0$), und zwar $\begin{Bmatrix}\text{östlich}\\ \text{westlich}\end{Bmatrix}$ vom Meridian, so geht er $\begin{Bmatrix}\text{auf}\\ \text{unter}\end{Bmatrix}$.

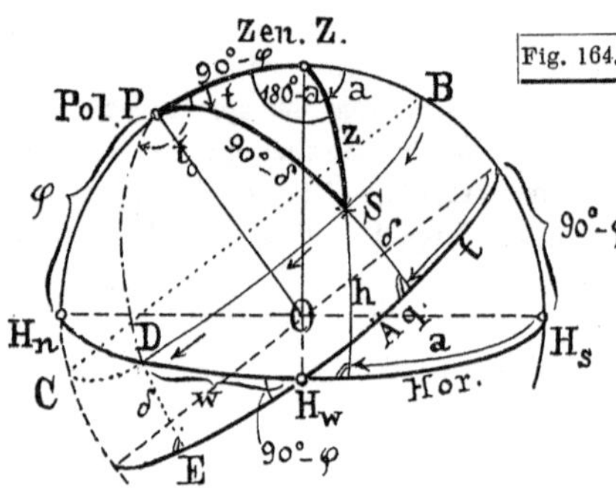

Fig. 164.

Der Bogen BD (gemessen durch den entsprechenden Winkel in P) ist der halbe Tagbogen, CD der halbe Nachtbogen; der Bogen H_wD des Horizonts zwischen Westpunkt und Untergangspunkt ist die Abendweite, der ebenso grosse Bogen zwischen Ostpunkt und Aufgangspunkt die Morgenweite des Sterns. Für einen Stern auf dem Äquator ($\delta = 0$) ist Tagbogen = Nachtbogen, Morgen- und Abendweite = 0. Bei pos. φ liegen für Sterne mit $\begin{Bmatrix}\text{pos. }\delta\\ \text{neg. }\delta\end{Bmatrix}$ Morgen- und Abendweite gegen $\begin{Bmatrix}\text{N}\\ \text{S}\end{Bmatrix}$ hin.

1) Ist w die Morgen- und Abendweite, so ist aus dem Dreieck H_wDE

(1) $$\sin w = \frac{\sin \delta}{\cos \varphi}, \text{ wo } w \text{ ein positiver oder negativer spitzer Winkel ist.}$$

Ergiebt sich w aus $\sin$ ungenau, so findet man es genau aus

(1′) $$tg\left(45^0 - \frac{w}{2}\right) = \sqrt{\frac{tg[45^0 - \frac{1}{2}(\varphi + \delta)]}{tg[45^0 - \frac{1}{2}(\varphi - \delta)]}}.$$

Beispiele. 1) Grösste Morgenweite der Sonne für $\varphi = 48^0\,47',0$. Mit $\delta = +23^0\,27',3$ erhält man $w = +37^0\,9',8$ (d. h. vom Ostpunkt gegen N. hin). Für diese Breite sind also am längsten Tag die Punkte des Sonnenaufgangs und Sonnenuntergangs (über N. gemessen) nur noch $105^0\ 40'$ von einander entfernt; die extremen Punkte des Sonnenaufgangs (und Untergangs) im Lauf des Jahres sind $74^0\ 20'$ von einander entfernt.

2) Für einen Ort im Nordpolarkreis geht die Sonne in der Sommersonnenwende im Nordpunkt des Horizontes auf und unter ($w = 90^0$), d. h. streift dort den Horizont.

Für die Azimute des Aufgangspunkts und des Untergangspunkts — $(90^0 + w)$ und $(90^0 + w)$, erhält man in Übereinstimmuug mit (1) aus (II, 1) mit $h = 0$ $\quad sin\,\delta = -\cos\varphi\cos a_0,\quad$ woraus

$$(2)\qquad \cos a_0 = -\frac{\sin\delta}{\cos\varphi}.$$

2) Tagbogen. Der halbe Tagbogen t_0 ist der Stundenwinkel des Untergangspunkts. Aus dem rechtwinkligen Dreieck PH_sD oder aus (III, 1) § 63 mit $h = 0^0$ ($z = 90^0$) erhält man

$$(3)\qquad \cos t_0 = -tg\,\varphi\,tg\,\delta.$$

Ergiebt sich t_0 aus cos ungenau, so kann man es genau finden aus

$$(3')\qquad tg\,\tfrac{1}{2}\,t_0 = \sqrt{\frac{\cos(\varphi-\delta)}{\cos(\varphi+\delta)}}.$$

Die St-Z. des Auf- und Untergangs des Sterns ist dann

$$(4)\qquad \Theta_a = \alpha - t_0,\qquad \Theta_u = \alpha + t_0.$$

Aus Gleichung (3) folgt, dass $t_0 = 90^0$ (Tagbogen = Nachtbogen), wenn entweder $\varphi = 0^0$, oder $\delta = 0^0$ ist (beliebiger Stern für einen Beobachtungsort auf dem Äquator oder Stern im Äquator für beliebigen Beobachtungsort).

Ist ferner φ pos. und $\delta \begin{Bmatrix}\text{pos.}\\ \text{neg.}\end{Bmatrix}$ so ist $t_0 \begin{Bmatrix}>\\<\end{Bmatrix} 90^0$, d. h. der Tagbogen $\begin{Bmatrix}>\\<\end{Bmatrix}$ Nachtbogen. Damit man überhaupt einen Wert von t_0 erhalte, muss absolut $tg\,\varphi\ tg\,\delta < 1$ sein, d. h. $\delta < 90^0 - \varphi$. Man kann so aus der Gleichung (3) die in § 62, nach **2**, aufgestellten Beziehungen ablesen.

Beispiele. 1) Wie lange (M.Z.) ist in Berlin ($\varphi = 52^0\,30'\,17''$) der Stern Aldebaran ($\alpha$ im Stier) über dem Horizont und was sind am 10. Jan. 1885 die M.Z. des Auf- und Untergangs? (Scheinbarer Ort $\alpha = 4^h\,29^m\,20^s{,}8$ $\delta = +\,16^0\,16'\,30''$). Es wird $t_0 = 112^0\,22'\,10'' = 7^h\,29^m\,28^s{,}7$ Sternzeit. Der Stern ist also $14^h\,58^m\,57^s$ Sternzeit $= 14^h\,56^m\,30^s$ M.Z. über dem Horizont; die Sternzeit des Aufgangs ist $= 23^h\,59^m\,52^s{,}1$, die des Untergangs $= 11^h\,58^m\,49^s{,}5$. Für den 10. Jan. 1885 war ferner die Sternzeit im mittlern Mittag von Berlin $\Theta_0 = 19^h\,20^m\,32^s{,}6$; was sind demnach die mittlern Zeiten des Aufgangs und des Untergangs?

2) In welcher geographischen Breite befindet sich ein Beobachter, für den Aldebaran ($\alpha = 4^h\,29^m\,20^s{,}8$ $\delta = +\,16^0\,16'\,30''$) um $1^h\,16^m\,30^s{,}5$ M.Z. später untergeht als Rigel ($\alpha' = 5^h\,9^m\,2^s{,}1$ $\delta' = -\,8^0\,20'\,21''$)?

Aus den zwei Gleichungen

$$\cos t_0 = -tg\,\varphi\,tg\,\delta \qquad\text{und}\qquad \cos t'_0 = -tg\,\varphi\,tg\,\delta'$$

findet sich durch Addition und Subtraktion

$$tg\frac{t'_0+t_0}{2}=ctg\frac{t_0'-t_0}{2}\,\frac{sin\,(\delta-\delta')}{sin\,(\delta+\delta')}.$$

Hier sind δ, δ' und (t'_0-t_0) bekannt, denn nach (4) ist $\Theta_u=\alpha+t_0$, $\Theta'_u=\alpha'+t'_0$, somit $t'_0-t_0=(\alpha-\alpha')-(\Theta_u-\Theta'_u)$. Damit sind t_0 und t'_0 bestimmt und es wird

$$tg\,\varphi=-cos\,t_0\,ctg\,\delta=-cos\,t'_0\,ctg\,\delta'.$$

Im obigen Beispiel ist die Differenz der Untergangszeiten $=1^h\,16^m\,43^s,1$ St.Z., woraus

$$t_0=109^0\,28'\,8'',\quad t'_0=80^0\,22'\,1''\quad\text{und}\quad\varphi=48^0\,47'\,0''.$$

2) Beschleunigung des Aufgangs, Verzögerung des Untergangs eines Sterns. Das Vorstehende bezieht sich auf den wahren Aufgang und Untergang. In Folge der Refraktion findet der scheinbare Aufgang (Untergang) statt, wenn der Stern nicht im Horizont, sondern (bei mittlerer Refraktion) noch (schon) 34′ unter dem Horizont sich befindet (vgl. § 64, **2**). Die in Folge davon eintretende Veränderung am Stundenwinkel des Aufgangs (Untergangs) heisst Beschleunigung des Aufgangs (Verzögerung des Untergangs).

Aus der Gl. $cos\,t=\dfrac{cos\,z-sin\,\varphi\,sin\,\delta}{cos\,\varphi\,cos\,\delta}$ folgt durch $\left\{\begin{matrix}\text{Subtraktion von 1}\\\text{Addition zu 1}\end{matrix}\right\}$ (vgl. § 63; **5**, 1) die Gleichung:

$$(5)\qquad tg\frac{t}{2}=\sqrt{\frac{sin\,(s-\varphi)\,sin\,(s-\delta)}{cos\,s\,.\,cos\,(s-z)}},\qquad\text{wo } s=\tfrac{1}{2}(z+\varphi+\delta)\text{ ist.}$$

Für den wahren Untergang ist $z_0=90^0$, wodurch die letzte Gleichung in (3′) übergeht, für den scheinbaren $z=90^0\,34'$; die Differenz $(t-t_0)$ ist dann die Verzögerung des Untergangs. Diese Differenz kann auch sehr einfach, ohne die angedeutete Doppelrechnung, mittels der Differentialformel gefunden werden, die schon in § 66, **2**, 2) abgeleitet worden ist. Ist $\triangle z$ eine kleine Änderung der Höhe bei beliebiger Stellung eines Sterns, so ist der Zusammenhang mit dem entsprechenden $\triangle t$ gegeben durch (vgl. daselbst)

$$(6)\qquad\triangle t=\frac{sin\,z\,.\,\triangle z}{cos\,\varphi\,cos\,\delta\,sin\,t}.$$

Hier ist nun $z=90^0$ (Aufgang und Untergang) also die Verzögerung des Untergangs (Beschleunigung des Aufgangs) gegeben durch

$$(7)\qquad\triangle t_0=\frac{\triangle z_0}{cos\,\varphi\,cos\,\delta\,sin\,t},$$

wenn $\triangle z_0$ den Einfluss der Refraktion am Horizont bedeutet. Dieser ist $\triangle z_0=34'=136^s$, somit

$$(8)\qquad\triangle t_0\ \text{(in Zeit-Sek.)}=\frac{136^s}{cos\,\varphi\,cos\,\delta\,sin\,t_0}=\frac{136^s}{\sqrt{cos\,(\varphi+\delta)\,cos\,(\varphi-\delta)}}.$$

Anmerkung. Durch die Refraktion wird nicht nur die Zeit des Aufgangs und Untergangs eines Sterns verändert, sondern auch der Ort, die sog. Morgen- und Abendweite, s. **1**). Doch mag die Rechnung dieser Veränderung von w in Folge der Horizontalrefraktion dem Leser überlassen bleiben.

§ 68. Auf- und Untergang der Sonne. Tagesdauer. Dämmerungen.

1) Einleitung. Für Sonne, Mond und Planeten verändern sich δ und α fortwährend (am raschesten natürlich für den Mond); man sollte, um die Zeit des Untergangs bestimmen zu können, diese bereits kennen, um das für sie giltige δ zu interpolieren. Für die Sonne und die Planeten sind die Veränderungen der δ von Tag zu Tag nicht sehr gross (für die Sonne im Maximum [gegen Ende März und September] 23′ bis 24′), so dass es genügt, δ für eine genäherte Zeit des Untergangs zu bestimmen. Für die Sonne ist δ im Nautischen Jahrbuch u. s. f. für jeden mittlern (und wahren) Greenwicher Mittag verzeichnet, ebenso für die Planeten, für den Mond von 3^h zu 3^h. Für den Mond komplizirt sich die Berechnung des Auf- und Untergangs noch durch die grosse Parallaxe.

2) Sonnen-Auf- und Untergang. Tagesdauer. Von besondrem Interesse ist Auf- und Untergang der *Sonne* wegen der davon abhängigen *Tagesdauer*. Die Deklination der Sonne nimmt im Lauf des Jahres alle Werte von $-\varepsilon$ bis $+\varepsilon$ an ($\delta = -\varepsilon$ am 21. Dezbr., $+\varepsilon$ am 21. Juni, 0^0 um den 21. März und 21. Septbr.). Die Veränderung der $\delta_\odot$ von einem Mittag zum andern ist ferner nicht stets dieselbe (vgl. § 64, **3**); in den Äquinoktien beträgt sie 23′ bis 24′ (s. oben), in den Solstitien nur Bruchteile von 1′.

Um Auf- und Untergang der Sonne für einen gegebenen Ort zu berechnen, bestimmt man zunächst nach (3) in § 67 den halben Tagbogen mit *der* Deklination, die für den Mittag des Tages angegeben ist und erhält so eine *genäherte* Zeit des Auf- und Untergangs; mit dieser interpolirt man $\delta_\odot$ für den Auf- und Untergang der Sonne und kann so durch eine zweite definitive Rechnung die genauen Zeiten finden. In Folge der Deklinationsänderung sind die von der Sonne zwischen Aufgang und Meridian und von dort zum Untergang zurückgelegten Bögen nicht genau gleich und die Sonne erreicht nicht genau im Meridian ihre grösste Höhe, sondern für ein pos. φ $\left\{\begin{matrix}\text{westlich}\\ \text{östlich}\end{matrix}\right\}$ vom Meridian, wenn die Deklination $\left\{\begin{matrix}\text{zunimmt}\\ \text{abnimmt}\end{matrix}\right\}$. Der oft bedeutende Unterschied der Vor- und Nachmittage (*ohne* Rücksicht auf die durch die Einführung der M.E.Z. verursachten Zeit-Verschiebungen [s. Anmerkung S. 520/521]; unter derselben Voraussetzung, d. h. nach den bis Frühjahr 1893 bei uns auch bürgerlich im Gebrauch gewesenen Ortszeiten waren $\left\{\begin{matrix}\text{gegen Mitte Februar}\\ \text{zu Anfang November}\end{matrix}\right\}$ die Nachmittage etwa $^1/_2{}^h$ $\left\{\begin{matrix}\text{länger}\\ \text{kürzer}\end{matrix}\right\}$ als die Vormittage), rührt aber nicht davon, sondern von der *Zeitgleichung* her (vgl. § 65, **3**).

Beispiele. 1) *Auf- und Untergang der Sonne* (**M.Z.**) *und daraus Tagesdauer für Stuttgart* ($\varphi = 48^0\,46',6$) am 2. Novbr. 1897.

Das Nautische Jahrbuch giebt für den *wahren Greenwicher* Mittag folgende $\delta_\odot$ und Z:

	$\delta_{\odot}$	μ (Veränderung in 1^h).	Z
1897 Novbr. 1.	$-14^\circ 36' 57''$	$47'',5$	$-16^m\ 18^s$
„ 2.	$-14\ 55\ 57$	$46\ ,9$	$-16\ 19$
„ 3.	$-15\ 14\ 42$		$-16\ 19$;

während also Z zu der angegebenen Zeit fast genau konstant ist, ändert sich $\delta_{\odot}$ um ungefähr $47''$ in 1^h. Nun liegt Stuttgart $0^h,61$ östl. von Greenwich, die Deklin.-Zahlen im wahren Mittag für Stuttgart sind also um $0,61 . 47'' = 29''$ zu ändern und man hat für:

Stuttgarter Wahrer Mittag.

	$\delta_{\odot}$	Z		
1897. Novbr. 1.	$-14^0 36' 28''$	$-16^m\ 18^s$	$-tg\,\delta$	9.4255
„ 2.	$-14\ 55\ 28$	$-16\ 19$	$tg\,\varphi$	0.0574
„ 3.	$-15\ 14\ 13$	$-16\ 19$	$cos\,(t_0)$	9.4829

Die rechts vorstehende Näherungsrechnung für t_0, mit $\delta = -14^0 55'$ liefert den Wert $(t_0) = 72^0 18' = 4^h 49^m$; die Sonne geht also ungefähr $4^h 49^m$ vor dem wahren Mittag auf, ebenso viel nach dem wahren Mittag unter. Diese Angabe dient aber nur dazu, $\delta_{\odot}$ für den Aufgang und für den Untergang schärfer berechnen zu können:

für den Aufgang ist $\delta_{\odot} = -14^0 55' 28'' + (4,81 . 47)'' = -14^0 51' 42''$
„ „ Untergang „ $\delta_{\odot} = -14\ 55\ 28\ - (4,81 . 47)'' = -14\ 59\ 14$

und die getrennte definitive Rechnung für Aufgang und Untergang (s. links unten) giebt eine Differenz von $0^m,7$, nämlich: $\begin{cases} t_{0,a} = 72^0 22',2 = 4^h 49^m,5 \\ t_{0,u} = 72^0 12',5 = 4^h 48^m,8. \end{cases}$

	Aufgang	Untergang
$-tg\,\delta$	9.42 384	9.42 766
$tg\,\varphi$	0.05 742	0.05 742
$cos\,t_0$	9.48 126	9.48 508
$t_0 =$	$72^0\ 22',2$	$72^0\ 12',5$

Die Sonne (Mittelpunkt der $\odot$, ohne Refraktion, s. u.) geht also $4^h 49^m,5$ vor dem wahren Mittag auf, $4^h 48^m,8$ nach dem wahren Mittag unter (so dass die Differenz der beiden Tagbogen-Hälften nur $0^m,7$ beträgt); es ist also (s. oben die Z)

Sonnenaufgang um $-4^h 49^m,5$ W. Z. $= 6^h 54^m,2$ Morgens bürgerl. Zeitzählung,
Sonnenuntergang „ $+4^h 48^m,8$ W. Z. $= 4^h 32^m,5$ Abends bürgerl. Zeitzählung

und der Nachmittag, nach M.Z. gerechnet, ist um mehr als 33 Minuten kürzer als der Vormittag. Die Tagesdauer beträgt 9 Stunden 38,3 Min. Die angegebenen Auf- und Untergangs-Zeiten sind M.Z.; will man M.E.Z. (mitteleurop. Zeit) haben, unsere jetzige gesetzliche Uhrzeit, so wären die Zeiten noch um die für Stuttgart vorhandene Verschiebung der M.Z. auf M.-E. Z. zu verändern; diese beträgt (s. § 65, **3**, S. 520/521, Anm.) $23^m,3$ und die Antwort für diese Zeit würde also lauten:

1897	Aufgang der Sonne um $7^h 17^m,5$ Morgens M.-E. Z.
2. November (bürgerlich)	Unterg. „ „ „ $4^h 55^m,8$ Abends M.-E. Z.

und nach dieser Zeit ist in Stuttgart am genannten Tag der (Uhr-)Nachmittag länger als der Vormittag um 13 Min. Die Zeitverschiebung von

M.Z. auf M.-E. Z. wirkt also zu dieser Jahreszeit ausgleichend auf die durch die M.Z. (der W. Z. gegenüber) verursachte Ungleichheit von Vor- und Nachmittag; gegen Mitte Februar aber um so mehr verstärkend. Man rechne für verschiedene Jahreszeiten solche Beispiele durch.

Die berechneten Zeiten gelten natürlich für einen Beobachter, dessen Auge sich in der Horizontebene befindet und für das Erscheinen und Verschwinden der Sonne über und unter dieser Ebene. Abgesehen ist dabei von der (übrigens nur 9″ betragenden) Parallaxe der Sonne; abgesehen ist aber auch von wichtigern Modifikationen der Tagesdauer: die berechneten Zahlen beziehen sich auf den Sonnenmittelpunkt und nehmen keine Rücksicht auf die Refraktion. Die Sonne scheint uns aber, beim Untergang, noch über dem Horizont zu stehen, während sie schon die wahre Höhe 0^0 hat (Horizontalrefraktion im Mittel $> 1/2^0$, also ebensogross oder etwas grösser als Sonnendurchmesser); ferner ist die Sonne erst untergegangen, wenn der letzte Sonnenstrahl (der obere Rand, nicht der Mittelpunkt) verschwunden ist. Über die durch beide Ursachen entstehende Verfrühung des Aufgangs und Verzögerung des Untergangs (beides zusammen heisst auch Tagverlängerung) s. **3**,; um diese Zahlen sind in Wirklichkeit die oben berechneten immer noch zu verbessern.

Wenn man nur die **Tagesdauer**, nicht auch Auf- und Untergangszeit haben will, so genügt es stets, von der Veränderung der $\delta_\odot$ abzusehen, also $t_{0,a}$ und $t_{0,u}$ nicht getrennt und mit scharfer Interpolation der beiden $\delta_\odot$ zu rechnen, sondern einfach die Tagesdauer $= 2\,(t_0)$ zu setzen (warum?); aber dieser Tagesdauer $2\,(t_0)$ ist noch die soeben erwähnte Tagverlängerung hinzuzufügen.

Weitere Beispiele zur Diskussion von Sonnen-Auf- und Untergang, ohne Rücksicht auf die Tagverlängerung:

2) Haben φ und δ dasselbe Vorzeichen, so ist $2\,t_0 > 180^0$, d. h. der Tag länger als die Nacht.

3) Sind t_1 und t_2 die Werte von t_0 für zwei absolut gleiche, aber entgegengesetzte $\delta_\odot$, so ist $t_1 + t_2 = 24^h$. Die Tagesdauern solcher entgegengesetzter Jahrestage sind also zusammen $= 24^h$, so lange überhaupt innerhalb des Tags die Sonne auf- und untergeht; dies ist nicht mehr der Fall, wenn $\varphi > 90^0 - \delta$ ist.

4) An welchem Jahrestag dauert bei gegebener Breite φ der Tag $2\,t_0$ Stunden?

Es ist $tg\,\delta_\odot = -\cos t_0\, ctg\,\varphi$. Hier muss absol. $\cos t_0\, ctg\,\varphi \leqq tg\,\varepsilon$ sein, da $+\varepsilon > \delta_\odot > -\varepsilon$. Aus $\delta_\odot$ ergiebt sich dann das Datum.

5) In welcher Breite ist bei gegebener $\delta_\odot$ die Tagesdauer $2\,t_0$ Stunden? — Längster Tag, kürzester Tag.

6) Südlich von meinem Fenster in der Entfernung l geht genau von O. nach W. eine Mauer, die meinen Standpunkt um n überragt. Wann geht für mich die Sonne auf und unter, wenn φ und $\delta_\odot$ gegeben sind? Wie wird die Auflösung, wenn die Mauer ein andres gegebenes Azimut hat?

3) Tagverlängerung. Der Absatz 2, bezieht sich, wie daselbst bereits erwähnt ist, auf Auf- und Untergang des Mittelpunkts der Sonne. Der Tag dauert aber so lange, als sich ein Teil der Sonnenscheibe über dem Horizont befindet; der scheinbare Halbmesser der Sonne, der im astron. Jahrbuch angegeben ist, beträgt im Mittel 16′. Dazu kommt ausserdem als noch wichtiger die Refraktion, die im Horizont bei mittlern meteorologischen Verhältnissen 34′ beträgt. Der Tag endigt also erst, wenn der Mittelpunkt der Sonne sich 16′ + 34′ = 50′ unter dem Horizont befindet. Es ist demnach gemäss (6) in § 67 mit $\triangle z = 50' = 200^s$ und mit $z = 90^0$, $\sin z = 1$ die

(1) $\left\{\begin{array}{l}\text{Beschl. des} \odot \text{Aufgangs} \\ \text{Verzög. „} \odot \text{Untergangs}\end{array}\right\} \triangle t_0 = \dfrac{200^s}{\cos\varphi \cos\delta \sin t_0} = \dfrac{200^s}{\sqrt{\cos(\varphi+\delta)\cos(\varphi-\delta)}}$

und also die

(2) ganze Tagverlängerung (in Zeitsekunden)

$$= 2 . \triangle t_0 = \frac{400^s}{\cos\varphi \cos\delta \sin t_0} = \frac{400^s}{\sqrt{\cos(\varphi+\delta)\cos(\varphi-\delta)}}.$$

Beispiele. 1) Ist $\delta = 0$ (Nachtgl.), so ist die halbe Tagverlängerung $= 200^s . \sec\varphi$, für den Polarkreis also z. B. 9^m.

2) Für $\varphi = 0$ (Ort auf dem Äquator) ist die halbe Tagverlängerung in den Äquin. $3^m,3$, in den Solstitien $3^m,6$. Vgl. auch den folgenden Abschnitt **4**).

4) Dämmerungen. Die Atmosphäre bewirkt ausser der Tagverlängerung durch Refraktion noch die Dämmerung, indem die senkrecht über dem Beobachtungsort gelegenen Teile der Atmosphäre noch (schon) von der Sonne beleuchtet werden, wenn diese für den Ort selbst schon (noch nicht) unter- (auf-) gegangen ist. Da die Gleichungen für Morgen- und Abenddämmerung ganz dieselben sind, so wird im folgenden nur noch von einer (Abend-D.) die Rede sein. Man unterscheidet zweierlei Dämmerungen:

Die **bürgerliche Dämmerung** ist die Zeit nach Untergang der Sonne, während der man die gewöhnlichen Verrichtungen (z. B. lesen mittelgrosser Schrift) noch ohne künstliche Beleuchtung ausführen kann.

Die **astronomische Dämmerung** dauert so lange, bis alle Sterne, die überhaupt mit blossem Auge gesehen werden können, sichtbar geworden sind.

Das Ende der Dämmerungen tritt ein, wenn der Mittelpunkt der Sonne eine gewisse Tiefe unter dem Horizont erreicht hat oder in den sog. Dämmerungskreis eingetreten ist. Diese Dämmerungskreise sind Horizontalkreise, deren Tiefe erfahrungsgemäss für die bürgerl. D. etwa $6^1/_2{}^0$, für die astron. D. 16^0 (nach Andern 18^0) unter dem Horizont beträgt. Die Tiefe der Dämmerungskreise wechselt etwas, doch soll hier an den angegebenen Zahlen festgehalten werden.

Den Stundenwinkel t_1 des Endes der Dämmerung erhält man nach § 63, **5**, 1) Gl. (1) und (2) aus

(3) $\cos t_1 = \frac{\cos z_1 - \sin\varphi \sin\delta}{\cos\varphi \cos\delta}$ oder (4) $tg\frac{t_1}{2} = \sqrt{\frac{\sin(s-\varphi)\sin(s-\delta)}{\cos s \,.\, \cos(s-z_1)}}$,

wo $s = \frac{z_1 + \varphi + \delta}{2}$ und $z_1 = 96^0\,30'$ (bürgerl. D.) oder 106^0 (astron. D.) gesetzt wird. Die Gleichung (3) kann man auch, wenn h_1 ($= 6^0\,30'$ oder 16^0) die Tiefe des Dämmerungskreises ist, schreiben:

$$(5) \quad \cos t_1 = \frac{-\sin h_1 - \sin\varphi \sin\delta}{\cos\varphi \cos\delta} = \cos t_0 - \frac{\sin h_1}{\cos\varphi \cos\delta}.$$

Aus (4) oder (5) erhält man die Dauer der Dämmerung τ durch Subtraktion des Stundenwinkels t_0 für den wahren Untergang des Sonnenmittelpunkts **und** der halben Tagverlängerung (vgl. **3**) von t_1.

Beispiele: 1) Für einen Ort auf dem Äquator ($\varphi = 0^0$) ist das Minimum der bürgerlichen D. (nach Abzug der Tagverlängerung) 22^m, das Maximum $28^m,8$.

2) Für den Polarkreis ist die Dauer der bürgerl. D. in den Äquin. 57^m.

3) In welcher Breite ist bei gegebener $\delta_\odot$ die Länge des Tags mit Einschluss der bürgerlichen Dämmerung $= 12^h$?

Mit $t_1 = 90^0$ wird aus (5)

$$0 = \cos t_0 - \frac{\sin h_1}{\cos\varphi \cos\delta} \quad \text{oder} \quad \frac{\sin h_1}{\cos\varphi \cos\delta} = -tg\,\varphi\, tg\,\delta,$$

woraus $\sin h_1 = -\sin\varphi \sin\delta$, also

$$(6) \qquad \sin\varphi = -\frac{\sin h_1}{\sin\delta}.$$

Für den kürzesten Tag der Nordhalbkugel ($\delta = -23^0\,27',3$) wird also z. B. $\varphi = 16^0\,31'$.

4) In welcher Breite dauert die Tagverlängerung oder die D. die ganze Nacht durch? Im Minimum muss hier $t_1 = 180^0$ sein, somit aus (5)

$$1 = tg\,\varphi\, tg\,\delta + \frac{\sin h_1}{\cos\varphi \cos\delta}, \text{ woraus}$$

$$(7) \qquad \varphi + \delta = 90^0 - h_1, \quad \text{wie auch unmittelbar klar ist.}$$

Für die Tagverl. wird $\varphi + \delta = 89^0\,10'$
„ „ bürgerl. D. „ $\varphi + \delta = 83\;30$
„ „ astronom. „ „ $\varphi + \delta = 74$,
woraus bei gegebenem φ die $\delta_\odot$ (Jahrestag) und umgekehrt sich ergiebt.

Für den längsten Tag z. B. ($\delta = +23^0\,27'$) wird: für Tagverlängerung $\varphi = 65^0 43'$, für die bürgerliche D. $\varphi = 60^0\,3'$, für die astronom. D. $\varphi = 50^0\,33'$. Für Orte zwischen $50^0\,33'$ und $60^0\,3'$ dauert also (immer am längsten Tag, d. h. gegen Ende Juni) die astronomische, für Orte zwischen $60^0\,3'$ nnd $65^0\,43'$ die bürgerliche Dämmerung die ganze Nacht, und für Orte nördlich von $65^0\,43'$ geht die Sonne überhaupt nicht unter.

Ferner dauert z. B. in $55^0\,0'$ Br. die astronom. D. die ganze Nacht vom 15. Mai bis 28. Juli, in $62^0\,0'$ Br. die bürgerl. D. vom 28. Mai bis 15. Juli, in $66^0\,0'$ Br. die Tagverlängerung vom 12. bis 30. Juni.

Nordpol. Der wahre Untergang des Sonnenmittelpunkts findet statt für $\delta = 0$ (Herbst-Äquin.); der obere Sonnenrand verschwindet aber erst, wenn $\delta = -50'$ ist, d. h. die Tagverlängerung dauert etwas über

2 Tage. Die bürgerl. D. endigt mit $\delta = -6^0\ 30'$ (9. oder 10. Okt.), d. h. sie dauert etwa 15 Tage, die astronomische mit $\delta = -16^0$ (5. oder 6. Nov.), Dauer etwa 44 Tage; dann erst ist es völlig Nacht. Die astron. „Morgen"-D. beginnt wieder, wenn $\delta = -16^0$ geworden ist (4. oder 5. Febr.), die bürgerliche mit $\delta = -6^0\ 30'$ (3. oder 4. März), und mit $\delta = -50'$ (18. oder 19. März) findet der scheinbare Aufgang des obern Sonnenrandes statt, zwei Tage vor dem wahren Eintritt des Sonnenmittelpunkts in den Horizont. — Man diskutiere die Erscheinungen auch für $83^0\ 30'$, 82^0, 74^0 Breite.

5) In gegebener Breite findet der grösste Wert von τ zugleich mit dem grössten Wert von t_0, d. h. am längsten Tag des Ortes statt; über den kleinsten Wert von τ vgl. den folgenden Abschnitt 5).

5) Kürzeste Tagverlängerung und kürzeste Dämmerungen. Eliminirt man t_0 aus $\cos t_0 = -tg\,\varphi\, tg\,\delta$ und aus $\cos t_1$ oder $\cos (t_0 + \tau) = -tg\,\varphi\, tg\,\delta - \frac{\sin h_1}{\cos\varphi \cos\delta}$ [vgl. (5)], so erhält man eine in $\sin\delta$ quadratische Gleichung, aus der man im allgemeinen zwei Werte von δ und damit vier Jahrestage erhält, an denen bei gegebenem φ die Dämmerung eine gegebene Zeit τ dauert. Man kann mittelst dieser Gleichung auch die Aufgabe der kürzesten Dämmerung lösen, nämlich:

Man sucht für ein gegebenes φ den Wert von δ (und damit den Tag im Jahr), für die die Tagverlängerung oder die Dämmerung ihre kleinsten Werte erreichen. Eine einfachere Auflösung dieser Aufgabe ist folgende [123]. Aus der Gleichung (4) in § 66, **2**, 2 (vgl. auch § 67, Gl. (6)), ergiebt sich, dass das Verhältnis $\frac{\triangle z}{\triangle t} = \frac{\cos\varphi \cos\delta \sin t}{\sin z}$ $= \cos\varphi \sin a$ seinen grössten Wert erreicht mit $a = 90^0$, d. h. (vgl. § 66, a. a. O.) ein Stern verändert seine Höhe am raschesten im ersten Vertikal (vorausgesetzt natürlich, dass der Parallelkreis des Sterns diesen überhaupt schneidet; wenn dies nicht der Fall ist, wie lautet dann die Angabe?). Ferner verändert der Stern seine Höhe in zwei Punkten seines Parallelkreises, deren Vertikale zum ersten Vertikal symmetrisch liegen, gleich rasch. Denkt man sich also gleich lange Bögen des vom Stern beschriebenen Parallelkreises, die er in gleichen Zeiten durchläuft, so wird er seine Höhe auf dem am meisten verändern, der symmetrisch zum Schnittpunkt des Parallelkreises mit dem ersten Vertikal liegt.

Nun entspricht das Minimum der Tagverlängerung oder Dämmerung der kürzesten Zeit, in der die Sonne den Bogen zwischen Horizont und Dämmerungskreis durchläuft; dieser Bogen muss nach dem Vorstehenden vom ersten Vertikal halbiert werden. Daraus folgt schon, dass (für pos. φ) die $\delta_\odot$ negativ sein muss, da die Abendweite der Sonne gegen Süden hin liegen muss. Diese Abendweite der Sonne sei w_1, so dass ihre Azimute beim wahren Untergang des Sonnenmittelpunkts, oder bei der Tiefe h_1 dieses Punkts $(90^0 - w_1)$ und $(90^0 + w_1)$ sind, so hat man die beiden Gleichungen

$\sin\delta = -\cos\varphi \sin w_1$ und $\sin\delta = -\sin h_1 \sin\varphi + \cos h_1 \cos\varphi \sin w_1$.
Durch Elimination von w_1 erhält man hieraus

(8) $\sin\delta = -\sin\varphi \, tg\frac{h_1}{2}$ (wo $h_1 = 0^0\,50'$ für die Tagverlängerung, $6^0\,30'$ oder $16'$ für die Dämmerung ist), woraus $\delta_\odot$ und damit die Jahrestage zu bestimmen sind.

Ist ferner τ_0 die Dauer der kürzesten Tagverlängerung oder Dämmerung, so wird

$$(9) \qquad \sin\frac{\tau_0}{2} = \sin\frac{h_1}{2} \sec\varphi.$$

Beispiele: 1) $\varphi = 48^0\,47'$; $h_1 = 50'$ giebt $\delta = -0^0\,18',8$, d. h. kürzeste Tagverlängerung ($= 5^m,1$) am 19. März und 23. Sept.; $h_1 = 6^0\,30'$ giebt $\delta = -2^0\,26',9$, d. h. kürzeste bürgerl. Dämmerung ($= 39^m,5$) am 13./14. März und 28./29. Sept.; $h_1 = 16^0$ giebt $\delta = -6^0\,4',1$, d. h. kürzeste astronomische Dämmerung ($= 1^h\,37^m,6$) am 4./5. März und 8./9. Oktbr.

2) Ist $\left\{\begin{matrix} \varphi = 86^0\,45' \\ \varphi = 82^0 \end{matrix}\right\}$ so ist für die $\left\{\begin{matrix} \text{bürgerl.} \\ \text{astronom.} \end{matrix}\right\}$ Dämmerung $\frac{\tau_0}{2} = 90^0$, d. h. $\tau_0 = 12^h$.

6) Höhe der Atmosphäre. Aus der in **4**, gemachten Angabe, dass bei einer Tiefe der Sonne von 16^0 unter dem Horizont jede Spur von zurückgeworfenem Licht erlischt, soll die Höhe der Atmosphäre berechnet werden.

Wenn r der Erdhalbmesser und h_1 die Tiefe des Dämmerungskreises ist, so ist die gesuchte Höhe $= \frac{r(1 - \cos\frac{1}{2}h_1)}{\cos\frac{1}{2}h_1} = 2r\frac{\sin^2\frac{1}{4}h_1}{\cos\frac{1}{2}h_1}$. Mit $r = 6370$ km, $h_1 = 16^0$ wird diese Höhe $=$ etwa 71 km.

Dies bezieht sich allerdings nur auf den Teil der Atmosphäre, der merkliches Lichtbrechungsvermögen zeigt; in grosser Verdünnung ist die Atmosphäre jedenfalls weit höher (Aufleuchten von Sternschnuppen u. s. f.).

ANMERKUNGEN.

[1]) Die bequeme französische Unterscheidung des Grads und des Neugrads als „degré“ $= \frac{1^q}{90}$ und als „grade“ $= \frac{1}{100}{}^q$ ist von Einzelnen geradezu ins Deutsche übernommen worden. Meiner Ansicht nach verdienen Grad und Neugrad den Vorzug, so viel sich auch gegen das zweite Wort einwenden lässt. Eine sprachliche Unterscheidung beider Dinge muss man jedenfalls haben und ebenso auch eine Unterscheidung in den Bezeichnungen für $^{0}\,'\,''$ und $^{g}\,\grave{}\,\grave{}\grave{}$. Von vielen Seiten ist zwar vorgeschlagen worden, die alten Bezeichnungen $^{0}\,'\,''$ auch ganz ebenso für die „neue“ Teilung zu verwenden; dies geht aber so lange unbedingt nicht an, als überhaupt noch von alter Teilung die Rede ist. Und wenn dies einmal nicht mehr der Fall sein sollte, so wäre es besser, als Einheit nicht $\frac{1}{100}$ des Quadranten, sondern 1^q selbst zu nehmen, wie es schon vielfach geschehen ist (*Laplace* und nach seinem Vorgang in Deutschland von *Ideler* [vgl. u. a. die deutsche Bearbeitung von *Lacroix*' Lehrbuch der Trigonometrie, 2. Aufl., Berlin 1822]) und geschieht (vgl. z. B. die Tafelsammlung von *Hoüel*, Recueil de formules et de tables numériques, Paris 1866). — Was den vollen Winkel als Einheit des Winkelmasses betrifft, so ist im Text schon das Nötige angedeutet. Es ist zuzugeben (*Bouquet de la Grye*, Décimalisation du Temps et de la Circonférence, Paris 1896, S. 4), dass es, „wenn man als Zeiteinheit den Tag nimmt, logisch ist, als Winkeleinheit den vollen Winkel zu nehmen. Der rechte Winkel ist nur aus geometrischen Gründen als Einheit angenommen worden, die nicht hätten ins Spiel zu kommen brauchen; er ist nur eine Etappe in der Bewegung einer Geraden, die“ (in der Ebene) „um einen ihrer Punkte gedreht wird“; es fragt sich nur, ob diese geometrischen Gründe dem angegebenen mechanischen gegenüber (dessen Wichtigkeit bei der Erweiterung des Winkelbegriffs vom spitzen aus über den stumpfen hinaus nicht zu leugnen ist) nicht doch mächtig genug sind, den rechten Winkel und nicht den vollen als die richtige Winkelmasseinheit erscheinen zu lassen. Vgl. im übrigen auch die Bestrebungen von *De Rey Pailhade* in zahlreichen Vorträgen und Schriften, von *de Sarrauton* (L'Heure décimale et la division de la Circonférence), das Tafelwerk von *Mendizábal y Tamborrel*, die Bemerkungen von *Hoppe* im Archiv (*Grunert*) (2), 15. Bd. Lit.-Ber. LX, S. 49, u. s. f. — Der alte Versuch (*S. Stevin*, ferner *Briggs-Gellibrand* in der Trigonometria britannica, Gouda 1633, u. s. f.), den alten Grad (^{0}) beizubehalten und ihn dezimal zu teilen, (wie man es nach Bedarf von der $''$ aus macht und stets gemacht hat), taucht immer wieder auf (so z. B. neuerdings bei *Tichý*'s Tachymetereinrichtungen in Österreich), ist aber aussichtslos, wenn auch allerdings so ein Teil der Vorzüge der Dezimalteilung der Winkel zu erlangen wäre. Der Versuch, das *Arcus*-Mass bei allen Winkelangaben allein zu gebrauchen, ist ebenso aussichtslos mit Rücksicht auf die Bedürfnisse der Zahlentafeln und der geteilten Kreise, die unbedingt für den rechten (und den vollen) Winkel eine runde Zahl verlangen. — Über die Bezeichnungen,

für die die Notwendigkeit einer Unterscheidung nochmals hervorgehoben sei (— denn soll man in der That z. B. $tg\,(45^0 + \lambda)$ in neuer Teilung, vielleicht unmittelbar neben dem vorigen Ausdruck, als $tg\,(50^0 + \lambda)$ schreiben, oder etwa als $tg\,(50^0$ N. T. $+ \varphi)$, während doch $tg\,(50^g + \varphi)$ viel einfacher ist? Besser wäre immer noch, wenn man nicht das *Arcus*-Mass, also hier $\frac{\pi}{4}$, verwenden will, für beide gemeinschaftlich $tg\,(0^q{,}5 + \varphi)$ zu schreiben —) ist etwa noch zu bemerken, dass der Gebrauch von ^{0} keineswegs so allgemein und alt ist, wie meist angenommen wird. Die Franzosen schrieben am Ende des vorigen Jahrhunderts vielfach ^{d} (degré) statt ^{0}, eben mit veranlasst durch die Notwendigkeit der Unterscheidung zwischen ^{d} und ^{g}; dafür freilich auch *Boscovich* früher ' und '' für ' '' der alten Teilung; u. s. w.

[2]) Dieses Zeichen deutet durch den gewählten Buchstaben an, dass es ausdrücken soll: Centriwinkel, dessen Bogenlänge gleich der Halbmesserlänge ist, oder, wie man auch zu sagen pflegt (aber Ausdrucksweise!): Länge des Halbmessers in ^{0}, oder in $'$ oder in $''$. Die Franzosen hatten dafür vielfach (z. B. *Legendre*) einfach ebenfalls R, *Hansen* r, die Bezeichnung des Halbmessers selbst, was aber bei Kreisrechnungen u. s. f. nicht mehr angeht; noch heute kommt dies vor (vgl. z. B. *Láska*s Formelsammlung, Braunschweig 1888—1894, R^0, R', R''). *C. F. Gauss* hat ϱ benützt, damit aber meist nicht unser $\varrho'' = \frac{648\,000''}{\pi}$, sondern $\frac{\pi}{648\,000}$ bezeichnet. Vgl. auch *v. Münchow*s Trigonometrie (Bonn 1826, S. 34—37, Winkel- und Bogenmessung; Bezeichnung σ. Dieses kleine Buch hat grosse Verdienste um schärfere Auffassung der trigonometrischen Definitionen und Sätze in Deutschland gehabt). An der Stuttgarter Polytechnischen Schule hat *Pross* die Bezeichnung ϱ in der Bedeutung des Textes eingeführt, in seinen Schriften über Trigonometrie und Praktische Geometrie aber allerdings nicht konsequent festgehalten; dies ist erst später von *Baur* geschehen. *Reuschle* (sen.) benützt in seiner Trigonometrie (Stuttgart 1873) ebenfalls ϱ konsequent im Sinn des Textes, vgl. z. B. bei kleinen Winkeln S. 51/52 u. s. f. Der in Deutschland jetzt ganz allgemein gewordene Gebrauch der Bezeichnung ϱ der Reduktionskonstanten von Grad- auf *Arcus*-Mass und umgekehrt ist wesentlich mit auf die 5-stellige Logarithmentafel von *F. G. Gauss* zurückzuführen (1870 in erster Auflage).

[3]) Zu den Abkürzungen für die Bezeichnung der goniometrischen Funktionen ist noch daran zu erinnern, dass in der Schreibweise bis jetzt immer noch keine vollständige Übereinstimmung herrscht; es tauchen deshalb auch immer wieder neue Vorschläge auf. Z. B. fand *R. Wolf* in seiner Astronomie (2 Bände, Zürich 1890—93) die Bezeichnung durch drei Buchstaben immer noch zu umständlich und hat deshalb „nach reiflicher Überlegung" für *sin, cos, tang* oder *tan, ctg, sec* und *cosec* oder *csc* die Bezeichnungen Si, Co, Tg, Ct, Sc und Cs, gewählt, die gewiss schon wegen *Co* = *Cosinus* oder *Cotangens*? nicht annehmbar erscheinen. — Auf Sonderbarkeiten einzugehen, wie man sie gelegentlich trifft, z. B. *kosin* für *cos*, ist überflüssig.

Zu dem alten im Text schon gestreiften Streit, ob man $sin^2\,\varphi$ oder $sin\,\varphi^2$ für $(sin\,\varphi)^2$ schreiben soll, wenn man die Klammer weglassen will, möchte ich nur noch auf die Anmerkungen der deutschen Ausgabe der beiden Abhandlungen von *Euler* über sphärische Trigonometrie (*Ostwald*s Klassiker Nr. 73, Leipzig 1896, S. 61/62) verweisen, weil sie mir abermals den Tadel von Herrn *Cantor* zugezogen haben. So lange aber $log\,x^2$ mindestens ebensogut den Logarithmus von x^2 als das Quadrat des Logarithmus von x bedeutet, so dass meines Wissens Niemand $log\,x^2$ für $(log\,x)^2$, wohl aber Jedermann für $log\,(x^2)$ schreibt, so lange wird man auch, wenn die Klammer wegbleiben soll (— und darum handelt es sich ja, denn die Rückkehr zu $(\sin\varphi)^2$, wie z. B. *Bohnenberger*, der in der Abhandlung „De computandis", 1826, dann die *Gauss*sche Schreibweise annahm, in seiner „Anleitung zur geogr. Ortsbestimmung", 1795, noch konsequent schrieb, ist kaum möglich —) unter $\sin x^2$ den *Sinus* von x^2 verstehen dürfen und demnach, um $(\sin x)^2$ ohne Klammer zu schreiben, sich des Ausdrucks $\sin^2 x$ bedienen können. Eine Gefahr der Verwechslung mit $\sin(\sin x)$ liegt nicht vor, weil der zuletzt genannte Ausdruck nie vorkommt. Ich glaube deshalb immer noch, dass man im Recht war, hier vor allem auch das praktische Bedürfnis mitsprechen zu lassen: in der elementaren und in der praktischen Trigonometrie hat man stets mit dem Gradmass, nicht mit dem *Arcus*-Mass der Winkel zu thun. Ausdrücke wie $\sin 17^0$, $tg\, 35^0\, 40'\, 40''$ müssen gelegentlich geschrieben werden; wenn man nun hier das Quadrat solcher Zahlen schreiben soll, so ist die „französische" Schreibweise der „deutschen" doch vorzuziehen. *Gauss* selbst, auf dessen Autorität hin Einzelne in Deutschland noch diese Schreibweise beibehalten wissen wollen, benützt bekanntlich in der Regel selbst bei rein analytischen Untersuchungen das Gradmass, nicht das *Arcus*-Mass, 360^0 statt 2π, es heisst in den Disqu. arithm. § 354 z. B. $\cos\frac{1}{17}360^0$, nicht $\cos\frac{2\pi}{17}$; wenn man das Quadrat davon schreiben will, ist nicht $\cos^2\frac{1}{17}360^0$ dem Ausdruck $\cos\frac{1}{17}360^{0\,2}$ vorzuziehen? Oder wird man mit *Bessel* $\cos(v - 45^0)^2$ schreiben wollen? In Deutschland ist bekanntlich später besonders *Grunert* für die deutsche Schreibweise eingetreten; wenn er aber (Vorrede zur Trigonometrie, Leipzig 1837) sagt, dass $\sin(\varphi + \psi)^{m+n}$ beim Schreiben und im Druck doch gefälliger sich ausnehme als $\sin^{m+n}(\varphi + \psi)$, so wird man diesen Grund kaum gelten lassen wollen. Was sieht z. B. besser aus und was ist deutlicher: $tg\,\sigma/_2{}^2$ und $tg\,\sigma/_2{}^3$ (Zeitschrift für Math. und Physik, *Schlömilch* und *Cantor*, 1889, S. 176) oder $tg^2\frac{\sigma}{2}$ und $tg^3\frac{\sigma}{2}$? Das englische $\tan^{-1} x$ für $arc\,tg\,x$, das in Deutschland noch in letzter Zeit einmal belobt worden ist, wird bekanntlich jetzt allgemein aufgegeben, weil die Verwechslung mit $\frac{1}{tg\,x}$ doch zu nahe liegt. Wenn es wirklich so unumgänglich wäre, das Funktionszeichen und das Argument niemals durch ein andres Zeichen zu trennen, so müsste man wohl auch mit *Mack* (Goniometrie und Trigonometrie, Stuttgart, 1860) $tg\,(3\,a)$ schreiben, weil bei $tg\,3\,a$ die Möglichkeit der Verwechslung mit $a\,tg\,3$ vorliegen könnte. Übrigens schreibt auch *Mack* $\sin^2\varphi$, wie es in Süddeutschland fast stets üblich war.

4) Dieser einfache Kunstgriff, der die ganze Zusammenstellung überflüssig macht (weil sie auf einen Schlag zu merken ist), stammt von Prof. *Reuschle* (jun.) in Stuttgart her.

5) Seit *Euler*, dem Schöpfer der heutigen Trigonometrie (und zwar nicht nur der trigonometrischen Funktionen im heutigen Sinn, sondern auch der jetzigen Auflösungsformen der ebenen und sphärischen Dreiecksaufgaben), muss es als selbstverständlich gelten, dass man die goniometrischen Funktionen eines Winkels von Anfang an, selbst für die elementarste Unterrichtsstufe, als reine Zahlen, Verhältniszahlen, einführt, nicht als Strecken, wie es, der rein geometrischen Vor-*Euler*schen Trigonometrie entsprechend, z. T. bis in unsere Zeit herein geschieht. Man sollte nur ganz nebenbei die goniometrischen Zahlen auch als Strecken zeigen (z. B. um die Namen *Tangens* u. s. f. zu erklären) und den Ausdruck „goniometrische Linien" oder „trigonometrische Strecken", der sich in Lehrbüchern und Tafelsammlungen z. T. bis jetzt erhalten hat, ganz vermeiden; spielt doch selbst der „*Sinus totus*" (in alten, sexagesimal eingerichteten Tafeln

oft = 60 000 u. s. f., später = 100 000 u. s. f., in jedem Fall eben Halbmesserlänge in dem Mass, in dem die Längen der „trigonometrischen Linien" angegeben werden) oft bis heute eine Rolle. Vgl. darüber u. a. auch *Haentzschel*, Über die verschiedenen Grundlegungen in der Trigonometrie, Leipzig, Dürr 1897.

6) Man hat zwar neuerdings in einigen Tafelsammlungen versucht, die sog. Antilogarithmen wieder einzuführen, z. B. in der vierstelligen Log.-Tafel von *Rex* (Stuttgart 1885) wenigstens für die Zahlenlogarithmen; auch für die trigonometrischen Zahlen z. B. bei *Schubert*, Fünfstellige Tafeln und Gegentafeln, Leipzig 1897. Doch ist mit Sicherheit anzunehmen, dass diese Einrichtung nicht mehr allgemein in Gebrauch kommen wird (zu der zuletzt genannten Tafel ist noch zu bemerken, dass sie für den praktischen Gebrauch, der häufig, man darf sagen in der Regel, *sin* und *cos* als die zwei Projektionsfaktoren, und sodann auch *tg* eines und desselben Winkels gleichzeitig erfordert, so dass sie zweckmässig auf derselben Zeile der Tafel nebeneinander stehen, äusserst unbequem ist).

7) Die Anordnung wurde und wird selbstverständlich auch anders gemacht; doch ist die angegebene, die besonders von den französischen Geodäten und Astronomen am Ende des vorigen und Anfang dieses Jahrhunderts empfohlen wurde, aus vielen Gründen die bequemste.

Zu S. 44 und S. 52 ist noch zu bemerken, dass die in Deutschland als *Gauss*sche Log. bezeichneten Log. zum Aufsuchen des *log* der Summe oder der Differenz zweier durch ihre Log. gegebenen Zahlen (*Gauss* hat seine Tafel dieser Art in der Mon. Corr. [*Zach*], Novbr. 1812 veröffentlicht, s. auch Werke Bd. 3. S. 244 bis 246; sie wurde von *Mollweide* aufgenommen in der *Prasse*schen fünfstelligen Logarithmentafel, vgl. Anm. 22)) von *Leonelli* erfunden worden sind (*Gauss* a. a. O.: „Die Idee dazu hat LEONELLI, so viel ich weiss, zuerst angegeben"); sie tragen aber doch auch jenen Namen mit Recht, da *Gauss* die erste zum praktischen Gebrauch bestimmte Tafel berechnet und veröffentlicht hat, während *Leonelli* an 14-stellige, für die praktische Zahlenrechnung nutzlose Tafeln dieser Art dachte. *Leonelli*s Arbeit erschien zuerst im Jahr XI der französ. Republik in Bordeaux; sie bildet den zweiten Teil der Schrift: „Supplément logarithmique". Das ganze „Supplément" hat *Hoüel* neu herausgegeben (2. Aufl. Paris 1876) und dabei auch den Akademiebericht von *Lalande* und *Delambre* über die *Leonelli*sche Arbeit, vom 1. Floréal des Jahrs X, sowie einen ergänzenden Brief von *Leonelli* an *Delambre* wieder abgedruckt.

8) Die einfache und naheliegende, sehr zweckmässige Unterscheidung, für „natürliche" Zahlen als Dezimalzeichen das Komma, für Logarithmen den Punkt zu wählen, ist beim trigonometrischen Unterricht an der Stuttgarter Polytechnischen Schule von *Pross* eingeführt und dann von *Baur* und *Schoder* konsequent beibehalten worden. Seit sie Eingang gefunden hat in die 5-stellige *Gauss*sche Tafel (vgl. Anm. 2); in der ersten Auflage noch nicht ganz konsequent durchgeführt, wohl aber schon von der zweiten an) und viele neuere geodätische Werke, z. B. das Taschenbuch der Praktischen Geometrie von *Jordan* (Stuttgart 1873) und seine Neuauflagen als Handbuch der Vermessungskunde, wird sie sehr allgemein befolgt. — Das n am Ende eines Logarithmus, das andeutet, dass die zugehörige Zahl negativ zu nehmen ist, wird von Vielen kleiner (unten als Index) angefügt, z. B. $9.81\,443_n$, oder auch eingeklammert, $9.81\,443\ (n)$. — Die obige Regel über Punkt und Komma macht selbst die in Württemberg jetzt vielfach anzutreffende Unart der Schreibweise $a = 2.14\,137$, $\sin\alpha = 9.69\,897$ statt $\log a = 2.14\,137$ (also $a = 138{,}47$), $\log\sin\alpha = 9.69897$ (also $\sin\alpha = \frac{1}{2}$), oder statt (im Verlauf einer Rechnung) $a \mid 2.14137 \mid$ und $\sin\alpha \mid 9.69897 \mid$, wenn

auch selbstverständlich keineswegs entschuldbar, so doch unschädlich. — Die Abkürzung $E\,log\,a = 7.85\,863$ (vielfach auch $Cpl\,log\,a = \ldots.$ oder $C\,log\,a = \ldots.$) oder $E\,a \,|\, 7.85\,863 \,|$ halte ich für ganz unbedenklich, wenn mir auch von vielen Seiten bemerkt worden ist, dass für die Schule vorzuziehen wäre, dafür $log\,\frac{1}{a} = 7.85\,863 - 10$ und $\frac{1}{a} \,|\, 7.85\,863 \,|$ zu schreiben. — Die Andeutungen über praktisches Rechnen S. 55 und 56 gründen sich auf Rechnungsgewohnheiten, die der Verf. bei seinem Lehrer und Amtsvorgänger *Schoder*, einem sehr gewandten Zahlenrechner, angenommen hat. Ich glaube, dass kein Schüler, der sie sich aneignet, die geringe dazu erforderliche Mühe später als verloren betrachten wird.

9) und 10) Das Rechenschema in der Form, die im Text verwendet wird, ist von *Baur* aus der Praxis der rechnenden Geodäten und Astronomen in den trigonometrischen Unterricht eingeführt worden. Der Vertikalstrich, der Argumente und zugehörige Logarithmen trennt, ist die wichtigste praktisch-rechnerische Einrichtung; er bringt Ordnung in die Rechnung, lässt die Zahlen bequem in richtigen Kolonnen erscheinen und macht die fortwährende Wiederholung des Vorsatzes *log* überflüssig. Bei *Pross* sieht z. B. die Rechnung des rechtwinkligen Dreiecks aus Hypotenuse und dem Winkel so aus (Lehrbuch der ebenen Trigonometrie und Polygonometrie, Stuttgart 1840 S. 84) wie links; das *Baur*sche Schema derselben Aufgabe steht rechts daneben:

Pross			
a = 1324,3 , ∠B = 54° 13′ 19″,7			
log b = 3.031 1624 ; b = 1074,391	b	3.031 1624	b = 1074,391
log sin B = 9.909 1760 — 10	sin β	9.909 1760	a = 1324,3
log a = 3.121 9864	a	3.121 9864	β = 54° 13′ 19″,7
log cos B = 9.766 8917 — 10	cos β	9.766 8917	
log c = 2.888 8781 ; c = 774,244	c	2.888 8781	c = 774,244

Dem Text hier vorgreifend, nämlich beim praktisch-trigonometrisch wichtigsten Fall des schiefwinkligen Dreiecks (gegeben $c = 87\,593'$ [Fuss], $\angle A = 77^0\,34'\,14''$, $\angle B = 41^0\,18'\,31''$, $\angle C = 61^0\,7'\,15''$) stellt sich die Vergleichung zwischen *Pross* und *Baur* wie unten:

Pross (Trigonometrie S. 110)	*Baur* (5-stellig)		
log a = 4.989 8435 ; a = 97688,50,	*a*	4.98 984	a = 97688
log sin A = 9.989 6998 — 10	*sin α*	9.98 970	c = 87593
log c = 4.942 4694	*c*	4.94 247	α = 77° 34′ 14″
Comp log sin C = 0.057 6743	*E sin γ*	0.05 767	β = 41° 18′ 31″
log sin B = 9.819 6193 — 10	*sin β*	9.81 962	γ = 61° 7′ 15″
log b = 4.819 7630 ; b = 66033,30,	*b*	4.81 976	b = 66033

Man vergleiche mit diesem *Baur*schen Schema auch das von *Jordan* benützte (Taschenbuch der praktischen Geometrie, Stuttgart 1873, S. 124 [ebenso in den spätern Auflagen, Handbuch der Vermessungskunde]); gegeben Seite *A C* und die Winkel:

log A B	3.09 199
log sin γ	9.98 758
log A C	3.09 188
E log sin β	0.01 253
log sin α	9.66 201
log C B	2.76 642

Die Vorsetzung der Silbe *log* vor jede Seite oder jeden *Sinus* sollte eben durch den *Baur*schen Vertikalstrich entbehrlich gemacht werden, und, abgesehen von dem geringern Schreibwerk, gewinnt die Übersichtlichkeit des ganzen Rechenschemas in der That sehr durch Weglassung des „*log*", wie wohl die Vergleichung des zweiten und dritten Schemas genügend erläutert. In der ersten Auflage dieses Buchs (1885) war das zweite

(*Baur*sche) Schema gebraucht. Seit 10 Jahren setze ich meist die gegebenen Stücke links vor, rechts daneben die logarithmische Rechnung statt umgekehrt. Dabei sind nunmehr die natürlichen Zahlen und die logarithmische Rechnung durch eine starke Linie getrennt. Eine besonders geformte Linie, wie z. B. *Voglers* {, (vgl. Geodätische Übungen, Berlin 1890, und sonst) ist wohl überflüssig. — Bei allen Rechnungen des Buchs sind ferner, wie im Text bemerkt ist, gegebene Stücke jetzt fett gedruckt, aus der Rechnung gefundene unterstrichen. Es ist sehr zu empfehlen, auch in der Figur eine solche Unterscheidung zu machen, jedesmal das Gegebene stark anzudeuten (gegebene Seiten stark ziehen, Winkel mit starken Winkelbögen), das Gesuchte aber anzustreichen. Bei den Figuren des Buchs konnte dies der Kosten der Neuherstellung wegen nicht durchgeführt werden.

Die Aufstellung für die Praxis brauchbarer guter Rechenschemata ist im allgemeinen Sache längerer Rechenübung; trotzdem ist es eine der allerbesten Schulübungen, mit der gar nicht früh genug begonnen werden kann, für eine bestimmte Rechnung das Rechenschema aufzustellen, nachdem Grundsätze über die Schemata, wie die oben angeführten, besprochen und eingeprägt sind. Zu jenen kommt als Hauptsatz für jedes Rechenformular: möglichst direkt und mit möglichst wenig Schreibwerk (mit Weglassung jeder überflüssigen Zahl, besonders womöglich aller Zahlen, die bereits geschrieben sind) vom Gegebenen zum Gesuchten! Dieser eigentlich selbstverständliche Grundsatz, den besonders *Baur* im Trigonometrieunterricht stets betont hat, findet sich oft genug ausgesprochen, wird aber in der Schultrigonometrie noch häufig vollständig ausser Acht gelassen; so lange dies geschieht, werden auch die Klagen nicht aufhören, die z. B. *Grunert* erwähnt (Archiv, Bd. 41, 1864, S. 238): „Man rechnet mit den schönen Tafeln von *Hoüel* innerhalb des ihnen angewiesenen Kreises der Genauigkeit mit sehr grosser Sicherheit, und muss nur auch stets die Rechnungen auf eine zweckmässige Weise, indem man möglichst wenig schreibt, anordnen, worauf namentlich auch bei dem Unterrichte auf Schulen weit mehr Rücksicht und Bedacht genommen werden sollte; thäten die Lehrer dies, dann würde man von praktischen und technischen Behörden nicht so oft die Klage hören, dass die bei ihnen eintretenden Zöglinge nicht rechnen können."

Die Anordnung der Fälle des rechtwinkligen Dreiecks, § 8, entspricht der ziemlich allgemein üblichen; vgl. z. B. *Heis*, Trigonometrie, 1. Aufl., Köln 1867, S. 56.

11) Diese *Lalande*sche Regel, von *Baur* in den trigonometrischen Unterricht eingeführt und in der neuern trigonometrischen und geodätischen Litteratur (lange vor Erscheinen der 1. Aufl. dieses Buchs, von der behauptet wurde, sie habe diese Regel zum erstenmal publizirt), als etwas Selbstverständliches festgehalten, vgl. z. B. *Jordan*, Taschenbuch, s. oben, S. 113, *Schlebach*, Geometerkalender u. s. f., darf als eine der wichtigsten praktisch-rechnerischen Regeln bezeichnet werden, die besonders beim allgemeinen rechtwinkligen Dreieck (im Coordinatensystem) äusserst bequem ist. In Deutschland ist die Regel wohl zuerst durch *Burckhardt* bekannt geworden (der bekanntlich bei *Lalande* in Paris als Gehilfe thätig war), vgl. z. B. Mon. Corr. (*Zach*) Bd. 1, 1798, S. 235 („Sobald man tang A hat" ... „Man wählt nämlich unter sin A und cos A denjenigen, der der grössere ist und zieht ihn dann von der grössern Seite ab". Die Regel kam in der Geodäsie bald in allgemeinen Gebrauch, hat sich aber allerdings in der Schulbücherlitteratur selbst heute noch nicht überall einbürgern können.

12) In der 1. Aufl. war, der *Baur*schen Übung entsprechend, bei Sehnen, Pfeilhöhen u. s. f. der Centriwinkel mit 2α bezeichnet; ich halte aber nun die jetzt gewählte Bezeichnung für besser.

[13]) Diese Tabelle nach *Reuschle* sen. (Elemente der Trigonometrie, Stuttgart 1873, S. 46) mit Verbesserung einiger kleiner Fehler.

[14]) Diese und ähnliche Kreisbogen-Aufgaben sind von *Baur* im trigonometrischen Unterricht an der Stuttgarter Polytechnischen Schule im Hinblick auf technische Anwendungen mit Vorliebe behandelt worden. Zu bemerken ist dabei noch, dass insbesondere *Baur* der Urheber der konsequenten Durchführung des Gebrauchs der Zahl $\varrho^0 = \frac{180^0}{\pi}$ bei allen Rechnungen am Kreis ist [vgl. Anm. [2])].

[15]) Die in § 13 benützte geometrische Einführung der trigonometrischen Funktionen beliebig grosser Winkel, mit andern Worten: die gleichzeitige Betrachtuug der Elemente der analytischen Geometrie (rechtwinklige und Polarcoordinaten) und der Erweiterung der Goniometrie vom gewöhnlichen rechtwinkligen Dreieck aus auf beliebige Winkel (Einführung des „allgemeinen" rechtwinkligen Dreiecks mit beliebigem Winkel und mit Vorzeichen für die Katheten) ist bekanntlich französischen Ursprungs. *Coriolis* hat sich wohl um diese elementar-geometrische Weiterbildung der Trigonometrie das grösste Verdienst erworben. Im Unterricht an der Stuttgarter Polytechnischen Schule ist diese Betrachtungsweise besonders durch die von *Gugler* besorgte deutsche Bearbeitung der „Grundlehren der ebenen Trigonometrie, analytischen Geometrie und Infinitesimalrechnung" von *Belanger* (Stuttgart 1847) eingeführt worden. — Es ist die Frage, ob man nicht diese allgemeinen Definitionen der goniometrischen Funktionen, die die Vorzeichen sogleich mit einführen, an die Spitze auch eines elementaren Lehrgebäudes der Trigonometrie stellen sollte, wie es z. B. *Reuschle* a. a. O. thut (Vorwort: Definitionen $x = r \cos \varphi$, $y = r \sin \varphi$ für die Projektionsfaktoren *sin* und *cos* eines beliebigen Winkels; ferner S. 1 bis 8), ebenso *Serret* (Trigonométrie, 5. Aufl., Paris 1875) u. v. A. Die oft geäusserten Bedenken gegen dieses Verfahren, die Trigonometrie auf die Grundbegriffe der analytischen Geometrie zu stützen, wie sie z. B. *H. Müller* in seinen „Elementen der ebenen Trigonometrie", Metz 1886, Vorwort, ausspricht (vgl. auch *Schwering* in der Besprechung von *Spitz'* Lehrbuch der ebenen Trigonometrie, *Schlömilch* Bd. 35, 1890, Hist. Lit.-Abt. S. 135/136, wo ebenfalls das Ausgehen vom Coordinatenbegriff bei der Definition der trigonometrischen Funktionen getadelt wird, weil die Definition schon nicht im Stand sei, die Funktionen negativer Winkel und von Winkeln $> 360^0$ zu erklären; dazu endlich *Schwering*, Trigonometrie für höhere Lehranstalten, Freiburg 1893) halte ich nicht für bedeutend im Vergleich mit der Thatsache, dass man mit Rücksicht auf die Rechnung im ebenen Coordinatensystem (Rechnungen der Geodäsie in der praktischen Trigonometrie und Polygonometrie) eigentlich mit der Erweiterung der goniometrischen Funktionen auf beliebige Winkel nicht früh genug beginnen kann. Immerhin halte ich die jetzt im Buch getroffene (gegen die 1. Aufl. abgeänderte) Anordnung für die beste.

[15]) Der vortreffliche Ausdruck Quadranten-Relationen stammt von *Reuschle* sen. her (a. a. O. S. 6); andere Namen sind wenig in Gebrauch gekommen, z. B. *Münchow*s (Trigonometrie, Bonn 1826) „Vertauschungsformeln für *sin* und *cos*", u. s. f.

[17]) Die einfachen Regeln über eindeutige Bestimmung der Richtungswinkel aus den rechtwinkligen Coordinaten, die bei der Einführung von Hilfswinkeln (vgl. z. B. § 19, 3) bei vielen Aufgaben der Geodäsie und sphärischen Astronomie stets wiederkehren und die zu den wichtigsten praktisch-trigonometrischen Elementar-Werkzeugen gehören, sind selbstverständlich alt, wenn auch in der Lehrbücher-Litteratur immer noch meist

ignoriert. Wie geläufig in der praktischen Trigonometrie (Geodäsie und sphärischen Astronomie) diese „eindeutige" Einführung der Winkel schon am Anfang des Jahrhunderts war, zeigt wohl am besten der Ausdruck *Bessel*s (bei Auflösung der Aufgabe des Rückwärtseinschneidens mit Coordinaten, Mon. Corr. [*Zach*] Bd. 27, S. 222, März 1813: „Die Quadranten, in welchen man die Hilfswinkel A und B zu nehmen hat, bestimmen sich durch die Zeichen der Zähler und Nenner wie immer".

18) und 19) Der in **3**) gegebene Nachweis der Allgemeingiltigkeit des Additionstheorems für *sin* und *cos* schliesst sich vollständig an *Serret* an (a. a. O. 5. Aufl., Paris 1875, S. 18 bis 20); der in **4**, nur noch angedeutete (der in der 1. Aufl. allein gegeben war und zusammen mit der Ableitung des Theorems selbst durch Coordinatenumwandlung erhalten wird) ist hier in zweite Linie gestellt, um eben nicht allzuviel aus der analytischen Geometrie zu Hilfe zu nehmeu. Nebenbei bemerkt, war jene Darstellung der Sache genau nach *Belanger-Gugler* (s. oben, S. 25 bis 27) gegeben, was mit Rücksicht auf *Cantor*s Besprechung der 1. Aufl. (*Schlömilch*, Bd. 30, Hist. Lit.-Abt. S. 110) ausdrücklich erwähnt sei. Zum erstenmal hat einen solchen Weg, der zur Ableitung des Theorems selbst und zugleich zum Nachweis der Allgemeingiltigkeit führt, meines Wissens *Sarrus* beschritten (von *Gergonne* ausführlich mitgeteilt in den Ann. des Math., Bd. XI, S. 323) und ihm sind *Münchow* (s. oben, 1826, S. 86 bis 90), *Lacroix-Ideler* (Trigonometrie, Berlin 1822, S. 326) und viele Andre gefolgt. Diesen Weg verbessert hat *Grunert* (Lehrbuch der ebenen, sphärischen und sphäroidischen Trigonometrie, s. Anm. 3), 1837) und mit ihm stimmt der *Belanger*sche ziemlich überein, dem dann *Baur* u. v. A. gefolgt sind.

20) Systematisch ist dies vielleicht zuerst von *Lambert* geschehen, vgl. Beyträge zum Gebrauche der Mathematik, II, 1, Berlin 1770, S. 133 bis 139. Die im Text angegebenen Formen der Gleichungen sind die von *Heis* (nur in etwas andrer Anordnung, vgl. a. a. O., S. 237, 238); vgl. dazu auch *Grunert*, S. 37, 38, *Serret*, S. 39 bis 48 u. v. A.

21) Der ganze analytisch-goniometrische Formelapparat in grosser Vollständigkeit ist eine Schöpfung *Euler*s; vor ihm gab es kaum eine analytische Behandlung der Kreisfunktionen, auch die ganze Goniometrie war etwas wesentlich Geometrisches. (Daneben ist auch die rationelle Anwendung der Trigonometrie in der ebenen und sphärischen Trigonometrie *Euler*s Verdienst, wovon noch unten die Rede sein muss). Man darf sagen, dass so ziemlich alle analytisch-goniometrischen Formeln der Lehrbücher nur Reproduktionen *Euler*scher Formeln sind.

22) Die *Maskelyne*sche Regel ist in Deutschland ausser durch die *Callet*schen 7-stelligen Logarithmentafeln besonders bekannt geworden durch die kleine viel benützte 5-stellige Tafel von *Prasse* (zuerst 1810; später neu bearbeitet von *Mollweide*, Leipzig 1825, [auch 5-stellige Additions- und Subtraktionslogarithmen enthaltend, vgl. Anm. 7), sogar in Frankreich nachgedruckt], S. 75. Als Grenze der *Maskelyne*schen Regel bestimmt hier *Mollweide* bei 7-stelliger Rechnung $2^3/_4{}^0$, bei 5-stelliger Rechnung etwa $8^1/_2{}^0$.

23) Auch diese Reihen rühren sämtlich von *Euler* her (Anm. 21) und werden so ziemlich in jedem Lehrbuch mitgeteilt.

24) Diese Andeutungen sind nicht exakt (auch ohne Rücksicht auf komplexe Veränderliche), genügen aber für das praktische Bedürfnis, das dieses Buch befriedigen soll (vgl. Vorwort).

25) § 21 und 22 gehören eigentlich der algebraischen Analysis an, mögen aber als gute goniometrische Rechenübung hier (wie in der 1. Aufl.) trotz der wesentlich praktischen Ziele dieses Lehrbuchs aufgenommen

werden (vgl. auch *Serret*, Anhang; *Heis*; u. s. f). Das Verfahren der Darstellung der komplexen Zahlen findet sich in jedem Lehrbuch der algebraischen Analysis (vgl. z. B. *Schlömilch*, Algebr. Analysis, 6. Aufl. Jena 1881).

[26]) Hier, wo die geometrische Bedeutung der Entwicklung zurücktritt gegen die analytische, wäre es an sich besser, die vorkommenden Winkelgrössen stets in Halbmesserteilen zu nehmen (2π statt 360^0 u. s. f. zu schreiben), wie es z. B. *Serret* durch den ganzen analytisch-goniometrischen Teil seines Buches thut. Da es sich für uns wesentlich mit um numerische Rechnungsübungen unter Anwendung der Logarithmentafel handelt, ist aber nach dem Vorgang *Baur*s davon abgesehen und überall das Gradmass beibehalten. Der Gang der Darstellung der Rechnung mit komplexen Zahlen ist nach *Serret*, *Heis* und *Schlömilch* gemacht; das Rechnungsschema ist selbstverständlich das *Baur*sche.

[27]) Die *Moivre*schen Miscellanea analytica, 1730, 1. Bd. enthalten diesen Satz, der einer der wichtigsten der Algebra ist. Die *Cotes*schen Sätze (§ 21, **5**) sind in der Harmonia mensurarum 1722, S. 114, angegeben. Die geometrische Darstellung der Multiplikation u. s. f. komplexer Zahlen hat besonders *Gauss* gelehrt (Gött. Gel. Anz., Jahrg. 1831, S. 64); vgl. zur Geschichte der komplexen Zahlen und ihrer Darstellung überhaupt *Drobisch*, Ber. Verh. Sächs. Gesellsch. Wiss., Bd. II, S. 171.

[28]) Diese Aufzählung der Einheitswurzeln ist ganz nach *Schlömilch*, Höhere Analysis, Bd. 1., 5. Aufl. 1881, S. 256 bis 258 gemacht; vgl. auch *Serret*, Trigonometrie (s. ob.) Kap. 5.

[29]) Über die geometrische Darstellung vgl. Anm. [27]).

[30]) § 22, **1** (mit den Bezeichnungen u. s. f.) genau nach *Serret*, a. a. O. S. 81; vgl. *Reuschle* a. a. O., S. 36 bis 37. Zu **2**. vgl. *Heis* a. a. O., S. 228 bis 229. — Vgl. auch *Cagnoli*, Trigonometrie, 2. Aufl. der französischen Ausgabe (von *Chompré*, Paris 1808), S. 215 bis 218, Anhang Tafel V; ferner *Mollweide*, Trig. Aufl. der quadrat. Gleichungen, Mon. Corr. (*Zach*) Bd. 22, S. 43, Juli 1810.

[31]) In der 1. Aufl. war nach *Baur* die Form $x^3 + 3\,ax + 2\,b = 0$ für die reduzirte kubische Gleichung gewählt, die auch *Reuschle* hat (S. 37, $x^3 + 3\,p\,x + 2\,q = 0$); jetzt ist zu der *Cagnoli*schen Form (a. soeben a. O., S. 218) zurückgekehrt, $x^3 + p\,x + q = 0$, die auch *Serret* hat (S. 84 bis 90). Auch der Text folgt vollständig *Serret* und *Heis*, nur die Ordnung ist z. T. etwas anders.

[32]) Dies ist die Form von *Serret* und wohl die übersichtlichste. Die sog. *Baur-Schoder*sche Form, die nach der Versicherung eines Kollegen in der 1. Aufl. zum erstenmal publizirt gewesen sein soll, findet sich bei *Cagnoli* (a. a. O., z. B. Anhang Tafel V: die drei Wurzeln sind $2\sqrt{p/3}\,sin\,A$; $-2\sqrt{p/3}\,sin\,(60^0 - A)$; $-2\sqrt{p/3}\,sin\,(60^0 + A)$), ebenso bei *Babinet et Housel*, Calculs pratiques, Paris 1857, S. 140 ff., ebenso bei *Heis*, ebenso bei *Reuschle* $\left(x_1 = 2\sqrt{p}\,sin\frac{\omega}{3},\ x_2 = -2\sqrt{p}\,sin\left(60^0 - \frac{\omega}{3}\right),\ x_3 = -2\sqrt{p}\,sin\left(60^0 + \frac{\omega}{3}\right)\right)$; das Beispiel ist dasselbe wie bei *Reuschle*.

[33]) Für diesen Anhang sind einige Formeln bei **1**, aus *Serret* entnommen, ebenso für **2**, u. **6**, manche aus *Heis*.

[34]) Diese einfache und uns jetzt völlig selbstverständlich erscheinende Bezeichnung stammt erst von *Euler* her (der nur A, B, C statt α, β, γ für die Winkel hatte). Man darf schon durch diese Wahl der Bezeichnung allein *Euler*, den Schöpfer der analytischen Goniometrie (vgl. Note [21]), auch als

Schöpfer der rationellen Trigonometrie bezeichnen. Es sind auch nach *Euler* dem Formelapparat der ebenen Trigonometrie i. e. S. kaum mehr wesentliche Vervollständigungen hinzuzufügen gewesen, mit Ausnahme etwa der *Mollweide*schen Gleichungen. Ich habe lange geschwankt, ob ich in der 2. Aufl. nicht das immer noch viel gebrauchte *Euler* sche A, B, C für die Dreieckswinkel annehmen soll, bin aber (besonders nach einer Umfrage bei den württembergischen Lehranstalten) doch bei α, β, γ stehen geblieben, vor allem mit Rücksicht auf das sphärische Dreieck, wo im Sprechen „*sin* gross A“ u. s. f. unbequem ist. — Was die Grundformeln des ebenen Dreiecks betrifft, so braucht man an der Hand der Figur neben $\alpha+\beta+\gamma=180^0$ nur noch Eine, z. B. den Sinus-Satz oder den Projektions-Satz, um dann alle übrigen Formeln des Dreiecks durch Rechnung, also allgemein giltig für das spitz- und das stumpfwinklige Dreieck und von der Figur unabhängig ableiten zu können, wie ja jetzt auch allgemein verfahren wird. Vgl. z. B. *Pross* im Vorwort, S. VI, seiner Trigonometrie (Stuttgart 1840), *Reuschle* a. a. O. S. 91, *Serret* a. a. O. S. 96; alle nehmen, wie der Text, den *Sinus*-Satz als einzige Grundgleichung.

35 und 36) Diesen Satz habe ich nach Vorschlag von Prof. *Sauter* in Ulm nur noch Projektions-Satz genannt, weil nicht jener, sondern der *Pythag.* Lehrsatz des allgemeinen ebenen Dreiecks aus der allgemein als *cos*-Satz bezeichneten ersten Grundformel des sphärischen Dreiecks beim Übergang von diesem zur Ebene entsteht.

37) Die Entwicklung aller weitern Formeln von (2), (3) und (4) aus ist wie in fast allen Lehrbüchern gemacht, vgl. z. B. *Reuschle*, *Heis* u. s. f.; besonders *Serret* (Nr. 68 bis 77) hat als Vorbild gedient. Die *Mollweide*schen Formeln sind 1808 aufgestellt worden (Mon. Corr. [*Zach*] Bd. 18, Nov. 1808). Zu der Figur für die *M.*schen Gleichungen s. auch *R. Wolf*, Grunerts Archiv, 1846. *Mollweide* selbst erinnert bereits an diese Figur: „Man erweiset diese und ähnliche elegante Sätze, welche in einem vollständigen System der Trigonometrie nicht fehlen sollten, ebenfalls sehr leicht aus Betrachtung der Figur.“

38) Die allgemein so genannten *Neper*schen Gleichungen (nach Lord *Napier* [*Neper*] *of Merchiston*, dem einen Erfinder der Logarithmen [neben *Bürgi*] so genannt) sind von ihm am Anfang des 17. Jahrhunderts aufgestellt worden, sollten aber eigentlich *Finke*scher Satz heissen, da sie *Th. Finke* (oder *Finck*) in seiner Geometria rotundi, Basel 1583 (in Form einer schwerfälligen „Analogie“, d. h. Proportion, wie alle trigonometrischen Sätze vor *Euler* ausgesprochen wurden) aufgestellt hat. Auch in all' den zahlreichen, wenig spätern Lehrbüchern der Trigonometrie und Geodäsie findet sich der Satz vor *Neper*, z. B. in den Triangula plana von *Clavius* (1586, S. 312), bei *Lansberg* in der Triangulorum geometria (1591, S. 162) (beide unmittelbar nach *Finke* verfahrend), in dem wichtigen Werk von *Barth. Pitiscus*, Trigonometriae libri V (1600; 3. Buch, 5. Satz: „Ut summa duorum laterum ad differentiam eorundem: ita tangens dimidii summae duorum oppositorum, ad tangentem differentiae infra vel supra dimidium“; Beispiel einer Vor-*Euler*schen „Analogie“) u. s. f.

39) Die Einführung von s oder $2s$ für den Dreiecksumfang ($2p$ bei den Franzosen, vom Anfangsbuchstaben von Perimeter) ist erst etwas nach der *Euler*schen Reform der Trigonometrie aufgekommen. Aber bereits z. B. *Pfleiderer* hat in der „Analysis triangulorum rectilineorum“, Tübingen 1785 das Zeichen $S = AB + BC + CA$. — Merkwürdig ist, dass noch ziemlich lange nach *Euler* statt a, b, c; A, B, C, die Seitenbezeichnungen $AB, \ldots$, die Winkelbezeichnungen $ABC, \ldots$ sich erhalten konnten, ja dass zwar Seiten und Winkel je mit einem Buchstaben bezeichnet werden, diese Buchstaben aber nicht korrespondirten.

40) Anordnung der Fälle ganz wie bei *Serret* und *Belanger-Gugler*.

41) Vgl. z. B. *Heis*, S. 67. Diese Regel ist sehr wichtig.

42) Die Anordnung der Auflösungen dieses Falls ähnlich wie bei *Serret*, wobei aber möglichste Vollständigkeit angestrebt ist. Die letzte Gleichung für a, S. 233, findet sich häufig (z. B. *Heis*, S. 71 und 72, *Jordan*, Handbuch der Vermessungskunde, 2. Bd., 4. Aufl., Stuttgart 1893, S. 368 bis 369), dagegen fast nie die doch gleichwertige Formel, die man von der zweiten Gleichung (8) ausgehend erhält.

43) Die Anwendung der *Mollweide*schen Gleichungen wird z. B. bei *Serret* (S. 113) gelehrt (und es fehlt dort nur die *Lalande*sche Regel), ebenso bei *Heis* und *Reuschle*. In *Baur*s Lehrgang war die Anwendung der Gleichungen mit der *Lalande*schen Regel (an der Hand von Fig. 50) selbstverständlich (sie wird z. B. mit der *Lalande*schen Regel auch für die sphärischen *Mollweide*schen (*Delambre*schen) Gleichungen ausdrücklich angegeben in *Brünnow*, Sphärische Astronomie, 4. Aufl., Berlin 1881, S. 7 [ebenso aber auch schon in der 1. Aufl.] und ist demnach in der Ebene um so mehr selbstverständlich). Vgl. die *Baur*sche Rechenregel auch bei *Jordan*, Taschenbuch, S. 295, Handbuch, II. Bd. (1. Aufl.), Stuttgart 1878, S. 137 (Bezeichnungen Z, N für Zähler und Nenner). — Trotz der Aufstellung der Formeln durch *Mollweide* (Anm. 37) hat es lange gedauert, bis sie auf den Fall IIa der Dreiecksberechnung wirklich angewandt wurden. Vgl. z. B. die Veröffentlichung des Preuss. Geod. Instituts: Die Europ. Längengradmessung in 52° Br., II. Heft, Berlin 1896, S. 49, wo die *Mollweide*schen Formeln geradezu *Gerling* zugeschrieben werden (*Gerling*, Beiträge zur Geographie Kurhessens etc., Kassel 1839, S. 221); s. dazu auch Astron. Nachr., Bd. 3, S. 233 1824, Nr. 62), *Gerling* sagt daselbst: „So nützlich ich diese Formeln, welche ich vor einigen Jahren zufällig fand, für die Ausführung halte, so unwahrscheinlich ist mir doch, dass sie neu sein sollten, weil ihre Ableitung aus der Gleichung $\frac{\sin A}{a} = \frac{\sin B}{b} = \frac{\sin C}{c}$ gar zu nahe liegt. Ich habe sie aber bis jetzt in keinem Lehrbuche aufgefunden.“

Die zweite Rechnung in der folgenden Nr. 4) ist schon oft angegeben worden, z. B. bei *Pross*, Prakt. Geometrie, Stuttgart 1840, S. 225, bei *Babinet et Housel* (s. oben) S. 60; wie der Text andeutet, ist die Aufgabe keine andere als die oft wiederkehrende der Bestimmung zweier Winkel aus Summe und Sinus-Verhältnis.

44) Diese naheliegende Abkürzung der Schreibweise und Rechnung findet sich fast überall benützt, vgl. z. B. *Heis* S. 76 (ϱ für den Inkreishalbmesser). Die Verwendung des „Schiebzettels“ (besonders durch *Schoder* in ähnlichen Fällen viel gepflegt) bei Rechnung der *tang* der halben Winkel wird unnötig, wenn man die Summen von $log\, s$, $log\,(s - a)$ u. s. f., d. h. $log\, r^2$ und daraus $log\, r$ oben (über s) anschreibt.

45) *Heis*, aus dem hier manches entnommen ist, ferner die verbreitetsten trigonometrischen Übungsbücher, z. B. *Reidt*, Sammlung von Aufgaben und Beispielen aus der Trigonometrie, 2. Aufl., Leipzig 1877, S. 130 ff. geben solche Beziehungen in grosser Anzahl.

46) Dieser Satz stammt her von *Lemoine*, C. R. Bd. CXVI S. 31 (Nr. 1 vom 2. Jan. 1893), in allgemeinerer Fassung in Nouv. Ann. Math. Bd. XII S. 20, 1893; *L.* hat auf diesem Weg 300 neue Formeln abgeleitet. Für das rechtwinklige Dreieck ist er nicht ohne weiteres giltig. Dagegen lässt sich die Sache auf den Raum (Tetraeder) ausdehnen.

47) Die Behandlung dieser Aufgabe war in der ersten Aufl. durch ein Versehen falsch, worauf ich von mehreren Seiten aufmerksam gemacht worden

bin. Es ist noch zu bemerken, dass manche Aufgaben von § 27, **2**, aus *Serret* und *Heis* entlehnt sind.

48) Diese Aufgabe ist für die ebene Geodäsie wichtig; vgl. z. B. *Jordan*, Handb. der Vermess., 2. Bd., 4. Aufl., Stuttgart 1893, S. 639, wo bei der Form von Fall IIa **1**, 1) S. 233 stehen geblieben ist. Diese ist auch am bequemsten, wenn man nur den Logarithmus der berechneten Entfernung braucht, sonst ist die Reduktionsrechnung nach S. 276 im Vorteil.

49) Eine besondere Tetragonometrie ist vielfach aufgestellt worden; ausführlicher wohl zuerst von *Biörnsen*, Introductio in Tetragonometriam, Kopenhagen 1780. Die möglichen Vierecksaufgaben sind bei *Lambert*, Beyträge etc. II, 1., Berlin 1770, S. 175, 183 aufgezählt.

50) und 51) Der folgende § 28 über Parallelogramm und Trapez schliesst sich an *Heis* an; ebenso ist § 29, Sehnenviereck und Tangentenviereck, nach *Serret* und *Heis* bearbeitet.

52) Die letzten Gleichungen des § 30, Andeutungen über die Beziehungen zwischen Winkeln und Seiten beliebiger Polygone, geben diese „polygonometrischen Grundgleichungen“ in der Form wieder, in der sie (nach Anfängen bei *Lambert*) in den Arbeiten über Polygonometrie von *Lexell* (De resolutione polygonorum rectilineorum in den Abhandl. der Petersburger Akademie für 1775 und 76) und besonders von *L'Huilier* (Polygonométrie ou de la Mesure des Figures rectilignes, Genf 1789) verwendet worden.

Besonders mit dem Werk von *L'Huilier* waren alle Aufgaben der Polygonometrie erledigt und es war damit das Lehrgebäude der ebenen Trigonometrie in allen wesentlichen Teilen vollständig abgeschlossen. Der ebenen Trigonometrie im engern Sinn (und ebenso der sphärischen Trigonometrie) hatte schon früher *Euler* ihre endgiltige Form gegeben. Spätere konnten nur noch wenige Sätze von grösserer Bedeutung hinzufügen (vor allem die *Mollweide* schen Gleichungen des ebenen, die *Delambre-Mollweide-Gauss* schen Gleichungen des sphärischen Dreiecks); wohl aber musste gerade für die polygonometrischen Aufgaben noch, um sie geodätisch-praktisch genügend verwendbar zu machen, eine andere, vereinfachte Rechnungsform eingeführt werden und diese einfache Rechnung für Polygonzüge und Polygone ist erst um die Mitte dieses Jahrhunderts völlig ausgebildet worden. *C. W. Baur* hat wesentlichen Anteil daran, vgl. die Anm. 81) und 82).

53) Es ist wohl kaum notwendig auszusprechen, dass mit diesen „geodätischen Aufgaben“ kein Teil eines Lehrbuchs der Geodäsie gegeben werden soll; sie sollen auf die Geodäsie nur vorbereiten. Eine solche spezielle Vorbereitung wird aber nicht nur überall im geodätischen Unterricht willkommen geheissen werden, sondern sie ist z. B. an der Stuttgarter Technischen Hochschule, wo für den geodätischen Unterricht der Techniker der verschiedenen Richtungen verhältnismässig wenig Zeit ausgesetzt ist, notwendig. Sie ist auch in der Mittelschule leicht möglich; haben sich doch in der letzten Zeit wieder Stimmen dafür ausgesprochen, geradezu eine elementare praktische Geometrie an die Mittelschule zu verpflanzen (vgl. z. B. *Israel-Holtzwart*, Grundlagen und Methoden des tabell. Rechnens etc., Progr. Gymn. Frankfurt 1895, S. 44 bis 57). Ich weiss von mehreren Stuttgarter Mittelschulen (denen ich z. B. ältere Theodolite aus der geodätischen Sammlung der Technischen Hochschule abgegeben habe), mit welchem Interesse die Schüler einfache praktisch-geometrische Aufgaben verfolgen; und ich kann das Verfahren eines hiesigen Realschul-Professors, der von seinen Schülern kleine Aufnahmen mit Winkelspiegel und Messstangen machen und berechnen lässt und das Zustandkommen eines Horizontalwinkels als den Unterschied zweier Richtungen praktisch am Theodolit zeigt, nur zur Nachahmung in der Mittelschule empfehlen. Ein solches Verfahren ist

gewiss besser, als wenn der wissenschaftlichen „reinen" Mathematik noch mehr Raum in der Mittelschule gegeben würde. Wenn Schüler zwei oder drei Jahre lang mit Winkeln rechnen sollen, die meist auf ′ und ″ angegeben werden (so dass der geteilte Zeichenhalbkreis nichts mehr zu ihrer Erklärung liefert), so ist nur ihre Geduld zu bewundern, wenn sie nicht verlangen, wenigstens eine Vorstellung davon bekommen zu können, wie denn nun praktisch ein solcher Winkel von 48° 35′ oder 48° 35′ 20″ zwischen zwei Geraden auf dem Feld gemessen wird. So viel zur Erklärung der „geodätischen Aufgaben", die sich bekanntlich in so ziemlich allen Trigonometrie-Lehrbüchern finden (in den deutschen meist als Aufgaben aus der „Feldmesskunst", in den französischen als „Opérations sur le Terrain"); dass im vorliegenden Buch etwas weiter gegangen wird als sonst üblich ist, wird durch seine Bestimmung wohl genügend erklärt.

[54]) Vgl. dazu u. a. *Jordan*, Handbuch der Vermess. 2. Bd., 4. Aufl., 1893, S. 369. Auch für manche der folgenden Aufgaben, besonders in der Nr. **3**, ist mit auf die Lehrbücher der Geodäsie, z. B. das eben genannte, zu verweisen.

[55]) Diese Aufgabe hat hier die in Stuttgart von *Pross* her überkommene Form (ebenso die Anwendung S. 313); vgl. auch *Jordan*, Taschenbuch, 1873, S. 55 und die spätern Auflagen als Handbuch der Vermess., z. B. in der 4. Aufl. des 2. Bds. (s. oben) S. 91.

[56]) Zu den drei folgenden Aufgaben, besonders e) vgl. das eben genannte Werk, S. 92 und 93.

[57]) Die Form der Rechnung (S. 317) ist die *Baur*sche, zuerst veröffentlicht in dem Taschenbuch von *Jordan* (s. oben) S. 245. Übrigens wird sich Jeder, der beim rechtwinkligen Dreieck u. s. f. den Nutzen des *Baur*schen Formulars, besonders des Vertikalstrichs, kennen gelernt hat, ein solches Schema wie S. 317 selbst entwerfen.

[58]) Rechnungsform und Bezeichnungen sind die von *Baur*, der die sehr zweckmässigen Benennungen (Seiten $CA = a$, $CB = b$, Winkel zwischen beiden $= \gamma$, gemessene Winkel, als Gegenwinkel von a und b in den beiden Dreiecken, α und β) nach dem Vorgang älterer deutscher und französischer Lehrbücher angenommen hat: *Pross* z. B. (Trigonometrie 1840, S. 195) hat als „mittlern" Punkt ebenfalls C (Winkel daselbst γ), dann aber $CA = b$, $CB = a$ als Gegenseiten von B und A in dem gegebenen Dreieck ABC, die gemessenen Winkel als Gegenwinkel von a und b sind α und β, Unbekannte die Viereckswinkel in A und B; *Briot* und *Bouquet* haben in den Leçons de Trigonométrie (9. Aufl., Paris 1884, S. 104 bis 105, aber ebenso in der 1. Aufl.) genau die *Baur*sche Bezeichnung (s. auch unten *Burckhardt*). Die trigonometrische Geschichte dieser praktisch sehr wichtigen Aufgabe reicht, wie der Text andeutet, jetzt bald 300 Jahre, auf *Snel* und auf *Schickhart*, zurück. Die symmetrische Behandlung und die Benützung des Hilfswinkels, die jetzt die Auflösung so bequem machen, sind allerdings jüngern Datums (erst 100 Jahre alt). *Lambert* hat in den „Beyträgen" I, Berlin 1765, S. 75, nur den einen Viereckswinkel, z. B. bei A, als Unbekannte x genommen, übrigens für x dann eine Gleichung von der Form $tg\,\delta : tg\,(\delta - x) = m : n$ hergestellt, so dass auch hier ein Hilfswinkel die bequeme log. Aufl. geliefert hätte. Ein solcher Hilfswinkel ist aber, so oft auch die Aufgabe behandelt wurde, erst später eingeführt worden, wie es scheint ziemlich gleichzeitig von *Delambre*, *Burckhardt*, *Bohnenberger* u. A. Die Aufl. von *Burckhardt* (Mon. Corr. [*Zach*] Bd. 4, S. 359, 1801) ist diese: A, B, C sind die gegebenen Punkte; a, b, c, A, B, C Seiten und Winkel dieses gegebenen Dreiecks; D ist der zu bestimmende Punkt, in dem α und β (Gegenwinkel von a und b) gemessen sind. Er setzt nun

$tg\, y = \frac{b \sin \alpha}{a \sin \beta}$ und erhält, wenn $\mathfrak{B}$ den Winkel in B im Dreieck BCD bedeutet:

$$tg \left[\frac{1}{2} (C + \alpha + \beta) + \mathfrak{B} \right] = tg \frac{1}{2} (C + \alpha + \beta)\, ctg\, (45^0 + y)$$

und damit alles weitere nach dem *Sinus*-Satz. Ähnlich verfährt *Bohnenberger* (in der Ebenen Trigonometrie von *Pfleiderer*, Tübingen 1802, S. 283; in besserer Symmetrie aber S. 295). In der Folge ist dann bald die Symmetrie der Auflösung allgemein hergestellt worden, indem die beiden ganz gleichwertigen unbekannten Viereckswinkel bei A und B als Unbekannte genommen werden (so z. B. bei *Pross*, Trigon., Stuttgart 1840, S. 195) nach dem Vorgang von *Gauss*, *Gerling* u. A. (vgl. Coordinatenauflösung, *Gauss* in Astron. Nachr. Nr. 6, *Gerling* (auch zur sog. *Hansen*schen Aufg.) in Astron. Nachr. Nr. 62 (Aug. 1824, S. 231) u. s. f.). Übrigens gab die vollständig symmetrische Auflösung in der heutigen Anordnung bereits *Delambre* (vgl. *Cagnoli*(-*Chompré*) Trigonométrie, Paris 1808, S. 211 ff. und dazu Vorwort S. VIII).

59) 60) und 61). Auch die sog. *Hansen*sche Aufgabe hat eine lange Geschichte, über die in der Textanmerkung einiges angedeutet ist. Die im Text angewandten Bezeichnungen sind ebenfalls die *Baur*schen; vgl. dazu *Reuschle*, a. a. O. S. 67, wo eine noch etwas symmetrischere Bezeichnung gewählt ist. Die Einführung des m für gleichzeitige Auflösung der Aufgabe in Form der Rückwärts- und der Vorwärts-Einschneide-Aufgabe rührt von *Baur* her. Eine symmetrische Auflösung der Aufgabe mit dem Hilfswinkel findet sich bei *Bohnenberger-Pfleiderer* a. a. O. S. 217, noch symmetrischer (und dem heutigen Gang der *Baur*schen Aufl. vollständig entsprechend) bei *Pross* (Trigonometrie, Stuttgart 1840, S. 184). Vgl. auch Note 58) (*Gerling*).

62) Diese Erweiterung der *Snellius*schen Vierecksaufgabe ist seit 100 Jahren oft behandelt worden und ihre Auflösung ist selbstverständlich, sobald die Auflösung jener Vierecksaufgabe verstanden ist. Vgl. z. B. *Pross*, Trigonometrie, Stuttgart 1840, S. 201 u. ff., (die „einfache" und die beliebige Erweiterung; die 2. Aufl. S. 203 ist ganz symmetrisch und entspricht vollständig unsrem heutigen Gang), *Heis* a. a. O. S. 243. Aus der neuern geodätischen Litteratur seien (mit Rücksicht auf die Bemerkung von *Jordan*, Zeitschr. für Vermess. 1894, S. 452) nur etwa angeführt: *Bohn*, Landmessung, Berlin 1886, S. 350; *Baule*, Vermessungskunde, Leipzig 1890, S. 192.

63) Vgl. *Hammer*, Zeitschr. für Vermess. 1895, S. 609 bis 612 (mit Coordinaten).

64) Über diese Sechsecksaufgabe s. *Lambert* (s. oben I, 1765, S. 72, 77, 81, Fig. 13 und 18, Tafel I); *Heis* (S. 245), *Pross* (Trig. 1840, S. 211) folgen *Lambert*, der die zwei im Text als Unbekannte genommenen Winkel φ und ψ einführte. Über die Achtecksaufgabe vgl. ebend. S. 186 ff., Fig. 45 und 47.

65) Vgl. dazu *Jordan* Bd. 2, 4. Aufl. 1893, S. 314 und 316.

66) Vgl. auch *Heis* a. a. O. S. 242; auch sonst vielfach behandelt.

67) Ebenfalls oft behandelt, vgl. z. B. *Pross*, Trigon. S. 231, Fig. 12b. Das im Text angeführte Zahlenbeispiel ist das *Pross*sche.

68) Wenige so grundlegende praktisch-trigonometrische Dinge haben so viele verschiedene Namen und Bezeichnungen erhalten, wie der bei jeder trigonometrischen Rechnung im Coordinatensystem wiederkehrende Richt-

ungswinkel. In Süddeutschland, in der bayrischen und württembergischen Landesvermessung, war in den ersten Jahrzehnten dieses Jahrhunderts der Name Direktionswinkel im Gebrauch, der aber bald zweckmässig vollends in Richtungswinkel umgesetzt wurde. In der Trigonometrie von *Münchow* (1826) heisst der Winkel Bestimmungswinkel (einer Richtung); Nordwinkel war in Deutschland wohl nirgends im Gebrauch (s. übrigens unten die Katasterbezeichnung in Württemberg), wohl aber Südwinkel in Österreich, wo man die x-Axe geodätischer Coordinatensysteme (wie in Deutschland z. B. in Baden, vgl. Text) in den Südzweig, nicht wie sonst in Deutschland in den Nordzweig des Nullpunktmeridians legt. Die Bezeichnung ist aber eigentlich nur für Punkte der x-Axe selbst richtig, s. u. Neben Richtungswinkel wurde auch das Wort Azimut vielfach gebraucht; unnötigerweise und sogar unrichtigerweise, obgleich es sich freilich um Azimutalwinkel handelt. Man müsste eigentlich immer sagen: trigonometrisches Azimut. Obgleich der Feldmesser, der fortwährend mit Richtungswinkeln rechnet, mit (astronomischen) Azimuten selten oder nie zu thun hat und also eine Verwechslung nicht zu fürchten ist, so hat doch das Wort Azimut (einer terrestrischen Richtung) die ganz bestimmte Bedeutung: Winkel, den diese vom Standpunkt ausgehende Richtung mit dem Meridian des Standpunkts einschliesst. Dieser Meridian und die Parallele zu $+x$, von der aus der Richtungswinkel zu zählen ist, sind aber nicht identisch und so weichen, in jedem Punkt ausserhalb der x-Axe und um so mehr, je grösser die Entfernung des Standpunkts von der x-Axe ist, Richtungswinkel und Azimut einer Richtung um einen gewissen Betrag, die sog. Meridiankonvergenz (vgl. S. 496) von einander ab. Warum also denselben Namen für zwei Dinge, die nicht dasselbe sind? Es ist sehr zu begrüssen, dass man wieder mehr und mehr auf den Namen Richtungswinkel sich einigt. Einer der am wenigsten geeigneten Ausdrücke dafür ist Neigungswinkel oder Neigung (*C. F. Gauss* benützt dieses Wort gelegentlich, daneben aber auch Azimut [Azimut in plano] und Richtungswinkel); jener Ausdruck ist bei der preussischen Katasterverwaltung eingeführt worden. Azimut war, durch *C. W. Baur* eingeführt, beim württembergischen Kataster im Gebrauch, wo jetzt ebenfalls Richtungswinkel benützt wird. — Nun vollends die Bezeichnungen: In der ersten Aufl. dieses Buchs war (dem Trigonometrie-Unterricht von *Baur* entsprechend) für den Richtungswinkel der Strecke AB eingeführt (X, AB); es ist aber jetzt X als selbstverständlich weggelassen und die *Jordan*sche Bezeichnung (AB) (bereits in dem Taschenbuch von 1873 eingeführt) angenommen. Die jetzige Bezeichnung des württembergischen Katasters $n.AB$ (ohne Klammern) ist wohl nicht zur allgemeinen Einführung zu empfehlen (früher war in Württemberg, vgl. *Kohler*, Die Landesvermessung des Königreichs Württemberg, Stuttgart 1858, als die Hauptaxe noch nach Osten vom Nullpunkt aus angenommen wurde OAB, später, als sie durch den Nullpunkt gegen Nord gelegt wurde, NAB im Gebrauch, S. 136 bis 193); wenn $n.AB$ bedeuten soll: Nord, AB, so ist es ausserhalb der x-Axe um so mehr unrichtig, je grösser y wird (s. oben), soll es heissen Null, AB, so wäre $n.$ besser durch $x.$ zu ersetzen; in jedem Fall ist das $n.$ überflüssig. Wenig zweckmässig erscheint ferner auch die Bezeichnung des preussischen Katasters, die daran festhält, jeden Richtungswinkel mit Einem Buchstaben und zwar ν (Neigung) zu bezeichnen, so dass für den Richtungswinkel (AB) geschrieben wird: ν_a^b, was zu vielen Unzuträglichkeiten beim Schreiben und im Druck führt. Die ähnliche Bezeichnung α_1^2 für $(P_1 P_2)$, die z. B. *Schlebach* benützt, ist schon aus Gründen der allgemein angenommenen mathematischen Zeichensprache kaum zulässig.

69) Die im Text sogleich folgende Betrachtungsweise des „allgemeinen“ ebenen rechtwinkligen Dreiecks (Dreieck mit Vorzeichen für die Katheten und deshalb zwischen 0° und 360°, nicht nur zwischen 0° und 90° liegendem

Winkel) ist vielleicht am meisten geeignet für die Einführung des Anfängers in die einfachen „Aufgaben im rechtwinkligen Coordinatensystem". Die zwei Grundaufgaben sind in der *Baur* schen Form behandelt (von wenigen Abänderungen abgesehen); vgl. *Jordan*, Taschenbuch 1873, S. 112/113, Handbuch der Vermess. 2. Bd., 4. Aufl. 1893, S. 227 bis 232). Den Coordinatenrechnungen diese für praktische Anwendung bequemste, weil gebrauchsbereite, einfach zu merkende und jeden Zweifel ausschliessende Form gegeben zu haben, ist eines der wichtigsten Verdienste *Baur* s.

70) Zu Aufgabe 3) vgl. auch *F. G. Gauss*: Die trigon. und polygon. Rechnungen in der Feldmesskunst, 2. Aufl. Halle 1893, S. 107; *Jordan*, Bd. 2., 4. Aufl. 1893, S. 246. *Gauss* (ebenso *Jordan*) rechnen ohne die Winkel (AB) und (DC), doch ist es bequemer, diese Winkel zu verwenden, wenn man nicht mit einer Rechenmaschine rechnen kann oder will. Zu Aufg. 4) vgl. *Gauss* a. a. O. S. 112, *Jordan* a. a. O. S. 243 bis 244.

Es mag hier auch bei Gelegenheit der obigen Bemerkung zu Aufg. 3), aber nur anhangsweise, darauf aufmerksam gemacht sein, dass neuerdings dem Ersatz der logarithmisch-trigonometrischen Rechnungen (des Gebrauchs der Logarithmentafel also) durch arithmetisch-trigonometrische Rechnung (unter Benützung einer Rechenmaschine) viel das Wort geredet wird. Der Verfasser hat wiederholt vergleichende Versuche gemacht, die grosse Zeitersparnis aber, die dadurch gewonnen werden soll, nicht bestätigt gefunden (wie ich denn auch sonst die Erfahrung gemacht habe, dass mir selbst geübte Rechenmaschinen-Rechner bei Multiplikationen u. s. f., die ich logarithmisch rechne, nicht folgen können). Anders könnte die Vergleichung freilich ausfallen, wenn einmal unsre jetzigen Rechenmaschinen, die bekanntlich ihrem Wesen nach Additionsmaschinen sind, durch wirkliche Multiplikationsmaschinen (zu denen *Selling* einen Anfang gemacht hat) ersetzt werden können. An eine allgemeine Einführung des Verfahrens (das den goniometrischen Zahlen selbst an Stelle ihrer Logarithmen, „den wichtigsten mathematischen Funktionen wieder mehr zu ihrem Rechte verhilft", *Jordan* im Vorwort zur Neuausgabe des Opus Palatinum, *Sinus*- und *Cosinus*-Tafeln von 10″ zu 10″ [7-stellig] Hannover 1897) ist jedenfalls so lange nicht zu denken, als der Preis einer guten Rechenmaschine verhältnismässig sehr hoch ist. Für die Zwecke dieses Buchs muss es ohnehin an dieser Anmerkung genügen.

71) Die Behandlung dieser wichtigsten Triangulirungsaufgabe (bis zu S. 360) ist genau die von *Baur*; vgl. *Jordan*, Taschenbuch, 1873, S. 123 bis 124. Die Zusätze S. 361 sind hier selbstverständlich nicht im Sinn praktischer Rechnungen, sondern im Sinn von Übungen aufzufassen. Immerhin wird es nicht ohne Interesse sein, zu sehen, dass, wie man die Aufgabe des Rückwärtseinschneidens auf verschiedene Art vollständig auf Vorwärtseinschneiden zurückführen kann (s. z. B. S. 366 und Anm. 73)) man auch (theoretisch) die Aufgabe des Vorwärtseinschneidens auf einen Rückwärtsschnitt zurückführen kann.

72) Vgl. *Jordan*, Taschenbuch, S. 126; ebenso in den spätern Auflagen. Diesen nächstliegenden Weg, mit Hilfe der gegebenen Coordinaten die Aufgabe zuerst auf die *Snellius* sche Aufgabe (ausserhalb des Coordinatensystems) zurückzuführen, giebt schon *Bohnenberger* 1802 an (*Pfleiderer* s Trigonometrie S. 294).

73) Vgl. z. B. *Hammer*, Zeitschr. für Vermess. 1895, S. 599 bis 600.

74) Die Litteratur der Aufgabe des Rückwärtseinschneidens ist immer noch in raschem Wachstum begriffen; es genüge die Zusammenstellung bei *Jordan* zu erwähnen, ferner etwa die Abhandlung von *Runge*, Zeitschr. für Vermess. 1894, S. 204 (Rechenmaschine), *Sossna*, ebend. 1896, S. 269, 288

und 471 (ebenso) zu nennen. Vgl. zur Aufgabe des Rückwärtseinschneidens im Coordinatensystem auch *Gerling*, Die pothenotische Aufgabe in praktischer Beziehung, Marburg 1840.

75) Diese elegante Auflösung (von *Gerling* in der soeben erwähnten Schrift ganz nach *Gauss* vorgetragen, S. 12, Beispiel S. 15; auch *Grunert*, a. a. O., S. 126 bis 131 folgte 1837 der *Gauss*schen Lösung), die im geodätischen Unterricht in Stuttgart von *Baur* und *Schoder* eingeführt und, vom ersten kaum abgeändert, lange Zeit auch praktisch benützt wurde, stammt bekanntlich von *Gauss* (*Schumacher*s Astron. Nachr., 1. Bd. S. 84) und von *Bessel* her (Über eine Aufgabe der praktischen Geometrie, Mon. Corr. [*Zach*] Bd. 27, S. 222, März 1813); vgl. auch die Bemerkungen von *Mollweide* dazu (ebend.) Bd. 27, S. 566, Juni 1813. *M.* verweist auf *Pfleiderer* [sollte *Bohnenberger* heissen]; Aufl. von *Burckhardt, Kästner* u. a. werden erwähnt; endlich wird *Delambre* citirt, der die Aufgabe in der *Bessel*schen Form auflöst [d. h. mit Coordinaten der gegebenen Punkte und des gesuchten Punkts]; „aber freilich sind seine Formeln nicht geschmeidig"). Es mag dies ausdrücklich erwähnt sein, weil sich demnach keineswegs die erste Auflage dieses Buchs der „erstmaligen Veröffentlichung einer *Baur-Schoder*schen Aufgabe" schuldig gemacht, sondern nur eine *Gauss–Bessel*sche Auflösung reproduzirt hat. Es ist keine „*Schoder*sche Willkür", dass bei dieser Auflösung die Winkel (Richtungen) vom „äussersten Punkt links" aus gezählt werden, sondern eine *Gauss*sche und *Bessel*sche Übung (die sich schon bei *Snellius* findet und nach heutigen Begriffen gerade bei dieser Aufgabe nahe genug liegt, da man hier die Winkel meist „aus Richtungen" [„in Sätzen"] ermittelt und nicht unabhängige Winkel misst. Doch ist auf diese praktisch-geodätische Angelegenheit hier nicht weiter einzugehen).

76) Vom Verf. in der Zeitschr. für Vermess. 1895, S. 603 angegeben (vgl. auch die Anmerkung daselbst mit den Citaten: Phil. Transactions, 1671, *Weyer*, Annalen der Hydrogr. 1882, S. 537, *F. G. Gauss*, Trigonometrische und Polygon. Rechnungen etc. (s. oben) S. 94, *Jordan*, Handbuch (s. oben) S. 307, *Decher*, Zeitschr. für Vermess. 1888, S. 140, *Clausen*, Astron. Nachr. Bd. 18, S. 367, 1841). Die *Hansen*sche Aufl. steht ebenfalls im Bd. 18 der Astron. Nachr.

77) Erste Art s. bei *Jordan* a. a. O. (4. Aufl. 1893, S. 312); die zweite Art vom Verf. in Zeitschr. für Vermess. 1895, S. 609 bis 611 angegeben (vgl. Anm. 63). Die Aufgabe wird oft als *Marek*sche bezeichnet (nach *Marek* 1875, vgl. *Jordan* a. a. O.).

78) Vgl. z. B. *Puller*, Zeitschr. für Verm. 1897, S. 335; doch ist dies nicht von praktisch-rechnerischer Bedeutung.

79) Auch für die zwei letzten Aufgaben vgl. den oben mehrfach genannten Aufsatz des Verf. in der Zeitschr. für Verm. 1895.

80) Die Verwendung von „Schiebzetteln" ist in solchen Fällen besonders von *Schoder* empfohlen und mit grossem Erfolg für die Rechnungssicherheit benützt worden, vgl. Anm. 44); sie ist auch von Andern schon öffentlich empfohlen worden, vgl. z. B. *Schlebach* in seinem „Geometerkalender" schon vor 15 Jahren u. s. f.

81) und 82) Die Berechnung des polygonalen Zugs ist vollständig nach *Baur* gegeben, nur sind die Bezeichnungen und andere Einzelheiten etwas abgeändert. Die Polygonometrie in diese einfache und für die Rechnung so überaus bequeme Form gebracht zu haben, ist wohl das hauptsächlichste trigonometrische Verdienst *Baur*s. Die Polygonzüge werden in der Landmessung seit etwa 75 Jahren in ausgedehnterem Masse verwendet (vgl. *F. G. Gauss* a. a. O. S. 370; zu dieser Aufzählung ist jedoch zu bemerken,

dass in Württemberg schon lange vor der Einführung der eigentlichen Polygonzüge für die Kleinmessung (1871) die Polygonisierung thatsächlich benützt worden war. Insbesondere sind die „trigonometrischen“ Punkte der württembergischen Schwarzwaldthäler auf diesem polygonometrischen Weg der „Stationierung“ bestimmt worden, vgl. darüber *Kohler*, Landesvermessung Württembergs [s. oben] S. 209 ff., so dass Württemberg zu den Staaten gehört, die mit am frühesten, nicht zu denen, die am spätesten von der Polygonmessung Gebrauch gemacht haben; „polygonometrische Triangulierung“, *Kohler* S. 211). Hier, bei den praktischen Rechnungen der Landmessung, hat sich allmählich jene Form der Rechnung herausgebildet, die jede Polygonseite nebst dem zugehörigen Richtungswinkel für sich betrachtet, und, obgleich diese Richtungswinkel allerdings nichts andres sind, als die Summe der vorhergehenden Polygonwinkel (von einer Anzahl mal 180⁰ abgesehen), so den Zusammenhang mit den andern Seiten für die Rechnung gleichsam löst, die *L'Huilier* schen Winkelsummen aufgiebt. Als Ursprungszeit des *Baur* schen Rechnungsformulars ist schon etwa Ende der 50er Jahre zu bezeichnen; zum erstenmal publiziert ist diese Rechnungsweise von *Baur* selbst in der vorletzten „Technischen Anweisung“ für die württembergischen Katastermessungen, sodann von *Jordan*, Taschenbuch (s. oben) S. 114 bis 117. Seitdem ist diese Form der Zugrechnung überall angenommen worden. Die Sache ist auch, sobald die zwei „Grundaufgaben“ gut begriffen und eingeübt sind, so einfach, dass die Rechnung des offenen Zugs mit den für beliebige Winkel giltigen Bezeichnungen eigentlich ein Corollar jener Grundaufgaben bildet. Jedenfalls kann man, sobald eine Anzahl von Zügen durchgerechnet ist, fast von jedem Schüler die Berechnungen des geschlossenen Polygons selbst finden lassen, da dabei zur Zugrechnung und den allgemein giltigen Beziehungen der zwei Grundaufgaben nur noch eine Dreiecksauflösung aus einer Seite und den Winkeln oder aus den drei Seiten hinzukommt, vgl. Anm. [83]).

[83]) Auch hier sind die Rechnungen nach *Baur* schem Muster geführt; sie sind als Übungsaufgaben zu betrachten, sobald die zwei Grundaufgaben und die Rechnung des offenen Zugs genügend aufgefasst ist (s. Anm. [81]) und [82]). Die Aufzählung der drei Vielecksaufgaben ist schon bei *L'Huilier* vorhanden (a. a. O. von S. 36 an, wobei der 1. und einfachste Fall bei jeder Aufgabe stets der im obigen Text allein behandelte mit „vereinigter Lage der Stücke“ ist; bei *L'Huilier* sind nur die oben als 1. und 2. bezeichneten Aufgaben vertauscht). Man vgl. u. A. die Rechnung des Beispiels zum 3. Fall (Neuneck) bei *L'Huilier*, S. 68 bis 71. mit dem Beispiel zum 3. Fall im Text S. 391 ff. Die *L'Huilier* sche Form der Polygonometrie ist in den meisten Elementar-Lehrbüchern beibehalten, vgl. z. B. *Dienger*, Ebene Polygonometrie, Stuttgart 1854 (Anordnung der drei Fälle wie im Text), *Spitz*, Lehrbuch der ebenen Polygonometrie, Leipzig 1866, auch *Heis* a. a. O. S. 96 u. s. f.; denn obgleich in der Regel die Richtungswinkel verwendet werden (bei *Dienger* z. B. Bezeichnung w, ohne besondern Namen), werden sie doch stets direkt als Summe von 2, 3, 4 . . Polygonwinkeln genommen, statt dass vollständig auf sie übergegangen wird, d. h. das Vorhergehende nicht mehr in Betracht kommt (vgl. z. B. bei *Dienger* den 3. Abschnitt, bei *Spitz* den 6. Abschnitt). Vgl. auch die ältern Darstellungen der Polygonometrie von *Münchow* (a. a. O. S. 102, seine Grundgleichungen lauten:

$$x_{n+1} = x_n + s_n \cos k_{n+1}$$
$$y_{n+1} = y_n + s_n \sin k_{n+1},$$

wo s die Seitenlängen und k die Bestimmungswinkel bedeuten), von *Grunert* (a. a. O.), von *Pross* (Trig. und Polyg., von S. 256 an, besonders S. 276 ff.), von *Mack* (a. a. O.) u. s. f.

84) Es giebt eine Reihe besondrer Abhandlungen darüber, die aber alle (wie der ganze § 42 im Sinne der geodätischen Trigonometrie) nicht von grosser Bedeutung sind im Gegensatz zur Rechnung des „Zugs“ § 40 (und besonders des „angeschlossenen Zugs“, dessen Behandlung aber der Geodäsie vorbehalten bleibt). *L'Huilier* betrachtet diese andern Fälle ziemlich vollständig. Ganz in derselben Art behandelt diese Sache z. B. *Nell*, Über die Lösung polygonometrischer Aufgaben, Zeitschr. für Vermess. 1893, S. 489 u. s. f.

85) Kann beim ersten Studium ganz übergangen werden. Die Sache ist aber praktisch sehr wichtig und deshalb, obgleich erst die Differentialrechnung schärfere Begriffe und Beweise liefern kann, doch schon mit Rücksicht darauf nicht ganz wegzulassen, dass das vorliegende Buch auch an Solche sich wendet, die gleichsam einen zweiten Kursus in der Trigonometrie als Vorbereitung auf Geodäsie u. s. f. durchmachen wollen. Vgl. auch z. B. *Heis* a. a. O. S. 248 bis 251 u. s. w. Geschichtlich sind zu bemerken: *Cagnoli*, Von den endlichen Differenzen in der Trigonometrie, Mem. Soc. Italiana, Bd. 7, Modena 1800, *Mollweide*, Beitrag zu der trigonometrischen Differenzenrechnung, Mon. Corr. [*Zach*] Bd. 15, S. 441, 1807 u. s. f. Auf Differentialformeln in der Polygonometrie geht der Text nicht ein, vgl. darüber z. B. *Gerling*, Die Ausgleichungsrechnungen in der practischen Geometrie, Hamburg 1843, S. 334 bis 340.

86) Diese wohl am meisten symmetrische Form der Differentialgleichungen für den 4. Fall glaube ich zuerst aufgestellt zu haben; vgl. Zeitschr. f. Vermessungsw. 1895, S. 165 oben.

87 und 88) In der Regel werden nur der *Cos*-Satz ($\cos a = \ldots$) und der *Sin*-Satz ($\sin a \sin \beta = \ldots$) als die zwei Grundformeln des sphärischen Dreiecks angegeben; die dritte der Gleichungen (5) ist aber, wenn man die Formeln durch räumliche Coordinatenumwandlung gewinnt, zunächst ganz gleichberechtigt. Diese im Text gegebene Ableitung der drei Grundformeln ist denn auch ganz genau auf dem Weg erhalten, der in der sphärischen Astronomie, jetzt der wichtigsten Anwendung der sphärischen Trigonometrie (die aus jener hervorgegangen ist) seit langer Zeit stets benützt worden ist. Man kann z. B. die Abhandlungen *Bessel*s aufschlagen, wo man will, wo von einem sphärischen Dreieck die Rede ist, findet man drei Grundgleichungen von der Form:

$$\cos \sigma = \ldots\ldots$$
$$\sin \sigma \sin \mu = \ldots\ldots$$
$$\sin \sigma \cos \mu = \ldots\ldots$$

und nicht nur die zwei ersten davon. Die Ableitung im Text folgt speziell der Darstellung von *Brünnow* (Sphärische Astronomie, 4. Aufl., Berlin 1881, S. 1 bis 4; ganz ebenso schon in der 1. Aufl.) und diese Ableitung der Grundformeln findet sich auch geradezu in allen andern Lehrbüchern der sphärischen oder sphärisch-praktischen Astronomie (vgl. z. B. das umfassendste Werk dieser Art, *Chauvenet*, Spherical and Practical Astronomy, Bd. 1., S. 28, sowie dessen Treatise on Plane and Spherical Trigonometry). Die 1. Aufl. des vorliegenden Buches hat nur etwas in der praktischen Astronomie seit Jahrzehnten mit Recht als selbstverständlich Angesehenes auch der Schule zuführen wollen; es sei dies deshalb erwähnt, weil *Cantor* (s. oben) diese Ableitung besonders hervorgehoben hat. Wie sehr der zugleich mit der Ableitung der Grundformeln zu gewinnende Beweis ihrer Allgemeingiltigkeit (wenigstens für die hier genügende Voraussetzung von Seiten und Winkeln $< 180^0$) willkommen ist, kann z. B. die Diskussion der *cos*-Formel in der berühmten Abhandlung von *Lagrange* (Journal de l'École Polytechnique, 6. Heft, 1799) zeigen, ferner die Notiz von *Gauss* (Werke, 4. Bd, Göttingen 1873, S. 401 ff.). — *Gauss* hat hier vier Grundformeln; als einzige Hauptgrundformel dient (alles wie bei *Lagrange*) der *Cos*-Satz; aus ihr wird der *Sin*-Satz abgeleitet; sodann $\cos A = -\cos B \cos C + \sin B \sin C \cos a$, und endlich $\cos a \cos B = \operatorname{ctg} c \sin a - \operatorname{ctg} C \sin B$ (Gl. (IV), (3) des Textes). Wenn man in der letzten Gleichung der 4. *Gauss*schen Grundformel, in der Form: $\sin B \operatorname{ctg} C = \operatorname{ctg} c \sin a - \cos a \cos B$, links für $\sin B$ das gemäss dem *Sin*-Satz damit gleiche $\frac{\sin C \sin b}{\sin c}$ setzt und die ganze Gleichung mit $\sin c$ durchmultipliziert, so erhält man $\sin b \cos C = \cos c \sin a - \sin c \cos a \cos B$, d. h. eine unsrer Grundgleichungen (III) und zwar (3). Es ist also eigentlich kein grosser Unterschied zwischen den *Gauss*schen vier Grundformeln und der Auffassung des Textes, zu den drei Grundgleichungen daselbst tritt nur unsre (VII) als 4. hinzu. Nun ist aber (VII) im Polardreieck dasselbe, was (I) im ursprünglichen Dreieck ist und kann deshalb nicht als koordinierte Grundformel gelten, man müsste denn als 5. Grundformel die der 4. *Gauss*schen ebenso im Polardreieck entsprechende $\cos A \cos b = -\operatorname{ctg} C \sin A + \operatorname{ctg} c \sin b$ [unsre (VI) (3)] oder besser die ebenso wie oben durch den *Sin*-Satz daraus zu gewinnende ((V) (3)) aufstellen, und hätte dann also fünf Grundgleichungen, nämlich unsre (I) bis (III), sowie die mit Hilfe des Polardreiecks dazutretenden, (nur 5, weil der *Sinus*-Satz sich selbst polar entspricht). Die „*Gauss*schen vier Grundformeln" haben sich in manchen Lehrbüchern bis heute erhalten; vgl. z. B. auch *Láska*, Formelsammlung, Braunschweig 1888—94, S. 441. — Die *Lagrange-Gauss*sche Betrachtung des Ausgehens von der einen *cos*-Formel als Hauptgrundformel ist zuerst von *Gua* angestellt worden (Trigonométrie sphérique in den Mém. Acad. Paris 1783) und seinen Beweis haben dann eben *Lagrange* und *Gauss*, wie oben angedeutet ist, vereinfacht; ferner ist zu erwähnen, dass *Euler* (s. u.) in seiner ersten Abhandlung über sphärische Trigonometrie von 1753 (deutsch in *Ostwald*s Klassikern. Nr. 73, Leipzig, Engelmann 1896, S. 23) ebenfalls vier Grundformeln hatte und zwar genau die vier oben genannten *Gauss*schen, in der zweiten Abhandlung von 1779 (s. ebend. S. 41 bis 42) aber drei Grundformeln und zwar die drei, die wir nun durch Coordinatenumwandlung erhalten (ebend. Nachwort S. 64 u. 65), obgleich er seine zweite Ableitung mit Hilfe einer stereometrischen Betrachtung gewinnt, die aber selbstverständlich auch als Coordinatenumwandlung aufgefasst werden kann. Vgl. auch die Ableitung des Additionstheorems für *sin* und *cos* in der Ebene an der Hand der Figur S. 137 oder durch Coordinatenumwandlung S. 141; beide Aufgaben entsprechen einander.

Bei Gelegenheit dieses Exkurses über die Grundformeln der sphärischen Trigonometrie ist daran zu erinnern, dass wir (S. 407) die an sich geometrisch keineswegs notwendige Voraussetzung gemacht haben, dass Winkel und Seiten des Dreiecks $< 180^0$ sind. In der sphärischen Astronomie wird zwar diese Voraussetzung gelegentlich bei Seite gelassen (z. B. Stundenwinkel und Azimut von 0^0 bis 360^0 gezählt, vgl. § 62), doch reichen wir auch hier mit jener Voraussetzung aus (vgl. § 63 und § 65 bis Schluss). Man könnte für die Winkel des sphärischen Dreiecks (Winkel zwischen den aufeinanderfolgenden Grosskreisbögen) auch eine andere Zählweise einführen, die nicht die Innenwinkel des „eigentlichen" Dreiecks als Winkel erscheinen lässt, sondern deren Supplemente. Wir bleiben aber bei dem im Text angenommenen Gebrauch stehen, weil das einfachste „eigentliche" Dreieck für unsere praktischen Zwecke vollständig ausreicht und, wie eben angedeutet, nicht nur „in der Geodäsie, wo eben die inneren Dreieckswinkel unmittelbar abgelesen werden" (? ?; *Study*, Sphär. Trigon. etc., Abh. Math. Phys. Kl. Sächs. Ges. Wiss., 20. Bd., Nr. 2, Leipzig 1893, S. 92 u.). Über die allgemeine Betrachtung des sphärischen „Dreiecks", die dem mathematischen Studium überlassen bleiben mag, vgl. *Möbius*, „über eine neue Behandlungsweise der analytischen Sphärik" (aus 1846) und „Entwicklung der Grundformeln der sphärischen Trigonometrie in grösstmöglicher Allgemeinheit" (aus 1860), beide in Bd. 2 der Werke; ferner *Study*, a. a. O.; u. s. f.

Der am Schluss des vorletzten Absatzes genannte *Euler* wurde, besonders durch die zwei dort angegebenen Abhandlungen von 1753 und 1779, der Reformator der sphärischen Trigonometrie vor allem (vgl. auch Anm. [21]) und [34]), die vor und nach ihm eigentlich zwei ganz verschiedene Disziplinen darstellt. Die Bezeichnungen (a, b, c für die Seiten, für die gegenüberliegenden Winkel A, B, C) würden fast allein ausreichen, ihn als Schöpfer der modernen sphärischen Trigonometrie erscheinen zu lassen; denn damit erst wurde es möglich, die trigonometrischen Beziehungen in der Sprache der Analysis auszudrücken (wenn er auch einzelne Vorgänger darin gehabt hat, z. B. *Kresa* in Prag, *F. Meyer* in Petersburg u. s. f.), erst damit konnten an Stelle der alten „Analogien" (Proportionen) des sphärischen Dreiecks, deren schwerfällige Sprache oft für einen einzigen Satz eine ganze Seite erfordert (s. Anm. [38])) unsere jetzigen trigonometrischen „Formeln" treten, die dasselbe, übersichtlich und leicht merkbar, auf einer Zeile sagen. Man verdankt aber *Euler* auch höchst wichtige Formeln, z. B. die zur Rechnung der Winkel aus den drei gegebenen Seiten und umgekehrt. Mit *Euler*s Reform war die praktische sphärische Trigonometrie im wesentlichen abgeschlossen; von spätern Formeln stellen nur die *L'Huilier*sche Excessformel und die damit zusammenhängenden Formeln, der *Legendre*sche Satz, sowie die *Delambre–Mollweide–Gauss*schen Gleichungen noch praktisch wichtige Vervollständigungen des Formelapparats vor. Was nach *Gauss* noch hinzukam und in unsern Tagen noch hinzukommt, hat fast alles nur theoretisches Interesse, beeinflusst dagegen die Anwendungen der Trigonometrie (in Geodäsie und sphärischer Astronomie) nicht merklich; vgl. auch das Vorwort.

[89]) Auch die anschauliche geometrische Ableitung der Grundformeln mit Hilfe des aufgeklappten Dreikants führt also abermals auf die drei oben festgehaltenen Grundformeln, die man durch räumliche Coordinatentransformation findet. Der Verf. hat, was der Anmerkung S. 416 hinzugefügt sein mag, diesen Beweis seinen Schülern stets an zwei kongruenten Dreikant-Modellen gezeigt, von denen das eine fertig zusammengeklebt ist, das andere aber aufgeklappt werden kann und die Strecken von Fig. 134 eingeschrieben enthält. Diese Ableitung geht auf *Boscovich* zurück (Construction plane de la Trigonométrie sphérique in Bd. III der Werke). — Erwähnt sei zu § 47 noch, dass der in 1) gegebene Nachweis der „Hauptgrundformel" der *Lagrange*sche ist (vgl. auch *Serret*, a. a. O. S. 138), und dass ich diesen „andern Herleitungen" vor allen andern gerne die von *Helmert* aus den Differentialformeln beigefügt hätte (Höhere Geodäsie, 1. Bd., Leipzig 1880, S. 72 bis 75), wenn dies die Unterrichtsstufe, für die dieses Lehrbuch bestimmt ist, zugelassen hätte.

[90]) Name nach Vorschlag von Prof. *Eberhardt* gewählt.

[91]) Die Gleichung (VII) in **2**, ist im Polardreieck (durch **4**, eingeführt) nichts andres, als die (I) im ursprünglichen Dreieck und kann deshalb, so wichtig sie ist, nicht als vierte Grundformel gelten (vgl. darüber Anm. [87]) und [88]). Eine der ersten trigonometrischen Anwendungen des Polardreiecks scheint *Snellius* gemacht zu haben. Bei **3**, dieses Paragraphen ist noch zu bemerken, dass das seit Anwendung der Logarithmen naheliegende Bestreben der „Verwandlung von Summen in Produkte" (durch Einführung des Hilfswinkels) die Umkehrung der „Prostaphäresis" ist, die zuvor eine so grosse Rolle spielte: man suchte vor der Einführung der Logarithmen in die praktische Rechnung Produkte und Quotienten in Summen und Differenzen zu verwandeln und sich so auch ohne Logarithmen den Vorteil zu verschaffen, den nun eben diese gewähren. Bekannt ist z. B. für das rechtwinklige sphärische Dreieck die Verwandlung von $\sin b = \sin a \,.\, \sin \beta$ (Kathete aus

Hypotenuse und Winkel), in $sin\, b = \frac{1}{2}[sin\,(90^0 - a + \beta) - sin\,(90^0 - a - \beta)]$; die in **2**, erwähnte Formel $cos\, a = cos\, b\, cos\, c + sin\, b\, sin\, c\, cos\, \alpha$ hat z. B. *Bürgi* (der eine der Erfinder der Logarithmen [neben *Neper*, s. Anm. [38])], wie *R. Wolf* aus einem Casseler Manuscript *Bürgi*s nachwies) 1590 in die Form gebracht: setze $cos\, x = \frac{1}{2}[cos\,(b - c) - cos\,(b + c)]$, so wird

$$cos\, a = \frac{1}{2}[cos\,(b - c) + cos\,(b + c) + cos\,(\alpha - x) + cos\,(\alpha + x)]\,;$$

bei der prostaphäretischen Verwandlung der Formel, die α in a, b, c ausdrückt $\left(cos\, \alpha = \frac{cos\, a - cos\, b\, cos\, c}{sin\, b\, sin\, c}\right)$, waren allerdings nur die zwei Multiplikationen, nicht aber die Division erspart, nämlich

$$cos\, \alpha = \frac{2\, cos\, a - cos\,(b - c) - cos\,(b + c)}{cos\,(b - c) - cos\,(b + c)}\,.$$

Vgl. *Wolf*, Astronomie, Bd. 1., Zürich 1890, S. 227.

92) Die Ableitung der *Delambre*schen (*Mollweide*schen, *Gauss*schen) Gleichungen genau nach *Brünnow*, a. a. O., der *Mollweide* folgt. Andere gehen von den (ältern) *Neper*schen Gleichungen aus (sehr einfach z. B. *Chartres* in Nature [London] 1889, Oct. 31, S. 644). Der Name *D.* Gl. wird neuerdings auch in Deutschland meist gebraucht. Über das Vorzeichen $\pm$ bei den *D.* Gl. (bei Dreiecken mit Seiten nnd Winkeln z. T. $> 180^0$) s. z. B. bei *Helmert*, Höhere Geodäsie, 1. Bd., Leipzig 1880, S. 79; ferner über ihre Bedeutung bei allgemeinerer Auffassung der sphärischen Dreiecke bei *Study* a. a. O. S. 127 bis 131. — Die in **2**, folgenden *Neper*schen Gleichungen finden sich in *Neper*s Mirifici logarithmorum canonis descriptio, 1614, II, 6.

93) Vgl. zu der letzten Form z. B. *Baillaud*, Cours d'Astronomie, 1. Bd., Paris 1893, S. 226.

94) Die wichtigsten Formeln dieses § ((XIII) und (XVI)) sollten nach *Euler* benannt werden, der allerdings $2s = a + b + c$ und $2\sigma = \alpha + \beta + \gamma$ noch nicht einführte (s ist aber jetzt seit bald 100 Jahren allgemein im Gebrauch; die Bezeichnung σ liegt ebensonahe und wird z. B. von *Reuschle* und *Heis* benützt). Den Namen *Eckensinus* hat *Junghann* in seiner Tetraedrometrie 1862 eingeführt.

95) Auch die ganze Anordnung und Schreibweise folgt hier *Reuschle* und *Heis*.

96) und 97) Der wichtige Satz über die Fläche des sphärischen Dreiecks mit bekannten Winkeln (gleich seinem Excess) kommt, wie es scheint, zuerst in der „Nouvelle invention" von *Girard* 1629 vor. Die Ableitung der Formeln in **3**, und **4**, schliesst sich besonders an *Serret*, S. 157 bis 160 an (s. Schluss). Die berühmte Excessformel (XX) (Inhalt in den Seiten ausgedrückt) wird, nach *Legendre*s Zeugnis, allgemein nach *L'Huilier* benannt. — Die Ableitung in **3**, ist nicht ganz ohne Benützung von Kunstgriffen, aber trotzdem wohl einfacher als der von *S. Günther* versuchte „methodische Beweis", Zeitschr. für das Realschulwesen, Bd. 12, S. 466 bis 470; besonders die Einführung von ε durch die Beziehung $\varepsilon = \alpha + \beta + \gamma - 180^0$ liegt ja nahe genug. Diese Ableitung des Excessformel selbst ist ganz nach *Prouhet* gemacht (Nouv. Ann. Bd. 15, S. 91, 1856), vgl. dazu *Lecointe*, Leçons sur la théorie des fonctions circulaires, Paris 1858, S. 258.

98) Die Gedächtnisregel wurde in dieser Form stets auch von *Baur* eingeprägt. Die sog. *Neper*sche Regel, noch in der ersten Auflage enthalten, ist mindestens überflüssig.

99) Anordnung der Fälle genau wie bei *Serret*.

100) Ebenso; auch *Heis* u. A. haben diese Ordnung. Ebenso finden sich dort die verschiedenen Arten der Auflösung, z. B. sind 1) und 2) beim I. Fall = 1) und 2) bei *Heis*; die 3) (zweite vollständige) Auflösung giebt *Heis* nicht, wohl aber findet sie sich z. B. bei *Serret*, der auf die wertvolle Rechenprobe hinweist (Beispiel S. 174 bis 175 nach beiden Methoden).

101) Der Ausdruck „Sphärischer Defekt" stammt von *Reuschle* sen. her (a. a. O. S. 101).

102) Die Auflösung in dieser Form, mit diesen sehr bequemen Bezeichnungen (Z, N, Zähler, Nenner, Z', N') und mit der Anwendung der *Lalande*schen Regel ist von *Baur* angegeben worden (in der Litteratur finden sich diese Bezeichnungen wohl zuerst bei *Jordan*, Taschenbuch 1873, S. 329 und in den spätern Auflagen, z. B. Handbuch, 2. Bd., Stuttgart 1878, S. 26/27, wo die *Baur*sche Rechnungsregel angegeben ist). Wo sonst die *Delambre*schen Gleichungen zur Rechnung benützt werden, fehlt meist die *Lalande*sche Regel (vgl. z. B. *Heis*, a. a. O., S. 131), die die Anwendung jener Gleichungen so bequem und sicher macht; sie findet sich aber sehr ausführlich entwickelt (mit Zahlenbeispiel) bei *Brünnow*, a. a. O. (4. Aufl., 1881, S. 7, ganz ebenso aber auch in den frühern Auflagen).

103) Die Verwendung von Z, N, Z', N' ist hier, als dem Polarfall des vorigen Falls, selbstverständlich (vgl. über die Rechnungsregel die Anmerkung Nr. 102).

104) Die Determination ist nach *Baur* angeordnet; vgl. auch *Serret* (S. 193), *Heis* (S. 134) und *Grohmann*, Über das sphärische Dreieck, wovon zwei gleichartige Stücke und ein Gegenstück gegeben sind, Zeitschr. f. d. Realschulw., 11. Jahrg., 12 Heft.

105) Die Einführung von m und n, m' und n' ist nach *Serret* (S. 182 bis 183, $M\,N$, $M'\,N'$), übrigens in der leicht abgeänderten *Schoder*schen Form gemacht.

106) Vgl. die Noten 104) und 105) zum vorigen Fall als dem Polarfall dieser Aufgabe; zur Determination s. auch *Heis*, S. 136 bis 137.

107) Solche Gleichungen finden sich in grosser Anzahl bei *Heis* (S. 264 bis 267), dem hier Manches entnommen ist. Vgl. auch *Unferdinger*, Das sphärische Dreieck dargestellt in seinen Beziehungen zum Kreise, *Grunert*s Archiv, Bd. 29, S. 479, Bd. 33, S. 14, Bd. 42, S. 479. Wenn in diesem Buch hauptsächlich auf formale, nicht vorwiegend auf praktische Dinge Rücksicht zu nehmen wäre, so hätte ich, durch einen Tadel *S. Günther*s veranlasst (Versuch einer schulmässigen Behandlung der Lehre von den Kreisen des sphärischen Dreiecks, Zeitschr. für math. und nat. Unterricht [*Hoffmann*] Bd. XVII, S. 241 ff.), u. a. auch die Aufnahme solcher Beziehungen in grösserer Vollständigkeit und Symmetrie angestrebt. Mit Rücksicht auf den Zweck des Buchs glaubte ich aber hier nichts ändern zu sollen.

108) Zu diesem §, **3**, bis **5**, vgl. auch *Lecointe*, Leçons (s. ob.) S. 233 bis 254 (zu **3**, 5) S. 256, 263 bis 266). Der Ausdruck für $\sin\frac{\varepsilon}{2}$ $\left(\text{und } \cos\frac{\varepsilon}{2}\right)$ im sphärischen Kreisviereck stammt von *Grunert* her, der dem *Grebe*schen Satz des ebenen Kreisvierecks (*Grebe*, De quadrilatero circulari, Marburg 1831), $\frac{e}{f} = \frac{a\,d + b\,c}{a\,b + c\,d}$ (Text S. 292) entsprechende Satz ist von *Collète* aufgestellt worden (Nouv. Ann. 1849, S. 440); vgl. dazu *Brocard*, Nouv. Ann. (III) Bd. 15, S. 284, Juni 1896. Vgl. ferner *Lexell*, De proprietatibus circulorum in superf. sphaer. descriptum, Acta Petrop. für das Jahr 1782,

§ 13; *Buzengeiger*, Einige Sätze, den Inhalt sphärischer Dreiecke betreffend (Zeitschr. für Astron. u. s. f. [*Bohnenberger* und *Lindenau*], Bd. 6, S. 314 ff., Tübingen 1818; zeigt die *L'Huilier*sche Excessformel des sphärischen Dreiecks als Spezialfall der Formel von *Lexell* für den Excess des sphär. Kreisvierecks); *Strehlke* im Archiv der Mathematik (*Grunert*), Bd. 35, S. 111; Bd. 41, Lit. Ber. CLXII, S. 9 bis 11; *Baur*, Das Sehnenviereck in der Ebene und auf der Kugel (*Schlömilch*, Bd. 6, S. 221 bis 234, auch in Math. und Geod. Abhandlungen, Stuttgart 1890, S. 87); u. s. f.

109) Diese Flächeninhalts-Analogie zum Pythagoräischen Satz des ebenen rechtwinkligen Dreiecks ist alt, und nicht erst in den letzten Jahren aufgefunden (*Schlömilch*s Zeitschr., Bd. 38, S. 383); schon *Descartes* soll den Satz gekannt haben, vgl. ferner *Gua* in Mém. Acad. Sc. Paris von 1783 (spezieller Fall eines Satzes, den *Tinseau* 1774 der Pariser Akademie mitgeteilt hat).

110) Im Anschluss an *Heis* (S. 283 bis 288) und *Reuschle* (S. 105 bis 108); beide folgen *Junghann*, Tetraedrometrie, zwei Teile, Gotha 1862 und 1863. Vgl. auch dess. Verf.: „Die Analogie der tetraedrometrischen und der trigonometrischen Grundgleichungen", Perleberg 1866.

111) Dasselbe Beispiel wie bei *Reuschle* S. 104 (aber mit etwas andern Coordinaten).

112) Aufg. 4) aus einer der letzten württemb. realist. Prof.-Prüfungen; über die Erweiterung vgl. auch *Heger* im Civ.-Ing., Bd. 41 (1895) Heft 5 (bei Gelegenheit einer kartographischen Aufgabe).

113) Die Aufg. 2) ist in der sphärischen Astronomie zu einer gewissen Berühmtheit gekommen, vgl. z. B. *Wolf*, Handbuch der Astronomie, II. Bd., Zürich 1892—93, S. 122 bis 124 mit reicher Litteratur; die *Olbers*sche Lösung verlangt „nur" 20maliges Eingehen in die Logarithmentafel, fast ebenso langwierig (aber immer noch die beste) ist die nahezu gleichzeitige von *Bessel* (vgl. Abhandlungen, herausgeg. von *Engelmann*, Bd. 1, Leipzig 1875, S. 316 bis 317).

114) Vieles davon lässt sich überaus elementar (als Corollar der sphärischen Trigonometrie) darstellen. Der Verfasser hat dies versucht in einem Teil seines Buchs „Über die geographisch wichtigsten Kartenprojektionen", Stuttgart 1889, auf das verwiesen sei.

115) Der berühmte Satz von *Legendre* ist enthalten in den Mém. Acad. Sc. Paris 1787 („Sur les opérations trigonométriques etc."). Die erste eingehende Begründung seines Satzes hat *L.* aber erst 12 Jahre später gegeben in der Einleitung zu *Delambre*s „Méthodes analytiques". Die Entwicklung ist die gewöhnliche bis auf Glieder mit r^4 im Nenner, wie sie z. B. *Pross* angegeben hat (s. den Schluss dieser Anm.); vgl. auch z. B. *Jordan*, Handbuch, II. Band, Stuttgart 1878, S. 126 ff. Der Beweis könnte nach Gl. (2) abgebrochen werden; denn da der Winkel α (und α_1) vor den übrigen nichts voraus hat, während das in (2) auf der rechten Seite stehende Korrektionsglied ein in den Seiten vollständig symmetrischer Ausdruck ist, also auch bei β und γ genau gleich wiederkehrt, so kann der Satz: gleiche Verteilung des Exzesses auf die drei Winkel, schon hier als bewiesen gelten. Höhere Glieder der Entwicklung als die mit r^4 im Nenner kommen für die Zwecke dieses Buches nicht in Betracht.

Eigentümlich und hier vielleicht noch anzumerken ist, dass man in Deutschland lange von dem *Legendre*schen Satz (der nur ein spezieller Fall eines für beliebige Flächen giltigen ist) nichts wissen wollte, da man seine Annäherung stark unterschätzte, vgl. z. B. selbst *Burckhardt* (damals in Paris) in den Allg. geogr. Ephemeriden, 3. Bd. (1799) S. 192

und *Kästner* in den Comment. der K. Societ. der Wiss., Gött. Bd. 11, S. 28, ferner in Geometr. Abhandl. 1791, S. 453. Auch *Crelle* zweifelte noch merkwürdigerweise an der Annäherung des *Legendre*schen Satzes; sagt er doch in seiner Übersetzung von *Legendre*s Elementen der Geometrie S. 418 geradezu: „dass man $A' = A - \frac{1}{3}E$, $B' = B - \frac{1}{3}E$, $C' = C - \frac{1}{3}E$ findet, erfolgt nur durch willkürliche Weglassungen, weil man sonst für Winkel, die ungleichen Seiten gegenüberliegen, nicht das nämliche finden könnte. Es scheint auch in der That genauer zu sein, wenn man den Überschuss E nicht auf die Winkel gleich verteilt, sondern im Verhältnis der gegenüberliegenden Seiten". Schade, dass er kein Beispiel so rechnete, wie es *Pross* gethan hat; dieser zeigt, dass die Ansicht *Crelle*s vollständig falsch ist. Da seine Abhandlung zum *Legendre*schen Satz an einem Ort sich findet, wo sie nicht leicht Jemand sucht, so sei hier dieser Ort ausdrücklich genannt: Anhang zu einer Abhandlung über das vollständige Viereck, in der Einladungsschrift der K. Polyt. Schule in Stuttgart zum Geburtsfest des Königs Wilhelm 1850. *Pross* befolgt in seiner Ableitung genau den auch im Text benützten Weg (s. oben), während z. B. *Serret* (S. 326) u. A. von andern Gleichungen des sphärischen Dreiecks ausgehen.

116) Diese einzelne Aufgabe, die sog. Meridian-Convergenz zu bestimmen, ist deshalb herausgegriffen, weil mit genügend scharfer geodätischer Bestimmung des Azimuts einer bestimmten, vom Standpunkte ausgehenden terrestrischen Richtung einzelne Aufgaben der sphärischen Astronomie mit den allereinfachsten Mitteln sich z. T. überraschend genau lösen lassen; vgl. z. B. *Hammer*, Zeitbestimmung (Uhrkontrole) ohne Instrumente, Stuttgart 1893.

117) Die Differentialformeln des sphärischen Dreiecks, die, wie im Text bemerkt ist, in der sphärischen Astronomie eine sehr wichtige Rolle spielen, sind systematisch wohl zuerst von *Boscovich* behandelt worden (Werke, Band IV, S. 316 ff.), wenn auch einzelne selbstverständlich viel früher aufgestellt worden sind, z. B. finden sich einige davon in dem „Aestimatio errorum etc." betitelten Anhang zur Harmonia mensurarum (1722) von *Cotes*, in der Form von Analogien, vgl. Anm. Nr. 38). Die 2. und 3. Gleichung der 3. Aufg. des Textes lauten z. B. daselbst: Wenn in einem sphärischen Dreieck eine Seite und ihr Gegenwinkel unveränderlich sind, so verhält sich die Veränderung einer andern Seite zu der entsprechenden Veränderung ihres Gegenwinkels wie sich verhält die *tang* dieser Seite zur *tang* dieses ihres Gegenwinkels. Etwas später ist dieser Gegenstand in grosser Vollständigkeit (z. T. auch zu grosser Ausführlichkeit) behandelt im Kap. XXI von *Cagnoli*s Trigonometrie, vgl. 2. franz. Ausgabe (von *Chompré*, Paris 1808), S. 360 bis 402: Des Analogies différentielles des Triangles sphériques. — Vgl. auch *Heis*, S. 269. Im Text S. 499 sind die wichtigsten Fälle systematisch geordnet. Vgl. auch Anm. 85).

118) Auch in vielen andern Lehrbüchern der Trigonometrie findet sich ein Abriss der sog. mathematischen Geographie oder der sphärischen Astronomie (vgl. z. B. *Spitz*, *Reuschle* u. s. f. unter den neuern, *Grunert* unter den ältern Lehrbüchern) oder es sind wenigstens einzelne Aufgaben aus der sphärischen Astronomie behandelt. Dass ich hier, besonders mit der Einleitung in die Coordinatensysteme, etwas weiter gegangen bin als sonst üblich ist, hat seinen Grund darin, dass dieses Buch wie auf Geodäsie so auch auf sphärisch-praktische Astronomie (Zeit- und Ortsbestimmung) speziell vorbereiten soll. Die Einleitung (§ 61, 62) folgt dabei in den wesentlichen Teilen *Brünnow*. Dass auch auf die Aufgaben mit der Sonne so weit eingegangen ist, dass die Veränderlichkeit der Sonnendeklination berücksichtigt wird, während sonst in den trigonometrischen Lehrbüchern $\delta_{\odot}$ konstant vorausgesetzt ist, wird dem angegebenen Zweck gemäss zu billigen sein. Der Lehrer, falls das Buch nicht beim Selbstunterricht benützt wird, kann

ja hier weglassen, was er für entbehrlich hält oder wozu die Zeit nicht reicht; dass aber Dinge wie: genaue Aufgangs- und Untergangszeit der Sonne, einschl. Tagverlängerung und Dämmerung u. s. f. in den Unterricht in mathematischer Geographie an den Oberklassen der Mittelschulen gehören, ist zweifellos. — In manchen Einzelheiten ist weniger gegeben als in der 1. Aufl., z. B. sind jetzt die Ekliptik-Coordinaten als für die Aufgaben der elementaren sphärischen praktischen Astronomie ohne Bedeutung fast ganz fortgelassen, ebenso die Notizen über wahre und mittlere Örter der Gestirne u. s. f.

119) Die Kunst der Anfertigung der Sonnenuhren, die sog. Gnomonik, hat seit mehreren Jahrhunderten in Deutschland und andern Ländern eine so umfassende und selbst bis in die neueste Zeit sich fortsetzende Litteratur, dass auch nur eine Auswahl des Wichtigsten Seiten füllen würde. Genannt sei die sehr vollständige „Theorie und Konstruktion der Sonnenuhren" von *Sonndorfer*, Wien 1864, im übrigen sei aber auf eine Litteratur-Zusammenstellung verwiesen, wie sie z. B. *Wolf*, Handbuch der Astronomie, Bd. 1, Zürich 1891, S. 429 bis 436, besonders für die ältere Zeit, bietet (einige neuere Werke sind noch im Zusatz Nr. 73, Bd. 2, S. 319 aufgezählt).

120) Der Nutzen auch nur solcher Übungen ist aber hoch anzuschlagen; hat doch selbst *Gauss* darauf hingewiesen: „Die tägliche Bewegung der Himmelskörper bietet eine grosse Mannigfaltigkeit von Problemen dar, welche die Relationen zwischen Stundenwinkeln, Höhen, Azimuten, den Örtern der Gestirne und der Polhöhe zum Gegenstand haben", u. s. f. (Über eine Aufgabe der sphärischen Astronomie, Mon. Corr. [*Zach*] Bd. 18, S. 277, Oktbr. 1808).

121) Die Litteratur der *Douwes*schen Aufgabe und verwandter Aufgaben ist fast unübersehbar; es sei deshalb nur etwa auf *Günther*, Mathemat. Geographie, Stuttgart 1891, S. 546 und *Wolf*, Astronomie, 2. Bd., Zürich 1892 bis 1893, S. 85 verwiesen.

122) Besonders auf solche Aufgaben mit zwei oder drei Messungen an einem und demselben Stern, oder mit zwei oder drei verschiedenen Sternen, wobei in erster Linie entweder nach der Polhöhe oder aber auch nach der Zeit [Text, **2**,] oder dem Azimut [Text, **4**,] gefragt ist, bezieht sich die oben (Anm. 120) citierte Bemerkung von *Gauss*; *Gauss* selbst, *Mollweide*, etwas später besonders *Pfaff*, *Grunert*, *Littrow* u. v. A. haben solche Aufgaben in grosser Zahl behandelt, vgl. z. B. die oben (120) erwähnte Aufgabe von *Gauss* (Aufg. 7^d des Textes; eine verwandte Aufgabe über Berechnung der Lage des Sonnenäquators aus den Beobachtungen von Sonnenflecken hat *Gauss* in Mon. Corr. Bd. 19, S. 85, Jan. 1809 angegeben). Vgl. ferner die Aufg. von *Gauss* (in einem Göttinger Programm 1807, ferner Mon. Corr. Bd. 19, S. 134 [Febr. 1809]): Methodus peculiarum elevationem poli determinandi" (mit zwei Sternhöhen); dazu auch *Mollweide*, Polhöhe und Stand der Uhr aus zwei beobachteten Höhen zweier bekannter Sterne und der Zwischenzeit der Beobachtungen, Mon. Corr. Bd. 19, S. 545 (Juni 1809). Vgl. auch Anm. 121), ferner zur gleichen Aufgabe *Mollweide*, Astronom. Nachr. Nr. 60, S. 197 (Juli 1824). Aufg. 7^b ist von *Mollweide* in Mon. Corr. Bd. 20, S. 123 (Aug. 1809) behandelt, später ausführlich von *Grunert* u. A.; Bestimmung des Azimuts aus drei Höhen und den Azimut-Unterschieden s. *Mollweide* in Mon. Corr. Bd. 28, S. 396 ff. (speziell S. 419 bis 425) Novbr. 1813; Zeit aus zwei gleichen (nicht bekannten) Höhen zweier Sterne z. B. bei *Pabst*, Mon. Corr. Bd. 20, S. 140, einfach auch bei *Mollweide*, Mon. Corr. Bd. 25, S. 484 (1812), neuerdings ziemlich viel praktisch gebraucht, besonders in Russland. vgl. z. B. *Zinger*, Zeitbestimmung aus korrespondirenden Höhen verschiedener Sterne (deutsch von *Kelchner*),

Leipzig 1877, u. s. f. Der Raum fehlt hier, auch nur einigermassen die Litteratur angeben zu können. Für eine grosse Zahl hierhergehöriger Aufgaben findet man u. a. die Auflösungen zusammengestellt bei *Wislicenus*, Handbuch der geographischen Ortsbestimmungen, Leipzig 1891, S. 167 bis 218 (die oben angeführte *Gauss*sche Aufgabe 7^d z. B. S. 206; vgl. zu dieser *Gauss*schen Aufgabe mit drei gleichen Höhen auch *Cohn*, Über die Gaussche Methode etc. [Dissert.] Strassburg 1897); ferner in *Chauvenet*s Spherical and Practical Astronomy, u. s. w. Vgl. auch das 11. Kapitel in *Grunert*s Lehrbuch (s. oben) 1837, S. 88 ff.

[123]) Die Litteratur der Aufgabe der „kürzesten Dämmerung" ist ebenfalls ausserordentlish gross. Der Text folgt im allgemeinen dem Artikel in *Gehler*s Physikalischem Wörterbuch. Eine Zusammenstellung und Besprechung alter und neuer Arbeiten über die kürzeste Dämmerung gab kürzlich *Zelbr*, *Schlömilch*s Zeitschrift, Jahrgang 41.

Arc.	°	*Sin.*	*Cosec.*	*Tang.*	*Cotg.*	*Cos.*	*Sec.*	°	*Arc.*
0,000	**0**	0,000	∞	0,000	∞	1,000	1,000	**90**	1,571
0,017	1	0,017	57,299	0,017	57,290	1,000	1,000	89	1,553
0,035	2	0,035	28,654	0,035	28,636	0,999	1,001	88	1,536
0,052	3	0,052	19,107	0,052	19,081	0,999	1,001	87	1,518
0,070	4	0,070	14,336	0,070	14,301	0,998	1,002	86	1,501
0,087	5	0,087	11,474	0,087	11,430	0,996	1,004	85	1,484
0,105	6	0,105	9,567	0,105	9,514	0,995	1,006	84	1,466
0,122	7	0,122	8,206	0,123	8,144	0,993	1,008	83	1,449
0,140	8	0,139	7,185	0,141	7,115	0,990	1,010	82	1,431
0,157	9	0,156	6,393	0,158	6,314	0,988	1,012	81	1,414
0,175	**10**	0,174	5,759	0,176	5,671	0,985	1,015	**80**	1,396
0,192	11	0,191	5,241	0,194	5,145	0,982	1,019	79	1,379
0,209	12	0,208	4,810	0,213	4,705	0,978	1,022	78	1,361
0,227	13	0,225	4,445	0,231	4,331	0,974	1,026	77	1,344
0,244	14	0,242	4,134	0,249	4,011	0,970	1,031	76	1,326
0,262	15	0,259	3,864	0,268	3,732	0,966	1,035	75	1,309
0,279	16	0,276	3,628	0,287	3,487	0,961	1,040	74	1,292
0,297	17	0,292	3,420	0,306	3,271	0,956	1,046	73	1,274
0,314	18	0,309	3,236	0,325	3,078	0,951	1,051	72	1,257
0,332	19	0,326	3,072	0,344	2,904	0,946	1,058	71	1,239
0,349	**20**	0,342	2,924	0,364	2,747	0,940	1,064	**70**	1,222
0,367	21	0,358	2,790	0,384	2,605	0,934	1,071	69	1,204
0,384	22	0,375	2,669	0,404	2,475	0,927	1,079	68	1,187
0,401	23	0,391	2,559	0,424	2,356	0,921	1,086	67	1,169
0,419	24	0,407	2,459	0,445	2,246	0,914	1,095	66	1,152
0,436	25	0,423	2,366	0,466	2,145	0,906	1,103	65	1,134
0,454	26	0,438	2,281	0,488	2,050	0,899	1,113	64	1,117
0,471	27	0,454	2,203	0,510	1,963	0,891	1,122	63	1,100
0,489	28	0,469	2,130	0,532	1,881	0,883	1,133	62	1,082
0,506	29	0,485	2,063	0,554	1,804	0,875	1,143	61	1,065
0,524	**30**	0,500	2,000	0,577	1,732	0,866	1,155	**60**	1,047
0,541	31	0,515	1,942	0,601	1,664	0,857	1,167	59	1,030
0,559	32	0,530	1,887	0,625	1,600	0,848	1,179	58	1,012
0,576	33	0,545	1,836	0,649	1,540	0,839	1,192	57	0,995
0,593	34	0,559	1,788	0,675	1,483	0,829	1,206	56	0,977
0,611	35	0,574	1,743	0,700	1,428	0,819	1,221	55	0,960
0,628	36	0,588	1,701	0,727	1,376	0,809	1,236	54	0,942
0,646	37	0,602	1,662	0,754	1,327	0,799	1,252	53	0,925
0,663	38	0,616	1,624	0,781	1,280	0,788	1,269	52	0,908
0,681	39	0,629	1,589	0,810	1,235	0,777	1,287	51	0,890
0,698	**40**	0,643	1,556	0,839	1,192	0,766	1,305	**50**	0,873
0,716	41	0,656	1,524	0,869	1,150	0,755	1,325	49	0,855
0,733	42	0,669	1,494	0,900	1,111	0,743	1,346	48	0,838
0,750	43	0,682	1,466	0,933	1,072	0,731	1,367	47	0,820
0,768	44	0,695	1,440	0,966	1,036	0,719	1,390	46	0,803
0,785	45	0,707	1,414	1,000	1,000	0,707	1,414	45	0,785
Arc.	°	*Cos.*	*Sec.*	*Cotg.*	*Tang.*	*Sin.*	*Cosec.*	°	*Arc.*

www.ingramcontent.com/pod-product-compliance
Lightning Source LLC
LaVergne TN
LVHW011248110826
845149LV00001B/78

9781418185640